DIE

KÜNSTLICHE SEIDE

IHRE HERSTELLUNG UND VERWENDUNG

MIT BESONDERER BERÜCKSICHTIGUNG
DER PATENT-LITERATUR BEARBEITET

VON

DR. K. SÜVERN
GEH. REGIERUNGSRAT

FÜNFTE
STARK VERMEHRTE AUFLAGE

ERSTER ERGÄNZUNGSBAND

(1926 BIS EINSCHLIESSLICH 1928)

MIT 578 TEXTFIGUREN

SPRINGER-VERLAG BERLIN HEIDELBERG GMBH 1931

ISBN 978-3-662-36061-3 ISBN 978-3-662-36891-6 (eBook)
DOI 10.1007/978-3-662-36891-6

URSPRUNGLICH ERSCHIENEN BEI JULIUS SPRINGER IN BERLIN 1931
SOFTCOVER REPRINT OF THE HARDCOVER 1ST EDITION 1931

Vorwort zum ersten Ergänzungsband.

Die starke Zunahme der Patentliteratur über Kunstseide, die seit dem Erscheinen der 5. Auflage zu verzeichnen war, ließ das Weitererscheinen des Buches in der bisherigen Form nicht mehr zu. Es mußte dazu übergegangen werden, bestimmte Zeitabschnitte behandelnde Ergänzungsbände erscheinen zu lassen. Und auch hierfür ergab sich die Notwendigkeit, die Patentschriften nicht mehr, wie es bisher meist geschah, ihrem ganzen Inhalt nach, sondern nur auszugsweise wiederzugeben. Ich hoffe, daß überall das Wesentliche für den Gegenstand einer Erfindung und das dadurch erzielte technisch Neue zum Ausdruck gebracht ist.

Herrn Dipl.-Ing. Queisner bin ich für seine wertvolle Mitarbeit zu besonderem Dank verpflichtet.

Berlin-Lichterfelde-West, April 1931.

K. Süvern.

Inhaltsverzeichnis.

I. Die Herstellung der Kunstseide.

a) Die Herstellung der Kunstseide aus nitrierter Zellulose.

Verfahren und Vorrichtungen zur Herstellung von Kunstseide aus Nitrozellulose[1].

Nach Bindschedler.

1. **E. Bindschedler, Lansdowne** (Tubize Artificial Silk of America). Verfahren zur Herstellung von Kunstseide und anderen Produkten aus Nitrozellulose.

Ver. St. Amer. P. 1562076 vom 17. XI. 1925, angem. 31. V. 1924.

Man hat vorgeschlagen, Nitrozelluloselösungen durch verdünnten Alkohol zu koagulieren. Klare und glänzende Fäden werden nur erzielt, wenn Alkohol von mindestens 40% benutzt wird. Die koagulierende Wirkung läßt sich verzögern, wenn dem Alkohol ein gewisser Prozentsatz Glyzerin zugesetzt wird. Diese Verlangsamung der Koagulation ermöglicht die Erzeugung sehr feiner Fäden. Die in eine Mischung von Glyzerin und Äthylalkohol austretenden Fäden sind nicht durchkoaguliert; durch Alkohol von 40—60% kann die Koagulierung vollendet werden. Die Zusammensetzung der Fällbäder kann schwanken zwischen 40% Alkohol und 60% Glyzerin und 75% Alkohol und 25% Glyzerin, besonders vorteilhaft ist ein Bad aus gleichen Teilen Alkohol und Glyzerin.

Nach Bindschedler und Juer.

2. **E. Bindschedler, Lansdowne, Pa., und G. Juer, Hopewell, Va.** (Tubize Artificial Silk Company of America). Verfahren zur Herstellung von Kunstseide und anderen Produkten aus Nitrozellulose.

Ver. St. Amer. P. 1584005 vom 11. V. 1926, angem. 1. VII. 1924.

Eine Lösung von Nitrozellulosehydrat in Alkohol und Äther läßt man zur Regelung der Koagulation in eine Lösung von einem oder mehreren Metallhaloiden in verdünntem Alkohol austreten.

---

[1] Siehe brit. P. 297047, S. 239.

Nach Meyer.

3. E. Meyer, Troisdorf b. Köln a. Rh. Verfahren zur Herstellung von Kunstfäden, Gespinsten und Geweben aus Nitrozellulose.

D.R.P. 458450 Kl. 29b vom 6. VIII. 1924.

Ein großer Nachteil der Nitroseide ist ihre, im Vergleich zur Viskoseseide geringere Festigkeit und Elastizität. Der Versuch, zur Erhöhung der Elastizität und vor allem der Wasserfestigkeit der Kunstseide Kautschuk zuzusetzen, hat sich bisher nicht praktisch einführen lassen, weil es an einem gemeinschaftlichen geeigneten Lösemittel für Kautschuk und Nitrozellulose fehlt. Die Erfindung besteht in der Anwendung der Ester des Tetrahydronaphthols als gemeinschaftliches Lösungsmittel für Nitrozellulose und Kautschuk, so daß sich beliebige Mischungen damit allein oder auch unter gleichzeitiger Anwendung flüchtiger Lösemittel herstellen lassen. Diese Tetralolester haben den Vorzug, daß sie bei gewöhnlicher Temperatur, im Vergleich mit den bisher bekannten Lösungsmitteln, Hydrierungsprodukten des Naphthalins oder Phenols, nicht flüchtig sind und in dem Nitrozellulose-Kautschukgemisch verbleiben. Durch die Verwendung dieser Ester gelingt es ohne Schwierigkeiten, der Nitrozellulose-Spinnmasse gewisse Mengen Kautschuk, in Tetralolacetat gelöst, zuzusetzen, wodurch die Elastizität und vor allem die Wasserfestigkeit des Kunstfadens beträchtlich erhöht wird. Eine besondere Wirkung des neuen Verfahrens liegt auch darin, daß der Kautschuk durch die Verwendung des nicht flüchtigen Tetralolacetats in gelöstem Zustand auch im gesponnenen Faden erhalten bleibt und ihm seine günstigen plastifizierenden Eigenschaften mitteilt; auch wird durch das neue Lösungsmittel die gefürchtete Autoxydation des Kautschuks beim Lagern, die seine Brüchigkeit bedingt, verhindert. Die Spinnlösung kann unmittelbar durch Auflösen der einzelnen Bestandteile, nämlich der Nitrozellulose, des Kautschuks und des Tetralolacetats, gegebenenfalls auch unter Zugabe anderer die Geschmeidigkeit des Fadens noch erhöhender Zusätze, wie Öl, in den bekannten flüchtigen Lösungsmitteln oder auch dadurch hergestellt werden, daß vorher die nasse Nitrozellulose mit dem Kautschuk und den Tetralolestern geknetet, gewalzt und dann erst in Lösung gebracht wird. Die Herstellung der Spinnfäden geschieht dann in bekannter Weise.

Patentanspruch: Verfahren zur Herstellung von Kunstfäden, Gespinsten und Geweben aus Nitrozellulose, dadurch gekennzeichnet, daß der Spinnmasse Kautschuk und als gemeinsames Lösungsmittel für Kautschuk und Nitrozellulose Ester des Tetrahydronaphthols zugesetzt werden, worauf die Masse in üblicher Weise auf Fäden u. dgl. verarbeitet wird.

Nach Le Play.

4. P. Le Play. Erhöhung der Widerstandsfähigkeit von Gebilden aus Zellulose.

Franz. P. 595208 vom 16. III. 1925.

Man setzt den Zelluloselösungen Harz, Kautschuk oder Kautschukmilch zu. Z. B. vermischt man eine Lösung von Nitro-

oder Acetylzellulose mit einer Lösung von Kautschuk, oder man vermischt eine Lösung von Kupferoxydammoniakzellulose oder Viskose mit Kautschukmilchsaft. Die hieraus erhaltenen Kunstfäden usw. besitzen eine erhöhte Widerstandsfähigkeit gegen Bruch und Feuchtigkeit.

Nach Berl.

5. E. Berl, Darmstadt. Apparat zur Herstellung von Kunstseide.

Ver. St. Amer. P. 1707595 vom 2. IV. 1929, angem. 22. IV. 1925.

Die Pumpe *1* (Fig. 1) führt die Spinnlösung (Kollodium) der Spinndüse *3* zu, welche in dem Zylinder *4* befestigt ist. Durch *6* wird Alkohol zugeführt, welcher aus der Spinnlösung den Äther aufnimmt und die Fäden *5* in plastischem Zustand ausfällt. Die Fäden werden auf ihrem Wege durch den Zylinder *4* gestreckt und gehen durch die Öffnung *8* und über die Führungsrolle *12* in das Rohr *13*. Durch *14* wird eine Salzlösung zugeführt, die den letzten Alkohol aus den Fäden aufnimmt. In dem Spinntopf *15* erhält das Faserbündel eine Zwirnung, die durch Abwinden aus dem Spinntopf und Aufwinden auf einen Haspel noch verstärkt wird. Die richtige Lagerung des Faserbündels in dem Spinntopf *15* wird durch den rauf- und runtergehenden Fadenführer *19* bewirkt, der von einem Hebel bewegt wird. Aus der Alkohol und Äther enthaltenden Salzlösung wird Alkohol und Äther durch Behandeln mit Phenol gewonnen, die Salzlösung geht in den Apparat zurück, das Alkohol und Äther enthaltende Phenol wird destilliert, das dabei konzentrierte Phenol geht in den Betrieb zurück. Statt nur eines Fällzylinders *4* können auch zwei Fällzylinder *4a* und *45* verwendet werden (Fig. 2), Abzugs- und Streckwalzen *46* führen den Faden zu der Aufwickelwalze *47*. Durch die geschilderte Arbeitsweise soll sehr feinfädige Seide mit guter Deckkraft erhalten werden, die Querschnittsform des Einzelfadens kann vollkommen kontrolliert werden. (4 Zeichnungen.)

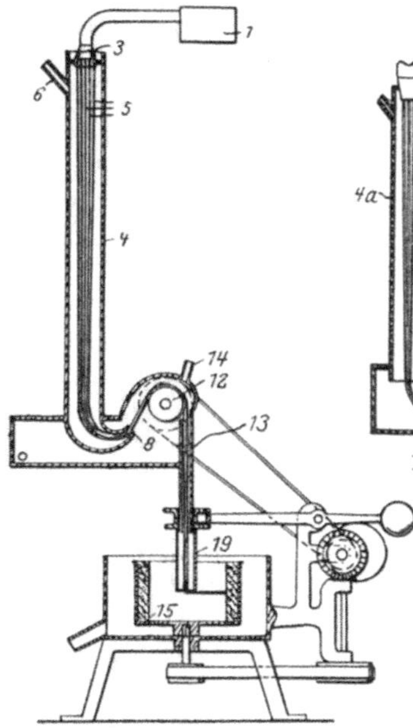

Fig. 1.

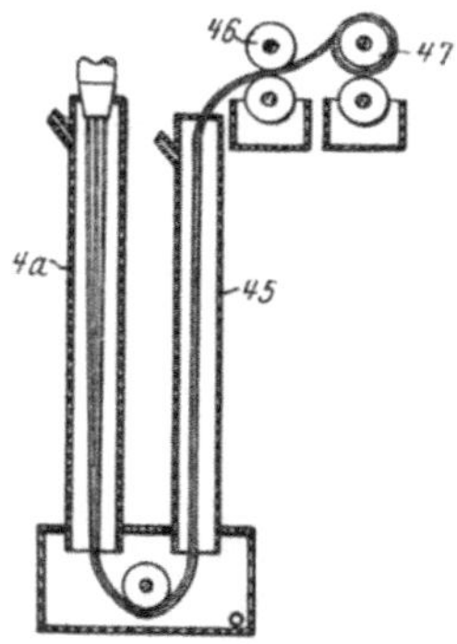

Fig. 2.

Nach Delpech.

6. J. Delpech. Verfahren zur Herstellung von Kunstseidefäden von regelmäßig flachem Querschnitt.

Franz. P. 605966 vom 13. XI. 1925 (Prior. Ital. vom 19. IX. 1925); Ver. St. Amer. P. 1695455.

Die bisher beim Trockenspinnen von Nitrozellulose oder Acetylzelluloselösungen[1] erhaltenen Fäden zeigen unregelmäßigen Querschnitt. Nach der Erfindung sollen flache Fäden von fast regelmäßigem rechteckigen Querschnitt dadurch erhalten werden, daß der Faden nicht in der Richtung der feinen Öffnung der Spinndüsen, sondern in einem Winkel zu dieser Richtung abgezogen wird. Die Spinndüsen können an ihrem oberen Ende knieförmig gebogen sein. (Zeichnungen.)

Trockenspinnen von Nitrozelluloselösungen beschreibt auch das Franz. P. 627611, S. 185.

6a. Derselbe. Verfahren zur direkten Benutzung von Nitrozellulose-Kunstseide in der Textilindustrie.

Zusatz-P. 30982 vom 6. X. 1925 zum franz. P. 561614.

Kollodien mit einem hohen Gehalt an Kampferersatzstoffen geben leicht trübe Fäden. Auch in undenitriertem Zustande glänzende Fäden werden erhalten, wenn man die Nitrozellulose vor dem Auflösen in der bekannten Weise mittels Alkohol entwässert. Die noch alkoholfeuchte Nitrozellulose wird in Äther-Alkohol gelöst, dem gewonnenen Kollodium können erhebliche Mengen die Entzündlichkeit herabsetzender Stoffe beigefügt werden.

Herstellung von Nitrozellulose und Nitrozelluloselösungen.

Nach Juer.

7. G. Juer, Hopewell (Tubize Artificial Silk of America). Verfahren zur Nitrierung von Zellulose.

Ver. St. Amer. P. 1562093 vom 17. XII. 1925, angem. 5. VI. 1923.

In einem Mischkessel wird Zellulose und Säure innig gemischt, so daß eine teilweise Nitrierung vor sich geht. Die teilweise nitrierte Zellulose wird mit weiterer Säure in einen drehbaren Zylinder übergeführt und dort so lange behandelt, bis die Nitrierung vollständig ist. (Zeichnung.)

Nach Pathé Cinéma.

8. Pathé Cinéma (Anciens Etablissements Pathé Frères). Lösungsmittel für Nitrozellulosen.

Franz. P. 601546 vom 30. X. 1924; canad. P. 259662 (L. E. Clément).

Als Lösungsmittel dienen Mischungen von absolutem Alkohol mit Aceton oder den Essigsäure- oder Ameisensäureestern der Alkohole, z. B. ein Gemisch von 80 Raumteilen absolutem Alkohol und 20 Raumteilen reinem Aceton, oder von 80 Teilen wasserfreiem Amylalkohol

[1] Siehe franz. P. 594610, S. 167.

und 20 Teilen Amylacetat. Die Lösungen dienen u. a. zur Herstellung von Kunstfäden[1].

Denitrieren und Unverbrennlichmachen von Nitroseide, Chemikalienwiedergewinnung.

Nach Bindschedler.

9. **E. Bindschedler, Lansdowne, Penns.** (Tubize Artificial Silk Company of America, Delaware). Verfahren zur Wiedergewinnung von Ammoniak und anderen wertvollen Chemikalien aus Denitrierabfallaugen.

Ver. St. Amer. P. 1548345 vom 4. VIII. 1925, angem. 16. V. 1923.

Die beim Denitrieren von Nitrozelluloseseide mittels Alkali- oder Erdalkalisulfhydrate abfallenden Laugen enthalten Polysulfide, Sulfhydrate und Thiosulfat, ferner Nitrit und Ammoniak. Erhitzt man die Laugen längere Zeit zum Kochen, so wird mehr Ammoniak abgespalten als ursprünglich in der Lauge enthalten war. Die Reaktion ist in 4 bis 6 Stunden vollendet, durch Erhitzen auf höhere Temperatur, besonders unter Druck, kann die Reaktion abgekürzt werden. Während der Reaktion scheidet sich etwas Schwefel aus und die Farbe der Lauge wird heller. Während sich dauernd Ammoniak bildet und weggeht, bildet sich Thiosulfat in größerer Menge und die Polysulfide und das Nitrit verschwinden allmählich. Luftdurchleiten beschleunigt die Reaktion, die nach den Gleichungen verläuft:

$$2\,NaSH + NaNO_2 + H_2O + O = Na_2S_2O_3 + NaOH + NH_3,$$
$$Na_2S_2 + NaNO_2 + 2\,H_2O = Na_2S_2O_3 + NaOH + NH_3.$$

Das Ammoniak wird durch Kondensation oder in Form von Ammoniumsulfat gewonnen, die zurückbleibende Flüssigkeit wird nach Abtrennung von etwas Schwefel konzentriert, beim Abkühlen scheidet sich Thiosulfat aus. Die Mutterlauge enthält hauptsächlich Ätznatron und etwas Thiosulfat, sie wird mit dem bei der Salpetersäureherstellung abfallenden Natriumbisulfat neutralisiert. Dabei scheidet sich Schwefel ab, die filtrierte Lösung gibt beim Abkühlen Natriumsulfat, das durch Reduktion in Sulfhydrat übergeführt werden kann.

Nach Lavaud.

10. **J. R. Lavaud, Schaerbeek-Brüssel.** Verfahren, Nitrozellulosegarne unverbrennlich zu machen.

Brit. P. 251227 vom 14. VIII. 1925 (Prior. Belg. vom 23. IV. 1925).

Man behandelt die Garne nacheinander mit 10proz. Essigsäure oder 5proz. Ameisensäure, einer 10proz. Lösung von Natriumsulfid und Magnesiumsulfat, einer 5proz. Lösung von Natriumhydrosulfit, einer 10proz. Lösung von kristallisiertem Aluminiumchlorid und einer

[1] Über Cellosolve, den Monoäthyläther des Äthylenglykols, als Lösungsmittel für Nitrozellulose siehe Industrial and Engineering Chemistry 20, 497 u. ff.

Lösung von Ammoniumsulfat, käuflichem Ammoniumkarbonat, Borsäure und Borax, trocknet nach jeder Behandlung und schließlich bei 40° C.

Nach Delpech.

11. J. Delpech, Ille-et-Vilaine. Verarbeitung von Kunstseide aus Nitrozellulose oder Zelluloid.

Franz. P. 598748 vom 25. V. 1925.

Um die Entflammbarkeit der Nitrozelluloseseide während der Verarbeitung herabzusetzen, tränkt man die Kunstseide mit Lösungen feuersichermachender Salze, wie Phosphate, Borate, Oxalate usw. oder mit einer Glyzerinlösung. Man kann auch der Nitrozelluloselösung 2% Glyzerin zusetzen. Nach dem Verspinnen oder Verweben mit pflanzlicher oder tierischer Faser werden die feuersichermachenden Salze durch Waschen mit Wasser entfernt.

Verfahren und Einrichtungen zum Wiedergewinnen der bei der Herstellung von Kunstseide aus Nitrozellulose verwendeten Lösungsmittel.

Nach Berl.

12. E. Berl, Darmstadt. Verfahren zur Wiedergewinnung von Alkoholen, Äthern, Aldehyden, Ketonen und Säuren, die sich in dampfförmigem Zustande in Verdünnungsgasen befinden.

D.R.P. 432357 Kl. 12e vom 3. III. 1922.

Nach vorliegender Erfindung kann man die in Verbindungsgasen, z. B. Luft, Wasserstoff, Rauchgas in dampfförmigem Zustande enthaltenen Alkohole, Äther, Aldehyde, Ketone und Säuren dadurch wiedergewinnen, daß man die mit organischen Stoffen beladenen Gase mit Urteerphenolen, wie Steinkohlenurteerphenol oder Braunkohlenurteerphenol, auswäscht. Gute Ergebnisse erzielt man, wenn man nur einen Teil der organischen Dämpfe durch Urteer- oder Braunkohlenteerphenole entfernt, und die an organischen Dämpfen jetzt ärmeren Gase nach erfolgter Abtrennung der tropfenförmig mitgerissenen Phenole über großoberflächige Stoffe, wie aktive Kohle, kolloidale Kieselsäure u. dgl. leitet.

Der Vorteil des Verfahrens besteht darin, daß die Phenole den großoberflächigen Stoffen vorgeschaltet werden, wodurch sich eine wesentliche Brennstoff- und Lösungsmittelersparnis ergibt.

Patentanspruch: Verfahren zur Wiedergewinnung von Alkoholen, Äthern, Aldehyden, Ketonen und Säuren, die sich in dampfförmigem Zustande in Verdünnungsgasen, z. B. Luft, Wasserstoff, Rauchgasen od. dgl. befinden, dadurch gekennzeichnet, daß man die Gase zunächst zur Absorption eines Teiles der organischen Dämpfe mit verhältnismäßig geringen Mengen von Steinkohlenurteerphenolen oder Braunkohlenteerphenolen behandelt und hierauf den Rest durch großoberflächige Stoffe, wie aktive Kohle oder kolloidale Kieselsäure, absorbieren läßt.

Nach Tubize Artificial Silk Co.

13. Tubize Artificial Silk Co. Neuerung bei der Herstellung von Kunstseide und ähnlichen Erzeugnissen aus Zelluloseestern.

Franz. P. 578141 vom 13. II. 1924.

Zur Wiedergewinnung der flüchtigen Lösungsmittel dienen wässerige Lösungen anorganischer Verbindungen, die auf den koagulierten Faden keine Einwirkung ausüben, aber mit den flüchtigen Lösungsmitteln in allen Verhältnissen mischbar sind, z. B. verdünnte Schwefelsäure, Natriumbisulfat, Chlorkalium. Als Lösungsmittel wird ein Gemisch von Alkohol und Aceton empfohlen, das man vorteilhaft durch Vergären von Korn erhält.

Nach Runge.

14. W. Runge, Orange, N. J. (The Brégeat Corporation of America, New-York). Mittel zur Wiedergewinnung flüchtiger Lösungsmittel und Anwendung des Mittels.

Ver. St. Amer. P. 1651155 vom 29. XI. 1927, angem. 11. II. 1924.

Das Mittel besteht aus Destillationsprodukten von Tieftemperaturteer, die Naphthen und die teilweise gesättigten Kohlenwasserstoffdestillate solcher Teere enthalten.

Nach Brégeat.

15. J. H. Brégeat, Paris. Verfahren zur Wiedergewinnung flüchtiger Stoffe.

D.R.P. 467880 Kl. 12e vom 25. VII. 1925 (Prior. Frankr. vom 8. VI. 1925); franz. P. 611445; brit. P. 251492; Ver. St. Amer. P. 1663155.

Die Verwendung von wasserstoffreichen Derivaten des Naphthalins und hydroaromatischer oder alicyklischer wasserstoffreicher Phenolderivate als Absorptionsmittel bei der Wiedergewinnung flüchtiger Lösungsmittel ist bekannt. Nach dem vorliegenden Verfahren eignen sich für diesen Zweck am besten die wasserstoffreichen Derivate der Terpene. Die Erfindung besteht darin, daß man gasförmige Gemische, welche die flüchtigen Stoffe enthalten, deren Rückgewinnung angestrebt ist, z. B. mit hydriertem Terpentinöl wäscht. Die flüchtigen Lösungsmittel werden z. B. hierbei absorbiert und können aus dem Absorptionsmittel durch Erhitzung wieder abgeschieden werden. Gleichzeitig wird die Waschflüssigkeit regeneriert, so daß sie in den Kreislauf wieder zurückkehren kann, wodurch eine ununterbrochene Betriebsführung gewährleistet ist.

Da die hydrierten Terpene und deren Derivate Schwefelverbindungen und andere in Kohlenwasserstoffen vorhandene Verunreinigungen wenig aufnimmt, erhält man durch die Absorption mittels dieser Verbindungen besonders reine technische Produkte. Um das zu waschende Gas kenntlich zu machen, kann man den eigenartigen harzigen Geruch der Terpene auf das Gas übertragen.

Patentanspruch: Verfahren zur Wiedergewinnung flüchtiger Stoffe, welche von natürlichen oder künstlichen Gasgemischen mitgeführt werden, dadurch gekennzeichnet, daß man als Waschmittel wasserstoffreiche Derivate von Terpenen verwendet, als deren einfachster Repräsentant das Pinen oder Terpentinöl zu betrachten ist, insbesondere hydrierte Terpene, entweder allein oder in Mischung mit anderen Stoffen, welche zur Wiedergewinnung flüchtiger Stoffe aus Gasgemischen geeignet sind.

16. Derselbe. Wiedergewinnung flüchtiger Produkte.

Schweiz. P. 119460 vom 16. XII. 1925.

Als Absorptionsflüssigkeit wird eine Waschflüssigkeit, wie Teeröl, verwendet, der man wenigstens eine cyklische Verbindung (hydriertes Naphthalin, Phenol, Terpen usw.) zugesetzt hat.

17. Derselbe. Einrichtung zum Sammeln und Wiedergewinnen der beim Verspinnen verschiedener Kollodien zu künstlichen Textilfasern verlorengegangenen flüchtigen Produkte.

Franz. P. 633969 vom 5. V. 1927.

Die Einrichtung besteht in einem den ganzen Spinnstuhl umgebenden abgeschlossenen Bau, der verschiebbare Fenster hat, die bequeme Bedienung der Spinndüsen und der über ihnen angebrachten Aufwickelspulen ermöglichen. An der Decke des Raumes sind Öffnungen für den Eintritt von Luft vorgesehen, die an den Spinnspulen vorbeistreicht und im unteren Teil der Einrichtung durch eine Absaugleitung abgezogen wird. Zum Absaugen dient eine Reihe von Trichtern, die an eine Sammelleitung angeschlossen sind. Auch beim Spinnen entstehende Fadenabfälle können in einer besonderen Leitung gesammelt werden. Die Aufwickelspulen können durch eine Berieselungsvorrichtung, die längs der Spulen verschoben werden kann, mit geeigneten Flüssigkeiten berieselt werden; diese Flüssigkeiten werden in einer unter den Spulen angebrachten Rinne aufgefangen und einer besonderen Sammelleitung zugeführt. (2 Zeichnungen.)

Nach Oertel.

18. R. Oertel, Hannover. Verfahren zur Wiedergewinnung flüchtiger Lösungsmittel.

D.R.P. 442359 Kl. 12e vom 8. IV. 1924; Ver. St. Amer. P. 1631052 (Metallbank und Metallurgische Gesellschaft Akt.-Ges. Frankfurt a. M.).

Die Erfindung bezweckt in solchen Fällen, in denen bisher verhältnismäßig dünne Lösemittelluftgemische abgesaugt wurden, die Anreicherung des Lösemittelgehalts bis zu dem aus Fabrikations- und Sicherheitsgründen möglichen Grade durchzuführen. Hierzu gelangt man, indem man den einmal zur Abtreibung benutzten Luftstrom nicht, wie bisher, sofort dem Absorptionsgefäß oder der Kondensationsanlage zuführt, sondern ihn erneut aufheizt und wieder zum Abtreiben des Lösungsmittels benutzt. Die Wiederbenutzung des Luftstroms nach erneuter Aufheizung kann in manchen Fällen so lange erfolgen, bis etwa der Sättigungsdruck des aufgenommenen Lösungsmittels bei der durch die Verdunstung entstehenden tiefsten Temperatur erreicht ist, ohne daß störende Kondensationen eintreten.

Die Vorteile dieser Arbeitsweise sind: Der prozentuale Verlust wird im Verhältnis zur Anreicherung bei gleichem im Luftstrom nach der Absorption bleibenden Lösemittelrest immer geringer. Die Apparaturen werden vereinfacht. Bei einer so erfolgten Anreicherung sind bei einem Lösemittelgehalt von z. B. 50 g in 1 cbm nur $^1/_5$ der Luftmenge durch die Absorptionsgefäße zu führen als bei einem Gehalt von 10 g in 1 cbm und gleichbleibender Gesamtlösemittelmenge. Ferner tritt eine wesentliche Stromersparnis ein. Für die Absaugung bei nachfolgender Durchführung durch die Absorptionsgefäße wird ein Hochdruckgebläse mit verhältnismäßig hohem Kraftverbrauch benötigt, für die Weiterführung der bereits einmal benutzten Luft nach erneut erfolgter Aufheizung zur abermaligen Trocknung genügen hingegen infolge des geringen Gegendrucks Ventilatoren mit sehr geringem Kraftverbrauch. Bei der Verdampfung von Lösemitteln mit verschiedenen Dampfdrucken wird der Gas- oder Luftstrom zuerst zur Aufnahme des Lösemittels von hohem Dampfdruck und dann zur Aufnahme des Lösemittels mit niedrigem Dampfdruck, also in der umgekehrten Reihenfolge der Dampfdrucke, benutzt.

Patentansprüche: 1. Verfahren zur Wiedergewinnung flüchtiger Lösemittel, dadurch gekennzeichnet, daß man den zur Aufnahme der Lösemitteldämpfe dienenden Gas- oder Luftstrom mehrmals ohne zwischengeschaltete Abscheidung der Lösemitteldämpfe erneut nach vorheriger Wiederaufheizung zur Verdampfung der Lösemittel benutzt, ehe man ihn in üblicher Weise dem Absorptions- oder Kondensationsverfahren unterwirft.

2. Verfahren nach Anspruch 1, dadurch gekennzeichnet, daß der Gas- oder Luftstrom zur Verdampfung verschiedener Lösemittel in der der Höhe des Dampfdruckes der betreffenden Lösemittel bei den in Frage kommenden Temperaturen entgegengesetzten Reihenfolge benutzt wird.

19. Derselbe. Verfahren zur Wiedergewinnung flüchtiger Lösemittel.

D.R.P. 448291 Kl. 12e vom 29. IV. 1924.

Die Erfindung bezweckt die zur Verdunstung der Lösemittel verwendeten Luft- oder Gasströme bei Anreicherung mit Lösemitteldämpfen die minimale Explosionsgrenze möglichst heraufzusetzen oder die Möglichkeit einer Explosion ganz auszuschließen. Berücksichtigt man z. B., daß bei einem Luftstrom die Explosionsgrenzen für Alkohol bei etwa 5 Vol.-% minimal, bzw. bei 13 Vol.-% maximal liegen, so ergibt sich ohne weiteres der große Vorzug, wenn statt des zur Verdunstung dienenden Luftstromes in normaler Zusammensetzung, z. B. ein Luftgemisch mit einem höheren Stickstoffgehalt benutzt wird.

Patentanspruch: Verfahren zur Wiedergewinnung flüchtiger Lösemittel, dadurch gekennzeichnet, daß man zur Verdunstung derselben

Gasgemische benutzt, welche eine stärkere prozentuale Anreicherung der Lösemitteldämpfe gestatten, ohne daß die Explosionsgrenze erreicht wird.

20. Derselbe. Verfahren zur Wiedergewinnung flüchtiger Lösemittel.

D.R.P. 480747 Kl. 12e vom 29. IV. 1924.

Nach Patent 448291 (s. vorstehend) benutzt man zur Verdunstung von Lösungsmitteln Luft-Gasgemische, welche eine stärkere prozentuale Anreicherung der Lösungsmitteldämpfe als Luft gestatten, ohne daß die Explosionsgrenze erreicht wird. Bei vielen Fabrikationsarten ist es außerdem von großem Vorteil, wenn man hiermit zugleich die Erhöhung der relativen spezifischen Wärme der betreffenden Gasgemische gegenüber Luft verbindet. Dies ist deswegen wünschenswert, weil der Gasstrom den Träger der Wärme, welche zur Verdunstung der Lösemittel benötigt wird, bildet. Kühlt man z. B. 100 cbm Luft von 50° auf 30° ab, so reicht die abgegebene Wärmemenge bei weitem nicht aus, um die Menge Alkohol oder gar Äther zu verdunsten, welche entsprechend dem Dampfdruck bei 30° in dem betreffenden Raum enthalten sein kann. Es ist daher von wirtschaftlichem Wert, wenn man die relative spezifische Wärme des Luft-Gasgemisches erhöht. So ist z. B. die relative spezifische Wärme der Luft = 0,260, die der Kohlensäure = 0,380, so daß man z. B. durch Zusatz von Kohlensäure zu einem Luftstrom die relative spezifische Wärme dieses Gasstromes wesentlich erhöhen kann. Man wird also bei der Wahl eines Gasgemisches mit erhöhter Explosionsgrenze zum Verdunsten des Lösungsmittels insbesondere eine solche Komponente für das Gasgemisch auswählen, die zugleich die relative spezifische Wärme des Gasgemisches erhöht.

Patentanspruch: Verfahren zur Wiedergewinnung flüchtiger Lösemittel mit Hilfe eines die Verdunstung bewirkenden Gasgemisches von solcher Zusammensetzung, daß gegenüber Luft die minimale Explosionsgrenze erhöht ist, gekennzeichnet durch die Anwendung eines Luft-Gasgemisches, das zugleich eine höhere relative spezifische Wärme als Luft besitzt.

21. Derselbe. Verfahren zur Wiedergewinnung flüchtiger Lösemittel mittels inerter Gase.

D.R.P. 444913 Kl. 12e vom 10. VII. 1925.

Bei Verwendung von inerten Gasströmen zur Wiedergewinnung flüchtiger Lösungsmittel ist durch Anreicherung des Gasstroms mit dem Sauerstoff der Luft die Möglichkeit einer explosiven Mischung mit den Lösemitteln gegeben.

Nach vorliegender Erfindung wird dieser Übelstand dadurch vermieden, daß in den Kreislauf der benutzten inerten Gasströme Filter oder Wäscher eingeschaltet sind, welche den Sauerstoff absorbierende Stoffe enthalten. Als ein solcher eignet sich z. B. Pyrogallol, welches, in Wasser oder einem Waschöl unter Zusatz von Alkali gelöst, Luftsauerstoff begierig aufnimmt. Die Verwendung solcher Filter wird sich auch dann besonders empfehlen, wenn die Sauerstoffeinwirkung auf das betreffende Absorptionsmittel verhindert werden soll.

Patentansprüche: 1. Verfahren zur Wiedergewinnung flüchtiger Lösemittel mittels im Kreislauf bewegter inerter Gasströme, dadurch gekennzeichnet, daß der Gasstrom in seinem Kreislauf Wäscher oder Filter bzw. eine Anordnung beider hintereinander passiert, welche etwa aufgenommenen Luftsauerstoff ganz oder teilweise binden.

2. Verfahren nach Anspruch 1, dadurch gekennzeichnet, daß man als Sauerstoffbindemittel eine Lösung von Pyrogallol in Wasser, in Paraffinöl u. dgl. unter Zusatz von Alkali verwendet.

3. Verfahren nach Anspruch 1 und 2, dadurch gekennzeichnet, daß man derartige Wäscher und Filter bzw. eine Anordnung beider hintereinander auch für sich nicht im Kreislauf bewegende Gasströme zum Schutz des betreffenden Absorptionsmittels vor Verharzung anwendet.

22. Derselbe. Verfahren zur Wiedergewinnung flüchtiger Lösemittel mittels inerter Gase.

D.R.P. 445564 Kl. 12e vom 26. VII. 1925, Zusatz zu D.R.P. 444913.

Das in der Patentschrift 444913 (s. vorstehend) beschriebene Verfahren erstreckt sich auf Gasströme, welche durch den Verdunstungsraum hindurchgeführt werden. Besonders bei Inbetriebnahme oder Außerbetriebsetzung muß bei Vorhandensein von Luft in dem Verdunstungsraum das Lösemittelluftgemisch die minimale und gegebenenfalls die maximale Explosionsgrenze durchlaufen. Ferner würde bei Verwendung inerter Gase in dem Verdunstungsraum die Gefahr bestehen, daß durch Diffusion an undichten Stellen allmählich ein Sauerstoffzutritt aus der Luft erfolgt. Vorliegende Erfindung ermöglicht die einfache Herstellung eines inerten Gases für den Verdunstungsraum und die Fernhaltung von neu hinzutretendem Luftsauerstoff dadurch, daß sie in einem sekundären Kreislauf periodisch oder ständig Gas aus dem Verdunstungsraum führt und dieses in diesem sekundären Kreislauf nach dem D.R.P. 444913 einen Wäscher oder Filter oder eine Anordnung beider hintereinander, welche etwa vorhandenen Sauerstoff ganz oder teilweise beseitigen, passieren läßt.

Patentanspruch: Verfahren zur Wiedergewinnung flüchtiger Lösemittel durch Kondensation unter Verwendung eines inerten Gases in dem Kondensationsraum, dadurch gekennzeichnet, daß man in einen sekundären Kreislauf Gas aus dem Verdunstungsraum führt und Wäscher oder Filter bzw. eine Anordnung beider hintereinander zum Binden von Luftsauerstoff nach D.R.P. 444913 passieren läßt.

Nach Metallbank und Metallurgische Ges., Akt.-Ges.

23. Metallbank und Metallurgische Ges., Akt.-Ges., Frankfurt a. M. Wiedergewinnung flüchtiger Lösungsmittel.

Brit. P. 266145 vom 9. III. 1926.

Die Wiedergewinnung erfolgt durch Überleiten einer Mischung aus Sauerstoff und Stickstoff, die weniger Sauerstoff enthält als Luft. Ein

Gas mit höherer spezifischer Wärme als Luft kann zugegeben werden, z. B. Kohlendioxyd. Die Überleitung des Gasgemisches erfolgt mehrmals bis zur Sättigung oder Erreichung der unteren Explosionsgrenze. Während des Gasumlaufs kann das Gas erhitzt werden, ein Teil des umlaufenden Gases kann durch Kondensation oder Absorption von Lösungsmitteldämpfen befreit werden, ehe er weiter umläuft. (Zeichnungen.)

24. Dieselbe. Verfahren zur Wiedergewinnung flüchtiger Lösungsmittel.

Franz. P. 617477 vom 12. VI. 1926.

Der zur Wiedergewinnung verwendete Luft- oder Gasstrom wird ohne Zwischenkühlung mehrmals durch die Apparatur geleitet, nötigenfalls wird er inzwischen wieder erhitzt. Um die Explosionsgefahr herabzusetzen, wird ein z. B. an Stickstoff reiches Luftgemisch verwendet. Durch Zumischung von Kohlensäure wird die spezifische Wärme des umlaufenden Gasstroms erhöht.

25. Dieselbe. Verfahren zur Wiedergewinnung flüchtiger Lösungsmittel durch Adsorption.

Franz. P. 622147 vom 17. IX. 1926.

Den viel Lösungsmitteldampf enthaltenden Gasen wird unmittelbar vor der Adsorptionsanlage ein nicht adsorbierbares Gas zugeführt. Das zuzuführende Gas kann das sein, welches aus der Adsorptionsanlage entweicht, es kann schon an der Stelle der Anlage zugeführt werden, wo die Lösungsmitteldämpfe entstehen. (4 Zeichnungen.)

Nach Scheuble.

26. B. Scheuble. Wiedergewinnung von Dämpfen aus Gasen.

Österr. P. 101042 vom 14. VI. 1924.

Als Absorptionsmittel werden Chlorderivate von Naphthalin verwendet, besonders die, welche durch direkte Chlorierung technischer Produkte erhalten werden.

Nach Ironside.

27. E. A. Ironside, London. Wiedergewinnung flüchtiger Lösungsmittel.

Brit. P. 238984 vom 16. VI. 1924.

Zur Wiedergewinnung flüchtiger Lösungsmittel aus Gasgemischen wird das Gemisch in einem Behälter durch ein in der Mitte angebrachtes senkrechtes Rohr oben eingeführt und geht durch festes aufnahmefähiges Material nach unten. Das aufnahmefähige Material, z. B. Holzkohle, wird durch ein in ihm liegendes Röhrensystem erhitzt oder abgekühlt. Ist das Absorptionsmaterial mit dem Lösungsmittel gesättigt, so wird durch das in der Mitte angeordnete Einführungsrohr Dampf zugeleitet und das Lösungsmittel wiedergewonnen. (Zeichnungen.)

Nach I. G. Farbenindustrie Aktiengesellschaft.

28. I. G. Farbenindustrie Aktiengesellschaft, Frankfurt a. M. (Chem. Fabrik Griesheim-Elektron, Frankfurt a. M.) Gewinnung flüchtiger Stoffe aus Luft.

Brit. P. 262404 vom 3. XI. 1926 (Prior. Deutschl. vom 3. XII. 1925).

Als Absorptionsmittel unter anderm in der Kunstseideindustrie werden Triarylphosphate verwendet.

Nach Syntheta A.-G.

29. Syntheta A.-G., Zürich. Trockenspinnverfahren bei der Herstellung von Kunstseide.

Schweiz. P. 118423 vom 4. II. 1926; brit. P. 265577; belg. P. 339841; tschechosl. P. 25288.

Die Kondensation und Rückgewinnung des Lösungsmittels wird dadurch erleichtert, daß der nasse Kunstseidefaden in einem über den Siedepunkt des Lösungsmittels erhitzten Raum nicht wie bisher durch stetig sich erneuernde Zirkulationsluft, sondern mittels des durch die eigenen Lösungsmitteldämpfe gebildeten heißen Dampfbades getrocknet wird. Es ist zweckmäßig, dauernd dieselbe Konzentration des Dampfbades durch Entfernung des jeweiligen Dampfüberschusses aufrechtzuerhalten. Das läßt sich dadurch erreichen, daß man die Dämpfe aus der Spinnkammer absaugt und durch einen Kühler gehen läßt; unkondensierte Dämpfe gehen zu der Spinnkammer zurück. Die Spinndüsen befinden sich im oberen Teile der geschlossenen Spinnkammer, die Spulen zum Aufwickeln der Fäden in der Nähe des Bodens der Kammer. (2 Zeichnungen.)

Nach Bollmann.

30. H. Bollmann, Hamburg. Verfahren zur Wiedergewinnung flüchtiger Lösungsmittel.

D.R.P. 451905 Kl. 12e vom 9. III. 1926.

Zur Wiedergewinnung von mit Luft flüchtigen Lösungsmitteln, wie z. B. Benzol, Benzin, Äther, Alkohol usw., kann man das Gemisch aus Luft und Lösungsmitteln durch ein fettes Öl leiten und hierauf das absorbierte Lösungsmittel abdestillieren, wobei eine innige Berührung des Gasdampfgemisches mit dem Fett stattfinden muß. Das Wesen vorliegender Erfindung besteht darin, das Verfahren in vollkommener Weise unter Anwendung kleinster Ölmengen durchzuführen. Zur Ausführung des Verfahrens bedient man sich der in Fig. 3 im Schnitt dargestellten Vorrichtung. Die beiden zylindrischen, miteinander verbundenen Behälter *1* und *2* sind durch die Scheidewand *3* getrennt. An dem Behälter *1* ist der Zerstäuber *4* tangential angeordnet. Mit diesem Zerstäuber *4* wird Öl durch das Luftdampfgemisch unter Druck zer-

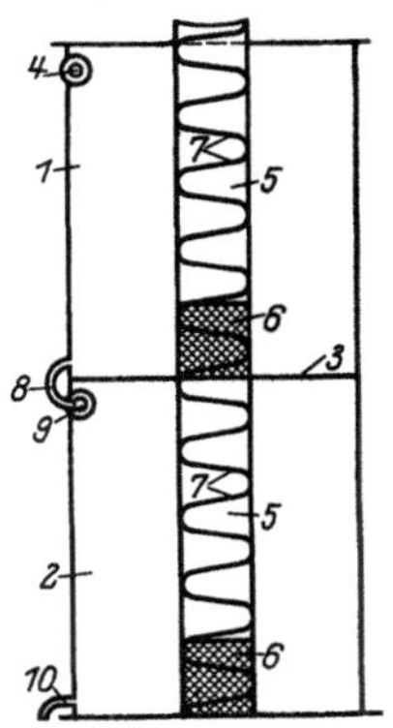

Fig. 3.

stäubt in den Behälter *1* eingeführt, in welchem es sich kreisförmig längs der Innenwandung bewegt. Am Boden des Behälters *1* befindet sich das Rohr *8*, welches zu dem Zerstäuber *9* führt. Das Öl tritt aus dem Behälter *1* in das Rohr *8* und wird durch den Zerstäuber *9* mit einem frischen Luftdampfgemisch in den Behälter *2* gefördert, in welchem sich der gleiche Vorgang wiederholt. Den Behälter *2* verläßt das Öl durch das an seinem Boden befindliche Rohr *10*. Durch die Achse der Behälter *1* und *2* ist das Rohr *5* geführt, durch welches die Luft austritt. Der Eintritt in das Rohr *5* erfolgt durch die durch feinmaschige Drahtsiebe verschlossenen Öffnungen *6*. Innerhalb des Rohres *5* befindet sich außerdem der schneckenförmige Widerstand *7*, welcher von der Luft mitgerissene Öltröpfchen zurückhält.

Patentanspruch: Verfahren zur Wiedergewinnung flüchtiger Lösungsmittel durch innige Berührung des Luftdampfgemisches mit fettem Öl oder Fettsäure, dadurch gekennzeichnet, daß das unter Druck stehende Luftdampfgemisch Öl mittels eines tangential angeordneten Zerstäubers in einem Behälter zerstäubt und in diesem in kreisförmige Umdrehung versetzt, worauf die Luft aus dem Behälter wieder austritt und von mitgerissenen Öltröpfchen durch Widerstände befreit wird.

Nach Cheminova.

31. Cheminova Gesellschaft zur Verwertung chemischer Verfahren m. b. H., Berlin. Verfahren zur Wiedergewinnung flüchtiger Stoffe.

Schweiz. P. 128000 vom 23. IV. 1927 (Prior. Deutschl. vom 24. IV. 1926).

Man verwendet flüssige Absorptionsmittel, welche auf den zurückzugewinnenden Stoff eine Molekülattraktion ausüben, die daran zu erkennen ist, daß der Partialdruck des flüchtigen Stoffes über dem Gemisch kleiner ist als der auf Grund des Gesetzes binärer, rein physikalischer Flüssigkeitsgemische berechenbare theoretische Wert. Zum Wiedergewinnen von Äther ist Pentachloräthan, von Essigsäureäthylester Dichloressigsäure geeignet.

Nach Société Internationale Des Procédés Prudhomme Houdry.

32. Société Internationale Des Procédés Prudhomme Houdry. Produkt zur Absorption der Dämpfe flüchtiger Lösungsmittel oder kondensierbarer Kohlenwasserstoffe und Herstellungsverfahren.

Franz. P. 636645 vom 20. X. 1926.

Das Produkt wird erhalten durch Hydrieren von Teer oder schweren Teerölen aus Gasfabriken oder Kokereien, Ölen, die vor der Hydrierung entschwefelt worden sind. Vor nicht so behandeltem Öl hat das Produkt den Vorzug, stärker zu absorbieren und länger wirksam zu bleiben.

Nach Barthélemy.

33. H.-L. Barthélemy. Verfahren zur Absorption und Wiedergewinnung der Dämpfe flüchtiger Flüssigkeiten.

Franz. P. 638901 vom 28. XII. 1926; belg. P. 347298; brit. P. 282792 (auch Ruth-Aldo Comp.).

Die von Dämpfen flüchtiger Flüssigkeiten zu befreienden Gase leitet man durch eine Kolonne, einen Turm od. dgl., der mit einer leicht schäumenden Flüssigkeit beschickt oder berieselt wird. Die Schaumbildung wird durch Rühren oder Zusatz leicht schäumender Mittel, die Absorption der Dämpfe durch Zusatz emulgierender oder die Dampftension herabsetzender Stoffe, von Lösungsmitteln für die aufzunehmenden Dämpfe oder durch Kühlen unterstützt. Man leitet z. B. ein Gemisch von Luft und Acetondampf, welches im Kubikmeter 45 g Aceton enthält, durch einen Turm, der im unteren Teil eine Verteilungsvorrichtung und Drahtnetze zur Unterstützung der Schaumbildung enthält, und von oben mit einer Mischung von 1000 Teilen Regenwasser, 45 Teilen Ammoniumoleat und 50 Teilen Rohglyzerin berieselt wird. Die mit Aceton beladene Flüssigkeit wird durch Destillation von Aceton befreit.

Nach Huwiler und Roth.

34. A. Huwiler, Berlin-Wilmersdorf und E. Roth, Basel. Rückgewinnungsanlage für Lösungsmittel von Spinnlösungen.

Schweiz. P. 128692 vom 12. III. 1927.

Die Anlage besteht aus einem luftdicht geschlossenen Kasten mit eingebauten senkrechten Wänden, die abwechselnd oben und unten dem in einem Wärmeaustauscher abgekühlten, im Kreislauf geführten Lösungsmitteldampf-Luftgemisch Durchgang bieten. Der Boden des Kastens ist mit einer Absorptionsflüssigkeit bedeckt (Wasser, Natriumbisulfit- oder Chlorkalziumlösung); in ihm rotieren mehrere schnell laufende Walzen, welche an zwei gegenüberliegenden Stellen flügelartige Fortsätze haben. Diese Fortsätze werfen die Absorptionsflüssigkeit fein verteilt als Sprühregen in die Höhe. Dadurch wird das Lösungsmittel aus der durchgeleiteten Luft teilweise absorbiert und diese erneut für das Lösungsmittel aufnahmefähig gemacht Eine Heizvorrichtung dient zum Wiedererwärmen der Kreislaufluft, eine Destillationsanlage zum Abtreiben der Lösungsmittel aus der Absorptionsflüssigkeit. (Zeichnung.)

Nach Carbide and Carbon Chemicals Corp.

35. Carbide and Carbon Chemicals Corporation, New-York. Wiedergewinnung absorbierbarer Stoffe aus Gasgemischen.

Brit. P. 291277 vom 22. X. 1927.

Die Vorrichtung dient zur Wiedergewinnung von Alkohol und Äther aus den in Spinnvorrichtungen kreisenden, mit Luft vermischten Lösungsmitteldämpfen. Zu diesem Zwecke sind zwei abwechselnd arbeitende Absorptionsvorrichtungen *A*, *A′* (Fig. 4) vorgesehen. Das Gasgemisch wird durch das Gebläse *F* über das Ventil *2* zum Absorber

A' gedrückt, den es abwärts durchstreicht und durch das Ventil *4* und die Austrittsöffnung *20* verläßt. Nach Aufladen des ersten Absorbers tritt das Gasgemisch in den zweiten ein. Sodann läßt man bei *18* Dampf zutreten, welcher durch die oberen und unteren Räume von *A'*, die Ventile *8, 10, 12* und *13* streicht, die Gase verdrängt und

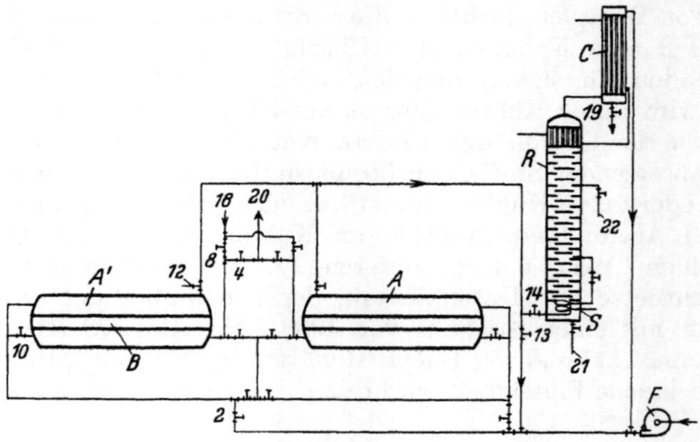

Fig. 4.

dem durch *A* gehenden Gemisch zuführt. Nach Schließen der Ventile *10* und *13* geht der Dampf durch die Absorptionsschichten *B*, wobei die absorbierten Dämpfe ausgetrieben werden. Das Gasgemisch geht durch Ventil *14* zu einem im unteren Teile einer Rektifikationssäule *R* liegenden Schlangenrohr *S*. Das kondensierte Wasser fließt bei *21* ab, während die flüchtigeren Stoffe (Alkohol und Äther) an geeigneten Stellen *22* und *19* oder in einem anschließenden Kondensator *C* aufgefangen werden[1].

b) Die Herstellung von Kunstseide aus nicht nitrierten pflanzlichen Ausgangsstoffen.

1. Aus Lösungen von Zellulose in Kupferoxydammoniak.

Verfahren und Vorrichtungen zur Herstellung von Kunstseide aus Kupferoxydammoniakzelluloselösungen im allgemeinen.

Nach Heberlein.

36. K. B. Heberlein, New-York. Verfahren zur Behandlung von Zellulose zur Erzielung verwertbarer Produkte.

Franz. P. 610417 vom 29. I. 1926; Ver. St. Amer. P. 1590594 vom 29. VI. 1926, angem. 11. III. 1920 (E. Taylor von Taylor Laboratories, New-York); brit. P. 270375; schweiz. P. 125974.

Nach der Erfindung wird einer Lösung von Zellulose in Kupferoxydammoniak das Metall dadurch entzogen, daß man durch das aus

[1] Eine 1925 in Betrieb genommene Anlage zur Wiedergewinnung von Alkohol und Äther in einer belgischen Fabrik beschreibt eingehend G. Weißenberger in der Zeitschrift Kunstseide, 9. Jahrgang, S. 321—327.

der Lösung erzeugte Gebilde zwischen Elektroden den elektrischen Strom gehen läßt. Man läßt z. B. aus feinen Düsen einen Faden in verdünnte Schwefelsäure austreten und sammelt die Fäden auf einem Transportband, welches als Anode ausgebildet ist. Oberhalb des Transportbandes befindet sich die Kathode und die gebildeten Fäden gehen zwischen Anode und Kathode hindurch und werden dabei von Kupfer befreit. Sie gehen dann durch Waschbäder und werden danach aufgewickelt. Eine stärkere elektrolytische Wirkung kann dadurch erzielt werden, daß die Spinndüsen aus Platin bestehen oder mit Platin überkleidet sind. Sie dienen dann als Anode. Das Verfahren kann auf das Streckspinnen angewendet werden; nitriert man die erhaltenen Zellulosefäden und denitriert sie mittels Alkalisulfhydrat, Kupferchlorür usw., so erhält man Produkte, die der besten Kunstseide vergleichbar sind. (Zeichnungen.)

Nach Hölkenseide G. m. b. H.

37. Hölkenseide G. m. b. H., Barmen. Verfahren und Vorrichtung zur Herstellung von Kunstseidenfäden.

D.R.P. 438770 Kl. 29a vom 13. VII. 1920; Ver. St. Amer. P. 1641588 (M. Hölken jr.); belg. P. 352750; schweiz. P. 102713; ital. P. 217939.

Das Patent entspricht dem in der 5. Aufl. S. 246, Nr. 258[1] mitgeteilten brit. P. 211691.

Patentansprüche: 1. Verfahren zur Herstellung von Kunstseidenfäden aus Zelluloselösungen, insbesondere Kupferoxydammoniak-Zelluloselösungen nach dem Streckspinnverfahren, wobei die verhältnismäßig dicken, durch Streckung auf die gewünschte Feinheit zu bringenden Fäden aus einer mit einem siebartig gelochten Boden versehenen Spinnbrause in einen die Fällflüssigkeit enthaltenden Zylinder austreten und mit der Fällflüssigkeit zusammen nach unten abgeführt werden, dadurch gekennzeichnet, daß jeder der an eine gemeinsame Zuleitung angeschlossenen Spinnbrausen die Spinnlösung durch eine besondere vom jeweiligen Leitungsdruck und der Lösungsbeschaffenheit unabhängige Zuteilvorrichtung, z. B. eine Zahnradpumpe, einzeln zugeführt wird.

2. Vorrichtung nach Anspruch 1, dadurch gekennzeichnet, daß jede Spinnbrause mittels eines Doppelgelenkarmes parallel verschiebbar mit der Zuteilvorrichtung verbunden ist.

3. Vorrichtung nach Anspruch 2 mit einer um hohle Zapfen schwingbaren, pumpenartigen Zuteilvorrichtung, dadurch gekennzeichnet, daß der die Spinnflüssigkeit zur Pumpe führende Hohlzapfen als Hahnküken zum Abstellen der Spinnflüssigkeit ausgebildet ist, während der andere Hohlzapfen den Gelenkarm der Spinnbrause trägt.

[1] Das in der 5. Aufl., S. 246, Nr. 258 angeführte Ver. St. Amer. P. 1493545 entspricht dem in der 5. Aufl., S. 250, Nr. 261 angegebenen.

38. Dieselbe. Vorrichtung zum Regeln der Zuführung der Fällflüssigkeit zum Spinntrichter für Maschinen zum Verspinnen von viskosen Flüssigkeiten, insbesondere Kupferoxydammoniak-Zelluloselösung.

D.R.P. 421339 Kl. 29a vom 7. III. 1922; ital. P. 217941.

Die trotz gleichen Drucks schwankenden Durchflußmengen an Fällflüssigkeit zu den Spinntrichtern, insbesondere beim Verspinnen von Kupferoxydammoniak-Zelluloselösungen, üben im Verein mit unvermeidlichen Ungleichheiten in den Abmessungen der Spinntrichter eine nachteilige Wirkung auf die Fadenbündel aus, welche nach vorliegender Erfindung dadurch vermieden werden kann, daß man in die Zuleitungen *d* (Fig. 5) zu den aus Zylinder und Spinntrichter bestehenden Spinnvorrichtungen *a*, *a* ... eine Staudüse *c* mit einer verengten, aber genau auf einem bestimmten Maß gehaltenen Durchtrittsöffnung einschaltet. *b* ist der allen Spinnvorrichtungen gemeinsame Behälter für die Fällflüssigkeit.

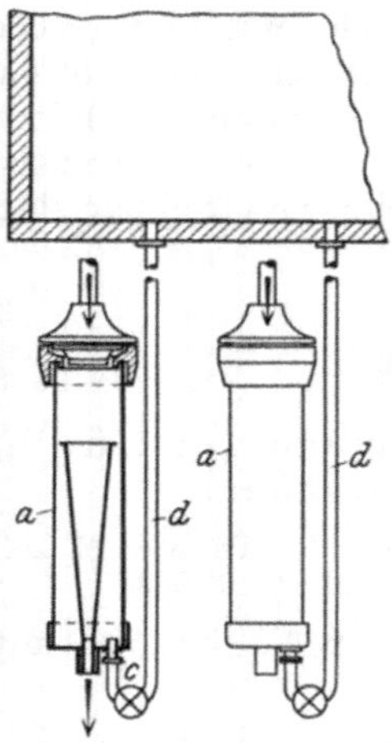

Fig. 5.

Patentanspruch: Vorrichtung zum Regeln der Zuführung der Fällflüssigkeit zum Spinntrichter für Maschinen zum Verspinnen von viskosen Flüssigkeiten, insbesondere Kupferoxydammoniak-Zelluloselösung, dadurch gekennzeichnet, daß bei gruppenweise von einem gemeinsamen Behälter mit einer unter gleichbleibendem Druck stehenden Fällflüssigkeit gespeisten Spinntrichtern in der Zuleitung eines jeden Spinntrichters eine kalibrierte Staudüse eingeschaltet ist.

39. Dieselbe. Fadenführeranordnung für Kunstseidenspinnmaschinen.

D.R.P. 432285 Kl. 29a vom 7. III. 1925.

Die Erfindung bezieht sich auf Kunstseidespinnmaschinen, insbesondere zur Herstellung von Kupferoxydammoniakseide, wobei das aus der Spinnbrause austretende Fadenbündel der Reihe nach durch eine Fällflüssigkeit, dann durch eine Härteflüssigkeit und schließlich über einen Fadenführer auf einen Haspel geleitet wird. Bei bekannten Vorrichtungen dieser Art wird an den in der Regel auf einer gemeinsamen hin und her bewegten Stange angeordneten Fadenführern die am Fadenbündel haftende Härteflüssigkeit abgestreift und gelangt beim Abtropfen auf verschiedene Stellen des darunter befindlichen Haspels. Dadurch wird namentlich dann, wenn zur Erzielung besserer Seidenqualität die Härtung der Fäden zunächst nur unvollkommen vorgenommen und erst später vollendet wird, an denjenigen Stellen, wo die Härteflüssigkeit von dem Fadenführer auf den Haspel tropft, eine ungleichmäßige Härtung der Fäden bewirkt, welche die Güte der Seide beeinträchtigt. Diese Mängel werden gemäß der Erfindung dadurch beseitigt, daß unterhalb der Fadenführer eine Auffangrinne für die abgestreifte Härteflüssigkeit derart angebracht ist, daß letztere nicht mit den auf dem Haspel befindlichen Fäden in Berührung kommen kann. Dabei kann vorzugsweise die die Fadenführer tragende hin und her bewegliche Stange selbst als Rinne ausgebildet sein, auf welcher die einzelnen Fadenführer verstellbar und leicht auswechselbar angeordnet sind.

Fig. 6 zeigt die Spinnvorrichtung im Querschnitt, Fig. 7 einen Teil der Fadenführer in Vorderansicht in etwas größerem Maßstabe, Fig. 8 und 9 je einen Querschnitt bzw. eine Draufsicht zu Fig. 7.

a ist das den Spinntrichter *b* enthaltende Gefäß, aus welchem unten bei *c* das Fadenbündel *i* zusammen mit der Fällflüssigkeit austritt. Das Fadenbündel wird dann über den Querstab *d* zur Seite und durch ein Härtebad *f* hindurch über den Fadenführer *g* auf den Haspel *h*

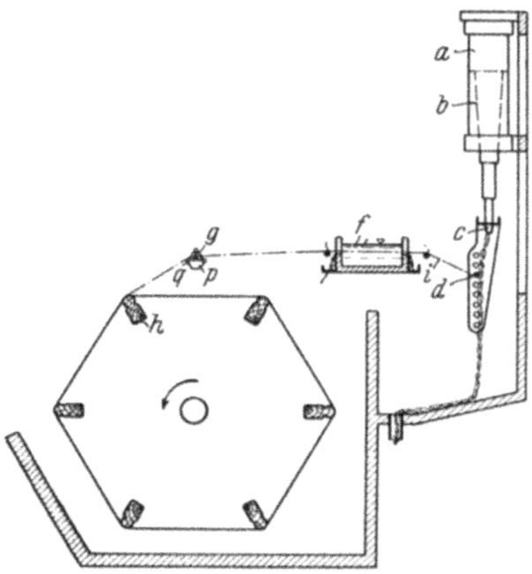

Fig. 6.

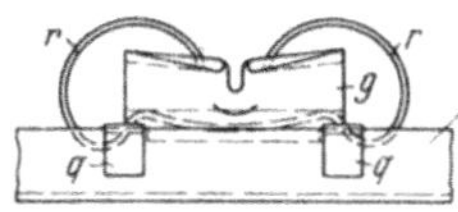

Fig. 7.

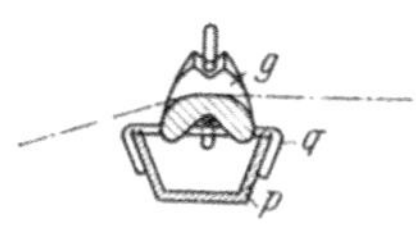

Fig. 8.

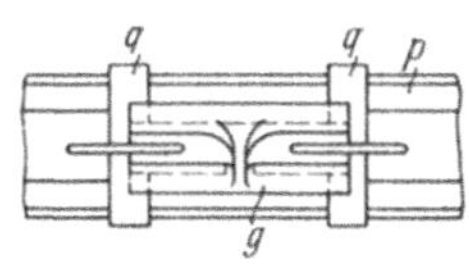

Fig. 9.

geleitet. In der Regel sind mehrere solcher Spinnvorrichtungen, und zwar etwa 4—6 nebeneinander angeordnet, deren Fäden auf einem gemeinsamen Haspel *h* nebeneinander in Kreuzwicklung aufgewunden werden. Die zugehörigen Fadenführer *g*, welche vorzugsweise aus Porzellan oder einer anderen keramischen Masse bestehen, sind auf einer gemeinsamen Stange *p* angeordnet, welche parallel zur Haspelwelle liegt und in ihrer Längsrichtung hin und her bewegt wird. Diese Fadenführerstange *p* ist als Rinne ausgebildet. Auf diese Rinne sind die einzelnen Fadenführer *g* (von denen im Beispiel nur einer gezeichnet ist) mittels der an den Enden umgebogenen hakenförmigen Klammern *q* reiterartig so befestigt, daß die von dem Fadenbündel *i* beim Durchlaufen des Fadenführers abgestreifte Härteflüssigkeit in der Rinne *p* aufgefangen und von dieser in der Längsrichtung der Rinne abgeleitet wird, ohne mit den Fadenlagen des Haspels in Berührung zu kommen. Zur Erleichterung des Einlegens der Fäden ist jeder Fadenführer *g* mit zwei Drahtbügeln *r* versehen. Durch die Klammern *q*, welche die Rinne *p* federnd umgreifen, ist ferner eine leichte seitliche Einstellung sowie eine Auswechslung der Fadenführer auf einfache Weise ermöglicht.

Patentansprüche: 1. Fadenführeranordnung für Kunstseidenspinnmaschinen, dadurch gekennzeichnet, daß unter den Fadenführern *g* für den Haspel *h* eine Auffangrinne *p* für die von den Fäden abgestreifte Härteflüssigkeit derart angebracht ist, daß die Flüssigkeit nicht auf die Fadenlagen des Haspels gelangt.

2. Fadenführeranordnung nach Anspruch 1, dadurch gekennzeichnet, daß die die einzelnen Fadenführer tragende hin und her bewegte Stange *p* selbst als Auffangrinne für die Härteflüssigkeit ausgebildet ist.

3. Fadenführeranordnung nach Anspruch 1 und 2, dadurch gekennzeichnet, daß die einzelnen Fadenführer *g* mittels federnder Schenkel *q* reiterartig auf der Stange *p* auswechselbar und in der Längsrichtung verstellbar befestigt sind.

40. Dieselbe. Streckspinnvorrichtung für Kunstseide.

D.R.P. 440664 Kl. 29a vom 7. III. 1925.

Durch die vorliegende Erfindung wird das Maß der Einwirkung der Fällflüssigkeit auf das aus dem Spinntrichter *b* (Fig. 10) austretende Fadenbündel *i* nicht durch Einstellung der Fällflüssigkeitsmenge, sondern dadurch reguliert, daß die Weglänge, welche das Fadenbündel zu durchlaufen hat, durch einen Querstab *d* in der Höhenrichtung verstellbar ist. Die den Leitstab tragenden seitlichen Stützen *k* sind mit einer senkrechten Reihe von Löchern *m* versehen, in welche der Leitstab *d* nach Bedarf eingesteckt werden kann. Die Stützen *k* sind ihrerseits an einem durchgehenden U-Eisen *o* befestigt, welches die Spitzen *c* der Spinnvorrichtung in sich aufnimmt und in der richtigen Lage sichert. Am Querstab *d* wird das Fadenbündel der Einwirkung der Fällflüssigkeit entzogen und durch den die Härteflüssigkeit enthaltenden Trog *f* hindurch über einen Fadenführer *g* auf den Haspel *h* geleitet.

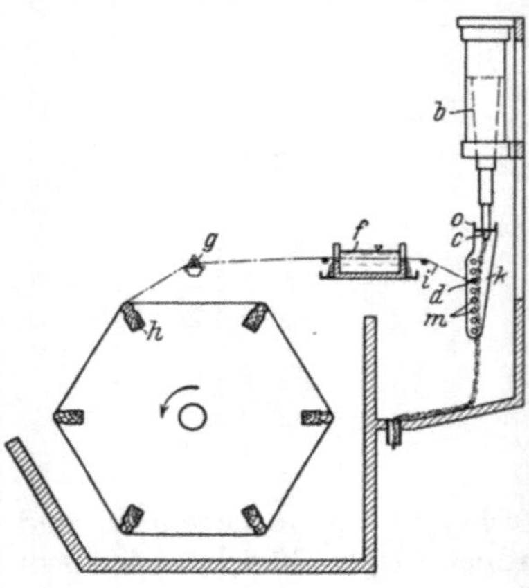

Fig. 10.

Patentanspruch: Streckspinnvorrichtung für Kunstseide, dadurch gekennzeichnet, daß der zur Umlenkung des Fadenbündels nach Verlassen des Trichters *b* dienende Querstab *d* in der Höhenrichtung verstellbar angeordnet ist.

Nach J. P. Bemberg A.G.

41. J. P. Bemberg, A.G., Barmen-Rittershausen. Rinne zum Absäuern von Kunstfäden.

D.R.P. 423645 Kl. 29a vom 16. III. 1922.

Das Patent entspricht dem in der 5. Aufl., S. 217, Nr. 233 wiedergegebenen[1].

[1] Eine gerade, nicht geknickte Absäurerinne mit Ablaufnasen an beiden Enden betrifft das D.R.G.M. 1010536 Kl. 29a der Leinbrockwerke A.G., Gottleuba i. S.

Patentansprüche: 1. Rinne zum Absäuern von Kunstfäden, dadurch gekennzeichnet, daß die Rinne mit einer oder mehreren unter der Zuführung der Säure liegenden Knickstellen derart versehen ist, daß ein Ablauf der zugeführten Säure nach beiden Richtungen erfolgt.

2. Vorrichtung nach Anspruch 1, dadurch gekennzeichnet, daß die Knickstelle so angeordnet ist, daß etwa ein Drittel der Rinnenlänge nach der einen, zwei Drittel nach der anderen Seite abfällt.

42. Dieselbe. Vorrichtung zum Spinnen von Seide.

D.R.P. 421426 Kl. 29a vom 8. XII. 1923; brit. P. 222373; Ver. St. Amer. P. 1646788; franz. P. 576312; belg. P. 315201; schweiz. P. 107581.

Beim Streckspinnverfahren ist es wichtig, daß die Fällflüssigkeit in der Nähe der Spinnbrause zur Vermeidung des Abreißens der noch weichen Fäden eine sehr langsame Bewegung hat. Durch die eigene Bewegung der Fäden werden aber in diesem Teil der Fällflüssigkeit noch Wirbelbewegungen hervorgebracht, welche störend wirken. Nach vorliegender Erfindung kann diese Erscheinung durch einen die Fäden einschließenden Einsatz im Spinntrichter vermieden werden, der den Strom der Fällflüssigkeit so teilt, daß dieser in der Hauptsache der unteren Austrittsöffnung der fertigen Fäden unmittelbar zufließt, während über die obere Kante des Einsatzes nur wenig Fällflüssigkeit zu der Fädenaustrittsöffnung strömt.

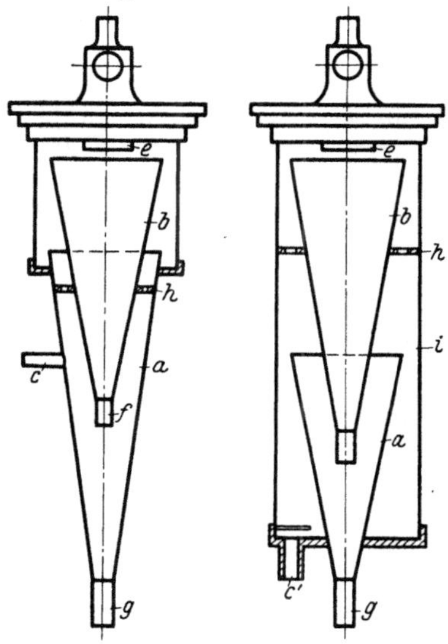

Fig. 11. Fig. 12.

In den Fig. 11 und 12 ist je eine Ausführungsform des Erfindungsgegenstandes schematisch dargestellt. Die Vorrichtung besteht in einem Glastrichter *a* mit Auslaufrohr *g*. In diesem Trichter liegt ein zweiter Trichter *b* als Einsatz, der durch einen durchbrochenen Ring *h* gehalten wird. Dieser Trichter kann ebenfalls ein Auslaufrohr *f* haben, es kann auch fehlen. Die Oberteile beider Trichter sind von einem zylindrischen Gehäuse umschlossen, in das die Brause ragt. Der innere Trichter kann mehr oder weniger tief in den äußeren Trichter ragen, und es kann der innere Trichter in Höhe der Spinnbrause *e*, er kann aber auch etwas tiefer endigen, während der obere Rand des äußeren Trichters unterhalb des Randes des inneren Trichters endigen kann. Eine bestimmte Endstellung beider Ränder ist unwesentlich. Ziemlich weit von der Ausflußöffnung des inneren Trichters entfernt befindet sich am äußeren Trichter ein Rohr *c*, durch welches die Fällflüssigkeit eingeführt wird. Ist die ganze Vorrichtung mit Fällflüssigkeit gefüllt und die Brause dicht aufgesetzt und läßt man Fällflüssigkeit durchfließen, so fließt diese im allgemeinen nur durch den Zwischenraum zwischen Außen- und Innentrichter nach der Ausflußöffnung *g*, während im Inneren des Innentrichters entweder gar keine oder nur eine äußerst geringe Abwärtsbewegung stattfindet. Werden jetzt die Fäden durch die Trichter gezogen, so fallen sie erst durch die ganz ruhige Schicht im Innentrichter und treten dann in den Außentrichter über, wo sie von der strömenden Fällflüssigkeit erfaßt und durch das Rohr *g* weggeführt werden. Durch die Abwärtsbewegung der Fäden im Innentrichter wird aber Fällflüssigkeit mitgezogen, welche sich durch solche aus dem Zwischenraum zwischen Außen- und Innentrichter ersetzt. Diese ersetzende Fällflüssigkeit tritt sehr gleichmäßig von allen Seiten über den oberen Rand des Innentrichters und erhält sofort eine Strömungsrichtung nach unten. Im Innern des Innentrichters ist also nur eine langsame Abwärtsbewegung der Fällflüssigkeit vorhanden, weshalb keine Wirbelbewegungen eintreten können.

Bei der zweiten Ausführungsform der Vorrichtung nach Fig. 12 sind die Trichter *a b* in ein langes zylindrisches Gehäuse *i* eingesetzt, dem die Fällflüssigkeit durch einen Stutzen *c* am Boden zufließt.

Patentansprüche: 1. Vorrichtung zum Spinnen von Kunstseide nach dem Streckspinnverfahren mit in einem Gehäuse eingeschlossenem Spinntrichter, gekennzeichnet durch einen, die Fäden einschließenden Einsatz *b*, der den Strom der in das Gehäuse eingeleiteten Fällflüssigkeit so teilt, daß diese in der Hauptsache der unteren Austrittsöffnung *g* des Trichters *a* und so den fertigen Fäden unmittelbar zufließt, während über die Oberkante des Einsatzes *b* nur wenig Fällflüssigkeit zu dieser Austrittsöffnung *g* strömt.

2. Vorrichtung nach Anspruch 1, gekennzeichnet durch einen nur teilweise in dem Gehäuse eingeschlossenen Trichter *a* mit innerem Trichter *b* als Einsatz, der mit ersterem durch eine durchbrochene Wand *h* verbunden ist, wobei die Zuflußöffnung *c* für die Fällflüssigkeit sich an dem ersteren Trichter *a* oberhalb der unteren Mündung des Innentrichters *b* befindet.

3. Vorrichtung nach Anspruch 1, gekennzeichnet durch einen trichterförmigen Einsatz *b*, der mit dem zylindrischen Gehäuse *i* durch eine durchbrochene Wand *h* verbunden ist, während der Zufluß *c* für die Fällflüssigkeit am Boden des Gehäuses *i* angeordnet ist.

43. Dieselbe. Spinnvorrichtung zur Herstellung von Kunstfäden.

D.R.P. 421743 Kl. 29a vom 19. II. 1924; belg. P. 323167; Ver. St. Amer. P. 1676334.

Das Patent entspricht dem in der 5. Aufl., S. 223, Nr. 238 wiedergegebenen.

Patentanspruch: Spinnvorrichtung zur Herstellung von Kunstfäden nach dem Streckspinnverfahren mit in einem zylindrischen Gefäß angeordneten Spinntrichter, dadurch gekennzeichnet, daß der Spinntrichter oben bis an die Spinnbrause heranreicht, während die Fällflüssigkeit außerhalb und unterhalb der oberen Öffnung des Trichters zugeführt wird.

44. Dieselbe. Vorrichtung zum Spinnen von Kunstseide nach dem Streckspinnverfahren mit strömender Fällflüssigkeit.

D.R.P. 418522 Kl. 29a vom 31. V. 1924; schweiz. P. 115510; franz. P. 594661; belg. P. 324533.

Die bekannten Vorrichtungen zum Spinnen von Kunstseide nach dem Streckspinnverfahren mit strömender Fällflüssigkeit haben alle das gemeinsam, daß der Fadenstrang aus der Spinnbrause austritt, dann von der Fällflüssigkeit koaguliert und kräftig ausgelaugt sowie ausgezogen wird, um schließlich durch eine Austrittsöffnung ins Freie zu treten.

Der Gegenstand der Erfindung besteht nun darin, daß in einem Spinntrichter gleichzeitig mehrere Fadenstränge gesponnen werden, wovon jeder für sich aus dem Spinntrichter austritt. Die von der Brause kommenden Fädchen werden entsprechend der Anzahl der Austrittsöffnungen in mehrere Fadenstränge unterteilt, wobei jeder davon für sich in einer solchen Austrittsöffnung gefaßt und fortgeführt wird. Die Austrittsöffnungen können sich nach oben zu einem Kegel erweitern und mehr oder weniger weit zur Spinnbrause hinaufgezogen werden. Mittels des Erfindungsgegenstandes ist es möglich, eine Steigerung der Produktion bis zu einem mehrfachen der früheren Menge zu erzielen, indem man mittels derselben Spinnvorrichtung, die bisher jeweils nur einen Fadenstrang lieferte, gleichzeitig mehrere gewinnen kann, wobei der Bedarf an Arbeitskräften sich nicht vergrößert.

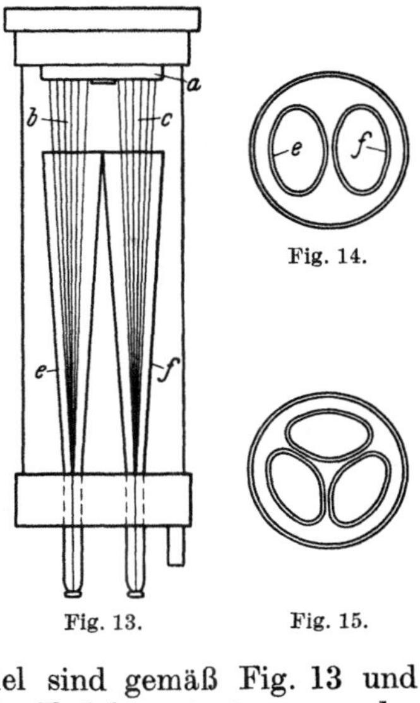

Fig. 13. Fig. 14. Fig. 15.

Der Erfindungsgegenstand ist auf der Zeichnung schematisch dargestellt: Fig. 13 ist eine Seitenansicht einer Vorrichtung nach der Erfindung, Fig. 14 und 15 sind Querschnitte oberhalb der Spinntrichter, Fig. 14 zeigt zwei, Fig. 15 drei Spinntrichter.

Die Fig. 16—18 zeigen drei weitere Ausführungsformen, bei denen statt zweier Spinntrichter im zylindrischen Mantelgefäß nur eine Scheidewand angeordnet ist, die den Innenraum in zwei Teile teilt. Die einzelnen Abbildungen unterscheiden sich hinsichtlich der Führung der Fällflüssigkeit. Bei dem dargestellten Ausführungsbeispiel sind gemäß Fig. 13 und 14 zwei Trichter *e* und *f* eingebaut. Die Fädchen treten aus der Spinnbrause *a* aus und teilen sich in die beiden Fadenbündel *b* und *c*, die dann durch die Austrittsöffnungen der Trichter fortgeführt werden. Man kann natürlich, anstatt das aus der Brause austretende Fadenbündel zu teilen, zwei oder verschiedene Brausen im Zylinder anordnen. Anstatt der beiden Trichter lassen sich ebensogut auch andere Vorrichtungen treffen, welche die Fadenbündel getrennt den Austrittsöffnungen zuführen, z. B. kann der Spinnzylinder selbst durch eine mittlere obere Scheidewand in senkrechter Richtung geteilt sein. Der Boden des Spinnapparates kann zwei konische Vertiefungen haben, in deren Mitte die beiden Ausflußröhrchen befestigt sind. Auf diese Weise werden alle Fäden eines Bündels der entsprechenden Ausflußöffnung zugeführt. In den Fig. 16—18 ist der zylindrische Mantel *g* der Spinnvorrichtung durch eine Scheidewand *h* in zwei halbkreisförmige Räume geteilt, durch deren jeden ein Fadenbündel hindurchläuft. Bei Fig. 16 wird die Fällflüssigkeit durch den Stutzen *i* zugeführt, sie läuft zum Teil im Gleichstrom mit den Fäden durch den Ausgangsstutzen *k*, zum Teil im Gegenstrom zu den Fäden aufwärts und über die Scheidewand *h* hinüber in die andere Abteilung des Gefäßes *g*, um durch den Stutzen *k'* mit den Fäden auszuströmen. In Fig. 17 sind zwei Zuführungen *i* und *i'* vorhanden, während oben ein oder zwei

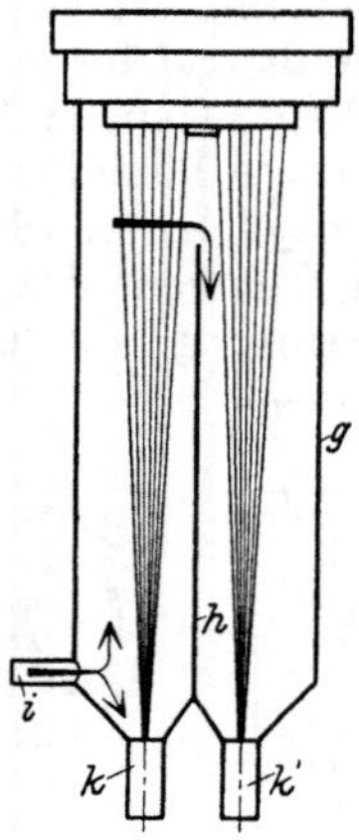

Fig. 16.

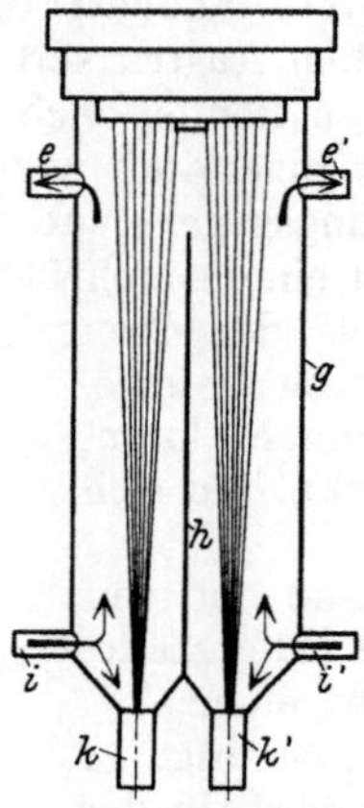

Fig. 17.

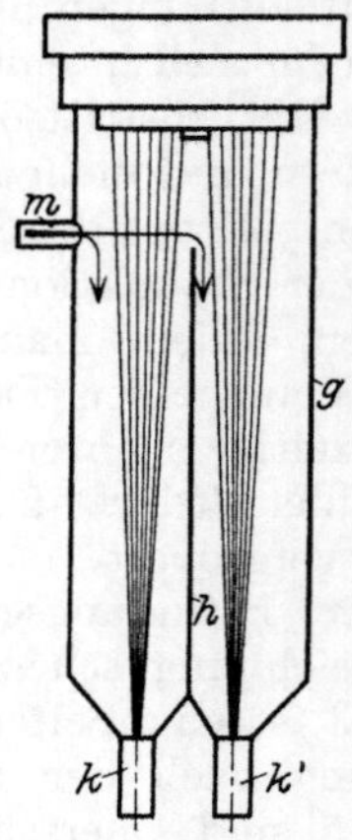

Fig. 18.

Ableitungen *e* und *e'* für die Fällflüssigkeit angeordnet sind. Die Fällflüssigkeit strömt dann auf beiden Seiten teils im Gleich-, teils im Gegenstrom zu den Fadenbündeln. In Fig. 18 wird die Fällflüssigkeit bei *m* oben zugeleitet und strömt im Gleichstrom durch beide Abteilungen bis zu den Auslaßstutzen *k*, *k'*. Die Boden der beiden Abteilungen sind trichterartig vertieft, um einen leichteren Austritt der Fadenbündel zu ermöglichen.

Patentansprüche: 1. Vorrichtung zum Spinnen von Kunstseide nach dem Streckspinnverfahren mit strömender Fällflüssigkeit, dadurch gekennzeichnet, daß das aus der Spinnbrause austretende Fadenbündel in zwei oder mehr Fadenstränge zerlegt wird, welche jeder für sich aus dem Spinnapparat austreten.

2. Vorrichtung nach Anspruch 1, gekennzeichnet durch so viele in ein zylindrisches Gehäuse eingebaute Spinntrichter, als Fadenbündel vorhanden sind.

3. Vorrichtung nach Anspruch 1, dadurch gekennzeichnet, daß die Fadenbündel durch eine zwischen ihnen liegende senkrechte Scheidewand im Gehäuse auseinandergehalten werden.

4. Vorrichtung nach Anspruch 3, gekennzeichnet durch konische Vertiefungen am Gehäuseboden, in deren Mitte die Austrittsröhren für die einzelnen Fadenbündel angebracht sind.

45. Dieselbe. Vorrichtung zum Spinnen von Kunstseide nach dem Streckspinnverfahren mit strömender Fällflüssigkeit.

D.R.P. 427609 Kl. 29a vom 16. I. 1925, Zusatz zum D.R.P. 418522; brit. P. 246335.

Die im Hauptpatent (s. vorstehend) beschriebene Vorrichtung zur Zerlegung des aus der Spinnbrause austretenden Fadenbündels in mehrere Fadenstränge wird nach der vorliegenden Erfindung durch einen Spinnbrausenkopf ergänzt, welcher zum Aufstecken mehrerer Brausen geeignet ist. Durch diese Vorrichtung sind die einzelnen Fadenbündel von vornherein so weit voneinander getrennt, daß ein Übertritt einer Faser von einem Bündel zum andern nicht vorkommt. Fig. 19 zeigt einen Schnitt durch einen Brausenkopf aus einem Stück mit zwei Austrittsöffnungen. Die Spinnlösung tritt bei *a* in das Halsstück des Brausenkopfes ein. Die Durchflußmenge wird bei *b* durch einen Hahn oder ein Ventil geregelt. Hinter dem Hahn gelangt die Spinnflüssigkeit in den Anfang *c* des Systems von Verteilungskanälen *d*. Aus diesen wird die Lösung in die trichterförmigen Austrittsöffnungen *e*, welche beim Spinnen mit den bekannten Spinnbrausen bedeckt sind, und von hier durch die Spinnbrausen in den bekannten Spinnzylinder weitergeleitet. Fig. 20 zeigt teilweise im Schnitt ein Hahngehäuse mit auswechselbarem Einsatzstück, und zwar für eine Brause. Der Brausenkopf besteht im wesentlichen aus einem Hahn oder Ventilgehäuse *f* und dem Einsatzstück *g*. Das Einsatzstück, dessen oberer Teil *h i* konisch gestaltet ist, wird in dem Hahngehäuse, welches eine entsprechende konische Bohrung besitzt, eingepaßt, z. B. eingeschliffen, und mit einem Haltering *k* festgehalten. Als Einsatzstück können bei dieser Bauart auch solche für mehr als eine Spinnbrause angewandt werden.

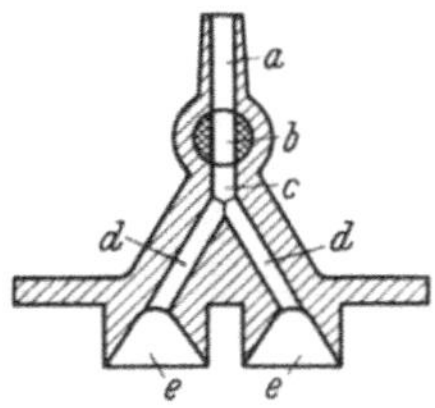

Fig. 19.

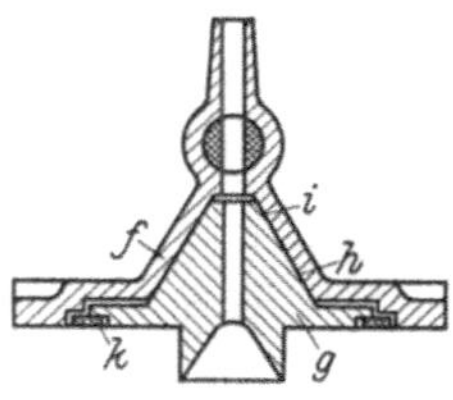

Fig. 20.

Patentansprüche: 1. Vorrichtung zum Spinnen von Kunstseide nach dem Streckspinnverfahren mit strömender Fällflüssigkeit nach Patent 418522, dadurch gekennzeichnet, daß sich an eine zentrale Zuleitung *a* für die Spinnlösung eine Anzahl Verteilungsleitungen *d* und eine gleiche Anzahl Stutzen *e* zum Aufsetzen der Brausen anschließen.

2. Vorrichtung nach Anspruch 1, dadurch gekennzeichnet, daß der Körper des Brausenkopfes *f* mit einem Einsatz *g* versehen ist, der je nach Bedarf einen, zwei oder mehrere Stutzen zum Aufsetzen von Spinnbrausen und die entsprechenden Verteilungsleitungen enthält.

46. Dieselbe. Vorrichtung zum Spinnen von Kunstseide nach dem Streckspinnverfahren mit strömender Fällflüssigkeit.

D.R.P. 420516 Kl. 29a vom 20. VIII. 1924, Zusatz zum D.R.P. 418522.

Bei den Spinnvorrichtungen nach Pat. 418522 (s. S. 23) kann es vorkommen, daß nach dem Abreißen eines Einzelfädchens der neugebildete Einzelfaden durch eine unregelmäßige Wasserströmung in den falschen Trichter hinübergezogen wird, was unter Umständen unliebsame Störungen verursacht. Um dies zu vermeiden, kann man in der Mittelebene zwischen beiden Trichtern über ihnen eine Trennungswand einsetzen, die nach oben zu bis nahe an die Brause heranreicht. Diese Wand kann entweder so befestigt werden, daß sie zwischen beide Trichter geklemmt wird, oder aber man setzt sie auf einen oder auf beide Trichter zugleich auf. Damit die Wand die im Oberteil des Zylinders befindliche Wasserströmung nicht allzusehr beeinflußt, wird sie gelocht, und zwar am besten mit runden, nicht zu großen Löchern oder mit schmalen Schlitzen versehen.

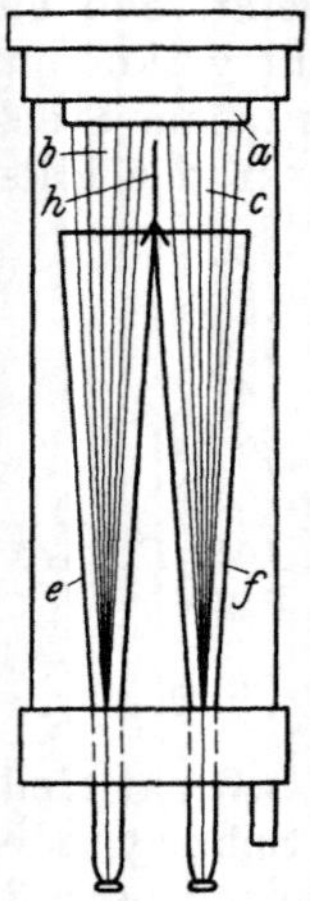

Fig. 21.

Wie bei der im Hauptpatent dargestellten Ausführungsform treten die Fädchen aus der Spinnbrause *a* (Fig. 21) aus, um in zwei Fadenbündeln *b* und *c* den Trichtern *e* und *f* zugeführt zu werden. Es können auch drei Trichter vorgesehen sein. Nach der Erfindung ist der Raum über den Trichtern durch eine Scheidewand *h* geteilt, die verhindert, daß etwa durch eine unregelmäßige Wasserströmung oder aus andern Ursachen ein nach dem Abreißen eines Einzelfadens neugebildetes Fädchen in den falschen Trichter hineingezogen wird. Bei Anordnung von drei Trichtern ist jeder von diesen von dem andern durch eine Scheidewand geteilt. Die Scheidewand *h* ist durch Aufsetzen auf die Trichter selbst befestigt.

Patentanspruch: Vorrichtung zum Spinnen von Kunstseide nach dem Streckspinnverfahren mit strömender Fällflüssigkeit nach Patent 418522, dadurch gekennzeichnet, daß zur Verhinderung des Übertritts einzelner Elementarfädchen von einem Trichter in den anderen der Raum zwischen der Spinnbrause *a* und den Trichtern *e*, *f* durch eine oder mehrere in der Richtung der Fäden verlaufende Scheidewände *h* geteilt ist, die gegebenenfalls mit Durchbrechungen versehen sind.

47. Dieselbe. Verfahren zur Herstellung von Fäden aus Zelluloselösungen, Apparat zur Herstellung von Fäden.

Brit. P. 244492 vom 15. XII. 1925 (Prior. Deutschl. vom 15. XII. 1924); franz. P. 607965 (Cuprum S. A.).

Bei der Herstellung von Kunstseide aus Kupferoxydammoniakzelluloselösungen wird die Koagulation der Fäden durch Wasser von niedriger Temperatur so weit geführt, daß die Verfestigung der Fäden unvollkommen ist, die Fäden werden dann aus dem Spinnapparat herausgeführt und in einem Kanal oder Bad wird durch Wasser von hoher Temperatur die Verfestigung vollendet. Auf diese Weise wird die Bildung von Niederschlägen an den Wandungen des Spinnapparats, die zu Fadenbrüchen führen, verhindert. Das erste Bad hat eine Temperatur von 20, das zweite eine von 50° C. Zu dem zweiten Bade können Alkalien oder Salze gesetzt werden. Das Verfahren ist anwendbar auf das Verspinnen von Lösungen von Zelluloseestern oder -äthern.

48. Dieselbe. Fadenführung für Spinnvorrichtungen zum Spinnen kunstseidener Fäden.
D.R.P. 438641 Kl. 29a vom 3. II. 1925.

Die beim Streckspinnverfahren mittels strömender Fällflüssigkeit verwandten Fadenleitstangen, welche die Fäden mehrerer Spinnvorrichtungen aufnehmen, um sie den Aufwickelvorrichtungen zuzuführen,

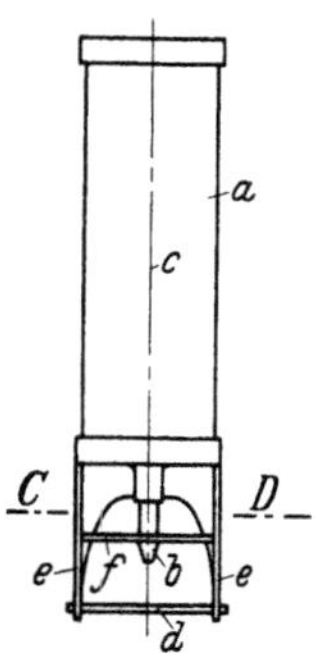

Fig. 22.

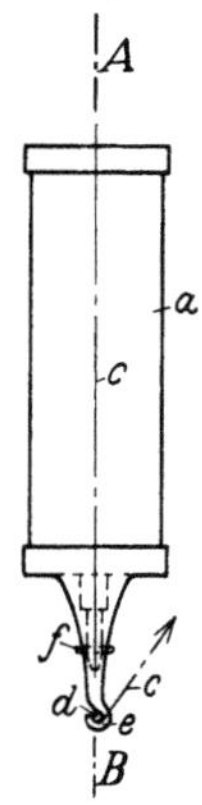

Fig. 23.

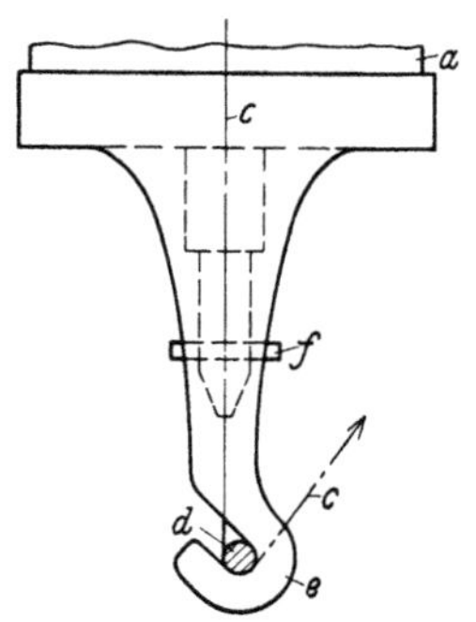

Fig. 24.

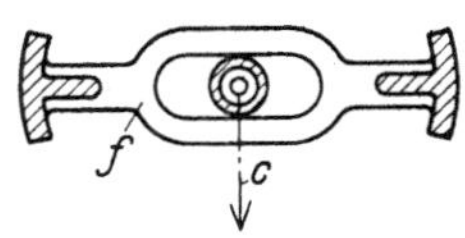

Fig. 25.

waren bisher unabhängig von der Spinnvorrichtung gelagert. Die hierdurch entstehenden Nachteile, welche vor allem in einer durch das Arbeiten an der Maschine und einer Auswechselung und Reinigung bedingten Verschiebung der Leitstange gegen den Auslauf der Spinnvorrichtung beruhen, werden erfindungsgemäß durch eine unverrückbare Verbindung zwischen Fadenleitstange und der Spinnvorrichtung vermieden. Ein Ausführungsbeispiel der Erfindung ist in der Zeichnung dargestellt.

Fig. 22 zeigt eine Spinnvorrichtung nach der Erfindung in Vorderansicht, Fig. 23 in Seitenansicht, Fig. 24 stellt den unteren Teil der Spinnvorrichtung mit der Fadenleitstange in Seitenansicht in vergrößertem Maßstab dar, Fig. 25 ist ein waagerechter Schnitt nach der Linie *C—D* der Fig. 22, ebenfalls in größerem Maßstab.

Der durch die Spinnvorrichtung *a* hindurchgehende und aus dem Auslaufröhrchen *b* austretende Faden *c* wird an der Stange *d* in einem bestimmten Winkel abgelenkt. Durch eine mit dem aus Metall bestehenden Unterteil fest verbundene Lagerung *e* wird die Umlenkstange *d* während des Spinnens in einem bestimmten Abstand und in einer bestimmten Lage zur Mittelachse $A-B$ (Fig. 23) dauernd festgehalten. Entgegengesetzt zur Zugrichtung des Fadens ist die Lagerung geschlitzt, wodurch ein bequemes Auswechseln der Stange möglich ist. Eine senkrecht zur Zugrichtung des Fadens entsprechend dem Durchmesser des Auslaufröhrchens *b* geschlitzte Brücke *f* (Fig. 25) gibt dem durch ein Schlauchstück mit der Spinnvorrichtung *a* verbundenen Auslaufröhrchen eine feste Lage zur Stange *d* in der Fadenzugrichtung und zugleich die Möglichkeit, das Röhrchen seitlich zu bewegen.

Patentansprüche: 1. Fadenführung für Spinnvorrichtungen zum Spinnen kunstseidener Fäden nach dem Streckspinnverfahren mit bewegter Fällflüssigkeit, dadurch gekennzeichnet, daß die Spinnvorrichtung *a* mit ihrer den Faden zur Aufwickelvorrichtung ablenkenden Leitstange *d* unverrückbar verbunden ist.

2. Fadenführung nach Anspruch 1, dadurch gekennzeichnet, daß am Unterteil jeder Spinnvorrichtung *a* Träger *e* starr befestigt sind, in denen die Fadenleitstange *d* wie in einem Lagerbock ruht.

3. Fadenführung nach Anspruch 1 und 2, gekennzeichnet durch eine das Auslaufröhrchen *b* stützende, parallel zur Fadenleitstange *d* geschlitzte Brücke *f*.

49. Dieselbe. Fadenführung für Spinnvorrichtungen zum Spinnen kunstseidener Fäden.

D.R.P. 444530 Kl. 29a vom 27. II. 1925, Zusatz zum Patent 438641.

Die Erfindung besteht in einer besonders einfachen Befestigung der im Hauptpatent 438641 (s. vorstehend) beschriebenen Fadenleitstange an dem Spinntrichter. Die Fadenleitstange *a* (Fig. 26) ist mit einem Tragarm *b* versehen, der oben in eine auf das Auslaufrohr *c* des Spinntrichters aufsteckbare, geschlitzte Muffe *d* ausläuft. Zur Sicherung gegen Verdrehung dient der Stift *e* (Fig. 27), der in den Schlitz der Muffe eingreift. Besteht der Fadentrichter aus Glas, so kann auch die Fadenleitstange durch eine geeignete Verbindungsstange getragen werden, die am Trichter angeschmolzen ist.

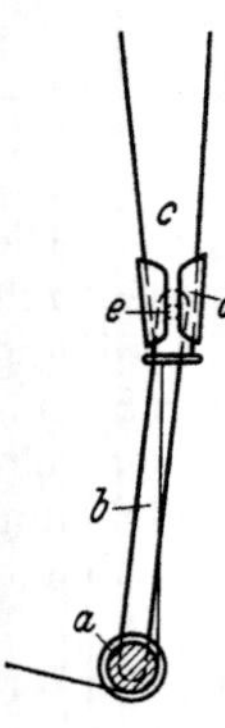

Fig. 26.

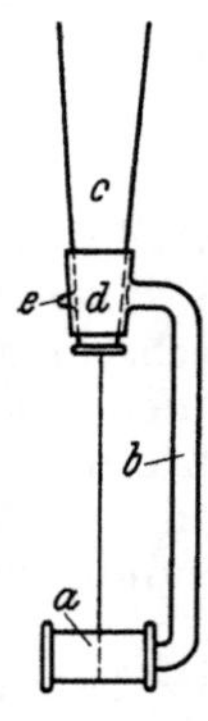

Fig. 27.

Patentansprüche: 1. Fadenführung für Spinnvorrichtungen zum Spinnen kunstseidener Fäden nach dem Streckspinnverfahren mit bewegter Fällflüssigkeit nach Pat. 438641, dadurch gekennzeichnet, daß die Fadenleitstange *a* mit ihrem Träger *b* mittels einer Muffe *d* auf das Auslaufrohr *c* des Spinntrichters aufgesteckt ist.

2. Fadenführung nach Pat. 438641, dadurch gekennzeichnet, daß bei gläsernem Ausflußrohr *c* des Spinntrichters das Tragrohr *b* der Fadenleitstange *a* an den Trichter angeschmolzen ist.

50. Dieselbe. Vorrichtung zum Reinigen der Spinnvorrichtungen für die Kunstseidenherstellung.

D.R.P. 421338 Kl. 29a vom 19. VI. 1924, Zusatz zum D.R.P. 413791 [1].

Das Patent entspricht dem in der 5. Aufl., S. 224, Nr. 239, wiedergegebenen.

Patentansprüche: 1. Vorrichtung zum Reinigen der Spinnvorrichtung für die Kunstseidenherstellung nach Pat. 413791, dadurch gekennzeichnet, daß bei Spinnvorrichtungen mit in ein Gehäuse eingeschlossenem Spinntrichter das äußere Gehäuse durchbohrt ist und durch diese Bohrung ein Rohr für die Zuleitung der Reinigungsflüssigkeit in das Innere des Zylinders so führt, daß es über den Rand des Trichters greift.

2. Vorrichtung nach Anspruch 1, dadurch gekennzeichnet, daß auch der Trichter durchbohrt ist und das Zuleitungsrohr für die Reinigungsflüssigkeit durch diese Bohrung geführt ist.

51. Dieselbe. Verfahren und Apparat zur Herstellung von Fäden aus Kupferoxydammoniakzelluloselösungen.

Brit. P. 260564 vom 1. X. 1926 (Prior. Deutschl. von 2. XI. 1925); schweiz. P. 124323 (Cuprum A.-G.); franz. P. 623745.

Damit nach dem Streckspinnverfahren aus Kupferoxydammoniakzelluloselösungen erzeugte Fäden in Zentrifugen aufgesammelt werden können, werden die Fäden nach dem Verlassen des Spinnzylinders über geeignete Führungen geleitet und dabei in der Weise abgesäuert, daß das Säuern vollendet ist, wenn der Faden in die Sammelvorrichtung einläuft. Die Führungen bestehen aus positiv angetriebenen Rollen, die glatt, gerippt oder gezähnt sein und mit den üblichen Führungsrinnen, -stäben oder Spannrollen versehen sein können. Der Faden kommt z. B. nach Fig. 28 aus dem Spinnapparat *1* in das Säurebad *6*, er wird geführt von einem Stabe *3* und einer Spannrolle *5*, geht dann über die Rolle *7* und gelangt dann in die Zentrifuge *8*. Nach Fig. 29 wird eine Rinne *6* zum Absäuern verwendet. In beiden Fällen kann die Spannrolle *5* wegfallen. Die Säure kann bei der Rolle *7* zugeführt werden, vorteilhaft so, daß sie an dem Faden zurückläuft. Vorteilhaft bringt man einen Führungsstab oder eine Spannrolle vor der Lieferwalze an; dadurch kann der Faden bei dem Säuern unter Spannung gehalten werden.

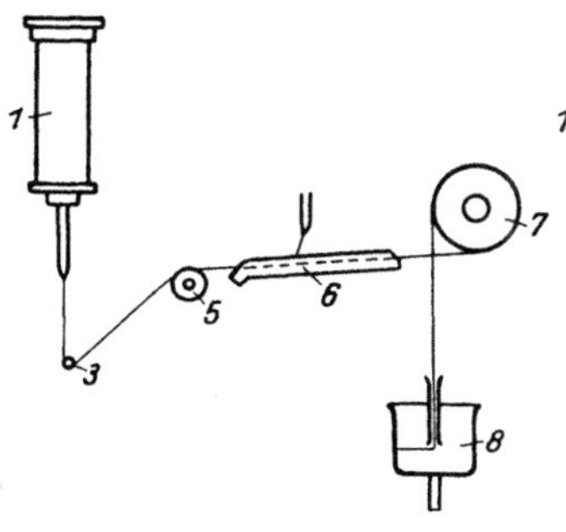

Fig. 28.

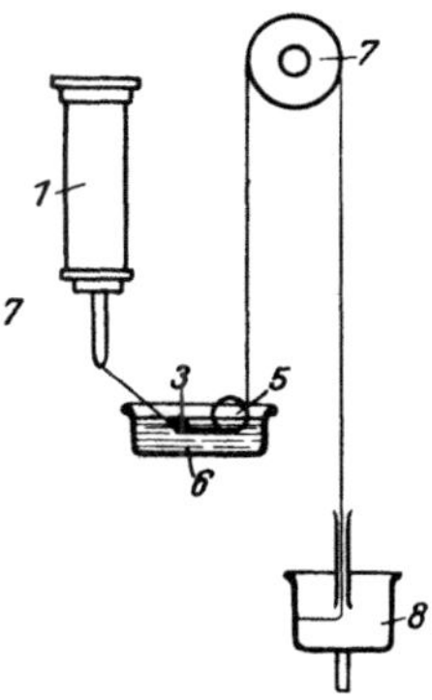

Fig. 29.

[1] Siehe 5. Aufl., S. 219.

52. Dieselbe. Verbessertes Verfahren zur Herstellung gezwirnter Kunstseide aus Cuprammonium-Zelluloselösungen nach dem Streckspinnverfahren.

Brit. P. 268393 vom 28. III. 1927 (Prior. Deutschl. vom 27. III. 1926); Zusatz zum brit. P. 260564; schweiz. P. 124323 (Cuprum A.-G.); franz. P. 623745.

Das Verfahren des Hauptpatents (s. vorstehend) wird dahin abgeändert, daß der Abzug, der die Spannung des Fadens während des Absäuerns bewirkt, so verstärkt wird, daß ein Gleiten des Fadens auf der Abzugsvorrichtung vermieden wird. Das wird dadurch erreicht, daß man die Länge der Berührung zwischen Abzugsrolle und Faden vermehrt, z. B. durch Erhöhen des Umlaufswinkels des Fadens um die Abzugsrolle oder durch Erhöhen des Durchmessers der Abzugsrolle oder dadurch, daß man mehrere Abzugsrollen anwendet, zwischen denen man die nötige Berührungslänge verteilt oder daß man Preßrollen anwendet.

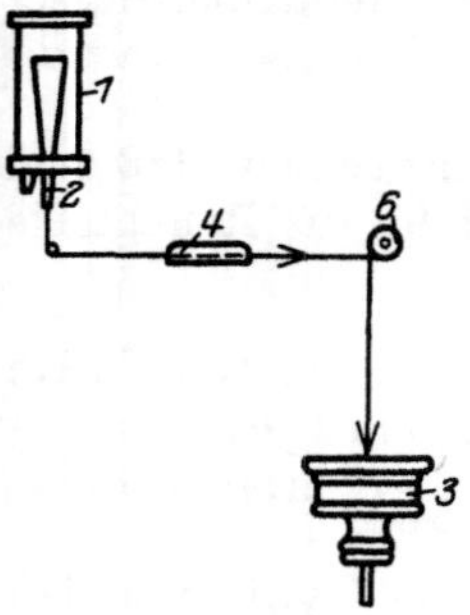

Fig. 30.

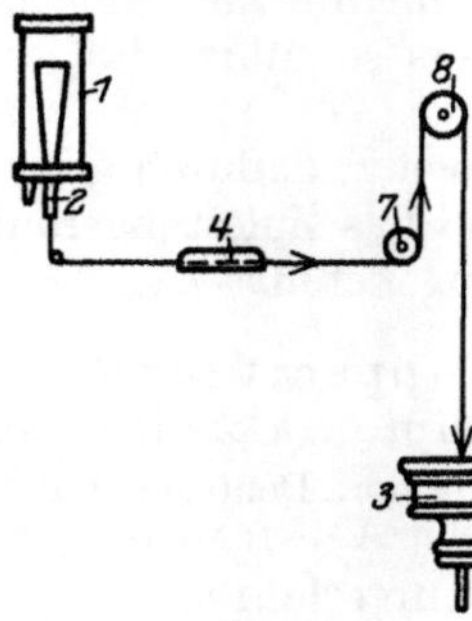

Fig. 31.

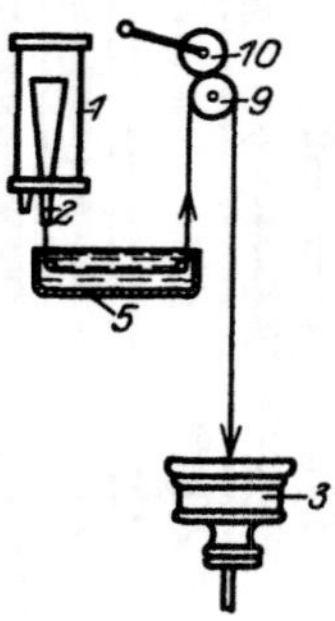

Fig. 32.

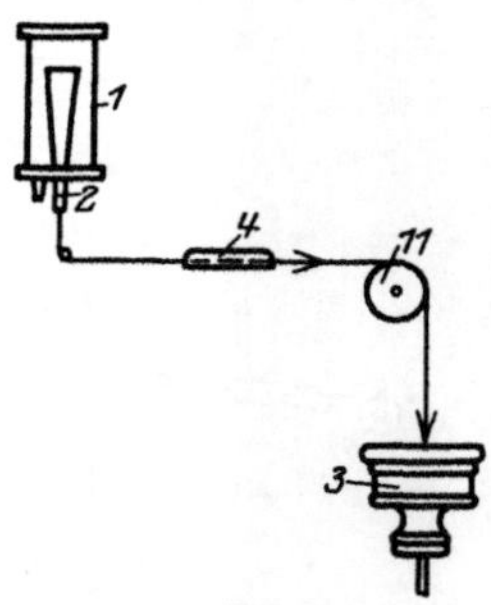

Fig. 33.

In den Zeichnungen 30 bis 33 ist *1* der Spinntrichter mit dem Fadenaustritt *2*, *3* ist der Spinntopf, *4* ist die Absäurerinne, die in Fig. 32 durch den Trog *5* ersetzt ist. Die Abzugsrollen sind mit *6*, *7*, *8*, *9* und *11* bezeichnet. In Fig. 32 ist *10* die Preßrolle.

53. Dieselbe. Verbesserungen in der Herstellung von Kunstseide und Apparat dafür.

Brit. P. 275637 vom 4. VIII. 1927 (Prior. Deutschl. vom 5. VIII. 1926); belg. P. 344199; schweiz. P. 128200; franz. P. 638451 (Cuprum A.-G.); Ver. St. Amer. P. 1682797 (American Bemberg Corpor.).

Nach vorliegender Erfindung werden starke Kunstseidefäden insbesondere nach dem Kupferoxydammoniak-Streckspinnverfahren dadurch hergestellt, daß in einer Spinnvorrichtung zwei oder mehrere nebeneinander laufende einzelne Faserbündel erzeugt und je für sich behandelt werden, bis sie die Klebefähigkeit verloren haben, worauf sie aus der Spinnvorrichtung zu einem gemeinsamen Faden vereinigt, herausgeführt werden. Es sind z. B. zwei Spinnbrausen a_1 und a_2 (Fig. 34) in einem Gehäuse *b* vorgesehen, welches einen einzigen Trichter *c* besitzt. Die Fällflüssigkeit wird durch den Stutzen *e* geführt. Die beiden Faserbündel f_1 und f_2 treten getrennt aus den Brausen a_1 und a_2 heraus und laufen getrennt im Trichter bis zum Beginn des Austrittsrohres *d*. In diesem vereinigen sie sich und werden gemeinsam herausgeführt. Statt zweier getrennter Spinnbrausen kann auch eine einzige Spinnbrause verwendet werden, bei der die Lochungen entsprechend der Zahl der Faserbündel in voneinander getrennten Gruppen zusammengefaßt sind. Der Trichter *c* kann aber auch in zwei Einzeltrichter aufgelöst sein, die ein gemeinsames Auslaufrohr besitzen. Hier ist die anfängliche Trennung der einzelnen Fadenbündel dadurch weitergehend gesichert, daß jedes Faserbündel für sich in einem besonderen Trichter geführt ist. Man kann auch hier Einzelbrausen oder eine gemeinsame Brause mit gruppenweise angeordneten Austrittslöchern für die Spinnflüssigkeit verwenden. Die Zahl der Faserbündel und Brausen oder Lochgruppen in einer gemeinsamen Brause ist bei dieser wie bei der vorhergehenden Ausführungsform beliebig. Außer dem Zuführungsstutzen *e* können auch mehrere Stutzen in der Trichterverteilung entsprechender Anordnung vorgesehen sein, auch können bei genügend ruhiger Zuführung der Fällflüssigkeit die Stutzen oberhalb der Trichteroberkanten liegen. Die gesamte Vorrichtung kann in gleicher Weise durch die Kombinierung von drei Einzelvorrichtungen erweitert werden.

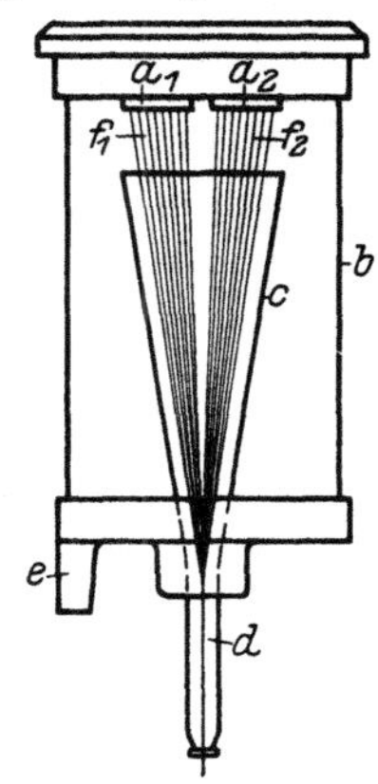

Fig. 34.

54. Dieselbe. Verfahren und Vorrichtung zur Erzeugung von Kunstfäden nach dem Kupferoxydammoniak-Streckspinnverfahren.

Brit. P. 283923 vom 9. XII. 1927 (Prior. Deutschl. vom 20. I. 1927); belg. P. 347637 (Cuprum A.-G., Glarus); franz. P. 646102; österr. P. 112268.

Nach vorliegendem Verfahren wird der nach dem Kupferoxydammoniak-Streckspinnverfahren erzeugte Faden während der Säurewirkung in der Absäurerinne durch einen oder mehrere in die Rinne eingepaßte säurebeständige Fadenführer geleitet. Beispielsweise werden die Fadenführer aus säurebeständigem Stahl hergestellt. Die Form selbst ist vorteilhaft V-förmig mit abgerundeter Spitze, so daß sie sich dem Rinnenquerschnitt gut anpaßt. Es kann ferner Draht oder Band für die gewünschte Vorrichtung verwendet werden; erforderlich ist nur die genau gleichmäßige Gestaltung sämtlicher Fadenführer. Der Faden *a* (Fig. 35) läuft von der Spinnvorrichtung über die Ablenkstange *b* zur Rinne *c*. In der Rinne wird der Faden in bekannter Weise mit Säure

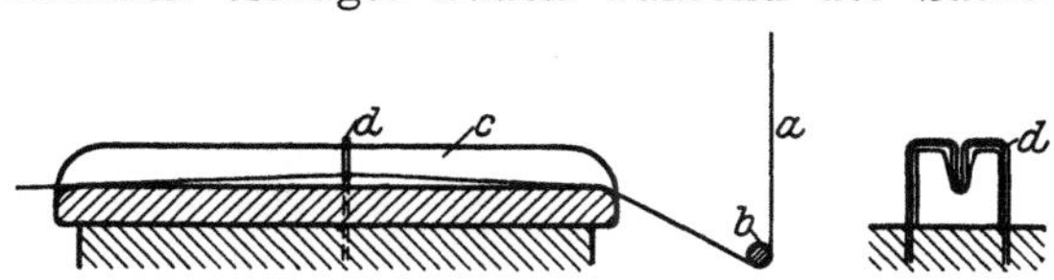

Fig. 35.

berieselt. Über die Rinne ist der Fadenführer *d* gestellt, der aus Draht gebogen ist. Da der Fadenführer einfach über die Rinne gestellt ist, können derartige Fadenführer bei jeder vorhandenen Absäurevorrichtung nachträglich angebracht werden. Der Fadenführer kann auch an beliebiger Stelle der Rinne eingesetzt werden.

55. Dieselbe. (Hölkenseide G. m. b. H., Barmen.) Vorrichtung zur Herstellung von Kunstseide.

Franz. P. 647601; brit. P. 284618 vom 5. I. 1928; belg. P. 348146 (Prior. Deutschl. vom 1. II. 1927); schweiz. P. 130672; Ver. St. Amer. P. 1747475 (H. Kempf).

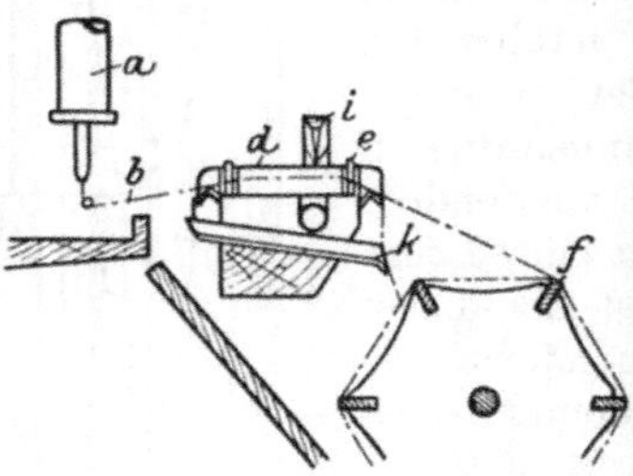

Fig. 36.

Der Trog *d* (Fig. 36), durch welchen die frisch gesponnenen Fäden gehen, nachdem sie den Spinnapparat *a* verlassen haben, bewegt sich horizontal parallel zu dem Haspel *f* hin und her. Ein besonderer Fadenführer wird dadurch entbehrlich. Verspritzen der Säure wird durch Querwände im Trog oder durch Anbringen vieler Einzeltröge verhindert. Jeder Einzeltrog hat am Ein- und Ausgang die üblichen engen Schlitze *e*, die aus U-förmigen Stücken von säurefestem Stahl bestehen und abnehmbar sein können oder mit dem z. B. aus Glas oder Porzellan bestehenden Trog verbunden sind. Die Säure wird durch Röhren *i* zugeführt, überschüssige Säure fließt in Tropfrinnen *k* ab, die mit den Trögen *d* verbunden sind. Aus ihnen fließt die Säure auf die Fäden auf den Haspeln ab.

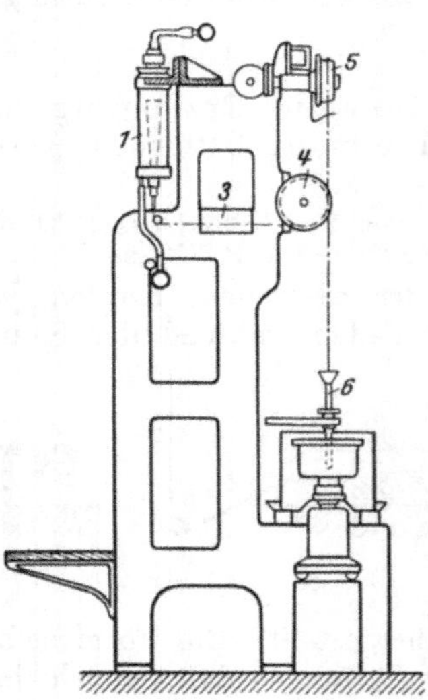

Fig. 37

56. Dieselbe. Verbesserungen an Kunstseidespinnmaschinen.

Brit. P. 297417 vom 25. VIII. 1928 (Prior. Deutschl. vom 21. IX. 1927); belg. P. 354136; franz. P. 660007 (Cuprum S. A.).

In einem Zentrifugenapparat zum Spinnen von Cuprammoniumseide befinden sich die Spinntrichter *1* (Fig. 37) an der einen Seite der Maschine und die Zentrifugen an der anderen. Die Säurebäder *3* befinden sich dazwischen, von ihnen gehen die Fäden zu Abzugsrollen *4*, die in Säurebädern umlaufen können und dann zu anderen Abzugsrollen *5*, die mit höherer Umfangsgeschwindigkeit laufen als die Rollen *4*, um den Faden weiter zu strecken. Von den Rollen *5* gehen die Fäden senkrecht zu den Zentrifugentrichtern *6*.

57. Dieselbe. Verbesserungen an Verfahren und Apparaten zur Herstellung von Kunstseide nach dem Cuprammonium-Streckspinnverfahren.

Brit. P. 299038 vom 11. IX. 1928 (Prior. Deutschl. vom 20. X. 1927); belg. P. 354864 (Cuprum, S. A.).

Die Herstellung von Kunstseide aus Kupferoxydammoniakzelluloselösungen nach dem Streckspinnverfahren wird so geleitet, daß die Fäden den Spinntrichter in plastischem Zustand verlassen und nach Verlassen des Trichters einer zweiten erheblichen Streckung unterworfen werden. Dies zweite Strecken kann vor, während oder nach dem endgültigen Härten durch Säure erfolgen. Ein geeigneter Apparat besteht aus dem Spinntrichter *1* (Fig. 38), aus welchem die Fäden um einen Führungsstab *9* zu Walzen *2*, *3* gehen, die Walze *3* läuft schneller als *2*. Auf die Walze *3* läuft aus der Rinne *4* Säure. Der gestreckte Faden wird durch eine Walze *5* der Zentrifuge *6* zugeleitet. Der Stab *9* kann wegfallen, und die Walze *3* kann durch eine Spule ersetzt werden, die in einem Trog mit Säure umläuft. Oder die Behandlung mit Säure kann auf dem Wege von der Walze *2* zu der Spule erfolgen. Es kann auch der Stab *9* und die Walze *2* durch ein System von Stäben ersetzt werden, welche den Faden im Zick-Zack führen und die so angeordnet sind, daß die Streckwirkung nicht rückwärts bis zu dem Spinntrichter reicht.

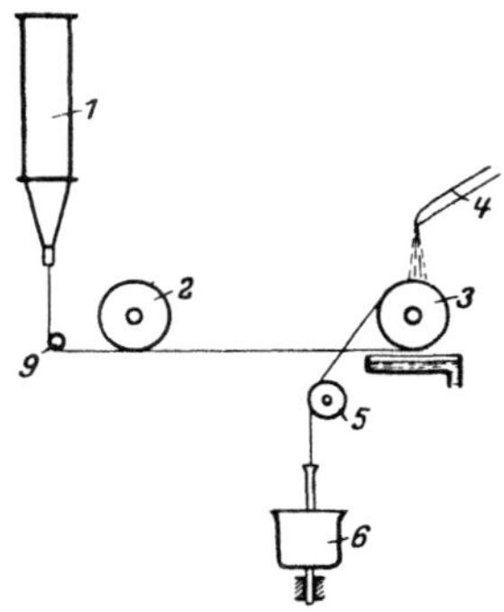

Fig. 38.

58. Dieselbe. Verbesserungen in der Herstellung von Kunstseide nach dem Kupferoxydammoniak-Streckspinnverfahren.

Brit. P. 300572 vom 29. VIII. 1928 (Prior. Deutschl. vom 15. XI. 1927).

Beim Streckspinnen mit umlaufender Fällflüssigkeit wird ein Teil der Flüssigkeit abgezogen und von Ammoniak und Kupfer in einem Betrage befreit, der im wesentlichen der Gesamtzunahme an Kupfer und Ammoniak durch das Fällen in der ganzen Menge der Flüssigkeit entspricht. Ist die zu fällende ammoniakalische Kupferzelluloselösung mit Kupferhydrat hergestellt worden, so kann die abgezogene Fällflüssigkeit von Kupfer und Ammoniak durch Kochen befreit und dann in den Prozeß wieder eingeführt werden. Ist dagegen die zu fällende Lösung mittels basischen Kupfersulfats hergestellt worden, so muß die abgezogene Menge durch Wasser oder frische Fällflüssigkeit ersetzt werden.

59. Dieselbe. Verbesserungen in der Herstellung von Kunstseide nach dem Streckspinnverfahren.

Brit. P. 300953 vom 31. VIII. 1928 (Prior. Deutschl. vom 21. XI. 1927).

Die nach dem Streckspinnverfahren erzeugten Fäden werden nach ihrer Bildung einem erheblichen Strecken mittels geeigneter Ziehvorrichtungen unterworfen und gehen von der letzten Ziehvorrichtung zu der Aufwickelvorrichtung unter einstellbarer Spannung oder ohne Spannung. Die Fäden gehen von dem Spinntrichter *1* (Fig. 39) um einen Führerstab *3* durch die Rinne *4*, in der sie mit Säure behandelt werden und danach über eine Ziehrolle *5* zu der Wickelspule *7*. Rolle *5* läuft mit etwas größerer Geschwindigkeit als Spule *7*. Der Apparat kann abgeändert werden durch Anbringen von 2 Ziehrollen oder durch Anbringen von *7* unter *5*. Die Säure kann auch auf die Fäden aufgesprüht werden, wenn diese um die Rolle *5* gehen.

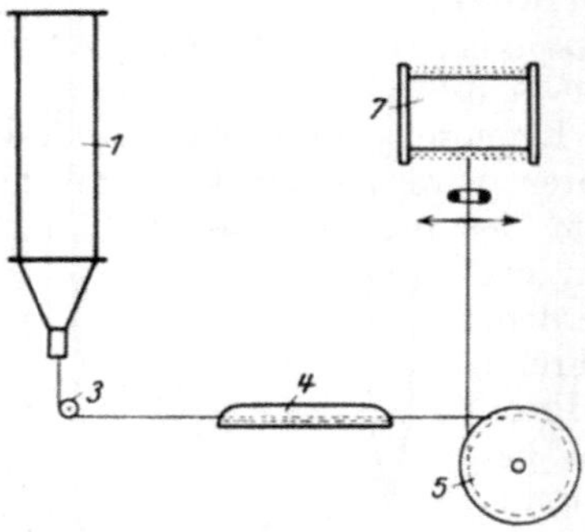

Fig. 39.

Nach Brysilka Ltd.

60. Brysilka Limited, Apperley Bridge bei Bradford, York (Engl.). Vorrichtung zum Befestigen des Fällzylinders am Brausenkopf.

D.R.P. 451005 Kl. 29a vom 22. V. 1926 (Prior. Engl. vom 2. VII. 1925); brit. P. 258374; Ver. St. Amer. P. 1619769 (Schubert); belg. P. 334749.

Die Erfindung betrifft eine Vorrichtung zur Erzielung einer leicht lösbaren Befestigung des Fällzylinders am Brausenkopf einer Streckspinnvorrichtung. Der Brausenkopf *1* (Fig. 40 und 41) ist mit einem den Zufluß der Spinnflüssigkeit regelnden Hahn *2* und mit einem Anschlußstutzen *3* versehen. Der einen Teil der Fassung für den Fällzylinder *7* bildende Ring *4* enthält das Einlaßrohr *5* für die Fällflüssigkeit, sowie das Saugrohr *6* zum Absaugen sich ausscheidender Gase. Im Ring *4* ist eine Gummidichtung *8* od. dgl. vorgesehen, welche sich um den oberen Rand des Fällzylinders *7* legt. Eine zweite Dichtung *9* aus Gummi od. dgl. soll sich unter dem Drucke zwischen Dichtung *8*

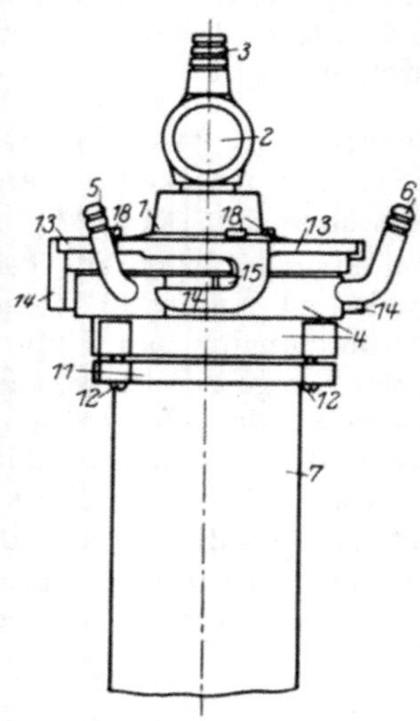

Fig. 40.

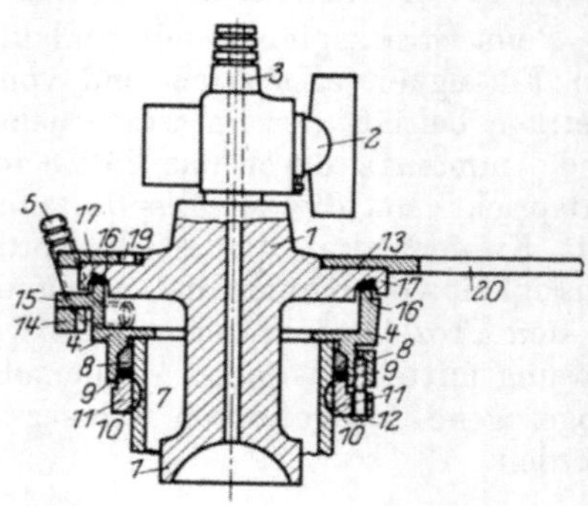

Fig. 41.

und Druckring *11* in eine rings um den oberen Rand des Fällzylinders laufende Nut *10* hineinquetschen. Der Druckring *11* wird gegen den Ring *4* mittels der die beiden Teile verbindenden Schrauben *12* gezogen. Auf dem Brausenkopf *1* ist eine drehbar angeordnete Klemmplatte *13* vorgesehen, welche mit Schrauben *18* gehalten wird, die durch die in der Klemmplatte *13* vorgesehenen bogenförmigen Schlitze *19* hindurchgreifen. Diese Klemmplatte *13* kann mit ihren mit *14* bezeichneten geschlitzten Teilen wie bei einem Bajonettverschlusse mit dem am Ringe *4* sitzenden Vorsprüngen oder Zapfen *15* in Eingriff gebracht werden. Eine Dichtung *16* aus Gummi od. dgl. liegt in einer auf der Unterseite des Brausenkopfes *1* vorgesehenen Ringnut *17* und auf dem oberen Rande des Ringes *4* und gewährleistet eine dichte Verbindung zwischen diesen beiden Teilen. Ein an der Klemmplatte vorgesehener Handgriff *20* gestattet, die Klemmplatte zu drehen, sobald der Fällzylinder entweder am Brausenkopf befestigt oder von ihm entfernt werden soll.

Patentanspruch: Vorrichtung zum Befestigen des Fällzylinders am Brausenkopf, dadurch gekennzeichnet, daß auf dem Brausenkopf *1* eine Klemmplatte *13* drehbar befestigt ist und bei Drehung zum Zwecke der Verbindung von Fällzylinder *4, 10* und Brausenkopf *1* mit an ihrem Umfange vorgesehenen Haken *14* nach Art eines Bajonettverschlusses über seitlich an der Ringfassung des Fällzylinders sitzende Nasen *15* greift.

Nach Brysilka Ltd. und Schubert.

61. Brysilka Ltd. und F. W. Schubert, Apperley Bridge. Apparat zur Herstellung von Fäden.

Brit. P. 262369 vom 4. VIII. 1925; franz. P. 619354.

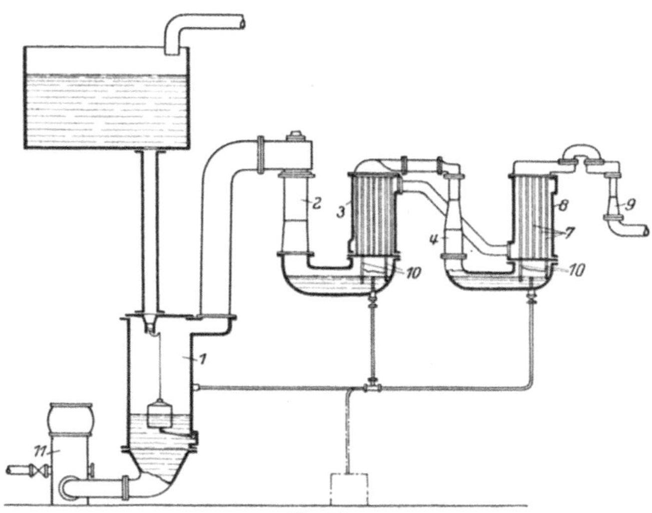

Fig. 42.

Es handelt sich um das Entlüften des bei der Kunstseideherstellung benutzten Wassers. Das Wasser wird in dem Kessel *1* (Fig. 42) unter

Vakuum gekühlt und entlüftet. Das Vakuum wird durch den Dampfejektor *2* erzeugt, Dampf und Luft gehen in den Kühler *3*, unkondensierter Dampf und Luft werden durch einen zweiten Ejektor *4* abgezogen und einem zweiten Kondensator *8* zugeführt, von welchem sie durch einen dritten Ejektor *9* nach außen abgelassen werden. Die Kühler werden mittels Kühlerröhren *7* gekühlt, das Kondensat wird in einem Kessel *11* gesammelt, der mit einem Vakuumventil versehen ist, oder es wird direkt in den Entlüftungskessel *1* geleitet. Um das Kondensat wirksamer abzutrennen, sind einige der Kühlerröhren *10* so verlängert, daß sie in das Kondensat eintauchen und als Ableitung aus dem Kühler dienen. Ist die Entlüftung oder Kühlung bis zu einem bestimmten Punkte fortgeschritten, so wird sie verlangsamt oder abgestellt.

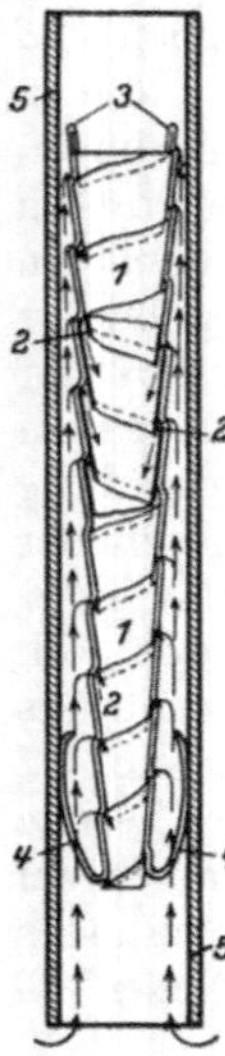

Fig. 43.

62. Dieselben. Apparat zur Herstellung von Fäden.
Brit. P. 293977 vom 15. VII. 1927.

Die Fadenbildung beim Streckspinnverfahren erfolgt in einem in den Spinnraum eingesetzten Trichter, dessen Wandungen in der aus Fig. 43 ersichtlichen Weise gewunden sind. In dem Spinnraum *5* sitzt der durch Federn *3*, *4* gehaltene, vorzugsweise aus Glas bestehende Trichter *1*, der den Spiralraum *2* bildet. In den Trichter wird, wie die Pfeile zeigen, Fällflüssigkeit eingesaugt.

63. Dieselben. Apparat zur Herstellung von Fäden.
Brit. P. 296856 vom 15. VII. 1927; belg. P. 351886.

Bei der Herstellung von Kunstseide nach dem Streckspinnverfahren wird ein Spinntrichter verwendet, der unten weiter ist als oben. Dadurch wird Raum geschaffen für die Zerteilung der verhältnismäßig starken Ströme und Wirbel, die sich am unteren Teil des in das übliche Spinnbad eintauchenden Trichters durch die abgezogenen Fäden bildet. Fig. 44 zeigt eine geeignete Trichterform, Fig. 45 eine Abänderung für das Arbeiten mit 2 Strömen. Bei Fig. 45 befindet sich zwischen dem oberen Teil *3* und dem unteren, erweiterten und oben eingezogenen Teil *1* ein Rand *2*. Er hält das Aufwärtsströmen der stärkeren Fällflüssigkeit aus dem Fälltrog auf, während die konische Form von *3* das Abwärtsfließen der schwächeren Fällflüssigkeit begünstigt, welche durch ein Rohr an der Spinndüse zugeführt wird. Vorzugsweise benutzt man längere Trichter für gröbere Fäden.

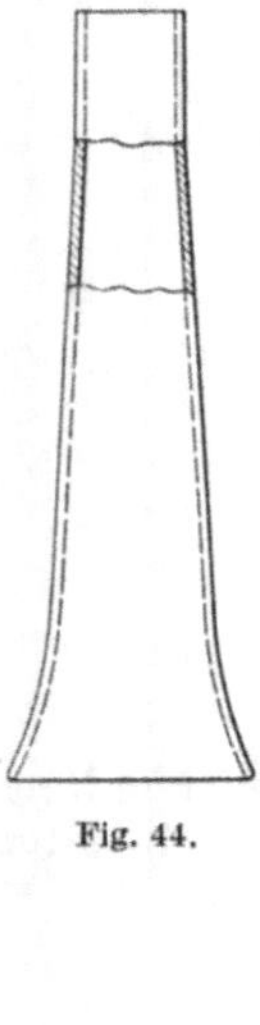
Fig. 44.

Fig. 45.

Nach Schulz.

64. Wanda Schulz, Berlin-Lichterfelde. Apparat zur Herstellung von Fäden aus Kupferoxydammoniakzelluloselösungen.

Brit. P. 261365 vom 4. XI. 1926 (Prior. Deutschl. vom 11. XI. 1925).

Beim Streckspinnen wird das Fällbad unter Druck gehalten, um die Entwicklung von Luftblasen aus der erhitzten Spinnlösung zu vermeiden. Es wird z. B. der Raum, in welchem die Fällung erfolgt, luftdicht abgeschlossen und das Abflußrohr des Fällzylinders wird lang gemacht, damit eine hohe Flüssigkeitssäule und damit ein hoher Druck während der Fadenbildung zustande kommt. Auch eine besondere Kompressionspumpe kann verwendet werden. (Zeichnungen.)

Nach Steffens.

65. O. Steffens, Siersleben. Absäurerinne zur Herstellung von künstlichen Fäden.

D.R.P. 448299 Kl. 29a vom 23. XII. 1925.

Das Wesen der Erfindung besteht darin, daß der Faden beim Eintritt in die Säurerinne wie auch beim Austritt aus ihr vor Reibung geschützt ist. Dies wird dadurch erreicht, daß die Fadenführungsrinne *a* (Fig. 46) auf beiden Seiten mit einem drehbaren Rädchen aus säure-

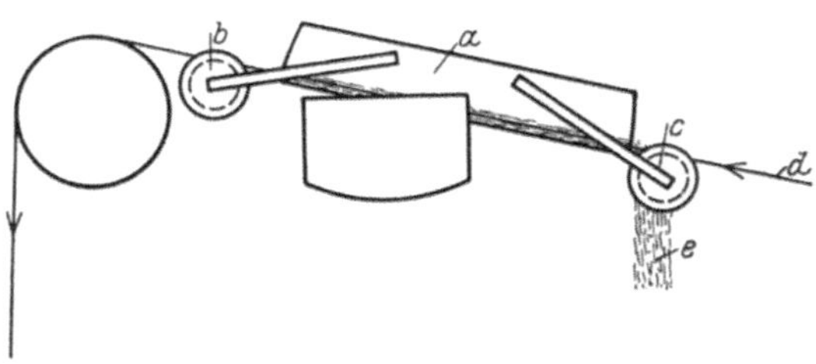

Fig. 46.

festem Stoff, wie Hartgummi, Glas usw. versehen ist, wobei das am Fadeneingang, also tiefer liegende Rädchen *c*, durch die ausfließende Flüssigkeit *e* in Bewegung gesetzt wird, wohingegen das obere Rädchen *b* durch den Faden *d* selbst mitgenommen wird. Von hier ab wird der Faden auf die Aufwickelvorrichtung geleitet. Die Rädchen können in beliebiger Höhe an der Säurerinne angebracht werden je nach Einstellung des gewünschten Säurestandes in ihr.

Patentansprüche: 1. Absäurerinne zur Herstellung von künstlichen Fäden, dadurch gekennzeichnet, daß die Fadenführungsrinne *a* am Fadeneinlauf und -ablauf je mit einem drehbaren Rädchen *b*, *c* aus säurefestem Stoff, wie Hartgummi, Glas usw. versehen ist.

2. Absäurerinne nach Anspruch 1, dadurch gekennzeichnet, daß das auf der Fadeneinlaufseite gelegene Rädchen *c* durch die aus der Rinne fließende Flüssigkeit gedreht wird.

Nach Liebscher & Koske.

66. C. O. Liebscher Maschinenfabrik u. K. Koske, Chemnitz. Vorrichtung zum Spinnen von Kunstfäden nach dem Streckspinnverfahren[1].

D.R.P. 464384 Kl. 29a vom 4. IV. 1926.

Die Erfindung bezweckt ein vollkommen gleichmäßiges Durchströmen der Fällflüssigkeit durch den Spinntrichter. Dies wird dadurch erreicht, daß die in dem Behälter *f* (Fig. 47) befindliche Fällflüssigkeit durch ein an seinem unteren Ende mit einer kalibrierten, auswechselbaren Aufsteckdüse *a* versehenes Heberrohr *c* in ringartige Kammern *e* gesogen wird, welche sich außerhalb und oberhalb der Spinnbrause *h* befinden. Nachdem die Fällflüssigkeit durch die ringartigen Kammern *e* geströmt ist, fließt sie vollkommen ruhig und gleichmäßig an der konischen Gleitfläche *i* abwärts. Der sich nach unten birnenförmig erweiternde Dorn *g*, an dessen unterem Ende die Spinnbrause *h* sitzt, drückt die Fällflüssigkeit gegen die Wandung des Trichters *d* und verhütet ein zu frühzeitiges Begegnen der Strömung mit den die Spinnbrause verlassenden Fäden, so daß unterhalb der Spinnbrause zunächst ein strömungsloser, toter Raum gebildet wird. Erst weiter unten im Trichter *d* trifft sich die strömende Fällflüssigkeit und zieht nunmehr die Fäden auf die gewünschte Feinheit aus. Der Lufthahn *k* wird beim Ansetzen des Trichters geöffnet. Durch ihn können während des Spinnens auftauchende Luftbläschen abgezogen werden.

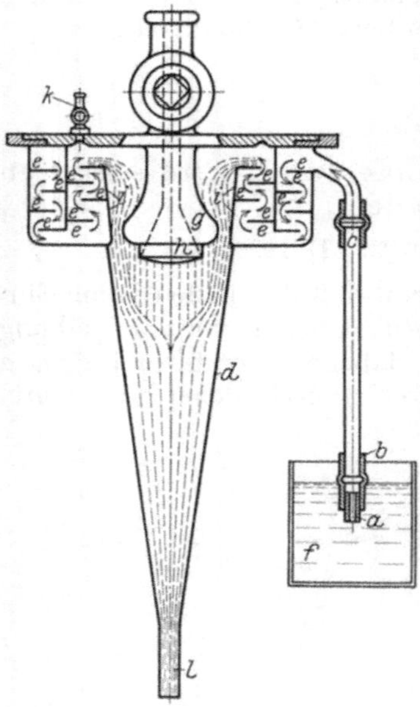

Fig. 47.

Patentanspruch: Vorrichtung zum Spinnen von Kunstfäden nach dem Streckspinnverfahren, dadurch gekennzeichnet, daß sich seitlich oberhalb der Spinnbrause *h* ringartige, zur Beruhigung der strömenden Fällflüssigkeit dienende Kammern *e* befinden und die Spinnbrause *h*, die an einer birnenförmigen Rohrverdickung *g* befestigt ist, sich in dem nach unten verengenden Teile des Spinntrichters *d* befindet.

[1] Das Verfahren und die Maschine ist von A. Anke, Chemnitz, in der technischen Beilage zum Deutschen Kunstseide-Kurier vom 6. IX. 1929 besprochen. Dort wird eine Luftzone am unteren Rande der Spinndüse erwähnt, die frei von Streckwasser ist.

Nach Fr. Küttner Akt.-Ges.

67. F. Küttner Akt.-Ges., Pirna a. d. E. Maschine zum Spinnen von Kunstseide durch Strecken.

Franz. P. 627569 vom 14. I. 1927 (Prior. Deutschl. vom 4. V. 1926).

Nach der Erfindung wird der von weiten Düsenöffnungen gelieferte, also ursprünglich dicke Faden weitgehend gestreckt, es wird der Fäll- oder Gerinnungsvorgang allmählich durchgeführt, indem der Faden durch immer stärker wirkende Bäder und auf dem größten Teil seines Weges durch die Badflüssigkeiten statt durch Luft geführt wird.

Eine der Erfindung entsprechende Spinnstrecke ist in Fig. 48 im senkrechten Querschnitt dargestellt. *1* ist der bekannte ständig mit Wasser gefüllte Spinntrichter, in dessen oberem Ende sich die Spinnbrause oder Spinndüse (nicht gezeichnet) befindet, aus welcher die Kupferoxydammoniak-Zelluloselösung unter Bildung klebriger Fäden in das Wasser austritt. Der Fadenstrang *s* tritt aus dem Trichterhals *2* zugleich mit dem ihn umhüllenden Flüssigkeitsstrahl aus. Die Rinne *10* nimmt das aus den Trichtern ablaufende kupfersalzhaltige Wasser auf und läßt den über einen gewissen Wasserstand hinausgehenden Überschuß ablaufen. Ihr kann ein gelinde wirkendes Fällungsmittel, wie z. B. Eisensulfat- oder Aluminiumsulfatlösung, in solchem Maße zugeführt werden, daß in der sich ständig erneuernden Flüssigkeit ein gewisser geringer Prozentsatz des Fällungsmittels aufrechterhalten wird. Eine zweite Rinne *11*, in der durch beständigen Zulauf von Lösung und Ablaufenlassen des Überschusses in bekannter Weise ein gewisser Flüssigkeitsstand erhalten wird, enthält z. B. eine Eisensulfatlösung etwas stärkerer Konzentration. Durch diese beiden Rinnen wird der Fadenstrang *s* hindurchgeführt, bevor er von der Abzugs- oder Streckscheibe *19* erfaßt wird. Zur Führung auf dem in der Hauptsache nassen Wege zwischen Trichter und Abzugsscheibe und zur Streckung des frischen Fadenstranges dienen die Abzugs- und Leitvorrichtungen, welche der bekannten Abzugsscheibe *19* vorgelegt sind. Die erste dieser Vorrichtungen besteht aus der im Troge *10* umlaufenden Welle *12* mit den zwecks Vermeidung des Anhaftens des klebrigen Fadenstranges in bekannter Weise zahnradähnlich gekerbten Scheiben *13*, die zweite aus der den Übergang des Fadenstranges von Rinne *10* zu Rinne *11* vermittelnden Welle *14* mit den Gummiauflagen *15*, die dritte aus

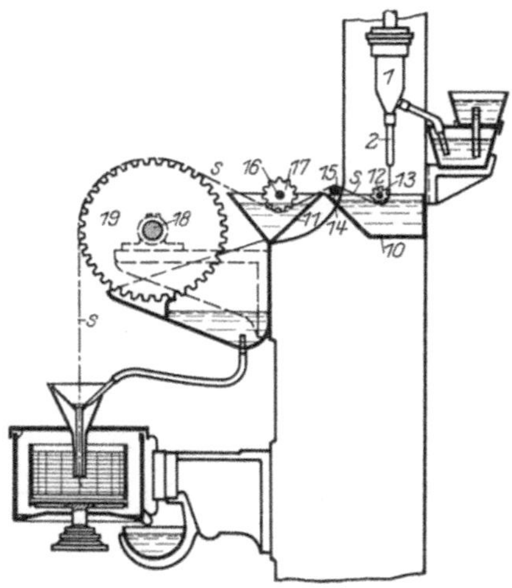

Fig. 48.

der in Rinne *11* umlaufenden Welle *16* mit den gekerbten Scheiben *17*. Vor und unterhalb der Rinne lagert die Welle *18* mit den bekannten großen, die endliche Laufgeschwindigkeit des Fadenstranges bestimmenden gekerbten Abzugsscheiben *19*. Die Umfangsgeschwindigkeiten der Teile *13*, *15*, *17*, *19* hängen von der Beschaffenheit der Spinnstofflösung und der Bäder ab. Jedenfalls ist aber ersichtlich, daß man die Streckung des Fadens planmäßig und zwangsweise regeln kann.

Der Antrieb der Wellen *13*, *15*, *17* kann von der Welle *18* durch Zahnräder abgeleitet werden.

Nach I. G. Farbenindustrie Aktiengesellschaft.

68. **I. G. Farbenindustrie Aktiengesellschaft, Frankfurt a. M.** Verfahren zur Herstellung von Fäden oder Films aus Kupferoxydammoniakzelluloselösungen.

Brit. P. 280628 vom 16. VIII. 1926; belg. P. 336526.

Kupferoxydammoniakzelluloselösung aus Holzstoff, Stroh oder Alfagras wird in ein Fällbad (Wasser) von 20—30° C gesponnen oder auch in ein Bad von unter 20° C. Man erhält Fäden oder Bänder von gutem Glanz und genügender Festigkeit.

69. **Dieselbe.** Verfahren zum Verspinnen von Kupferoxydammoniakzelluloselösungen.

Brit. P. 301563 vom 6. IX. 1927, Zusatz zum brit. P. 280628; belg. P. 344895.

Das im Hauptpatent 280628 (s. vorstehend) beschriebene Verfahren wird dahin abgeändert, daß die Länge der als Fällbad dienenden Wassersäule mehr als 35, z. B. 50—80 cm, beträgt.

70. **Dieselbe.** Verfahren zur Herstellung von Fäden aus ammoniakalischer Kupferlösung.

Brit. P. 289942 vom 2. II. 1927; franz. P. 635774 vom 10. VI. 1927; belg. P. 342824 (Prior. Deutschl. vom 11. VI. und 25. IX. 1926); schweiz. P. 127493 und 131024; Ver. St. Amer. P. 1689895 (H. Schmidt und E. Hubert); österr. P. 113663.

Das Fällbad besteht aus Wasser, dem freie Kohlensäure oder ein Bikarbonat zugesetzt ist. Die mittels dieses Bades erhaltenen Fäden zeigen erhöhte Festigkeit und Elastizität, und die Ablagerung von Kupfersalzen auf den Wandungen des Spinntrichters beim Streckspinnen ist vermieden.

Man spinnt z. B. unter Streckung in ein Bad von 32°, das im Liter etwa 10—20 mg freie Kohlensäure enthält oder in Wasser von geringer Härte oder gemäß franz. P. 390178 (5. Aufl., S. 210) in ein Bad, welches im Liter etwa 2 g Natriumbikarbonat enthält.

Nach Grunert.

71. **K. Grunert, Turin.** Verfahren zur Herstellung von Kunstseidenfäden und Apparat dazu.

Brit. P. 263462 vom 18. X. 1926; franz. P. 622612; Ver. St. Amer. P. 1665453.

Zur Vermeidung der beim Arbeiten mit einer hängenden Flüssigkeitssäule nach dem Streckspinnverfahren vorhandenen Nachteile besteht die vorliegende Erfindung in der Anwendung einer unter Atmosphärendruck stehenden Flüssigkeitssäule. Die Vorrichtung besteht in einem Spinntrichter *2*, in welchen die Spinnbrause *1* (Fig. 49) eintaucht. *3* ist ein Behälter mit der Fällbadflüssigkeit, die durch ein Röhrchen mit einem Regulierhahn in bestimmten Mengen in den Spinntrichter eintritt. *4* ist ein zweiter Behälter, er nimmt eine zweite Flüssigkeit auf, welche durch ein Rohrstück mit Hahn und Schlauch in den Behälter *5* eintreten kann, welcher am unteren Ende des Spinntrichters angeordnet ist. Beim Spinnen wirkt die aus dem Behälter *4* kommende Flüssigkeit der aus dem Trichter *2* austretenden Fällflüssigkeit entgegen. Je nach Stärke der kinetischen oder potentiellen Energie der aus dem Behälter *4* austretenden Flüssigkeit wird die Geschwindigkeit der Fällflüssigkeit reguliert. Nach der Vereinigung beider Flüssigkeiten werden diese im Bassin *6* aufgefangen, während der entstandene Faden *7* abgezogen werden kann. Es können mehrere solcher Vorrichtungen in einem einzigen Behälter angeordnet sein, wobei die Austrittsöffnungen der Spinntrichter über einem Bodenauslaß des Gefäßes stehen, welcher die Bremsflüssigkeit enthält.

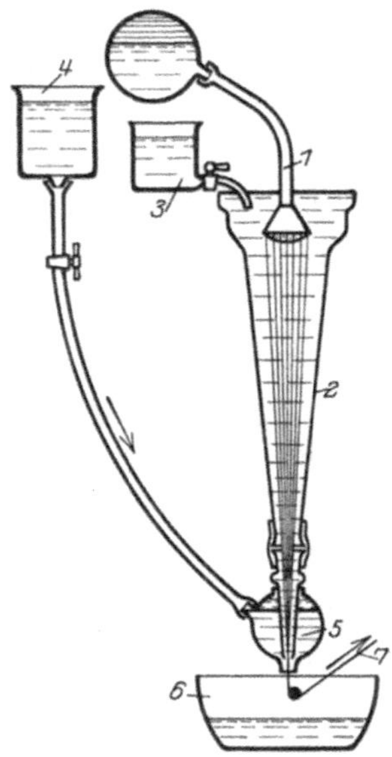

Fig. 49.

Nach Grunert & Giannetti.

72. Grunert & Giannetti, Turin. Verfahren zum Spinnen von Kunstseidenfäden aus Lösungen, bei welchen zur Bildung des Fadens ein oder mehrere Bäder angewandt werden.

D.R.P. 475871 Kl. 29b vom 25. XII. 1926; brit. P. 282670; franz. P. 645972.

Die in dem Fällbad vorhandene, den Spinnvorgang störende Luft, wurde bisher durch Evakuieren entfernt. Nach dem neuen Verfahren kann die störende Wirkung der Luft dadurch herabgemindert werden, daß man dem lufthaltigen Fällbade neue Luft- oder Gasmengen zuführt. Durch das Einführen von Luft erfolgt eine Umgestaltung der in dem Fällbad vorhandenen kleinen Luftbläschen insofern, als die in Mengen eingeführten aufsteigenden großen Luftblasen die in der Flüssigkeit schon vorhandenen kleinen Luftbläschen aufnehmen und zusammen mit diesen leicht aus der Fällflüssigkeit ausscheiden. Da bei einer derartig belüfteten Flüssigkeit, z. B. in einer kurz gehaltenen hängenden Wassersäule die feinen Bläschen durch den Wasserstrom mitgerissen werden und nur wenige zur Ausscheidung kommen, läßt man dieses belüftete Wasser durch eine möglichst lang gebaute Spinnvorrichtung fließen, wobei die Wassersäule unter einem höheren Vakuum steht als bei der bekannten Anordnung und mithin mehr Neigung zu einer lebhafteren

Ausscheidung von Luftbläschen gegenüber der normalen Spinnvorrichtung zeigt. Das Verfahren benötigt keine weitere Vorrichtung. Die Belüftung erfolgt mittels Druckluft.

Patentanspruch: Verfahren zum Spinnen von Kunstseidenfäden aus Lösungen, bei welchen zur Bildung des Fadens ein oder mehrere Bäder angewandt werden, dadurch gekennzeichnet, daß diese Bäder durch einen oder mehrere Luft- oder Gasströme derart belüftet werden, daß so erzeugte größere Luftblasen die in der Flüssigkeit schon vorhandenen kleinen Luftbläschen aufnehmen und hierauf mit ihnen aus der Fällflüssigkeit ausgeschieden werden.

73. Dieselben. Vorrichtung zum Spinnen von Kunstseide aus Kupferoxydammoniakzelluloselösungen nach dem Streckspinnverfahren.

D.R.P. 468272 Kl. 29a vom 6. II. 1927.

Die Spinnvorrichtung bekannter Art *1* (Fig. 50) für Kupferoxydammoniakzelluloselösung, bei welcher der Faden *2* über eine Absäure-

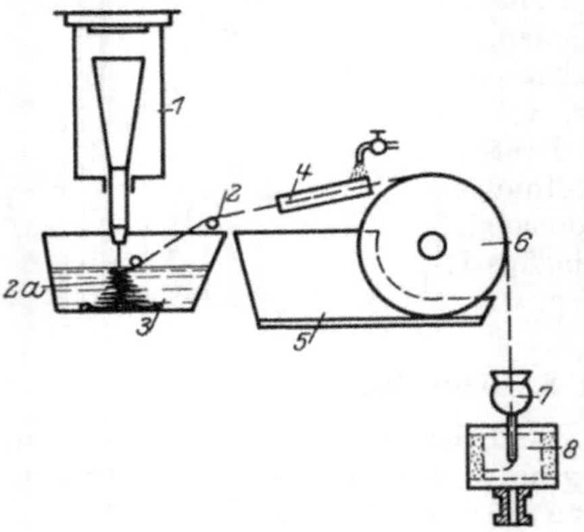

Fig. 50.

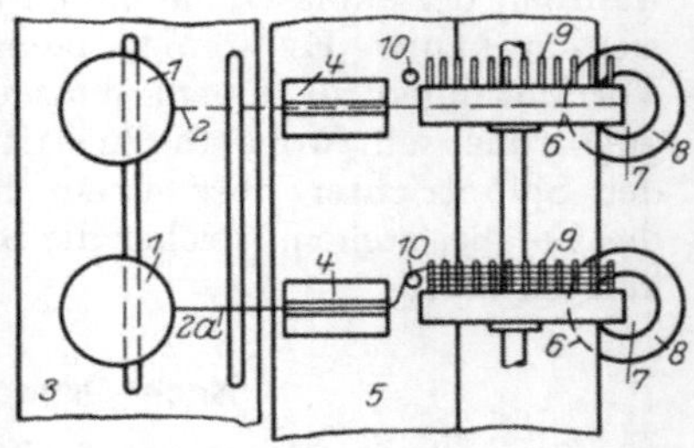

Fig. 51.

vorrichtung *4* und ein Abzugsrad *6* mit Säureauffangbecken *5* durch den Führungstrichter *7* zum Spinntopf *8* läuft, erfordert zur Entfernung der sich alle 1—2 Stunden bildenden Spinnkuchen ein Stillsetzen des Spinntopfes. Während dieser Zeit tritt aber aus der Spinndüse weitere Spinnlösung aus, die in das Fällbad *3* als Faden *2a* eintritt und den Abfall bildet. Nach vorliegender Erfindung kann diese Abfallbildung dadurch verhütet werden, daß eine zweite Führungsbahn, z. B. eine Trommel *9* (Fig. 51). vorgesehen ist, auf welche der Faden umgeleitet und aufgewickelt wird. *10* ist ein Umleitnocken für den Faden *2a*. Wird der Kuchen aus dem Spinntopf entfernt, so wird der Faden *2a* über den Nocken *10* nach der Aufwickeltrommel *9* geleitet und dort aufgewickelt. Wenn nach Entfernung des Spinnkuchens der Spinntopf für den neuen Kuchen wieder vorbereitet ist, hat der die Vorrichtung bedienende Arbeiter nur den Faden *2a* auf das Abzugsrad *6* umzulegen. Das Abzugsrad reißt den Faden ab und nimmt ihn mit. Der Arbeiter führt dann den Faden dem Führungstrichter *7* und dem Spinntopf *8* zu. Der bedienende Arbeiter kann das Einlegen in kürzester Zeit und bequemer vornehmen als bisher. Es können daher entsprechend mehr Spinnstellen in derselben Zeit bedient werden als bisher. Die auf der zweiten Bahn aufgewickelten Kunstseidenfäden werden zu bestimmten Zeiten von der Maschine abgeschnitten, geordnet und gesammelt und der Nachbehandlung (gleich der Kunstseide) unterzogen, um dann als Stapelfaser od. dgl. in den Handel gebracht zu werden.

Patentanspruch: Vorrichtung zum Spinnen von Kunstseide aus Kupferoxydammoniakzelluloselösungen nach dem Streckspinnverfahren, dadurch gekennzeichnet, daß an dem Abzugsrad der Spinntopfspinnmaschine eine zweite Bahn *9* angeordnet ist, auf welche der Faden durch Umleitung zwecks Bildung von Stapelfaser od. dgl. aufgewickelt wird, wenn der Spinntopf den ununterbrochen gebildeten Faden nicht aufnimmt.

74. Dieselben. Absäurevorrichtung für Spinnvorrichtungen von Kunstseidefäden.

D.R.P. 475923 Kl. 29a vom 6. II. 1927.

Der Erfindungsgegenstand findet mit besonderem Vorteil Anwendung bei Kunstseidenfäden, welche aus Kupferoxydammoniak-Zelluloselösungen hergestellt werden. Die bekannten Vorrichtungen zur Absäuerung der aus der Spinnvorrichtung austretenden Fäden bestehen aus einem gemeinschaftlichen Rohr, das auch unterteilt sein kann und auf welchem in verschiedener Art eine Anzahl Rinnen für die Absäuerung der einzelnen Fäden angeordnet sind. Es hat sich hierbei als nachteilig gezeigt, daß diese Säurerinnen, welche vom Faden durchlaufen werden, im Laufe der Zeit mehr oder weniger aus ihrer ursprünglichen Lage geraten. Damit wird aber ein gleichmäßiger Ausfall der Seide ungünstig beeinflußt. Die Erfindung beseitigt diese Nachteile dadurch, daß die Absäurevorrichtung aus einzelnen Gliedern besteht, von denen jedes einem Faden zugeordnet ist und wobei diese einzelnen Glieder durch geeignete Verbindungsstücke miteinander gekoppelt sind. Als Verbindungsstücke dienen in der Hauptsache Gummischläuche. Sie leiten die Säure den Rinnen zu. Jede Spinnvorrichtung besitzt also ein in sich abgeschlossenes Glied der Säurevorrichtung. Die einzelnen Glieder bestehen aus einem Rohrstück mit Rinne, das verstellbar an einem Arm befestigt ist. Diese Arme wirken als Stützarme und sind mit der Spinnmaschine, vorzugsweise dem Fällbadauffangtrog, lösbar verbunden.

Ein weiteres Merkmal der Erfindung besteht darin, daß der innere halbrunde Grund der Säurerinne genarbt ausgebildet ist, und zwar derart, daß in bestimmten Abständen Quervertiefungen vorgesehen sind. Bei Schrägstellung der Säurerinne wird damit ein gleichmäßiges Absäuern des Fadens auf der ganzen Länge erfolgen. Zum leichteren Überleiten des aus der Spinnvorrichtung kommenden Fadens über die Säurerinne nach dem Abzugsrad und dem Spinntopf oder auf einen Haspel besitzt jedes Glied der Absäurevorrichtung, einseitig angeordnet, sowohl an der Säurerinne wie an dem Haltearm einen Fadenführer. Der an der Säurerinne angebrachte Fadenführer verstellt sich mit der Rinne und gibt dem Faden stets die genaue Lage und Führung.

Die Abbildungen zeigen ein Ausführungsbeispiel der Erfindung, und zwar zeigt: Fig. 52 eine Gesamtseitenansicht (teilweise geschnitten) der Absäurevorrichtung und Fig. 53 eine Draufsicht. Die Fig. 54 bis 57 zeigen Einzelheiten in vergrößertem Maßstabe, und zwar zeigt Fig. 54 einen Längsschnitt durch eine Säurerinne, Fig. 55 eine Ansicht von oben, Fig. 56 zeigt eine Seitenansicht des Haltearmes und Fig. 57 eine Ansicht von oben auf den Haltearm für die Säurerinne.

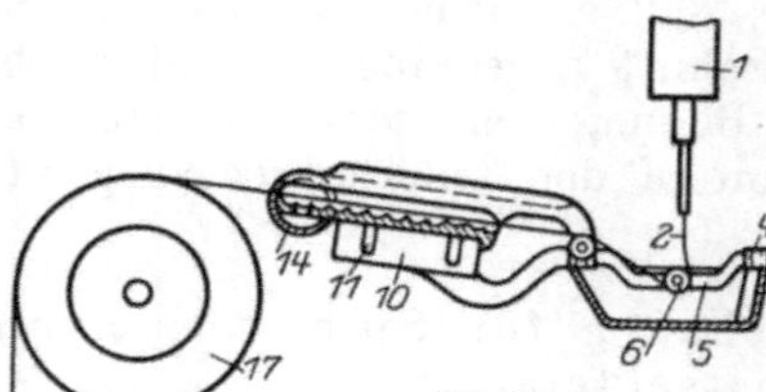

Fig. 52.

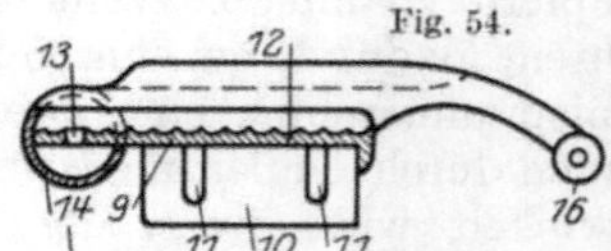

Fig. 54.

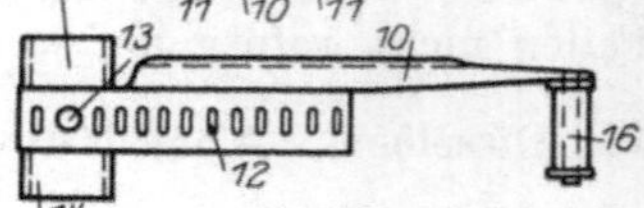

Fig. 55.

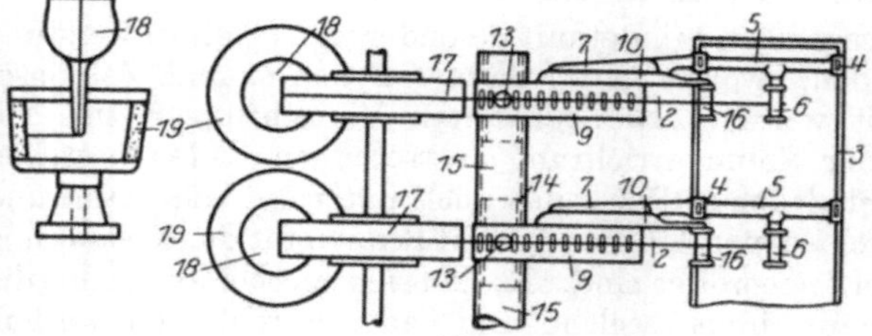

Fig. 53.

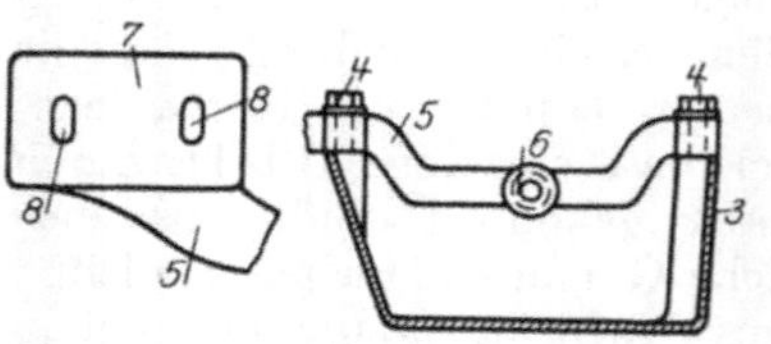

Fig. 56.

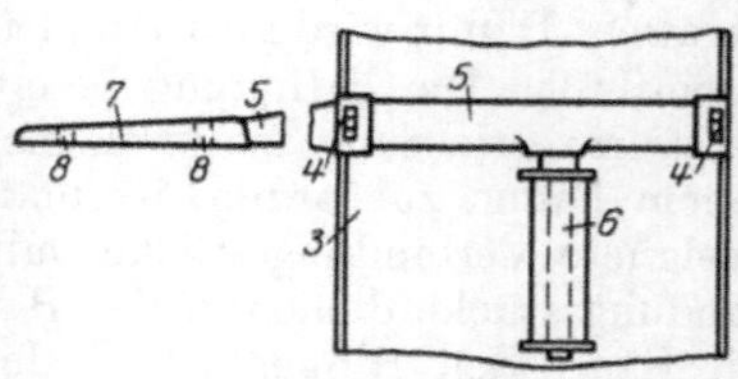

Fig. 57.

1 ist die eigentliche Spinnvorrichtung, in welcher der Faden *2* gebildet wird. *3* ist der Fällbadtrog. An diesem ist mittels der Schrauben *4* der Haltearm *5* befestigt, der unterhalb der Spinnvorrichtung einen Fadenführer *6*, eine aus Glas bestehende lose aufgesteckte Walze, besitzt. Der Haltearm oder Stützarm *5* läuft in eine Platte oder Befestigungslasche *7* mit Löchern *8* aus. Die Säurerinne *9* besitzt ebenfalls eine derartige Platte *10* mit Langlöchern *11*. Die Platten *7* und *10* passen gut aufeinander, und beim Hindurchführen von Schrauben durch die Löcher *8* und *11* kann die Säurerinne in verschiedenen Lagen an dem Arm *5* befestigt werden. Der Grund *12* der Säurerinne ist genarbt, d. h. er hat Quervertiefungen. Außerdem besitzt er eine Durchbohrung *13*, durch welche die Säure in die Rinne eintritt. *14* sind Hohlstutzen, an die Schläuche *15* angeschlossen werden können. Die Schläuche verbinden somit die einzelnen Glieder (Säurerinnen) und führen die Säure den Rinnen zu. Die Platte *10* der Säurerinne nimmt noch einen zweiten Fadenführer *16* auf. *17* sind die Fadenabzugsräder, über welche die Fäden den Fadenführungstrichtern *18* und den umlaufenden Spinntöpfen *19* zugeleitet werden.

Die Fig. 52 und 53 zeigen die Befestigungsweise der Säurerinnen an den Stützarmen und zugleich den gesamten Fadenverlauf. Infolge der Möglichkeit der gleichmäßigen Einstellung der Säurerinnen untereinander durchläuft jeder Faden aufs genaueste die Absäuerungsbahn. Ungleiches Absäuern der Fäden kann somit nicht eintreten.

Patantansprüche: 1. Absäurevorrichtung für Spinnvorrichtungen von Kunstseidefäden, dadurch gekennzeichnet, daß die Absäurevorrichtung aus einzelnen, jedem Faden besonders zugeordneten, für sich verstellbaren Absäurerinnen besteht, welche durch nachgiebige, die Absäureflüssigkeit zuführende Verbindungsstücke, z. B. Gummischläuche *15*, miteinander verbunden sind.

2. Absäurevorrichtung nach Anspruch 1, dadurch gekennzeichnet, daß jede Absäurerinne *9* verstellbar an einem Arm *10* befestigt ist, der wiederum mit der Spinnmaschine lösbar verbunden ist.

Nach Klinger.

75. F. Klinger, Pirna a. d. Elbe. Fällbad für Kunstspinnfäden. D.R.G.M. 987353 Kl. 29a vom 22. III. 1927.

Im Gegensatz zu den bisher gebräuchlichen Fällbädern besteht die Neuerung darin, daß das Fällbad (Wasser) in entgegengesetzter Richtung zum Faden bewegt wird. Durch das Prinzip des Gegenstroms wird der Faden nicht mehr von den in Lösung gegangenen Verunreinigungen auf seinem Wege begleitet und die Wasserwirkung beträchtlich erhöht. Ferner kann das Ausziehen des Fadens um 30 bis 40% gesteigert werden. Fig. 58 zeigt die Anwendung des Fällbades. *a* ist der Badebehälter.

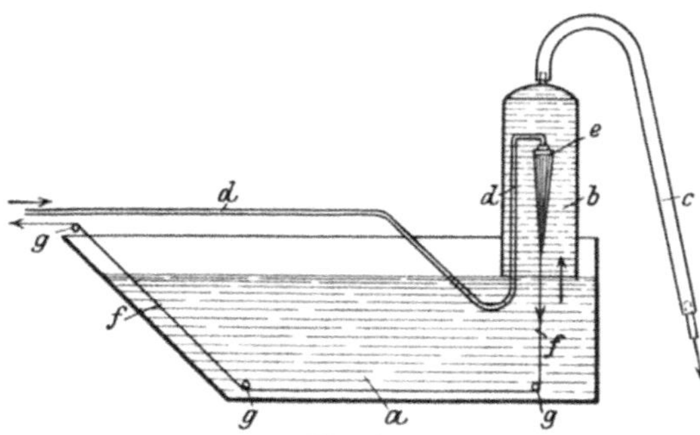

Fig. 58.

Das Wasser läuft am linken Ende zu. Am rechten Ende ist eine Heberglocke *b* so angeordnet, daß sie etwa 2 cm tief in das Wasser eintaucht. An die Glocke schließt sich ein Heberschlauch *c* an. Das die Spinnmasse führende Rohr *d* tritt von unten her in die Glocke ein und wendet in ihrem Oberteil um, so daß der Spinnkopf *e* nach abwärts steht. Glocke *b* und Schlauch *d* werden zunächst mit Wasser gefüllt, dann setzt man die Glocke ein und bringt den Heberlauf in Gang. Die Heberführung ist mit der Stärke des Zulaufes in Übereinstimmung. Der auslaufende Faden *f* fällt durch seine eigene Schwere nieder und wird, über die Rollen *g* geleitet, nach links herausgezogen. Das Wasser strömt entgegen und nimmt den Abraum nach rückwärts weg.

76. Derselbe. Förderrad für Kunstfäden.

D.R.P. 458399 Kl. 29a vom 30. VII. 1927.

Beim Anlegen des Fadens an das Förderrad bestand bisher der Nachteil, daß der Radkranz nicht genug Feuchtigkeit mitführte, wodurch leicht Fadenbrüche entstanden. Dieser Nachteil wird durch die in der Zeichnung (Fig. 59 und 60) in Seitenansicht und Draufsicht dargestellte Anordnung vermieden. *a* ist das Förderrad mit der Hohlkehle *b*, welche die Laufrinne für den Faden *c* bildet. Auf die zu beiden Seiten der Hohlkehle liegenden Kranzrippen ist nun je ein Gummiband *d* aufgespannt, auf welchem ein Ringkissen *e* aus Schwammgummi oder einem anderen saugfähigen Stoff befestigt ist. *f* ist ein außerhalb des Rades angeordneter Abstreicher, der auf dem Ringkissen aufliegt. Das Kissen *e* saugt sich beim Durchgang durch das Nachbehandlungsbad voll, beim Hindurchgehen unter dem Abstreicher *f* wird dann die Flüssigkeit aus dem Ringkissen herausgedrückt und rieselt in die Hohlkehle herab, wodurch diese an der Berührungslinie mit dem Faden ständig bewässert und dadurch die Reibung verringert wird.

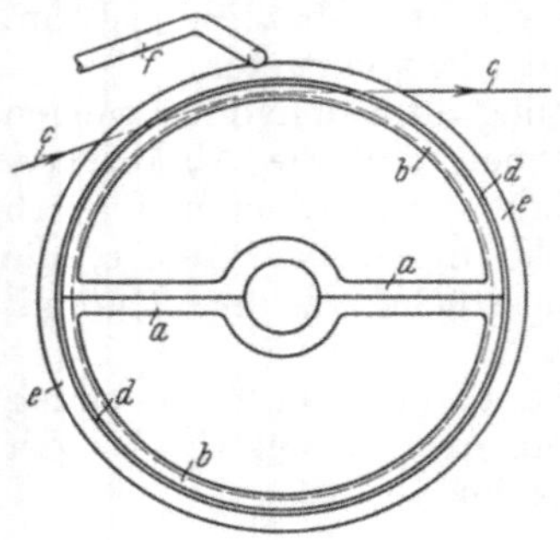

Fig. 59.

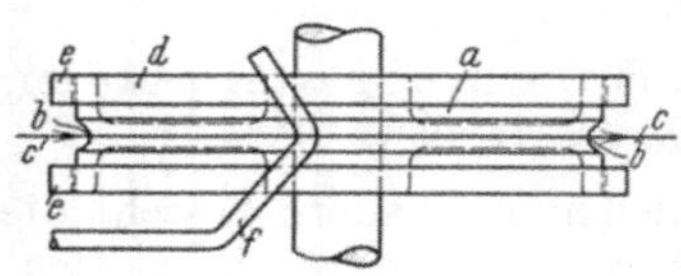

Fig. 60.

Patentanspruch. Förderrad für Kunstfäden, dadurch gekennzeichnet, daß auf dem Radkranz eine saugfähige Auflage angeordnet ist, welche sich während des Durchlaufens durch das Nachbehandlungsbad mit der Badeflüssigkeit vollsaugt und sie darauf in der oberen Hälfte des Förderrads in die Fadenführung abgibt.

77. J. Klinger und F. Klinger, Wehlen a. d. E. Fällbehälter für Kunstspinnfäden.

D.R.G.M. 1036528 Kl. 29a vom 26. V. 1928.

Im Gegensatz zu den bisher benutzten innerhalb der Fällflüssigkeit angebrachten Fällbehältern, welche aus einem Glaszylinder bestanden, dem in der Regel ein Boden aus Metall angesetzt war, sind der Zylinder *a* (Fig. 61), der Boden *b* und der an der Unterfläche zentrisch austretende Stutzen *c* einheitlich aus Glas hergestellt. Der Stutzen gibt dem Trich-

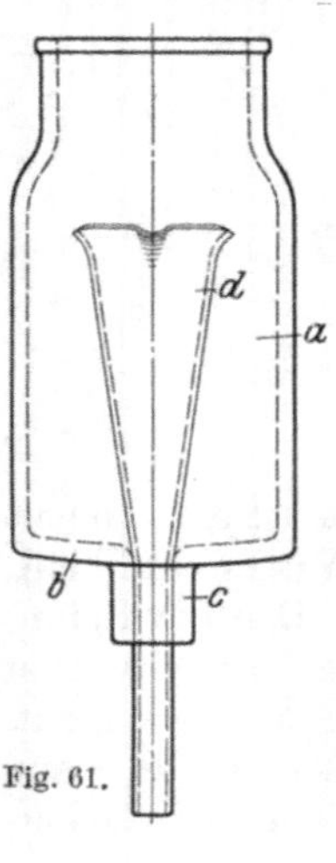

Fig. 61.

ter *d* Sitz und Führung. Auf dem Glasboden setzen sich die Niederschläge ab, so daß zur Reinigung eines solchen Gefäßes ein einfaches Ausspülen genügt.

Nach Leinbrock-Werke A.-G. und Kretzschmar.

78. Leinbrock-Werke Akt.-Ges. und E. Kretzschmar, Gottleuba i. Sa. Vorrichtung zum Absäuern von Kunstseidenfäden.

D.R.P. 468637 Kl. 29a vom 8. V. 1927.

Die vorliegende Erfindung bezieht sich auf zwei aus einem Verteilungsrohr gespeisten Absäurerinnen. In jedem Säurebehälter *b* (Fig. 62) befindet sich ein Stutzen *c*, welcher mit dem T-Stück *d* des Säurezuleitungsrohres *a* durch einen Gummischlauch *e* verbunden ist. Beim Abnehmen der abgesäuerten Fäden, sowie beim Reinigen der Düse und des Trichters wird die Säurezufuhr durch Einklemmen eines Gummipfropfens in den Stutzen *c* abgesperrt. Damit die Säure ordnungsgemäß in die Ablaufrinne *g* gelangt, sind an beiden Auslaufstellen des Behälters die Tropfnasen *f* angebracht. Der Vorteil der Erfindung liegt in der Einfachheit des Zusammenbaues, dem leichteren Abschalten der Rinnen und darin, daß das Verteilungsrohr nur eine einzige Ableitung hat.

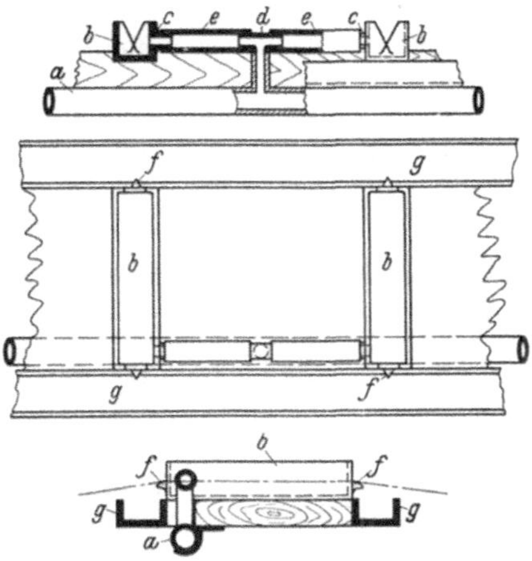

Fig. 62.

Patentanspruch: Vorrichtung zum Absäuern von Kunstseidefäden, dadurch gekennzeichnet, daß je zwei mit einem Stutzen *c* versehene Säurebehälter *b* mit dem Verteilungsrohr *a* durch eine Säureleitung verbunden sind, die aus einem T-Stück *d* nebst an die Stutzen *c* anschließenden Gummischläuchen *e* bestehen und durch in die Stutzen *c* einzusetzende Pfropfen sperrbar sind.

79. Dieselben. Vorrichtung zur Herstellung von Kunstseide nach dem Streckspinnverfahren.

D.R.G.M. 1034968 Kl. 29a vom 19. V. 1928.

Der Spinntrichter *a* (Fig. 63) bewirkt, daß das entstehende Fadenbündel zunächst durch eine ruhige, gleichmäßige und dann durch eine schneller fließende Strömung innerhalb des konischen Trichters *b* erfaßt wird, wodurch die

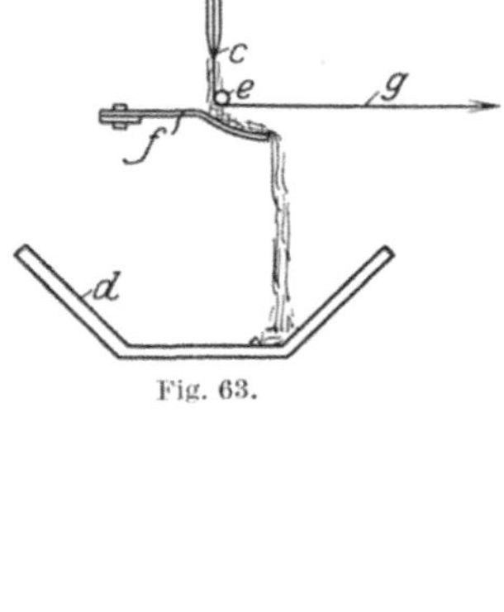

Fig. 63.

Vereinigung zu einem geschlossenen Faden bewirkt wird. Am Trichteraustritt *c* beginnt für die Flüssigkeit ungehindert der freie Fall bis zur Abflußrinne *d*. Der Faden *g* wird unterhalb des Fadenführers *e*, der aus einer Rolle oder aus einem Stabe besteht, erfaßt und zur weiteren Bearbeitung über Leitrollen abgezogen.

Damit vermieden wird, daß einzelne Fäden des noch nicht fest zusammengeschlossenen Gesamtfadens durch die freie Fällströmung bis in die Abflußrinne *d* mitgerissen werden, ist eine Auffangvorrichtung *f* geschaffen worden. Diese kann aus Blech oder sonstigem Material hergestellt sein und ist nach links oder nach rechts seitlich beweglich. Von dieser Vorrichtung kann der Faden geschlossen abgezogen werden, wodurch ein Abgleiten einzelner Fäden in die Abflußrinne unmöglich wird. Eine seitliche Verschiebung der Auffangvorrichtung *f* bezweckt, bei Beginn des Spinnens dem Fällstrom und dem Faden kurze Zeit freien Lauf zu lassen.

Nach Kohorn und Perl.

80. O. Freiherr v. Kohorn und A. Perl, Wien. Verfahren und Vorrichtungen zum Reinigen von Spinnvorrichtungen für Kunstseide.

Österr. P. 109552 vom 15. I. 1928, angem. 14. V. 1927; brit. P. 290560; franz. P. 649087.

Um Niederschläge aus den Spinntrichtern bei der Herstellung von Kupferseide zu entfernen, saugt man während einer Spinnpause, z. B. wenn die Spulen weggebracht werden, aus einem unter dem Spinntrichter angebrachten Troge z. B. Säure in den Spinntrichter. Der Hahn für die Saugleitung sitzt oben auf dem Spinntrichter, er ist mit dem Wasserzulaufhahn so gekuppelt, daß der Wasserzufluß aufhört, wenn das Vakuum angestellt wird. Der Trog, aus dem die Reinigungsflüssigkeit zugeführt wird, wird von einem Arm gehalten; wird der Tragarm von dem Spinntrichter wegbewegt, so hört der Zufluß von Reinigungsflüssigkeit auf. Ist der Trog für die Reinigungsflüssigkeit unter dem Trichter, so wird der Faden durch einen seitlich angebrachten Stab nach der Seite hin abgeleitet. (Zeichnungen.)

81. Dieselben. Verbesserungen an Verfahren zur Herstellung von Zelluloseprodukten wie Kunstseide usw. durch Streckspinnen von Kupferoxydammoniak-Zelluloselösungen.

Franz. P. 648061 vom 1. II. 1928; brit. P. 310864 vom 31. I. 1928.

Das beim Streckspinnen von Kupferoxydammoniak-Zelluloselösungen benutzte Wasser wird in bekannter Weise durch Erhitzen von Ammoniak und Kupfer befreit, nach Absitzen des Kupferschlamms wird filtriert und das Filtrat nach Kühlen ohne weitere Behandlung weiterbenutzt. Vor dem Erhitzen wird eine kleine Menge Ätzalkali zugesetzt, um etwas als Salz gebundenes Ammoniak frei zu machen. Das abgetriebene Ammoniak wird in Absorptionstürmen z. B. als Sulfat gebunden. Das Wasser enthält gewöhnlich geringe Mengen anderer Salze, wie Natriumsulfat oder -karbonat, welche, wenn sie eine bestimmte Menge überschreiten, das Spinnen stören. Man muß daher einen kleinen Teil des Wassers durch frisches Wasser ersetzen, wodurch auch eine teilweise Kühlung erreicht wird. Da aber nur ein Teil des durch Erhitzen von Kupfer und Ammoniak befreiten Wassers durch frisches ersetzt wird, ist eine Entgasung dieses frischen Wassers nicht nötig.

Nach Linkmeyer.

82. C. R. Linkmeyer, Kirschau i. Sa. Verfahren zur Herstellung von Kupferseide nach dem Streckspinnverfahren.

Brit. P. 297060 vom 13. IX. 1928; belg. P. 354026; franz. P. 659953 (Prior. Deutschl. vom 13. IX. 1927).

Beim Streckspinnen nach dem Kupferoxydammoniakverfahren beeinträchtigt die im Fällwasser gelöste Luft den glatten Verlauf des Spinnens, weil gelöste Luft die Neigung zur Abscheidung hat Sie setzt sich manchmal an unerwünschten Stellen in Form von Luftperlen ab. Zur Vermeidung dieser Störungen ist vorgeschlagen worden, aus dem Spinnbade alle darin enthaltene Luft vorher vollständig durch Evakuieren und Erwärmen des Bades zu entfernen[1]. Die vollständige Entfernung aller gelösten Luft gelingt mit Vakuum allein schwer. Die Unterstützung durch Erwärmen des Fällbades ist deshalb notwendig. Das Fällwasser wird meistens nur einmal benutzt. Sonst muß es nach einmaliger Benutzung wiederum entlüftet werden. Die Menge des für die Entlüftung in Frage kommenden Fällwassers ist außerordentlich groß und beträgt für 1 kg Seide etwa 2 cbm, so daß größere Kunstseidenspinnereien mit einer großen Fällbadwassermenge zu rechnen haben. Das Erhitzen solcher Mengen Fällwasser bedingt großen Wärmeaufwand und hohe Kosten. Demgegenüber wurde beobachtet, daß man mit der teilweisen Entfernung der gelösten Luft aus dem Fällbade sich begnügen kann, so daß auch dann die eben erwähnten Störungen vermieden werden. Es ist zwar auch schon bisher in verschiedenen Fällen mit einem Fällbade gearbeitet worden, welches einen mehr oder minder großen Gehalt an Luft besaß. Ein Fällbad von 15° C enthält etwa 20 ccm, ein solches von 30° C 15 ccm und ein solches von 50° C etwa 11,8 ccm gelöste Luft im Liter. Der erfinderische Gedanke des neuen Verfahrens liegt darin, daß ein bestimmter Gehalt an gelöster Luft im Spinnbade ein gutes Spinnen nicht stört, wenn die Luftmenge etwas unter der Menge liegt, welche sich im Spinnbad bei einer bestimmten Temperatur und bei einem bestimmten Unterdruck ergibt. Nach dem neuen Verfahren richtet sich also die Stärke des Luftabsaugens aus der Fällflüssigkeit nach der jeweilig beim Spinnen angewendeten Fällflüssigkeitstemperatur und dem Unterdruck in der Spinnvorrichtung.

Angenommen, es wird mit einer frei hängenden Flüssigkeitssäule von 25 cm Länge und mit 35° C warmem Spinnwasser gearbeitet, so ist der Gehalt an gelöster Luft etwa $14^1/_2$ ccm je Liter. Wird nun ein solches Fällwasser so weit entlüftet, daß es nur noch etwa 10 ccm je

[1] Siehe 5. Aufl., S. 214, Nr. 230.

Liter enthält, so kann es beim Spinnen unter den erwähnten Bedingungen keine Luft mehr abstoßen. Wird mit einem Fällbade bei 20° C gearbeitet, so stellt sich das Bad auf einen Gehalt von ungefähr 18 ccm Luft ein. Entfernt man die Luft bis auf etwa $14^1/_2$ ccm je Liter, so kann auch mit diesem Bade ohne Störung gesponnen werden. (Zeichnung.)

Nach Kretzschmar.

83. E. Kretzschmar, Gottleuba i. Sa. Vorrichtung zum Absäuern von Kunstseidefäden.

D.R.G.M. 1020931 Kl. 29a vom 17. I. 1928.

Die Vorrichtung dient zum Absäuern und Waschen des Fadens in einer gemeinsamen Anordnung. Das Transportrad *a* (Fig. 64) ist mit einer Rille *b* versehen, in welche sich der Faden *c* auf der Transportstrecke einlegt. Die Brausevorrichtung *d* ist zentrisch über das Transportrad in dessen Längsrichtung gestellt und hat eine Länge ungefähr gleich dem Raddurchmesser. Das Brausewasser fällt in die Rinne, die ein begrenztes Spülbett bildet, in welchem die jeweilige Wassermenge voll ausgenutzt wird. Es ist dies der wesentliche Vorteil gegenüber andern solchen Einrichtungen, bei denen viel Wasser verbraucht wird ohne kräftige Einzelumspülung. Die unter *a* angeordnete Sammelrinne fängt das Wasser auf, es wird nach einem Sammelbassin geleitet, von wo es eine Pumpe immer wieder in den Kreislauf zurückführt.

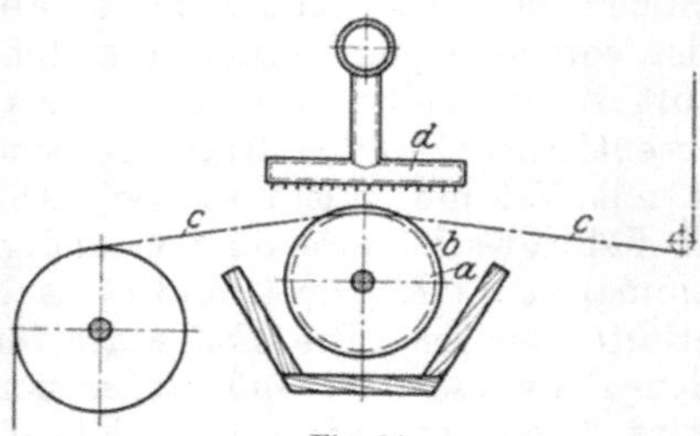

Fig. 64.

Vorbereitung von Zellulose für das Auflösen in Kupferoxydammoniaklösung.

Nach I. G. Farbenindustrie Aktiengesellschaft.

84. I. G. Farbenindustrie Aktiengesellschaft, Frankfurt a. M. Herstellung von Kupferoxydammoniak-Zelluloselösungen.

Franz. P.* 641685 vom 30. IX. 1927; schweiz. P. 131070; brit. P. 302956 (Prior. Deutschl. vom 30. X. 1926).

Man preßt rohes Zellulosematerial in dünne papierartige Schichten, vermeidet soviel wie möglich alle unnötige mechanische und chemische Behandlung und löst die erhaltene Zellulose. Man erhält so in kürzerer Zeit als bisher 10—12proz. Lösungen in Kupferoxydammoniak von stark gesteigerter Viskosität, welche die Beschaffenheit der Seide in bemerkenswerter Weise zu heben vermag. Auch ist eine leichte und genaue Dosierung der Zellulose in der Kupferoxydammoniaklösung ermöglicht.

85. Dieselbe. Verfahren zur Herstellung von Zelluloselösungen mittels Kupferoxydammoniak.

Belg. P. 354271 vom 18. IX. 1928 (Prior. Deutschl. vom 7. X. 1927).

Man löst die Zellulose in trocknem Zustande, ohne vorheriges Quellen, in ammoniakalischem Kupferoxyd.

Herstellung von Kupferoxydammoniak- und Kupferoxydammoniakzelluloselösung[1].

Nach Cuprum Akt.-Ges.

86. Cuprum Akt.-Ges., Glarus. Verfahren zur Gewinnung eines für die Herstellung von Kupferoxydammoniakzelluloselösungen für das Kunstseidestreckspinnverfahren geeigneten basischen Kupfersulfats.

Schweiz. P. 124133 vom 22. IX. 1926 (Prior. Deutschl. vom 20. X. 1925); brit. P. 260212 (J. P. Bemberg); franz. P. 622269.

Es wurde gefunden, daß ein basisches Kupfersulfat von sehr gleichmäßiger Zusammensetzung dadurch erhalten werden kann, daß man Kupfersulfatammoniak mit Schwefelsäure ansäuert. Unter Verwendung dieses Produktes lassen sich Zelluloselösungen von gleichmäßigem Gehalt an Natriumsulfat herstellen, die ihrerseits wieder die Herstellung einer gleichmäßigen Kunstseide ermöglichen und Betriebsschwankungen und Störungen vermeiden. Vorteilhaft ist auch, daß die zur Umsetzung nötige Säure nicht genau dosiert zu werden braucht. Ein Überschuß gibt keine Veranlassung zur Bildung schädlicher Stoffe. Bei Säureüberschuß bildet sich Kupfervitriol, das sich beim Auswaschen leicht entfernen läßt. Andererseits hat auch ein Überschuß an Säure auf die Qualität des basischen Sulfates keinen Einfluß, da das nicht umgesetzte Kupfersulfatammoniak sich ebenfalls leicht auswaschen läßt. Besonders wertvoll ist dies Verfahren dadurch, daß man danach die kupferhaltigen Abfälle des Kupferoxydammoniak-Streckspinnverfahrens aufarbeiten kann. Bei diesem Verfahren findet sich Kupfer in dem Fällwasser als ausgeflocktes Kupferhydroxyd und in der Absäuerungsflüssigkeit gewöhnlich als Kupfersulfat vor. Aus letzterer läßt es sich in unreiner Form als Zementkupfer ausscheiden. Diese verschiedenartigen Kupferabfälle lassen sich vereint oder getrennt durch Ammoniumsulfat und Ammoniak, gegebenenfalls unter Luftrührung oder bei Zutritt von Luft als Kupfersulfatammoniak in Lösung bringen. Aus dieser Lösung wird durch Ansäuern in oben beschriebener Weise das basische Kupfersulfat erhalten, das besonders zur Kunstseidefabrikation geeignet ist. In dieser Weise läßt sich das Kupfer dieser Fabrikation immer wieder im Kreislauf verwenden.

Beispiel 1: 100 kg aus den Abwässern der Kupferseidefabrikation gewonnenes Kupferhydroxyd mit einem Wassergehalt von 42% werden in eine wässerige Lösung von 72 kg Ammoniumsulfat eingetragen und gut verrührt. Sodann gibt man 80 kg Ammoniaklösung vom spez.

[1] Siehe auch franz. P. 595208, S. 2 und brit. P. 217047, S. 239.

Gewicht von 0,909 zu, so daß alles Kupferhydroxyd sich zu Kupfersulfatammoniak löst. Hiernach werden langsam 92 kg Schwefelsäure von 60° Bé zugegossen und auf diese Weise 72 kg basisches Kupfersulfat erhalten.

Beispiel 2: 100 kg Zementkupfer, die aus den sauren Abwässern des Kupferoxydammoniak-Streckspinnverfahrens gewonnen sind, werden mit einer Lösung von 160 kg Ammoniumsulfat in Wasser und mit 172 kg Ammoniak vom spez. Gewicht von 0,910 übergossen und durch einen kräftigen Luftstrom gerührt. Nach einigen Stunden ist die Lösung beendigt, das Eisen wird abfiltriert und die reine Lösung von Kupfersulfatammoniak mit 210 kg Schwefelsäure von 60° Bé langsam versetzt. Auf diese Weise werden 190 kg basisches Sulfat erhalten.

Nach J. P. Bemberg A.-G.

87. J. P. Bemberg A.-G., Barmen-Rittershausen. Kupferoxydammoniakzelluloselösung zum Spinnen von Kunstseide nach dem Streckspinnverfahren.

D.R.P. 436061 Kl. 29b vom 25. VI. 1924; Ver. St. Amer. P. 1728565 (A. Hartmann, American Bemberg Corpor.); franz. P. 591456; schweiz. P. 113712; österr. P. 103230; belg. P. 323168; canad. P. 253896.

Das Patent entspricht dem in der 5. Auflage, S. 310, Nr. 330 mitgeteilten.

Patentanspruch: Kupferoxydammoniakzelluloselösung zum Spinnen von Kunstseide nach dem Streckspinnverfahren, dadurch gekennzeichnet, daß die in einer Mischung von reinem Kupferhydroxyd und Ammoniak gelöste Zellulose einen nachträglichen Zusatz eines Alkalisalzes, insbesondere Natriumsulfat enthält.

Nach Hölken.

88. M. Hölken, Barmen. Verfahren zur Herstellung von Kupferoxydammoniakzelluloselösungen zum Spinnen von Kunstseide.

D.R.P. 420422 Kl. 29b vom 28. XII. 1924.

Zur Vermeidung der bei der Herstellung von Kupferoxydammoniakzelluloselösungen auftretenden Schwierigkeiten, welche darin bestehen, daß die fertige Spinnlösung Luft oder andere Gase enthält, werden nach vorliegender Erfindung die zur Bildung der Lösung in Reaktion tretenden Chemikalien vor ihrer Vereinigung von anhaftenden Gasen befreit. Es empfiehlt sich, bei der Ausübung dieses Verfahrens die zur Lösung bestimmte Zellulose nicht im Anschluß an den im Holländer bewirkten Mahlvorgang zu entlüften, sondern erst, nachdem auf der gemahlenen Zellulose in üblicher Weise die benötigte Menge von Kupferhydroxyd niedergeschlagen ist. Dadurch wird die Evakuierung der Zellulose erleichtert. Bei Anwendung dieser vorherigen Entgasung der einzelnen Bestandteile läßt sich in einfacher und zuverlässiger Weise auch bei kalter Witterung eine Kupferoxydammoniakzelluloselösung herstellen, welche frei von allen schädlichen Gasen ist und daher kein Abreißen der Fäden während des Spinnvorganges mehr mit sich bringt, dazu kommt noch der weitere Vorteil, daß nach diesem Verfahren eine wesentliche Ersparnis an Ammoniak erzielt wird.

Patentansprüche: 1. Verfahren zur Herstellung von Kupferoxydammoniakzelluloselösungen zum Spinnen von Kunstseide, dadurch gekennzeichnet, daß die zur Bildung von Kupferoxydammoniak in Reaktion tretenden Chemikalien, insbesondere die Zellulose, bereits vor der Vereinigung dieser Stoffe von den eingeschlossenen Luft- oder Gasteilchen befreit und erst dann zur Bildung der Lösung zusammengebracht werden.

2. Verfahren nach Anspruch 1, dadurch gekennzeichnet, daß die zur Lösung bestimmte Zellulose erst mit Kupferhydroxyd imprägniert und dann durch Evakuieren von den anhaftenden Gasteilchen befreit wird, bevor sie mit den Lösungsmitteln in Verbindung gebracht wird.

Nach Brysilka Ltd.

89. Brysilka Ltd. Apperly Bridge b. Bradford, Engl. Vorrichtung zum Durcharbeiten von Kunstseidenspinnlösungen, insbesondere für Kupferoxydammoniakseide.

D.R.P. 453772 Kl. 29a vom 25. VI. 1926 (Prior. Großbrit. vom 2. VII. 1925); brit. P. 258371 (auch F. W. Schubert); belg. P. 334748; Ver. St. Amer. P. 1657697, 1662478; franz. P. 618012.

Die Erfindung bezieht sich auf eine Vorrichtung zum Durcharbeiten der bei der Herstellung von Kunstseidefasern u. dgl. benutzten Spinnflüssigkeiten, z. B. Kupferoxydammoniakzelluloselösungen, die nach dem Streckspinnverfahren verarbeitet werden sollen. Ein Haupterfordernis dabei ist eine vollkommene homogene Beschaffenheit der Spinnflüssigkeit ohne eingeschlossene Luft- oder Gasbläschen zu erreichen. Sie wird erfindungsgemäß dadurch ermöglicht, daß eine zylindrische Durchmisch- und Kühlkammer vorgesehen ist, die in Abteile zerlegt ist, welche hintereinander in axialer Richtung folgen und von Rohren durchsetzt sind, die von außen gekühlt werden und durch welche die Zelluloselösung unter Druck fließt, während dicht an den Rohrenden radial umlaufende Schaufeln oder Abstreicher die in die Rohre eintretende, bzw. aus den Rohren austretende Lösung zerteilen.

Auf der Zeichnung ist Fig. 65 in ihrer oberen Hälfte der Längsschnitt und in ihrer unteren Hälfte die eine Seitenansicht einer Durchmisch- und Kühlkammer gemäß Erfindung. Fig. 66 ist in ihrer oberen Hälfte ein Querschnitt und in ihrer unteren Hälfte die Ansicht von links auf Fig. 65.

Die gefilterte rohe Spinnlösung, z. B. eine kupferoxydammoniakalische, wird durch eine (nicht gezeichnete) Pumpe dem Einlaß *1* zugeführt, welcher zu der Durchmisch- und Kühlkammer führt. Diese enthält ein zylindrisches, kesselartiges Gehäuse *2*, welches durch Trennwände *4* in mehrere Abteile *3* zerlegt ist. Die Einsatzstücke tragen Röhren *5*, durch welche hindurch die Lösung nach dem Auslaß *6* gefördert wird. Dicht vor den Enden der Rohre sind umlaufende Schaufeln oder Abstreicher *7* angeordnet, welche das dauernde Zerkleinern, Zerteilen und Durchkneten der Spinnlösung an den Stellen, wo sie in die Rohre *5* hineingefördert wird und aus ihnen herauskommt, sowie das Durchrühren in den Abteilen *3* selbst bewirken. Die umlaufenden Schaufeln *7* sitzen auf einer Welle *8*, die in einem in der Stirnwand des Gehäuses *2* vorgesehenen Lager *9* gelagert ist. Mittels der Ein- und Auslässe *10* und *11* wird durch die die Rohre *5* umgebenden getrennten Kühlräume Wasser in Umlauf gesetzt, um zu verhüten, daß die Temperatur der durch die Rohre *5* gehenden Spinnlösung unzulässig ansteigt. In Zusammenhang mit dieser Einrichtung sind Thermometertaschen *12* vor-

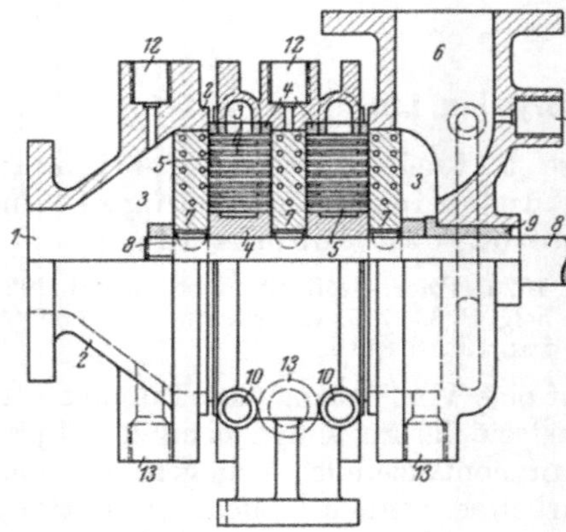

Fig. 65.

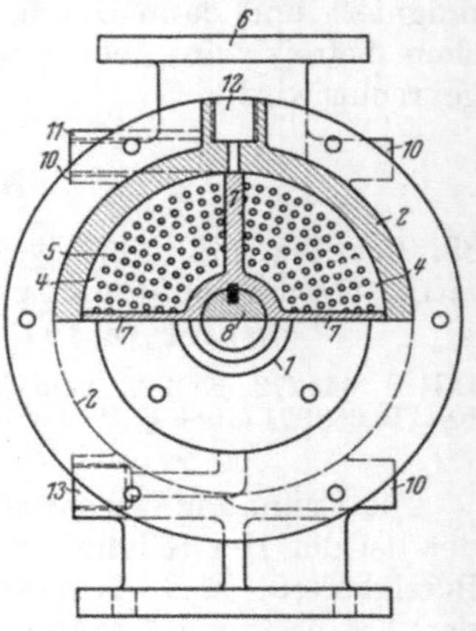

Fig. 66.

gesehen, so daß nach dem Einsetzen je eines Thermometers die Temperatur auf jeder Stufe des Misch- und Kühlvorganges leicht ermittelt werden kann. Das Gehäuse *2* ist mit drei Hähnen *13* versehen, mittels deren auf jeder gewünschten Stufe des Misch- und Kühlverfahrens Stoffproben entnommen werden können. Durch die entsprechende Wahl der Durchflußgeschwindigkeit der Spinnlösung und der Umlaufgeschwindigkeit der Schaufeln läßt sich jeder beliebige Zerkleinerungs-, Zerteilungs- und Durchmischungsgrad erzielen.

Patentanspruch: Vorrichtung zur Durcharbeitung von Kunstseidenspinnlösungen, insbesondere für Kupferoxydammoniakseide, gekennzeichnet durch eine zylindrische Durchmisch- und Kühlkammer *2*, die in Abteile *3* zerlegt ist, welche hintereinander in axialer Richtung folgen und von Rohren *5* durchsetzt sind, die von außen gekühlt werden und durch welche die Spinnlösung unter Druck fließt, während dicht an den Rohrenden radial umlaufende Schaufeln *7* oder Abstreicher die in die Rohre austretende oder aus den Rohren eintretende Lösung zerteilen.

Nach Du Pont Rayon Company.

90. Du Pont Rayon Company, Buffalo (W. H. Bradshaw). Verbesserung an Kunstseide, Roßhaar, Films u. dgl. und Verfahren zu deren Herstellung.

Brit. P. 271517 vom 23. V. 1927 (Prior. Ver. St. Amer. P. vom 21. V. 1926); franz. P. 645676; belg. P. 342079.

Das Verfahren besteht darin, daß in eine Kupferoxydammoniakzellulose- oder eine Viskoselösung, die hergestellt ist aus Zellulose mit 98–100% α-Zellulose, Luft oder Sauerstoff in solcher Menge eingearbeitet wird, daß die Viskosität der Lösung herabgesetzt, ihr α-Zellulosegehalt aber nicht wesentlich geändert wird. Wird beim Mischen mit viel Luft gearbeitet, so findet eine Oxydation statt, die schädlich ist. Eine Lösung mit 6% Zellulose, 9% NH_3 und 2,5% Kupfer wird gemäß der Erfindung so bearbeitet, daß ihre Viskosität 100 Sek. beträgt, d. h. eine Stahlkugel von 2,38 mm Durchmesser fällt in 100 Sek. durch 15 cm der Lösung in einer Glasröhre von 1 cm Durchmesser, wobei die Lösung auf 20° C gehalten wird. Das Durchmischen der Lösung geschieht unter möglichstem Ausschluß von Luft in einem vertikalen Mischer mit Rührflügeln, die die Flüssigkeit in der Mitte nach unten und am Rande nach außen führen. Über der Flüssigkeit soll möglichst wenig Luftraum sein, der Deckel muß luftdicht schließen. In Fig. 67 bedeutet *A* den Spinnbadbehälter, in welchen das für die Zufuhr der Spinnlösung bestimmte Rohr *B* mündet. Der gesponnene Faden geht über eine Walze *E*, die eine Umfangsgeschwindigkeit von

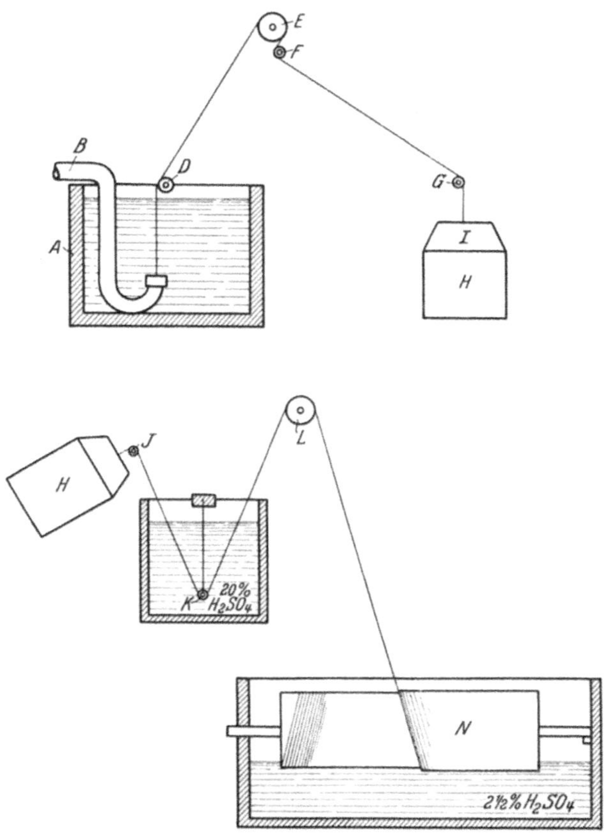

Fig. 67.

50 m in der Minute hat, ein Gleiten auf dieser Walze wird durch den darunter angebrachten Führer *F* verhindert. Über den Führer *G* geht der Faden weiter in den Spinntopf *H*, der durch den Deckel *I* abgeschlossen ist. Der Spinntopf *H* wird dann nach kurzem Stehen vertikal gestellt und der Faden über die Führer *J* und *K* durch ein Schwefelsäurebad gezogen. Hinter diesem Bade geht er über die Walze *L* auf die Spule *N*, auf der er in Kreuzwicklung aufgewunden wird. Er wird dann gewaschen und fertiggemacht.

Zu den in der 5. Auflage, S. 287, Nr. 304 angeführten Patenten ist zu bemerken:

Nach K. Melkus ist ein Zusatz von Disacchariden (Milchzucker und Malzzucker) für die Haltbarkeit und die Streckbarkeit der Kupferoxydammoniakzelluloselösung besonders vorteilhaft (Kunstseide, November 1928, S. 446—447).

Fällen von Kupferoxydammoniakzelluloselösungen durch hauptsächlich saure Mittel.

Nach Klinger.

91. F. Klinger, Pirna a. d. E. Verfahren zur Herstellung von Kupferoxydammoniakkunstseide.

D.R.P. 464268 Kl. 29b vom 8. I. 1926.

Als Fällmittel dient heißer, verdünnter Holzessig. Beispielsweise verwendet man als Fällbad eine Mischung von 50 kg Holzessig mit 50 kg Wasser. Die Ausführung des Verfahrens erfolgt in dem schon bekannten Arbeitsgange. Zu beachten ist, daß das Holzessigbad als solches keine glänzenden Fäden liefert. Man kann aber auch hier glänzende Fäden, und zwar Hochglanz erzielen, wenn man zu je 1 kg Spinnlösung 0,01 g Ameisensäure und 0,05 g Kleesalz zusetzt.

Patentansprüche: 1. Verfahren zur Herstellung von Kupferoxydammoniakkunstseide, dadurch gekennzeichnet, daß heißer, verdünnter Holzessig als Fällmittel verwendet wird.

2. Verfahren nach Anspruch 1, dadurch gekennzeichnet, daß die Spinnlösung zwecks Glanzerzeugung am fertigen Produkt einen Zusatz von Ameisensäure und Kleesalz erhält.

Nach Küttner.

92. Fa. Fr. Küttner, Pirna a. d. E. Verfahren zur Herstellung feinfädiger Kunstseide.

Franz. P. 627036 vom 3. I. 1927 (Prior. Deutschl. vom 11. VI. 1926); Ver. St. Amer. P. 1706717 (A. Wagner).

Kupferoxydammoniakzelluloselösungen werden mittels wässeriger Aluminiumsulfatlösung gefällt. Man erhält einen Kupfer, Schwefelsäure und Aluminium enthaltenden grünen Faden, der sich infolge seiner Plastizität strecken läßt und auf der Bobine, dem Haspel oder in der Zentrifuge mit Wasser, Säure, wieder mit Wasser gewaschen, dann geseift und getrocknet wird. Dem Aluminiumsulfatbade kann Schwefelsäure oder eine organische Säure zugesetzt werden, um das vom Faden nicht absorbierte Aluminiumhydrat zu lösen.

Fällen von Kupferoxydammoniakzelluloselösungen durch hauptsächlich alkalische Mittel.

Nach Schulz.

93. Wanda Schulz, Berlin-Lichterfelde W. Verfahren zur Herstellung von Fäden aus Kupferoxydammoniakzelluloselösung.

Brit. P. 249845 vom 13. III. 1926 (Prior. Deutschl. vom 26. III. 1925).

Um eine wässerige Ammoniaklösung als Fällbad beim Streckspinnen von Kupferoxydammoniakzelluloselösungen benutzen zu können, wird das Bad bei einer Temperatur von 60—95° C verwendet oder man nimmt eine Spinnstrecke von mindestens 1,5 m oder beobachtet beide Maßnahmen. Es wird z. B. ein Bad mit 1—2% Ammoniak bei 80° C verwendet unter Innehaltung einer Spinnstrecke von 2,5 m. Das Ammoniak des Fällbades wird wiedergewonnen, das Bad enthält zweckmäßig nicht mehr als 3—4% Ammoniak.

Nach Brysilka Ltd. und Schubert.

94. Brysilka Ltd. und F. W. Schubert, Harrogate Road, Apperley Bridge. Verbesserungen in der Herstellung von Kunstseide.

Brit. P. 258372 vom 2. VII. 1925; franz. P. 618013; Ver. St. Amer. P. 1619768 (F. W. Schubert).

Bei der Herstellung von Kunstseide durch Fällen von Kupferoxydammoniakzelluloselösungen mittels Natronlauge nach dem Streckspinnverfahren wird die Fällflüssigkeit von unten her unter atmosphärischem Druck entsprechend der Abzugsgeschwindigkeit zugeführt und läuft im Kreise oder wird erneuert durch die Reibung der Fäden in der Flüssigkeit und entgegengesetzt zu der Bewegung der Fäden. Die den Fäden anliegende Fällflüssigkeit geht mit ihnen mit, sie wird von unten her ergänzt und diese Ergänzung erfolgt entsprechend der Geschwindigkeit, mit der die Fäden aus dem Fällgefäß abgeführt werden, was von der Viskosität der Spinnlösung, dem Prozentgehalt an Zellulose, der Zahl der Fäden, dem Ammoniakgehalt, der Stärke und Temperatur der Natronlauge abhängt. Die Fäden werden während oder nach dem Strecken auf Spulen, Haspel od. dgl. aufgewickelt, nachdem sie durch geeignete Waschflüssigkeiten gegangen sind und nach oder vor dem Zwirnen. Das Zwirnen der Fäden kann während des Streckspinnens erfolgen und unmittelbar vor dem Aufspulen. Das aus der Spinndüse *3* (Fig. 68) austretende Fadenbündel *7* gelangt in ein Fällbad, welches

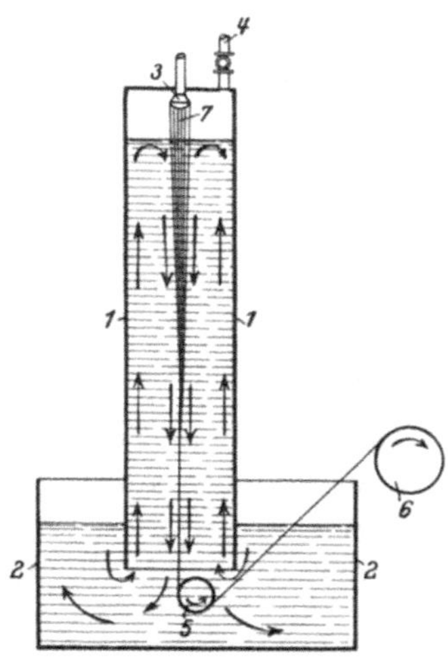

Fig. 68.

von unten her durch Atmosphärendruck und der Abzugsgeschwindigkeit der Fäden entsprechend in den Fällbadbehälter *1* strömt, welcher mit seinem unteren offenen Ende in einen Trog *2* eintaucht. Die Zirkulation der Fällflüssigkeit aus dem Trog *2* in den Spinnbadbehälter *1* wird verursacht durch die Oberflächenreibung zwischen den Fäden und der Fällflüssigkeit, so daß diese sich im Sinne der Pfeilrichtungen bewegt. Die Fäden gelangen aus dem Behälter *1* über die Führungsrolle *5* zu einer Aufwickelvorrichtung *6*. Zur Entfernung der im oberen Teil des Spinnbadbehälters sich sammelnden Luft ist ein Abzugsrohr *4* vorgesehen.

Nach Bassett.

95. H. P. Bassett, Cynthiana, Ky. Herstellung von Kunstseide.

Ver. St. Amer. P. 1676003 vom 3. VII. 1928, angemeldet 15. XII. 1925.

Man löst Zellulose und Kupferhydroxyd in Ammoniumhydroxyd, fällt die Lösung durch ein Bad von Ätzalkali von 40° Bé, wäscht das gefällte Material in einem Ätzalkalibade von 15—20° Bé und danach in einem Ätzalkalibade geringerer Stärke. Das Waschen kann während des Einlaufens in die Zentrifuge erfolgen[1], beim Aufwinden aus der Zentrifuge wird gesäuert. Gegenüber dem üblichen Verfahren wird größere Wirtschaftlichkeit und besseres Ergebnis betont. (3 Zeichnungen.)

Nach Lonza-Werke.

96. Lonza-Werke Elektrochemische Fabriken Ges., Waldshut, Baden. Streckverfahren zur Herstellung künstlichen Garns.

Brit. P. 299022 vom 19. X. 1928 (Prior. Deutschl. vom 19. X. 1927); franz. P. 662440; belg. P. 355075.

Künstliche, aus Kupferoxydammoniakzelluloselösungen hergestellte Fäden werden in ihrem Durchmesser verfeinert, wenn man die in alkalischem Bade gefällten, mit Wasser oder einer Salzlösung, z. B. Magnesiumsulfatlösung gewaschenen plastischen Fäden, die noch Kupfer enthalten, auszieht. Der erwünschte Grad der Plastizität wird rascher erhalten, wenn man warm wäscht, besonders die losen Fäden. Gespannt wird durch dehnbare Spulen, auf die man die Fäden von Anfang an aufgewunden oder auf die man sie übergeführt hat, oder man sammelt die Fäden auf dehnbaren Haspeln oder in Zentrifugen und führt sie in Stränge über, die man dann streckt; zweckmäßig versetzt man sie in Umdrehung während des Waschens und Abschleuderns. Oder man streckt während des Abwindens von der Spule oder dem Haspel auf eine andere Spule oder einen anderen Haspel, der mit höherer Umfangsgeschwindigkeit umläuft. Nach dem Verstrecken wird durch ein saures Bad fixiert, das fixierte Garn wird vor dem Trocknen entwässert.

[1] Siehe S. 428ff.: Nachbehandeln von Spinntopfkunstseide.

Wiedergewinnung der bei der Herstellung von Kunstseide aus Kupferoxydammoniakzelluloselösungen verwendeten Chemikalien.

Nach Taylor Laboratories Inc.

97. Taylor Laboratories Inc., New-York (E. Taylor und E. F. Chandler, Brooklyn, New-York). Gewinnung von Zellulose aus den Lösungen von Baumwolle in Kupferoxydammoniaklösungen.

Ver. St. Amer. P. 1590592 vom 29. VI. 1926, angemeldet 29. VII. 1919.

Man fällt die Zellulose aus den Lösungen von Baumwolle in möglichst konzentrierter Kupferoxydammoniaklösung mittels des elektrischen Stroms. Zellulose schlägt sich an der Anode, Kupfer an der Kathode nieder. Die Stromdichte kann so hoch gewählt werden, daß die Flüssigkeit zum Sieden kommt und hierdurch das Ammoniak ausgetrieben wird.

Nach Bemberg.

98. J. P. Bemberg A.-G., Barmen-Rittershausen. Verwertung des in den Abwässern der Kunstseideindustrie enthaltenen Ammoniaks.

Brit. P. 233669 vom 23. III. 1925 (Prior. Deutschl. vom 6. V. 1924); schweiz. P. 117969 (Cuprum Akt.-Ges., Glarus); Ver. St. Amer. P. 1701110 u. 1701265 (H. Hofmann, American Bemberg Corporation); österr. P. 105048.

Die Abwässer werden mit Chlormagnesium und Natriumphosphat oder mit wasserhaltigem saurem Magnesiumphosphat $MgHPO_4$ behandelt, wobei Magnesium-Ammoniumphosphat entsteht. Aus ihm kann das gebundene Ammoniak durch Erhitzen gewonnen werden, der Rückstand wird in Säure gelöst, die Lösung mit Soda gefällt und der Niederschlag zum Binden weiterer Mengen von Ammoniak benutzt. Man kann das Magnesiumammoniumphosphat auch durch Schwefelsäure zersetzen und das Ammoniak als Sulfat gewinnen.

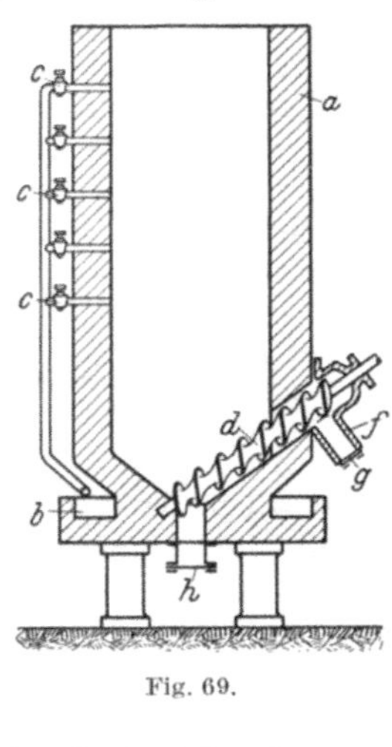

Fig. 69.

Nach Hölkenseide G. m. b. H.

99. Hölkenseide G. m. b. H., Barmen-Rittershausen. Verfahren und Vorrichtung zum Ausscheiden des Kupferschlammes aus der Fällflüssigkeit bei der Herstellung von Kunstseide.

D.R.P. 443089 Kl. 29b vom 25. IX. 1925.

Die in Fig. 69 dargestellte Vorrichtung zur Ausübung des Verfahrens besteht aus einem turmartigen Standgefäß *a* aus Ziegel oder anderer poröser keramischer Masse, welches an seinem unteren Teil eine Sammelrinne *b* für die durch die Wandungen hindurchtretende Flüssigkeit besitzt und in verschiedener Höhenlage mit Abflußhähnen *c* versehen ist. Der untere Teil des Standgefäßes *a* läuft nach unten trichterförmig zu und ist hier mit einer Förderschnecke *d* und daran anschließend mit einer Abflußöffnung *f* versehen, die durch einen Schieber *g* für gewöhnlich geschlossen gehalten ist. Außerdem ist am unteren Ende des Standgefäßes noch eine absperrbare Abflußöffnung *h* vorgesehen.

Patentansprüche: 1. Verfahren zum Ausscheiden des Kupferschlammes aus der Fällflüssigkeit bei der Herstellung von Kunstseide, dadurch gekennzeichnet, daß man die schlammhaltige Flüssigkeit in größere Standgefäße mit porösen Wandungen füllt und sich den Kupferschlamm dort niederschlagen läßt, während die Flüssigkeit teils durch die Filtration durch die Wandungen, teils durch Ablassen der oberen Schichten, teils durch Verdunsten so weit zum Verdicken gebracht wird, daß eine Schrumpfung eintritt und dadurch ein selbsttätiges Lösen des Filterkuchens von den Wandungen erfolgt.

2. Vorrichtung zur Ausübung nach Anspruch 1, dadurch gekennzeichnet, daß sie aus einem großen Standgefäß mit poröser Wandung besteht, welches in verschiedener Höhenlage mit absperrbaren seitlichen Ausflußöffnungen für die Flüssigkeit und in der Nähe des Bodens mit einer größeren Abfüllöffnung für den sich ansammelnden Schlamm versehen ist.

3. Vorrichtung nach Anspruch 1, dadurch gekennzeichnet, daß die Abfüllöffnung für den Schlamm seitlich oberhalb des Bodens angeordnet ist und über eine Fördervorrichtung mit dem Boden in Verbindung steht.

Nach Cuprum S. A.

100. Cuprum, S. A., Glarus. Verfahren zur Behandlung kupferhaltiger Abwässer der Kunstseideindustrie.

Belg. P. 351713 vom 31. V. 1928 (Prior. Deutschl. vom 31. V. 1927 [J. P. Bemberg Akt.-Ges.]); brit. P. 291380.

Die Abwässer oder die daraus erhaltenen Niederschläge werden mit überschüssiger Schwefelsäure erhitzt, bis die organischen Stoffe verkohlt sind. Die gebildete Kohle und das kristallisierte Kupfersulfat werden von der Schwefelsäure enthaltenden Mutterlauge getrennt und dann voneinander.

2. Aus Lösungen von Zellulose in Chlorzinklösungen.

Nach Vohl & Co. A.-G.

101. Albert Vohl & Co. A.-G., Göttingen. Verfahren zur Reinigung von Metallsalzlösungen, insbesondere Chlorzinklösungen, die Zelluloseverbindungen oder deren Abbauprodukte und Eisen enthalten.

D.R.P. 451532 Kl. 12n vom 25. XII. 1925; brit. P. 263809.

Patentanspruch: Verfahren zur Reinigung von Metallsalzlösungen, insbesondere von Chlorzinklösungen, die Zelluloseverbindungen oder deren Abbauprodukte und Eisen enthalten, dadurch gekennzeichnet, daß vor dem Filtrieren der Lösung die etwa erforderliche Enteisenung durch Behandeln mit an sich bekannten oxydierenden und basischen Verbindungen wie Halogenen, Superoxyden usw. einerseits und basischen Metallverbindungen andererseits durchgeführt wird, alsdann die Zerstörung der organischen Bestandteile vor oder während des Eindampfens durch Zusatz von Oxydationsmitteln und Reduzierung etwa gebildeter farbiger Eisenverbindungen mittels Säure und Metall in der Weise bewirkt wird, daß die Metallionen der Fällungschemikalien mit dem Metall der zu reinigenden Metallsalzlösung identisch sind, bzw. die Anreicherung mit etwa abweichenden Metallsalzverbindungen durch deren Ausfällung aus der verdünnten Lösung verhindert wird.

3. Aus Viskose.

Verfahren und Vorrichtungen zur Reinigung der Zellulose, zur Herstellung von Alkalizellulose und zur Aufarbeitung der dabei abfallenden Laugen.

Nach Leaver.

102. J. M. Leaver, Oakland, Cal. (The Pacific Lumber Company, San Francisco). Herstellung von Viskose.

Ver. St. Amer. P. 1659033 vom 14. II. 1928, angemeldet 23. XII. 1924.

Als Quelle für die auf Viskose zu verarbeitende Zellulose wird der zwischen Kambium und Epidermis liegende Teil der Rinde (live bark) von Sequoia benutzt[1].

Nach Umbach.

103. J. Umbach, Kandern, Baden. Verfahren zur Herstellung von Kunstseide aus Baumwollumpen.

Brit. P. 259918 (nicht erteilt); franz. P. 607962 vom 14. XII. 1925; schweiz. P. 116568 (Prior. Deutschl. vom 28. IX. 1925).

Die Baumwollumpen werden in bekannter Weise mittels Alkalien entfettet, gewaschen, nötigenfalls gebleicht und in bekannter Weise auf Viskose verarbeitet.

104. Derselbe. Herstellung von Zellulose.

Brit. P. 278131 vom 5. VIII. 1926.

Baumwollumpen, besonders gefärbte, werden mit überhitztem Wasserdampf und Alkalien bei solchen Temperaturen und Drucken behandelt, daß nach dem Waschen, aber ohne Bleichen, eine reine Zellulose erhalten wird, die in Viskose übergeführt werden kann. Die Behandlung kann im Autoklaven bei 4—5 atm Druck und bei 240—250° C ausgeführt werden, als Alkali kann 1proz. Natronlauge verwendet werden. Nach

[1] Mit einer in vielen Gebieten Südafrikas wild wachsenden Pflanze „Tambookie“ als Ausgangsstoff für Viskoseseide sind nach einer Angabe in der „Chemischen Industrie“ vom 30. XI. 1929 günstige Ergebnisse erzielt worden.

dem Waschen wird neutralisiert, getrocknet und xanthogeniert, oder man bearbeitet im Holländer und xanthogeniert dann. Die erhaltene Viskose hat hohe Viskosität, die in bekannter Weise herabgesetzt wird[1].

Nach Kaufmann.

105. W. Kaufmann, Basel (M. Kohler). Verfahren zur Vorbehandlung von Zellulose für die Herstellung von Kunstseide und andere Zwecke.

Brit. P. 258836 vom 5. VII. 1926 (Prior. Frankr. vom 28. IX. 1925); schweiz. P. 123890; tschechosl. P. 25281.

Lumpen von zellulosehaltigen Geweben werden zerkleinert, von mechanischen Verunreinigungen befreit, in der Wärme unter Druck zur Entfernung der Hemizellulosen mit Alkalilaugen ausgezogen, schwach gebleicht und getrocknet. Man behandelt z. B. die Zellulose 1 bis 10 Stunden bei einem Druck von 1—5 atm mit einer 3—20proz. Lösung von Kalk oder einer 3—15proz. Lösung von Ätzalkali, die mit Soda versetzt ist, unter Ausschluß der Luft und bleicht dann mit einer schwachen, mit Säure versetzten Chlorlösung. Die erhaltene Zellulose dient u. a. zur Viskosebereitung.

Nach Richter.

106. G. A. Richter, Berlin, New-Hampshire (The Brown Company, Berlin, New-Hampshire). Kombiniertes Stoffreinigungs- und Viskoseverfahren.

Ver. St. Amer. P. 1653124 vom 20. XII. 1927, angemeldet 29. X. 1925.

Ungebleichter Sulfitstoff (auch Natron- oder Kraftstoff) wird auf geeignete Konsistenz (5—6%) eingedickt und mit Preßlauge von der Überführung bereits gereinigter, hoch α-zellulosehaltiger Zellulose in Alkalizellulose behandelt. Die Behandlung erfolgt in besonderen Reaktionsgefäßen unter Durcharbeiten bei etwa 30°, mit einer Lauge von 100—150% NaOH, auf das Gewicht der trocknen Faser berechnet, und dauert $^1/_2$—2 Stunden. Das gereinigte Produkt, welches 94—98% α-Zellulose enthält, wird im Gegenstrom ausgewaschen, die Waschflüssigkeit wird entweder bei der Behandlung neuen Stoffs mitverwendet oder auf Natriumsulfat verarbeitet. Die ausgewaschene α-Zellulose wird auf eine Konsistenz von 10—16% gebracht, in Behältern mit Rührwerken mit 5—8% Bleichlösungen gebleicht, im Wolfwäscher gewaschen, auf einer Zylindermaschine zu Blättern geformt und auf einen Wassergehalt von etwa 10% getrocknet. Dann werden die Blätter mit Natronlauge von 16—20% getränkt, abgepreßt, aber es bleibt so viel Natronlauge darin, daß sich Natronzellulose bildet. Nun erfolgt die Reifung. Die bei diesem Abpressen erhaltene Preßlauge wird zu der ersten Behandlung des eingedickten Stoffs verwendet. Die aus so hergestellter Alkalizellulose erzeugte Viskoseseide soll fester sein als

---

[1] Über die Verwendung gefärbter Zellulose, z. B. aus mit Anilinschwarz gefärbten Lumpen, ausgebrauchten Farbhölzern vgl. Fielding, brit. P. 20396 vom Jahre 1901.

solche, die aus nicht mit Ablauge von der Herstellung von Natronzellulose aus hoch α-zellulosehaltiger Zellulose behandeltem Zellstoff gewonnen ist. (Zeichnung.)

Nach Deutsche Gasglühlicht-Auer-Gesellschaft.

107. Deutsche Gasglühlicht-Auer-Gesellschaft. Herstellung von Lösungen von Zellulose oder Zellulosederivaten.

Franz. P. 589855 vom 29. XI. 1924 (Prior. Deutschl. vom 29. XI. 1923).

Man erhält Viskoselösungen von denselben Eigenschaften, wenn man die Behandlung des Zellulosematerials dem Quellungsgrad der Zellulose anpaßt. Unter Quellungsgrad wird das Gewicht Natronlauge bestimmter Konzentration verstanden, das von der Einheit Zellulosepappe beim Tauchen in Natronlauge von 18% bei Zimmertemperatur aufgenommen wird. Ein Quellungsgrad von 5 sagt, daß die Zellulose das Fünffache an Natronlauge aufgenommen hat. Die Viskosität von Zellulose- oder Zellulosederivatlösungen, die unter identischen Bedingungen hergestellt sind, ist um so verschiedener, je mehr die Quellungsgrade der verwendeten Zellulosen voneinander abweichen. Je viskosere Lösungen man herstellen will, desto stärker quellende Zellulose muß man verwenden. Je höher der Quellungsgrad ist, desto länger muß man die Natronzellulose reifen lassen oder desto stärkere Laugen muß man verwenden. Läßt man Natronzellulose vom Quellungsgrad 9 8 Tage bei Zimmertemperatur stehen, so erhält man eine normal verspinnbare Viskose. Nimmt man statt 24proz. Natronlauge 18proz., so genügt 3 Tage Reife. Zellulose mit dem Quellungsgrad 5, die man mit 18proz. Natronlauge behandelt hat, braucht als Natronzellulose nur 2 Tage zu reifen. Behandelt man zwei verschiedene Zellulosen mit dem Quellungsgrad 6 in derselben Weise, so erhält man Lösungen derselben Viskosität.

Nach I. G. Farbenindustrie Aktiengesellschaft.

108. I. G. Farbenindustrie Aktiengesellschaft, Frankfurt a. M. Verfahren und Vorrichtung zur Herstellung von Alkalizellulose aus mit Alkalilauge getränkten Zellstoffblättern.

D.R.P. 445728 Kl. 12o vom 27. V. 1924.

Der Versuch, die bisherige Arbeitsweise in zwei Stufen, d. h. das Eintauchen der Zellstoffblätter in Lauge und das darauffolgende Abtropfen und Abpressen der überschüssigen Lauge wegen der Laugenverluste und des leichten Zerbröckelns des Zellstoffs durch Einführung eines Preßstempels in den Tauchkasten räumlich zu vereinigen, ergab den Nachteil eines kostspieligen Apparates. Der Vorteil des neuen Verfahrens besteht darin, daß das Abpressen in zwei Abschnitten vorgenommen wird, derart, daß zuerst ein Vorpressen unter geringem Drucke in dem Tauchkasten erfolgt und dann die von dem größten Teil der Lauge befreiten, nunmehr gegen Zerbröckeln widerstandsfähigeren Zellstoffblätter unter Anwendung höherer Drucke von dem Laugenrest befreit werden. Zur Ausführung wird der Tauchkasten nach dem Vorpressen um eine Vierteldrehung gekippt, so daß die Zellstoffpakete unter Vermeidung herumspritzender Lauge entnommen und unter die Presse gepackt werden können. Die Bauart eines solchen Tauchkastens ist in den Fig. 70 und 71 im Aufriß und Grundriß dargestellt. Der rechteckige, oben offene Tauchkasten *a* ist in der Querachse drehbar gelagert in den Zapfen *e*; er wird mit Zellstoffblättern *b* beschickt, zwischen denen in bestimmten Abständen Trennbleche *c* eingesetzt sind. Diese Bleche sind gehalten in Führungsleisten der Seitenbleche *d*, welche ebenfalls herausnehmbar in den Kasten eingesetzt sind. Nahe der Stirnwand des Kastens sieht man die Preßplatte *h*, deren Druck durch die Säulen *i* auf das Querhaupt *k* übertragen wird, während die Stopfbuchsen *m* den Tauchraum nach außen abdichten. Das Querhaupt *k* trägt das Muttergewinde der Schraubenspindel *l*, welche durch Drehen des Handrades *n* betätigt wird. Zum Kippen des Tauchkastens dient das Schnekkengetriebe *f* mit Handrad *g*. An einer Längswand des Kastens ist die Laufstange *o* eines Gegengewichtes *q* gelagert, das aus seiner tiefsten Stellung mittels der Winde *r* hochgezogen werden kann.

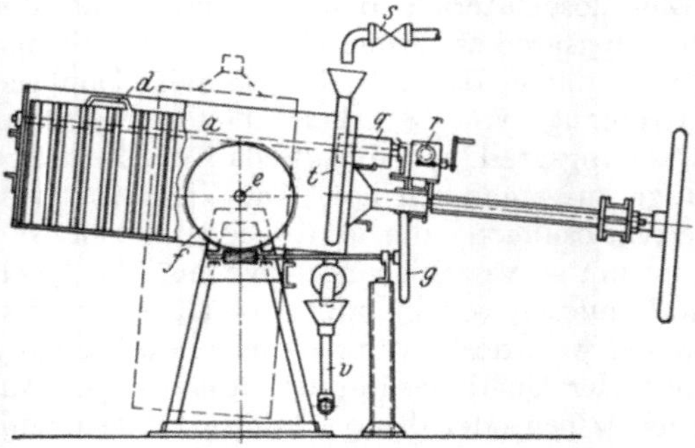

Fig. 70.

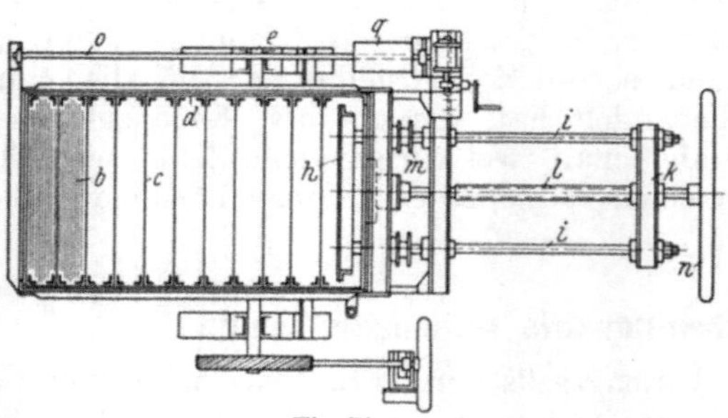

Fig. 71.

In dem leeren Tauchkasten werden zuerst die beiden Seitenbleche *d* eingesetzt. Dann wird der Tauchraum mit Zellstoffblättern, regelmäßig getrennt durch die Zwischenwände *c*, gefüllt. Hierauf öffnet man den Hahn *s* und läßt durch das Rohr *t* Lauge einströmen, bis die Blätter gleichmäßig bedeckt sind. Nach genügender Einwirkungsdauer wird ein Hahn geöffnet, aus welchem die Lauge in die Sammelleitung *v* zurückfließt. Die beiden Seitenbleche *d* werden hochgezogen, wodurch den Zwischenwänden *c* Bewegungsfreiheit gegeben wird, zugleich wird mit dem Abpressen begonnen. Infolge der schwach nach hinten geneigten Lage des Kastens, die durch die gezeichnete Stellung des Gegengewichtes *g* gesichert ist, fließt alle ausgepreßte Lauge ohne Verlust ebenfalls durch den geöffneten Hahn ab. Hierauf wird der Kasten in die gestrichelt gezeichnete Stellung geschwenkt, der Preßstempel etwas gelüftet und zugleich das Gegengewicht *g* in die entgegengesetzte Außenstellung gebracht. Die einzelnen schon halb trockenen Pakete können nun in waagerechter Lage mit leichter Mühe samt den Blechen *c* herausgezogen und unter eine schwere Presse gebracht werden, wobei vorteilhafterweise der Inhalt mehrerer solcher Tauchkästen in einem Arbeitsgang der Presse verarbeitet wird.

Patentansprüche: 1. Verfahren zur Herstellung von Alkalizellulose aus mit Alkalilauge getränkten Zellstoffblättern unter Abpressen der überschüssigen Lauge, dadurch gekennzeichnet, daß die Hauptmenge der abzupressenden Lauge im Tauchkasten selbst unter geringem Druck und hierauf der Rest der Flüssigkeit unter einer Presse bei höheren Drucken entfernt wird.

2. Verfahren nach Anspruch 1, dadurch gekennzeichnet, daß die in den Tauchkasten aufrecht eingestellten laugegetränkten Zellstoffblätter nach Beendigung des Vorpressens in waagerechte oder annähernd waagerechte Lage gebracht werden.

3. Kippbarer Tauchkasten zum Vorpressen von laugegetränkten Zellstoffblättern nach Anspruch 1 und 2, dadurch gekennzeichnet, daß die waagerechte Kippachse senkrecht zur Längsachse des Behälters und zur Richtung des Preßdrucks steht.

4. Kippbarer Tauchkasten nach Anspruch 3, dadurch gekennzeichnet, daß parallel den Längswänden des Kastens herausnehmbare Seitenbleche *d* mit Führungsleisten für Zwischenwände *c* angeordnet sind.

5. Kippbarer Tauchkasten nach Anspruch 3 und 4, gekennzeichnet durch ein in der Richtung senkrecht zur Kippachse verschiebbares Gegengewicht, welches in entsprechender Lage die beiden Endstellungen des Kastens sichert.

Nach Brandwood.

109. J. Brandwood, Birkdale, Southport. Herstellung von Alkalizellulose.

Brit. P. 247307 vom 16. VIII. 1924.

Zellstoffblätter werden zwischen endlosen Bändern absatzweise durch den Trog mit der Natronlauge geführt. Die Lauge wird gleichfalls absatzweise in einer hinter dem Laugentrog angebrachten hydraulischen Presse abgepreßt. Die schrittweise Bewegung erfolgt durch eine Nockenscheibe, welche zeitweise die Bewegung der Zuführungsbänder anhält, gleichzeitig die hydraulische Presse schließt und beim Wiederingangsetzen der Zuführungsbänder die Presse öffnet. (Zeichnungen.)

Nach Pensotti.

110. E. Pensotti. Mechanische Vorrichtung zur schnellen Herstellung von Alkalizellulose für die Herstellung von Kunstseide.

Franz. P. 586616 vom 26. IX. 1924.

Um bei der Herstellung der Alkalizellulose jede Berührung der Arbeiter mit der Alkalizellulose zu vermeiden, erfolgt das Abpressen der Zelluloseblätter in einem Einsatz mit gelochtem Boden und gelochten Wänden, der nach dem Tauchen der Blätter in die Presse eingesenkt wird. Die Zelluloseblätter liegen quer zur Längsrichtung der Presse zwischen gelochten Blechen, die mit Ansätzen in Führungen des Einsatzes verschoben werden können. Nach dem Abpressen wird der Einsatz aus der Presse ausgestoßen, wobei die gelochten Bleche in den Führungen des Einsatzes hängen bleiben, während die abgepreßten Alkalizelluloseblätter nach unten herausfallen. (4 Zeichnungen.)

Nach Neue Glanzstoff-Werke Akt.-Ges.

111. Neue Glanzstoff-Werke Akt.-Ges., Breslau. Verfahren zur Herstellung von Alkalizellulose für die Gewinnung von Viskose.

D.R.P. 476255 Kl. 12o vom 14. II. 1925 (Prior. Tschechosl. R. vom 18. II. 24); brit. P. 229678 (H. Hawlik und O. Sindl); tschechosl. P. 22113.

Bei der üblichen Herstellung von Alkalizellulose geht ein Teil der alkalilöslichen sog. Hemizellulose in die Tauchlauge über und wird mit dem Überschuß der Lauge durch Abpressen oder Abschleudern entfernt, während der andere Teil der Hemizellulose in der Alkalizellulose verbleibt. Bisher gelangte zwar bei der nur einmaligen Benutzung der Tauchlauge nur eine verhältnismäßig geringe Menge von Hemizellulosen in diese, trotzdem konnte die Lauge schon wegen dieses geringen Gehaltes nicht wieder als Tauchlauge verwendet werden, da eine bereits hemizellulosehaltige Tauchlauge die Hemizellulose nicht genügend gut aus dem Behandlungsgut auslaugt. Dieser Umstand verursachte einen starken Bedarf an Frischlauge und mithin auch einen großen Anfall an Abfallauge.

Entgegen den bisherigen Anschauungen weist das vorliegende Verfahren einen Weg, nach welchem die Abfallaugen im Alkalizelluloseherstellungsprozeß mit Nutzen wieder Verwendung finden können. Das Verfahren besteht darin, daß diese Abfallaugen zur Mercerisierung wohl wieder verwendet werden, aber ohne daß vorerst auf eine genügende Entfernung der Hemizellulosen Wert gelegt wird. Der Hemizellulosegehalt der so mercerisierten Zellulose wird alsdann durch eine Nachbehandlung mit einer reineren Mercerisierlauge, welche weniger Hemizellulose enthält als die vorher benutzte Lauge, erniedrigt bzw. ausgewaschen. Auf diese Weise kann man mit einer ganzen Reihe von Mercerisierlaugen verschiedener Reinheit nacheinander vorgehen, indem man zuerst die stark verunreinigte Tauchlauge zur Einwirkung bringt und dann zunehmende reinere Laugen verwendet, bis zuletzt reine Tauchlauge zur Anwendung kommt, welche den erforderlichen praktischen Reinheitsgrad an Hemizellulose der Alkalizellulose garantiert. Bei der Behandlung der Alkalizellulose mit den letzten Gliedern der Tauchlaugenreihe, insbesondere der letzten reinen Tauchlauge, können auch die Hemizellulosen entfernt werden, welche sich auf Grund eines sog. Reifungsprozesses seit der ersten Berührung mit der Mercerisierlauge gebildet haben. Unter Umständen ist es nicht erforderlich, daß die ersten Tauchlaugen bereits den endgültig erforderlichen Mercerisierungsgrad ergeben; sie können daher auch verdünnter sein. Es tritt dann eine stufenweise Mercerisation ein, und es ist dann bloß wichtig, daß bei der letzten entscheidenden Tauchung der endgültig zu erzielende Mercerisierungsgrad durch Anwendung der entsprechenden Laugenkonzentration erreicht wird. Bei dieser Arbeitsweise erfahren die einzelnen Laugenportionen zweierlei Veränderungen. Einmal werden sie infolge der Einwirkung auf die Zellulose bzw. Alkalizellulose ärmer an Ätzalkali und andererseits reicher an Hemizellulosen. Statt daß man nach dem früheren Verfahren bereits eine Lauge, die nur wenig schwächer war als die ursprüngliche Tauchlauge und nur wenig Hemizellulose enthielt, als Abfallauge verwerfen mußte, fallen nach dem vorliegenden Verfahren Abfallaugen an, welche erheblich niedriger an Ätzalkaligehalt sein können als die ursprüngliche Tauchlauge, und welche auf alle Fälle einen viel höheren Gehalt an Hemizellulosen aufweisen, wodurch die Wirtschaftlichkeit des Verfahrens gewährleistet ist. Nebst dem hohen wirtschaftlichen Werte der besseren Ausnützung der Laugen hat das neue Verfahren noch den Vorteil, daß so auch solche Zellulosen auf Viskose verarbeitet werden können, die sonst wegen ihres hohen Gehaltes an Hemizellulose nicht verwendet werden könnten. Die durch das Verfahren hergestellte Viskose liefert eine Kunstseide von hoher Festigkeit und besonders schönem Glanze. Das Verfahren kann auch in der Weise abgeändert werden, daß die Ablaugen nach jedesmaliger Einwirkung wieder auf die ursprüngliche Konzentration gebracht werden. Die Einwirkung der Mercerisierungslauge kann vorteilhafterweise nach dem Gegenstromprinzip erfolgen, oder es kann in Gefäßen nach Art der Diffusionsbatterien gearbeitet werden. Auch ist es möglich, die Einwirkung in einer Zentrifuge oder auch in mehreren Zentrifugen vorzunehmen.

Beispiel: Man verwendet zwei Extraktionszentrifugen *1* und *2*. 50 kg Zellstoff (Sulfitzellulose) werden in einer Zerkleinerungsvorrichtung gleichmäßig zermahlen und mittels durchstreichender Luft vorgetrocknet. Die trockene gemahlene Zellulose wird mittels Druckluft, Förderband oder ähnlich in die Zentrifuge *1*, welche sich in Bewegung befindet, gleichmäßig eingetragen. Aus einem Laugenbehälter läßt man nun 300 kg Mercerisierlauge einströmen. Die Lauge zirkuliert dann einige Zeit in der Extraktionszentrifuge. Inzwischen hat man die Zentrifuge *2* in gleicher Weise mit Zellstoff beschickt. Die Lauge aus der Zentrifuge *1* tritt nunmehr in die Zentrifuge *2* ein, wo man sie ebenfalls einige Zeit umlaufen läßt. Ihre Menge hat sich hierdurch um etwa 100 kg verringert. Der Inhalt der Zentrifuge *1* wird mit frischer Lauge extrahiert, und zwar beispielsweise 5mal mit je 50 kg frischer Lauge. Vorteilhaft vereint man die zwei ersten Extraktionsablaugen mit der Lauge in Zentrifuge *2*, so daß auch dort wieder 300 kg Lauge zur Verfügung stehen. Die Zentrifuge *1* kann nach 5maliger Extraktion ausgepackt und die Alkalizellulose weiterverarbeitet werden. Man extrahiert dann in der Zentrifuge *2* 3mal mit den jeweils abfallenden Laugen von Zentrifuge *1* und dann noch 2mal mit frischer Lauge. In dieser Art arbeitet man weiter, bis die erhaltene Ablauge einen Hemizellulosegehalt von 60 g im Liter besitzt.

Die Konzentration der Lauge an Ätznatron sinkt ungefähr auf 135 bis 140 g im Liter und weniger, während die nach dem üblichen Verfahren erhaltenen Ablaugen noch 200—210 g Ätznatron im Liter und nur 30 g Hemizellulose enthalten. Die gesamten Verluste an Ätznatron betragen bei dem vorliegenden Verfahren bei einer Produktion von 1000 kg Kunstseide am Tage etwa 125 kg Natronlauge, während sie sonst etwa 400—450 kg Ätznatron erreichen.

Patentanspruch: Verfahren zur Herstellung und Reinigung von Alkalizellulose für die Gewinnung von Viskose, dadurch gekennzeichnet, daß in voneinander scharf getrennten Arbeitsgängen die Mercerisierlauge bei sinkendem Gehalt an Ätznatron und steigendem Gehalt an Hemizellulose mehrmals auf Zellstoff zur Einwirkung gelangt, worauf die so vorgebildete Alkalizellulose einer Reinigung durch planmäßige Extraktion mittels neuer Mercerisierlaugen unterzogen wird.

Nach Häusser.

112. M. Häusser, Neustadt a. H. Liegende Presse mit Tauchbehälter.

D.R.P. 440017 Kl. 39a vom 24. II. 1925; schweiz. P. 117137; Ver. St. Amer. P. 1696474 (W. Dützmann).

Die Erfindung betrifft eine liegende Presse mit Tauchbehälter, in welchem Tafeln aus Zellulose u. dgl. mit stark ätzender Lauge getränkt und gepreßt werden, ohne bei dieser Hantierung die Finger mit den Tafeln oder der Lauge in Berührung bringen zu müssen. Die Vorrichtung besteht aus einem Tauchbehälter *a* (Fig. 72 u. 73) mit einem Druckkolben *b*, der sich waagerecht über einem perforierten Boden *c* vor- und zurückbewegen kann. Der perforierte Boden *c* reicht nicht bis zum Widerlager *2*, sondern endigt vorher und findet seine Fortsetzung durch den Boden *3* eines Sammelkastens *d*, d_1, der nach oben und nach dem Druckkolben *b* zu offen ist. An den Seitenwänden des Tauchbehälters *a* befinden sich oben und unten Führungsleisten *e*, die ihre Fortsetzung in entsprechenden Führungsleisten *f* an den Seitenwänden des Sammelkastens finden. Auf die genannten Führungen werden mit entsprechenden Ausklinkungen versehene Zwischenbleche aufgeschoben, und zwar an Stellen, wo diese Führungen unterbrochen sind, z. B. dicht vor dem Druckkolben und gleichmäßig auf die ganze Länge des Tauchbehälters verteilt. Die Zellulosetafeln werden zwischen die Zwischenbleche *g* eingestellt, wobei sie sich an letzteren und am Zwischenboden *c*, bzw. am Kastenboden *3* abstützen. Nach Tränken der Tafeln und Ablassen der Lauge aus dem Behälter *a* wird der Druckkolben *b* in Richtung *x* vorwärts bewegt und hierbei Bleche und Tafeln in den Sammelkasten *d* eingeschoben unter gleichzeitigem Auspressen der Tafeln. Der Sammelkasten wird mittels eines Kranes, von dem der Lasthaken *h* angedeutet ist, aus dem Tauchbehälter *a* entnommen und über einen Muldenwagen gebracht. Der Boden *3* des Sammelkastens *d* ist mit einem Scharnier versehen; öffnet man die zugehörige Sperrklinke, so fällt der Boden *3* nach unten und mit ihm die zwischen den Zwischenblechen ausgepreßten Tafeln in eine Mulde hinein, während die Zwischenbleche selbst auf ihren Führungen stehenbleiben. Der Kasten kann dann sofort wieder in den Tauchbehälter eingesetzt werden, und zwar solange der Druckkolben *b* noch in seiner ausgezogenen Stellung steht. Zwischen den Zwischenblechen sind seitliche Verbindungsketten *k* angeordnet; vom vordersten Blech aus führen Ketten nach Haken b_1 am Druckkolben *b*, so daß nach Einhängen der Ketten in die Haken

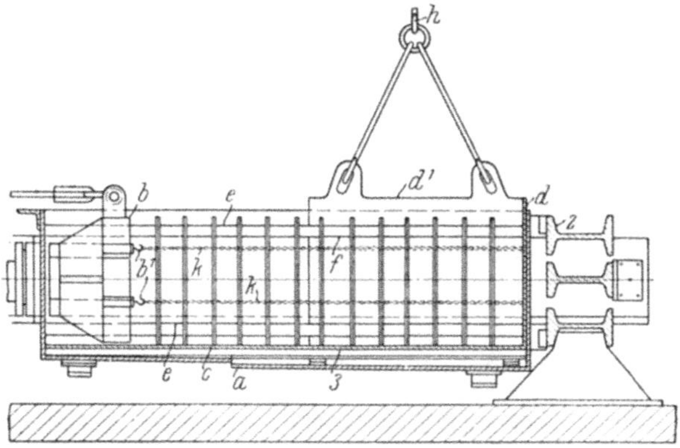

Fig. 72.

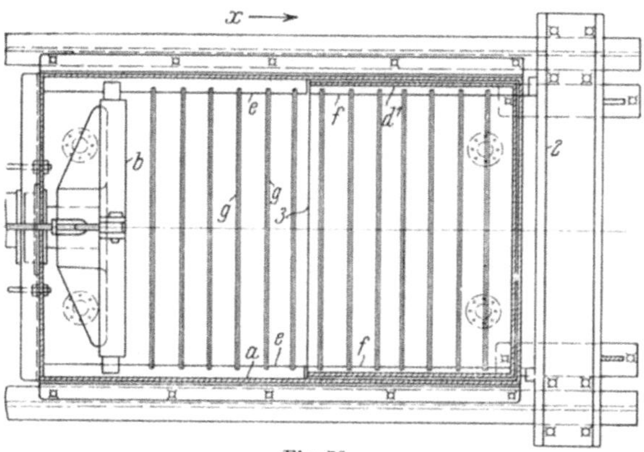

Fig. 73.

die Zwischenbleche beim Zurückziehen des Kolbens in ihre ordnungsgemäß ausgerichtete Stellung gelangen und die Beschickung des Behälters von neuem erfolgen kann.

Patentansprüche: 1. Liegende Presse mit Tauchbehälter, in welchem Tafeln aus Zellulose oder ähnlichen Stoffen mit stark ätzender Lauge behandelt werden, dadurch gekennzeichnet, daß am Widerlagerende des Tauchbehälters *a* ein herausnehmbarer Sammelkasten *d* angeordnet ist, in welchem ebenso wie im Tauchbehälter sich eine beliebige Zahl von Zwischenblechen für die Zellulosetafeln, waagerecht geführt, befindet.

2. Liegende Presse mit Tauchbehälter nach Anspruch 1, dadurch gekennzeichnet, daß der Sammelkasten einen klappbaren Boden *3* hat.

113. Derselbe. Liegende Presse zum Behandeln von Zellulosetafeln mit Alkalilauge.

D.R.P. 445688 Kl. 39a vom 3. I. 1926; schweiz. P. 121885; Ver. St. Amer. P. 1690894.

Die bekannten, zur Behandlung von Zellulose mit ätzenden Flüssigkeiten dienenden liegenden Tauchpressen hatten zur Entnahme der

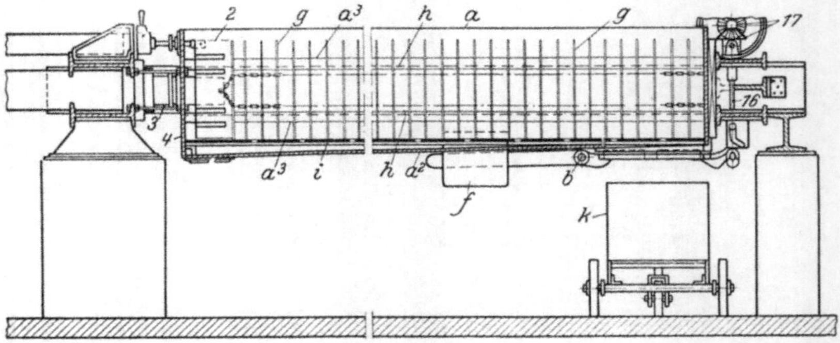

Fig. 74.

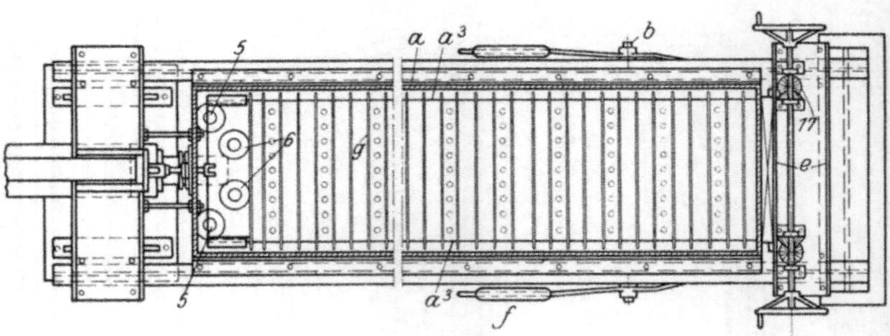

Fig. 75.

ausgepreßten Tafeln eine Öffnung an der Stirnwand des Flüssigkeitsbehälters. Diese Anordnung bedingte eine Durchbrechung des Widerlagers für die Presse, an dem ungeheure Drucke auftreten, und hat den Nachteil einer schwierigen Abdichtung. Damit die Zwischenbleche nicht in den Transportwagen fallen, müssen ortsveränderliche Führungen vorgesehen sein, auf welche die Zwischenbleche übertreten, wodurch leicht Klemmungen entstehen. Um ein Ausstoßen des Materials zu ermöglichen, muß ferner der Hub der Presse das Längsmaß des Behälters überschreiten. Diese Nachteile werden durch die vorliegende Erfindung dadurch vermieden, daß in einer liegenden Presse der bewegliche Preßtisch in einem zwischen dem Zylinderkopf und dem Druckwiderlager angeordneten Flüssigkeitsbehälter geführt ist. Ferner ist im Boden des Behälters eine Durchbrechung vorgesehen, welche durch einen

Verschluß flüssigkeitsdicht abgeschlossen und zum Entleeren freigegeben wird. Die Presse zeigt eine einfache Bauart, so daß eine Behandlung des Rohstoffes mit wenig Vorkehrungen in kürzester Zeit erfolgen kann.

Fig. 74 zeigt einen schematischen lotrechten Längsschnitt durch den in Betracht kommenden Teil der Presse, Fig. 75 den zugehörigen, teilweise im Schnitt gehaltenen Grundriß; die Fig. 76 und 77 zeigen in größerem Maßstabe und in einer den Fig. 74 und 75 entsprechenden Darstellungsform den Verschluß für die Durchbrechung.

In dem an sich bekannten liegenden Flüssigkeitsbehälter *a* ist der Preßtisch *2* geführt und kann horizontal nach links und rechts verschoben werden. Der Preßkolben *3* ist in bekannter Weise flüssigkeitsdicht durch die Stirnwand *4* hindurchgeführt. In deren unmittelbarer Nähe befinden sich die Rohranschlüsse *5* und *6* für das Einfüllen und Ablassen der Alkalilauge. Am entgegengesetzten Ende ist in dem Boden a^2 des Behälters *a* eine um die horizontalen Scharnierzapfen *b* schwingende Verschlußklappe *c* angeordnet, die sich gegen einen mit dem Boden a^2 fest und dicht verbundenen Verschlußrahmen *d* unter Vermittlung einer Dichtung d^1 flüssigkeitsdicht anlegt. Für das dichte Anpressen dient ein an zwei Zugstangen *16* befestigter Verschlußbarren *7*, der in an der Verschlußklappe *c* starr befestigte Hakenarme *8* greift. Die Schubstangen *16* können durch ein Schraubengetriebe *17* oder sonstige technische Mittel auf und nieder bewegt werden.

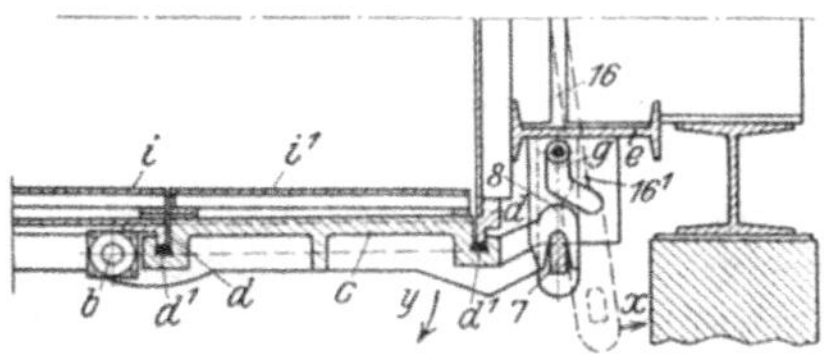

Fig. 76.

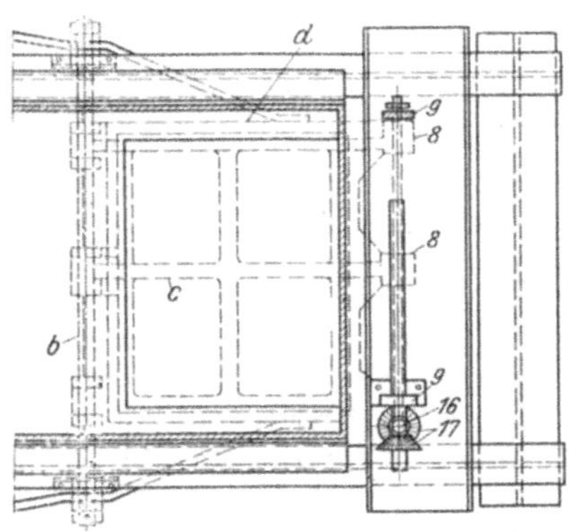

Fig. 77.

Dabei kann durch eine an dem Preßwiderlager *e* starr befestigte Kurvenführung *9* beim Abwärtsbewegen der Zugstangen *16* zugleich ein Ausschwingen der Zugstangen in Richtung des Pfeiles *x* erfolgen, so daß die Hakenarme für das in Richtung des Pfeiles *y* stattfindende Öffnen der Verschlußklappe *c* gleichzeitig freigegeben werden. Die ausgeschwungenen Zugstangen sind mit 16^1 bezeichnet. Ein Gegengewicht *f* sucht die Verschlußklappe *c* in ihrer horizontalen Stellung zu halten, so daß nur geringe Kraft aufzuwenden ist, um die Klappe zu öffnen und die Durchbrechung freizulegen. Innerhalb des Tauchbehälters *a* sind in an sich bekannter Weise die an seitlichen Führungsstangen a^3 geführten Zwischenbleche *g* angeordnet und durch Zugorgane (Ketten *h*) unter sich und mit dem Preßtisch *2* verbunden. Unmittelbar an der Unterkante der Zwischenbleche *g* befindet sich ein gelochter Zwischenboden *i*, auf dem die von den Zwischenblechen *g* gestützten Zellulosetafeln aufruhen. Der Zwischenboden *i* findet in Form eines selbständigen Bodenteiles i^1 über der Verschlußklappe *c* seine Fortsetzung, mit welcher der Bodenteil *i* fest verbunden ist. Nach dem Trockenpressen der Zellulosetafeln und dem Ablassen der Lauge wird der Verschlußbarren *7* gelöst und die Verschlußklappe in Richtung des Pfeiles *y* durch leichtes Anheben des Gegengewichtes *f* geöffnet. Während dieser Zeit hält der in Druckstellung befindliche Preßtisch *2* die Zellulosetafeln fest. Wird dann der Preßkolben *3* etwas zurückgezogen, so fallen die ausgepreßten Tafeln durch die Durchbrechung im Boden a^2 nach unten in den dort aufgestellten Transportwagen *k*, während die Bleche *g* auf ihren Führungen a^3 festsitzen. Beim Wiedervorschieben des Preßtisches *2* werden dann die übrigen im Behälter *a* befindlichen Zellulosetafeln gleichfalls durch die Bodenöffnung ausgestoßen.

Patentansprüche: 1. Liegende Presse zum Behandeln von Zellulosetafeln mit Alkalilauge, bei welcher der bewegliche Preßtisch in einem zwischen den Zylinderkopf und dem Druckwiderlager der Presse angeordneten Flüssigkeitsbehälter geführt ist, dadurch gekennzeichnet, daß im Boden des Flüssigkeitsbehälters eine Durchbrechung vorgesehen ist, welche durch ein Verschlußorgan flüssigkeitsdicht abgeschlossen und zum Entleeren des Flüssigkeitsbehälters freigegeben wird.

2. Liegende Presse nach Anspruch 1, dadurch gekennzeichnet, daß als Verschlußorgan eine durch ein Gegengewicht in horizontaler Lage gehaltene Verschlußklappe *c* dient, die sich flüssigkeitsdicht gegen einen die Durchbrechung des Behälterbodens umgebenden Verschlußrahmen *d* legt.

3. Liegende Presse nach Anspruch 1 und 2 mit einem durchlochten Zwischenboden, dadurch gekennzeichnet, daß der Zwischenboden *i* über der Durchbrechung seine Fortsetzung durch einen selbständigen Bodenteil i^1 findet, der von der Verschlußklappe *c* getragen wird.

4. Liegende Presse nach Anspruch 1—3, dadurch gekennzeichnet, daß die einen Druckbarren *7* für die Verschlußklappe *c* tragenden Zugstangen *16* durch eine Kurvenführung *9* beim Abwärtsbewegen gleichzeitig so ausgeschwenkt werden, daß die Verschlußklappe frei geöffnet werden kann.

Nach S. A. La Soie de Châtillon.

114. S. Anon. La Soie de Châtillon. Neues Verfahren zum Reifen von Alkalizellulose für die Herstellung von Kunstseide aus Viskose.

Franz. P. 613252 vom 23. III. 1926 (Prior. Ital. vom 10. IV. 1925); schweiz. P. 119680; brit. P. 250617.

Die Veränderungen von Alkalizellulose beim Reifen beruhen auf der Einwirkung von Sauerstoff. Alkalizellulose, die in einer inerten Atmosphäre aufbewahrt wird, reift praktisch nicht auch unter den verschiedensten physikalischen Bedingungen. Man kann also die Reifung beliebig einstellen oder sie ganz verhindern, wenn man den Sauerstoffzutritt entsprechend regelt. Es läßt sich hiernach Alkalizellulose unbegrenzt lange ohne Reifen aufbewahren, wenn man die Luft in dem Aufbewahrungsgefäß durch ein inertes Gas ersetzt oder es luftleer macht. Andererseits läßt sich die Reife beschleunigen, wenn man in Sauerstoff oder sauerstoffhaltiger Luft die Alkalizellulose aufbewahrt [1].

Nach Erste Böhmische Kunstseidefabrik.

115. Erste Böhmische Kunstseidefabrik Akt.-Ges., Theresienthal bei Arnau. Herstellung von Alkalizellulose.

Brit. P. 258897 vom 25. IX. 1926 (Prior. Tschechosl. vom 25. 9. 1925); tschechosl. P. 22818; schweiz. P. 124731.

Man behandelt die von überschüssiger Lauge befreite Zellulose in schnell laufenden Zerkleinerungsvorrichtungen. Man erhält ein sehr loses und leichtes Produkt, welches sich zur Herstellung von Viskose eignet. Die Zerkleinerung der Alkalizellulose wird so weit getrieben, daß man das Produkt durch Rohre zur Abkühlung oder Erwärmung führen kann.

Nach Du Pont Rayon Company Inc.

116. Du Pont Rayon Company Inc., Buffalo. Verbesserung in der Herstellung von Viskose.

Belg. P. 342819 vom 11. VI. 1927 (Prior. Ver. St. Amer. vom 12. VI. 1926 [G. W. Blanco und C. Heningsen]); brit. P. 272475 vom 12. VI. 1926; franz. P. 635408; schweiz. P. 129311.

Es wurde gefunden, daß es unschädlich ist, beim Imprägnieren von Zellulosetafeln eine Natronlauge zu verwenden, welche Hemizellulose enthält, daß braune, gelatinierte Stellen nicht entstehen und die Reifung sogar in der Hälfte der üblichen Zeitdauer stattfindet, wenn nur dafür gesorgt ist, daß die Natronlauge zu allen Stellen der Zellulose gelangen kann, bevor die Quellung erfolgt. Man erreicht dies dadurch, daß man die zwischen gelochten Eisenplatten aufrechtstehenden Zellulosetafeln mit Wellungen [2] versieht, am besten solchen, die diagonal verlaufen. Der Hemizellulosegehalt der Natronlauge darf bis 3,5% steigen; es kann also durch wiederholte Benutzung der für denselben Zweck schon verwendeten Natronlauge erheblich an Ablauge gespart werden.

---

[1] Vgl. hierzu D.R.P. 323784, 5. Aufl., S. 392. Nach W. Weltzien und G. zum Tobel nimmt mit Ätznatron gequollene Baumwolle und Kunstseide Sauerstoff in großer Menge auf bereits bei gewöhnlicher Temperatur, mehr bei erhöhter. Selbst nach 60 Tagen und einer Versuchstemperatur von 40° konnte ein Stillstand der Sauerstoffaufnahme nicht beobachtet werden (Papier-Fabrikant 1926, S. 413—414).

[2] Zu nitrierende Zellstofftafeln durch Pressen mit Erhöhungen zu versehen, die das enge Aneinanderliegen verhindern, hat V. Planchon im franz. P. 643454 vom 8. XI. 1927 (Prior. Deutschl. vom 19. I. 1927) vorgeschlagen.

Nach Jardin.

117. L. C. P. Jardin, Paris. Verfahren zur Behandlung zellulosehaltiger Stoffe für die Herstellung von Viskose.

Belg. P. 349267; franz. P. 641866 vom 4. III. 1927, mit Zusatz-P. 35478 vom 21. II. 1928; brit. P. 286619.

Zur Umwandlung von Zellulose in Alkalizellulose imprägniert man gleichmäßig mit einer Menge Natronlauge, welche der nötigen Menge so entspricht, daß der Überschuß nicht mehr in einer hydraulischen Presse entfernt zu werden braucht. Zu diesem Zwecke hängt man die Zellstoffblätter in einem Rahmen auf, den man in den Laugebehälter eintaucht, bis der Flüssigkeitspiegel auf eine bestimmte Höhe gesunken ist Man hebt den Rahmen mit den Zellstoffblättern heraus und pumpt den für die Alkalizellulosebildung nötigen Rest der Lauge auf die über dem Laugebehälter aufgehängten Blätter. Oder man versieht die Zellstoffblätter in der Mitte mit einem Loch, so daß nach Aneinanderreihen der Blätter ein zentraler Kanal für den Laugedurchtritt gebildet wird und tränkt wie oben unter Zulaufenlassen der Lauge. Die Alkalizellulosetafeln werden nach Öffnen des Bodens des Tränkungsbehälters in den Zerfaserer entleert. (Zeichnungen.)

118. Derselbe. Verfahren und Apparat zur direkten Umwandlung von Zellulose irgendwelcher Art in faserlose Alkalizellulose für die Herstellung von Viskose.

Belg. P. 349268; franz. P. 641868 vom 5. III. 1927, mit Zusatz-P. 35094 vom 22. II. 1928; brit. P. 286620.

Man behandelt die Zellulose mit einer bestimmten Menge Natronlauge, einen Teil der Lösung setzt man vor dem Zerfasern zu, den andern während des Zerfaserns. Der Zerfaserer ist mit umlaufenden Knetflügeln *1*, *2* (Fig. 78 und 79) ausgerüstet, die zerkleinernd wirkenden Kreisbögen *3*, *4* der Knetflügel haben Einkerbungen, die gegen eine ebenfalls mit Einkerbungen versehene Leiste *5* am Boden des Zerfaserers zusammenarbeiten.

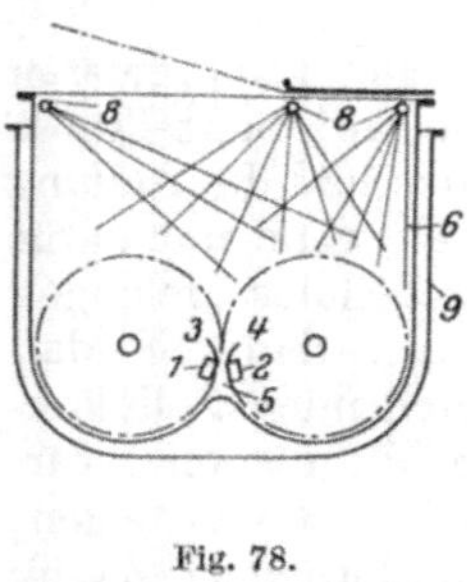

Fig. 78.

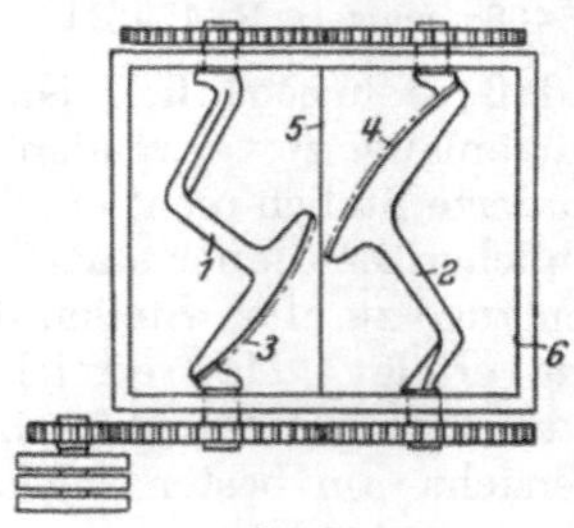

Fig. 79.

Nach Lamassiaude.

119. J. Lamassiaude. Einrichtung zum rationellen Reifen der Alkalizellulose.

Franz. P. 643902 vom 15. IV. 1927.

Bei dieser Einrichtung werden Büchsen mit der Alkalizellulose auf Wagen durch Kanäle geführt, die auf gleichbleibender bestimmter

Temperatur gehalten werden. Zur Aufrechthaltung der gleichbleibenden Temperatur sind vor und hinter den Kanälen Kammern angeordnet, die ebenfalls auf der Temperatur der Kanäle gehalten werden und durch Türen gegen die Kanäle abgeschlossen sind. Der Durchlauf der Alkalizellulose durch die Kanäle wird so bemessen, daß mit dem Durchlauf die Reifung beendet ist. Als Vorteil der Einrichtung ist angegeben: geringe Kosten, gute thermische Ausnutzung, Fortfall aller Handarbeit in den auf gleicher Temperatur gehaltenen Räumen, gleichbleibendes, der Sulfidierung zuzuführendes Produkt. (Zeichnungen.)

Nach Herminghaus & Co. G. m. b. H.

120. Herminghaus & Co. G. m. b. H., Elberfeld. Verfahren zur Herstellung von Zelluloselösungen.

Belg. P. 352268 vom 20. VI. 1928.

Nachdem man die Alkalizellulose durch Abschleudern von überschüssiger Alkalilösung befreit hat, schont man möglichst bei der weiteren Behandlung die mercerisierte Zellulose. Man verwendet sie un- oder nur grob zerkleinert.

Nach Pinel.

121. A. Pinel. Verfahren zur Regenerierung von Mercerisierlaugen.

Franz. P. 552476 vom 2. VI. 1922.

Ätznatronlaugen von der Alkalizelluloseherstellung für Kunstseide beladen sich beim Gebrauch mit aus der Zellulose gelösten Stoffen, welche die Lauge färben und sie zum Mercerisieren unbrauchbar machen. Auf praktische und ökonomische Weise können die Abfallaugen wieder brauchbar gemacht werden, wenn man sie der Dialyse unterwirft. Man führt sie in kontinuierlichem Strome einem Strom von reinem Wasser entgegen; als Diaphragma verwendet man Pergament. Man erhält eine von organischen Stoffen freie farblose Alkalilauge, die nach Bedarf verstärkt wird. Der andererseits erhaltene gefärbte Rückstand kann für verschiedene Zwecke verwendet werden. In gewissen Fällen kann Erhitzen der Flüssigkeiten die Behandlung beschleunigen.

Nach Deutsche Zellstoff-Textilwerke G. m. b. H.

122. Deutsche Zellstoff-Textilwerke G. m. b. H., Elberfeld. Verfahren zur Wiedergewinnung hemizellulosefreien Ätznatrons aus Mercerisationslauge.

D.R.P. 441424 Kl. 12l vom 19. XII. 1922.

Bekanntlich reichert sich die zum Mercerisieren von Zellstoffen verwendete Natronlauge an sog. Hemizellulosen an. Sie muß daher von Zeit zu Zeit abgestoßen werden. Die bisher gemachten Vorschläge, die Lauge von diesen Stoffen zu befreien, die meist darauf hinauslaufen, die Hemizellulose an Metalloxyde zu binden und unlöslich niederzuschlagen, haben nicht zum Ziele geführt. Die Erfindung schlägt den umgekehrten Weg ein und gewinnt nach teilweiser Abscheidung der Hemizellulose durch Kohlensäure Soda in reiner kristallisierter Form, die durch Kaustifizieren mit Kalk wieder in Ätznatron übergeführt werden kann. Bei der Sättigung der Mercerierlauge mit Kohlensäure scheiden sich über 50% der Hemizellulosen aus und können nach Filtrieren als Viehfutter oder anderweitig verwendet werden. Zweckmäßig arbeitet man dabei bei etwas erhöhter Temperatur, so daß die Soda noch nicht auskristallisiert. Beim Abkühlen der Mutterlauge kristallisieren etwa 80% des Ätznatrons als Soda in reiner Form aus. Der Rest kann nach erneuter Konzentration durch Eindampfen gewonnen werden. Selbstverständlich kann man durch Einleiten von überschüssiger Kohlensäure auch doppeltkohlensaures Natron ausfällen.

Zur Wiedergewinnung des in den sog. Schwarzlaugen, die bei der Zellstoffgewinnung nach dem Sulfatverfahren anfallen, enthaltenen Ätznatrons ist zwar auch schon Sättigen mit Kohlensäure und Auskristallisieren von Soda vorgeschlagen worden. Die in den Schwarzlaugen enthaltenen Stoffe bestehen aber aus Abbauprodukten des Lignins, d. h. aus Körpern von Phenolcharakter, die von den Hemizellulosen verschieden sind.

Patentanspruch: Verfahren zum Wiedergewinnen hemizellulosefreien Ätznatrons aus Mercerisationslauge, dadurch gekennzeichnet, daß man die Lauge mit Kohlensäure sättigt, hierdurch den größten Teil der Hemizellulose abscheidet, die Soda, bzw. das doppeltkohlensaure Natron in reiner Form zur Kristallisation bringt und durch Kalk kaustifiziert.

Nach Viscose Company.

123. The Viscose Company, Marcus Hook, Penns. Verbessertes Verfahren zur Wiedergewinnung und Abscheidung von Ätzalkalien aus Lösungen.

Brit. P. 246355 vom 23. X. 1924; Ver. St. Amer. P. 1573703 vom 16. II. 1926, angemeldet 27. 6. 1923 (Fr. H. Griffin).

Die Tauchlaugen von der Alkalizellulosebereitung werden durch Dialyse gegen ein Lösungsmittel für das Alkali, wie Wasser oder schwach alkalisches Wasser gereinigt. Die zu reinigende Lösung und das Wasser werden im Gegenstrom zueinander geführt, die Dialysierzellen werden getrennt oder paarweise behandelt, sie können intermittierend beschickt und entleert werden. Da das spezifische Gewicht der durch den Apparat laufenden Lösung bei fortschreitender Dialyse abnimmt, muß für einen genügend hohen Flüssigkeitsstand durch Erhöhen der Wände der Zellen gesorgt werden. Die zu behandelnde Flüssigkeit steht in den Abteilungen mit höheren Wänden höher als das umgebende Wasser; die Höhe nimmt von dem Einlauf der Flüssigkeit nach dem

Auslauf zu ab. Auch der Wasserspiegel nimmt vom Einlauf nach dem Auslauf zu ab. Die Diaphragmen bestehen aus pergamentiertem Gewebe. Die Lauge gelangt in die taschenförmigen Dialysierzellen durch Röhren immer an der tiefsten Stelle und verläßt die Zellen oben, um in die nächste überzutreten. (Zeichnungen.)

Nach I. G. Farbenindustrie Aktiengesellschaft.

124. I. G. Farbenindustrie Aktiengesellschaft, Frankfurt a. M. Verfahren zur Reinigung von alkalischen, durch Abbauprodukte der Zellulose verunreinigten Laugen.

D.R.P. 432413 Kl. 12l vom 27. IV. 1924.

Die Lauge wird mit Natriumhypochlorit in Gegenwart von Kupfer, Eisen, Blei u. dgl. versetzt, mit Luft durchwirbelt und kräftig gerührt. Anstatt fertiges Hypochlorit zu verwenden, kann man es auch in geeigneter Weise während des Reinigungsvorganges in der Lauge entstehen lassen. Die Zellulosederivate können als ausgefallene, flockige oder schleimige Masse abfiltriert werden.

Vor dem bekannten Verfahren, durch organische Körper verunreinigte Laugen dadurch zu reinigen, daß man sie unter Druck und bei erhöhter Temperatur mit Chlorsauerstoffverbindungen in Gegenwart metallischer Katalysatoren behandelt (vgl. 5. Aufl. Nr. 485), hat das vorliegende Verfahren den Vorteil, bei gewöhnlicher Temperatur und ohne Anwendung von Druck durchgeführt zu werden.

Patentanspruch: Verfahren zur Reinigung von alkalischen, durch Abbauprodukte der Zellulose verunreinigten Laugen, dadurch gekennzeichnet, daß man sie bei gewöhnlicher Temperatur mit Natriumhypochlorit in Gegenwart von Katalysatoren behandelt.

125. Dieselbe. Verfahren zum Reinigen alkalischer Laugen.

Franz. P. 646442 vom 10. I. 1928; brit. P. 309237; norw. P. 46519.

Die mit organischen Stoffen, α- und β-Zellulose verunreinigten Abfallaugen von der Viskoseherstellung oder der Mercerisation behandelt man in einem Autoklaven bei Temperaturen über 100° C mit Sauerstoff oder sauerstoffhaltigen Gasen bei einem Druck über 1 atm; gleichzeitig wird das gebildete Alkalikarbonat durch Zusatz von Strontium- oder Bariumoxyd oder -hydroxyd in Hydrat übergeführt oder es wird nachträglich mit Kalk behandelt.

Nach Soie d'Aubenton.

126. Soie d'Aubenton, Paris. Verfahren zum Reinigen hemizellulosehaltiger Laugen.

Franz. P. 607267 vom 11. III. 1925; brit. P. 249091; schweiz. P. 117743.

Abfallnatronlaugen, z. B. von der Viskoseherstellung, die mit zelluloseartigen Stoffen verunreinigt sind, werden durch Behandeln mit Kohlensäure gereinigt. Die Temperatur steigt, wodurch die Abscheidung der organischen Stoffe erleichtert wird. Beim Abkühlen nach dem Filtrieren werden Kristalle von Natriumbikarbonat erhalten.

Nach Appareils et Evaporateurs Kestner.

127. Appareils et Evaporateurs Kestner (Lille, Frankr.). Verfahren zur Wiedergewinnung des Ätznatrons aus der Ablauge der Viskoseherstellung.

Franz. P. 625318 vom 12. III. 1926; brit. P. 267536.

Das in den Ablaugen enthaltene Alkali wird unlöslich gemacht, z. B. durch Behandeln mit Kohlendioxyd. Hält man während des Einleitens des Kohlendioxyds die Lauge kalt, so erhält man kristallisiertes Natriumkarbonat, läßt man die Temperatur steigen, so fällt beim nachherigen Kühlen Natriumbikarbonat aus. In jedem Falle bleibt die Hemizellulose in Lösung. Die Kristalle werden abgetrennt, in Wasser gelöst und in der üblichen Weise kaustifiziert, beim Bikarbonat nach Kochen.

Nach Cerini.

128. L. Cerini, Castellanza. Diffusionsapparat für Flüssigkeiten.

Brit. P. 265126 vom 16. 6. 1926 (Prior. Ital. vom 29. I. 1926); franz. P. 618821; schweiz. P. 123917; österr. P. 112961; Ver. St. Amer. P. 1719754.

Ablaugen von der Alkalizelluloseherstellung, mit gelösten kolloidalen Stoffen, werden durch Diffusion in einem eisernen oder aus anderem Metall bestehenden Apparat gereinigt, welcher durch senkrechte Scheidewände unterteilt ist. Die einzelnen Abteile werden reihenweise von der Lösung durchflossen. Jedes Abteil enthält ein Sackdiaphragma, die Diaphragmen sind miteinander parallel geschaltet, aber in Reihen mit denen anderer Apparate. Durch die Diaphragmen läuft reines Wasser, im Gegenstrom dazu läuft die verunreinigte Lauge. Die Diaphragmen bestehen aus Geweben aus Baumwolle, Leinen, Hanf oder anderen Pflanzenfasern, die durch Säuren, Alkalien oder Salze pergamentiert sein können. Sie werden durch Metallbänder, -netze od. dgl. versteift.

129. In dem

Brit. P. 268385 vom 28. III. 1927, Zusatz zum brit. P. 265126

werden Diaphragmen aus Baumwolle oder anderen Pflanzenfasern benutzt, die ohne Spannung mit konzentrierter Natronlauge mercerisiert sind.

130. Nach dem weiteren

Brit. P. 272211 vom 31. V. 1927, Zusatz zum brit. P. 265126 (Prior. Ital. vom 1. VI. 1926)

wird der Gegenstrom von Lauge und Wasser so geleitet, daß sich durch die durch die Osmose entstehenden Dichteunterschiede eine Bewegung in vertikaler Richtung ergeben. (3 Zeichnungen.)

Nach Donagemma.

131. G. Donagemma. Diaphragma aus Naturstein für Dialysatoren.

Franz. P. 641886 vom 11. III. 1927.

Bei der Reinigung der Abfallaugen von der Alkalizelluloseherstellung durch Dialyse (D.R.P. 287092, 5. Aufl., S. 435, franz. P. 552476, Giornale di Chimica Applicata Italiana 1926, S. 227ff.) verwendet man Diaphragmen aus Pergament, Geweben, Asbest, porösen Platten aus Zement oder anderen Mineralstoffen, die imprägniert sein können. Die Porosität dieser Diaphragmen wird künstlich erzeugt, sie zeigen gewisse Nachteile. Die Diaphragmen aus organischen Stoffen werden durch die Natronlauge angegriffen und verlieren ihre Festigkeit, die Diaphragmen aus gebranntem Ton od. dgl. lassen sich schwer mit der gewünschten Porosität herstellen. Gemäß der Erfindung werden die Diaphragmen aus Naturstein von kleinkörnigem Gefüge hergestellt, besonders aus Gestein vulkanischen Ursprungs oder aus Sedimenten. Diaphragmen mit geraden Flächen stellt man durch Zerschneiden des Steins her, zur Herstellung gekrümmter Flächen kann zerkleinertes Gestein benutzt werden, welches durch ein Bindemittel in die gewünschte Form gebracht ist. (3 Zeichnungen.)

132. Derselbe. Verbesserung bei der Wiedergewinnung von Ätznatron aus Abfallaugen durch Dialyse.

Franz. P. 641901 vom 12. III. 1927.

Bei der Dialyse wird Wasser verwendet, welches z. B. durch Behandeln mit Ätznatron auf eine Härte von höchstens 4° gebracht ist. Dadurch werden Ausscheidungen auf den Diaphragmen vermieden.

Nach Tomaszowska Fabryka Sztucznego Jedwabiu Sp. Akc.

133. Tomaszowska Fabryka Sztucznego Jedwabiu Sp. Akc., Warschau. Herstellung von Natriumsulfhydrat durch Sättigen der bei der Fabrikation von Kunstfasern nach dem Viskoseverfahren erhältlichen Abfallnatronlauge.

Poln. P. 8795 vom 2. VI. 1927.

Die in der Abfallauge enthaltene Hemizellulose wird durch Schwefelwasserstoff weitgehend gefällt, vorzugsweise in etwa 15proz. Lösung und bei 20—25°. Der Schwefelwasserstoff wird durch Einwirkung von Schwefelsäure und Natriumsulfat auf Schwefelbarium hergestellt. Das aus Ätznatron und Schwefelwasserstoff entstehende Natriumsulfhydrat dient als Denitrierungsmittel bei der Nitroseideherstellung.

Nach Winternitz.

134/135. R. Winternitz, Prag. Wiedergewinnung von Alkaliverbindungen aus Abfallaugen.

Brit. P. 303482 vom 3. I. 1929 (Prior. Tschechosl. vom 4. I. 1928).

Die in der Zelluloseindustrie, insbesondere bei der Herstellung von Viskose sich ergebenden und durch organische Stoffe verunreinigten

Abfallaugen werden dadurch gereinigt, daß man die Verunreinigungen durch Zusatz eines Alkohols, z. B. Methyl- oder Äthylalkohol, niederschlägt. Zum Entfärben der Lauge fügt man kleine Mengen eines Bleisalzes, z. B. Bleiacetat, zu. Die filtrierte Lauge wird zur Trennung des Alkohols destilliert und zur Regenerierung des Ätzalkalis mit gebranntem Kalk behandelt. Die so gereinigte Lauge kann wieder verwandt oder zur Trockne eingedampft werden.

Herstellung und Behandlung der zur Erzeugung von Kunstseide dienenden Viskose[1].

Ein dem in der 5. Aufl., Nr. 406 behandelten ähnliches Verfahren ist folgendes:

Nach Société Française de la Viscose.

136. Société Francaise de la Viscose. Verbesserung in der Behandlung von Viskose.

Franz. P. 340563 vom 19. II. 1904.

Koaguliertes Xanthogenat wird in einer Schleuder mit Salzlösung gewaschen. Man nimmt auf 100 kg Viskose mit 10% Zellulose 100 l einer 10proz. Kochsalz- oder Natriumbikarbonatlösung. Nach dem Abschleudern wäscht man mit einer 50proz. Salzlösung nach. Dadurch sollen alle die Löslichkeit des Produkts schädigenden Nebenprodukte entfernt werden.

Nach Venter.

137. Unbekannte Erben des verstorbenen O. Venter, Chemnitz. Verfahren zur Überführung von Xanthogenatlösung in eine insbesondere zur Erzeugung von Kunstseide geeignete Flüssigkeitsmasse.

D.R.P. 453354 Kl. 29b vom 28. IV. 1920.

Die bisher zur Überführung von Xanthogenatlösung durch Zugabe von Natronlauge und Wasser in eine für die Erzeugung der Kunstseide geeignete Flüssigkeitsmasse angewandten Vorrichtungen, wie geschlossene rotierende Kugelmühlen oder Knetmaschinen mit in muldenförmigen Gefäßen bewegten Knetflügeln, hatten den Nachteil, daß stets die eingebrachte Masse bewegt werden mußte, was einen erheblichen Kraftaufwand erforderte und mit Zeitverlust verbunden ist. Das neue Verfahren beruht darauf, daß nicht eine Bewegung der ganzen Masse stattfindet, sondern daß man das zu mischende Material wiederholt durch eine Schneid- und Mischmaschine nach Art der bekannten Fleischschneidemaschinen gehen läßt.

In Fig. 80 bewirkt die Schnecke *a* den Vorschub und durch ihre Druck- und Preßwirkung gegen das Schneidemesser *b* und die ent-

[1] Siehe auch franz. P. 595208, S. 2.

sprechend fein durchbohrte Messerscheibe *c* erfolgt die Feinmischung, wobei es gleichgültig ist, ob sich das Messer bewegt und die Scheibe feststeht oder umgekehrt.

Mit der Feinmischung ist eine gleichzeitige Zugabe von Natronlauge erforderlich, die man beim Eintritt der Masse in die Schnecke *a* in abgepaßter Menge zutreten läßt. Nach dieser Behandlung erfolgt die Mischung mit Wasser, wobei man die erhaltene Masse unter Zugabe von Wasser immer wieder durch die Feinmischmaschine bis zur Erzielung der gewünschten Dünnflüssigkeit durchführt. Man kann mehrere solcher Feinmischmaschinen (Einheiten) zu einem aufeinanderfolgenden Gang unter Einschaltung von Reguliervorrichtungen für die Geschwindigkeit vereinigen. Der Kraftaufwand für eine stündliche Verarbeitung von 50 kg trocknen Zellstoffs beträgt bei 4 Einheiten 1 und $^1/_4$ PS. Die Maschinen können ortsfest und fahrbar sein und haben den Vorzug der Billigkeit.

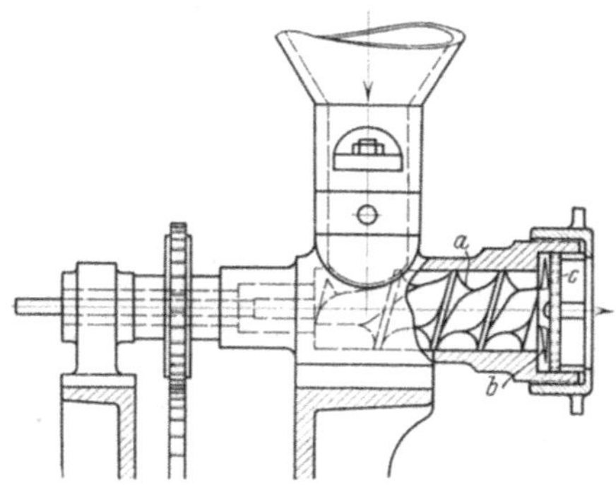

Fig. 80.

Patentanspruch: Verfahren zur Überführung von Xanthogenatlösung in eine insbesondere zur Erzeugung von Kunstseide geeignete Flüssigkeitsmasse, dadurch gekennzeichnet, daß die Xanthogenatlösung fortgesetzt und wiederholt durch eine oder durch mehrere hintereinander angeordnete Schneid- und Mischmaschinen, z. B. nach Art der Fleischschneidmaschinen (Fleischwolf), unter gleichzeitiger Druck- und Preßwirkung geführt wird. (Zeichnung.)

Nach Dreaper.

138. W. P. Dreaper, London. Verfahren zur Herstellung von Zellulosexanthogenat.

D.R.P. 439844 Kl. 12o vom 11. XII. 1921.

Das Patent entspricht dem in der 5. Auflage, S. 406, Nr. 436 mitgeteilten.

Patentansprüche: 1. Verfahren zur Herstellung von Zellulosexanthogenat, dadurch gekennzeichnet, daß eine Zellulose bei einer Temperatur zwischen —2° und +5° mit einer Ätzalkalilösung behandelt und die so gebildete Alkalizellulose in der üblichen Weise bei höherer Temperatur weiter behandelt wird, indem man sie beispielsweise bei einer Temperatur von etwa 27° reift und der Einwirkung von Schwefelkohlenstoff bei einer Temperatur nicht unter 22° unterwirft.

2. Ausführungsform des Verfahrens nach Anspruch 1, dadurch gekennzeichnet, daß die Luft vor der Einwirkung des Alkalis aus dem

Zellulosematerial entfernt wird, indem man sie durch ein Gas wie schweflige Säure oder Ammoniak vertreibt, welches chemisch oder physikalisch von der Ätzalkalilösung gebunden wird.

Nach N. V. Nederlandsche Kunstzijdefabriek.

139. N. V. Nederlandsche Kunstzijdefabriek, Arnhem, Holl. Verfahren zur Herstellung von künstlichen Fäden, Bändern, Films u. dgl. aus Viskose.

D.R.P. 421506 Kl. 29b vom 18. I. 1922.

Bekanntlich hängt die Beschaffenheit der aus Viskose hergestellten Produkte von der Zusammensetzung der verarbeiteten Viskose ab. Es wurde gefunden, daß ein Zusatz von Schwefelkohlenstoff zur Viskose besonders den Griff und die Dehnung der hergestellten fertigen Waren in hohem Maße verbessert. Man kann den Schwefelkohlenstoff sowohl zu ungereifter als auch zu schon vorgereifter Viskose, gegebenenfalls unter Nachreifen nach Hinzufügung, im Verhältnis von 0,1—1,5 Gewichtsteilen auf 100 Teile Viskose, zusetzen. Setzt man Schwefelkohlenstoff der gereiften Viskose zu, so erhält diese Eigenschaft von weniger gereifter Viskose und der versponnene Faden ein mattes Aussehen. Diese Eigenschaft steigert sich, wenn man von ungereifter Viskose ausgeht und sofort verspinnt. Überläßt man die mit Schwefelkohlenstoff versetzte Viskose einer Nachreife, so wird der Schwefelkohlenstoff absorbiert und im Gegensatz zu den anfangs erreichten unreifen Eigenschaften der Viskose tritt jetzt die Erscheinung eines größeren Reifegrades ein. Man kann also durch den Schwefelkohlenstoffzusatz die Viskose schneller als sonst zu glänzenden Fäden verspinnen.

Beispiele. 1. Eine Viskose mit einem Reifegrad 9,6 ccm, 10% NH_4Cl (Hottenroth) hat nach Zusatz von 0,5% CS_2 einen solchen von 20,4 und liefert beim Verspinnen einen matten Faden[1], wie unreife Viskose. 2. Eine 6 Tage alte Viskose mit einer Reife von 8,0 (Hottenroth) erhielt durch Zusatz von 0,1% CS_2 eine Reife 9,0, durch Zufügung von 1,6% CS_2 eine Reife 50. 3. Beim Zusatz von CS_2 zu unreifer Viskose wurden folgende Daten festgestellt:

	Reife nach Hottenroth
Viskose nach 4 Tagen, ohne Zusatz	11,0
„ „ 4 „ mit 0,1% CS_2	11,5
„ „ 4 „ „ 1,6% CS_2	34,5

Am neunten Tage waren die Reifeziffern ungefähr gleich geworden; auch die umgekehrte Erscheinung war hier deutlich; die Viskose mit 1,6% CS_2 war schon nach 17 Tagen koaguliert, die anderen zwei nach 18 Tagen.

Patentansprüche: 1. Verfahren zur Herstellung von künstlichen Fäden, Bändern, Films u. dgl. aus Viskose, dadurch gekennzeichnet, daß man gereifter oder ungereifter Viskoselösung vor dem Verspinnen Schwefelkohlenstoff zusetzt.

[1] Siehe auch Glanzveränderung von Viskoseseide, S. 141.

2. Verfahren nach Anspruch 1, dadurch gekennzeichnet, daß man die mit Schwefelkohlenstoff versetzte Viskoselösung unmittelbar oder wenigstens kurze Zeit nach dem Vermischen verspinnt.

3. Verfahren nach Anspruch 1, dadurch gekennzeichnet, daß man die mit Schwefelkohlenstoff versetzte Viskoselösung einige Zeit weiter reifen läßt.

140. Dieselbe. Verfahren zur Herstellung einer Spinnflüssigkeit, die eine durch Auflösen von Kaliumzellulosexanthogenat in Kalilauge gewonnene Viskose enthält.

D.R.P. 428189 Kl. 29b vom 15. 8. 1923; brit. P. 246423 vom 9. XI. 1925; canad. P. 262711.

Zur Herstellung von Spinnlösungen nach dem Viskoseverfahren hat man bisher, sowohl für die Mercerisierung der Zellulose als auch zum Lösen des Natriumzellulosexanthogenats, fast ausschließlich Natronlauge verwandt. Auch ist bekannt, Viskoselösungen zum Zwecke einer besseren Spinnfähigkeit Seifen oder Fettsäuren zuzusetzen. Die Natriumviskose hat jedoch die Eigenschaft, wenig Natronseife oder Fettsäuren zu lösen. Dieser Nachteil wird durch die Anwendung einer Kaliumzellulosexanthogenatlösung vermieden, welche viel mehr Kaliseife oder Fettsäuren zu lösen vermag. Als Spinnbad kann jedes gebräuchliche Säurebad mit oder ohne Salzzufügung dienen, wobei man einen Teil oder das ganze Salz durch Kaliumsulfat ersetzen kann.

Beispiel 1: Einer Lösung von Kaliumxanthogenat in verdünnter Kalilauge wird 2% trockene Kaliseife zugesetzt. Man mischt, bis die Seife gelöst ist und verarbeitet die entstandene Mischung auf gewöhnliche Weise weiter. Die Kaliseife kann auch in Form einer konzentrierten Seifenlösung zugesetzt werden.

Beispiel 2: Einer Lösung von Kaliumxanthogenat in verdünnter Kalilauge wird 1% Fettsäure zugesetzt. Die Masse wird gerührt, bis Lösung eingetreten ist und die entstandene Viskose auf gewöhnliche Weise weiterverarbeitet.

Patentanspruch: Verfahren zur Herstellung einer Spinnflüssigkeit, die eine durch Auflösen von Kaliumzellulosexanthogenat in Kalilauge gewonnene Viskose enthält, dadurch gekennzeichnet, daß man dieser Viskoselösung Seife oder verseifbare Fettsäuren zusetzt.

Nach Humboldt.

141. E. S. Humboldt, Oakland, Cal. (The Pacific Lumber Company, San Francisco.) Verfahren zur Herstellung von Viskoselösungen.

Ver. St. Amer. P. 1562885 vom 24. XI. 1925, angemeldet 26. XI. 1923.

Die Reinigung roher Viskose läßt sich so leiten, daß man entweder ein Produkt mit dem Molekül C_{24} bis C_{36} bekommt, das man unmittelbar in ein stark saures Bad spinnen kann, oder ein Produkt, in welchem die Zellulose sehr wenig abgebaut ist, das sich nicht unmittelbar in der üblichen Weise verspinnen läßt, wohl aber nach dem Streckspinnverfahren durch weite Öffnungen in schwache geeignete Spinnbäder. In beiden Fällen ist die Zelluloselösung für die meisten Zwecke genügend rein und das Endprodukt bedarf nur geringer Nachbehandlung.

Bei niederer Temperatur ohne überschüssiges Ätznatron hergestellte und zur Vollendung der Mercerisierung gut gereifte Natronzellulose wird mit Schwefelkohlenstoff behandelt, bis sie durchgelatiniert ist und dann bei einer 20° C nicht übersteigenden Temperatur in Wasser zu einer 10—12% Zellulose enthaltenden Lösung gelöst. Soll gereifte Viskose erzielt werden, so wird die erhaltene Rohviskose auf 45—50° C unter dauerndem Rühren erhitzt, bis ein Tropfen in gesättigter Natriumbikarbonatlösung sofort koaguliert, dann wird mit einem kalten Fällbad gefällt. Das Erhitzen dauert $^3/_4$—$1^1/_2$ Stunden. Soll Viskose mit wenig abgebauter Zellulose erhalten werden, so wird sofort ohne Erhitzen kalt oder lauwarm gefällt. Zur Fällung dienen Alkohol, Alkalikarbonate oder -bikarbonate, Ammoniumsalze, Sulfite, Bisulfite, Glaubersalz und viele andere. Bevorzugt wird ein Gemisch gesättigter Kochsalz- und Natriumbikarbonatlösung. Am besten ist es, wenn so viel Bikarbonat vorhanden ist, daß freies Alkali gesättigt wird, sehr oft härtet etwas Natriumsulfit den Niederschlag. Von Koagulationsmitteln verwendet man das 2,5—3fache der Viskose, dauerndes Rühren liefert die gelatinöse Masse fein verteilt und erleichtert das Auswaschen. Nach beendeter Fällung wird abfiltriert, mit kalter 5proz. Kochsalz- oder Glaubersalzlösung gewaschen, das Xanthat wird dann auf einen Zellulosegehalt von 10—14% abgepreßt und in verdünnter Natronlauge zur Spinnlösung gelöst.

Nach Kempter.

142. F. Kempter, Stuttgart. Knet- und Mischmaschine für plastische Massen.

Österr. P. 105798 vom 15. X. 1926, angemeldet 4. VIII. 1924 (Prior. Deutschl. vom 13. VI. 1924); Ver. St. Amer. P. 1656120.

Bei dieser Maschine, die u. a. auch zum Auflösen von Zellulosexanthat dient, ist über den um eine waagerechte Achse sich drehenden Knet- und Mischflügeln ein Rührwerk mit senkrechter Achse angeordnet. Dieses wirkt auf die von den Mischflügeln nicht genügend beeinflußten Teile des Troginhalts, ragt aber auch in seiner tiefsten Stellung nicht bis unter die Scheitellinie der Bahn der Mischflügel. Durch das Zusammenwirken der Mischflügel und des Rührwerks wird der ganze Troginhalt ohne erheblichen Kraftaufwand gleichmäßig durchgearbeitet. (1 Zeichnung.)

Nach Moro.

143. P. Moro, Marseille. Verfahren zur Herstellung von Fäden aus Zellulosexanthaten.

Franz. P. 597336 vom 31. III. 1925; brit. P. 250219; belg. P. 332705; Ver. St. Amer. P. 1689958.

Die Schwefelkohlenstoff- und Ätzalkalimenge und die Zeitdauer läßt sich bei der Herstellung der Viskose herabsetzen, wenn man eine

Lösung von Schwefel in Schwefelkohlenstoff verwendet, die man flüssig oder in Dampf- oder Nebelform auf die Alkalizellulose zur Einwirkung bringt. Alkalizellulose, die z. B. auf 225—250 Teile für 100 Teile Zellulose abgepreßt ist, wird bei 30—40° C mit 15—25 Teilen einer Lösung von Schwefel in Schwefelkohlenstoff behandelt. Nach 12—24 Stunden wird das Produkt in Wasser oder verdünnter Natronlauge gelöst und die Lösung 24—36 Stunden bei 25—30° C stehengelassen. Nach Filtrieren und Entfernen der Luft ist die Lösung spinnfertig. Oder man läßt die Schwefel-Schwefelkohlenstofflösung in Türmen über die auf Sieben liegende Alkalizellulose herabrieseln oder bringt die Dämpfe der Lösung zur Einwirkung. Läßt man die verstäubte Lösung einwirken, so hält man die Türme mit der Alkalizellulose auf 40—45° C. (Zeichnung.)

Nach Neumann.

144. S. Neumann, Frankfurt a. M. Verfahren zur Herstellung besonders homogener Viskoselösungen.

Brit. P. 265685 vom 10. XI. 1925.

Eine besonders homogene Viskoselösung wird erhalten, wenn man statt der bisher üblichen langsam laufenden Rühr- und Mischmaschinen bei der Viskoseherstellung besonders schnell laufende Mischapparate anwendet, welche mit mehr als 1000 Touren pro Minute laufen. Während des Vermischens muß ein zu starker Temperaturanstieg, etwa über 50—60°, vermieden werden, da sonst die Reifung der Viskose zu rasch fortschreitet. In Verbindung mit der Homogenisierung durch diese Maschinen erfolgt meist eine Viskositätserniedrigung und eine Beschleunigung der Reife, so daß schon 1—3 Stunden nach der Auflösung spinnfähige Lösungen erhalten werden. Außer zur Homogenisierung können die schnell laufenden Maschinen auch zur Einverleibung von geschmolzenem Paraffin oder anderen Kohlenwasserstoffen in kolloidaler Form verwandt werden. Diese kolloiden Emulsoide können zur Herstellung besonderer Kunstseidesorten dienen, die sich durch Leichtigkeit, besondere Färbbarkeit und Widerstandsfähigkeit gegen Wasser auszeichnen.

Nach Mendel.

145. W. Mendel (S. A. Neidich), Edgewater, New-Jersey. Verfahren zum Xanthogenieren der Zellulose.

Ver. St. Amer. P. 1681900 vom 21. VIII. 1928, angemeldet 1. V. 1926.

Zur Beseitigung der in der Alkalizellulose eingeschlossenen Luft und Feuchtigkeit, welche die Reaktion des Schwefelkohlenstoffs beim Sulfidieren wesentlich beeinträchtigen, läßt man auf die Alkalizellulose vor der Sulfidierung teilweise ein Vakuum einwirken. Die Vorrichtung zur Ausführung des Verfahrens besteht im wesentlichen aus einer drehbaren Trommel zur Aufnahme der Alkalizellulose. Nachdem evakuiert ist, läßt man durch ein Zuleitungsrohr Schwefelkohlenstoff eintreten, welcher sich durch ein in der Mitte der Trommel vorhandenes gelochtes Rohr gleichmäßig verteilt. Nach beendigter Sulfidierung wird der überschüssige Schwefelkohlenstoff durch Vakuum entfernt, damit kein Schwefelkohlenstoff mehr in dem gebildeten Xanthogenat vorhanden ist und beim Öffnen der Trommel eine Explosionsgefahr und eine Schädigung der Gesundheit durch giftige Gase vermieden werden.

Nach Bernard.

146. J. M. Bernard. Neues Verfahren zur Herstellung der „Viskose" genannten Zelluloseverbindungen für die Herstellung von Häutchen, Textilfäden und analogen Produkten.

Franz. P. 631721 vom 24. VI. 1926; brit. P. 273280; belg. P. 341279.

Bei der bekannten Herstellung von Viskose behandelt man Zellulose nacheinander mit Natronlauge und Schwefelkohlenstoff. Nach dem vorliegenden Verfahren behandelt man die Zellulose zunächst in einem sich drehenden Zylinder mit Schwefelkohlenstoff und gibt dann eine Lösung von Ätznatron zu. Durch Vakuum entfernt man den überschüssigen Schwefelkohlenstoff und gewinnt ihn zurück. Nach kurzer Zeit hat man ein breiiges, in Wasser lösliches Produkt, das man in üblicher Weise weiterverarbeitet. Man vermeidet die übliche Herstellung und das Zermahlen der mercerisierten Zellulose, spart Ätznatron und vermeidet zu einem großen Teil Karbonatbildung in den der Luft ausgesetzten Laugen.

147. Nach dem

Franz. Zusatzpatent 33357 vom 13. IV. 1927

wird das Verfahren des Hauptpatents auf Zellulose angewendet, welche mit Natronlauge vorbehandelt und durch Waschen von Hemizellulosen und Natronlauge befreit worden ist.

Nach Iwasaki.

148. T. Iwasaki, Tokio. Herstellung von Kunstseide.

Franz. P. 621543 vom 15. IX. 1926; tschechosl. P. 24450; brit. P. 288655 (auch K. Hagiwara); canad. P. 271440; schweiz. P. 129530.

Kunstseide verbesserter innerer Struktur, d. h. mit in Form paralleler Ketten angeordneten Partikeln, wird erhalten durch Überführung von Viskose oder einer ähnlichen kolloidalen Lösung in ein lineares Sol vor dem Spinnen. Das wird dadurch erreicht, daß man die Lösung durch das Feld eines elektrischen Stromes hoher Frequenz gehen läßt im Vakuum oder in einer indifferenten Atmosphäre wie Wasserstoff. Die Lösung läßt man dann reifen und spinnt nach dem Streckspinnverfahren. (1 Zeichnung.)

Nach British Dyestuffs Corpor. Ltd. und Hailwood.

148 a. British Dyestuffs Corporation Ltd. und A. J. Hailwood, Manchester. Vorbehandeln von Zellulose für die Herstellung von Zellulosexanthogenat.

Brit. P. 281117 vom 30. XI. 1926.

Bei der Herstellung von Viskose wird das Alkali ganz oder teilweise durch organische Sulfoniumhydroxyde wie Trimethylsulfoniumhydroxyd ersetzt. Man behandelt den Zellstoff mit einer wässerigen Lösung des Sulfoniumhydroxyds mit oder ohne Zusatz von Ätznatron und verarbeitet das Produkt in der üblichen Weise auf Viskoselösung und Kunstfäden.

Nach Niederhauser und Kline.

149. F. C. Niederhauser und H. B. Kline, Cleveland, Ohio (Industrial Fibre Company). Verfahren zur Entfernung von Schwefelwasserstoff aus Viskoselösungen.

Ver. St. Amer. P. 1655709 vom 10. I. 1928, angemeldet 9. III. 1927.

Um die Entwicklung von Schwefelwasserstoff beim normalen Spinnen nach Möglichkeit zu verhindern, wird die von Luft und überschüssigem Schwefelkohlenstoff im Vakuum befreite Viskose unter Rühren mit Kohlensäure oder einer anderen, das Xanthat nicht zersetzenden Säure behandelt, bis die rote Farbe in hell strohgelb übergegangen ist. Natriumtrithiokarbonat zersetzt sich in Natriumkarbonat, Schwefelwasserstoff und Schwefelkohlenstoff, die abgesaugt und in Alkalilösung aufgefangen oder durch ein Oxydationsmittel unschädlich gemacht werden[1].

Nach I. G. Farbenindustrie Aktiengesellschaft.

150. I. G. Farbenindustrie Aktiengesellschaft, Frankfurt a. M. Behandlung von Zellulosexanthaten.

Brit. P. 287492 vom 21. III. 1928; franz. P. 651060; belg. P. 349580 (Prior. Deutschl. vom 21. III. 1927); österr. P. 112124.

Zellulosexanthat wird gereinigt durch Behandeln mit Alkohol, besonders Methanol, das mit Wasser verdünnt ist, die Menge Wasser reicht nicht dazu aus, das Xanthat zum Quellen zu bringen. Die Behandlung wird so schnell wie möglich und bei niedriger Temperatur durchgeführt, nach der Behandlung wird die Flüssigkeit schnell abgetrennt und der Preßkuchen zerbrochen und zur spinnfertigen Lösung verarbeitet. Die Behandlung kann stufenweise erfolgen, in jeder Stufe wird frisches Methanol verwendet.

151. Dieselbe. Verfahren zur Herstellung von Viskose.

D.R.P. 486769 Kl. 12o vom 1. III. 1928; brit. P. 306971; franz. P. 670261; belg. P. 358536.

Es ist wichtig, aus Viskose jede Art von Schwermetallverbindungen, wie des Eisens, Kupfers usw., möglichst fernzuhalten. Praktisch ist es aber schwierig, eine von Schwermetallverbindungen freie Viskose zu erhalten, da viele Möglichkeiten bestehen, wie solche Stoffe in die Viskose hineingelangen können. Im Großbetriebe muß man damit rechnen, daß eine mehr oder minder metallsalzhaltige Viskose zur Verarbeitung gelangt. Der Gehalt an Schwermetallverbindungen wird dann leicht zu Schädigungen der aus der Viskose zu gewinnenden Gebilde führen. Solche Schädigungen bestehen darin, daß beim Koagulieren

---

[1] Vgl. hierzu die D.R.P. 133144 und 209161, 5. Aufl., S. 371 und 377.

einer derartigen Viskose Gebilde wie Fäden, Films, Bändchen, künstliches Roßhaar od. dgl. entstehen, die durch ihren Gehalt an Schwermetallverbindungen eine unansehnliche dunklere Farbe haben; ist der Gehalt an Schwermetallverbindungen nicht gleichmäßig verteilt, so können Streifigkeit, Fleckigkeit oder andere Ungleichmäßigkeiten in den Gebilden aus Viskose hervorgerufen werden. Auch ist ein Gehalt an Schwermetallverbindungen imstande, durch Veränderung der chemischen oder physikalischen Natur die Anfärbbarkeit derartiger Gebilde weitgehend zu verändern. Es wurde nun gefunden, daß die Qualitätsverminderungen der hergestellten Gebilde aus Viskose mehr oder weniger vermieden werden können, wenn man der Viskose vor dem Verspinnen Oxalsäure als freie Säure oder in Form ihrer Alkalisalze zusetzt. Die Zugabe zu der Viskose kann auf jede beliebige Art bewerkstelligt werden; beispielsweise kann bei der Herstellung von Viskoselösung aus Zellulosexanthogenat der Löselauge oder dem Wasser die gewünschte Menge von Alkalisalz der Oxalsäure zugeführt werden, selbstverständlich kann unter Berücksichtigung des Neutralisationsvorganges auch die freie Oxalsäure angewandt werden, ebenso ist es möglich, die Zusätze in die fertige Viskose einzuführen u.s.f. Als zweckmäßig haben sich Konzentrationen von 1—10 g Oxalsäure im Liter Viskose erwiesen, den technischen Erfordernissen entsprechend kann man aber auch unter diesen Werten bleiben oder über sie hinausgehen. Die Reifebedingungen der Viskose werden durch die Zusätze, falls sie in den genannten Grenzen bleiben, nicht wesentlich geändert. Bei Anwendung des vorgeschlagenen Zusatzes erhält man im allgemeinen Gebilde aus Viskose, die einen klaren und hellen Farbton und ein gleichmäßiges Aussehen besitzen. Zweischeinigkeit und Farbstreifigkeit, soweit ihr Auftreten durch das Vorhandensein von Schwermetallverbindungen hervorgerufen wird, werden vermindert oder bleiben aus. Die besondere Wirkung der Oxalsäure erklärt sich durch die Bildung von leicht löslichen Metallkomplexsalzen.

Beispiel 1: 5 g Natriumoxalat auf je 1 l der herzustellenden Viskose werden in dem Wasser, das zur Herstellung von Viskoselösung aus Zellulosexanthogenat dient, gelöst und die Viskose in der üblichen Weise weiterbehandelt.

Beispiel 2: Eine konzentrierte Losung von 10 g Kaliumoxalat wird in 1 l Viskose eingerührt, die weitere Behandlung der Viskose findet in der üblichen Art statt.

Patentansprüche: 1. Verfahren zur Herstellung von Viskose, dadurch gekennzeichnet, daß Viskose, die nach einer der üblichen Methoden hergestellt ist, einen Zusatz von Oxalsäure, zweckmäßig in Form von Alkalioxalaten, erhält.

2. Verfahren nach Anspruch 1, dadurch gekennzeichnet, daß Oxalsäure bzw. deren Alkalisalze einem oder mehreren der zur Viskosebereitung dienenden Stoffe zugesetzt werden.

Nach dem französischen und belgischen Patent, sowie nach dem brit. Zusatzpatent 309147 werden Oxysäuren, wie Wein-, Zitronen- und Milchsäure, verwendet.

Nach Chemische Fabrik Pott & Co.

152. Chemische Fabrik Pott & Co. Verfahren zur Herstellung von Viskose.

Franz. P. 644514 vom 26. XI. 1927.

Viskose von besonderen Eigenschaften wird erhalten, wenn man in irgendeiner Stufe der Herstellung kleine Mengen aromatischer Sulfosäuren zusetzt. Geeignet sind die Salze im Kern alkylierter Naphthalinsulfosäuren oder ihrer Derivate, auch im Kern alkylierte Naphthalindi- und -trisulfosäuren, ferner die Salze von Sulfosäuren hydroaromatischer Verbindungen aus der Phenanthren- und Anthracenreihe. Auch die freien Säuren können verwendet werden. Diese Stoffe können bereits bei der Alkalisierung zugegeben werden oder zu der Alkalizellulose beim Zerfasern. Die Gegenwart der Stoffe erleichtert das Verspinnen und gibt glänzende Fäden von bemerkenswerten Eigenschaften.

Nach Du Pont Rayon Comp.

153. Du Pont Rayon Comp. Verfahren zur Herstellung gleichmäßig gefärbter Viskoseprodukte[1].

Brit. P. 301307 vom 30. X. 1928 (Prior. Ver. St. Amer. vom 26. XI. 1927); belg. P. 355107.

Bei der Herstellung von Fäden und Films aus Viskose wird die gelbe Mißfärbung beseitigt bzw. Produkte von einer gewünschten Färbung erhalten durch Zusatz geeigneter Farbstoffe zur Viskose vor der Koagulation. Der Zusatz kann in jedem Stadium vor der Fällung erfolgen. Als geeignete Farbstoffe werden verwandt: Anthrachinonfarbstoffe, wie Ponsolblau R P, Ponsolviolett R R, Ponsolrot, Ponsolblau B C S, ferner indigoide Farbstoffe, wie Sulfanthrenviolett B. Schwefelfarbstoff- und Mineralfarben.

Verfahren zur Herstellung von Kunstseide aus Zellulosexanthogenat (Viskose) im allgemeinen.

Nach Wanselin u. Hagberg.

154. J. Wanselin u. H. Hagberg, Norrköping. Methode zur Herstellung von sog. Kunstseide, Films, Appretur od. dgl. aus Viskose.

Schwed. P. 38431 vom 9. II. 1912 Kl. 29b.

Die nach dem schwed. P. 10759 hergestellte Viskoseseide zeigt bei Anwendung von Ammoniumsalzen im Fällbad den Nachteil, daß sie

[1] Zu den in der 5. Aufl., S. 407 und 408 wiedergegebenen Patenten, nach denen bei der Sulfidierung mit Verdünnungsmitteln für den Schwefelkohlenstoff gearbeitet wird, vgl. die älteren Angaben von F. Todtenhaupt, Chem.-Zg. 1909, S. 1149.

Eine Sulfidiertrommel mit im Innern angeordneten Messerreihen, welche die Alkalizellulose an verschiedenen Stellen durchschneiden und durchmischen, beschreibt Hansen (Kunstseide 8. Jahrg., S. 117). Es soll dadurch eine gleichmäßige Sulfidierung erreicht werden.

infolge Ausscheidens von Schwefel verunreinigt ist. Zur Beseitigung dieser Schwefelreste ist eine Nachbehandlung mit Schwefelnatrium oder Soda nötig. Nach vorliegendem Verfahren kann dieser Übelstand dadurch vermieden werden, daß als Fällmittel Sulfite angewandt werden, entweder für sich oder als Zusatz zu anderen, zu diesem Zweck geeigneten sauren oder alkalischen Verbindungen. Enthält das Fällbad z. B. saures Kalium-, Natrium- oder Ammoniumsulfit, Pyridinsulfit oder Guanidinsulfit in alkalischer oder saurer Lösung, so wird zweckmäßig Aldehyd zugesetzt. Es ist in keinem Falle nötig, daß die angewandte Viskose vor dem Niederschlage irgendeiner Reinigung unterworfen wird, sondern es kann auch sog. Rohviskose verwendet werden. In gewissen Fällen kann es jedoch zweckmäßig sein, die Viskose vor dem Niederschlag einer Reinigung zu unterwerfen, beispielsweise durch Behandlung mit Alkohol, Kochsalzlösung, Essigsäure oder durch irgendein anderes bekanntes Verfahren.

Nach Borvisk Co. G. m. b. H.

155. Borvisk Co. G. m. b. H., Herzberg, Harz. Verfahren zur Herstellung von Gebilden aus Viskose.

D.R.P. 480478 Kl. 29b vom 16. X. 1919 (Prior. Ver. St. Amer. P. vom 29. V. 1917).

Das Patent entspricht dem in der 5. Aufl., S. 488, Nr. 558 angegebenen.

Patentanspruch: Verfahren zur Herstellung von Gebilden aus Viskose, dadurch gekennzeichnet, daß man frische, in den ersten Stadien ihrer Reifung befindliche Viskoselösung unter Aufrechterhaltung einer Passagelänge von mindestens 20 cm in ein Fällbad eintreten läßt, dessen Konzentration mindestens 20° Bé beträgt und das aus einer Salzlösung besteht, die durch einen geringen Säurezusatz neutral erhalten wird.

Nach Vereinigte Glanzstoff-Fabriken A.-G.

156. Vereinigte Glanzstoff-Fabriken A.-G., Elberfeld. Verfahren zur Herstellung feinstfädiger Viskoseseide.

D.R.P. 440227 Kl. 29b vom 26. VII. 1918, Zusatz zum D.R.P. 308427 (siehe auch 5. Aufl., S. 458, Nr. 513).

In Abänderung des Hauptpatentes (s. 5. Aufl., S. 457) besteht das zur Herstellung feinstfädiger Viskoseseide geeignete Fällbad aus gesättigten Ammonsalzlösungen mit wenigen Prozenten Mineralsäure. Man erhält einen klaren, wasserlöslichen Faden, der sich bei seiner Bildung vorzüglich strecken läßt, gleichmäßig runden Querschnitt besitzt und nicht verklebt. Das Verfahren ist verhältnismäßig unempfindlich gegenüber dem Reifegrad der Viskose. Der geringe Zusatz von z. B. 5% Schwefelsäure reicht aus, um Ammoniakverluste zu vermeiden. Es genügt zumeist eine Fällstrecke von 20—25 cm und eine Spinnbadtemperatur bis etwa 50° C. Soweit die Fäden dem Spinnbad noch in wasserlöslicher Form entsteigen, werden sie in bekannter Weise durch Berieseln mit z. B. 1proz. Schwefelsäure nachfixiert. Es können nach vorliegender Erfindung Einzelfadentiter bis zu 2 Deniers und darunter hergestellt werden.

Patentanspruch: Verfahren zur Herstellung feinstfädiger Viskoseseide durch Ausstrecken der aus der Spinndüse austretenden Fäden im Fällbad, gekennzeichnet durch die Verwendung eines Fällbades, das aus einer mit wenig Mineralsäure versetzten gesättigten Ammonsalzlösung besteht.

157. Dieselbe. Verfahren zur Herstellung feinstfädiger Viskoseseide durch Fällen von Rohviskoselösung mittels Säure.

D.R.P. 438460 Kl. 29b vom 24. I. 1919 (siehe auch 5. Aufl., S. 473, Nr. 535).

Die nach D.R.P. 282789 (s. 5. Aufl., S. 453) und österr. P. 72215 (s. 5. Aufl., S. 456) hergestellte Kunstseide bedurfte zur Fällung mit Schwefelsäure der Anwendung abnorm reifer Rohviskose und besonderer Arbeitsbedingungen. Nach dem vorliegenden Verfahren kann man ohne Änderung der Spinnapparatur nicht nur handelsübliche Viskoseseide, sondern feinstfädige Viskoseseide herstellen, wenn man bei entsprechend geregelter Viskosezufuhr die Säurekonzentration der Bäder um so höher wählt, je feiner die Einzelfäden werden sollen.

Beispiel 1: Fäden von Einzeltiter 2 Den., die gut aufspulbar sind, können in folgender Weise hergestellt werden: Rohviskose der üblichen Zusammensetzung mit 8% Zellulose, 7% Ätznatron und von etwa 8 Chlorammongraden wird auf der üblichen Spinnapparatur mit den bekannten Edelmetalldüsen mit 0,1 mm weiten Öffnungen und bei üblichem Fadenabzug von 40 m in der Minute in Schwefelsäure einer Konzentration von etwa 250 g H_2SO_4 im Liter eingesponnen. Die Viskosezufuhr zur Düse wird entsprechend der Lochzahl und dem genannten Titer geregelt.

Beispiel 2: Analog lassen sich gut aufspulbare Fäden von Einzeltiter 1 Den. herstellen, indem man übliche Rohviskose von etwa 7 Reifegraden in üblicher Weise unter entsprechend geregelter Stoffzufuhr in Schwefelsäure einspinnt, die etwa 350 g H_2SO_4 im Liter enthält.

Patentanspruch: Verfahren zur Herstellung feinstfädiger Viskoseseide durch Fällen von Rohviskose mittels Säure, darin bestehend, daß die Konzentration der Säure um so höher gewählt wird, je feiner die Fäden werden sollen.

158. Dieselbe. Herstellung von Spinnbädern für Rohviskose zwecks Herstellung von Kunstseide.

D.R.P. 430358 Kl. 29b vom 20. V. 1919.

Das Patent entspricht dem in der 5. Aufl., S. 463, Nr. 521 mitgeteilten.

Patentanspruch: Herstellung von Spinnbädern für Rohviskose zwecks Herstellung von Kunstseide, darin bestehend, daß statt Schwefelsäure allein im Kern sulfurierte aromatische Kohlenwasserstoffe oder deren Derivate, gegebenenfalls in Form ihrer Salze, in Gegenwart von Schwefelsäure verwendet werden, wobei mit fast gleichem Erfolg sowohl verhältnismäßig frische wie weit gereifte Viskose verwendet werden kann.

159. Dieselbe. Verfahren zur Herstellung feinstfädiger Viskoseseide mittels schwachschwefelsaurer Ammoniumsalzbäder.

D.R.P. 483521 Kl. 29b vom 20. V. 1919.

Das Wesen des Verfahrens besteht darin, daß unter Verwendung schwachschwefelsaurer Ammonsalzbäder Viskoseseide mit Einzelfäden unter 6 Den. hergestellt wird, und zwar durch die besondere Maßnahme, daß der Gehalt des Bades an Ammonsulfat erheblich über diejenige Menge erhöht wird, welche unter normalen Verhältnissen zum Erspinnen der bekannten gröberen Fäden erforderlich ist. Immerhin schließt das Verfahren die Höchstgrenze der Ammonsalzkonzentration im Sinne des P. 440227 (s. S. 90) aus. Nach der Erfindung ist es demnach die Konzentration des schwachschwefelsauren Ammonsalzbades, welche vor allem zu beachten ist. Andere sog. Spinnbedingungen, wie Badstrecke, ja sogar Badtemperatur und Viskosereife u. dgl., spielen der Ammonsalzkonzentration gegenüber eine untergeordnete Rolle. Die Bestimmung, daß diese bei Fäden unter 6 Den. wesentlich zu erhöhen sei über jene Beträge, welche zum Erspinnen grober Fäden ausreichen, ist demnach eindeutig und in allen Fällen auch feststellbar.

Beispiel 1: In ein etwa 45° C warmes Spinnbad mit 370 g Ammonsulfat und 50 g Schwefelsäure im Liter wird übliche, etwa 8proz. Rohviskose von 9° Reife (Chlorammon) aus den üblichen Düsen mit 0,1 mm weiten Öffnungen in solcher Menge eingesponnen, daß sie bei 45 m Abzugsgeschwindigkeit des Aufwickelorganes bzw. des Fadens einem Einzelfadentiter von 2,7 Den. entspricht. Hierbei wendet man zweckmäßig eine Spinnstrecke von etwa 200 mm an. Würde man die Konzentration des Bades erheblich geringer nehmen, so würde bei einem so starken Auszug der Viskose zu so feinen Fäden der Spinnprozeß mangelhaft sein. Die Seide würde flaumig.

Beispiel 2: Es wird Viskoseseide mit noch feineren Einzelfäden von bloß 1,2 Den. hergestellt, und zwar unter Bedingungen, die denjenigen nach Beispiel 1 entsprechen, mit der Abänderung, daß die durch die einzelnen Löcher zeitlich durchgepreßte Viskosemenge im Verhältnis der Heruntersetzung des Einzelfadentiters von 2,7 auf 1,2 verringert wird und statt dessen die Badkonzentration noch erheblich verstärkt wird auf 600 g Ammonsulfat und 50 g Schwefelsäure im Liter.

Nach der vorliegenden Erfindung ist nicht nur erkannt worden, daß man bei der Erzeugung feinfädiger Viskoseseide unter 6 Den. vermittels schwachsaurer Ammonsalzbäder den Gehalt der Bäder an Ammonsulfat erheblich über diejenige Menge an Ammonsulfat erhöhen muß, welche unter normalen Verhältnissen zum Spinnen der bekannten groben Fäden erforderlich ist, sondern es hat sich, wie auch die Beispiele zeigen, ergeben, daß man die Ammonsulfatkonzentration im Bade um so mehr über das bei groben Fäden erforderliche Konzentrationsmaß steigern muß, je feiner die Einzelfäden werden sollen.

Patentanspruch: Verfahren zur Herstellung feinfädiger Viskoseseide unter 6 Den. mittels schwachschwefelsaurer Ammoniumsalzbäder, dadurch gekennzeichnet, daß der Gehalt des Bades an Ammoniumsulfat erheblich über diejenige Menge an Ammoniumsulfat, jedoch unter Ausschluß der durch P. 440227 geschützten Höchstkonzentration, erhöht wird, welche unter normalen Verhältnissen zum Erspinnen der bekannten gröberen Fäden erforderlich ist, wobei als Säurekonzentration bei der Berechnung die Summe der freien und der im Ammoniumsulfat gebundenen Säure gilt, und zwar so, daß 2 Teile Ammoniumsulfat für 1 Teil Schwefelsäure gerechnet werden.

160. Dieselbe. Verfahren zur Herstellung feinstfädiger Viskoseseide mittels freie Schwefelsäure und Salze enthaltender Fällbäder.

D.R.P. 444113 Kl. 29b vom 21. V. 1919 (siehe auch 5. Aufl., S. 458, Nr. 512, und S. 459, Nr. 514).

Bei weiterer Ausübung des Verfahrens des D.R.P. 308427 (siehe 5. Aufl., S. 457) hat es sich gezeigt, daß um so feinere Fäden erzeugt werden können, je höhere Säurekonzentration man anwendet. Diese letztere ist sogar als der wesentlichste Umstand für die erreichbare Feinheit erkannt worden, wogegen das Sulfat nur mehr einen untergeordneten Einfluß hat und es darum (im Gegensatz zu den Verhältnissen bei gröberen Fäden) nicht einmal vorteilhaft ist, die Konzentration des Sulfats zu hoch zu treiben. Als Erklärung dieser auffallenden Tatsache kann man sich folgendes vorstellen: Beim Austreten aus dem Düsenloch hat die Viskose zunächst das bekannte, durch die eigene Oberflächenspannung bedingte Bestreben, kugelförmige Tröpfchen zu bilden. Beim Erfassen und Ausziehen dieses Tröpfchens wirkt die dem Fällbad innewohnende Fällkraft auf das Fädchen ein und macht es um so weniger zugfest, je geringere Angriffsoberfläche es bietet, d. h. je feiner es ist. Es muß daher die Säure anscheinend eine um so höhere Konzentration haben, damit die entstehende Haut trotz ihrer geringen Oberfläche eine genügende Festigkeit bekommt, um so gut wie bei einem gröberen mit geringerer Säurekonzentration gesponnenen Faden ein Aufspulen ohne Fadenbruch zu gestatten. Das Verhältnis der „Fällkraft" oder Säurekonzentration, welche bei verschiedenen Fadentitern nötig ist, ist ungefähr umgekehrt proportional der Quadratwurzel des Fadentiters. So geben z. B. passende Salzbäder (Bisulfate, Sulfate, Chloride, Nitrate usw.) der fixen und flüchtigen Alkalien oder Erdalkalien oder Gemische dieser bei einem Gehalt an der betreffenden Säure, z. B. von 250 g bei Schwefelsäure, bei entsprechender Viskosezufuhr einen Einzelfaden von etwa 2 Den. bei Düsenöffnungen von 0,10 mm, während ein Bad von 350 g Schwefelsäure unter Umständen Titer bis zu 1 Den. herunter auszuziehen gestattet.

Beispiel 1: In ein Bad von 360 g Natriumsulfat und 120—140 g Schwefelsäure auf 1 l wird Viskose von 8—9° Reife (Chlorammongrade) eingepreßt durch die üblichen Öffnungen von 0,10 mm Durchmesser bei einer Abzugsgeschwindigkeit von 40—50 m in der Minute und Bemessung der Viskosezufuhr entsprechend dieser Abzugsgeschwindigkeit und etwa 20 Fädchen vom Einzeltiter 7,5.

Beispiel 2: Das Bad von 360 g schwefelsaurem Natrium auf 1 l wird so eingestellt, daß es zugleich 170—190 g Schwefelsäure enthält. Wird dann die Zuflußmenge derselben Viskose wiederum auf 20 Fädchen, aber von nur 4 Den. eingestellt, so lassen sich diese glatt abziehen aus den gleichen Öffnungen von 0,10 mm.

Beispiel 3: Wird die Lösung von 360 g schwefelsaurem Natrium auf 1 l so eingestellt, daß sie zu gleicher Zeit 250—280 g Schwefelsäure enthält und die Viskosezufuhr so bemessen, daß sie wiederum 20 Fädchen, aber von nur 2 Den., entspricht, so lassen sich dank der erhöhten Schwefelsäuremenge auch diese Fädchen glatt erzielen aus den gleichen Öffnungen von 0,10 mm. Als Spinnbadtemperatur verwendet man zweckmäßig eine solche von 40—50° C. Das Natriumsulfat kann in bekannter Weise ganz oder teilweise durch andere lösliche Sulfate ersetzt werden. Die Fadenbildung ändert sich nicht, wenn etwas abweichende Mengen von Sulfat oder andere Salze gewonnen werden. Das Bestimmende und Wesentliche ist die Konzentration der Säure.

Patentanspruch: Verfahren zur Herstellung feinstfädiger Viskoseseide mittels freier Schwefelsäure und Salze enthaltender Fällbäder, dadurch gekennzeichnet, daß der Gehalt an freier Säure erheblich über dem bisher üblichen, dem Reifegrad der jeweils benutzten Viskose entsprechenden Gehalt liegt, und daß die Viskose in einem dem gewünschten Fadentiter entsprechenden Maße durch Düsenöffnungen bisher üblicher Weite zum Austritt gebracht wird.

161. Dieselbe. Verfahren zur Herstellung feinstfädiger Viskoseseide mittels freie Schwefelsäure und Salze enthaltender Fällbäder.

D.R.P. 454680 Kl. 29b vom 16. XI. 1920, Zusatz zu D.R.P. 444113.

Die Erfindung besteht in einer Verbesserung der nach dem Hauptpatent (s. vorstehend) hergestellten feinstfädigen Viskoseseide und verwendet eine Spinnlösung, welche einen Zusatz von neutralem Sulfit erhält und in Spinnbäder gesponnen wird, welche nur nebenbei schwefligsäure- oder bisulfithaltig sind, im wesentlichen aber aus verdünnter Schwefelsäure und den üblichen Zusätzen bestehen. Die Sulfite werden zweckmäßig dem Xanthat beim Lösen von Natrium- oder Ammonsulfit zugesetzt. Die Schwefelsäure zersetzt beim Spinnen das Sulfit, und es tritt im Spinnbad freie schweflige Säure aus, die fortlaufend mit den aus der Viskose stammenden Sulfiten, bzw. dem Schwefelwasserstoff in Reaktion tritt und Schwefel abscheidet. Dieser umhüllt die Fäden, wodurch sie auseinandergehalten und vor mechanischer Beschädigung geschützt werden. Wenn das Zwirnen der Fädchen vor dem üblichen nachträglichen Entschwefeln vorgenommen wird, wie beim Arbeiten mit sog. Zentrifugenspinnmaschinen, so behindert der Schwefel den Zwirnvorgang nicht nur nicht, sondern fixiert in erwünschter Weise die Zwirnung beim Trocknen.

Beispiel 1: Schwefelsäure 190 g im Liter, Natriumsulfat 300 g im Liter, schweflige Säure in Form von 150 g Bisulfit im Liter. Durch Einspinnen von Viskose aus Öffnungen von 0,10 mm lassen sich unter entsprechender Bemessung der Stoffzufuhr Fädchen von 3 Den. erspinnen.

Beispiel 2: Schwefelsäure 260 g im Liter, Natriumsulfat 400 g im Liter, schweflige Säure 50 g im Liter in Form von Bisulfit. Durch Einspinnen von Viskose aus Öffnungen von 0,10 mm lassen sich unter entsprechender Bemessung der Stoffzufuhr Fädchen von 2 Den. erspinnen.

Beispiel 3: In die unter 1 und 2 verwendeten Bäder wird in gleicher Weise Viskose eingesponnen, der bei der Lösung je Liter 50 g eines neutralen Sulfites zugesetzt und dabei derselbe Effekt erzielt worden ist. In der Patentschrift ist ebenfalls von der Zugabe von Sulfiten und schwefliger Säure in mit Schwefelsäure versetzte Salzbäder die Rede. Jenen älteren Verfahren gegenüber ermöglicht das vorliegende Verfahren erstmalig die Herstellung feiner Fäden unter 6 Den., und zwar unter Benutzung ähnlicher, aber zum gewollten Zweck bestimmt anders dosierter Bäder. Das Verfahren verfolgt daher den Zweck, mit ganz bestimmten Mitteln einen neuen Artikel zu erzeugen.

Patentansprüche: 1. Abänderung des Verfahrens zur Herstellung feinster Viskosefäden nach P. 444113, dadurch gekennzeichnet, daß den Spinnbädern noch schweflige Säure oder Bisulfite zugesetzt werden.

2. Verfahren nach Anspruch 1, dadurch gekennzeichnet, daß der Viskose bei der Bereitung ein neutrales Sulfit zugesetzt wird.

162. Dieselbe. Verfahren zur Herstellung feinstfädiger Viskoseseide.

D.R.P. 458790 Kl. 29b vom 9. VIII. 1919 (siehe auch 5. Aufl., S. 473, Nr. 534).

Das D.R.P. 444113 (s. S. 93) hat ein Verfahren zum Gegenstande, nach welchem bei Verwendung von salz- und schwefelsäurehaltigen Bädern Viskosefäden von 6—1 Den. und feiner in einfachster neuartiger Weise erhalten werden können. Es hat sich nun gezeigt, daß man statt reiner Säure mit Vorteil solche verwendet, welche organische Stoffe enthält, wie sie bei der Hydrolyse von zellulosehaltigen Materialien, wie Zellstoff, Baumwollabfällen, Zellulosehydrat, Abfallviskose u. dgl. mit Schwefelsäure entstehen. Da dem Spinnbad sowieso fortlaufend frische Schwefelsäure zugefügt werden muß, so gibt man zweckmäßig anstatt solcher das nötigenfalls filtrierte, unmittelbar stark schwefelsäurehaltige Rohprodukt der Hydrolyse der genannten Körper ins Bad. Die Konzentration der titrierbaren Schwefelsäure im Bad muß unter sonst gleichen Umständen für bestimmte Titer auf mindestens dieselben Mindestgrenzen eingestellt werden, wie sie in der genannten Patentschrift angegeben worden sind.

Beispiel: In ein etwa 40° warmes Spinnbad von 250 g Schwefelsäure und z. B. nur 280 g Natriumsulfatgehalt im Liter wird Rohviskose von der Reife 9° (Chlorammon) durch eine Düse mit 0,1 mm weiten Löchern bei einem Abzug von 45 m pro Minute eingesponnen. Es entstehen nur schwachglänzende Fäden. Enthält das Bad indessen einen Teil der Schwefelsäure als Zelluloseschwefelsäure, 80 g Zellulosetrockengewicht entsprechend, so entsteht ein hochglänzender, sehr elastischer Faden.

Je größer die Säurekonzentration des Bades, je geringer sein Salzgehalt und je jünger die Viskose ist, desto größer ist der Gehalt an Hydrolysierungsprodukten zu bemessen.

Patentanspruch: Verfahren zur Herstellung feinstfädiger Viskoseseide unter Verwendung schwefelsaurer, gegebenenfalls Salze enthaltender Fällbäder, deren Gehalt an freier Säure erheblich über dem bisher üblichen, dem Reifegrad der jeweils benutzten Viskose entsprechenden Säuregehalt liegt, und unter Regelung der Viskosezufuhr derart, daß die Viskose in dem gewünschten Fadentiter entsprechender Menge durch Düsenöffnungen bisher üblichen Durchmessers versponnen wird, gekennzeichnet durch den Zusatz der bei der Hydrolyse zellulosehaltiger Stoffe mit Mineralsäure entstehenden Hydrolysierungsprodukte zum Spinnbad.

163. Dieselbe. Spinnbäder für die Herstellung feinstfädiger Kunstseide aus Viskose von jedem praktischen Reifegrad.

D.R.P. 457565 Kl. 29b vom 10. VIII. 1919.

Das Patent entspricht dem in der 5. Aufl., S. 466, Nr. 524 mitgeteilten.

Patentanspruch: Spinnbäder für die Herstellung feinstfädiger Kunstseide aus Viskose von jedem praktischen Reifegrad, bestehend aus warmer, Glukose oder andere mehrwertige Alkohole enthaltender Schwefelsäure, deren Säurekonzentration auf die gewünschte Fadenfeinheit eingestellt ist, jedoch in jedem Falle erheblich höher liegt als jene der bekannten, Glukose oder andere mehrwertige Alkohole enthaltenden schwefelsauren Fällbäder.

164. Dieselbe. Verfahren zur Herstellung von Kunstseidefäden aus normaler Rohviskose.

D.R.P. 430771 Kl. 29b vom 19. IX. 1919.

Das Patent entspricht dem in der 5. Aufl., S. 465, Nr. 523 besprochenen.

Patentanspruch: Verfahren zur Herstellung von Kunstseidefäden aus normaler Rohviskose, dadurch gekennzeichnet, daß ein Spinnbad, bestehend aus verdünnter Schwefelsäure und Milchsäure, verwendet wird.

Nach Vieweg.

165. W. Vieweg, Pirna. Verfahren zur Herstellung besonders fester, zum Verweben geeigneter Kunstseide aus Viskose.

D.R.P. 462879 Kl. 29b vom 16. XI. 1919.

Im Gegensatz zu bekannten Verfahren, Viskoselösung zur Erzeugung feiner Einzelfäden nach dem Austritt aus weiten Spinnöffnungen einem Streckverfahren zu unterwerfen, werden nach vorliegender Erfindung die aus einer mit Löchern von 0,09 mm Durchmesser bestehenden Düse austretenden feinen Fäden in waagerechter Richtung durch ein saures, hochkonzentriertes Salzbad geführt, welches eine sofortige Koagulierung herbeiführt. Bei einer Abzugsgeschwindigkeit von 30 m in der Minute und einer Spinnstrecke von 35 cm muß der Faden auf in dem Fällbad befindlichen Rollen oder über Glasstäbe zu den Aufnahmevorrichtungen geführt werden. Der durch den waagerechten Abzug im Fällbad zu überwindende Flüssigkeitswiderstand hält die Fäden auseinander, wodurch das Fällbad kräftig auf diese einwirkt. Die Weiterverarbeitung erfolgt in bekannter Weise.

Patentanspruch: Verfahren zur Herstellung von besonders fester, zum Verweben geeigneter Kunstseide aus Viskose, dadurch gekennzeichnet, daß die Einzelfädchen mit einer Feinheit von 1—3 Den. durch entsprechend feine Kapillaröffnungen in ein stark fällendes Koagulationsbad eingebracht werden, worauf das sich bildende und sofort gehärtete Fadenbündel zu seiner Verstärkung über eine lange waagerechte Spinnstrecke durch das Bad geführt, aufgewickelt und in bekannter Weise weiter verarbeitet wird.

Nach Niederhauser und Miterfinder.

166. F. C. Niederhauser und A. E. Sunderland (Viscose Company). Herstellung von Kunstseide.

Ver. St. Amer. P. 1625562 vom 19. IV. 1927, angemeldet 9. XI. 1920.

Bei der Herstellung von Viskoseseide wird dem Fällbad aus Schwefelsäure 2% Leim zugesetzt. Dadurch wird die schädliche Einwirkung der Säure auf den Faden vermindert und das Auskristallisieren von Salz auf dem Faden nach Verlassen des Bades vermieden.

Nach Niederhauser und Kline.

167. F. C. Niederhauser und H. B. Kline, Cleveland, Ohio. Herstellung von Zelluloseverbindungen.

Ver. St. Amer. P. 1655626 vom 10. I. 1928, angemeldet 21. XII. 1926.

Zur Herabsetzung der Oberflächenspannung wird dem Xanthat bei der Lösung ein wasserlösliches Alkalisalz eines sulfonierten pflanzlichen oder tierischen Öls in Mengen nicht über 1%, vorzugsweise 0,2% zugesetzt. Das Verspinnen erfolgt in der üblichen Weise.

168. Dieselben. (The Industrial Rayon Corporation, Cleveland, Ohio). Verfahren zur Behandlung von Zellulosematerial.

Ver. St. Amer. P. 1661493 vom 6. III. 1928, angemeldet 18. XII. 1926.

Bei der Herstellung von Viskosekunstseide setzt man Alkalizinkat in alkalischer Lösung der alkalischen Viskoselösung vor dem Reifen zu und spritzt dann in geeignete Fällbäder.

169. Dieselben. (The Industrial Rayon Corporation, Cleveland, Ohio). Verfahren zur Behandlung von Zellulosematerial.

Ver. St. Amer. P. 1661574 vom 6. III. 1928, angemeldet 20. IX. 1927.

Zur Erzielung gleichmäßiger Färbungen auf Zellulosematerial, welches durch Fällen von Viskose in einem wässerigen Fällbad einer anorganischen mehrbasischen Säure, einem Salz der Säure und gelöstem

Zink, erhalten ist, beträgt der Gehalt an Zink nicht mehr als 0,9% vom Gewicht des Fällbades. Die gefällte Viskose wird in bekannter Weise gewaschen, entschwefelt, gebleicht und gefärbt.

Nach Deutsche Zellstoff-Textilwerke G. m. b. H.

170. Deutsche Zellstoff-Textilwerke G. m. b. H., Elberfeld. Verfahren zur Herstellung von Kunstseide u. dgl. aus Viskose.

D.R.P. 461749 Kl. 29a vom 13. I. 1921.

Das Patent entspricht dem in der 5. Aufl., S. 531, Nr. 627, mitgeteilten.

Beispiel: Sehr gute Resultate erhält man mit einem Bade der Zusammensetzung: 29,72% $Al_2(SO_4)_3$, 18 H_2O, 6,22% Na_2SO_4, 5% H_2SO_4, 59,51% H_2O.

Es sei bemerkt, daß die Verhältnisse weitgehend geändert werden können. Insbesondere kann das Na_2SO_4 durch die Sulfate zweiwertiger Metalle ersetzt werden oder nach Erhöhung des $Al_2(SO_4)_3$-Gehaltes auch ganz weggelassen werden.

Patentansprüche: 1. Verfahren zur Herstellung von Kunstseide u. dgl. aus Viskose unter Verwendung von sauren, Aluminiumsulfat neben anderen Metallsalzen enthaltenden Fällbädern, dadurch gekennzeichnet, daß schwefelsaure Fällbäder benutzt werden, welche neben Na_2SO_4 mehr als 15% $Al_2(SO_4)_3 \cdot 18\,H_2O$ enthalten.

2. Verfahren nach Anspruch 1, dadurch gekennzeichnet, daß die Bäder Aluminiumsulfat und Natriumsulfat in Mengen enthalten, wie sie der Zusammensetzung des Natriumalauns entsprechen.

Nach Courtaulds Ltd.

171. Courtaulds Ltd., London. Verfahren zur Herstellung von künstlichen Fäden, Streifen, Films u. dgl. aus Viskose.

D.R.P. 450195 Kl. 29b vom 13. IV. 1922 (Prior. Engl. vom 23. IV. 1921).

Das Patent entspricht dem in der 5. Aufl., S. 519, Nr. 603, mitgeteilten.

Beispiel 1: 58 Gwt. nicht mehr als 5% Wasser enthaltender Kartoffelstärke werden rasch und unter ständigem Rühren mit 100 Gwtn. 62% H_2SO_4 enthaltender Schwefelsäure bei einer Temperatur von 0 bis 5° C versetzt. Hat man in der Mischvorrichtung eine homogene Mischung erreicht, so läßt man die Flüssigkeit auslaufen und sich aufwärmen, womit die Stärke sich rasch löst und eine blaßgelbe Lösung gibt, welche während einiger Tage bis zur Verwendung aufbewahrt oder gleich, nachdem die Stärke vollständig gelöst ist, verdünnt werden kann.

Beispiel 2: 58 Gwt. trockener Maisstärke werden mit 90 Gwtn. Schwefelsäure, die 55% H_2SO_4 enthält und vorher auf −5° C abgekühlt worden ist, innig vermischt. Man läßt die Mischung sich rasch aufwärmen, und sobald die Stärke sich gelöst hat, setzt man 12,5 Gwt. reiner Schwefelsäure und 540 Gwt. Wasser zu.

Begreiflicherweise ließen sich statt dieses Schwefelsäurezusatzes auch andere Mittel in zusätzlicher Weise zur Stärkelösung hinzufügen, so z. B. Natriumsulfat, Ammonium- oder Magnesiumsulfat, ein Zinksalz.

Patentansprüche: 1. Verfahren zur Herstellung von künstlichen Fäden, Streifen, Films u. dgl. aus Viskose, dadurch gekennzeichnet, daß man dem Fällbad nicht reine Glukose, sondern in starker Schwefelsäure gelöste Stärke zwecks Ausnutzung der dabei gebildeten Zwischenprodukte zusetzt.

2. Verfahren nach Anspruch 1, dadurch gekennzeichnet, daß das mit der Schwefelsäure-Stärkelösung versetzte Fällbad mit einer Sulfatlösung in an sich bekannter Weise verdünnt wird.

3. Verfahren nach Anspruch 1, dadurch gekennzeichnet, daß die Stärke oder der stärkehaltige Stoff vorher künstlich getrocknet und unter ständigem Rühren der vorher auf unter 0° C abgekühlten Schwefelsäure zugesetzt wird.

Nach Courtaulds Ltd., Hegan und Hazeley.

172. Courtaulds Ltd., London, H. J. Hegan und E. Hazeley, Coventry. Kunsttextilfäden

Brit. P. 282973 vom 20. XII. 1926.

Fäden, Fasern, Bänder usw werden dadurch erzeugt, daß in ein Bad aus Schwefelsäure und 25% oder mehr Natriumsulfat Viskose eingesponnen wird, der 2—4% Natriumkarbonat zugesetzt sind und die genügend Ätznatron, 7% und mehr, enthält, so daß die Alkalimenge erheblich größer ist als die Karbonatmenge, etwa im Verhältnis 4:1. Die Fäden usw. zeigen geringe oder keine Aufblähungen, sie sind weniger glänzend als gewöhnliche Viskoseseide, haben äußerlich eine gewisse Rauhheit und Kräuselung ähnlich Wolle.

Nach I. G. Farbenindustrie Aktiengesellschaft[1].

173. I. G. Farbenindustrie Aktiengesellschaft, Frankfurt a. M. Spinnbad zum Fällen von Kunstfäden, Films, Bändchen u. dgl. aus Viskose.

D.R.P. 442369 Kl. 29b vom 7. VIII. 1921; Ver. St. Amer. P. 1654818 (A. Kämpf); franz. P. 554217; belg. P. 305092; niederl. P. 12769; ital. P. 212059; poln. P. 3547; schwed. P. 65540; tschechosl. P. 14005.

Das Patent entspricht dem in der 5. Aufl., S. 506, Nr. 586, angegebenen.

Patentansprüche: 1. Zur Fällung von Kunstfäden, Films, Bändchen u. dgl. aus Viskose geeignetes Spinnbad, bestehend aus einer wässerigen Lösung von Sulfosäuren des aus Holz durch mehr oder weniger weitgehenden Aufschluß mittels Phenolen in Gegenwart konzentrierter Schwefelsäure gewonnenen Kondensationsproduktes.

2. Spinnbad nach Anspruch 1, gekennzeichnet durch einen Gehalt an Mineralsäure, deren Menge sich nach dem besonderen Verwendungszweck des Bades richtet.

[1] Siehe auch brit. P. 287553, S. 365.

3. Fällbad nach Ansprüchen 1 oder 2, gekennzeichnet durch einen Gehalt an wasserlöslichen Salzen der Sulfosäuren oder der Mineralsäuren.

174. Dieselbe. Spinnbad zum Fällen von Kunstfäden, Films, Bändchen u. dgl. aus Viskose.

D.R.P. 458910 Kl. 29b vom 7. VIII. 1921; schwed. P. 65540.

Das Patent entspricht dem in der 5. Aufl., S. 506, Nr. 585, angegebenen.

Beispiel 1: Ein Spinnbad, bestehend aus 10% Schwefelsäure, 12% eines Kondensationsproduktes aus Formaldehyd und einer Phenolsulfosäure, 10% Natriumsulfat und 60% Wasser, wird zur Herstellung feinster Viskosefäden von etwa 2 Den. aus ungereifter Viskose, die aus ungereifter Alkalizellulose hergestellt ist, verwendet. Die Badtemperatur beträgt etwa 18°, die Fällbadlänge etwa 40 cm bei normaler Abzugsgeschwindigkeit. Die Fäden zeigen, als Kunstseide oder Kunstschappe verwendet, edlen Glanz und gute Festigkeit.

Beispiel 2: Ein Spinnbad, bestehend aus 11% Schwefelsäure, 15% eines Kondensationsproduktes aus Formaldehyd und Naphtholsulfosäure und 15% Natriumsulfat wird zur Herstellung von Viskosefasern oder Kunstseidefäden u. dgl. aus Viskose gemäß Beispiel 1 verwendet. Die Badtemperatur beträgt etwa 35—40°, die Fällbadlänge etwa 20—40 cm bei einer Abzugsgeschwindigkeit von z. B. 50 m in der Minute.

Patentanspruch: Spinnbad zum Fällen von Kunstfäden, Films, Bändchen u. dgl., dadurch gekennzeichnet, daß wässerige Lösungen der Sulfosäuren von Kondensationsprodukten von Phenolsulfosäuren und Aldehyden, Aldosen, Ketosen und diese Körper bildender höher molekularen Kohlehydraten, gegebenenfalls unter Zusatz von Mineralsäuren oder Salzen dieser Säuren oder der genannten Sulfosäuren, zum Verspinnen von völlig ungereifter Viskose, d. h. von Viskosen ohne jeden Reifegrad (Hottenroth) verwendet werden.

175. Dieselbe. Spinnbad zum Fällen von Kunstfäden, Films, Bändchen u. dgl. aus völlig ungereifter Viskose.

D.R.P. 486096 Kl. 29b vom 9. III. 1922, Zusatz zum D.R.P. 458910.

Im Hauptpatent (s. vorstehend) ist gezeigt, daß sich wässerige Lösungen von Kondensationsprodukten aus Phenolsulfosäuren und Aldehyden, Aldosen, Ketosen oder diese körperbildenden, höhermolekularen Kohlehydraten als Spinnbad zum Fällen von Kunstfäden, Films, Bändchen u. dgl. aus völlig ungereifter Viskose, d. h. aus Viskose ohne jeden Reifegrad (Hottenroth), eignen. Es wurde nun weiter gefunden, daß man statt der im Hauptpatent genannten Fällmittel oder neben ihnen auch andere wasserlösliche, aromatische Sulfosäuren verwenden kann, die Leimlösung zu fällen vermögen. Als geeignete derartige Stoffe kommen z. B. in Betracht: aromatische Sulfosäuren, welche Leim zu fällen vermögen, Kondensationsprodukte von Sulfosäuren mit Aldehyden oder Ketonen außer den im Hauptpatent genannten Kondensationsprodukten, ferner Kondensationsprodukte, die durch Erhitzen einheitlicher oder gemischter, aromatischer Sulfosäuren für sich allein oder in Gegenwart wasseranziehender Mittel erhältlich sind. Es lassen sich die allerverschiedensten Produkte verwenden, sei es, daß sie amorpher oder kristallinischer Natur, hydroxylhaltig oder hydroxylfrei sind, sei es, daß sie in ihrem Molekül ein einziges Ringsystem enthalten oder daß mehrere Ringe oder Ringsysteme mit oder ohne Vermittlung von Atomgruppen oder mehrwertigen Atomen miteinander verbunden sind. Man kann dem Fällbad außerdem Säuren, Salze sowie andere für die Fällung günstige Stoffe zusetzen, z. B. auch natürliche Gerbstoffe. Auch können die genannten Sulfosäuren zum Teil als Salze angewendet werden.

Beispiel 1: Ein Spinnbad, enthaltend 10% Schwefelsäure (titriert), 7% einer mit Formaldehyd kondensierten Naphthalinsulfosäure und mit 10% Natriumsulfat, wird zur Herstellung von Viskosefäden von beispielsweise 2 Den. aus völlig ungereifter Viskose verwendet. Die Badtemperatur beträgt 20°, die Schlepplänge etwa 40 cm und die Abzugsgeschwindigkeit 43 m in der Minute.

Beispiel 2: Ein Spinnbad, welches 11% Schwefelsäure (titriert) und 10% karbazolsulfosaures Natrium enthält, wird zum Spinnen von völlig ungereifter Viskose zu Fäden vom Fasertiter 1—1,5 Den. verwendet; der Abzug beträgt 35—40 m in der Minute, die Badstrecke etwa 20—30 cm.

Die Fasern können bei sinngemäßer Abänderung der Apparatur als Kunstseide wie als Kunstschappe verarbeitet werden und zeigen guten Glanz und gute Festigkeitseigenschaften.

Patentansprüche: 1. Zum Fällen von Kunstfäden, Films, Bändchen usw. aus völlig ungereifter Viskose geeignetes Spinnbad nach P. 458910, dadurch gekennzeichnet, daß es statt oder neben den im Hauptpatent genannten Verbindungen andere wasserlösliche, aromatische Sulfosäuren enthält, die Leimlösungen zu fällen vermögen mit oder ohne Zusatz von anderen für die Fällung günstigen Substanzen.

2. Spinnbad nach Anspruch 1, gekennzeichnet durch die Anwesenheit von Kondensationsprodukten von Naphthalinsulfosäuren und Formaldehyd, insbesondere hochkondensierten Produkten dieser Art.

176. Dieselbe. Verfahren zur Herstellung von Kunstfäden, Films, Bändchen usw. aus insbesondere ungereifter Viskose.

D.R.P. 462217 Kl. 29b vom 9. III. 1922.

Das Patent entspricht dem in der 5. Aufl., S. 507, Nr. 588, mitgeteilten.

Beispiel 1: Verwendet wird ein Spinnbad, welches 10% Schwefelsäure und 6% Braunkohlenteersulfosäure enthält. Den Spinnbädern können auch Salze, besonders Sulfate bis zu etwa 15%, hinzugefügt werden. Mit diesem Bad erhält man bei Verwendung von ohne jede künstliche Reife hergestellter Viskose schöne glänzende und sehr feste Fasern.

Beispiel 2: Verwendet wird ein Bad mit 13% Schwefelsäure und 8% einer Maschinenölsulfosäure. Zur Herstellung der verwendeten

Maschinenölsulfosäure wird vorzugsweise ein Maschinenöl von etwa folgenden Konstanten verwendet: Spez. Gewicht 0,929, Viskosität bei 50° 5, Flammpunkt 182°, Brennpunkt 212°. Die Sulfurierung erfolgt bei Zimmertemperatur mit Schwefelsäuremonohydrat.

Patentanspruch: Verfahren zur Herstellung von Kunstfäden, Films, Bändchen usw. aus insbesondere ungereifter Viskose mittels eines organische Sulfosäuren enthaltenden Spinnbades, dadurch gekennzeichnet, daß man als Spinnbadzusätze wasserlösliche, leimfällende Sulfosäuren aus Mineralölen, aliphatischen Teeren oder Teerölen, gegebenenfalls neben anderen für die Fällung günstigen Zusätzen benutzt.

177. Dieselbe. Verfahren zum Verspinnen von völlig ungereifter Viskose aus mineral- oder organischsauren Bädern.

D.R.P. 436151 Kl. 29b vom 2. VI. 1922; Ver. St. Amer. P. 1575210 (A. Kämpf).

Das Patent entspricht dem in der 5. Aufl., S. 526, Nr. 616, mitgeteilten der Köln-Rottweil Akt.-Ges.

Patentanspruch: Verfahren zum Verspinnen von völlig ungereifter Viskose aus mineral- oder organischsauren Bädern, dadurch gekennzeichnet, daß ein unter die normale Zimmertemperatur von ungefähr 18° C abgekühltes Bad verwendet wird.

178. Dieselbe. (O. Faust und A. Kämpf). Verfahren zur Herstellung von Kunstseide, Kunstfasern, Films, Bändchen usw. aus Viskose.

D.R.P. 431846 Kl. 29b vom 16. XI. 1922.

Die Erfindung betrifft ein Verfahren zur Herstellung von Kunstseide, wo schon der Viskose während ihrer Bereitung oder nach ihrer Fertigstellung Zusätze von folgenden Stoffen gegeben werden: z. B. die Sulfosäuren des aus Holz durch Einwirkung von Phenolen gewonnenen Kondensationsproduktes bzw. deren Salze (vgl. die Patentschriften 247181 Kl. 12q und 326705 Kl. 55b), ferner die Sulfosäuren von Kondensationsprodukten der Phenole, Phenolsulfosäuren mit Aldehyden, Ketonen, Aldosen, Ketosen und diese körperbildenden höhermolekularen Kohlehydrate, insbesondere auch gewisse hochmolekulare Salze dieser Sulfosäuren, auch Sulfosäuren (bzw. deren Salze) aus Mineralölen, aliphatischen Teeren oder Teerölen und deren Kondensationsprodukte, z. B. mit Formaldehyd, die zum Teil leimfällende Wirkung haben und als künstliche Gerbstoffe bekanntgeworden sind. Z. B. sind Stoffe wie Maschinenölsulfosäure (Beispiel 2) für die vorliegend mitgeteilten Zwecke sehr geeignet. Maschinenölsulfosäure wird durch die in bekannter Weise vorzunehmende Sulfurierung von Maschinenölen erhalten, d. h. also von handelsüblichen Schmierölen, die vorzugsweise aus gesättigten und ungesättigten höhermolekularen aliphatischen Kohlenwasserstoffen bestehen. Auch gesättigte, z. B. hydroaromatische Verbindungen (also cyklische Verbindungen mit aliphatischem Charakter) kommen in Frage. Desgleichen auch gemischte oder einheitliche aromatische Sulfosäuren und deren Kondensationsprodukte mit Aldehyden oder Ketonen, insbesondere auch hier mit den höhermolekularen Körpern dieser Reihen, die zum Teil leimfällende Wirkung haben und in einem halbkolloidalen ustand bei ihrer Herstellung anfallen. Sei es, daß diese Körper amorph oder kristallinisch, hydroxydhaltig sind, sei es, daß sie in ihrem Molekül ein einziges Ringsystem enthalten oder daß mehrere Ringe oder Ringsysteme mit oder ohne Vermittlung von Atomgruppen oder mehrwertigen Atomen miteinander verbunden sind. Man wird diese Sulfosäuren vorzugsweise neutralisiert, z. B. als Alkalisalze, in Anwendung bringen. Ganz besonders kommen die höhermolekularen Stoffe in Betracht, die sich hinsichtlich ihrer Molekulargröße an der Grenze zwischen kolloidem und kristalloidem Zustand bewegen. Die Zusätze eignen sich auch bei Verwendung völlig ungereifter Viskose, die aus völlig ungereifter Alkalizellulose hergestellt ist. Des weiteren hat sich gezeigt, daß viele dieser Stoffe beim Zersetzen der Viskose im Spinnbade, wahrscheinlich unter Bindung der sonst beim Zersetzen frei werdenden schwefelhaltigen Produkte, chlorechte Farbstoffe zu erzeugen in der Lage sind. Hierdurch wird ein doppelter Vorteil erreicht, indem 1. das Spinnen von echt gefärbten Fasern ermöglicht wird, ohne daß die Viskoserohrleitungen stark gefärbte Viskose enthalten müssen und 2. tritt eine Bindung der lästigen, bei der Viskosezersetzung auftretenden Gase in um so höherem Maße ein, je größer die zur Viskose zugesetzte Menge der genannten Stoffe ist. Es ergibt sich außerdem die gleiche Wirkung in spinntechnischer Hinsicht, als wenn die Stoffe dem Fällbad zugefügt würden, es wird jedoch durch den Zusatz der Stoffe zur Viskose eine Ersparnis an Material erreicht.

Sieben Beispiele betreffen die Verwendung von Tetralin-, oder mit Formaldehyd kondensierte Tetralinsulfosäure, Maschinenöl- oder Braunkohlenteersulfosäure mit Formaldehyd kondensierte Naphthalin- oder Naphtholsulfosäure, von denen so viel der Viskose zugesetzt wird, daß, auf Zellstoff berechnet, 50—20% organische Substanz sich in der Viskose befindet.

Patentansprüche: 1. Verfahren zur Herstellung von Kunstseide, Kunstfasern, Films, Bändchen usw., insbesondere auch in gefärbtem Zustande aus Viskose, dadurch gekennzeichnet, daß man der Viskose während ihrer Bereitung oder nach ihrer Fertigstellung Stoffe zusetzt, wie z. B. Sulfosäuren von Kondensationsprodukten der Phenolsulfosäuren mit Aldehyden, Aldosen, Ketosen und diese Körper bildenden höhermolekularen Kohlehydraten und das Produkt in üblicher Weise verspinnt.

2. Verfahren nach Anspruch 1, gekennzeichnet durch einen Zusatz von Salzen dieser Sulfosäuren bzw. von den freien Sulfosäuren teils zur Viskose, teils zum Spinnbad.

3. Verfahren zur Herstellung von Kunstseide, Kunstfasern, Films, Bändchen usw. aus Viskose, insbesondere auch in gefärbtem Zustande, dadurch gekennzeichnet, daß man der Viskose während ihrer Bereitung oder nach ihrer Fertigstellung Stoffe zusetzt, wie z. B. Sulfosäuren

des aus Holz durch mehr oder weniger weitgehende Aufschließung mittels Phenolen gewonnenen Kondensationsproduktes.

4. Verfahren nach Anspruch 3, dadurch gekennzeichnet, daß auch dem Fällbad die genannten Stoffe zugesetzt werden, wobei sich deren Menge nach dem besonderen Verwendungszweck des Bades richtet.

5. Verfahren nach Ansprüchen 3 und 4, dadurch gekennzeichnet, daß auch den Spinnbädern gewisse Mengen wasserlöslicher Salze der Harzsulfosäuren bzw. der freien Säuren zugesetzt werden.

6. Verfahren zur Herstellung von Kunstseide, Kunstfasern, Films, Bändchen usw. aus Viskose, insbesondere auch in gefärbtem Zustande, dadurch gekennzeichnet, daß man der Viskose während ihrer Bereitung oder nach ihrer Fertigstellung Stoffe zusetzt, wie z. B. wasserlösliche, leimfällende Sulfosäuren aus Mineralölen, aliphatische Teere, Teere oder Teeröle.

7. Verfahren zur Herstellung von Kunstseide, Kunstfasern, Films, Bändchen usw. aus Viskose, insbesondere auch in gefärbtem Zustande, dadurch gekennzeichnet, daß man der Viskose während ihrer Bereitung oder nach ihrer Fertigstellung Stoffe zusetzt, wie z. B. wasserlösliche aromatische Sulfosäuren, die Leimlösungen zu fällen vermögen.

8. Verfahren nach Ansprüchen 1—7, dadurch gekennzeichnet, daß man der Viskose während ihrer Bereitung oder nach ihrer Fertigstellung Gemische der in den Ansprüchen 1—7 genannten Stoffe zusetzt.

9. Verfahren nach Ansprüchen 1—8, dadurch gekennzeichnet, daß man ungereifte Viskose verwendet.

179. Dieselbe. Verfahren zur Herstellung von Kunstseide, Kunstfasern, Bändchen, Roßhaar u. dgl.

D.R.P. 452697 Kl. 29a vom 24. XI. 1922.

Das Patent entspricht dem in der 5. Aufl., S. 534, Nr. 635, angegebenen.

Patentanspruch: Verfahren zur Herstellung von Kunstseide, Kunstfasern, Bändchen, Roßhaar u. dgl., dadurch gekennzeichnet, daß ungereifte Viskose durch Düsen aus nichtmetallischem Material in das Fällbad gespritzt wird.

180. Dieselbe. Verfahren zur Herstellung feinfädiger Viskoseseide mit besonders weichem Griff, hoher Geschmeidigkeit und sonstigen guten physikalischen Eigenschaften (Bruchbelastung, Dehnbarkeit).

D.R.P. 436792 Kl. 29b vom 9. VIII. 1923.

Das Patent entspricht dem in der 5. Aufl., S. 533, Nr. 631, mitgeteilten.

Patentanspruch: Verfahren zur Herstellung feinfädiger Viskoseseide mit besonders weichem Griff, hoher Geschmeidigkeit und sonstigen guten physikalischen Eigenschaften (Bruchbelastung, Dehnbarkeit); dadurch gekennzeichnet, daß man der zum Lösen des Xanthogenats bestimmten Lauge hochdisperse Emulsoide vorzugsweise pflanzlicher Herkunft zufügt.

181. Dieselbe. Verfahren zur Herstellung feinfädiger Viskoseseide.

D.R.P. 445445 Kl. 29b vom 21. VIII. 1923 (vgl. 5. Aufl., S. 532, Nr. 629); belg. P. 318482; ital. P. 232443; schweiz. P. 110259; tschechosl. P. 17645.

Beispiel: Sulfitzellstoff wird in der üblichen Weise mit etwa 20proz. Natriumhydroxydlösung getränkt. Nach einigen Stunden wird die überschüssige Lauge abgepreßt und das Fasergut auf die übliche Mahlfeinheit zerkleinert. Nach beendigtem Mahlen wird entweder sofort oder nach einer Reifungsdauer von wenigen Stunden bei gewöhnlicher Temperatur unter Verwendung der üblichen Menge Schwefelkohlenstoff sulfidiert, was ohne Schwierigkeiten vor sich geht. Das Xanthogenat wird in verdünnter Natriumhydroxydlösung gelöst zu einer Viskose von normalem Zellstoff- und Alkaligehalt. Eine solche Viskose ist sehr konsistent. Man verdünnt sie mit Wasser, bis sie normale Viskosität zeigt. Das Spinnen einer derartigen in ihrem Zellstoffgehalt ganz bedeutend herabgesetzten Lösung erfolgt unter den üblichen Bedingungen ohne jede Schwierigkeit.

Der Zellstoffgehalt der verdünnten, auf Spinnviskosität gebrachten Viskose kann je nach Feinheit des gewünschten zu erspinnenden Titers zwischen 6 und 3,5% schwanken. Was die Reife der zur Viskose notwendigen Alkalizellulose anbelangt, so kann man von vollkommen ungereifter, unmittelbar aus dem Zerfaserer kommenden Wolle ausgehen, oder man kann diese einige Stunden bis Tage bei Temperaturen von 10—20° reifen lassen. Der Reifegrad der Alkalizellulose, für den Reifezeit und Reifetemperatur in entsprechender Kombination maßgebend sind, ist bekanntermaßen bestimmend für die Viskosität der Viskose. Die Erzielung einer gewissen Viskosität (der unverdünnten Viskose) ist Grundbedingung für das Erspinnen des jeweils gewünschten feinen Titers.

Patentansprüche: 1. Verfahren zur Herstellung feinfädiger Viskoseseide von 5—3,3 Den., dadurch gekennzeichnet, daß man Viskoselösungen von niedrigerem als dem normalen Zellstoffgehalt, jedoch normaler Viskosität verspinnt.

2. Ausführungsform des Verfahrens nach Anspruch 1, dadurch gekennzeichnet, daß man trotz erniedrigtem Zellstoffgehalt Viskoselösungen von normaler Viskosität durch Abkürzung der Reifezeit der Alkalizellulose oder Herabsetzung der Reifetemperatur gewinnt.

182. Dieselbe. Verfahren zur Herstellung von Kunstfaser, Kunstseide, künstlichem Roßhaar, Kunststroh, künstlichen Schläuchen, Bändchen, Films u. dgl. aus Viskose.

Österr. P. 108122 vom 15. VII. 1927, angemeldet 8. III. 1926; franz. P. 612879; brit. P. 277716; belg. P. 332700 (Köln-Rottweil Akt.-Ges.); tschechosl. P. 26734; canad. P. 280860; ital. P. 246929.

Zur Erzeugung glänzender, bläschenfreier Fasern hat man bisher dem Spinnbad Stoffe zugesetzt, welche, ohne die Dissoziation der Badsäure zu verringern, ein zu schnelles Eindringen dieser in das halbfertige Fasergebilde verhindern. Nach dem neuen Verfahren kommen solche Stoffe in Betracht, welche als künstliche Gerbstoffe bekannt sind und eine schrumpfende Wirkung auf die ausgefällte Viskose ausüben. Die hinzufügende Menge muß so groß sein, daß, je nach der Dicke des Fasergebildes, eine Herabsetzung der Diffusionsgeschwindigkeit der Spinnsäure gegenüber der Diffusionsgeschwindigkeit der reinen Schwefelsäure stattfindet. Als praktische Beispiele für diffusionsmindernde Stoffe werden genannt: Kondensationsprodukte von Naphthalinsulfosäure mit Formaldehyd, durch Schwefelsäure löslich gemachtes Phenolharz, entkalkte, neutralisierte Sulfitzelluloseablauge, sulfoniertes Kumaronharz, sulfoniertes Maschinenöl oder Braunkohlenteeröl, Tetralinsulfosäure, Oxymethylnaphthalinsulfosäure oder mit Schwefel zusammengeschmolzene wasserlösliche Sulfosäuren von Phenolen. Als Spinnlösung kann ungereifte Viskose, die aus ungereifter Alkalizellulose hergestellt ist, verwendet werden.

183. Dieselbe. Verfahren zur Herstellung einer gleichmäßig netzbaren Viskoseseide.

Brit. P. 276679 vom 25. VIII. 1927 (Prior. Deutschl. vom 25. VIII. 1926); belg. P. 344208; franz. P. 638181.

Zur Verbesserung der Netzbarkeit von Viskoseseide werden der Viskoselösung oder dem Spinnbade oder den Wasch-, Entschweflungs- usw. Bädern Netzmittel wie alkylierte oder aralkylierte Naphthalinsulfosäuren, in der Aminogruppe alkylierte oder aralkylierte Benzolsulfosäuren oder die Sulfonierungsprodukte der brit. P. 269942 oder 271474 (aus Mineralölen mit Ausnahme von Steinkohlenteerölen oder Gemischen davon mit aromatischen oder hydroaromatischen Kohlenwasserstoffen durch Chlorsulfonsäure erhalten) zugesetzt.

184. Dieselbe. Verfahren zur Herstellung von Fäden und anderen Produkten aus Zellulosexanthaten.

Brit. P. 278716 vom 5. X. 1927 (Prior. Deutschl. vom 5. X. 1926); franz. P. 636725; belg. P. 343513; schweiz. P. 128693; ital. P. 260884; tschechosl. P. 26130.

Fällbäder für Viskose, besonders zur Herstellung künstlicher Seide, sind mit Natriumsulfat gesättigt und haben einen hohen Gehalt an Schwefelsäure, so daß bei der Kristallisation zuerst saures Trinatriumsulfat $Na_3H(SO_4)_2$ oder $Na_3H(SO_4)_2 \cdot H_2O$ sich ausscheidet. Geeignete Konzentrationen an Schwefelsäure sind: bei 20° 16%, bei 46° 17—18%, bei 60° 19%. Bei 46° kann man eine Konzentration von 36% Na_2SO_4 und 17% Säure erzielen. Die erhaltenen Fäden haben hohe Deckkraft.

185. Dieselbe. Verfahren zum Spinnen sehr dehnbarer und gut färbbarer Kunstseide.

Brit. P. 279888 vom 28. X. 1927 (Prior. Deutschl. vom 30. X. 1926); belg. P. 343516; schweiz. P. 129248; franz. P. 636976; ital. P. 261235.

Beim Spinnen von Viskoseseide wird der Faden auf seinem Wege von der Spinndüse *g* (Fig. 81) zu der Aufnahmespule *f* nicht geknickt oder höchstens in einem Winkel von 150°. Das Verfahren wird angewendet beim Verspinnen von Viskosen hoher Viskosität und niedrigen Zellstoffgehalts wie ungereifter Viskose oder von Viskose aus ungereifter Alkalizellulose, und es wird angewendet zum Spinnen feiner Fäden unter 3 Den. Gute Ergebnisse werden erhalten mit einem Schwefelsäurebad und einer Schlepplänge von wenigen Zentimetern. Vorzugsweise soll der Faden senkrecht aus dem Bade aufsteigen, und die Abzugsgeschwindigkeit soll herabgesetzt werden. Der Faden geht auf dem Wege zur Spule durch einen hin und her gehenden Führer *c*, der aus den Schenkeln *a*, *a'* und den nach vorn gerichteten Schenkeln *b*, *b'* (Fig. 82) besteht. Der Raum zwischen den Schenkeln ist so bemessen, daß der Faden sich an dem Führer reibt. Biegt man die Schenkel *b*, *b'* wie in Fig. 83, so tropft die vom Faden abgestreifte Säure von b^2 ab. Die erhaltenen Fäden färben sich gut, sie haben eine Dehnbarkeit von 18% oder mehr.

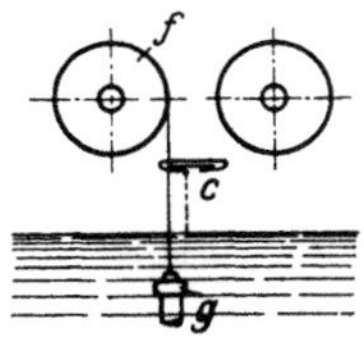

Fig. 81.

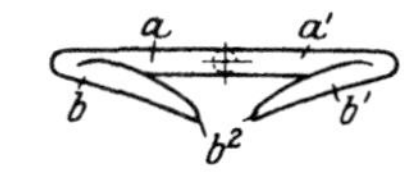

Fig. 82.

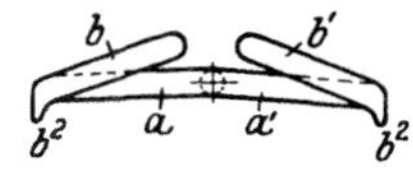

Fig. 83.

Vgl. hierzu auch D. R. G. M. 970459 Kl. 29a vom 4. XI. 1926.

186. Nach dem

franz. Zusatz-P. 34737 vom 2. I. 1928 (Prior. Deutschl. vom 4. III. 1927); brit. P. 286292; belg. P. 347751.

wird eine höhere Festigkeit der Fäden dadurch erzielt, daß dem Faden vor dem Aufwickeln auf das Aufnahmeorgan eine Knickung gegeben wird und damit eine geeignete Streckung. Der Fadenführer ist elastisch aufgehängt, erfährt der Faden bei seinem Gange eine stärkere Beanspruchung, so gibt der Fadenführer nach, und der Biegungswinkel ändert sich entsprechend. Der Fadenführer wird aus säurebeständigem Stoffe angefertigt.

187. Dieselbe. Verfahren zur Herstellung von Fäden aus Zellulosexanthogenaten.

Belg. P. 350339 vom 7. IV. 1928; brit. P. 290231 vom 10. V. 1928 (Prior. Deutschl. vom 10. V. 1927); franz. P. 651006.

Zur Herstellung von Fäden, Bändchen usw. von fein gezähneltem Querschnitt aus Viskose setzt man dem Fällbad eine Spur Zinksalz zu, besonders Zinksulfat, nicht über 0,1%. Das Bad kann eine organische Sulfosäure enthalten.

188. Dieselbe. Verfahren zur Herstellung von Fäden aus Zellulosexanthaten.

Brit. P. 298138 vom 3. X. 1928 (Prior. Deutschl. vom 3. X. 1927); franz. P. 660997; belg. P. 354498.

Zu Säure-Salzbädern für die Fällung von Viskoselösungen setzt man eine Sulfosäure, die durch Sulfonieren eines Mineralöls, keines Steinkohlenteeröls, in Gegenwart oder Abwesenheit eines aromatischen oder hydroaromatischen Kohlenwasserstoffs oder eines Derivats davon erhalten ist. Sulfoniert werden Braunkohlenteeröl oder daraus hergestelltes Gelböl oder Solaröl. Bei Zusatz solcher Sulfosäuren braucht das Verhältnis zwischen Säure und Salz nicht genau innegehalten zu werden. Man sulfoniert z. B. Gelböl aus Braunkohlenteeröl mit Chlorsulfonsäure. Oder man setzt zu einem Gemisch aus Solaröl und Solventnaphtha unter Kühlen Schwefelsäure und danach Oleum. Das Fällbad enthält z. B. auf 1 l 136 g Schwefelsäure, 170 g Natriumsulfat, 300 g einer Sulfosäure, welche dadurch gewonnen ist, daß zu einer Mischung von 200 Teilen Solaröl (aus Braunkohlenteer) und 100 Teilen Solventnaphtha bei 25—30° C langsam 299 Teile Monohydrat unter Kühlung zugesetzt werden. Hierauf wird das Gemisch mit 300 Teilen Oleum von 65% SO_3 versetzt und mehrere Stunden gerührt. Nach Entfernen des unveränderten Öls wird die gebildete Sulfosäure in üblicher Weise isoliert.

189. Dieselbe. Verfahren zur Herstellung von Fäden und Films aus Zellulosexanthaten.

Brit. P. 303514 vom 3. I. 1929 (Prior. Deutschl. vom 5. I. 1928).

Zur Herstellung von Fäden usw. aus Viskose, besonders ungereifter, wird ein Fällbad benutzt, welches einen hohen Gehalt an Säure und einer organischen Substanz hat, besonders solcher, die Eiweiß fällt, z. B. karbazolsulfosaurem Natron oder dem Reaktionsprodukt aus Naphthalinsulfosäure und Formaldehyd, in einer Menge, daß das Bad an der zugesetzten Substanz im wesentlichen gesättigt ist unter Berücksichtigung des erhöhten Elektrolytengehalts. Das Bad enthält z. B. 35—42% Schwefelsäure und 2,5—5% organische Substanz, ein geringer Zusatz von Natriumsulfat kann gemacht werden. Die Temperatur des Bades ist vorzugsweise unter 15° C oder sogar unter 0° C.

190. Dieselbe. Verfahren zur Herstellung von Fäden aus Zellulosexanthaten.

Brit. P. 304244 vom 17. I. 1929 (Prior. Deutschl. vom 17. I. 1928); Zusatz zum brit. P. 303514.

Das Verfahren des Hauptpatents (s. vorstehend) wird dahin abgeändert, daß ein Bad mit einem geringen Gehalt an anorganischen Elektrolyten verwendet wird, welches einen hohen Gehalt an organischer Substanz enthält und an letzterer gesättigt ist. Die organische Substanz ist vorzugsweise eine solche, welche von den Fäden adsorbiert wird und auf ihnen eine Schutzschicht bildet. Die erhaltenen Fäden zeigen hohe Festigkeit, lassen sich schwarz färben und sind geeignet zum Verweben. Koagulierungsbäder für ungereifte Viskose enthalten z. B. 37,5% des Kondensationsproduktes aus Naphthalinsulfosäure und Formaldehyd und 12% Schwefelsäure oder 66% karbazolsulfosaures Natron und 9% Schwefelsäure. Die Fäden haben eine Festigkeit von 2,5—2,65 g pro Denier.

Nach Hartogs.

191. J. C. Hartogs, Arnhem, Holl. Verfahren zum Verspinnen von Viskose in sauren Bädern.

D.R.P. 477312 Kl. 29b vom 27. V. 1924 (Prior. Holl. vom 25. VII. 1923).

Das Patent entspricht dem in der 5. Aufl., S. 495, Nr. 572, angegebenen.

Patentanspruch: Verfahren zum Verspinnen von Viskose in sauren Bädern, dadurch gekennzeichnet, daß das rein saure oder mit Salzzusatz versehene Bad geringe Mengen, z. B. 1%, Ferrisalze enthält.

Nach Küttner und Linke.

192. Fr. Küttner und W. Linke, Pirna. Verfahren zur Herstellung von Kunstseide nach dem Viskoseverfahren.

D.R.P. 460257 Kl. 29b vom 15. VII. 1922.

Nach dem vorliegenden Verfahren wird ein aus Natriumbisulfit bestehendes Fällbad besonders wirksam durch Zumischung von Magnesiumsulfat. Die Vorteile dieses Verfahrens bestehen darin, daß ein Faden entsteht, der eine besonders hohe Festigkeit und Dehnung hat. Die Viskoselösungen selbst dürfen nicht zu jung sein.

Die Ausführung des Verfahrens geschieht so, daß man ein Fällbad herstellt, welches aus 15 l einer Natriumbisulfitlauge besteht mit einem spez. Gewicht 1,33 und in welchem 7 kg krist. Magnesiumsulfat gelöst sind. Das spez. Gewicht des Fällbades ist 1,380. Die geeignete Spinntemperatur liegt zwischen 40 und 50°. Die Herstellung des Fadens geschieht im übrigen in bekannter Weise.

Patentanspruch: Verfahren zur Herstellung von Kunstseide nach dem Viskoseverfahren unter Benutzung einer wässerigen Lösung von Natriumbisulfit als Fällbad, dadurch gekennzeichnet, daß man dem Fällbad Magnesiumsulfat bis zur Sättigung zusetzt.

Nach Huttinger.

193. Ch. A. Huttinger, Lakewood, Ohio (Acme Rayon Corpor., Cleveland, Ohio). Verfahren zur Herstellung von Fäden aus Viskose.

Ver. St. Amer. P. 1646538 vom 25. X. 1927, angemeldet 14. VIII. 1922.

Als Fällbad dient eine Lösung von Natriumbisulfat und Zucker, z. B. von 10 Gwtn. Wasser, 6 Gwtn. Natriumbisulfat und 1,5 Gwtn. Zucker oder von 1000 Gwtn. Wasser, 631 Gwtn. Natriumbisulfat und 164 Gwtn. Zucker. Es soll ein glänzender, fester, elastischer, weicher und offener Faden erzielt werden. Die Wirkung des Zuckers soll darin bestehen, daß er die gefällten Fäden überzieht und am Verkleben hindert, ist der Zucker durch das Auswaschen entfernt, so kleben die Fäden nicht mehr zusammen.

Nach Voss.

194. H. Voss, Mannheim. Verfahren zur Herstellung von Fäden, Films u. dgl. aus Viskose.

D.R.P. 421800 Kl. 29b vom 7. XI. 1922.

Das Verfahren vermeidet die Verwendung von Säuren. Statt der Säuren wird als Fällbad ein Gemisch von neutralisierter Sulfitzellstoffablauge und Ammoniumsalzen (anorganischer oder organischer Säuren), z. B. Ammoniumsulfat, verwendet. Der Faden wird also lediglich durch ein Gemisch von Sulfitablauge und Ammonsalz in Abwesenheit von freier Säure zum Erstarren gebracht. Wenn mit einer Säure gearbeitet wird, so wird die Viskose zersetzt, und es erfolgt das Niederschlagen eines schnell zersetzten Fadens. Zwischen der rein fällenden Wirkung wie bei vorliegendem Verfahren und der Fällung durch Säure besteht also ein grundsätzlicher Unterschied. Die Sulfitzellstoffablauge kann vom überschüssigen Kalk in bekannter Weise befreit sein. Man verwendet vorteilhaft eingedickte Sulfitzellstoffablauge, die neutralisiert wird und von überschüssigen oder fremden Kalkverbindungen befreit sein kann. Die Menge des Ammoniumsalzes kann wechseln. Man kann das Ammoniumsalz, z. B. Ammoniumsulfat, im festen Zustande zu der neutralisierten Sulfitzellstoffablauge, auch zu der eingedickten, zusetzen und in ihr das Ammoniumsulfat lösen. Man kann das Ammoniumsalz auch dadurch erhalten, daß man Ammoniak in die Sulfitablauge einführt, z. B. durch Zugabe von wässerigem Ammoniak oder Einleiten von Ammoniakgas. Ein geeignetes Fällbad enthält z. B. im Liter 200 g eingedickte neutralisierte Sulfitzellstoffablauge und 100—200 g Ammoniumsulfat oder ein anderes Ammonsalz.

Das Verfahren bietet vor der Verwendung der Säure im Fällbad den Vorteil, daß lästige Entwicklung von Schwefelwasserstoff vermieden wird. Die Nachbehandlung der Fäden kann in bekannter Weise erfolgen. Als Nachbehandlungsbad hat sich besonders eine Mischung aus Sulfitablauge und Schwefelsäure als geeignet erwiesen.

Patentanspruch: Verfahren zur Herstellung von Fäden, Films u. dgl. aus Viskose, gekennzeichnet durch die Anwendung eines Fällbades aus neutralisierter Sulfitzellstoffablauge und Ammoniumsalzen, die als solche zugegeben oder in der Ablauge oder dem Bade erzeugt werden können.

Nach S. A. La Soie de Compiègne.

195. S. A. La Soie de Compiègne. Verspinnen von Viskoselösungen.

Franz. P. 589205 vom 23. I. 1923.

Völlig oder teilweise gereifte Viskoselösungen werden mit neutralen oder schwach alkalischen, ammoniumsalzfreien 20proz. Lösungen von Kochsalz koaguliert, die auf 40° C erhitzt sind. Die erhaltenen Fäden werden nacheinander mit 10proz. Kochsalzlösung und Wasser gewaschen und dann getrocknet, bei Verwendung nicht völlig gereifter Viskose muß zwischen dem Waschen mit 10proz. Kochsalzlösung und Wasser eine Behandlung in einem sauren Bade erfolgen. Das Verfahren vermeidet die Entwicklung von Kohlensäure und Schwefelwasserstoff während der Koagulation. Aus der als Fällbad verwandten Lösung wird mittels Eisenchlorid Eisenxanthogenat gefällt und aus diesem Schwefelkohlenstoff zurückgewonnen.

Nach N. V. Hollandsche Kunstzijde-Industrie.

196. N. V. Hollandsche Kunstzijde-Industrie, Breda, Holl. Verfahren zur Herstellung von Kunstseide aus Viskose.

D.R.P. 431924 Kl. 29b vom 8. III. 1924 (Prior. Niederl. vom 7. III. 1923); niederl. P. 14840.

Das Patent entspricht dem in der 5. Aufl., S. 498, Nr. 577, angegebenen.

Zu einem Bad, welches 8% Schwefelsäure, 8% Magnesiumsulfat, 8% Natriumsulfat und 1% Zinksulfat enthält, wurden beispielsweise 4% einer bei 125° C karamelisierten Melasse hinzugefügt. Mit diesem Bade wurde in üblicher Weise Rohviskose gesponnen, wobei man eine Kunstseide mit ruhigem Glanz und vollem Griff erhält. Je nach den gewünschten Farbtönen kann man mehr oder weniger karamelisierte Melasse hinzufügen. Man kann auch die Melasse unmittelbar der Viskose zusetzen.

Patentansprüche: 1. Verfahren zur Herstellung von Kunstseide aus Viskose, dadurch gekennzeichnet, daß man der Viskose oder dem vorzugsweise aus sauren Salzlösungen bestehenden Spinnbade oder beiden eine geringe Menge Karamel oder eine erhebliche Menge Karamel enthaltender Stoffe hinzufügt.

2. Verfahren nach Anspruch 1, dadurch gekennzeichnet, daß man karamelhaltige Melasse hinzufügt, die man nötigenfalls während einiger Zeit über 100° C erhitzt hat.

Nach van Bergen.

197. L. A. van Bergen, Teteringen, Holl. Verfahren zur Herstellung von Fäden, Bändern, Films u. dgl. aus Viskose.

D.R.P. 480519 Kl. 29b vom 7. V. 1924 (Prior. Niederl. vom 15. V. 1923).

Das Patent entspricht dem in der 5. Aufl., S. 530, Nr. 624, mitgeteilten.

Patentanspruch: Verfahren zur Herstellung von Fäden, Bändern, Films u. dgl. aus Viskose unter Verwendung saurer Salzbäder, dadurch gekennzeichnet, daß man saure Salzlösungen verwendet, welche Salze zweiwertiger Kationen, z. B. Magnesiumsulfat und einen kleinen Prozentsatz Zinksalz, das man gegebenenfalls im Bade entstehen läßt, enthalten.

Nach N. V. Nederlandsche Kunstzijdefabriek.

198. N. V. Nederlandsche Kunstzijdefabriek, Arnhem, Holl. Verfahren zur Herstellung von Kunstseide, Kunststroh u. dgl. mit hohem Glanz aus Viskose.

D.R.P. 433062 Kl. 29b vom 9. VIII. 1923.

Das Patent entspricht dem in der 5. Aufl., S. 497, Nr. 575, angegebenen.

Patentanspruch: Verfahren zur Herstellung von Kunstseide, Kunststroh u. dgl. mit hohem Glanz aus Viskose, dadurch gekennzeichnet, daß man ungereifte Viskose, die aus ungereifter Natronzellulose hergestellt ist, verwendet und diese in ein mineralsaures Spinnbad ohne Salzzusätze bei einer Badtemperatur unter 15° C und mit einer Tauchlänge von 1—2 m verspinnt.

199. Dieselbe. Verfahren zur Herstellung von Kunstfäden, Bändern usw. aus Viskose.

D.R.P. 479149 Kl. 29b vom 6. III. 1925; brit. P. 248750 (British Enka Artificial Silk Co.); Ver. St. Amer. P. 1596906 (D. v. d. Want und M. P. A. Bouman); franz. P. 610616.

Vorliegende Erfindung geht von der Erkenntnis aus, daß Nickel- und Kobaltsalze im Spinnbade einen eigentümlichen Einfluß auf den entstandenen Zellulosehydratfaden ausüben. Schon geringe Mengen dieser Metallsalze im Spinnbade genügen. Wenn man z. B. 1% Nickelsulfat einem schwefelsäurehaltigen Spinnbade mit oder ohne andere gebräuchliche Salze zusetzt oder im Spinnbade sich aus anderen Nickelverbindungen bilden läßt, bekommt man schon einen sehr starken Effekt, welcher nahezu der zugesetzten Menge des Nickelsalzes proportional ist und welcher sich u. a. darin offenbart, daß die hergestellten Kunstseidefäden eine sehr große Affinität für Farbstoffe bekommen, sich also dunkel anfärben. Diese Wirkung tritt ein gegenüber Farbstoffen aller Farbstoffklassen, und zwar kräftig bei direkten, Schwefel- und Säurefarbstoffen, während sie bei basischen Farbstoffen von geringer Bedeutung ist.

Ein gutes Beispiel eines Bades gemäß vorliegender Erfindung ist folgendes: 10 Gwt. Schwefelsäure, 8 Gwt. Natriumsulfat, 16 Gwt. Magnesiumsulfat, 1 Gwt. Nickelsulfat. Statt 1% Nickelsulfat kann man z. B. 1% Kobaltnitrat zusetzen. Man kann auch Mischungen obengenannter Metallsalze miteinander und mit Zinksalzen verwenden und bekommt dann auch den kombinierten günstigen Effekt.

Patentanspruch: Verfahren zur Herstellung von Kunstfäden, Bändern usw. aus Viskose, dadurch gekennzeichnet, daß man den bekannten sauren Viskosefällbädern Nickel- oder Kobaltsalze zugibt oder sich in den Fällbädern bilden läßt.

200. Dieselbe. Verfahren zur Herstellung von Fäden aus Viskoselösungen.

Brit. P. 282721 vom 11. XI. 1927 (Prior. Niederl. vom 27. XII. 1926); franz. P. 644673.

Zur Erzielung von Kunstseide erhöhter Trocken- und Naßfestigkeit gibt man dem Faden einen besonders langen Weg, mindestens 50 cm im Fällbade. Spinnt man z. B. Viskoseseide in einem Bade normaler Zusammensetzung, so führt man den Faden waagerecht durch das Bad auf einer Strecke von 2,6 m und danach in einem Winkel durch die Luft.

201. Dieselbe. Verfahren und Apparat zur Herstellung von Fäden aus Zellulosexanthat.

Brit. P. 285890 vom 11. XI. 1927 (Prior. Niederl. vom 25. II. 1927); Zusatz zum brit. P. 282721; franz. P. 646850.

Viskoseseide von den Festigkeitseigenschaften, wie sie im Hauptpatent (s. vorstehend) angegeben sind, wird erhalten, wenn man den Faden auf seinem Wege von der Spinndüse zu dem Aufnahmeorgan einer allmählich zunehmenden Spannung aussetzt, indem man eine besonders lange Spinnstrecke, z. B. 1,5 m, verwendet, oder indem man das Bad im Gegenstrom zu dem Faden führt oder einen längeren Luftweg benutzt, oder indem man den Faden im Zickzackwege über drehbare Fadenführer *6* (s. Fig. 84) gehen läßt. Die Fadenführer können ganz außerhalb des Bades oder ganz im Bade oder zum Teil im, zum Teil außerhalb des Bades angebracht sein. Zwei oder mehr dieser Verfahren können kombiniert werden, z. B. kann man eine längere Spinnstrecke und die zickzackförmig angeordneten Fadenführer verwenden. Man verwendet normale Viskose und spinnt in ein normales Spinnbad bei 18° C [1].

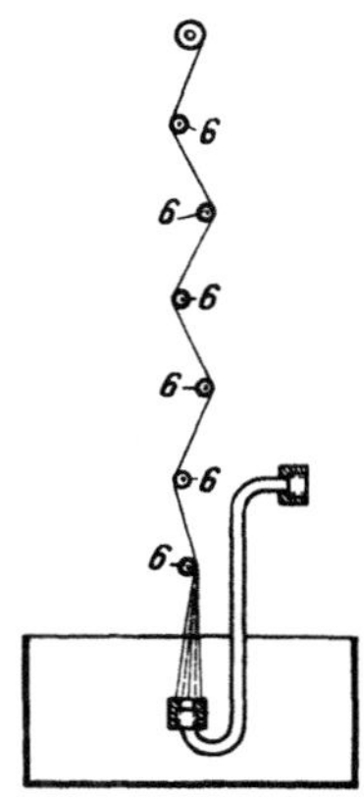

Fig. 84.

Nach Hawlik.

202. H. Hawlik, Friedewalde-Cawallen. Verfahren zur Herstellung glänzender Fäden, Films u. dgl. aus Viskose.

D.R.P. 450242 Kl. 29b vom 28. IX. 1924; brit. P. 240487; franz. P. 608077; Österr. P. 106978.

Das Verfahren besteht darin, daß man dem sauren Fällbad Kadmiumverbindungen zusetzt. Die besonders günstigen Fällungsbedingungen des Kadmiumsulfides wirken hervorragend günstig auf die Fadenbildung. Inwieweit das Kadmium als Sulfid oder in Verbindung mit der Zellulose oder deren Derivaten (Xanthogenaten) vorliegt, soll nicht entschieden werden.

Beispiel 1: Kadmiumsulfat 10 g, Magnesiumsulfat 200 g, Natriumsulfat 120 g, Schwefelsäure 140 g pro 1000 ccm Lösung.

Beispiel 2: Kadmiumsulfat 16 g, Magnesiumsulfat 120 g, Natriumsulfat 150 g, Schwefelsäure 160 g, Glukose 115 g pro 1000 ccm Lösung.

Beispiel 3: Kadmiumsulfat 100 g, Natriumsulfat 100 g, Schwefelsäure 145 g pro 1000 ccm Lösung.

Die Kadmiumverbindungen lassen sich leicht aus dem Faden entfernen, der fertige Kunstseidefaden zeigt Glanz und so hohe Festigkeit und Dehnung, wie sie sonst nach keinem anderen Verfahren erhalten werden können.

Da die günstige Wirkung der Kadmiumverbindungen bereits bei geringen Zusätzen eintritt, die Herstellung feinster Fädchen bis zu

[1] Nach den Angaben der Patentschrift ist das Verfahren allgemein anwendbar.

1—2 Den. ermöglicht und der erhaltene Faden auch in feuchtem Zustande höhere Festigkeit, als sonst bekannt, besitzt, erscheint das Verfahren von technischer Bedeutung.

Patentanspruch: Verfahren zur Herstellung glänzender Fäden, Bänder, Films u. dgl. aus Viskose, dadurch gekennzeichnet, daß dem sauren, z. B. schwefelsauren Fällbade Verbindungen des Kadmiums zugesetzt werden.

202a. Derselbe. Verfahren zur Herstellung von Fäden aus Zellulosexanthat.

Brit. P. 242242 vom 8. IX. 1925 (Prior. Deutschl. vom 31. X. 1924); österr. P. 106977.

In die zu verspinnende Viskose wird ein lösliches Sulfid eingebracht oder in ihr gebildet. Durch diesen Zusatz wird beim Fällen der Faden durch Abscheidung von Schwefel geschützt, und die Bildung von Schwefelwasserstoff wird herabgesetzt. Die färberischen Eigenschaften des Fadens werden verändert. Geeignete Sulfide sind Alkali- und Ammoniumsulfid, Arsen-, Antimon- und Zinnsulfid. Die Alkalisulfide können zum Lösen der Viskose verwendet werden, Sulfide von Antimon usw. werden in Alkalisulfid, zweckmäßig in Gegenwart von Ätzalkali, gelöst, und die Lösung wird zum Lösen des Xanthogenats benutzt. Die Sulfide können auch in die Zellulose eingebracht und später beim Lösen des Xanthats gelöst werden. Auch die Oxyde oder Hydroxyde der genannten Metalle können in der zum Lösen des Xanthats dienenden Lauge gelöst werden, während des Reifens gehen sie ganz oder teilweise in Sulfide über.

203. Derselbe. Verfahren zur Herstellung von Fäden aus Zellulosexanthaten.

Brit. P. 242240 vom 7. IX. 1925 (Prior. Deutschl. vom 29. X. 1924); österr. P. 109150.

Viskosefäden werden dadurch widerstandsfähiger gegen Wasser gemacht, daß man in ihnen während des Spinnens geeignete wasserfestmachende Stoffe bildet. So bringt man in die Viskoselösung ein lösliches Salz einer Base und in das Spinnbad eine organische Säure, welche mit der Base eine unlösliche wasserfeste Verbindung liefert. Oder man gibt die Säure zu der Viskoselösung und das Salz zu dem Spinnbad. Geeignete Salze sind Natriumaluminat, Aluminiumchlorid, -sulfat und -acetat, ferner Salze von Kalzium, Barium, Strontium, Zinn, Zink oder Gemische von ihnen. Die angewendeten Säuren sind die höheren Fettsäuren wie Palmitin-, Stearin-, Öl-, Eruka-, Sulforicinölsäure, gehärtete Fettsäuren, Oxysebacinsäure, halogenierte Fettsäuren, Harz- oder Wachssäuren, aromatische Säuren wie Salicylsäure und Gerbsäuren. Auch Seifen dieser Säuren können angewendet werden.

Nach Lumière.

204. H. Lumière. Kunstseide aus Zellulosexanthat.

Franz. P. 602711 vom 13. XII. 1924.

Als Fällmittel verwendet man Natriumbikarbonat, gegebenenfalls zusammen mit Neutralsalzen wie Natrium-, Ammonium- oder Magnesiumsulfat. Die Beschaffenheit des Fadens soll verbessert werden, es soll sich kein Schwefelwasserstoff entwickeln, die Nebenprodukte sollen leicht verwertbar sein.

Nach Jentgen.

205. H. Jentgen, Berlin-Lichterfelde. Verfahren zur Herstellung künstlicher Fäden od. dgl. aus Viskose.

D.R.P. 439359 Kl. 29b vom 17. I. 1925.

Das für die Herstellung von künstlichen Fäden bekannte Zweibadsystem verwendet als erstes Fällbad eine Ammonsalzlösung. Durch die Umsetzung der Natronlauge in der Viskose mit dem Säurebestandteil des Ammonsalzes unter Bildung eines Natriumsalzes entsteht freies Ammoniak, das bisher durch Absaugen entfernt werden mußte, den Spinnprozeß erschwerte und gleichzeitig verteuerte. Es wurde gefunden, daß das Absaugen des Ammoniaks vermieden wird, wenn man es in statu nascendi im Bade selbst am zweckmäßigsten an einen Aldehyd bindet. Das durch Bildung von Ammoniumaldehydverbindungen alkalisch reagierende Bad kann durch Neutralisation mit Säure auf den ursprünglichen Zustand gebracht und von neuem benutzt werden. Es hat sich ferner als zweckmäßig erwiesen, dem Ammoniumsalzaldehydbade auch organische Körper, wie Glykose, Melasse oder Pflanzenextrakte, zuzusetzen. Der gebildete Xanthogenatfaden besitzt eine bemerkenswerte Festigkeit und kann durch verdünnte Schwefelsäure oder saure Salzlösungen, denen Zuckerarten oder Pflanzenextrakte zugesetzt sind, in einen Zellulosefaden umgewandelt werden.

Beispiel 1: Zur Herstellung von 100 Gwt. Fällbad nimmt man 20 Gwt. Ammoniumsulfat sowie 10 Gwt. käufliche Formaldehydlösung und gibt diese zu 70 Gwt. Wasser.

Beispiel 2: Zur Herstellung von 100 Gwt. Fällbad verwendet man 20 Gwt. Ammoniumsulfat, 10 Gwt. Formaldehyd und 8 Gwt. Traubenzucker nebst 62 Gwt. Wasser.

Patentanspruch: Verfahren zur Herstellung künstlicher Fäden od. dgl. aus Viskose, unter Verwendung ammoniumsalzhaltiger Fällbäder nach dem sog. Zweibadsystem, dadurch gekennzeichnet, daß man als erstes Fällbad eine wässerige Lösung von Ammoniumsalzen verwendet, welcher Aldehyde mit oder ohne Zusatz von Zuckerarten, Pflanzenextrakten u. dgl. hinzugefügt werden.

Nach Herminghaus & Co., Hesse und Rathert.

206. Herminghaus & Co. G. m. b. H., L. Hesse, Vohwinkel, und H. Rathert, Elberfeld. Verfahren zur Herstellung von Zellulosexanthaten und von Fäden daraus.

Brit. P. 240717 vom 25. II. 1925; Ver. St. Amer. P. 1575052 (Hesse und Rathert); franz. P. 594152; schweiz. P. 115511.

Zur Herstellung feinfädiger Seide von 5—2 Den. und darunter wird Viskose aus gereifter Alkalizellulose verwendet. Die Herstellung der

Alkalizellulose und die weiteren Maßnahmen bis zum Spinnen werden unter Sauerstoffabschluß ausgeführt, der durch Zusatz eines Reduktionsmittels wie Natriumsulfit oder durch Arbeiten unter Leuchtgas, Wasserstoff oder Stickstoff, aber nicht im Vakuum erzielt wird. Das Fällbad besteht aus einer Natriumsulfatlösung und Säure, man kann alle Deniers mit einem Badtypus herstellen und braucht die Reife der Viskose nicht innerhalb enger Grenzen zu halten. Das Natriumsulfit wird z. B. in der Mercerisierlauge für die Herstellung der Alkalizellulose gelöst, die erhaltene Viskose wird in frischer Lauge oder in der Ablauge von einer früheren Mercerisierung gelöst, andere Zusätze von Reduktionsmitteln können in späteren Stufen, z. B. bei dem Zerkleinern der Alkalizellulose, zugesetzt werden. Die Fällbäder enthalten 15—16% Schwefelsäure. Der Sulfitzusatz verhindert die Schwefelwasserstoffentwicklung beim Spinnen.

Nach La Soie d'Aubenton.

207. La Soie d'Aubenton. Verfahren zur Herstellung weicher, mit Wasser unmittelbar waschbarer Kunstfäden.

Franz. P. 607266 vom 11. III. 1925.

Es wird mit einem nichtsauren, neutralen oder dauernd durch Säurezusatz auf konstanter schwacher Alkalität gehaltenen Fällbad gearbeitet, dem Zinksalz in der Menge zugesetzt wird, daß 2—6% Zink vorhanden sind. Es entstehen Hydrate und Sulfide, die sich zwischen die Einzelfädchen legen und das Zusammenkleben verhindern, Schwefelwasserstoffentwicklung findet nicht statt. Die Fixierung der Fäden erfolgt durch feuchte Hitze bei 90—120° C.

Nach Mendel.

208. W. Mendel, Beverly, New Jersey. Herstellung von Fäden und Films aus Viskose.

Ver. St. Amer. P. 1576529 vom 16. III. 1926, angemeldet 29. IV. 1925.

Zur Beseitigung der bei der Herstellung von Viskosefäden auftretenden Verunreinigungen, welche von Schwefelverbindungen herrühren, läßt man auf den aus dem sauren Fällbade kommenden Faden eine 3proz. Trinatriumphosphatlösung bei ungefähr 50° C $1^1/_2$ Stunden lang einwirken, wobei man den Prozeß zweckmäßig öfter unterbricht, indem man die Fäden zeitweise aus dem Reinigungsbad herausnimmt. Ist ein nichtsaures Bad, beispielsweise ein Natriumbisulfitbad, angewandt worden, so muß mit der Einwirkung von Trinatriumphosphat ungefähr 4 Stunden gewartet werden. Durch das Trinatriumphosphat werden die Schwefelverbindungen in lösliche Form, Polysulfide oder Thiosulfate übergeführt, welche durch Waschen leicht entfernt werden können. Die Fäden werden sodann unter mehr oder weniger Spannung getrocknet. Der noch vorhandene grünlichgelbe Ton muß, wenn es sich um ein Anfärben mit hellen Farbstoffen handelt, durch Bleichen beseitigt werden.

209. Derselbe. Herstellung von Fäden und Films aus Viskose.

Ver. St. Amer. P. 1576530 vom 16. III. 1926, zuerst angemeldet 29. IV. 1925.

Die Erfindung betrifft eine weitere Ausbildung des im P. 1576529 beschriebenen Verfahrens und besteht im wesentlichen darin, daß man das Trinatriumphosphat auf die aus sauren Salzbädern, beispielsweise Natriumbisulfitbädern, kommenden Viskosefäden einwirken läßt.

210. Derselbe. Herstellung von Fäden und Films aus Viskose.

Ver. St. Amer. P. 1576531 vom 16. III. 1926, zuerst angemeldet 29. IV. 1925.

Viskose wird durch Hitze gefällt und dann nach dem im P. 1576529 beschriebenen Verfahren der Einwirkung von Trinatriumphosphat unterworfen.

211. Derselbe (S. A. Neidich, Edgewater Park, New Jersey). Herstellung von Kunstseide aus Viskose.

Ver. St. Amer. P. 1646625 vom 25. X. 1927, angemeldet 23. V. 1925.

Zur Erzielung einer von Schwefeleinschlüssen freien Viskoseseide mit glatter Oberfläche, welche nach Weglösen des Schwefels keine schwammige Struktur zeigt und feiner als Naturseide hergestellt werden kann, wird der gefällte Faden mit PO_4-Ionen enthaltenden wässerigen Lösungen behandelt. Durch die PO_4-Ionen wird die Bildung von Schwefel oder seiner unlöslichen Derivate verhindert. Die Ausführung des Verfahrens geschieht in der Weise, daß man die durch feine Öffnungen von z. B. 0,025 mm Durchmesser austretenden Viskosefäden zunächst in eine erhitzte Atmosphäre treten läßt. Nach diesem ersten Fällungsprozeß führt man die Fäden in ein Fällbad, welches 3% Trinatriumphosphat enthält. Außer einem darauffolgenden Auswaschen ist eine weitere Nachbehandlung nicht notwendig.

212. Derselbe. Herstellung von Kunstseide aus Viskose.

Ver. St. Amer. P. 1580843 vom 13. IV. 1926, angemeldet 28. V. 1925.

Zur Erzielung von Schwefeleinschlüssen freier, feinstfädiger Viskoseseide wird als erstes fällendes Medium ein Bad angewandt, welches beispielsweise 25% Natriumbisulfit und 10% Ammoniumchlorid enthält. Die auf diese Weise koagulierten Viskosefäden gelangen in die wässerige 3proz. Trinatriumphosphatlösung. Auch bei diesem Verfahren besteht die weitere Behandlung bloß in einem Auswaschen der Fäden.

213. Derselbe. Herstellung von Kunstseide aus Viskose.

Ver. St. Amer. P. 1580844 vom 13. IV. 1926, angemeldet 28. V. 1925.

Dem Fällbad mit 3% Trinatriumphosphatgehalt zur Beseitigung von Schwefeleinschlüssen in Viskosefäden werden noch andere fällende Stoffe, wie beispielsweise 25% Natriumbisulfit und 10% Ammoniumchlorid, zugesetzt.

Nach Neidich.

214. S. A. Neidich, Edgewater Park, N. J. Verfahren und Mittel zur Behandlung von Viskosefäden.

Ver. St. Amer. P. 1594185 vom 27. VII. 1926, angemeldet 23. V. 1925.

Um zu vermeiden, daß die weichen frischgefällten Viskosefäden beim Aufspulen oder Aufsammeln in Spinntöpfen sich berühren und durch den dabei ausgeübten Druck sich in ihren Querschnittsformen verändern, und um zu Fäden von genau rundem Querschnitt zu kommen, läßt man die Fäden in Flüssigkeiten eintreten, die ungefähr das gleiche spezifische Gewicht haben wie die Fäden und die dasselbe spezifische Gewicht während der ganzen Behandlung der Fäden mit Flüssigkeiten beibehalten. Auch chemisch nicht auf die Fäden einwirkende Stoffe, die aber das spezifische Gewicht der Behandlungsbäder beeinflussen, wie Glykose oder Melasse, können mitverwendet werden.

Vgl. hierzu S. 131, N. 238.

Nach Chemische Fabrik Pott u. Co.

215. Chemische Fabrik Pott u. Co., Dresden. Verfahren zur Verbesserung der Eigenschaften spinnbarer Zelluloselösungen.

Franz. P. 617600 vom 16. VI. 1926 (Prior. Deutschl. vom 17. VI. und 15. XII. 1925); Ver. St. Amer. P. 1689894 (R. Sajitz und F. Pospiech); brit. P. 280608; belg. P. 342073.

Bei der Fadenbildung, beim Zusammentreffen von Spinnlösung und Fällbad, treten Oberflächenspannungen auf, die die Fadenbildung ungünstig beeinflussen. Durch Zusatz von Sulfosäuren alkylierter Naphthaline, ihren Salzen oder anderen Derivaten lassen sich diese schädlichen Oberflächenspannungen aufheben. Besonders geeignet sind die Sulfosäuren von Naphthalinen mit mehreren Kohlenstoffatomen im Alkylrest, auch Di- oder Trisulfosäuren, z. B. Isopropylnaphthalinsulfosäure. Wesentlich ist die fast unbegrenzte Löslichkeit dieser Sulfosäuren. Die Säuren werden den Zelluloselösungen der Viskose selbst oder den Spinnbädern oder beiden zugesetzt, die Zusatzmenge richtet sich nach der Zusammensetzung des Bades. Die stalagmometrisch festgestellte Abnahme der Oberflächenspannung des Bades soll 25—30% betragen.

216. Dieselbe. Herstellung von Viskose für die Gewinnung von Kunstfäden, Films usw.

Brit. P. 281679 vom 30. XI. 1927 (Prior. Deutschl. vom 30. XI. 1926); belg. P. 342073.

Während der Viskoseherstellung setzt man der Alkalilauge oder der Alkalizellulose oder den Fällbädern Salze aromatischer Sulfosäuren, insbesondere solcher, die im Kern alkyliert sind, oder Sulfosäuren hydroaromatischer Verbindungen der Phenanthren- oder Anthracenreihe zu.

Nach Lilienfeld.

217. L. Lilienfeld, Wien. Herstellung künstlicher Stoffe aus Viskose.

Brit. P. 274521 vom 11. I. 1926; Ver. St. Amer. P. 1683199 (österr. Anm. vom 20. VI. 1925, 5. und 30. I. 1926); schweiz. P. 122788; belg. P. 334767; norw. P. 45160.

Kunstfäden aus Viskose von höherer Trockenfestigkeit als 2 g auf 1 Den. werden dadurch erhalten, daß man in Fadenform gebrachte Viskose mit Schwefelsäure von etwa 55%, vorzugsweise von 65—86% H_2SO_4, behandelt. Die so erzeugten Kunstfäden sind vor gewöhnlicher Viskoseseide durch ihre höhere Widerstandsfähigkeit gegen wässerige Alkalien und Seife ausgezeichnet. Vorteilhaft für die Zugfestigkeit der Kunstfäden ist es, wenn den Fäden in dem Fällbad oder zwischen Fällbad und Sammelvorrichtung oder an beiden Stellen eine zusätzliche Streckung gegeben wird. Neben der Schwefelsäure können anorganische Stoffe, wie Salz-, Salpeter- oder Phosphorsäure, neutrale oder saure Salze wie Natriumsulfat oder -bisulfat, Ammonium-, Magnesium- oder Zinksulfat, Natriumsulfit, -bisulfit oder -nitrit oder Borsäure verwendet werden, ferner Glyzerin, Zucker, Alkohol, Salze organischer Basen, Essig-, Ameisen-, Milch- oder Oxalsäure. Die Stärke der Schwefelsäure hängt in gewissem Grade von der Reife der Alkalizellulose oder der Viskose oder von der Viskosität oder dem Zellulosegehalt der Viskose ab. Viskosen, welche mehrere Tage gereift sind, und solche, welche aus Alkalizellulose hergestellt sind, die 2—3 Tage gereift sind und Viskosen mit niedrigem Zellulosegehalt oder niedriger Viskosität widerstehen starker Schwefelsäure nicht so gut wie nicht oder nur kurze Zeit gereifte Viskosen oder solche, die aus kurze Zeit gereifter Alkalizellulose hergestellt sind, oder hoch viskose und zellulosereiche Viskosen. Gute Ergebnisse erzielt man mit Viskosen von der Viskosität 2 oder mehr, die Viskosität von Glyzerin als Einheit genommen. Vorteilhaft verwendet man in einigen Fällen Viskosen, bei deren Bereitung mehr als 40% vom Zellulosegewicht an Schwefelkohlenstoff genommen wurden. Bei sehr starker Säure arbeitet man mit kurzer Badstrecke, bei weniger starker Säure mit längerer. Kurze Badstrecke ist angezeigt bei warmen Spinnbädern von 25—40° C, die Schlepplänge hängt vom Alter der Viskose, der Badtemperatur und -konzentration ab, sie beträgt mindestens 30, z. B. 60—200 cm. Der Luftgang des Fadens kann 30 cm, auch mehr als 50 cm sein. Um eine schädliche Wirkung der starken Säuren auf den Faden auszuschließen, muß die Säurewirkung durch Waschen oder niedrige Temperatur, 0 bis —10° C, aufgehoben werden, vorteilhaft vor oder während Aufspulens oder Aufsammelns im Spinntopf und vor oder nach der zusätzlichen Streckung. Man gibt z. B. 100 T. Zellstoff mit 9—10% Feuchtigkeit oder 100 T. Linters mit 7—8% Feuchtigkeit zu 2000 T. Natronlauge von 18% bei 15° C, läßt 3 Stunden stehen, preßt auf 300 oder bei Linters auf 340 T. ab, vermahlt $2^1/_2$—3 Stunden bei 11° C, gibt ohne weiteres Reifenlassen 40—60 T. Schwefelkohlenstoff zu, läßt 8 Stunden bei 15—18° C reagieren, bläst überschüssigen Schwefelkohlenstoff während 10 bis

15 Minuten ab und löst das Xanthat in so viel Wasser und Ätznatron, daß die Lösung 6,5% Zellulose und 8% NaOH enthält. Man filtriert 3mal durch Baumwolle, die beiden ersten Filtrationen nimmt man bald nach der Herstellung, die dritte gerade vorm Spinnen vor. Dann läßt man 90—96 Stunden bei 13—15° C reifen. Man preßt die Viskose in einer Menge von 3 ccm in der Minute durch eine Platindüse mit 24 Löchern von 0,12 mm Durchmesser in ein Bad aus 70% Schwefelsäure von 8° C, Tauchlänge 80 cm, führt den Faden mindestens 120 cm durch die Luft und spult mit einer Abzugsgeschwindigkeit von 30 m in der Minute auf. Der Einzeldenier ist 3—4. Bei dem Luftweg geht der Faden über 3 Glasstäbe, dadurch erhält er eine zusätzliche starke Streckung. Die Spule läuft mit ihrem unteren Teil in Wasser, die Schwefelsäure wird dadurch verdünnt oder entfernt, dann wird gewaschen und in üblicher Weise fertiggemacht. Gehen 0,9—1,2 ccm Viskose in der Minute durch die Spinndüse, so erhält man bei einer Abzugsgeschwindigkeit von 18 m in der Minute Fäden vom Einzeltiter 1,5—3. Ein salzhaltiges Fällbad besteht z. B. aus 13,3 T. Ammoniumsulfat in 120 T. Schwefelsäure von 50—55° Bé, dazu kommen 7 bis 9 T. Schwefelsäure von 66° Bé, ein weiteres Bad aus einer Lösung von 10—15 T. Glykose in 190—185 Gwt. Schwefelsäure von 50—55° Bé.

218. Derselbe. Verfahren zur Herstellung von Fäden aus Zellulosexanthaten.

Brit. P. 274690 vom 11. I. 1926, Zusatz zum brit. P. 274521.

Im Verfahren des Hauptpatents (s. vorstehend) wird die Schwefelsäure des Fällbades ganz oder teilweise durch eine konzentrierte Lösung einer anderen Mineralsäure, z. B. 25—40proz. Salzsäure, 60—90proz. Salpetersäure, Phosphorsäure vom spez. Gew. 1,5—1,86, 60—90proz. Arsensäure ersetzt, durch jede Mineralsäurelösung, deren Wasserstoffionenkonzentration nicht geringer ist als die eines Fällbades mit mindestens 55% Schwefelsäure.

219. Derselbe. Herstellung künstlicher Stoffe aus Viskose.

Brit. P. 281351 vom 29. VI. 1926, Zusatz zum brit. P. 274521; belg. P. 342830; Ver. St. Amer. P. 1683200 (österr. Anm. vom 20. VI. 1925); schweiz. P. 129470, Zusatz zum schweiz. P. 122788.

Es wurde gefunden, daß Viskosen mit nicht mehr als 5% Ätzalkali, als NaOH gerechnet, glänzende Fäden von höherer Festigkeit als 2 g auf 1 Den. liefern, nicht nur beim Fällen mit Schwefelsäure über 55%, sondern auch mit Schwefelsäure von 45—55% H_2SO_4. Anwendbar ist in üblicher Weise gereifte Viskose, ungereifte oder nur kurze Zeit gereifte, sofern der Alkaligehalt 5% NaOH nicht übersteigt.

220. Derselbe. Verfahren zur Herstellung künstlicher Produkte aus Viskose.

Franz. P. 626907 vom 30. XII. 1926; brit. P. 264461; belg. P. 339832 (Prior. Österr. vom 5. I. 1926); norw. P. 46535; schweiz. P. 128743.

Die Erfindung beruht auf der Erkenntnis, daß Kunstprodukte von hohem technischem Wert dadurch erhalten werden, daß man Viskose

z. B. in Form von Fäden durch eins der bekannten Fällbäder in löslicher oder wasserunlöslicher Form fällt und den Faden dann durch eine oder mehrere konzentrierte Mineralsäuren führt, besonders durch konzentrierte Schwefelsäure mit 50—85% Monohydrat, Salpetersäure mit 60—90%, Salzsäure mit 35—40%, Phosphorsäure vom spez. Gew. 1,5—1,86 oder Arsensäure mit 60—92%. Den konzentrierten Säuren können noch Salze zugesetzt werden, in diesem Falle muß, wenn die Salze mit den Säuren sich umsetzen können, der Gehalt an Säure nicht geringer als 40% (z. B. auf Schwefelsäure berechnet) sein. Das erste Koagulierungsbad kann gewöhnliche Temperatur oder eine Temperatur bis 50—60° C haben, das zweite Bad aus der konzentrierten Säure kann bei gewöhnlicher Temperatur oder bei 30—40° C oder bei 0 bis —10° C angewendet werden. Die Spinnstrecke im zweiten Bade kann 3—60 cm oder auch 1—2 m betragen. Um schädigende Einwirkungen der starken Säuren auf den Faden zu vermeiden, wäscht man ihn oder setzt ihn tiefer Temperatur aus, bevor er zu der Aufwickelspule oder der Spinnzentrifuge gelangt. Der gewaschene Faden kann vor oder nach dem Trocknen mit Dampf behandelt oder erhitzt werden. Besonders geeignet für das Verfahren sind aus nicht oder nur kurz (3—36 Stunden) gereifter Alkalizellulose hergestellte Viskosen. Zur Herstellung der Viskose können größere Mengen Schwefelkohlenstoff benutzt werden, als üblich ist, z. B. 75% oder mehr auf das Zellulosegewicht berechnet. Man spinnt z. B. in ein Bad aus 25—30% Ammoniumsulfat oder in ein kaltes oder 50° C warmes Bad aus 500 T. Natriumbisulfat, 76 T. Schwefelsäure 66° Bé und 587 T. Wasser und führt den Faden dann durch Schwefelsäure von 55—60° Bé oder durch eine Lösung von 13,3 T. Ammoniumsulfat in 120 T. Schwefelsäure 50—55° Bé, zu der man noch 9,8 T. Schwefelsäure 66° Bé zusetzt. Die Temperatur dieses zweiten Bades hält man auf 0—5° C. Die Fäden können einer zusätzlichen Streckung unterzogen werden, z. B. dadurch, daß man die Aufsammelvorrichtung in großer Entfernung von dem zweiten Bade anbringt oder die Fäden in dem zweiten Bade über Stäbe leitet. Die erhaltenen Fäden sind trocken und naß fester als die nach den bisherigen Verfahren erzeugten.

221. Derselbe. Verbesserungen in der Herstellung künstlicher Fäden.

Brit. P. 281352 vom 30. VI. 1926; belg. P. 342831; norweg. P. 46189.

Nach den brit. P. 264161, 274521 und 274690 (s. vorstehend) werden Fäden von einer Trockenfestigkeit von über 2 g auf 1 Den. erhalten. Die Dehnbarkeit der so erzeugten Fäden wird gemäß der Erfindung dadurch erhöht, daß man sie mit schrumpfend wirkenden Mitteln behandelt. Als solche werden genannt Ätzalkalilösungen, z. B. von nicht unter 18% NaOH, Alkalisulfidlösungen, z. B. von 30—58% Na_2S, Schwefelsäure von 46—60° Bé, Phosphorsäure vom spez. Gew. 1,5 bis 1,8, Salpetersäure von 50—60%, Salzsäure von 26—32%, Zinkchlorid- oder Thiocyanat-, besonders Kalziumthiocyanatlösung. Die Schrumpfung muß voll oder mindestens zum Teil erhalten bleiben, das behandelte

Material wird also nicht gespannt oder die Spannung muß unterbrochen oder herabgesetzt werden.

222. Derselbe. Verfahren zur Herstellung von Kunstfäden aus Viskose.

Schweiz. P. 128364 vom 23. XII. 1926, Zusatz zum schweiz. P. 122788; belg. P. 339831, Zusatz zum belg. P. 334767.

Bei dem Verfahren, Viskose in Fadenform zu bringen und dann ein Mittel einwirken zu lassen, welches die Viskose koaguliert und die koagulierte Viskose plastiziert, wie starke Mineralsäuren, wird die Wirkung des koagulierenden und plastizierenden Mittels unterbrochen, bevor es auf den Faden erweichend oder chemisch abbauend wirkt. Z. B. wird in einem Bade koaguliert, welches 70% Schwefelsäure enthält mit einer Schlepplänge von 80 cm. Der das Spinnbad verlassende Faden läuft mindestens 120 cm durch die Luft und wird auf einer Bobine mit einer Abzugsgeschwindigkeit von 30 m in der Minute aufgewickelt. In der Luftpassage sind 3 Stäbe winklig zueinander angeordnet, über die der Faden geleitet wird und die eine entsprechend hohe Zusatzstreckung oder Spannung der Fäden hervorrufen. Die Bobine läuft mit ihrem unteren Teil in Wasser um, die Schwefelsäure wird in oder ungefähr in dem Augenblick entfernt oder erheblich verdünnt, in welchem der Faden die Bobine erreicht. Die Fäden werden dann gewaschen, gereinigt, getrocknet, gezwirnt und wie üblich fertiggemacht.

223. Derselbe. Verfahren zur Herstellung von Fäden aus Zellulosexanthaten.

Brit. P. 298548 vom 6. V. 1927, abgetrennt aus brit. P. 274521.

Viskoseseide von hoher Trockenfestigkeit wird dadurch erzeugt, daß man statt des Fällbades aus starken Mineralsäuren gemäß brit. P. 274521 und 274690 (s. S. 119 u. 120) ein Bad benutzt, welches Viskose koaguliert, und ein Mittel enthält, welches den koagulierten Faden auflöst, aufquillt oder plastisch macht. Dieses Mittel kann dasselbe sein wie das Fällmittel. Eine andere Ausführungsform besteht darin, daß man erst in das Koagulierungsbad und dann in das Bad mit dem Plastizierungsmittel einführt. Geeignete Plastizierungsmittel sind Chlorzink oder andere Halogenide in Gegenwart oder Abwesenheit von Mineralsäuren, Kuprammoniumlösung, starke organische Basen wie quarternäre Basen und Guanidin, in Gegenwart oder Abwesenheit von Alkalien, Ammoniakderivate wie Harnstoff, Thioharnstoff oder Dicyandiamid, in Gegenwart oder Abwesenheit von Alkalien. Die Zeit, während der der Faden mit dem Plastizierungsmittel in Berührung ist, muß so gewählt werden, daß praktisch keine Schädigung eintritt, eine schädliche Einwirkung des Bades wird aufgehoben durch Waschen oder dadurch, daß man den geformten Faden niedriger Temperatur aussetzt vor oder während des Aufwickelns auf die Spule oder in der Zentrifuge und vor oder während des Streckens. Die benutzte Viskose kann aus gereifter, ungereifter oder teilweise gereifter Alkalizellulose hergestellt sein oder durch direktes Vermischen der Reagentien, zu der Viskose können Glyzerin, Glykose, Natriumsulfat oder Sulfite, Alkalisilikat oder -aluminat oder Ammoniak zugesetzt werden. Der koagulierte Faden kann nach dem Waschen erhitzt oder gedämpft werden vor oder nach dem Trocknen. Beispielsweise wird gefällt mit Zinkchlorid und Schwefelsäure, oder der koagulierte Faden wird in ein Bad aus Zinkchlorid und Salzsäure eingeführt.

Nach Erste Böhmische Kunstseidefabrik A.-G.

224. Erste Böhmische Kunstseidefabrik A.-G., Theresienthal. Verfahren zur Herstellung von Kunstfäden aus Viskose mit besonders gut ausgebildeter Oberflächenstruktur.

Schweiz. P. 119192 vom 25. VI. 1925.

Gleichmäßige Oberflächenstruktur und gleichmäßiger Querschnitt bei Viskosefäden wird dadurch erzielt, daß ein Fällbad verwendet wird, welches eiweißähnliche Stoffe, z. B. Leim, die verschiedenen Arten von Albumin und Globulin, Gelatine, Kasein, Glutin oder Gliadin, enthält. Es können auch eiweißartige Stoffe verwendet werden, die durch Abbau von z. B. Blut, Häuten usw. durch Säuren, Alkalien oder Fermente erhalten werden. Man läßt z. B. 25 kg Leim 10 Stunden in Wasser quellen, gibt hierauf 35 kg konz. Schwefelsäure hinzu und kocht 5 Stunden. Zu der erhaltenen Lösung setzt man 50 kg konz. Schwefelsäure, 225 kg krist. Magnesiumsulfat und 125 kg Wasser. Das Fällbad gibt, bei 40 bis 50° angewendet, eine besonders gleichmäßige Oberflächenstruktur des Fadens.

225. Dieselbe. Verfahren zur Herstellung von Kunstfäden von besonders zweckmäßiger Oberflächenstruktur aus Viskose.

Franz. P. 600309 vom 3. VII. 1925.

Um auf die kolloidalen Fäden eine stärkere Einwirkung des Spinnbades zu erzielen, setzt man dem Spinnbade Stoffe zu, welche die Oberflächenspannung des Bades herabsetzen und die Benetzungsfähigkeit der Fäden erhöhen. Solche Stoffe sind Gummen, Pektine, Proteine, Betaine, höhere Alkohole, Fettsäuren, Urethane usw., sie können aus Melasse ausgezogen werden, oder man setzt dem Spinnbade möglichst zuckerarme Melasse zu. Das Fällbad besteht z. B. aus 12,1% Schwefelsäure, 20,7% Natriumsulfat oder 14,7% Magnesiumsulfat, 10,3—14% Melasse, 56,9—53,2% Wasser oder 62,9—59,2% Wasser. Als andere Zusätze wird arabisches Gummi oder Dextrin genannt.

226. Dieselbe. Verfahren zur Herstellung von Kunstseidefäden aus Viskose.

Franz. P. 602061 vom 12. VIII. 1925; schweiz. P. 121070; tschechosl. P. 17653 und 17654 (auch F. Steimmig und H. Karplus); brit. P. 260681 vom 5. VIII. 1925 (auch H. Baß).

Man hat Fäden von besonders gutem Griff aus Viskose mit einem Fällbad aus Natriumbisulfat und Melasse hergestellt (Ver. St. Amer. P. 1367603, 5. Aufl., S. 513). Besonders gute Ergebnisse wurden erhalten mit einem Bade aus 10 T. Wasser, 6 T. Natriumbisulfat und 4 T. Melasse. Die so hergestellten Fäden genügen infolge ihrer Oberflächenstruktur und in ihrer Deckkraft nicht. Es wurde gefunden, daß man vorteilhaft das Bisulfat durch nichtäquivalente Mengen Natriumsulfat und Schwefelsäure ersetzt, so daß immer außer Bisulfat und Melasse ein Überschuß an neutralem Sulfat oder Schwefelsäure vorhanden ist. Ein Säureüberschuß hat besonders für feine Fäden gute Ergebnisse geliefert. Man weiß, daß bei überschüssigem neutralem Sulfat ein wasserlöslicher Xanthogenatfaden erhalten wird, der höchstens halbzersetzt ist, und daß so gesponnene Fäden mittleren oder höheren Titers sich durch hervorragenden Glanz und guten Griff auszeichnen. Enthalten die Fäden noch Melasse, so macht sich ihr guter Einfluß noch bemerkbar. Die in einem solchen Melassebad mit einem Überschuß an neutralem Salz gesponnenen Fäden werden vorteilhaft in einem Bade nachfixiert, das außer Schwefelsäure und Natriumsulfat Melasse oder Vinasse enthält.

Beispiel 1: Man spinnt Fäden von 120—150 Gesamttiter mit einem Bade aus 20 T. Melasse, 24 T. Natriumsulfat, 9 T. Schwefelsäure und 47 T. Wasser. Das Bad enthält etwa 11% Na_2SO_4 mehr, als dem Äquivalentgewicht von H_2SO_4 und Na_2SO_4 entspricht.

Beispiel 2: Zum Spinnen feiner Fäden (Einzeltiter 2—3 Den.) verwendet man ein Bad aus 15 T. Vinasse, 12 T. H_2SO_4, 14 T. Na_2SO_4 und 59 T. Wasser, das Bad enthält also 2—3% mehr Schwefelsäure, als dem Äquivalentgewicht von Na_2SO_4 und H_2SO_4 entspricht.

Man hat mehrfach den Zusatz wasserlöslicher Salze von mehrwertigen Metallen zu Spinnbädern für Viskoseseide empfohlen, ebenso ist der Zusatz von Melasse zu Natriumbisulfatfällbädern vorgeschlagen. Es wurde nun gefunden, daß die Verwendung von Melasse oder Vinasse einerseits und wasserlöslicher Salze mehrwertiger Metalle andererseits in Spinnbädern mit Schwefelsäure eine besonders weiche, glänzende und deckkräftige Seide ergibt. Die Oberfläche der Fäden ist stark gefurcht, und der Querschnitt weicht erheblich von dem runden ab, ist vielmehr bändchenartig. Verwendbar sind die Chloride, Nitrate und Sulfate von Magnesium, Eisen und Aluminium sowie Cernitrat.

Beispiel 3: 22 T. Natriumsulfat, 15 T. wasserhaltiges Magnesiumsulfat, 11 T. Schwefelsäure, 15 T. Melasse und 37 T. Wasser.

Beispiel 4: 5 T. Vinasse, 45 T. wasserhaltiges Magnesiumsulfat, 17 T. Schwefelsäure und 35 T. Wasser.

Nach Wolff & Co., Czapek und Weingand.

227. Wolff & Co., Walsrode, E. Czapek und R. Weingand, Bomlitz. Verfahren zur Herstellung von Fäden aus Zellulosexanthat- oder anderen Lösungen.

Brit. P. 257925 vom 27. VIII. 1926 (Prior. Deutschl. vom 1. IX. 1925); franz. P. 620612; schweiz. P. 124115; österr. P. 110854; Ver. St. Amer. P. 1740227.

Für die Herstellung der Fällbäder wird statt Wasser Methanol als Lösungsmittel verwendet. Man nimmt z. B. die Lösung eines Salzes oder einer anorganischen Säure in Methanol oder die Lösung eines Salzes und einer Säure, z. B. von Magnesiumsulfat oder -chlorid und anorganischer Säure. Der eigentlichen Fällung kann eine Koagulation in reinem Methanol vorangehen[1].

Nach Richter.

228. G. A. Richter, Berlin, New Hampshire (Brown Company). Verfahren zur Kunstseideherstellung.

Ver. St. Amer. P. 1678354 vom 24. VII. 1928, angemeldet 13. VII. 1926.

Wässerige Zellulosederivatlösungen, besonders Zellulosexanthatlösungen von höherer Viskosität als der üblichen werden dadurch zur Verarbeitung geeignet gemacht, daß man sie unmittelbar vor dem Verspinnen rasch so hoch erhitzt, daß eine Koagulation nicht eintritt. Die Erhitzung erfolgt in der Röhre, welche Titerpumpe und Spinndüse verbindet, oder vor der Titerpumpe oder in der Spinndüse, sie kann durch Dampf, heißes Wasser, Öl oder elektrisch vorgenommen werden. Durch Erhitzen auf 60—70° C kann die Viskosität auf ein Drittel der ursprünglichen herabgesetzt werden, das Spinnbad selbst wird auf 25—40° C gehalten, von der erhitzten Spinnlösung auf das Bad übertragene Wärme wird durch geeignete Kühlung entzogen. Bei Viskosen niedrigerer Viskosität als der üblichen wird mit höherer Zellulosekonzentration gearbeitet.

Nach Janssen u. Harbens (Viscose Silk Manufacturers Ltd.).

229. H. J. J. Janssen und Harbens (Viscose Silk Manufacturers Ltd.), Golborne. Verbesserungen in der Herstellung von Viskoseseide.

Brit. P. 285958 vom 20. XI. 1926; belg. P. 353143.

Es ist vorgeschlagen, die Koagulation der Viskose in zwei Stufen auszuführen, die erste Stufe vor dem Spinnen, die zweite während des Spinnens. In der ersten Stufe wird eine geringe Menge Koagulierungsflüssigkeit, die eine eigentliche Koagulierung nicht bewirkt, der Viskose einverleibt. Nach vorliegender Erfindung wird die erste Stufe der Koagulation ausgeführt durch Zumischen einer Lösung von Salzen oder Säuren (verdünnte Salz-, Schwefel- oder Essigsäure und Natriumsulfit) zu der Viskose auf dem Wege zu den Spinndüsen. Die Viskose und das zugesetzte Fällmittel werden innig gemischt, nach dem Mischen und vor dem Eintritt in die üblichen Koagulierungsbäder kann erhitzt werden.

Aus dem Behälter *a* (Fig. 85) geht die Säure- oder Salzlösung durch das Rohr *b* über die Meßpumpe *c* und das Rohr *d* zu dem Mischkessel *e*. Er ist von einem Mantel *g* umgeben und trägt an seiner Innenfläche

---

[1] Vgl. hierzu Ver. St. Amer. P. 792888 (5. Aufl., S. 447) und belg. P. 256901 (5. Aufl., S. 489).

vorstehende Zapfen, Rippen od. dgl. *h*, die mit ähnlichen Zapfen oder Rippen *i* auf der innen umlaufenden Trommel *j* zusammenarbeiten. *j* läuft mit einer Geschwindigkeit um, welche zur Durchmischung der Viskose mit dem Fällmittel ausreicht. Der Antrieb der Meßpumpe *c* erfolgt in Verbindung mit dem der Pumpe der Spinnmaschine so, daß das Zumischen des Fällmittels zu der Viskose und das Weiterbefördern der Mischung zu den Spinnpumpen ein gleichmäßiges Produkt ergibt. Man erhält ein Produkt von mildem Glanz, unter Umständen geringerer Dichte, und die daraus erzeugten Gewebe zeigen weicheres und feineres Gefüge.

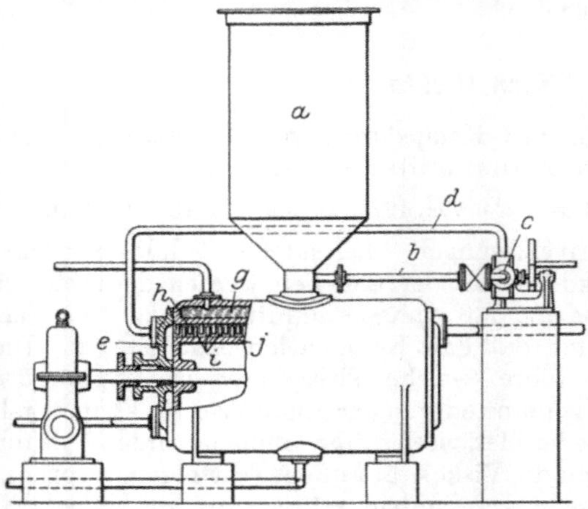

Fig. 85.

Nach N. V. Bouwonderneming Ketabang IV.

230. N. V. Bouwonderneming Ketabang IV, Soerabaja. Verbessertes Verfahren und Apparat zur Herstellung von Kunstseidefäden.

Brit. P. 289976 vom 9. II. 1927.

Die in einem sauren Salzbade gefällten Fäden werden durch das Bad auf einer so langen Strecke geführt, daß die Koagulierung und alle anderen normalen Veränderungen praktisch vollendet sind, wenn der Faden das Fällbad verläßt. Es wird z. B. eine Schlepplänge von 60 cm angegeben. Nach Verlassen des Bades wird der Faden sofort auf einer Flügel- oder Ringzwirnvorrichtung gezwirnt. Das Bad wird von der Fällflüssigkeit durchflossen, die Länge des Fadendurchlaufs kann durch einen einstellbaren Führer verändert werden. Nach Verlassen des Bades geht der Faden zunächst über eine Walze und dann senkrecht nach unten zur Zwirnvorrichtung. (1 Zeichnung.)

Nach Linkmeyer.

231. C. R. Linkmeyer. Fällbad zur Herstellung von Viskosekunstseide.

Franz. P. 631674 vom 18. III. 1927.

Die durch Zusatz von Zersetzungsprodukten des Zellulosexanthogenats zum Fällbad erreichte Wirkung läßt sich nach vorliegender Erfindung in gleicher Weise dadurch erzielen, daß man das von den Spinnvorrichtungen kommende Fällbad zum Sieden erhitzt. Dadurch werden die überfeinen, durch Fällung ausgeschiedenen Viskoseteilchen in andere im Spinnbad lösliche Stoffe übergeführt. Das so behandelte Spinnbad muß zur weiteren Verwendung wieder auf die zum Spinnen nötige Temperatur von 25—50° C abgekühlt werden. Die frei werdenden Wärmemengen kann man zur Erwärmung des aus den Spinnapparaten kommenden Fällbades benutzen. Bei diesem Kreislauf ist darauf zu achten, daß die durch das Alkali der Viskose verbrauchten Säuremengen ständig ersetzt und das im Fällbad gebildete Sulfat durch Kristallisation entfernt wird. Zur Vermeidung einer zu starken Erhitzung können in Schwefelsäure gelöste koagulierte Viskoseabfälle benutzt werden. Der Vorteil des Verfahrens besteht in der Erzeugung feiner Elementarfäden bis zu 1 Den. bei Anwendung eines Säurebades von ungefähr 14% Schwefelsäure.

Nach Kindermann.

232. H. Kindermann, Breslau. Verfahren zur Herstellung von Fäden aus Zellulosexanthaten.

Brit. P. 301811 vom 6. VIII. 1927.

Die Fällung erfolgt mittels zweier Bäder, das erste ist ein Säurebad und das zweite die wässerige Lösung eines Chlorids, Sulfats oder Nitrats von Kupfer, Cadmium, Zinn, Blei, Quecksilber, Wismut, Antimon, Selen oder Tellur. Solche Bäder ermöglichen die Behandlung unreifer Viskose. Das zweite Bad kann eine wässerige Lösung einer Arsenverbindung enthalten.

Nach Harrisson.

233. W. Harrisson, Heatherdene, Schottl. Verfahren zur Herstellung künstlicher Fasern aus Viskose.

Belg. P. 355345 vom 29. X. 1928 (Prior. Engl. vom 1. XI. und 19. XII. 1927 und 5. VI. 1928).

Fäden mit einer Festigkeit von 2,5—3,5 und sogar 4 g pro Denier werden ohne Verwendung von Quellungsmitteln und starken Säuren dadurch erhalten, daß man ungereifte oder nur teilweise gereifte Viskose mit starken oder Mineralsäuren von niedrigerer Wasserstoffionenkonzentration als 7% behandelt. Bei Schwefelsäure kann man bis 0,5% gehen, besonders bei Gegenwart neutraler Salze. Man erhält dadurch eine langsame und gleichmäßige Zersetzung und einen kurze Zeit, weniger als 10 Sekunden dauernden plastischen Zustand der Viskose, währenddessen der Faden um 100% und mehr ausgezogen wird. Das Ausziehen dauert so lange, bis die Zersetzung praktisch vollkommen beendet ist. Als Koagulierungsmittel können auch Stoffe benutzt werden, die auf das Alkali der Viskose einwirken ohne Zersetzung in Zellulose, z. B. saures Natriumphosphat oder Natriumbikarbonat oder -bisulfit, Borsäure oder Essigsäure, Aluminium- oder Ammoniaksalz; auch alkalische Koagulationsmittel sind verwendbar, z. B. alkalische Lösungen von Blei-, Kupfer-, Zinkoxyd, Manganhydroxyd oder Eisenoxyd, die mittels kolloidaler Stoffe hergestellt sind; auch Schutzkolloide wie Gelatine oder Kondensationsprodukte von Formaldehyd mit Naphtholsulfosäure können verwendet werden.

Man behandelt z. B. gereifte Alkalizellulose mit 40—60% Schwefelkohlenstoff vom Zellulosegewicht 12—24 Stunden, löst in Natronlauge zu einer Viskose mit 7% Zellulose und 6,5% Ätznatron und spinnt in einem 40° C warmen Bad aus 15—20% wasserfreiem Natriumsulfat, 15—20% kristallisiertem Aluminiumsulfat und 1—10% Essigsäure. Man führt den Faden so schnell wie möglich auf eine ebene, zylindrische oder konische Fläche, die sich mit einer Geschwindigkeit von 25 m in der Minute bewegt, gibt ihm dadurch eine allmählich steigende Spannung und sammelt ihn mit 40—50 m Geschwindigkeit in der Minute auf Spulen und schließlich in einem Spinntopf. Das Ausziehen dauert höchstens 60 Sekunden, vorteilhaft nur 3. Auf den Sammelvorrichtungen wird mit Schwefelsäure von 1—5 und 10—15% Natriumsulfat zersetzt.

Nach Kohorn und Jäger.

234. O. Kohorn und Co. und A. Jäger, Chemnitz. Verfahren zur Herstellung von Fäden und Films aus Viskose.

Brit. P. 301305 vom 18. X. 1928 (Prior. Deutschl. vom 26. XI. 1927); belg. P. 355856.

Den bei der Viskoseherstellung verwandten Fällbädern werden keratin- oder glutinhaltige Stoffe oder deren Zersetzungsprodukte zugesetzt. Geeignete Stoffe sind z. B. die bei der Behandlung von Häuten, Horn, Wolle und bei der Lederfabrikation erhaltenen Nebenprodukte. Der keratinhaltige Stoff kann in Form einer kolloidalen Lösung angewandt werden, oder man löst ihn mittels Säuren, Alkalien oder mit Hilfe von Fermenten. Die Auflösung wird erleichtert durch eine Vorbehandlung der Stoffe mit einer Metallsalzlösung, z. B. einem Chromsalz. Beispielsweise setzt man eine Lösung von Chromleder in verdünnter Schwefelsäure zu einem Sulfat-Schwefelsäure-Bad.

Nach Viscose Company.

235. The Viscose Company. Verbesserung in der Herstellung von Kunstseide.

Belg. P. 353760 vom 25. VIII. 1928; franz. P. 659342 vom 22. VIII. 1928.

Die Erfindung bezweckt eine Verbesserung der Viskoseseide hinsichtlich ihrer färberischen Eigenschaften und Zugfestigkeit, indem man den Faden, solange er sich noch in plastischem Zustand befindet, einer Spannung unterwirft. Das Neue besteht darin, daß die dem Faden erteilte Spannung konstant gehalten wird. Zu diesem Zweck wird der Faden über rotierende Walzen geführt, die mit verschiedener Geschwindigkeit umlaufen, und deren Antrieb durch eine gemeinsame Welle regelbar ist. Vorzugsweise wird eine Vorrichtung benutzt, bei welcher das Anliegen des Fadens auf den Bewegungsorganen dadurch erreicht wird, daß man den Faden um diese herumschlingt, wodurch ein Abgleiten des Fadens vermieden wird. (8 Zeichnungen.)

Besondere mechanische Einrichtungen für die Herstellung von Viskoseseide.

Nach Donagemma, Tolini, Valentini und Micozzi.

236. G. Donagemma, P. Tolini, Varedo, Milan, M. Valentini, Milan, und E. Micozzi, Rom. Einrichtung für Kunstseidenspinnmaschinen zum Absaugen der Gase.

D.R.P. 426693 Kl. 29a vom 17. VII. 1923 (siehe auch 5. Aufl., S. 888, Nr. 1060).

Die von den Bädern entwickelten Gase werden mittels besonders angeordneter Saugkappen durch geeignete gelegte Rohrleitungen angesaugt und einem Sammler zugeführt, von wo sie ins Freie gelangen, während frische Außenluft durch eine Leitung am hinteren Unterende der Maschine austritt und schräg aufwärts der daneben stehenden Maschine zugeführt wird.

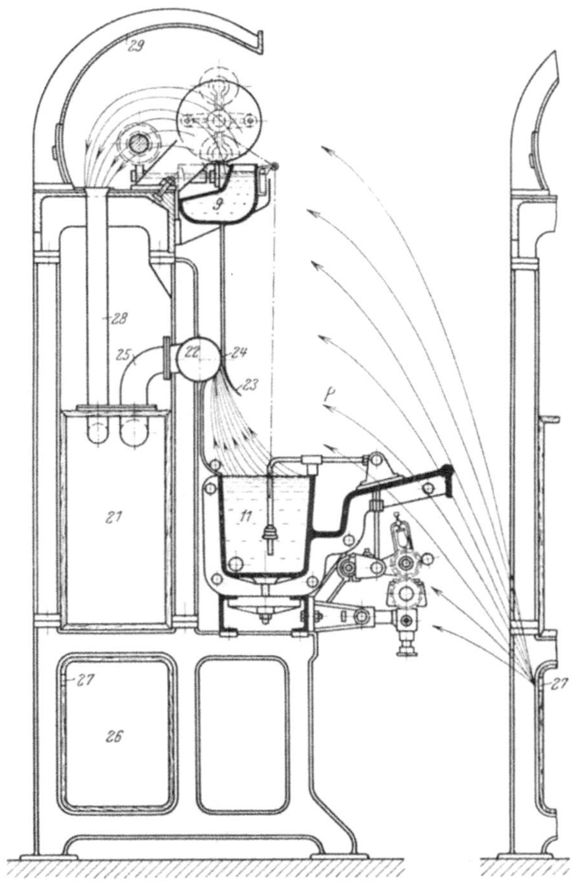

Fig. 86.

Fig. 86 ist eine Seitenansicht der Maschine, teilweise im Schnitt. Die warmen Gase, die sich aus der in dem Behälter *11* enthaltenen Flüssigkeit entwickeln, werden unmittelbar bei ihrer Entstehung in den Raum *21* mittels einer Sammelleitung *22* und einer kleinen Kappe *23* eingesaugt. Diese Gase treten durch Löcher *24* in die Sammelleitung *22*, durchströmen die Rohrleitung *25* und gelangen zu dem Sammelraum *21*. An diesen Sammelraum ist auch die Leitung *28* angeschlossen, die zum Ableiten der Gase dient, die sich aus dem Behälter *9* für die Spulen entwickeln. Diese werden durch die Kappe *29* aufgefangen und durch das Rohr *28* angesaugt und dem Raum *21* zugeführt. Für jeden Faden und jede Spule ist eine Rohrleitung zur unmittelbaren Absaugung der schädlichen Gase vorgesehen.

Der Sammelraum ist an einen großen gemauerten Kanal angeschlossen, und aus diesem Kanal saugt ein Ventilator, dessen Leistung für die Gesamtheit der Spinnmaschinen bemessen ist, die schädlichen Gase ab. Dieser Ventilator veranlaßt durch seine Absaugung einen starken Unterdruck in dem Arbeitsraum, denn die Türen und Fenster sind geschlossen. Durch einen anderen Kanal, der mit der reinen Außenluft in Verbindung steht und an der entgegengesetzten Seite zu dem Ableitungskanal für die verdorbene Luft angeordnet ist, wird mit Hilfe eines Ventilators frische Luft zugeführt, die durch eine geeignete Leitung in den Sammelraum *26* jeder Maschine gelangt. Aus diesem Sammelraum tritt die Luft durch Löcher *27* auf der Rückseite der Maschine aus, steigt schräg aufwärts empor und ergießt sich über den Arbeiter, der an der nächsten Maschine arbeitet. Die frische Luft verhindert auf diese Weise, daß die schädlichen Gase zu dem Mund oder den Augen dieses Arbeiters gelangen. Da ein Arbeitsraum eine bestimmte Anzahl von Spinnmaschinen enthält, die alle in derselben Richtung aufgestellt sind, so ergibt sich, daß in dem Raum ein Luftstrom entsteht, der sich ohne Unterbrechung erneuert und in einer bestimmten Richtung fortströmt. Es wird also jede Stockung und jedes Stillstehen der Luft vermieden. Man erzielt ein dauerndes Ansaugen frischer reiner Luft und eine Ableitung der mit Gasen durchsetzten Luft, wobei nur ein Mindestmaß an Energie nötig ist, weil bei der Einrichtung alle unnötigen Reibungswiderstände vermieden sind.

Patentanspruch: Einrichtung für Kunstseidenspinnmaschinen zum Absaugen der Gase, dadurch gekennzeichnet, daß die aus den Bädern aufsteigenden Gase mittels einer über den Fällbadbehälter *11* und über dem Spulenbehälter *9* angeordneten Saugkappe *23* und *29* in Rohrleitungen *25* und *28* angesaugt und einem Sammler *21* zugeführt werden, von wo sie ins Freie gelangen, während die jeder Maschine zugeführte frische Außenluft am hinteren Unterende *27* derselben austritt und schräg aufwärts dem Arbeiterstand der danebenstehenden Maschine zugeführt wird.

Nach Viskose A.-G. und Becker.

237. Viskose A.-G. und C. Becker, Arnstadt i. Thür. Verfahren zur Regelung der Spannung von auf Spulen oder Walzen gesponnenen Viskose-Kunstseidefäden.

D.R.P. 436851 Kl. 29a vom 19. III. 1925.

Bei dem Spinnen der Kunstseidefäden aus Viskose lassen sich Ungleichmäßigkeiten des Fadens, die sehr störend bei der späteren Verarbeitung des fertigen Erzeugnisses wirken, nicht vermeiden. Es wurde gefunden, daß man diesen Übelstand leicht beheben kann, wenn man die noch elastischen gesponnenen Fäden von der Spinnspule oder Walze mit einer entsprechenden Vorrichtung ohne Antrieb durch ein neutralisierendes Bad irgendwelcher Art ablaufen und auf einer Aufwickelspule oder Walze mit Antrieb unter Spannung der Fäden wieder auflaufen läßt. Je nachdem man die Eintauchtiefe der Abwickelspule in das Bad einstellt, wird die Ablaufspule durch das Bad mehr oder weniger gebremst, und man kann durch die Änderung der Eintauchtiefe die für den betreffenden Titer notwendige Spannung ganz genau einstellen.

Patentanspruch: Verfahren zur Regelung der Spannung von auf Spulen oder Walzen gesponnenen Viskosekunstseidefäden aller Art zur Beseitigung der Ungleichheiten der Fäden, dadurch gekennzeichnet, daß die Spulen in einem Bad unter Spannung des Fadens ablaufen, wobei durch Einstellen der Eintauchtiefe der Spulen jede gewünschte Bremsung der Spulen erzielt wird. (1 Zeichnung.)

Nach Neidich.

238. S. A. Neidich, Edgewater Park, N. J. Apparat zur Herstellung von Fäden aus Viskose.

Ver. St. Amer. P. 1588045 vom 8. VI. 1926, angemeldet 23. V. 1925.

Durch die Erfindung soll vermieden werden, daß die frisch gefällten, noch plastischen Fäden durch Aufeinanderlagern sich gegenseitig abplatten. Die Fäden werden in Töpfen in einer Lösung aufgesammelt, die die Fäden schwebend hält und sie weiter festigt, z. B. einer wässerigen Lösung von 6,5% Natriumbisulfit, 3% Natriumsulfat und 4% Chlorammonium. Die Töpfe, in denen die Fäden aufgesammelt werden, drehen sich erst in der einen und dann in der umgekehrten Richtung, die Größe der Drehungen ist verschieden. Auch die Fadenführer, die den Faden aus dem Spinntrog zunächst über eine Walze den Töpfen zuleiten, gehen hin und her und verändern auch dadurch die Fadenlagen. (3 Zeichnungen.)

239. Derselbe. Viskosebehandlungsapparat.

Ver. St. Amer. P. 1683478 vom 4. IX. 1928, angemeldet 30. VI. 1926.

Die Erfindung besteht darin, daß die aus einer Spinndüse austretenden Fäden durch eine unter der Einwirkung der Schwerkraft strömende Fällflüssigkeit mitgenommen, koaguliert und der Aufnahmevorrichtung zugeführt wird. Fig. 87 stellt eine solche Vorrichtung im Längsschnitt dar. *1* ist ein Gefäß mit der Fällflüssigkeit, welche

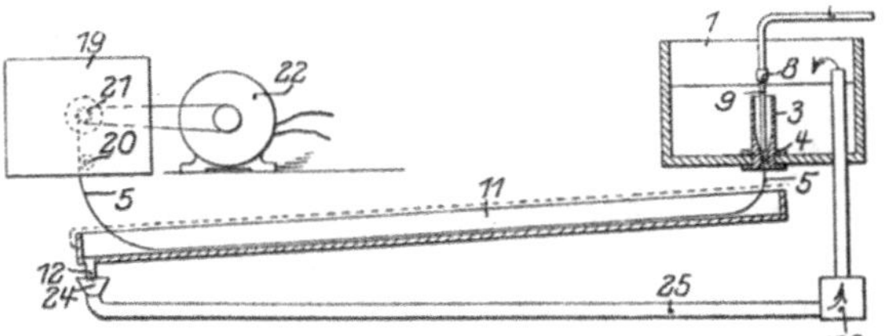

Fig. 87.

14% Natriumbisulfit und 0,25—1% Trinatriumphosphat enthält. Das Gefäß *1* hat eine Reihe Ausflußröhren *3*, die aus einer nach unten verengten Führung *4* bestehen, durch welche der aus der Düse *8* austretende und durch das Führungsrohr *9* geführte Viskosefaden *5* durch die herabströmende Fällflüssigkeit mitgenommen wird. Die Zufuhr der

Spinnlösung erfolgt durch das Rohr *7*. Der Faden gelangt darauf mit der Fällflüssigkeit in die in der Form eines engen, oben offenen Troges ausgebildete Führung *11*, welche abwärts geneigt ist, damit die Fällflüssigkeit zum Austritt *12* fließt. Der Trog *11* besteht aus Kautschuk, ist $^3/_8$ Zoll weit, $^1/_2$ Zoll tief und 6 Fuß lang. Zweckmäßig wird die Fällflüssigkeit erhitzt, oder man verwendet ein dampfförmiges Medium, in diesem Fall wäre der Trog nach oben abzudecken. An Stelle des Troges *11* kann an das Austrittsrohr *3* ein aus Kautschuk bestehender Schlauch angeschlossen werden, welcher direkt mit der Düse verbunden ist. Die nach dem Verfahren erzeugten Fäden werden über eine Führungsrolle *20* zu einer Aufnahmevorrichtung *19* geführt, wo sie auf Spulen *21* aufgewunden werden, welche von einem Elektromotor *22* angetrieben werden. Das bei *12* austretende Fällbad kann in einem Behälter *24* aufgefangen und zum Behälter *1* mit Hilfe eines Rohres *25* und einer Pumpe *26* zurückgeführt werden. (3 weitere Zeichnungen.)

Nach Hagiwara.

240. K. Hagiwara, Kyoto. Verfahren und Apparat zur Herstellung von Fäden aus Zellulosexanthaten.

Brit. P. 286086 vom 1. III. 1927; Ver. St. Amer. P. 1699615 (Toshiya Iwasaki).

Zur Unterstützung des Durchgangs der Lösung durch die Spinndüsen oder durch eine Filterfläche wird eine Elektrode in der Lösung vor der Spinndüse oder vor der Filterfläche angebracht und eine zweite Elektrode in dem Fällbad oder in Verbindung mit der Wickelspule oder hinter der Filterfläche, und ein elektrischer Strom wird z. B. von einer Induktionsspule durch die Lösung zwischen den Elektroden geschickt, um eine Wanderung des zu verspinnenden Materials zu bewirken. Durch diese Arbeitsweise wird die Abgabe der Pumpe herabgesetzt, und die Spinngeschwindigkeit kann vergrößert werden. Die aus der Viskose während des Spinnens entwickelten Gase werden durch die stille elektrische Entladung, die in den Gasbläschen stattfindet, zersetzt und unschädlich gemacht.

Vgl. franz. P. 630944, S. 351, und 5. Aufl., S. 495 und 798.

Nach Herminghaus u. Co.

241. Herminghaus u. Co. G. m. b. H., Elberfeld. Verfahren zur Herstellung wasserfester Produkte mittels Viskoselösungen.

Belg. P. 352267 vom 20. VI. 1928; franz. P. 656240 vom 22. VI. 1928.

Man unterwirft die mehr oder weniger koagulierten Viskoseprodukte einer energischen mechanischen Beanspruchung, indem man sie z. B. durch ein kammförmiges Instrument gehen läßt. Eine Titerveränderung findet dabei nicht statt. Es kann eine Steigerung der Trockenfestigkeit um etwa 25%, der Naßfestigkeit um etwa 54% erzielt werden. Der Querschnitt der neuen Seide ist analog der von Nitroseide und zeigt nicht die feine Zähnelung der üblichen Viskoseseide.

Über die Herstellung von Viskoseseide (Rayon) bei der Du Pont Rayon Co. in Buffalo s. Douglas G. Woolf, Textile World 1926, S. 172—173 u. 325.

Eine eingehende Schilderung der Viskoseseideherstellung und besonders der dabei benutzten Maschinen gab J. W. W. Shuttleworth im Textile Manufacturer, vgl. Wollen- u. Leinen-Industrie 1926, S. 219—224.

Nachbehandlung von Viskosekunstseide: Waschen, Entschwefeln, Glanzveränderung, Mercerisieren, Chemikalienwiedergewinnung, Reinigen der Abgase.

Waschen.

Nach Herminghaus u. Co.

242. Herminghaus u. Co., G. m. b. H., Elberfeld, und L. Hesse, Vohwinkel. Verfahren zum Waschen aufgespulter Kunsterzeugnisse aus Viskose.

D.R.P. 440279 Kl. 29a vom 6. III. 1923.

Es hat sich gezeigt, daß sich das Waschen aufgespulter Kunsterzeugnisse aus Viskose, das die Entfernung von Säure und Salz bezweckt bedeutend erleichtern und abkürzen läßt, wenn man die die Netzbarkei, hindernden gasförmigen oder leicht verdampfbaren Verunreinigungen- wie beispielsweise Schwefelwasserstoff, sonstige gasförmige Schwefels verbindungen und Schwefelkohlentoff, vor dem Waschen entfernt. Das läßt sich durch eine ganze Reihe von verschiedenartigen Mitteln physikalischer Natur erreichen. Beispielsweise kann man die mit sauren Viskosekunstprodukten besponnenen Spulen einem Strom nassen Dampfes, welchem gasförmige Alkalien, wie beispielsweise Ammoniak, zugefügt werden können, aussetzen. Das Verfahren wird derart ausgeführt, daß in einem geschlossenen Behälter die Spulen durch einen Naßdampfstrom, der unten eingeleitet und oben abgeführt wird, gedämpft werden, wodurch die Verunreinigungen obengenannter Natur restlos ausgetrieben werden. An Stelle dieser Behandlung kann man die Spulen kräftig ausschleudern. Zur Ausführung kann man eine gewöhnliche Zentrifuge benutzen, in der ein Gestell aus vielen senkrechten Stäben angebracht ist. Das Gespinst der auf diese Stäbe gesteckten Spulen wird durch diese Maßnahmen vor jeder Beschädigung bewahrt. Eine Verkürzung der Waschzeit kann man auch dadurch erreichen, daß man die aufgespulten Kunstprodukte evakuiert. Das Verfahren kann auf verschiedene Weise ausgeführt werden. Man kann die Spulen in einem geschlossenen Behälter einem starken Vakuum aussetzen, wodurch die gasförmigen oder leicht verdampfbaren Verunreinigungen entweichen; mit noch besserem Erfolge evakuiert man unter einer Flüssigkeit von gewöhnlicher oder erhöhter Temperatur in einem geschlossenen Behälter. Sehr gute Ergebnisse erzielt man ferner durch das Tauchen der mit saurem Gespinst versehenen Spulen in ein heißes Wasserbad, welches auch Zusätze wie Alkali oder alkalische Salze, Glyzerin oder wasserlösliche Öle enthalten kann. Die erforderliche Einwirkungsdauer der Flüssigkeit sinkt im allgemeinen mit der Erhöhung der Temperatur der Flüssigkeit. Zur Durchführung der Verfahren geeignete Apparaturen sind an 4 Zeichnungen erläutert.

Patentansprüche: 1. Verfahren zum Waschen von frisch gefällten aufgespulten Kunsterzeugnissen aus Viskose, dadurch gekennzeichnet, daß man vor dem bisher üblichen Waschen mit Flüssigkeiten die gasförmigen oder leicht verdampfbaren Verunreinigungen, z. B. Schwefelwasserstoff und Schwefelkohlenstoff, durch physikalische Mittel entfernt.

2. Verfahren nach Anspruch 1, dadurch gekennzeichnet, daß man die mit sauren Viskosekunsterzeugnissen besponnenen Spulen einem Strom nassen Dampfes, welchem gasförmige Alkalien, z. B. Ammoniak, zugefügt sein können, aussetzt.

3. Verfahren nach Anspruch 1, dadurch gekennzeichnet, daß man die Spulen kräftig ausschleudert.

4. Verfahren nach Anspruch 1, dadurch gekennzeichnet, daß man die Spulen evakuiert.

5. Verfahren nach Anspruch 4, dadurch gekennzeichnet, daß das Evakuieren unter einer Flüssigkeit von gewöhnlicher oder höherer Temperatur erfolgt.

6. Verfahren nach Anspruch 1, dadurch gekennzeichnet, daß die Spulen in ein heißes Wasserbad getaucht werden.

7. Ausführungsform des Verfahrens nach Anspruch 6, dadurch gekennzeichnet, daß das Wasserbad Zusätze wie Alkali oder alkalische Salze, Glyzerin oder wasserlösliche Öle enthält. (Zeichnungen.)

Nach Erste Böhmische Kunstseidefabrik A.-G.

243. Erste Böhmische Kunstseidefabrik A.-G., Theresienthal b. Arnau a. d. E., Tschechosl. Verfahren zum gleichzeitigen Waschen und Zwirnen von künstlichen Fäden aller Art aus Viskose, die nach dem Spulenspinnverfahren gewonnen sind.

D.R.P. 459260 Kl. 29a vom 10. VII. 1924.

Das Wesentliche der Erfindung besteht darin, daß der von der frischbewickelten auf den Spulenhalter *1* (Fig. 88) gesteckten Spule *2* abgezogene, noch feuchte Faden *3* durch den Fadenführer *4*, über die Abzugsrolle *5* und den Trichter *6* in den Spinntopf *7* geleitet wird, während zugleich aus dem Rohr *8* über einen Quetschhahn *9* durch den Gummischlauch *10* die Waschflüssigkeit dem Trichter *6* zugeführt wird und dort den Faden bespült. Weitere Ausführungsbeispiele werden beschrieben.

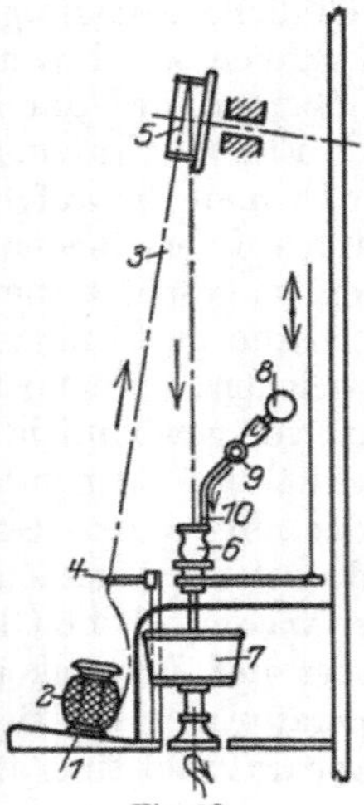

Fig. 88.

Patentanspruch: Verfahren zum gleichzeitigen Waschen und Zwirnen von künstlichen Fäden aller Art aus Viskose, die nach dem Spulenspinnverfahren gewonnen sind, dadurch gekennzeichnet, daß das noch spinnfeuchte Spinngut von der Spinnspule abgewickelt, zum Zwirnen einem Spinntopf zugeführt wird und hierbei noch mit Wasser behandelt wird.

Nach Rappoport.

244. S. Rappoport, Elberfeld. Verfahren und Vorrichtung zum Waschen aufgespulter Viskosekunstseide unter Wiedergewinnung des Schwefelkohlenstoffs.

D.R.P. 454210 Kl. 29a vom 12. IX. 1924.

Die Erfindung betrifft ein Verfahren, durch das die Wiedergewinnung des Schwefelkohlenstoffs und das Waschen in eigenartiger und zweckentsprechender Weise durchgeführt wird. Die die Kunstseide enthaltenden Spulen werden in einen Bottich gebracht, in den zunächst heißes Wasser geleitet wird, durch das der Schwefelkohlenstoff verflüchtigt wird. Der verflüchtigte Schwefelkohlenstoff wird wiedergewonnen. Danach wird die Warmwasserzuleitung abgesperrt und kaltes Wasser eingeleitet. Hierdurch wird zuerst das heiße Wasser und danach kaltes Wasser von außen nach innen durch die Spulen gedrückt. Das zuerst durch die Spulen strömende warme Wasser wird einem Sammelbehälter oder unmittelbar einem zweiten Bottich zugeführt. Nachdem das warme Wasser aus dem Bottich verdrängt ist, wird die zum Sammelbehälter oder Bottich führende Leitung abgesperrt, so daß das kalte Wasser abströmen kann. Bei diesem Verfahren wird also das heiße Wasser, dessen Hauptaufgabe darin besteht, den Schwefelkohlenstoff aus den Spulen auszutreiben, nachher noch zum Waschen nutzbar gemacht. Außerdem wird die in dem warmen Wasser noch befindliche Wärme für die Wiedergewinnung des Schwefelkohlenstoffes aus anderer Kunstseide nutzbar gemacht.

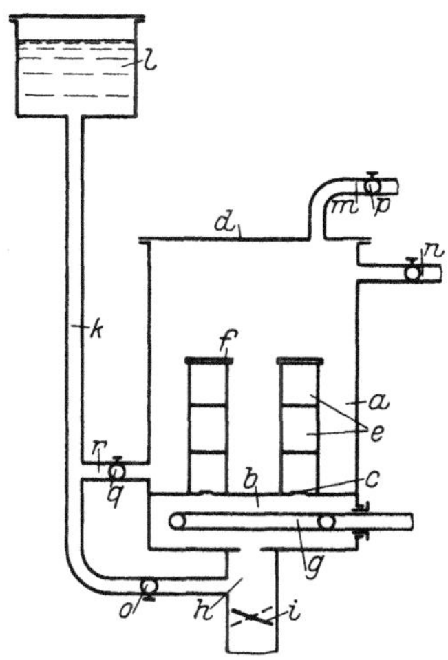

Fig. 89.

Fig. 89 veranschaulicht eine zur Durchführung des Verfahrens geeignete Vorrichtung im Schnitt. Sie besteht aus einem Behälter *a* mit doppeltem Boden *b*, in dem sich eine Anzahl von Löchern *c* befindet. Der Behälter *a* kann durch einen Deckel *d* luftdicht verschlossen werden. Über den Löchern *c* werden die gelochten Spulen *e* zu mehreren übereinander aufgeschichtet und durch einen Deckel *f* abgedeckt. Im unteren Teil des Behälters *a* befindet sich eine Heizschlange *g*, durch die Heizdampf in das Wasser geleitet werden kann. Am Boden des Behälters ist ein Ablauf *h* vorgesehen, der durch einen Hahn *i* abgesperrt werden kann. In den Ablauf *h* mündet ferner ein Steigrohr *k*, das zu einem Sammelbehälter *l* oder zu einem zweiten Bottich führt. Am oberen Ende des Bottichs *a* mündet ein Sammelrohr *m* für den verdampften Schwefelkohlenstoff und ein Zuleitungsrohr *n* für kaltes Frischwasser. Zwischen dem Rohr *k* und dem oberen Teil des Bottichs liegt ferner ein mit Ventil *q* versehenes Rohr *r*, durch das das warme Wasser aus dem Behälter *l* wieder in den Behälter *a* geführt werden kann. Das Verfahren wird in der Weise durchgeführt, daß die Spulen *e* zu mehreren übereinander über den Löchern *c* des Doppelbodens aufgeschichtet und durch Deckel *f* zugedeckt werden. Nun wird, während Ventil *i* geschlossen ist, der Bottich *a* aus dem Behälter *l* durch das Rohr *r* mit heißem Wasser gefüllt, dessen Temperatur mittels der Heizschlange *g* weiter erhöht wird. Das Ventil *q* wird darauf geschlossen. Der infolge der Erwärmung verdampfte Schwefelkohlenstoff entweicht aus der aufgespulten Seide und steigt nach oben dem Sammelrohr *m* zu, um in einem Kühler verdichtet zu werden. Ist der Schwefelkohlenstoff verdampft, so wird Ventil *p* geschlossen und durch das Rohr *n* kaltes Wasser zugeführt. Dieses treibt das heiße Wasser von oben nach unten durch die aufgespulte Seide in den unteren Teil des Bottichs *a* und von hier durch das Steigrohr *k* zu dem Behälter *l* oder einem zweiten Bottich. Ist das heiße Wasser verdrängt, so wird Ventil *o* geschlossen und Ventil *i* geöffnet, so daß das kalte Wasser abfließen kann. Das durch die Seide getriebene heiße Wasser hat die Wirkung, daß das Auswaschen der Seide günstig vorbereitet wird, so daß das nachströmende Spülwasser die Säure schneller entfernt. Durch das Verdrängen des warmen Wassers aus dem Behälter *a* mittels des von oben nachströmenden kalten Wassers ist zwar eine gewisse Abkühlung des Wassers nicht ganz zu vermeiden. Indessen wird der größte Teil der Wärme wiedergewonnen.

Patentansprüche: 1. Verfahren zum Waschen aufgespulter Viskosekunstseide unter Wiedergewinnung des Schwefelkohlenstoffs, dadurch gekennzeichnet, daß heißes Wasser in einen die Spulen enthaltenden Behälter eingelassen, der hierdurch entweichende Schwefelkohlenstoff abgeleitet wird und hierauf nach Absperren der Warmwasserzuleitung durch in diesen Behälter eingeleitetes kaltes Wasser das warme Wasser durch die Spulen von außen nach innen gedrückt und zwecks Wiederverwendung zu einem Sammelbehälter oder zweiten Bottich abgeführt wird, worauf nach Absperren der Warmwasserabfuhrleitung das kalte Wasser allein durch die Spulen gedrückt wird.

2. Vorrichtung zur Durchführung des Verfahrens nach Anspruch 1, gekennzeichnet durch einen heizbaren Druckbehälter *a* mit Doppelboden, dessen unterer Teil mit einem Sammelbehälter *l* in Verbindung steht und dessen oberer Teil mit dem Sammelrohr *m* für Schwefelkohlenstoff und einem Zuleitungsrohr *n* für Druckwasser in Verbindung steht.

Nach Viskose A.-G.

245. Viskose A.-G. Verfahren zum Entfernen der Verunreinigungen, die aus den Fällbädern herrühren, und zum Waschen von künstlichen Fäden auf Spulen oder Walzen.

Franz. P. 605762 vom 7. XI. 1925; brit. P. 242993 vom 11. XI. 1925 (Prior. Deutschl. vom 14. XI. 1924 [C. Becker und A. Bernstein]).

Das Waschen der aus dem Fällbad kommenden sauren Fäden auf Spulen ist unsicher und langwierig, das Entschwefeln auf Spulen undurchführbar. Man konnte diese Reinigungen bisher nur in Strängen durchführen. Nach der Erfindung werden die sauren oder bereits entsäuerten Fäden noch feucht von der Spule abgezogen und durch ein warmes Entschwefelungsbad geführt, z. B. durch verdünnte Natronlauge. Der Faden geht dann gegebenenfalls durch ein schwach saures Bad und dann zu einer in Waschwasser umlaufenden Spule. Er ist nun frei von allen Unreinigkeiten, wird getrocknet und gibt einen sehr glänzenden Faden.

Nach Neidich.

246. S. A. Neidich, Edgewater Park, N. J. Verfahren zur Behandlung von Fasern.

Ver. St. Amer. P. 1654552 vom 3. I. 1928, angemeldet 30. VII. 1925.

Die in Behältern mit vorzugsweise gelochten Wandungen in Windungen aufgesammelten Viskosefäden werden dadurch gewaschen oder anderen Nachbehandlungsflüssigkeiten unterworfen, daß man die Behälter in mehreren Lagen in Kästen setzt, in die man die Behandlungsflüssigkeiten vom Boden her eintreten und nach einiger Zeit wieder abfließen läßt. Diese Behandlung wird mehrmals wiederholt. (6 Zeichnungen.)

247. Derselbe. Apparat zum Dehydratisieren von Viskoseprodukten.

Ver. St. Amer. P. 1654553 vom 3. I. 1928, angemeldet 1. V. 1926.

Die in einem Fällbad aus Natriumbisulfit und Trinatriumphosphat koagulierten Fäden werden in Kästen aufgesammelt und in ihnen mit Alkoholdämpfen behandelt. Die Kästen durchwandern einen geschlossenen Kanal, der die Dämpfe enthält. Die Austrocknung kann vollständig sein, sie kann aber auch erst danach auf den Spulen erfolgen. (5 Zeichnungen.)

248. Derselbe. Viskoseprodukt.

Ver. St. Amer. P. 1651404 vom 6. XII. 1927, angemeldet 1. V. 1926.

Die gefällten, in einem Behälter lose aufgestapelten Viskosefäden werden durch Alkoholdämpfe entwässert und dann getrocknet. Das erzielte Produkt soll besonders gleichmäßigen Glanz, gleichförmigen zylindrischen Querschnitt und besonders hohe Dehnbarkeit aufweisen. Eine Vorrichtung zur Ausübung des Verfahrens ist beschrieben.

Nach Erste Böhmische Kunstseidefabrik A.-G.

249. Erste Böhmische Kunstseidefabrik A.-G., Theresienthal. Verfahren zum Auswaschen von Viskose-Kuntseide.

Tschechoslov. P. 21489 vom 16. X. 1926, angemeldet 31. X. 1925.

Die Kunstseide wird ohne Vorwaschung mit kaltem Wasser unmittelbar mit warmem oder heißem Wasser, insbesondere solchem von über 70°, behandelt, z. B. durch Berieseln der auf Spulen befindlichen Seide auf Tropfgestellen. Oder man behandelt die Kunstseide in Strangform in Tauchgefäßen mit langsam strömendem oder ruhendem warmen oder heißen Wasser. Gleichzeitig kann man heißen Wasserdampf auf die Kunstseide einwirken lassen. Eine Beschleunigung des Waschens läßt sich dadurch erreichen, daß man in den letzten Stufen der Wäsche etwas Ammoniak zusetzt. Gegenüber dem Waschen mit kaltem Wasser soll die Seide eine hellere Nuance, einen stärkeren Glanz und weicheren Griff aufweisen, die Waschzeit wird auf $^1/_6$ der für das Kaltwaschen notwendigen Zeit abgekürzt.

Nach Deutsche Zellstoff-Textilwerke.

250. Deutsche Zellstoff-Textilwerke G. m. b. H., Elberfeld. (Spinnstofffabrik Zehlendorf G. m. b. H.). Verfahren zur Behandlung von Viskosekunstseide nach dem Spinnen.

Brit. P. 268783 vom 29. III. 1927 (Prior. Deutschl. vom 30. III. 1926); schweiz. P. 129531.

Die gesponnene Seide wird auf gelochte Spulen aus säurefestem Stahl oder keramischem Material gewickelt und auf ihnen den Nachbehandlungsbädern durch Druckabfall unterworfen. Alle Operationen können so in 8 Stunden durchgeführt werden. In einigen Fällen wird die Kunstseide vor dem Entschwefeln von der Spinnspule entfernt, auf eine gelochte Zwirnspule gezwirnt und auf ihr den Nachbehandlungsbädern unterworfen.

251. Dieselbe. Verfahren zur Herstellung von Kunstseide aus Viskose.

Belg. P. 344200 vom 27. VI. 1927; franz. P. 636264 (Prior. Schweiz vom 24. III. 1927); schweiz. P. 129531.

Die auf eine gelochte Spule gesponnene Kunstseide wird auf dieser Spule allen Nachbehandlungen wie Entschwefeln usw. dadurch unterzogen, daß die Nachbehandlungsflüssigkeiten durch die Spulen aus z. B. V 2a-Stahl oder keramischer Masse hindurchgesaugt werden, und zwar von außen nach innen. Zum Entschwefeln dient z. B. eine Natriumsulfidlösung, die Spulen können mit Kautschuk, Gummilack od. dgl. überzogen sein. Das Verfahren kann auch in der Weise ausgeführt werden, daß man nur einen Teil der Nachbehandlung auf der Spinnspule durchführt und dann die Seide unter Zwirnen auf die gelochte Zwirnspule überführt und auf ihr die Nachbehandlung beendet. Entschwefelt man auf der Zwirnspule, so muß diese aus V 2a-Stahl oder keramischer Masse bestehen (3 Zeichnungen).

252. Dieselbe. Verfahren zur Herstellung von Kunstseide aus Viskose.

Belg. P. 344201 vom 27. VI. 1927; franz. P. 636265 (Prior. Schweiz vom 24. III. 1927); brit. P. 298688.

Die aus Viskose gesponnene Kunstseide wird auf einer gelochten Spule aus Aluminium mit allen Nachbehandlunsbädern behandelt, die Bäder werden durch die Kunstseidelagen durch Druckabfall hindurchgetrieben. Zum Entschwefeln dient eine verdünnte warme Lösung alkalisch reagierender Salze schwacher Säuren, z. B. von Natriumsulfit. Man kann auch nur einen Teil der Nachbehandlung auf der Spinnspule vornehmen und die Seide dann unter Zwirnen auf die gelochte Zwirnspule überführen und hier die Nachbehandlung vollenden. Entschwefelt man auf einer Aluminiumzwirnspule, so entschwefelt man mit einer Natriumsulfitlösung. (3 Zeichnungen.)

Entschwefeln und Verarbeiten unentschwefelter Viskoseseide.

Nach Burgess, Ledward u. Co. Ltd., Scholefield und Denner.

253. **Burgess, Ledward u. Co. Ltd., F. Scholefield und N. Denner.** Behandlung von Zellulosexanthaten.

Brit. P. 239981 vom 1. VIII. 1924.

Garn oder Gewebe aus Viskoseseide wird entschwefelt und glänzend gemacht während des Färbens, Bleichens oder Nachbehandelns zur Entfernung überschüssigen Farbstoffs, so daß die größere Festigkeit der schwefelhaltigen Viskoseseide möglichst lange erhalten bleibt. Es wird z. B. entschwefelt mit Natriumsulfit in Bädern, die direkte Farbstoffe oder basische und Tannin enthalten oder in dem Gerbsäurebeizbad für basische Farbstoffe oder mittels Natriumsulfid in Küpen- oder Schwefelfarbstoffbädern. Oder es wird mit Natriumsulfit entschwefelt in dem Reinigungsbad nach Bildung eines Azofarbstoffes auf der Faser. Statt Natriumsulfit ist in allen Fällen Kalium- oder Ammoniumsulfit anwendbar.

Nach Toda.

254. **Suyekichi Toda, Fukuiken, Japan.** Ein Verfahren zur Herstellung von Viskoseseidegeweben.

Brit. P. 287807 vom 22. IV. 1927; franz. P. 616409 vom 20. V. 1926.

Es ist bekannt, unentschwefelte Viskoseseide zu verweben und das Entschwefeln erst im Stück vorzunehmen. Das Entschwefeln in üblicher Weise gezwirnter Viskoseseidengarne führt nun leicht zum Verwirren der Fäden und verhindert die Dickenzunahme des Garns. Werden hingegen die Fäden nur lose gezwirnt, z. B. nicht über 50 Drehungen auf den Meter, und wird das Entschwefeln nach der Gewebebildung vorgenommen, so schwellen die Garnfasern beträchtlich, ihre Oberfläche und ihre Deckkraft nimmt zu und das Gewebe wird fest und kräftig.

Nach I. G. Farbenindustrie Aktiengesellschaft.

255. **I. G. Farbenindustrie Aktiengesellschaft, Frankfurt a. M.** Verfahren zur Herstellung von Fäden aus Zellulosexanthaten.

Brit. P. 279437 vom 14. X. 1927 (Prior. Deutschl. vom 23. X. 1926); franz. P. 636848; belg. P. 343515; österr. P. 112334; ital. P. 260864.

Viskoseseide wird entschwefelt durch Behandeln mit einer Ätzkalilösung oder mit der Lösung eines Alkalisalzes, welches in heißem oder kaltem Wasser hydrolytisch gespalten ist. Geeignete Alkalisalze sind die höherer Fettsäuren und anderer Säuren, wie Rizinusölsulfosäure, Seifen oder Karbonate. Z. B. wird die Seide behandelt mit einer 1proz. Lösung von harter Seife, Türkischrotöl oder Marseillerseife bei 95° C oder mit einer 2—4proz. Natriumkarbonatlösung. Werden Alkalilaugen verwendet, so können es Ablaugen von der Mercerisierung sein, die auf 1—2% NaOH gebracht sind.

256. Dieselbe. Verfahren zum Entschwefeln von Produkten aus Viskose.

Brit. P. 293833; belg. P. 349768 vom 16. III. 1928 (Prior. Deutschl. vom 13. VII. 1927); franz. P. 650882.

Die Verunreinigungen des rohen Zellulosexanthogenats werden zum Auflösen des auf den Fäden gefällten Schwefels benutzt. Man knetet z. B. Zellulosexanthat gründlich mit wässerigem Methanol unter Kühlen durch und preßt dann; die ablaufende Flüssigkeit wird mit oder ohne Verdünnung mit Wasser zum Entschwefeln benutzt. Oder man destilliert zunächst das Lösungsmittel ab und löst dann den Rückstand in Wasser oder einem anderen Lösungsmittel und entschwefelt damit.

Nach Herminghaus u. Co.

257. Herminghaus u. Co. G. m. b. H., Elberfeld. Verfahren zum Entschwefeln von Kunstprodukten aus Viskose.

Belg. P. 352122 vom 14. VI. 1928; franz. P. 655729; österr. P. 112977.

Man benutzt Lösungen, welche keine oder nur eine geringe Quellung der Kunstseide bewirken, besonders Lösungen von organischen oder anorganischen Stoffen in organischen Lösungsmitteln, die nur eine beschränkte Menge Wasser enthalten, z. B. eine Lösung von kristallisiertem Schwefelnatrium in Alkohol, Lösungen von Glyzerin in Alkoholen, Lösung von Rohrzucker in Alkohol, alkoholische Lösungen von Traubenzucker. Die so behandelte Seide zeigt milderen Glanz als in üblicher Weise entschwefelte. Die Trocken- und Naßdehnbarkeit steigt um etwa 50% gegenüber in wässeriger Lösung entschwefelter.

Nach Borzykowski.

258. B. Borzykowski, Steckborn, Schweiz. Verfahren zur Herstellung von gewebten, gewirkten und dergleichen Stoffen.

Schweiz. P. 123894 vom 21. V. 1926; franz. P. 634043 (Prior. Deutschl. vom 10. V. 1926).

Zur Herstellung derartiger Stoffe verwendete man bisher entschwefelte Viskoseseide. Das Entschwefeln im Strang kann nur von geübten Facharbeitern durchgeführt werden, es führt außerdem leicht zu einer Schädigung, besonders Zerreißung und Verwirrung der feinen Fasern, und die Fadenkreuzung der Haspelung wird leicht verworfen. Nach dem vorliegenden Verfahren wird nun unentschwefelte Viskoseseide verwendet, die gebleicht oder ungebleicht sein kann. Das fertige Gewebe kann nachträglich einem Entschwefelungs- oder auch Bleichprozeß unterzogen werden, wobei ihm der hohe, der Viskoseseide eigene Glanz oder ein matter, seidenartiger oder stumpfer Glanz gegeben werden kann.

Glanzveränderung[1].

Nach Borzykowski.

259. B. Borzykowski, Herzberg a. H. Verbesserungen in der Behandlung von Zellulosefasern.

Brit. P. 261333 vom 27. IV. 1926 (Prior. Deutschl. vom 11. V. 1925); tschechosl. P. 24230; schwed. P. 67458.

Im Gegensatz zu dem üblichen Verfahren, Viskoseseide vor dem Bleichen zu entschwefeln, wird nach der Erfindung das Bleichen der Fasern vorgenommen, während der Schwefel sich noch in den Kunstseidefasern befindet oder an ihnen haftet. Der so erhaltene Faden hat ein mattes Aussehen, und der in ihm enthaltene Schwefel bleibt auch während des Färbens in der Faser erhalten. Die Mattierung kann noch erhöht werden, wenn der Faden nach Verlassen des Bleichbades und vor dem Seifen der Einwirkung einer salzhaltigen Säurelösung unterworfen wird. Beispielsweise bringt man eine in bekannter Weise hergestellte, gewaschene und gezwirnte Viskoseseide vorzugsweise in Strangform ohne Entschweflung unmittelbar in ein aus Natriumhypochlorit bestehendes Bleichbad mit 0,1—0,15% freiem Chlor, hieran schließt sich die Behandlung mit einem schwach salzsaurem Bad, dem 1—2% Aluminium-, Magnesium- oder Zinksalz zugesetzt ist. Die weitere Behandlung erfolgt in der üblichen Weise.

Nach Courtaulds Ltd. und Miterfinder.

260. Courtaulds Ltd., London, W. H. Glover und G. S. Heaven. Verfahren zur Herstellung künstlicher Seidenfäden aus Viskose.

Brit. P. 273386 vom 29. III. 1926; schweiz. P. 125438; belg. P. 339166; franz. P. 627043.

Das Verfahren besteht darin, daß man in der Viskose eine geringe Menge einer hochsiedenden, nicht festen Petroleumsubstanz emulgiert, welche in dem fertigen Faden hartnäckig festgehalten wird und ihm ein mattes Aussehen verleiht. Unter einer hochsiedenden, nicht festen Petroleumsubstanz soll hier ein Petroleum oder Weichparaffin oder ein Gemisch davon verstanden werden, das bei denjenigen Temperaturen noch nicht siedet, denen die Viskose oder die daraus hergestellte Kunstseide bei dem gewöhnlichen Herstellungsverfahren unterworfen wird. Die hochsiedende, nicht feste Petroleumsubstanz kann leicht mit der Viskose emulgiert werden; so z. B. kann man sie zum Schwefelkohlenstoff hinzusetzen oder sie in das Zellulosexanthogenat einführen oder sie mit der Viskose vor dem Spinnen vermischen. Der Grad der Mattierung steigt mit zunehmendem Zusatze von Petroleumsubstanzen. Beispielsweise werden in 1000 T. Viskose mit einem Zellulosegehalt von 7,5% 5 T. Weichparaffin emulgiert. Die erhaltene Mischung wird filtriert, unter Vakuum gehalten und in bekannter Weise versponnen. Der fertige Faden enthält etwa 3—5% Weichparaffin, welches auch

[1] Siehe auch D.R.P. 421506, S. 82.

durch Kochen mit Benzol, Tetrachlorkohlenstoff oder Seifenlösung nicht oder nur wenig extrahiert wird.

261. Courtaulds Ltd., London, H. J. Hegan und E. Hazeley, Coventry. Verbesserungen in der Herstellung von Fäden, Fasern und dergleichen aus Viskose.

Brit. P. 282973 vom 20. XII. 1926.

Es wurde gefunden, daß, wenn man eine Viskose mit einer geringen Menge Natriumkarbonat, etwa 2—4%, und hinreichend Ätznatron, 7% oder mehr, in der also das Gesamtalkaliradikal erheblich größer ist als das Karbonatradikal, in ein Schwefelsäurebad mit viel Natriumsulfat, 25% oder mehr, spinnt, man Fäden erhält, die nur geringe oder keine Aufblähungen zeigen, weniger glänzen als in üblicher Weise gesponnene Fäden, nicht glatt sind, sondern eine gewisse Kräuselung haben und dadurch wollähnlich sind. Man taucht z. B. 100 Gwt. Zellulose in 17proz. Ätznatronlösung, preßt auf 300 Gwt. ab, zerkleinert die Alkalizellulose, läßt 3 Tage reifen, behandelt mit 35 Gwt. Schwefelkohlenstoff und löst in einer Lösung von Ätznatron und Natriumkarbonat, die so viel dieser Stoffe enthält, daß die Viskose 8% Zellulose, 3,5% Natriumkarbonat und 10% Ätznatron enthält. Man läßt 96 Stunden reifen, der Salzwert ist 4,8, d. h. die Viskose beginnt in einer 4,8proz. Kochsalzlösung zu koagulieren, nicht aber in schwächerer Lösung. Man spinnt aus einer Düse mit 72 Löchern von 0,1 mm Durchmesser in ein Bad aus 12% Schwefelsäure und 32% Natriumsulfat zu einem Faden von 300 Denier. Aufhaspeln, Waschen, Entschwefeln und Bleichen erfolgt in üblicher Weise.

262. Courtaulds Ltd, London. Verfahren zur Herstellung künstlicher Fäden, Bänder u. dgl.

Brit. P. 290693 vom 15. I. und 5. XI. 1927; belg. Pat. 347096; franz. P. 644485.

Um in einer Zelluloselösung, z. B. Viskose, eine feine Verteilung flüssiger oder fester Körper vorzunehmen, wurde in der Weise verfahren, daß man derartige Stoffe, z. B. Petroleumgallerte, Öl oder Mineralwachs, der Viskose oder dem zur Xanthogenierung der Alkalizellulose verwandten Schwefelkohlenstoff zusetzte, wobei das erhaltene Viskosegemisch vor dem Verspinnen filtriert und evakuiert wurde. In gleicher Weise wurden der Viskose Leukoverbindungen zugesetzt, das Gemisch filtriert und evakuiert und die Umwandlung in den gewünschten Farbstoff nach dem Spinnen vorgenommen. Im Gegensatz hierzu besteht das neue Verfahren darin, daß man die betreffende Spinnlösung vor dem Zusatz der obenerwähnten Stoffe filtriert und evakuiert. Handelt es sich beispielsweise um eine feine Verteilung von Öl in der Viskose, so läßt man das in einem Behälter unter Luftdruck stehende Öl durch eine in der Zeiteinheit bestimmte Ölmengen liefernde Pumpe der Viskoseleitung zufließen. Das erhaltene Viskoseölgemisch gelangt durch eine Reihe fein durchlochter Platten in einen Behälter, welcher in einer Erweiterung des Rohres bestehen kann, und in dem durch eine rotierende Schaufel eine gleichmäßige Durchmischung des Gemisches stattfindet. Die mehr oder weniger homogene Mischung gelangt weiter durch die Speiseleitung in bekannter Weise zu den Spinndüsen, wobei aber stets auf den Ausschluß der Luft zu achten ist. Nach dem gleichen Verfahren kann eine Verbesserung des zur Erzielung gefärbter Fäden in dem brit. P. 181902 beschriebenen Verfahrens dadurch erreicht werden, daß man die Spinnlösung vor dem Zufügen der Leukofarbstoffe filtriert und evakuiert. Der Vorteil des Verfahrens besteht in der Erzielung eines gleichförmigen Produktes, außerdem kann der Grad des Glanzes leicht geregelt werden.

263. Dieselbe. Verfahren zur Herstellung von Fäden, Bändern u. dgl. aus Viskose.

Brit. P. 294805 vom 10. X. 1927.

In Ergänzung des im brit. P. 273386 (s. S. 141 beschriebenen Verfahrens wird eine bessere Emulgierung der Petroleumsubstanzen in der Viskose erreicht, wenn man die Petroleumsubstanz mit einer geringen Menge Cyklohexanol nach der im brit. P. 290693 (s. vorstehend) beschriebenen Weise vermischt und unter Luftabschluß der filtrierten und evakuierten Viskose zusetzt. Z. B. emulgiert man in 1000 T. Viskose 4 T. eines Gemisches, welches 5—10 T. Cyklohexanol in 100 T. einer über 300° C siedenden Petroleumsubstanz enthält. Anstatt Cyklohexanol kann auch Ölsäure verwandt werden.

Nach Comptoir des Textiles Artificielles und Chavassieu.

264. Comptoir des Textiles Artificielles Soc. anon., Paris, und H. L. J. Chavassieu, Izieux. Verbessertes Verfahren zur Herstellung künstlicher Fäden, Fasern u. dgl.

Brit. P. 268734 vom 10. II. 1927 (Prior. Frankr. vom 3. IV. 1926); tschechosl. P. 24447; franz. P. 626956; belg. P. 339819.

Um Viskoseseide wollähnlicher zu machen, führt man in den Faden so viel oder mehr Schwefel ein, als die Wolle enthält. Man setzt z. B. zu den normalen Spinnbädern ein Gemisch von 1 Mol. Thiosulfat und 2 Mol. Natriumsulfid oder gibt das Gemisch zu der zu verspinnenden Viskose oder taucht die gefällten Viskosefäden in das genannte Gemisch und fixiert in einem sauren Bade. Das Verfahren kann auch bei der Herstellung hohler Fäden angewendet werden. Die erzeugten Fäden haben einen Schwefelgehalt von 2—5% und das Aussehen von Wolle, besonders wenn sie unter Zusatz von Eiweißstoffen zu der Viskose hergestellt sind. Der rauhe Griff der Naturwolle kann durch Zusatz von Silikaten, Aluminaten, Resinaten usw. zu der Viskose erzielt werden.

Nach N. V. Nederlandsche Kunstzijdefabriek.

265. N. V. Nederlandsche Kunstzijdefabriek, Arnhem, Holl. Verfahren zur Herstellung von künstlichen Textilprodukten mit mattem Aussehen.

Brit. P. 272939 vom 16. VI. 1927; franz. P. 635195; belg. P. 342087 (Prior. Ital. vom 16. VI. 1926).

Der Alkalizellulose oder Viskose werden während ihrer Herstellung Sulfide, Sulfite, Thiosulfate, Polysulfide oder andere Schwefelverbindungen zugesetzt, welche sich während des Spinnens zersetzen und auf dem Faden eine Abscheidung von freiem Schwefel hervorrufen. Man erhält auf diese Weise einen matten Faden. Beispielsweise setzt man der Viskose etwa 1% Natriumsulfit zu. Die weitere Behandlung der schwefelhaltigen Fäden geschieht in bekannter Weise, nur hat man darauf zu achten, daß der den Fäden anhaftende Schwefel bei der Nachbehandlung nicht entfernt wird. Deshalb darf man beim Färben keine Küpenfarbstoffe und Schwefelfarben verwenden, wodurch der Schwefel verschwinden und der Glanz des Fadens wieder hergestellt würde.

Nach Witte.

266. W. Witte, Providence (United States Finishing Company, New-York). Verfahren zur Nachbehandlung von Fasermaterial.

Ver. St. Amer. P. 1633152 vom 21. VI. 1927, angemeldet 29. VI. 1926.

Zur Erzeugung einer matten Viskosefaser wird das Gewebe mit einer aus 90% Äthylalkohol und 10% Natriumhydroxyd bestehenden Lösung alkalisiert. Die Ausführung geschieht in der Weise, daß 50 g der erwähnten alkoholischen Alkalilösung durch Hinzufügung eines Gemisches aus 25 g Sandarachgummi, 24 g Äthylalkohol und 1 g Pyridin zu einer zähflüssigen Masse verarbeitet werden. Mit diesem Gemisch wird das Gewebe bedruckt. Das alkalische Material gelangt nach Trocknen für kurze Zeit in ein Bad, welches 10—25% *p*-Toluolsulfochlorid, in Tetrachlorkohlenstoff gelöst, enthält, bei einer Temperatur von 38—66° C. Darauf wird in einer 5proz. Lösung von Natriumkarbonat und einer 5proz. Seifenlösung bei 82° C gespült. Das erhaltene Produkt hat ein mattes Aussehen und behält seine Weichheit und Festigkeit.

Nach Borvisk Syndicate Ltd.

267. Borvisk Syndicate Ltd., London (B. Borzykowski, Herzberg a. H.). Verbesserungen in der Herstellung künstlicher Gebilde für die Textilindustrie aus Viskose.

Brit. P. 273647 vom 27. XI. 1926; belg. P. 342809 (Prior. Deutschl. vom 2. VII. 1926); schwed. P. 65730; norweg. P. 45930; franz. P. 636090; schweiz. P. 129009; niederl. P. 20051.

Matte Fäden usw. werden aus normaler Viskose dadurch erzeugt, daß man der Viskose Öle, Fette, Seifen, sulfonierte Öle oder hydrierte aromatische Kohlenwasserstoffe wie Tetralin zusetzt. Man setzt z. B. 5% Olivenöl oder Rizinusöl, auf die Zellulose berechnet, zu in üblicher Weise hergestellter Viskose. Man verspinnt und behandelt in der üblichen Weise weiter. Auch nach dem Trocknen oder Entschwefeln zeigt sich kein erheblicher Glanz, ebensowenig tritt nach dem Färben mit Schwefel- oder Küpenfarbstoffen hoher Glanz auf.

268. Dasselbe. Verfahren zur Herstellung von Viskoseseide.

Brit. P. 292627 vom 23. VI. 1928, Zusatz zum brit. P. 273647 (Prior. Deutschl. vom 24. VI. 1927); belg. P. 352333.

Das im Hauptpatent 273647 (s. vorstehend) beschriebene Verfahren wird dahin abgeändert, daß der Viskose organische, stickstoffhaltige

Verbindungen, z. B. Kasein, Albumin oder anorganische Verbindungen wie Bariumhydroxyd, zugesetzt werden.

Nach Wolff u. Co., Czapek und Weingand.

269. Wolff u. Co., G. m. b. H., Walsrode, E. Czapek und R. Weingand, Bomlitz. Verfahren zur Herstellung von Zellulosexanthaten und anderen Zelluloselösungen sowie Fäden usw. daraus.

Brit. P. 274054 vom 21. VI. 1927 (Prior. Deutschl. vom 8. VII. 1926).

Zur Erzeugung seidenartigen Glanzes auf Produkten aus Zelluloselösungen wird den Lösungen Asbest oder ein asbestartiger Stoff in feiner Verteilung zugesetzt.

Nach Bonwitt.

270. G. Bonwitt, Berlin-Charlottenburg. Verfahren zur Herstellung von Textilerzeugnissen mit vermindertem Glanz aus Viskose.

Brit. P. 285066 vom 7. IX. 1927; franz. P. 640644 (Prior. Niederl. vom 11. II. 1927).

Man erhält Viskoseseide von mattem Aussehen dadurch, daß man der Viskoselösung Stoffe zufügt, welche in ihr emulgierbar sind, während des Spinnens kein Gas entwickeln und aus dem Faden während des Trocknens verdampfen. Die zugefügte Substanz muß ferner mit der Zelluloselösung nicht mischbar oder aber nicht in jedem Verhältnis mischbar sein. Geeignete Stoffe zum Mattieren sind: Monochlorbenzol, Dichlorbenzol, Xylol, hydrierte Naphthaline oder Gemische dieser Stoffe, wobei es vorteilhaft ist, daß der zugefügte Stoff dasselbe spezifische Gewicht wie die Spinnlösung hat, um eine Trennung der beiden Flüssigkeiten herabzumindern. Z. B. wird in normaler Viscose 1% Monochlorbenzol fein emulgiert. Die so hergestellte Spinnlösung wird in bekannter Weise bei einer Reife von etwa 9,5° Hottenroth bei 40 bis 50° in ein Spinnbad gesponnen, welches 12% $MgSO_4$, 12% Na_2SO_4 und 10% H_2SO_4 enthält. Beim Trocknen der Fäden verdampft das Chlorbenzol, und man erhält einen Faden mit guten physikalischen Eigenschaften und mattem Aussehen.

271. Derselbe. Herstellung von künstlichen Textilerzeugnissen mit mattem Glanz.

Brit. P. 285863, Zusatz zum brit. P. 285066; franz. P. 34038, Zusatz zum franz. P. 640644 (Prior. Niederl. vom 24. II. 1927).

Das im Hauptpatent (s. vorstehend) beschriebene Verfahren wird auch auf andere Zelluloselösungen und Zellulosederivate angewandt, wie Zellulosenitrat, Zelluloseacetat, Alkyl-, Aryl- und Aralkylzellulose und andere gemischte oder einfache Zelluloseester und -äther in geeigneten flüchtigen oder nichtflüchtigen Lösungsmitteln. Der zugesetzte Stoff kann in dem fertigen Faden ganz oder teilweise verbleiben. Geeignete Stoffe sind außer den im Hauptpatent genannten: hochsiedende Mineralöle und Tetrachlorkohlenstoff. Z. B. wird in der Viskose 1% Paraffinöl emulgiert, oder man setzt 0,7 Gew.-% eines aus 44 T. Tetralin und 16 T. Tetrachlorkohlenstoff hergestellten Gemisches zu, oder beide Stoffe werden gleichzeitig oder getrennt zugefügt.

272. Derselbe. Verfahren zur Herstellung von Textilerzeugnissen mit vermindertem Glanz.

Brit. P. 288222 vom 7. IX. 1927, Zusatz zum brit. P. 285066; franz. P. 34041, Zusatz zum franz. P. 640644 (Prior. Niederl. vom 7. IV. 1927).

Die Herstellung der im Hauptpatent und dem Zusatzpatent (s. vorstehend) vorgeschlagenen Spinnlösungen mit entsprechenden Zusätzen ergibt eine Schwierigkeit in der Praxis, sobald es sich um die Erzeugung von Fäden unter 6 Deniers handelt. In diesem Falle wird die mit Zusätzen versehene Spinnlösung vor dem Verspinnen homogenisiert. Es wurde gefunden, daß die emulgierten Stoffteilchen um so kleiner sein müssen, je feiner der zu spinnende Faden sein soll. Die Beziehung beider Größen regelt sich nach der Gleichung: $D^2 = c \cdot (a^2 + a)$, worin D die Denierzahl, a der maximale Durchmesser der Teilchen in millionstel Meter und c eine Konstante bedeutet, welche für normale Viskose etwa $^2/_3$ beträgt, so daß sich beispielsweise für 6 Deniers $a = 6{,}9\,\mu$ und für 1 Denier $a = 0{,}8\,\mu$ ergeben würde. Die Homogenisierung der mit Zusätzen emulgierten Spinnlösung kann in jedem geeigneten Apparat vorgenommen werden.

Nach Steckborn Kunstseide A.G.

273. Steckborn Kunstseide A.G., Steckborn, Schweiz. Verfahren zur Herstellung von matten Gebilden aus Zellulose.

Schweiz. P. 131108 vom 30. VII. 1927.

Nach dem Verfahren kommt eine Viskoselösung zur Verwendung, in der mindestens ein in dieser löslicher organischer Stoff in solcher Menge enthalten ist, daß bei der Fällung der Spinnlösung im sauren Spinnbad eine durch den zugesetzten organischen Stoff bewirkte stoffliche Ausscheidung in Form von unzähligen feinsten, nichtgasförmigen Teilchen in dem Zellulosegebilde auftritt. Zur Ausführung des Verfahrens kann man eine Viskose beliebigen Reifegrades verwenden. Als organische Stoffe eignen sich für den angegebenen Zweck solche, die in Viskose löslich sind, wie z. B. Naphthole, Eugenol, Acetessigester, Rizinolsäure oder Salicylaldehyd. Jedoch können auch Stoffe in der Viskose aufgelöst werden, welche sich bei Berührung mit dem Fällbad unter Bildung von Umsetzungsprodukten ausscheiden, z. B. Schwefelkohlenstoff. Die Menge der zugesetzten organischen Stoffe kann je nach dem gewünschten Mattierungseffekt abgeändert werden. Unter Umständen ist es zweckmäßig, die im Faden vorhandenen stofflichen Ausscheidungen teilweise zu entfernen und somit eine Kunstfaser herzustellen, die außer dem matten Aussehen ein niedriges spezifisches Gewicht zeigt und der kleinen Hohlräume wegen ein schlechter Wärmeleiter ist.

Nach Terrell.

274. Th. Terrell, London. Verfahren zur Behandlung von Kunstseide.

Brit. P. 305828 vom 17. II., 14. III. und 13. VI. 1928; belg. P. 358228.

Zur Herstellung matter Viskoseseide erzeugt man in oder auf den Fäden einen unlöslichen, farblosen, matten Niederschlag, indem man die mit einer wässerigen Salzlösung imprägnierte und darauf getrocknete Seide mit der wässerigen Lösung eines anderen Salzes behandelt, wobei solche Salze zur Anwendung kommen, bei denen die Base des einen mit dem Säurerest des anderen unter Bildung einer unlöslichen Verbindung reagiert. Z. B. kann der Niederschlag erzeugt werden durch Reaktion zwischen einem Bariumsalz und einem Alkalisulfat oder -karbonat oder einem Natriumsilikat und Aluminiumnitrat oder einem Kalziumsalz und Ammoniumkarbonat. Die besten Ergebnisse erhält man mit einem Niederschlag von Bariumsulfat; man taucht die Seide $^1/_2$—$1^1/_2$ Stunde in eine Lösung von 400 g Bariumchlorid in etwa 5 l Wasser und nach Trocknen in eine Lösung von 100 g Ammoniumsulfat in 400—500 ccm Wasser. Die mit Bariumsulfat behaftete Seide wird in einer konzentrierten Lux-Seifenflockenlösung (200—400 g Seife in 5 l Wasser) bei einer Temperatur von 50—80° C gewaschen und getrocknet.

Mercerisieren.

Nach Silver Springs Bleaching and Dyeing Company Ltd.und Miterfinder.

275. The Silver Springs Bleaching and Dyeing Company Ltd., Congleton, Fr. E. Mason und A. J. Hall. Verbessertes Verfahren zum Mercerisieren oder anderweitigem Behandeln Viskoseseide enthaltender Textilstoffe mit Ätzalkalien.

Brit. P. 274266 vom 2. VII. 1926.

Es wurde gefunden, daß rohe Viskoseseide vor dem Entschwefeln widerstandsfähiger gegen Ätzalkalien ist als entschwefelte. Man mercerisiert hiernach das unentschwefelte Viskoseseide enthaltende Gewebe und entschwefelt erst nach der Mercerisierung.

276. The Silver Springs Bleaching and Dyeing Comp. Ltd. und A. J. Hall. Behandlung von Viskoseseide mit Ätzalkalien.

Brit. P. 295488 vom 9. VII. 1927.

Die Erfindung bezieht sich auf das Mercerisieren von Textilien, welche Viskoseseide enthalten. Um die beim Mercerisieren von viskosehaltigen Geweben mit Ätznatron eintretenden Nachteile zu vermeiden, die darin bestehen, daß das Gewebe den weichen Griff verliert, harsch und spröde wird, wird hier zum Mercerisieren Pottasche verwendet, welche den viskosehaltigen Geweben gegenüber ein gänzlich anderes Verhalten zeigt als Ätznatron. Die Einwirkung der Pottasche auf Viskoseseide ist abhängig von der Temperatur, der Konzentration der Pottaschelösung und der Dauer der Einwirkung der Lösung. Z. B. wird ein viskosehaltiges Baumwollgewebe mit einer Pottaschelösung von 60° Tw bei 30° imprägniert, in gestrecktem Zustande mit kaltem oder heißem Wasser gewaschen, durch ein Bad aus verdünnter Schwefelsäure geführt, gewaschen und getrocknet. Die Dauer der Imprägnierung bis zur Säurebehandlung beträgt etwa 80 Sekunden. Man erhält einen Stoff, in dem die Baumwolle gut mercerisiert ist, während die Viskoseseide ihre ursprüngliche Festigkeit und ihren weichen Griff und Glanz behält.

Chemikalienwiedergewinnung, Unschädlichmachen der Abgase.

Nach Vereinigte Glanzstoff-Fabriken A.-G.

277. Vereinigte Glanzstoff-Fabriken A.-G., Elberfeld. Verfahren zur zweckmäßigsten Gewinnung von Spinnbädern aus den beim Spinnen von Viskose in mit löslichen Sulfaten versetzter Schwefelsäure sich bildenden Salzen.

D.R.P. 438461 Kl. 29b vom 11. V. 1919.

Das Patent entspricht dem in der 5. Aufl., S. 575, Nr. 681, angegebenen.

Patentanspruch: Verfahren zur zweckmäßigsten Gewinnung von Spinnbädern aus den beim Spinnen von Viskose in mit löslichen Sulfaten versetzter Schwefelsäure sich bildenden Salzen, darin bestehend, daß diese Salze beim systematischen Auslaugen der Fäden durch verdünnte Schwefelsäure in das leicht lösliche Bisulfat verwandelt und erforderlichenfalls unter Zugabe weiterer Schwefelsäure eingedampft werden.

278. Dieselbe. Verfahren zur Trennung von Natriumsulfat und Schwefelsäure.

Brit. P. 298639 vom 10. X. 1928 (Prior. Deutschl. vom 13. X. 1927).

Zur Abtrennung des durch Reaktion zwischen dem Alkali der Viskose und der Schwefelsäure des Spinnbades sich bildenden Natriumsulfates bringt man die Lösung auf einen Säuregehalt von 75—80%, kühlt ab und trennt das kristallisierte Salz durch Ausschleudern oder Filtrieren. Die Erfindung beruht auf der Beobachtung, daß die Löslichkeit von Natriumsulfat in Schwefelsäure bei der erwähnten Konzentration und Zimmertemperatur einen Mindestwert erreicht. Das Verfahren dient zum Regenerieren von Viskosespinnbädern.

Nach Nicolardot.

279. P.-L.-F. Nicolardot. Verfahren zur Wiedergewinnung von Schwefelkohlenstoff.

Franz. P. 631033 vom 9. VI. 1926.

Zur Wiedergewinnung dienen Öle, kolloidale Kieselsäure oder Aktivkohle, die durch ein Kühlmittel auf Temperaturen unter 0° gehalten werden. Durch Erhitzen mit oder ohne Wasserdampf werden die Absorptionsmittel von Schwefelkohlenstoff befreit.

Nach Donagemma.

280. **G. Donagemma.** Verbesserungen an Bädern zur Herstellung von Fäden, Häutchen, Platten usw. aus Zellulose.

Franz. P. 624446 vom 10. XI. 1926 (Prior. Ital. vom 16. X. 1926); belg. P. 338458.

Bei dem bekannten Fällen von Viskose mit verdünnter Schwefelsäure oder mehr oder weniger erhitzter Salz- oder Essigsäure muß man die durch das Wasser der Viskose bewirkte Verdünnung der Fallbäder dadurch ausgleichen, daß man durch Zusatz von Säure die Anfangskonzentration wiederherstellt. Man kommt mit der Hälfte der Säure aus und gewinnt die durch die Zersetzung der Viskose gebildeten Natronsalze, wenn man etwa $^2/_3$ des Fällbades in besonderen Behältern auf 100° C und darüber erhitzt und den Rest des Fällbades in einem anderen Behälter abkühlt. Diesem zweiten kalten Teil setzt man so viel Säure zu, daß die Anfangskonzentration des ganzen Bades erreicht wird und mischt dann etwa 60 T. des auf 100° erhitzten Bades und 40 T. des kalten Bades. Man erhält ein Bad von über 60° C, das zur Spinnmaschine geht.

Nach Siemens-Schuckertwerke Akt.-Ges.

281. **Siemens-Schuckertwerke Akt.-Ges., Berlin-Siemensstadt.** Einrichtung zum Absaugen der aus den Fällbädern bei der Kunstseidenherstellung aufsteigenden Gase.

D.R.G.M. 1025319 Kl. 29a vom 25. VIII. 1927.

Zum Absaugen der aus den Fällbädern aufsteigenden Gase sind die Fällbadkästen auf ihrem Rand mit einer Absaugeleitung in Form eines Rohres versehen, das gegenüber dem Fällbadspiegel eine schlitzförmige, nach unten angeordnete Öffnung hat. Diese Absaugleitungen sind durch Rohrstutzen mit einer Unterdruckleitung verbunden. Durch die Anordnung werden die aus dem Spinnbad aufsteigenden Gase unmittelbar längs der Oberfläche des Fällbades abgesaugt. (2 Zeichnungen.)

4. Aus Lösungen von Zellulosehydrat in Ätzalkali.

Als dem brit. P. 217168, siehe 5. Aufl., S. 588, vorgängig, ist nachzutragen:

282. **L. Lilienfeld, Wien.** Verfahren zur Herstellung von Abbauzwischenprodukten der Zellulose, wie Guignetzellulose, Amyloid, Acidzellulose u. dgl.

Österr. P. 91959 vom 15. IX. 1922, angemeldet 16. V. 1918.

Bei der Einwirkung von starker Schwefelsäure von ungefähr 60° Bé auf Zellulose arbeitet man bei Atmosphärendruck mit solchen Säuremengen, daß auf 1 Gwt. Ausgangsstoff nicht mehr als 2, vorteilhaft 0,4—1,2 Gwt. Schwefelsäuremonohydrat kommen. Zuerst wird bei 0 bis +5° C gearbeitet, zuletzt steigt die Temperatur auf 20—26°. Ist die Reaktion gut geleitet, so soll sich das Reaktionsprodukt klar ohne nennenswerten Rückstand in verdünnter Natronlauge lösen. Die gebildeten Abbauzwischenprodukte werden durch Fällen mit Wasser abgeschieden. Sie dienen u. a. zur Herstellung von Kunstseide.

5. Aus Zellulosefettsäureestern und Zelluloseäthern.

Herstellung von Zellulosefettsäureestern und Zelluloseäthern für Kunstseideherstellung.

Nach Zdanowich.

283. J. O. Zdanowich, Westminster. Verbesserungen in der Herstellung von Zelluloseacetaten.

Franz. P. 583655 vom 23. IV. 1924 (Prior. Engl. vom 18. VI. 1923).

Lösungen von Zelluloseacetaten werden dadurch stabilisiert, d. h. nach ihrer Herstellung auf konstanter Viskosität erhalten, daß man ihnen Wasser, Methyl-, Äthyl-, Amyl- oder andere Alkohole, Milch- oder Ameisensäure, Chloralhydrat, Wasserstoffsuperoxyd, Glyzerin oder Mischungen zweier oder mehrerer dieser Stoffe zusetzt. Die zugesetzte Wassermenge kann gering sein, sie kann aber das 2—3fache der angewendeten Zellulose oder mehr betragen. Temperaturerhöhung darf bei dem Wasserzusatz nicht eintreten, auch keine wesentliche Hydrolyse[1].

284. Derselbe. Verfahren zur Herstellung von Fäden aus Zelluloseacetaten.

Brit. P. 244148 vom 14. VIII. 1924.

Bei der Acetylierung von Zellulose, bei der in der ersten Stufe das Acetylierungsgemisch chloriert wird, wird das absichtlich in der Lösung belassene Chlor dazu benutzt, in der zweiten Acetylierungsstufe ein nascierendes Kondensationsmittel zu bilden, indem z. B. in die Mischung Schwefeldi- oder -trioxyd oder ein Phosphoroxyd eingeleitet wird. Diese Arbeitsweise macht die Verwendung eines starken Kondensationsmittels wie Schwefelsäure entbehrlich, es ist aber zulässig, in einer dritten Stufe die Acetylierung zu vervollständigen durch Zusatz einer sehr geringen Menge, z. B. 0,01—0,1% Schwefelsäure. Die Lösung kann direkt ohne Fällung des Acetats auf Fäden verarbeitet werden, sie kann zunächst gemäß brit. P. 200186 und 227134[2] stabilisiert werden.

Nach Lilienfeld.

285. L. Lilienfeld, Wien. Verfahren zur Herstellung von Zelluloseverbindungen.

D.R.P. 448984 Kl. 12o vom 20. V. 1924 (Prior. Österr. vom 4. IV. 1924); Ver. St. Amer. P. 1642587; österr. P. 102305; tschechosl. P. 21403.

Das Patent entspricht dem in der 5. Aufl., S. 619, Nr. 758, erwähnten brit. P. 231800.

Patentansprüche: 1. Verfahren zur Herstellung von Zelluloseverbindungen, dadurch gekennzeichnet, daß man Monohalogenfett-

[1] Vgl. hierzu brit. P. 227134, 5. Aufl., S. 623.
[2] Siehe 5. Aufl., S. 622 und 623.

säuren oder deren Salze oder Derivate auf Zellulosexanthogensäuren, z. B. auf rohe oder gereinigte Viskose von alkalischer, neutraler oder saurer Reaktion einwirken läßt.

2. Verfahren nach Anspruch 1, dadurch gekennzeichnet, daß man das Reaktionsprodukt in der Weise isoliert, daß man das Reaktionsgemisch entweder mit einem wasserentziehenden oder mit einem alkalibindenden Mittel versetzt.

286. Derselbe. Verfahren zur Herstellung von Zelluloseverbindungen.

D.R.P. 449432 Kl. 12o vom 20. V. 1924 (Prior. Österr. vom 4. IV. 1924); österr. P. 102307; Ver. St. Amer. P. 1674405.

Das Patent entspricht dem in der 5. Aufl., S. 620, Nr. 760, mitgeteilten.

Patentansprüche: 1. Verfahren zur Herstellung von Zelluloseverbindungen, dadurch gekennzeichnet, daß man Ammoniak auf Zellulosexanthogenfettsäuren oder die sie enthaltenden Reaktionsgemische einwirken läßt, wie man sie z. B. aus roher oder gereinigter Viskose von alkalischer, neutraler oder saurer Reaktion und Monohalogenfettsäure erhält.

2. Verfahren nach Anspruch 1, dadurch gekennzeichnet, daß man rohe oder gereinigte Viskose von alkalischer, neutraler oder saurer Reaktion gleichzeitig mit einer Monohalogenfettsäure und mit Ammoniak behandelt.

287. Derselbe. Verfahren zur Herstellung von Zelluloseverbindungen.

D.R.P. 438918 Kl. 12o vom 20. V. 1924 (Prior. Österr. vom 4. IV. 1924); österr. P. 102306; schweiz. P. 121030 und 121031; Ver. St. Amer. P. 1674401; franz. P. 596412.

Das Patent entspricht dem in der 5. Aufl., S. 620, Nr. 759, erwähnten brit. P. 231801.

Patentansprüche: 1. Verfahren zur Herstellung von Zelluloseverbindungen, dadurch gekennzeichnet, daß man solche sich vom Ammoniak ableitende Verbindungen, in denen mindestens ein Wasserstoffatom des Ammoniaks durch eine Alkyl-, Aryl- oder Aralkylgruppe vertreten ist und die mindestens ein substituierbares Ammoniakwasserstoffatom enthalten, auf Zellulosexanthogenfettsäuren einwirken läßt, die z. B. aus roher oder gereinigter Viskose von alkalischer, neutraler oder saurer Reaktion und einer Monohalogenfettsäure erhalten werden.

2. Verfahren nach Anspruch 1, dadurch gekennzeichnet, daß man rohe oder gereinigte Viskose von alkalischer, neutraler oder saurer Reaktion gleichzeitig mit einer Monohalogenfettsäure und mit einer Verbindung behandelt, in der mindestens ein Wasserstoffatom des Ammoniaks durch ein Alkoholradikal vertreten ist und die mindestens ein substituierbares Ammoniakwasserstoffatom enthält.

288. Derselbe. Herstellung von neuen alkalilöslichen, wasserunlöslichen Zellulosederivaten.

D.R.P. 493585 Kl. 12o vom 20. V. 1924 (Prior. Österr. vom 4. IV. 1924).

Das Patent entspricht dem in der 5. Aufl., S. 620, Nr. 761, erwähnten brit. P. 231807.

Patentansprüche: 1. Verfahren zur Herstellung von neuen alkalilöslichen, wasserunlöslichen Zellulosederivaten, dadurch gekennzeichnet, daß man Halohydrine, vorteilhaft Monohalohydrine von Polyalkoholen auf Zellulose bei Gegenwart von Alkalilösungen von unterhalb 50%, vorteilhaft unterhalb 25% einwirken läßt.

2. Verfahren nach Anspruch 1, dadurch gekennzeichnet, daß man bei Verwendung von Alkalilauge von mehr als 30% nicht mehr als 0,75 Moleküle Halohydrin auf 1 Molekül Alkali verwendet.

289. Derselbe. Verfahren zur Herstellung von Zelluloseverbindungen.

D.R.P. 455589 Kl. 12o vom 22. IX. 1925 (Prior. Österr. vom 11. X. 1924); brit. P. 241149; franz. P. 607727; schweiz. P. 121820, mit Zusatz-P. 124917, 124918 und 124919; Ver. St. Amer. P. 1674402; österr. P. 108143.

Man läßt auf Salze der N-substituierten oder nicht substituierten Thiourethane der Zellulose oder auf N-substituierte oder nicht substituierte Thiourethane der Zellulose in Gegenwart von basischen Stoffen, insbesondere Alkalien, Ester der anorganischen Säuren einwirken. Als Ausgangsstoffe können die nach dem D.R.P. 438918 und 449432 (siehe S. 151) erhaltenen Körper verwandt werden, während als Ester der anorganischen Säuren Haloidester, Schwefelsäureester, Phosphorsäureester usw. in Betracht kommen. Die Isolierung des Endproduktes der Reaktion kann in der Weise geschehen, daß man das ausgeschiedene Produkt durch Filtrieren, Kolieren, Zentrifugieren von der Mutterlauge trennt, mit Wasser auswäscht und trocknet. Die erhaltenen Zellulosederivate lassen sich mit Hilfe von Fällmitteln auf technische Produkte aller Art, auch Kunstseide, verarbeiten.

Patentansprüche: 1. Verfahren zur Herstellung von Zelluloseverbindungen, dadurch gekennzeichnet, daß man auf Salze, insbesondere Alkalisalze von Thiourethanen der Zellulosegruppe oder von N-substituierten Thiourethanen der Zellulosegruppe einen Ester einer anorganischen Säure einwirken läßt.

2. Ausführungsform des Verfahrens nach Anspruch 1, dadurch gekennzeichnet, daß man in Gegenwart von Alkalien auf Thiourethane der Zellulosegruppe oder auf Salze solcher oder auf N-substituierte Thiourethane der Zellulosegruppe oder deren Salze einen Ester einer anorganischen Säure einwirken läßt.

3. Ausführungsform des Verfahrens nach Anspruch 2, dadurch gekennzeichnet, daß man auf Thiourethane der Zellulosegruppe oder deren Salze oder auf N-substituierte Thiourethane der Zellulosegruppe oder deren Salze einen Ester einer anorganischen Säure in Gegenwart von Alkalien in solcher Weise einwirken läßt, daß wenigstens ein Teil des Alkalis unglöst ist.

290. Derselbe. Zellulosederivate und Artikel daraus.

Brit. P. 248246 vom 9. VII. 1925 (Prior. Österr. vom 30. V.), Zusatz zum brit. P. 231801[1]; Ver. St. Amer. P. 1680224.

Zur Herstellung von Zellulosethiourethanen geht man von Zellulosederivaten mit der Gruppe CSS aus, die keine Zellulosexanthofett-

[1] Siehe 5. Aufl., S. 620, Nr. 759.

säuren sind, z. B. von Zellulosexanthogensäure oder -xanthogenaten, oder von den Produkten, die man aus ihnen durch Behandeln mit Jod, Kupfersalzen oder Kaliumferricyanid erhält, oder von den Produkten, die man aus Chlorcarbonsäureestern und Zellulosexanthogensäuren oder -xanthaten erhält, oder von den Estern von Zellulosexanthogensäuren. Man behandelt z. B. Viskose, nach Neutralisieren mit Essigsäure, mit Anilin, o-Toluidin, o-Xylidin, Aminophenol oder Benzylamin, oder man fällt Viskose mit Kochsalz, trennt die Masse ab und behandelt mit Anilin in wässeriger Lösung, oder man behandelt Viskose mit einer Lösung von Jod in Jodkalium und läßt auf die ausgeschiedene feste Masse wässeriges Anilin einwirken. Statt Jod kann man auch Ferricyankalium benutzen. Oder man neutralisiert Viskose mit Essigsäure und behandelt dann mit Dimethyl- oder Diäthylsulfat oder mit Äthyljodid oder -bromid und danach mit o-Toluidin, Aminophenol oder Benzylamin. Oder man behandelt nach Neutralisieren mit Essigsäure mit Äthylchlorocarbonat und dann mit Anilin usw. Statt der aromatischen Amine können aliphatische primäre oder sekundäre Amine oder Oxyamine wie Methylamin, Äthylamin, Aminoäthylalkohol usw. benutzt werden. Die Produkte sind löslich in verdünnter Alkalilauge, in einigen Fällen auch in organischen Lösungsmitteln wie wässerigem Pyridin, die Lösungen können auf Kunstfäden u. a. m. verarbeitet werden.

291. Derselbe. Zellulosederivate und Herstellung von Fäden usw. daraus.

Brit. P. 252654 vom 16. VII. 1925 (Prior. Österr. vom 30. V. 1925).

Auf eine Zellulosexanthogensäure oder ein Zellulosexanthogenat läßt man in schwach alkalischer, neutraler oder saurer Lösung den Ester einer anorganischen Säure einwirken, z. B. Dimethyl- oder Diäthylsulfat, Methyl- oder Äthyljodid, Äthylbromid. Die Produkte sind löslich in verdünntem Alkali, in vielen organischen Lösungsmitteln und in wässeriger Lösung von Pyridin.

Über Zellulosexanthoessigsäure s. auch Tadashi Nakashima, J. Soc. Ind. Japon 31, 31—32B, Rev. Gen. Mat. Col. 1929 I, S. 1679.

Über Zellulosexanthogenamide vgl. Tadashi Nakashima, Bull. Inst. physical chem. Res. (Abstr.) Tokyo 1929, 2, S. 17—18; Chem. Zentralbl. 1929 I, S. 1679.

Über Zelluloseglykolsäure s. Ichiro Sakurada, Bull. Inst. physical chem. Res. (Abstr.) Tokyo 1929, 2, S. 12—15; Chem. Zentralbl. 1929 I, S. 1679.

Nach Courtaulds Ltd. und Miterfinder.

292. Courtaulds Ltd., London, W. H. Glover, Bedford, und E. van Weyenberg, Coventry. Zelluloseätherester und Verfahren zur Herstellung von Fäden daraus.

Brit. P. 241679 vom 15. IX. 1924.

In Alkali unlösliche Zelluloseäther werden verestert durch Erhitzen mit einer niederen Fettsäure, wie Ameisensäure, Essig- oder Propionsäure, oder dadurch, daß man sie mit der Fettsäure in Gegenwart eines Katalysators wie Schwefelsäure bei gewöhnlicher oder erhöhter Temperatur behandelt. Es wird z. B. Zelluloseäthyläther mit Eisessig auf 70—90° C erhitzt oder mit der Säure bei 20° C behandelt, nachdem 2,4% Schwefelsäure zugesetzt sind. Das Produkt ist unlöslich in Wasser, aber löslich in einer großen Zahl organischer Lösungmittel. Es dient zur Herstellung von Fäden oder biegsamen Films.

293. Courtaulds Ltd., London, W. H. Glover, Leamington und C. Diamond, Coventry. Zelluloseacetate.

Brit. P. 268552 vom 10. IV. 1926.

Man acetyliert eine in Wasser, Alkali und organischen Lösungsmitteln unlösliche Äthylzellulose, erhalten durch Einwirkung beschränkter Mengen Diäthylsulfat auf Alkalizellulose bei wenig über der normalen liegenden Temperatur, mit Essigsäureanhydrid. Das erhaltene Acetat dient zur Herstellung von Kunstfäden, Films usw.

Nach I. G. Farbenindustrie Aktiengesellschaft.

294. I. G. Farbenindustrie Aktiengesellschaft, Frankfurt a. M. (Farbenfabriken vorm. Bayer & Co., Leverkusen). Verfahren zur Herstellung von Zellulosefettsäureestern und Fäden oder Films daraus.

Brit. P. 239726 vom 18. X. 1924.

Ester der Zellulose mit den höheren ungesättigten Fettsäuren werden erhalten durch Behandeln der Zellulose mit dem Fettsäurechlorid. Geeignete Fettsäuren sind Ölsäure, Linol- und Linolensäure, ungesättigte Tranfettsäuren; die Veresterung erfolgt in Gegenwart von Pyridin oder Dimethylanilin. Die Produkte sind viskose, klare Öle, löslich in Kohlenwasserstoffen, Terpentinöl usw.

295. Dieselbe. Herstellung gemischter Zelluloseester oder -äther.

Brit. P. 300942 vom 12. V. 1927.

Gemischte Zelluloseester oder -äther, die u. a. auch zur Herstellung von Kunstfäden dienen können, werden hergestellt, indem man auf Zelluloseester mit Ausnahme der Nitrozellulose oder auf Zelluloseäther, welche in Alkalilösung unlöslich sind und noch eine oder mehrere freie reaktionsfähige Hydroxylgruppen enthalten, ein anorganisches Säureanhydrid in Gegenwart eines säurebindenden Mittels, oder ein einfaches oder gemischtes Säureanhydrid oder ein Säureamid oder einen Säureester einwirken läßt. In vielen Fällen dient das Säureanhydrid oder Säureamid als Quellungs- oder Lösungsmittel. Als gemischte Säureanhydride werden verwandt: Bor-Essigsäureanhydrid und Laurin-Myristinsäureanhydrid. Durch die Anwendung gemischter Säureanhydride können gleichzeitig verschiedene Säureradikale in das Zellulosemolekül eingeführt und somit verschiedene Zellulosemischester und -äther hergestellt werden.

Nach Fabriek van Chemische Producten und Miterfinder.

296. Fabriek van Chemische Producten und A. ter Horst, Schiedam, Holland. Verfahren zur Herstellung von Zelluloseformiaten und von Fäden daraus.

Brit. P. 260650 vom 30. VI. und 22. VII. 1925; niederl. P. 16073; Ver. St. Amer. P. 1656119.

Zellulose, Hydrozellulose, regenerierte oder mercerisierte Zellulose, teilweise veresterte Zelluloseformiate, -acetate oder -nitrate werden mit hochprozentiger Ameisensäure und einem Katalysator bei Temperaturen nicht über 5° C, besonders bei 0° oder —10° behandelt. Geeignete Katalysatoren sind Phosphorchloride und -oxychlorid, Sulfurylchlorid, Chlorsulfonsäure, Salzsäure, Schwefelsäure, Zink-, Aluminium- und Antimonchlorid. Gemischte Ester werden erhalten durch Lösen eines anderen Zelluloseesters, z. B. eines Acetats in der Lösung des wie angegeben hergestellten Formiats, oder Zelluloseformiat wird mit Essigsäureanhydrid oder Acetylchlorid und einem Katalysator behandelt, oder nitrierte Zellulose mit niedrigem Stickstoffgehalt wird wie oben angegeben formyliert. Zur Herstellung künstlicher Seide usw. wird das Zelluloseformiat zunächst isoliert, vorzugsweise nachdem der Katalysator unwirksam gemacht worden ist, die Lösung in Ameisensäure wird durch ein geeignetes Bad (Wasser, Salzlösungen, Alkohol, Äther, Aceton) koaguliert oder die Ameisensäure wird verdampft. Die erhaltene Seide hat trocken und naß hohe Festigkeit, der Gehalt an Ameisensäure kann durch Verseifen mit Alkali oder einem alkalischen Salz geändert werden.

297. Dieselbe. Herstellung von Zelluloseestern.

Brit. P. 287540 vom 23. VIII. 1927 (Prior. Frankr. vom 24. III. 1927).

Zellulose wird zuerst teilweise formyliert mittels hochkonzentrierter Ameisensäure und Chlorzink oder eines ähnlich wirkenden Salzes, das Produkt wird von der überschüssigen Ameisensäure abgetrennt und ohne vorheriges Waschen oder Trocknen acidyliert man dann vollständig. Man kann so auch Mischester herstellen. Die aus den Produkten erhaltenen Fäden haben eine bemerkenswerte Festigkeit und ein günstiges Verhältnis von Naß- zu Trockenfestigkeit.

Nach Harrison.

298. W. Harrison, Manchester. Herstellung von Kohlehydratverbindungen.

Ver. St. Amer. P. 1680020 vom 7. VIII. 1928 (Prior. Engl. vom 24. 10. 1925); brit. P. 264261.

Man behandelt Kohlehydratxanthogenat mit z. B. nicht über 5% Zellulose mit einer wässerigen Lösung von salpetriger Säure oder einem Nitrit in Gegenwart einer schwachen Säure, die sich nicht von einem Stickstoffoxyd ableitet. Es verlaufen wahrscheinlich folgende Reaktionen:

$$2\,ROCSSH + 2\,HNO_2 = (ROCSS)_2 + 2\,H_2O + 2\,NO,$$

$$2\,ROCSSH + 2\,HNO_2 = (ROCS)_2S + S + 2\,H_2O + 2\,NO.$$

Das Produkt quillt bei der Behandlung mit Natriumsulfid oder Natriumsulfit auf und löst sich dann in Ätznatron. Die Lösung kann auf Fäden verarbeitet werden.

Oxydieren unbeständigen unlöslichen Zellulosexanthogenats durch milde Oxydationsmittel zur Erzeugung wollartiger Fasern beschreibt W. Harrison im

Brit. P. 268505 vom 12. II. 1926.

299. Derselbe. Derivate von Zellulose, Stärke und anderen Kohlehydraten.

Brit. P. 286331 vom 30. X. 1926.

Beständige Derivate von Zellulose, Stärke oder anderen Kohlehydraten werden dadurch erhalten, daß man eine Kohlehydratverbindung mit der Gruppe CSS in Gegenwart von Ammoniak oder einem Ammoniakderivat, das keine organischen Gruppen enthält, z. B. von Hydroxylamin, oxydiert. Die Reaktion kann ausgeführt werden in alkalischer, neutraler oder saurer Lösung bei normaler oder erhöhter Temperatur. Als Oxydationsmittel werden die Mittel verwendet, die Schwefelwasserstoff oxydieren, z. B. Ferricyanide, Bichromate, Chlorate, Hypochlorite, Peroxyde, salpetrige Säure, schweflige Säure, Ferrisalze, Luft oder Sauerstoff mit oder ohne Sauerstoffüberträger. Verwendet man Luft oder Sauerstoff, so muß man ihn durch die Mischung blasen oder ihn im Entstehungszustand verwenden, z. B. durch Erzeugen mittels Elektrolyse. Als Ausgangsmaterial dient Zellulose- oder Stärkexanthogenat oder Zellulosedixanthogenat nach brit. P. 264261 (siehe vorstehend) in alkalischer Lösung oder nach dem Neutralisieren mit Essig-, Kohlen-, schwefliger oder einer anderen schwachen Säure. Gearbeitet wird bei Zimmertemperatur oder bei 60—100° C. Die Produkte scheiden sich aus der Lösung aus, sie werden gesammelt und gewaschen, nötigenfalls angesäuert vor oder nach dem Waschen. Während oder nach der Oxydation wird das Produkt mit Aceton, Schwefelkohlenstoff oder einem andern Schwefellösungsmittel behandelt.

300. Derselbe. Derivate von Zellulose, Stärke und anderen Kohlehydraten, Films, künstliche Fäden.

Brit. P. 286332 vom 30. X. 1926.

Beständige Derivate von Zellulose, Stärke und anderen Kohlehydraten werden erhalten durch Oxydation einer Kohlehydratverbindung mit der Gruppe CSS in Gegenwart eines organischen Ammoniakderivates, in welchem mindestens 1 H-Atom aktiv ist, 1 oder 2 der anderen H-Atome können durch Alkyl-, Aryl- oder Aralkylgruppen, Oxy-, Oxyalkyl- Oyxaryl- oder -aralkylgruppen ersetzt sein. Die Kohlehydratverbindung und das Ammoniakderivat können vor der Zugabe des Oxydationsmittels miteinander gemischt werden. Geeignete Ammoniakderivate sind: Alkylamine, Arylamine wie Anilin, Aralkylamine, Säureamide wie Acetamid, Benzamid oder Phthalimid, Aminosäuren wie Aminoessigsäure, Amidine, Harnstoff und seine Derivate, Cyanamid, Dicyandiamid, Guanidin und seine Derivate, Urethane, Thioharnstoff und Derivate. Die Reaktion wird ausgeführt in alkalischer, neutraler oder schwachsauren Bedingungen, bei normaler Temperatur oder bis 100° C, bei niederer Temperatur entstehen anscheinend Diiminocarbonsäuredisulfide, bei 100° scheinen sich Benzothiazolderivate zu bilden. Als Oxydationsmittel werden die Schwefelwasserstoff oxydierenden Stoffe benutzt, z. B. Ferricyanide, Bichromate, Chlorate, Hypochlorite, Peroxyde, salpetrige oder schweflige Säure, Ferrisalze, Luft oder Sauerstoff mit oder ohne Sauerstoffüberträger. Wird Luft oder Sauerstoff benutzt, so wird er durch die Mischung geleitet oder nascierend verwendet, z. B. durch Elektrolysieren. Als Ausgangsmaterial dient z. B. Zellulose- oder Stärkexanthogenat oder Zellulosedixanthogenat gemäß brit. P. 264261 (siehe vorstehend), gearbeitet wird in alkalischer Lösung oder nach Neutralisieren mit Essig-, Kohlensäure-, schwefliger oder Phosphorsäure, das Ammoniakderivat ist Anilin, Toluidin, Methylanilin oder Harnstoff, die Produkte scheiden sich aus oder werden durch Ansäuern ausgeschieden, während oder nach der Bildung des Kohlehydratderivats wird mit Aceton, Schwefelkohlenstoff, Natriumsulfit oder einem anderen Schwefellösungsmittel behandelt. Die Produkte werden in Ätzalkalien oder in Zelluloselösungsmitteln, wie Chlorzink, Schwefelsäure oder ammoniakalischer Kupferlösung gelöst, sie können auf Films, Fäden, Füllmittel usw. verarbeitet werden.

Nach N. V. Nederlandsche Kunstzijdefabriek.

301. N. V. Nederlandsche Kunstzijdefabriek. Verfahren zur Herstellung von Acetylzellulosen und Kunstseide, Häutchen, Films und anderen künstlichen Textilprodukten, plastischen Massen usw. aus diesen Acetylierungsprodukten.

Franz. P. 624748 vom 17. XI. 1926 (Prior. Niederl. vom 24. XII. 1925); brit. P. 263771 (British Enka Artificial Silk Comp. Ltd.); schweiz. P. 126588.

Eine besonders günstige Viskosität der Acetylzellulose erzielt man, wenn man bei der Acetylierung Wasser nach Möglichkeit ausschließt, das Acetylierungsgemisch aus z. B. Essigsäureanhydrid und Eisessig einige Zeit stehen läßt, auch noch nach Zusatz des Katalysators (Sulfurylchlorid, Schwefelsäure), wobei das Wasser des Eisessigs sich mit dem Anhydrid verbindet, Wasser oder Wasserdampf ausschließt und den Feuchtigkeitsgehalt der Zellulose genau einstellt.

302. Dieselbe. Verfahren zur Herstellung teilweise hydrolysierten Zelluloseacetats und zur Herstellung von Fäden, Häutchen, Bändchen aus diesem Material.

Franz. P. 642909 vom 22. X. 1927; brit. P. 292398 (Prior. Niederl. vom 20. VII. 1927).

Besonders günstige Viskosität hydrolysierten Zelluloseacetats erhält man, wenn man die Hydrolyse unterhalb 45°, zweckmäßig zwischen 35° und 10° C vornimmt.

Nach Société Lyonnaise De Soie Artificielle und Chevalet.

303. Société Lyonnaise De Soie Artificielle und P. Chevalet. Verfahren zur Herstellung eines Zelluloseproduktes für künstliche Textilstoffe, plastische Massen u. a. m.

Franz. P. 623484 vom 22. II. 1926; brit. P. 266300; Ver. St. Amer. P. 1722202 (Cusin); schweiz. P. 125217.

Eine teilweise veresterte Hydrozellulose wird dadurch erhalten, daß Zellulose bei niedriger Temperatur mit Ameisensäure und Schwefelsäure und danach ebenfalls bei niedriger Temperatur mit Eisessig und Schwefelsäure behandelt wird. Das Produkt ist in reiner oder in bis auf 40% verdünnten Lösungen von Ameisensäure, in Formaldehyd, seinen Polymeren oder Derivaten, in Pyridin und Harnstoffen, Rhodaniden, Cyanaten, Alkali- und Erdalkalinitraten oder Chlorkalziumlösungen löslich und kann z. B. durch Trockenspinnen einer Lösung in Ameisensäure oder durch Verspinnen in Wasser, reinen oder verdünnten Alkohol in Fäden übergeführt werden. Nachbehandeln mit 10proz. Ammoniumkarbonatlösung macht die Gebilde fester.

Nach British Celanese Ltd.

304. British Celanese Ltd., London (G. W. Miles und C. Dreyfus). Herstellung von Zelluloseestern anorganischer Säuren.

Brit. P. 269529 vom 8. IV. 1927 (Prior. Ver. St. Amer. vom 14. IV. 1926).

Man behandelt Zellulose mit anorganischen Säuren wie Salpeter- oder Schwefelsäure in Gegenwart einer oder mehrerer Phosphorsäuren, insbesondere Orthophosphorsäure unter Zusatz von Metaphosphorsäure. Zusatz von Katalysatoren erleichtert die Veresterung. Die Veresterung kann so geführt werden, daß die Ester in Lösung bleiben, die dann unmittelbar auf Kunstseide u. a. m. verarbeitet werden kann.

305. Dieselbe. Herstellung von Zelluloseestern organischer Säuren.

Brit. P. 269530 vom 8. IV. 1927 (Prior. Ver. St. Amer. vom 14. IV. 1926).

Man verestert Zellulose mit organischen Säuren, wie Essig-, Propion-, Butter-, Milch-, Öl-, Palmitin- oder Stearinsäure in Gegenwart einer oder mehrerer Phosphorsäuren, wie Ortho- oder Metaphosphorsäure. Man kann von Zellulose oder ihren Umwandlungsprodukten wie Hydro- oder Oxyzellulose ausgehen. Vorbehandeln mit Eisessig und geringen Mengen Schwefelsäure oder Zusatz von Katalysatoren, wie Schwefelsäure, erleichtert die Veresterung. Die durch Wasser gefällten Ester können u. a. auf Kunstseide verarbeitet werden.

306. British Celanese Ltd., London (C. Dreyfus). Herstellung von Zelluloseäthern.

Brit. P. 269531 vom 8. IV. 1927 (Prior. Ver. St. Amer. vom 16. IV. 1926).

Die Zellulose wird mit veräthernd wirkenden Stoffen wie Benzylalkohol, Benzylchlorid, Mono- oder Dibenzylsulfat in Gegenwart einer oder mehrerer Phosphorsäuren, z. B. Orthophosphorsäure in Gegenwart von Metaphosphorsäure, behandelt. Vor der Verätherung kann man die Zellulose mit Essigsäure und wenig Schwefelsäure, Orthophosphorsäure, Alkalien mit oder ohne Zusatz von Alkohol oder Schwefelkohlenstoff behandeln. Bei der Verätherung kann man Katalysatoren oder wasserbindende Stoffe zusetzen. Die Verätherung kann so geführt werden, daß die Äther in Lösung erhalten werden, die ohne weiteres auf Kunstseide u. a. m. verarbeitet werden.

Nach Kodak Ltd., Clarke und Malm.

307. Kodak Ltd., H. Th. Clarke und C. J. Malm, London. Herstellung von Zelluloseestern.

Brit. P. 289853 vom 1. V. 1928; Ver. St. Amer. P. 1690620 vom 6. XI. 1928, angemeldet 4. V. 1927.

Zelluloseester, welche eine oder mehrere ungesättigte Acylgruppen enthalten, werden dadurch gewonnen, daß man native oder vorzugsweise schwach hydratisierte oder mercerisierte Zellulose in einem Gemisch aus einer ungesättigten Säure, beispielsweise Acrylsäure, und einem für die Zellulose inerten Lösungsmittel erhitzt. Diese so erhaltenen niedrigen Zelluloseester können nach irgendeinem bekannten Verfahren weiter esterifiziert werden. Die Anwesenheit von Acylgruppen ungesättigter Säuren in einem Zelluloseester begünstigt die Herstellung von Films und Lacken sowie Fäden von verbesserter Farbaffinität.

Nach Dr. A. Wacker, Gesellschaft für elektrochemische Industrie.

308. Dr. A. Wacker, Gesellschaft für elektrochemische Industrie, München. Künstliche Fäden aus Zelluloseäthern.

Brit. P. 306125 vom 21. I. 1929 (Prior. Deutschl. vom 17. II. 1928).

Fäden von erhöhter Festigkeit und charakteristischer Biegsamkeit werden erhalten aus Zelluloseäthern, die in den üblichen einfachen Lösungsmitteln unlöslich sind, durch Behandlung von Alkalizellulose mit Alkylhalid in Gegenwart von Wasser, aber Abwesenheit irgendeines zugesetzten Salzes erhalten werden und in gemischten Lösungsmitteln wie Benzol-Alkohol oder Dichloräthylen-Alkohol löslich sind.

Die vorstehende Zusammenstellung macht auf Vollständigkeit keinen Anspruch.

Lösungen und Massen für die Herstellung von Zelluloseester- und -ätherseide[1].

Nach Dreyfus und Miles.

309. C. Dreyfus, Basel und G. W. Miles, Sandwich, Massachusetts (American Cellulose & Chemical Manufacturing Co. Ltd., New-York). Mischung aus Zelluloseäthern oder -estern mit hygroskopischen Stoffen und Verfahren zur Herstellung.

Ver. St. Amer. P. 1611169 vom 21. XII. 1926, angemeldet 27. XII. 1920.

Zur Erzeugung von Fäden oder Films von großer Schmiegsamkeit wird der Zellulosederivatlösung ein inerter, hygroskopischer, mit der

[1] Siehe auch franz. P. 595208, S. 2, und brit. P. 297047, S. 239.

Zellulosederivatlösung mischbarer Körper einverleibt. Beispielsweise gibt man zu einer Zellulosederivatlösung 2—10% Zinkchlorid zu, welches sich durch den ganzen Film gleichmäßig verteilt. Man läßt das Material so viel Wasser aufnehmen, wie der hygroskopische Stoff festhalten kann.

Nach Dreyfus.

310. H. Dreyfus, London. Herstellung künstlicher Fäden und Fasern.

Ver. St. Amer. P. 1620636 vom 15. III. 1927, angemeldet 25. II. 1924 (Prior. Engl. vom 7. III. 1923).

Es wurde gefunden, daß die nach dem Verfahren des brit. P. 210108 (siehe 5. Aufl., S. 613) hergestellten Acetatseidefäden nicht genügend decken. Zu gut deckenden Fäden gelangt man, wenn man Lösungen hochviskoser Acetate verspinnt. Die Viskositäten der Acetate sollen zwischen 50 und 200 oder mehr liegen, bezogen auf eine Lösung von 6 g Zelluloseacetat in 100 ccm Aceton, verglichen bei 25° mit der Viskosität reinen Glyzerins, die gleich 100 gesetzt wird und z. B. im Englerviskosimeter ermittelt ist. Solche hochviskosen Zelluloseacetate werden z. B. nach dem Verfahren des brit. P. 207562 erhalten, eine geeignete Vorschrift zu ihrer Herstellung ist folgende: 100 Gwt. Zellulose, z. B. Baumwolle, werden eingebracht in eine Mischung von etwa 800 Gwt. Eisessig, 15—20% Schwefelsäure vom Zellulosegewicht, Schwefelsäure als 100proz. gerechnet, und etwa 200—250 Gwt. Essigsäureanhydrid. Das Gemisch wird zunächst auf 0° abgekühlt, die Temperatur läßt man nur allmählich steigen und kühlt, bis vollkommene Lösung eingetreten ist, man führt die Reaktion so lange, bis eine Probe zeigt, daß das Produkt in Aceton löslich ist. Hierzu sind etwa 2—6 Stunden erforderlich. Die Temperatur kann gegen das Ende der Reaktion auf 25—30° C steigen. Das Acetylierungsprodukt kann in bekannter Weise isoliert und als solches verwendet oder es kann einer weiteren Behandlung unterzogen werden, man läßt das Acetylierungsgemisch z. B. bei gewöhnlicher oder etwas erhöhter Temperatur stehen, nachdem man etwas Wasser oder ein anderes, das Essigsäureanhydrid zerstörendes Mittel zugesetzt hat. Von dem Zelluloseacetat löst man 100 Gwt. in 900—1900 T. Aceton zur Herstellung der Spinnlösung. Konzentrationen von 4—20% werden für die Spinnlösungen als Grenzfälle angegeben.

311. Derselbe. Verbesserungen in der Herstellung von Zellulosederivaten und daraus herstellbaren Produkten.

Brit. P. 275286 vom 26. III. 1926; franz. P. 631343; schweiz. P. 127790.

Zur Herstellung von Fäden u. a. m. werden Zelluloseacetate verwendet, die durch längeres Reifenlassen oder längeres Nachbehandeln hochviskose Lösungen gebender Zelluloseacetate entstanden sind. Durch diese längere Nachbehandlung wird die Viskosität der ursprünglichen Acetate von über 50, bezogen auf die Viskosität reinen Glyzerins bei 16° C als 100, erheblich herabgesetzt. Es werden z. B. 100 Gwt.

Zellulose mit 900—1000 Gwt. Eisessig, 200—250 Gwt. Essigsäureanhydrid und 3—10 Gwt. Schwefelsäure bei einer Anfangstemperatur von 0—5° C behandelt, die man gegen Schluß der Acetylierung auf 10—15° oder höher ansteigen läßt. Ist die Acetylierung vollzogen, so wird der Überschuß des Acetylierungsgemisches durch Zusatz von Wasser, nicht mehr als 30—40 Gwt., zerstört und man läßt die Mischung bei 20° C stehen, bis das Produkt in Aceton mit 3—10% Wasser löslich ist je nach der Viskosität, die man erzielen will. Das Acetylierungsgemisch kann auch nach dem Verfahren des Ver. St. Amer. P. 1217722 mit Säuren oder sauren Salzen zur Veränderung der Löslichkeit weiterbehandelt werden. Mit dem so gewonnenen Acetat lassen sich Lösungen von 10—25% in Aceton-Wassermischungen herstellen. Das Verfahren ist allgemein auf Zelluloseester hoher Viskosität anwendbar.

312. Derselbe. Verbesserungen in der Herstellung von Fasern oder Fäden aus Zellulosederivaten.

Franz. P. 631344 vom 24. III. 1927 (Prior. Engl. vom 29. III. 1926); belg. P. 340539.

Technisch wertvolle Lösungen von Zelluloseacetaten mit hoher Viskosität werden erhalten, wenn man ihnen bei Herstellung der Lösung geringe Mengen höher siedender Lösungs- oder Plastizierungsmittel wie Di- oder Triacetin oder alkylierte Sulfonamide des Toluols oder Xylols zusetzt. Dadurch wird die Viskosität der Spinnlösung herabgesetzt. Vorteilhaft werden $^1/_2$—5% dieser Stoffe, auf das Acetat bezogen, zugesetzt. Die Lösungs- oder Plastizierungsmittel können nach dem Spinnen durch Waschen mit Wasser oder verdünntem Alkali entzogen werden. Die Fäden sind dann widerstandsfähiger, als wenn die Zusätze im Faden verbleiben. Weniger günstige Ergebnisse erzielt man, wenn den Spinnlösungen höher siedende Flüssigkeiten, die keine Lösungsmittel für die Zellulosederivate sind, sich aber in den Spinnlösungen lösen, zugesetzt werden, z. B. Öle.

313. Derselbe. Verbesserungen in der Herstellung von Lösungen oder Zusammenstellungen von Zelluloseestern und -äthern und mittels dieser Lösungen hergestellte Produkte.

Belg. P. 352963 vom 18. VII. 1928 (Prior. Engl. vom 21. VII. 1927).

Man löst Zelluloseacetat oder ein anderes Zellulosederivat in einer wässerigen Lösung von Harnstoff, Thioharnstoff oder Guanidin oder ihren Derivaten. Das erhaltene Produkt dient u. a. auch zur Herstellung von Fäden.

Nach Pathé Cinéma.

314. Pathé Cinéma (Anciens Établissements Pathé Frères). Lösungsmittel für Zelluloseacetat.

Franz. P. 601547 vom 30. X. 1924; canad. P. 261371 (Clément).

Als Lösungsmittel verwendet man ein Gemisch gleicher Teile absoluten Alkohols und reinen Acetons, statt des Acetons kann man auch die Ameisensäure- oder Essigsäureester der Alkohole verwenden. Die Lösungen dienen u. a. zur Herstellung von Kunstfäden.

315. Dieselbe. Neue Produkte aus Zellulose.

Franz. P. 603840 vom 29. XII. 1924.

Zelluloseformiat, -acetat, -nitroacetat, Benzyl-, Äthyl-, Butylzellulose usw werden plastisch und nicht brennbar dadurch gemacht, daß sie mit primären, sekundären, tertiären Phosphinen, z. B. Phenylphosphin, Di- oder Triphenylphosphin, Salzen von Tetraphenylphosphonium oder Derivaten dieser Körper behandelt werden. Auch die Oxyde und die phosphinigen Säuren oder ihre Derivate (Amide, Ester usw.) können verwendet werden, z. B. die Diphenyl- oder Diäthyläther der Phosphenylsäure. Die erhaltenen plastischen Massen können u. a. auch zur Herstellung von Fäden dienen.

316. Dieselbe. Unentzündliche plastische Massen.

Franz. P. 612414 vom 30. VI. 1925.

Man vermischt Zelluloseester oder -äther mit den Phosphorsäureestern halogensubstituierter aliphatischer Alkohole, z. B. Trichloräthylphosphat $PO(OCH_2 \cdot CCl_3)_3$, und den üblichen Plastizierungsmitteln und hochchlorierten Körpern, wie Hexachloräthan oder Hexachlorbenzol. Z. B. vermischt man 1000 g Nitrozellulose mit 400 g Trichloräthylphosphat und 400 g Trikresylphosphat oder Glyzerindikresyläther und löst das Ganze in einem flüchtigen Lösungsmittel. Die Mischungen eignen sich u. a. zur Herstellung von Kunstfäden.

Nach Eichengrün.

317. A. Eichengrün, Berlin-Charlottenburg. Verfahren zur Herstellung von Fäden aus Zelluloseestern.

Brit. P. 243350 vom 17. XI. 1925 (Prior. Deutschl. vom 20. XI. 1924).

Es werden Lösungen von acetonlöslichen oder Gemischen von aceton- und chloroformlöslichen Acetylzellulosen verwendet, die mittels Methylendichlorid[1] hergestellt sind. Mittels Methylendichlorid lassen sich sehr konzentrierte Lösungen gewinnen, die eine hohe Spinngeschwindigkeit und eine kurze Spinnstrecke ermöglichen; das Spinnen kann nach dem Trockenspinnverfahren oder in einem Bade aus einem hochsiedenden Lösungsmittel vorgenommen werden, aus dem das Methylendichlorid durch Destillation wiedergewonnen wird. Die Spinnbedingungen können innerhalb weiter Grenzen durch Zusatz größerer oder geringerer Mengen von Lösungsmitteln, wie Dichloräthylen, abgeändert werden, die Verdunstungsgeschwindigkeit des Methylendichlorids gestattet das Spinnen feiner seidenartiger Fäden oder dicker roßhaarartiger Gebilde oder dünner Röhren u. a. m. Zu den Spinnlösungen können weichmachende Mittel, Farbstoffe, Füllmittel, Bronze-

---

[1] Über Methylendichlorid als Lösungsmittel für Acetylzellulose s. Goerner, Ver. St. Amer. P. 1384188 vom 12. VII. 1921, und H. Dreyfus, brit. P. 20975, 1911.

pulver, wasserunlösliche Farbstoffe u. a. m., zugesetzt werden. Methylendichlorid löst in der Kälte Zelluloseacetat nicht, durch Zusatz einer geringen Menge Methylalkohol oder seiner Homologen erzielt man vollkommene Lösung ohne Anwendung von Hitze; schon 5% Alkohol geben diese Wirkung, besser verwendet man etwa 20%. Methylalkohol oder seine Homologen können durch andere Lösungsmittel oder Gemische von Lösungsmitteln und Nichtlösungsmitteln oder von Nichtlösungsmitteln ersetzt werden. So kann man Aceton oder Äthylformiat oder Gemische von Äthylacetat und Alkohol oder Gemische von Alkohol und Benzol statt Alkohol verwenden. Der Zusatz von Methylendichlorid setzt die Entzündungstemperatur der Lösung herab, Lösungen mit bis 30% Alkohol, Aceton, Äthylenchlorid usw. sind nicht entzündbar. Methylendichlorid kann auch als Verdünnungsmittel zu Zelluloseacetatlösungen zugesetzt werden, um sie gleichmäßiger zu machen und die Lösungsfähigkeit des organischen Lösungsmittels zu erhöhen. Acetonlösliches Zelluloseacetat wird z. B. gelöst in Methylendichlorid und Methylalkohol, in Methylendichlorid, Benzol und Alkohol, in Triacetin, Methylendichlorid, Benzol und Alkohol oder in Methylendichlorid, Aceton und Methylalkohol. Die Lösungen können auch dazu verwendet werden, Nitrozelluloseseide, Fäden, Bänder usw. zu überziehen, um sie unentflammbar zu machen.

318. Derselbe. Verfahren zum Aufarbeiten von Zellulosederivaten.

Brit. P. 291386 vom 31. V. 1928 (Prior. Deutschl. vom 31. V. 1927).

Zur Überführung von Zellulosederivaten in plastische Massen, Schichten, Bänder, Fäden usw., läßt man auf die Zellulosederivate eine Flüssigkeit einwirken, welche in der Kälte nicht lösend wirkt, jedoch derartig quellende Eigenschaften besitzt, daß das Zellulosederivat leicht, z. B. durch Hitze oder Druck, in eine plastische Masse umgewandelt werden kann. Oder man verwendet ein Nichtlösungsmittel mit sehr wenig Lösungsmittel. Die so erhaltene plastische Masse kann durch äußerst feine Öffnungen in die Luft oder ein Fällbad ausgepreßt werden. Beispielsweise läßt man 500 g Alkohol auf 100 g Benzylzellulose einwirken, dekantiert nach einiger Zeit, fügt 25 g Benzol zu und erhitzt unter Umrühren Man bringt die hochviskose, pastenartige Lösung zwischen heiße Zylinder und preßt sie aus feinen Spinnöffnungen aus. Die Fäden enthalten nur kleine Mengen Lösungsmittel, erstarren sofort und können weiter verarbeitet werden.

Nach I. G. Farbenindustrie Aktiengesellschaft.

319. I. G. Farbenindustrie Aktiengesellschaft, Frankfurt a. M. (Aktiengesellschaft für Anilin-Fabrikation, Berlin). Lösungsmittel für Zelluloseverbindungen.

Brit. P. 275653 vom 15. XII. 1925 (Prior. Deutschl. vom 23. XII. 1924).

1, 4-Dioxan dient zum Lösen von Zelluloseestern und -äthern, besonders Zelluloseacetat. Andere organische Lösungsmittel können zugesetzt werden. In den Lösungen können Harze oder Farbstoffe gelöst werden. Die Lösungen sind u. a. geeignet zur Herstellung künstlicher Seide.

320. Dieselbe. Herstellung von Präparationen aus Alkylzellulose und von Kunststoffen und Artikeln daraus.

Brit. P 252176 vom 12. V. 1926 (Prior. Deutschl. vom 15. V. 1925).

Präparationen, welche in Wasser nichtquellende Produkte liefern, werden hergestellt durch Mischen einer wässerigen Lösung wasserlöslicher Alkylzellulose mit einer geeigneten Menge wasserunlöslicher Alkylzellulose oder von Latex. Die erhaltenen kolloidalen Lösungen dienen u. a. zur Herstellung von Fäden.

321. Dieselbe. Verfahren zur Behandlung von Zellulosederivaten.

Brit. P. 252328 vom 8. III. 1926 (Prior. Deutschl. vom 20. V. 1925), Zusatz zum brit. P. 245469.

Während nach dem Hauptpatent Di-n-butylester der Phthalsäure zum Lösen oder Gelatinieren von Zellulosederivaten benutzt werden, werden hier Phthalsäurediamylester verwendet. Die erzielten Lösungen können u. a. auch zur Herstellung von Fäden benutzt werden.

322. Dieselbe. Herstellung von Kunststoffen aus Zellulosederivaten.

Brit. P. 285355 vom 13. II. 1928 (Prior. Deutschl. vom 12. II. 1927).

Emulsionen aus Lösungen wasserunlöslicher Zellulosederivate in organischen Lösungsmitteln mit wässerigen Lösungen von Zellulosederivaten werden getrocknet. Wasserlösliche Zellulosederivate sind Methylzellulose mit 1, 5—2,5-Methoxylgruppen, Äthylzellulosen mit nicht mehr als 1,5-Äthoxylgruppen, Oxyalkylzellulose, erhältlich durch Einwirkung von Äthylenoxyd auf Zellulose oder Alkylchlorhydrin auf Natronzellulose, wasserunlösliche Zellulosederivate sind Nitrozellulose, Zelluloseacetat, wasserunlösliche Alkylzellulosen.

323. Dieselbe. Herstellung von Lösungen von Zelluloseestern und -äthern.

Brit. P. 295942 vom 20. VIII. 1928 (Prior. Deutschl. vom 19. VIII. 1927); belg. P. 350769; franz. P. 653297; österr. P. 112616.

Lösungen von Zelluloseestern und -äthern, die zur Herstellung von Films oder Kunstseide geeignet sind, werden mittels eines Schwefelkohlenstoff enthaltenden Lösungsmittels hergestellt. Andere Lösungsmittel können benutzt und andere übliche Zusätze gemacht werden. Es wird z. B. eine benzollösliche Triäthylzellulose in einer Mischung von Schwefelkohlenstoff und Benzol gelöst. Oder ein Gemisch von Schwefelkohlenstoff und Aceton dient als Lösungsmittel.

Nach Société pour la Fabrication de la Soie Rhodiaseta.

324. Société pour la fabrication de la soie Rhodiaseta, Paris. Herstellung von Zelluloseester- und -ätherlösungen und von Fäden daraus.

Brit. P. 246430; franz. P. 605161 vom 20. I. 1925; schweiz. P. 117970; belg. P. 330795; Ver. St. Amer. P. 1622368 (H. L. J. Chavassieu).

Lösungen von Nitro- oder Acetylzellulose, von Äthyl- oder Methylzellulose werden mittels Derivaten von Sulfocyansäure oder Isosulfocyanide oder mittels Sulfocyansäure selbst allein oder in Gegenwart von Wasser oder organischen Lösungsmitteln hergestellt. Man löst z. B. Acetylzellulose in Aceton, Ammoniumsulfocyanid und Wasser, oder man löst Formylzellulose in Ammoniumsulfocyanid und Wasser, das mit Ameisensäure angesäuert ist. Auch Kalium-, Natrium-, Kalzium- oder Zinksulfocyanid oder Doppelcyanide, z. B. von Ammonium- und Kalzium oder von Kalzium und Zink, können verwendet werden, ebenso die löslichen Ester der Sulfo- oder Isosulfocyansäure. Man spinnt in wässerige Salzlösungen; die verwendeten Lösungsmittel werden durch Destillation wiedergewonnen oder durch Zusatz von Stoffen, welche mit dem Lösungsmittel eine unlösliche Verbindung geben, z. B. bei Verwendung von Aceton als Lösungsmittel benutzt man Natriumbisulfit. Vor dem Spinnen läßt man zur Erreichung der geeigneten Konsistenz bei mäßiger Temperatur reifen, die gewünschte Konsistenz wird durch leichtes Alkalischmachen mittels Ammoniak, Anilin oder Pyridin aufrechterhalten. Zu den Lösungen kann man Stoffe von Nichtzellulosecharakter zusetzen, z. B. eine Sulfocyanidlösung von Kasein; das Kasein verbleibt in dem koagulierten Produkt.

Nach Lilienfeld.

325. L. Lilienfeld, Wien. Herstellung von Kunststoffen.

Brit. P. 247223 vom 8. II. 1926, Zusatz zum brit. P. 231805 (Prior. Österr. vom 6. II. 1925); österr. P. 108107.

Die im brit. P. 231805 (s. 5. Aufl., S. 619) als Lösungsmittel für Zellulosexanthofettsäuren vorgeschlagenen Basen zeigen den Übelstand, daß sie in Gegenwart von Wasser im Überschuß angewendet Lösungen geben, die früher oder später gerinnen. Nur Pyridin macht eine Ausnahme. Monoalkylderivate von Anilin oder seinen Homologen zeigen diesen Übelstand nicht. Man mischt z. B. 100 T. lufttrockene Zellulosexanthoessigsäure (brit. P. 231800) mit 1900 T. Wasser und 23 T. Monomethylanilin. Nach kurzem Rühren erhält man eine klare Lösung. Es lassen sich Lösungen von 2—10% erzielen.

Nach Hands und Spicers Ltd.

326. H. J. Hands, Chiswick, und Spicers Ltd., London. Verbesserungen an Kompositionen, die Zelluloseester und -äther u. dgl. enthalten.

Brit. P. 279139 vom 21. IV. 1926; österr. P. 110542.

Die Kompositionen, die auch auf Kunstfäden verarbeitet werden können, enthalten als Plastizierungsmittel Chlorderivate von Propan mit mehr als drei Chloratomen, z. B. Pentachlorpropan, Hexachlorpropan, Heptachlorpropan, u. U. neben den gebräuchlichen Plastizierungsmitteln, wie Mono- oder Triglyzerylbenzoat, Triphenyl- oder Trikresylphosphat, Resorcyldiacetat, Äthyloleat oder Cyklohexanol. Auch Chloräthane können mit verwendet werden.

Nach British Celanese Ltd.

327. British Celanese Ltd., London, G. Schneider, Cumberland, und C. Dreyfus, New-York. Vermindern der Viskosität von Zelluloseestern, insbesondere Zelluloseacetat.

Brit. P. 273743 vom 1. VII. 1927 (Prior. Ver. St. Amer. vom 2. VII. 1926); belg. P. 342814.

Man behandelt Zelluloseester in Lösung oder Suspension mit Wasserstoffsuperoxyd in Gegenwart von Eisen oder Eisensalzen, insbesondere Ferrosalzen. Z. B. versetzt man die bei der Acetylierung der Zellulose gewonnene Lösung von Zelluloseacetat in Eisessig mit einer Lösung von Wasserstoffsuperoxyd und Ferroacetat und läßt stehen. Falls die Acetylierung in eisernen Gefäßen ausgeführt worden ist, kann der Zusatz von Eisensalzen unterbleiben.

Nach Ruth-Aldo Company Inc.

328. Ruth-Aldo Company Inc., New-York. Verbesserungen bei der Herstellung von Organosolen von Zelluloseestern, die in Fäden, Zelluloid oder Kunstseide umgewandelt werden.

Belg. P. 352875 vom 14. VII. 1928 (Prior. Frankr. vom 6. III. 1928 [I. Barbieri de Introini]).

Man setzt gewöhnlichem Kollodium eine gewisse Menge Ochsengalle oder ihrer Bestandteile oder Derivate zu.

Trockenspinnen[1]

Nach Société pour la fabrication de la soie Rhodiaseta.

329. Société pour la fabrication de la soie Rhodiaseta, Paris. Verfahren und Vorrichtung zur Erzeugung künstlicher Fäden nach dem Trockenspinnverfahren.

D.R.P. 428745 Kl. 29a vom 17. I. 1924 (Prior. Frankr. vom 21. XII. 1923).

Das Patent entspricht dem in der 5. Aufl., S. 634, behandelten.

Patentansprüche: 1. Verfahren zur Erzeugung künstlicher Fäden nach dem Trockenspinnverfahren, dadurch gekennzeichnet, daß die zu spinnende Flüssigkeit vor oder nach dem Austritt aus den Spinndüsen abgekühlt wird.

2. Ausführungsform des Verfahrens nach Anspruch 1, dadurch gekennzeichnet, daß die Atmosphäre in der Gegend der Spinndüsen abgekühlt wird, gegebenenfalls durch Einführen eines kalten Gasstromes in dieser Gegend der Zelle.

[1] Wiedergewinnung von Lösungsmitteln beim Trockenspinnen siehe S. 13.

3. Spinnvorrichtung zur Ausführung des Verfahrens nach Anspruch 1 und 2, dadurch gekennzeichnet, daß die Austrittsöffnungen der gegebenenfalls verschiedenen Gasströme in die mittlere Zone der Zelle verlegt sind.

4. Spinnvorrichtung zur Ausführung des Verfahrens nach Anspruch 1, 2 und 3, dadurch gekennzeichnet, daß der Eintritt und Austritt der Gasströme so angeordnet ist, daß der Übertritt in möglichst gleichmäßiger Weise auf den Umfang der Zelle verteilt wird, zum Zwecke, Wirbelbewegungen im Innern der Zelle zu vermeiden.

330. **Dieselbe.** Apparat zur Herstellung von Fäden.

Franz. P. 594610 vom 5. III. 1925; brit. P. 248696; Ver. St. Amer. P. 1586552 (F. Girardet); schweiz. P. 116121; belg. P. 330793.

Zur Beeinflussung des Querschnittes der Fäden beim Trockenspinnen[1] wird in der Nähe der Spinnöffnungen eine Wärmequelle angeordnet, die die Spinnöffnungen und ihre nächste Umgebung auf der Temperatur hält, die durch den Querschnitt bedingt ist, unabhängig von der Temperatur der Spinnzelle. Zu beachten bleibt die Natur des verwendeten Zellulosederivates, des flüchtigen Lösungsmittels, die Menge des Lösungsmittels, die Viskosität der Spinnlösung, der an den Spinndüsen herrschende Druck, der Durchmesser der Spinndüsen, der endgültige Durchmesser der Fäden und die Strömungsgeschwindigkeit des verdampfenden Mittels. Besonders wird die Herstellung nichtglitzernder Fäden beabsichtigt, was durch Einstellung der Temperatur in der oben geschilderten Weise innerhalb enger Grenzen geschehen kann, aber auch Fäden anderen Querschnittes können erzeugt werden durch geeignete Einstellung der Temperatur an den Spinndüsen außerhalb dieser engen Grenzen. Bei Verwendung einer Lösung von 18—20% Zelluloseacetat in einem Gemisch aus 85% Aceton und 15% Äthylalkohol wird z. B. für Fäden von 5—6 Deniers die Temperatur der Spinnlösung an den Spinndüsen auf 55—75° C gehalten, für Fäden von 2—3 Deniers auf 40—30° C.

331. **Dieselbe.** Verfahren zur Herstellung von Kunstfäden aus Zellulosederivaten nach dem Trockenspinnverfahren.

D.R.P. 443414 Kl. 29a vom 13. I. 1926 (Prior. Engl. vom 18. IX. 1925); franz. P. 603487; brit. P. 264708; Ver. St. Amer. P. 1592006; schweiz. P. 122326; tschechosl. P. 24948.

Die Erfindung besteht darin, in einfacher Weise die unabhängige Regelung der Temperatur in der Düsengegend und gleichzeitig das Spinnen in einer an Dämpfen reichen Atmosphäre in einem beliebig langen Teil der Trockenspinnzelle *A* (Fig. 90) zu bewirken. Dies wird dadurch erreicht, daß in einer mittleren Zone *E* mittels eines ringförmigen Ansatzes die dort vorbeiströmenden Gase der Zelle ganz oder teilweise durch den Ventilator *i* entzogen und durch das Sammelrohr *F* über eine Heizvorrichtung *J* und ein Sammelrohr *G* in der Gegend der Spinndüsen bei *H* der Zelle wieder zugeführt werden; die Spinnzelle *A*

[1] Siehe auch franz. P. 605966, S. 4.

läuft in einen Trichter *D* aus und kann in ihrem unteren Teil durch eine bekannte Heizvorrichtung *C* erwärmt werden. Der in einer mittleren Zone entnommene Zweigstrom vermengt sich mit dem beim Austritt der Fäden eintretenden Hauptstrom. Das Ausmaß des Zweigstromes wird durch die Menge der aus der Zelle entnommenen und demzufolge auch durch die in der Nähe der Düsen wieder eintretenden Gase bestimmt. Das Ausmaß des Hauptstromes hängt von der Menge der in die Zelle neu eingeführten Atmosphäre, demzufolge auch von der aus der Zelle bei *K* durch das Sammelrohr *L* zum Zwecke der Wiedergewinnung der Lösungsmittel endgültig entfernten Gasmenge ab, welche sich um die Menge der aufgenommenen Lösungsmitteldämpfe vermehrt. Durch diese Mitwirkung des Zweigstromes kann man die neu eingeführte Atmosphäre (Hauptstrom) wesentlich verringern und demzufolge mit wesentlich größerer Geschwindigkeit spinnen. Die aus der Düse *B* austretenden frischen Fäden durchwandern gleich von Anfang an eine mit Lösungsmitteln stark beladene Atmosphäre, deren Gehalt an Lösungsmitteln durch das Verhältnis der im Hauptstrom und im Zweigstrom strömenden Gasmengen geändert werden kann. Es ist zweckmäßig, den Zweigstrom wesentlich stärker als den Hauptstrom zu wählen. Bei unveränderter Stärke der beiden Ströme kann man den Gehalt der abgezweigten Gase und damit den Gehalt in der Düsengegend ändern, indem man den Ort der Abzweigung und den Ort des schließlichen Abflusses der Verdampfungsatmosphäre gegenseitig verschiebt. Schließlich kann man auf diese Weise sehr einfach die Temperatur in der Düsengegend durch Regeln der Temperatur des Zweigstromes auf eine gewünschte Höhe bringen. Fig. 91 gibt ein anderes Beispiel: nur der obere Teil einer Zelle ist dargestellt, der Zweigstrom verläuft unabhängig für jede Zelle und wird durch den Unterschied in der Dichte, der durch die Heizung erzeugt wird, in Gang gebracht. Das Abzapfen geschieht bei *M*, die Wiedereinführung bei *N*, die Erwärmung des Zweigstromes erfolgt in *P*. Die Heizflüssigkeit wird für eine größere Anzahl von Zellen durch ein Sammelrohr *Q* zugeführt und durch ein anderes Rohr *R* abgeführt, beide Sammler sind thermisch isoliert. Der end-

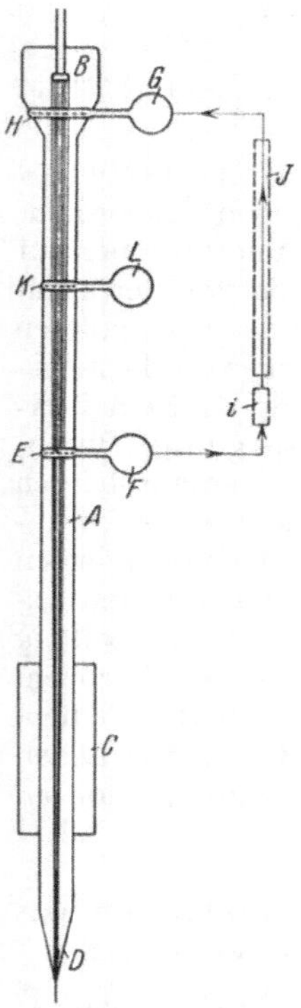

Fig. 90.

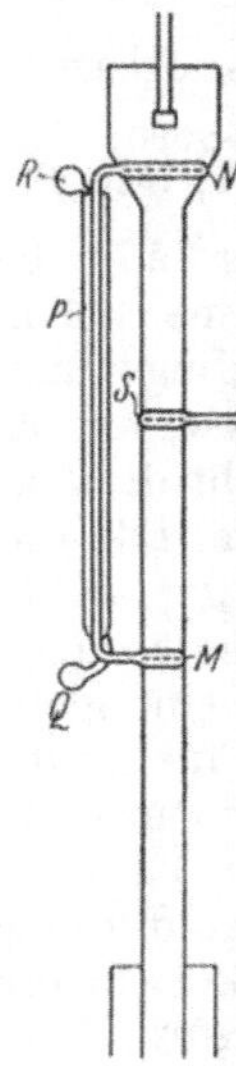

Fig. 91.

gültige Austritt der Gase erfolgt bei *S*, sie gehen durch das Sammelrohr *T* zur Wiedergewinnungsanlage.

Patentansprüche: 1. Verfahren zur Herstellung von Kunstfäden aus Zellulosederivaten nach dem Trockenspinnverfahren innerhalb einer ganz oder fast ganz geschlossenen, von einem Gasstrom durchflossenen Zelle, gekennzeichnet durch einen derartigen sekundären Gasumlauf, daß in einer mittleren Zone der Zelle Gase entzogen werden und in der Nähe der Spinndüsen, gegebenenfalls erwärmt, wieder zugeführt werden.

2. Vorrichtung zur Ausführung des Verfahrens nach Anspruch 1, dadurch gekennzeichnet, daß die aus den einzelnen Zellen abgeführten sekundären Gasströme in einem Sammelrohr vereinigt und nach Durchgang durch einen Ventilator mit Hilfe eines anderen Sammelrohres gleichmäßig auf die einzelnen Zellen verteilt, gegebenenfalls erwärmt, in der Nähe der Düsen in die Zellen eingeleitet werden.

3. Vorrichtung zur Ausführung des Verfahrens nach Anspruch 1, dadurch gekennzeichnet, daß der Zweigstrom für jede Zelle getrennt angeordnet ist und daß seine Fortbewegung durch den mittels Erwärmens erzeugten Unterschied in der Dichte bewirkt wird.

·332. Dieselbe. Vorrichtung zum Trockenspinnen künstlicher Fäden.

D.R.P. 483000 Kl. 29a vom 18. VIII. 1926; Zusatz zum Patent 410723 (Prior. Frankr. vom 1. X. 1925); franz. P. 31497, Zusatz zum franz. P. 587184; brit. P. 259190, Zusatz zum brit. P. 233384; schweiz. P. 124072, Zusatz zum schweiz. P. 108043; Ver. St. Amer. P. 1695094 (N. B. Grillet).

Bei der im Hauptpatent[1] beschriebenen Anordnung zur einheitlichen Regelung der Heizung durchfließt die Heizflüssigkeit die verschiedenen Heizzellen jeder Gruppe, die zu diesem Zweck hintereinander geschaltet sind. Es wurde gefunden, daß es für gewisse Anordnungen der Zellen vorteilhaft sein kann, die Heizung der Zellengruppen in Parallelschaltung vorzunehmen; dies ist unter anderem der Fall, wenn man zylindrische Zellen von kreisförmigem Querschnitt verwendet, die durch eine in konzentrischen Heizmänteln fließende Heizflüssigkeit erwärmt werden; eine solche Anordnung bietet den Vorteil einer vollkommenen Symmetrie der Wärmeübertragung. Die vorliegende Erfindung betrifft ein Verfahren, das auch eine Heizung dieser Art gleichmäßig und sozusagen selbsttätig für eine große Zahl die gleiche Seide erzeugender Zellen bewirkt. In einem derartigen System sind die Heizkörper einer Gruppe durch ebenso viele Abzweigungen mit einem Hauptzuflußrohr einerseits und mit einem Abflußrohr anderseits verbunden. Die Gruppenzuflußrohre ihrerseits sind an Hauptleitungen, die zur Wärmequelle führen, angeschlossen. Die Gruppenabflußrohre führen zu einer Hauptleitung, aus der die Heizflüssigkeit, zweckmäßig nach Wiedererwärmen, in den Kreislauf zurücktritt. Es ist bei dieser Anordnung nicht besonders schwierig, in allen

[1] Siehe 5. Aufl., S. 629.

zu den Heizkörpern führenden Leitungen die gleiche Temperatur herzustellen; man kann dies erzielen, indem man die Anordnung so symmetrisch als möglich gestaltet, ferner durch gutes Isolieren und dadurch, daß man die Wärmequelle mit den zwei Enden, gegebenenfalls auch mit anderen Stellen des Hauptrohres verbindet usw. Eine wirkliche Schwierigkeit beim Heizen in Parallelschaltung liegt darin, die Gleichmäßigkeit des heizenden Stromes durch die Heizkörper zu erzielen. Wenn die Heizflüssigkeit sich durch Druck fortbewegt, ist es in erster Linie nötig, daß überall da, wo ein Heizkörper an das Hauptrohr angeschlossen ist, der gleiche Druck herrscht. Um dies zu erreichen, müssen alle Rohre bis zu den Heizkörperanschlüssen von weitem Durchmesser sein, so daß die Druckverluste vernachlässigt werden können. Wenn nun anderseits die Heizkörper und ihre Anschlüsse sämtlich unter sich gleich sind, so wird die Strömung in allen Heizkörpern ziemlich gleich ausfallen; jede gewünschte Strömungsstärke kann durch einen bestimmten, für ein gegebenes System konstanten Druck erzielt werden. In der Praxis sind aber kleine Unterschiede zwischen den Heizkörpern unvermeidlich, die vom Bau herrühren oder durch Betriebszufälle entstehen können. Es entstehen daraus Unterschiede im „Widerstand" der Heizkörper und damit Unterschiede im Ausmaß des sie durchfließenden Heizstromes. Um trotzdem Gleichmäßigkeit des Heizstromes zu erzielen, ist es nötig, im Heizsystem einen Druck zu unterhalten, der viel stärker ist, als der Betrieb der Zellen benötigt; man schaltet zudem auf dem Wege der Heizflüssigkeit vor jeder Zelle eine Drosselvorrichtung (Diaphragma, Einschnürung usw.) ein und bewirkt so einen starken Druckverlust, viel stärker als die Druckverluste, die im Heizkörper oder in der Leitung entstehen können. Eine derartige Vorrichtung wird bei einem bestimmten Druck stets denselben Heizstrom erzeugen. Alle diese Vorrichtungen, die für die Einzelheizkörper einen Druckverlust erzeugen sollen, müssen natürlich für alle Zellen, die dieselbe Seide erzeugen, genau gleich sein; man wird dann den Heizstrom in allen Zellen gleichzeitig regeln können, indem man den Druck im ganzen System verändert. Diese Drosselvorrichtungen können ausgewechselt werden, so daß man sie gegebenenfalls durch andere ersetzen kann, die für die ganze Zellengruppe gleichzeitig bei gegebenem Druck einen andern Druckverlust und damit einen andern Heizstrom bewirken. Alle oben gegebenen Erklärungen beziehen sich auf eine durch Druck fortbewegte Heizflüssigkeit; alle nötigen Einrichtungen bleiben jedoch dieselben, wenn die Flüssigkeit durch Absaugen weiterbefördert wird. Das Verfahren bleibt das gleiche, welches auch die Heizflüssigkeit (Wasser, Dampf, beliebige Gase usw.) und welcher Art die Heizkörper sind (Flügelrohre, Schlangenrohre, Doppelwände). Jede Spinnzelle kann mit einer Heizvorrichtung oder mit mehreren versehen sein, das letztere, um verschiedene Zonen der Zelle, z. B. die Düsengegend und die Stelle, wo die Fäden austreten, in verschiedener Weise zu heizen. Anstatt die Zellen unmittelbar zu heizen, kann man auch die Trockenatmosphäre vor deren Eintritt in die Zellen an beliebiger Stelle heizen. Anstatt zu heizen, kann man übrigens, falls dies wünschenswert erscheint, auch abkühlen, alle obigen Auseinandersetzungen sind auch auf diesen Fall anwendbar. In den Zeichnungen stellt die Fig. 92 schematisch eine Einrichtung dar, bei der die Spinnzellen *e, e, e* einer Spinneinheit in ihrer ganzen Länge durch einen Heizmantel *l, l, l* geheizt werden. Das heiße Wasser fließt durch das Sammelrohr *a*, das einer Gruppe von Einheiten gemeinsam ist, nach dem Sammelrohr *b* der dargestellten Einheit und von da in jeden Heizmantel durch die mit einem Diaphragma versehenen Rohre *f, f, f*. Das Heizwasser wird dann durch die Rohre *g, g, g* ... nach dem Sammelrohr *c* abgelassen und geht von da in das Hauptentleerungsrohr *d*. Fig. 93 gibt die Einzelheiten des Eintritts des heißen Wassers aus dem Sammelrohr *b* in den Mantel *l* durch das ein Diaphragma tragende Rohr *f*. — Fig. 94 stellt eine weniger einfache Vorrichtung dar, bei der die Spinnzellen *e* oben und unten auf verschiedene Temperatur erwärmt werden; es

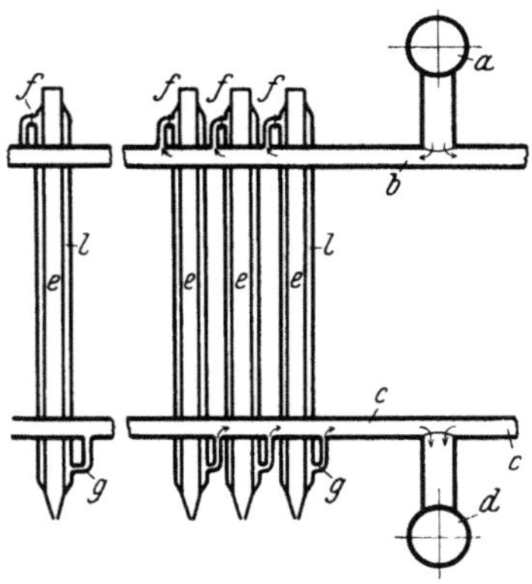

Fig. 92.

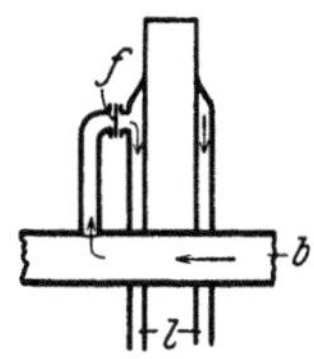

Fig. 93.

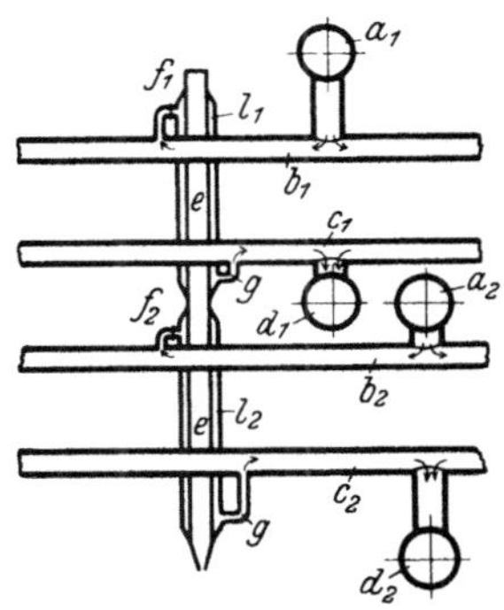

Fig. 94.

werden so zwei Heizmäntel l^1 und l^2 nötig, sowie zwei Wasserumläufe, von denen der eine mit $a^1, b^1, c^1, d^1 \ldots l^1$, der andere mit $a^2, b^2, c^2, d^2 \ldots l^2$ bezeichnet ist. Beispielsweise sei erwähnt, daß bei einer bestimmten Einrichtung mit einem Sammelrohr *b* von 10 cm Durchmesser der Druckverlust von einem Ende bis zum andern 2 mm Wasser betrug. Die Diaphragmen f^1, f^2 waren dabei von 2 mm Durchmesser und erzeugten einen Druckverlust von 20 cm Wasser.

Patentanspruch: Vorrichtung zum Trockenspinnen künstlicher Fäden nach D.R.P. 410723, dadurch gekennzeichnet, daß die einheitliche Regelung der Zellentemperaturen durch Nebeneinanderschaltung von Heizelementen erzielt und die Gleichmäßigkeit des temperaturregelnden Stromes in allen Heiz- oder Kühlkörpern in der Weise bewirkt wird, daß sämtliche Heiz- oder Kühlkörper mit untereinander genau gleichen auswechselbaren Druckreduzierern ausgerüstet sind, die in weit bemessenen Ein- und Abflußleitungen eingebaut sind, so daß deren unvermeidliche Druckzustandsdifferenzen ohne wesentlichen Einfluß auf die Gleichmäßigkeit des temperaturregelnden Stromes sind.

333. Dieselbe. Apparat zur Herstellung von Fäden.

Brit. P. 269377 vom 22. VII. 1926 (Prior. Frankr. vom 20. V. 1926); Zusatz zum brit. P. 238842; franz. P. 32029 vom 20. V. 1926, Zusatz zum franz. P. 598081; belg. P. 340561, Zusatz zum belg. P. 323161; schweiz. P. 125866, Zusatz zum schweiz. P. 113713; Ver. St. Amer. P. 1695111 (J. E. G. Lahousse); tschechosl. P. 28205, Zusatz zum tschechosl. P. 18879.

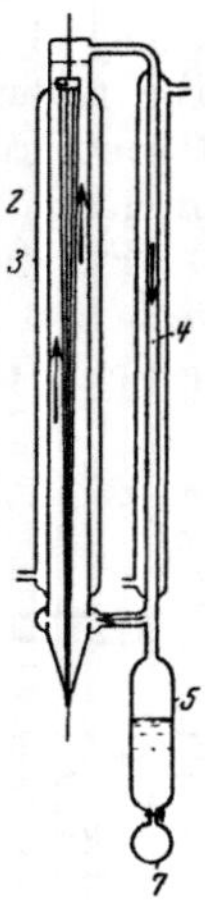

Fig. 95.

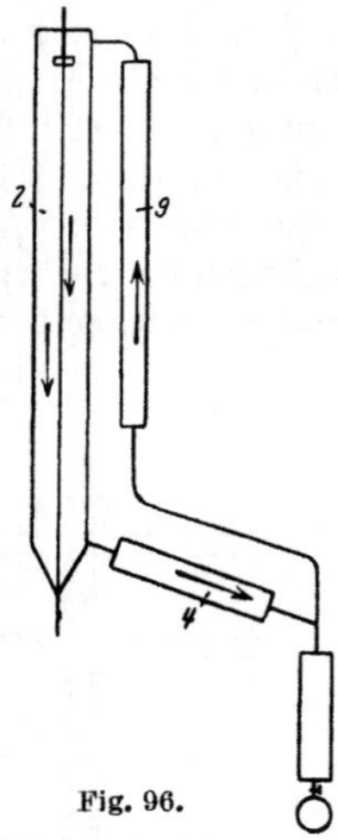

Fig. 96.

Zur Ausführung des Trockenspinnverfahrens gemäß dem Hauptpatent (siehe 5. Aufl., S. 633), nach welchem eine Lösung von Zelluloseacetat usw. in eine mit Lösungsmitteln bereits reichlich beladene Atmosphäre eingesponnen wird, wird hier ein Spinnapparat verwendet, der gemäß Fig. 95 aus der Spinnzelle *2* besteht, die mit einem Heizmantel *3* umgeben ist und oben und unten mit dem Kühler *4* in Verbindung steht. Der Umlauf der Spinnluft erfolgt automatisch und in der Zelle in der Richtung von unten nach oben. Nach Fig. 96 kann die Spinnzelle *2* erhitzt oder ohne Heizung sein, der Kühler *4* steht mit dem unteren Teil der Spinnzelle und der Heizapparat *9* mit deren oberen Teil in Verbindung. Auch hier erfolgt der Umlauf der Spinnluft automatisch, die Luft bewegt sich aber von oben nach unten. Um ein Entweichen von Lösungsmitteln aus der Öffnung unten an der Spinnzelle zu vermeiden, hält man in ihr zweckmäßig einen geringen Unterdruck aufrecht, indem man an einer geeigneten Stelle etwas Spinnluft der Spinnzelle entzieht. Das kondensierte Lösungsmittel wird in *5* gesammelt und dem Sammler *7* zugeführt.

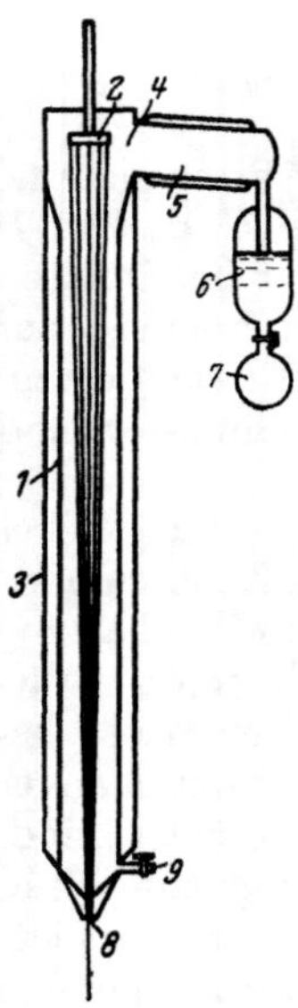

Fig. 97.

334. Dieselbe. Verfahren zur Herstellung von Kunstseidefäden.

Franz. P. 33364 vom 14. IV. 1927, Zusatz zum franz. P. 598081; brit. P. 288618, Zusatz zum brit. P. 238842; belg. P. 347812, Zusatz zum belg. P. 323161; schweiz. P. 131327.

Die im brit. P. 238842 (s. 5. Aufl., S. 633) beschriebene Vorrichtung wird dahin abgeändert, daß ein Umlauf der mit Lösungsmitteldampf beladenen Atmosphäre außerhalb der Spinnzelle vermieden wird. Nach dem neuen Verfahren findet ein Austausch zwischen den Gasen der mittels eines Mantels *3* (Fig. 97) erhitzten Spinnzelle *1* und der Atmosphäre eines Kondensators *5* durch eine breite Öffnung *4* statt. Der Kondensator kann in der Nähe der Düse oder an anderen Punkten der Zelle angebracht werden. Das Kondensat sammelt sich in dem Behälter *6*, welcher durch einen Hahn mit einem Sammelbehälter *7* in Verbindung steht. Die aus der Düse *2* austretenden Fäden verlassen die Spinnzelle durch die Öffnung *8*. Bei Inbetriebsetzung der Vorrichtung wird die in ihm enthaltene Luft bei *9* abgesogen.

335. Dieselbe. Verfahren und Apparat zur Herstellung von Fäden aus Zellulosecarboxylaten.

Brit. P. 300672 vom 10. VIII. 1927; belg. P. 351420; österr. P. 112857.

Zur Erzeugung nichtglitzernder Fäden nach dem Trockenspinnverfahren wird die Lösung von z. B. Zelluloseacetat usw. vor dem Austreten in die Spinnluft erhitzt, und es wird kalte Luft in der Nähe der Spinnöffnungen eingeführt, die sich in derselben Richtung bewegt wie die Fäden. Das die Verdunstung bewirkende Mittel kann Luft aus dem Spinnraum sein, sie kann weiter innerhalb der Spinnzelle gekühlt werden, ihre Zuführung erfolgt zweckmäßig durch weite Öffnungen. Es wird z. B. die Spinnlösung durch *3* (Fig. 98) erhitzt, der Spinnzelle *1* wird durch Öffnungen *4* Luft zugeführt, die mit den aus der Düse *2* austretenden Fäden die ganze Spinnzelle durchläuft. Am unteren Ende der Zelle wird sie durch die Heizvorrichtung *5* erhitzt, um die Verdampfung des Lösungsmittels zu vervollständigen. Auf diese Weise lassen sich Fäden von weniger als 1 Denier spinnen, und es lassen sich Spinngeschwindigkeiten von 400 m in der Minute und mehr benutzen.

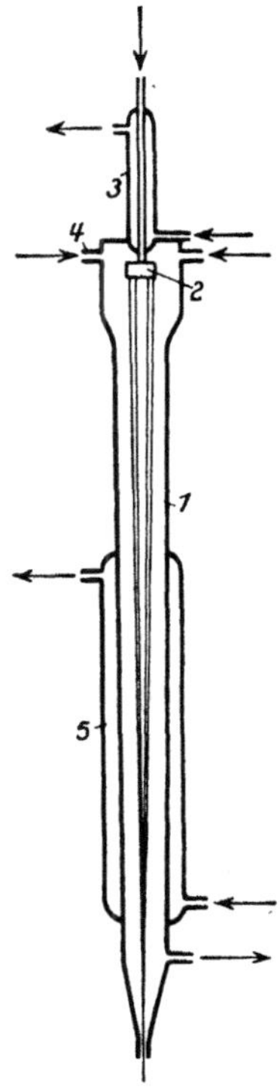

Fig. 98.

Nach Dreyfus.

336. H. Dreyfus, London. Herstellung künstlicher Textilprodukte.

Ver. St. Amer. P. 1616787 vom 8. II. 1927; franz. P. 593102 (Prior. Engl. vom 29. III. 1924).

Man spinnt in eine verdampfende Atmosphäre eine Lösung von Zelluloseacetat oder einem anderen organischen Zellulosederivat in einer Mischung aus einem niedrig siedenden Lösungsmittel und einem höher siedenden Nichtlösungsmittel.

337. Derselbe. Verfahren zur Herstellung von Fäden aus Zellulosederivaten nach dem Trockenspinnverfahren.

Schweiz. P. 127755 vom 26. III. 1927; Ver. St. Amer. P. 1688532 (Prior. Engl. vom 29. III. 1926).

Zur Verbesserung der Eigenschaften der Zelluloseacetatseide oder einer anderen aus Zellulosederivaten hergestellten Seide setzt man den Spinnlösungen geringe Mengen plastizierender Mittel zu, welche in der

Spinnlösung löslich sind und einen höheren Siedepunkt haben als die zur Herstellung der Spinnlösung verwandten, flüchtigen, organischen Lösemittel. Die zum Spinnen gebrauchte Zelluloseacetatlösung soll einen über 100—400 liegenden Viskositätsgrad haben (gemessen an einer bei 15° C hergestellten 6proz. Lösung von Zelluloseacetat in Aceton im Vergleich zu Glyzerin = 100 unter gleichen Bedingungen). Der Einfluß eines Plastizierungsmittels auf die Zelluloseacetatlösung ist um so größer, je größer die Löslichkeit des Plastizierungsmittels ist. Als Plastizierungsmittel kommen in Betracht: Diacetin, Triacetin, Äthyl- oder Methyl-Sulfonamide des Toluols oder Xylols und Gemische dieser Lösungen. Die Mengen der zugesetzten Stoffe schwanken zwischen $^1/_2$ und 5 Gew.-%, auf Zelluloseacetat bezogen. Die so erhaltenen Fäden werden zur Entfernung des zugesetzten Plastizierungsmittels einer Wäsche mit einer Flüssigkeit unterworfen, welche das Zelluloseacetat nicht angreift. Für Diacetin und Triacetin genügt bereits ein Waschen mit Wasser. Die übrigen erwähnten Zusatzstoffe können durch verdünntes Alkali entfernt werden.

Nach British Celanese Ltd. und Miterfindern.

338. British Celanese Ltd., London, E. Kinsella und H. E. B. Young, Spondon. Verbesserungen an Spinnapparaten für künstliche Garne oder Fäden.

Brit. P. 251319 vom 23. XII. 1924; franz. P. 608524 (H. Dreyfus); Ver. St. Amer. P. 1720419.

Nach der Erfindung ist die sonst durchgehende Tragschiene (Wagen) einer Glockenzwirnmaschine für Garne oder Fäden aus Zelluloseacetat oder anderen Zelluloseestern oder aus Zelluloseäthern unterteilt in einzelne Schienenstücke, deren jedes nur 1 Spulenhülse oder 1 Paar Spulenhülsen trägt und die Schaltbewegung zur Erzielung des Kötzeraufbaues ist von Hand oder automatisch ausschaltbar, so daß jede fertige Garnspule (Kötzer) oder jedes Garnspulenpaar unabhängig von den anderen abnehmbar ist und außerdem die Geschwindigkeit der Spulen infolge des geringen Gewichts der Schieneneinzelstücke gesteigert werden kann.

Die Erfindung ist an 2 Ausführungsformen zur Darstellung gebracht. Nach der ersten Ausführung erhalten die Glockenspindeln mit ihren Fadenzuführungen die Schalt- und die Spulenhülsen, auf die der Faden zum Kötzer aufgewickelt wird, die Changier- (Auf- und Ab-) Bewegung. Nach der zweiten Ausführungsform erhalten umgekehrt die Spulenhülsen die Schalt- und die Glockenspindeln die Changierbewegung. (8 Zeichnungen.)

339. British Celanese Ltd., London, E. Kinsella, J. Bower und W. I. Taylor, Spondon, und H. Dreyfus, London. Apparat zur Herstellung von Kunstseide u. dgl.

Brit. P. 300998 vom 23. V. 1927; belg. P. 351182 vom 11. V. 1928 (H. Dreyfus).

Beim Trockenspinnen von Kunstseide, besonders von oben nach unten, erzielt man eine vollständige Verdampfung durch die Luft oder das Gas, wenn man die Spinnzellen mit Sammelvorrichtungen ausstattet, die das verdampfende Mittel oder einen Teil davon zwingen, unmittelbar an der Spinndüse vorbeizugehen und die Oberfläche der Spinndüse zu bestreichen. Die Sammelvorrichtung kann so gebaut sein, daß die Spinnzelle nach der Spinndüse hin sich verengert, sie kann auch aus einer Platte bestehen, welche der Spinndüse entsprechend Löcher hat und etwas tiefer als die Spinndüse angebracht ist, sie kann auch gemäß Fig. 99 aus einem umgekehrten Zylinder oder einer Glocke *1* bestehen, die unter der Spinndüse *3* an biegsamen Drähten aufgehängt ist, welche über Rollen laufen. Die Sammelvorrichtung kann ferner gemäß Fig. 100 aus einem trichterförmigen Stück *11* bestehen, welches auf dem die

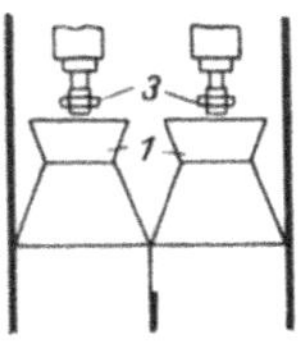

Fig. 99.

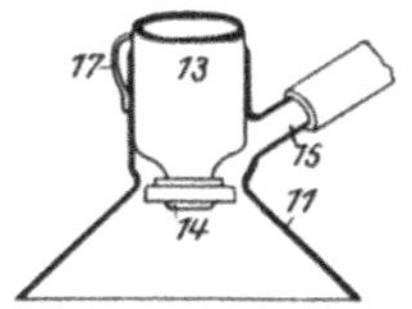

Fig. 100.

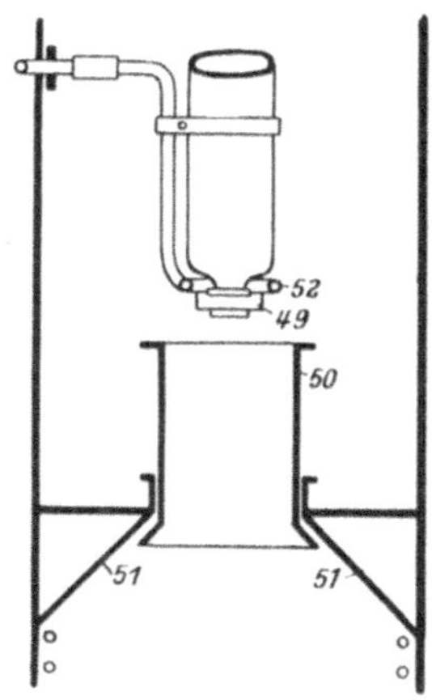

Fig. 103.

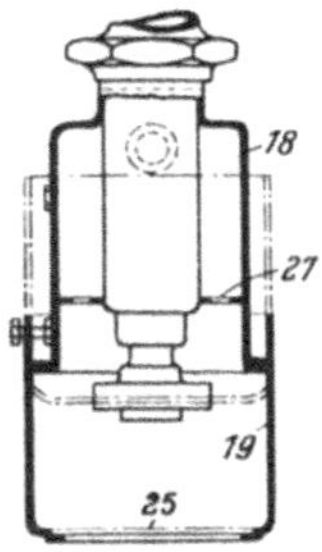

Fig. 101.

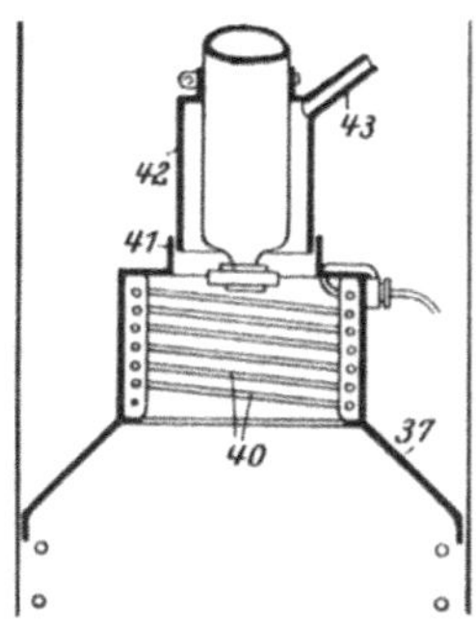

Fig. 102.

Spinndüse *14* tragenden Rohr *13* gleitet und durch eine Feder *17* gehalten wird. Eine Abzweigung *15* dient zum Ableiten der Dämpfe. Nach Fig. 101 dient als Sammelvorrichtung das zylindrische Stück *18*, das auf der Zuführungsleitung für die Spinnlösung befestigt ist und den Auslaß für die erzeugten Dämpfe trägt, und ein zweites zylindrisches Stück *19*, das teleskopartig auf dem ersten gleitet; das verdampfende Mittel tritt in die Verengerung *25* ein oder durch eine darin angebrachte gelochte Platte, eine gleichmäßige Verteilung wird unterstützt durch die gelochte Platte *27* oberhalb der Düse. Nach Fig. 102 ist eine Heizvorrichtung *40* mit der Sammelvorrichtung *37* verbunden, Teil *42*, der die Ableitung *43* für die Lösungsmitteldämpfe trägt, steht durch *41* in gleitender Verbindung mit *37*. Die Ableitungen für die Dämpfe können aus einer oder mehreren röhrenförmigen, nach unten gerichteten Gliedern bestehen, die unmittelbar oberhalb der Spinndüsen angebracht sind, für jede eine. Die Abzugsleitung kann auch aus einer ringförmigen Röhre bestehen, welche die Spinndüse umgibt und mit Löchern versehen ist, dies ist besonders angezeigt bei ringförmigen Düsen, kann aber auch bei Scheibendüsen wie in Fig. 103 angewendet werden; die gelochte ringförmige Abzugsröhre *52* ist unmittelbar über der Spinndüse *49* angebracht, die Sammelvorrichtung besteht aus dem Trichter *51* und dem darin gleitenden Rohr *50*. Die das Verdampfungsmittel aus den einzelnen Zellen ableitenden Rohre können mit Ventilen, Einschnürungen oder anderen Regelvorrichtungen ausgestattet sein, mit oder ohne Zugmesser, vgl. brit. P. 203092 (siehe 5. Aufl., S. 616). Durch Verwendung der Sammelvorrichtungen wird der Querschnitt der Fasern besser beeinflußt, der bei zweckmäßiger Anordnung flach, halbflach oder rundlich ist.

340. Dieselben. Apparat zur Herstellung von Fäden.

Brit. P. 304674 vom 24. X. 1927, Zusatz zum brit. P. 300998; belg. P. 354874.

Die Spinnzellen zum Trockenspinnen künstlicher Seide usw. nach dem Hauptpatent (s. vorstehend) werden dahin abgeändert, daß sie eine erhöhte Anzahl Spinndüsen, bis 100 und mehr enthalten, man braucht also bei einer Vorrichtung nicht mehr eine Unterteilung in verhältnismäßig kleine Zellen. Diese Zellen und die des Hauptpatentes sind an den den Spinndüsen entgegengesetzten Enden offen. In dem Apparat gemäß Fig. 104 und 105 hat jede Spinnstelle 2 Spinndüsen und eine Sammelvorrichtung *3*. Der Boden jeder Zelle ist offen, und die aus jedem Spinnraum abgezogene Luft wird erhitzt, z. B. durch die Heizschlange *5* innerhalb der Zelle, sie geht dann durch die Sammelvorrichtung in unmittelbarer Nähe der Spinndüsen *2* vorbei nach dem Abzugsrohr *6* über Ventile, Verengungen oder andere Regelvorrichtungen mit oder ohne Zugmesser, wie im brit. P. 203092 (siehe 5. Aufl., S. 616) beschrieben ist. Die Fasern *11* gehen durch das untere offene Ende der Zelle zu einer Führungswalze *12*, können aber auch durch Öffnungen in der Zellwandung abgezogen werden. Bei dem Apparat nach Fig. 106 und 107 enthalten die Zellen eine verhältnismäßig große Anzahl Spinndüsen *2*, jede ist mit einer Sammelvorrichtung *14*, *15* verbunden. Das verdampfende Mittel wird durch die ringförmige Röhre *16*, die an ihrer Unterseite durchlocht ist, abgezogen. Auch hier ist der Boden offen, um aber die eintretende Luft gleichmäßig über die Länge der Zelle zu verteilen und sie senkrecht laufen zu lassen, kann der Boden teilweise durch die Platte *20* geschlossen sein, welche Öffnungen *21* und darin Röhren *22* hat, vgl. linke Seite von Fig. 107. Die Längswände der Zellen können nach oben gerichtete Rippen *23* haben, um die Luft aufwärts zu den Sammelvorrichtungen zu führen. Erhitzt wird durch die Röhren *24*,

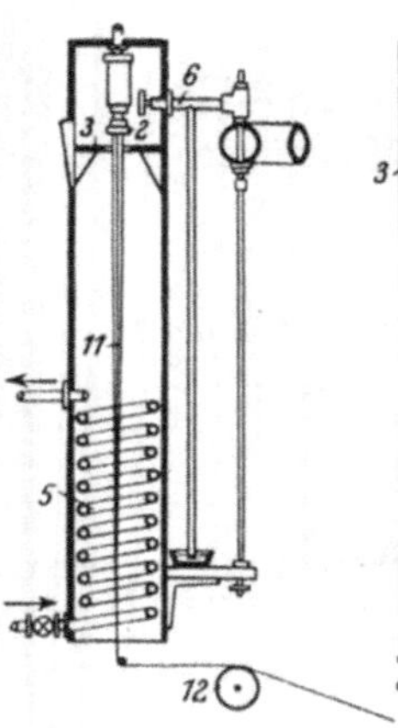

Fig. 104.

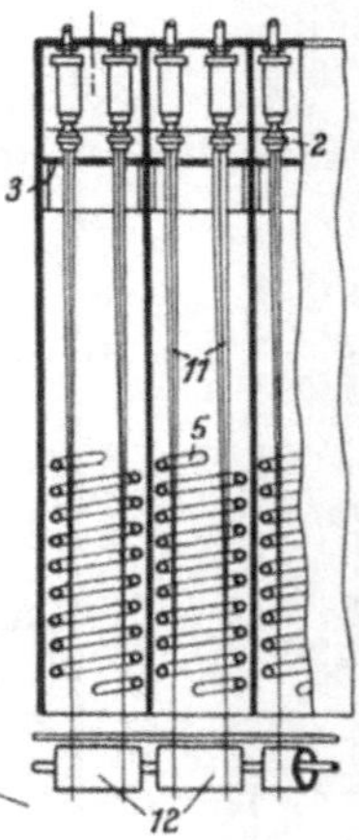

Fig. 105.

zum Erhitzen der Sammelvorrichtungen dienen die Röhren *25*. Bei Fig. 108 hat jede Zelle, die unten geschlossen ist, 4 oder eine andere verhältnismäßig hohe Anzahl Spinndüsen, sie sind paarweise in Reihen der Länge der Spinnvorrichtung entsprechend angeordnet. Das verdampfende Mittel wird durch Röhren *27* eingesogen, die mit Ventilen *28* und *29* ausgerüstet sind. Der Auslaß jeder Sammelvorrichtung wird

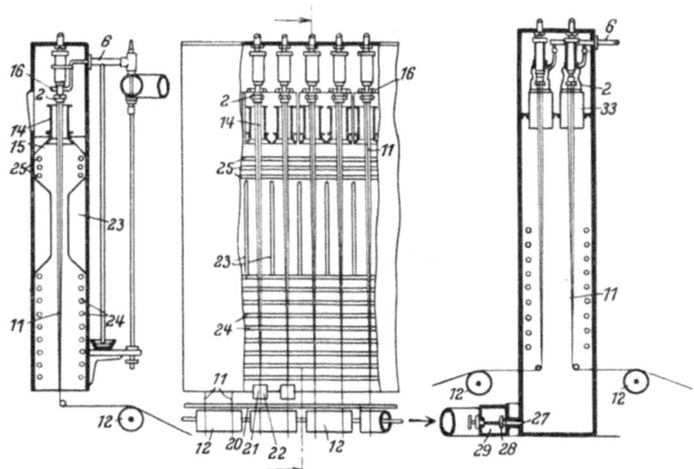

Fig. 106. Fig. 107. Fig. 108.

besonders eingestellt, zweckmäßig verbindet man die Sammelvorrichtungen eines Düsenpaares durch ein Abzugsrohr *6*. Die Sammelvorrichtungen haben nach oben gerichtete Verlängerungen *33*; die verhältnismäßig großen Kammern mit einer großen Anzahl Spinndüsen können mit Zwischenwänden ausgerüstet sein, die nur über einen Teil der Gesamthöhe gehen und jede Spinndüse oder eine kleine Anzahl davon abtrennen. Sie sind im wesentlichen Verlängerungen der Sammelvorrichtungen.

Nach Levy.

341. L. A. Levy, London. Apparat zur Herstellung von Kunstseide usw.

Brit. P. 250683 vom 17. I. 1925.

Beim Spinnen von Zelluloseacetat- oder gleichwertigen Lösungen werden die zu einem Faden vereinigten Einzelfäden auf eine Ringspindel aufgewickelt. Zum Spinnen können die im brit. P. 213138 (5. Aufl., S. 748) beschriebenen Düsen verwendet werden, die Fäden können gemäß dem Verfahren des brit. P. 168986 (5. Aufl., S. 173) von Lösungsmitteln befreit werden, letzte Spuren von Lösungsmitteln können gemäß brit. P. 219106 (5. Aufl., S. 627) durch Umleiten um eine erhitzte Trommel entfernt werden. Zur Koagulierung der Fäden kann auch ein Fällbad verwendet werden.

342. Derselbe. Verbesserungen bei der Herstellung künstlicher Fäden.

Brit. P. 251680 vom 30. I. 1925.

Beim Halbtrockenspinnen von Zelluloseacetat- u. dgl. Lösungen werden die Fäden durch die warme Luft der Spinnzelle nur teilweise von Lösungsmitteln befreit, sie gehen dann durch ein Bad, das erhitzt sein kann und unten in der Spinnzelle oder außerhalb davon angebracht ist, und danach auf eine Tophamsche Zentrifuge oder eine Kappen- oder andere Zwirnvorrichtung. Durch Veränderung der Badtemperatur oder der örtlichen Anordnung des Bades oder der Temperatur der Spinnzelle kann man den Glanz und das allgemeine Aussehen der Fäden in weiten Grenzen beeinflussen. (2 Zeichnungen.)

Nach Vereinigte Glanzstoff-Fabriken A.-G.

343. Vereinigte Glanzstoff-Fabriken A.-G., Elberfeld. Verfahren und Vorrichtung zur Erzeugung von künstlichen Fäden aus Zellulosederivaten.

Brit. P. 249141 vom 11. III. 1926; österr. P. 105925; franz. P. 612658 (Prior. Deutschl. vom 12. III. 1925).

Die beim Trockenspinnverfahren auftretenden Übelstände wie Luftwirbel und unbeabsichtigte Erwärmung gewisser Teile der Innenausrüstung, z. B. der Düse, werden erfindungsgemäß vermieden, wenn man die Wärmebehandlung der frisch gesponnenen Fäden außerhalb der Spinnzelle *1* (Fig. 109) vornimmt. Die Wärmebehandlung erfolgt zweckmäßig ebenfalls in geschlossenem Raume, der Erwärmungszelle *2*, damit die noch dem Faden innewohnenden Lösungsmittelreste bequem wiedergewonnen werden können. In der Spinnzelle befindet sich oben die Spinndüse *3* und unten der Fadenführer *4*, wo die Fäden *f* gesammelt und durch ein kleines Loch *5* der Spinnzelle und Loch *6* der Wärmezelle in diese während des Betriebes geleitet werden. Die Frischluft zur Spinnzelle tritt durch Löcher *7* ein, durchströmt die Spinnzelle von oben nach unten und tritt beim Absaugeloch *8* aus. Die Spinnzelle arbeitet bei Zimmertemperatur. Durch den gleichgerichteten, kühlen Luftstrom, welcher das Lösungsmittel dem Faden nur allmählich entzieht, gelingt es, den Faden auf große

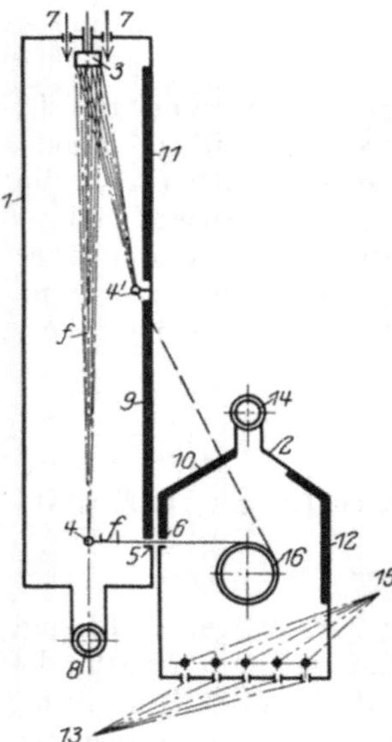

Fig. 109.

Feinheit auszuziehen. Zum Anspinnen hat sich die Benutzung eines Hilfsfadenführers *4'* und die Verwendung von geeigneten Türen *9* und *10* in der Spinn- und der Wärmezelle als zweckmäßig erwiesen. Desgleichen kann eine Bedienungstür *11* in der Spinnzelle vorgesehen werden. Die Wärmezelle *2* ist mit einer geeigneten Bedienungstür *12*, Lufteintrittslöchern *13*, Luftabzugskanal *14*, Heizkörpern *15* und Aufwickelorgan *16* ausgerüstet. Statt Heizkörper in der Wärmezelle selbst unterzubringen, kann auch bereits vorerwärmte Luft eingeführt werden.

Nach Courtaulds Ltd.

344. Courtaulds Ltd., London. Verfahren und Vorrichtung zum Anspinnen von Kunstseidenfäden nach dem Trockenspinnverfahren.

D.R.P. 481945 Kl. 29a vom 20. X. 1926 (Prior. Engl. vom 7. I. 1926); brit. P. 268455 (auch W. H. Glover und Ch. Fr. Topham); franz. P. 623707; schweiz. P. 124507; Ver. St. Amer. P. 1665958.

Gemäß der Erfindung wird das Anspinnen derart ausgeführt, daß der aus der Spinnkammer herausgeleitete Faden durch Einblasen mittels eines ununterbrochen laufenden Luft- oder Gasstromes in einen schnell umlaufenden Spinntopf eingeführt wird. Der aus der Spinnkammer austretende Faden wird um eine Hilfswalze und dann in den Spinntopf mit Hilfe eines an sich bekannten, hin und her gehenden Trichters geführt, um den Faden gleichförmig in dem Spinntopf zu verteilen, außer wenn dieser flach ist, in welchem Falle der Trichter fortgelassen werden kann. Es ist im allgemeinen vorzuziehen, den Faden etwas anzufeuchten, ehe er den Spinntopf erreicht. Dies geschieht dadurch, daß man den Faden über eine Bürste führt, die feucht gehalten wird. Hierdurch wird die Einführung des Fadens in den Spinntopf erleichtert und die Erhaltung des Fadens in richtiger Lage und eine befriedigende Ablagerung der Fadenmasse unterstützt. Gewünschtenfalls kann der Faden auf seinem Wege zum Spinntopf geschlichtet werden, indem man ihn über eine Fläche oder durch eine Bürste führt, die mit einer Schlichtelösung, z. B. einer verdünnten Gelatinelösung, angefeuchtet gehalten wird. Es ist natürlich wünschenswert, den geschlichteten Faden aus dem Spinntopf zu entfernen, bevor die Schlichte genügend fest geworden ist, um die verschiedenen Windungen des Fadens miteinander zu verbinden. Die Einführung des Fadens in den Spinntopf geschieht beispielsweise folgendermaßen: Wie in Fig. 110 schematisch dargestellt ist, wird der Faden *A*, der mit großer Geschwindigkeit, z. B. mit 110 m oder mehr in der Minute, zugeführt wird, zunächst in einer einfachen Schleife über eine angetriebene Hilfswalze *B* geführt. Diese Schleife wird über eine glatte Nut *d* am unteren Ende eines frei beweglichen Rohres *D* geführt und dann durch Abwärtsbewegung des Rohres *D* zu einer Schleife *C* ausgezogen. Das freie Ende des Fadens wird auf die Hilfswalze *B* auf-

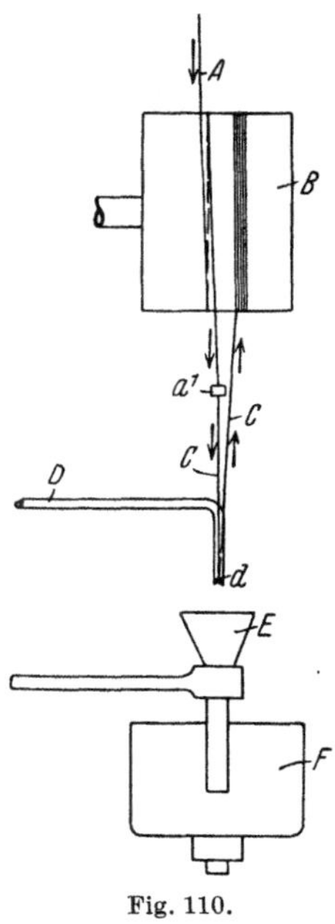

Fig. 110.

gewickelt. Auf dem Wege von der Walze *B* zur Nut *d* geht der Faden *A* durch einen Fadenführer a^1, der so eingestellt wird, daß er senkrecht über der Mitte des über dem Spinntopf *F* angeordneten Trichters *E* steht. Während des Betriebes steht der Fadenführer a^1 fest. Das der Nut *d* engegengesetzte Ende des Rohres *d* ist mit einer Vorrichtung verbunden, durch die ein dauernder Strom von Luft oder anderem Gas durch *D* geblasen wird. Durch eine schnelle Abwärtsbewegung des Rohres *D* wird die Schleife des Fadens zerrissen, und durch den Luftstrom wird das abgerissene Ende des Fadens, das mit dem aus der Spinnkammer austretenden Faden zusammenhängt, im Trichter *E* abwärts und in den Spinntopf *F* geblasen. Der von der Hilfswalze her nachfolgende Faden geht weiter im Trichter abwärts. Man setzt das Verfahren fort, bis der Spinntopf *F* genügend gefüllt ist. Der Faden kann in beliebiger Weise aus dem Spinntopf herausgenommen werden. Der Faden wird aus dem Spinntopf entweder herausgezogen, während dieser stillsteht, oder während er sich dreht. Im letzteren Falle erhält man den Vorteil, daß der Faden noch eine zusätzliche Zwirnung erfährt. Wenn indessen der Spinntopf mit dem darin befindlichen Fadenkuchen kurze Zeit erhitzt wird, z. B. bei Verwendung eines Aluminiumspinntopfes etwa 10 Minuten lang bei 70° C, so kann der Kuchen leicht aus dem Spinntopf entfernt werden und behält dabei seine ursprüngliche Gestalt.

Patentansprüche: 1. Anspinnverfahren für die Herstellung von Kunstseidenfäden nach dem Trockenspinnverfahren, dadurch gekennzeichnet, daß der aus der Spinnkammer herausgeleitete Faden durch Einblasen mittels eines ununterbrochen laufenden Luft- oder Gasstroms in einen schnell umlaufenden Spinntopf eingeführt wird.

2. Vorrichtung zur Ausführung des Verfahrens nach Anspruch 1, dadurch gekennzeichnet, daß eine von dem laufenden Faden gebildete Schleife *C*, deren Ende auf einer umlaufenden Hilfswalze *B* liegt, über eine in das Ende eines Rohres *D* eingeschnittene glatte Nut *d* geführt wird und daß durch schnelles Abwärtsbewegen des Rohres *D* der Faden zerrissen und durch einen durch das Rohr *D* dauernd hindurchgeblasenen Luft- oder Gasstrom in den Trichter *E* des Spinntopfes *F* eingeführt wird.

3. Verfahren nach Anspruch 1, dadurch gekennzeichnet, daß der Faden vor Eintritt in den Spinntopf schwach angefeuchtet wird.

4. Verfahren nach Anspruch 1, dadurch gekennzeichnet, daß die Trommel mit dem darin gelagerten Fadenkuchen erhitzt wird, um das Herausnehmen der Fadenmasse zu erleichtern.

345. Dieselbe. Trockenspinnverfahren zur Herstellung künstlicher Fäden.

Brit. P. 278814 vom 19. VII. 1926; schweiz. P. 127214; belg. P. 342074; franz. P. 633957.

Die Erfindung beruht auf der Erkenntnis, daß es beim Trockenspinnen von Zelluloseestern oder -äthern von Vorteil ist, wenn die Lösung beim Austritt aus der Spinndüse und die Luft in dem der Düse benachbarten Teil der Spinnkammer praktisch auf der gleichen Temperatur gehalten werden, indem man sie der Einwirkung derselben Wärmequelle aussetzt. Die Erwärmung der Spinnlösung auf dieselbe Temperatur wie diejenige der Luft in der Spinnkammer kann nach verschiedenen Verfahren erfolgen. Beispielsweise kann die Spinnlösung durch ein Rohr fließen, das praktisch durch die ganze Länge der Spinnkammer hindurchgeht, ehe es die Düse erreicht, wodurch die Spinnlösung allmählich dieselbe Temperatur annimmt wie die Luft in der Spinnkammer. Das Rohr, durch das die Spinnlösung fließt, kann auch die Form eines Schlangenrohres oder einer Spirale annehmen, die am oberen Ende der Spinnkammer in der Nähe der Düse liegen. Man kann auch das Rohr durch den Heißwassermantel leiten, der die Spinnkammer umgibt, und es von dort zur Spinndüse führen. Ein anderes Verfahren besteht darin, daß man die Lösung durch ein geeignetes Rohr leitet, das in einem Gefäß liegt, durch das die Gesamtmenge des aus dem Heißwassermantel austretenden heißen Wassers fließt. Das Verfahren kann ferner dazu benutzt werden, den Glanz der erhaltenen Faser nach Wunsch zu erhöhen oder zu vermindern. Dies wird dadurch erreicht, daß man mit der gemeinsamen Temperatur der Spinnlösung und der Luft in der Spinnkammer unter die für ein Spinnen zusammenhängender Fasern zulässige Höchsttemperatur heruntergeht. Beispielsweise erhält man weniger glänzende Fäden, wenn man unter Einhaltung der sonst üblichen Bedingungen bei einer gemeinsamen Temperatur von 62° C verspinnt.

346. Courtaulds Ltd., London, F. Shedden, A. E. Delph und N. G. Baguley. Verbesserungen in der Herstellung von Kunstseide und an Apparaten hierfür.

Brit. P. 275042 vom 4. X. 1926; franz. P. 637130.

Verspinnt man nach dem Trockenspinnverfahren Lösungen von Zelluloseacetat in Aceton, so erhält man Seide verschiedener Beschaffenheit. So neigen die Fäden bei einem höheren Gehalt an Acetondampf in der Nähe der Düse dazu, einen flacheren Querschnitt und einen größeren Glanz zu haben, als wenn der Gehalt an Acetondampf geringer ist. Will man eine künstliche Seide von bestimmter Beschaffenheit herstellen, so müssen die Bedingungen hinsichtlich des Acetongehaltes in der Spinnzelle konstant gehalten werden, und außerdem müssen diese Bedingungen möglichst in allen Spinnzellen gleich gehalten werden, in denen man Kunstseide der gleichen Beschaffenheit herstellen will.

Es hat sich ergeben, daß die Bedingungen hinsichtlich des Gehaltes an Acetondampf in einer Spinnzelle konstant gehalten werden können, wenn man eine Spinnzelle verwendet, die mit einem Ventil oder einer anderen Vorrichtung zur Regelung des Lufteintrittes in die Spinnzelle oder des Luftaustrittes aus der Spinnzelle und mit einer elektrischen Meßvorrichtung mit Wheatstonescher Brücke zur Bestimmung des Sättigungsgrades des Acetondampfgemisches versehen ist. Diese Vorrichtung enthält in bekannter Weise zwei kleine Drähte oder Drahtspulen, die mittels eines elektrischen Stromes erhitzt werden. Die beiden Drähte werden in zwei Zweigen einer Wheatstoneschen Brückenschaltung angeordnet, so daß man ihre Widerstände vergleichen kann, wenn eine der Spulen in einer Atmosphäre von konstanter Zusammensetzung liegt, während die andere der Wirkung des Gasgemisches ausgesetzt ist, das in der Spinnzelle enthalten ist. Je nach dem Gehalt an Aceton in diesem Gasgemisch ändert sich der Betrag des Wärmeverlustes aus dieser Spule und infolgedessen der Unterschied zwischen dem Widerstande des der Gasmischung ausgesetzten Drahtes und dem Widerstand des anderen Drahtes, der der Wirkung einer konstanten Atmosphäre unterliegt. Dieser Widerstandsunterschied wird nach der Methode der Wheatstoneschen Brücke gemessen und durch ein Galvanometer oder ein anderes in Verbindung mit einer Wheatstoneschen Brücke gebräuchliches Instrument angezeigt. Damit wird festgestellt, ob die Bedingungen hinsichtlich des Acetondampfgehaltes in jeder einzelnen Spinnzelle konstant bleiben und auch, ob diese Bedingungen in einer Spinnzelle mehr oder weniger dieselben sind oder gleich denjenigen sind, die in den anderen Spinnzellen obwalten. Wenn diese Bedingungen von den normalen Bedingungen abweichen, die jeweils eingehalten werden sollen, so wird die in die Spinnzelle ein- oder austretende Luftmenge so geregelt, daß die Bedingungen hinsichtlich des Acetondampfgehaltes wieder auf das gewünschte Normalmaß gebracht werden.

347. Courtaulds Ltd. Verfahren und Vorrichtung zur Herstellung von künstlichen Fäden nach dem Trockenspinnverfahren.

D.R.P. 458269 Kl. 29a vom 30. VII. 1927 (Prior. Engl. vom 11. X. 1926); belg. P. 344198; Ver. St. Amer. P. 1671878 (Ch. Fr. Topham); franz. P. 639235; niederl. P. 20831.

Es hat sich gezeigt, daß beim Trockenspinnverfahren die anfängliche Bildung des Fadens erheblich erleichtert wird, wenn man auf die unter gleichmäßigem, von der Fördervorrichtung erzeugtem Druck stehende, durch die Düsenöffnungen hindurchgehende Lösung eine plötzliche beträchtliche Drucksteigerung wirken läßt. Infolge dieses erhöhten Druckes und der daraus sich erhöhenden Durchflußgeschwindigkeit der Spinnlösung durch die Düsenöffnungen verteilt sich die Spinnlösung nicht mehr über die Düsenaußenfläche, sondern fließt sofort in feinen Strahlen in den Verdampfungsraum. Die erwähnte Druckerhöhung kann z. B. mittels eines Hilfskolbens erzeugt werden, der sich in einem Zylinder bewegt und mit der Zuleitung für die Spinnflüssigkeit durch eine Zweigleitung in Verbindung steht, oder auch mittels einer biegsamen Membran, welche unmittelbar in die Spinnflüssigkeitsleitung oder in eine Zweigleitung eingebaut ist.

Fig. 111 zeigt schematisch eine Einrichtung zur Ausführung der Erfindung unter Verwendung einer Hilfspumpe. Rohr *A* führt die Spinnlösung aus einem Behälter zu einer Pumpe *B* beliebiger Art. Eine Speiseleitung *E* führt die Spinnlösung von der Pumpe *B* zu einer Düse *C*, die eine Mehrzahl feiner Öffnungen enthält. Die Düse *C* sitzt am oberen Ende der Spinnkammer *D*. Die Speiseleitung *E* ist an einer Stelle zwischen der Pumpe *B* und der Düse *C* mit einer Abzweigleitung *F* versehen, die zu einem Zylinder *G* führt, in welchem ein Kolben *H* gleitet. Der Kolben *H* kann durch einen Hebel *J* in Bewegung gesetzt werden. In die Zweigleitung F zwischen der Speiseleitung E und dem Zylinder G ist ein Hahn K eingesetzt, wodurch verhindert werden kann, daß bei normalem Betrieb der Spinnvorrichtung Spinnlösung in den Zylinder hineingedrückt wird. Wenn man die Spinnvorrichtung in Gang setzen will, nachdem die Pumpe B sowohl die Speiseleitung E als auch die Abzweigleitung F und ebenso auch den unteren Teil des Zylinders G mit der Spinnlösung gefüllt hat, so wird bei geöffnetem Hahn K der Hebel J langsam nach oben bewegt. Dabei hebt sich der Kolben H, und der ganze Zylinder füllt sich mit Spinnflüssigkeit. Die Oberfläche der Düse C wird mit einem Tuch gereinigt, das mit Aceton oder mit einem anderen Lösungsmittel für die Spinnflüssigkeit angefeuchtet ist, um jede Spur von Lösung von dieser Fläche zu entfernen. Der Hebel J wird dann scharf nach abwärts gedrückt. Hierdurch wird die Lösung durch die Öffnungen der Düse C mit einer wesentlich größeren Geschwindigkeit hindurchgedrückt, als dies der Fall sein würde, wenn die Pumpe B als alleiniges Fördermittel benutzt würde. Vermöge dieser erhöhten Geschwindigkeit hat die Lösung nicht mehr das Bestreben, sich über die Oberfläche der Düse C zu verbreiten, sie fließt vielmehr sofort in feinen Strahlen hinab in die Kammer D, wo das in der Lösung enthaltene Aceton verdampft und das Zelluloseacetat in der Gestalt von feinen Fasern zurückläßt, die vereinigt aus der Kammer herausgeführt werden. Wenn auf diese Weise die Bildung des Fadens eingeleitet ist, wird der Hahn K geschlossen, bis es wieder notwendig wird, die Bildung der Fäden aufs neue einzuleiten. Hierdurch wird gleichzeitig verhindert, daß durch unbefugtes Hantieren an dem Kolben der Spinnvorgang gestört wird. Der Hilfskolben und sein Zylinder können so gebaut sein, daß der Kolben den Zylinder vom einen bis zum anderen Ende ausfüllt. In diesem Falle wird jedoch leicht etwas Zelluloseacetat-Lösung zwischen dem Kolben und dem Zylinder austreten und wird, wenn sie das Kopfende des Kolbens erreicht, mehr oder weniger Aceton durch Verdampfen verlieren. Dadurch bildet sich eine Haut oder eine Schicht von hartem Zelluloseacetat, wodurch der Kolben schwer beweglich wird. Vorzugsweise werden daher der Kolben und der Zylinder, wie in Fig. 112 dargestellt, ausgebildet. Bei dieser Bauart ist im Innern des Zylinders G ein ringförmiger Raum L vorgesehen, über den nach oben hinaus sich auch der Kolben H erstreckt. Dieser ringförmige Raum wird mit Aceton oder einem anderen Lösungsmittel für Zelluloseacetat beschickt. Dies hat zur Folge, daß irgendwelche Zelluloseacetat-Lösung, die zwischen dem unteren Ende

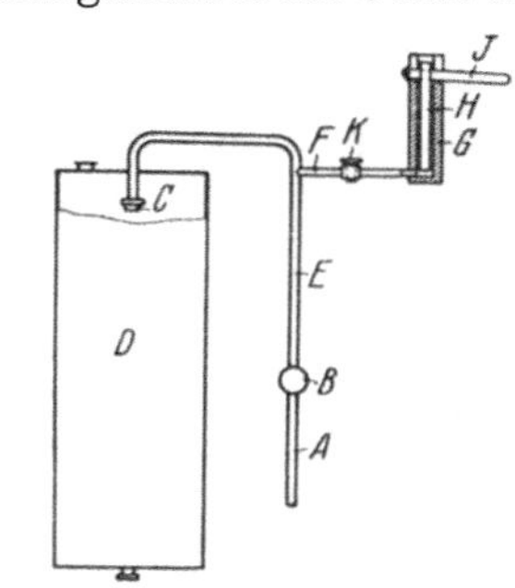

Fig. 111.

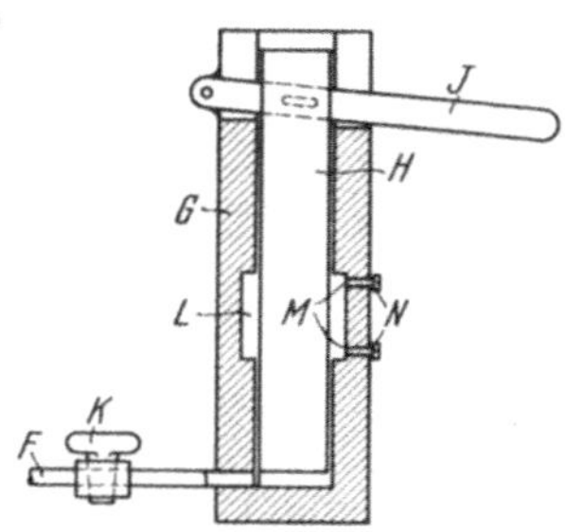

Fig. 112.

des Zylinders *G* und dem Kolben *H* hindurchtritt, in das Aceton oder das andere Lösungsmittel, das in dem erwähnten Raum *L* enthalten ist, gelangt und dort in Lösung bleibt. Das Aceton kann in den erwähnten Raum *L*, z. B. mit Hilfe von zwei Löchern *M*, eingeführt und aus ihm entfernt werden, die mit Schrauben *N* oder auf irgendeine andere Weise verschlossen werden können. Flüssigkeiten, die aus dem Raum zwischen den oberen Enden des Zylinders und des Kolbens hindurchtreten, werden nur einen kleinen Gehalt an Zelluloseacetat aufweisen und werden daher nicht ausreichen, um ein Steckenbleiben des Kolbens in dem Gefäß hervorzurufen. Wenn das Aceton in dem Raum *L* eine hinreichende Menge von Zelluloseacetat aufgenommen hat, kann es mit Hilfe der genannten Löcher *M* aus dem Raum *L* entfernt und frisches Aceton od. dgl. wieder eingebracht werden.

In Fig. 113 stellt *B* die Pumpe dar, durch welche die zu verspinnende Lösung durch die Leitung *E* der Düse zugeführt wird. *O* ist eine biegsame Membran. Wenn man auf den gegen die Membran anliegenden Handgriff oder Knopf *P* einen plötzlichen Druck ausübt, so wird die Membran und die unmittelbar unter ihr befindliche Lösung nach abwärts gedrückt. Der Druck wird durch die Leitung *E* auf die Düse *C* übertragen. Selbstverständlich ist es nicht erwünscht, daß bei der Rückwärts- und Aufwärtsbewegung des Handgriffs *P* und der Membran *O* die Strömung der Lösung durch die Düsenöffnungen gestört oder behindert wird. Daher ist eine Einrichtung, wie z. B. eine Sperrung, vorgesehen, die, wenn die Membran abwärts gedrückt ist, den Handgriff oder den Knopf in dieser Lage so lange festhält, bis man die Bildung des Fadens aufs neue in Gang zu setzen wünscht. Alsdann wird die Sperrung gelöst, so daß der Knopf *P* und die Membran *O* nach oben gehen können, wobei sich der Raum unterhalb der Membran aufs neue mit der Spinnlösung füllt.

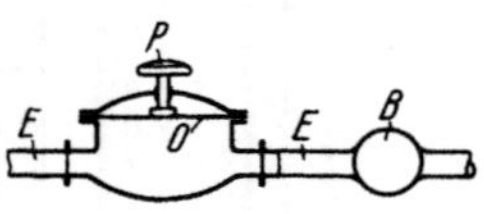

Fig. 113.

Patentansprüche: 1. Verfahren zur Herstellung von künstlichen Fäden nach dem Trockenspinnverfahren, dadurch gekennzeichnet, daß die Fadenbildung dadurch eingeleitet wird, daß man auf die durch die Öffnungen der Düse hindurchgehende Spinnlösung außer dem von der Fördervorrichtung für die Spinnflüssigkeit erzeugten gleichbleibenden Druck eine zusätzliche plötzliche erhebliche Druckerhöhung wirken läßt, die sich zu dem gleichbleibenden Druck addiert.

2. Vorrichtung zur Ausführung des Verfahrens nach Anspruch 1, dadurch gekennzeichnet, daß die zusätzliche Druckerhöhung durch eine Hilfspumpe bewirkt wird, die aus einem in einem Zylinder beweglichen Kolben oder aus einer biegsamen Membran besteht.

3. Vorrichtung nach Anspruch 2, dadurch gekennzeichnet, daß der mit dem Kolben die Hilfspumpe bildende Zylinder mit einem Ringraum versehen ist, der verschließbare Löcher zum Einführen und Entfernen des Lösungsmittels für die Spinnflüssigkeit, z. B. des Acetons, hat.

4. Vorrichtung nach Anspruch 2, gekennzeichnet durch eine biegsame Membran, die in der Zuführungsleitung zwischen der Haupt-

pumpe und der Düse oder in einem mit der Zuführungsleitung durch eine Zweigleitung verbundenen Gefäß angeordnet ist.

348. Courtaulds Ltd., London, F. Th. Wood und E. G. Turney, Coventry. Verbesserungen in der Herstellung von Kunstseide und in Apparaten dafür.

Brit. P. 281058 vom 11. X. 1926.

Zur gleichmäßigen Einhaltung der Verdampfungsbedingungen für eine Reihe von Trockenspinnzellen ist jede Kammer mit einem Heizelement versehen, durch welches heißes Wasser von beispielsweise 70° C oder eine andere Flüssigkeit mit einer solchen Geschwindigkeit strömt, daß der Temperaturunterschied zwischen dem Eintritt in das Heizelement und dem Austritt aus diesem $^1/_5$—$^1/_{10}$° beträgt. Die Regelung der Luftzufuhr erfolgt durch Ansaugen in der Weise, daß jede Zufuhrleitung für die Spinnzelle eine mit Löchern verschiedenen, aber bestimmten Durchmessers versehene Scheibe besitzt. Durch Anbringung ähnlicher Platten in die Absaugevorrichtung ist es möglich, für jede Kammer die gleiche Luftzufuhr aufrechtzuerhalten.

Nach Syntheta A.-G.

349. Syntheta A.-G., Zürich. Apparat zur Herstellung von Fäden.

Brit. P. 265577 vom 27. I. 1927 (Prior. Schweiz vom 4. II. 1926).

Man spinnt in eine Kammer, die auf eine Temperatur oberhalb des Siedepunktes des Lösungsmittels erhitzt ist und deren erhitzte Atmosphäre aus Lösungsmitteldämpfen aus den Fäden besteht. Die Konzentration der Spinnluft an Lösungsmitteldämpfen wird dadurch konstant gehalten, daß man Dämpfe aus der Spinnkammer absaugt und durch einen Kühler gehen läßt, die unkondensierten Dämpfe gehen zu der Spinnkammer zurück[1]

350. Dieselbe. Vorrichtung zum Spinnen künstlicher Textilfasern.

Schweiz. P. 130385 vom 1. II. 1928.

Um eine übermäßige Erhitzung der Spinndüsen durch den Heizraum zu vermeiden, werden die Spinndüsen mit einer geeigneten Kühlung versehen. Auch die den Spinndüsen vorgeschaltete Filterkerze kann gekühlt werden sowie auch die Decke des Spinnkastens. (Zeichnungen.)

Nach N. V. Nederlandsche Kunstzijdefabriek.

351. N. V. Nederlandsche Kunstzijdefabriek, Arnhem (Holl.). Verfahren und Vorrichtung zur Erzeugung von Kunstseide und anderen Gebilden aus Zelluloselösungen nach dem Trockenspinnverfahren[2].

D.R.P. 476786 Kl. 29a vom 31. XII. 1926 (Prior. Niederl. vom 17. XII. 1926); brit. P. 282326; franz. P. 627611; Ver. St. Amer. P. 1672665 und 1672666 (S. J. Vles und M. P. A. Bouman); niederl. P. 18210.

Unter Zelluloselösungen sind Lösungen von Zelluloseverbindungen, wie Zellulosenitrat, Zelluloseacetat, Alkyl-, Aryl- und Aralkylzellulose

[1] Siehe auch Lösungsmittelwiedergewinnung, S. 6.

[2] Siehe auch franz. P. 605966, S. 4.

und andere gemischte und nicht gemischte Ester und Äther von Zellulose in Äther, Alkoholäther und anderen flüchtigen Lösungsmitteln oder Mischungen von Lösungsmitteln, wie diese für die Erzeugung von Kunstseide und anderen künstlichen Textilerzeugnissen verwendet werden können, verstanden.

Alle für das Trockenspinnen gemachten Vorschläge enthalten gewisse Nachteile. So verlangt das Verspinnen in einer kalten, nicht erwärmten Atmosphäre eine gesonderte zweite Kammer, wodurch die Bedienung der ganzen Vorrichtung schwierig wird. Dieser Nachteil haftet auch dem Vorschlag an, das Verspinnen in einer Dämpfe des Lösemittels enthaltenden Atmosphäre auszuführen, während schließlich die Bedienung einer geschlossenen Kammer, auch wenn diese am Unterteil mit einem, an der Innenseite polierten trichterförmigen Unterstück versehen, nicht bequem ist. Diese Übelstände können durch vorliegende Erfindung beseitigt werden, bei der außerdem die unten näher erläuterten Vorteile erhalten werden. Das Verfahren gemäß der Erfindung ist dadurch gekennzeichnet, daß die Zelluloselösungen aus feinen Öffnungen in einem langsam aufsteigenden Gase, dessen Temperatur aufwärts gleichmäßig zunimmt, nach abwärts austreten. Auch kann das Verfahren in einer unten offenen Kammer ausgeführt werden. Das Aufsteigen des Gases regelt man gemäß der Erfindung am besten mittels eines an der oberen Seite der Kammer angeordneten Abzuges. Eine Vorrichtung zum Ausführen des Verfahrens besteht aus einer senkrechten oder nahezu senkrechten Kammer, die gänzlich oder nahezu gänzlich von einer Erwärmungsvorrichtung umgeben ist, und die an der oberen Seite in der Nähe der Eintrittsöffnung für die Spinnlösung einen Abzug für das aufsteigende Gas enthält. Die Vorrichtung zeigt gemäß der Erfindung vorzugsweise das Kennzeichen, daß die Kammer unten offen ist. Durch das langsame Emporsteigen des Gases, in welchem die Spinnlösung nach abwärts austritt, und durch die allmähliche Erhöhung der Temperatur des aufsteigenden Gases erzielt man bei geeigneter Regelung des Abzuges des Gases, welches die Dämpfe des Lösemittels enthält, ein völliges Vermeiden von Wirbeln, die das Spinnverfahren ungünstig beeinflussen. Außerdem erzielt man den Vorteil, daß das Verdampfen des Lösemittels in einer Atmosphäre stattfindet, die eine genügende Menge des Lösemittels enthält, ein Umstand, der bekanntlich das Erzeugnis günstig beeinflußt. Bei Anwendung einer unten offenen Kammer wird man bei geeigneter Regelung der Temperatur und der Abzugsgeschwindigkeit der Gase keine Verluste an Lösemitteln haben, während die Kammer bequemer zugänglich ist. Es ist klar, daß es in diesem Falle erwünscht ist, die Temperatur außerhalb der Kammer, wenigstens in der Nähe ihrer offenen unteren Seite, etwas niedriger als die niedrigste Temperatur in der Kammer zu halten.

In Fig. 114 ist *1* eine vertikale metallene Kammer von ungefähr 2 m Länge und einem Durchschnitt von ungefähr 25 cm. Diese Kammer besitzt oben eine Öffnung, durch welche ein Zufuhrrohr *2* für die Spinnflüssigkeit ragt. In diesem Zufuhrrohr *2* ist eine an sich bekannte

Spinnpumpe *3* angeordnet, die die Spinnlösung mit regelbarer Geschwindigkeit durch das Rohr *2* zur Spinndüse *4* führt. Die Spinnflüssigkeit tritt durch feine Öffnungen der Düse *4* aus und fällt durch das langsam aufsteigende Gas in der Kammer *1* nach unten, wo das Gespinst *5* mittels einer Wickelvorrichtung *6* aufgenommen und gegebenenfalls unmittelbar gezwirnt wird. Erwünschtenfalls kann das Gespinst *5* auch mit Hilfe eines Fadenführers *7* seitwärts abgeführt werden. Um die Kammer *1* befindet sich ein Mantel *8*, in welchem eine Heizflüssigkeit kreist, die bei *9* eingeführt wird und bei *10* austritt. Durch Regeln der Temperatur dieses Erwärmungsmittels in Zusammenhang mit seiner Geschwindigkeit kann man eine allmählich abnehmende Temperatur in der Richtung von oben nach unten erhalten. Beim Verspinnen einer Lösung von Acetylzellulose in Aceton ist eine geeignete Temperaturverteilung in der Kammer z. B. oben ungefähr 50° und unten ungefähr 20° C. An der oberen Seite hat die Kammer *1* eine zweite Öffnung, an welcher ein Rohr *11* mit Absaugvorrichtung *12* angeordnet ist. Rohr *11* führt zu einer Vorrichtung zur Zurückgewinnung des Lösemittels.

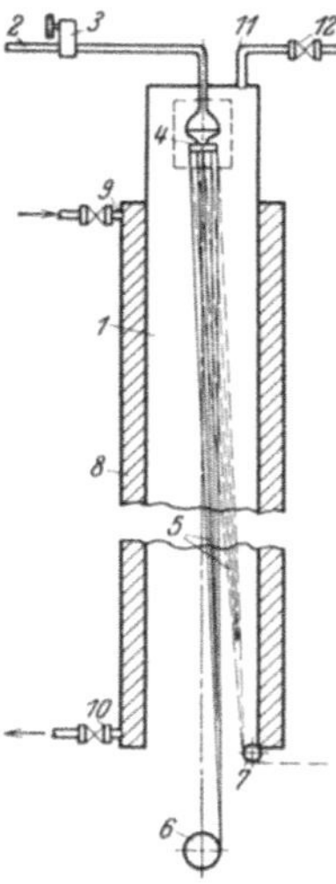

Fig. 114.

Durch die Erfindung erhält man in erster Linie eine einfache Vorrichtung, die bequem zu bedienen und zugänglich ist. In zweiter Linie ist man imstande, senkrecht unter der Spinndüse aufzuwickeln, wobei man sogar auf die Verwendung eines sich bewegenden Fadenführers verzichten kann, was ein weiterer Vorteil der Erfindung ist. Man erhält ferner ein ruhiges, gleichmäßiges Spinnen und eine Rückgewinnung des Lösemittels ohne Verluste, während schließlich der Querschnitt des Fadens günstig beeinflußt wird.

Patentansprüche: 1. Verfahren zur Erzeugung von Kunstseide und anderen Gebilden aus Zelluloselösungen nach dem Trockenspinnverfahren, dadurch gekennzeichnet, daß die Spinnlösungen in einer vorzugsweise nach unten offenen Kammer aus feinen Öffnungen in einem langsam aufsteigenden Gase nach abwärts austreten, dessen Temperatur nach aufwärts gleichmäßig zunimmt.

2. Verfahren nach Anspruch 1, dadurch gekennzeichnet, daß die Geschwindigkeit des Aufsteigens des Gases in der Kammer mittels eines an der oberen Seite der Kammer angeordneten Abzuges geregelt wird.

3. Vorrichtung zum Ausführen des Verfahrens nach Anspruch 1 und 2, dadurch gekennzeichnet, daß eine senkrechte oder nahezu senkrechte Kammer, die gänzlich oder nahezu gänzlich von einer Erwärmungsvorrichtung umgeben ist, an der oberen Seite in der Nähe der Austrittsöffnungen für die Spinnlösung einen Abzug für das aufsteigende Gas enthält.

4. Vorrichtung nach Anspruch 1—3, dadurch gekennzeichnet, daß die Kammer unten offen ist.

Nach Ruth-Aldo Co.

352. Ruth-Aldo Co. Inc., New-York. Apparat zur Herstellung von Fäden.

Brit. P. 283139; belg. P. 347301; franz. P. 638993 vom 4. I. 1927 (Thénoz).

Die Streckvorrichtung beim Spinnen künstlicher Fäden aus Lösungen von Zelluloseestern oder -äthern enthält ein Paar Abzugsrollen *6, 7* (Fig. 115—119), die in entgegengesetzter Richtung mit gleicher oder verschiedener Geschwindigkeit umlaufen und in ihrer Lage so eingestellt werden können, daß sie den gewünschten Verzug ergeben und die Länge des Fadenweges in der Spinnkammer. Die Rollen können die in Fig. 117 und

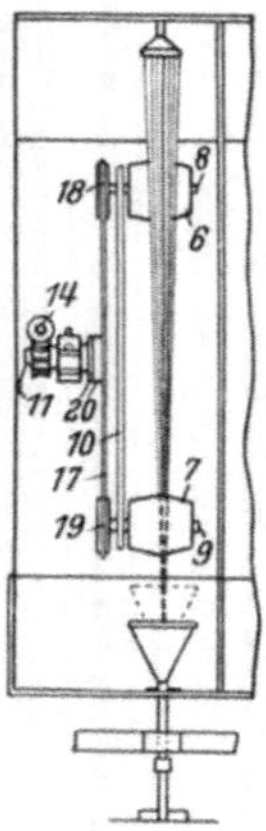

Fig. 115.

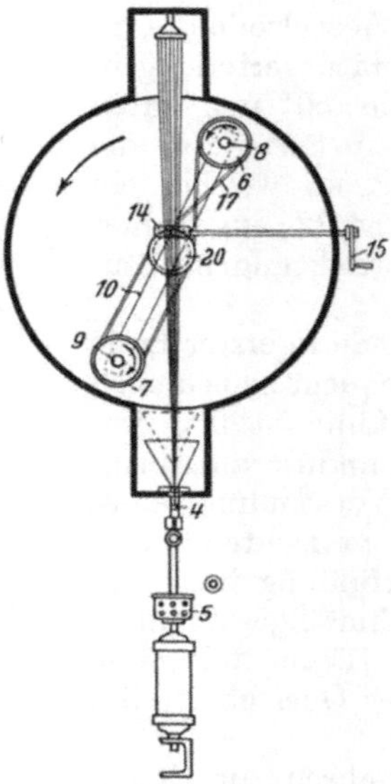

Fig. 116.

Fig. 117.

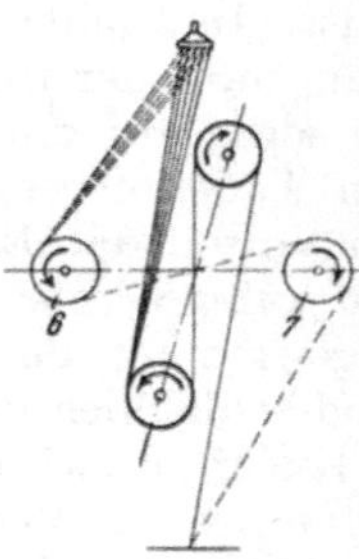

Fig. 118.

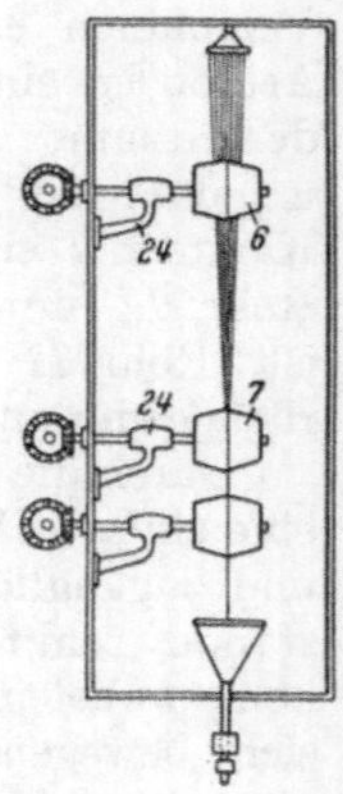

Fig. 119.

118 angezeigte Stellung haben. Die Entfernung zwischen den Rollen kann ebenfalls verändert werden, um die Länge des Weges, in welchem der Faden gestreckt wird, zu verändern. Bei der Konstruktion nach Fig. 115 und 116 werden die Rollen *6, 7* von Wellen *8, 9* getragen, die an den Enden des Armes *10* sitzen. Der Arm *10* schwingt um einen zentralen Träger durch Vermittlung der Schneckenräder *14, 11*, die von *15* aus eingestellt werden. Der Antrieb der Rollen erfolgt durch einen Riemen *17*, der über die Rollen *18, 19* geht und über die zentrale Scheibe *20*. Nach Fig. 119 sind die Rollen in Trägern *24* gelagert, die in Schlitzen der Wandung geführt und verstellt werden können. Wo die Rollen mit dem Fadenbündel in Berührung kommen, haben sie vorteilhaft einen Grat, der dadurch gebildet wird, daß zwei Kegelstümpfe mit den Basen aneinandergelegt werden. Bei einer größeren Anzahl von Spinneinheiten werden die Rollen länger gemacht, entsprechend profiliert und in einem

schwingbaren Rahmen angebracht. Nach Passieren der Rollen gehen die Fäden durch einen Fadenführer *4* (Fig. 116) und dann in die Zentrifuge *5*. Der Topf der Zentrifuge hat feine Löcher, durch die infolge der hohen Geschwindigkeit im Spinntopf ein Vakuum entsteht. Dadurch und durch Einführen eines Luftstromes in den Führer *4* wird der Faden in den Spinntopf geleitet.

353. Dieselbe. Vorrichtung zum Spinnen von Kunstfäden.

D.R.P. 478579 Kl. 29a vom 13. III. 1927 (Prior. Frankr. vom 4. I. 1927); brit. P. 283140; österr. P. 112265; franz. P. 638994 (Thénoz); belg. P. 347302.

Die vorliegende Erfindung betrifft eine Vorrichtung zum Spinnen von Kunstfäden aus Zelluloseestern und -äthern, welche unter Verwendung umlaufender Düsen nach dem Druckspinnverfahren (?) arbeitet. Bei derartigen Vorrichtungen erhält man eine Verzwirnung der Elementarfäden dadurch, daß man den Träger für die Spinndüsen dreht. Bei dieser Einrichtung bilden die Elementarfäden die Seitenlinien eines Kegels, dessen Spitze der Punkt ist, an dem die Elementarfäden sich vereinigen. Der Abstand dieses Punktes vom Spinndüsenträger ist gleichzeitig bestimmt durch die lineare Spinngeschwindigkeit und durch die Umlaufgeschwindigkeit des Spinndüsenträgers. Bei den bekannten Vorrichtungen sind die Achsen der Spinndüsenkanäle parallel zur Drehungsachse des Spinndüsenträgers. Infolgedessen werden die Fäden nicht in der Ebene der Ausgangsöffnungen der Spinndüsen abgezogen, sondern sie werden nach einer Seite hingezogen und bilden einen bestimmten Winkel zur Längsachse der Ausgangsrohre. Dabei verändert der Zug, der auf die Elementarfäden während ihrer Bildung ausgeübt wird, nicht nur die Form des Querschnittes der Elementarfäden, sondern er verursacht auch oft den Bruch dieser Elementarfäden. Die vorliegende Erfindung bezweckt, diese Mißstände dadurch zu vermeiden, daß die Kapillarröhren, durch welche die Zelluloseester- oder -ätherlösung hindurchgeht, derart angeordnet sind, daß sie den Elementarfäden eine Neigung geben, die derjenigen gleicht, die diese Elementarfäden während des Umlaufens der Spinndüse annehmen müssen, um die Zwirnung der Elementarfäden herbeizuführen. Die gesponnenen Elementarfäden befinden sich immer in einer gleichmäßigen Kurve, welche von der Längsachse der umlaufenden Spinndüsenröhrchen zu dem Fadenvereinigungspunkt führt, so daß der Zug, der auf die Fäden während des Düsenumlaufes ausgeübt wird, keine Veränderung der Querschnittsform dieser Elementarfäden und keinen Bruch der Elementarfäden verursacht.

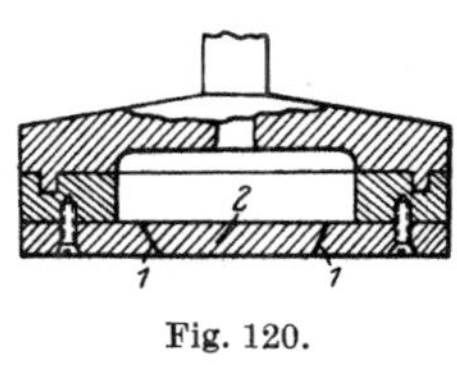

Fig. 120.

Fig. 120 zeigt einen axialen Querschnitt durch eine Spinndüse. Kanäle *1* sind in die Platte *2* eingebohrt und haben eine derartige Neigung, daß bei einer bestimmten Spinngeschwindigkeit und bei einer gleichfalls bestimmten Umlaufgeschwindigkeit der Spinndüse die sich bildenden Fäden nach dem Verlassen der Düse in der Verlängerung der Achse der geneigten Kapillarröhren abgezogen werden.

In Fig. 121 und 122 ist die hohle Platte *2a* mit einzelnen Spinndüsen versehen, deren jede aus einem gebogenen Rohr *3* mit einer Kapillare *1a* besteht, das in der Platte *2a* mittels einer Mutter *4* befestigt ist. Bei einer dritten Ausführungsform besteht der Düsenträger aus einer Anzahl einzelner geneigter Spinndüsen, die auf der Düsenplatte in beliebige Winkel eingestellt werden können. Dazu zeigt Fig. 123 die Verwendung einer Platte *2b*, auf der eine Anzahl einzelner Spinndüsen befestigt sind, die derartig angeordnet sind, daß sie es ermöglichen, die Neigung jedes Elementarfadens je nach dem Spinnen zu verändern. Daher trägt die Platte *2b* auf ihrer Unterseite eine bestimmte Anzahl halbkugeliger, hohler Sitze *5*, in welche sich der Kugelkopf *6* einer jeden Spinndüse einpaßt. Dieser wird in seiner Lage mittels einer Überwurfmutter *7* gehalten, die in ein auf der Platte *2b* vorspringendes Gewinde *8* aufgeschraubt wird. Die Mutter *7* hat eine Öffnung mit einem Durchmesser, der größer ist als der Teil des Düsenträgers, der durch seine Öffnung hindurchgeht. Nach Lösen dieser Mutter kann man eine Drehung des Düsenträgers sowie eine beliebige Neigung gegenüber der Platte *2b* herbeiführen und somit nach Belieben die Richtung des aus der Düse austretenden Elemen-

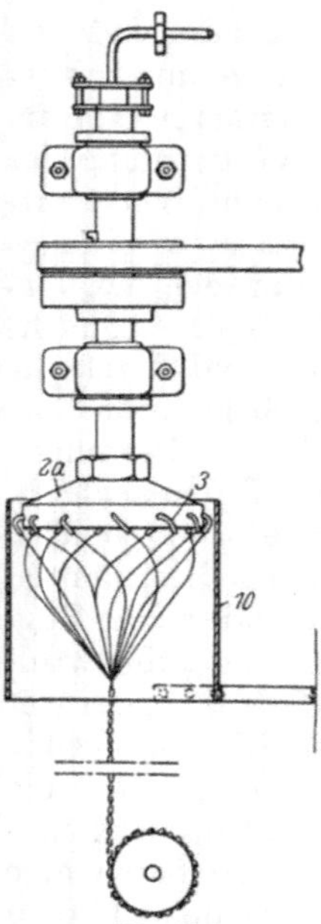

Fig. 121.

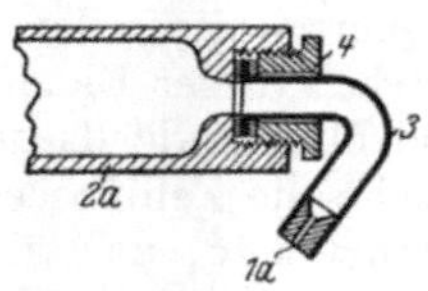

Fig. 122.

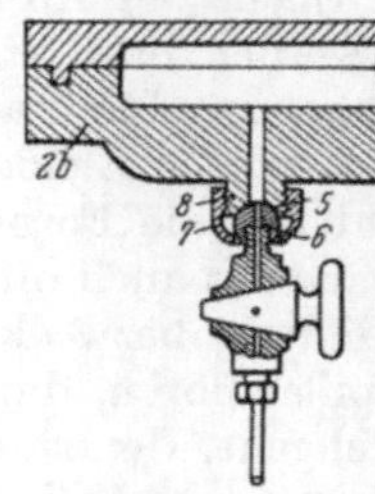

Fig. 123.

tarfadens ändern. Bei dieser Ausführungsform können die verschiedenen Düsenrohre untereinander verbunden werden, so daß es möglich ist, auf einmal sämtliche Düsenrohre zu verstellen. Man kann ebenso jeweils einen umlaufenden Spinndüsenkopf mit einer Schutzhülle versehen, die, wie Hülle *10* in Fig. 121 es erkennen läßt, die in der Bildung begriffenen Elementarfäden vor schädlichen Luftströmungen schützt.

Patentansprüche: 1. Vorrichtung zum Spinnen von Kunstfäden aus Zelluloseestern und Zelluloseäthern nach dem Druckspinnverfahren unter Verwendung umlaufender Spinndüsen, dadurch gekennzeichnet, daß die Spinndüsen derart geneigt angeordnet sind, daß sie dem Elementarfaden beim Verlassen der Düse eine Ablenkung geben, die der Zugrichtung des Fadens bei der Drehung der Spinndüse entspricht.

2. Vorrichtung nach Anspruch 1, dadurch gekennzeichnet, daß die umlaufende Spinndüse mit einer Platte *2* versehen ist, in die Kapillarröhren *1* unter dem Spinnwinkel eingebohrt sind.

3. Vorrichtung nach Anspruch 1, dadurch gekennzeichnet, daß an dem Spinndüsenträger aus Knieröhren *3* bestehende Spinndüsen befestigt sind, die beweglich ausgebildet und unter bestimmten Winkeln einstellbar sind.

4. Vorrichtung nach Anspruch 1, dadurch gekennzeichnet, daß als Rohrverbindung vom Spinndüsenträger *2b* mit den Einzeldüsenträgern jeweils ein Kugelgelenk *5*, *6* dient, das durch eine Schraubenmutter *7* in beliebiger Stellung feststellbar ist.

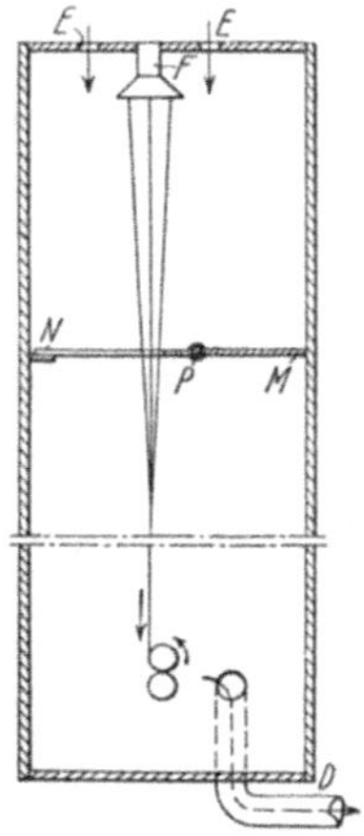

Fig. 124.

354. Dieselbe (M. Klein, Mailand). Apparat zur Herstellung von Fäden.

Brit. P. 292561 vom 22. VI. 1928 (Prior. Frankr. vom 22. VI. 1927); belg. P. 352194; franz. P. 648397.

Der Apparat zum Trockenspinnen von Kunstseide enthält eine Spinnzelle mit einer nach unten gerichteten Spinndüse *F* (Fig. 124), oben in der Spinnzelle sind Einlaßöffnungen *E* vorgesehen, durch die kalte Luft um die Spinndüse und den Faden eingeleitet wird. Die Zelle ist weiter in zwei Zonen eingeteilt, bei richtig geregelter Ansaugung kann die erhitzte Luft in der unteren Zone nicht in die obere aufsteigen und wird mit dem Lösungsmitteldampf vom Boden der Spinnzelle bei *D* abgezogen. Die Scheidewand zwischen unterer und oberer Zone besteht aus einem zweiteiligen Diaphragma, der eine Teil *MP* (Fig. 125) ist fest und der andere Teil *PN* um *P* schwenkbar und mit einer Öffnung *B* versehen, die so gestaltet ist, daß dieser Teil beim Beginn des Spinnens heruntergelassen werden kann. Geht das Spinnen weiter, so kann die Öffnung *B* weiter durch ein gleitendes oder drehbares Glied geschlossen werden, so daß nur eine sehr kleine Öffnung für den Fadendurchtritt in dem Diaphragma verbleibt. Eine Anzahl solcher Diaphragmen kann in der Spinnzelle vorgesehen sein zur Regelung der Temperatur und des Gehaltes der Luft an Lösungsmitteldampf in den verschiedenen Zonen.

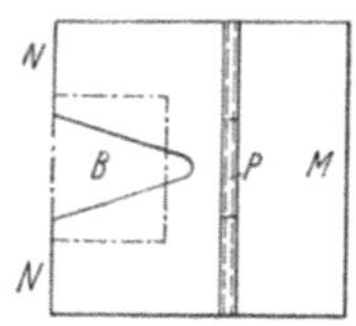

Fig. 125.

355. Dieselbe (M. Klein, Mailand). Apparat zur Herstellung von Fäden.

Brit. P. 292608 vom 22. VI. 1928 (Prior. Frankr. vom 24. VI. 1927), Zusatz zum brit. P. 292561; belg. P. 352192 vom 18. VI. 1928 (Prior. Frankr. vom 22. und 24. VI. 1927); Ver. St. Amer. P. 1716781; franz. P. 34101, Zusatz zum franz. P. 648397.

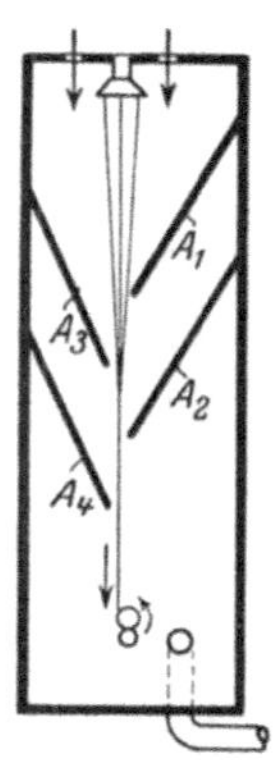

Fig. 126.

Der Apparat des Hauptpatents (s. vorstehend) wird dahin abgeändert, daß das Diaphragma über einen großen Teil des Zellenquerschnittes hinübergeht. Das Diaphragma kann z. B. der feste Teil des Diaphragmas des Hauptpatents sein oder schräg angeordnet sein wie A_1 der Fig. 126. Es können auch mehrere solcher schrägen Diaphragmen $A_1 \ldots A_4$ vorgesehen sein.

356. Dieselbe (M. Klein). Apparat zur Herstellung von Fäden.

Brit. P. 293424 vom 4. VII. 1928 (Prior. Frankr. vom 6. VII. 1927); franz. P. 648379.

Die Austrittsöffnungen der beim Trockenspinnen künstlicher Seide benutzten Zellen werden so gestaltet, daß sie nach Belieben vergrößert oder verkleinert werden können. Das geschieht mit Einrichtungen nach Art der Irisblenden in photographischen Apparaten. Die einstellbaren Öffnungen können überall angebracht werden, wo der Faden durchgeht, z. B. in den Diaphragmen in den Zellen gemäß brit. P. 292561 und 292608 (s. vorstehend).

357. Dieselbe. Verbesserungen an Spinnapparaten für Kunstseide.

Belg. P. 347303 vom 14. XII. 1927 (Prior. Frankr. vom 6. VII. 1927 [Thénoz und Barthélemy]); franz. P. 649126.

Eine innerhalb oder außerhalb der Spinndüse angebrachte Heizschlange gestattet den Umlauf einer genau auf konstanter Temperatur gehaltenen Flüssigkeit. Die Spinnlösung behält immer die gleiche Temperatur. (2 Zeichnungen.)

358. Dieselbe. Apparat zur Herstellung von Fäden.

Brit. P. 300166 vom 22. VI. 1928 (Prior. Frankr. vom 7. XI. 1927) Zusatz zum brit. P. 292561; belg. P. 352193 vom 18. VI. 1928; franz. P. 34570, Zusatz zum franz. P. 648397 (M. Klein).

Die Apparate des Hauptpatentes und des brit. P. 292608 (s. S. 191) werden dahin abgeändert, daß jede Zone der Spinnzelle mit Öffnungen zum Zu- und Ableiten von Luft ausgestattet wird, der Luftumlauf in jeder Zone ist unabhängig von dem in den anderen Zonen. Die Luft, mit oder ohne Lösungsmitteldampf aus irgendeiner Zone kann ferner dann durch eine von den anderen Zonen geleitet werden und kann hinsichtlich Temperatur oder Konzentration des Lösungsmitteldampfes verändert werden, es können ihr ferner Dämpfe oder Gase zugesetzt werden, welche physikalisch oder chemisch auf den Faden wirken. In Fig. 127 bis 131 sind *ABCD* die Spinnzellen, *F* ist die Spinndüse, *H* der Faden, *I* ein Fadenführer und *G* die Fadenaustrittsöffnung. In Fig. 127 ist die Spinnzelle durch das Diaphragma *MN* in 2 Zonen geteilt. Durch *Z* geht der Faden, in der oberen Zone befinden sich Öffnungen *E* für den Zu-

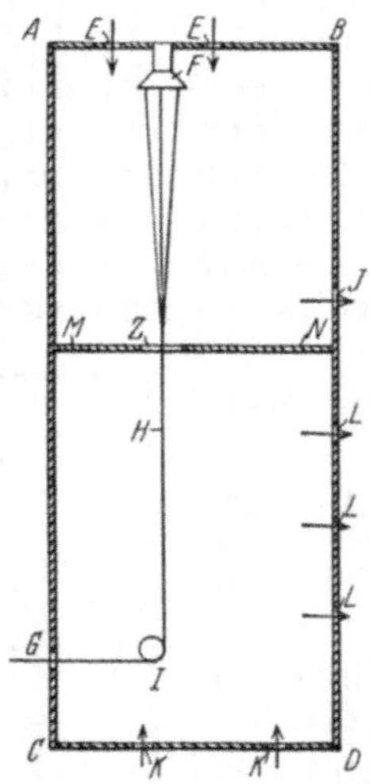

Fig. 127.

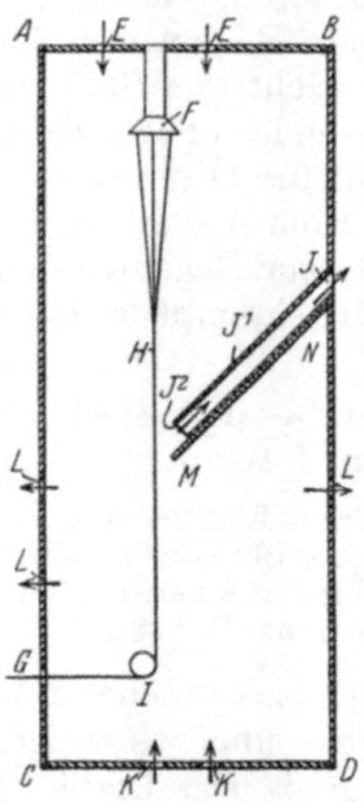

Fig. 128.

tritt kalter Luft oberhalb der Spinndüsen und eine Öffnung J zum Ansaugen, während die untere Zone mit Öffnungen K für den Einlaß heißer Luft und Saugöffnungen L versehen ist. Bei Fig. 128 wird durch die Röhre J^1 kalte Luft in die obere Zone geleitet, diese Röhre J^1 ruht auf dem schrägen Diaphragma MN, so daß die Öffnung J^2 in geeigneter

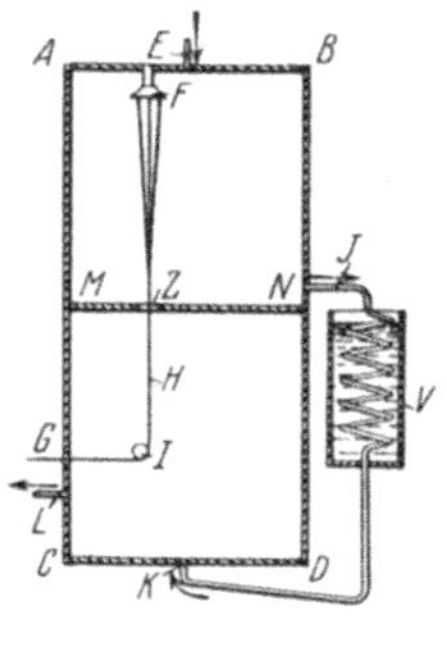

Fig. 129.

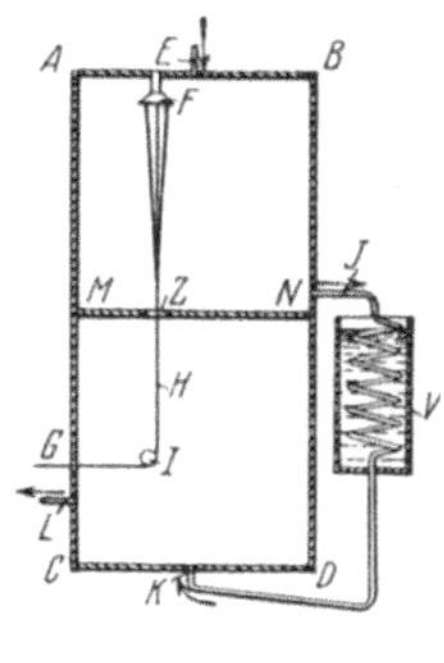

Fig. 129.

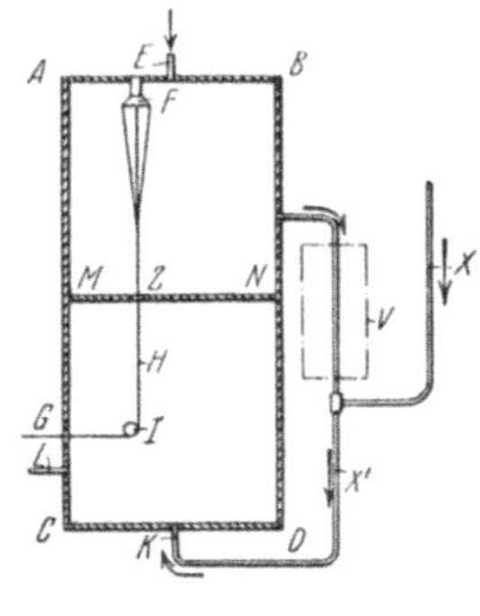

Fig. 131.

Entfernung von dem Faden liegt, die Zirkulation der Luft in der unteren Zone erfolgt wie oben angegeben. Bei Fig. 129 geht die die obere Zone verlassende kalte Luft durch einen Heizapparat V nach der unteren Zone und wird, mit Lösungsmitteldämpfen beladen, durch die Öffnung L abgesaugt. Nach Fig. 130 geht die die untere Zone verlassende erhitzte Luft durch einen Kühler V nach der oberen Zone und wird durch die Öffnung J abgesaugt, während in Fig. 131 der Luftumlauf derselbe ist wie in Fig. 129 mit der Abweichung, daß durch das Rohr X Flüssigkeit, Gas oder Dampf in die Umleitung X^1 eingeführt wird, wo Mischung mit der Luft vor ihrem Eintritt in die untere Zone erfolgt.

359. Dieselbe. Verbesserungen an Apparaten zum Verspinnen von Zelluloseester- und -ätherlösungen.

Belg. P. 352195 vom 18. VI. 1928 (Prior. Frankr. vom 26. XII. 1927 [U. Mancini]); brit. P. 302993.

Bei einer sich drehenden Spinndüse wird die Spinnlösung durch einen Kanal A (Fig. 132) zugeführt, der fest ist und durch das Verbindungsstück B mit Dichtungen mit dem Teil D verbunden ist. In D sind die Kanäle E und L angebracht. D wird durch die Räder CC^1 in

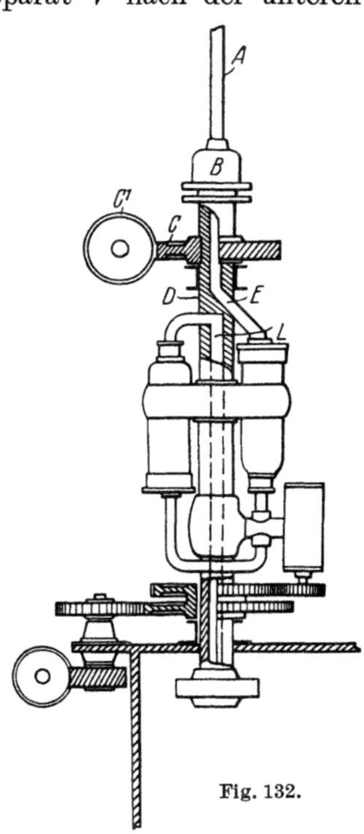

Fig. 132.

Umdrehung versetzt und trägt die Spinndüse, die dadurch sich mitdreht. Die Zelluloselösung gelangt von *A* in den Kanal *E*.

360. Dieselbe. Verbesserungen an Einrichtungen zum Verspinnen von Zelluloseäther- oder -esterlösungen.

Belg. P. 352196 vom 18. VI. 1928 (Prior. Frankr. vom 27. XII. 1927 [M. Klein]).

Der von *M* kommende flüssige Strahl *e* durchläuft die Spinnzelle *ABCD* (Fig. 133) von oben nach unten und tritt als Faden *E* aus, ohne mit einem Fadenführer in Berührung gekommen zu sein, der seine Richtung beeinflußt. Der Faden tritt aus durch eine Öffnung *H* in dem waagerechten Boden der Spinnzelle und erst dann gelangt er zu einem Fadenführer *G*, der ihn auf der Aufwickelvorrichtung *F* verteilt.

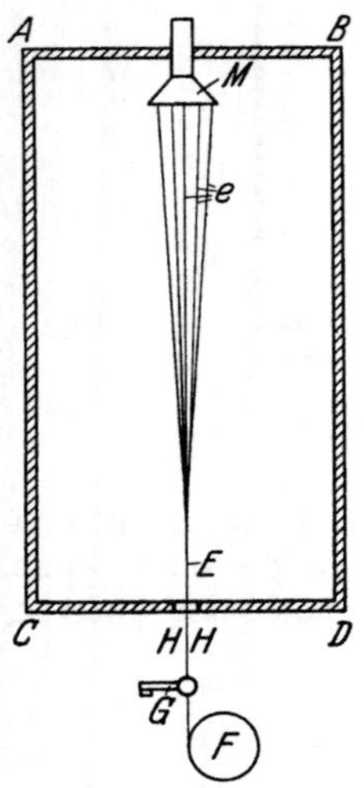

Fig. 133.

361. Dieselbe (M. Klein). Apparat zur Herstellung von Fäden.

Brit. P. 303056 vom 3. VIII. 1928 (Prior. vom 27. XII. 1927).

Die Öffnung, durch welche der Faden beim Trockenspinnen von Zelluloseester oder -ätherlösungen die Spinnzelle verläßt, befindet sich im Boden der Zelle direkt senkrecht unter der Spinndüse, so daß auf dem Wege von der Spinndüse zu der Aufwickelspule möglichst keine Richtungsänderung erfolgt. Der Faden kann innerhalb der Spinnzelle um Rollen geführt werden (vgl. brit. P. 283139, S. 188) und die Zelle kann mit Diaphragmen ausgestattet sein (vgl. brit. P. 292561, S. 191). *ABCD* (Fig. 134 und 135) stellt die Spinnzelle dar, *M* ist die Spinndüse, *E* der Faden, *F* die Aufwickelspule, *G* der Fadenführer und *HH* die Abzugsöffnung. Fig. 134 zeigt die typische Spinnzelle, Fig. 135 die Zelle mit waagerechten Diaphragmen *KL* und den Rollen *OP*. *P* dreht sich mit derselben Geschwindigkeit wie der Faden geliefert wird, *O* dreht sich schneller und dadurch wird der Faden ausgezogen. Die Abzugsöffnung wird mit Baumwolle ausgelegt, damit der Faden möglichst keine Knikkung erfährt. Die Öffnungen können ferner mit Vorrichtungen zur Veränderung ihrer Weite versehen sein (vgl. brit. P. 293424, S. 192).

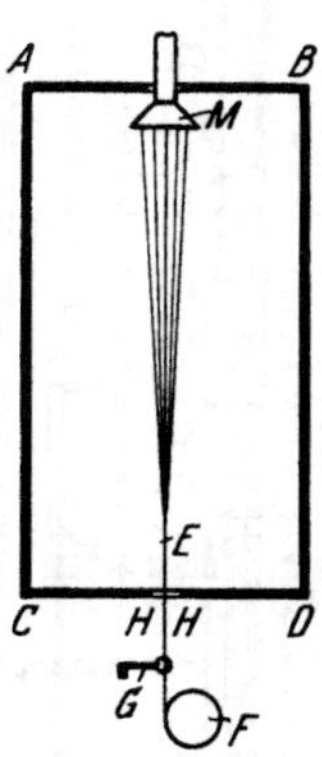

Fig. 134.

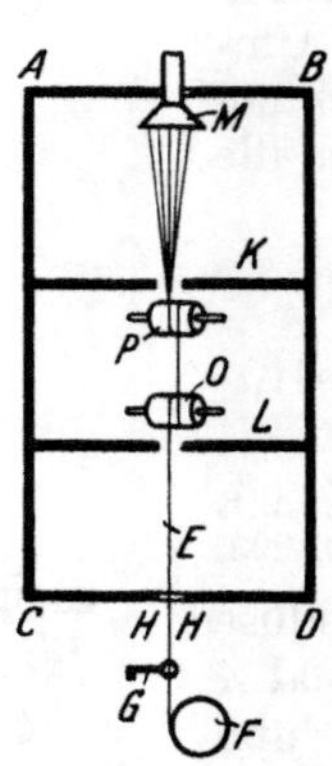

Fig. 135.

362. Dieselbe. Verbesserungen an der Konstruktion von Maschinen zum Trockenspinnen von Zellulosekollodium.

Belg. P. 352202 vom 18. VI. 1928 (Prior. Frankr. vom 30. XII. 1927 [H. L. Barthélemy]); brit. P. 303137.

Zwischen den Pumpenkörper *P* und die Spinnzelle *A* (Fig. 136) schaltet man eine Röhre von genügender Länge ein, gerade oder U-förmig gekrümmt, um die Wirkung der Pumpenstöße auf die Spinndüse abzuschwächen.

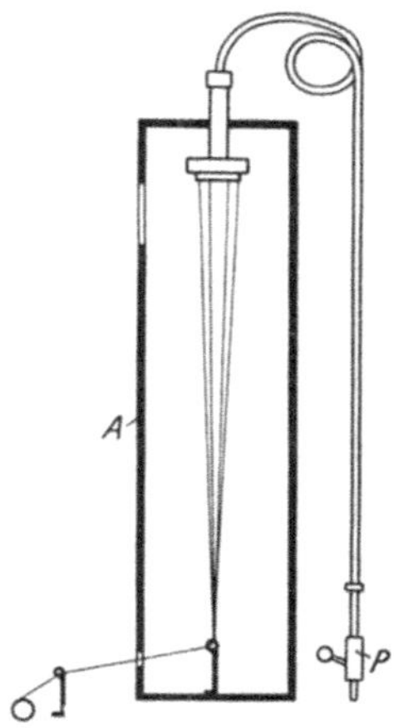

Fig. 136.

363. Dieselbe. Trockenspinnzelle für Zelluloseacetatfäden.

Franz. P. 658826 vom 9. VIII. 1928; belg. P. 353996 (Prior. Ital. vom 23. III. 1928).

Die Erfindung besteht in der Anwendung einer dreiteiligen Spinnzelle. Diese setzt sich zusammen aus einer oberen Kammer oder Zellenkopf, in dem die Spinndüse *A* (Fig. 137) untergebracht ist. In diesem Teil der Zelle findet keine Luftbewegung statt, so daß die Bildung des Fadens durch Wirbelbewegung nicht gestört wird, während die Atmosphäre mit Lösungsmitteldampf gesättigt ist. In die Wände ist eine Tür *G* zur Bedienung und ein Fenster *F* zur Beobachtung der Spinndüse eingelassen. An die obere Kammer schließt sich eine mittlere Kammer, der aus einem Metallrohr bestehende Zellkörper *C*, welcher durch Flansche *D* und D^1 mit der unteren Kammer *T* verbunden ist. In dem Zellkörper treffen die Fäden auf einen aufsteigenden Luftstrom. Die an Lösungsmitteln arme Luft tritt durch ein Rohr *M* von unten ein und wird durch einen Ringkanal *N*, eine perforierte Platte *O* und den Raum *P* gleichmäßig verteilt. Die aufsteigende Luft hat eine große Geschwindigkeit, welche jedoch nach der Mitte, d. h. dem Lauf der Fäden zu, abnimmt. Gleichzeitig findet eine Abnahme der Konzentration der Dämpfe von der Mitte aus nach den Zellwänden zu statt. Die Lösungsmittel diffundieren aus den Fäden in radialer Richtung und reichern die an den Wänden mit großer Geschwindigkeit aufsteigende Luft mit Dämpfen an. Die mit Lösungsmitteln beladene Luft wird durch eine perforierte Platte *K* über einen Ringkanal *H* durch das Rohr *L* abgesogen. Aus dem Zellkörper *C*, welcher zur Aufrechterhaltung der Temperatur einen Heizmantel *V* besitzt, gelangen die Fäden in die untere Kammer *T*, in welcher keine Luftbewegung stattfindet. Dieser Teil der Zelle hat ebenfalls 2 Türen *R* und *S* zur Reinigung der Zelle und zum Inbetrieb-

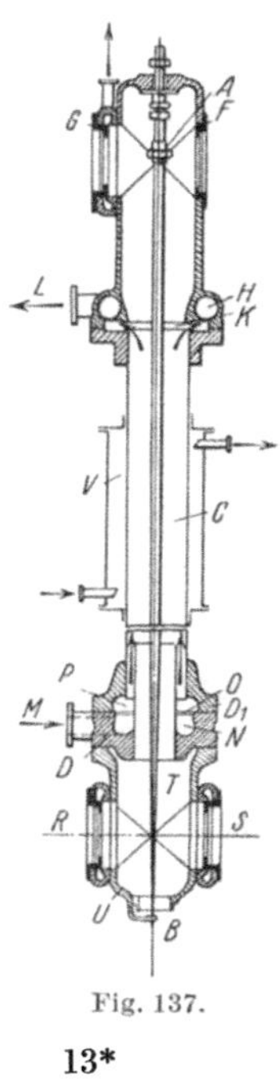

Fig. 137.

setzen der Spinnvorrichtung. Um einen Verlust an Dämpfen beim Öffnen dieser Türen zu vermeiden, ist um die Öffnungen ein Ansaugeschlitz angebracht, welcher mit der Zelle in Verbindung steht, wenn die Tür offen ist, im übrigen aber durch die Tür selbst geschlossen bleibt. Die Austrittsöffnung für die Fäden besteht in einem Diaphragma *U*, welches wie eine Irisblende beliebig weit geöffnet werden kann. Die Fäden gelangen nach ihrem Austritt über ein Fadenführerauge *B* zur Aufwickelvorrichtung.

Nach Aceta G. m. b. H.

364. Aceta G. m. b. H., Berlin-Lichtenberg. Spinnzelle zur Herstellung von Kunstfäden nach dem Trockenspinnverfahren.

D.R.P. 461196 Kl. 29a vom 4. III. 1927.

Zur Vermeidung einer wirbelfreien Bewegung der in einer Trockenspinnzelle zu- oder abgeführten Trockenluft erfolgt die Zu- oder Ableitung der Trockenluft durch poröse Wände, z. B. durch porösen, gebrannten Ton, den man in Form von Rohrstücken oder Platten in die zylindrische oder viereckige Spinnzelle einbaut. Der Luftdurchtritt kann durch teilweises Abdecken der Außenflächen der porösen Teile weitgehend geändert werden, so daß man die Luftführung ohne die Gefahr der Wirbelbildung beliebig einstellen kann. Unter Umständen kann die ganze Spinnzelle aus dem porösen Stoffe zusammengesetzt sein. In diesem Fall kann man durch Unterteilung der Außenfläche und Verbindung der einzelnen Abschnitte mit den Luftzu- oder -Ableitungen unter teilweiser Abdeckung der wirksamen Flächen noch vollkommener jede gewünschte Wirkung erzielen.

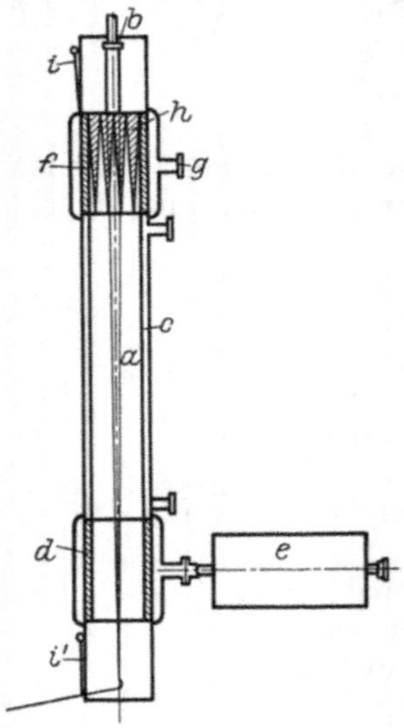

Fig. 138.

Eine Spinnzelle *a* (Fig. 138) üblicher Form mit Düse *b* ist an ihrem mittleren Teil umgeben von einem Doppelmantel *c*, der von einem Heizmittel durchströmt wird und zur Beheizung des Zelleninnenraumes dient. Unterhalb davon befindet sich ein Ring *d* aus porösem Baustoff, durch den die im Kalorifer *e* vorgewärmte Frischluft der Spinnzelle völlig gleichmäßig zugeführt wird. Im oberen Teil der Zelle befindet sich ein entsprechender Ring *f* aus porösem Baustoff, der mit der Absaugeleitung *g* in Verbindung steht. Um die pro Flächeneinheit abgesaugte Menge in der Nähe der Düse zu vermindern und dementsprechend dort eine von Luftströmungen möglichst freie Atmosphäre zu schaffen, ist der poröse Ring durch die Zacken *h* abgedeckt. Die Abdeckung kann in verschiedener Weise ausgeführt werden, etwa durch eine die Poren verstopfende Lackierung, durch Anbringen einer Blechmatrize u. a. m. Durch die Türen *i* und *i'* ist das Innere des Schachtes zugänglich.

Patentansprüche: 1. Spinnzelle zur Herstellung von Kunstfäden nach dem Trockenspinnverfahren, dadurch gekennzeichnet, daß diejenigen Teile der Spinnzelle, in denen die Zu- oder Ableitung der Trockenluft erfolgt, aus porösen Wänden, z. B. porösem, gebranntem Ton, gebildet sind.

2. Spinnzelle nach Anspruch 1, dadurch gekennzeichnet, daß die ganze Spinnzelle aus dem porösen Baustoff besteht.

3. Spinnzelle nach Anspruch 2, dadurch gekennzeichnet, daß die Außenflächen der porösen Wände in beliebige Abschnitte unterteilt und diese mit den Luftzu- oder -Ableitungen unabhängig voneinander verbunden sind.

4. Spinnzelle nach Anspruch 1—3, dadurch gekennzeichnet, daß die Zu- oder Ableitung der Trockenluft in den einzelnen Teilen der Spinnzellen durch teilweise Abdeckung der Außenflächen der porösen Wände geregelt ist.

365. Dieselbe. Verfahren und Vorrichtung zur Herstellung von Kunstseidenfäden nach dem Trockenspinnverfahren, bei dem die Trockenluft von unten dem Faserbündel entgegengeführt wird.

D.R.P. 474043 Kl. 29a vom 4. III. 1927; brit. P. 286608; belg. P. 349079; franz. P. 649334.

Bei der Herstellung von Kunstseide nach dem Trockenspinnverfahren wird im allgemeinen so gearbeitet, daß die Einzelfäden nach Verlassen der Düse von oben nach unten einem erwärmten Luftstrom entgegen abgezogen werden, der unten in die Spinnzelle eintritt und sie oben mit Lösungsmitteln beladen wieder verläßt.

Die Anwendung des Gegenstromprinzips beim Austrocknen der Fäden gewährleistet eine langsame, geregelte Erstarrung der Spinnmasse, ein Umstand, der für die Beschaffenheit der Fäden von größter Wichtigkeit ist. Praktisch hat das Absaugen der Luft nach oben den großen Nachteil, daß sehr leicht unregelmäßige Luftströmungen in den Spinnkammern auftreten und den Spinnvorgang ungünstig beeinflussen. Man kann diesem Übelstand durch verhältnismäßig geräumige Abmessung der Zellen entgegenwirken, aber es bleibt nach wie vor die Tatsache bestehen, daß gerade an der empfindlichen Stelle, beim Luftaustritt in der Nähe der Düse, ziemlich starke Luftströmungen auftreten, die leicht zu Störungen an der Düse, zu Verklebungen von Einzelfäden und zu Bildung von Schlaufen im vereinigten Fadenbündel Veranlassung geben können. Diese Nachteile treten um so deutlicher in Erscheinung, wenn man, um die schädlichen Unterschiede von Temperatur und Lösungsmittelgehalt innerhalb einer zu einem Aggregat zusammengefaßten Gruppe von Zellen auszugleichen, die Zwischenwände der Einzelkammern durchbrochen ausbildet.

Es wurde nun gefunden, daß das Spinnen unter diesen Bedingungen wesentlich verbessert werden kann, wenn man die einzelnen Spinnzellen durch eine in passender Höhe angebrachte Verengung in 2 Einzelkammern unterteilt, deren jede an ihren oberen Enden regelbar und von der anderen unabhängig mit der Absaugleitung in Verbindung steht, und dann die Luftbewegung so einstellt, daß der größere Teil der von unten zugeführten erwärmten Luft, die, wenn in bekannter Weise im Kreislauf gearbeitet wird, noch mehr oder weniger beträchtliche Mengen Lösungsmitteldämpfe enthält, bereits in der unteren Kammer abgesaugt wird, so daß oben nur ein verhältnismäßig kleines Volumen lösungsmittelbeladener Luft abgeführt werden muß. Die Unterteilung der Spinnzellen kann durch eine trichterförmig ausgebildete, bewegliche Klappe erfolgen, die es gestattet, beim Anspinnen oder bei Beseitigung von Störungen die Fadendurchtrittsöffnung bedeutend zu erweitern. Durch diese Maßnahme wird erreicht, daß im oberen Teil der Spinnzellen nur eine äußerst geringe, sehr gleichmäßige Luftbewegung stattfindet, und daß man dementsprechend unbedenklich die einzelnen Spinnschächte zum Ausgleich der Unterschiede von Temperatur und Lösungsmittelgehalt kommunizieren lassen kann. Es empfiehlt sich deshalb, entweder beide Abteilungen oder nur die obere in dieser Weise auszubilden. Besonders wichtig ist der Ausgleich in den oberen Zellen, da deren physikalische Zustandsbedingungen für die Beschaffenheit der fertigen Gespinste in erster Linie maßgebend sind. Ein besonderer Vorteil der geschilderten Arbeitsweise ist es weiterhin, daß auch beim Öffnen der oben und unten angebrachten Türen der Spinnkammern im Gegensatz zur sonst üblichen Anordnung weder der Spinnvorgang der fraglichen Zelle noch bei Verwendung durchbrochener Kammerwände der der Nachbarzellen merklich beeinflußt wird, besonders, wenn die unteren Abteilungen durch dichte Scheidewände voneinander getrennt sind. Schließlich gestattet die Unterteilung der Zellen, die Beheizung in den beiden Abteilungen unabhängig abzuändern, was namentlich dann von Bedeutung ist, wenn mit einer und derselben Maschine Seide von verschiedenem Titer erzeugt werden soll, wobei unter sonst gleichen Bedingungen mit wechselnden Luftmengen gearbeitet werden muß.

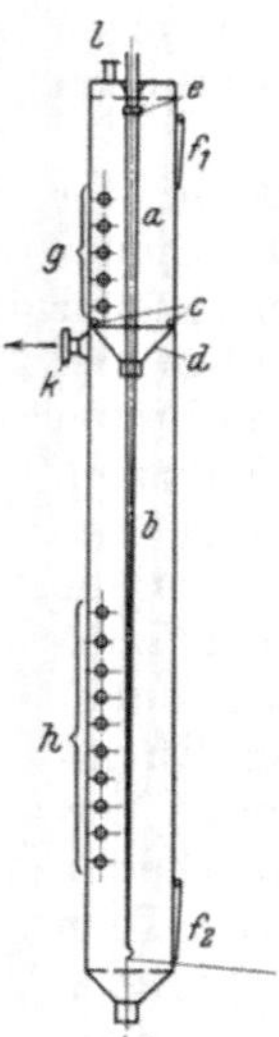

Fig. 139.

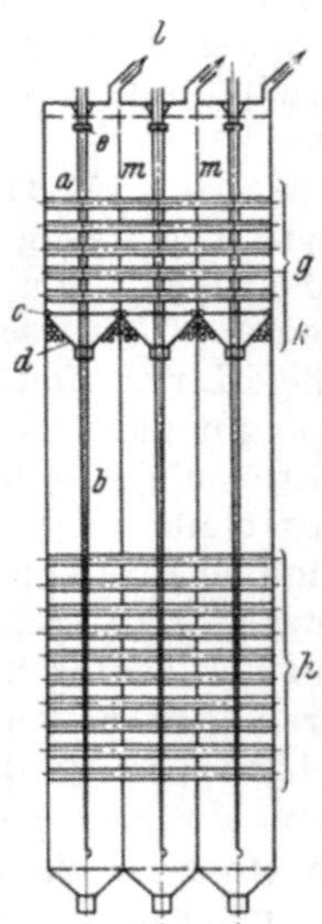

Fig. 140.

Fig. 139 zeigt eine einzelne Spinnzelle, die durch die aus vier in Scharnieren *c* beweglichen Teilen bestehende Klappe *d* in zwei Abteilungen *a* und *b* unterteilt wird. Das Öffnen und Schließen der Klappe erfolgt durch eine in der schematischen Zeichnung nicht wiedergegebene Vorrichtung. Der Faden tritt oben an der Düse *e* aus, durchläuft die Zellenteile *a* und *b* und tritt unterhalb der Tür f_2 aus; durch die obere Tür f_1 ist die Düse zugänglich; *g* und *h* sind unabhängig regelbare Heizsysteme in den Zellenteilen *a* und *b*. Die zum Trocknen der Fäden notwendige, evtl. vorgewärmte Frischluft tritt unten bei *i* ein und wird zum größeren Teil in der Nähe des Trichters bei *k*, zum kleineren Teil oben an der Düse bei *l* abgesaugt. Fig. 140 zeigt einen Längsschnitt durch ein aus 3 Einzelzellen bestehendes Aggregat. Die Buchstaben kennzeichnen die der Fig. 139 entsprechenden Teile bzw. Vorrichtungen. Die Scheidewände *m* bewirken nur zwischen den unteren Zellenräumen *b* eine vollständige Trennung; in den oberen Teilen *a* sind sie der ganzen Länge nach durchlocht ausgebildet, um dort einen möglichst weitgehenden Ausgleich von Differenzen im physikalischen Zustand der Atmosphäre der verschiedenen Zellen zu gestatten.

Patentansprüche: 1. Verfahren zur Herstellung von Kunstseidenfäden nach dem Trockenspinnverfahren, bei dem die Trockenluft von unten dem Faserbündel entgegengeführt wird, dadurch gekennzeichnet, daß man die Trockenluft durch zwei hintereinander geschaltete Spinnzellen leitet, wobei aus dem unteren Zellenteil eine wesentlich größere Luftmenge abgesaugt wird als aus dem oberen.

2. Vorrichtung zur Ausübung des Verfahrens nach Anspruch 1, dadurch gekennzeichnet, daß die für das Spinnen von oben nach unten entgegen einem aufsteigenden, erwärmten Luftstrom bestimmte Spinnzelle durch eine verstellbare Verengung *d* in zwei Abteilungen *a*, *b* unterteilt ist, die beide an ihren oberen Enden regelbar und unabhängig voneinander mit der Absaugeleitung in Verbindung stehen.

3. Spinnzelle nach Anspruch 2, dadurch gekennzeichnet, daß die Verengung aus trichterförmigen Klappen *d* gebildet ist.

4. Spinnzelle nach den Ansprüchen 2 und 3, dadurch gekennzeichnet, daß die seitlichen Trennungswände *m* der vereinigten Spinnzellen in beiden Abteilungen oder auch nur in der oberen Abteilung durchbrochen ausgebildet sind.

366. Dieselbe. Vorrichtung zum Luftvorwärmen beim Trockenspinnen.

D.R.P. 486369 Kl. 29a vom 23. III. 1928; brit. P. 308350; belg. P. 358025.

Bei der Herstellung von Kunstfäden nach dem Trockenspinnverfahren ist es üblich, die in die gewöhnlich erwärmten Spinnzellen eintretende Trockenluft auf eine bestimmte Temperatur vorzuwärmen. Diese Vorrichtung kann einer ganzen Reihe von Spinnzellen gemeinsam sein. Es kann aber auch jeder einzelnen Zelle ein besonderer Heizkörper zur Erwärmung der Trockenluft vorgeschaltet werden. Im ersteren Fall gelingt es nur schwer, die in die einzelnen Zellen eintretende Luft an allen Spinnzellen auf genau gleicher Temperatur zu halten, besonders wenn mit stark vorgewärmter Trockenluft gearbeitet wird. Im zweiten Fall wird die Ausführung umständlich und kostspielig. Gemäß vorliegender Erfindung werden die Nachteile der zweiten Ausführungsform in einfacher Weise dadurch umgangen, daß man die vorzuwärmende Trockenluft durch die Heizvorrichtung der Spinnzelle selbst vorwärmt. Man bedient sich hierbei zylindrischer Spinnzellen, die von einem Heizmantel umgeben sind, der durch Dampf oder eine Heizflüssigkeit oder durch eine Wicklung aus Widerstandsdraht erwärmt wird. Erfindungsgemäß wird konzentrisch um den äußeren Heizmantel ein Luftmantel angeordnet, der von der eintretenden Trockenluft auf einem Teil oder auf der ganzen Länge der Heizfläche durchströmt wird. Auf diesem Wege erwärmt sich die Luft auf eine Temperatur, die um einen gewissen Betrag unter der Temperatur des Heizmittels bleibt, durch genügende Vergrößerung der Heizfläche aber dieser Temperatur angenähert werden kann. Auch wird der Luftmantel nach außen gegen Wärmeverlust isoliert.

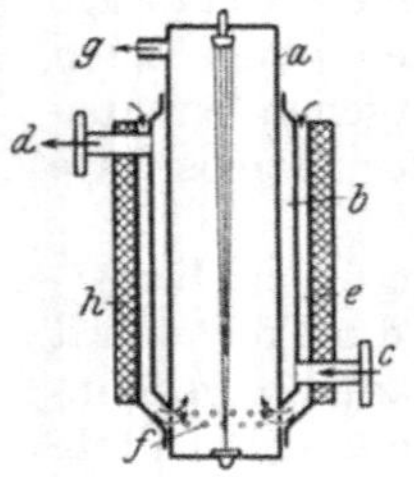

Fig. 141.

Fig. 141 stellt die Vorrichtung im Längsschnitt dar. Die Spinnzelle von rundem Querschnitt *a* ist von einem Heizmantel *b* umgeben, in welchem die Heizflüssigkeit durch einen Stutzen *d* austritt. Konzentrisch zum Heizmantel *b* ist der Luftmantel *e* angeordnet, welchen die Trockenluft in der Richtung von oben nach unten durchströmt. Durch die symmetrisch angeordneten Löcher *f* gelangt die Luft in die Spinnzelle und verläßt sie weiter oben durch den Stutzen *g*. Um Wärmeverluste nach außen zu vermeiden, ist der Luftmantel noch mit einer isolierenden Schicht *h* umgeben.

Patentanspruch: Vorrichtung zum Luftvorwärmen beim Trockenspinnen von Kunstfäden in Spinnzellen, die von außen durch einen Dampf- oder Flüssigkeitsmantel oder eine Wicklung aus Widerstandsdraht beheizt werden, dadurch gekennzeichnet, daß dieser Heizmantel *b* ganz oder teilweise von einem zweiten, gegen Wärmeverlust nach außen isolierten Mantel *e* umschlossen ist, der von der vorzuwärmenden Trockenluft durchströmt wird.

Nach Huwiler.

367. A. Huwiler, Berlin-Wilmersdorf. Trockenspinnverfahren zur Herstellung von Kunstseide.

Schweiz. P. 126780 vom 12. III. 1927.

Die bisherige Art des Trockenspinnens ermöglicht nicht, die Feuchtigkeit der Umluft, die im Kreislauf durch den Spinnapparat und die Wiedergewinnungsanlage geführt wird, zu regeln. Die Feuchtigkeit ist vielmehr vom Regenerierverfahren, dem Wetter u. a. m. abhängig. Um den Feuchtigkeitsgehalt der Umluft genau einstellen zu können, wird gemäß der Erfindung die aus dem Spinnkasten *1* (Fig. 142) abgesaugte Luft durch Leitung *7* zu der Regenerieranlage *8* gefördert, geht dann durch Rohr *9* zu der Umlaufpumpe *10* und durch Leitung *11* wieder in den Spinnkasten. In den Kanal *11* ist der offene Wasserkasten *12* eingebaut, über den die Luft hinstreicht, wobei sie Wasserdämpfe aufnimmt. Die

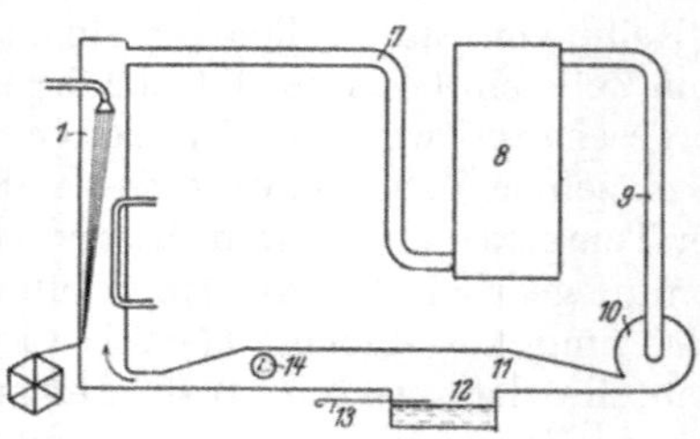

Fig. 142.

Oberfläche des Kastens *12* kann durch Schieber *13* vergrößert oder verkleinert werden, *14* ist ein zur Kontrolle angebrachtes Hygrometer. Nimmt die Umluft zuviel Feuchtigkeit auf, so muß der Feuchtigkeitsüberschuß vor dem Eintritt in den Spinnkasten niedergeschlagen werden.

Nach Société Scientifil.

368. Société Scientifil, Paris. Verbesserungen an Maschinen zum trockenen Verspinnen von Acetat-Aceton.

Franz. P. 639289 vom 10. VIII. 1927; brit. P. 295354.

Der von oben nach unten gehende Faden wird durch den zur Lösungsmittelwiedergewinnung dienenden Luftstrom angesaugt. Er geht durch eine Führung, die von zwei mit ihren schmalsten Flächen gegeneinander gerichteten und durch ein kurzes Rohrstück verbundenen Kegelstümpfen gebildet ist, über einen Fadenführer zur Wickelspule. Um beim Anspinnen und Spulenwechseln keine Herabsetzung der Spinngeschwindigkeit eintreten zu lassen, sind für jede Spinnstelle 2 Spulen angeordnet. Die zu bewickelnde Spule wird durch eine über die ganze Länge der Maschine laufende, sich drehende Walze dadurch angetrieben, daß sie auf dieser Walze aufliegt und durch Reibung mitgedreht wird. Getragen wird die zu bewickelnde Spule von einem Arm, der um einen parallel zu der sich drehenden Walze verlaufenden, ebenfalls über die ganze Maschinenlänge reichenden Stabe geschwungen und auf ihm verschoben werden kann. Auf diesem Stabe sitzt ein zweiter ebensolcher Arm mit einer zweiten Spule. Das Anspinnen erfolgt dadurch, daß man den Faden zwischen Antriebswalze und Spule einführt, worauf er sofort festgehalten und aufgewickelt wird. Ist die Spule voll bewickelt, so schwingt man sie um den tragenden Stab, verschiebt sie um eine Spulenlänge und schwingt die leere Spule an ihre Stelle. (2 Zeichnungen.)

Nach Gull.

369. A. E. Gull, London. Verbesserungen an Einrichtungen zur Herstellung von Kunstseide.

Brit. P. 301141 vom 14. IX. 1927; belg. P. 354193; schweiz. P. 135193.

Die Vorrichtung zum Trockenspinnen ist so gebaut, daß der Luft- oder Gasstrom, mit welchem die aus der Spinndüse austretenden Fäden behandelt werden, in derselben Richtung läuft wie die Fäden und beim Austreten aus der Spinnvorrichtung eine größere Geschwindigkeit hat als beim Eintritt. Eine ummantelte Spinnzelle *2* (Fig. 143) mit der Spinndüse *4* enthält das Rohr *3*, dessen Querschnitt allmählich abnimmt. Durch dies Rohr geht mit den Fäden *5* der durch *2a* zugeführte Luftstrom, der in *6* erhitzt wird und bei *12b* zu der Wiedergewinnungsanlage abgeleitet wird. Die Fäden gehen unter der Führungsrolle *7* zu der

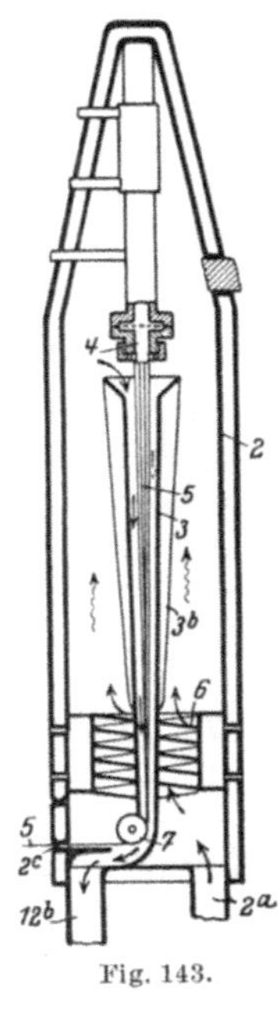

Fig. 143.

Abzugsöffnung *2c*. Vorher können sie noch durch eine Zwirnvorrichtung gehen und dann den Apparat als gezwirnter Faden verlassen. Die Röhre *3* kann mit Strahlungsrippen *3b* versehen sein.

370. Derselbe. Verfahren zur Herstellung von Kunstseide nach dem Trockenspinnverfahren.

Brit. P. 303778 vom 5. X. 1927; belg. P. 354985.

Die Erfindung betrifft eine weitere Ausbildung der im brit. P. 301141 (s. vorstehend) beschriebenen Vorrichtung und besteht darin, daß die in die Spinnkammer eintretende Luft durch elektrische Heizelemente, welche in einem luftdichten, zylindrischen Mantel untergebracht sind, und einen in die Kammer eingebauten Thermostaten auf der gewünschten Temperatur gehalten wird. (Zeichnung.)

371. Derselbe. Verbesserungen in der Herstellung von Kunstseide nach dem Trockenspinnverfahren.

Brit. P. 303821 vom 5. X. 1927; franz. P. 661542; schweiz. P. 136609.

Die im brit. P. 303778 (s. vorstehend) zur Aufrechterhaltung einer gewünschten Temperatur beschriebenen Heizelemente sind zur Kontrolle der Lufterwärmung teilweise variabel ausgebildet. (Zeichnung.)

Nach I. G. Farbenindustrie Aktiengesellschaft.

372. I. G. Farbenindustrie Aktiengesellschaft, Frankfurt a. M. Verfahren zur Herstellung klarer, bläschenfreier Films, Fasern usw. aus Zellulosederivaten.

Belg. P. 352880 vom 17. VII. 1928; franz. P. 657522 (Prior. Deutschl. vom 19. XII. 1927).

Man läßt die zu verarbeitenden Lösungen zunächst bei niedrigen Temperaturen zwischen $+10$ und $-20°$ verdunsten und vervollständigt dann die Verdunstung des Lösungsmittels bei höherer Temperatur. Dadurch erhalten die in der Lösung vorhandenen Gase Zeit und die Möglichkeit, mit den langsam entweichenden Lösemitteldämpfen zusammen zu entweichen. Sie werden durch die gleichzeitig eintretende höhere Konzentration der Lösung an Trockenstoff sozusagen aus der Lösung herausgetrieben, und es kann, nachdem die erste Verdunstung bei niederer Temperatur erfolgt ist, im weiteren Verlauf der Film- oder Faserbereitung die Temperatur den besonderen Verhältnissen entsprechend gesteigert werden. Auf diese Weise lassen sich auch bei Verwendung leichtflüchtiger Lösemittel mit hohem Lösungsvermögen für Gase klare Films und glänzende Fasern gewinnen.

Nach „La Soie De Châtillon“.

373. La Soie De Châtillon, Mailand. Vorrichtung zum Spinnen künstlicher Textilfasern bei gleichzeitiger Wiedergewinnung der Lösungsmittel.

Franz. P. 658700 vom 8. VIII. 1928; belg. P. 353940 vom 3. IX. 1928 (Prior. Ital. vom 7. IV. 1928).

Zur Wiedergewinnung der beim Trockenspinnen freiwerdenden Lösungsmitteldämpfe ist in der durch einen Heizmantel *B* (Fig. 144) erwärmten Spinnzelle *A* ein Kühlrohr *C* angebracht, welches in der Richtung von *E* nach *F* von kaltem Wasser durchflossen wird. Durch diese Anordnung kann die Konzentration des Lösemittels eine bestimmte Grenze nicht überschreiten, vielmehr schlägt sich der aus den Fäden freiwerdende Lösungsmitteldampf an den Kühlerwänden nieder und kann im Behälter *D* gesammelt werden. *G* ist die Spinndüse und *H* eine Spule zur Aufnahme des Fadens. Die Kondensation der Lösemittel erfolgt somit ohne Absaugen der Lösungsmitteldämpfe aus der Zelle und ohne Abkühlung und Wiederaufheizen der abgesaugten Gasmengen. Nach anderen Ausführungsformen der Erfindung wird das Rohr *E* durch die ganze Länge der Spinnzelle geführt und von Kühlflüssigkeit durchströmt oder die Spinnzelle wird nur in ihrem untersten Viertel gekühlt und im übrigen Teil erhitzt.

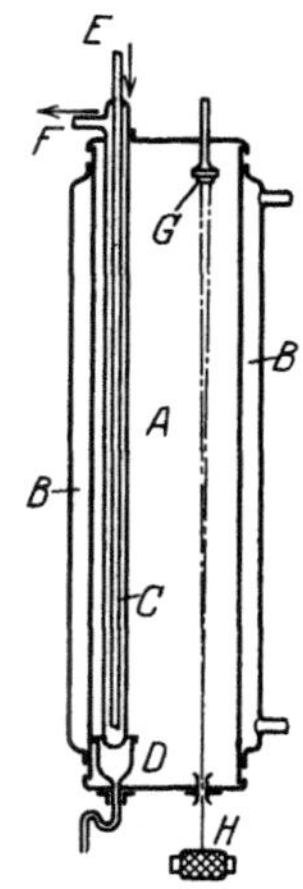

Fig. 144.

Nach Lilienfeld.

374. L. Lilienfeld, Wien. Verfahren zur Herstellung von künstlichen Fäden und Gespinsten.

D.R.P. 442835 Kl. 29b vom 4. VI. 1922 (Prior. Österr. vom 13. VI. 1921).

Das Patent entspricht dem in der 5. Aufl., S. 619, Nr. 757, mitgeteilten.

Patentanspruch: Verfahren zur Herstellung von künstlichen Fäden und Gespinsten, dadurch gekennzeichnet, daß man solche Alkyläther der Zellulose oder ihrer Umwandlungsprodukte, welche sich in Wasser von 16° C und darüber nicht lösen, welche aber unterhalb 16° C, insbesondere unterhalb 10° C in Wasser quellbar oder löslich sind, für sich allein oder im Gemisch untereinander oder mit anderen Zellulosederivaten oder anderen Kolloiden oder weichmachenden Mitteln in geeigneten Lösungsmitteln oder Lösungsmittelgemischen löst, diese Lösung durch Düsen bzw. feine Öffnungen spritzt und die so erhaltenen nassen Fäden entweder trocknet oder mit geeigneten Fällbädern behandelt.

375. Derselbe. Verfahren zur Herstellung von Kunststoffen.

D.R.P. 467003 Kl. 39b vom 20. V. 1924 (Prior. Österr. vom 4. IV. 1924); österr. P. 108400; brit. P. 231806; franz. P. 595998.

Entspricht dem in der 5. Aufl., S. 620, Nr. 759, mitgeteilten.

Patentansprüche: 1. Verfahren zur Herstellung von Kunsttoffen aus Zellulosederivaten, dadurch gekennzeichnet, daß man eine wässerig-alkalische Lösung eines oder mehrerer Thiourethane der Zellulose, in denen zumindest ein Wasserstoffatom der Amidogruppe durch ein Alkoholradikal ersetzt ist, für sich oder im Gemisch mit anderen Kolloiden bei Ab- oder Anwesenheit von weichmachenden Mitteln, Farbstoffen, Füllstoffen, organischen oder anorganischen Pigmenten od. dgl. in die Form eines Kunststoffes bringt und mit einem geeigneten Fällmittel behandelt.

2. Abänderung des Verfahrens nach Anspruch 1, dadurch gekennzeichnet, daß man die Lösung eines oder mehrerer Thiourethane der Zellulose, in denen mindestens ein Wasserstoffatom der Amidogruppe durch ein Alkoholradikal ersetzt ist, für sich oder im Gemisch mit anderen Kolloiden bei Ab- oder Anwesenheit von weichmachenden Mitteln, Farbstoffen, Füllstoffen, organischen oder anorganischen Pigmenten od. dgl. in einem flüchtigen Lösungsmittel in die Form eines Kunststoffes bringt und trocknet.

376. Derselbe. Herstellung von Gegenständen aus Zellulosederivaten.

Brit. P. 248994 vom 9. VII. 1925 (Prior. Österr. vom 30. V. 1925), Zusatz zum brit. P. 231806 (s. vorstehend).

Die durch Einwirkung von Anilin, Toluidinen usw. auf die Produkte aus Viskose und Monohalogenfettsäuren erhältlichen Alkyl-, Aryl- oder Aralkylsubstitutionsprodukte der Zellulosethiourethane werden in Form von Fäden usw. durch starke Säuren wie 25—65proz. Schwefelsäure, 40—70proz. Phosphorsäure, 20—35proz. Salzsäure gefällt.

Naßspinnen[1].

Nach I. G. Farbenindustrie Aktiengesellschaft.

377. I. G. Farbenindustrie Aktiengesellschaft, Frankfurt a. M. Verfahren zur Herstellung von Gebilden aus Acetylzellulosen.

D.R.P. 479003 Kl. 29b vom 21. VII. 1923.

Entspricht dem in der 5. Aufl., S. 600, Nr. 715, mitgeteilten.

Patentanspruch: Verfahren zur Herstellung von Gebilden aus Acetylzellulosen, dadurch gekennzeichnet, daß man in an sich bekannter Weise hergestellte Lösungen von Acetylzellulosen (Spinnmasse), die einen oder mehrere vom angewandten Lösungsmittel verschiedene Zusatzstoffe enthalten, die durch das Fällbad schwerer aufgenommen werden als das Lösungsmittel selbst, in Bäder spinnt, die fällend wirkende Salze, wie beispielsweise Kalziumchlorid oder Natriumacetat, enthalten.

378. Dieselbe. Verfahren zur Herstellung von Gebilden aus Acidylzellulosen.

D.R.P. 460687 Kl. 29b vom 30. IV. 1924.

Entspricht dem in der 5. Aufl., S. 600, Nr. 716, angegebenen.

Patentanspruch: Verfahren zur Herstellung von Gebilden aus Acidylzellulosen durch Spinnen ihrer Lösungen in Fällsalzlösungen, dadurch gekennzeichnet, daß den Salzlösungen solche Stoffe oder Gemische derselben zugesetzt werden, die Lösungs- oder Quellungsmittel für Acidylzellulose sind.

379. Dieselbe. Streckspinnverfahren zur Herstellung von Kunstfäden.

D.R.P. 423396 Kl. 29a vom 8. V. 1924.

Nach vorliegender Erfindung läßt man beim Streckspinnen mit ein oder zwei bewegten Flüssigkeiten die rasch fließende in der Spinn-

[1] Siehe auch brit. P. 244492, S. 26.

vorrichtung durch eine Schicht eines geeigneten Stoffes hindurchgehen, wie z. B. Glasperlen, Glasringe, Tonscherben, Tonringe, Holzkohle, Koks, Glaswolle od. dgl. Diese Schicht bildet eine große Zahl von übereinandergelagerten Strömungswiderständen und bewirkt, daß die Flüssigkeit oberhalb dieser Schicht wirbelfrei strömt und so die Fadenbildung nicht beeinträchtigt. Spinnt man mit lufthaltiger Flüssigkeit, so läßt sich nicht vermeiden, daß sich die Luft durch Oberflächenwirkung zu größeren Blasen vereinigt, die im Behälter hochsteigen. Man leitet die Blasen dann so, daß sie die Düse nicht treffen, sondern daß sie sich z. B. im Raume oberhalb der Düse ansammeln, aus dem man sie kontinuierlich oder diskontinuierlich entfernt.

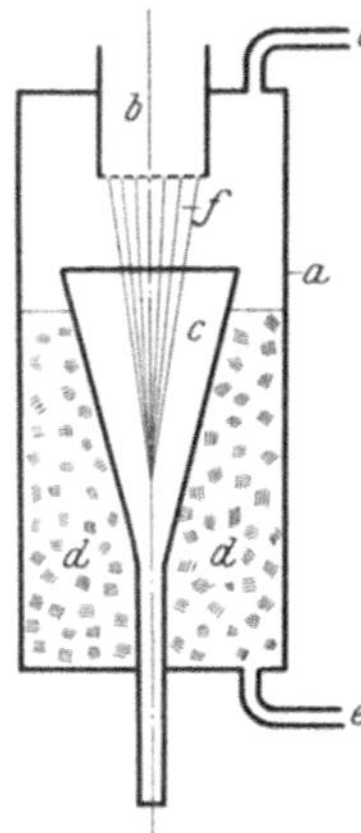

Fig. 145.

Eine Ausführungsform zeigt Fig. 145, worin *a* die Spinnvorrichtung, *b* die Spinndüse, *c* den Trichter, *d* die Schicht von z. B. Glasperlen, e_1 Zuführung der rasch, e_2 der langsam fließenden Flüssigkeit und *f* die Fäden bedeutet.

Patentanspruch: Streckspinnverfahren zur Herstellung von Kunstfäden mittels einer oder zwei bewegter Fällflüssigkeiten, dadurch gekennzeichnet, daß die rasch fließende Fällflüssigkeit in der Spinnvorrichtung zur Erzielung wirbelfreier Strömung durch eine Schicht eines geeigneten Stoffes, z. B. Glasperlen, Tonringe, Koks, Glaswolle od. dgl. hindurchgeht, bevor sie in den Spinntrichter einströmt.

380. Dieselbe. Verfahren zum Vorbereiten der Spinnvorrichtung zum Spinnen von Kunstseide.

D.R.P. 423284 Kl. 29a vom 19. VI. 1924.

Entspricht dem in der 5. Aufl., S. 602, Nr. 718, mitgeteilten.

Patentanspruch: Verfahren zum Vorbereiten der Spinnvorrichtung zum Spinnen von Kunstseide, dadurch gekennzeichnet, daß die mit Fällflüssigkeit in Berührung kommenden Teile der Spinnvorrichtung an ihren Oberflächen luftfrei gemacht werden.

381. Dieselbe. Vorrichtung zur Herstellung von Kunstseide.

D.R.P. 423139 Kl. 29a vom 22. VI. 1924; schweiz. P. 112944; franz. P. 598175; belg. P. 326013.

Zur Vermeidung von Flüssigkeitswirbeln, welche beim Strecken der aus der Düse *b* (Fig. 146) des Spinnzylinders *a* austretenden Fäden *h* durch strömende Fällflüssigkeit auftreten, ist an dem Spinnrohr *c* mit oder ohne gleichzeitige Anwendung eines Führungstrichters *g* für das von unten zugeleitete kalte Wasser und die aufsteigenden Luft-

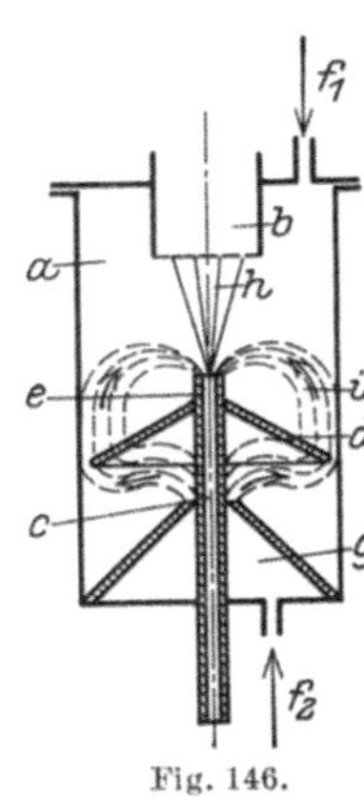

Fig. 146.

blasen ein schirmartiges Ansatzstück *d* angebracht. Die Größe des Schirmes wird zweckmäßig nicht zu klein gewählt. Die sich unter dem Schirm ansammelnde Luft kann durch eine einfache Vorrichtung, beispielsweise durch ein unterhalb des Schirmes im Spinnrohr *c* angebrachtes Loch *e* entfernt werden. f^1 und f^2 sind die Zuleitungen für die Fällflüssigkeit. *i* gibt die Strömungslinien der rasch strömenden Fällflüssigkeit an (vgl. 5. Aufl., S. 602, Nr. 719).

Patentanspruch: Vorrichtung zur Herstellung von Kunstseide nach dem Streckspinnverfahren mit bewegter Fällflüssigkeit, dadurch gekennzeichnet, daß zur Verhinderung von Flüssigkeitswirbeln ein schirmartiges Ansatzstück *d* an dem Spinnrohr *c* mit oder ohne gleichzeitige Anwendung eines Führungstrichters *g* und einer Abzugsvorrichtung *e* für Luft angebracht ist.

382. Dieselbe. Verfahren zur Herstellung von Gebilden aus Acidylzellulosen.

D.R.P. 477066 Kl. 29b vom 19. X. 1924.

Es wurde gefunden, daß es beim Spinnen von Acidylzellulosen in Lösungs- oder Quellungsmittel für die Acidylzellulosen enthaltende Salzlösungen zur Erzeugung guter Fäden von Vorteil ist, wenn man derartige Bäder mit einer Flüssigkeit überschichtet, welche die Acidylzellulosen nicht löst und sich mit dem Fällbade nicht mischt. Zu diesem Zweck verwendet man zweckmäßig eine Schicht von Paraffinöl, Petroleum, Olivenöl usw. Für Paraffinöl hat sich eine Schicht von über 3 cm als zweckmäßig erwiesen.

Patentanspruch: Verfahren zur Herstellung von Gebilden aus Acidylzellulosen durch Spinnen ihrer Lösungen in Lösungs- oder Quellungsmittel für die Acidylzellulosen enthaltende Salzlösungen, dadurch gekennzeichnet, daß man das Fällbad mit einer Flüssigkeit überschichtet, die das Zellulosederivat nicht löst und sich mit dem Fällbad nicht mischt.

383. Dieselbe. Verfahren zur Herstellung von Films, Bändern, Fäden usw. aus Zelluloseäthern.

Belg. P. 350984 vom 1.V. 1928 (Prior. Deutschl. vom 24. IX. 1927); brit. P. 297676; franz. P. 653583.

Zur Herstellung von Fäden, Films, Bändern usw. aus Zelluloseäthern verwendet man als Koagulationsmittel einen Kohlenwasserstoff, welcher mit dem Lösungsmittel oder Lösungsmittelgemisch für den Zelluloseäther leicht mischbar ist, den Zelluloseäther aber nicht löst. Als Lösungsmittel verwendet man Schwefelkohlenstoff oder schwefelkohlenstoffreiche Mischungen oder Äthyläther allein oder gemischt mit anderen Lösungsmitteln. Geeignete Kohlenwasserstoffe sind Paraffinöl, Petroleumgelee oder andere hochsiedende Petroleumfraktionen, ferner Petroleum, Schieferöl oder Kohlenwasserstofffraktionen aus dem Berginverfahren. Die Produkte werden mechanisch von anhängendem Kohlen wasserstoff befreit, die letzten Reste wäscht man weg oder läßt sie verdunsten. Man verwendet z. B. als Koagulierungsmittel Paraffinöl, den Zelluloseäther löst man in einem Gemisch von Schwefelkohlenstoff und Äthyläther, Butanol oder Benzol oder in einer Mischung von Äthyläther und Benzin. Die erhaltenen Films usw. sind wasserfest.

Nach Courtaulds Ltd.

384. Courtaulds Ltd., London. Verfahren zur Herstellung von Fäden, Bändern, Films u. dgl. aus Zelluloseätherlösungen.

D.R.P. 430009 Kl. 29b vom 22. X. 1924 (Prior. Engl. vom 5. I. 1924).

Entspricht dem in der 5. Aufl., S. 635, Nr. 792, mitgeteilten.

Patentanspruch: Verfahren zur Herstellung von Fäden, Bändern, Films u. dgl. aus Zelluloseätherlösungen, dadurch gekennzeichnet, daß eine Lösung eines Zelluloseäthers in einem geeigneten Lösungsmittel oder Lösungsmittelgemisch in ein verseifbares tierisches oder pflanzliches Öl oder eine Mischung solcher Öle eingespritzt oder in anderer Weise eingeführt wird.

385. Courtaulds Ltd., London, L. Clément u. Cl. Rivière, Pantin, Frankr. Verfahren zur Herstellung von Fäden, Bändern, Films u. dgl. aus Zelluloseesterlösungen.

D.R.P. 434224 Kl. 29b vom 22. X. 1924 (Prior. Engl. vom 5. I. 1924); franz. P. 600143.

Entspricht dem in der 5. Aufl., S. 635, Nr. 791, angegebenen.

Patentanspruch: Verfahren zur Herstellung von Fäden, Bändern, Films u. dgl. aus Zelluloseesterlösungen, dadurch gekennzeichnet, daß eine Lösung eines Zelluloseesters in einem flüchtigen organischen Lösungsmittel in ein verseifbares tierisches oder pflanzliches Öl oder eine Mischung solcher Öle eingespritzt oder in anderer Weise eingeführt wird.

386. Courtaulds Ltd., London. Verfahren zur Herstellung von Fäden, Fasern, Bändern, Films od. dgl. aus Zelluloseestern.

D R P. 428883 Kl. 29b vom 9. XII. 1924 (Prior. Engl. vom 2. II. 1924).

Entspricht dem in der 5. Aufl., S. 635, Nr. 793, mitgeteilten.

Patentansprüche: 1. Verfahren zur Herstellung von Fäden, Fasern, Bändern, Films od. dgl. aus Zelluloseestern, dadurch gekennzeichnet, daß eine Lösung eines Zelluloseesters einer niederen Fettsäure in ein Fäll- oder Koagulierungsbad gepreßt wird, das aus einer höheren Fettsäure oder einem Gemisch solcher Säuren besteht, wie sie aus tierischen oder pflanzlichen Ölen oder Fetten erhalten werden können, und das praktisch frei von Wasser ist, mit oder ohne Zusatz eines oder mehrerer tierischen oder pflanzlichen Öle.

2. Verfahren nach Anspruch 1, dadurch gekennzeichnet, daß eine Lösung von Zelluloseacetat in Aceton in ein Ölsäurebad eingespritzt wird.

Nach Société Lyonnaise De Soie Artificielle und Chevalet.

387. Société Lyonnaise De Soie Artificielle und P. A. A. Chevalet. Verfahren zur Herstellung von Fäden oder Häutchen mit normaler Anfärbbarkeit aus Zelluloseacetat.

Franz. P. 621377 vom 11. I. 1926.

Es ist bekannt, daß Fäden usw. aus Zelluloseacetat sich nur durch besondere Farbstoffe färben lassen oder nach Vorbehandlungen, die die Acetateigenschaften mehr oder weniger verändern. Es wurde gefunden, daß man Fäden usw. mit normaler Aufnahmefähigkeit für die gebräuchlichen Farbstoffe erhält, wenn man die essig- oder ameisensaure Lösung in einem Glyzerinbade fällt. Man verwendet z. B. eine wässerige Lösung mit 10—15% Glyzerin oder Alkohol von 80—95° Gay-Lussac mit 5—10% Glyzerin.

Nach Pathé Cinéma.

388. Pathé Cinéma, Anciens Établissements Pathé Frères, Paris. Verfahren zur Herstellung von Fäden und Films aus Zelluloseestern und -äthern.

Franz. P. 624278 vom 3. III. 1926; brit. P. 267112; schweiz. P 125218.

Glatte transparente Produkte werden aus Lösungen von Zelluloseestern und -äthern durch Fällen in wässerigen Flüssigkeiten ohne weitere Nachbehandlung erhalten, wenn man zur Herstellung der Lösungen ein wasserfreies Lösungsmittel oder eine Mischung wasserfreier Lösungsmittel verwendet und wenn der Zelluloseester usw. gut wasserfrei ist. Geeignete Lösungsmittel sind absoluter Methyl- oder Äthylalkohol mit oder ohne Kampfer und trockenes Aceton; zum Fällen dienen Wasser, wässerige Lösungen von Alkoholen oder anderen Lösungsmitteln, Lösungen von Chlorkalzium oder Natriumnitrat, vorzugsweise bei 4—10° C. Der Lösung des Zellulosederivats können Plastizierungsmittel oder andere Stoffe zugesetzt werden.

Nach Barthélemy.

389. H. L. Barthélemy. Verfahren zur Herstellung künstlicher Fäden, Bänder, Films usw. aus Zelluloseester- oder -ätherlösungen.

Franz. P. 638896 vom 28. XII. 1926; brit. P. 282787, 308271, 308272 und 308273; belg. P. 347293 (Ruth-Aldo Co. inc.).

Nach diesem Verfahren läßt man in bekannter Weise hergestellte Lösungen von Zelluloseestern oder -äthern durch Öffnungen austreten, die man mit einem der unten genannten Fällungsmittel berieselt. Oder man verteilt die Lösung in Fadenform oder dünner Schicht auf einer glatten Fläche, einem Bande ohne Ende, einer Trommel mit matter oder polierter Oberfläche, die man in einen Trog mit dem Fällungsmittel eintauchen läßt. Als Fällmittel werden genannt: Kohlenwasserstoffe mit höherem Siedepunkt als 80° C, Toluol, Xylole, Dimethylnaphthalin,

Decan, Tridecan, Hexadecan, Terpene, Polyprene, cyklische hydrierte Kohlenwasserstoffe wie Cyklohexan, Methylcyklohexan, Tetrahydronaphthalin, Decahydronaphthalin, Alkohole oder Polyalkohole wie Äthyl-, Propyl-, Butylalkohol, Glykol-, Glyzerin, Cyklohexanol, Methylcyklohexanol, Cyklohexylcarbinol, Tetrahydro-β-naphthol, höher molekulare Fettsäuren wie Ölsäure, Ricinusölsäure, Ester von Monoalkoholen wie Oleate, Palmitate, Stearate von Methyl-, Äthyl-, Propyl-, Butyl-, Amyl- usw. Halogenverbindungen wie Di- und Trichloräthylen, Pentachloräthan, Monochlorbenzol, Monochlortoluole, α-Bromnaphthalin, 1-, 2-, 3-Trichlorbenzol, Benzylchlorid usw., Nitrile wie Benzonitril, o-, m-, p-Tolunitril, Xylonitrile, Nitroverbindungen wie Nitrobenzol- oder -toluol, Mischungen der genannten Stoffe. Man läßt z. B. in ein Gemisch aus 53 T. Cyklohexanol und 47 T. Xylol unter einem Druck von 3,5 kg auf den Quadratzentimeter eine Acetonlösung von 21,3% Acetylzellulose durch eine Silberdüse mit Löchern von 0,21 mm Weite austreten. Man nimmt den Faden in einem Spinntopf auf, wäscht mit Benzin und trocknet unter Wiedergewinnung der flüchtigen Stoffe. Man erhält einen elastischen Faden von gutem Glanz.

390. Derselbe. Verfahren zur Herstellung von Fäden, Bändern, Films usw. mittels Zelluloseester- oder -ätherlösungen.

Franz. P. 638899 vom 28. XII. 1926; brit. P. 282790 (Ruth-Aldo Co. inc.); belg. P. 347296.

Man läßt die Lösungen aus Öffnungen austreten, die mit dem unten beschriebenen Fällmittel bespült werden oder man führt die Lösungen in Fadenform über eine Fläche, die mit dem Fällmittel berieselt wird. Als Fällmittel dient eine wässerige Lösung eines Ammoniak- oder Alkalisalzes einer oder mehrerer Fettsäuren wie Öl-, Stearin- oder Palmitinsäure oder sulfonierter Fettsäuren wie Palmitinsulfosäure, Ricinusölsulfosäure. Bessere Ergebnisse hinsichtlich Festigkeit und Glanz erhält man, wenn man diesen Lösungen Alkohole oder Polyalkohole, Kohlenwasserstoffe und ihre Hydrierungsprodukte, Terpene, Polyprene, Mineralöle, die sich in den Lösungen emulgieren, höher molekulare Fettsäuren oder ihre Ester, tierische oder pflanzliche Öle zusetzt. Die Emulsion des Fettstoffs in dem Fällmittel erleichtert das Auswaschen der Fäden, die Fäden werden ferner durch die Fällösung geölt, was die spätere mechanische Verarbeitung erleichtert. Infolge der Herabsetzung der Oberflächenspannung durch das fettsaure Salz oder die sulfonierte Fettsäure wird die Diffusion des Lösungsmittels in das Fällbad erleichtert und das Haften der Fäden aneinander vermindert. Als Emulgiermittel sind ferner verwendbar Twitchellreagens, Panama- oder Seifenrindenabkochungen, Tournantöl, Eigelb, Ammonium-, Alkali- oder Erdalkalikaseinate, Tragantgummi, ternäre Mischungen von Ammoniak, Natrium- oder Kaliumkarbonat, Natriumphosphat, Borax usw. mit Wasser und einer Fettsäure wie Öl-, Stearin-, Ricinusölsäure usw. Man mischt z. B. 48 T. einer 50proz. Lösung von Ammoniumoleat mit 40 T. Klauenöl und 12 T. Vaselinöl. In diese Emulsion läßt man unter einem Druck von 3 kg auf den Quadratzentimeter eine 19,8proz. Lösung von Acetylnitrozellulose durch Silberdüsen mit 0,32 mm Lochweite eintreten. Nach Waschen mit lauwarmem Wasser erhält man einen elastischen stark glänzenden Faden.

Naß- und Trockenspinnen.

Nach Bassett und Banigan.

391. H. P. Bassett, Cyanthiana, Ky. und Th. F. Banigan, Philadelphia (Meiges, Bassett & Slaughter Inc., Philadelphia). Verfahren zum Spinnen von Kunstseide oder anderer Fäden aus Zellulosematerialien.

Ver. St. Amer. P. 1560965 vom 10. XI. 1925, angemeldet 17. V. 1923.

Eine Lösung von Acetyl-, Nitro- oder Acetylnitrozellulose in Aceton läßt man durch eine die Spinndüsen umgebende niedrige Schicht von verdünntem Aceton gehen und führt den gebildeten Faden durch eine etwa 10mal längere Luftstrecke, ehe er auf die Spule aufgewickelt wird. Es wird ein Faden von regelmäßigerem Querschnitt und höherer Spinnfestigkeit und Elastizität erhalten, der eine Veränderung der Fadenspannung während des Spinnens ohne Fadenbruch ermöglicht. Statt verdünnten Acetons kann Wasser, verdünnter Alkohol oder verdünnte Essigsäure verwendet werden. (Zeichnung.)

Nach Trachsler.

392. E. H. Trachsler, Basel. Verfahren zur Herstellung von Kunstseide.

Schweiz. P. 114677 vom 22. V. 1924.

Die aus einem Zellulosederivat, aus Hydratzellulose oder deren Ester und Äther bestehende, in Fadenform erhaltene, noch gequollene Masse wird als Gel unter Spannung einer Kältebehandlung, vorzugsweise bei Temperaturen unter 0° C unterworfen und nachher unter Spannung getrocknet. Man erhält eine Kunstseidefaser von höherer Festigkeit als nach den üblichen Koagulierungs- und Trockenspinnverfahren.

Nach Pathé Cinéma.

393. Pathé Cinéma, Anciens Etablissements Pathé Frères, Paris. Verfahren zur Herstellung von Artikeln aus Zellulosederivaten.

Franz. P. 606543 vom 20. II. 1925; brit. P. 247974; schweiz. P. 119678; Ver. St. Amer. P. 1658725 (A. Landucci).

Es ist bekannt, Lösungen von Zellulosederivaten in geeigneten organischen Lösungsmitteln durch Verdampfen der Lösungsmittel, durch Fällen mittels Öl oder Wasser in Gebilde überzuführen. Das Fällen mit Wasser gibt nur trübe Massen. Man hat ferner vorgeschlagen, dem wässerigen Fällbad in Wasser lösliche oder mit Wasser mischbare Stoffe zuzusetzen, welche Zelluloseacetat lösen, z. B. Thiocyanate, Aceton, Zinkchlorid usw., und man hat weiter empfohlen, um die Biegsamkeit der Kunststoffe zu erhöhen, die aus Lösungen von Zellulosethiourethanen hergestellten kürzer oder länger der Einwirkung eines flüchtigen Lösungsmittels, z. B. wässerigen Pyridins, auszusetzen. Nach der Erfindung werden die gefällten Gebilde, z. B. Fäden, dadurch geglättet und transparent gemacht, daß man sie mit geeigneten Lösungsmitteln in flüssigem Zustand oder in Form von Dampf behandelt. Man läßt z. B. eine Lösung von Nitro- oder Acetylzellulose in Aceton in Wasser von 4—10° C eintreten. Die Fällung ist nach 1—2 Minuten beendet. Der erhaltene trübe Faden wird an der Luft getrocknet oder vorzugsweise mit Alkohol gewaschen, um aufgenommenes Wasser zu entfernen. Um ihn transparent zu machen, bringt man ihn in mit Acetondämpfen gesättigte Luft. Nach dem Trocknen ist er glänzend, schmiegsam und von bemerkenswerter Festigkeit.

394. Dieselben. Verbesserungen in der Herstellung von Fasern, Fäden, Bändern oder Films usw. aus plastischen Massen.

Franz. P. 629415 vom 29. IV. 1926.

Es ist bekannt, Lösungen von Zellulosederivaten in organischen Lösungsmitteln durch Wasser zu fällen. Die so erhaltenen Gebilde sind aber trübe. Läßt man aber auf die Fällung durch Wasser ein längeres Trocknen mit warmer Luft bei geeigneter Temperatur folgen, z. B. zwischen 40 und 80°, so tritt eine Glättung und ein Klarwerden der Faser ein, wie sie nach einem älteren Verfahren (vgl. franz. P. 606543, s. vorstehend) durch die Einwirkung von Lösungsmitteln oder Lösungsmitteldämpfen erzielt werden kann. Bei dem vorliegenden Verfahren ist die äußere Anwendung von Lösungsmitteln oder ihren Dämpfen nicht nötig, die in den Produkten enthaltenen Lösungsmittel werden durch die Hitze wirksam. Das neue Verfahren bietet den Vorteil, sehr rasch und billig arbeiten und das Lösungsmittel vollständig und leicht wiedergewinnen zu können, die erzielten Produkte sind glänzend, transparent, weich und fest. Die zur Herstellung der Lösungen der Zellulosederivate benutzten Stoffe können verschiedenartig sein, sie müssen nur in dem wässerigen Fällbad löslich oder mit ihm mischbar sein. Als wässerige Fällbäder dienen Lösungen von Alkoholen oder anderen Lösungsmitteln für Zellulosederivate, ferner wässerige Lösungen von Kochsalz, Chlorkalzium, salpetersaurem Natron u. a. m. Man spinnt z. B. eine Acetonlösung von Nitro- oder Acetylzellulose in Wasser von 4—10°, die Fällung ist je nach der Weite der Spinnöffnungen in 1 bis 2 Minuten beendet. Der erhaltene trübe Faden wird mit heißer Luft bei 40—80° getrocknet, wodurch die Trübung verschwindet.

Nach Zdanowich.

395. J. O. Zdanowich. Verbesserungen in der Herstellung von Kunstseide und analogen Stoffen.

Brit. P. 260642 vom 6. V. 1925; franz. P. 631637; Ver. St. Amer. P. 1630285; schweiz. P. 130123.

Man wickelt den frisch gebildeten Faden auf Spulen auf, die z. B. aus zusammengerolltem Aluminiumblech gebildet sind und trocknet ihn bei höherer Temperatur. Dabei kann sich die Spule zusammenziehen. Auch andere beim Trocknen des Fadens sich zusammenziehende Spulen sind verwendbar. Ein übermäßiges Anwachsen der Spannung im Faden wird vermieden, sie steigert sich nur unbeträchtlich, langsam und ständig, während des Trocknens. Das Verfahren ist auch bei feinen Fäden von 2,5—3 Den. Einzeltiter anwendbar.

Nach Gesellschaft für Chemische Industrie in Basel.

396. Gesellschaft für Chemische Industrie in Basel, Basel. Produkte aus Zelluloseacetat.

Schweiz. P. 121531 vom 24. III. 1926; franz. P. 631194; brit. P. 268363.

Wasserfeste und leicht färbbare Produkte erhält man, wenn man Lösungen von Zelluloseacetat 5—20% Nitrozellulose, auf das Acetat berechnet, zusetzt und die Produkte einer genügend starken Denitrierung, z. B. mit einer 10—12% Natriumsulfhydrat enthaltenden, gegebenenfalls auf das Liter noch mit 6—12 g Magnesiumchlorid versetzten Lösung bei etwa 65° denitriert.

Nach Silberrad.

397. O. Silberrad, Buckhurst Hill. Verbesserungen in der Herstellung künstlicher Fäden.

Brit. P. 289233 vom 23. III. 1927.

Der Austritt der im Trocken- oder Halbtrockenspinnverfahren erzeugten Fäden erfolgt durch einen in der einen Wand der Spinnzelle angeordneten Wasserverschluß. Dadurch wird vermieden, daß durch die Fadenaustrittsöffnung Luft in die Spinnzelle eintritt, die durch ihren Zug den Fadenabzug stören kann. Und weiter wird eine genaue Einstellung des durch die Spinnzelle tretenden Luftstroms und damit der Sättigung der Spinnluft mit Lösungsmitteldampf ermöglicht. (3 Zeichnungen.)

Nachbehandlung von Zelluloseester- und -ätherseide.

Glanzveränderung.

Nach Dreyfus, British Celanese Ltd. und Miterfindern.

398. H. Dreyfus, London, J. Fr. Briggs, Spondon und H. R. S. Clothworthy, Derby (American Cellulose and Chemical Manufacturing Company, New-York). Verfahren und Anwendung von Fasern und Geweben.

Ver. St. Amer. P. 1554801 vom 22. IX. 1925, angemeldet 7. III. 1921.

Zur Erzielung wollartiger Effekte werden glänzende Fasern oder Fäden aus Zelluloseestern oder Gewebe, die solche Fäden enthalten, mit entglänzenden oder sie zum Schrumpfen bringenden Mitteln behandelt. Auf Zelluloseacetatseide läßt man z. B. kochendes Wasser 5—10 Minuten oder Wasser von 80° 1 Stunde oder eine kalte 25proz. Lösung von Ammoniumthiocyanat 2—3 Stunden einwirken.

399. H. Dreyfus. Verbesserungen an Verfahren, bei denen Kunstseide aus Zelluloseacetat oder analoge Produkte mit heißen Flüssigkeiten behandelt werden.

Franz. P. 601297 vom 24. VII. 1925 (Prior. Engl. vom 31. VII. 1924).

Den Behandlungsflüssigkeiten wird eine genügende Menge (10—25%) eines Schutzstoffs zugesetzt, z. B. geeigneter Salze, wie Ammoniumchlorid oder -bromid, Natriumsulfat oder -chlorid, Magnesiumsulfat oder -chlorid, Dinatriumphosphat u. a. m., der den Glanz, die Transparenz und das Aussehen der Acetatseide erhält.

400. British Celanese Ltd., London, J. F. Briggs, J. T. Kidd und C. W. Palmer, Spondon. Wiederglänzendmachen von Kunstseide.

Brit. P. 259265 vom 26. V. 1925.

Fäden oder Gewebe aus Zelluloseacetat, die ihren Glanz verloren haben, werden wieder ganz oder teilweise glänzend, wenn man sie mit einer wässerigen Lösung eines oder mehrerer Lösungs- oder Quellungsmittel für Zelluloseacetat behandelt, die mit Wasser mischbar oder in Wasser löslich sind, worauf man das Wasser durch Verdampfen entfernt, ohne das Verhältnis von Wasser zu Lösungsmittel in der von den Fäden zurückgehaltenen Flüssigkeit herabzusetzen (?). Die verwendeten Lösungs- oder Quellungsmittel haben vorteilhaft einen höheren Siedepunkt als Wasser, man verwendet z. B. Essigsäure, Phenol, Benzylalkohol, Triacetin, Cyklohexanon, Ammonium- oder andere Thiocyanate. Die Behandlung erfolgt unter Bedingungen, daß die Fasern nicht aneinanderkleben oder schmelzen oder sich sonstwie dauernd in ihrer Form verändern. Die Behandlung mit dem genannten Mittel erfolgt vorzugsweise bei Temperaturen nicht über 30—40° C; man trocknet vorzugsweise, ohne zu spülen oder nach nur oberflächlichem Spülen, bei 30—40° C. Das Trocknen kann durch einen Luftstrom beschleunigt werden, letzte Spuren von Lösungsmitteln können ausgeblasen oder durch Erhitzen beseitigt werden. Die behandelten Fasern erhalten den Glanz der natürlichen Seide.

401. British Celanese Ltd., London, C. W. Palmer und S. M. Fulton, Spondon. Verfahren zur Behandlung von Textilstoffen aus Zelluloseacetat.

Brit. P. 259266 vom 26. V. 1925.

Glanzlos gewordene Fäden, Gewebe usw. aus Zelluloseacetat erhalten ihren Glanz ganz oder teilweise wieder, wenn man sie mit einer heißen oder kochenden Lösung von einem oder mehreren Salzen, besonders neutralen Salzen, wie Alkalisulfaten, -chromaten oder -chloriden, Aluminiumsulfat oder Kalziumchlorid, behandelt. Die Stoffe können bei gewöhnlicher oder mäßig erhöhter Temperatur mit einem oder mehreren Lösungs- oder Quellungsmitteln für Zelluloseacetat oder mit Lösungen solcher Stoffe, wie Ammoniumsulfat, Ammoniumthiocyanat oder Alkohol, vorbehandelt werden. Die geschilderte Behandlung läßt sich so einstellen, daß die Fasern den Glanz der Naturseide annehmen. Auch auf gemischte Gewebe ist das Verfahren anwendbar, z. B. wird Zelluloseacetat wieder glänzend gemacht durch Kochen mit Lösungen von Ammonium- oder Natriumsulfat oder durch Behandeln mit einer Rohrzuckerlösung bei Kochtemperatur oder etwas niedriger. Oder man taucht bei 20—32° C in eine Lösung von Ammoniumsulfat oder -thiocyanat oder in verdünnten Alkohol und danach in eine kochende Lösung von Ammonium- oder Natriumsulfat.

402. British Celanese Ltd., London, Palmer und Fulton, Spondon. Entglänzen von Geweben, Fäden usw., die Kunstseide enthalten.

Brit. P. 260312 vom 26. V. 1925; franz. P. 617655 (H. Dreyfus).

Das Entglänzen von Geweben oder Fäden, die Acetatseide enthalten, kann in gewünschter Weise abgestuft werden, wenn man die entglänzend wirkenden Mittel wie heißes oder kochendes Wasser, wässerige Lösungen oder feuchten Dampf in Gegenwart von Schutzstoffen einwirken läßt. Die Schutzstoffe werden in geringerer Menge angewendet, als sie zur vollkommenen Verhinderung des Entglänzens erforderlich sind (vgl. brit. P. 246879, s. S. 216, Nr. 409). Geeignete Schutzstoffe sind lösliche Salze, besonders leicht ionisierbare Salze, z. B. Sulfate, Chromate, Chloride, Nitrate, Acetate und Oxalate von Ammonium, Lithium, Natrium, Kalium, Magnesium und Aluminium. Auch Zucker, besonders Rohrzucker, sind verwendbar. Durch geeignete Einstellung der Arbeitsbedingungen läßt sich der Glanz der Naturseide erzielen.

403. H. Dreyfus. Verbesserungen in der Behandlung von Zellulosederivaten oder von Produkten daraus.

Franz. P. 623554 vom 5. X. 1926 (Prior. Engl. vom 29. X. 1925); brit. P. 266777 (British Celanese Ltd. und G. H. Ellis).

Um Gewebe aus oder mit Zelluloseacetatseide in ähnlicher Weise zu mustern, wie es durch Weben geschehen kann, druckt man Stoffe auf, welche die entglänzende Wirkung heißer wässeriger Lösungen oder feuchten Dampfes verhindern. Es können auch die Glanzherabsetzung abschwächende Stoffe angewendet werden. Je nach Art der aufgedruckten Stoffe, der Einwirkung und Art der zum Entglänzen benutzten Mittel lassen sich die verschiedensten Wirkungen erzielen.

404. British Celanese Ltd., London, C. W. Palmer und S. M. Fulton, Spondon. Herstellung von Fäden, Schnüren und Geweben.

Brit. P. 278116 vom 21. VII. 1926; franz. P. 637468 (H. Dreyfus); schweiz. P. 128695; belg. P. 343504.

Zur Erzielung neuer Effekte werden Garne aus normal glänzender Acetatseide mit solchen aus ganz oder teilweise entglänzter Acetatseide zusammen verarbeitet. Die Fäden können zu einer Schnur dubliert oder beim Stricken oder Weben vereinigt werden. Durch Ausnutzung der verschiedenen Anfärbbarkeit der beiden Acetatseiden können Mehrfarbeneffekte erzielt werden.

405. British Celanese Ltd., London. Verfahren zur Behandlung von Kunstfäden aus Zellulosederivaten.

Brit. Pat. 282722 vom 23. XI. 1927 (Prior. Ver. St. Amer. vom 30. XII. 1926); belg. P. 346989 (auch H. Platt).

Die Erfindung beruht auf der Erkenntnis, daß ein Entglänzen von Geweben aus Zellulosestern- oder -äthern, wenn sie heißen Bädern, z. B. Bleich- oder Farbbädern ausgesetzt werden, durch Zusatz von Alkali- oder Erdkali- oder Ammoniumsulfocyaniden zu den heißen Bädern ganz oder teilweise verhindert werden kann. Dies Verfahren kann andererseits dazu benutzt werden, um einer Faser einen gewünschten Grad der Mattierung zu erteilen. Die Menge des zugesetzten Sulfocyanides kann zwischen 0,1 und 30 Gew.-% im Bad variieren, beträgt jedoch am besten 1—10%. Von den Sulfocyaniden kommen außer dem Alkali- oder Ammoniumsulfocyanid vor allem das Kalziumsulfocyanid zur Anwendung.

Nach Clavel.

406. R. Clavel, Basel-Augst. Behandlung von Fasern aus Acetylzellulose zur Erzielung wollartiger Effekte.

Ver. St. Amer. P. 1716423 vom 11. VI. 1929, angemeldet 27. IX. 1923, in Frankr. 9. XI. 1922; brit. P. 206818.

Garne, Fäden oder Gewebe aus Acetylzellulose werden mit Ameisen- oder Essigsäure bei annähernd Kochtemperatur behandelt. Mit steigender Säurekonzentration wird der wollige Effekt und die Volumenzunahme der Faser stärker, durch Schutzkolloide oder Salze, welche teilweise gelöste Acetylzellulose fällen, wird eine zu starke Einwirkung auf die Faser gemildert. Besonders bei gemischten Geweben ist das Verfahren vorteilhaft. Als geeignete Säurekonzentration wird eine solche von nicht über 8% angegeben.

407. Derselbe. Verfahren zum Glänzendmachen von mattierten, verwollten Acetylzellulosegespinsten oder -geweben.

D.R.P. 446486 Kl. 8n vom 27. IX. 1925; franz. P. 604786; österr. P. 108679.

Es hat sich gezeigt, daß dieselben organischen Säuren, wie Essigsäure, Ameisensäure usw., in denen die Mattierung oder Verwollung der Acetatseiden ausgeführt worden war, diese unter geeigneten Umständen in ihren früheren glänzenden Zustand zurückzuführen vermögen. Aber nicht nur diese Säuren, sondern auch solche Lösungs- und Quellungsmittel für Acetylzellulosen, deren Siedepunkt über dem des Wassers liegt, sind zur Aufhebung der Mattierung von Acetylzellulosen verwendbar. Die durch den vorherigen Mattierungsvorgang gequollene Faser behält ihren voluminösen Zustand bei, so daß man ein sehr weiches, glänzendes, voluminöses Gewebe erhält. Man kann aber auch in der Weise arbeiten, daß man zu den farblosen oder mit Farbstoffen versetzten Druckpasten Acetylzellulose lösende oder quellende Körper zusetzt, diese auf die mattierten Gewebe aufdruckt und mit Hilfe des Dämpfens das bedruckte, matte Gewebe in seinen Glanzzustand zurückführt. Es gelingt so, glänzende, wirkungsvolle Mustereffekte auf mattierten Acetylzellulosegeweben zu erzielen. Die gewünschten Glanzeffekte können nicht nur durch Aufdrucken, sondern auch durch teilweises Eintauchen der mattierten Acetatseide in sog. Glanzbäder erfolgen.

Patentansprüche: 1. Verfahren zum Glänzendmachen von mattierten, verwollten Acetylzellulosegespinsten oder -geweben, dadurch gekennzeichnet, daß diese mattierten Gespinste oder Gewebe zur Aufhebung der Mattierung ganz oder teilweise in Lösungen oder im Druckpastenverfahren mit solchen Körpern behandelt werden, die eine ganz oder teilweise lösende oder quellende Wirkung auf Acetylzellulose auszuüben imstande sind, worauf das Fasergut rasch getrocknet bzw. gedämpft wird.

2. Verfahren nach Anspruch 1, dadurch gekennzeichnet, daß man den Lösungen oder Druckpasten Salze, Beizen, Farbstoffe und Schutzkolloide einzeln oder in beliebiger Zusammenstellung zusetzt.

408. Derselbe. Verfahren zum Glänzendmachen von mattierten Acetylzellulosegespinsten und -geweben.

D.R.P. 451110 Kl. 8n vom 19. XII. 1925, Zusatz zum D.R.P. 446486; franz. P. 31830, Zusatz zum franz. P. 604786.

Die im Hauptpatent (s. vorstehend) angegebene Behandlung mit lösenden oder quellenden Mitteln kann wegfallen, wenn die Faser von ihrer Herstellung her noch Lösungsmittel, besonders höher siedende, enthält. Es genügt Dämpfen, besonders unter Druck, der bis zu 5 Atm. gehen kann. Die durch diese Behandlung wieder glänzend gewordene Faser behält zu einem großen Teile die Volumenvergrößerung bei, die sie durch das Mattwerden erhalten hatte.

Patentanspruch: Verfahren zum Glänzendmachen von mattierten Acetylzellulosegespinsten und -geweben nach dem Hauptpatent, dadurch gekennzeichnet, daß man zur Aufhebung der Mattierung die Faser an Stelle der Behandlung mit Lösungs- und Quellungsmitteln einzig und allein einem Dämpfen, zweckmäßig unter Druck, unterwirft.

Nach Silver Springs Bleaching & Dyeing Co. Ltd. und Hall.

409. Silver Springs Bleaching & Dyeing Co. Ltd. und A. J. Hall, Congelton, Cheshire. Verfahren zum Färben und Bedrucken von Zelluloseacetaten.

Brit. P. 246879 vom 31. VII. 1924.

Um Geweben, die ganz oder teilweise aus Zelluloseacetat bestehen, bei Behandlungen über 85°, z. B. beim Bleichen, Färben, Drucken oder Dämpfen, den Glanz zu erhalten, werden die genannten Maßnahmen in Gegenwart der Lösung eines Schutzsalzes von 10—30% Stärke vorgenommen. Geeignet sind Ammoniumsalze, Alaun, Natronsalze, Kadmiumchlorid, Kupfersulfat, Kalisalze, Barium-, Magnesium- und Aluminiumsalze. Nicht angewendet wird das Verfahren bei Behandlungen, bei denen eine Verseifung vorgenommen wird.

Denselben Gegenstand behandelt das kanad. P. 260319 vom 25. VII. 1925 von H. Dreyfus.

410. Dieselben. Kunstseide.

Brit. P. 277089 vom 8. VI. 1926; Ver. St. Amer. P. 1709470 (Celanese Corporation of America).

Die Widerstandsfähigkeit von Zelluloseacetatseide in Form von Garnen, Strängen, Geweben usw. gegen heiße oder kochende wässerige Flüssigkeiten wird erhöht, wenn man den fertig gebildeten Faden über seine Elastizitätsgrenze streckt. Das Strecken kann unterstützt werden durch Vorbehandeln mit Quellmitteln, wie Aceton, Alkohol, Formaldehyd oder Glyzerin. Eine Streckung von 15—25% ist zweckmäßig. So behandelte Fäden behalten in kochendem Wasser ihren Glanz und werden nicht wellig oder wollartig.

Nach Calico Printers Association und Miterfindern.

411. Calico Printers Association Ltd., J. R. Whinfield und C. Levin, Manchester. Verbesserungen in der Herstellung bedruckter und gefärbter Effekte auf Kunstseidegeweben.

Brit. P. 273011 vom 26. III. und 25. V. 1926.

Gewebe, die ganz oder teilweise aus Acetatseide bestehen, werden mit Ätzalkalien bedruckt, gewaschen und mit einem entglänzend wirkenden Mittel behandelt, z. B. mit kochendem Wasser oder mit einem Stoff, der unverdünnt oder bei hoher Konzentration Acetylzellulose peptisiert, z. B. mit Ameisen-, Essig- oder Milchsäure, Aceton, Furfuraldehyd, Phenolen oder Naphtholen, Pyridin oder Anilin. Die bedruckten Stellen behalten ihren Glanz, man erhält auf dem Gewebe ein verseiftes glänzendes Muster auf einem unverseiften matten Grund. Färbt man mit substantiven Farbstoffen, die nur die verseiften Teile anfärben, so erhält man glänzende farbige Muster auf ungefärbtem, mattem Grund.

412. Calico Printers Association, Ltd., L. A. Lantz und C. M. Keyworth, Manchester. Mercerisieren zelluloseacetatenthaltender Baumwollgewebe.

Brit. P. 273830 vom 12. IV. 1926.

Man behandelt die Acetatseide mit einem die Verseifung verhindernden, in Ätzalkalien unlöslichen Stoff vor, z. B. mit Benzol und seinen Homologen, Mono- oder o-Dichlorbenzol, Nitrobenzol, Mono- und Dimethylanilin, Hydrophenolen und -naphthalinen, Petroleumdestillaten usw.

413. Calico Printers Association Ltd. und J. R. Whinfield, Manchester. Verbesserungen im Verzieren von Kunstseidegeweben.

Brit. P. 275357 vom 25. V. 1926.

Gewebe aus Acetylzelluloseseide werden mit verdickten Lösungen von Salzen solcher organischer Stoffe bedruckt, die in wässeriger Lösung Acetatseide entglänzen, dann wird mit heißen verdünnten Mineralsäuren oder Alkalien zur Freimachung des Entglänzungsmittels behandelt. Man druckt z. B. eine mit Senegalgummi verdickte Paste mit 18% Natriumphenolat auf und taucht dann 10 Sekunden in 0,5proz. Salzsäure bei 90° C. Dann wird gründlich gewaschen, leicht geseift, wieder gewaschen und unter Spannung getrocknet. Man erhält ein mattes Muster auf glänzendem Grund. Druckt man Anilinchlorhydrat auf, so nimmt man danach durch verdünnte Natronlauge. Auch Pyridin als Entglänzungsmittel ist verwendbar. Durch Aufdrucken von Reserven und Überdrucken mit dem Entglänzungsmittel lassen sich Glanzeffekte auf mattem Grund erzeugen.

Nach N. V. Nederlandsche Kunstzijdefabriek.

414. N. V. Nederlandsche Kunstzijdefabriek, Arnhem, Holl. Verfahren zur Herstellung künstlicher Textilprodukte von vermindertem Glanz aus Acetylzellulose.

Brit. P. 291067 vom 6. IX. 1927; franz. P. 640446 (Prior. Niederl. vom 28. V. 1927); niederl. P. 20522.

Das Verfahren besteht in der direkten Erzeugung einer matten Acetatseide, ohne daß eine Nachbehandlung der Fäden stattfindet. Dies wird dadurch erreicht, daß man bei der Herstellung des Fadens nach dem Trockenspinnverfahren während des Spinnens Wasserdampf in die Spinnzelle einleitet. Eine andere Art der Ausführung besteht darin, daß man den in bekannter Weise gesponnenen Faden, bevor er gänzlich von dem Lösungsmittel befreit ist, in eine zweite Kammer einführt, in welche Wasserdampf eingeleitet wird. Der Vorteil der Erfindung liegt in der Tatsache, daß die Menge des unabhängig von der Spinnlösung und der verdampfenden Atmosphäre in die Spinnzelle eingeführten Wasserdampfs genau geregelt werden kann. Die Menge des eingeleiteten Wasserdampfs hängt von dem Grad der Mattierung des Endproduktes, von der Spinngeschwindigkeit und der in der Spinnzelle herrschenden Temperatur ab. Je höher die Temperatur der Spinnzelle ist, desto größer muß die eingeführte Wasserdampfmenge sein, um denselben Mattierungsgrad zu erzielen.

Nach Société pour la fabrication de la soie Rhodiaseta.

415. Société pour la fabrication de la soie Rhodiaseta, Paris. Verbesserungen in der Behandlung von Geweben, welche Acetatseide enthalten.

Belg. P. 349583 vom 15. III. 1928; brit. P. 301335 vom 22. VI. 1927; franz. P. 638795.

Matte oder wollartige Effekte werden auf Garnen, die ganz oder teilweise aus Zelluloseacetat bestehen, dadurch erzielt, daß man sie in ein 10—30proz. Bad aus Kalzium-, Magnesium- oder Lithiumchlorid eintaucht und kurze Zeit in einem kochenden Säurebade behandelt, dessen Stärke höchstens $^1/_{10}$ normal ist. Geeignete Säuren sind Salzsäure, Phosphorsäure, arsenige Säure, Borsäure, Benzoesäure, Salizylsäure, β-Naphthalinsulfosäure, Anthranilsäure, Pyrogallussäuren. Mit β-Naphthalinsulfosäure erhält man ein Produkt mit merklich erhöhtem Volumen und wolligem Gefühl, mit Benzoe- oder Salizylsäure ein sehr weißes mattes Produkt, mit Borsäure ein mattes perlmutterartiges Aussehen, mit Pyrogallussäuren ein mattes oder perlmutterartiges Aussehen bei bräunlichgelber Farbe.

416. Dieselbe. Verfahren zur Herstellung von mattierten und beschwerten Kunstseidefäden aus Zelluloseäthern und Zelluloseestern.

Franz. P. 638448 vom 29. VII. 1927 (Soc. chimique des Usines du Rhône); brit. P. 294623; belg. P. 348334; schweiz. P. 131560; österr. P. 111845.

Die bisher üblichen Verfahren, matte Kunstseide durch Niederschlagen von Bariumsulfat in den Fäden zu erzeugen, indem diese nacheinander in eine Lösung eines Sulfats und einer Chlorbariumlösung getaucht werden, sind für Acetatseide nicht anwendbar, da das Acetat gegenüber den in Frage kommenden wässerigen Lösungen nicht die gleiche Absorptionsfähigkeit besitzt. Erfindungsgemäß kann man eine leicht filtrierbare und gut spinnbare Zelluloseacetatlösung erhalten, wenn man in dem gegebenenfalls verdünnten Acetylierungsgemisch das Bariumsulfat durch Umsetzung bildet. Das auf diese Weise mit Bariumsulfat beladene Zelluloseacetat läßt sich ohne Schwierigkeiten auf dem üblichen Wege filtrieren und verspinnen. Die bei der Reaktion entstehenden Nebenprodukte werden nach dem Fällen durch Waschen entfernt. Beispielsweise verdünnt man das fertige schwefelsäurehaltige Acetylierungsgemisch, in dem Zelluloseacetat gelöst ist, mit 9 T. Essigsäure und 5 T. Wasser (auf 1 T. Zelluloseacetat berechnet). Zu 100 l dieser Lösung setzt man 8,5 l einer aus 20 T. $BaCl_2$, $2\,H_2O$, 20 T. Essigsäure und 60 T. Wasser bestehenden Lösung. Die erhaltene Seide enthält ca. 80% Zelluloseacetat und 20% Bariumsulfat und kann nach den für Acetatseide üblichen Verfahren gefärbt werden. Bei einem Gehalt der Acetatseide von 5% Bariumsulfat tritt bereits ein der Naturseide ähnlicher matter Glanz ein. Mit steigendem Bariumsulfatgehalt dient dieses gleichzeitig als Beschwerungsmittel.

417. Dieselbe. Verbesserungen in der Behandlung von Geweben, die ganz oder zum Teil aus Zelluloseacetat bestehen.

Belg. P. 351621 vom 26. V. 1928 (Prior. Engl. vom 4. XI. 1927); franz. P. 646719; österr. P. 116368.

Um Stoffe aus Zelluloseacetat, die ihren Glanz zum Teil verloren haben, glänzend zu machen, bringt man die feuchten oder unter Zusatz eines Weichmachungsmittels angefeuchteten Gewebe sehr kurze Zeit mit einer heißen Fläche in Berührung. Die Temperatur dieser Fläche soll höher als 125°, aber niedriger als 170° sein.

Nach Bleachers' Association Ltd. u. Miterfindern.

418. Bleachers' Association Ltd., Manchester, W. Kershaw, Cheadle Hulme, F. L. Barrett, Davenport, und R. Gaunt, Manchester. Verbesserungen in der Erzeugung von Mustern auf ganz oder teilweise aus Zelluloseestern bestehenden Textilstoffen.

Brit. P. 301567 vom 7. IX. 1927.

Man macht Stoffe aus oder mit Zelluloseacetat durch Behandeln mit verdünnten Säuren oder Seifen glanzlos und dann durch örtliches Aufbringen von Äthylacetat wieder glänzend.

419. Dieselben. Verbesserungen in der Herstellung von Mustereffekten auf Textilstoffen aus oder mit Zellulose-estern.

Brit. P. 301568 vom 7. IX. 1927.

Zelluloseacetat enthaltende Stoffe werden durch Behandeln mit anorganischen oder organischen Säuren oder mit Seifen glanzlos gemacht und örtlich mit Äthylenglykolmonoäthyläther bedruckt. Die bedruckten Stellen werden wieder glänzend.

420. Dieselben. Verbesserungen in der Erzeugung von Mustern auf ganz oder teilweise aus Zelluloseestern bestehenden Textilstoffen.

Brit. P. 303286 vom 21. I. 1928.

Gewebe, die ganz oder teilweise aus Acetatseide bestehen, werden glanzlos oder weniger glänzend dadurch gemacht, daß man mit Lösungen von Salzen oder Seifen kocht oder mit Seifen pflatscht und dann dämpft und danach örtlich preßt. Das Verfahren kann mit den Verfahren gemäß brit. P. 301567 und 301568 (s. vorstehend) kombiniert werden.

Oberflächenveränderung.

Nach C. Dreyfus (Celanese Corporation of America).

421. C. Dreyfus, Basel (Celanese Corporation of America, Delaware). Herstellung gestrickter Waren.

Ver. St. Amer. P. 1719173 vom 2. VII. 1929, angemeldet 23. II. 1924.

Auf Rundstrick- oder ähnlichen Maschinen hergestellte Waren haben die Neigung zur „Leiterbildung" infolge nicht genügender Maschenfestigkeit. Diesem Übelstand wird dadurch abgeholfen, daß Stoffe, die aus Zellulosederivaten wie Nitro- oder Acetylzellulose, Zelluloseäthern u. a. hergestellt sind oder Fäden aus diesen Stoffen enthalten, mit einem Stoff behandelt werden, der die Fäden oberflächlich löst und sie dadurch zum Haften aneinander bringt. Solche Stoffe sind Alkalilösungen, Essigsäure, Aceton gasförmig oder flüssig oder gemischt mit einem anderen Lösungsmittel.

422. Derselbe. Herstellung neuer oder verbesserter Gewebe.

Brit. P. 254354 vom 6. II. 1925.

Auf Geweben aus oder mit organischen Zelluloseestern oder -äthern werden dadurch Musterungen erzeugt, daß der Stoff mit Hitze und örtlich mit Druck behandelt wird. Je nach der Stärke des Drucks werden Glasureffekte oder durch Verschmelzen der in der Wärme plastischen Fäden besondere Musterungen erzeugt. Durch Mitverwendung plastischmachender oder erweichender Mittel kann die Wirkung verstärkt werden.

423. Derselbe. Verbesserungen an Produkten aus organischen Zellulosederivaten.

Belg. P. 345565 vom 28. X. 1927 (Prior. Ver. St. Amer. vom 4. XI. 1926); franz. P. 643058; brit. P. 280195.

Die bisher auf natur- oder kunstseidenen Stoffen durch Hitze und Druck erzielten Moiréeffekte sind nicht haltbar, beim Gebrauch, nach Wäsche, Bleichen usw. gehen sie zurück oder verschwinden ganz. Stellt man dagegen die Gewebe ganz oder teilweise aus organischen Derivaten der Zellulose her, so sind die darauf erzeugten Moiréeffekte haltbar. Geeignete Zellulosederivate sind das Acetat, Propionat und andere Ester mit organischen Säuren, ferner Äthylzellulose und andere Äther.

Nach British Celanese Ltd. und Miterfindern.

424. British Celanese Ltd., London, W. A. Dickie und J. H. Rooney, Ltd., Spondon. Erzeugung von Mustern auf Geweben oder anderen Gegenständen aus Zelluloseestern oder -äthern.

Brit. P. 248832 vom 10. XII. 1924; Ver. St. Amer. P. 1655677 vom 10. I. 1928, angemeldet 21. XI. 1925 (Celanese Corporation of America).

Man bringt auf den mit einem Gelatinierungsmittel vorbehandelten Gegenstand ein formbares, ebenfalls mit einem Gelatinierungsmittel vermischtes Pulver aus einem Zelluloseester auf und preßt in der Wärme. Man tränkt z. B. ein Gewebe aus Zelluloseacetatseide mit der Lösung eines Gelatinierungsmittels in einem die Zelluloseacetatseide nicht lösenden Lösungsmittel, z. B. Xylolmonomethylsulfonamid in Benzol, nach dem Trocknen kann das Gewebe mit Farbstofflösungen in flüchtigen Lösungsmitteln und dem gleichen Gelatinierungsmittel bedruckt werden. Dann wird das Zelluloseacetatpulver zweckmäßig in Mischung mit dem gleichen Gelatinierungsmittel aufgebracht, und das Ganze wird z. B. in erwärmten hydraulischen Pressen gepreßt.

425. British Celanese Ltd., London, W. A. Dickie und H. Halkyard, Spondon. Verzieren von Geweben.

Brit. P. 273406 vom 1. IV. 1926; belg. P. 340540 (H. Dreyfus).

Gewebe usw., welche in der Wärme plastisch werdende Zellulosederivate enthalten, werden durch Pressen in der Wärme mit Mustern versehen. Vor dem Bedrucken kann das Gewebe mit einem flüchtigen Quellungs- oder Erweichungsmittel angefeuchtet, gedämpft oder getränkt werden.

426. H. Dreyfus, London. Herstellung von neuen oder verbesserten Geweben oder Stoffen.

Belg. P. 342818 vom 2. VI. 1927 (Prior. Großbrit. vom 15. VI. 1926 [British Celanese Ltd., G. H. Ellis und R. J. Mann]); brit. P. 277414.

Zur Erzeugung von Mustern werden die Gewirke, welche Zelluloseacetat enthalten, örtlich mit einem oder mehreren der folgenden Stoffe bedruckt: ein- oder mehrbasische aliphatische Karbonsäuren, Substitutionsprodukte dieser Säuren wie Halogenderivate, Amino- oder

Oxyderivate oder Gemische derartiger Säuren. Dann unterwirft man die Stoffe einem Entglänzen mit wässerigen, warmen oder kochenden Mitteln.

427. British Celanese Ltd., London, und G. H. Ellis, Spondon. Verfahren zum Behandeln von Zelluloseester oder -äther enthaltenden Geweben usw.

Brit. P. 280989 vom 27. VII. 1926; franz. P. 637764 (H. Dreyfus); Ver. St. Amer. P. 1686149.

Man tränkt das Gewebe zweckmäßig auf der Klotzmaschine mit wässerigen Lösungen oder Dispersionen, die mindestens 8% höhere Fettsäuren oder ihre Sulfosäurederivate oder die wasserlöslichen Salze dieser Säuren, sulfoaromatische Fettsäuren oder Harzseifen enthalten. Nach dem Trocknen läßt man das Gewebe längere Zeit, z. B. über Nacht, liegen, wäscht aus und färbt oder bedruckt. Durch die geschilderte Behandlung wird der Reibungswiderstand der Zelluloseacetatfäden erhöht, so daß sie im Gewebe nicht mehr gleiten. Verwendet werden z. B. Öl-, Palmitin-, Stearinsäure, Rizinusölsulfosäure, Sulfobenzolstearin-, Sulfophenolstearin-, Sulfonaphthalinstearin-, Sulfophenolrizinusölsäure oder ihre Alkali- oder Ammoniumsalze. Die Behandlung erfolgt bei etwa 80°.

428. British Celanese Ltd., London, und G. H. Ellis, Spondon. Behandeln von Zelluloseester- oder -ätherfäden enthaltenden Geweben.

Brit. P. 280990 vom 27. VII. 1926; franz. P. 637765; belg. P. 343506 (H. Dreyfus).

Man tränkt das Gewebe mit Lösungen oder Dispersionen von organischen Stoffen, die Zelluloseester oder -äther zu lösen vermögen. Dadurch wird der Reibungswiderstand der Ester- oder Ätherfäden erhöht, und sie gleiten nicht mehr im Stück. Verwendet werden Paraffinkohlenwasserstoffe, Naphthene, Terpene, aromatische Kohlenwasserstoffe, ihre Hydrierungs- oder Halogenierungsprodukte, aliphatische und aromatische ein- oder mehrwertige Alkohole oder Phenole, aromatische Amine, Aminophenole, ihre Halogensubstitutions- oder Alkylderivate, aromatische oder aliphatische Ketone, Aldehyde, Karbonsäuren, Sulfosäuren. Man behandelt z. B. ein Gewebe aus Zelluloseacetatseide 3 Stunden im Soxhlet mit siedendem Toluol oder bei 80° mit einer Mischung aus Methylalkohol und Wasser oder mit einem Gemisch aus Xylol und Türkischrotöl.

429. British Celanese Ltd., London (C. Dreyfus, New-York). Prägen von Geweben.

Brit. P. 291445 vom 22. V. 1928 (Prior. vom 3. VI. 1927).

Dauerhafte Prägeeffekte auf rundgestrickten Geweben oder Strümpfen aus einem oder mehreren thermoplastischen Zellulosederivaten (Zelluloseacetat, -formiat, -propionat, Methyl- oder Äthylzellulose), die auch nicht thermoplastische Stoffe enthalten können (Baumwolle, Wolle, Seide, Kunstseide aus regenerierter Zellulose), werden dadurch erhalten, daß man den Stoff mit einem quellenden, weich- oder plastisch machenden Mittel wie einer Lösung von Aceton, Methylacetat, Triacetin, p-Toluolsulfonamid, Diäthylphthalat u. a. dämpft und das doppelt gelegte Gewebe mit Prägungen versieht. Die geprägten Stellen haben höheren Glanz.

430. British Celanese Ltd., London, übertr. von **C. Dreyfus, New-York.** Falten von Geweben.

Brit. P. 293857 vom 15. VI. 1928 (Prior. Ver. St. Amer. vom 15. VII. 1927); belg. P. 351906.

Gewebe, die ein in der Wärme plastisch werdendes Zellulosederivat enthalten, werden bei einer das Zellulosederivat plastisch machenden Temperatur und genügend hohem Druck in Falten gelegt. Das Gewebe kann vorher mit weichmachenden, quellend wirkenden oder lösenden Stoffen behandelt werden, z. B. Aceton, Cyklohexanon, Acetessigester, Ammoniumthiocyanat, Stannichlorid u. a. m.

431. Dieselbe. Herstellung von Bändern aus Geweben.

Brit. P. 293858 vom 15. VI. 1928 (Prior. Ver. St. Amer. vom 15. VII. 1927); belg. P. 352643[1].

Gewebe, die in der Wärme plastisch werdende Zellulosederivate, z. B. Zelluloseacetat enthalten, werden mit einem heißen Messer in Streifen geschnitten. Hierbei schmilzt das Zelluloseacetat zu einer Kante zusammen, die ein Ausfasern des Bandes verhütet. Auch durch Behandeln mit einem Lösungs- oder Quellungsmittel kann man die Kanten am Ausfasern verhindern.

432. Dieselbe. Behandlung von Geweben.

Brit. P. 297712 vom 15. VI. 1928 (Prior. Ver. St. Amer. vom 15. VII. 1927); Zusatz zum brit. P. 293858.

Bänder werden hergestellt aus Geweben, die ganz oder wesentlich aus Zellulosederivaten wie Formyl-, Acetyl-, Propionyl-, Butyl-, Methyl- oder Äthylzellulose bestehen. Man trennt Streifen aus dem Gewebe ab und schützt die Kanten gegen Ausfasern durch Auflösen oder Erweichen der Kanten mittels Aceton, Diacetonalkohol, Chloroform, Cyklohexanon oder anderer Quellungsmittel und läßt dann die Kanten wieder fest werden.

Ein im wesentlichen gleiches Verfahren schützt das

Brit. P. 298207 vom 5. X. 1928 (Prior vom 5. X. 1927), Zusatz zum brit. P. 293858 und 297712 derselben Firma, übertragen von C. Dreyfus, New-York, ferner das brit. P. 299042 vom 20. X. 1927, Zusatz zum brit. P. 293858.

433. Das Brit. P. 305257 vom 2. XI. 1927

derselben Firma und von W. A. Dickie schützt das Verfahren, Gewebe aus oder mit Zelluloseestern mit einem Lösungs- oder Weichmachungsmittel wie Diacetonalkohol anzufeuchten und mit einem warmen Messer oder Draht zu zerschneiden. An der Schnittstelle schmelzen die Zelluloseesterfäden zusammen, wodurch Ausfasern vermieden wird.

[1] Vgl. hierzu brit. P. 262034 vom 21. X. 1926 und Ver. St. Amer. P. 1709887 vom 23. IV. 1929, (Prior. vom 11. V. 1926 von W. Sponholz, Berlin).

434. British Celanese Ltd., London, G. H. Ellis, H. C. Olpin und E. E. Walker, Spondon. Behandlung von Plüschgeweben.

Brit. P. 302208 vom 12. IX. 1927; belg. P. 353463 (H. Dreyfus).

Musterungen auf Plüschgeweben, deren Flor ganz oder teilweise aus Fäden aus Zelluloseacetat oder anderen Zellulosederivaten besteht, während das Grundgewebe aus anderen Fasern gebildet ist, wird stellenweise auf der Rückseite mit einem Stoff bedruckt, der die Florfäden aufweicht, die aufgeweichten und locker gemachten Fäden werden durch mechanische Mittel, Bürsten oder Saugen, entfernt. Der zum Erweichen der Florfäden verwendete Stoff kann mit Verdünnungs- oder Verdickungsmitteln, inerten Pulvern, Farbstoffen usw. gemischt werden und kann durch Sprühen, Drucken usw. aufgebracht werden. Das Gewebe kann vorher oder nachher oder vorher und nachher gefärbt werden.

435. British Celanese Ltd., London. Verbesserungen in der Behandlung von Geweben.

Brit. P. 299058 vom 19. X. 1928 (Prior. Ver. St. Amer. vom 21. X. 1927).

Stoffe aus thermoplastischen organischen Zelluloseestern und -äthern können bei höherer Temperatur gebügelt oder kalandert werden, ohne daß sie an den heißen Metallflächen ankleben und ohne daß eine Glanzerhöhung eintritt, wenn man sie zuvor mit Aluminiumsalzlösungen behandelt, z. B. mit einer Lösung von basischem Aluminiumacetat und Essigsäure.

Nach Tootal Broadhurst Lee Co. Ltd. und Foulds.

436. Tootal Broadhurst Lee Co. Ltd., Manchester, und R. P. Foulds, Colne, Lanc. Behandeln von Geweben aus Zelluloseacetat.

Brit. P. 263248 vom 9. X. 1925.

Musterungen auf Geweben aus Zelluloseacetat werden durch örtliche Behandlung mit organischen Säuren wie Milch-, Essig-, Mono- oder Trichloressigsäure oder Buttersäure oder mit Phenolen oder Kresolen erzielt, welche Lösungs- oder Quellungsmittel für das Zelluloseacetat sind. Durch Zusatz eines inerten Verdünnungsmittels kann die Wirkung der Quellungsmittel abgestuft werden. Man druckt z. B. ein Gemisch von Milchsäure und Feculose auf, läßt kurze Zeit stehen oder nimmt durch eine erhitzte Kammer oder übererhitzte Flächen und wäscht. Oder man sprüht die Milchsäure auf.

Nach Schwabe Parker, Kershaw, Barrett und Bleachers' Association Ltd.

437. Ch. Schwabe Parker, Bolton, W. Kershaw, Cheadle Hulme, Fr. L. Barrett, Stockport, und Bleachers' Association Ltd., Manchester. Verbesserungen in der Behandlung von Garnen oder Geweben, die aus Kunstseide bestehen oder sie enthalten.

Brit. P. 274584 vom 29. IV. 1926.

Es ist bekannt, Brokateffekte auf Geweben aus oder mit Acetylzellulose durch örtliche Behandlung mit Salpetersäure von 60—84° Tw.

zu erzeugen. Es wurde gefunden, daß bei der Behandlung derartiger Gewebe mit Salpetersäure von 30—50° Tw. während 3 Sekunden bis 3 Minuten bei 0—50° C ein Schrumpfen der Acetylzellulose eintritt, der Stoff wird elastischer und voller im Griff. Baumwolle schrumpft bei dieser Behandlung nicht, dadurch ergeben sich noch besondere Wirkungen.

Nach Société pour la fabrication de la soie Rhodiaseta.

438. Société pour la fabrication de la soie Rhodiaseta, Paris. Verbesserungen in der Behandlung von Kunstseide aus Zelluloseestern oder -äthern oder von Geweben, die sie enthalten.

Belg. P. 351619 vom 26. V. 1928 (Prior. Engl. vom 26. VII. und 31. X. 1927); franz. P. 647865.

Zur vollständigen oder teilweisen Entfärbung von Fäden oder Geweben aus Zelluloseestern oder -äthern (Zelluloseacetat) verwendet man Tierkohle oder einen anderen Stoff hoher Absorptionskraft in Form einer Paste, die man stellenweise auf das Gewebe aufbringt. Auch Farbenabstufungen können so erzeugt werden.

Beschweren.

Nach British Celanese Ltd., C. und H. Dreyfus und Miterfindern.

439. British Celanese Ltd., London (C. Dreyfus, New-York und H. Platt, Cumberland). Behandeln von Fasern, Garnen oder Geweben aus Zelluloseestern oder -äthern.

Brit. P. 258874 vom 21. IX. 1926 (Prior. Ver. St. Amer. vom 22. IX. 1925); franz. P. 621316.

Man behandelt Zelluloseester oder -ätherseide mit Zinnchlorid und fixiert das Zinn in unlöslicher Form auf der Faser durch Dinatriumphosphat, Wasserglas oder beides, den Fixierbädern kann noch Tannin zugesetzt werden. Statt des Zinnchlorids können auch andere quellend wirkende Metallsalze wie Chlorzink verwendet werden. Durch diese Behandlung wird das Gewicht und Volumen der Acetatseide erhöht, die Entflammbarkeit wird herabgesetzt und die Gefahr des Schmelzens bei zu heißem Bügeln sowie die Leiterbildung in Kunstseide-Strickwaren beseitigt.

440. Dieselben. Verfahren zur Behandlung von Textilstoffen aus Zelluloseestern und -äthern mit Flüssigkeiten.

Brit. P. 260290 vom 22. X. 1926 (Prior. Ver. St. Amer. vom 24. X. 1925); Ver. St. Amer. P. 1731298.

Dieselben Wirkungen wie im vorstehenden Patent werden erzielt, wenn mit einem Quellmittel für das Zelluloseacetat usw. behandelt wird, welches ein unlösliches Salz auf der Faser fixieren kann. Man behandelt z. B. zwischen normaler Temperatur und 85° C, besonders bei 50—70°, mit einer Gerbsäurelösung und dann bei niedrigerer Temperatur oder in der Kälte mit einer Lösung von Brechweinstein in Zinnchlorid, die Behandlung mit Zinnchlorid kann auch vor der mit Gerbsäure erfolgen.

Das Erschweren von Gebilden aus Zelluloseacetat mit unlöslichen Verbindungen von Zinn, Zink, Wolfram oder Aluminium und Phosphor- oder Kieselsäure, Tannin u. a. beschreibt

R. Clavel, Basel im franz. P. 621380 vom 11. I. 1926

als Vorbehandlung vor dem Färben.

441. H. Dreyfus, London. Beschweren von Faserstoffen, die Zelluloseester oder wasserbeständige Zelluloseäther enthalten.

Brit. P. 281084 vom 26. V. 1926; belg. P. 342075, 342076; franz. P. 634165; canad. P. 271232 vom 16. X. 1925 (E. Cadgène, Lyons Piece Dye Works, G. Rivat).

Man behandelt die Faser vor oder beim Beschweren mit Quellungsmitteln. Als Quellungsmittel verwendet man die wässerige Lösung von Glykolsäure, Milchsäure, Alkohol, Aceton, Diacetonalkohol, Diacetin, Phenol, mehrwertige Phenole usw. Man behandelt z. B. ein Gewebe aus Zelluloseacetatseide mit einer 7—10proz. Lösung von Aceton in Wasser, bringt es dann in eine Lösung von Zinnchlorid, spült, behandelt wieder mit der Acetonlösung, geht dann in eine Lösung von Dinatriumphosphat, spült und wäscht. Statt des Zinnchlorids können auch Verbindungen von Zink, Aluminium, Wismut, Antimon oder Wolfram benutzt werden.

442. Derselbe. Behandlung von Garnen, Fasern, Geweben usw.

Brit. P. 284798 vom 12. XI. 1926, Zusatz zum brit. P. 281084; franz. P. 34391, Zusatz zum franz. P. 634165.

Bei dem Verfahren des Hauptpatents (s. vorstehend) können als Quellungsmittel Alkaliisothiocyanate, -cyanate, -isocyanate, Ammoniak, Harnstoff, Thioharnstoff, Thiourethane, Guanidine, ihre Alkyl- oder Arylsubstitutionsprodukte oder Mischungen dieser Stoffe verwendet werden.

443. Derselbe. Beschweren von Geweben aus Kunstfäden aus Zelluloseestern, -äthern oder regenerierter Zellulose.

Franz. P. 638248 vom 26. VII. 1927 (Prior. Engl. vom 25. IX. 1926).

Man behandelt Zelluloseacetatseide mit heißem oder siedendem Wasser oder mit Wasserdampf. Um das Mattwerden der Zelluloseacetatseide beim Behandeln mit heißem Wasser zu verhüten, setzt man dem Wasser Salze, wie Kochsalz oder Natriumsulfat zu; man erschwert dann in üblicher Weise mit Zinnchlorid oder Zink-, Tonerde-, Eisen-, Wismut-, Antimon- oder Wolframsalzen und darauf folgende Behandlung mit Phosphaten und Silikat.

444. British Celanese Ltd., H. Dreyfus, London und G. H. Ellis, Spondon. Beschweren von Garnen, Geweben usw., die Kunstfäden aus Zellulosederivaten enthalten.

Brit. P. 285941 vom 23. X. 1926, Zusatz zum brit. P. 281084 (s. S. 226); belg. P. 344890; franz. P. 642331.

Man behandelt die Faser mit einer Metallsalzlösung, die eine äquivalente Menge Thiocyanate enthält, z. B. mit Zinnchlorid- und Ammoniumthiocyanatlösung. Zum Fixieren des Beschwerungsmetalls behandelt man die Faser mit Tannin, Phosphaten, Silikaten oder man wäscht sie mit Kalkwasser oder Alkalilösung.

445. British Celanese Ltd., London (C. Dreyfus, New-York und H. Platt, Cumberland). Beschweren von Zellulosederivaten.

Brit. P. 279502 vom 22. X. 1927 (Prior. Ver. St. Amer. vom 23. X. 1926); belg. P. 345564; franz. P. 642628.

Das Erschweren von Fasern, Garnen, gewirkten oder gewebten Stoffen aus organischen Estern oder Äthern von Zellulose, z. B. Zelluloseacetat, wird bewirkt durch Behandeln mit einer Lösung, die ein oder mehrere Metallsalze wie Zinn- oder Zinkchlorid, enthält, während dieser Behandlung wird das Gut gequollen oder gelatiniert und die Erschwerung wird dann durch Waschen oder Seifen fixiert. Zinnchlorid kann in solcher Stärke benutzt werden, daß das Gelatinieren und das Beschweren zugleich erfolgen oder man gelatiniert durch Ameisen- oder Essigsäure oder durch Phenol, Furfurol oder Pyridin, welches in einem besonderen Bade oder zusammen mit dem Zinnchlorid verwendet wird. Das Zinn kann durch Natriumkarbonat, -bikarbonat, Ammoniak, Ätznatron, Ätzkali, Kalziumhydroxyd usw. gefällt werden. Das erzielte Produkt ist widerstandsfähiger gegen Hitze, z. B. Bügeln, seine Entflammbarkeit ist herabgesetzt, Leiternbildung findet schwerer statt und das Produkt ist fester.

446. Das

Belg. P. 342817 vom 17. VI. 1927 (Prior. Ver. St. Amer. vom 30. VI. 1926)

von C. Dreyfus, G. Rivat und E. Cadgène, New-York, Paterson Passaic u. Englewood Cliffs betrifft ein ähnliches Verfahren zum Beizen mit z. B. Chrom-, Aluminium- und Eisensalzen unter gleichzeitigem Quellen.

447. H. Dreyfus, London. Verbesserungen bei der Behandlung von Stoffen, die ganz oder teilweise aus Zellulosederivaten bestehen und neue, dadurch entstehende Produkte.

Belg. P. 345566 vom 6. X. 1927 (Prior. Engl. vom 30. X. 1926 [British Celanese Ltd. und G. H. Ellis]).

Man bringt Metallbeizen auf die zu behandelnden Stoffe auf in Form von Thiocyanaten, die Konzentration des Thiocyanatradikals ist höher als die äquivalente Konzentration des als Beize dienenden Metallradikals.

448. British Celanese Ltd., London und G. H. Ellis, Spondon. Beschweren von Kunstseiden aus Zelluloseestern oder -äthern.

Brit. P. 302775 vom 2. XI. 1927.

Garne, Gewebe usw., die ganz oder teilweise aus Zelluloseacetat oder anderen Zelluloseestern oder -äthern bestehen, werden mit Lösungen von Alkalistannaten behandelt, den Lösungen können Quellungsmittel wie Thiocyanate zugesetzt werden. Die beschwerte Acetatseide hat erhöhte Widerstandsfähigkeit gegen Wärme, Bügeln und erhöhte Affinität zu Farbstoffen.

449. Dieselben. Erschweren von Garnen oder Geweben aus Zelluloseestern oder -äthern.

Brit. P. 306611 vom 28. XI. 1927, Zusatz zum brit. P. 302775.

Statt der im Hauptpatent (s. vorstehend) verwendeten alkalischen Zinnlösungen werden alkalische Zinklösungen, z. B. Kalium- oder Natriumzinkatlösungen, verwendet. Die damit erzielten Ergebnisse sind ähnlich denen nach dem Hauptpatent.

Nach Cadgène.

450. E. Cadgène. Beschwerte Kunstseide und Verfahren zu ihrer Herstellung.

Franz. P. 609764 vom 22. I. 1926 (Prior. Ver. St. Amer. vom 15. X. 1925); brit. P. 259899; Ver. St. Amer. P. 1631062, G. Rivat, Paterson (Lyons Piece Dye Work, Paterson).

Um Zelluloseacetatseide, die sich nach den üblichen Verfahren infolge ihrer Wasserundurchlässigkeit nur zu etwa 2% beschweren läßt, 30- bis 50mal so hoch beschweren zu können, wird sie zunächst durch Behandeln mit 15—20proz. Essig- oder Ameisensäure gelatiniert und aufnahmefähig für das Beschwerungsmittel gemacht. Die Säure kann auch zusammen mit dem Erschwerungsmittel, z. B. Zinnchloridlösung, verwendet werden. Die Abscheidung des Zinnoxyds erfolgt durch Waschen mit Wasser, dann wird nochmals mit kalter Ameisensäure behandelt, wieder gewaschen und mit Natriumphosphat und gegebenenfalls noch mit Natriumsilikat behandelt.

Schlichten und Entschlichten, Appretieren.

Nach British Celanese Ltd. und Miterfindern.

451. British Celanese Ltd., London, C. F. Ryley und G. A. Awcock, Spondon. Appreturmittel.

Brit. P. 244947 vom 27. VI. 1924.

Man vermischt eine oder mehrere wasserunlösliche Salze oder Seifen von Harz- oder Naphthensäuren mit schmierend wirkenden Stoffen, wie nicht flüchtigen, nicht trocknenden Ölen, Fetten, Wachsen, flüssigen oder festen Fettsäuren. Man verwendet vorzugsweise die Magnesium-, Kalzium-, Zink- oder Aluminiumsalze der Harz- oder Naphthensäuren, denen Natrium-, Kalium-, Ammonium-, Kalzium-, Magnesium-, Zink- oder Aluminiumsalze der Fettsäuren zugesetzt werden können. Man löst die genannten Seifen in Benzol usw. und vermischt mit den Schmiermitteln oder man emulgiert die Stoffe oder schmilzt sie zusammen. Die Appreturmittel dienen vorzugsweise zum Appretieren von Seide oder Kunstseide aus Zelluloseäthern oder -estern. Der Zusatz der Metallsalze verhindert das Elektrischwerden der Fäden bei der Verarbeitung.

452. **Dieselben.** Appreturmittel.

Brit. P. 244979 vom 27. VI. 1924.

Man vermischt schmierend wirkende Stoffe wie nicht trocknende Öle, Fette, Wachse, flüssige oder feste Fettsäuren mit einem oder mehreren Harzen, wie Dammar oder Mastix, den Mischungen können Seifen, besonders Kalzium-, Magnesium-, Zink- oder Aluminiumseifen zugesetzt werden. Man löst die Harze in Benzol usw. und vermischt mit den Schmiermitteln oder man emulgiert die Stoffe oder schmilzt sie zusammen. Die Appreturmittel dienen zum Appretieren von Seide oder Kunstseide, besonders aus Zelluloseestern oder -äthern. Die Appretur kann nach dem Verweben durch Behandeln mit Seifenlösung entfernt werden.

453. **British Celanese Ltd., London, C. W. Addy, J. Billing und H. Halkyard, Spondon.** Appretieren von Garnen, Behandeln von Garnen mit Flüssigkeiten.

Brit. P. 264382 vom 4. VI. 1926; belg. P. 342077 (H. Dreyfus); franz P. 635218.

Garne aus Kunstfasern oder Kunstfasern enthaltende Garne werden in Packungen oder auf Spulen, Kopsen usw. in die Lösung eines Appreturmittels in einem flüchtigen Lösungsmittel eingetaucht, dann durch Verdunsten des Lösungsmittels getrocknet und kontinuierlich auf Haspel, Spulen od. dgl. aufgewunden. Das Trocknen kann während des Aufwindens auf den endgültigen Träger erfolgen oder die ursprüngliche Packung usw. kann vor dem Abwickeln teilweise getrocknet werden. Als Lösungsmittel dienen Wasser, Benzol, Toluol, Xylol, denen schwer flüchtige Lösungsmittel, wie Paraffinöl, zugesetzt werden können. Als Appreturmittel dienen Mischungen von Harzen oder Metallresinaten oder -naphthenaten mit nicht trocknenden Ölen, Wachsen oder Fettsäuren wie in den brit. P. 244947 und 244979 (s. vorstehend), die Behandlung kann im Vakuum erfolgen. Das Eindringen der Appreturmittel kann durch Druck oder Vakuum unterstützt werden, auch können Vakuum und Druck abwechselnd angewendet werden. Das Verdampfen der Lösungsmittel kann bei gewöhnlicher Temperatur erfolgen, auch kann man über heiße Flächen leiten oder im Luftstrom arbeiten.

454. British Celanese Ltd., London. Verbesserungen in der Behandlung von Garnen oder Fäden in Textiloperationen.

Brit. P. 295054 vom 4. VIII. 1928 (Prior. Ver. St. Amer. vom 6. VIII. 1927).

Um das Aufrauhen und Haarigwerden von Garnen oder Fäden aus organischen Zellulosederivaten bei der Verarbeitung zu vermeiden, hat man solche Fäden mit öl- oder fetthaltigen Appreturen versehen (s. brit. P. 215417, 5. Aufl., S. 982). Nach dem vorliegenden Verfahren wird nur mit Wasser oder Seifenlösungen, Glykolen oder mehrwertigen Alkoholen behandelt, die in dem Gewebe verbleiben können.

Nach Dreyfus.

455. H. Dreyfus. Behandlung künstlicher Fäden.

Franz. P. 575753 vom 26. IV. 1924.

Als Einfettungsmittel für Kettfäden dient ein Gemisch aus gleichen Teilen Schweinefett und Ölsäure oder aus 16 T. Schmierseife, 4 T. Olivenöl, 4 T. gereinigter Ölsäure. Aus 1 T. dieser Mischung und 3 T. Wasser erhält man eine Emulsion, die sich besonders für Maschinenweberei eignet.

456. Derselbe. Entfernen der Schlichte oder Appretur aus Zelluloseacetatseide enthaltenden Geweben.

Franz. P. 616500 vom 22. V. 1926 (Prior. Engl. vom 27. VI. 1925).

Das um einen hohlen, mit zahlreichen Öffnungen versehenen Zylinder gewickelte Gewebe wird mit Lösungsmitteln für die Schlichte usw., z. B. mit Benzol, Xylol oder einem anderen organischen Lösungsmittel behandelt. Man drückt das Lösungsmittel z. B. von innen nach außen hindurch. Nach Beendigung der Behandlung preßt man zum Trocknen Luft durch den Zylinder.

Nach Société pour la fabrication de la Soie Rhodiaseta.

457. Société pour la fabrication de la soie Rhodiaseta, Paris. Verbesserungen bei der Herstellung künstlicher Fäden.

Franz. P. 597395 vom 28. IV. 1925.

Das Appretieren der aus Zelluloseestern, -äthern oder anderen Zellulosederivaten nach dem Trockenspinnverfahren erzeugten Kunstfäden geschieht auf den Elementarfäden, ehe sie zu einem, den weiteren Behandlungen, wie Zwirnen, Spulen usw. zuzuführenden Einzelfaden zusammengefaßt werden. Das Aufbringen der Appretur erfolgt zweckmäßig innerhalb der Spinnzelle unmittelbar vor der Vereinigung der Elementarfäden zu dem aus der Spinnzelle austretenden Einzelfaden.

458. Dieselbe. Verbesserungen im Schlichten von Textilfasern.

Belg. P. 351419 vom 19. V. 1928; franz. P. 660352 vom 24. XII. 1927.

Man verwendet pflanzliche, halb trocknende oxydierte Öle, besonders aus der Gruppe des Raps- und Baumwollsamenöls.

Nach N. V. Nederlandsche Kunstzijdefabriek.

459. N.V. Nederlandsche Kunstzijdefabrik. Verfahren zur Herstellung appretierter Acetatseide nach dem Trockenspinnverfahren.

Belg. P. 354884 vom 11. X. 1928 (Prior. Niederl. vom 23. XI. 1927); brit. P. 301017.

Der Spinnlösung werden 1—5% vom Gewicht des Zelluloseacetats eines pflanzlichen oder tierischen Fettes oder eines Gemisches, das zwischen 20 und 40° C schmilzt, z. B. Olivenöl, Olein, Kokosfett, Kuhbutter, Rinderfett, Schweineschmalz, Knochen- oder Erdnußöl vor dem Verspinnen zugesetzt. Man erhält einen vollkommen gleichmäßigen Appret ohne Verlust an Fettstoff.

Nach Ruth-Aldo Company.

460. Ruth-Aldo Company Inc., New-York. Einrichtung zum Appretieren natürlicher und künstlicher Fasern.

Belg. P. 352203 vom 18. VI. 1928 (Prior. Frankr. vom 30. XII. 1927 [R. Thénoz]); brit. P. 303133.

Der eine der Fadenführer, über den der Faden laufen muß, besteht aus einer hohlen Röhre *1* (Fig. 147), welche die Appreturflüssigkeit enthält. Diese Flüssigkeit wird auf die Fäden durch Reibung an einem Docht *3* übertragen, der in dem Knie des Fadenführers angeordnet ist und durch den Schlitz *4* die Appreturflüssigkeit auf den Faden bringt.

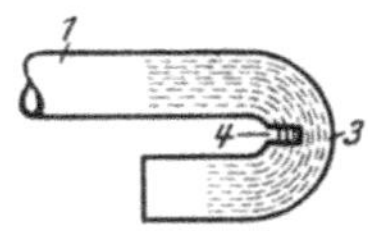

Fig. 147.

Wasserdicht- und Unentflammbarmachen, Karbonisieren.

Nach British Celanese Ltd. und Miterfindern.

461. British Celanese Ltd., London, C. Dreyfus, R. G. Dort, New-York und H. Platt, Cumberland. Karbonisieren von Zelluloseester oder -äther enthaltenden Geweben.

Brit. P. 274074 vom 1. VII. 1927 (Prior. Ver. St. Amer. vom 8. VII. 1926); belg. P. 342815; franz. P. 636608 (H. Dreyfus).

Man behandelt gemischte Gewebe aus Zelluloseestern oder -äthern und pflanzlicher Faser mit einer Lösung von Aluminiumchlorid. Um den Glanz der Zelluloseacetatseide zu erhalten, setzt man der Behandlungsflüssigkeit ein Schutzsalz, wie Glaubersalz, zu. Zur Wiederherstellung des Glanzes kann man das Gewebe seifen. In gleicher Weise wie Pflanzenfasern kann man auch Kunstseide aus regenerierter Zellulose karbonisieren.

462. British Celanese Ltd., London (H. Platt, Cumberland, und C. Dreyfus, New-York). Feuer- und Flammensichermachen von Faserstoffen aus Zellulosederivaten.

Brit. P. 296344 vom 10. VIII. 1928 (Prior. Ver. St. Amer. vom 29. VIII. 1927).

Man verwendet Lösungen von Phosphorsäure, sauren Phosphaten, Arsensäure, Antimonsäure. Man behandelt z. B. ein Gewebe aus Zelluloseacetatseide mit einer Lösung von 50—150 g Phosphorsäure im Liter Wasser bei 15—16° während 15 Minuten, spült und trocknet, der Lösung kann man noch basisches Aluminiumacetat zusetzen. Man kann die Lösung auch durch Bürsten oder Aufspritzen aufbringen.

463. British Celanese Ltd., London (C. Dreyfus, New-York). Wasserdichte Gewebe aus organischen Zellulosederivaten.

Brit. P. 296450 vom 1. IX. 1928 (Prior. Ver. St. Amer. vom 2. IX. 1927).

Offenmaschige Gewebe aus Zelluloseacetatseide werden mit einer Kautschuklösung überzogen.

464. British Celanese Ltd., London (C. Dreyfus und W. R. Blume, New-York). Wasserdichtmachen gemusterter Gewebe aus Zellulosederivaten.

Brit. P. 296451 vom 1. IX. 1928 (Prior. Ver. St. Amer. vom 2. IX. 1927).

Das aus Zelluloseestern oder -äthern, z. B. Zelluloseacetatseide, bestehende Gewebe wird nach dem Befeuchten mit Lösungs- oder Quellungsmitteln mittels erhitzter Walzen gemustert und dann durch Behandeln mit einer Kautschuklösung wasserdicht gemacht.

465. British Celanese Ltd., London. Verfahren zur Behandlung von Textilien.

Brit. P. 306067 vom 15. XI. 1927.

Zum Entgummieren von Stoffen, welche aus Naturseide und Zelluloseacetat- oder -esterseide bestehen, behandelt man mit einer alkalischen Lösung, in der die Wasserstoffionenkonzentration nicht über 10,5 liegt. Eine derartige Alkalität beseitigt das Sericin ohne das Seidenfibroin bzw. die Zelluloseesterfaser zu beeinträchtigen. Derartige alkalische Lösungen sind z. B. Silikate, Borate, Karbonate, Phenolate und Kresolate des Lithiums, Natriums oder Kaliums. Auch Natriumhydroxyd oder Pottasche kommen zur Anwendung. Vorzugsweise verwendet man jedoch Bäder, welche Seifen oder sulfonierte Seifen oder Öle enthalten. Man verwendet z. B. ein aus weichem Wasser bestehendes Bad mit einem Gehalt von 5 g Seife im Liter. Falls nötig, ist der p_H-Wert durch Hinzufügung von Natriumphenolat auf 10—10,5 einzustellen. Das Bad wird auf eine Temperatur von 80° C gebracht und das Naturseide-Acetatseidegemisch 3—4 Stunden damit behandelt, wobei der p_H-Wert durch vorsichtiges Hinzufügen von Natriumphenolatlösung einzuhalten ist. Die Seide wird darauf in einem Seifenbad von 2 g neutraler Seife im Liter von mechanisch anhaftenden Teilchen befreit, gewaschen und getrocknet. Das Bad kann öfter verwandt werden. Mit dem gleichen Verfahren läßt sich ein Entglänzen des Acetatfadens bis zur völligen Mattierung erreichen, wenn man mit der Temperatur des Bades auf 95° C heraufgeht.

c) Die Herstellung von Kunstseide aus Stoffen tierischen Ursprungs, Eiweißkörpern, den Bestandteilen natürlicher Seide u. dgl., Pflanzenschleimen und Kunstharzen.

Nach Klein.

466. M. Klein, Wien. Verfahren zur Herstellung von Kunstfäden u. dgl.

D.R.P. 474236 Kl. 29b vom 30. VI. 1923.

Die Verwendung des Mehles aus Kon-Nyakku (in der Botanikliteratur unter den verschiedenen Namen: Konophallus Koniaki, Amorphophallus Koniaki, Amorphophallus Rivieri, Hydrosme Rivieri bekannt) zur Herstellung von Kunstfäden u. dgl. (Films, Bändern, Platten usw.), bildet den Gegenstand der Erfindung. Das Mehl wird nach einer der weiter unten beschriebenen Methoden in eine möglichst kolloidale Lösung übergeführt und diese Lösung in der in der Kunstseidenfabrikation üblichen Weise versponnen. Werden die so gewonnenen Kunstfäden bei einem gewissen Trockenheitsgrad zu spröde, so werden der kolloidalen Masse noch Zusätze gemacht, die Gewähr dafür bieten, daß die Kunstfäden einen gewissen Feuchtigkeitsgrad behalten und so geschmeidig bleiben, oder die in anderer Weise, wie dies beim Zusatz gewisser Fett-Emulsionen der Fall ist, dem Faden eine große Geschmeidigkeit verleihen. Anstatt die Kunstfäden lediglich aus dem vorgenannten Mehl zu gewinnen, kann man die aus diesem gewonnene kolloidale Lösung auch mit einer der üblichen Zellstofflösungen mischen und dann aus dieser so gewonnenen Mischung Kunstfäden spinnen oder ähnliches herstellen. Die aus dieser Mischung gewonnenen Kunstfäden besitzen eine größere Festigkeit und größere Elastizität als die bis jetzt erzeugten Kunstfäden. Diese Eigenschaften erhöhen sich in dem Maße, wie die Feuchtigkeit der Kunstfäden zunimmt und können, je nach dem Prozentsatz des Zusatzes an kolloidaler Lösung zur Zellstofflösung, nach Belieben bis zu einer gewissen Grenze erhöht werden. Die so gewonnenen Fäden haben die unangenehmen hygroskopischen Eigenschaften reiner Zellulosefäden und damit auch den Fehler der verminderten Festigkeit beim Befeuchten zum größten Teil verloren. Durch einen angemessenen Zusatz von Kon-Nyakku wird daher eine bequeme Waschbarkeit erreicht.

Um das Kon-Nyakkumehl in eine kolloidale Lösung überzuführen, kann man verschiedene Wege gehen: Beispielsweise trägt man in in Drehbewegung befindliches Wasser nach und nach kleine Mengen Mehl, etwa 5—10%, ein. Man läßt dann die Flüssigkeit zur Ruhe kommen und so lange stillstehen, bis sie ein gelatineartiges Aussehen aufweist. Hierauf kann man noch so viel Wasser zufügen, bis die Lösung die gewünschte Zusammensetzung hat. Man kann auch unmittelbar 1proz. Lösungen herstellen, indem man in eine Kolloidmühle oder in eine

Zentrifugiervorrichtung oder eine andere mechanische Rührvorrichtung die erforderlichen Mengen Mehl und Wasser einführt. Die erhaltenen Lösungen sind immer trüb und müssen filtriert werden, was aber keine Schwierigkeiten macht, wenn man eine fraktionierte Filtration zunächst mit gröberen und dann mit feineren Filtern vornimmt. Die Herstellung der Lösungen kann durch Zusatz geringer Mengen von Alkali und Säuren erleichtert werden. Bei der Verarbeitung muß man dem Umstand Rechnung tragen, daß Kon-Nyakku-Lösungen leicht von Bakterien angegriffen werden, die Gärungsvorgänge verursachen und die Lösung so verändern, daß die Herstellung von Fäden oder Films unmöglich wird. Durch Beigabe von antiseptischen Mitteln, z. B. Formaldehydlösung, kann man diese Gärung verhindern.

Patentansprüche: 1. Verfahren zur Herstellung von Kunstfäden von beliebiger Feinheit und beliebigem Querschnitt sowie von Bändern, Films, Platten usw., dadurch gekennzeichnet, daß Mehl aus Kon-Nyakku (in der Botanik unter dem Namen Konophallus Koniaki, Amorphophallus Koniaki, Amorphophallus Rivieri, Hydrosme Rivieri bekannt) durch Behandlung, z. B. mit Wasser oder mit verdünnter Alkalilauge, in Lösung gebracht wird, worauf die so gewonnene Lösung unter Verwendung eines der üblichen Fällbäder in die gewünschte Form übergeführt wird.

2. Verfahren nach Anspruch 1, dadurch gekennzeichnet, daß die aus Kon-Nyakku gewonnene Lösung in Mischung mit bekannten Zelluloselösungen verarbeitet wird.

Nach Masaru Hirasawa.

467. Masaru Hirasawa, Tokyo-Fu (Shozaburo Hoshino, Yokohama). Verfahren zur Herstellung von Kunstseide.

Ver. St. Amer. P. 1603080 vom 12. X. 1926, in Japan angemeldet 7. V. 1927.

Fibroin- oder fibroidhaltige Rohstoffe, z. B. Kokons von irgendwelchen Bombyciden, Federn, Seidenabfälle usw. werden in 20- bis 40proz. Zinkchloridlösung, die etwas Zinkoxyd enthält, gelöst; die Lösung wird filtriert, durch Absetzenlassen weiter geklärt und in 40proz. Ammoniumbisulfitlösung gespritzt. Der Faden wird durch 1proz. Formaldehydlösung oder eine Lösung von Hexamethylentetramin in Äthyl- oder Methylalkohol weiter verfestigt und gehärtet, die halb trockenen Fäden werden unter Spannung getrocknet.

Nach I. G. Farbenindustrie Aktiengesellschaft.

468. I. G. Farbenindustrie Aktiengesellschaft, Frankfurt a. M. Verfahren zur Herstellung von trocknenden Ölen, Firnissen, Lacken, Kunstfäden, Films, plastischen Massen und verwandten Produkten.

D.R.P. 411900 Kl. 22h vom 11. XI. 1923.

Es wurde gefunden, daß die Ester solcher ungesättigter Fettsäuren, wie sie in den natürlichen trocknenden Ölen enthalten sind, mit Mono-

oder Polysacchariden, Zuckerarten, Stärke, Zellulose, sich hervorragend zur Herstellung von trocknenden Ölen, Firnissen, Lacken, plastischen Massen, Films, Kunstfäden und ähnlichen Produkten eignen. Als Fettsäuren kommen z. B. Ölsäure, Linolsäure, insbesondere Linolensäure, ferner Holzölsäure und die stark ungesättigten Fettsäuren der Trane mit hoher Jodzahl in Betracht. Unter den Mono- und Polysacchariden haben sich besonders Traubenzucker, Stärke, Zellulose und ihre Derivate, wie Hydrozellulose, als vorteilhafte Ausgangsstoffe bewährt. Die Herstellung der Ester erfolgt nach bekannten Methoden, z. B. durch Einwirkung der Fettsäurechloride auf die Mono- oder Polysaccharide bei Gegenwart von salzsäurebindenden Mitteln, wie Pyridin, Chinolin oder ähnlich wirkenden Basen, durch Umsetzung von Alkalizellulose mit Fettsäurechloriden oder durch Einwirkung von Fettsäureanhydriden auf die Mono- oder Polysaccharide in Gegenwart von Kondensationsmitteln. Man kann auch in der Weise verfahren, daß man nicht die einzelnen Fettsäurechloride oder Anhydride zur Reaktion bringt, sondern eine Mischung solcher Fettsäurechloride oder Anhydride, wie sie sich aus den Gesamtfettsäuren der trocknenden Öle erhalten lassen, gegebenenfalls nach vorheriger Abtrennung der gesättigten Fettsäuren.

Patentanspruch: Verfahren zur Herstellung von trocknenden Ölen, Firnissen, Lacken, Kunstfäden, Films, plastischen Massen und verwandten Produkten, gekennzeichnet durch die Verwendung von Estern der ungesättigten Fettsäuren natürlicher trocknender Öle mit Mono- oder Polysacchariden für sich allein, in Mischungen untereinander oder in Verbindung mit Lösungsmitteln, Ölen aller Art, Harzen, Sikkativen, Weichmachungsmitteln, anderen plastischen Massen oder Zellulosederivaten, Farbstoffen u. dgl.

Nach Burkard, Dehn und Rathsburg.

469. E. Burkard, Nürnberg, W. Dehn und H. Rathsburg, Fürth i. B. Verfahren zur Herstellung von künstlichen Fäden, Bändern und Streifen.

D.R.P. 432180 Kl. 29b vom 26. VI. 1924.

Es ist bekannt, daß Eiweißkörper durch Behandlung mit Salpetersäure starke Gelbfärbung annehmen (Xanthoproteinreaktion), die auf Zusatz von Ammoniak in Orange übergeht, wobei Lösung des Eiweißkörpers eintritt. Auch die Überführung eines Eiweißstoffes, und zwar Kleber, in lösliche Form ist bekannt, und zwar durch Einwirkung von Oxydationsmitteln, wie z. B. Salpetersäure, und Nachbehandeln dieses Produktes mit alkalischen Mitteln.

Es wurde nun gefunden, daß diese Lösungen mit Säuren wiederum Fällungen ergeben und, sofern sie genügend starke Viskosität besitzen, was durch geeignete Versuchsbedingungen erreichbar ist, zur Herstellung von Fäden geeignet sind. Die Lösungen brauchen nur unter Benutzung von Düsen in bekannter Weise in ein säurehaltiges Fällbad gepreßt zu werden. Es ist dabei gleichgültig, ob Keratin, Kasein, Albumin oder andere Eiweißkörper als Ausgangsstoff dienen. Die so erzeugten Fäden sind — entsprechend dem verwendeten Ausgangsmaterial — ihrer chemischen Zusammensetzung nach der Naturseide nahestehend, zeigen seidenartigen Glanz und beträchtliche Festigkeit und sind wasserbeständig. Ferner wurde gefunden, daß nicht nur mit Salpetersäure, sondern auch mit anderen ähnlich wirkenden Stoffen, z. B. Persalzen, Chromsäure usw., und mit anderen chemischen Mitteln, z. B. mit Halogenen oder halogenabspaltenden Mitteln, vorbehandelte Eiweißkörper die Eigenschaft haben, sich in Ammoniak zu lösen und daß diese Lösungen ebenfalls zur Herstellung von Fäden geeignet sind. Die gleiche Wirkung wie Ammoniak haben andere alkalische Mittel, wie Ätzalkalien, kohlensaure und Schwefelalkalien sowie organische Basen.

Beispiel 1: Kasein wird mit so viel konzentrierter Salpetersäure verrührt, daß gute Durchfeuchtung eintritt. Nach kürzester Zeit hat die Masse bereits eine starke Gelbfärbung angenommen. Jetzt wird unter Kühlung und ständigem Umrühren durch allmähliches Zutropfen so lange hochkonzentriertes wässeriges Ammoniak zugesetzt, bis Übergang von Gelb in Orange die erfolgte Neutralisation anzeigt. Die nach Zusatz eines geringen Überschusses von Ammoniak erhaltene Lösung wird durch Filtrieren von allen Verunreinigungen befreit und darauf mittels Düsen in ein säurehaltiges Fällbad gepreßt.

Beispiel 2: In eine wässerige Suspension von Hornmehl wird unter Schütteln oder Rühren bis zur Sättigung Chlor eingeleitet. Das darauf abfiltrierte Hornmehl wird mit Ammoniak versetzt und weiter behandelt, wie in Beispiel 1 angegeben.

Als technische Ausgangsstoffe kommen u. a. in Frage die Abfälle der Horn- und Wollverarbeitung, der Haar- und Lederindustrie, ferner Milch sowie Schlachthausabfälle (Blut, Knorpel, Sehnen usw.).

Patentanspruch: Verfahren zur Herstellung von künstlichen Fäden, Bändern, Streifen usw. aus in alkalischen Mitteln gelösten Eiweißkörpern, dadurch gekennzeichnet, daß man die mit geeigneten oxydierend wirkenden Mitteln, wie Salpetersäure, Halogenen oder halogenabspaltenden Stoffen, in bekannter Weise vorbehandelten und mit alkalischen Stoffen, wie Ammoniak, Ätzalkalien, kohlensauren oder Schwefelalkalien oder organischen Basen, in Lösung gebrachten Eiweißstoffe in ein geeignetes Fällbad preßt.

Nach Bergmann.

470. M. Bergmann, Dresden. Verfahren zum Auflösen und Wiederausfällen von Kollagen oder Glutin.

D.R.P. 442520 Kl. 39b vom 1. II. 1925.

Es wurde gefunden, daß sich Kollagen (also die leimgebende Substanz der Haut, der Knochen und Knorpel) sowie das aus dem Kollagen entstehende Glutin (Leim, Gelatine) mit großer Leichtigkeit und beträchtlich in sogen. Metallaminverbindungen nach Art von Schweitzers Reagens (Kupferoxydammoniak oder Aminocuprihydroxyd) auflösen. Die Metallaminlösungen nehmen von Kollagen und Glutin eine ziemliche Menge auf, so daß man unschwer einen Gehalt von 8—10% erreichen kann. Aus diesen, ziemlich viskosen Lösungen läßt sich das Kollagen und auch das Glutin leicht wieder durch Säuren oder geeignete Salze, welche die Metallamin-Eiweißverbindungen zersetzen, wieder ausfällen. Besonders auffällig ist weiter, daß sich Kollagen auch nach dem Gerben durch die Metallamine, wenn auch etwas schwerer, in Lösung bringen läßt.

Beispiel: 30 g Baumwolle werden in der entsprechenden Menge Kupferoxydammoniak gelöst und zu dieser Lösung nach 4 Stunden 7 g Hautpulver zugegeben. Nach vierstündigem Stehen unter öfterem Durchrühren preßt man das Gemisch aus einer Düse in das Natriumsulfat-Schwefelsäure-Fällbad. Der ausgefallene Faden wird mit Wasser gewaschen.

40 g Hautpulver werden in der entsprechenden Menge Kupferoxydammoniaklösung gelöst, die Auflösung dauert etwa $^1/_2$ Stunde. Ein Teil der etwa 12proz. Lösung wird mit 10 T. Zellulose gemengt und das Gemisch in Wasser versponnen.

125 g feuchte chromgare Falzspäne werden in der entsprechenden Menge Kupferoxydammoniaklösung im Verlauf von 2 Stunden gelöst. Die Lösung wird mit einer Auflösung von Zellulose in Kupferoxydammoniak im Verhältnis 1 : 10 gemischt und versponnen.

Patentansprüche: 1. Verfahren zum Auflösen und Wiederausfällen von Kollagen oder Glutin, dadurch gekennzeichnet, daß man kollagenhaltige Materialien direkt in Metallaminlösungen auflöst und hinterher durch Säuren oder andere Stoffe, welche die Metallaminlösung zersetzen, wieder zur Abscheidung bringt.

2. Verfahren nach Anspruch 1, dadurch gekennzeichnet, daß man Kollagen oder Glutin, oder kollagen- oder glutinhaltige Materialien einerseits und andere Stoffe, die sich in Metallaminlösungen auflösen, andererseits gleichzeitig oder in beliebiger Reihenfolge in derselben Metallaminlösung auflöst und dann beide gemeinschaftlich ausfällt.

3. Verfahren nach Anspruch 1 und 2, dadurch gekennzeichnet, daß man Kollagen oder Glutin oder kollagen- oder glutinhaltige Materialien in Metallaminlösungen auflöst, diese Lösungen erst mit Metallaminlösungen anderer Materialien pflanzlichen oder tierischen Ursprungs vermischt und dann erst das Gemisch der Ausfällung zuführt.

4. Verfahren nach Anspruch 1—3, dadurch gekennzeichnet, daß man an Stelle von Kollagen gegerbtes Kollagen beliebiger Gerbungsart zur Anwendung bringt.

471. **Derselbe.** Verfahren zum Auflösen und Wiederausfällen von Keratinen (Hornsubstanzen).

D.R.P. 445503 Kl. 39b vom 1. II. 1925.

Der Vorschlag, künstliche Massen aus keratinhaltigen Stoffen in der Weise herzustellen, daß diese zunächst in alkalischen oder schwefelalkalischen Laugen aufgelöst und dann durch Zusatz von Säuren wieder gefällt werden, führt zu Produkten, die nicht mehr unverändertes Keratin darstellen oder enthalten, sondern sehr stark verändertes und abgebautes, bzw. ein Gemisch der verschiedenartigsten Aminosäuren.

Derartig hergestellte künstliche Massen können daher auch nicht mehr die günstigen Eigenschaften des Keratins hinsichtlich Schwerlöslichkeit, Haltbarkeit u. dgl. besitzen. Es hat sich nun gezeigt, daß Lösungen geeigneter Metallamine, wie insbesondere solche von Kupferoxydammoniak und anderen Kupferaminen, Keratine, wie Hornspäne, Haare, Wolle, Fasern u. dgl., in sehr beträchtlicher Menge und ziemlich rasch aufzulösen vermögen, und daß die Hornsubstanz sich aus dieser Lösung so gut wie vollständig und unverändert wieder ausfällen läßt, z. B. durch Säuren oder saure Salze. Die in den Metallaminen gelösten und durch Säuren, saure Salze oder andere Verbindungen, welche die Metallamin-Eiweißverbindungen zersetzen, wieder ausgefällten Keratine eignen sich zur Herstellung von Kunstmassen, sei es, daß man sie schon während der Ausfällung in Faden- oder Bandform bringt, sei es, daß man sie nach der Ausfällung formt und gegebenenfalls noch mit Formaldehyd, Gerbstoffen od. dgl. behandelt. Man kann die Kupferamin-Hornlösung auch mit einer Auflösung von Zellulose in Kupferoxydammoniak vermischen, ohne daß dabei ein Niederschlag entsteht, und beide gemeinsam verspinnen. Der gebildete Faden unterscheidet sich von der gewöhnlichen Kunstseide durch seine mechanischen Eigenschaften. Insbesondere werden aber die färberischen Eigenschaften der Zellulosekunstseide durch den Zusatz des Keratins vorteilhaft verändert. An Stelle der Kupferamine können auch andere Metallamine, z. B. Nickeloxyd-Ammoniak, Anwendung finden. Um die Keratine für die nachfolgende Bildung der Komplexverbindungen mit der Metallaminlösung geeigneter zu machen und diese Auflösung zu beschleunigen, kann man sie mit Alkalilaugen vorbehandeln, die aber natürlich so beschaffen sein müssen, daß dadurch eine Auflösung und Zersetzung der Keratinsubstanz noch nicht eintritt.

Beispiel 1: Man übergießt $^1/_2$ kg Hornspäne mit der Auflösung von 1 kg Kupfersulfat in 3 l Wasser, der noch 900 g Natronlauge von 33% und 10 l starkes Ammoniak zugefügt wurden. Das Horn löst sich bei öfterem Rühren innerhalb mehrerer Stunden in der dunkelblauen Flüssigkeit vollständig auf und kann durch Versetzen mit Schwefelsäure oder Natriumbisulfat bis zur Hellfärbung wieder ausgefällt und in die gewünschte Form gebracht werden.

Beispiel 2: Man löst 1 kg Wollabfälle in der eben beschriebenen Weise in Kupferoxydammoniak, versetzt diese Lösung mit der gleichen Menge einer Auflösung von Zellulose in Kupferoxydammoniak und verarbeitet dieses Gemisch unter Anwendung eines geeigneten Fällbades.

Patentansprüche: 1. Verfahren zum Auflösen und Wiederausfällen von Keratinen (Hornsubstanzen), wie Hörnern, Hufen, Federn, Haaren und Wolle, dadurch gekennzeichnet, daß man das Keratin mit Lösungen geeigneter Metallamine behandelt, bis größtenteils oder ganz Lösung erfolgt ist, und diese Lösung mit geeigneten Mitteln, wie Säuren oder sauren Salzen, wieder ausfällt.

2. Verfahren nach Anspruch 1, dadurch gekennzeichnet, daß man die Keratinlösung vor der Ausfällung erst mit Lösungen von Kupferaminzellulose vermischt und die Gemische erst dann ausfällt.

3. Verfahren nach Anspruch 1 und 2, dadurch gekennzeichnet, daß man Keratine irgendwelcher Art und Zellulose gleichzeitig oder in beliebiger Reihenfolge in derselben Kupferaminflüssigkeit auflöst und dann gemeinsam ausfällt.

4. Verfahren nach Anspruch 1—3, dadurch gekennzeichnet, daß man die Keratine zwecks Beschleunigung ihrer Auflösung mit Alkalilaugen vorbehandelt und dann erst mit dem Metallamin in Berührung bringt.

Nach Attwater und Heinemann.

472. R. Attwater und A. Heinemann, Renwortham, Preston. Verbesserte künstliche Gespinstfaser und Verfahren zu ihrer Herstellung.

Brit. P. 255623 vom 4. VII. 1925.

Es werden z. B. 100 T. Keratin (Federn, Horn oder Hufe) in 10proz. Natronlauge gelöst; dazu kommen 100 T. Zellulose und 10—30 T. Schwefelkohlenstoff unter Zugabe von so viel Natronlauge, daß das Gemisch alkalisch bleibt. Die Mischung wird in der für Viskoseseide üblichen Weise gefällt. Es wird angenommen, daß das Albuminoid direkt in die Faserzellen gefällt wird und sich organisch damit verbindet. Die erzeugten Fasern haben zu einem gewissen Grade die Eigenschaften von Naturseide, sind widerstandsfähiger gegen Wasser und nehmen Farbstoffe leichter auf.

Nach Roche.

473. V. Roche. Regenerierung tierischer Seide und Umwandlung in einen kontinuierlichen Faden.

Franz. P. 624236 vom 26. II. 1926.

Seide und Seidenabfälle beliebiger Herkunft lösen sich unverändert in schwachen Alkalien. Neutralisiert man die alkalische Lösung, so erhält man einen körnigen Niederschlag, der unverspinnbar ist. Löst man in der alkalischen Lösung einen Stoff tierischer Herkunft mit großer Koagulationskraft, wie Gelatine, Albumin, Fibrin, Kasein usw., und fällt mit Säure, so erhält man ein sehr zähes Magma, welches in üblicher Weise versponnen werden kann. In einer warmen Ätznatronlösung von 3° Bé mit 5% Gelatine löst man Seide oder Seidenabfälle, neutralisiert mit einer anorganischen oder organischen Säure, wäscht, setzt Gelatine zu, um die zum Spinnen nötige Viskosität zu erhalten, filtriert bei etwa 40° C, spinnt bei derselben Temperatur und macht durch Formaldehyd unlöslich.

Nach Ohsaka.

474. Sahichi Ohsaka, Hyogoken, Japan. Verfahren zur Herstellung von Kunstseide.

Brit. P. 297047; franz. P. 636396; belg. P. 342835 (Prior. Ver. St. Amer. vom 25. X. 1926); schweiz. P. 129842; japan. P. 79081; niederl. P. 21130; tschechosl. P. 26209.

Einer Lösung von Viskose, Zelluloseacetat, Nitrozellulose oder einer Kupferoxydammoniakzelluloselösung wird eine kolloidale Lösung von

Eiweißkörpern zugesetzt, die erhaltene Lösung in Fadenform koaguliert und das im Faden enthaltene Eiweiß durch Wärmeeinwirkung in Wasser unlöslich gemacht. Durch das Verfahren werden die Zähigkeit, Elastizität und Dehnbarkeit der Kunstseidenfäden im nassen wie im trockenen Zustande beträchtlich erhöht. Durch den Zusatz von Protein- oder Albuminlösungen kann die Viskosität der zu verspinnenden Lösung so stark reduziert werden, daß Fäden von 2—3 Den. gesponnen werden können. Der erhaltene Faden zeigt in trocknem und nassem Zustand keinen Unterschied; es hat sich bei Versuchen sogar gezeigt, daß der nasse Faden zäher als der trockne ist, während die Dehnung z. B. 18,30% betrug. Bei Verwendung von Protein oder Albumin aus den gewöhnlichen Ausgangsstoffen, wie z. B. Sojabohnen, Sesamsamen, Erdnüssen, Milch oder Blutplasma, enthalten diese Lösungen ölige oder fettige Stoffe, welche der Seide große Weichheit und Biegsamkeit verleihen. Beispielsweise erfolgt der Zusatz von Eiweißkörpern im Verlauf der Viskoseherstellung nach der Schwefelkohlenstoffbehandlung in einer Menge von nicht mehr als 20% des Gewichts der Zellulose. Es empfiehlt sich, bei der Herstellung von pflanzlichen Proteinen aus den Ausgangsstoffen dem durch Kolloidmühlen zerkleinerten Produkt ein wenig Alkali zuzusetzen, worauf durch eine schwache Säure ausgefällt wird. Das im koagulierten Faden enthaltene Eiweiß wird durch Erhitzen des Fadens auf 70—100° wasserunlöslich gemacht.

Nach Krismer.

475. P. E. Krismer, Ober-Pullendorf, Burgenland, Österreich. Verfahren zur Herstellung künstlicher Fäden, Bänder und Streifen.

Österr. P. 111554 vom 15. VII. 1928, angemeldet 14. V. 1927.

Lösungen oder Suspensionen organischer Stoffe, wie Kohlehydrate, Eiweißstoffe, z. B. Magermilch, Pflanzenschleime, Gummiarten usw., oder Gemische davon werden mit schleimbildenden Bakterien, z. B. Bacillus panis viscosus, B. lactis viscosus, B. viscosus sacchari, Streptococcus mesenteroides, behandelt, die erhaltenen zähflüssigen Massen werden zu Fäden usw. ausgezogen und diese in an sich bekannter Weise durch Formaldehyd, Gerbsäuren, Bichromate usw. gehärtet.

Nach Hirsch.

476. P. Hirsch, Oberursel. Verfahren zur Herstellung von Fäden, die man sonst aus tierischen Organen macht.

Brit. P. 299105 vom 25. VII. 1927.

Die zur Herstellung von Kunstseide dienende Gelatine wird mit keimtötenden Strahlen, besonders ultravioletten Strahlen einer Quecksilberlampe, behandelt. Auch die fertigen Erzeugnisse können so behandelt werden.

Nach International General Electric Co.

477. International General Electric Co. Inc., New-York (Allgemeine Electricitäts-Ges., Berlin). Herstellung von Kunstseide.

Brit. P. 303867 vom 11. I. 1929 (Prior. vom 11. I. 1928).

Zur Herstellung dienen synthetische Harze der Klasse Glyzerin-Phthalsäureanhydrid. Das Harz, welches noch nicht die Endstufe (C-Stufe) erreicht hat, wird bei 150—200° C versponnen, und die aufgespulten Fäden werden fertig erhitzt. Oder das Harz in der Anfangsstufe (A-Stufe) wird in z. B. Aceton gelöst und die Lösung in Wasser von gewöhnlicher Temperatur gesponnen. Die Fäden werden nach dem Verlassen des Bades getrocknet und erhitzt. Dem Harz können Plastizierungsmittel, wie Triphenyl- oder Trikresylphosphat, zugesetzt werden.

Nach Compagnie de Produits Chimiques et Electrometallurgiques Alais Froges et Camargue.

478. Compagnie de Produits Chimiques et Electrometallurgiques Alais, Froges et Camargue, Paris. Herstellung von Kunstseide aus Kondensationsprodukten von Harnstoff oder Cyanamid oder ihren Derivaten mit Formaldehyd.

Franz. P. 662269 vom 4. II. 1928; brit. P. 305468.

Die viskosen Kondensationsprodukte werden in ein saures Fällbad gesponnen. Die Kondensation wird so weit geführt, daß das neutralisierte Produkt beim Gießen in Wasser sich nicht löst und nicht ausflockt, sondern sich in einer homogenen viskosen Masse sammelt. Man läßt vorzugsweise 2 Mol. Formaldehyd auf 1 Mol. Harnstoff einwirken und neutralisiert durch Zugabe von Alkalien oder Verrühren mit einem unlöslichen Karbonat oder durch Zugabe überschüssigen Ammoniaks; der Überschuß verbindet sich mit dem Formaldehyd. Die Mischung wird gekocht, bis eine Probe die gewünschten Eigenschaften zeigt, dann wird alkalisch gemacht und bei gewöhnlichem oder vermindertem Druck konzentriert. Oder man unterbricht die Kondensation vor Erreichung der gewünschten Stufe, verdampft einen Teil des Wassers und läßt die Reaktion bei gewöhnlicher Temperatur langsam weitergehen. Das Fällbad ist verdünnte Mineral- oder organische Säure, eine angesäuerte konzentrierte Salzlösung oder die Lösung eines sauren Salzes. Es wird z. B. eine Harnstoff-Formaldehydmischung mit Kalziumkarbonat verrührt, filtriert und, wie oben angegeben, kondensiert. Das Kondensationsprodukt wird mit Dinatriumphosphatlösung behandelt, teilweise eingedampft und abgekühlt. Es wird versponnen in eine gesättigte Lösung von Natrium- oder Magnesiumsulfat, zu der Schwefelsäure bis zur Reaktion auf Bromphenol zugesetzt ist. Die Fäden werden gewaschen und getrocknet. Nach einem anderen Beispiel wird die Kondensation teilweise ausgeführt beim Kochpunkt nach Zusatz überschüssigen Ammoniaks, und das Produkt wird nach Zugabe von Ätznatron und teilweisem Verdampfen stehengelassen, bis es spinnfertig ist. Gefällt wird mit einer konzentrierten Lösung von Aluminiumsulfat. Harnstoff kann durch Thioharnstoff, Cyanamid oder Dicyandiamid ersetzt, statt Formaldehyd kann Hexamethylentetramin oder Trioxymethylen verwendet werden. Mit dem Formaldehyd reagierende Stoffe, wie Phenole, können mit verwendet werden, auch Plastizierungsmittel, wie Glyzerin, Glykol, Natriumsulforizinat oder Cyklohexanol. Die gesponnenen Fäden können oxydiert oder geschwefelt werden, auch Salze kann man auf ihnen niederschlagen.

Nach Muto, Hida und Kanegafuchi Boseki Kabushiki Kwaisha.

479. T. Muto und S. Hida, Kobe, und Kanegafuchi Boseki Kabushiki Kwaisha, Tokio. Verfahren zur Herstellung von Films, Schichten oder Fasern aus Albumin oder Albuminoiden.

Brit. P. 306699 vom 18. II. 1928; Ver. St. Amer. P. 1714039; franz. P. 649979.

Kolloidale Lösungen von Naturseide werden hergestellt durch Behandeln der Seide mit erhitzten Lösungen von Magnesiumnitrat oder anderen löslichen Magnesiumsalzen und nachträgliches Entfernen des Salzes durch Dialyse oder andere übliche Methoden. Kunstseidefäden können aus solchen Lösungen hergestellt werden nach bekannten Verfahren nach Konzentrieren der Lösungen bei einer Temperatur von ungefähr 60—70° C. Man führt die Fäden durch ein Koagulierungsbad aus Essigsäure oder Methylalkohol oder anderen dehydratisierenden Mitteln. Gelatine, Glykose oder ähnliche Stoffe können vor oder nach Entfernen des Magnesiumsalzes zugesetzt werden zur Erhöhung der Festigkeit oder Dehnbarkeit.

Nach Kanegafuchi Boseki Kabushiki Kwaisha.

480. Kanegafuchi Boseki Kabushiki Kwaisha, Tokio. Verbesserungen an dem Verfahren zur Herstellung von Kunstfäden aus verflüssigter Naturseide.

Franz. P. 649980 vom 28. II. 1928; brit. P. 312114 (auch T. Muto und S. Hida, Kobe).

Eine durch Lösen von Naturseide in konzentrierter Magnesiumnitratlösung, Abtrennen des Magnesiumnitrats durch Dialyse und Konzentrieren bei niedriger Temperatur erhaltene Lösung wird in Essig-

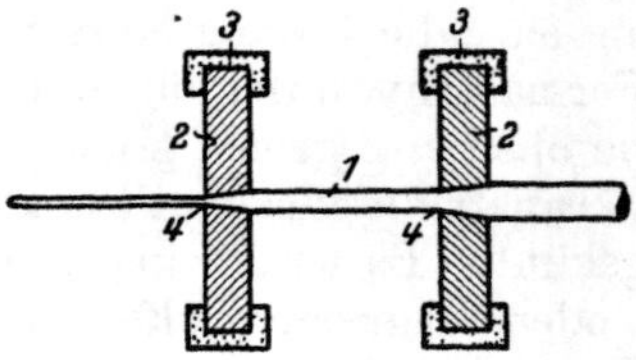

Fig. 148.

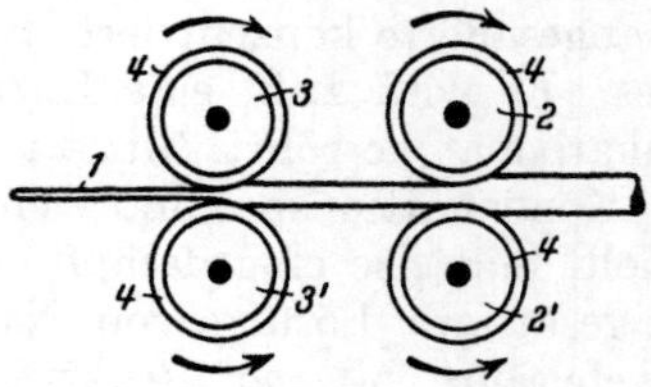

Fig. 149.

säure oder Methylalkohol gesponnen und der halbkoagulierte Faden wird durch gleitende Reibung auf das Vier- bis Fünffache seiner ursprünglichen Länge gestreckt, aufgewunden und getrocknet. Man zieht den Faden *1* z. B. durch Löcher *4* in Gummimembranen *2*, die in Haltern *3* befestigt sind (Fig. 148). Oder man zieht ihn zwischen zylindrischen Walzen *2*, *2'* und *3*, *3'* hindurch, die sich in Richtung der Pfeile bewegen und mit einem Gummiüberzug *4* versehen sind (Fig. 149). Gleitende Reibung oder seitlicher Druck wirkt so gleichmäßig auf praktisch den ganzen Fadenumfang ein.

Über die Herstellung seidenähnlicher Fäden aus Lösungen gereinigten Chitins in Säuren und Ausfällen, vorteilhaft auf nassem Wege, vgl. G. Kunicke, Kunstseide 1926, 8, S. 182—183.

Über die Herstellung ausziehbarer Fäden durch Zusatz von Alkohol zu einer Lösung von Fibroin in Kalziumnitrat, sowie über die Herstellung von Chitinlösungen vgl. P. P. v. Weimarn, Kolloidzeitschrift 1926, 40, S. 120—122.

d) Auf die Herstellung von Kunstseide bezügliche, allgemeiner Anwendung fähige Verfahren und Einrichtungen.

Vorbehandlung von Zellulose für die Kunstseideherstellung, besondere Zellulosearten.

Nach Fa. Wolff u. Co., Czapek u. Weingand.

481. Fa. Wolff u. Co., Walsrode, E. Czapek und R. Weingand, Bomlitz. Verfahren zur Herstellung eines flockigen Produktes aus Zellulose.

D.R.P. 415588 Kl. 12o vom 17. VI. 1922.

Um ein möglichst flockiges, lockeres, zerkleinertes Produkt mit möglichst großer Absorptionsfähigkeit zu erhalten, wird Zellstoffpappe, Papier usw. unter Zusatz eines keine Quellung hervorrufenden Dispersionsmittels wie Alkohol, Äther, der Chlorierungsprodukte des Acetylens, wie Trichloräthylen, Benzol oder Benzin mechanisch nur so weit zerkleinert, daß keine Zerstörung der Faser eintritt. Hat man den gewünschten Zerkleinerungsgrad erreicht, so kann man das Dispersionsmittel von dem zerkleinerten Produkt abnutschen und den noch am Mahlgut haftenden Rest des Dispersionsmittels durch Abdestillieren oder Trocknen, gegebenenfalls im Vakuum, entfernen. Es kann so das Dispersionsmittel praktisch quantitativ zurückgewonnen werden, um von neuem in den Arbeitsgang eingeführt zu werden. Die so gewonnenen zerkleinerten Zelluloseprodukte haben weiche, faserige Struktur, besitzen gute Aufnahmefähigkeit für Säuren, Basen, Salze, Farbstoffe usw. und sind zur Verarbeitung auf Nitro-, Acetylzellulose und Viskose geeignet. Aus nach diesem Verfahren zerkleinertem Zellstoff erhält man eine besonders leicht filtrierbare Viskose. Nach einem Beispiele werden 10 kg Zellstoff mit 100 kg Trichloräthylen 1 Stunde lang im Holländer gemahlen.

Patentanspruch: Verfahren zur Herstellung eines flockigen Produktes aus Zellulose, das insbesondere zur Weiterverarbeitung auf Nitrozellulose, Viskose, Watte geeignet ist, dadurch gekennzeichnet, daß man Zellstoffpappe, Papier und ähnliche Erzeugnisse unter Zusatz eines keine Quellung hervorrufenden Dispersionsmittels, wie Äther, Alkohol, die Chlorierungsprodukte des Acetylens, mechanisch nur so weit zerkleinert, daß keine Zerstörung der Faser eintritt.

482. Wolff u. Co., Walsrode, und R. Weingand, Bomlitz. Verfahren zur Herstellung einer verbesserten Zellulose.

Brit. P. 288997 vom 20. IX. 1927 (Prior. Deutschl. vom 19. IV. 1927); schweiz. P. 131813.

Zellulose mit bis 99,5% α-Zellulose wird dadurch erhalten, daß man Zellulose, die durch Waschen mit Alkali ganz oder teilweise von Hemizellulosen befreit ist, vor dem Waschen mit Wasser durch Behandeln mit einer Salzlösung (Kochsalz- oder Kaliumsulfatlösung) oder mit aliphatischen Alkoholen von Alkali befreit und dann erst mit Wasser wäscht.

Nach Köln-Rottweil A.-G. und Opfermann.

483. Köln-Rottweil A.-G. und E. Opfermann. Verfahren zur Gewinnung von Sulfitzellstoff.

D.R.P. 411304 Kl. 55b vom 21. XII. 1923.

Das Verfahren besteht darin, daß man den erstmalig hell abgekochten Sulfitzellstoff einer zweiten und gegebenenfalls einer dritten Kochung mit Kalziummagnesiumbisulfitlauge unterwirft. Das Verfahren kann sowohl in einem und demselben Kocher wie auch in einem weiteren, z. B. in einem ausgemauerten Drehkocher, ausgeführt werden, im letzteren Falle mit dem bereits aufgeschlagenen und durch die Separation geführten Material. Das auf diese Weise erhaltene Produkt hat sich als chemisch sehr reaktionsfähig erwiesen.

Patentansprüche: 1. Verfahren zur Gewinnung von Sulfitzellstoff, dadurch gekennzeichnet, daß man den hell abgekochten Zellstoff noch einer zweiten, gegebenenfalls weiteren Kochungen mit frischer Kalzium- oder Magnesiumbisulfitlauge oder Gemischen davon unterwirft.

2. Verfahren nach Patentanspruch 1, dadurch gekennzeichnet, daß die Nachkochung nicht in demselben Kocher, in dem die erste Kochung stattgefunden hat, sondern in einem zweiten, z. B. in einem ausgemauerten Sulfitdrehkocher mit dem bereits aufgeschlagenen und durch die Separation geführten Material vorgenommen wird.

484. Dieselben. Verfahren zur Herstellung eines niedrigviskose Lösungen liefernden Zellstoffes.

Franz. P. 602875 vom 2. IX. 1925 (Prior. Deutschl. vom 17. X. 1924); belg. P. 329332; canad. P. 258531.

Man behandelt die Zellulose mit Lösungen, welche geringe Mengen alkalisch reagierender Stoffe enthalten, wie beispielsweise Natriumhydroxyd, Erdalkalihydroxyd, Magnesiumhydroxyd, Karbonate, Bikarbonate, Orthosilikate oder Natriumacetat in Verbindung mit bekannten Oxydationsmitteln, wie Hypochloriten oder Peroxyden. Auf diese Weise gelingt es, die Viskosität der Zelluloselösung auf $^1/_{10}$ ihres ursprünglichen Wertes herabzusetzen.

Nach I. G. Farbenindustrie Aktiengesellschaft.

485. I. G. Farbenindustrie Aktiengesellschaft, Frankfurt a. M. Verfahren zum Bleichen von Zellstoff.

D.R.P. 436804 Kl. 55c vom 23. V. 1924 (Köln-Rottweil Akt.-Ges. und E. Opfermann); österr. P. 112626; schweiz. P. 118464; canad. P. 257368; brit. P. 234454; franz. P. 595503; belg. P 324477.

Bei dem bekannten Bleichen mittels alkalischer Bleichlaugen, u. a. Natrium- oder Kalziumhypochlorit, beabsichtigte man hochweiße Zellstoffe zu erzielen. Das geschieht aber auf Kosten der Faser, deren Kupferzahl stark ansteigt. Nach der Erfindung soll mit ganz geringen Zusätzen, z. B. 1% Ätzkali auf die Zellstoffmenge berechnet, in Verbindung mit der üblichen Chlorkalk- oder Natriumhypochloritbleiche ein hochweißer Zellstoff erzielt werden, der in seinen übrigen Eigenschaften ebenfalls höchsten Anforderungen entspricht, d. h. eine Kupferzahl von nur etwa 1% hat. An die Einhaltung bestimmter Temperaturen ist man nicht gebunden. Das Verfahren kann entweder so ausgeführt werden, daß man dem Zellstoff 0,8—1% Ätzalkali oder die äquivalente Menge an Hydroxyden der alkalischen Erden einschließlich Magnesiumhydroxyd zusetzt und dann die Bleichlauge zuführt, oder so, daß man das Alkali den Bleichlaugen beimengt, ehe man den Zellstoff damit behandelt. Man kann auch den Zellstoff einer Vorbleiche unterziehen, ehe man die alkalische Fertigbleiche einsetzen läßt.

Patentansprüche: 1. Verfahren zum Bleichen von Zellstoff, dadurch gekennzeichnet, daß man beim Bleichen außer der üblichen Bleichlauge einen sehr schwachen Zusatz von Ätzalkali oder von Hydroxyden der Erdalkalien einschließlich Magnesiumhydroxyd verwendet.

2. Verfahren nach Anspruch 1, dadurch gekennzeichnet, daß das Verhältnis der verwendeten Ätzalkalien usw. in der Flotte, gerechnet auf den Zellstoff, etwa 1% ausmacht, so daß die Flotte auf alle Fälle bis zur Beendigung der Bleiche noch alkalisch reagiert.

3. Verfahren zum Bleichen von Zellstoff, dadurch gekennzeichnet, daß man den Zellstoff zuerst mit Ätzalkali oder den genannten Stoffen vorbehandelt und alsdann mit der gewöhnlichen Bleichlauge fertig bleicht.

4. Verfahren zum Bleichen von Zellstoff, dadurch gekennzeichnet, daß man den Zellstoff mit Bleichlaugen behandelt, welche 1% Ätzalkali oder die übrigen genannten Stoffe, gerechnet auf den Zellstoff, aufweisen.

5. Ausführung der Verfahren nach Anspruch 1—4, dadurch gekennzeichnet, daß man den Zellstoff einer Vorbleiche unterwirft.

486. Dieselbe. Verfahren zur Herstellung von Zellstoff hoher Reinheit.

Norweg. P. 44955 vom 7. IV. 1927.

Der Zellstoff wird zuerst mercerisiert und hiernach mit 8—9proz. Natronlauge nachbehandelt.

487. Dieselbe (E. Opfermann, Berlin). Verfahren zum Bleichen von Faserstoffen.

Canad. P. 278953 vom 27. III. 1928.

Die Erfindung beruht auf der Erkenntnis, daß man die üblichen technischen Bleichlaugen, ohne daß sie sich zersetzen, bis zur Siedetemperatur erhitzen kann, wenn man die Lösungen nicht mit gewissen Kontaktstoffen, wie Kupfer, Nickel usw., in Verbindung bringt. Man behandelt beispielsweise eine stark entwässerte Zellstoffbahn mit einer vorher auf 95° C erhitzten Bleichlauge. Die Bleiche erfolgt so schnell, daß die Mischung nach ganz kurzer Fortbewegung chlorfrei ist und unmittelbar in einen Auflöser befördert werden kann, wo sie mit warmem Frischwasser verdünnt und in bekannter Weise ausgewaschen wird.

Nach Richter.

488. G. A. Richter (Brown Co., Berlin, New Hampshire). Gewinnung eines α-zellulosereichen Zellstoffes.

Ver. St. Amer. P. 1709322 vom 16. IV. 1929, angemeldet 7. XI. 1924.

In üblicher Weise durch Verkochen von z. B. Fichtenholzschnitzeln mit Natrium- oder Kalziumbisulfitlösung gewonnener Zellstoff wird zunächst mit einer Lösung von 1—2% Natriumhypochlorit und 0,3 bis 0,6% Chlor, auf Trockenfaser berechnet, behandelt, darauf wird mit verdünnter Alkalilösung, z. B. 0,5proz. Sodalösung, 3—5 Stunden gekocht, dann wird neutral gewaschen und mit 3—5% Kalziumhypochlorit, dem etwas Ätznatron oder Soda zugesetzt wurde, gebleicht.

489. Derselbe. Herstellung von hoch α-zellulosehaltiger Faser.

Ver. St. Amer. P. 1678230 vom 24. VII. 1928, angemeldet 28. IV. 1925.

Ungebleichter Sulfitzellstoff wird mit Natronlauge oder Sodalösung im offenen Gefäß verkocht, wobei Lignin und die weniger widerstandsfähige β- und γ-Zellulose in Lösung gehen und eine Zellulose mit 94% α-Zellulosegehalt übrigbleibt. Die an Natriumverbindungen reiche Kochlauge dient nach etwaigem Verstärken mit Natriumverbindungen wieder zum Verkochen von Sulfitzellstoff, bis sie auf 10—15° Bé konzentriert ist, sie wird dann eingedampft, und nach Verbrennen der organischen Stoffe werden die Natriumverbindungen wiedergewonnen. Die durch Waschwasser teilweise verdünnte und überschüssige Kochlauge wird mit verbrauchter Kochlauge vermischt, eingedampft und auf Natriumverbindungen verarbeitet.

Ein ähnliches Verfahren ist das von D. B. Bradner (Champion Coated Paper Co., Hamilton, Ohio) (Ver. St. Amer. P. 1711584 vom 7. V. 1929, angemeldet 24. I. 1927).

Nach Richter und Schur.

490. G. A. Richter und M. A. Schur, Berlin, New Hampshire (Brown Company, Berlin) Verfahren zur Herstellung hoch α-zellulosehaltiger Faser.

Ver. St. Amer. P. 1599489 vom 14. IX. 1926, angemeldet 9. IV. 1925.

Das Verfahren besteht darin, daß ungebleichter Stoff mit einem Oxydationsmittel behandelt und dann mit Ätzkalklösung gekocht wird. Es werden z. B. Holzspäne mit Kalziumbisulfit untergekocht, gewaschen und bei einer Stoffdichte von etwa 5% im offenen Gefäß mit einer Chlorlösung mit 0,3—1,5% Chlor, auf trockenen Stoff berechnet, behandelt. Das Chlor reagiert mit den Ligninstoffen innerhalb weniger Minuten. Man wäscht die Reaktionsprodukte aus, preßt auf eine Dichte von etwa 16% und gibt im Kochkessel Kalkmilch zu, bis eine etwa 10proz. Suspension erhalten ist, die 6—9% reaktionsfähiges Kalziumoxyd enthält, auf trockenes Fasergewicht gerechnet. Durch Einleiten von Dampf bringt man die Temperatur auf 94—100° C und hält unter Rühren 5—8 Stunden auf dieser Temperatur. Die weniger widerstandsfähigen β- und γ-Zellulosen und die Lignin- und Farbstoffe werden durch die Kalklösung entfernt. Nach beendeter Digestion wäscht man aus, man erhält einen Stoff mit 94% α-Zellulose, einer Faserlänge von 0,9 bis 1,1 mm und der Kupferzahl 1,4—2,0, der sich rein weiß bleichen läßt.

491. Dieselben. Verfahren zur Herstellung von α-Zellulose.

Ver. St. Amer. P. 1643355 vom 27. IX. 1927, angemeldet 9. IV. 1925.

Ungebleichter Sulfitzellstoff wird mit einem Gemisch von gelöschtem Kalk und Natriumhydroxyd gekocht, wobei die Mengenverhältnisse so zu wählen sind, daß die β- und γ-Zellulose sowie Lignin und andere Stoffe aufgelöst und entfernt werden können. Das Verfahren wird in der Weise ausgeführt, daß man eine 10proz. Suspension von ungebleichtem Sulfitzellstoff mit Kalkmilch, welche 6—8% aktives Kalziumoxyd enthält, innig mischt. Das Gemisch wird in einem offenen Gefäß mittels Dampf auf 95—100° C erhitzt und auf dieser Temperatur 5—8 Stunden gehalten, wobei β- und γ-Zellulose in Lösung gehen. Dann gibt man 1 bis 2% Natriumhydroxyd (auf Trockenfaser berechnet) in Form einer 1- bis 5proz. kochend heißen Lösung hinzu und mischt nochmals. Nach einer Stunde erfolgt eine Auflösung des Lignins und der übrigen Stoffe. Nach Herauswaschen der Reaktionsprodukte gibt man zum Bleichen 1—6% Chlorkalk (auf Trockensubstanz berechnet) hinzu. Man erhält auf diese Weise eine 94proz. α-Zellulose von einer Faserlänge von 0,1 bis 1,1 mm und einer Kupferzahl von 1,4—2,0.

Nach Brown Co.

492. Brown Co., übertr. von **G. A. Richter, Berin, New Hampshire, Ver. St. Amer.** Verfahren zur Herstellung hoch α-zellulosehaltiger Faser.

Ver. St. Amer. P. 1654603 vom 3. I. 1928, angemeldet 12. V. 1925.

Man kocht Holz mit Natriumbisulfitlösung, wäscht die Zellulose aus und kocht mit Natronlauge, wobei nach nochmaligem Waschen ein

Produkt mit hohem α-Zellulosegehalt erzielt wird. Die Waschwässer werden zum Teil mit gebrauchter heißer Kochlauge nach dem Verstärken mit Natriumbisulfit wieder verwendet, während der andere Teil der Waschwässer und der Kochlaugen eingedampft wird und die Natriumverbindungen als Karbonat oder Sulfid anfallen. Die Schmelze wird mit Waschwasser verdünnt, das Natriumsulfid durch Kohlensäure in Soda umgesetzt, und durch Schwefeldioxyd wird wieder frische Natriumbisulfitlösung hergestellt. Die Verluste an Natriumverbindungen werden durch gleichzeitigen Zusatz von Ätznatron ersetzt.

493. Dieselbe. Verfahren zur Herstellung hoch α-zellulosehaltigen Zellstoffs.

Brit. P. 278767 vom 13. IV. 1926.

Die Erfindung betrifft die Herstellung von Zellstoff mit hohem α-Zellulosegehalt aus ungebleichtem Zellstoff nach einem kontinuierlichen, wirtschaftlichen Verfahren. Die Vorrichtung besteht in der Anordnung einer Reihe von Tanks, welche den verschiedenen Phasen des Prozesses dienen. Der Holzstoff wird in einem Reguliertank mit Wasser gemischt und einer Eindickvorrichtung zugeführt. Die auf ein bestimmtes Maß eingedickte Suspension gelangt in einen Mischtank, dem Alkalilauge zugeführt wird. Aus dem Mischer gelangt der Zellstoff zu Eindickvorrichtungen und Kochern, in denen der Prozeß zu Ende geführt wird. Eingebaute Thermostaten sorgen für geregelte Dampfzufuhr. Der so behandelte Zellstoff gelangt in Waschvorrichtungen, wo er durch Zufügen von Bisulfit von Alkalispuren befreit wird. Der gewaschene Zellstoff wird gebleicht und einer Überbleiche mit Chlorwasser unterzogen. Das fertige Produkt eignet sich als Ausgangsstoff für die Herstellung von Zellulosederivaten. (1 Zeichnung.)

Nach Ogden.

494. S. A. Ogden, Los Angeles. Verfahren zur Herstellung eines Zellulosederivats.

D.R.P. 482727 Kl. 12o vom 21. I. 1925; brit. P. 246476.

Ein unter anderem für die Herstellung von Xanthaten, Nitrozellulose, Zelluloseacetaten und anderen Zellulosederivaten geeignetes Zelluloseprodukt wird dadurch erhalten, daß man Zellulose, z. B. Baumwolle, mit einem Gemisch aus 50—75% Schwefelsäure von 66° Bé und 50—25% Wasser bei 60—70° C unter starkem Rühren behandelt und danach mit heißem oder kaltem Wasser auswäscht.

Patentanspruch: Verfahren, um Zellulose, die mit anderen Stoffen, z. B. tierischen Fasern, gemischt sein kann, durch Behandlung mit Schwefelsäure in der Wärme in kolloidalen Zustand überzuführen, dadurch gekennzeichnet, daß das Gut kurze Zeit, vorzugsweise weniger als 5 Minuten, in etwa 50—75proz. Schwefelsäure getaucht und die Temperatur auf 45—70° C gehalten wird.

Nach J. P. Bemberg Akt.-Ges.

495. J. P. Bemberg Akt.-Ges., Barmen-Rittershausen. Einrichtung und Verfahren zum Ausbringen von Fasergut aus Holländern.

D.R.P. 452106 Kl. 55c vom 7. XI. 1925.

Zum Entleeren eines Holländers ist über einer Rinne *1* (Fig. 150) ein Rahmen angebracht, der aus einem um ein Gelenk *3* drehbaren Teil *2* und einem festen Teil *2'* besteht. An dem Teil *2* sind mehrere Leitrollen *4* und *5* angebracht. Über diese Rollen, die Spannrolle *6* und die Walze *8*, ist ein endloses Sieb *9* gelegt, welches z. B. in der Pfeilrichtung bewegt wird. Das Fasergut wird von dem Sieb mitgenommen, zwischen den Quetschwalzen *7* und *8* abgepreßt und durch eine Stiftwalze *13* abgenommen. Um zu verhindern, daß sich zwischen die letzte Leitrolle *5* und das Sieb Fasern festsetzen, ist die am freien Ende befindliche Rolle *5* als gelochte Spritzrolle in Verbindung mit einem Druckwasserkasten *12*

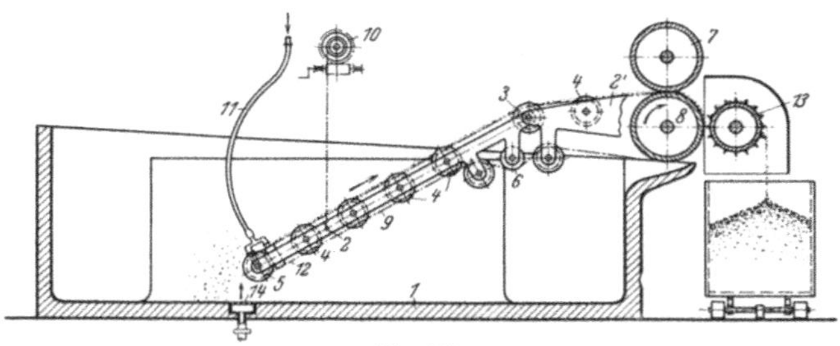

Fig. 150.

ausgebildet. Sie wird durch eine Druckwasserleitung *11* gespeist. Zur Entfernung der letzten Fasern aus dem Holländer dient der Spritzkasten *14*, der die Fasern aus ihrer Stromrichtung am Boden der Rinne auf das Sieb ablenkt. Das Sieb läßt sich durch das Windwerk *10* beliebig tief in den Faserbrei eintauchen.

Patentansprüche: 1. Einrichtung zum Ausbringen von Fasergut aus Holländern, gekennzeichnet durch ein endloses Sieb *9*, das mittels Leitrollen *4* in einem Rahmen *2*, *2'* läuft, dessen einer Teil *2* schwenkbar ist und zusammen mit dem Sieb in den Faserbrei eingetaucht werden kann, während der andere Teil *2'*, in dem das Sieb zwischen Quetschwalzen *7*, *8* hindurchläuft, feststeht.

2. Verfahren nach Anspruch 1, dadurch gekennzeichnet, daß an derjenigen Stelle, wo das Sieb am tiefsten eintaucht und das Fasergut aufnimmt, die Fasern in der Flüssigkeit mit Hilfe von Druckwasser einerseits dem Sieb zugeführt, andererseits von Stellen des Siebes ferngehalten werden, wo ihre Aufnahme unerwünscht ist.

3. Einrichtung nach Anspruch 1 zur Ausübung des Verfahrens nach Anspruch 2, dadurch gekennzeichnet, daß die am äußeren Ende des schwenkbaren Rahmenteiles *2* liegende Leitrolle *5* gelocht ist und durch eine Leitung *11* Druckwasser erhält, zum Zweck, die Fasern fernzuhalten.

4. Einrichtung nach Anspruch 1 zur Ausübung des Verfahrens nach Anspruch 2, dadurch gekennzeichnet, daß neben der äußersten Leitrolle *5* ein die Rolle teilweise umschließender, der Rolle gegenüber gelochter Druckwasserkasten *12* angeordnet ist.

5. Einrichtung nach Anspruch 1, zur Ausübung des Verfahrens nach Anspruch 2, gekennzeichnet durch einen am Boden des Holländers angeordneten Spritzkasten *14*, mittels dessen Druckwasser neben der äußersten Leitrolle *5* emporgespritzt wird, zum Zweck, dem Sieb Fasern zuzuführen.

Nach Allegre, Brunel, Galinou und Lauriac.

496. C. Allegre, Valence, H. Brunel, G.-P. Galinou und J. E. Lauriac, Marseille. Neue Verwendung von Sägespänen und Holzabfällen zur Herstellung einer für Pflanzenseide (?) und andere technische Erzeugnisse geeigneten Zellulose.

Franz. P. 622007 vom 20. I. 1926.

Die mit Wasser getränkten Abfälle werden mit gasförmigem Chlor, das langsam durchgeleitet wird, etwa $1^1/_2$ Stunde behandelt, dann wird das Chlor abgeblasen, man wäscht mit Wasser und mit 3proz. Natriumsulfitlösung. Ist der Stoff nicht genügend gebleicht, so wiederholt man die Behandlung.

Nach Kershaw, Barrett und Bleachers Association Ltd.

497. W. Kershaw, Cheadle Hulme, Fr. L. Barrett, Stockport und Bleachers Association Ltd., Manchester. Verbesserungen in der Behandlung von Zellulosematerial.

Brit. P. 277722 vom 23. IV. 1926.

Zur Erzielung von Zellulose, welche Kupferoxydammoniak- oder Viskoselösungen oder Esterlösungen niedriger Viskosität gibt, behandelt man unreine Baumwolle in Flocken 10—15 Stunden mit einer 3—5proz. Natronlauge unter einem Druck von 40—80 Pfund auf den Quadratzoll. Man spült im Kochkessel und behandelt dann mit einer Chlorkalklösung von 0,5—1° Tw. bei 20—50° C 3—4 Stunden, wäscht wieder und behandelt mit 1—5proz. Natronlauge 5—15 Stunden unter einem Druck von 10—80 Pfund auf den Quadratzoll. Nach abermaligem Waschen und dem Trocknen kann nötigenfalls eine Schlußbleiche vorgenommen werden.

Nach Suida und Sadler.

498. H. Suida, Mödling, und H. Sadler, Wien. Verfahren zur Zellulosegewinnung aus Buchenholz für die Kunstseidefabrikation.

Tschechosl. P. 25989; österr. P. 111385 vom 15. VII. 1927; franz. P. 636381 vom 21. VI. 1927 (Prior. Österr. vom 18. IX. 1926).

Das in etwa 1 mm starke Schnitte zerlegte Holz wird mit verdünnter Säure, welche 15—25% Salpetersäure und weniger als 10% Schwefelsäure enthält, bei einer Temperatur von höchstens 85° C behandelt. Dann werden zweckmäßig mit 2proz. Sodalösung, Alkali- oder Ätzkalklösung die letzten Spuren Säure ausgewaschen, und es wird mit Natronlauge derartiger Konzentration getränkt, daß die trockene Zellulose mit einer 9proz. Natronlauge in Berührung steht. Nach einstündigem Digerieren wird die Lauge abgepreßt, nochmals mit 9proz. Lauge, auf trockene Zellulose gerechnet, ausgewaschen und schließlich durch Waschen von Alkali befreit.

Nach Valet und Funk.

499. E. C. H. Valet und O. Funk, Habana. Kunstseide.

Brit. P. 287461 vom 19. III. 1928 (Prior. vom 19. III. 1927).

Zur Herstellung von Zelluloseestern und von Lösungen von Zellulose in den bekannten Lösungsmitteln wird Zellulose aus Zuckerrohrbagasse verwendet, wie sie z. B. nach dem brit. P. 277163 erhalten werden kann.

Zellstoff aus Reisschalen soll nach „Dt. Färber-Ztg.“ 1926, 62, S. 824 für die Kunstseideherstellung den Baumwollinters vorzuziehen sein.

Über die Eignung eines Zellstoffs aus Bagasse (Zuckerrohrrückständen), aus Eucalyptus obliqua von Tasmanien und aus Phormium tenax s. Bull. Imp. Inst. Bd. 27, S. 1—9 (1929).

Besondere Lösungsmittel für Zellulose, Herstellung von Zelluloselösungen.

Nach Lilienfeld.

500. L. Lilienfeld, Wien. Verfahren zur Herstellung von Lösungen der Zellulose und ihrer Umwandlungsprodukte sowie alkalilöslicher Zellulosederivate.

D.R.P. 443095 Kl. 39b vom 3. V. 1924 (Prior. Österr. vom 5. VI. 1923).

Das Patent entspricht dem in der 5. Aufl., S. 697, Nr. 868, angeführten.

Patentansprüche: 1. Verfahren zur Herstellung von Lösungen der Zellulose und ihrer Umwandlungsprodukte sowie alkalilöslicher Zellulosederivate, gekennzeichnet durch die Verwendung wässeriger Lösungen starker organischer Basen, wie z. B. quarternärer Ammoniakbasen, gegebenenfalls in Gegenwart von Ätzalkalien und zweckmäßig bei Temperaturen unter 0° als Lösungsmittel.

2. Ausführungsform des Verfahrens nach Anspruch 1, dadurch gekennzeichnet, daß als Lösungsmittel wässerige Lösungen von Mischungen solcher Stoffe verwendet werden, die starke organische Basen zu bilden vermögen.

Nach Classen.

501. A. Classen, Aachen. Zelluloselösungen.

Brit. P. 261494 vom 3. IX. 1925.

Bei dem Verfahren des brit. P. 236281 (siehe 5. Aufl., S. 697) werden die metallischen Katalysatoren ganz oder teilweise ersetzt durch Metalloxyde, auf die Salzsäure wenig oder gar nicht einwirkt. z. B. Wolfram-, Vanadin- oder Molybdänoxyd. Die Katalysatoren werden auf indifferente nichtmetallische Träger wie Holzkohle, Koks usw. oder auf metallische Träger wie Molybdän niedergeschlagen.

Nach British Celanese Ltd.

502. British Celanese Ltd., London (G. W. Miles, Boston und C. Dreyfus, New-York). Herstellung von Zelluloselösungen, von Kunstseide, Films u. a. m.

Brit. P. 263810 vom 23. XII. 1926 (Prior. Ver. St. Amer. vom 30. XII. 1925); franz. P. 626266.

Klare transparente Lösungen erhält man, wenn man Zellulose, z. B. Baumwollinters mit Phosphorsäure von 75—100% bei Temperaturen unterhalb des Gefrierpunkts bis zu 21° C, besonders bei 1—10° C behandelt. Zu der Phosphorsäure setzt man zu Anfang oder später aliphatische Säuren wie Essig-, Butter- oder Propionsäure oder Alkohole, z. B. Äthylalkohol. Bei Verwendung größerer Mengen Essigsäure erhält man auch Ester, bei Verwendung von Alkoholen Äther. Aus den Lösungen können Kunstseide, künstliches Roßhaar, Bänder usw. hergestellt werden, sie können ferner zur Imprägnierung dienen sowie zur Herstellung von Zelluloseestern, -äthern usw.

Filtrieren von Spinnlösungen.

Nach Ernst und Hamlin.

503. Ch. A. Ernst und G. O. Hamlin, Landsdowne (S. W. Petitt, Philadelphia). Verfahren zum Filtrieren von Viskose und ähnlichen viskosen Stoffen.

Ver. St. Amer. P. 876901 vom 14. I. 1908.

Es wird unter Druck durch Filterstoffe filtriert, welche unter einem höheren Druck stehen als dem der zu filtrierenden Lösung. Das Filtermaterial ist zwischen Platten gepreßt, in deren Mitte Zu- und Ablauf erfolgt. (Zeichnungen.)

Nach J. P. Bemberg Akt.-Ges.

504. J. P. Bemberg Akt.-Ges., Barmen-Rittershausen. Filterpresse.

D.R.P. 436719 Kl. 12d vom 10. X. 1924; brit. P. 241173; schweiz. P. 117351 (Cuprum A.-G.).

Die Erfindung bezweckt ein schnelles und einfaches Auswechseln des Filters bei Filterpressen. Zu diesem Zweck ist ein Teil der vor der Durchflußöffnung vorbeigehenden Filterscheibe als lösbare Blindscheibe ausgebildet, die beim Herausnehmen der Filterscheibe in der Filterpresse verbleibt und die Durchflußöffnung abdichtet. Dadurch wird der Eintritt von Luft in die Leitungen verhindert. Die im Filterpressengehäuse *15* (Fig. 152) angebrachte Filterscheibe *1* dreht sich um die Scheibenwelle *18* und wird durch eine auf einer drehbaren Welle *16* befestigten Schnecke *17* angetrieben. Das Gehäuse besteht aus 2 Teilen *19* und *20* (Fig. 151), deren jeder in der unteren Hälfte mit einem Rohrstutzen *21*, *22* versehen ist. Die Rohrstutzen münden im Inneren der Presse mit einem sektorförmigen Querschnitt *23* (Fig. 152, Schnitt nach Linie *CD* der Fig. 151), welcher von den Flanschen *24* und *24'* umgeben ist, die sich beim Zusammenschrauben der Teile *19* und *20* abdichtend gegen die Filterscheibe legen. Der Deckel *25* schließt das Gehäuse nach oben ab. Die Warze *26* dient zum Anschluß an eine Entlüftungsleitung. Die zu filtrierende Lösung tritt durch den Rohrstutzen *21* ein, wird durch die vor der sektorförmigen Rohrstutzenmündung freiliegende Durchgangsöffnung der Filterscheibe gepreßt und durch den Rohrstutzen *22* abgeführt.

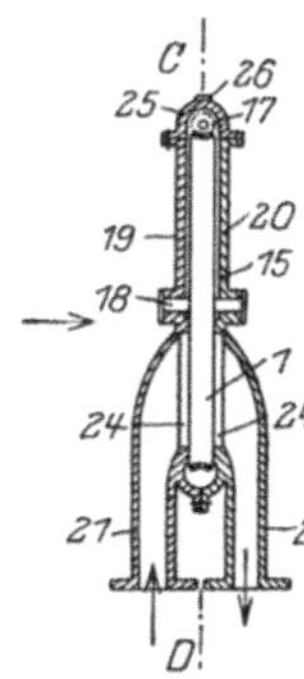

Fig. 151.

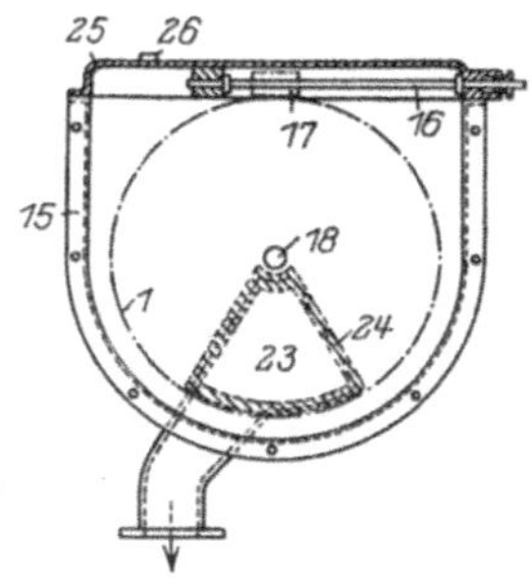

Fig. 152.

Patentansprüche: 1. Filterpresse mit sich während des Filtervorganges beständig vor einer Durchflußöffnung von geringerem Flächeninhalt als der Filterkörper vorbeibewegendem Filterkörper, dadurch gekennzeichnet, daß ein Teil der Filterscheibe als lösbare Blindscheibe ausgebildet ist und daß dieser Teil bei Auswechslung der Filterscheibe die Durchflußöffnung abdichtet.

2. Filterpresse nach Anspruch 1, gekennzeichnet durch einen ringsegmentförmigen Führungsbund an der Blindscheibe. (12 Zeichnungen.)

505. Dieselbe. Auswechselbares, ohne Unterbrechung der Strömung umschaltbares Filter, insbesondere für Maschinen zum Spinnen von Kunstseide.

D.R.P. 436680 Kl. 29a vom 16. I. 1925; brit. P. 246102; österr. P. 105240; schweiz. P. 117322 (Cuprum A.-G.).

Die bisher verwendeten, umschaltbaren Kerzenfilter hatten den Nachteil, daß beim Umschalten unfiltrierte Lösung übertreten oder Luft eintreten konnte, ferner bestand die Gefahr einer Unterbrechung des Flüssigkeitsstromes. Diese Übelstände werden erfindungsgemäß dadurch vermieden, daß die Schaltung zwangsläufig ausgeführt wird und die Filter bei der Reinigung in dem mit Flüssigkeit gefüllten Gehäuse verbleiben. Zu diesem Zweck sind zwei oder mehrere Kerzenfilter auf einem beweglichen Untergestell so angeordnet, daß sie durch entsprechende Verschiebung des Gestelles in Reinigungsstellung, Arbeitsstellung und Ruhestellung gebracht werden können. Die zu filtrierende Flüssigkeit gelangt durch den Stutzen *b* (Fig. 153) des Abzweigstückes *a* in ein feststehendes Hahnküken *d* und durch den Kanal *g* eines drehbaren Hahngehäuses *n* in die Glocke *e* zum Kerzenfilter *f*. Die filtrierte

Lösung strömt durch den Kanal *h* zum Hahngehäuse *n* zurück und gelangt durch eine andere Bohrung in das Hahnküken *d*, und von hier über den Stutzen *b'* zur Verbrauchsstelle. Durch Drehen des Hahngehäuses *n* kann ein gereinigtes Filter *f'* an die Stelle des ersteren treten. Das Filter *f'* steht durch den Frischflüssigkeitskanal *h'* mit dem Hahnküken *d* in Verbindung. Die Reinigung des Filters geschieht durch Rückspülen mit frischer filtrierter Lösung vom Innern der Kerze heraus durch die Glocken *e*, *e'* über die Zapfstelle *z*. *i* und *i'* sind Stutzen zum Entlüften der Glokken, *r*, r_1 ist ein Druckanzeiger.

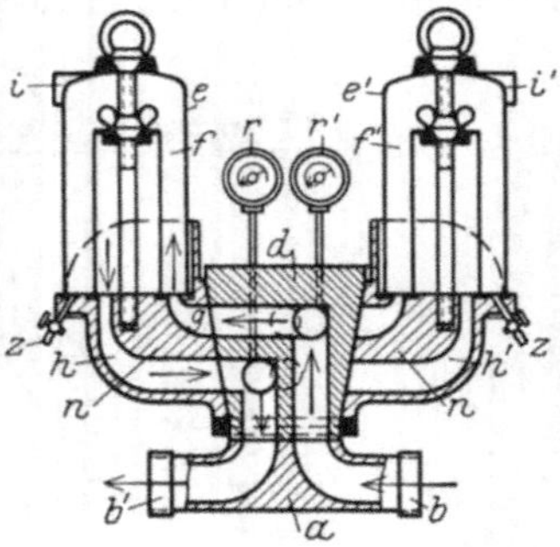

Fig. 153.

Patentansprüche: 1. Auswechselbares, ohne Unterbrechung der Strömung umschaltbares Filter, insbesondere für Maschinen zum Spinnen von Kunstseide, dadurch gekennzeichnet, daß zwei oder mehrere Einzelfilter, z. B. Kerzenfilter, auf einem beweglichen Untersatz *n* angeordnet sind, der sich gegenüber einem ruhenden Träger *d* verschieben läßt, wobei der Träger *d* und der Untersatz *n* so mit Kanälen durchsetzt sind, daß die Einzelfilter entweder in Arbeitsstellung oder Reinigungsstellung oder in Ruhestellung gebracht werden können.

2. Filter nach Anspruch 1, gekennzeichnet durch ein mit Zufluß und Abfluß versehenes, als Träger für den Drehteil *n* dienendes Hahnküken *d*, um das der mit an den Zu- und Abfluß anschließbaren Kanälen versehene Drehteil *n* mit den Filtern schwenkbar ist.

3. Filter nach Anspruch 1 und 2, gekennzeichnet durch im Drehteil *n* angeordnete, diametral gegenüberliegende Zu- und Abflußleitungen und eine zweifach gegabelte Zuflußleitung *b* und eine dreifach gegabelte Abflußleitung *b'* im ruhenden Teil sowie Abflußleitungen *z* an den Einzelfiltern, die zum Ablaufen der rückströmenden Flüssigkeit bei der Filterreinigung dienen.

4. Filter nach Anspruch 1—3, dadurch gekennzeichnet, daß die Einzelfilter *f*, *f'* und die sie umschließenden Glocken *e*, *e'* mittels zentraler Verschraubung verschließbar und abnehmbar sind. (5 Zeichnungen.)

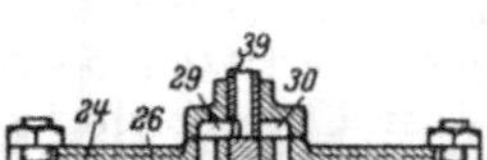

Fig. 154.

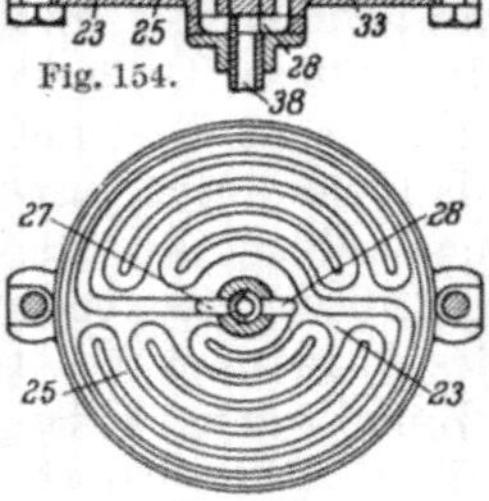

Fig. 155.

Nach Lunge und Courtaulds Ltd.

506. E. Lunge und Courtaulds Ltd., London. Filtrieren von Flüssigkeiten.

Brit. P. 248044 vom 20. XI. 1924.

Das Filter besteht aus 2 flachen Platten *23* und *24* (Fig. 154), zwischen denen das filtrierende Mittel *33* eingeklemmt ist. Ein- und Auslaßkammern sind durch die kontinuierlichen Kanäle *25* und *26* gebildet, *28* und *29* sind die Zu- und Ableitungen an entgegengesetzten Enden der

Kanäle (Fig. 155). Ein zentrales Ventil kann so gedreht werden, daß die Zuleitung *38* mit dem Ende *27* der Zuflußkammer und das Ende *30* der Ablaufkammer mit der Abflußöffnung *39* verbunden ist. Der Flüssigkeitsstrom in den Kammern wird so umgeschaltet. (8 Zeichnungen.)

Nach Kindermann.

507. H. Kindermann, Breslau. Filter für Kunstseidespinnflüssigkeiten.

Brit. P. 293816 vom 12. IV. 1927.

Eine Scheibe *b* (Fig. 156) aus gesintertem Glas ist in einem Halter *h*, *n* befestigt, die Scheibe *b* liegt zwischen Dichtungsscheiben *l*, und um einen seitlichen Durchgang der Flüssigkeit zu verhindern, werden die Ränder der Scheibe verschmolzen. Die Durchlässigkeit des Filterstoffs kann an verschiedenen Stellen verschieden sein, z. B. kann sie in der Mitte höher sein als nach dem Rande zu. Die Unterschiede in der Durchlässigkeit werden dadurch erzielt, daß die weniger durchlässigen Teile auf höhere Temperaturen erhitzt werden als die durchlässigeren Teile.

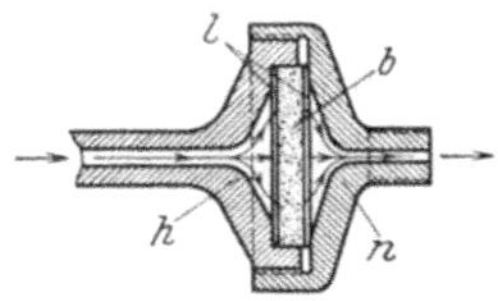

Fig. 156.

Nach Maurer.

508. A. Maurer, Mailand. Filter für viskose Flüssigkeiten.

Schweiz. P. 129574 vom 23. XI. 1927; franz. P. 663858.

Das Filter besteht aus zylindrischen Stäben, die eng aneinander gepackt sind und deren Zwischenräume den Durchgang für die Flüssigkeit bilden. Vor und hinter den Zylindern ist ein Drahtsieb angebracht. Auch Kugeln können als Filterelemente dienen, gleichfalls zwischen Drahtsieben angeordnet. (4 Zeichnungen.)

Nach Harben's (Viscose Silk Manufacturers) Ltd. und Janssen.

509. Harben's (Viscose Silk Manufacturers) Ltd. u. H. J. J. Janssen, Golborne b. Warrington, England. Filter für zähflüssige und andere flüssige Stoffe, insbesondere Viskose.

D.R.G.M. 1037523 Kl. 29a vom 1. VI. 1928.

Das Filter besteht aus einem Filterkörper *a* (Fig. 157) aus gefrittetem oder porösem Glas in Form eines hohlen Kegels, an dem ein aus gewöhnlichem Glas bestehender Flansch *b* sitzt. Der Filterkörper steckt in einem Gehäuse *c*, das mit seinem offenen Ende in eine Fassung *d* geschraubt ist, in welcher der Flansch *b* ruht und durch das Gehäuse *c* festgehalten wird. Die Viskoselösung tritt in den Raum zwischen Gehäuse und Hohlkegel

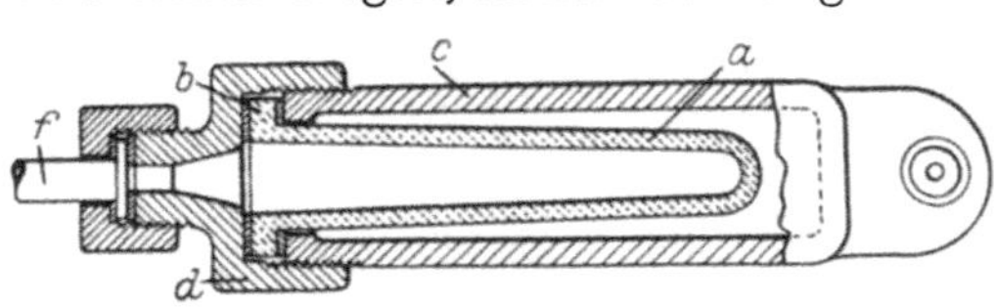

Fig. 157.

durch einen (nicht dargestellten) Ausschluß ein, von da in das Innere des Kegels und verläßt das Filter durch die Rohrleitung *f*.

Zuführung der Spinnlösung zu der Spinndüse[1].

Titerpumpen. Kolbenpumpen.

Nach Egersdörfer.

510. F. Egersdörfer, Charlottenburg. Vorrichtung zum Zuführen von Viskose zu Spinndüsen mittels Pumpe.

D.R.P. 388755 Kl. 59a vom 8. III. 1922; brit. P. 204122.

Die Erfindung betrifft eine genaue Regelung der Viskosezufuhr für Pumpen mit umlaufenden Kolben. Zum Druckausgleich dient ein

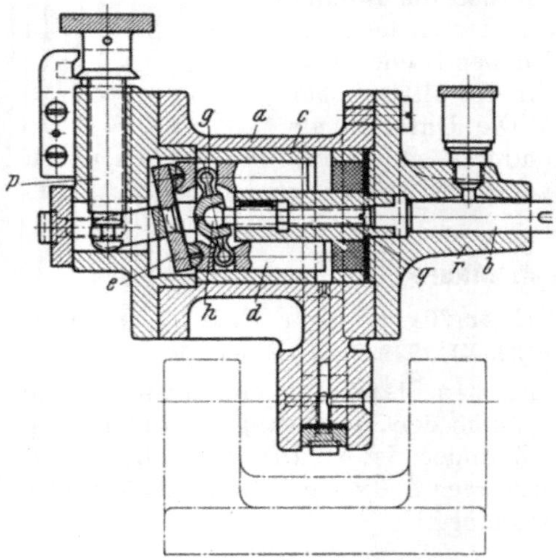

Fig. 158.

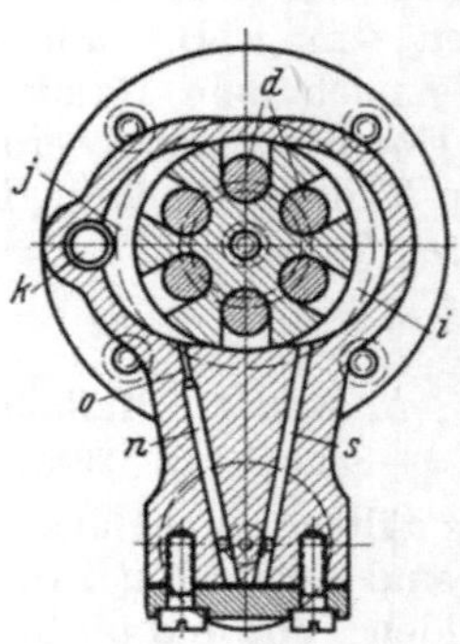

Fig. 159.

unter gleichmäßigem Druck stehender Verdränger, der derart in den Druckkanal der Pumpe ragt, daß ein schädlicher Raum nicht entsteht. Ein solcher Verdränger besteht zweckmäßig aus einem in den Druckkanal ragenden federbelasteten Kolben. Fig. 158 und 160 sind Längsschnitte durch die Pumpe nach zwei zueinander senkrechten Ebenen, und Fig. 159 ist ein Querschnitt durch die Pumpe.

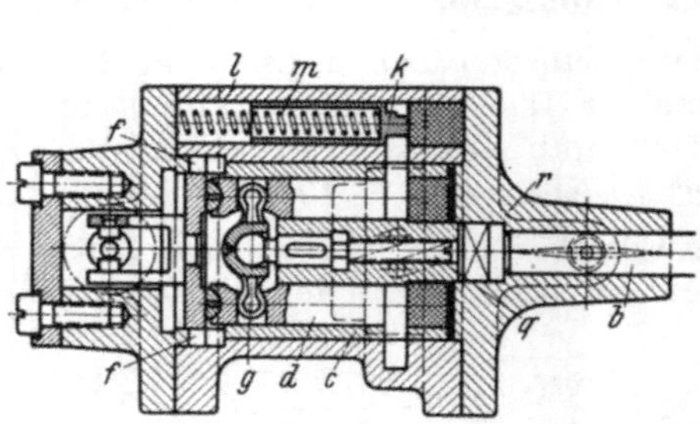

Fig. 160.

Die Pumpe besteht aus einem zylindrischen Gehäuse, in dem ein auf einer Welle *b* gelagerter Zylinder *c* drehbar ist. Der Zylinder *c* enthält im vorliegenden Falle 6 zur Achse parallele Bohrungen, in

[1] Siehe auch franz. P. 531534, S. 369.

denen Kolben *d* längsverschiebbar sind. Die Kolben gleiten auf einer geneigten Scheibe *e*, die um Zapfen *f* in ihrer Neigung verstellbar ist. Die Kolben sind durch einen Gelenkstern *g* miteinander verbunden, der auf einem Kugelzapfen *h* sitzt. Der Saugkanal *i* und der Druckkanal *j* sind in dem Zylinder *a* angeordnet und verlaufen rund um den zylindrischen Körper *c*. Im Druckkanal mündet ein Verdränger, der von einem in einer zylindrischen Bohrung *l* längsverschiebbaren, durch eine Feder *m* belasteten Kolben *k* gebildet wird. Er ist so angeordnet, daß er im Druckkanal keinen schädlichen Raum bildet, in dem sich Viskose ansammeln könnte. Von dem Druckkanal führt eine Bohrung *n* zu der Spinndüse. In dieser Bohrung befindet sich eine Drosselstelle *o* von erhöhtem Widerstande. Der Querschnitt dieser Drosselstelle ist zweckmäßig kleiner als der Gesamtquerschnitt der Bohrungen der Düse. In der zweckmäßigsten Ausführungsform ist der Druckkanal *j* in der durch punktierte Linien angedeuteten Weise verkleinert, während der Saugkanal entsprechend vergrößert ist. Daher tritt die Viskose in den Druckkanal nahezu mit konstantem Druck. Während des ersten und letzten Teiles des Druckhubes fördern die Kolben *d* in den vergrößerten Saugkanal *i*. An der schwenkbar gelagerten Scheibe *e* greift eine Mikrometerschraube *p* an. Die Schraube *p* enthält zweckmäßig eine Skala, so daß man jederzeit in der Lage ist, den Hub der Kolben auf $^1/_{10}$ mm einzustellen und den eingestellten Hub abzulesen. Um eine spielfreie Berührung zwischen den Kolben *d* und der Scheibe *e* zu sichern, ist der Kugelzapfen *h* auf einer Gewindespindel *q* gelagert, die nach Abschrauben des Deckels *r* mittels eines Schraubenziehers genau eingestellt werden kann.

Während des Saughubes jedes einzelnen Kolbens strömt die Viskose durch eine Bohrung *s* dem Saugkanal *i* und der den Kolben aufnehmenden zylindrischen Bohrung zu. Wenn der Kolben den Totpunkt überschreitet, fördert er zunächst einen Teil der angesaugten Viskose in den Saugkanal *i* zurück. Erst wenn die Geschwindigkeit des Kolbens nahezu gleichmäßig geworden ist, öffnet sich eine zylindrische Bohrung nach dem Druckkanal *j* hin. Die Viskose strömt nun aus dem Druckkanal *j* durch die Bohrung *n* der Düse zu. Sie findet in der Drosselstellung einen bedeutenden Bewegungswiderstand, der in hohem Maße von der Geschwindigkeit des Viskosestromes abhängig ist. Tritt daher eine geringfügige Steigerung der Geschwindigkeit ein, so nimmt der Druck im Druckraum verhältnismäßig schnell zu, so daß der Verdrängerkolben *k* sofort nachgibt. Daher wird die Geschwindigkeit der Bewegung in dem Hauptteil der Bohrung *n* und in der Spinndüse gleichmäßig.

Patentansprüche: 1. Vorrichtung zum Zuführen von Viskose zu Spinndüsen mittels Pumpe, gekennzeichnet durch einen in den Druckkanal *j* der Pumpe ragenden nachgiebigen Verdränger *k*, der so angeordnet ist, daß die Viskose von ihm in jeder Lage durch die Druckleitung abströmt.

2. Vorrichtung nach Anspruch 1, gekennzeichnet durch eine zwischen dem Druckkanal *j* und der Düse liegende Drosselstelle *o*.

3. Vorrichtung nach Anspruch 1 mittels geneigter Scheibe *e* hin und her bewegten Kolben, dadurch gekennzeichnet, daß der Druckkanal *j* der Pumpe um die an die Totpunkte anschließenden Teile verkürzt ist.

4. Vorrichtung nach Anspruch 3, gekennzeichnet durch eine zum Feineinstellen der Scheibe *e* dienende Mikrometerschraube *p*.

5. Vorrichtung nach Anspruch 3 mit Kolben, die durch einen Gelenkstern *g* miteinander verbunden sind, dadurch gekennzeichnet, daß der den Gelenkstern tragende Kugelzapfen *h* auf einer Gewindespindel *q* angeordnet ist, mittels deren er gegenüber der Scheibe eingestellt werden kann.

511. Derselbe. Vorrichtung zum Speisen von Spinndüsen mittels einer Pumpe mit in einer umlaufenden Trommel durch eine schräge Hubscheibe axial bewegten Kolben.

D.R.P. 433571 Kl. 59a vom 26. IV. 1923.

Zur Vermeidung der bei Kolbenpumpen auftretenden Stöße sind nach der Erfindung mehr als 6 Förderkolben in ungleicher Anzahl angeordnet, also 7, 9, 11 usw. Kolben. Dadurch kommen auf dem einer halben Pumpenumdrehung entsprechenden Druckweg mehrere Kolben in der Weise zur Wirkung, daß die Verschiedenheiten und Änderungen der einzelnen Förderdrucke im gemeinsamen Druckkanal zu einem praktisch brauchbaren Gleichförmigkeitsgrad ausgeglichen werden und eine stoßfreie Förderung erhalten wird. Hierbei bietet die ungleiche Kolbenzahl den Vorteil, daß nicht je zwei Kolben diametral gegenüberliegen, sondern mit Bezug auf den Durchmesser der Kolbenkreisbahnen zueinander versetzt sind. Infolgedessen gestaltet sich bei einer Ausdehnung der Steuerkanäle fast über den Umfang der Kolbentrommel der Hubwechsel unsymmetrisch, wodurch der Ungleichförmigkeitsgrad des Gesamtförderdruckes noch verringert wird, indem einem nach dem Ende des Steuerkanals hin in seinem Druck abnehmenden Kolben am Anfang des Steuerkanals ein in seinem Druck zunehmender Kolben entspricht. Auf der Zeichnung ist als Ausführungsbeispiel der Erfindung eine umlaufende Pumpe mit neun Kolben dargestellt. Fig. 161 zeigt die Pumpe im senkrechten, Fig. 162 im waagerechten Längsschnitt, Fig. 163 im Querschnitt. In einem Gehäuse *a* (Fig. 161, senkrechter Längsschnitt der Pumpe) befindet sich eine umlaufende Kolbentrommel *b*, in der neun Förderkolben *c* parallel zur Achse der Kolbentrommel beweglich angeordnet sind. Die Kolben legen sich mit ihren kugelförmigen Enden gegen eine feststehende, in ihrer Neigung aber verstellbare schräge Hubscheibe *d* und werden durch eine gelenkig und federnd in der Kolbentrommel gelagerte sternförmige Scheibe *g* gegen die Hubscheibe *d* gedrückt. Letztere ruht auf Kugeln *e*, die auf einem am Umfang kugelförmig abgerundeten, in einem entsprechend kugelförmigen Teile des Gehäuses gelagerten Teile der Hubscheibe abgestützt sind. Beide Teile der Hubscheibe werden mit den dazwischenliegenden Kugeln durch einen Bolzen *f* zusammengehalten, der zugleich dazu dient, die Neigung der Hubscheibe zu verändern. Beim Umlaufen der Kolbentrommel gleiten die Kolben mit ihren äußeren Enden auf der schrägen Hubscheibe und erhalten dadurch eine hin und her gehende Bewegung. An den inneren Enden der die Kolben aufnehmenden zylindrischen Bohrungen sind in der Kolbentrommel radiale Kanäle *k*, *l* vorgesehen (Fig. 162, waagerechter Längsschnitt der Pumpe), denen gegenüber sich im Gehäuse der Saugkanal *h* und der Druckkanal *i* befinden. Beide Kanäle sind in der Achsrichtung zueinander versetzt, damit sie sich möglichst über den halben Umfang der Kolbentrommel erstrecken können und trotzdem genügend gegeneinander abgedichtet sind. Beim Umlaufen der Trommel *b* befinden sich, wie aus der die Saug- und Druckkanäle in gleicher Ebene darstellenden Fig. 163 erkennbar ist, stets mindestens vier Kolben im Bereich des Druckkanals *i*, wodurch die am Anfang des Kanals auftretende Zunahme des Förderdruckes durch die nach dem Ende des Kanals hin eintretende Druckabnahme ausgeglichen wird. Befindet sich, wie im oberen Teil der Fig. 163, ein radialer Zylinderkanal entsprechend dem Hubwechsel des zugehörigen Kolbens in der Mittellage zwischen Saug- und Druckkanal, so fördert er bei seiner Bewegung nach rechts unter geringerem Druck in den Kanal *i*, während die Bohrung des unteren Kolbens *c* noch in Verbindung mit dem Druckkanal steht. Infolgedessen entspricht dem neu in den Druckkanal fördernden oberen Kolben ein sich vom Druckkanal entfernender unterer Kolben, wodurch ein Ausgleich der Druckänderungen erhalten wird.

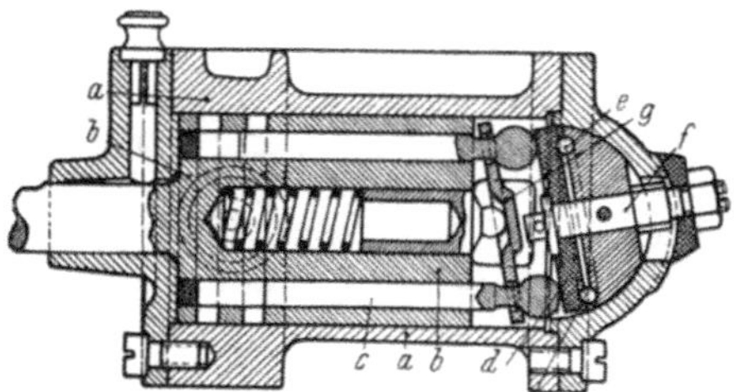

Fig. 161.

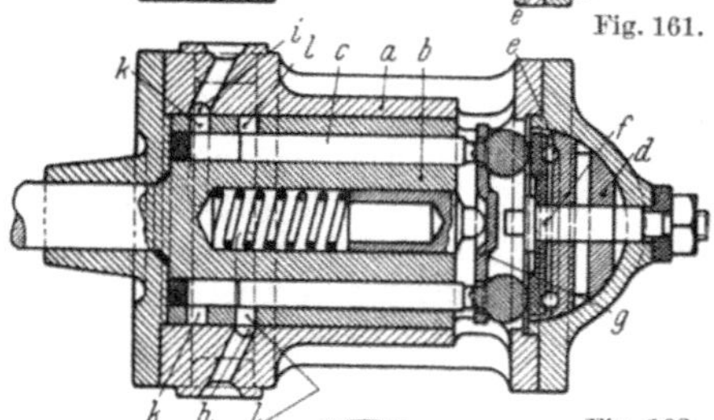

Fig. 162.

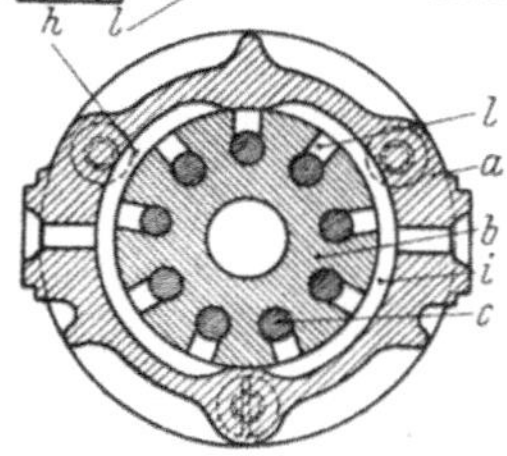

Fig. 163.

Patentanspruch: Vorrichtung zum Speisen von Spinndüsen mittels einer Pumpe mit in einer umlaufenden Trommel durch eine schräge Hubscheibe axial bewegten Kolben, dadurch gekennzeichnet, daß mehr als sechs in ungerader Anzahl vorgesehene, über den Trommelumfang gleichmäßig verteilte Kolben *c* mit je einem sich fast über den halben Umfang der Kolbentrommel *b* erstreckenden Saug- und Druckkanal *h* bzw. *i*, von denen der erstere in axialer Richtung zu dem letzteren angeordnet ist, zusammenarbeiten.

512. Derselbe. Viskosepumpe mit in einer umlaufenden Trommel durch eine verstellbare Hubscheibe axial bewegten Förderkolben.

D.R.P. 444458 Kl. 59a vom 26. IV. 1923.

Die Erfindung besteht darin, daß der zur Verstellung der Neigung der Hubscheibe dienende Bolzen zugleich die als Kugellager ausgebildeten Teile der Hubscheibe zentriert und zusammenhält. Dadurch wird die Gesamtanordnung vereinfacht und das Auseinandernehmen und Wiederzusammensetzen der Pumpe erleichtert. Der Bau der Pumpe ist derselbe wie im D.R.P. 433571 (s. vorstehend). Auf die Zeichnung dort wird verwiesen.

Patentanspruch: Viskosepumpe mit in einer umlaufenden Trommel durch eine verstellbare Hubscheibe axial bewegten Förderkolben, dadurch gekennzeichnet, daß der zur Verstellung der Neigung der Hubscheibe *d* dienende Bolzen *f* zugleich die beiden die Laufringe eines Kugellagers bildenden Teile der Hubscheibe zentriert und zusammenhält.

Nach Fratelli Borletti.

513. Firma Fratelli Borletti, Mailand. Pumpe für schleimige Flüssigkeiten.

D.R.P. 415433 Kl. 59a vom 16. VIII. 1922.

Die Erfindung betrifft eine Anordnung zur Regelung der Pumpenleistung einer mehrfach wirkenden Kolbenpumpe. Die Anordnung besteht aus einem zylindrischen Sektor *18* (Fig. 165), der in einer Aussparung *21* des Gehäuses *8* axial verschiebbar ist. Seine konkave Innenfläche legt sich an die Zylindertrommel an, seine Außenfläche ist mit zwei Aussparungen *19* und *20* versehen, von denen die eine dem Ansaugekanal *14* (Fig. 166) gegenüber und die andere dem Druckkanal *15* gegenüber zu liegen kommt. Diese Aussparungen haben den Zweck, die Saug- bzw. Druckkammer zu bilden, mit denen während der Drehung der Zylindertrommel nach und nach die Saug- und Druckmündungen der verschiedenen Zylinder *2* in Verbindung gesetzt werden; *22* (Fig. 165) ist eine im Sektor *18* vorgesehene Schraube, die den Sektor in der Aussparung *21* nach rückwärts und vorwärts zu verschieben bestimmt ist; *23* bezeichnet eine Schraube, um den Sektor *18* nach Regelung einzustellen. Je nach der Verschiebung des Sektors *18* kommen die Aussparungen *19* und *20* mehr oder weniger mit den Saug- und Druckkanälen *14* und *15* in Verbindung, so daß die zu- und abfließende Menge geändert werden kann. *1* und *1'* sind fest miteinander verbundene, die Trommel der Pumpe bildende Zylinder. Die Zylindertrommel enthält die Boh-

Fig. 164.

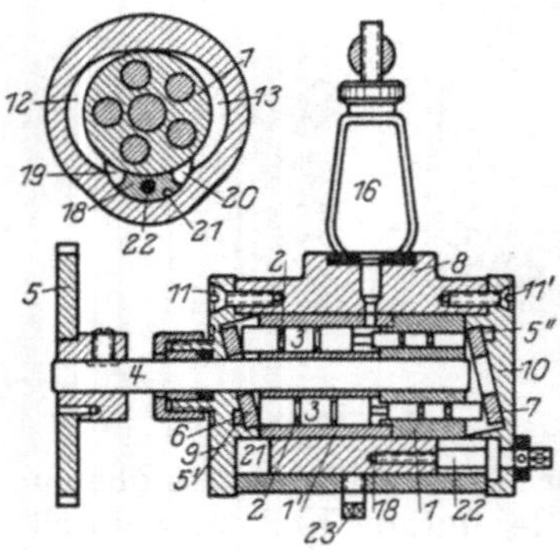

Fig. 165.

rungen *2*, in denen die Kolben *3* sich axial bewegen. Die Zylindertrommel ist auf die Welle *4* aufgekeilt, die durch Zahnrad *5* angetrieben wird. Die Kolben *3* liegen mit ihren beiden Enden gegen die Schrägscheiben *6* und *7*, die mittels Dübel *5'* und *5''* unverrückbar angeordnet sind. Die Zylindertrommel und die Schrägscheiben sind in einem Gehäuse *8* untergebracht, welches von den durch Schrauben *11* und *11'* festgehaltenen Deckeln *9* und *10* abgeschlossen wird, wobei die Deckel nach innen als schiefe Ebenen ausgebildet sind, gegen welche die Scheiben *6* und *7* anliegen. Die einzelnen Zylinderräume kommen mit den Ausnehmungen *12* bzw. *13* des Gehäuses *8* bei der Drehung der Trommel in Verbindung (Fig. 166), wobei die erstere mit dem Saugkanal *14* und die zweite mit dem Austrittskanal *15* verbunden ist. Die Pumpe wird durch einen Windkessel *16* vervollständigt, der durch Kanal *17* mit der Ausbuchtung für den Austritt *13* des Gehäuses *8* in Verbindung steht und zur Regelung des Gegendruckes der Pumpe dient.

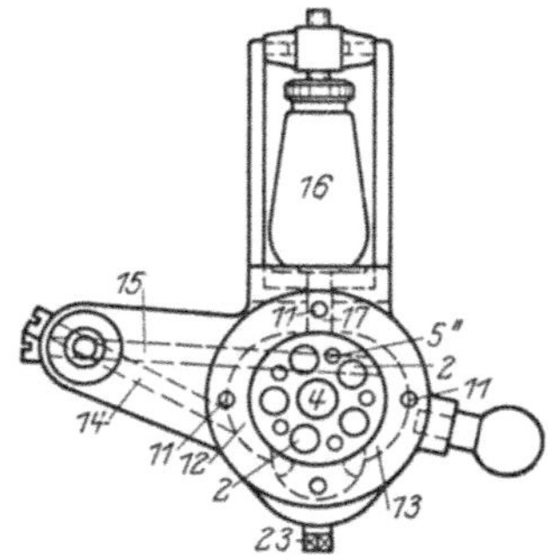

Fig. 166.

Patentanspruch: Pumpe für schleimige Flüssigkeiten mit in einer drehbaren Zylindertrommel durch Schrägscheiben axial bewegten Kolben, dadurch gekennzeichnet, daß in einer Aussparung des Gehäuses ein sich innen an die Zylindertrommel anlegender Zylindersektor längs verschiebbar eingesetzt ist, der mit zwei Aussparungen an seiner Außenfläche versehen ist, die mit den Saug- und Druckkanälen in Verbindung stehen, derart, daß durch das Verstellen des Zylindersektors die Menge der zu- und abgeführten Flüssigkeit geregelt wird.

514. Dieselbe. Kolbenpumpe.

D.R.P. 421300 Kl. 59a vom 23. V. 1924, Zusatz zum D.R.P. 326748; schweiz. P. 109752; Ver. St. Amer. P. 1634867.

Die im Hauptpatent (5. Aufl., S. 714) beschriebene Kolbenpumpe ist nach der vorliegenden Erfindung dahin abgeändert, daß die an beiden Enden befindlichen Schrägscheiben mit Verzahnungen versehen sind, in die je ein Gewinde einer Schraubenspindel eingreift, welche beim Umdrehen die Schrägscheibe gleichzeitig verstellt. Die Pumpe besteht aus dem Pumpengehäuse *8* (Fig. 167) und den beiden Böden *9* und *10*. *1* ist der von der Welle *4* getragene, z. B. mittels Zahnrad *5* gesteuerte Rotor. Die Nabe *24* des Zahnrades ist auf der Welle *4* aufgekeilt. *2* sind die

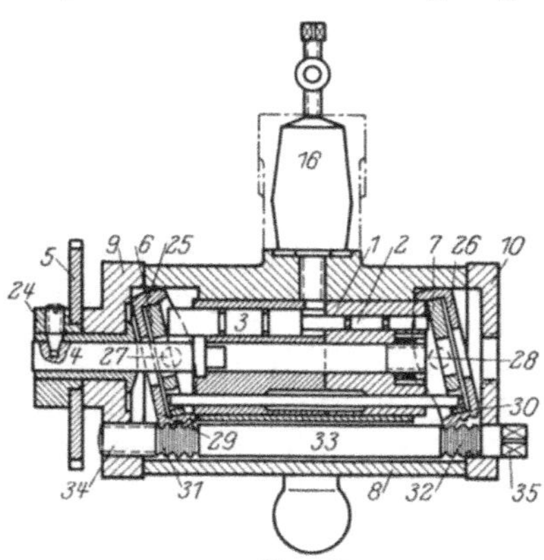

Fig. 167.

in den Rotor *1* gebohrten Zylinder; *3* sind die in den Zylindern beweglichen Kolben. *16* ist die Luftkammer; *6* und *7* sind die beiden die Kolben steuernden Ringe; *25, 26* sind die schräg liegenden Muffen, mit deren Flächen die Ringe *6, 7* während des Umlaufes des Rotors *1* dauernd in Berührung sind, an welcher Drehung die Ringe teilnehmen. *27, 28* sind die am Gehäuse *8* befestigten Zapfen, auf welchen die Muffen *25, 26* angeordnet sind. *29, 30* sind die Zahnsektoren der Muffen *25, 26,* die in die Verzahnungen *31, 32* der Regulierwelle *33* eingreifen. Diese Welle ist bei *34* in den Boden *9* des Gehäuses *8* eingeschraubt und mit einem quadratischen Kopf *35* versehen, an welchen der Schlüssel oder die Handhabe angreift, mit der man die Welle *33* dreht. Durch axiale Verschiebung der Regulierwelle *33* kann man die Schräglage der Muffen *25* und *26* ändern und damit die Leistung der Pumpe regeln.

Patentanspruch: Kolbenpumpe nach Patent 326748, insbesondere für klebrige Flüssigkeiten, mit in einem drehbaren Pumpenkörper angeordneten parallelen Kolben, die sich an ihren beiden Enden gegen je eine Schrägscheibe legen, dadurch gekennzeichnet, daß die die Schrägscheiben umgebenden Muffen mit einer Verzahnung versehen sind, in die je ein Gewinde einer Schraubenspindel eingreift, bei deren Bewegung ein gleichzeitiges Verstellen der beiden Schrägscheiben erzielt wird.

Über eine Verteilungspumpe der Firma Fratelli Borletti in Mailand mit 3 in einem rotierenden Zylinder angebrachten, auf 2 schiefstehenden, zueinander parallelen Exzenterscheibchen gleitenden Kolben vgl. Kunstseide 1926, S. 76.

Nach Sandoz.

515. Ch. E. und V. H. Ch. Sandoz. Ventillose, doppelt wirkende Pumpe zum Spinnen von Kunstseide und anderen Zwecken.

Franz. P. 629542 vom 21. II. 1927.

Der Pumpenkörper *a* (Fig. 168) hat 3 Bohrungen *b*, in denen die Zwillingskolben *c, c', c''* sich bewegen. *c''* ist das Zwischenstück zwischen *c* und *c'*, *c'* stützt sich auf die Kugel *d'*, die auf dem Lager *d* aufsitzt. *d* sitzt auf der Scheibe *e* (Fig. 171), die auf ihrer Unterseite einen kreisbogenförmigen Ansatz *e'* hat, der in eine Vertiefung *f* (Fig. 169) des rotierenden Verteilers *g* eingreift. *e'* hat einen Einschnitt *e''*, der der Scheibe *e* durch die senkrechte Achse der Pumpe eine einstellbare Neigung gibt. Der Verteiler *g* endigt in dem rohrförmigen Stulp *g'*, an dem der Antrieb angebracht ist. Im Stulp *g'* ist die Stange *h* angebracht, die von unten her durch einen Schlüssel höher und tiefer eingestellt werden kann und entsprechend die Neigung der Scheibe *e* ändert. Je mehr *g* in *e''* eindringt, desto mehr neigt sich *e* gegen die Horizontale. Die Verstellung von *e* kann auch dadurch erreicht werden, daß der rotierende Verteiler *g* einen dreieckigen Schlitz hat (Fig. 172) und ein Ansatzstück *e'* um die Achse *i* schwingen kann. Die Kolben *c* stoßen an ihrem oberen Ende an Kugeln *j*, die in Lagern *j'* laufen. *j'* stoßen an die untere Fläche der Platte *k*, die unter der Wirkung der Feder *k'* und der Kugel *k''* stehen. Das Zwischenstück *c''* der Kolben *c* und *c'* gleitet in der Bohrung *l*, die durch die Schraube *l'* gehalten wird. Zwischen *c* und *c'* sind zwei Kammern *m* und *m'* gebildet. *m* kommuniziert durch die Bohrungen *p* und *q* mit der Austrittsöffnung *q'*, *m'* durch die Bohrungen *r* und *s* mit der Eintrittsöffnung *s'*. *q'* und *s'* liegen in derselben Ebene. Zwischen

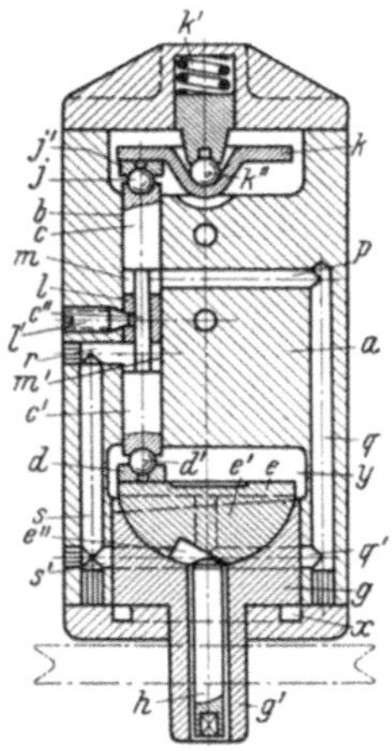

Fig. 168.

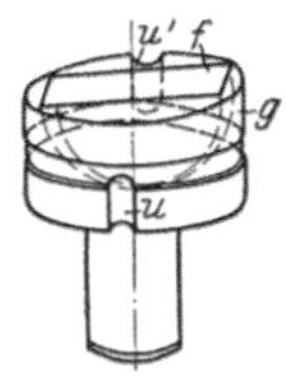

Fig. 169.

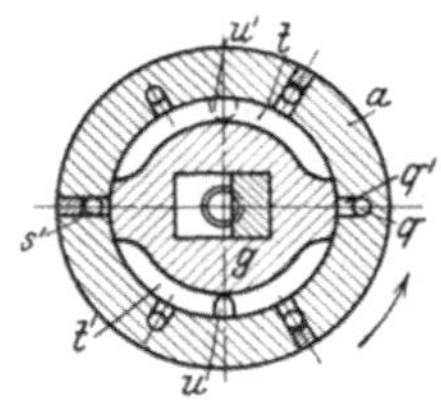

Fig. 170.

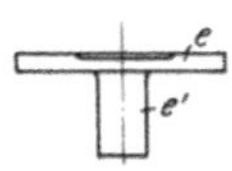

Fig. 171.

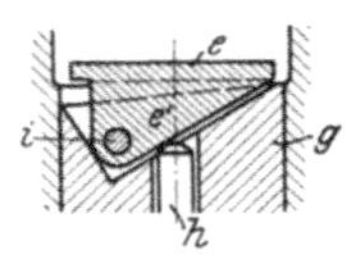

Fig. 172.

dem rotierenden Verteiler *g* und dem Pumpenkörper sind die Aussparungen *t* und *t'* (Fig. 170) vorgesehen, die mit den Leitungen *s'* und *q'* in Verbindung treten. Der rotierende Verteiler hat die seitlichen Einkerbungen *u* und *u'*, *u* verbindet *t'* mit der Ansaugkammer *x*, *u'* verbindet *t* mit der Leitung zu den Spinndüsen. In einer anderen Ausführungsform sind *e* und *e'* nicht fest verbunden, *e* wird durch eine Feder gegen *e'* gedrückt.

Nach N. V. Nederlandsche Kunstzijdefabriek.

516. N. V. Nederlandsche Kunstzijdefabriek, Arnhem, Holl. Kolbenpümpchen für Kunstseidenspinnerei.

D.R.P. 399586 Kl. 59a vom 22. VIII. 1922.

Die Erfindung bezieht sich auf eine Spinnpumpe, bei der die Kolben feststehen und der rotierende Pumpenkörper mit den Bohrungen für die Kolben die hin und her gehende Bewegung ausführt. Dies geschieht dadurch, daß eine verstellbare Rolle am Ende des Gehäuses vorgesehen ist, gegen welche der rotierende Pumpenkörper, der mit einer schiefen Ebene ausgestattet ist, durch eine Feder gedrückt wird. Das Neue soll darin bestehen, daß die Kolben in den Bohrungen des rotierenden Pumpenkörpers gut dichtend angeordnet sind, wodurch zwecks Erreichung eines für die Steuerung der Kanäle notwendigen großen Steuerweges die Kolben klein ausgeführt werden können und auch der Antrieb nicht mit der Spinnflüssigkeit in Berührung kommt.

In der Zeichnung stellt Fig. 173 einen Längsschnitt durch das Pümpchen vor. Hierin ist *a* das Gehäuse, *b* der Rotor, *c* und *c'* 2 zentrale Bohrungen für 2 Kolben durch eine Querwand getrennt, *d* und *d'* die Kolben, welche mittels Muttern in den Stirnwänden des Gehäuses befestigt sind; *h* und *i* An- und Abfuhrkanäle der Spinnflüssigkeit, *k* das Antriebszahnrad, welches durch einen Ausschnitt in dem Gehäuse nach außen hervorragt, wie in Fig. 175 ersichtlich, und durch ein breites Getriebe (Rondsel), das auf der Zeichnung nicht angegeben ist, angetrieben werden muß. *e* ist eine verstellbare Rolle, gegen welche der mit einer schiefen Ebene *f* versehene Rotor *b* durch eine Feder *g* gedrückt wird, die sich gegen ein Kugellager *l* stützt. Fig. 174 zeigt den rotierenden Pumpenkörper und läßt noch eine Verbesserung erblicken, die darin besteht, daß an der Oberfläche des Rotors zwei Schraubennuten *m* und *n* angebracht sind, die eine links-, die andere

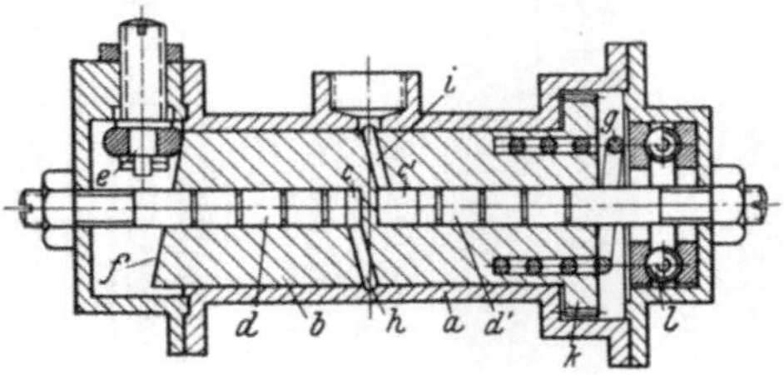

Fig. 173.

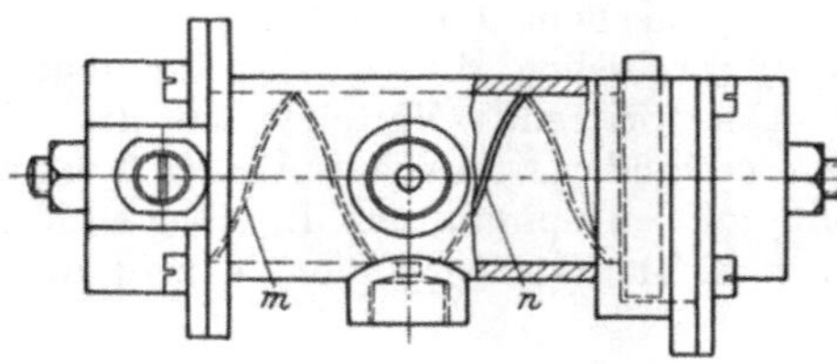

Fig. 174.

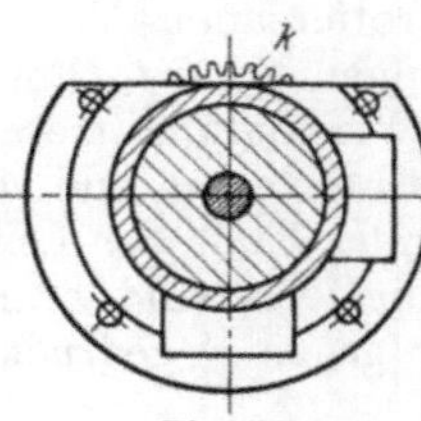

Fig. 175.

rechtsgängig. Hierdurch entsteht eine bessere Abdichtung, weil die evtl. zwischen Gehäuse und Rotor tretende Flüssigkeit nach der Mitte des Rotors zurückgedrängt wird.

Ein großer Vorteil des vorliegenden Pümpchens ist die leichte Verstellbarkeit der Steuerrolle *e*, durch welche der Hub des Rotors *b* und damit die Liefermenge an Flüssigkeit sehr bequem geregelt werden kann.

Patentansprüche: 1. Kolbenpümpchen für Kunstseidenspinnerei, bestehend aus einem in einem Gehäuse rotierenden und gleichzeitig hin und her bewegten Pumpenkörper, in welchem an beiden Enden zentrale Bohrungen vorgesehen sind, in die am Pumpengehäuse festsitzende Kolben greifen, dadurch gekennzeichnet, daß die Kolben in die Bohrungen des rotierenden Pumpenkörpers gut dichtend angeordnet sind.

2. Kolbenpümpchen gemäß Anspruch 1, dadurch gekennzeichnet, daß am rotierenden Pumpenkörper zwei Schraubennuten, eine links- und die andere rechtsgängig, vorgesehen sind, welche zwecks besserer Abdichtung die Flüssigkeit nach der Mitte des Pumpenkörpers drängen.

Nach Maurer Textil-Maschinen G. m. b. H.

517. Maurer Textil-Maschinen G. m. b. H., Breslau-Carlowitz. Ventillose Kolbenpumpe für Flüssigkeiten von hoher Viskosität.

D.R.P. 455513 Kl. 59a vom 22. VIII. 1923.

Gegenstand der Erfindung ist eine ventillose Kolbenpumpe, bei der die Kolben in einer drehbaren Zylindertrommel durch eine Schrägscheibe axial bewegt werden. Erfindungsgemäß wird nicht das Gehäuse rings, sondern nur teilweise um die Schrägscheibe geführt, so daß letztere das Abschlußmittel bildet und ihre Einstellung ohne weiteres erkannt werden kann. In dem Gehäuse *1* (Fig. 176) befindet sich die Trommel *2* mit den Kolben *12*. Der Mittelstempel *18* der Pumpe trägt über einer kugelig ausgedrehten Stirnfläche einen Kugelkopf des Mittelzapfens *28* der Steuereinrichtung für die Axialbewegung der Kolben *12*. Die Kugelköpfe *25* der Kolben liegen in Spurplatten *26*, *27*, und diese befinden sich zwischen den durch den Mittelzapfen *28* zusammengehaltenen schrägen Führungsscheiben *29* und *30* innerhalb des Deckels *33*. Dieser Deckel ist außen bei *40* kugelig abgedreht und liegt in einer Kugelpfanne *41* in der Stirn des Gehäuses *1*. In der Kugelausdrehung *40* liegt eine Ringnut *42*, und in diese greifen die Köpfe von Stellschrauben *34* ein, die in den Pumpenkörper *1* eingeschraubt sind. Durch die Verstellung dieser Schrauben *34* ist die Lage des Deckels *33* und damit die Lage des Steuerteiles für die Kolben *12* veränderbar, indem der Neigungswinkel gegenüber der Achse des Stempels *18* verändert wird. Der Mittelpunkt *M* der Kugelflächen *40* und *41* liegt in der Achse des Zapfens *28* und in der Ebene, in der sich die Mittelpunkte sämtlicher Köpfe *25* der Kolben *12* befinden. Bei einer Verstellung dreht sich das Deckelgehäuse um eine durch den Punkt *M* senkrecht zur Zeichnungsebene gehende Achse. Auf dem Durchmesser senkrecht zu dieser Achse sitzen die Verschlußschrauben *34*. Sie halten das Deckelgehäuse ohne Spiel fest, sichern sich gegenseitig und verhindern jede Lockerung. Die Kugelflächen *40*, *41* dichten das Deckelgehäuse *33* bei jeder Stellung wirksam ab, ohne daß ein besonderer Deckel mit Stopfbuchsen u. dgl. erforderlich ist.

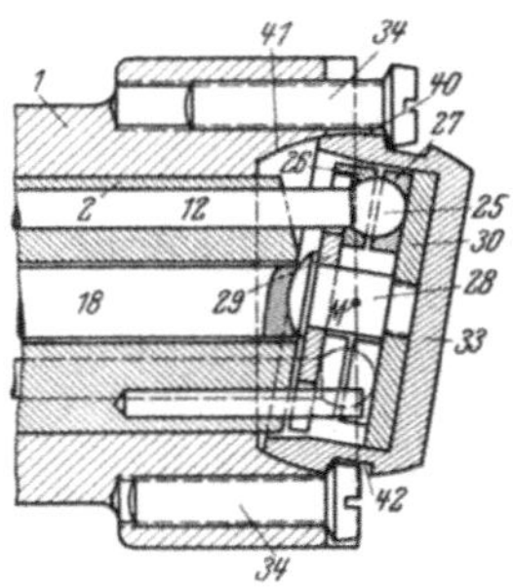

Fig. 176.

Patentansprüche: 1. Pumpe, deren in einer drehbaren Zylindertrommel angeordnete Kolben durch eine Schrägscheibe bewegt werden, die zwecks Verstellung mit einer Kugelfläche in dem einen kugelig ausgebildeten Pumpengehäuse angeordnet ist, dadurch gekennzeichnet, daß der kugelige Innenraum des Pumpengehäuses nach außen offen ist und die Schrägscheibe seinen Abschluß bildet.

2. Kolbenpumpe nach Anspruch 1, dadurch gekennzeichnet, daß die beiden einander gegenüberliegenden Schrauben *34* in eine Außennut *42* der außen kugeligen Schrägscheibe *33* mit ihren Köpfen eingreifen.

Nach Maurer.

518. J. A. Maurer, Breslau (Maurer-Textilmaschinen G. m. b. H., Breslau-Carlowitz). Pumpe für viskose Flüssigkeiten.

Ver. St. Amer. P. 1632304 vom 14. VI. 1927, angemeldet 9. III. 1925 (Prior. Deutschl. vom 21. VIII. 1923).

Die Erfindung bezweckt, die in einer Mehrfachkolbenpumpe stattfindende Reibung zwischen den Kolben und Kolbenbohrungen auf ein Mindestmaß zu beschränken. Zu diesem Zwecke sind die Kolben an den mit der Schrägscheibe verbundenen Enden kugelförmig ausgebildet. Die Pumpe (Fig. 177) besteht aus einer im Zylinder *1* drehbaren Trommel *2* mit Bohrungen *20*, einem Kopf *1a*, welcher mittels Schrauben *14* auf dem Körper *1* befestigt ist, und einer Schrägscheibe, welche sich aus den Scheiben *8* und *9*, dem Ring *10* und den Kugeln *21* zusammensetzt. Die Enden der Schrägscheibe werden durch eine Aussparung *22* mittels Schrauben *11* in ihrer Stellung festgehalten. *23* und *24* sind Ein- und Austritte für die Flüssigkeit. Die kugelförmigen Kolbenenden *3a* sind zwischen zwei ringförmigen Scheiben *4* und *5* gelagert, welche den Kugeln *3a* angepaßte Aussparungen haben und in gleitender Verbindung mit einem Scheibenpaar *6* und *7* stehen. Scheibe *7* steht im Eingriff mit Scheibe *8*, während die Scheiben *4*, *5*, *6*, *7*, *8* und *9* durch einen Bolzen *12* verbunden sind, welcher alle Teile zwischen der Mutter *13* und dem Kopf *25* zusammenhält. Der Spielraum zwischen dem Bolzen *12* und den Scheiben *4* und *5* gestattet eine seitliche Bewegung dieser Scheiben in bezug auf die Scheiben *6* und *7*, welche durch die hin und her gehenden Kolben *3* und die drehende Bewegung der Scheiben *4* und *5* verursacht wird. Dadurch müssen die Scheiben *4* und *5* der elliptischen Bewegung der Köpfe *3a* folgen, so daß jeder seitliche Druck dieser Scheiben auf die Kolben vermieden und damit die Reibung und Abnutzung am Kolben und an den Bohrungen auf ein Mindestmaß beschränkt wird. Zum Einstellen der Platten *8*, *9* und des Ringes *10* in bezug auf die Achse der Trommel *2* und den Kolbenhub ist der Kopf *1a* abnehmbar. Der Kopf *1a* und die an diesen grenzenden Teile des Zylinders *1* sind durch einen sphärischen Ring *15* miteinander verbunden, welcher die inneren Teile des Kopfes *1a* gegen die Außenseite dicht abschließt und gleichzeitig den Kopf in bezug auf die Achse des Zylinders *1* in dem Punkt *C* zentriert. Der Kopf ist auf diametral gegenüberliegenden Zapfen *16*, die senkrecht zur Bildebene stehen, drehbar gelagert, deren Achse durch den Punkt *C* geht und welche mit dem Kopfe *1a* durch Stifte verbunden sind. Zwischen dem Bolzenkopf *14b* und dem Kopf *1a* sind runde Unterlagscheiben *18* angebracht, so daß die Bolzen-

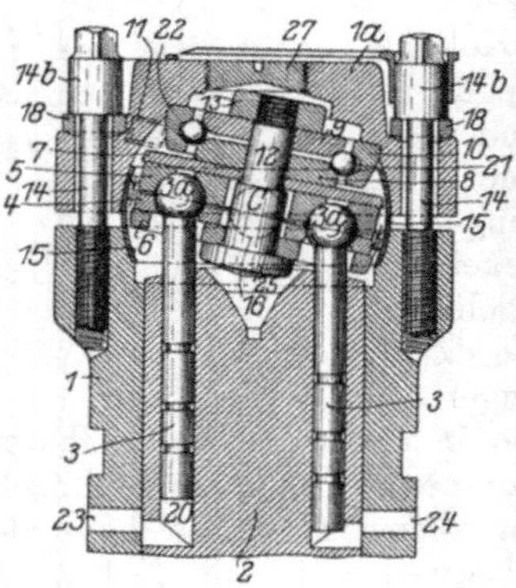

Fig. 177.

köpfe *14b* bei jeder Stellung des Kopfes *1a* vollständig auf den Oberflächen der Unterlagscheiben aufliegen. Ein auf den Bolzen *14* vorgesehener Zeiger gibt auf einer Skala die Einstellung der Schrägscheibe an. Der Abstand zwischen den Scheiben *4*, *5* und den kugeligen Kolbenenden *3a* wird durch die Mutter *13* eingestellt. Um diese Einstellung ohne Abnahme des Kopfes *1a* vorzunehmen, hat der Kopf eine mit Schraubengewinde versehene Öffnung, welche durch den Dübel *27* geschlossen werden kann. (4 Zeichnungen.)

Nach Arendt & Weicher.

519. Arendt & Weicher Werkzeug- und Maschinen-Fabrik, Berlin.

Pumpe.

D.R.P. 419035 Kl. 59a vom 19. IX. 1924.

Gegenstand der Erfindung ist eine Kolbenpumpe, insbesondere für die Herstellung von Kunstseide, deren Kolben von den Spitzen einer Hubscheibe unter Vermittlung eines Doppelhebels bewegt wird. Das Neue besteht darin, daß die Welle, auf der die Hubscheibe sitzt, in einer Lagerbuchse exzentrisch gelagert wird, die in ihrem Gehäuse drehbar angeordnet ist. Beim Verstellen der Lagerbuchse wird die Entfernung zwischen der Hubscheibe und dem von ihr heruntergedrückten Arm des Doppelhebels geändert, so daß dementsprechend auch der Hub des Kolbens geändert wird.

Fig. 178 stellt einen Querschnitt der Pumpe dar, Fig. 179 zeigt einen Längsschnitt nach $A-B$ von Fig. 178. Im Pumpengehäuse a (Fig. 178) sind in senkrechter Lage 2 Kolben in den Buchsen c geführt angeordnet. Auf dem oberen Kolbenende b^1 führt sich das Rückschlagventil d

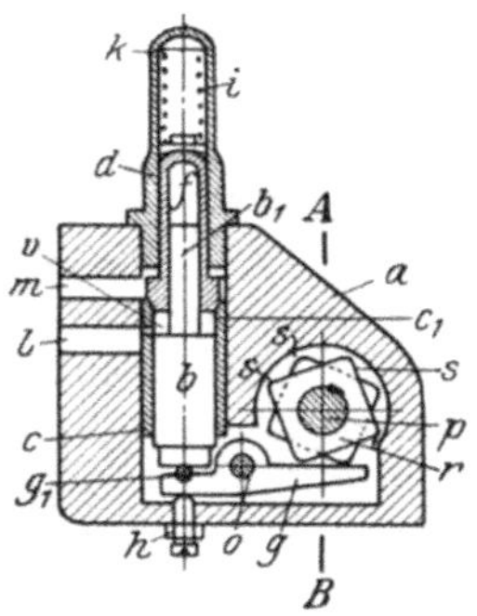

Fig. 178.

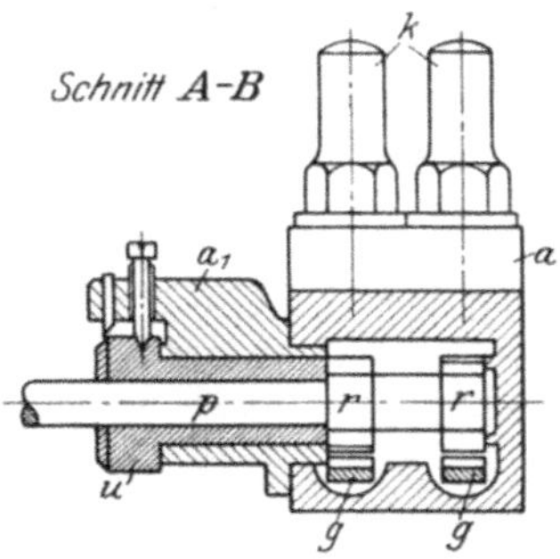

Fig. 179.

und dichtet am inneren Rande der Buchse c^1 ab. Der Spielraum f in der hinteren Rückschlagventilbohrung wirkt als Luftkissen und drückt den Kolben b und den Übertragungshebel g beim Hubwechsel selbsttätig sofort in die untere Lage auf den schraubbaren Anschlag h. Das Rückschlagventil d wird durch die Feder i in der Buchse k auf den Ventilsitz c^1 gepreßt. Kanal l ist der Eintrittskanal, m der Austrittskanal. Die Bewegung der Kolben b erfolgt in der Weise, daß der Übertragungshebel g mit der Rolle g^1 um den Bolzen o durch die Drehung der Antriebswelle p (Fig. 179) mit den Hubscheiben r nach unten gedrückt wird, wodurch der Kolben b gehoben wird. Die auf der Antriebswelle p nebeneinander sitzenden, mehrfach wirkenden Hubscheiben r für die beiden Kolben sind so zueinander versetzt befestigt, daß deren Hubspitzen s in axialer Richtung betrachtet ein sternartiges Gebilde darstellen (Fig. 178). Jede Hubspitze s bewirkt bei Drehung der Antriebswelle einen Kolbenhub, wobei sich die Hubspitzen der beiden Hubscheiben in der Hubfolge abwechseln und eine gleichbleibende Förderung erzielen. Die Änderung in der Förderleistung während des Ganges der Pumpe wird durch Änderung der Lage der Antreibswelle p (Fig. 179) bewirkt, die in der exzentrischen Bohrung der drehbar angeordneten Lagerbuchse u gelagert ist. Beim Drehen der Lagerbuchse u im Gehäuse a^1 wird die Antriebswelle p mit den darauf befestigten Hubscheiben r mehr oder weniger von dem Übertragungshebel g entfernt oder ihm genähert, wodurch sich dessen Ausschlag ändert und somit auch der Kolbenhub. Die Wirkungsweise der Pumpe ist folgende: Die Flüssigkeit tritt durch den Kanal l (Fig. 178) in den Füllraum v und wird mittels Kolben b nach Abschluß des Kanals l durch den geöffneten Ventilspalt in den Austrittskanal m gedrückt. Nach Freigabe des Übertragungshebels g geht der Kolben b sofort durch die Expansion der im Raume f beim Druckhub komprimierten Luft selbsttätig in seine Endlage nach unten zurück, und das Spiel wiederholt sich.

Patentanspruch: Pumpe, deren Kolben durch die Kurven einer Hubscheibe unter Vermittlung eines Doppelhebels bewegt wird, dadurch gekennzeichnet, daß die Welle p, auf der die Hubscheibe r sitzt, in einer Lagerbuchse u exzentrisch gelagert ist, die in ihrem Gehäuse a^1 gedreht werden kann.

520. Dieselbe. Spinnpumpe mit im Kreise angeordneten parallelen, zwangsweise bewegten Kolben.

D.R.P. 472504 Kl. 59a vom 13. VII. 1927.

Bei den bekannten Viskosespinnpumpen mit im Kreise angeordneten parallelen, zwangsweise bewegten Kolben besteht der Nachteil, daß die aus einem Stück gefertigten Kolben durch eine aus dem Gehäusedeckel herausgebildete endlose Saug- und Druckkurve gesteuert werden, wodurch die Fördermenge ständig konstant bleibt und ohne Änderung des Antriebes nicht verändert oder geregelt werden kann. Diesem Übelstande wird erfindungsgemäß dadurch abgeholfen, daß der Kolbensaughub durch einen im Gehäuse festliegenden Kurvenring bewirkt wird, während für den Kolbendruckhub ein Gleitstück dient, welches in einer im Gehäusedeckel vorgesehenen und zur Drehachse konzentrischen Nut verschiebbar und feststellbar angeordnet ist, so daß der Druckhub und mithin die Fördermenge beliebig geregelt werden kann. Das Gleitstück für den Druckhub ist mit einem auf dem Gehäusedeckel angeordneten Zeiger verbunden, um während des Betriebes in einfachster Weise das Maß der Regelung der Fördermenge erkennen zu lassen. In Fig. 180 ist ein Ausführungsbeispiel der Spinnpumpe im senkrechten

Schnitt dargestellt. Beim Drehen der Trommel *b* im Gehäuse *a* gleiten die Rollen *d*, an welchen die Kolben *c* sitzen, mit ihren unteren Schrägen d_1 auf der ringförmigen ansteigenden Gleitbahn *e* und werden dadurch samt den Kolben bis an den Ring *f* hochgehoben, wobei die Kammer *i* durch den Saugkanal *m* gefüllt wird. Bei der weiteren Trommeldrehung berühren die Rollen *d* mit der oberen Schrägseite das am Deckel *g* sitzende Gleitstück *h* an dessen abgeschrägter Fläche h_1 und führen dabei einen nach unten gerichteten Druckhub aus, wobei gleichzeitig die Flüssigkeit aus der Kammer in den Druckkanal *s* gepreßt wird. In dieser Trommelstellung zeigt der festliegende Gleitring *e* eine Aussparung, um die Rollen *d* bei der Abwärtsbewegung nicht zu behindern. Dieses Spiel wiederholt sich wechselweise unter den einzelnen Kolben. Das für den Druckhub bestimmte Gleitstück *h* sitzt in einer konzentrischen Nute g^1 des Pumpendeckels *g* und ist verschiebbar gelagert. Nach Lösen der Schraube *l* läßt sich das Gleitstück *h* samt dem Zeiger konzentrisch verstellen. Man erreicht dadurch eine Veränderung in der Fördermenge bzw. einen früheren oder späteren Abschluß an der Druckkanalkante im Pumpengehäuse *a*. Die Rollen *d* führen sich beim Arbeiten mit ihrem äußeren Umfange an dem in der Trommelbohrung sitzenden Zapfen *t*, um die Druckkolben *c* gegen Schiefdrücke zu entlasten. Dabei führen sie je eine Drehung um sich selbst aus, wodurch die Steuerung mit ganz geringer Reibung arbeitet. Um die Kolben *c* in konzentrischer Richtung gegen Abnutzung zu schützen, sind Stahlbuchsen *o* in der oberen Bohrung der Trommel vorgesehen.

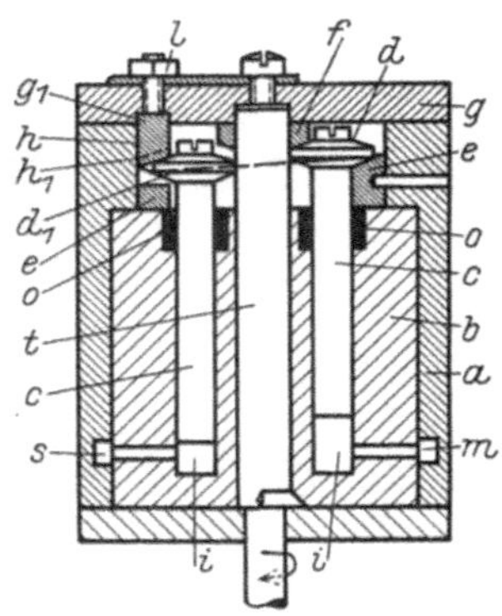

Fig. 180.

Patentanspruch: Spinnpumpe mit im Kreise angeordneten parallelen, zwangsweise bewegten Kolben, dadurch gekennzeichnet, daß der Kolbensaughub durch einen im Gehäuse festliegenden Kurvenring *e* in bekannter Weise bewirkt wird, während das die Druckhubfläche h_1 tragende Gleitstück *h* auf dem Gehäusedeckel in einer zur Drehachse konzentrischen Nut g_1 verschiebbar und feststellbar angeordnet ist.

Nach Lunge und Courtaulds Ltd.

521. E. Lunge u. Courtaulds Ltd., London. Verbundpumpe für konstante Förderung von Flüssigkeiten, insbesondere der Spinnflüssigkeit von Kunstseide.

D.R.P. 456542 Kl. 59a vom 20. XI. 1925 (Prior. Engl. vom 20. XI. 1924); Ver. St. Amer. P. 1701239 (E. Lunge); brit. P. 248040; schweiz. P. 120602.

Die Pumpvorrichtung besteht aus 2 Kolbenpumpen, deren Kolben durch eine Ausgleichsvorrichtung, eine Ausgleichskammer, überbrückt sind, welche die jeweilig im Überschuß geförderte Flüssigkeitsmenge aufnimmt.

Fig. 181 ist ein mittlerer Vertikalschnitt einer im wesentlichen nur schematischen Darstellung einer Ausführungsform einer Pumpvorrichtung der Erfindung. Fig. 182 ist eine Seitenansicht einer Ausführungsform der Pumpvorrichtung in konstruktiver Durchbildung. Fig. 183 ist ein Horizontalschnitt durch die Pumpe.

Die Pumpvorrichtung besteht aus einem Zylinder *10* (Fig. 181), an dessen einem Ende die Einlaßöffnung *11* zum Anschluß an die Flüssigkeitszuleitung vorgesehen ist, während vom anderen Ende her ein hohler Kolben *12* in den Zylinder hineinragt. Der Kolben *12* ist mit einem Ventil *13* versehen, das geöffnet werden kann, um den Durchgang von der Einlaßöffnung *11* her freizugeben oder abzusperren. Der Kolben *12* ragt in einen den Mittelteil der Pumpe bildenden Zylinder *14* hinein und kann in den Zylindern *10* und *14* hin und her bewegt werden. In das andere Ende des Zylinders *14* ragt ein dem Kolben *12* ähnlicher Kolben-

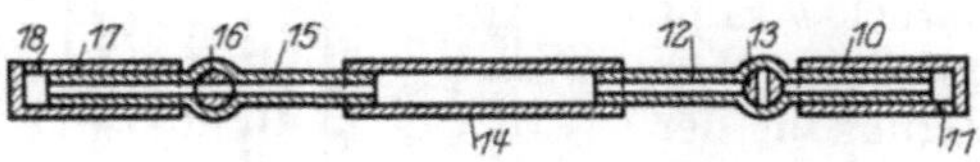

Fig. 181.

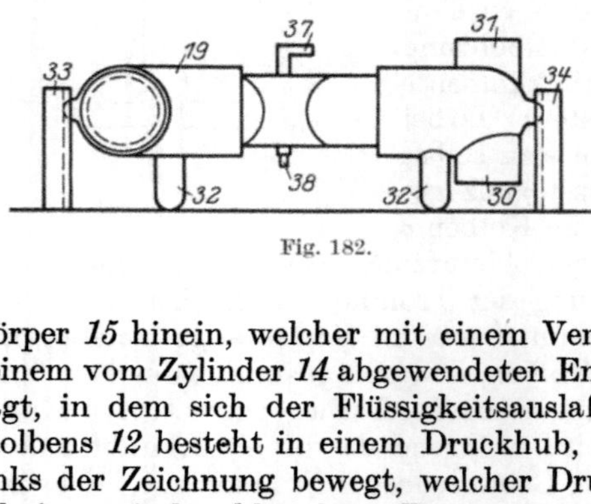

Fig. 182.

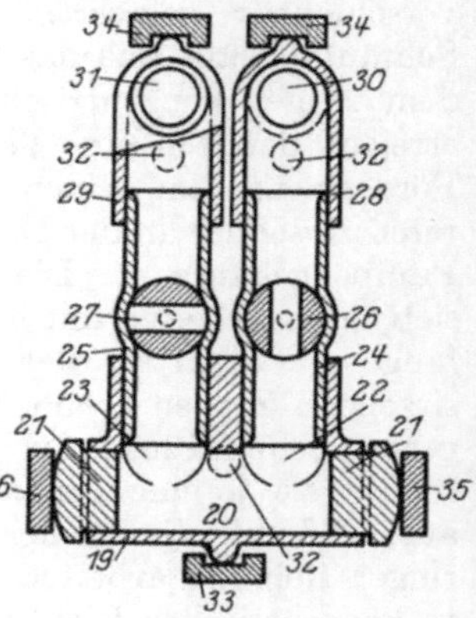

Fig. 183.

körper *15* hinein, welcher mit einem Ventil *16* ausgerüstet ist und mit seinem vom Zylinder *14* abgewendeten Ende in einen Zylinder *17* hineinragt, in dem sich der Flüssigkeitsauslaß *18* befindet. Das Spiel des Kolbens *12* besteht in einem Druckhub, bei dem sich der Kolben nach links der Zeichnung bewegt, welcher Druckhub aus einem kurzen Abschnitte mit beschleunigter Bewegung, einem langen Zeitabschnitt bei gleichförmiger Bewegung und einem Zeitabschnitt von abnehmender Bewegung besteht. Dem Druckhub folgt ein mit größerer Geschwindigkeit ausgeführter Saughub in der Richtung nach rechts der Zeichnung, welcher in irgendeinem geeigneten Tempo ausgeführt wird.

Das Arbeitsspiel des Kolbenkörpers *15* ist dem des Kolbens *12* durchaus ähnlich, doch besteht zwischen der Bewegung der beiden Kolben eine Phasenverschiebung, so daß die Bewegungsabschnitte, welche bei den beiden Kolben mit gleichförmiger Geschwindigkeit erfolgen, sich überlappen. Bei jedem Kolben vollzieht sich der Teil des Druckhubes mit abnehmender Geschwindigkeit nach links hin, der verhältnismäßig rasche Saughub nach rechts hin und der Teil des Druckhubes mit zunehmender Geschwindigkeit bis zu der gewünschten gleichförmigen Geschwindigkeit nach links hin während des Zeitraumes, während sich der andere Kolben mit gleichförmiger Geschwindigkeit bewegt.

Bei der in Fig. 182 und 183 dargestellten konstruktiven Ausführungsform der Pumpe bezeichnet *19* einen Pumpenkörper, welcher als Gußstück dargestellt und mit einer Durchbohrung *20* versehen ist, die an ihren Enden durch Stöpsel *21* verschlossen ist. Zwei zueinander parallele zylindrische Bohrungen *22, 23* münden in die Bohrung *20* und dienen als Zylinder für hohle Kolben *24, 25.* Diese Kolben sind mit Ventilen *26, 27* ausgerüstet und ragen mit ihren oberen Enden in Zylinder *28, 29* hinein. Die Zylinder *28, 29* bilden jeder einen Teil für sich, und einer von ihnen, *28,* steht durch ein seitliches Anschlußstück *30* mit der Zuleitung für die Flüssigkeit in Verbindung, während der andere Zylinder mit einem seitlichen Rohransatz *31* in Verbindung steht, der den Auslaß der Pumpvorrichtung bildet. Die ganze Pumpe ruht auf 3 Füßen od. dgl. *32,* von denen je einer an jedem der Teile *19, 28, 29* vorgesehen ist. Von den Enden her werden die Teile durch Stützen *33, 34* und von den Seiten her durch Halter *35, 36* in ihrer Lage gesichert, wobei die Halter *35, 36* zugleich die Stöpsel *21* in der Bohrung *20* festhalten. Die in den Fig. 181 und 183 dargestellte Konstruktion ermöglicht vollkommene Einstellfähigkeit der Teile gegeneinander und vermeidet jede Möglichkeit einer Störung durch Mangel an richtiger Einstellung. Die Kolben *24, 25* werden in ihrer Lage durch die Zylinder *22, 23* bestimmt und die Zylinder *28, 29* stellen sich ein entsprechend der Lage ihrer Kolben. Der Druck der Flüssigkeit in den Hohlräumen der Pumpe hält die Teile fest in Anlage mit den Stützen *34, 35, 36,* nachdem sie sich richtig zueinander eingestellt haben. Die Betätigung der Ventile *26, 27* erfolgt durch die Hin- und Herbewegung der Kolben mittels irgendeines geeigneten Steuermechanismus, wie ein solcher nur schematisch bei *37, 38* angedeutet ist. Die Wirkungsweise der Vorrichtung ist ebenso wie mit Bezug auf Fig. 181 beschrieben worden ist. Der Kolben *24* entspricht dabei dem Kolben *12,* die Bohrung *20* dem Zylinder *14,* der Kolben *25* dem Kolben *15,* der Einlaß *30* dem Einlaß *11* und der Auslaß *31* dem Auslaß *18.* Eine weitere Ausführungsart wird beschrieben.

Die neue Pumpvorrichtung ist in ihrem allgemeinen Aufbau einfach und demgemäß billig in der Herstellung und gestattet außerdem ein bequemes Auseinandernehmen und Wiederzusammensetzen der Teile nach erfolgter Reinigung mit einem Mindestaufwand von Zeit, ohne daß hierzu gelernte Arbeiter erforderlich sind.

Patentansprüche: 1. Verbundpumpe für konstante Förderung von Flüssigkeiten, insbesondere der Spinnflüssigkeit für Kunstseide, dadurch gekennzeichnet, daß sie von einem Pumpenkörper *19,* der zur Zwischenaufnahme für die Förderflüssigkeit dient, mit zwei parallelen Zylinderbohrungen *22, 23* für zwei durchbohrte Pumpenkolben *24, 25* und aus zwei Abschlußzylindern *28, 29* für die anderen Enden der durchbohrten Kolben *24, 25* gebildet wird, so daß sich die Abschlußzylinder *28, 29* ohne besondere Führung in der richtigen Lage halten.

2. Verbundpumpe nach Anspruch 1, dadurch gekennzeichnet, daß die zwei Abschlußzylinder *28, 29* voneinander getrennt sind und das Pumpensystem an drei Punkten *33, 34, 34* gestützt wird, von denen der eine Punkt *33* an dem Pumpenkörper und die beiden anderen *34, 34* an je einem der Abschlußzylinder *28, 29* liegen.

3. Verbundpumpe nach Anspruch 2, dadurch gekennzeichnet, daß der Pumpenkörper *19* und die beiden Abschlußzylinder *28, 29* an ihrer Unterseite durch Stützen *32* gehalten werden zwecks Erzielung einer vollkommenen Einstellfähigkeit der Teile gegeneinander.

522. Dieselben. Speisevorrichtung für eine Mehrzahl von Spinndüsen zur Erzeugung von Kunstseide.

D.R.P. 461454 Kl. 29a vom 20. XI. 1925 (Prior. Engl. vom 20. XI. 1924); brit. P. 248038, 248041, 248043 und 248046; Ver. St. Amer. P. 1672070; österr. P. 111404; franz. P. 606475; schweiz. P. 119297 und 120769.

Um den an die Speiseleitung angeschlossenen Spinnstellen eine möglichst gleichartige Spinnlösung zuzuführen, ist nach der Erfindung die Spinnflüssigkeitszuleitung zu einer Ringleitung ausgestaltet, in welcher eine eingebaute Fördervorrichtung (Pumpe) die Flüssigkeit in Umlauf hält. Diese Umlaufspumpe befindet sich meist im Leitungsabschnitt zwischen Zu- und Rückleitung. Die Umlaufsgeschwindigkeit der Spinnlösung in der Ringleitung, welche größer gewählt wird als diejenige, welche sich durch den bloßen Ausfluß der Flüssigkeit aus den Düsen ergeben würde, sichert eine gleichförmige Spinnlösung, auch bei Zuführung einer frischen Spinnflüssigkeit, deren Eigenschaften (Reife) nicht vollkommen mit der gerade der Verarbeitung unterliegenden Spinnlösung übereinstimmt. Ein weiteres Merkmal der Erfindung besteht darin, das Verbindungsstück zwischen Zuleitung und Rückleitung, in dem die Umlaufspumpe angeordnet ist, mit einer oder mehreren Auslaßöffnungen gegen die Atmosphäre hin zu versehen, welche durch eine Ventilanordnung so gesteuert werden können, daß das Rohrsystem nach Belieben gegen die Atmosphäre geöffnet werden kann, um den Austritt von in der Vorrichtung eingeschlossener Luft zu ermöglichen, während das Leitungssystem der Vorrichtung mit Flüssigkeit gefüllt wird. Um den Vorgang des Alterns oder Reifens der Viskose innerhalb der Rohrleitungen zu überwachen und dadurch eine möglichst weitgehende Gleichförmigkeit des Endprodukts zu sichern, sind ferner die gesamten Rohrleitungen und Pumpen von Kühlflüssigkeit umgeben, deren Reglung eine Überwachung der Temperatur der Spinnflüssigkeit ermöglicht.

Patentansprüche: 1. Speisevorrichtung für eine Mehrzahl von Spinndüsen zur Erzeugung von Kunstseide, dadurch gekennzeichnet, daß zur Erzielung einer für sämtliche Spinnstellen gleichartigen Spinnlösung die Spinnflüssigkeitszuleitung zu einem Ringkanal ergänzt ist, aus dem die einzeln abschaltbaren Düsen durch einander ähnliche Abzweigungen gespeist werden, in dieser Ringleitung eine Fördervorrichtung angeordnet ist, um in dem Ringkanal eine Umlaufbewegung der Spinnflüssigkeit mit größerer Geschwindigkeit zu erzeugen, als sie der

Flüssigkeitsausfluß aus den Düsen bedingt, und gleichzeitig die Rohrleitungen einer ständigen Kühlung unterworfen werden.

2. Speisevorrichtung nach Anspruch 1, dadurch gekennzeichnet, daß der Ringkanal für die Spinnflüssigkeit aus einer allen Spinndüsen gemeinsamen Speiseleitung und einer mit dieser verbundenen Rückleitung besteht und in einem Verbindungsabschnitt zwischen Speiseleitung und Rückleitung eine Fördervorrichtung (z. B. einen Schraubenpropeller) enthält.

3. Speisevorrichtung, dadurch gekennzeichnet, daß der Ringkanal für die Spinnflüssigkeit in einem die Speiseleitung für die verschiedenen Spinndüsen und die Rückleitung verbindenden Abschnitt mit einer in die Außenluft mündenden Öffnung oder mehreren Öffnungen versehen ist, welche durch ein Ventil freigelegt werden kann und die Entfernung von Luft bei der Füllung ermöglicht.

4. Vorrichtung nach Anspruch 2, dadurch gekennzeichnet, daß für jede den Flüssigkeitszutritt zu den Spinndüsen steuernde Spinnpumpe eine Nebenschlußventilvorrichtung vorgesehen ist, welche gestattet, die von der Pumpe geförderte Spinnflüssigkeit in die Rückleitung für die Spinnflüssigkeit abzuleiten, anstatt sie durch die Spinndüse austreten zu lassen.

5. Vorrichtung nach Anspruch 1—4, dadurch gekennzeichnet, daß die Ringleitung und die Pumpen in eine Kühlflüssigkeit, z. B. eine dünne alkalische Lösung, eingetaucht sind, deren Temperatur geregelt wird.

(5 Zeichnungen.)

523. Dieselben. Dreiphasenpumpe zur ununterbrochenen Förderung von Flüssigkeit bei gleichbleibendem Druck, insbesondere für Kunstseidespinnereien.

D.R.P. 471217 Kl. 59a vom 20. XI. 1925 (Prior. Engl. 20. XI. 1924); österr. P. 112479; brit. P. 248039; schweiz. P. 119544.

Die Erfindung betrifft eine Dreiphasenpumpe, bei welcher die dritte Pumpe als Ausgleichskammer zur Aufnahme des Überschusses dient, solange die beiden anderen Pumpen gleichmäßig fördern. Der Kolben der dritten Pumpe bewegt sich hierbei in demselben Maße, aber in entgegengesetzter Richtung wie einer der Kolben der beiden anderen Pumpen. Die Ausgleichskammer kann so angeordnet sein, daß der von den beiden anderen Pumpen gegen den Auslaß hin geförderte Flüssigkeitsstrom aus der Strömungsrichtung zum Auslaß hin seitlich gegen die Ausgleichskammer hin abgelenkt wird, so daß die tatsächlich zum Auslaß gelangende Flüssigkeitsmenge vorübergehend vermindert wird. Es können aber auch alle drei Pumpen in unmittelbare Verbindung mit dem Hauptauslaß gebracht werden (14 Zeichnungen).

Der Umfang der Patentschrift verbietet ein näheres Eingehen auf konstruktive Einzelheiten.

Patentanspruch: Dreiphasenpumpe zur ununterbrochenen Förderung von Flüssigkeit bei gleichbleibendem Druck, insbesondere für Kunstseidespinnereien, dadurch gekennzeichnet, daß die dritte Pumpe als Ausgleichskammer zur Aufnahme des Überschusses dient, solange die beiden anderen Pumpen gleichzeitig fördern, und daß ihr Kolben sich in demselben Maße, aber in entgegengesetztem Sinne bewegt, wie der Kolben einer der anderen Pumpen.

524. Dieselben. Verbesserungen an Apparaten zur Herstellung von Kunstseide.

Brit. P. 248042 vom 20. XI. 1924; franz. P. 606475; schweiz. P. 119297.

Um eine Anzahl Pumpen, die seitlich nebeneinander zu einem Aggregat vereinigt sind, gleichzeitig zu betätigen, ist das Pumpenaggregat *10* oder *29* (Fig. 184) von einem Rahmen umgeben, dessen eine Seite *13* oder *30* von einer Kurvenfläche gebildet ist. Gegen die Kurvenfläche legen sich Rollen *19, 20,* die geradlinig in der Längsrichtung des Rahmens verschoben werden können. Mit diesem Verschieben werden die Kolben *11* bewegt. Das Verschieben der Rahmen geschieht durch ein rechts- und linksgängiges Schraubengewinde auf der Welle *25.* Zur Führung des Rahmens dient ein in dem Schlitz *27* verschiebbarer Stift *26* an dem der Kurvenleiste *13, 30* gegenüberliegenden *14, 28.*

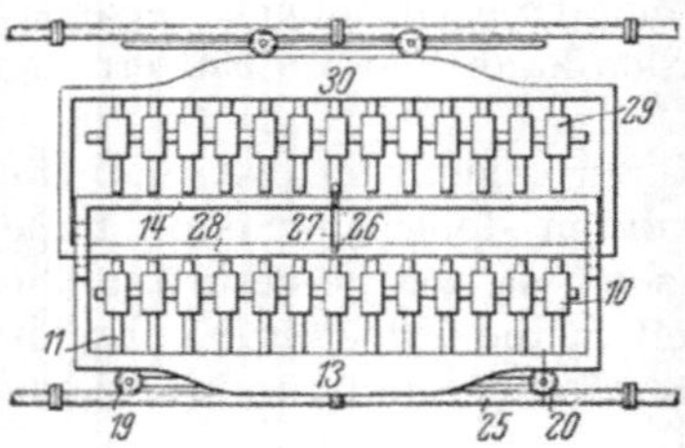

Fig. 184.

Nach Werdohler Pumpenfabrik Paul Hillebrand.

525. Werdohler Pumpenfabrik Paul Hillebrand, Werdohl, Westf. Pumpe, besonders für Maschinen zum Spinnen von Kunstseide.

Franz. P. 610854 vom 11. II. 1926 (Prior. Deutschl. vom 16. II. 1925); brit. P. 267265 (auch A. Olson); schweiz. P. 119044.

Bei der Einrichtung nach Fig. 185 läuft im Gehäuse *c* der Rundkörper *d* um, in ihm sind in Bohrungen *g* die Kolben *h* mit den Köpfen *m*

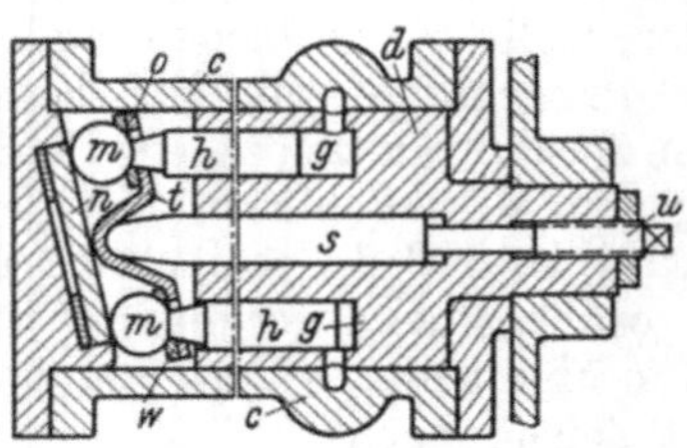

Fig. 185.

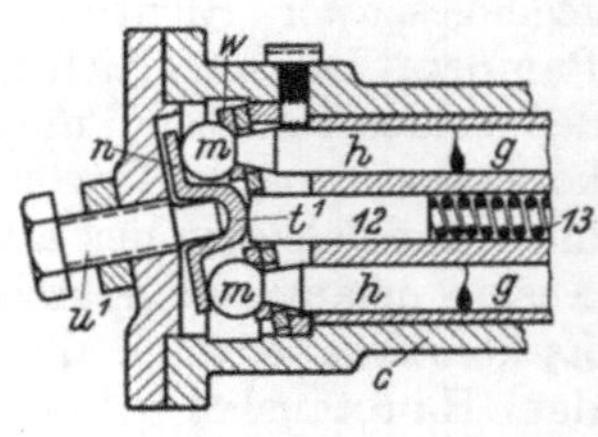

Fig. 186.

verschiebbar. Durch die Drehung von *d* bewegen sich die Kolben *h* an der schrägen Platte *n* vorbei und werden dadurch hin und her verschoben. Die Kolben *h* gehen durch Öffnungen der Platte *t* hindurch, die durch den Stift *s* und die Schraube *u* in der Richtung nach der

Platte *n* zu verschoben werden kann. Zur Dichtung zwischen den Kolbenköpfen *m* und der Platte *o* bei Verschleiß dienen die Zwischenstücke *w*. Bei der Einrichtung nach Fig. 186 ist die schräge Platte *n*, an der die Kolbenköpfe *m* vorbeigehen, durch die Schraube u^1 einstellbar. Eine Feder *13* drückt den Stift *12* gegen einen Zapfen t^1 der Führungsplatte *n*. Die schrägliegende Führungsplatte *n* ist bei Fig. 187 von außen durch die Kappe u^2 einstellbar. Die Kolbenköpfe *m* sind zweiseitig in Lagern *w* geführt, die Führungsplatte *o* schwingt um die Kalotte *z*.

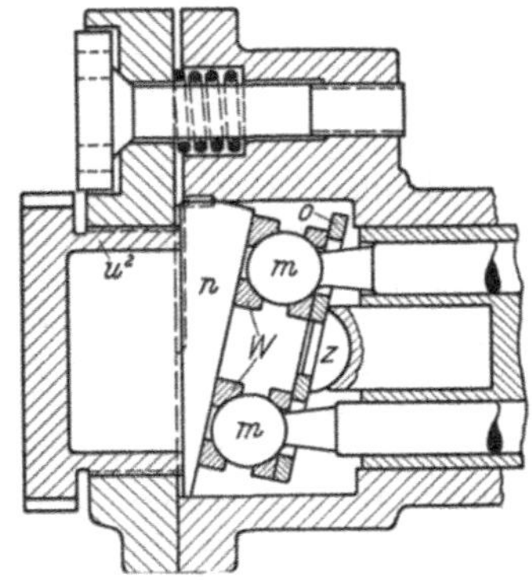

Fig. 187.

526. Dieselbe. Pumpe, insbesondere für Kunstseidenspinnmaschinen.

D.R.P. 459749 Kl. 59a vom 29. XII. 1926.

Der bekannte Zweck, die Förderleistung einer Pumpe dadurch regelbar zu machen, daß die Schräglage der die Pumpenkolben bewegenden Steuerscheiben veränderlich ist, läßt sich nach der Erfindung dadurch erreichen, daß die stillstehende Steuerscheibe mit ihrer hinteren Stirnfläche an der geneigt zur Pumpenachse liegenden Stirnfläche eines gleichachsig zur Pumpe verdrehbar gelagerten Widerlagerkörpers abgestützt ist. Zur Regelung der Förderleistung der Pumpe ist es lediglich erforderlich, den Widerlagerkörper zu verdrehen. Fig. 188 ist ein Achsenschnitt durch den für die Erfindung in Betracht kommenden Teil einer Pumpe. *d* ist die im Gehäuse *c* drehbar gelagerte Walze, welche eine Mehrzahl von die Pumpenzylinder bildenden Längsbohrungen enthält. In letzteren sind die Pumpenkolben *h* geführt, deren äußere Enden Kugelköpfe *m* tragen. Mit den Kugelköpfen *m* wirken zwei schrägstehende Steuerscheiben *n*, *o* derart zusammen, daß die Kolben *h* beim Umlauf der Walze *d* in deren Längsbohrungen kraftschlüssig hin und her bewegt werden. Die auf der Außenseite der Köpfe *m* befindliche, stillstehende Steuerscheibe ist an einer Gewindebüchse *u* abgestützt, die im Deckel *a* des Pumpengehäuses *c* verschraubbar ist und dazu dient, die Steuerscheibe *n* bei eingetretenem Verschleiß nachzustellen. Die auf der Innenseite der Kugelköpfe liegende Steuerscheibe *o*, die mit den Pumpenkolben *h* umläuft, ist dagegen mittels eines an ihr vorgesehenen mittleren Kugelzapfens *z* an der mit einer entsprechenden Kugelpfanne *s* versehenen Walze *d* derart abgestützt,

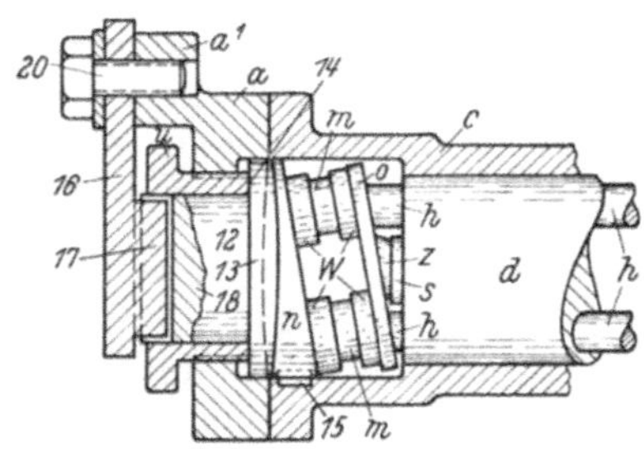

Fig. 188.

daß sie um ihren Stützpunkt nach allen Seiten schwenkbar ist und sich stets parallel zur Arbeitsfläche der stillstehenden Steuerscheibe *n* einstellen kann. Zwischen den Kugelköpfen *m* der Kolben *h* und den Steuerscheiben *n* und *o* sind Laufscheiben *w* eingeschaltet. Die stillstehende Steuerscheibe *n* ist nun an der Gewindebüchse *u* nicht unmittelbar, sondern unter Vermittlung eines Widerlagerkörpers *12, 13* abgestützt, der mittels seines hinteren abgesetzten Teiles *12* in der durchgehenden Bohrung der Gewindebüchse *u* drehbar lagert und sich dabei seinerseits mittels seiner Schulter *14* gegen das innere Ende der Büchse *u* stützt. Dieser Widerlagerkörper *12, 13* weist an seinem der Steuerscheibe *n* zugekehrten Ende eine geneigt zur Pumpenachse liegende Stirnfläche auf, an welcher die Steuerscheibe *n* mittels ihrer ebenfalls zur Pumpenachse geneigten rückwärtigen Stirnfläche anliegt. Während die Steuerscheibe *n* mittels eines Bolzens *15*, der gleichzeitig in eine Nut der Scheibe und eine Nut der Gehäusewandung eingreift, gegen Drehung gesichert ist, kann der Widerlagerkörper mittels eines Stellhebels *16* gedreht und in jeder Stellung gesichert werden. Der auf der Außenseite des Gehäusedeckels *a* angeordnete Stellhebel *16* ist mit dem Widerlagerkörper *12, 13* in beiden Drehrichtungen dadurch gekuppelt, daß ein am Hebel vorgesehener, im wesentlichen rechteckiger Nocken *17* in eine Quernut *18* am äußeren Ende des abgesetzten Teiles *12* des Widerlagerkörpers eingreift. Der Hebel *16* ist an seinem äußeren Ende mit einem Bogenschlitz versehen, durch den das Kopfende einer in einem seitlichen Ansatz a^1 des Gehäusedeckels *a* eingezogenen Schraube *20* derart hindurchgreift, daß der Hebel durch Anziehen der Schraube *20* festgeklemmt werden kann, wodurch zugleich auch der Widerlagerkörper *12, 13* festgestellt wird. Durch Drehverstellung des Widerlagerkörpers *12, 13* ist es möglich, die Schräglage der Steuerscheibe *n* zu verändern.

Patentansprüche: 1. Pumpe für Kunstseidenspinnmaschinen, bei welcher die Schräglage der Steuerscheibe veränderlich ist, dadurch gekennzeichnet, daß eine nicht drehbare Steuerscheibe *n* mit ihrer den Pumpenkolben abgekehrten Stirnfläche an der geneigt zur Pumpenachse verlaufenden Stirnfläche eines gleichachsig zur Pumpe verdrehbar und feststellbar gelagerten Widerlagerkörpers *12, 13* abgestützt ist.

2. Pumpe nach Anspruch 1, dadurch gekennzeichnet, daß der Widerlagerkörper *12, 13* mit einem auf der Außenseite des Deckels *a* des Pumpengehäuses angeordneten Stellhebel *16* gekuppelt ist, der seinerseits mittels einer durch einen Bogenschlitz des Hebels hindurchgreifenden Schraube *20* festgestellt werden kann.

3. Pumpe nach Anspruch 2, bei welcher die Steuerscheibe mittels einer im Gehäusedeckel verschraubbaren Gewindebüchse nachstellbar ist, dadurch gekennzeichnet, daß der Widerlagerkörper *12, 13* in der beiderseits offenen Gewindebüchse *u* gelagert und mit dem Stellhebel *16* dadurch gekuppelt ist, daß ein an diesem vorgesehener unrunder Nocken *17* in eine unrunde Aussparung *18* am äußeren Ende des Widerlagerkörpers eingreift.

Nach Tavannes Watch Co.

527. Tavannes Watch Co. S. A., Tavannes, Schweiz. Rotationspumpe.

Schweiz. P. 115376 vom 6. IV. 1925.

Das Neue bei dieser Pumpe besteht darin, daß in einem Stirn-Abschlußdeckel zur Antriebswelle konzentrische Saug- und Druckkanäle und zu ihrer Verbindung mit den Arbeitsräumen der Kolben Längsnuten in der Antriebswelle angeordnet sind. Nuten sind leichter zu fräsen, als enge Kanäle in dem harten Drehkörper durch Bohren herzustellen sind. Die Förderleistung der Pumpe kann erhöht werden durch Verlängerung des Drehkörpers oder der Pumpe in axialer Richtung und Anordnung einer entsprechenden Anzahl Kolbenpaare, und die Kontinuität der Förderung kann hierbei dadurch erhöht werden, daß mehrere aufeinanderfolgende Kolben die gleiche Nut in der Antriebswelle speisen. Fig. 189 zeigt eine Spinnpumpe in axialem, senkrechtem Schnitt, Fig. 190 ist eine Seitenansicht des Drehkörpers. Das Pumpengehäuse besteht aus einem eine zylindrische Kammer aufweisenden Mittelteil *1* mit seitlichem Leitungsansatz *1a*, dem unteren Deckel *2* und dem oberen Deckel *3*, welche beide mit dem Mittelteil verschraubt sind, und zwar sitzen die Köpfe der den oberen Deckel enthaltenden Schrauben in quer zu der durch den Leitungsansatz *1a* gehenden Mittelebene verlaufenden Schlitzen des Deckels, so daß dieser in der Schlitzrichtung auf dem Mittelteil verschoben werden kann. Im Gehäuse ist der Trommelkörper *4* mit reichlichem Radialspiel angeordnet, welcher auf die oben aus dem Gehäuse herausragende Antriebswelle *5* aufgesetzt und mittels nicht gezeichneter Stellschraube auf ihr unverrückbar befestigt ist. In radialen, in einer Schraubenlinie übereinanderliegenden Bohrungen *4a* des Trommelkörpers Fig. 190 sitzen genau passende Kolben *6, 6* und je zwei einander gegenüberliegende Kolben sind durch Stangen *7*, welche durch eine entsprechende Bohrung der Antriebswelle *5* hindurchgehen, zu Kolbenpaaren vereinigt, die in verschiedenen Querebenen im Trommelkörper liegen. Da jeder Kolben mit einer an seinem Ende gelagerten Rolle *8* an der Gehäusewandung anliegt bzw. aufläuft, drücken sich beide Kolben eines Paares infolge der exzentrischen Lagerung der Antriebswelle und des Trommelkörpers bei einer Umdrehung im Gehäuse einmal hin und her, und zwar tritt dieser Hub taktmäßig bei allen Kolbenpaaren in durch die Anordnung auf der Schraubenlinie gegebenen Zeitintervallen nacheinander auf. Am unteren Deckel sitzen innen zwei nahezu halbkreisförmige Ringnuten *2a*, wovon eine zum Saug- und die andere zum Druckweg gehört. Von jedem Kolben aus ist in die Antriebswelle eine Längsnut *5a* eingefräst, welche am

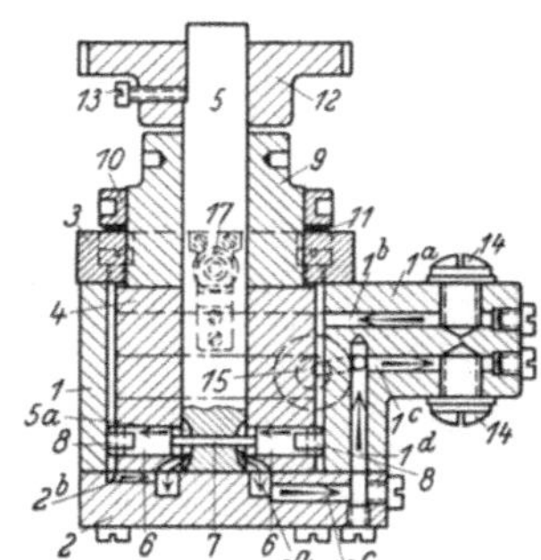

Fig. 189.

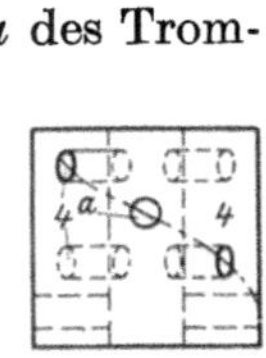

Fig. 190.

unteren Ende der Welle *5* in die Ringnuten *2a* ausmündet. Die Antriebswelle ist in einem in den Deckel *3* eingeschraubten Einsatz *9* gelagert, der mittels eines Stellringes *10* in seiner Stellung fixiert wird, wobei zwischen letzteren und den Deckel *3* zur Abdichtung ein Bleiring *11* eingelegt ist. Auf das freie Ende der Antriebswelle *5* ist das Antriebszahnrad *12* aufgesetzt und mittels Stellschraube *13* befestigt.

Im Ansatz *1a* verlaufen parallel zueinander zwei Bohrungen *1b* und *1c*; *1b* ist der Saugkanal und mündet in den Hohlraum im Pumpengehäuse rings um den Trommelkörper aus; vom Hohlraum ist die Verbindung mit der linken Ringnut *2a* durch einen Kanal *2b* im Deckel *2* hergestellt. Der Kanal *1c* führt durch einen senkrecht verlaufenden Teil *1d* und eine Bohrung *2c* im Deckel *2* zur rechten Ringnut *2a*. An beiden Kanälen *1b* und *1c* können Saug- und Druckleitung mittels Anschlußnippel od. dgl. angeschlossen werden, normalerweise sind jedoch die betr. Anschlußöffnungen durch Schraubstopfen *14* verschlossen und die Anschlüsse sitzen seitlich bei *15*. Zur Regelung der Exzentrizität des Trommelkörpers *4* und somit des Kolbenhubes ist seitlich am Mittelteil *1* des Gehäuses ein Arm befestigt, in welchem eine im Deckel *3* geführte Stellschraube *17* sitzt. Durch Drehen dieser Schraube kann der Deckel *3* und mit ihm die Antriebswelle *5* verschoben werden. (8 Zeichnungen.)

Nach Gerberich.

528. E. Gerberich, Mannheim. Vorrichtung zur Erzielung gleichbleibender Fördergeschwindigkeit bei mehr als zweifach wirkenden Pumpen mit hin und her gehenden oder umlaufenden Kolben.

D.R.P. 430610 Kl. 59a vom 12. IV. 1925.

Pumpen mit hin und her gehenden oder umlaufenden Kolben haben den Nachteil, daß die Bewegung der zu fördernden Flüssigkeit entsprechend der Kolbengeschwindigkeit in den meisten Fällen sich als eine sinusähnliche Kurve darstellt. Bei mehr als zweifach wirkenden Pumpen kann nach der Erfindung eine Gleichmäßigkeit der Förderungsgeschwindigkeit dadurch erreicht werden, daß die Überragungen des Förderdiagrammes der Hauptpumpe durch eine mit dieser in geeigneter Weise verbundenen zweifach wirkenden Hilfskolbenpumpe, deren Förderdiagramm den Überragungen *c* (Fig. 191) des Diagramms der Hauptpumpe entspricht, infolge entgegengesetzten Arbeitens der Hilfspumpe abgeschnitten werden, so daß das kombinierte Förderdiagramm eine fast vollkommene gerade Linie ergibt. In dem in Fig. 191 erkenntlichen Förderdiagramm einer dreifach wirkenden Kolbenpumpe ergibt sich die Kennlinie *a* aus der Addition der drei unter 120° versetzten Sinuslinien *b* der Kolbenbewegungen. Das

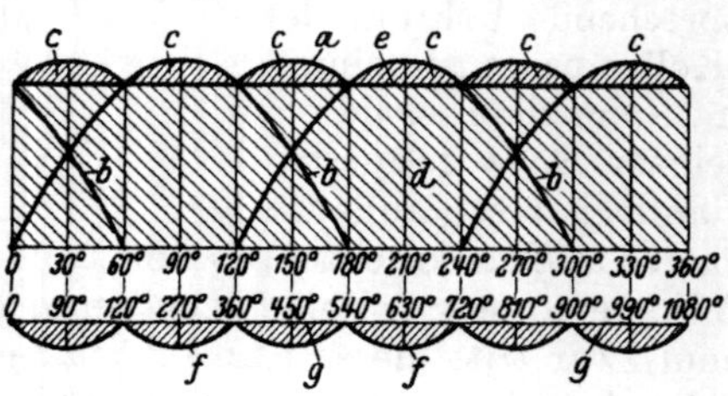

Fig. 191.

Gesamtdiagramm kann man sich auch zusammengesetzt denken aus den Erhöhungen *c* und einem Rechteck *d*, getrennt durch die Linie *e*. Das Förderdiagramm (Saugseite) der Hilfspumpe ist unterhalb des Hauptdiagrammes auf der Zeichnung ersichtlich und wird durch die Kennlinie *f* in Verbindung mit der Geraden *g* gebildet. In dem als Beispiel behandelten Fall einer dreifach wirkenden Kolbenpumpe muß nun, wie aus dem Diagramm ersichtlich ist, die Zusatz- oder Hilfspumpe dreimal so rasch laufen als die Hauptpumpe.

Patentanspruch: Vorrichtung zur Erzielung gleichbleibender Fördergeschwindigkeit bei mehr als zweifach wirkenden Pumpen mit hin und her gehenden oder umlaufenden Kolben, gekennzeichnet durch die zwangläufige Verbindung der Hauptpumpe mit einer Hilfspumpe, deren Druckraum mit dem Saugraum der Hauptpumpe, bzw. deren Saugraum mit dem Druckraum der Hauptpumpe verbunden ist und deren Förderdiagramm die Schwankungen des Diagrammes der Hauptpumpe ausgleicht.

Nach Pensotti.

529. E. Pensotti, Buste Arsizio b. Mailand. Vorrichtung zum Regeln des Zuflusses der Viskose zu den Spinndüsen für Kunstseideherstellung.

D.R.P. 439755 Kl. 59e vom 28. V. 1925; schweiz. P. 116424; österr. P. 108692.

Um den Zufluß zu jeder einzelnen Düse genau zu regeln, wird gemäß der Erfindung eine an und für sich bekannte Doppeldrehkolbenpumpe mit sichelförmigen Arbeitsräumen, entgegengesetzt umlaufenden Kolben und gemeinsamem Widerlagerschieber benutzt, bei der die Summe der Leistungen jeder der beiden Einzelpumpen ständig gleichbleibt. Infolgedessen wird eine völlig gleichmäßige Förderung zu der Düse gewährleistet, gleichgültig, wie hoch der Druck in der Zuführungsleitung ist. Diese Regelvorrichtung regelt gleichzeitig auch den Druck insofern, als einmal der Antrieb der Regelvorrichtung positiv, ein andermal negativ ist, je nachdem der Druck in der Viskosezuflußleitung höher oder geringer als an der Düse ist.

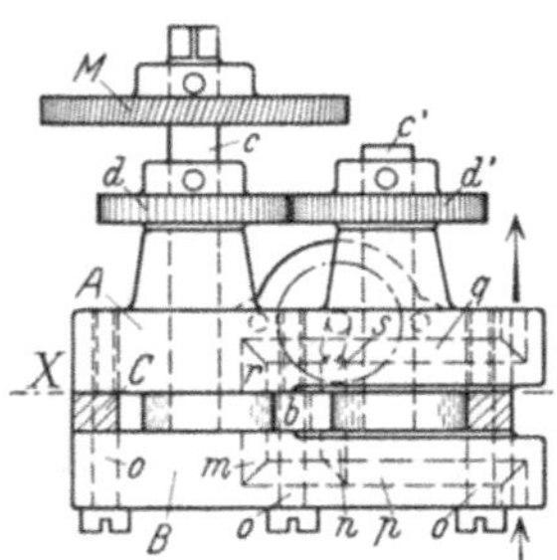

Fig. 192.

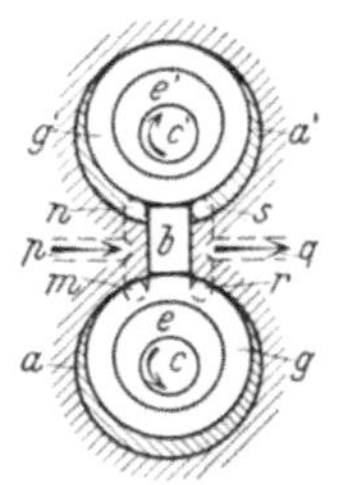

Fig. 193.

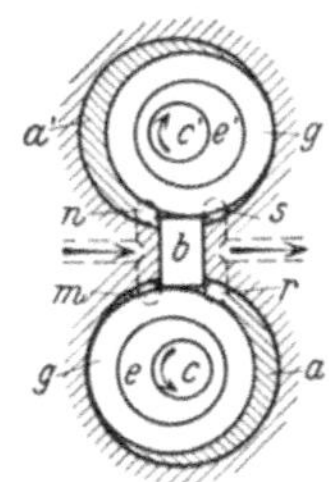

Fig. 194.

Es zeigt Fig. 192 eine Seitenansicht, teilweise im Schnitt, Fig. 193 und 194 zwei waagerechte Schnitte nach der Linie $x-y$ der Fig. 192, und zwar für zwei um einen Drehungswinkel von 90° zueinander verschobenen Drehlagen.

Die Vorrichtung besteht aus zwei durch Schrauben *o* zusammengehaltenen Platten *A* und *B*, zwischen denen sich eine mittlere Platte *C* mit zwei zylindrischen, brillenartig angeordneten Ausschnitten *a* und *a'* befindet, die durch einen Kanal *b* von rechteckigem Querschnitt miteinander in Verbindung stehen. Dieser Kanal *b* dient als Führung für den Widerlagerschieber, den die beiden Exzenterkolben *g*, *g'* gegenseitig steuern. In der mittleren Platte *C* sind die Zufluß- und Abflußleitungen *p*, *q* mit den Öffnungen *m*, *n*, *s*, *r* enthalten. Die exzentrisch gelegenen, sichelförmige Arbeitsräume bildenden Kolben *g*, *g'* werden durch die Exzenter *e* und *e'* bewegt. Auf den Exzenterwellen *c*, *c'* sitzen die ineinandergreifenden Zahnräder *d*, *d'*, wodurch die gegenseitige Bewegung der Exzenterkolben *g* und *g'* gewährleistet wird. Die Drehzahl der Kolben in der Zeiteinheit wird durch ein Wurmvorgelege *M* gesichert. Durch geeignete Wahl dieses Wurmvorgeleges ist es möglich, die Förderleistung in der Zeiteinheit genau einzustellen. Die Anordnung der beiden Exzenterkolben ist derartig, daß der eine in der Lage der Höchstleistung sich befindet, wenn der andere Kolben in der Nullage ist. Vorteilhaft wird in die Zuflußleitung ein Windkessel eingebaut, welcher bei dem überaus langsamen Zufluß der Viskose die unvermeidlich mitgerissenen Luftbläschen aufnimmt.

Patentanspruch: Vorrichtung zum Regeln des Zuflusses der Viskose zu den Spinndüsen für Kunstseideherstellung, gekennzeichnet durch die Verwendung einer an sich bekannten Doppeldrehkolbenpumpe mit sichelförmigen Arbeitsräumen, entgegengesetzt umlaufenden Kolben und gemeinsamem Widerlagerschieber.

Nach British Enka Artificial Silk Comp. Ltd.

530. British Enka Artificial Silk Company Ltd., London (N. V. Nederlandsche Kunstzijdefabriek, Arnhem). Verbesserungen an Pumpen zum Fördern von Flüssigkeiten.

Brit. P. 254253 vom 17. XI. 1925 (Prior. Deutschl. vom 23. VI. 1925).

In dem Gehäuse *a* (Fig. 195 und 196) befindet sich eine etwa dreiviertelkreisförmige Bohrung, in welcher das Drehstück *b*, von der Welle *c* aus angetrieben, umläuft. Das Drehstück *b* füllt die Bohrung nicht aus,

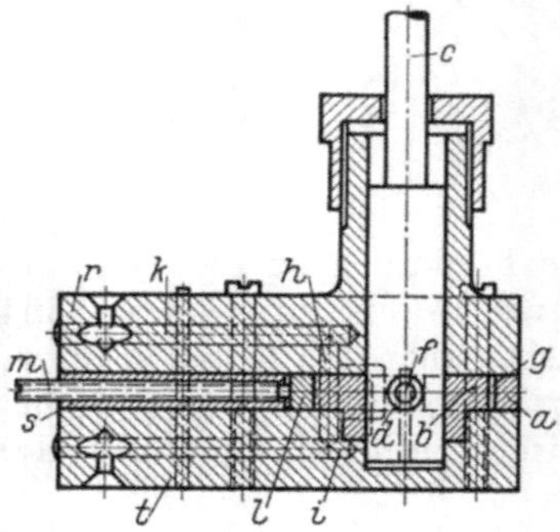

Fig. 195.

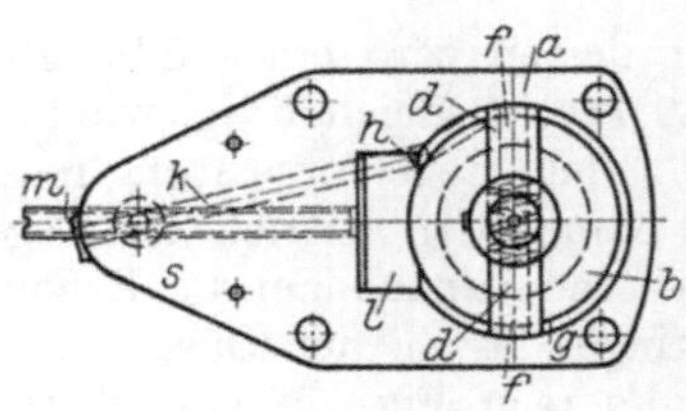

Fig. 196.

es bleibt ein Ringraum *g*, der zum Teil durch das Druckstück *l* ausgefüllt wird. Durch eine einstellbare Schraube *m* wird *l* gegen *b* gepreßt.

Das Drehstück *b* hat 2 auf demselben Durchmesser liegende, verschiebbare Kolben *d*, die durch eine Feder an die innere Wandung von *a* gepreßt werden. Bei der Drehung von *b* werden die Kolben *d* beim Vorbeigehen an *l* nach innen gedrückt. Flüssigkeit wird dem Ringraum *g* durch die Leitung *i* zugeführt, sie wird durch die Kolben *d* weitergeführt und geht durch die Leitung *h* und *k* ab. Zur Vermeidung von Saugwirkungen sind die Kolben *d* der Länge nach von Bohrungen *f* durchsetzt. Der Pumpenkörper besteht aus den Platten *r* und *t* und der Zwischenplatte *s*, die durch Schrauben zusammengehalten werden. Die Platte *s* und das Druckstück *l* bestehen aus hartem Stahl, während die Kolben *d* aus weicherem gefertigt sind.

531. Dieselbe. Verbesserungen an Pumpen zum Zuführen von Flüssigkeiten.

Brit. P. 256917 vom 18. XI. 1925 (Prior. Deutschl. vom 11. VIII. 1925); Zusatz zum brit. P. 254253; D.R.P. 465319 Kl. 59e.

Um bei der Vorrichtung des Hauptpatentes (s. vorstehend) eine feinere Einstellung der Pumpenförderung zu erreichen, ist die Mittelplatte der Pumpe durch Mikrometerschrauben verschiebbar.

Patentanspruch: Drehkolbenpumpe mit in der Kolbentrommel radial unter Federwirkung verschiebbaren Kolben und zwecks Abdichtung an der Kolbentrommel verstellbarem Widerlager, dadurch gekennzeichnet, daß der die zylindrische Wandung des Arbeitsraumes bildende Gehäuseteil aus einer Zwischenplatte besteht, die zur Regelung der Fördermenge der Pumpe gegenüber der Kolbentrommel radial verstellbar ist. (2 Zeichnungen.)

Nach Brysilka Ltd.

532. Brysilka Ltd., Apperley Bridge, England. Umlaufpumpe für Kunstseidespinnmaschinen.

D.R.P. 469262 Kl. 59a vom 25. VI. 1926 (Prior. Engl. vom 2. VII. 1925); brit. P. 258373; franz. P. 618014; belg. P. 334751.

Die Erfindung betrifft eine Umlaufpumpe insbesondere für Spinnmaschinen zur Herstellung von Kunstseide aus Kupferoxyd-Ammoniakzellulose. Die Pumpe besteht im wesentlichen aus einem feststehenden Gehäuse mit einem radial hin und her bewegliche Kolben enthaltenden Rotor.

Das Neue liegt darin, daß die exzentrischen Nuten, in denen die radial verschiebbaren Kolben unmittelbar geführt werden, in den seitlichen Deckeln des Pumpengehäuses vorgesehen und die Deckel selbst verstellbar bzw. drehbar gelagert werden, so daß durch einfache Drehung der Deckel eine Änderung in der Exzentrizität möglich ist.

In Fig. 197 bezeichnet: *1* das Pumpengehäuse, *2* den Einlaß, *3* den gegenübergelegenen Auslaß und *4* den zylindrischen Rotor. Dieser besitzt mehrere radiale Ausschnitte *5*, in denen die Kolben *6* verschiebbar sind. Letztere sind an den Seiten mit Zapfen *7* und auf diesen Zapfen mit Rollen *8* versehen. Mit den Rollen *8* werden die Zapfen mit unmittelbar in die seitlichen Deckel *10* eingearbeiteten exzentrischen Nuten *9* in Eingriff gebracht. Bei Drehung des Rotors werden also die Kolben wie üblich radial hin und her bewegt, um gegenüber dem Einlaß *2* zur Aufnahme der Spinnlösung Raum zu geben und durch radialen Vorschub sie gegenüber dem Auslaß *3* in die Förderleitung hineinzudrücken. Die Deckel *10* werden gemäß der Erfindung drehbar gelagert und zu diesem Zwecke beispielsweise mit auf das Pumpengehäuse *1* aufgeschraubten Flanschen *13* montiert. Jedem Deckel wird ein Lenker *14* angeschlossen, und an den äußeren Enden können beide Lenker durch einen Quersteg *15* verbunden werden. Durch den Quersteg *15* wird eine Schraubenspindel *16* gezogen. Das eine Ende der Spindel wird an einem ortsfesten Teil *17*, *18* des Pumpengehäuses so gelagert, daß es ohne weiteres drehbar, jedoch nicht axial verschiebbar ist. Wird also die Schraubenspindel *16* gedreht, so wird der Quersteg *15* vor- oder zurückgeschraubt, d. h. die Lenker werden im gleichen Sinne mitbewegt und eine entsprechende Verstellung der Deckel *10* bewirken. Die Exzentrizität bzw. Lage der Nuten *9* wird mit Bezug auf die Mitte des Rotors eine andere, so daß die Endlagen im Hub der Kolben *6* mit Bezug auf Einlaß und Auslaß je nach Bedarf, entweder früher oder später in der Drehung des Rotors erreicht werden.

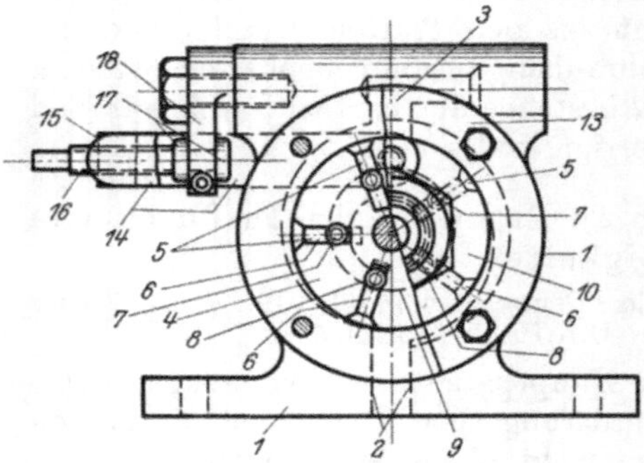

Fig. 197.

Patentanspruch: Umlaufpumpe für Kunstseidespinnmaschinen, dadurch gekennezichnet, daß zur Radialverschiebung der Kolben exzentrische Nuten in seitlichen, am Pumpengehäuse drehbar angeordneten Verschlußdeckeln vorgesehen sind und eine Verstellung der Exzentrizität durch Drehung der Deckel bewirkt wird.

Nach Labitotière.

533. E.-H. Labitotière. Pumpe für viskose Flüssigkeiten mit während des Ganges der Pumpe veränderlicher Förderung.

Franz. P. 606470 vom 17. XI. 1925.

Die Erfindung betrifft eine Pumpe der bekannten Bauart, bei welcher die in einem umlaufenden Kolben verschiebbaren Förderkolben an einer geneigten Scheibe vorbeigehen und dadurch eine hin und her gehende Bewegung erhalten. Das Neue ist die Einstellung der geneigten Scheibe von außen her mittels einer durch das Pumpengehäuse durchgehenden, außen mit Schraubengewinde versehenen Verlängerung, die in einem Schlitz des Pumpengehäuses verschoben werden und in jeder Stellung durch eine außen aufsitzende Verschraubung festgehalten werden kann. Die dadurch erzielte mehr oder weniger große Neigung der Führungsscheibe gegen die Horizontale verändert den Weg der Pumpenkolben und damit die Fördermenge der Pumpe. (4 Zeichnungen.)

534. Derselbe. Pumpe mit veränderlicher Förderung durch Regeln des Kolbenweges.

Franz. P. 634713 vom 19. V. 1927.

Die Einstellung der geneigten Scheibe, die beim Drehen des Pumpenkörpers die Kolben verschiebt, erfolgt in ähnlicher Weise wie in vorstehendem Patent. Die Kolben stehen unter der Wirkung von Federn, die an dem der Scheibe entgegengesetzten Ende der Kolben oder an dem der Scheibe anliegenden Kolbenende oder in einem Schlitz des der Scheibe anliegenden Kolbenendes angebracht sind. (3 Zeichnungen.)

Nach Max Ams Chemical Engineering Corporation.

535. Max Ams Chemical Engineering Corporation, Bridgeport, Ver. St. A. Pumpe mit zwei in einem Zylinder angeordneten Kolben.

D.R.P. 451212 Kl. 59a vom 8. VIII. 1926 (Prior. Ver. St. Amer. vom 30. III. 1926); brit. P. 267791.

Die Erfindung besteht in einer Pumpe, die, ohne übermäßige Wärme zu erzeugen, mit hoher Geschwindigkeit laufen soll, leicht auseinandergenommen sowie gereingint und bequem eingestellt werden kann, um den geförderten Betrag genau zu regeln. Fig. 198 zeigt eine teilweise

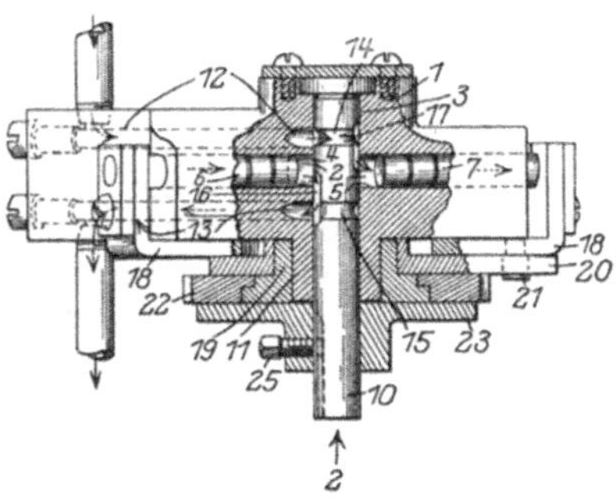

Fig. 198.

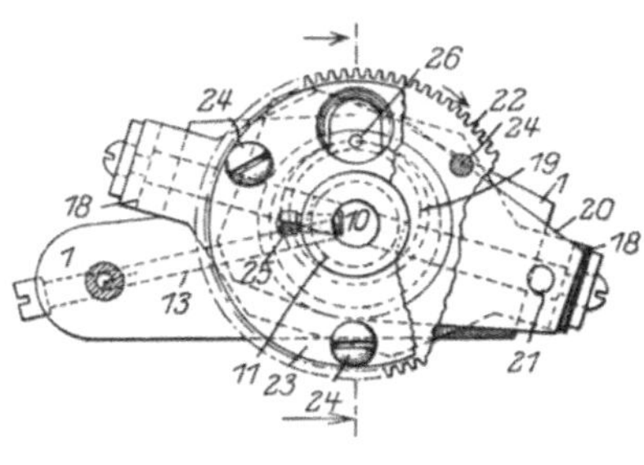

Fig. 199.

abgebrochene geschnittene Draufsicht auf die Pumpe, Fig. 199 eine in Richtung des Pfeiles *2* in Fig. 198 gesehene teilweise abgebrochene geschnittene Ansicht. In einem Gehäuse *1* ist ein Pumpenzylinder *2* vorgesehen, der durch einen Drehschieber *10* im Raum *3* in zwei Arbeitsräume *4* und *5* unterteilt wird. In den Arbeitsräumen sind Kolben *6* bzw. *7* hin und her beweglich. Für den Drehschieber *10*, der bei jeder Hinundherbewegung der Kolben eine Umdrehung ausführt, dient die Verlängerung *11* des Pumpengehäuses *1* als Lager. Der Einlaß ist mit *12*, der Auslaß mit *13* bezeichnet. In Richtung mit dem Einlaß *12* ist die Ringnut *14*, in Richtung mit dem Auslaß *13* die Ringnut *15* am Drehschieber angebracht. Außerdem weist der Drehschieber einander gegenüberliegende Kanäle *16* und *17* auf, von denen der eine von der nahe dem Einlaß liegenden ringförmigen Nut und der andere von der anderen ringförmigen Nut aus nach dem Pumpenzylinder führt. Es leuchtet ein, daß bei einer Umdrehung des Drehschiebers *10* jeder Arbeitsraum abwechselnd mit dem Einlaß und dem Auslaß verbunden wird und die Anordnung so getroffen ist, daß, wenn der Einlaß mit dem einen Teil verbunden ist, der Auslaß mit dem andern Teil der Pumpenkammer in Verbindung steht. Die Kolben bewegen sich bei dieser Anordnung gleichgerichtet hin und her, so daß, wenn ein Arbeitsraum mit dem Einlaß verbunden ist, sein Kolben von dem Drehschieber sich fortbewegt, während, wenn er mit dem Auslaß in Verbindung steht, der zugehörige Kolben gegen den Drehschieber hin verschoben wird. Zur Bewegung des Kolbens und Drehschiebers ist ein außerhalb des Gehäuses *1* liegender verschiebbarer Bügel *18* mit den beiden Kolben *6* und *7* verbunden. Um den Drehschieber *10* herum ist drehbar auf seinem Lager *11* ein Exzenter *19* angeordnet. Um das Exzenter *19* herum liegt ein Verbindungsteil *20*, welches durch einen Zapfen *21* an dem Bügel *18* befestigt ist, um die Bewegung des Exzenters in eine hin und her gehende Bewegung des Bügels *18* zu verwandeln. Auf dem konzentrischen Umfang des Exzenters *19* sitzt ein Zahnrad *22*, das mit einer Verbindungsscheibe *23* durch Schrauben *24* und ferner durch eine Stellschraube *25* auf der Nabe dieser Scheibe mit dem Drehschieber *10* fest verbunden ist. Auf diese Weise erhält der Bügel *18* und die Kolben über das Exzenter *19* ihre hin und her gehende Bewegung und entsprechend hierzu der Drehschieber *10* vom Zahnrad *22* her seinen Antrieb. Durch einen Zapfen *26* kann die Lage des Exzenters nach Lösen der Schrauben *24* von Hand eingestellt werden. Eine weitere Ausführungsform wird beschrieben.

Patentansprüche: 1. Pumpe mit zwei in einem Zylinder angeordneten Kolben, dadurch gekennzeichnet, daß der Drehschieber den Zylinder in zwei Arbeitsräume, in welchen die Kolben gleichgerichtet hin und her bewegt werden, unterteilt und die Ein- und Auslässe der Arbeitsräume abwechselnd steuert.

2. Pumpe nach Anspruch 1, dadurch gekennzeichnet, daß auf einem außerhalb des Pumpengehäuses liegenden Lager des Drehschiebers ein auf einen beide Kolben verbindenden gleitbaren Bügel einwirkendes Exzenter drehbar angeordnet ist und auf dem konzentrischen Umfang des Exzenters ein Zahnrad drehbar sitzt, welches über Verbindungsteile den Drehschieber antreibt.

3. Pumpe nach Anspruch 1 und 2, dadurch gekennzeichnet, daß das Exzenter auf einen verschiebbaren Bügel, der die Kolben hin und her bewegt, einwirkt.

4. Pumpe nach Anspruch 1—3, dadurch gekennzeichnet, daß der Drehschieber bei jeder Hinundherbewegung der Kolben eine Umdrehung macht.

5. Pumpe nach Anspruch 1—4, dadurch gekennzeichnet, daß das Exzenter einen Zapfen trägt, durch den es zwecks Änderns der Regelung der Umkehr der Kolben mit Bezug auf die Regelung der Drehung des Drehschiebers verstellt werden kann.

Nach Gebr. Ludwig.

536. Gebr. Ludwig, Grüna i. Sa. Drehkolbenpumpe zur Herstellung von Kunstfäden für Spinnereizwecke.

D.R.P. 471873 Kl. 59e vom 29. VII. 1926; schweiz. P. 124402; franz. P. 622889; brit. P 273536.

Zur Erzielung einer dauernd gleichmäßigen Förderleistung kommt eine Drehkolbenpumpe zur Verwendung, bei der Exzenterpumpen hintereinander- und versetzt zueinanderliegend auf einer durchgehenden Welle angeordnet sind, wobei die Kolben die gleiche Umlaufrichtung haben. Diese Anordnung gewährleistet eine dauernd gleiche Bewegung der Kolben und infolge ihrer gleichen Umlaufrichtung auch eine dauernd schwankungsfreie Förderleistung. Jeder Kolben hat außerdem sein eigenes Widerlager, dessen eines Ende fest mit dem Kolben verbunden ist. Der Durchtritt von Spinnflüssigkeit zwischen Kolben und Widerlager wird damit vollkommen unmöglich.

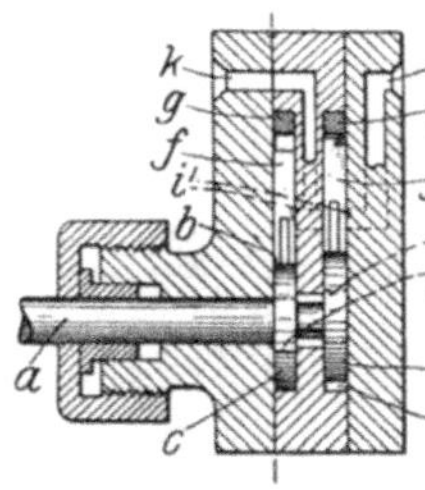

Fig. 200.

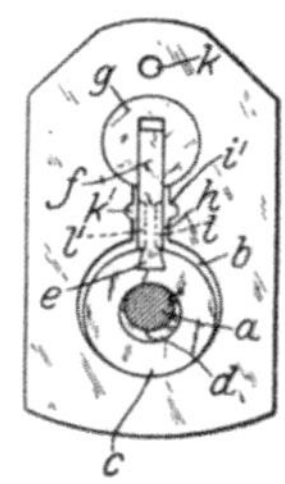

Fig. 201.

Bei Fig. 200 und 201 sind auf der gemeinsamen Antriebswelle *a* zwei, in den Räumen *b* und *b'* arbeitende, scheibenartige Druckkolben *c* und *c'* gelagert, die von den um 180° versetzten Exzenterstücken *d* und *d'* bewegt werden. Jeder der beiden Kolben *c* und *c'* ist bei *e* mit einem Widerlager *f* und *f'* verbunden, dessen freies Ende in einer drehbar gelagerten Nuß *g* bzw. *g'* geführt ist. Die Widerlager *f* und *f'* sind durch Schlitze *h* hindurchgeführt, welche die Arbeitsräume *b*, *b'* mit den Lagerstellen für die Scheiben *g*, *g'* verbinden. Diese Schlitze *h* sind etwas breiter als die Widerlager *f*, *f'*, so daß letztere bei dem exzentrischen Umlauf der Kolben *c*, *c'* eine pendelartige Bewegung ausführen können. *i* ist der Eintrittskanal und *k* der Ablaufkanal für die Spinnflüssigkeit. Die Mündungen *i'* bzw. *k'* dieser Kanäle liegen unmittelbar an den Seitenflächen der Widerlager *f* bzw. *f'*. Letztere sind außerdem zu beiden Seiten mit Einkerbungen *l*, *l'* versehen. Die Einkerbungen ermöglichen es, die Schlitze *h* möglichst eng zu halten, ohne den Durchtritt der Spinnflüssigkeit zu hindern.

Patentanspruch: Drehkolbenpumpe zur Herstellung von Kunstfäden für Spinnereizwecke, gekennzeichnet durch die Verwendung von zwei an sich bekannten, auf der gleichen, durchgehenden Welle versetzt zueinander angeordneten und gemeinsame Zu- und Ableitung besitzenden Exzenterpumpen, deren Kolben mit den Widerlagern fest verbunden sind.

Nach Barmer Maschinenfabrik Akt.-Ges.

537. Barmer Maschinenfabrik Akt.-Ges., Lennep, Rhld. Viskosepumpe zum Speisen der Spinndüsen an Kunstseidespinnmaschinen.

D.R.P. 468113 Kl. 59a vom 21. XI. 1926.

Die bekannten und gebräuchlichen Viskosepumpen haben den Nachteil, daß die Viskose mit den Kolben und den Wandungen der Pumpe direkt in Berührung kommt und sich dort durch Lufteinwirkung festsetzt, was die Gleichmäßigkeit der Förderung beeinträchtigt. Bei der vorliegenden Viskosepumpe sind diese Nachteile beseitigt. Das Neue besteht darin, daß die in den Bohrungen einer Umlauftrommel durch eine schräge Hubscheibe bewegten Gleitstücke auf Membranen einwirken, um die Gleitstücke von der zu fördernden, sich an der Luft leicht erhärtenden Viskose frei zu halten.

In Fig. 202 ist *1* das Pumpengehäuse mit der Verschlußkappe *2*. Innerhalb des durch die Verschlußkappe *2* gebildeten Hohlraumes *3* ist die mit der in dem Gehäuse *1* gelagerten Achse *4* verbundene Umlauftrommel *5* drehbar, welche auf geeignete Weise ihren Antrieb erhält. Die Umlauftrommel *5* besteht aus zwei Teilen *a* und *b*, zwischen welche Membranen *6* eingeschaltet sind. Der Teil *a* der Umlauftrommel *5* besitzt axiale Bohrungen *8*, in welche die Druckkörper *7* eingesetzt sind. Sie sind in dem gezeichneten Ausführungsbeispiel zylindrisch; sie können ebensogut aber auch jede sonst geeignete Form besitzen, z. B. auch aus Kugeln bestehen. In dem Teil *b* befinden sich die Saug- und Druckräume *9*. Diese Räume stehen in Verbindung mit den Kanälen *10*. Am Boden der Verschlußkappe *2* des Pumpengehäuses befindet sich eine schiefe Ebene *11*, durch welche die in den Bohrungen *8* der Umlauftrommel *5* sitzenden Druckkörper *7* bei der Drehung der Umlauftrommel ihre hin und her gehende Bewegung erhalten. Um die Hübe zu verändern, kann die schiefe Ebene *11* auch verstellt werden.

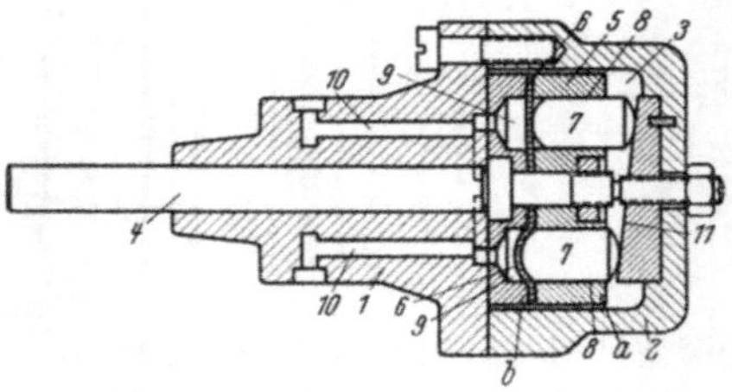

Fig. 202.

Die Wirkungsweise der Pumpe ist folgende: Bei der Drehung der Umlauftrommel *5* werden die Druckkörper *7*, welche sich auf der schiefen Ebene *11* im Kreise bewegen, abwechselnd hin und her bewegt, wobei die Membranen *6* die Räume *9* vergrößern und verkleinern; dadurch wird in der Verbindung mit der bekannten Steuerung ein Saugen und Drücken herbeigeführt.

Patentanspruch: Viskosepumpe zum Speisen der Spinndüsen an Kunstseidespinnmaschinen mit in den Bohrungen einer Umlauftrommel durch eine schräge Hubscheibe bewegten Gleitstücken, dadurch gekennzeichnet, daß die Gleitstücke auf Membranen *6* einwirken, um die Gleitstücke von der zu fördernden, sich an der Luft leicht erhärtenden Viskose frei zu halten.

Nach Dubuis.

538. L. Dubuis. Drehkolbenpumpe ohne toten Punkt mit regelmäßiger und regelbarer Förderung.

Franz. P. 629073 vom 14. II. 1927.

Die Erfindung bezweckt, den beim Arbeiten der Pumpe eintretenden toten Punkt und die damit verbundenen Unregelmäßigkeiten im Faden zu vermeiden. Die Pumpe besteht aus einem Gehäuse *H* (Fig. 203 senkrechter Längsschnitt, Fig. 204 Querschnitt nach *E—F* Fig. 203), welches durch den Deckel *Y* abgeschlossen ist. In dem Gehäuse befindet sich der beispielsweise in Pfeilrichtung bewegliche zylindrische Rotor *G*. Die unter dem Druck der Federn *L* in der Führung *M* stehenden Gleitbolzen J^1 und J^2 drücken sich gegen die exzentrischen Ringnuten I^1 und I^2 des Rotors *G*. Durch die gegenüberliegenden exzentrischen Ringnuten I^1 und I^2 wird bei einer halben Umdrehung des Rotors abwechselnd ein Saug- und Druckraum geschaffen, so daß die Flüssigkeit durch die Kanäle *7, 9* (Fig. 204) angesogen und bei einer weiteren halben Umdrehung durch die inzwischen eingetretene, gestrichelt gezeichnete Lage des Rotors ein Austritt der Flüssigkeit durch die Kanäle *6, 8* erfolgt. *P* ist eine Deckelverschlußschraube, *O* eine zum Entleeren dienende Schraube, während *N* dazu dient, die seitliche Verschiebung des Rotors zu regeln.

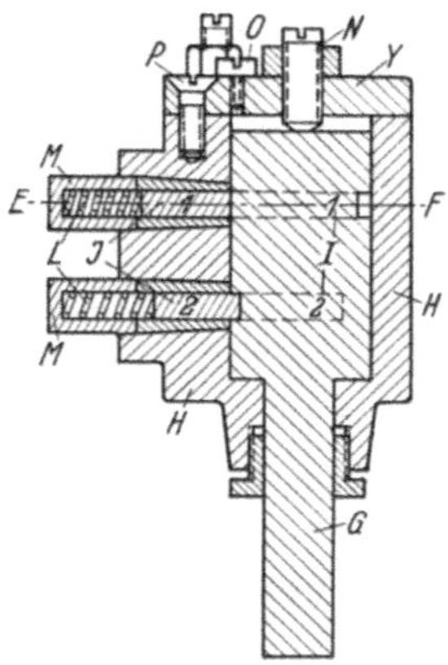

Fig. 203.

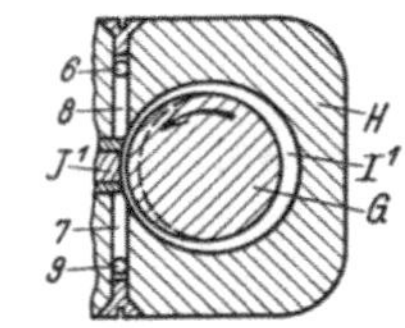

Fig. 204.

Nach Jacot-Descombes.

539. L. Jacot-Descombes, Tavannes, Schweiz. Umlaufende Kolbenpumpe.

Schweiz. P. 125059 vom 28. II. 1927; franz. P. 644665; Ver. St. Amer. P. 1736497.

Bei der Pumpe, die in Fig. 205 im Querschnitt dargestellt ist, ist im Gehäuse *a* ein mit radialen Zylinderbohrungen *i* versehener Pumpenkörper *h* angeordnet. Die Achsen dieser Zylinderbohrungen liegen alle in derselben Ebene. *h* wird von außen her angetrieben. Im Hohlraum des Pumpenkörpers *h* sind dem feststehenden Drehzapfen *f* in ihrer Mitte ausgeschnittene und mit Querstiften *n* versehene Gleitschuhe *m* angepaßt, an den Querstiften sind die Kolben *o* der Zylinderbohrungen angelenkt. Die Gleitschuhe schmiegen sich der zylindrischen Oberfläche des Drehzapfens *f* an und werden darauf mittels beiderseitig der Kolben vorgesehener Ringe *p* festgehalten. Beim Drehen des Pumpenkörpers *h* werden die Kolben *o* mitgenommen, sie nehmen die Gleitschuhe *m* mit, die sich um die Außenfläche des festen Drehzapfens *f* drehen. Bei exzentrischer Lage des Drehzapfens gegenüber der Achse der Antriebswelle werden die Kolben in den Zylinderbohrungen des Pumpenkörpers verschoben und saugen zuerst die durch Leitung *b* und eine im Gehäuse ausgesparte Rinne *q* herkommende Flüssigkeit an.

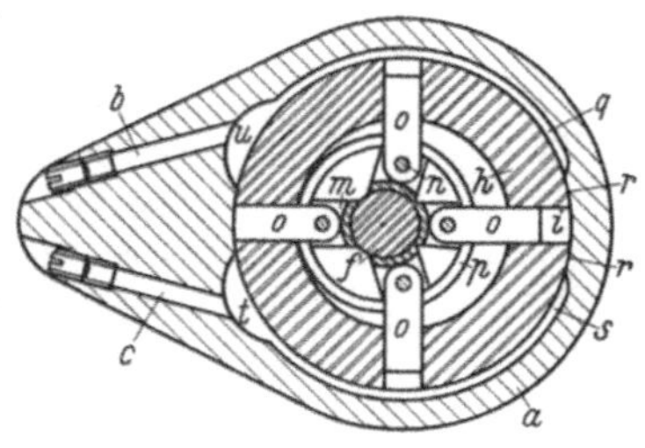

Fig. 205.

Nach Passieren der Abschlußstelle *r*, welche die Rinne *q* von einer ähnlichen Rinne *s* im entgegengesetzten Teil des Gehäuses trennt, drängen die Kolben die Zylinderinhalte in die Rinne *s*, bis sie die Stellung desjenigen Kolbens erreicht haben, der sich in der Uhrzeigerstellung von 0 Uhr befindet. Die Rinnen *q* und *s* endigen an den Mündungen der Kanäle *b* und *c* in Erweiterungen *t* und *u*, welche als Ausdehnungskammern dienen zur Regelung der Pumpenleistung. Eine besondere Art der Verstellung der Exzentrizität des Drehzapfens *f* ist noch angegeben. (4 Zeichnungen).

Eine weitere Ausgestaltung der Pumpe betrifft das

schweiz. P. 129796

desselben Erfinders.

Nach Wicaco Screw and Machine Works.

540. Wicaco Screw and Machine Works, Philadelphia. Spinnpumpe.

Franz. P. 634881 vom 23. V. 1927; brit. P. 296800, 297021 und 297022 vom 10. V. 1927; Ver. St. Amer. P. 1684871 (Ch. W. Lawser).

In einem Zylinder *1* (Fig. 206) dreht sich, von dem Zahnrad *5* angetrieben, der Kolben *2*. Der nicht bewegliche Boden *6* nimmt die Halbkugel *8* auf, deren Ansatz *9* durch einen Schlitz *10* hindurchgeht und durch die Schraube *12* gehalten wird. Die Schrauben *13, 14* dienen nach Lockerung von *12* zur Verstellung der Halbkugel *8*. In der Halbkugel *8* sitzt die zylindrische Scheibe *15* mit der Verlängerung *16*. Scheibe *15* hat an ihrer oberen Fläche die konische Vertiefung *17*, in der die Kugel *18* liegt. *18* steht unter dem Druck der in der Längsrichtung des Pumpenkörpers verschiebbaren Stange *21*, die durch Schraubpfropfen *39, 40* festgehalten wird. *21* stützt sich am inneren Ende auf den Kolben *19*, der in einer Erweiterung der Bohrung *20* gleitet und die Kugel *18* berührt. Kolben *19* steht dauernd unter dem Druck der Feder *19a*, durch die auch der Kolben *2* gegen den Boden *4* gedrückt wird. Die Scheibe *15* hat *3* radiale Einschnitte *22* von zylindrischem Querschnitt zur Aufnahme der Kolbenköpfe *25*. Die Kolben *26* gleiten in Bohrungen *27*, durch Einschnürungen *28* und entsprechende Gestaltung der Einschnitte *22* wird die ungehinderte Bewegung der Kolben in der Scheibe *15* ermöglicht. Die Bohrungen *27* haben an ihrem inneren Ende Querkanäle *29*, die in den Seitenflächen von Kolben *2* münden. In der Wandung des Pumpenkörpers ist ein Paar Umlaufkanäle *30, 31* vorgesehen, die sich je nicht ganz über die Hälfte des Zylinderumfangs erstrecken und mit der Zu- und Ableitung *36a, 35a* in Verbindung stehen. Als Vorteil wird die exzentrische Lagerung der Zu- und Ableitung auf nur einer Seite des Pumpenkörpers hervorgehoben.

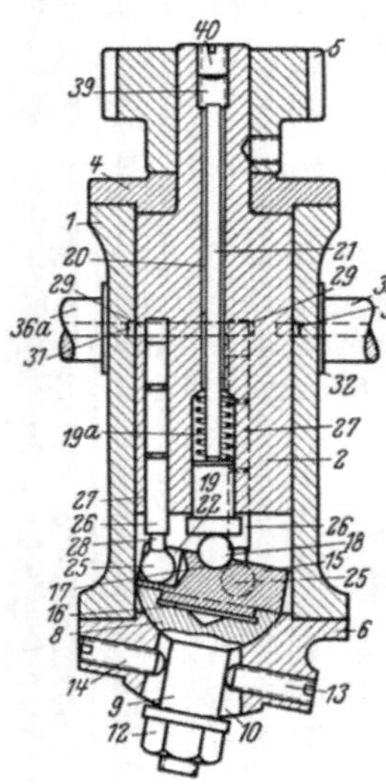

Fig. 206.

Nach Chatelain.

541. W. Chatelain, Sulz, Ob.-Elsaß. Verbesserung an Viskosezuteilern mit Kolbenpumpeneinrichtung.

D.R.P. 471291 Kl. 59a vom 14. II. 1928; franz. P. 645790 vom 16. XII. 1927; belg. P. 356577.

Um die infolge ihrer besonderen Anordnung eintretende Abnutzung einzelner Pumpenteile zu vermeiden, ist nach der Erfindung die Einrichtung getroffen, daß die Pumpenstiefelachse in jeder Stellung mit der Kolbenachse zusammenfällt, wodurch schädliche, auf einseitigen Verschleiß des Pumpenstiefels hinwirkende Seitenkräfte des Kolbens vermieden werden. In der Zeichnung ist beispielsweise eine Ausführungsform des Erfindungsgegenstandes in zwei Figuren dargestellt, und zwar zeigt Fig. 207 die Vorrichtung im Schnitt gemäß der Antriebsachse, Fig. 208 eine Seitenansicht. Die Viskose tritt durch die Öffnung *a*

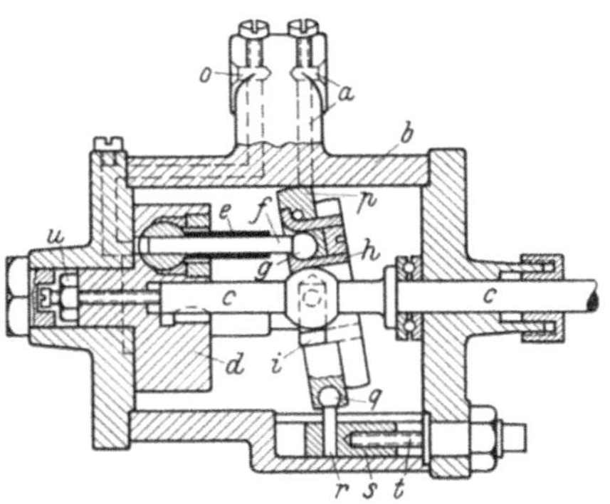

Fig. 207.

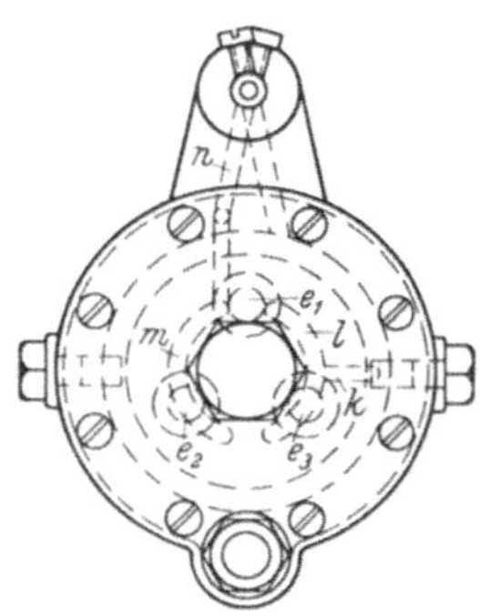

Fig. 208.

ein und füllt den Zuteilerkörper *b* aus. Auf der Antriebsachse *c* ist die Pumpenträgerscheibe *d* angeordnet. Jede der Pumpen besteht aus einem Pumpenstiefel *e* und einem Kolben *f*. Die in der Zeichnung dargestellte Vorrichtung weist beispielsweise 3 Pumpenkolben e_1, e_2 und e_3 auf (Fig. 208). Der in der Scheibe *d* sitzende Teil ist als Kugelzapfen ausgebildet, so daß er in der Scheibe *d* hin und her schwingen kann. Der Kolben *f*, dessen freies Ende als Kugelzapfen *g* ausgebildet ist, ist im Kugelglied *h* gelagert. Letzteres erhält seinen Antrieb durch die Welle *c* mittels des Keiles *i* und betätigt infolge seiner schrägen Lage die Pumpenkolben e_1, e_2, e_3. Die Viskose tritt durch den Kanal *k* in die Ansaugeleitung *l*, von wo aus sie nacheinander durch die Pumpen angesaugt wird. Während der Druckperiode stehen die Pumpen mit der Abflußleitung in Verbindung, so daß die in die Leitungen *n* gedrückte Viskose aus dem Zuteiler durch die Öffnung *o* austritt. Die Ausflußmenge des Zuteilers hängt von der Neigung des Kuppelgliedes *h* ab. Zwecks Regelung der Neigung des Teiles *h* ist er aus zwei Teilen hergestellt, von denen der äußere Ring *p* sich nicht mit dem eigentlichen Kuppelglied dreht, aber dessen Neigung bestimmt. In dem äußeren Ringe *p* ist der Kugelzapfen *q* eines in der Mutter *s* angeordneten Fingers *r* gelagert. Mit Hilfe des Bolzens *t* wird die Stellung des Fingers *r* und damit die Neigung des Kuppelgliedes *h* eingestellt. Der Dichtigkeitsgrad der Scheibe *d* in bezug auf die Saug- und Druckkanäle *l* und *m* aufweisende Scheibe wird durch die Mutter *u* geregelt.

Patentanspruch: Verbesserung an Viskosezuteilern mit Kolbenpumpeneinrichtung, dadurch gekennzeichnet, daß die Pumpenstiefel *e* einerseits und die Kolbenpumpen *f* andererseits als Kugelzapfen ausgebildet sind und die einen in einer Scheibe *d*, die anderen in bekannter Weise in dem im Innern des Gehäuses untergebrachten Kuppelglied *h* gelagert sind, derart, daß in jeder Kolbenstellung die Pumpenstiefelachse mit der Kolbenstangenachse zusammenfällt zwecks Vermeidung schädlicher, auf Verschleiß wirkender Seitendrücke.

Nach Tubize Artificial Silk Company of America.

542. Tubize Artificial Silk Comp. of America, Philadelphia. Verbesserungen an Pumpen mit mehreren Zylindern.

Franz. P. 684689 vom 13. II. 1928; belg. P. 348886; schweiz. P. 130964; Ver. St. Amer. P. 1697853 (W. L. Coursen).

Die Konstruktion der Pumpe ist so, daß die beweglichen Teile vollkommen durch die die Pumpe durchlaufende Flüssigkeit geschmiert werden, Entweichen von Flüssigkeit nach Möglichkeit verhindert wird und die Drucke im Innern möglichst gleichmäßig gehalten werden. Fig. 209 zeigt die Pumpe in Aufsicht, zum Teil im Schnitt nach *1—1* von Fig. 212, Fig. 210 ist ein Querschnitt durch die Pumpenmitte, Fig. 211 ein Schnitt nach *3—3* der Fig. 210 und Fig. 212 ein Schnitt nach *4—4* von Fig. 210. *A* ist der Pumpenkörper, in dem sich das Ende A_1 des Antriebes und die Zylinder A_2 befinden, die von einem Ende von *A* bis zum anderen durchgehen. A_3 und A_4 sind Leitungen in *A*, welche mit den beiden Enden von *A* kommunizieren. A_5 ist die Eintrittsleitung für die Spinnlösung, sie mündet bei A_1 und der Bohrung a_1. Die am anderen Ende von *A* liegende Leitung A_6 führt zur Austrittsöffnung A_7. *B, B, B* sind Zylinder in den Zylindern A_2, sie haben Bohrungen B_1 und B_2 anderen Durchmessers, die mit den Endkammern der Pumpe kommunizieren. Die Bohrungen B_1 sind die eigentlichen Pumpenzylinder und haben einander gegenüberliegende Öffnungen B_3 und B_4, die mit den Leitungen A_3 und A_4 in Verbindung stehen. In B_1. B_2 verschieben sich die Differentialkolben *C*, C_1 mit den Ansätzen C_2, die beim Drehen der Kolben abwechselnd die Öffnungen B_3 und B_4 freigeben und schließen. Die Enden der Kolben *C*, C_1 ragen in die Endkammern der Pumpe und enden in Halbkugeln, an den in Fig. 209 und 210 links liegenden Kolbenenden sitzen fest die Zahnräder *D, D*. An den Enden von *A* sind durch die Kappen *F* und *E* die Kammern F_1 und E_1 gebildet, an *E* sitzt die Stopfbüchse. Durch *F* geht die Schraube *J* mit dem halbkugeligen Kopf J_1. *G* ist die Antriebswelle der Pumpe, sie geht durch die Stopfbüchse und endet in dem dünneren Stück G_1. Durch den Keil g ist auf ihr eine schräg liegende Scheibe I befestigt, die die Lager L, L für die Pumpenkolben trägt. Auf G ist ferner das Zahnrad H befestigt, das mit den Zahnrädern D, D an den Pumpenkolben in Eingriff steht. Am entgegengesetzten Ende der Pumpe in der Kammer F_1 befindet sich die um J_1 schwingende Platte K mit den Lagern L, L für die Enden der Pumpenkolben. e, e_1 sind Zutrittskanäle für die Flüssigkeit, durch die Schraube e_2 ist e_1 nach außen abgeschlossen.

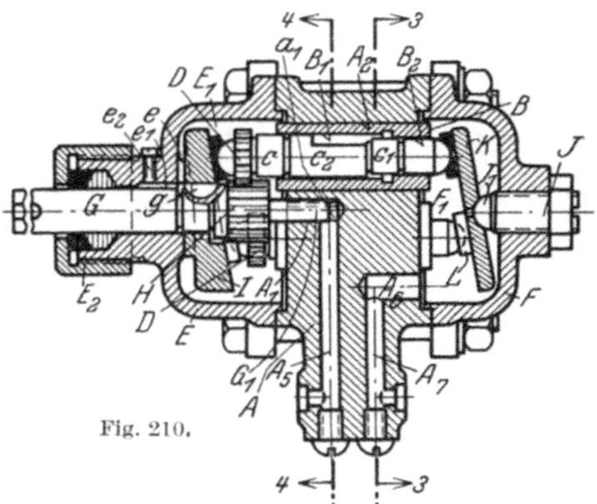

Fig. 210.

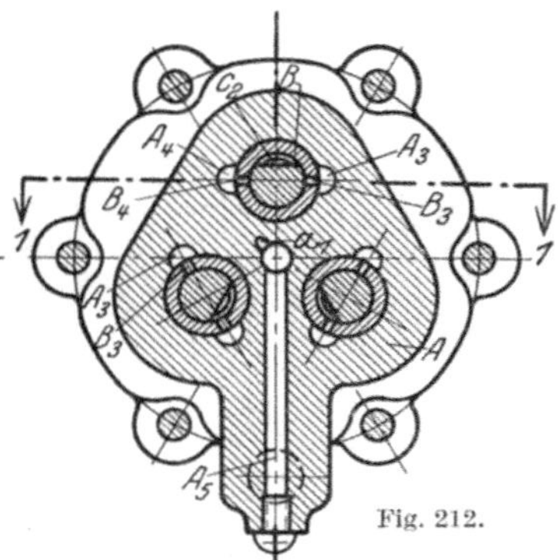

Fig. 212.

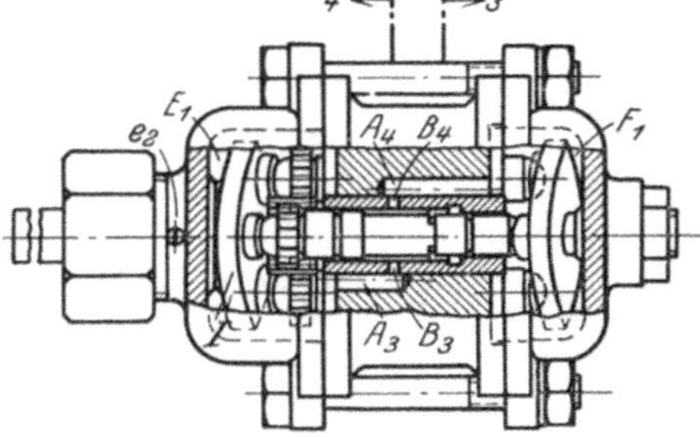

Fig. 209.

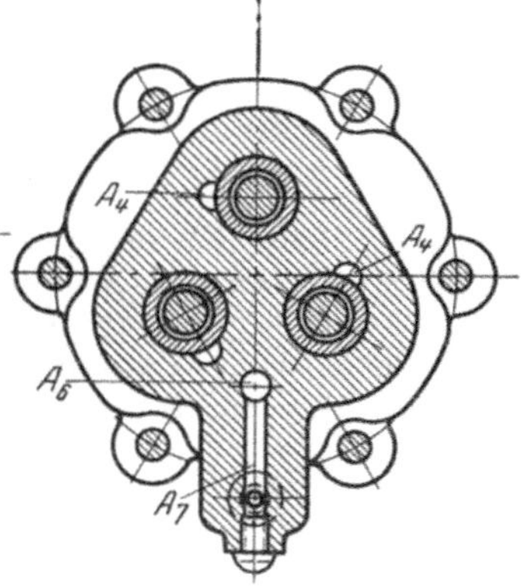

Fig. 211.

Dreht sich die Welle G, so erteilt die Scheibe I und das Zahnrad H den Kolben eine drehende und hin und her gehende Bewegung auch durch die Berührung mit der Platte K. Beim Ansaugen der Kolben kommt Zylinder B_1 in Verbindung mit der Öffnung B_3, Leitung A_3 und Kammer E_1, bei der Kompression steht der Zylinder in Verbindung mit B_4, A_4 und Kammer F_1. Die in E_1 und F_1 liegenden Pumpenteile und die Enden der Kolbenteile werden geschmiert. Der in E_1 auf die Kolbenenden ausgeübte Druck ist stärker als der in F_1 wirkende, die Kolben bleiben also in wirksamer Berührung mit der Platte K, die durch Verstellen von J eingestellt werden kann.

543. Dieselbe. Verbesserungen an Pumpen mit mehreren Zylindern.

Franz. P. 649054 vom 14. II. 1928; schweiz. P. 130965; belg. P. 348887; brit. P. 294082 und 294083; Ver. St. Amer. P. 1697852 (W. L. Coursen).

Die Pumpe ist in Fig. 213 im Längsschnitt nach Linie *1—1* der Fig. 214 und in Fig. 214 im Querschnitt nach Linie *3—3* der Fig. 213 dargestellt. *A* ist das Pumpengehäuse, in dem sich der Zylinder A^1,

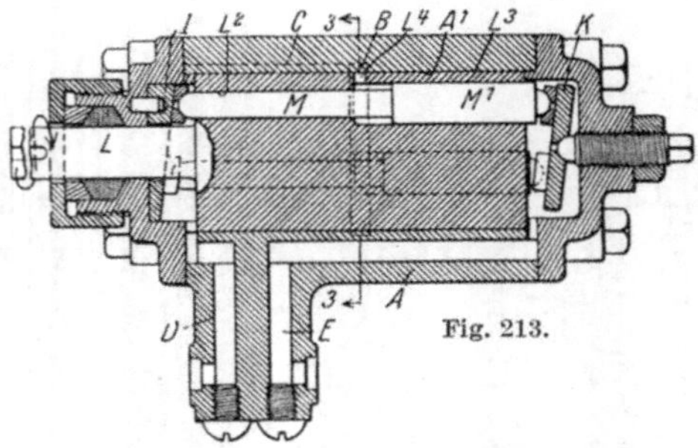

Fig. 213.

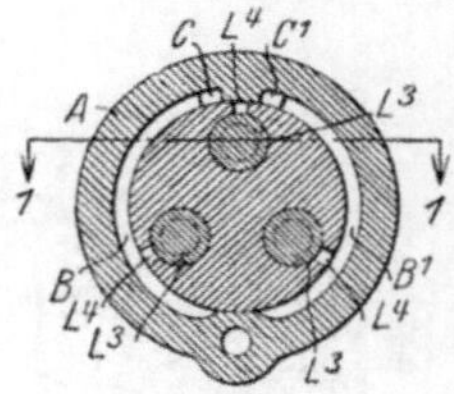

Fig. 214.

von *L* aus angetrieben, dreht. *B* und B^1 sind Saug- und Druckkammern, die über *C* und C^1 mit den Zu- und Abflußleitungen *D* und *E* in Verbindung stehen. *I* ist eine feststehende und *K* eine bewegliche schräge Scheibe, *K* kann von außen her durch eine Schraube verstellt werden. *M*, M^1 sind die Pumpenkolben, die sich in Bohrungen L^2, L^3 verschieben, Öffnungen L^4 treten beim Drehen von A^1 mit der Saug- und Druckkammer in Verbindung. (4 Zeichnungen.)

544. Dieselbe. Pumpe mit mehreren Zylindern.

Schweiz. P. 130966 vom 15. II. 1928; belg. P. 348888; franz. P. 653227; Ver. St. Amer. P. 1697854 (W. L. Coursen).

Bei dieser Umlaufpumpe ist ein in einem Gehäuse *A* (Fig. 215) gelagerter Umlaufkörper *J* mit zur Bildung von Pumpenzylindern dienenden Längsbohrungen J^4 versehen. In ihnen werden Kolben *L* unter Wirkung der Daumenkante F^2 hin und her bewegt. Die mit der Daumenkante F^2 versehene Buchse F^1, die im Deckel des Pumpengehäuses sitzt, ragt in den Teil des Pumpengehäuses hinein, der durch die Stirnseite des

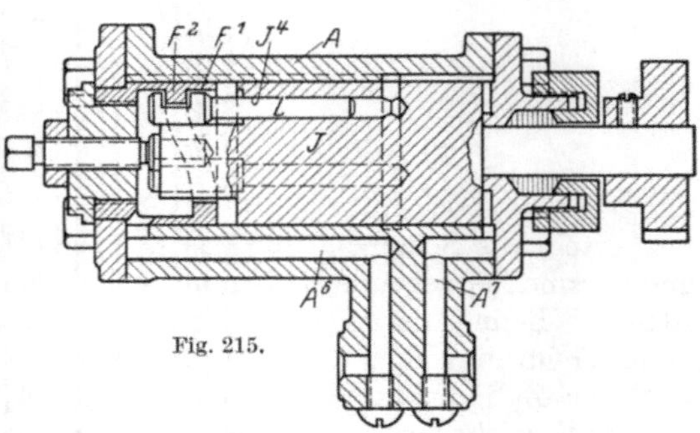

Fig. 215.

die Zylinder enthaltenden Drehkörpers *J* und den Deckel des Gehäuses begrenzt wird. Hier mündet der Saugkanal A^6, während der Druckkanal A^7 auf der anderen Stirnseite des Umlaufkörpers *J* mündet. (4 Zeichnungen.)

Nach Friedmann.

545. Fa. Alex. Friedmann, Wien. Spinnpumpe.

Österr. P. 113575 vom 15. II. 1929, angemeldet 16. II. 1928.

Der Erfindung gemäß soll das Eindringen von Öl zwischen Kolben und Zylinder oder das Austreten der Viskose in den Ölraum und eine Vermengung von Öl und Viskose dadurch vermieden werden, daß an jenem Ende des Kolbens, das der Antriebsvorrichtung zugewendet ist, die Kolbenführung unterbrochen ist, so daß ein den Kolben umgebender Raum entsteht, der mit der Außenluft in Verbindung steht. Das durch die Kolbenbewegung und den in Öl laufenden Teil der Spinnpumpe zwischen Kolben und Zylinder eintretende und nach der Druckseite hin transportierte Öl und ebenso die aus dem Druckraum des Kolbens etwa ebenfalls durch die Kolbenbewegung zurückgeschobenen Viskosemengen können ins Freie austreten, es kann der obenerwähnte, den Kolben umgebende Raum zugänglich gemacht und geputzt, als sowohl von Viskose als auch von Öl befreit werden. Es wird somit die unvermeidliche Begegnung von Öl und Viskose längs der Kolbenflächen in einem Raume stattfinden, von dem aus beide Stoffe leicht entfernt werden können. Es kann auch ein gemeinsamer Raum mehrere Kolben umgeben. Fig. 216 veranschaulicht die Erfindung bei einer der üblichen Ausführungsformen einer Spinnpumpe mit mehreren innerhalb eines gemeinsamen Zylinders gelagerten Kolben. Es bezeichnet *1* den Zylinder der Spinnpumpe, *3* den Kolbenträger, der von dem Wellenstumpf *5* aus angetrieben wird. *2* sind die Kolben, deren abgerundete Enden durch den Verdrängerklotz *4* auf und ab bewegt werden. *8* ist der die beiden Kolben verbindende Schwinghebel, der in dem Raum *6* untergebracht ist. Der der Antriebsseite zugewendete Teil der Kolben, der infolge der Reibung der einzelnen Teile geschmiert werden muß, ist von einem Raume *r* umgeben, der ins Freie führt. Zweckmäßig ist es, die Öffnung *7* ins Freie so anzuordnen, daß der Raum zugänglich und eine Reinigung des zugänglichen Kolbenteiles und des Raumes *r* selbst möglich ist.

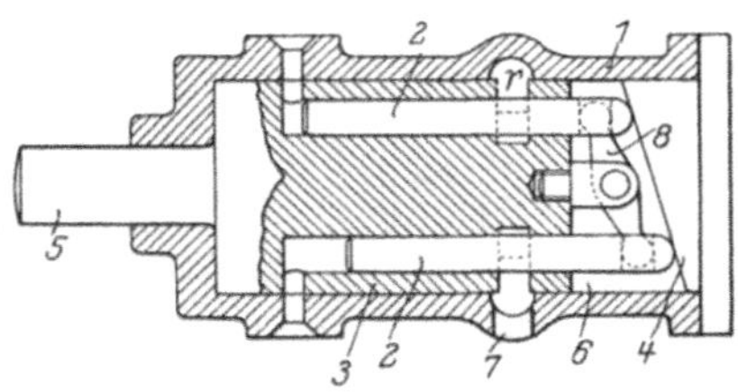

Fig. 216.

Zahnradpumpen.

Nach Egersdörfer.

546. F. Egersdörfer, Berlin-Charlottenburg. Zahnradpumpe.

D.R.P. 454489 Kl. 59e vom 3. X. 1922.

Zur Beseitigung der beim Gebrauche von geteilten Gehäusen entstehenden Undichtigkeiten, welche durch das ungleichmäßige Anziehen der Verbindungsschrauben entstehen, werden die Zahnräder nach der Erfindung in einem ungeteilten Gehäuse untergebracht. Um dies zu ermöglichen, ist das Gehäuse mit zwei die Zahnräder aufnehmenden gleichmäßigen zylindrischen Bohrungen versehen. In diesen sind dann die beiden Zahnräder mit seitlichen zylindrischen Ansätzen in Buchsen gelagert, die den gleichen äußeren Durchmesser haben und im Gehäuse dicht eingepaßt sind. Diese Buchsen füllen die seitlich der Zahnräder liegenden Räume der Gehäusebohrungen aus und dichten zugleich die Zahnräder bis zur Wandung seitlich ab. Die Buchsen ermöglichen ferner das Einsetzen der so abgedichteten Zahnräder, da sie auf deren zylindrische Ansätze geschoben werden können, nachdem die Zahnräder in die Gehäusebohrungen eingesetzt sind.

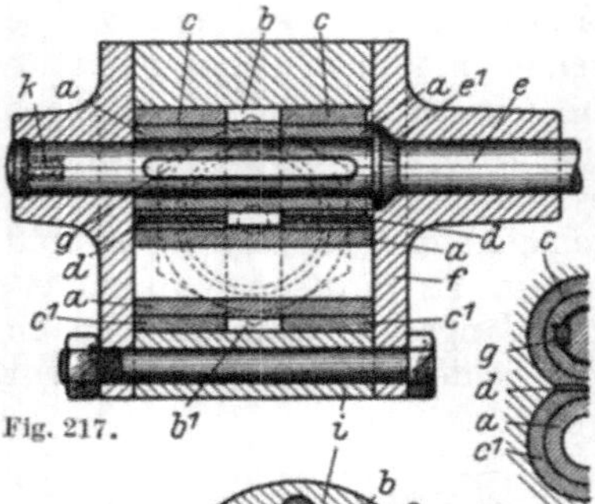

Fig. 217.

Fig. 218.

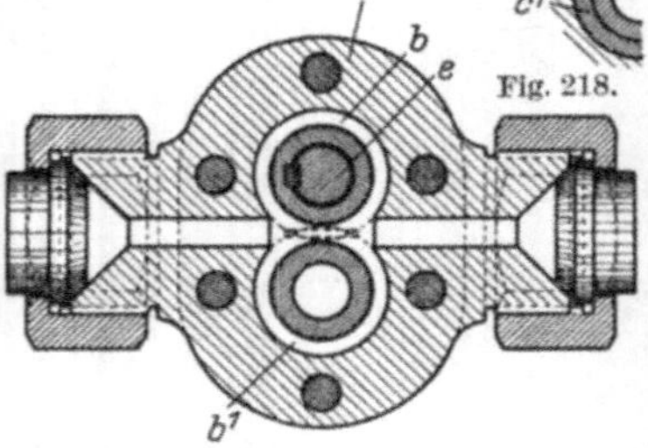

Fig. 219.

Fig. 217 zeigt eine Pumpe im Längsschnitt, Fig. 218 im Querschnitt durch die Zahnräder, Fig. 219 einen Querschnitt durch die seitlichen Zahnradansätze und Lagerbuchsen.

In einem Gehäuse *i* sind zwei Zahnräder *b*, b^1 angeordnet, von denen ersteres auf einer Antriebswelle *e* gelagert ist. Die Welle ist im Gehäuse durch einen eingeschliffenen kegelförmigen Bund e^1 abgedichtet, der durch eine am Ende der Welle befindliche Feder *k* gegen eine entsprechende kegelförmige Bohrung im Gehäusedeckel *f* gepreßt wird. Die beiden Zahnräder *b*, b^1 sind mit seitlichen zylindrischen Ansätzen *a* versehen, deren äußere Durchmesser kleiner sind als die Fußkreisdurchmesser der Zahnräder selbst. Mit diesen Ansätzen sind die Zahnräder in Buchsen *c*, c^1 gelagert, die den Raum zwischen den Zahnkränzen, den Ansätzen und den Gehäusewandungen ausfüllen, und zwar derart, daß die eigentlichen Zahnräder *b*, b^1 einen innerhalb des Fußpunktkreises liegenden Teil in den Raum zwischen den Lagerbuchsen hineinragen und von diesen seitlich umfaßt werden. In der Ebene der Berührungsstelle der Teilkreise beider Zahnräder sind die Lagerbuchsen abgeflacht, wie in Fig. 217 und 218 bei *d* ersichtlich ist, wodurch sie gegen Drehung gesichert sind. Die äußeren Durchmesser der Buchsen sind gleich den äußeren Durchmessern der Zahnräder, so daß die Buchsen und die Zahnräder in zylindrische Bohrungen des Gehäuses eingelegt werden können, wodurch die Herstellung der Pumpe vereinfacht wird. Infolge der sicheren und dichten Führung in den Lagerbuchsen kann das angetriebene Zahnrad *b* so auf der Welle *e* angeordnet sein, daß der Keil *g* nur eine lockere Verbindung herstellt, die dem Zahnrade eine geringe Drehung und Längsverschiebung auf der Welle gestattet. Infolge dieser Nachgiebigkeit kann sich das Zahnrad seiner Führung frei anpassen und unabhängig von der Lage der Welle auf genaue Dichtung und Umlaufbewegung einstellen. Durch die seitliche Führung und Abdichtung der eigentlichen Zahnräder sowie durch die großen Lagerflächen der Buchsen und Zahnradansätze werden Spaltverluste innerhalb der Pumpe und durch die nachgiebige Verbindung des angetriebenen Zahnrades mit der Welle einseitige Drucke vermieden. Die Pumpe eignet sich daher für die Förderung geringer, abgemessener Flüssigkeitsmengen unter höherem Druck, insbesondere für die Zuführung von Viskose zu den Spinndüsen bei der Kunstseideherstellung.

Patentanspruch: Zahnradpumpe, dadurch gekennzeichnet, daß die beiden Zahnräder b, b^1 mit seitlichen zylindrischen Ansätzen in Buchsen c, c^1 gelagert sind, die den gleichen äußeren Durchmesser haben wie die Zahnräder und in einem ungeteilten Gehäuse dicht eingepaßt sind.

547. Derselbe. Zahnradpumpe.

D.R.P. 454937 Kl. 59e vom 3. VII. 1924, Zusatz zum D.R.P. 454489; Ver. St. Amer. P. 1626115.

. Das Neue gegenüber dem Hauptpatent (s. vorstehend) besteht darin, daß die Zahnräder b, b' (Fig. 220 und 220a) nur auf der einen Seite mit den Zapfen a, a' versehen sind, mittels deren sie in den Buchsen c, c' gelagert

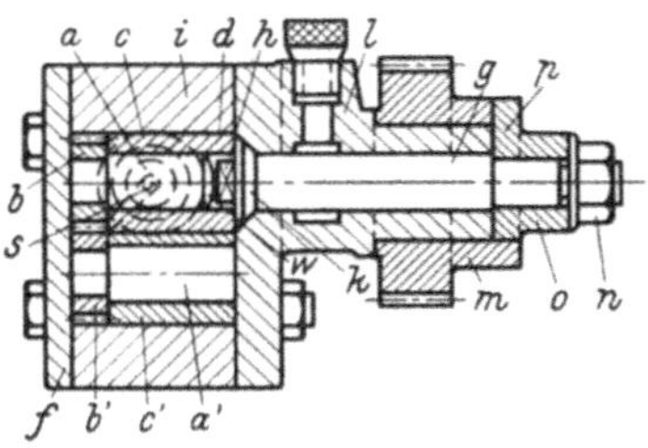

Fig. 220.

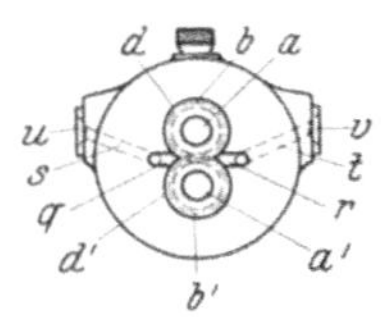

Fig. 220a.

sind. An ihren freien Stirnflächen werden sie durch einen Gehäusedeckel f abgedichtet. Das Pumpengehäuse i besteht aus einem Gußstück und hat zwei parallele Bohrungen d, d' für die Zahnräder b, b'. Das Zahnrad b wird durch die Welle g angetrieben, die mit einem flachen Zapfen h in einen entsprechenden Schlitz des Zahnradzapfens d eingreift und in dem eine Druckfeder w gelagert ist. Die Welle g legt sich mit einem kegelförmig abgestumpften Bund k gegen die Stirnfläche der Buchse c und unter dem Druck der Feder w mit dem kegelförmigen Teil gegen einen entsprechend ausgedrehten Teil des die Welle g tragenden Lagerkörpers l, wodurch die Welle g nach außen abgedichtet wird. Auf dem Lagerkörper sitzt drehbar ein zum Antrieb der Welle dienendes Zahnrad m, in dessen Nabe eine auf der Welle g gelagerte und durch eine Mutter n angezogene Verschlußbuchse o mit einem Zapfen p eingreift. Auf der von dem Deckel f verschlossenen Stirnfläche des Gehäusekörpers i sind rinnenartige Saug- und Druckkanäle q, r (Fig. 220a) vorgesehen, die von dem aufgesetzten Deckel f abgedeckt werden und durch besondere Bohrungen s, t mit den Anschlußstellen u, v verbunden sind.

Patentanspruch: Zahnradpumpe nach P. 454489, dadurch gekennzeichnet, daß die Zahnräder *b, b'* nur auf der einen Seite mit einem zylindrischen Ansatz *a, a'* versehen, in je einer dicht eingepaßten Buchse in den Gehäusebohrungen *d, d'* gelagert und auf ihren freien Stirnflächen vom Gehäusedeckel *f* abgedichtet sind.

548. Derselbe. Zahnradpumpe.

D.R.P. 455612 Kl. 59e vom 17. VII. 1925, Zusatz zum D.R.P. 454489.

Die Erfindung besteht darin, daß die bei der Pumpe nach dem Hauptpatent (s. S. 293) vorhandenen Buchsen, in denen die Zahnradwellen gelagert sind, zugleich als Abschlußkörper verwendet werden, die an die Stelle der verschobenen Zahnräder treten. In der Zeichnung zeigt Fig. 221 einen Längsschnitt mit Volleistung, Fig. 222 einen Querschnitt *C—D* von Fig. 221, Fig. 223 einen Querschnitt *A—B* von Fig. 221. In dem Gehäuse *i* sind zwei Zahnräder *b, b'* angeordnet,

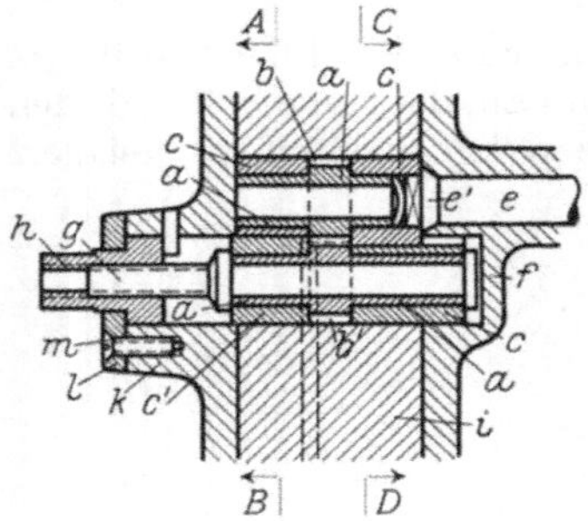

Fig. 221.

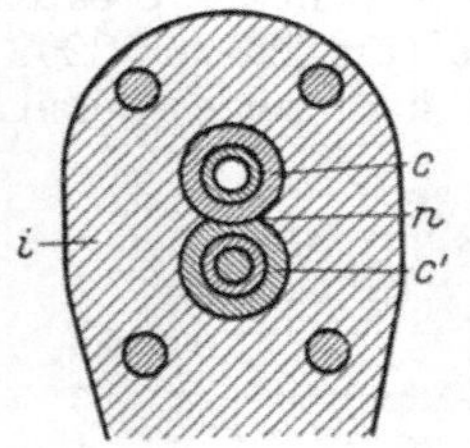

Fig 222.

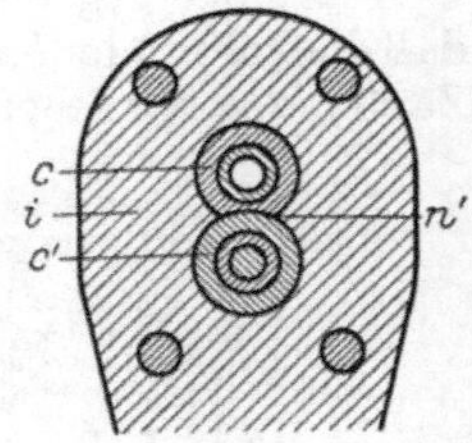

Fig. 223.

von denen ersteres mit der Antriebswelle *e* verbunden ist. Die Welle ist in dem Lagerdeckel *f* durch einen unter Federdruck stehenden Kegel *e'* abgedichtet. Die beiden Zahnräder *b, b'* sind mit seitlichen zylindrischen, als Lagerwellen dienenden Ansätzen *a* versehen, deren äußere Durchmesser zwecks Abdichtung der Stirnflächen der Zahnräder kleiner sind als deren Fußkreisdurchmesser. Mit diesen Ansätzen sind die Zahnräder in Buchsen *c, c'* gelagert, die den Raum außerhalb der Zahnräder im ungeteilten Gehäuse ausfüllen. In der Ebene der Berührungsstelle der Teilkreise beider Zahnräder sind die Lagerbuchsen *c, c'* entsprechend ausgesenkt, so daß sie nicht nur gegen Drehung gesichert sind, sondern auch das Einsetzen der Zahnräder ermöglichen. Gleichzeitig wird hierdurch eine gute Abdichtung erreicht. Die Durchmesser der Buchsen sind gleich dem äußeren Durchmesser der Zahnräder, so daß die Buchsen und die Zahnräder in die zylindrischen Bohrungen des ungeteilten Gehäuses gemeinsam eingesetzt werden können. Das Zahnrad *b'* ist mit einer Spindel *g* versehen, die durch eine Mutter *h*, welche in dem Lagerdeckel *k* durch Flansch *l* und Schrauben *m* befestigt ist, verschoben werden kann, so daß das Zahnrad *b'* mehr oder weniger in Eingriff mit dem Zahnrad *b* zu bringen ist. Um dies zu ermöglichen, ist die rechte Lagerbuchse *c'* mit der Aussenkung *n* (Fig. 222) und die linke Lagerbuchse *c* mit der Aussenkung *n'* (Fig. 223) versehen. Die Einrichtung kann auch so getroffen werden, daß die Zahnräder gegenseitig verschoben werden. Der Einfachheit halber ist es jedoch praktischer, nur das eine Zahnrad mit der Einstellvorrichtung zu versehen. (3 weitere Zeichnungen.)

Patentansprüche: 1. Zahnradpumpe nach P. 454489, dadurch gekennzeichnet, daß zur Regelung der Fördermenge das eine Zahnrad *b'* mit den Buchsen *c'* und Zahnradwellen *a* durch eine Spindel *g* od. dgl. in an sich bekannter Weise achsrecht verschoben wird.

2. Zahnradpumpe nach Anspruch 1, dadurch gekennzeichnet, daß die beiden Zahnräder *b*, *b'* mit den Buchsen *c*, *c'* und Zahnradwellen *a* gegenseitig verschoben werden.

549. **Derselbe.** Zahnradpumpe.

D.R.P. 463522 Kl. 59e vom 4. IX. 1925, Zusatz zum D.R.P. 454489.

Eine wesentliche Verminderung der Lagerreibung der Zahnradwellen wird dadurch erreicht, daß die den Gegenstand des Hauptpatentes (s. S. 293) bildenden Buchsen mit Kugellagern versehen werden, in denen die Zahnradwellen gelagert sind.

In dem Pumpengehäuse *a* (Fig. 224, Längsschnitt) befinden sich die Zahnräder *b* und *c* mit ihren Wellen *d* und *e*. Das Gehäuse *a* ist mit zwei parallel verlaufenden und im Durchmesser gleich großen Bohrungen *f* und *g* (Fig. 225, Querschnitt nach *A*—*B* der Fig. 224) versehen.

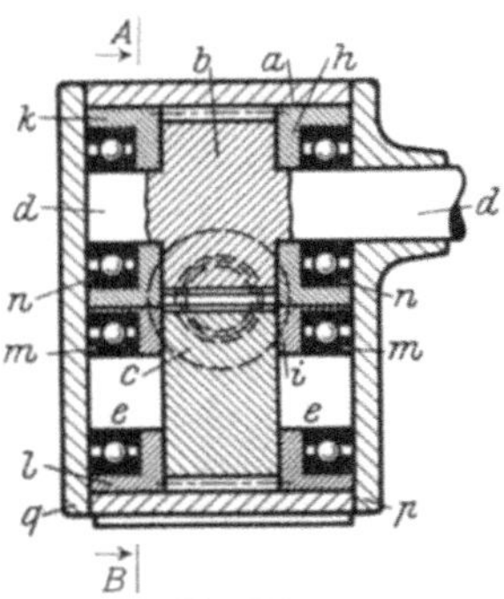

Fig. 224.

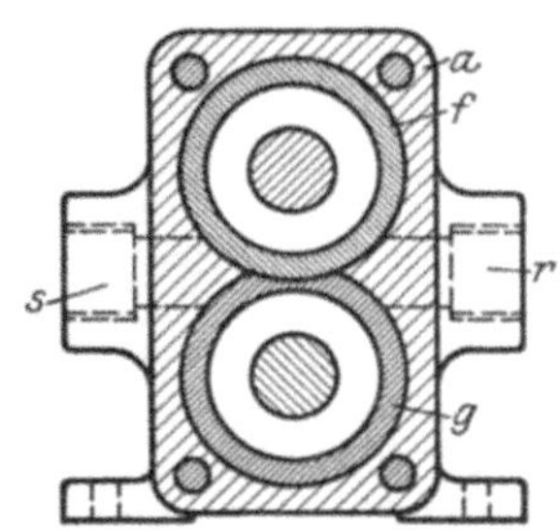

Fig. 225.

Der Durchmesser der Bohrungen ist gleich dem Durchmesser der Zahnräder. Die außerhalb des Zahnrades befindlichen Hohlräume werden durch die Buchsen *h*, *i*, *k* und *l* ausgefüllt. In diesen Buchsen sind die Kugellager *m* und *n* für die Zahnradwellen *d* und *e* eingesetzt. Durch die beiden Abschlußdeckel *p* und *q* wird die Pumpe seitlich abgeschlossen. Der Deckel *p* besitzt die Bohrung zum Durchgang der Motorwelle *d*. Die Druckflüssigkeit wird durch den Kanal *r* zugeführt und durch den Kanal *s* abgeleitet. Die Zahnräder *b* und *c* können mit den Wellen *d* und *e* aus einem Stück bestehen. Im anderen Falle werden die Zahnräder *b* und *c* auf die Wellen *d* und *e* aufgepreßt. An Stelle der Kugellager können auch Rollenlager verwendet werden.

Patentanspruch: Zahnradpumpe nach P. 454489, dadurch gekennzeichnet, daß die Führungsbuchsen *h, i, k, l* mit Kugellagern *m, n* für die Zahnradwellen *d, e* versehen sind.

Nach Gerberich.

550. E. Gerberich, Mannheim. Zahnradpumpe für die Förderung von Viskose zu den Spinndüsen von Kunstfaserspinnmaschinen.

D.R.P. 441214 Kl. 59e vom 17. VI. 1924.

Die Erfindung besteht darin, daß die an sich bekannten Zwischenplatten, die zwischen der eigentlichen Gehäuseplatte und den beiden Deckelplatten angeordnet und mittels durchgehender Schrauben mit der Gehäuseplatte und den Deckelplatten dicht verbunden werden, oder die Deckelplatten an den einander zugekehrten Seiten mit Nuten ver-

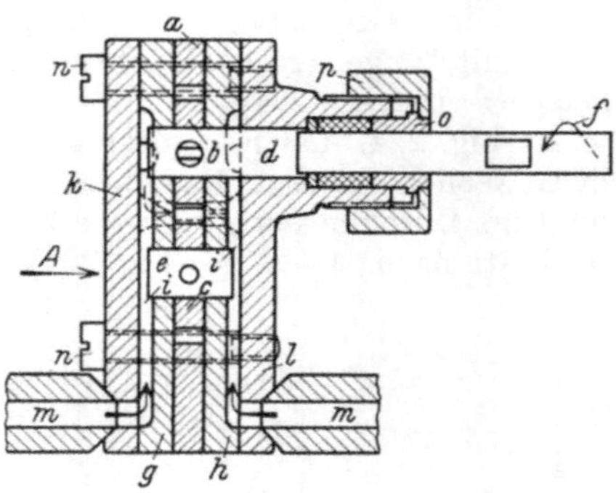

Fig. 226.

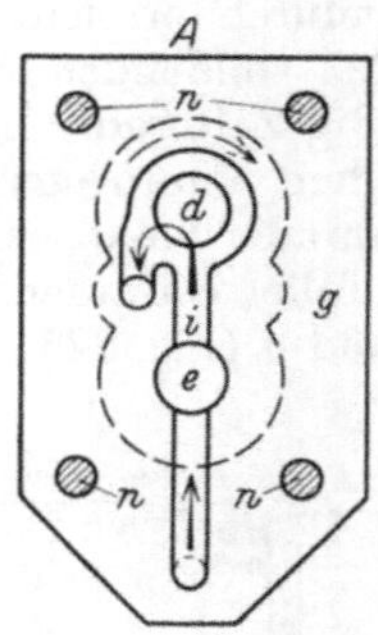

Fig. 227.

sehen sind, die zur Zu- und Ableitung der Viskose nach und von den Pumpenarbeitsräumen dienen und hierbei die Lagerstellen der Zahnradachsen durchlaufen. Die Vorteile dieser Bauart bestehen darin, daß erstens die Verwendung eingegossener Nuten ermöglicht ist, wodurch umständliches und teures Bohren der Kanäle in Wegfall kommt, und daß zweitens infolge des Durchlaufens der Kanäle durch die Lagerstellen die letzteren stets ausreichend geschmiert und gekühlt sind und ein Festsetzen und Erhärten der in die Lagerstellen eingedrungenen Viskose und damit ein Festklemmen oder Anfressen der Achsen nicht stattfinden kann.

Die Zeichnung zeigt den Erfindungsgegenstand in Fig. 226 im Längsschnitt, während Fig. 227 eine Seitenansicht in Pfeilrichtung *A* bei abgenommener Deckelplatte *k* darstellt.

In der Gehäuseplatte *a* laufen die beiden dicht eingepaßten Zahnräder *b* und *c*, die auf den Achsen *d* und *e* befestigt und durch die erste, beispielsweise in Pfeilrichtung *f*, angetrieben werden. Die Platte *a* und die Seitenflächen der Zahnräder *b* und *c* sind durch die Zwischenplatten *g* und *h* abgedichtet, die mit den an den Lagerstellen der Zahnradachsen vorbeigehenden Zu- bzw. Abführungsnuten *i* versehen und wiederum durch die Deckelplatten *k* und *l* gedichtet sind. Diese besitzen die Anschlüsse *m* für die Zu- und Ableitung der Viskose. Sämtliche Platten werden durch die Schrauben *n* zusammengehalten. Die Abdichtung der Antriebswelle erfolgt durch die Stopfbüchse *o* mit Überwurfmutter *p*. Die Strömung der Viskose in den Kanälen *i* und *m* erfolgt durch die gezeichnete Drehrichtung im Sinne der in die Kanäle eingezeichneten Pfeile.

Patentansprüche: 1. Zahnradpumpe für die Förderung von Viskose zu den Spinndüsen von Kunstfaserspinnmaschinen, bei welcher zwischen der Mittelplatte und den Zahnrädern einerseits und den Deckelplatten andererseits Zwischenplatten angeordnet sind, dadurch gekennzeichnet, daß zwischen den Zwischenplatten *g*, *h* und den Deckelplatten *k*, *l* parallel zur Teilfuge laufende Förderkanäle *i* angeordnet sind, die eine Strömungsrichtung des Fördermittels parallel zur Teilfuge herbeiführen.

2. Zahnradpumpe nach Anspruch 1, dadurch gekennzeichnet, daß die Förderkanäle *i* an den Lagerstellen der Zahnradachsen *d*, *e* vorbeilaufen.

551. Derselbe. Zahnrad-Spinnpumpe.

D.R.P. 421375 Kl. 59e vom 24. VIII. 1924.

Die Pumpe besteht aus drei ineinandergreifenden und in einem gemeinsamen Gehäuse laufenden Zahnrädern, wodurch die gleiche Wirkung wie bei zwei einfachen Zahnradpumpen mit je zwei Zahnrädern erzielt wird, d. h. die Pumpe mit drei Zahnrädern ist doppelt wirkend. Je eine Saugstelle der einen Pumpenseite ist mit einer Druckstelle der anderen Pumpenseite und umgekehrt verbunden, so daß die Pumpe bei gleich tiefem Eingriff der Zahnräder nur in sich selbst fördern würde, also keine Flüssigkeit ansaugen und abgeben könnte. Durch verschieden tiefen Eingriff der beiden äußeren Zahnräder in das mittlere Zahnrad erreicht man jedoch eine Differentialwirkung, die Pumpe ist dann in der Lage zu fördern. Die im Nachstehenden beschriebene Ausführungsart unterscheidet sich von der bekannten darin, daß das mittlere Zahnrad durch die Anordnung eines exzentrischen oder in anderer Weise verstellbaren Lagers in der Eingriffstiefe gegenüber den beiden äußeren Zahnrädern verändert werden kann, wodurch es möglich ist, die Differentialleistung bis auf Null zu vermindern oder bei noch weiterer Verschiebung in gleicher Richtung, wieder auf den Höchstwert, aber bei umgekehrter Förderrichtung, zu bringen. Zweckmäßig ist es hierbei, das mittlere verschiebbare Zahnrad mit der Antriebswelle zu verbinden und die beiden äußeren Zahnräder in feststehenden Lagern zu führen. Natürlich kann auch ohne weiteres eines der beiden äußeren Zahnräder als Antriebsrad dienen, wobei dann das mittlere Zahnrad lediglich die Rolle eines Zwischenrades erhält, aber nach wie vor in einem verstellbaren Lager gelagert ist. Es ist ferner zweckmäßig, die in der Pumpe liegenden Zu- und Abführungskanäle so verlaufen zu lassen, daß sie die Lagerstellen der Zahnradachsen durchspülen, damit ein Festsetzen und Erhärten der Viskose nach Möglichkeit vermieden wird.

Fig. 228 stellt die Pumpe bei abgehobenen Deckeln dar, Fig. 229 und 230 zeigen eine zusammengestellte Pumpe im Aufriß und Grundriß. *a* ist das mittlere Zahnrad, welches mit der Antriebswelle *b* durch den Keil *c* verbunden ist. Die äußeren Zahnräder *d* und *e* sitzen ihrerseits auf Laufzapfen *f*, deren Mitnahme ebenfalls durch Keile *c* erfolgt. Das Pumpengehäuse, in welchem die Zahnräder und Achsen laufen, wird durch die mittlere, sog. Gehäuseplatte *g*, die beiden Zwischenplatten *h*, *h*, vordere Deckelplatte *i* und hintere Deckelplatte *k* gebildet. Die Achse des mittleren Zahnrades läuft in der exzentrischen Bohrung der verstellbaren Nabe *l*, welche durch einen außerhalb der Pumpe angebrachten Übersteckring *m* unter Vermittlung des Keiles *n* verdreht und alsdann durch die Mutter *o* in der gewünschten Lage festgehalten werden kann. Die Nabe *l* ist außerdem zur Abdichtung der Antriebswelle *b* noch mit einer Stopfbüchse versehen, die durch den Grundring *p*, die Packung *q*, die Büchse *r* und die Mutter *s* gebildet wird. Die Zu- und Abführung der von der Pumpe geförderten Flüssigkeit erfolgt durch die in den beiden äußeren Deckeln *i* und *k* angebrachten Öffnungen *t*, welche auf der Innenseite der Deckel in Nuten *u* münden, die durch Bohrungen *v* und *w* in die Arbeitsräume *x* und *y* der Pumpe führen.

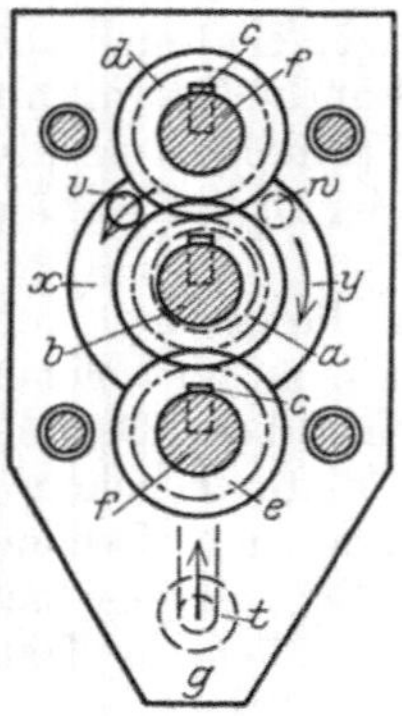

Fig. 228.

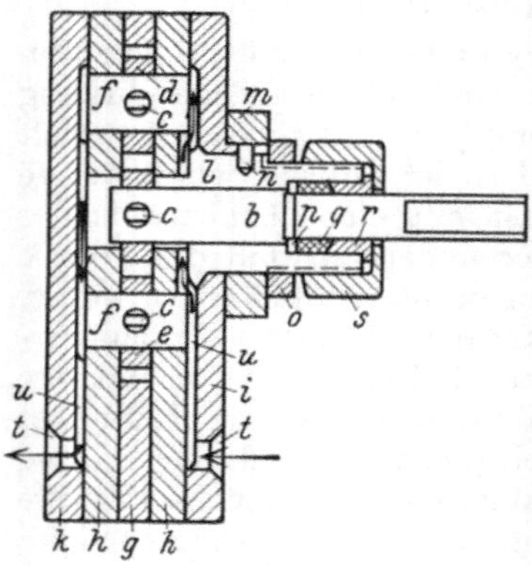

Fig. 229.

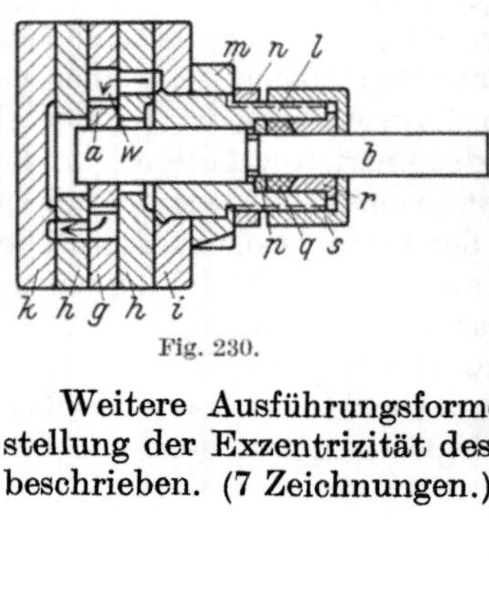

Fig. 230.

In Fig. 228 ist die Achse des mittleren Zahnrades nach unten verlegt, so daß es in das Gegenrad *e* tiefer eingreift als in das Gegenrad *d*. Infolgedessen fördert bei der angegebenen Drehrichtung das Zahnrad *d* in den Arbeitsraum *x* weniger, als das Zahnrad *e* absaugt, so daß also ein Unterdruck entstehen muß, der zu einem Ansaugen der fehlenden Flüssigkeitsmenge durch die Öffnung *v* im Sinne des eingezeichneten Pfeiles führt. Umgekehrt fördert das Zahnrad *e* mehr Flüssigkeit in den Raum *y*, als das Zahnrad *d* aus ihm absaugt, so daß hier ein Überdruck entstehen muß, der zu einer Förderung der überschießenden Flüssigkeitsmenge durch die Öffnung *w* führt. Durch Verlegung der mittleren Zahnradachse nach oben erhält man die umgekehrte Wirkung.

Weitere Ausführungsformen, welche sich durch verschiedene Einstellung der Exzentrizität des mittleren Zahnradlagers ergeben, werden beschrieben. (7 Zeichnungen.)

Patentanspruch: Zahnrad-Spinnpumpe (Differentialpumpe), bestehend aus drei ineinandergreifenden und in einem gemeinsamen Gehäuse laufenden Zahnrädern, dadurch gekennzeichnet, daß das mittlere, am äußeren Umfange nicht eingepaßte und lediglich als Verdrängerrad dienende Zahnrad durch die Anordnung eines exzentrischen oder in anderer Weise verstellbaren Lagers in der Eingriffstiefe gegenüber den beiden äußeren Zahnrädern verändert werden kann.

552. Derselbe. Zahnrad-Spinnpumpe für die Förderung von Viskose an Kunstseide-Spinnmaschinen.

D.R.P. 462251 Kl. 59e vom 17. VII. 1925.

Die bisher bekannten Zahnrad-Spinnpumpen haben den Nachteil, daß sie nach längerer Betriebsdauer infolge Abnutzung der Dichtungsflächen an den Pumpenzahnrädern eine etwas größere Menge Viskose zu den Spinndüsen durchlassen, als sich eigentlich aus dem Fördervolumen und der Umdrehungszahl ergibt. Dies wird dadurch vermieden, daß der Zuführungs- oder Saugkanal der Pumpe nicht unmittelbar an der Eingriffsstelle der Pumpenzahnräder, sondern durch entsprechende Verteilungskanäle an dem äußeren Umfang eines jeden Zahnrades mündet, und daß die Mündungsstellen durch die bis zum Zahneingriff der Saugseite fortlaufenden Gehäusebohrungen, in welche die Zahnräder mit ihrem Außendurchmesser genau einpassen, von der Eingriffsstelle der Zahnräder abgetrennt und daher abgedichtet sind.

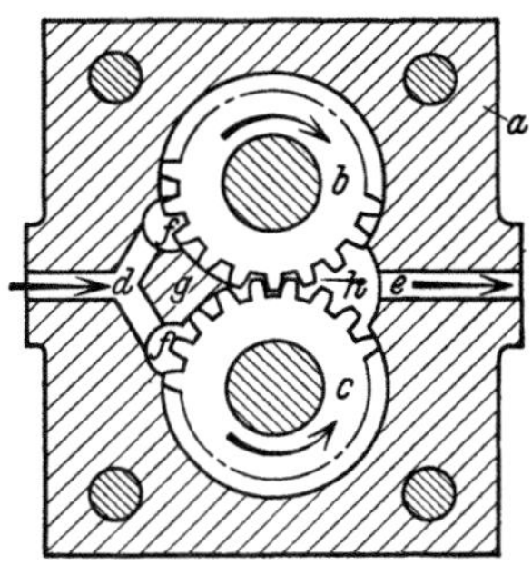

Fig. 231.

Fig. 231 zeigt eine derartige Zahnrad-Spinnpumpe im Schnitt. *a* ist das die beiden Zahnräder *b* und *c* umgebende Gehäuse mit dem Eintrittskanal *d* und dem Austrittskanal *e*. Der erstere verzweigt sich in die beiden Mündungsstellen *f*, so daß durch die fortlaufende Wandung der Gehäusebohrung eine Zunge *g* entsteht, die den Eintrittskanal *d* von der Eingriffsstelle der beiden Zahnräder *b* und *c* absperrt. Der Austrittskanel *e* mündet in bekannter Weise in den Druckraum *h*, der unmittelbar mit der Eingriffsstelle der beiden Zahnräder in Verbindung steht.

Patentanspruch: Zahnrad-Spinnpumpe für die Förderung von Viskose an Kunstseide-Spinnmaschinen, gekennzeichnet durch die Anordnung der Mündungsöffnungen des Zuleitungskanals außerhalb der Zahneingriffsstelle und einer die letztere von den Mündungsöffnungen trennenden Abdichtung.

Nach Appel.

553. G. Appel, Berlin. Umfangsabdichtung für Zahnradpumpen, insbesondere zur Förderung von Viskose zu Spinndüsen.

D.R.P. 460623 Kl. 59e vom 19. IX. 1924.

Zur Vermeidung der bei Zahnradpumpen auftretenden Undichtheiten hat man die Zahnräder in einer auswechselbaren Scheibe gelagert, die einen 8förmigen Ausschnitt besitzt. Das Ausschleifen der zylindrischen Bohrungen ergibt jedoch unrunde Schliffe, da das Schleifwerkzeug an der Berührungsstelle der beiden Bohrungen kein Widerlager findet. Dieser Übelstand wird nach der Erfindung dadurch beseitigt, daß jede Bohrung eine Büchse aus gehärtetem Stahl erhält, die zunächst als geschlossene Büchse hergestellt und abgeschliffen ist und daher eine vollkommen runde Form besitzt. Durch das Abschleifen an einer Seite springt die vorher gehärtete Büchse erfahrungsgemäß etwas auseinander. Wird sie nun in die ausgedrehte Bohrung des Pumpenkörpers eingesetzt, so legt sie sich fest an deren Wandung an. Bei dieser Herstellungsweise braucht die Bohrung nicht abgeschliffen zu werden und ist daher vollkommen rund. Durch das Einsetzen der Büchse erhält diese ihre genaue

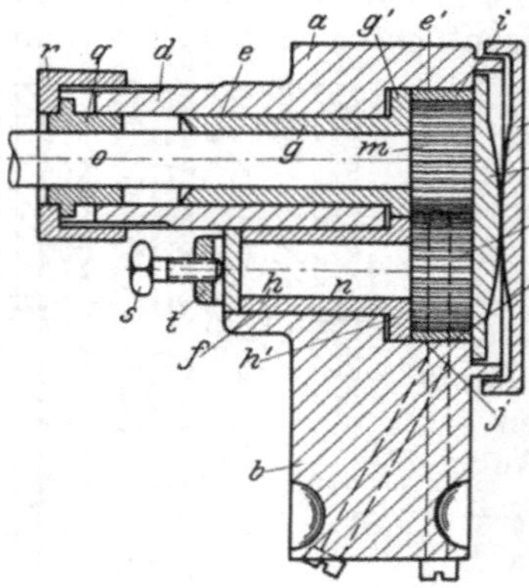

Fig. 232.

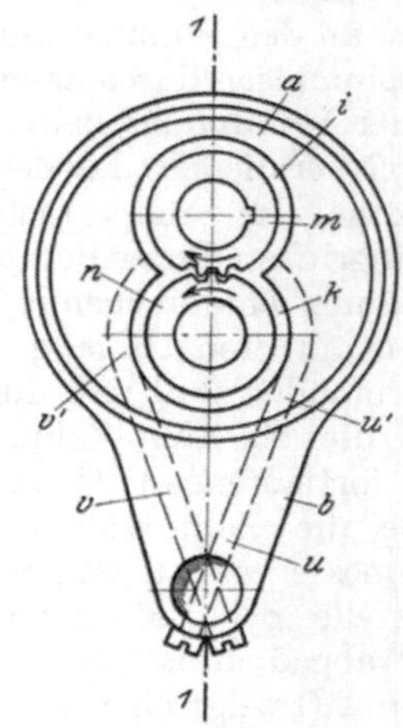

Fig. 233.

zylindrische Bohrung wieder, so daß schließlich ein Pumpengehäuse mit vollkommen zylindrischen Umfangsflächen für die Zahnräder erzielt wird. Die Anordnung der Einzelbüchsen ergibt nun weiter die Möglichkeit, die Saug- und Druckkanäle für die Pumpe in besonders einfacher Weise auszuführen. Diese Saug- und Druckkanäle werden von geradlinigen Bohrungen und an diese tangential anschließende Nuten gebildet, die in den Bohrungen des Pumpenkörpers von innen eingefräst sind und durch die eingesetzten Büchsen innen abgeschlossen werden. Man erzielt mithin auf der Außenseite der Büchsen bogenförmig verlaufende Saug- und Druckkanäle, die ein reibungsloses Abfließen der Flüssigkeit gewährleisten.

Fig. 232 ist ein Schnitt nach der Linie *1—1* von Fig. 233, und Fig. 233 eine Ansicht der Pumpe bei abgenommenem Deckel.

Die Pumpe besteht aus einem einzigen, im wesentlichen zylindrischen Körper *a* mit Ansatz *b*, mittels dessen die Pumpe in bekannter Weise auf zur Zu- und Ableitung der Flüssigkeit dienenden Zapfen gelagert ist und einem Ansatz *d*, der an einer Stirnseite des zylindrischen Teiles *a* sitzt. Der zylindrische Teil enthält zwei Bohrungen *e* und *e'* und *f*, *f'*. In die Bohrung *e* ist eine Büchse *g* eingesetzt, deren Flansch *g'* dem Durchmesser der Bohrung *e'* entspricht. In die Bohrung *f* ist eine Büchse *h* eingesetzt, deren Flansch *h'* dem Durchmesser der Bohrung *f'* entspricht. In den Bohrungen *e'* und *f'* sitzen ferner Büchsen *i* und *j*. Diese werden auf der freien Außenseite durch eine Platte *k* abgedeckt, die außen gewölbt ausgeführt ist und durch eine innen gewölbte Überwurfmutter *l* fest auf die Büchse *i* und *j* gepreßt wird. Die von den Büchsen *g*, *i* und *h*, *j* gebildeten Räume dienen zur Aufnahme der Zahnräder *m* und *n* und deren Achsen *o* und *p*. Die Achse *o* dient zum Antrieb der Pumpe. Sie ragt durch eine Stopfbüchse *q*, die durch eine Überwurfmutter *r* nachgestellt werden kann, um gleichzeitig den Dichtungsdruck zwischen den Stirnflächen des Zahnrades *m* und dem Flansch *g'* und der Platte *k* herzustellen. Die Büchse *h* kann durch eine Schraube *s* angezogen werden, die durch ein Querstück *t* ragt. Die Zu- und Ableitung der Flüssigkeit erfolgt durch Bohrungen *u* und *v*, an die Ausfräsungen *v'* und *u'* anschließen. Diese Ausfräsungen werden in dem Pumpenkörper *a* hergestellt, ehe die Büchse *h* eingesetzt ist. Sie können daher bogenförmig verlaufen und geben der Viskose nicht die Möglichkeit, sich abzulagern und zu erhärten. Die Büchsen *g* und *i* und die Platte *k* bestehen aus gehärtetem Stahl, so daß sie durch die gehärteten Zahnräder nicht angegriffen werden.

Patentansprüche: 1. Umfangsabdichtung für Zahnradpumpen, insbesondere zur Förderung von Viskose zu Spinndüsen, mit Anordnung der Zahnräder in einem auswechselbaren Ring, dadurch gekennzeichnet, daß die beiden Zahnräder je in einer gehärteten zylindrisch abgedrehten Büchse *g*, *h* laufen, die nach dem Härten an einer Seite aufgeschnitten und eben abgeschliffen und in zylindrische Bohrungen des Gehäuses eingesetzt sind.

2. Zahnradpumpe nach Anspruch 1, dadurch gekennzeichnet, daß die Zu- und Ableitung für die Flüssigkeit von geradlinigen Bohrungen *u*, *v* und an diese tangential anschließende Nuten *u'*, *v'* gebildet wird, die in der Bohrung des Pumpenkörpers eingefräst sind und durch die eingesetzten Büchsen innen abgeschlossen werden.

554. Derselbe. Stirnabdichtung für Zahnradpumpen, insbesondere zur Förderung von Viskose zu Spinndüsen.

D.R.P. 460624 Kl. 59e vom 19. IX. 1924.

Eine Stelle schlechter Abdichtung bei Zahnradpumpen sind die Stirnflächen der Zahnräder, die an einer im Gehäuse eingesetzten ebenen Platte anliegen. Diese Platten, die bei bisherigen Ausführungen derart im Gehäuse eingebaut wurden, daß sie ihre Lage nicht ändern können, können niemals so genau eingepaßt werden, daß ihre innere Lauffläche vollkommen an den Stirnflächen der Räder anliegt. Die Erfindung erreicht ein vollkommenes Anliegen dadurch, daß die Platte frei schwebend ausgeführt wird, so daß sie sich bei nicht genauer Übereinstimmung der Stirnflächen der Zahnräder mit ihrer Lauffläche derart einstellen kann, daß ein dichtes Anliegen gesichert ist. Das freie

Schweben der Platte wird dadurch erreicht, daß der Druck auf sie lediglich an einem Punkte in ihrer Mitte stattfindet. Sie ist zu diesem Zwecke auf ihrer am Pumpendeckel anliegenden Rückseite gewölbt ausgeführt. Die Konstruktion der Pumpe ist dieselbe wie in Fig. 232 und 233 dargestellt.

Patentanspruch: Stirnabdichtung für Zahnradpumpen, insbesondere zur Förderung von Viskose zu Spinndüsen, mit einer die Zahnräder an der Stirnfläche abdichtenden Druckplatte, dadurch gekennzeichnet, daß der Druck auf die Platte *k* lediglich in ihrer Mitte stattfindet, so daß sie sich den Stirnflächen der Zahnräder entsprechend einstellen kann.

555. Derselbe. Zahnradpumpe, insbesondere zum Fördern von Viskose, mit einer die Zahnräder aufnehmenden Scheibe. D.R.P. 436339 Kl. 59e vom 24. II. 1925; schweiz. P. 118527; franz. P. 614926.

Die Erfindung erzielt eine vollkommene Abdichtung am Zahnräderumfang dadurch, daß die Zahnräder in einer Scheibe gelagert sind, die

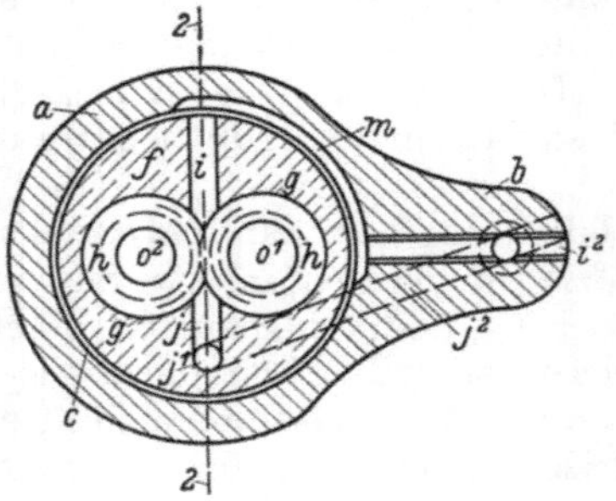

Fig. 234.

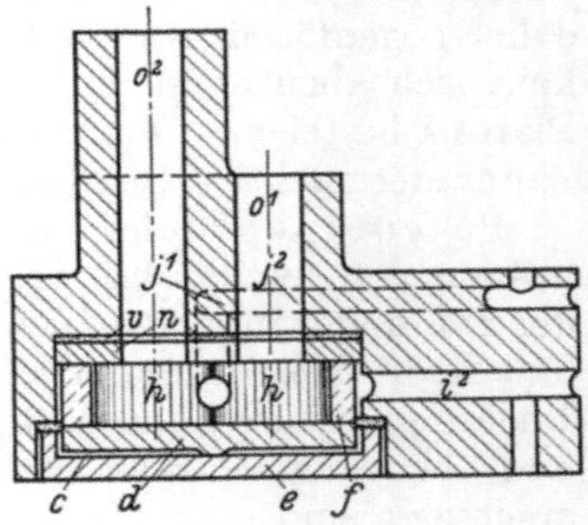

Fig. 235.

im Pumpengehäuse in ihrer Ebene frei verschiebbar ist. Diese Verschiebbarkeit braucht tatsächlich nur einen Bruchteil von einem Millimeter zu betragen. Sie genügt aber, um bei nicht genauer Übereinstimmung zwischen dem äußeren Zahnraddurchmesser und dem Durchmesser der Bohrungen der Scheibe vollkommene Abdichtung herbeizuführen, da die Scheibe durch den Flüssigkeitsdruck auf einer Seite an den Umfang der Zahnräder gepreßt wird. Fig. 234 ist ein Schnitt durch das Pumpengehäuse und Fig. 235 ein Schnitt nach der Linie *2—2* von Fig. 234.

Das Pumpengehäuse enthält einen zylindrischen Teil *a* mit Ansatz *b*, mittels dessen es auf einer Zuleitung für Viskose angebracht werden kann. In dem Gehäuse befindet sich eine zylindrische Ausdrehung *c*, in die auf einer Seite eine Platte *d* eingelegt ist. Am Boden der Ausdrehung befindet sich ferner eine Platte *n* mit Dichtungsscheibe *v*. In der Ausdrehung *c* liegt eine runde Scheibe *f*, deren Durchmesser kleiner ist als der der zylindrischen Ausdrehung *c* und deren Dicke gleich der Weite der zwischen den Platten *d* und *n* gebildeten Kammer ist. Das Gehäuse wird durch den Deckel *e* abgeschlossen, welcher gleichzeitig die Platte d an die Scheibe f und an die glatten Stirnseiten der Zahnräder andrückt. Mithin kann sich die Scheibe f in dieser Kammer in ihrer Ebene nach allen Seiten verschieben. Die Scheibe f enthält zwei miteinander in Verbindung stehende zylindrische Ausdrehungen g für die Zahnräder h. Der Druckkanal i, welcher sich bis zum Umfang der Scheibe f erstreckt, mündet in den zwischen dieser und der Gehäusewand gebildeten Ringraum m. Der Saugkanal j liegt im Innern der Scheibe f und ist durch einen Querkanal j^1 mit einem Saugkanal j^2 verbunden. Von dem Ringkanal zwischen der Scheibe f und dem Gehäuse a führt ein ähnlicher Kanal i^2 fort, der als Ableitung dient. Die Zahnräder sind mit ihren Achsen o^1 und o^2 im Gehäuse gelagert. Die Achse o^2 ist die treibende Achse.

Beim Betrieb der Pumpe fördern die Zahnräder in bekannter Weise die Flüssigkeit aus dem Saugkanal j in den Druckkanal i. Hierbei entsteht im Druckkanal i ein Flüssigkeitsdruck, der sich je nach der Genauigkeit des Einpassens mehr oder weniger über den anliegenden Teil des Umfangs der Zahnräder erstreckt, also einerseits auf die Zahnräder und andererseits auf den anliegenden Teil der Scheibe f wirkt. Da die Scheibe f freibeweglich ist, wird sie durch den Flüssigkeitsdruck nach oben in Fig. 234 gepreßt, so daß sie sich auf der dem Kanal i gegenüberliegenden Seite an den Umfang der Zahnräder drückt. Man erhält dadurch den für die sichere Abdichtung erforderlichen Dichtungsdruck, so daß die genau geregelte Menge der Flüssigkeit durch die Lücken der Zahnräder befördert wird. In entsprechender Weise wirkt im Saugkanal j bei der üblichen Zuführung der Viskose unter Druck ein Flüssigkeitsdruck, der zwar geringer ist als der in der Druckleitung herrschende Druck, aber bei stillstehender Pumpe genügt, um die Scheibe f auf der Druckseite an den Umfang der Zahnräder zu pressen. Die Wirkung der Abdichtung hat sich dadurch erwiesen, daß bei stillstehender Pumpe die durch diese hindurchtretende Viskosemenge auf einen kleinen Bruchteil der Menge herabgedrückt ist, die bei Zahnradpumpen gewöhnlicher Bauart auszutreten pflegt. Der in der Druckleitung i herrschende Druck wird nun auf den gesamten Umfang der Scheibe f übertragen. Die Folge davon ist, daß die Achsen der Zahnräder überhaupt keinen Flüssigkeitsdruck mehr aufzunehmen haben. Denn die auf den Umfang der Scheibe f wirkenden Drucke heben sich auf, und ebenso heben sich die in den einzelnen Druckkanälen i und j wirkenden Drucke auf. Denn der beispielsweise im Kanal i vorhandene Druck wirkt einerseits auf die Zahnräder nach unten und andererseits wird er durch die Scheibe f auf die untere Seite der Zahnräder übertragen, wo er in der entgegengesetzten Richtung wirkt.

Patentansprüche: 1. Zahnradpumpe, insbesondere zum Fördern von Viskose, mit einer die Zahnräder aufnehmenden Scheibe, dadurch gekennzeichnet, daß die Scheibe f in ihrer Ebene beweglich in dem die Zapfen der Zahnräder aufnehmenden Gehäuse a angeordnet ist.

2. Zahnradpumpe nach Anspruch 1, dadurch gekennzeichnet, daß der Druckkanal i mit dem zwischen dem Umfang der Scheibe und der Gehäusewandung gebildeten Ringraum m in Verbindung steht.

556. Derselbe. Verfahren zur Entlastung der Zahnräder und Wellen von Zahnradpumpen von einseitig wirkenden Drucken.
D.R.P. 450436 Kl. 59e vom 12. VIII. 1925.

Bei den bekannten Vorrichtungen werden die Zahnräder von dem im Druck- und im Saugraum auf sie einseitig wirkenden Druck durch Anbringen einer gleich großen Entlastungsfläche auf der Gegenseite entlastet. Im Gegensatz hierzu werden nach dem vorliegenden Verfahren die im Saug- und Druckraum einseitig wirkenden Drucke zur Resultierenden vereinigt und die letztere durch eine entsprechende Entlastungsfläche ausgeglichen. Sind auf diese Weise sämtlich einseitig wirkenden Drucke in der Richtung ihrer Resultierenden ausgeglichen,

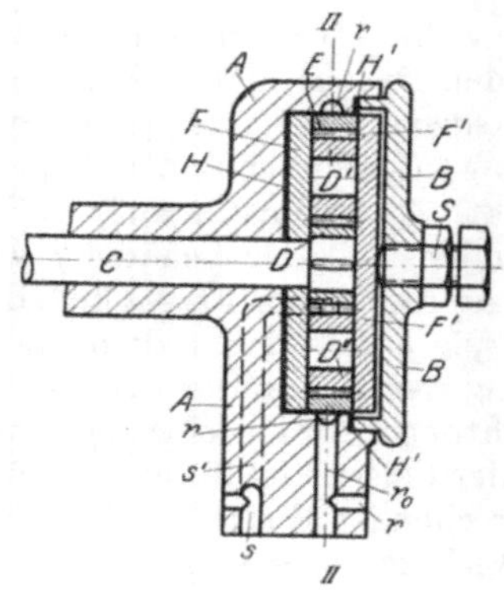

Fig. 236.

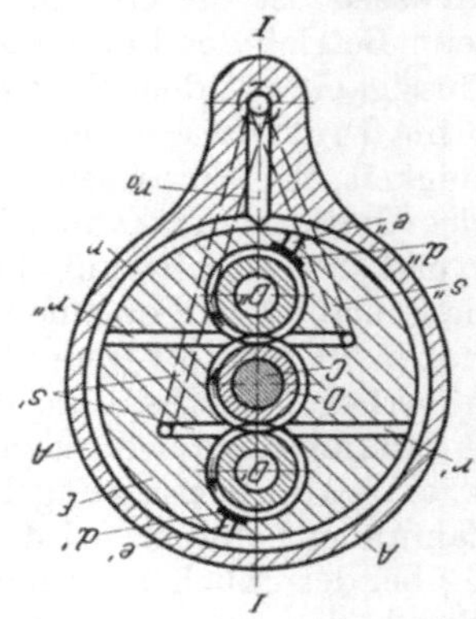
Fig. 237.

so kann eine neue Kraft hinzugefügt werden, die das Zahnrad in einer beliebigen Richtung, z. B. in der Richtung des Zahneingriffes, gegen das andere Zahnrad drückt.

Ein Ausführungsbeispiel einer solchen Zahnradpumpe mit drei Zahnrädern ist in den Fig. 236 (Schnitt *I—I* von Fig. 237) und 237 (Schnitt *II—II* von Fig. 236) dargestellt.

A ist ein büchsenartiges Pumpengehäuse, das durch einen Deckel *B* unter Zwischenlegen einer Abdichtungsscheibe *H'* verschlossen ist. Im Boden des Pumpengehäuses *A* ist die Antriebswelle *C* einseitig gelagert. In das Innere des Gehäuses sind unter Zwischenlegen der Dichtungsscheibe *H* die genau eben geschliffene und gehärtete Abdichtungsplatte *F*, Ringbuchse *E* und äußere Abdichtungsplatte *F'* mit etwas Spiel, aber nicht drehbar eingeschoben. Die genannten Teile werden durch einen zentrischen und gleichmäßig verteilten Druck von der Schraube *S* oder von der auf der äußeren Platte *F'* lastenden Druckflüssigkeit zusammengepreßt und gleichmäßig abgedichtet. Die Ringbuchse *E* von genau gleicher Stärke wie die Zahnräder hat bei der Pumpe nach Fig. 236 drei Bohrungen, in welche die genau eingepaßten und ineinandergreifenden Zahnräder *D*, *D'* und *D''* eingeschoben sind. Das erstere, das Antriebszahnrad *D*, ist auf einen schwachen Bund am freien Ende der Antriebswelle *C* mit etwas Spiel aufgeschoben und wird mittels Feder und Nut mitgenommen. Hinter den schwachen Bund greift die Platte F und sichert die Lage der Welle. Die angetriebenen Zahnräder D' und D'' haben keine Wellen, sondern sind in ihren Arbeitsräumen, die von den seitlich durch die Platten F und F' abgeschlossenen Bohrungen in der Ringbuchse E gebildet sind, genau gelagert und abgedichtet. Die Druckflüssigkeit wird durch eine im Gehäuse vorgesehene Nut r mit anschließendem Kanal r_0 abgeführt. Die Bohrungen r' und r'' (Fig. 237) in der Ringbuchse E verbinden die Druckräume der Zahnradpumpe mit der Nut r. In der Verlängerung der Druckkanäle r' und r'' liegen die Saugkanäle s' und s'', die nur bis etwa zur Mitte des vollen Teiles der Ringbuchse E führen, von hier aus durch eine anschließende, rechtwinklig abbiegende, also axial gerichtete Bohrung durch die Ringbuchse E, die Platte F, die Dichtungsscheibe H in den Gehäuseboden führen, von wo aus sie durch eine Schrägbohrung mit der Hauptzuführungsleitung s in Verbindung stehen. In der die angetriebenen Zahnräder D', D'' umschließenden und abdichtenden Mantelfläche der Bohrungswandung der Ringbuchse E sind Aussparungen d', d'' für die Zahnräder D', D'' angebracht, die durch je einen kurzen Kanal e', e'' in der Ringbuchse E mit der Druckleitungsnut r in Verbindung stehen, so daß in den genannten Aussparungen d' und d'' stets die Druckspannung herrscht, welche auf die Umfläche der Zahnräder wirkt. Hierdurch werden letztere in der gewünschten Weise entlastet oder in einer gewünschten Richtung gedrückt.

Patentansprüche: 1. Verfahren zur Entlastung der Zahnräder und Wellen von Zahnradpumpen von einseitig wirkenden Drucken, dadurch gekennzeichnet, daß auf die Umfläche der Zahnräder eine Entlastungskraft einwirkt, die der Resultierenden aus zwei oder mehreren die Zahnräder einseitig belastenden Drucken entgegenwirkt.

2. Verfahren nach Anspruch 1, dadurch gekennzeichnet, daß mit der Entlastungskraft eine neu hinzugefügte Kraft vereinigt wird, die das Zahnrad in einer gewünschten Richtung belastet.

3. Zahnradpumpe zur Ausübung der Verfahren nach Anspruch 1 und 2, dadurch gekennzeichnet, daß das angetriebene Zahnrad keine Welle hat, sondern nur aus einem Zahnradkranz besteht, der in genau passenden Bohrungen gelagert ist.

4. Zahnradpumpe nach Anspruch 3, dadurch gekennzeichnet, daß die die Zahnräder aufnehmende Ringbuchse E und die Abdichtungsplatten F F' mit kleinem Spiel in das Gehäuse A eingesetzt und durch einen auf die Außenplatte F' wirkenden axialen Druck zusammengepreßt werden, so daß die Getriebeteile an der Antriebswelle C hängen.

Nach Bechler.

557. A. Bechler, Moutier, Schweiz. Zahnradpumpe.

Ver. St. Amer. P. 1602740 vom 12. X. 1926, angemeldet 13. XI. 1925; österr. P. 106905 (Prior. Schweiz vom 18. XI. 1924); schweiz. P. 111441 und 116942; brit. P. 243335.

Eine Ausführungsform der Pumpe ist in Fig. 238 in Seitenansicht nach Abnahme des Deckels, in Fig. 239 in senkrechtem Schnitt nach

II—II der Fig. 238 veranschaulicht. Fig. 240 zeigt eine Oberansicht einer anderen Ausführungsform, Fig. 241 einen Schnitt nach *IV—IV* der Fig. 242 und Fig. 242 einen Schnitt nach *V—V* von Fig. 240. Die Pumpe nach Fig. 238 und 239 hat eine Kapsel *1*, die durch den Deckel *2* verschlossen wird. Die Kapsel enthält eine Welle, die fest verbunden ist mit einem umlaufenden Führungsstück *3* und außen einen Arm *4* hat. Führungsstück *3* liegt in einer Ausbohrung auf der Innenseite von *1* und umschließt das eine verstellbare Zahnrad *5* der beiden Zahnräder der Pumpe. Die Drehachse dieses Zahnrades *5* korrespondiert nicht

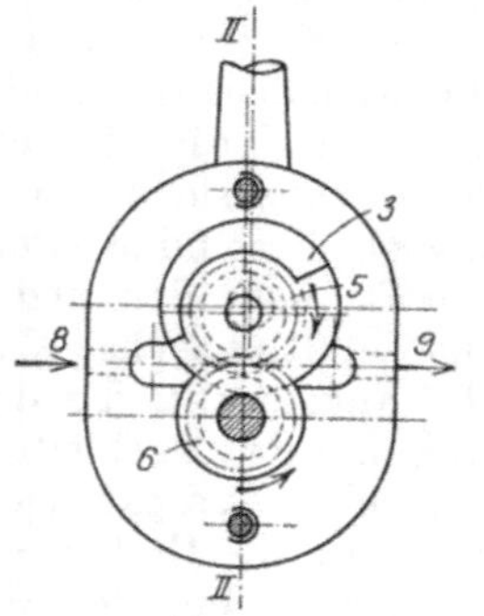

Fig. 238.

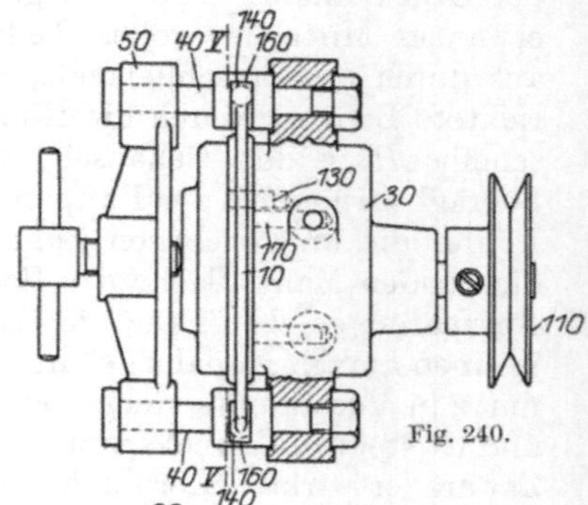

Fig. 240.

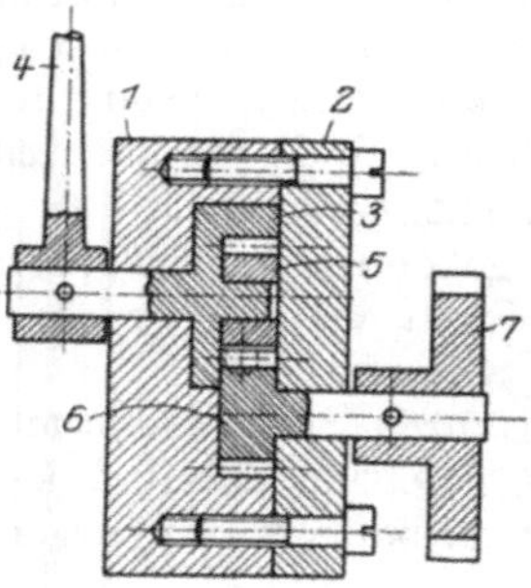

Fig. 239.

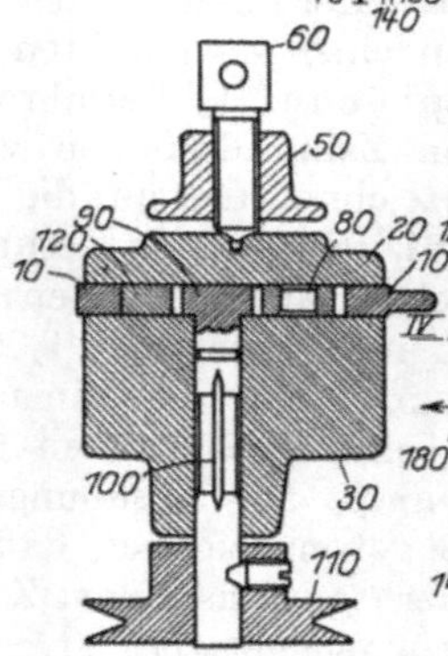

Fig. 241.

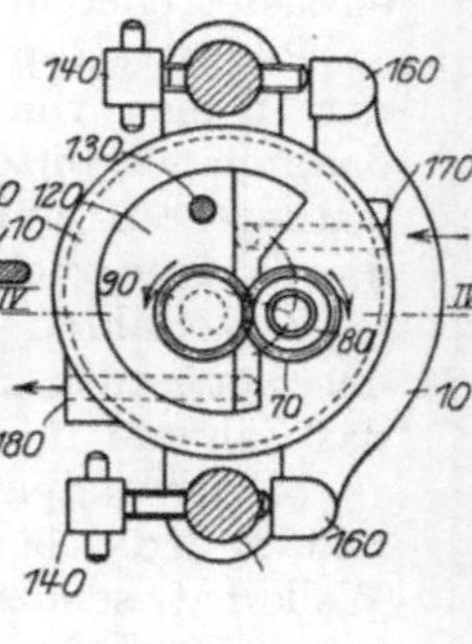

Fig. 242.

mit der Achse des Führungsstücks *3*, sondern ist exzentrisch gelagert, so daß, wenn *3* gedreht wird, *5* von dem Mittelpunkt des zweiten Zahnrades *6* entfernt oder ihm genähert wird. *6* liegt ebenfalls in einer Bohrung von *1*. Die Achse von *6* geht durch den Deckel *2* hindurch und wird mittels des Zahnrades *7* angetrieben. *3* umschließt das Zahnrad *5* dicht, aber nur teilweise, so daß *5* sich dreht, als ob es in einer Bohrung wie Rad *6* säße. Die beiden Räder *5* und *6* arbeiten in Richtung der Pfeile, die Flüssigkeit tritt bei *8* ein und bei *9* nach Passieren der Zähne von *5* und *6* aus. Durch Verstellen des Armes *4*, der sich über einer Teilung bewegt, wird der Zwischenraum zwischen den Zentren von *5* und *6* verändert und damit auch die Förderung der Pumpe. Bei der Einrichtung nach Fig. 240—242 liegt ein beiderseits offener

Rahmen *10* zwischen dem Deckel *20* und dem Block *30*. Durch *30* gehen die Zugstangen *40* hindurch, die das Querstück *50* tragen. Eine Druckschraube *60* preßt Deckel *20* und Rahmen *10* fest und dicht gegen den Block *30*. Zahnrad *80* dreht sich in der Bohrung *70* des Rahmens *10* und wird von der Bohrung geführt. Rad *80* kämmt mit Rad *90*, das sich um eine feste Welle dreht, die mit der Welle *100* verbunden ist, die ihrerseits durch das Triebrad *110* angetrieben wird. Rad *90* dreht sich in einer Bohrung des einstellbaren Segments *120*, welches ebenso dick ist wie der Rahmen *10* und die Räder *80* und *90*. Stift *130* hält das Segment *120* und damit Rad *90* in einer gegebenen Stellung und führt Rahmen *10*, der durch Schrauben *140* verstellt wird, die durch Ansätze von *40* hindurchgehen. Die Schrauben *140* ruhen auf Lappen *160* am Rahmen *10*. Die Flüssigkeit tritt bei *170* ein und bei *180* aus. Um die Förderung der Pumpe zu ändern, verschiebt man den Rahmen *10* um das Zentrum von Block *30* durch die Schrauben *140*, wobei der Rahmen von der Peripherie des Segments *120* geführt wird. Durch diese Verschiebung wird Rad *80* dem Rad *90* genähert oder von ihm entfernt.

558. Derselbe. Umfangsabdichtung für Zahnradpumpen.

D.R.P. 440425 Kl. 59e vom 5. II. 1926; franz. P. 627928.

Die Umfangsabdichtung geschieht ganz selbsttätig, und zwar durch den zwischen den Zähnen der Räder entstehenden Flüssigkeitsdruck. Zu diesem Zweck sind beide miteinander in Eingriff stehende Räder ohne Wellen in ihren Gehäusebohrungen lose gelagert. Der Antrieb des führenden Zahnrades geschieht mittels einer darin lose eingeführten Welle, die gegenüber dem in dem Gehäuse gelagerten Zahnrad Schwingungen ausführen kann und auf gleiche Weise mit der Antriebsscheibe verbunden ist.

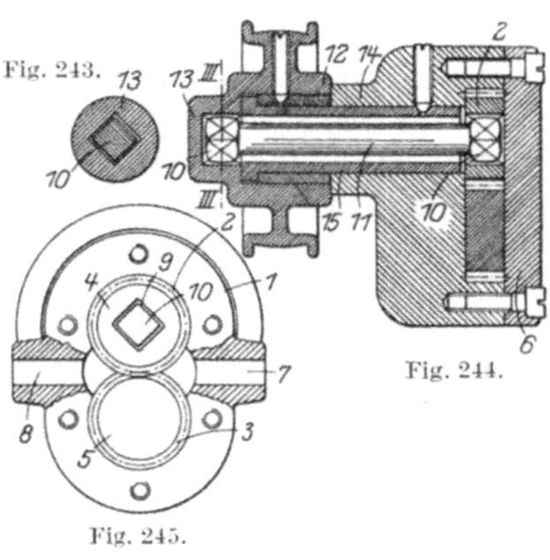
Fig. 243. Fig. 244. Fig. 245.

Fig. 243, 244, und 245 stellen einen axialen Schnitt, eine Ansicht von vorn bei abgenommenem Deckel und einen Schnitt nach *III—III* der Fig. 244 dar. Das Gehäuse *1* ist mit zwei Ausfräsungen *2* und *3* versehen, worin sich oben das führende Rad *4* und unten das geführte Rad *5* drehen. Ein Deckel *6* schließt diese Ausfräsungen vorn ab. Die Drucköffnung ist mit *7* und die Saugöffnung mit *8* bezeichnet. In der Mitte des führenden Zahnrades *4* ist ein viereckiger Ausschnitt *9* vorgesehen, worin der Kopf *10* einer Welle *11*, die dieses Zahnrad mit der Antriebsscheibe *12* verbindet, eingeführt ist. Dieser Kopf *10* ist kleiner als der Ausschnitt *9* gehalten, so daß diese Welle gegenüber dem Zahnrad Schwingungen ausführen kann. Die Antriebsscheibe *12* hat vorn seitlich ein Auge *13*, worin sich eine Ausnehmung, ähnlich derjenigen im führenden Zahnrad *4*, befindet. Die Antriebsscheibe ist auf einem Ansatz *14* des Gehäuses am Ende eines hohlen Zapfens *15* gelagert. Das zwischen Kopf *10* und Ausnehmung *9* vorhandene Spiel gestattet dem Zahnrad *4*, unter dem zwischen den Rädern entstehenden Flüssigkeitsdruck auszuweichen und sich radial gegen die Wandungen des Gehäuses anzulegen. Dadurch wird die Dichtung vorzüglich, hauptsächlich dann, wenn wie bei gewissen Pumpen der Achsenabstand der Räder verändert werden kann.

Patentansprüche: 1. Umfangsabdichtung für Zahnradpumpen, dadurch gekennzeichnet, daß beide miteinander in Eingriff stehende Zahnräder ohne Welle an ihrem Umfang im Gehäuse gelagert sind, so daß beide Zahnräder unter dem zwischen ihren Zähnen entstehenden Flüssigkeitsdruck radial ausweichen können und an den Gehäusewandungen abdichtend angedrückt werden.

2. Umfangsabdichtung nach Anspruch 1, dadurch gekennzeichnet, daß der Antrieb des führenden Zahnrades mittels einer darin lose eingeführten Welle geschieht, die gegenüber dem Zahnrad Schwingungen ausführen kann und auf die gleiche Weise mit der Antriebsscheibe verbunden ist.

3. Umfangsabdichtung nach Anspruch 2, dadurch gekennzeichnet, daß die Verbindung der Welle mit dem führenden Zahnrad und der Antriebsscheibe durch viereckige Köpfe der Welle geschieht, die lose in größeren viereckigen Ausnehmungen des Zahnrades und der Antriebsscheibe eingeführt sind.

4. Umfangsabdichtung nach Anspruch 2, dadurch gekennzeichnet, daß die Verbindung der Welle mit dem führenden Zahnrad und der Antriebsscheibe durch beiderseitige stiftartige Ansätze der Welle geschieht, welche in entsprechende Schlitze des Zahnrades bzw. der Antriebsscheibe eingreifen.

5. Umfangsabdichtung nach Anspruch 2, dadurch gekennzeichnet, daß die Antriebsscheibe auf dem Gehäuse gelagert ist und seitlich ein Auge hat, worin die Verbindungswelle schwingen kann.

6. Umfangsabdichtung nach Anspruch 2, dadurch gekennzeichnet, daß die Antriebsscheibe mittels einer verlängerten hohlen Nabe, worin die Verbindungswelle Platz findet, in dem Gehäuse gelagert ist.

559. **Derselbe.** Verfahren, die Förderung von Zahnradpumpen gleichmäßig zu machen.

Schweiz. P. 121619 vom 14. VIII. 1926.

Um eine vollkommen gleichmäßige Förderung zu erzielen unabhängig davon, welche Druckdifferenz zwischen Eintritts- und Austrittsdruck vorhanden ist, läßt man auf mindestens eines der Zahnräder einen zusätzlichen Widerstand einwirken, der die Drehung bremst und die Zähne der Räder sich immer mit denselben Flächen berühren läßt. Beispielsweise wird auf der Abflußseite ein unter einstellbarer Federwirkung stehendes Kugelventil eingebaut oder ein Hahn mit verschiedener Durchlaßöffnung, oder das eine der Zahnräder wird unter Federwirkung gesetzt. (3 Zeichnungen.)

560. Derselbe. Zahnradpumpe mit regelbarer Förderung.

Schweiz. P. 121620 vom 14. VIII. 1926.

Von den beiden Zahnrädern liegt das von außen nicht angetriebene exzentrisch in einem Stück, das von außen verstellt werden kann. Durch diese Verstellung wird der Abstand der Zahnräder voneinander und dadurch die Förderung der Pumpe verändert. (2 Zeichnungen.)

Nach Rebsomen.

561. E. H. J. Rebsomen, Belfort. Verbesserte Einrichtung zum Verteilen von Viskose bei der Herstellung künstlicher Seide.

Franz. P. 596314 vom 7. IV. 1925; brit. P. 250580 vom 6. IV. 1926.

Es handelt sich um eine Titerpumpe, bei der in bekannter Weise zwei miteinander in Eingriff stehende Zahnräder die Viskose ansaugen und weiterdrücken. Um bei solchen Pumpen ein auch nach längerer Benutzung gleichmäßiges Eingreifen der Zahnräder *2* und *3* zu erreichen, ist nach der Erfindung das kleinere Zahnrad *3* (Fig. 246), das in einer Bohrung *6* des Gehäuses *1* liegt, von einem Bogenstück *5* auf mehr als der Hälfte seines Umfanges umgeben. Das Bogenstück *5* dreht sich um den Stift *13*, der unter der Wirkung einer Feder *9* (Fig. 247) steht. Diese Feder hält den Stift *13* stets möglichst weit von dem Sitz der Feder bei *10* entfernt und drückt dadurch das Bogenstück *5* dauernd auf das Zahnrad *3*. Ein besonderes Nachstellen dieses Rades ist also nicht nötig.

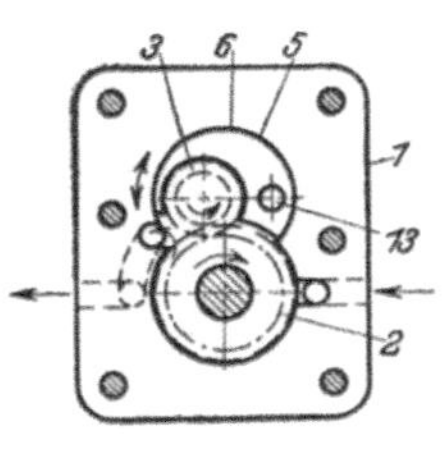

Fig. 246.

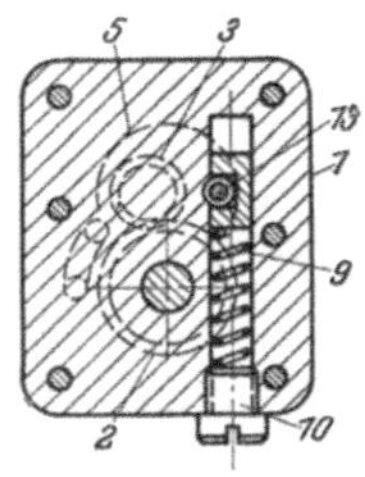

Fig. 247.

Nach Ateliers de Mécanique de Précision d'Alsace.

562. Ateliers de Mécanique de Précision d'Alsace, S. à. r. l., Sultz. Viskosezuteiler für Vorrichtungen zur Herstellung von Kunstseide.

Schweiz. P. 120329 vom 31. III. 1926 (Prior. Frankr. vom 7. IV. 1925); Ver. St. Amer. P. 1691713 (A. Ch. Frey).

Wie bei dem franz. P. 596314 (s. vorstehend) wird das lose Zahnrad durch ein es umgreifendes sichelförmiges Stück an das angetriebene Zahnrad angedrückt. Die Einstellung des sichelförmigen Stücks erfolgt hier aber nicht durch eine Feder, sondern durch einen von außen drehbaren Stift, der in einen Schiitz des sichelförmigen Stücks eingreift und durch eine Schraube festgestellt werden kann. (5 Zeichnungen.)

Nach Winkler.

563. Fa. M. O. Winkler, Grüna i. Sa. Abdichtungsvorrichtung für Zahnradpumpen, insbesondere zur Förderung von Viskose. D.R.P. 460015 Kl. 59e vom 7. X. 1925.

Mit vorliegender Erfindung wird bezweckt, die durch den nicht zu vermeidenden Verschleiß der Zahnräder bei Zahnradpumpen entstehenden Undichtheiten und die hierdurch hervorgerufene ungleichmäßige Förderung zu beseitigen. Das Neue besteht darin, daß Teile des die Zahnräder umgebenden Gehäuses federn und von Druckschrauben bewegt werden. Diese federnden Teile befinden sich zweckmäßig gegenüber der Eingriffsstelle der Zahnräder, so daß die dort entstandenen Undichtheiten schnell und leicht beseitigt werden können, indem diese federnden Gehäuseteile gegen die Zahnradkränze gedrückt werden.

Fig. 248 zeigt die Pumpe im Längsschnitt und Fig. 249 das Zahnradgehäuse in Vorderansicht.

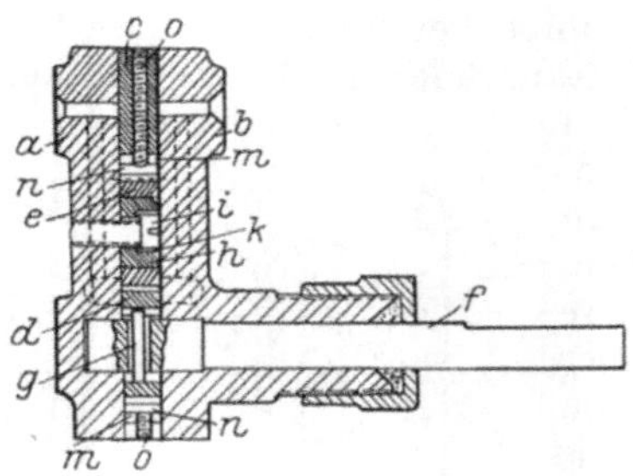

Fig. 248.

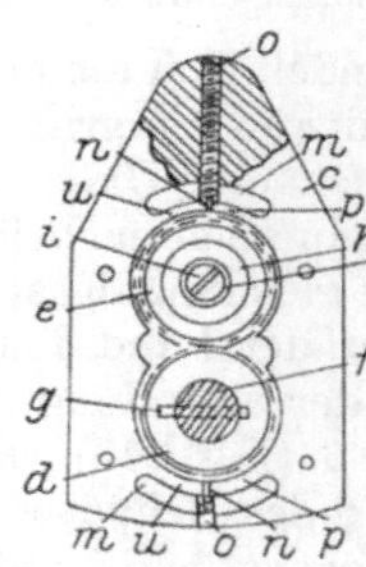

Fig. 249.

Die Platten *a* und *b* bedecken die Platte *c* (Fig. 248), welche als Gehäuse für die Zahnräder *e* und *d* dient. Das Zahnrad *d* ist mit der Antriebsspindel *f* durch einen in dieser lose steckenden Stift *g* verbunden. Das Zahnrad *e* ist auf einem Ring *h* lose gelagert und dieser auf einer Kopfschraube *i* drehbar angeordnet (Fig. 249). Zwischen dem Ring *h* und der Schraube *i* ist ein kleiner Hohlraum *k* vorgesehen. Im Gehäuse *c* befinden sich Schlitze *m*, von denen Spalte *n* nach den Rädern *d* bzw. *e* führen, während Schrauben *o* die so gespaltenen Gehäuseteile *p*, *u* an die Zahnräder *d* und *e* andrücken. Sofern sich das Gehäuse *c* in der Umgebung der Zahnräder *d*, *e* oder die Zähne der letzteren merkbar abgenutzt haben, werden die Gehäuseteile *p* und *u* durch die Schrauben *o* entsprechend nach innen gedrückt. Infolge des vorhandenen Hohlraumes *k* kann auch der Drehpunkt des Zahnrades *e* verändert werden. Desgleichen empfiehlt es sich, das lose mitgenommene Antriebsrad *d* mit einem Luftspalt zu umgeben, um dem durch seitlichen Druck der Spindel *f* entstehenden Verschleiß der Gehäuseteile *a* und *b* vorzubeugen. (3 Zeichnungen.)

Patentansprüche: 1. Abdichtungsvorrichtung für Zahnradpumpen, insbesondere zur Förderung von Viskose, dadurch gekennzeichnet, daß Teile *p*, *u* des Rädergehäuses *c* federn und von Druckschrauben *o* bewegt werden.

2. Abdichtungsvorrichtung nach Anspruch 1, dadurch gekennzeichnet, daß im Rädergehäuse *c* gegenüber der Eingriffsstelle der Räder *d*, *e* Schlitze *m* angeordnet sind, von denen Spalte *n* bis zu den Zahnrädern *d*, *e* führen.

564. Dieselbe. Zahnradpumpe für Kunstseidespinnmaschinen.

D.R.G.M. 1010271 Kl. 29a vom 5. X. 1927.

Um ein günstiges Verhältnis zwischen der Breite der Zahnräder und deren Umlaufsgeschwindigkeit zu schaffen, ist eine Zahnradpumpe mit Zahnrädern von 9 mm Breite und 40 Zähnen mit einem Vorgelege versehen. Letzteres setzt durch sein Übersetzungsverhältnis von 2:1 die bisherige Umlaufsgeschwindigkeit der kleineren und schmaleren Zahnradpaare so weit herab, daß die bei dem neuen Modell zur Verwendung kommenden größeren und breiteren Zahnräder die bisherige Menge Viskose fördern infolge ihrer günstigeren Maße, jedoch vor einem vorzeitigen Verschleiß geschützt werden. Im Pumpengehäuse *a* (Fig. 250) sitzt das zur Viskoseförderung dienende Zahnradpaar *b*, *c*. Die das Zahnrad *c* antreibende Mitnehmerwelle *d* besitzt einen Bund *e* und ist in einer Büchse *f* drehbar gelagert, welche mit dem Gehäuse *a* fest verschraubt ist. Am freien Ende der Welle *d* ist auf dieser ein Stirnrad *g* befestigt, das mit einem Ritzel *h* in Eingriff steht. Letzteres sitzt mit einem großen Antriebsrad *i* auf einem Bolzen *k*, der in einem Auge *m* der Büchse *f* gelagert ist. Das große Rad *i* erhält die bei diesen Pumpen übliche Umlaufgeschwindigkeit, welche bisher dem Stirnrad *g* unmittelbar zuteil wurde. Das große Rad *i* treibt das Stirnrad *g* unter Vermittlung des Ritzels *h* an. Demnach laufen die jetzt größeren Zahnräder *b*, *c* langsamer, fördern aber die gleiche Menge Viskose wie bisher.

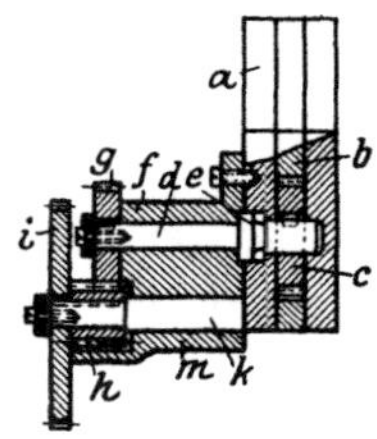

Fig. 250.

Nach Brenzinger.

565. J. Brenzinger, Fairfield, Conn. (Max Ams Chemical Engineering Corporation, Bridgeport). Pumpe.

Ver. St. Amer. P. 1604802 vom 26. X. 1926, angemeldet 11. XII. 1925; D.R.P. 460732 Kl. 59e vom 26. III. 1926.

Bei den bisher üblichen Zahnradpumpen treten durch Verschleiß der Zähne Unregelmäßigkeiten in der Lieferung der Pumpen ein. Bei der Pumpe nach der Erfindung werden als Pumpenelemente ein inneres und ein äußeres Zahnrad verwendet, die miteinander in Eingriff stehen. Auf diese Weise können die Zahnräder bei Verschleiß leichter eng zusammengepreßt werden, auch kann die zu fördernde Flüssigkeit nicht leicht zurücktreten, weil mehr Zähne miteinander in Eingriff sind als bei den Pumpen mit zwei äußeren Rädern. Die wesentlichen Teile der

Pumpe sind aus Fig. 251 ersichtlich. In der Platte *5* ist die Bohrung *6* als Pumpenkammer angebracht. *7* und *8* sind Zu- und Abfluß der zu fördernden Flüssigkeit. In der Bohrung *6* liegt der Ring *9*, der innen einen Kranz von Zähnen hat. Mit dem Zahnkranz von *9* kämmt das Zahnrad *10*, das auf der Welle *11* sitzt. Welle *11* wird von außen angetrieben, sie kann sich in Richtung ihres Durchmessers etwas verschieben, wie durch die doppelte Linie *12* angedeutet ist. *13* und *14* sind Segmente unterhalb des Zahnrades *10*, die durch die Schrauben *15* gehalten werden. Bei Verschleiß des Zahnrades *10* können die Segmente *13* und *14* durch die Schlitze *16* verstellt und dem Zahnkranz von *10* wieder angenähert werden, wodurch ein dichtes Zusammenarbeiten aller Zahnkränze gesichert ist.

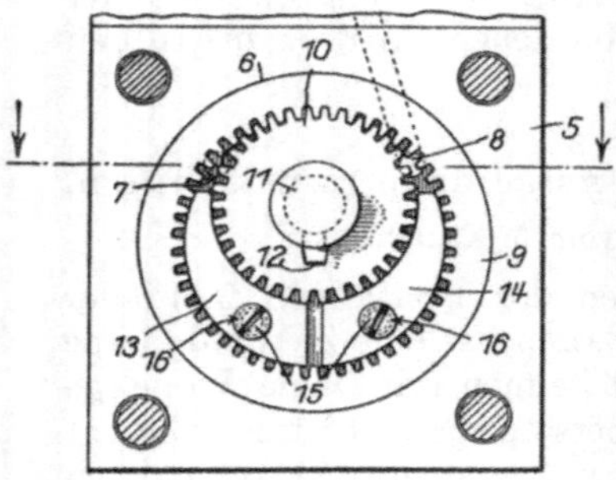

Fig. 251.

Patentanspruch: Zahnradpumpe mit zwei ineinanderliegenden Zahnrädern, dadurch gekennzeichnet, daß das Innenzahnrad gegen das Außenzahnrad durch zwischen beiden Zahnrädern vorgesehene einstellbare, sichelförmige Füllstücke radial verstellbar ist.

Nach Sauveur.

566. H. Sauveur, Hannover-Wülfel. Zahnradpumpe, bei welcher die nicht angetriebenen Zahnräder ohne Lagerwelle laufen.

D.R.P. 470145 Kl. 59e vom 11. V. 1926.

Es sind Zahnradpumpen bekannt, bei denen die nicht angetriebenen Zahnräder ohne Welle laufen. Um den spezifischen Anpressungsdruck der Zahnräder gegen ihre Lauffläche nicht zu groß werden zu lassen, werden nach der Erfindung auf beiden Seiten des angetriebenen Zahnrades oder nur auf einer Seite Scheiben vorgesehen, die mit dem Zahnrad fest verbunden sind oder aus einem Stück mit ihm bestehen. Hierdurch wird der Lagerdruck je Flächeneinheit bis auf das zulässige Maß herabgesetzt. Diese Maßnahme ist insbesondere für Pumpen mit hohen Arbeitsdrücken wichtig, da hier die Verminderung des spezifischen Lagerdrucks durch eine etwa vorzusehende Druckentlastung nur auf Kosten des Wirkungsgrades der Pumpen geschehen könnte.

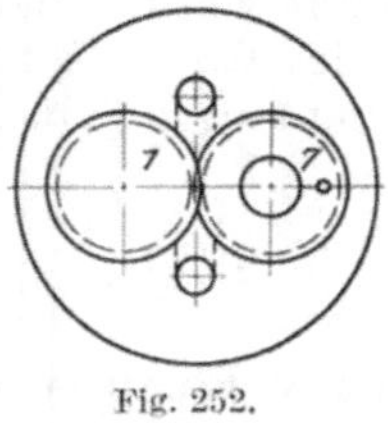
Fig. 252.

Fig. 253.

Fig. 253 stellt eine Ausführung der Erfindung dar, bei welcher die Scheiben *1* und *2* mit dem Zahnrad *3* aus einem Stück bestehen. Gedacht ist beispielsweise an die Herstellung durch Spritzguß. Das Antriebszahnrad *4* ist in der üblichen Weise mittels Welle im Gehäusedeckel *5* und den Buchsen *6* und *7* gelagert. Fig. 253 stellt eine Aufsicht auf die

Räder nach Fig. 252 bei abgenommenem Deckel *8* dar. Weitere Ausführungsformen sind beschrieben.

Patentanspruch: Zahnradpumpe, bei welcher die nicht angetriebenen Zahnräder ohne Lagerwelle laufen, gekennzeichnet durch Scheiben, welche mit den nicht angetriebenen Zahnrädern fest verbunden sind, um deren spezifischen Anpressungsdruck gegen ihre Laufflächen zu ermäßigen.

Nach Établissements R. Danjou et Cie.

567. Établissements R. Danjou et Cie. Verfahren zum Regeln des Zuflusses zu Spinndüsen für die Kunstfaserherstellung und Einrichtung zum Ausführen des Verfahrens.

Franz. P. 627561 vom 14. I. 1927.

Um bei Zahnradpumpen auch nach Verschleiß eine stets gleichbleibende Förderung zu sichern, ist zwischen Zufluß- und Abflußkanal ein von außen verstellbares Nadelventil vorgesehen. (3 Zeichnungen.)

Nach Hamer und Rushton.

568. J. H. Hamer und J. L. Rushton, Bolton (Engl.) Verbesserungen an Rotationspumpen.

Brit. P. 288716 vom 12. I. 1927.

Die zum Fördern viskoser Flüssigkeiten dienende Zahnradpumpe besteht aus den Teilen *10*, *11* und *12* (Fig. 254). Der Eintritt der Flüssig-

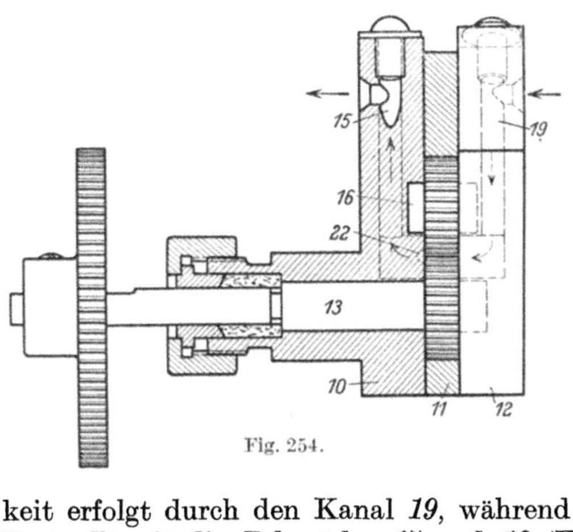

Fig. 254.

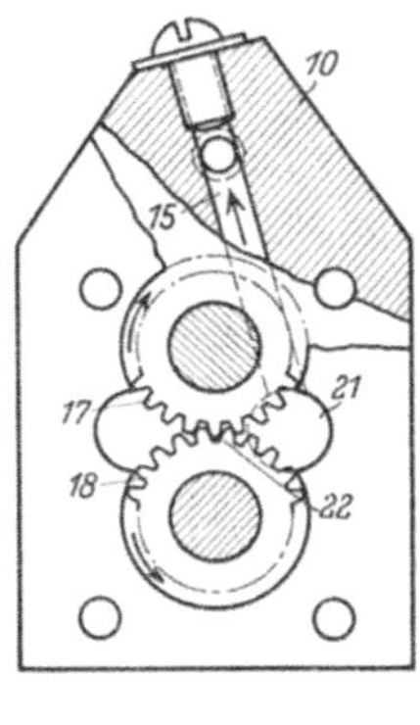

Fig. 255.

keit erfolgt durch den Kanal *19*, während im Teil *10* der Austritt *15* liegt. Damit die Zahnräder *17* und *18* (Fig. 255) ein genügend freies Spiel haben, ist der Teil *11* etwas dicker ausgebildet als die Zahnräder. Das Neue besteht darin, daß in einem oder beiden Teilen *10* und *12* ein Verbindungskanal *22* vorgesehen ist, welcher sich ungefähr zwischen der Austrittskammer *21* und einer durch die Achse der Welle *13* und der Spindel *16* gedachten Ebene erstreckt. Der Verbindungskanal hat den Zweck, die sich in dem freien Raum zwischen der Zahnkrone des einen Zahnrades und dem Raum zwischen zwei Zähnen des anderen Rades fangende Flüssigkeit in die Austrittskammer entweichen zu lassen. Auf diese Weise wird der auf den arbeitenden Teilen lastende Druck beseitigt und eine starke Abnutzung der Pumpe vermieden.

569. Dieselben. Verbesserungen an Rotationspumpen.

Brit. P. 293103 vom 29. III. 1927; Ver. St. Amer. P. 1682842.

Die Zahnradpumpe ist eine weitere Ausführungsform der im brit. P. 288716 (s. vorstehend) beschriebenen Art. Das Neue besteht darin, daß die Pumpe durch die Viskose selbst geschmiert wird. Dies geschieht dadurch, daß die von dem in der gleichen Weise wie im P. 288716 angeordneten Verbindungskanal *24* (Fig. 256) kommende unter Druck

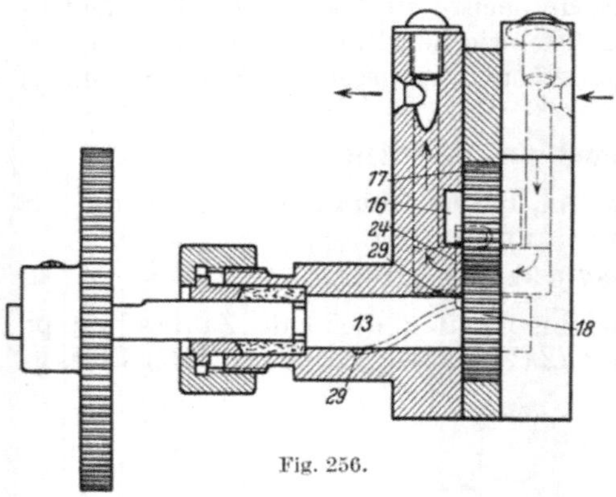

Fig. 256.

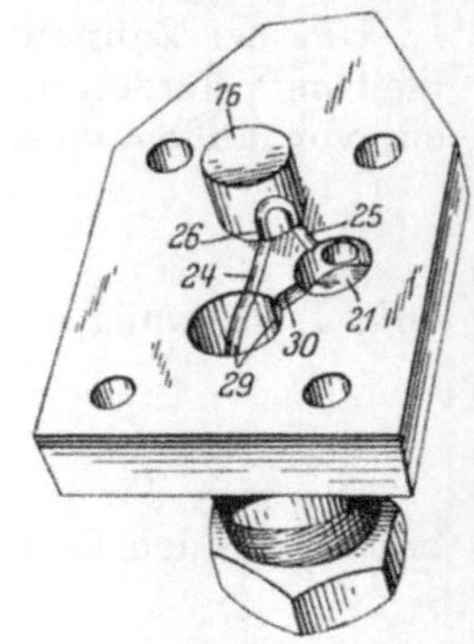

Fig. 257.

stehende Viskose einerseits einer Nut *29* zugeführt wird, welche im Lager für die Antriebswelle *13* eines Zahnrades *18* liegt, andererseits einer zweiten Nut *26* (Fig. 257), welche in einer festen Spindel *16* liegt, auf der das andere Zahnrad *17* umläuft. Die Nuten *26* und *29* erstrecken sich fast über die ganzen Spindeln in Schneckenform und haben an ihren Enden Verbindung mit der Austrittskammer *21* durch Kanäle *25* und *30*, so daß ein beständiger Umlauf durch die Kanäle aufrechterhalten wird.

Nach Vickers Ltd.

570. Vickers Ltd., London. Vorrichtung zur Förderung von Flüssigkeiten unter Druck.

Brit. P. 300593 vom 16. V. 1927; schweiz. P. 130959; belg. P. 348730.

Die Vorrichtung stellt eine Vereinigung einer Zahnradpumpe und einer Schiebersteuerung dar und dient zur gleichförmigen Druckförderung von Spinnlösungen zu Düsen. Zu diesem Zweck hat der in einem Gehäuse B_1 untergebrachte Kolbenschieber B (Fig. 258) zwei Ringnuten b, b_1, welche auf dem Kolben drei Ringe b_2, b_3, b_4 bilden, von denen die Ringe b_2 und b_3 mit Durchlässen b für den Durchtritt der Flüssigkeit versehen sind. Die Pumpe A besitzt eine Zuleitung A_1 und eine Ableitung A_2 und wird durch die Räder a und a^x angetrieben. Die in den Leitungen A_1 und A_2 herrschenden Drucke wirken auf den Kolbenschieber B unter normalen Bedingungen in der Weise, daß Ring b_2 die Eintrittsöffnung B^{2x} für die unter Druck stehende Flüssigkeit etwas offen läßt. In dem Maße, wie der bei A_2 vorhandene Druck der austretenden Flüssigkeit sich steigert, öffnet sich der Zutritt bei B^{2x} und umgekehrt. Für den Fall, daß der Austrittsdruck den in der Leitung B^{2x} herrschenden Druck übersteigt, hebt sich der Kolbenschieber, und Ring b_4 gleitet über eine Aussparung b^{1x}, wodurch die Pumpe kurz geschlossen ist. B_2 ist eine Eintrittsöffnung im Gehäuse B_1, B_3 eine Austrittsöffnung für die geförderte Flüssigkeit, welche beständig mit A durch eine Öffnung B^{3x} in Verbindung steht. Die Ausflußöffnung B_4 stellt die Verbindung zwischen B und A_1 her.

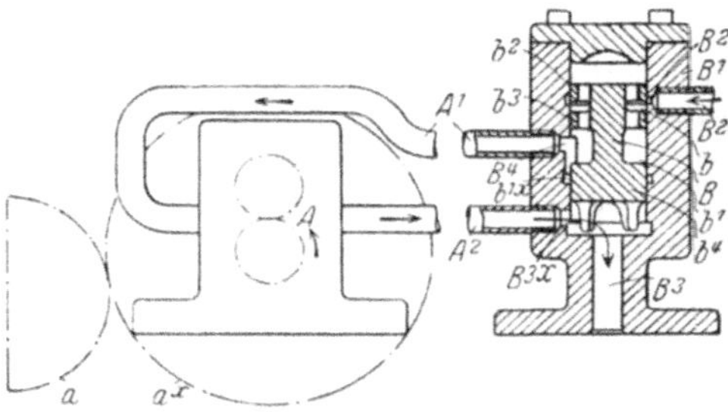

Fig. 258.

Nach Eisermann.

571. E. Eisermann, Barmen. Pumpe zum Zuführen der Spinnlösung (Viskose od. dgl.) für Maschinen zur Herstellung von Kunstfäden.

Brit. P. 292134 vom 14. VI. 1928 (Prior. Deutschl. vom 14. VI. 1927); belg. P. 352077.

Bei dieser Pumpe fördert eine Zahnradpumpe die Spinnlösung zu einer zweiten Zahnradpumpe durch einen Kontrollhahn *26* (Fig. 261), welcher mit einem Kontrollraum *29* gegenüber dem Einlaß *31* für die

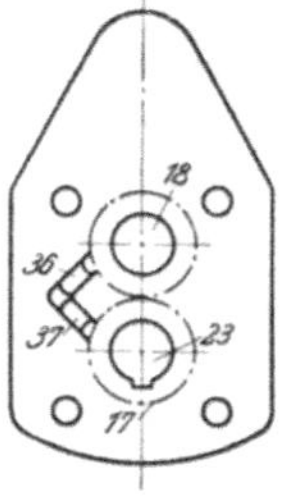

Fig. 259.

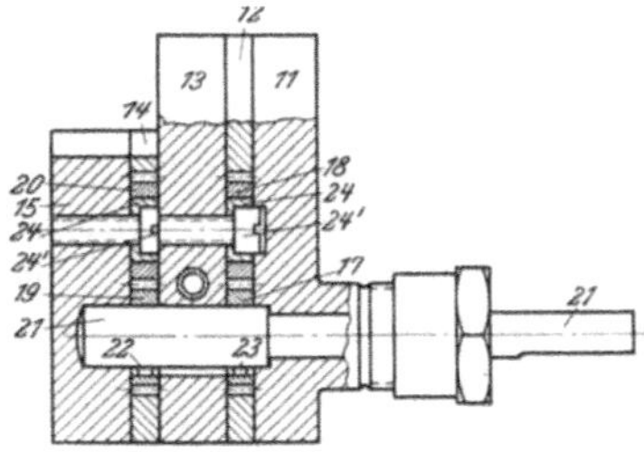

Fig. 260.

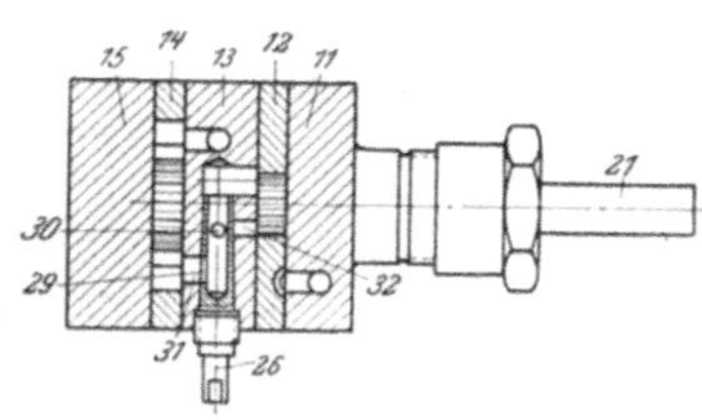

Fig. 261.

zweite Pumpe und einer unter einem Winkel von 90° abzweigenden Nebenleitung *30* versehen ist, die überschüssige Lösung durch die Leitung *32* der ersten Pumpe wieder zuführt. Der Kontrollhahn ist mit einer Anzeigevorrichtung versehen. Das Gehäuse für die beiden Pumpen ist durch die Stücke *11 . . . 15* gebildet, das Mittelstück *13* enthält die Abflußöffnung für die Lösung und den Kontrollhahn *26* mit den angeschlossenen Leitungen. Die beiden Sätze Zahnräder werden von der Welle *21* aus angetrieben, welche mit Ansätzen *22* (Fig. 260) versehen ist, die ihrerseits in Aussparungen *23* in den Zahnrädern *17, 19* eingreifen. Die Zahnräder *18, 20* sind an Traggliedern *24* befestigt, die durch Schrauben *24'* an dem Gehäuse festgemacht sind. Die Zuleitung zu dem ersten Satz Zahnräder *17, 18* ist in zwei Wege *36, 37* (Fig. 259) geteilt, so daß die durch die Nebenleitung *32* zurücktretende Lösung die Zwischenräume zwischen den Zähnen erreicht, ehe diese an die Leitungen *36, 37* gelangen.

Nach Rozier.

572. G. Rozier, Lyon. Rotierende Pumpe mit zwei Achsen zum Spinnen von Kunstseide.

Belg. P. 353576 vom 17. VIII. 1928 (Prior. Frankr. vom 25. VIII. 1927); franz. P. 651172.

Die Pumpe ist in Fig. 262 im senkrechten Schnitt in der Richtung der beiden Achsen, in Fig. 263 im senkrechten Schnitt zu Fig. 262,

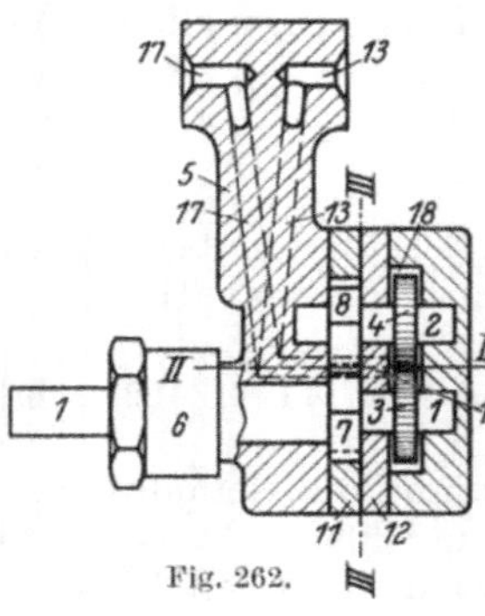

Fig. 262.

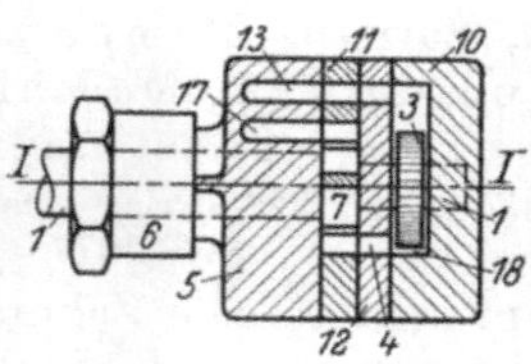

Fig. 263.

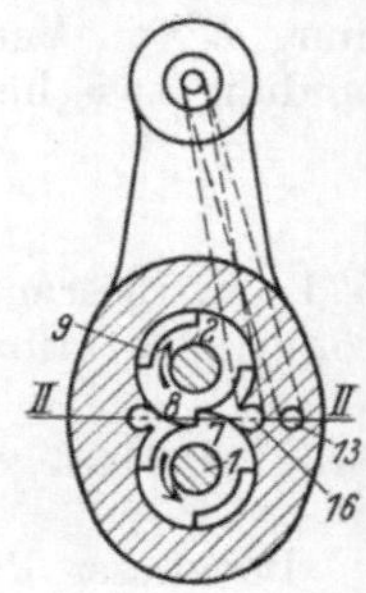

Fig. 264.

in Fig. 264 im Schnitt nach *III—III* der Fig. 262 dargestellt, Fig. 265 zeigt den Eingriff der Zahnräder. Die beiden Achsen *1* und *2* liegen parallel zueinander und stehen durch zwei gleiche Zahnräder *3* und *4* in Verbindung. Achse *1* ist der Antrieb, sie geht durch das eine Seitenstück *5* und ist durch die Stopfbüchse *6* abgedichtet. Achse *2* liegt innen in der Pumpe. *1* und *2* tragen die Scheiben *7* und *8* mit Ausschnitten *9*, die zahnradartig ineinandergreifen. Die Zahnräder *3* und *4* liegen in dem Seitenstück *10*. Die rotierenden Scheiben *7* und *8* liegen im Zwischenstück *11*, ein weiteres Zwischenstück *12* trennt die Räume für die Räder *3, 4* und die Scheiben *7, 8*. Die Saugleitung *13* mündet in das Lager für *3, 4*, von da geht ein Kanal *14* zu der Eintrittsöffnung der eigentlichen Pumpe, die durch *7, 8* gebildet wird. Die

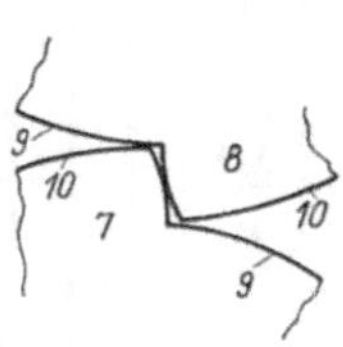

Fig. 265.

Abflußöffnung *16* steht in Verbindung mit dem Austrittskanal *17*. Der Eingriff einer Erhöhung von *7* mit einer Vertiefung von *8* sichert eine innige Berührung dieser Teile. Ein Zwischenraum *18* zwischen den Zahnrädern *3*, *4* und ihrem Gehäuse ermöglicht einen freien Durchgang der Zelluloselösung und setzt den Räderverschleiß herab.

Nach N. V. Nederlandsche Kunstzijdefabriek.

573. N. V. Nederlandsche Kunstzijdefabriek. Pumpe, besonders für viskose Flüssigkeiten.

Franz. P. 648053 vom 1. II. 1928 (Prior. Niederl. vom 30. VIII. 1927).

Bei Pumpen, die wie die Zahnradpumpen aus mehreren Platten zusammengesetzt sind, wird zwischen den Platten, z. B. an die Stellen, wo die zusammenhaltenden Schrauben durchgehen, leicht Luft angesaugt, die dann in die Spinnlösung gelangt. Um ein Lufteinsaugen zu verhindern, wird nach der Erfindung um die Förderelemente der Pumpe ein Ringkanal angeordnet, der mit unter Druck stehender Spinnlösung gefüllt ist. Zwischen den Platten *4* und *5* sitzt die Platte *1*

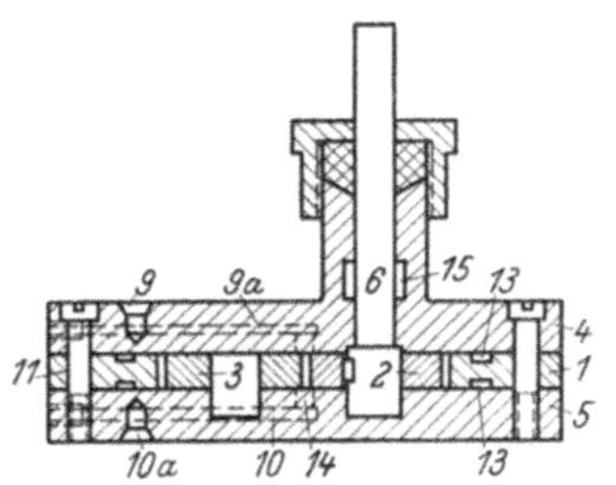

Fig. 266.

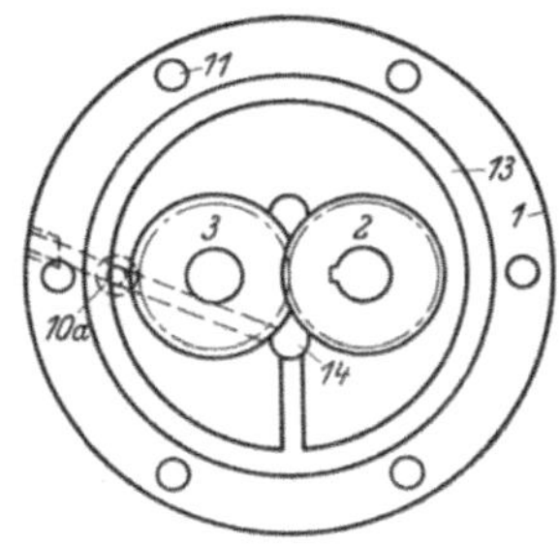

Fig. 267.

(Fig. 266 und 267) mit den Zahnrädern *2* und *3*. *2* wird von der Welle *6* aus angetrieben. In der Platte *1* ist nun der Ringkanal *13* angebracht, der mit dem Druckraum *14* kommuniziert. Die Spinnlösung tritt durch *9*, *9a* ein und durch *10*, *10a* aus. Der Ringkanal verhindert Lufteintritt von den Schraubenöffnungen *11* aus. Um zu verhindern, daß von der Antriebswelle *6* aus Luft eintritt, ist um *6* der Raum *15* vorgesehen, der ebenfalls mit *14* in Verbindung steht. Die Anordnung ist auch für Kolbenpumpen anwendbar.

Nach Arendt & Weicher.

574. Arendt & Weicher, Berlin. Regulieren von Zahnradpumpen.

Brit. P. 297770 vom 10. IX. 1928 (Prior. vom 27. IX. 1927).

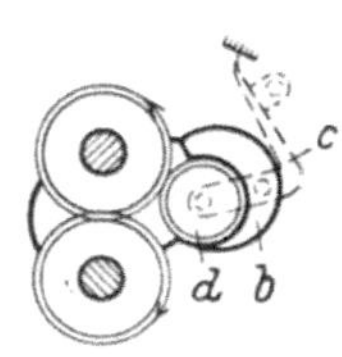

Fig. 268.

Mit einem oder beiden der fördernden Zahnräder steht auf der Einlaßseite das Rad *d* (Fig. 268) in Eingriff. Die Tiefe des Eingriffs, die die Pumpenförderung beeinflußt, wird dadurch verändert, daß das Rad *d* in einem Exzenter *b* angebracht ist, der durch einen Hebel *c* verstellt werden kann.

575. Dieselbe. Zahnradspinnpumpe.

D.R.G.M. 1063131 Kl. 29a vom 5. I. 1929.

Die Neuerung besteht darin, daß der zur Regelung dienende Zahntrieb nicht nur auf seinem Umfange in dem Exzenterring geführt ist, sondern außerdem auch noch eine zentrale Bohrung besitzt, in die ein einstellbarer Bolzen, der im Pumpengehäuse gelagert ist, hineinragt. Dadurch wird der Zahntrieb, der nach der Einfügung durchaus gleichmäßig arbeiten muß, sicher geführt. Der Bolzen kann durch Lösen so gelockert werden, daß er die exzentrische Bewegung des Zahntriebes beim Drehen des Exzenterringes mitmacht, da er mit einem gewissen Spielraum in der Lagerung des Pumpengehäuses eingepaßt ist. Fig. 269 ist eine Ansicht der Zahnradspinnpumpe, Fig. 270 ein Querschnitt $A-B$ nach Fig. 269. In dem Pumpengehäuse a sind die Förderrädchen b und c angeordnet, wovon das eine mit dem Förderzahntrieb d in Eingriff steht. Der Zahntrieb d ist an einem offenen Exzenterring e auf seinem Umfange geführt. Der Regulierzahntrieb d hat eine Bohrung f, in welche ein Lagerbolzen g hineinragt (Fig. 270). Dieser kann durch eine Mutter h am Pumpengehäuse festgeklemmt werden. Sein Lagerzapfen i ist mit so viel Spielraum in einer Bohrung des Pumpengehäuses gelagert, daß der Bolzen bei einer Drehung des Exzenterringes den daraus resultierenden Bewegungen folgen kann.

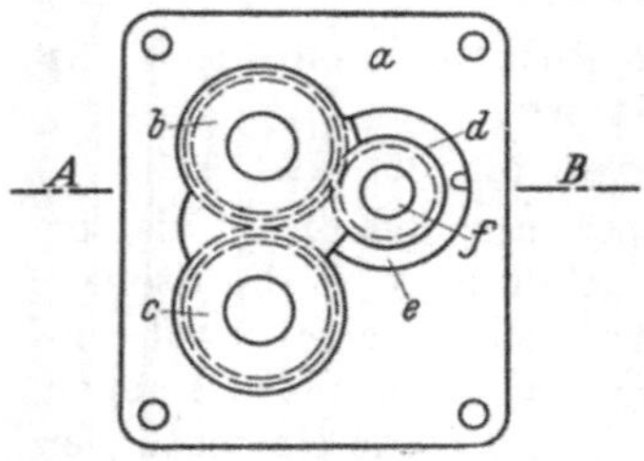

Fig. 269.

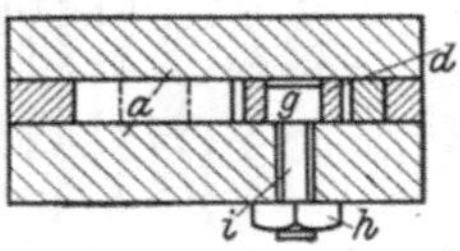

Fig. 270.

576. Dieselbe. Mittelplatte für Zahnradspinnpumpen.

D.R.G.M. 1063132 Kl. 29a vom 5. I. 1929.

Um die beiden in der Mittelplatte gelagerten Förderrädchen am Umfange stets dicht anliegen zu lassen, wird die Mittelplatte an einer Seite senkrecht zur Verbindungsachse der beiden Förderrädchen geschlitzt. Die Mittelplatte a (Fig. 271) ist mit zwei Bohrungen b und c versehen, in denen die Förderrädchen d und e gelagert sind. Quer zur Verbindungslinie der beiden Förderradachsen wird nun gemäß der Neuerung die Platte a mit einer Aussparung i versehen, die noch in einen Schlitz f ausgestaltet sein kann. Durch eine Spannschraube g kann man die Aussparung i um die Dehnung des Materials spreizen. Man würde, nachdem die Bohrungen b und c für die Förderrädchen rohvorgebohrt sind, mit Hilfe der Schraube g die Aussparung i oder den Schlitz f erweitern und nunmehr die Bohrungen b und c auf das Fertigmaß bearbeiten. Danach montiert man die beiden Förderrädchen d und e in der üblichen Weise. Ist nach längerem Betriebe eine Abnutzung in den Bohrungen b und c eingetreten, so dreht man die Schraube g

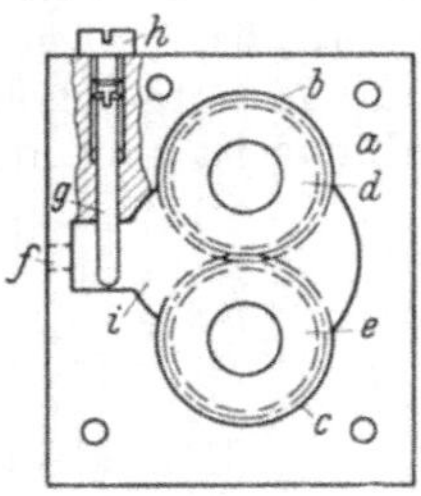

Fig. 271.

um ein bestimmtes Stück zurück, wodurch sich die Bohrungen einander nähern und die Förderrädchen in der gewünschten Weise dicht umschließen. Damit die Schraube *g* gegen ungewolltes Lockern gesichert ist, kann man das Einsteckende der Gewindeöffnung durch eine Schraube *h* verschließen.

Drossel- und andere Ausgleichsvorrichtungen an Spinnpumpen, Luftkessel, Pumpenantrieb, Filter.

Nach Brabant.

577. G. Brabant. Regelvorrichtung für die Förderungsmenge an umlaufenden Pumpen bei der Herstellung künstlicher Textilfäden.

Franz. P. 531356 vom 25. II. 1921 (Prior. Belg. vom 27. II. 1920).

Eine bei Verstopfung der Spinndüsen *7* (Fig. 272) eintretende Drucksteigerung in der Leitung zur Zuführung der Spinnlösung zu den Düsen wird an einem Manometer *8* gemessen. Um beim Reinigen der Spinndüsen nicht die in dem Gehäuse *2* liegende Zahnradpumpe stillsetzen zu müssen, ist ein Absperrhahn *6* und eine von der Druckleitung *5* abzweigende Umlaufleitung vorgesehen. Sie wird eingestellt durch das Kugelventil *10*, welches unter der Wirkung einer Feder steht und dessen Stellung durch Zwischenlagen *11* verändert werden kann. Diese Umlaufleitung kann auch dazu dienen, bei Verstopfungen einzelner Spinnöffnungen den Druck in der Zuleitung *4* der Spinnlösung in den zulässigen Grenzen zu halten.

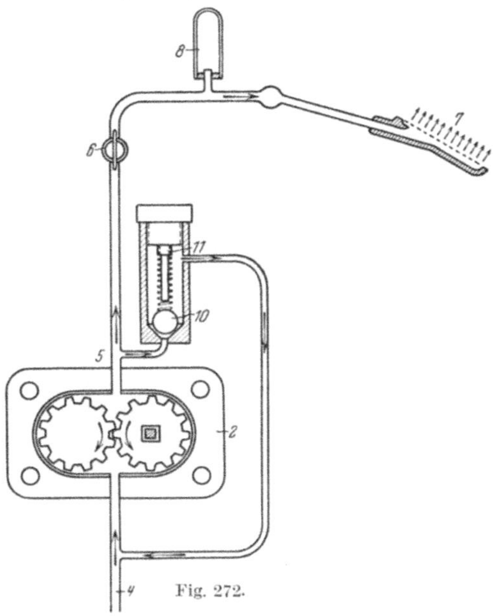

Fig. 272.

Nach Siemens-Schuckertwerke Akt.-Ges.

578. Siemens-Schuckertwerke Akt.-Ges. Berlin-Siemensstadt. Vorrichtung zum Verhüten des Verstopfens von Spinndüsen sowie zum Gleichhalten der Fadenstärke.

D.R.P. 442515 Kl. 29a vom 26. X. 1924; brit. P. 241948; franz. P. 605556; schweiz. P. 123712.

Nach der Erfindung wird eine gleichmäßige Fadenstärke und Verhütung der Verstopfung der Spinndüsenöffnungen dadurch erreicht, daß die Spinnflüssigkeit aus einem unter gleichmäßigem Druck von höherer Spannung als dem Ausspritzdruck stehenden Speicher den Spinndüsen durch eine vor jede Düse geschaltete Drosselvorrichtung, z. B. eine Stauscheibe, Düse od. dgl., zugeleitet wird, wobei vor den Drosselvorrichtungen noch Filter angeordnet sind, deren Durchlaßwiderstand im Verhältnis zu dem auf ihnen lastenden Druck gering ist.

Fig. 273 stellt eine schematische Ansicht der Anlage dar. Die Spinnflüssigkeit *1* befindet sich im unteren Teil eines Behälters *2*, in dessen oberem Teil ein gewichtsbelasteter Kolben *3* gleiten kann. Der über der Flüssigkeit befindliche Raum *4* ist mit einem druckübertragenden Mittel angefüllt, das durch eine Pumpe *5* ständig oder von Zeit zu Zeit, entsprechend der durch die Undichtigkeit des Kolbens entweichenden Menge, erneuert werden kann. Aus dem Behälter strömt die Flüssigkeit durch ein Rohr *6* zu den einzelnen Düsen *7* einer Spinnmaschine oder auch der Spinnmaschinen eines ganzen Spinnsaales und tritt dabei vor jeder Spinndüse durch ein Filter *8* und die Drosselvorrichtung *9*. Zum Ersatz der verbrauchten Flüssigkeit dient eine Pumpe *10*, die ständig oder in Absätzen die verbrauchte Spinnflüssigkeit ersetzt. Die unter gleichbleibendem Druck stehende Flüssigkeit findet im Filter *8* nur einen geringen Widerstand, der z. B. kleiner ist als der kleinste Widerstand der Drosselvorrichtung *9*. Es kann also eine viel größere Menge Flüssigkeit durch das Filter dringen, als durch die Drosselvorrichtung und die Spritzdüse abgeführt wird. Infolgedessen herrscht im Raum zwischen dem Filter und der Drosselvorrichtung ein Druck, der annähernd dem Druck im Behälter *2* entspricht. Durch die Drosselvorrichtung *9* wird nun dieser Druck auf den zum Durchdrücken der Flüssigkeit durch die Spritzdüse notwendigen wesentlich geringeren Druck abgedrosselt.

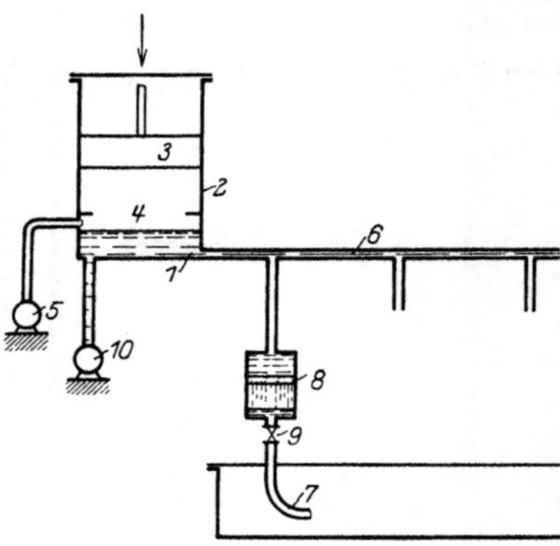

Fig. 273.

P a t e n t a n s p r ü c h e: 1. Vorrichtung zum Verhüten des Verstopfens von Spinndüsen sowie zum Gleichhalten der Fadenstärke, dadurch gekennzeichnet, daß die Spinnflüssigkeit aus einem unter gleichmäßigem Druck von höherer Spannung als dem Ausspritzdruck stehenden Speicher den Spinndüsen durch eine vor jede Düse geschaltete Drosselvorrichtung z. B. eine Stauscheibe, Düse od. dgl., zugeführt wird, wobei vor den Drosselvorrichtungen noch Filter angeordnet sind, deren Durchlaßwiderstand im Verhältnis zu dem auf ihnen lastenden Druck gering ist.

2. Vorrichtung nach dem Anspruch 1, gekennzeichnet durch die Verwendung einer Schleuderpumpe als Überdruckspeicher.

Nach Levy.

579. A. Levy, Cricklewood. Verbesserungen an Apparaten für die Herstellung von Kunstfasern.

Brit. P. 248468 vom 4. XII. 1924; franz. P. 609607.

Um bei Spinnpumpen gleichmäßigen oder nur in verhältnismäßig langen Perioden schwankenden Druck zu erzielen, wird in eine Umgangs-

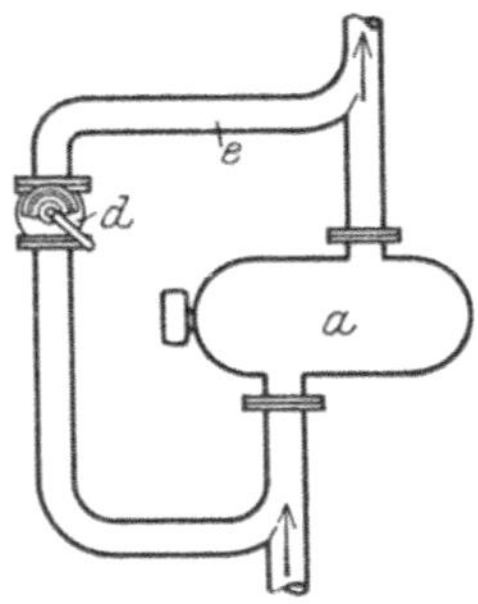

Fig. 274.

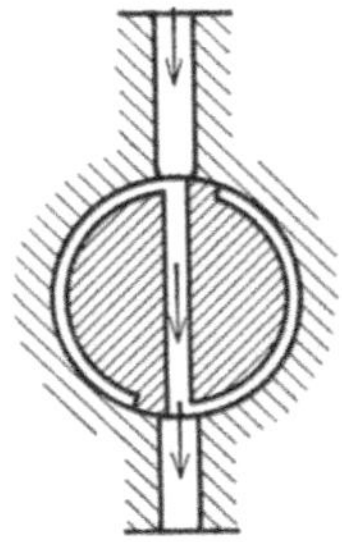

Fig. 275.

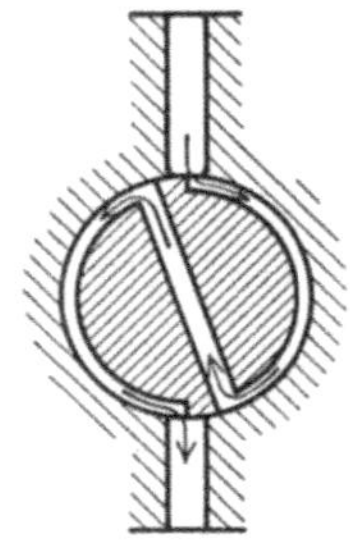

Fig. 276.

leitung *e* der Pumpe *a* (Fig. 274) ein Mikrometerhahn *d* eingeschaltet, der in der aus Fig. 275 und 276 ersichtlichen Weise der durchströmenden Flüssigkeit einen beliebig einstellbaren Widerstand bietet. Statt des von außen einstellbaren Hahnes kann auch ein bei Druckschwankungen sich selbsttätig verschiebendes Ventil gemäß Fig. 277 vorgesehen sein. Die durch *p* eintretende Flüssigkeit verschiebt das im Zylinder *m* sitzende, unter Wirkung der Feder *q* stehende und mit einer Öffnung *n* versehene Ventil *l* und drosselt damit mehr oder weniger den Abfluß durch *o*.

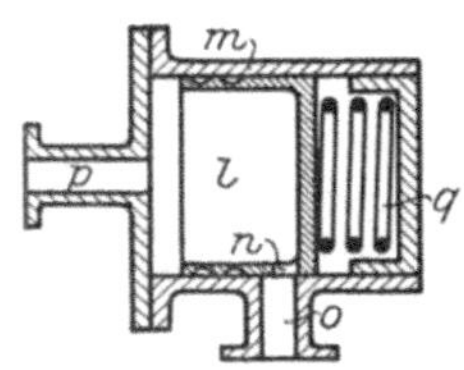

Fig. 277.

Weitere Ausführungsformen sind beschrieben.

Nach British Celanese Ltd. und Kinsella.

580. British Celanese Ltd., London, und E. Kinsella, Spondon. Verbesserungen an Apparaten zur Herstellung von Kunstseide und andere Verfahren, bei denen Flüssigkeiten unter Druck verwendet werden.

Brit. P. 293325 vom 23. XII. 1926; franz. P. 645918 (H. Dreyfus); belg. P. 347479.

Die Vorrichtung dient dazu, auf der Zufluß- und Abflußseite der Titerpumpe stets denselben Druck aufrecht zu halten. In Fig. 278 ist *1* die Hauptleitung für die unter Druck stehende Spinnlösung, *3* ist das Gehäuse für die Druckregelungsvorrichtung, *2* ist die Titerpumpe. Der Druckregler besteht aus dem Kolben *5*, der die Räume *7* und *8* voneinander trennt, *7* steht mit der Zulauf-, *8* mit der Ablaufseite der Titerpumpe in Verbindung. Der Kolben *5* ist im Teil *6* hohl und steht durch die Öffnungen *14* über die Rinne *11* mit der Hauptleitung in Verbindung.

Die in *6* eingetretene Spinnlösung tritt durch die Löcher *15* in den Raum *7* und von da nach *2*. Bei normalem Gang liegen die Löcher *14* der Rinne *11* gegenüber; entsteht auf der Abflußseite der Pumpe zu starker Druck, so steigt *5*, die Löcher *14* werden verdeckt, unter Umständen wird die Öffnung *18*, die durch ein leicht zerstörbares Diaphragma verschlossen ist, geöffnet. Eine Nebenleitung *20*, die durch die Schraube *21* verschlossen werden kann, läßt beim Ingangsetzen der Vorrichtung Spinnlösung durchtreten. Bei der Vorrichtung nach Fig. 279 ist die Regelungsvorrichtung direkt mit der Pumpe verbunden,

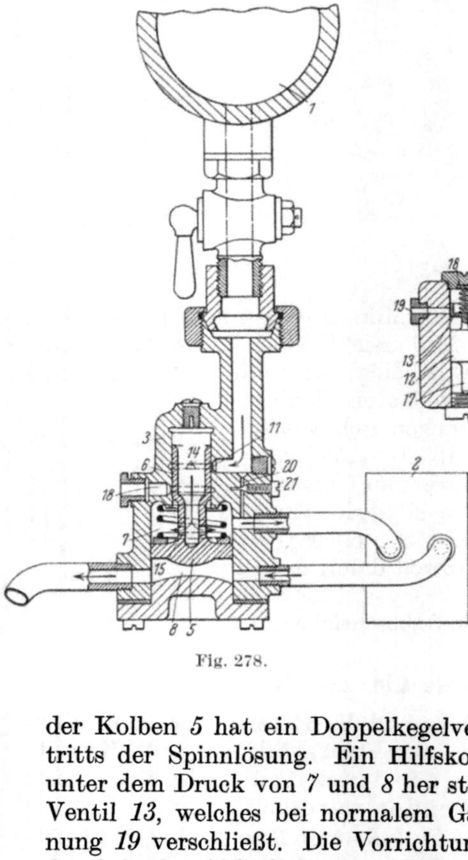

Fig. 278.

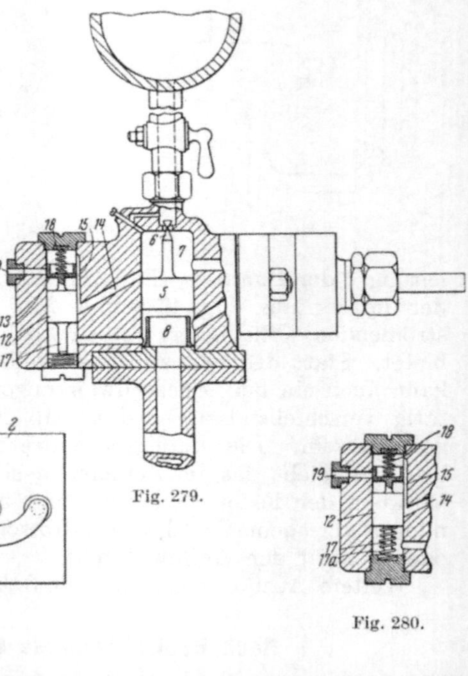

Fig. 279.

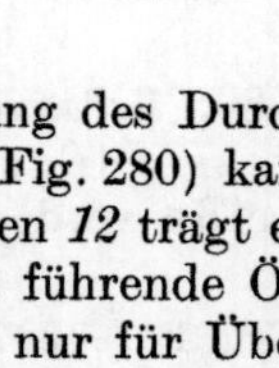

Fig. 280.

der Kolben *5* hat ein Doppelkegelventil *6* zur Einstellung des Durchtritts der Spinnlösung. Ein Hilfskolben *12* (vgl. auch Fig. 280) kann unter dem Druck von *7* und *8* her stehen. Der Hilfskolben *12* trägt ein Ventil *13*, welches bei normalem Gang die nach außen führende Öffnung *19* verschließt. Die Vorrichtung nach Fig. 279 ist nur für Überdruck in der Abflußleitung wirksam, nur oberhalb des Kolbens *12*, der von dem Ansatz *17* getragen wird, ist die Feder *18* vorgesehen; für Überdruck in Zu- und Abflußleitung müssen an beiden Seiten des Kolbens *12* Federn *17 a* und *18* vorgesehen sein (Fig. 280). Zu starker Druck auf der Abflußseite läßt den Kolben *12* steigen, die Öffnung *19* wird frei und kommt über die Leitung *14* und einen seitlich am Kolbengehäuse vorgesehenen Kanal *15* mit der Hauptzuleitung in Verbindung. Zu starker Druck auf der Zuflußseite drückt den Kolben nach unten,

19 wird ebenfalls offen, und Spinnlösung kann hier austreten. Die Titerpumpe ist gewöhnlich eine Zahnradpumpe, zum Aufrechthalten gleichmäßigen Druckes ist an der Einlaßseite ein Drosselventil *14* (Fig. 281) vorgesehen, das von einem Kolben *13* getragen wird. *13* steht durch

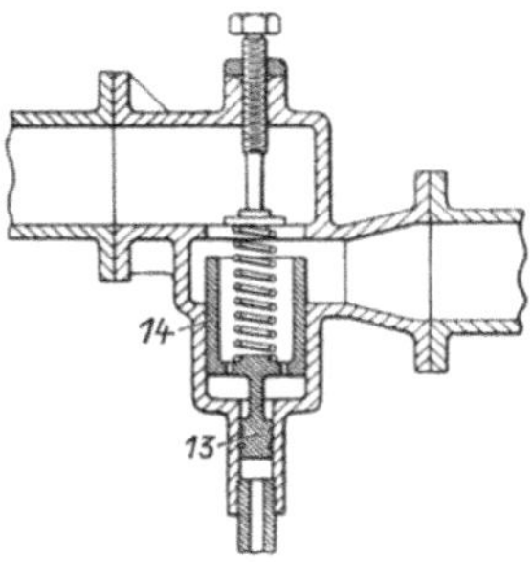

Fig. 281.

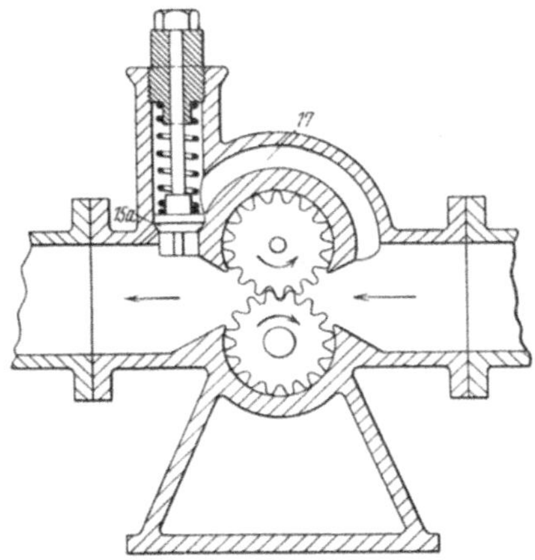

Fig. 282.

eine Umleitung mit der Abflußseite in Verbindung. Nach Fig. 282 kann auch ein Ventil *15a* an einer Umleitung *17* angebracht werden, das dem Förderungsdruck unterliegt und durch eine Feder auf seinen Sitz gepreßt wird. Stellt sich hinter der Zahnradpumpe ein zu hoher Druck ein, so hebt *15a* sich von seinem Sitz, und die Spinnlösung tritt durch die Umleitung zurück.

Nach Lunge und Courtaulds Ltd.

581. E. Lunge und Courtaulds Ltd., London. Luftkessel für Spinnpumpen.

Brit. P. 248045 vom 20. XI. 1924.

Die Einlaßöffnung gibt die Flüssigkeit in den Luftkessel an oder nahe bei der normalen Oberfläche der Flüssigkeit in dem Luftkessel ab, und der Luftkessel und die Ablauföffnung haben die Form einer Stromlinie. Nach Fig. 283 besteht der Luftkessel aus zwei Teilen *10* und *11*, der untere Teil bildet die senkrechte Einlaßöffnung *14*, die gerade über dem Flüssigkeitsspiegel mündet und eine Stromlinie führt zu dem Abfluß *13*. Die offene Rinne *16* liegt in einer Linie mit *14*, *17* ist ein Schauglas. Nach Fig. 284 ist der Windkessel von einer Glasflasche *18* gebildet, in die die Glasröhre *21* eingeschmolzen ist. *26* und *28* sind Ein- und Auslaßöffnungen.

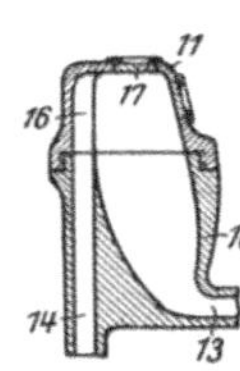

Fig. 283.

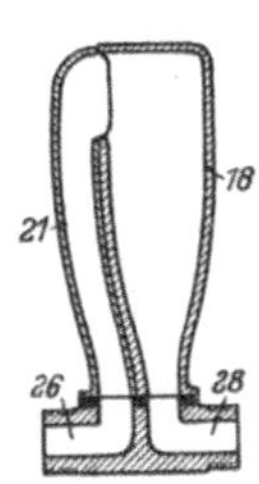

Fig. 284.

Nach Werdohler Pumpenfabrik.

582. Werdohler Pumpenfabrik Paul Hillebrand, Werdohl i. W. Verfahren zum Betriebe von Kunstseidespinnmaschinen.

D.R.P. 433310 Kl. 59a vom 5. III. 1925; franz. P. 609088; brit. P. 248715; schweiz. P. 118678.

Die Erfindung bezieht sich auf einen Druckausgleichbehälter, welcher zwischen die ruckweise arbeitende Spinnpumpe und die Spinnbrause eingeschaltet wird. Im Gegensatz zu früheren Vorrichtungen besteht das Neue der Erfindung darin, daß die Spinnlösung in dem Druckausgleichbehälter dauernd in einer Durchflußbewegung gehalten wird. Durch die stete Zufuhr frischer Lösung bleibt die Spinnflüssigkeit frisch und elastisch und wird vor Erstarren geschützt. Die Vorrichtung ist entweder auf der Pumpe selbst oder einem zwischen Druckpumpe und Spinnbrause einzuschaltenden Zwischenstück angeordnet.

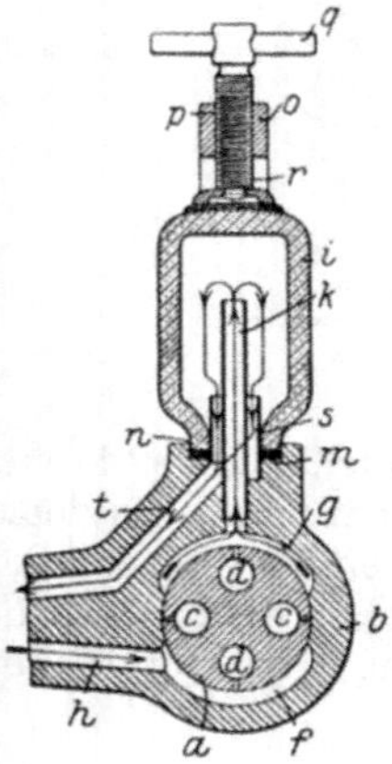

Fig. 285.

In Fig. 285 ist *a* die in an sich bekannter Weise in einem Zylindergehäuse *b* umlaufende Trommel einer Förderpumpe für die Spinnflüssigkeit. Die Trommel *a* ist zur Aufnahme der Kolben mit vier Bohrungen *c* versehen, welche je mit einer kleinen Querbohrung *d* versehen sind, die ihrerseits in eine im Gehäuse *b* angeordnete Ringnut einmünden. Diese Ringnut ist in der Umfangsrichtung in 2 Teile *f*, *g* unterteilt, von denen der eine, *f*, mit einer in der Gehäusewandung vorgesehenen Zuleitung *h* verbunden ist, während der andere, zur Ableitung der Spinnflüssigkeit dienende Teil *g* an ein senkrecht in einen Druckausgleichbehälter *i* führendes Rohr *k* angeschlossen ist. Der im wesentlichen aus einem geschlossenen, nur an seiner verengten Unterfläche offenen, zylinderförmigen Gefäß bestehende Druckausgleichbehälter *i* ist unter Zwischenschaltung eines Abdichtungsringes *m* in einer Ausfräsung *n* des Zylindergehäuses *b* aufgesetzt und auf diesem durch einen Bügel *o* gehalten. Dieser am Gehäuse *b* befestigte Bügel *o* greift um den Druckausgleichbehälter *i* herum und ist in seinem Mittelsteg mit einer Gewindebohrung *p* versehen, in der eine mit einem Handgriff *q* versehene Schraubspindel *r* geführt ist. Das untere Ende dieser Spindel *r* liegt auf der Oberfläche des Behälters *i* auf, so daß dieser durch Anziehen der Spindel *r* fest in die Aussparung *n* des Gehäuses *b* eingedrückt und nach außen völlig abgedichtet auf diesem befestigt werden kann. Das in den oberen, inneren Teil des Druckausgleichbehälters *i* über den Flüssigkeitsspiegel hineinragende Rohr *k* ist an seiner Einführungsstelle von einem zweiten, kürzeren, in der Flüssigkeit mündenden Rohrstück *s* umgeben, das ebenfalls durch die untere Öffnung des Druckausgleichbehälters hindurchgeführt ist und mit einem zweiten, in der Gehäusewandung *b* angeordneten und zur Spinnvorrichtung führenden Ableitungsrohr *t* verbunden ist.

Die von den in der umlaufenden Trommel *a* angeordneten Kolben angesaugte und in die Ringnut *g* gepreßte Spinnflüssigkeit gelangt durch das Zuführungsrohr *k* in den Druckausgleichbehälter *i*, in welchem die Luft zusammengepreßt wird, so daß diese durch ihr Ausdehnungsbestreben die Spinnflüssigkeit durch das untere Rohr *s* zur Spinnbrause drückt. Die Luft wirkt dabei in bekannter Weise als Polster und fängt die auf die Flüssigkeit übertragenen Kolbenstöße der Druckpumpe auf.

Patentansprüche: 1. Verfahren zum Betriebe von Kunstseidespinnmaschinen, bei denen zwischen der ruckweise fördernden Pumpe für die Spinnlösung und der stetig zu speisenden Spinnbrause ein Druckausgleichbehälter eingeschaltet ist, dadurch gekennzeichnet, daß die von der Pumpe kommende Spinnlösung dem im Druckausgleichbehälter befindlichen Flüssigkeitsvorrat von einer über dessen Spiegelhöhe befindlichen Stelle aus zugeführt und die aus dem Druckausgleichbehälter nach der Spinnbrause gehende Flüssigkeitsmenge an einer unterhalb dieser Spiegelhöhe befindlichen Stelle entnommen wird.

2. Vorrichtung zur Ausübung des Verfahrens nach Anspruch 1, gekennzeichnet durch ein an die Druckleitung der Pumpe angeschlossenes, über dem Flüssigkeitsspiegel im Druckausgleichbehälter mündendes Überlaufrohr *k* und ein an die Spinnbrausenleitung angeschlossenes Einlaufrohr *s*, dessen Mündung beträchtlich tiefer als die des Überlaufrohres *k*, und zwar in der Flüssigkeit des Druckausgleichbehälters liegt.

3. Ausführungsform der Vorrichtung nach Anspruch 2, dadurch gekennzeichnet, daß das Überlaufrohr *k* durch die Mitte des Einlaufrohres *s* emporgeführt ist.

Nach Friedmann.

583. Alex Friedmann, Wien. Windkessel für Spinnpumpen.

D.R.P. 476118 Kl. 59a vom 20. IX. 1927; österr. P. 112240.

Die Erfindung unterscheidet sich von den bisher verwendeten Vorrichtungen dadurch, daß das Eintrittsrohr unterhalb des niedrigsten Flüssigkeitsspiegels einmündet und so nahe als möglich an der Wand angebracht ist. Hierdurch wird vor allem eine ständige Zirkulation an der Flüssigkeitsoberfläche erreicht und somit kein Teil der Flüssigkeit längere Zeit der Einwirkung der Luft ausgesetzt. Die Spinnlösung wird der Pumpe *P* (Fig. 286) durch den Kanal *S* zugeführt und gelangt von da durch den mit Rückschlagventil *V* versehenen Kanal *D* und das Rohr *R* zum Windkessel *W*. *E* ist der Flüssigkeitsspiegel. Durch eine Abflußöffnung *O* tritt die Spinnflüssigkeit in die Förderleitung *Q* aus.

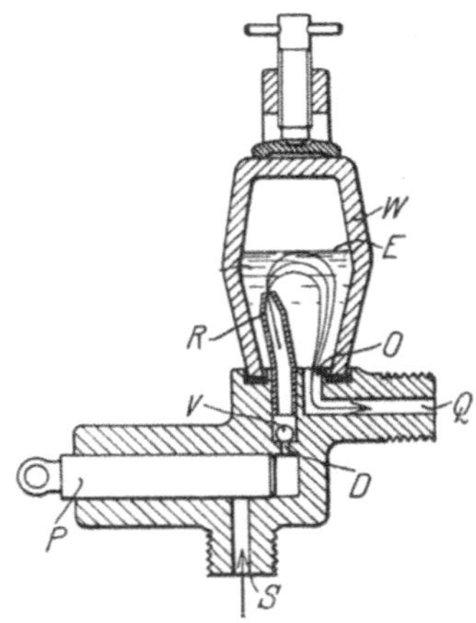

Fig. 286.

Patentanspruch: Windkessel für Spinnpumpen zur Förderung von Viskose und ähnlichen Flüssigkeiten, die bei Berührung mit Luft leicht erstarren, und bei dem daher das Eintrittsohr nicht im Luftraum, sondern unterhalb des Flüssigkeitsspiegels einmündet, dadurch gekennzeichnet, daß das Eintrittsrohr seitlich nächst der Wand des Windkessels angebracht wird, so daß die entstehende Zirkulationsbewegung stets die Oberflächenschichten mit erfaßt und diesen stets neue Teilchen zuführt, wodurch die Berührung von Flüssigkeitsmengen und Luft auf die kürzeste Zeit beschränkt und ein Erhärten der Flüssigkeit vermieden wird.

Nach Sandoz.

584. Ch. Sandoz, Mailand. Verbindungsrohr für Pumpen für dickflüssige Flüssigkeiten, insbesondere Viskose.

Österr. P. 102148 Kl. 29a vom 15. VIII. 1925, angemeldet 26. VIII. 1924; brit. P. 232482.

Die bisher verwendeten, mit den Pumpen und der Spinnvorrichtung in Verbindung stehenden Luftkammern zeigten den Übelstand, daß die darin angesammelte Flüssigkeit rasch erhärtet, wenn die Pumpe stillsteht, wodurch sich Verkrustungen an den Wänden der Kammer bilden, die den Durchgang der Flüssigkeit von der Kammer zur Pumpe stören. Dies führt zu der Notwendigkeit, die Kammer jedesmal, wenn die Pumpe wieder in Betrieb gesetzt werden soll, einer Reinigung zu unterziehen. Dieser Übelstand wird durch die Erfindung vermieden, indem an Stelle der bisher verwendeten Glasgefäße ein Rohr aus elastischem Material, das in einer Luftkammer eingeschlossen ist, verwendet wird. Dieses Rohr erweitert sich unter dem Druck der Pumpe und zieht sich in dem Maße, in dem der Druck der Pumpe nachläßt, unter der Einwirkung des Druckes in der Kammer wieder zusammen. Daraus folgt, daß die im Expansionsrohr enthaltene Flüssigkeit gezwungen wird, aus diesem auszutreten und in die Pumpe zurückzukehren. Es werden daher keine Verkrustungen an den Wänden des Rohres eintreten.

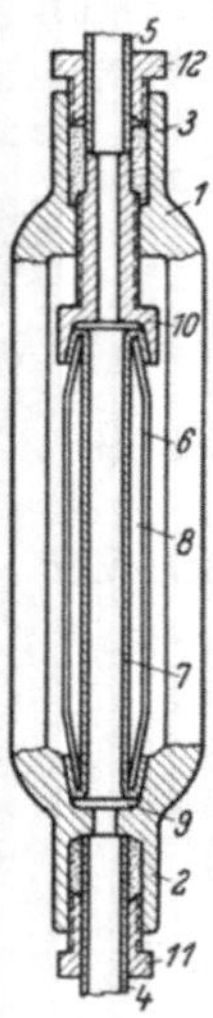

Fig. 287.

In der Fig. 287 ist *1* ein metallischer Körper, der mit seitlichen Fenstern und mit zwei Abschlußstücken *2* und *3* versehen ist, in welchen die Rohre *4* und *5* befestigt sind. Diese verbinden die Einrichtung einerseits mit der Pumpe und andererseits mit der Spinnvorrichtung. *6* ist ein Glasrohr von geeigneter Form, in dessen Innern ein elastisches Rohr *7*, beispielsweise aus Kautschuk, angeordnet ist. Die Enden des elastischen Rohres *7* sind nach außen umgebogen und über die Enden des Glasrohres umgeschlagen, so daß auf diese Weise das elastische Rohr durch das Glasrohr getragen wird. Zwischen diesen beiden Rohren ist die Luftkammer *8* vorgesehen. Am unteren Ende des zylindrischen Körpers *1* ist eine Ausnehmung *9* vorgesehen, durch welche das untere Ende des Glasrohres *6* gefaßt wird, während das obere Ende dieses Rohres durch eine Fassung *10* festgehalten ist, die in dem oberen Teil des Zylinders *1* festgeschraubt ist. Die Stopfbüchsen *11*, *12* verhindern das Austreten der Flüssigkeit aus dem Glasrohr *6*.

Wenn die Pumpe in Gang gesetzt wird, dehnt sich das elastische Rohr *7* aus und bildet einen Behälter, in welchen die aus der Pumpe und aus der Spinnvorrichtung kommende Flüssigkeit eintritt und darin verbleibt. Wenn die Pumpe abgestellt wird und sich ihr Druck in dem Rohr *7* nicht mehr fühlbar macht, zieht sich dieses unter dem Druck der Luft in der Luftkammer *8* wieder zusammen. Die in dem Rohr *7* enthaltene Flüssigkeit fällt daher in die Pumpe, ohne an den Wandungen des Rohres Verkrustungen zu hinterlassen.

Nach Kindermann.

585. H. Kindermann, Breslau. Verbesserungen in der Anordnung von Spinnpumpen für die Herstellung von Kunstfäden.

Brit. P. 289497 vom 23. XI. 1926.

Um die Spinnpumpe *a* (Fig. 288 und 289) im Eingriff mit dem Triebrad *k* zu halten, wenn das Spinnrohr *b* in die Arbeitsstellung rückt, ist das Rohr mit einem Verlängerungsarm *l* versehen, welcher mit dem Pumpenkörper in Verbindung steht, wobei die Teile so angeordnet sind, daß die Zahnräder miteinander kämmen; wird das Spinnrohr abgehoben, so wird durch den Arm *l* eine auf dem Pumpenkörper *a* angebrachte Sperrvorrichtung *m* betätigt, welche das Zahnrad (Stirnrad) der Pumpe *a* mit dem Antrieb *k* außer Eingriff bringt. Das Traggestell *c* besitzt einen mittleren Arm *d*. Bei dem häufigen Auswechseln des Spinnrohrs *b* kann die Pumpe in der Arbeitsstellung bleiben. Zu diesem Zwecke wird die Stellschraube *f* angezogen, welche die Verbindungsröhre *e*, die einen der Drehungspunkte der Pumpe und des Spinnrohrs bildet, in ihrer Stellung sichert. Durch Drehen der Stellschraube *g* kann das Rohr *e* in der Längsrichtung verstellt werden.

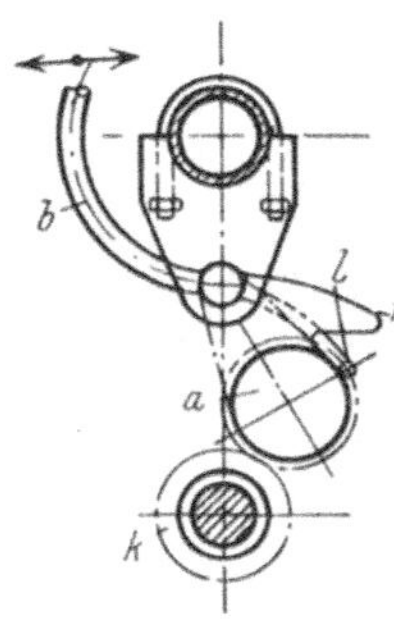

Fig. 288.

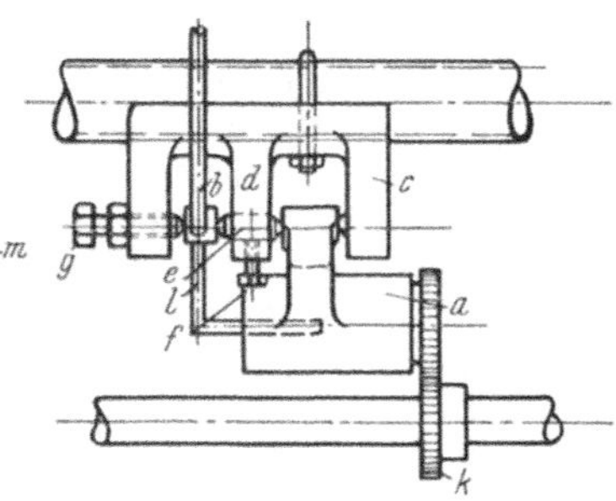

Fig. 289.

Nach J. P. Bemberg Akt.-Ges.

586. J. P. Bemberg Akt.-Ges., Barmen-Rittershausen. Vorrichtung zur Zuführung der Spinnlösung an Maschinen zur Herstellung von Kunstseide.

D.R.G.M. 1018364 Kl. 29a vom 20. V. 1927.

Die Neuerung besteht darin, daß die Fördervorrichtung an ein Rohr angeschlossen ist, das durch eine Mehrzahl von Verbindungsröhren mit dem parallellaufenden Spinnrohr verbunden ist. Eine praktisch vollkommene Gleichmäßigkeit der austretenden Lösungsmenge läßt sich erzielen, wenn man in die Zweigrohre Staudüsen von genauen Abmessungen einschaltet. Fig. 290 zeigt schematisch eine Ausführungsform der Vorrichtung. Die Zahnradpumpe *a* für die Spinnlösung ist mit einem Rohr *b* verbunden, das durch Rohre c_1, c_2, c_3 usf. in Verbindung mit einem Rohr *d* steht, an das die Spinnstellen e_1, e_2, e_3 usf. angeschlossen sind. In die Verbindungsrohre c_{1-3} können Staudüsen, die auf der Zeichnung nicht dargestellt sind, eingesetzt sein. Durch die Verwendung dieser Vorrichtungen gelingt es, die an den einzelnen Spinndüsen austretende Lösungsmenge wesentlich zu vergleichmäßigen.

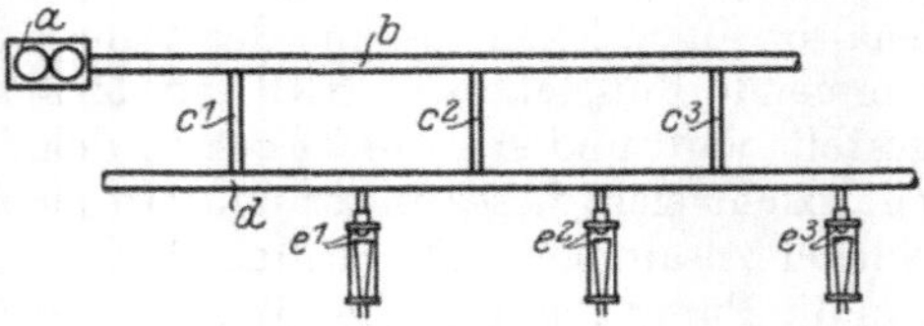

Fig. 290.

Nach Lambeck.

587. J. Lambeck, Pirna a. d. E. Vorrichtung zur Sicherung gleichmäßiger Förderung der Spinnpumpen, insbesondere für die Kunstseidenspinnerei.

D.R.G.M. 973480 Kl. 29a vom 27. XI. 1926.

Schutzanspruch: Vorrichtung zur Sicherung gleichmäßiger Förderung der Spinnpumpen, insbesondere für die Kunstseidenspinnerei, dadurch gekennzeichnet, daß unmittelbar vor der Spinnpumpe eine siebartige Vorrichtung angeordnet ist, welche die von der Spinnmasse mitgebrachten Verunreinigungen zurückhält und so ein Verstopfen oder Verengen des Förderraumes in der Pumpe verhütet, und eine gleichmäßige Förderung derselben gesichert wird.

Spinndüsen, Herstellung und Reinigung.

Nach Brabant.

588. G. Brabant. Neue Anordnung der Spinndüsen bei der Kunstseideherstellung.

Franz. P. 531358 vom 25. II. 1921.

Um den aus den Spinndüsen austretenden Flüssigkeitsstrahl stets mit frischem Fällbad in Berührung zu bringen, ist die die Spinnöffnungen tragende Platte *6* (Fig. 291) in einem geneigten Kanal *5*, 5^1, 5^2 angeordnet. Die Spinnlösung läuft durch die Bohrung *4* zu. Die Spinn-

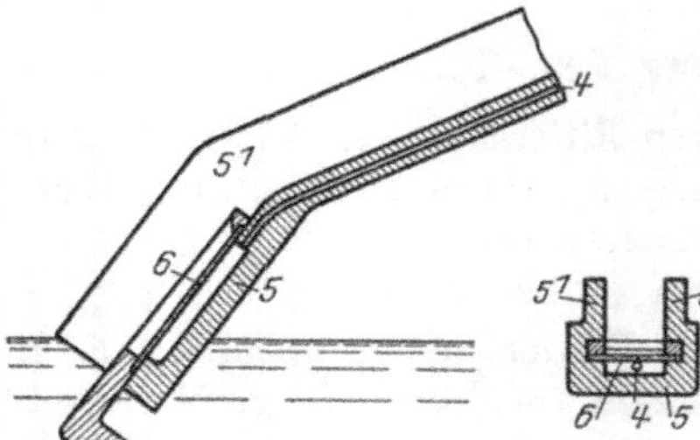

Fig. 291.

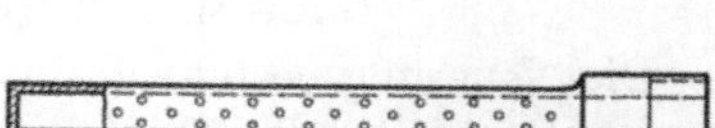
Fig. 292.

öffnungen können auch an der Unterseite einer Röhre angebracht sein, die quer in den Fällbadzulauf eingebaut ist (Fig. 292).

Nach Deihle.

589. Georg Deihle, Detmold. Spinndüse.

D.R.P. 430741 Kl. 29a vom 15. II. 1922.

Die bisher beim Spinnen von künstlichem Roßhaar verwendeten Düsenöffnungen haben den Nachteil, daß bei einem gewissen Durchmesser der Faser eine hinreichende Durchkoagulation des gesponnenen Gebildes nicht mehr stattfindet. Nach der Erfindung wird dieser Übelstand dadurch vermieden, daß die Düsenöffnung die Form sich kreuzender Schlitze erhält. In Fig. 293 sind einige solcher Ausführungsformen

Fig. 293.

beispielsweise dargestellt. Beim Nachbehandeln und Trocknen des Fadens geht dieser Querschnitt vollkommen verloren, so daß das fertige Gebilde durchaus den Eindruck einer Faser von mehr oder weniger rundem Querschnitt macht.

Patentanspruch: Spinndüse zur Herstellung von Roßhaar, dadurch gekennzeichnet, daß die Düsenöffnungen die Form sich kreuzender Schlitze (z. B. gewöhnliches Kreuz, Hakenkreuz u. dgl.) aufweisen.

Nach Renaudin.

590. A. Renaudin. Verbesserungen an Maschinen zum Spinnen von Kunstseide.

Franz. P. 582867 vom 6. VI. 1924.

Die die Spinnöffnungen enthaltende Kappe wird auf dem die Spinnlösung zuführenden Rohr durch einen Bajonettverschluß befestigt, in welchem ein Bügel auf einer schrägen Fläche gleitet. Ein Verschieben der zur Abdichtung um das Zuführungsrohr gelegten Scheiben beim Anziehen des Verschlusses wird durch eine besondere Gestaltung der ineinandergreifenden Scheiben verhindert. Die in das Spinnbad tauchenden Teile bestehen aus unglasiertem Porzellan. (4 Zeichnungen.)

Nach Brainin.

591. Cl. S. Brainin, Glen Ridge, New-Jersey. Verfahren zur Herstellung von Spinndüsen.

Ver. St. Amer. P. 1604216 vom 26. X. 1926, angemeldet 2. IV. 1925.

Das Bohren der feinen Löcher in metallenen Formen ist insofern schwierig, als sich auf beiden Seiten des Loches Grate bilden, deren Entfernung besondere Sorgfalt erfordert. Löcher in den zur Verwendung gelangenden Formen aus Platin oder Gold-Platin lassen sich nun ohne Schwierigkeiten dadurch bohren, daß man die Form innen und außen mit z. B. Kupfer überzieht, dann die feinen Löcher bohrt und danach das Kupfer durch Säure entfernt. Grate bilden sich dann nur in dem Kupfer, nicht im Platin. (5 Zeichnungen.)

Nach Walker.

592. C. L. Walker. Spinndüsen zur Herstellung von Kunstseide.

Brit. P. 253209 vom 14. III. und 15. X. 1925; D.R.P. 481600 Kl. 29a vom 14. III. 1926.

Sehr feine Röhren aus Platin oder Platin-Iridium werden mittels einer Glasur in Löchern einer Porzellandüse befestigt oder in eine Glasdüse eingeschmolzen. Oder es werden in derselben Weise Platinstifte befestigt und dann mit einem feinen Loche versehen. Die Röhren werden dadurch hergestellt, daß durch ein Drahtstück ein Loch gebohrt wird, das mit Metall ausgefüllt wird. Das Drahtstück wird dann auf den gewünschten Durchmesser ausgezogen und das Metall wird herausgelöst. In derselben Weise lassen sich Löcher jeder gewünschten Form herstellen. (7 Zeichnungen.)

Das D.R.P. hat folgende Patentansprüche: 1. Düse zur Herstellung von Kunstfasern mit einer oder mehreren Öffnungen oder kleinen Gruppen von Öffnungen, die in einzelnen kleinen Stücken aus Edelmetall, z. B. Platin, angeordnet sind, dadurch gekennzeichnet, daß diese Düsenteile aus Edelmetall mittels einer glasartigen Schmelze an dem Düsenkörper aus glasartigem Baustoff in Übereinstimmung mit in dem Düsenkörper vorgesehenen Löchern befestigt sind.

2. Düse nach Anspruch 1, dadurch gekennzeichnet, daß der Düsenteil aus Edelmetall die Form einer Röhre besitzt, welche in ein Loch im Düsenkörper eingebracht ist.

3. Düse nach Anspruch 2, dadurch gekennzeichnet, daß die kleine Röhre aus Edelmetall durch Aufschmelzen einer glasartigen Schmelze am Düsenkörper befestigt ist.

4. Düse nach Anspruch 1, dadurch gekennzeichnet, daß der Düsenteil aus Edelmetall die Form eines Knopfes besitzt, der an der Außenfläche des Düsenkörpers durch eine Glasur befestigt ist.

5. Düse nach Anspruch 1, dadurch gekennzeichnet, daß die Löcher zur Aufnahme der eigentlichen Düsen aus Edelmetall konische Erweiterungen besitzen.

6. Düse nach Anspruch 1, dadurch gekennzeichnet, daß die Bohrungen einen schraubengangartigen Verlauf besitzen.

593. Derselbe. Apparat zur Herstellung von Fäden; Metallröhren, Filterelemente.

Brit. P. 286342 vom 19. XI. 1926, Zusatz zum brit. P. 253209; schweiz. P. 130671; franz. P. 644453.

Das Verfahren des Hauptpatents zur Herstellung von Spinndüsen (s. vorstehend) wird dahin abgeändert, daß statt kapillarer Röhrchen aus Edelmetall flache Scheiben verwendet werden, die an dem Halter durch eine Glasur befestigt werden. Z. B. werden nach Fig. 295 Scheiben *h* aus Edelmetall, jede mit einer Spinnöffnung *i*, durch eine Glasur an dem Porzellanträger *c* befestigt nach Einlegen in Vertiefungen *f*. Die Scheibe *h* kann auch gemäß Fig. 294 eine Anzahl Spinnöffnungen enthalten, die Scheibe bildet dann den ganzen Boden der Spinndüse, die den Rand *c* hat. Zur Herstellung von Scheiben aus Edelmetall, die eine Anzahl kapillarer Öffnungen haben, kann folgendermaßen ver-

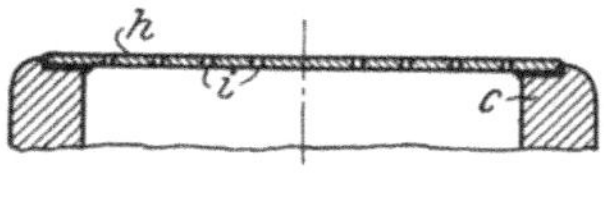

Fig. 294.

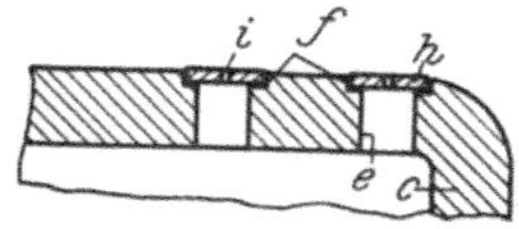

Fig. 295.

fahren werden: In einen Zylinder aus Platin usw. bohrt man eine Anzahl Löcher parallel zur Zylinderachse und füllt die Löcher mit einem Grundmetall. Den Zylinder zieht man dann aus, bis der Durchmesser so groß ist, daß daraus geschnittene Stäbe genau die Löcher in einem zweiten Zylinder aus Platin, der wie der erste gebohrt ist, ausfüllen. Auch dieser Zylinder wird dann ausgezogen und das Verfahren kann wiederholt werden. Aus dem schließlich erhaltenen Stabe werden Scheiben geschnitten, in denen man das Grundmetall herauslöst. In der geschilderten Weise hergestellte Scheiben können auch als Filter vor den Spinnöffnungen verwendet werden.

Nach Schulz.

594. Wanda Schulz, Berlin-Lichterfelde. Düse für Kunstfasergewinnung nach dem Streckspinnverfahren.

D.R.P. 447208 Kl. 29a vom 7. IV. 1925; Ver. St. Amer. P. 1672644 (H. Hofmann, H. Mark und R. O. Herzog); brit. P. 250202.

Die Erfindung besteht darin, daß die auf dem Grundteller *a* (Fig. 296 u. 297) einer Spinndüse angebrachten Stutzen *b* innen und außen konisch gestaltet sind. Ferner sind die unteren Ränder der Stutzen als scharfe schneideartige Kanten ausgebildet. Die Austrittsöffnung jedes Stutzens hat einen Durchmesser von etwa 1,5 mm und mehr. Durch die konische Gestaltung der inneren Wand der Austrittsstutzen steigt die Geschwindigkeit der Spinnlösung, wodurch eine Parallelisierung der Stromlinien erreicht und damit ein Verkleben der Fäden vermieden wird. Durch die scharfkantige Ausbildung des Stutzenrandes *c* wird ein Ankleben der Spinnlösung an der Innenwandung der Stutzen vermieden. Der große Durchmesser der Austrittsöffnung gestattet die Anwendung eines geringen Überdruckes und somit eine leichtere Bauart des Spinnflüssigkeitbehälters. Außerdem kann in der Zeiteinheit eine große Menge Spinnlösung in das Fällbad eintreten.

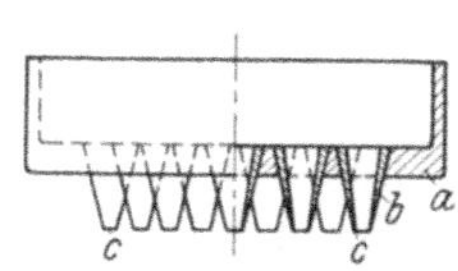

Fig. 296.

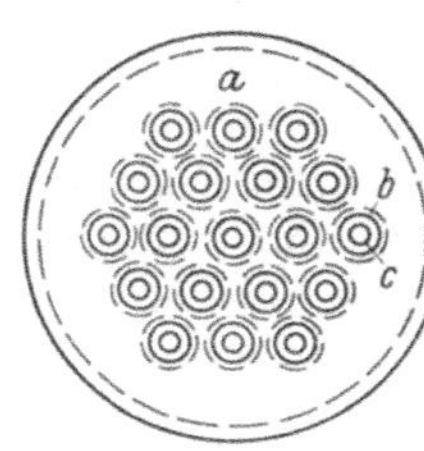

Fig. 297.

Patentanspruch: Düse für Kunstfasergewinnung nach dem Streckspinnverfahren mit von einem gemeinsamen Grundteller ausgehenden

Austrittsstutzen, dadurch gekennzeichnet, daß von dem Grundteller die Austrittsstutzen *b* sich bis zur Austrittsöffnung außen und innen konisch verjüngen und einen scharfen Austrittsrand *c* besitzen, wobei der Durchmesser der Austrittsöffnungen größer als bisher üblich sein kann, z. B. von 1,5 mm aufwärts.

Nach Sandoz.

595. Ch. Sandoz, Mailand. Schwenkbarer Düsenhalter zur Herstellung von Kunstfäden.

D.R.P. 430836 Kl. 29a vom 3. V. 1925; brit. P. 259455; franz. P. 612384.

Die bisher an Spinnmaschinen angewandten schwenkbaren Düsenhalter haben den Nachteil, daß bei Reinigung einer Düse das Spinnverfahren unterbrochen werden muß, weil bei Außerbetriebsetzung

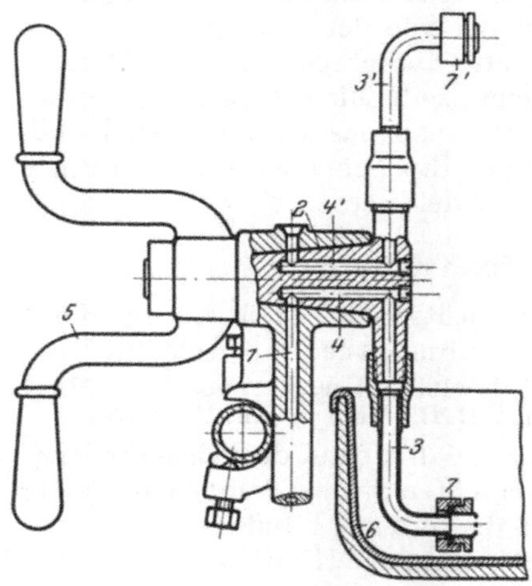

Fig. 298.

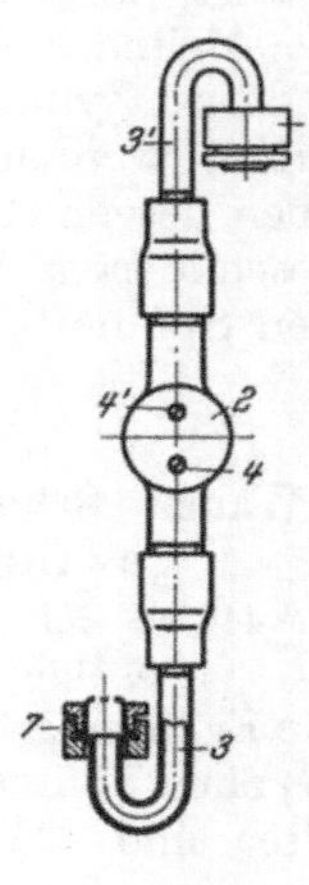

Fig. 299.

einer Düse keine Ersatzdüse in Betrieb genommen werden kann. Dieser Übelstand wird erfindungsgemäß dadurch vermieden, daß der hahnkükenartige Körper *2* (Fig. 298), an welchem das Rohr *1* angebracht ist, zwei um 180° versetzte, je eine Spritzdüse *7,7'* tragende Arme *3,3'* besitzt, so daß beim Schwenken dieser rohrartigen Arme um 180° die eine Spritzdüse in die Arbeitsstellung und die andere gleichzeitig in die Ruhestellung geschwenkt wird. Das Innenende der Arme *3,3'* mündet in den Kanal *4,4'*, der am Hahnküken *2* angebracht ist. *5* ist ein Handgriff zum Drehen des Hahnkükens *2* und *6* ist das Fällbadgefäß für die ausgespritzten Fäden. Bei der Ausführungsform nach Fig. 299 sind die Enden *7,7'* in entgegengesetzter Richtung umgebogen, um zu verhindern, daß die aus der in Betrieb befindlichen Düse ausspritzende Lösung die in Reserve stehende Düse beschmutzt.

Patentanspruch: Schwenkbarer Düsenhalter zur Herstellung von Kunstfäden, dadurch gekennzeichnet, daß der hahnkükenartige Körper *2* zwei um 180° versetzte, je eine Spritzdüse tragende Arme *3,3'* aufweist, so daß beim Schwenken dieser Arme um 180° die eine Spritzdüse in die Arbeitsstellung gebracht wird, während die andere gleichzeitig in die Ruhestellung geschwenkt wird.

Nach Courtaulds Ltd.

596. Courtaulds Ltd., London. Spinndüse zur Herstellung von Kunstfäden.

D.R.P. 455281 Kl. 29a vom 2. IV. 1926 (Prior. Engl. vom 23. VI. 1925); brit. P. 258365; franz. P. 613855.

Die bisher als Filter für Spinnlösungen vorgeschlagenen Drahtnetze sind nicht geeignet, weil die Spinnflüssigkeit beim Durchpressen seitlich zwischen Ketten- und Schußdraht hindurch gehen würde und infolgedessen nicht in einzelne dünne Strahlen getrennt gehalten werden könnte. Nach der Erfindung kann man Drahtnetze für die Düsen verwenden, wenn man die Oberfläche des Drahtnetzes durch starke Pressung abflacht, so daß es sich ebenso verhält wie eine gelochte Metallplatte. Die auf diese Weise erhaltenen Maschen kann man nach der Pressung durch Nachbearbeitung der Kreisform annähern, indem man sie mit einer geeigneten Ahle oder einem Bohrer ausweitet. Als Material für ein solches Drahtnetz kann Platin, Phosphorbronze oder Monelmetall verwendet werden. Die Anbringung des Drahtnetzes kann in der Weise erfolgen, daß es in dem aus zwei ineinander verschraubbaren Teilen bestehenden Düsenkörper mit seiner Kante eingeklemmt wird.

Patentansprüche: 1. Spinndüse zur Herstellung von Kunstfäden, dadurch gekennzeichnet, daß die Düsenfläche, durch welche die Spinnlösung gepreßt wird, aus einem durch starken Druck flach gepreßten Drahtgewebe besteht.

2. Düse nach Anspruch 1, dadurch gekennzeichnet, daß die Maschen des Gewebes durch Nachbearbeiten der Kreisform angenähert sind. (Zeichnungen.)

Nach Dreaper.

597. W. P. Dreaper, London. Legierungen für Spinndüsen.

Brit. P. 260672 vom 5. VIII. 1925; schweiz. P. 124506; österr. P. 109275; Ver. St. Amer. P. 1680598.

Spinndüsen, bei denen es auf Härte und Widerstandsfähigkeit gegen Hitze und Säuren ankommt, werden hergestellt aus Gold-Platin mit 20—32% Platingehalt, mit oder ohne Zusatz geringer Mengen anderer Metalle der Platingruppe.

Nach Levy.

598. L. A. Levy, Cricklewood. Verbesserung an Spinndüsen zur Herstellung künstlicher Fäden.

Brit. P. 255261 vom 14. IX. 1925; Ver. St. Amer. P. 1676831.

Um bei Glasdüsen genau gleichen Ausflußwert zu erhalten, wird, während die Düsen auf Karborundum oder einem anderen Schleifmaterial abgeschliffen werden, durch die Düsen Wasser, Öl oder eine andere Flüssigkeit hindurchgepreßt, und der Gesamtabfluß in einer bestimmten Zeit wird von Zeit zu Zeit gemessen. Es wird so lange geschliffen, bis der Abfluß in einer gewissen Zeit einen bestimmten Wert erreicht.

599. Derselbe. Verbesserungen an Spinnköpfen für die Herstellung künstlicher Fäden.

Brit. P. 268652 vom 17. IX. 1926.

Die Erfindung bezweckt, von einer größeren Anzahl von Spinnöffnungen einzelne, die verstopft oder sonstwie unbrauchbar geworden sind, auszuschalten, ohne daß die anderen Spinnöffnungen beeinflußt werden. Die Vorrichtung besteht aus den Platten *a* und *b* (Fig 300), zwischen denen ein hohler Raum *c* angebracht ist und zwischen denen Filtermaterial *e* auf Drahtgaze *h* aufliegt. *a* und *b* werden durch die Schrauben $a^1 a^2$ zusammengepreßt. Die Spinnlösung wird durch den Stutzen *f* und die Bohrung *g* dem hohlen Raum *c* zugeführt, sie geht

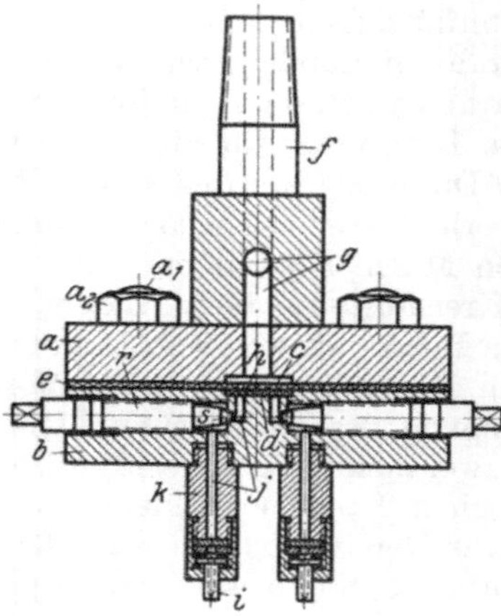

Fig. 300.

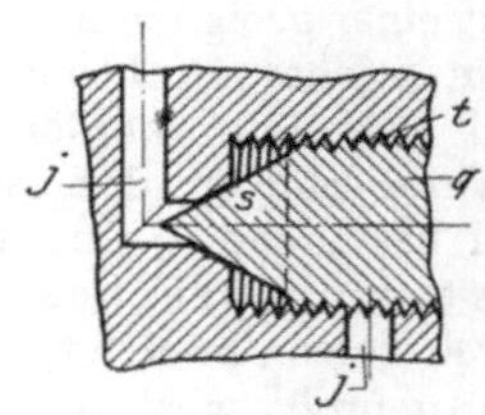

Fig. 301.

weiter über die Bohrungen *j* und die Ventile *s* zu den die Spinndüsen *i* tragenden Ansätzen *k*. An *k* werden die Spinndüsen durch Schraubkappen gehalten, vor den Düsen ist nochmals ein Filter vorgesehen. Die Ventile *s* werden durch Drehen der Spindeln *r* mehr oder weniger geöffnet. Eine andere Bauart der Ventile zeigt die Fig. 301, hier wird durch Verstellen der Spindel *q* ein mehr oder weniger langer Weg *t* für die ausfließende Flüssigkeit geschaffen.

Nach Williams.

600. R. W. Williams, Buffalo, N.-Y. Spinndüse.

Ver. St. Amer. P. 1647822 vom 11. XI. 1927, angemeldet 12. X. 1925.

Die Düse besteht aus 80—99% Gold und 20—1% Nickel.

Nach Zeiss.

601. C. Zeiss. Verfahren zur Herstellung keramischer Platten mit feinen Löchern.

Franz. P. 618260 vom 30. VI. 1926; brit. P. 278097 (auch J. F. Scheid, Hermsdorf und V. Tonndorf, Jena).

Spinndüsen aus keramischer Masse werden in der Weise hergestellt, daß in die noch weiche Masse feine Löcher mittels z. B. Stahlnadeln eingestochen werden, wonach gebrannt wird. Die Nadeln können in einen gemeinsamen Halter eingesetzt und der Halter kann in die Masse eingedrückt werden. Damit gleichmäßige Lochweiten erzielt werden, sticht man die Löcher nicht durch die ganze Dicke der Platte, sondern nur bis in eine gewisse Tiefe und schneidet oder schleift nach dem Brennen den nicht durchbohrten Teil ab. (3 Zeichnungen.)

Nach Cholley und Pouzot.

602. P. Cholley und M. Pouzot. Spinndüse für Kunstseide.

Franz. P. 619200 vom 22. VII. 1926.

Um das Bohren der feinen Löcher zu umgehen, wird ein konisches oder zylindrisches Einsatzszück am Rande mit dreieckigen, halbkreisförmigen oder viereckigen Einkerbungen versehen und in eine konische oder zylindrische Fassung eingesetzt. Zwischen Fassung und Einsatzstück befinden sich dann die Öffnungen für den Durchtritt der Spinnlösung[1]. (8 Zeichnungen.)

Nach Porzellanfabrik Ph. Rosenthal u. Co.

603. Porzellanfabrik Ph. Rosenthal u. Co., A.-G., Berlin. Düse aus Porzellan.

D.R.G.M. 970865 Kl. 29a vom 3. XI. 1926.

In einen beliebig gestalteten Preßkörper aus Porzellan mit verjüngtem offenen Ende ist ein durch Pressen erzeugtes Kapillarröhrchen aus Porzellan eingesetzt. Düsenkörper und Porzellanröhrchen sind durch Brennen verbunden.

Nach Ateliers De Mécanique De Précision D'Alsace (S. À. R. L.).

604. Ateliers De Mécanique De Précision D'Alsace (S.À.R.L.). Spinndüse für die Herstellung von Kunstseide.

Franz. P. 630306 vom 5. III. 1927.

In einen starkwandigen Glaszylinder ist ein dünnes, mit feinen Löchern versehenes Blech aus Platin oder einer Platinlegierung eingeschmolzen. Der Zylinder wird durch eine Schraubkappe an der Zuführungsleitung für die Spinnlösung befestigt. (2 Zeichnungen.)

Nach British Celanese Ltd. und Bower.

605. British Celanese Ltd., London und J. Bower, Spondon. Apparat zur Herstellung von Fäden.

Brit. P. 299405 vom 26. VII. 1927; belg. P. 352234 (H. Dreyfus).

Um Verluste an Spinnlösung zu vermeiden, wenn eine Spinndüse ausgewechselt wird, ist mit jeder Düse ein Ventil verbunden, welches

[1] Vgl. hierzu franz. P. 345343, 5. Aufl., S. 540.

sich schließt, wenn die Düse ausgewechselt wird, und sich öffnet, wenn die Düse wieder eingesetzt wird. Vorzugsweise wird die Einrichtung getroffen, daß das Ventil in geschlossener Stellung eine geringe Menge Spinnlösung durchtreten läßt, z. B. so viel, wie die Düse für gewöhnlich durchtreten läßt. Zu diesem Zwecke ist das Ventil oder sein Sitz mit Riefen od. dgl. versehen. Die Düse *4* (Fig. 302) steht in Verbindung mit der Verlängerung *7* des Ventils *6*, diese Verlängerung hebt das Ventil *6* von seinem Sitz, wenn die Düse in ihrer normalen Stellung ist. Entfernt man die Düse, so drückt die an dem Kerzenfilter *14* anliegende Feder *11* das Ventil auf seinen Sitz. In dieser Stellung geht eine geringe Menge Spinnlösung durch die Furchen *18* des Ventilkörpers.

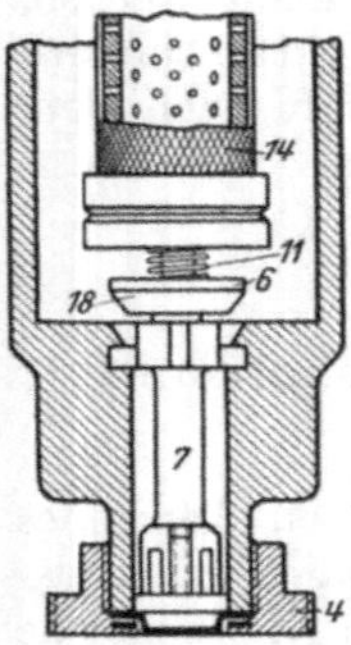

Fig. 302.

Nach Charpilloz.

606. A. Charpilloz, Genf. Verfahren zur Herstellung von Spinndüsen für die Herstellung von Kunstseide, Vorrichtung zu seiner Ausführung und nach dem Verfahren hergestellte Spinndüse.

Schweiz. P. 128428 vom 6. X. 1927.

Ein drehbarer Teller mit einer zylindrischen Erhöhung in der Mitte, auf die die becherförmige Düse beim Bohren aufgesetzt wird, ist mit Löchern und Anschlagstiften versehen. Der Lochkranz im Teller ist konzentrisch mit dem der Düse und besitzt die gleiche Anzahl Löcher wie die Düse, so daß der Teller als Schablone bzw. Führung für den Düsenbecher wirkt und der in seiner Achse feststehende Bohrer bei Verdrehen des Tellers um ein Führungsloch genau über dem nächstfolgenden Loch steht. Dadurch wird beim Nacharbeiten der Bohrungen im Düsenboden eine Deformierung der Löcher vermieden. (2 Zeichnungen.)

Nach Vereinigte Glanzstoff-Fabriken A.-G.

607. Vereinigte Glanzstoff-Fabriken A.-G., Elberfeld. Spinndüsenanordnung zur Herstellung von Kunstseide.

D.R.G.M. 1013349 Kl. 29a vom 1. XI. 1927.

Beim Trocken- und Naßspinnverfahren ergibt sich bei Verwendung von Düsen mit zahlreichen Öffnungen der Nachteil, daß die Koagulation der inneren Fäden langsamer vor sich geht als die der äußeren; dadurch reißen einzelne Fädchen ab oder es treten Verstopfungen der Düse auf. Die Erfindung vermeidet diesen Übelstand durch die Anwendung einer Ringdüse, bei welcher ein Ringkanal einen gleichmäßigen Zufluß der Spinnlösung zu den einzelnen Düsenlöchern gestattet. Durch die Teilung der Düse in Ober- und Unterteil kann man sie leicht reinigen. Der Oberteil kann aus Edelmetall oder anderem säure- oder alkalibeständigen Material hergestellt sein. Der Düsenunterteil besteht aus Blei oder Hartgummi.

Fig. 303 und 304 zeigen den Erfindungsgedanken in seiner allgemeinen Ausführungsform. Die Spinnlösung tritt durch den Zuführungsstutzen *4* in den Ringkanal *3* ein. Die Ringkammer *3* ist oben durch die Düsenplatte *1* verschlossen. Der Düsenoberteil kann die Gestalt einer einfachen oder einer gewölbten, mit Düsenöffnungen versehenen Ringplatte besitzen. Die Spinnöffnungen auf der Düsenplatte können in einem oder mehreren Kreisen angeordnet oder auch gruppenweise verteilt sein. Die ringförmige Düsenplatte wird zweckmäßig mittels eines äußeren und eines inneren Schraubenflansches *5* und *6* (Fig. 305) auf dem Unterteil *2* dicht aufgeschraubt.

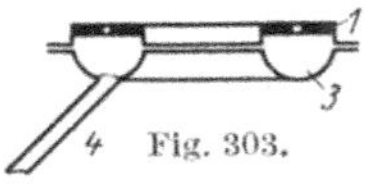

Fig. 303.

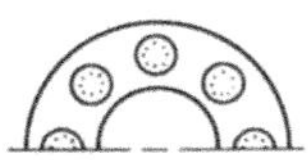
Fig. 304.

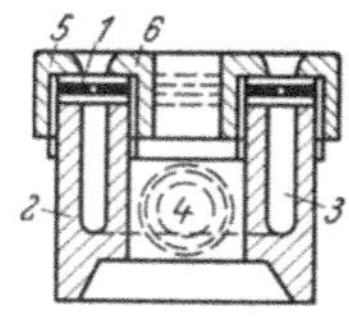

Fig. 305.

Nach Colomb.

608. H. Colomb, Tavannes, Schweiz. Verfahren zur Herstellung von Spinndüsen, besonders für die Kunstseidenindustrie.

Schweiz. P. 128689 vom 25. XI. 1927.

Man bohrt die Düse zunächst weiter als sie schließlich sein soll, und komprimiert dann das Metall konzentrisch auf den gewünschten Durchmesser der Spinnöffnung. Das geschieht z. B. durch Einpressen in eine konische Matrize oder durch Einlegen eines kalibrierten Fadens, den man nach dem Komprimieren chemisch herauslöst.

609. Derselbe. Verbesserungen in Spinndüsen bei der Kunstseideherstellung.

Schweiz. P. 128690 vom 25. XI. 1927; franz. P. 664113; brit. P. 301080.

Die im Düsenkörper *a* (Fig. 306) eingesetzte Düse *c* wird dadurch gehalten, daß der Körper aus elastischem Metall besteht. Die Düse wird in einfacher Weise in eine Öffnung *b* der Platte hineingepreßt,

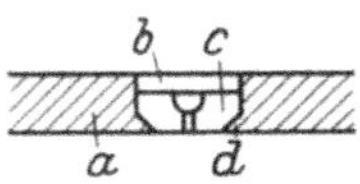

Fig. 306.

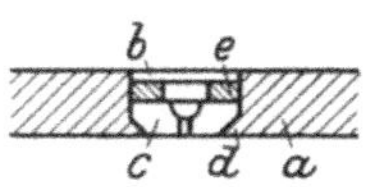

Fig. 307.

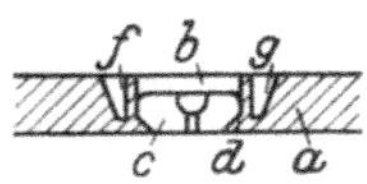

Fig. 308.

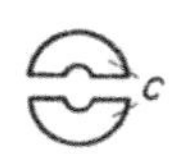

wobei sie auf der Schulter *d* aufliegt; eine andere Ausführungsform besteht darin, daß die Düse durch einen nachgiebigen Ring *e* (Fig. 307) gehalten wird oder man bildet um die Öffnung eine Aussparung *g* (Fig. 308), so daß eine nachgiebige Wandung *f* gebildet wird. Die Düsen *c* können aus Edelstein oder Edelmetall (Gold oder Platin) hergestellt werden. Sind die Düsen gespalten wie in Fig. 309, so kann die Spinnöffnung durch Schneiden anstatt durch Drehen hergestellt werden.

610. Derselbe. Mehrfachspinndüse für die Kunstseidenindustrie.

Schweiz. P. 128691 vom 25. XI. 1927.

Jede Spinndüse wird unabhängig von den anderen in den Düsenboden eingesetzt, kann einzeln ausgewechselt werden und wird durch eine für den Durchtritt der Spinnlösung längsdurchbohrte Schraube gegen eine Schulter im Düsenboden angepreßt. Auch eine Lagerung der Düse in einer konischen Bohrung ist vorgesehen. (4 Zeichnungen.)

611. Derselbe. Verbesserungen in Spinndüsen bei der Kunstseideherstellung.

Schweiz. P. 130382 vom 25. XI. 1927; brit. P. 301081; franz. P. 664114.

Die Spinndüsen nach der Erfindung bilden für sich unabhängige Elemente *c* (Fig. 310), von denen jedes in einer hohlen metallischen, achteckigen Abschlußmutter *g* gelagert ist, welche in die Grundplatte *a* der Düse eingeschraubt werden kann. Das Innere der hohlen Schraubenmutter besteht aus einem zylindrischen und einem konischen Teil. An

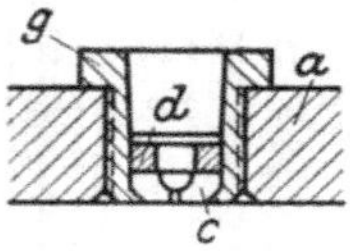

Fig. 310.

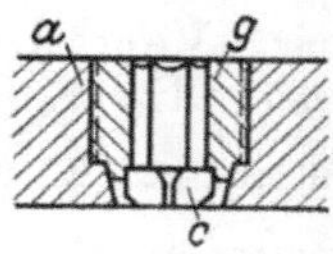

Fig. 311.

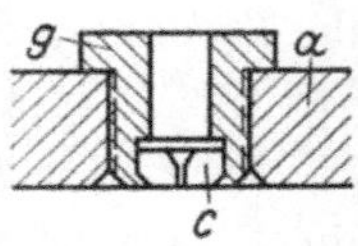

Fig. 312.

Fig. 313.

dem unteren Teil wird mittels eines elastischen Ringes *d*, welcher sich gegen die zylindrischen Wände preßt, ein perforierter Stein *c* oder eine perforierte Metallscheibe *c* gehalten. In Fig. 312 befindet sich am Ende der Schraubenmutter *g* eine Kammer, welche einen größeren Durchmesser hat als die axiale Bohrung. Der Spinnkopf wird in der Kammer durch Rückdruck der äußersten Schraubenenden festgehalten, d. h. der Stein (Spinnkopf) wird nach der bei Edelsteinfassungen bekannten Weise befestigt. In den Fig. 311 und 313 ist die innere Wand für die Aufnahme der Schraubenmutter nicht in ihrer ganzen Länge mit Gewinde versehen, sondern zur Aufnahme des Schraubenkörpers *g* konisch verjüngt. Das Ende des Schraubenkörpers *g* ist gleichfalls konisch verjüngt und in vier etwas elastische Segmente gespalten, so daß eine Fassung für die Aufnahme des Steins gebildet wird. Durch Anziehen der Schraube *g* wird der Stein *c* festgehalten.

Nach Ruth-Aldo Company Inc.

612. Ruth-Aldo Company Inc., New-York. Verbesserungen an Spinndüsen zum Spinnen von Kunstseide.

Belg. P. 352206 vom 18. VI. 1928 (Prior. Frankr. vom 9. I. 1928 [E. Orioli]); franz. P. 660945.

Die sowohl für das Trocken- wie das Naßspinnen geeignete Spinndüse besteht aus einem Becher *G* (Fig. 314) aus Nickel, Platin, Silber oder anderem Metall mit flachem Boden S, in welchem warzenförmige Ansätze $T^1 - T^9$ (Fig. 315) angebracht sind, durch die die Spinnöffnungen $O^1 - O^9$ gebohrt sind. Die warzenförmigen Ansätze sollen die Bildung von Tropfen an den Spinnöffnungen verhindern, es soll ein gleichmäßiger Zutritt der Fällflüssigkeit zu den Einzelfäden ermöglicht sein, der Wärmeaustausch zwischen Fällflüssigkeit und Spinnlösung soll ausreichend vonstatten gehen, die Düse soll leicht zu reinigen sein und es soll ein sehr gleichmäßiges Spinnen erzielt werden.

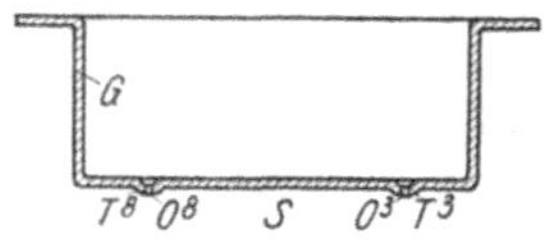

Fig. 314.

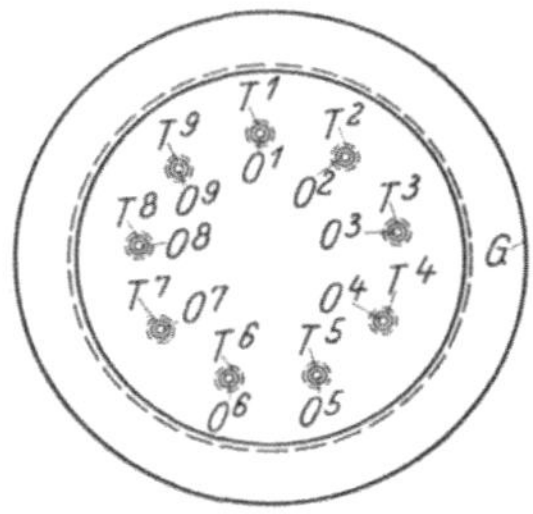

Fig. 315.

Über Spinndüsen aus Porzellan der Porzellanfabrik Hermsdorf i. Thür. vgl. Kunstseide 1926, S. 77.

Über Spinndüsen aus Goldplatin, Goldpalladium und aus Porzellan s. Kunstseide 1926, S. 299.

Ein Projektionsapparat zum Messen und Prüfen der Löcher in Edelmetallspinndüsen, auf Anregung und gemeinsam mit der W. C. Heraeus G. m. b. H., Hanau a. M., von E. Leitz, Wetzlar, gebaut, ist beschrieben in Kunstseide 1926, S. 424—25. Der Apparat ermöglicht eine schnellere Prüfung, als es mit dem Mikroskop möglich ist.

Spinnverfahren und Spinnvorrichtungen.

Nach Brabant.

613. G. Brabant. Vorrichtung zur Kunstfädenerzeugung mit unbegrenzter Geschwindigkeit.

Franz. P. 531533 vom 1. III. 1921 (Prior. Belg. vom 2. III. 1920).

Der Faden wird in ein schnell fließendes Fällbad eingespritzt. Die Spinndüsen tauchen z. B. in schräg liegende Rinnen, in denen die Fällflüssigkeit in der Richtung des austretenden Fadens fließt. Die Strömung der Fällflüssigkeit kann durch verschiedene Neigung der Rinnen eingestellt werden. Verschiedenen Teilen der Rinne können verschiedene Fäll- oder Nachbehandlungsflüssigkeiten zugeführt werden. (6 Zeichnungen.)

Nach Società Italiana Lavorazioni Meccaniche.

614. Società Italiana Lavorazioni Meccaniche, Turin. Maschine zum Spinnen von Kunstseide.

Schweiz. P. 102508 vom 28. XI. 1922.

Um beim Spinnen und Aufwickeln alle Ecken zu vermeiden, die den darübergeleiteten Faden beschädigen könnten, geht der Faden von den Spinndüsen schräg nach oben zu den Aufwickelspulen, die sich in Nachbehandlungsbädern drehen. Die Tröge für die Nachbehandlungsbäder sind an der der Auflaufstelle des Fadens gegenüberliegenden Seite mit einer schrägen Wand versehen. (1 Zeichnung.)

Nach Leaver.

615. J. M. Leaver, Oakland, Cal. (The Pacific Lumber Comp., San Francisco). Verfahren und Apparat zur Herstellung von Kunstseide.

Ver. St. Amer. P. 1685640 vom 25. IX. 1928, angemeldet 3. IX. 1924.

Die Spinnlösung, die in dem Gefäß *2* (Fig. 316) bis zur Marke *4* steht, tritt durch das Rohr *12* mit verschiebbarer Verlängerung *12'* und durch die rotierende Spinndüse *15* aus. Der Bau der Spinndüse ist aus Fig. 317 und 318 ersichtlich. Aus dem Gefäß *3* läuft die Fällflüssig-

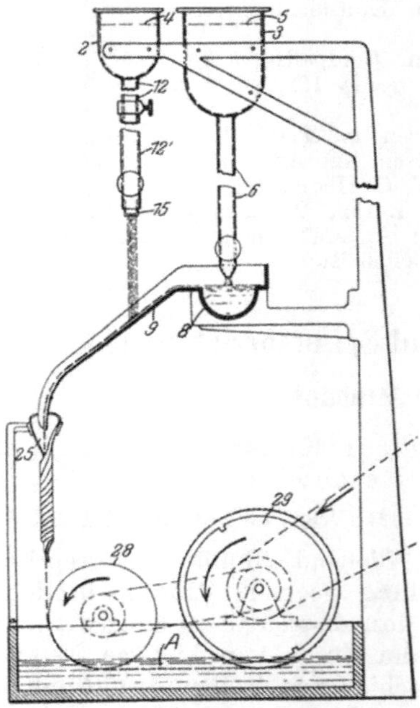

Fig. 316.

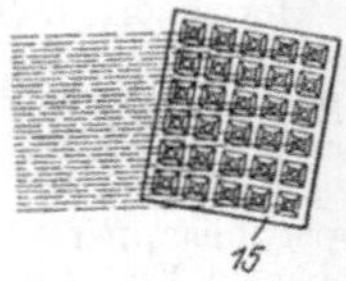

Fig. 317.

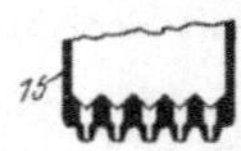

Fig. 318.

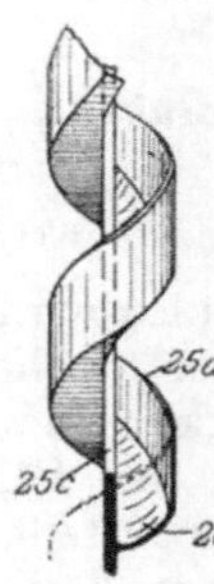

Fig. 319.

keit, die auf derselben Höhe *5* gehalten wird wie die Spinnflüssigkeit in *2,* durch das Rohr *6* in die Rinne *8* und von da durch die geneigte Rinne *9* ab. Die zunächst gebildete Fadenlage wird am Ende der Rinne *9* zusammengefaßt und geht in die schneckenförmig gewundene Zwirnvorrichtung *25,* deren Bau aus Fig. 319 ersichtlich ist, sie besteht aus der äußeren Wand *25a,* dem Boden *25b* und dem Mittelstück *25c.* Aus der Zwirnvorrichtung gelangt der Faden über die Walze *28,* die in der Fällflüssigkeit umläuft, auf die Walze *29,* die mit größerer Oberflächengeschwindigkeit sich dreht, wodurch der Faden in *A* zwischen den beiden Walzen gestreckt wird. Das Fallenlassen der Spinnlösung durch die Luft dient zur Verfeinerung der Fäden.

Nach Kohorn und Lehner.

616. O. Kohorn & Co. und A. Lehner, Chemnitz. Spinnmaschine für Kunstseide.

D.R.P. 436667 Kl. 29a vom 13. VI. 1924; schweiz. P. 122965.

Das Patent entspricht dem in der 5. Aufl., S. 809, angegebenen.

Patentansprüche: 1. Spinnmaschine für Kunstseide, dadurch gekennzeichnet, daß die zum Antrieb der auf beiden Maschinenseiten befindlichen Spulenreihen dienenden Triebwerksteile und Lager innerhalb eines ein- oder mehrteiligen, in der Längsrichtung der Maschine sich erstreckenden geschlossenen Gehäuses, das den oberen Abschluß des Maschinenrahmens unter Versteifung desselben bildet, untergebracht sind und durch das in diesem Gehäuse befindliche Ölbad gemeinsam geschmiert werden.

2. Spinnmaschine nach Anspruch 1, dadurch gekennzeichnet, daß je zwei auf den beiden Maschinenseiten einander gegenüberliegende Spulen auf einer gemeinsamen Querwelle sitzen, und daß der Antrieb der geraden und der ungeraden Spulen beider Maschinenseiten durch zwei innerhalb des Gehäuses verlaufende Längswellen eingeleitet wird.

3. Spinnmaschine für Kunstseide, dadurch gekennzeichnet, daß der gesamte Antrieb der quer zur Maschine hin und her bewegten Fadenführungen innerhalb eines geschlossenen Ölgehäuses, das oberhalb des Gehäuses für die Triebwerksteile der Spulen sitzt, von einer durch erstgenanntes Ölgehäuse hindurchgeführten Längswelle abgeleitet wird, so daß dieser Antrieb der Fadenführungen oberhalb des Maschinenrahmens verlegt wird.

4. Spinnmaschine nach Anspruch 1, 2 und 3, dadurch gekennzeichnet, daß die übereinanderliegenden Gehäuse durch ein Becherwerk oder eine andere Ölhebevorrichtung derart in Verbindung stehen, daß die in dem oberen Behälter befindlichen Triebwerksteile und Lager dauernd vom unteren Behälter aus geschmiert werden.

5. Spinnmaschine nach Anspruch 1—4, gekennzeichnet durch die Anordnung von Verteilerrinnen, welche von dem durch die beiden übereinanderliegenden Behälter geführten Becherwerk od. dgl. das Öl den einzelnen Schmierstellen des oberen Behälters zuführen.

6. Spinnmaschine nach Anspruch 1—5, dadurch gekennzeichnet, daß eine außerhalb des oberen Behälters hin und her schwingende Stange, die in an sich bekannter Weise an beiden Enden die Fadenführer trägt, von zwei Schwinghebeln bewegt wird, von denen der eine auf einer innerhalb des oberen Gehäuses gelagerten und zwangläufig angetriebenen Welle sitzt, während der andere Schwinghebel außerhalb des Gehäuses auf einer der Schmierung nicht bedürftigen Schneide aus säurebeständigem Metall aufgehängt ist.

7. Spinnmaschine nach Anspruch 1—6, dadurch gekennzeichnet, daß für die zu einem Feld vereinigten Fadenführer beider Maschinenseiten ein gemeinsamer Antrieb für die Hin- und Herbewegung dadurch geschaffen wird, daß die von dem Getriebe des oberen Behälters pendelnd bewegte Querstange an beiden Enden mit in der Längsrichtung

der Maschine verlaufenden Gestängen verbunden ist, die an den übrigen Fadenführerstangen angreifen. (2 Zeichnungen.)

617. Dieselben. Antrieb für Kunstseidespinnmaschinen. D.R.P. 464382 Kl. 29a vom 10. X. 1924; franz. P. 607324; brit. P. 241190; österr. P. 106630; belg. P. 329387.

Die Vorrichtung bezweckt eine sichere Kontrolle des Steuermechanismus einer Spinnvorrichtung und eine selbsttätige Schmierung sämtlicher Räder und Lager von einer zentralen Stelle aus. Zu diesem Zwecke erfolgt der Antrieb der vier Bewegungsvorrichtungen für die Spinnspulen, die Spinnpumpen, den Fadenführer und die Riemenverschiebung durch Wechselgetriebe, die dauernd in der Maschine eingebaut bleiben. Ferner sind die Handeinstellvorrichtungen für die Bewegungsmechanismen schaltbrettartig in einem gemeinsamen Gehäuse untergebracht, so daß der jeweilige Arbeitszustand der Maschine ohne weiteres an einer Skala ablesbar ist. Die selbsttätige Schmierung erfolgt dadurch, daß man mittels eines Becherwerkes das Schmiermittel an die höchsten Stellen des Triebwerkes befördert, von wo es durch Röhren über die Breite des Antriebs verteilt wird und durch Herabtropfen die untereinander gelagerten Räder und Lager schmiert. Die vollständige Einkapselung der Triebwerksteile ergibt außerdem eine Sicherung gegen Säurespritzer und Gase.

Es wird auf die Patentschrift und die 5 Zeichnungen dazu verwiesen.

Patentansprüche: 1. Antrieb für Kunstseidespinnmaschinen, dadurch gekennzeichnet, daß die Bewegungsvorrichtungen für die Drehung der Spinnspulen, für den Antrieb der Spinnpumpen, für den Antrieb der Fadenführung und schließlich für den eine konstante Fadenabzugsgeschwindigkeit bewirkenden bekannten Riementrieb mit den zugehörigen, von Hand einstellbaren Schaltgliedern derart zusammengebaut sind, daß die Handeinstellvorrichtungen nach Art eines Schaltbrettes in einem gemeinsamen Gehäuse liegen und ihre jeweilige Stellung den herrschenden Arbeitszustand der Maschine (Geschwindigkeitsverhältnisse, Denier usw.) ohne weiteres erkennen läßt.

2. Antrieb nach Anspruch 1, dadurch gekennzeichnet, daß für die Regelung des Ganges der Pumpenwellen zwei Zwischengetriebe und dementsprechend zwei Schaltglieder angeordnet sind, von denen das eine zur groben Einstellung und das andere für die Feineinstellung dient.

3. Antrieb nach Anspruch 1 und 2, dadurch gekennzeichnet, daß die Getriebe für die Grobeinstellung und Feineinstellung des Spinnpumpenbetriebes auf gleichachsigen Wellen liegen, und daß der Antrieb der einen Pumpenwelle von der Welle des Feineinstellgetriebes unmittelbar abgeleitet wird, während der Antrieb der zweiten Pumpenwelle von der ersten aus erfolgt.

4. Antrieb nach Anspruch 1, dadurch gekennzeichnet, daß die beiden unteren der vier Riemenkegelscheiben, die von der im Unterteil der Maschine gelagerten Antriebswelle aus ihren Antrieb erhalten, derart gegeneinander gelagert sind, daß zwischen ihnen das Triebwerk

für die schaltweise Riemenverschiebung eingebaut ist, während von den beiden oberen Riemenkegelscheiben das zwischen diesen gelagerte Getriebe zur Drehung der Spulenwellen mitgenommen wird.

5. Antrieb nach Anspruch 1—4, dadurch gekennzeichnet, daß die Einstellung des Wechselgetriebes der Spinnpumpen von dem Wechselgetriebe der Fadenabzugsgeschwindigkeit abhängig gemacht wird, so daß bei Änderung der Abzugsgeschwindigkeit die Bewegung der Pumpenwellen in dem gleichen Verhältnis mit verändert wird.

618. Dieselben. Verbesserter Antrieb für Kunstseidespinnmaschinen.

Franz. P. 31793 vom 3. IV. 1926, Zusatz zum franz. P. 607324; brit. P. 250198, Zusatz zum brit. P. 241190 (Prior. Deutschl. vom 6. IV. 1925). Diesen Patenten entspricht zum Teil das D.R.P. 485792 vom 7. IV. 1925.

Die im Hauptpatent (siehe vorstehend) beschriebene Vorrichtung erfährt dadurch eine wesentliche Vereinfachung, daß die Regelung der Geschwindigkeiten für die arbeitenden Teile (Abzugsgeschwindigkeit der Fäden, Riemenverschiebung, Fadenführer, Spinnpumpen) in der Weise erfolgt, daß man zwischen der Hauptantriebswelle und den Einzelgetrieben eine Vorrichtung anbringt, welche gestattet, die Geschwindigkeiten aller arbeitenden Teile im gleichen Verhältnis zueinander zu ändern. Eine besondere Ausführungsform besteht darin, daß auf der Antriebswelle oder hinter dieser ein mit einem Pferdekopf versehenes Wechselgetriebe angebracht ist. (4 Zeichnungen.)

Die Maschine besitzt zwei Spulen für jede Düse, wobei auf jeder der beiden Maschinenseiten ein Spulenantriebswellen-Kupplungshebel für je eine Spulenreihe (geradzahlige und ungeradzahlige Spulen) angeordnet ist, der durch eine bei der Riemenrückerumkehr selbsttätig nach links oder rechts verschobene Sperrschiene gesperrt oder freigegeben wird.

Der Patentanspruch des D.R.P. 485792 lautet: Zweiseitige Kunstseidespinnmaschine mit je zwei Spulen für jede Düse, dadurch gekennzeichnet, daß auf jeder der beiden Maschinenseiten ein Spulenantriebswellen-Kupplungshebel für je eine Spulenreihe (geradzahlige und ungeradzahlige Spulen) angeordnet ist, der durch eine bei der Riemenrückerumkehr selbsttätig nach links oder rechts verschobene Sperrschiene gesperrt oder freigegeben wird.

Nach Herminghaus & Co.

619. Herminghaus & Co. G. m. b. H., Vohwinkel. Doppelseitige Spinnmaschine für Kunstseide.

D.R.P. 449170 Kl. 29a vom 14. II. 1925.

Eine Verdoppelung der Leistung von Spinnmaschinen kann dadurch erzielt werden, daß man die für die Aufnahme der erhöhten Erzeugung an Seide benötigten weiteren Spulen auf denselben Spulenträgern anordnet, die die ursprünglichen Spulen aufnehmen. Der Spulenträger für die ursprüngliche Spule wird verlängert, so daß er mehrere Spulen aufnehmen kann. Die Spulen *2* und *3* (Fig. 320) stecken zweckmäßig locker auf dem Spulenträger *1* und werden durch eine Kappe *4* mittels Bajonettverschluß befestigt. Die Befestigung kann aber beliebig sein. Ein der Spulenzahl entsprechend mehrfacher Fadenführer *5* bewirkt die Führung der Fäden *6* zur Spule. Die Erhöhung der Leistung durch die Spinnmaschine nach der Erfindung hat den Vorteil, daß bei Umbau oder Neubau der Maschine besondere Antriebsräder und Wellen für die zweiten Spulen in Fortfall kommen.

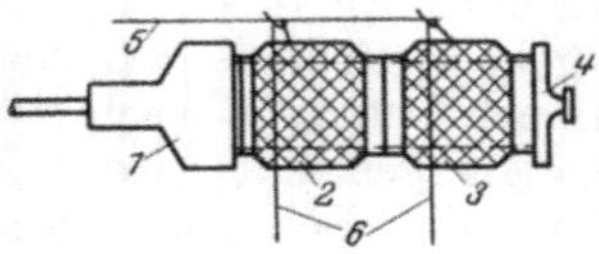

Fig. 320.

Patentanspruch: Doppelseitige Spinnmaschine für Kunstseide mit senkrecht zu ihrer Längsrichtung angeordneten, einseitig befestigten Spulenträgern, dadurch gekennzeichnet, daß auf den verlängerten Spulenträgern mehrere Spulen hintereinander angebracht sind.

Nach Spinnstoffabrik Zehlendorf G. m. b. H.

620. Spinnstoffabrik Zehlendorf G. m. b. H., Berlin-Lichterfelde. Vorrichtung zur fortlaufenden Herstellung von Kunstfäden auf Haspeln.

D.R.P. 448437 Kl. 29a vom 26. I. 1926.

Die Erfindung besteht in einer als Haspelmaschine ausgebildeten Vorrichtung zur fortlaufenden Erzeugung von Kunstfäden, bei welcher die Haspel als wandernde Drahtseile ausgebildet sind. Das Neue besteht darin, daß unter Berücksichtigung der in der Längsrichtung des Fadens bei beginnendem Trocknen eintretenden Schrumpfung die entsprechende Seillage konisch verjüngt verläuft. In Fig. 321 ist die Vorrichtung im

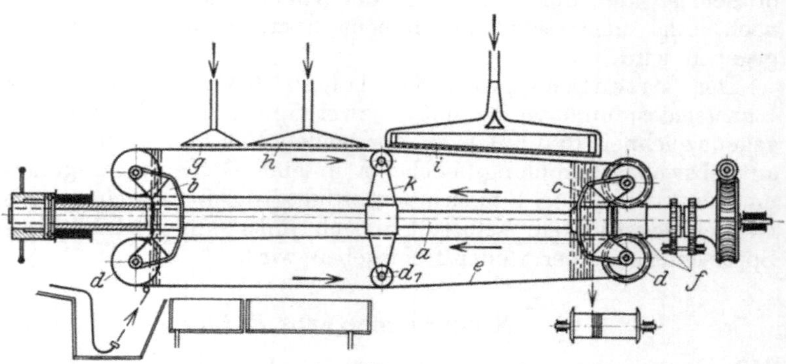

Fig. 321.

Längsschnitt dargestellt. Auf einer Welle *a* befinden sich, mit ihr verbunden, zwei Kopfstücke *b* und *c*, welche sternförmig ausgebildet sind und eine entsprechende Anzahl einander gegenüberliegender Seilrollen *d* tragen. Über diese Seilrollen *d* läuft ein endloses Seil *e*, welches durch das Kopfstück *b* gespannt und durch das Kopfstück *c* mittels eines Differentialgetriebes *f* in seinen äußeren Windungen von der Spinnseite nach der Abnahmeseite des Haspels zu bewegt wird. Auf dem Arbeitswege der äußeren Seile wird der aufgesponnene Kunstfaden erst verschiedentlich naß bei *g* und *h* und dann thermisch bei *i* behandelt. Beim Anfang des Trocknens beginnt der vorher nasse Kunstfaden zu schrumpfen. Deshalb ist gemäß der Erfindung bei der Welle *a* ein weiteres Kopfstück *k* vorgesehen, welches ebenfalls, aber etwas kleinere Seilrollen d^1 zur Führung des Drahtseils *e* trägt. Die Stellung der Seilrollen d^1 des Kopfstückes *k* entspricht genau derjenigen des Kopfstückes *b*, d. h. die über die gegenseitigen Seilrollen hinweggeführten Drahtseile *e* laufen horizontal. In Verbindung mit diesem Kopfstück *k* wird das Kopfstück *c* im Durchmesser kleiner ausgeführt, so daß also die Seillage *e* vom Kopfstück *k* an nach dem Kopfstück *c* konisch verjüngt verläuft. Die Trocknungsvorrichtung *i* ist dieser Schräge angepaßt.

Patentanspruch: Vorrichtung zur fortlaufenden Herstellung von Kunstfäden auf Haspeln, bei welchen die Haspelleisten als wandernde Drahtseile ausgebildet sind, dadurch gekennzeichnet, daß die Drahtseilführungen, welche während der nassen Behandlung der Kunstfäden parallel zueinander liegen, von Beginn der Trocknungszone bis zum Ende derselben bzw. Abnahmestelle des Haspels konisch verjüngt geführt sind, entsprechend dem beim Trocknen der nach verschiedenen chemischen Verfahren erzeugten Kunstfäden stattfindenden verschiedenen Schrumpfen der Fäden.

Nach I. G. Farbenindustrie Akt.-Ges.

621. I. G. Farbenindustrie Akt.-Ges., Frankfurt a. M. Verfahren zur Herstellung von Kunstfasergebilden.

D.R.P. 458339 Kl. 29a vom 15. V. 1926.

Die Erfindung bezweckt eine einfache Umlegung des Fadens auf einen zweiten Haspel, wenn der erste vollgesponnen ist, ohne den Spinnvorgang zu unterbrechen. Im Gegensatz zu den bisherigen Vorrichtungen, welche verhältnismäßig viel Platz beanspruchen, kann man nach der neuen Arbeitsweise mit der Baulänge der üblichen Spulenmaschinen auskommen, wenn man nach der in der Zeichnung angegebenen Weise verfährt. Die Spinnstelle *a* (Fig. 322) spinnt zunächst auf die Hälfte *3* des Haspel *II*; gleichzeitig spinnt die Spinnstelle *b* auf die Hälfte *4* desselben Haspels *II*. In der nächsten Phase spinnt Spinnstelle *a* auf die Hälfte *2* von Haspel *I* und die Spinnstelle *b* auf die Hälfte *5* des Haspels *III*. Inzwischen kann Haspel *II* für die 3. Phase wieder frei gemacht

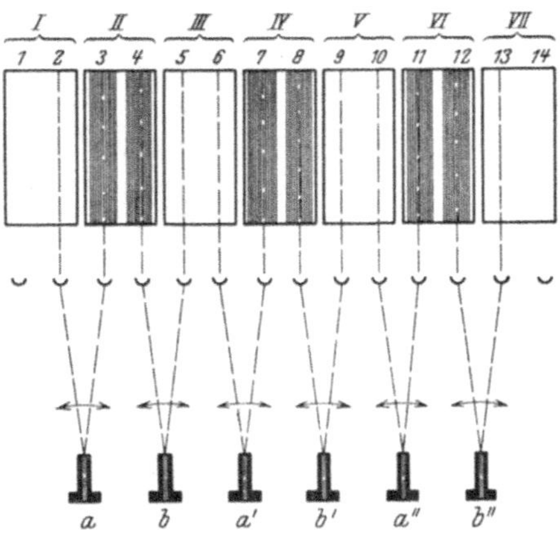

Fig. 322.

werden, wo also dann die Spinnstelle *a* und *b* auf die Hälften *3* und *4* des Haspels *II* aufliefern. Die gleiche Arbeitsweise findet für die weiteren Spinnstellen *a'*, *b'*, *a''*, *b''* usw. statt.

Patentansprüche: 1. Verfahren zur Herstellung von Kunstfasergebilden, bei dem von Düsen auf Haspeln gesponnen wird, dadurch gekennzeichnet, daß je ein Paar Spinnstellen vier Haspelhälften in zwei aufeinanderfolgenden Arbeitsgängen beliefern.

2. Ausführungsform des Verfahrens nach Anspruch 1, dadurch gekennzeichnet, daß je zwei Spinnstellen im ersten Arbeitsgange gemeinsam die beiden Hälften eines Haspels bedienen und im nächsten Arbeitsgange die links und rechts liegenden Hälften der benachbarten Haspel beliefern, währenddessen der dazwischenliegende Haspel zur Neubelieferung frei gemacht wird.

622. Dieselbe. Verfahren und Vorrichtung zur Herstellung von Kunstseidefäden feinster Titer.

Franz. P. 650513 vom 6. VII. 1928 (Prior. Deutschl. 1. IV. 1927); brit. P. 288153; belg. P. 349395; schweiz. P. 132270.

Um die Leistungsfähigkeit einer Spinnmaschine beim Übergang zu feineren Titern auf gleicher Höhe zu halten, wird die Zahl der Spinnstellen verdoppelt, ohne daß eine kostspielige Umänderung oder Vergrößerung der Maschine nötig ist. Die Speisung der doppelten Spinnstellen kann am besten dadurch erreicht werden, daß man die bisherigen Einzelpumpen durch doppeltwirkende Zuteilpumpen ersetzt, welche die Spinnflüssigkeit in üblicher Weise den nunmehr paarweise hintereinander in der Spinnwanne liegenden Spinndüsen zuführen. Die zwei

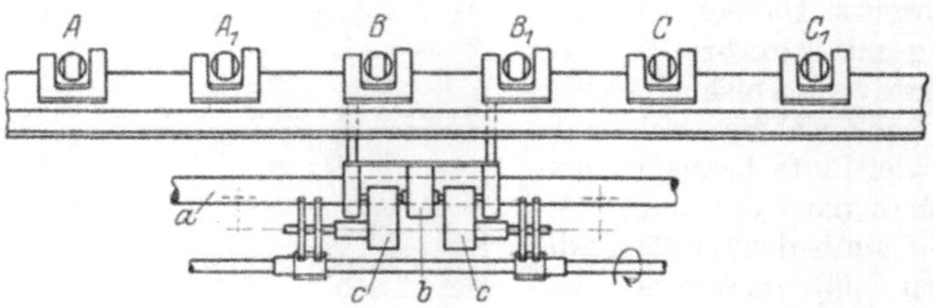

Fig. 323.

entstehenden Fäden werden über zwei starr miteinander verbundene Fadenführer den zweckmäßig neben-, über- oder schräg übereinander oder in bekannter Weise hintereinander angeordneten Spulen zugeführt. Die Zeichnung veranschaulicht eine beispielsweise Anordnung der Vorrichtung: *A*, *B*, *C* usw. (Fig. 323) sind die Spinnstellen mit den bisher üblichen Zwischenräumen, A_1, B_1, C_1 usw. sind die neu eingeschalteten Spinnstellen, *a* ist das Hauptzuführungsrohr für die Spinnlösung, *b* ist die Halte- und gleichzeitig Speisevorrichtung für die beiden Teilspinnpumpen *c*—*c*. (3 Zeichnungen.)

Nach Siemens-Schuckertwerke Akt.-Ges.

623. Siemens-Schuckertwerke Akt.-Ges., Berlin-Siemensstadt. Verfahren und Vorrichtung zum gleichzeitigen Spinnen und Zwirnen von Kunstseidenfäden mit umlaufenden Düsen und umlaufender Fällflüssigkeit.

D.R.P. 466384 Kl. 29a vom 21. V. 1926.

Die bekannten Vorrichtungen zum Spinnen und gleichzeitigen Zwirnen von Kunstseidenfäden, bei denen die Düsen oder die Fällflüssigkeit oder beide zugleich umlaufen, haben den Nachteil, daß der Zwirnpunkt so nahe an die Düsen heranrückt, daß die noch nicht genügend koagulierten Einzelfäden verdreht wurden. Dieser Nachteil wird dadurch beseitigt, daß man die Dreh- oder auch die Längsgeschwindigkeit der Fällflüssigkeit mit zunehmender Entfernung vom Düsenkopf in Richtung der Fadenbewegung steigert. Dadurch kann die Bewegung der relativ schneller umlaufenden Fällflüssigkeit überall nur in einem dem fortschreitenden Erstarrungszustand der Fäden zuträglichen Maße zunehmen. Zur Durchführung des Verfahrens kann eine in gleicher Richtung wie die Düse *1* (Fig. 324) umlaufende Hülse *7* dienen, die die aus der Düse *1* austretenden Fäden *6* umgibt und mit dem Düsenkopf fest verbunden ist. Die Düse *1* ist auf einem in den Fällbadbehälter *2* von unten eintretenden, von einem Elektromotor *5* gedrehten Rohr *3* angeordnet, durch das die Spinnflüssigkeit z. B. von einer Kammer *4* aus zugeführt wird. Die Fällflüssigkeit wird durch die Hülse *7* mittels Schraubenflügel *8* in der Pfeilrichtung gefördert. Die Förder- und Drehgeschwindigkeit des Fällbades kann in der Hülse in bezug auf die Fadenbewegung dadurch verändert werden, daß die Flügel verstellbar oder auch die Flügel- oder Hülsendrehzahl in bezug auf die Düsendrehzahl einstellbar gemacht werden, oder man kann auswechselbare Hülsenformen benutzen.

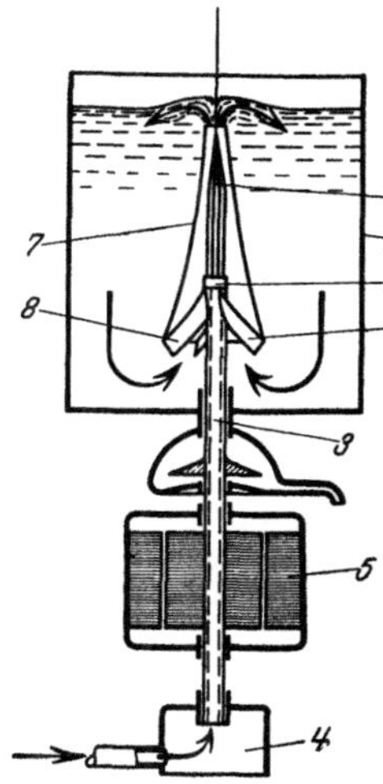

Fig. 324.

Patentansprüche: 1. Verfahren zum gleichzeitigen Spinnen und Zwirnen von Kunstseidenfäden mit umlaufenden Düsen und umlaufender Fällflüssigkeit, wobei der Fällflüssigkeit eine Dreh- oder auch Längsbewegung des Fadens erteilt wird, dadurch gekennzeichnet, daß die Geschwindigkeit der Dreh- oder auch Längsbewegung der Fällflüssigkeit in einem bestimmten Abstand von der Düse größer ist als die entsprechende Geschwindigkeit des Fadens beim Austritt aus der Düse, zum Zweck, den Zwirnpunkt möglichst weit von der Düse wegzuverlegen.

2. Verfahren nach Anspruch 1, dadurch gekennzeichnet, daß die Dreh- oder auch Längsgeschwindigkeit der Fällflüssigkeit mit zunehmender Entfernung von der Düse in Richtung der Fadenbewegung zunimmt.

3. Vorrichtung zur Durchführung des Verfahrens nach den Ansprüchen 1 und 2, dadurch gekennzeichnet, daß die Dreh- oder auch die Fördergeschwindigkeit der in einer Hülse bewegten Fällflüssigkeit durch Verstellung der Flügel oder auch durch Einstellbarkeit der Flügel- oder Hülsendrehzahl in bezug auf die Düsendrehzahl oder auch durch Verwendung auswechselbarer Hülsen verschiedener Formen veränderlich ist.

Nach Vereinigte Glanzstoff-Fabriken Akt.-Ges.

624. Vereinigte Glanzstoff-Fabriken Akt.-Ges., Elberfeld. Vorrichtung zur Herstellung von Fäden und Bändern aus Zelluloselösungen.

D.R.P. 460042 Kl. 29a vom 23. VI. 1926.

Die Erfindung bezweckt, den Viskosefaden bei seinem Durchgang durch das Spinnbad in senkrechter Richtung von unten nach oben in vorteilhafter Weise auszufällen. Zu diesem Zweck wird die Viskose durch die Bohrung *2* (Fig. 325) im Sockel *1* der Düse *3* zugeführt. Auf dem Flansch des Sockels ist ein Ring *4* vorgesehen, an dem die Spinnröhre *5* leicht abnehmbar befestigt ist. Das Spinnbad wird durch das im Ring *4* vorgesehene Rohr *6* zugeführt, tritt durch die Bohrung *8* in die Spinnröhre *5* ein und läuft durch einen Überlauf ab. Der Faden *7* wird senkrecht nach oben in derselben Richtung wie der Strom der Spinnbadflüssigkeit abgezogen. Der Sockel kann z. B. mittels eines Inngewindes direkt auf den mit Außengewinde versehenen Außenmantel einer Filterkerze aufgeschraubt werden, derart, daß die Filterkerzen die Viskose durch die Bohrung *2* direkt nach der Düse *3* auspressen kann. Man erhält nach dem Verfahren eine flusenfreie Seide von vorzüglicher Naßfestigkeit und Dehnung. Die Herstellung der Spinnröhre aus Glas ermöglicht eine gute Beobachtung. Ferner kann man ohne Fadenleiter und Drüsenträger auskommen.

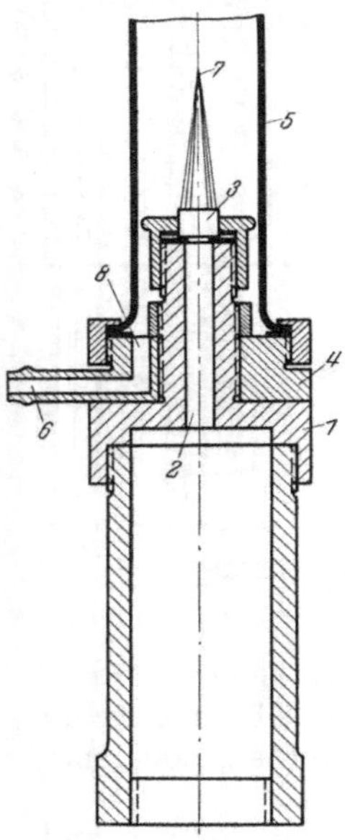

Fig. 325.

Patentansprüche: 1. Vorrichtung zur Herstellung von Fäden und Bändern aus Zelluloselösungen, bestehend aus einem mit einer Bohrung *2* für die Zelluloselösung versehenen Sockel *1*, welcher sowohl die Spinndüse *3* als auch einen mit einer Bohrung *6* für den Spinnbadzufluß versehenen Ring *4* trägt, auf dem seinerseits das die Düse umgebende Spinnrohr *5* dicht und abnehmbar aufgesetzt ist.

2. Vorrichtung nach Anspruch 1, dadurch gekennzeichnet, daß der Sockel auf einer Filterkerze befestigt ist.

3. Vorrichtung nach Ansprüchen 1 und 2, dadurch gekennzeichnet, daß der den Spinnbadzufluß enthaltende Ring unmittelbar an der Filterkerze befestigt ist und der Sockel lediglich die Düse trägt.

Nach Toshiya Iwasaki.

625. Toshiya Iwasaki, Tokio. Kunstseide.

Franz. P. 630944 vom 16. III. 1927; belg. P. 340553; tschechosl. P. 22670 vom 8. X. 1926.

Um die in der Spinnlösung vorhandenen kolloidalen Teilchen linear oder faserartig anzuordnen, bringt man beispielsweise eine Viskoselösung in ein hochfrequentes Induktionsstromfeld. Dem Bestreben, sich mit ihren Enden nach den Elektroden einzustellen, folgen die Teilchen schneller, wenn sie in einer bestimmten Richtung bewegt werden. Durch die elektrische und die mechanische Einwirkung tritt eine kettenartige Verteilung der Teilchen ein. Die so erhaltene Spinnlösung läßt man reifen und verspinnt in üblicher Weise, während gleichzeitig das halbkoagulierte Garn gestreckt wird, um die kettenartig angeordneten Teilchen in parallele Lage zu bringen. Die elektrische Einwirkung wird zweckmäßig in einem mit indifferentem Gas, z. B. Wasserstoff oder Stickstoff, gefüllten Rohr oder im Vakuum vorgenommen, um den Abstand der Pole zu vergrößern. Die nach der Erfindung erhaltene Kunstseide besitzt hohe Festigkeit, Dehnbarkeit und einen der Naturseide ähnlichen Glanz.

Nach Kindermann.

626. H. Kindermann, Breslau. Verbesserungen an Maschinen zur Herstellung künstlicher Fäden u. dgl.

Brit. P. 287602 vom 23. XI. 1926.

Es handelt sich um Maschinen, bei denen der aus dem Fällbad aufsteigende Faden nach oben über Führungsrollen geleitet und dann nach unten der Spinnzentrifuge zugeführt wird. Um die Fällstrecke außerhalb des Fällbads nach Bedarf einstellen und abändern zu können, sind die über dem Fällbad angeordneten Führungswalzen in der Höhe verstellbar. Zur Unterbrechung der Einwirkung der Fällbadchemikalien auf den Faden können die Führungswalzen mit Wasser oder einer anderen Flüssigkeit berieselt werden, oder sie können in Wasserbädern umlaufen. (1 Zeichnung.)

Nach Norddeutsche Verwaltungsgesellschaft m. b. H.

627. Norddeutsche Verwaltungsgesellschaft m. b. H., Berlin. Verfahren zum Verfeinern frisch gesponnener Kunstseidefäden.

Brit. P. 283481 vom 5. I. 1928 (Prior. Deutschl. 10. I. 1927); franz. P. 647352; belg. P. 347870.

Das Verfahren besteht darin, daß zu Zellulosehydrat zersetzte Fäden durch Lösungs- oder Quellmittel stark gequollen und in diesem Zustand durch Überleiten über zwei oder mehr sich bewegende Flächen, auf denen der Faden nicht gleitet und von denen die letzte sich schneller bewegt als wenigstens eine der vorhergehenden, gestreckt werden, worauf das Quellungsmittel von den Fäden entfernt wird. Man bereitet z. B. gemäß brit. P. 135205[1] eine Viskose mit 6,5% Zellulose und 8%

[1] Siehe 5. Aufl., S. 1031.

Ätznatron, läßt sie bis zum Salzpunkt 8 reifen (1 Tropfen Viskose löst sich beim Fällen in 8proz. Kochsalzlösung gerade nicht mehr auf) und spinnt aus Edelmetalldüsen von 0,1 mm Durchmesser in 70proz. Schwefelsäure bei 9° C, Schlepplänge 70 cm. Die Säure bildet den Faden und bringt ihn zum Quellen. Der Faden geht um zwei Rollen, von denen die erste eine Umfangsgeschwindigkeit von 28 und die zweite von 45 m in der Minute hat, zwischen diesen Rollen wird der Faden um 60% gestreckt. Auf der zweiten Rolle wird der Faden mit einem starken Wasserstrom berieselt, er geht dann durch einen Führungstrichter in einen rasch umlaufenden Spinntopf, in dem er sich ansammelt. Auch dabei wird mittels einer Spritzdüse mit ungefähr $^1/_2$ Liter Wasser in der Minute gewaschen. Der vollständig ausgewaschene Faden wird in Strangform gebracht, unter Spannung getrocknet und in üblicher Weise fertiggemacht. Bei Kupferseide wird als Fäll- und Quellmittel 70proz. Schwefelsäure von 8° C verwendet.

Nach Jackson.

628. J. G. Jackson, Chatham, Ont. Verfahren zur Herstellung fadenförmigen Materials.

Ver. St. Amer. P. 1672943 vom 12. VI. 1928, angemeldet 15. I. 1927.

Das Verfahren besteht darin, daß auf den aus der Spinndüse austretenden Faden durch eine schräg zur Spinndüse angeordnete Düse Fällflüssigkeit in vibrierender Bewegung aufgespritzt wird. Die vibrierende Bewegung wird dadurch erzeugt, daß der Behälter für die Fällflüssigkeit mit einem Diaphragma verschlossen ist, welches durch einen durch Wechselstrom gewünschter Frequenz betätigten Elektromagneten in Schwingung versetzt wird. Der in dieser Weise wellig gemachte Faden wird nicht glatt, wie es ein nach seiner Verfestigung wellig gemachter Faden tut. (2 Zeichnungen.)

Nach Haubold.

629. C. G. Haubold Akt.-Ges., Chemnitz. Senkrecht stehende Spinnvorrichtung für Kunstseide und andere Kunstfäden.

D.R.P. 469345 Kl. 29a vom 5. II. 1927.

Die Erfindung betrifft eine senkrecht stehende Spinnvorrichtung mit sich drehender Düse und diese umgebendem gleich rasch umlaufendem Hohlkörper für die Zuleitung der Fällflüssigkeit. Im Gegensatz zu bisherigen Anordnungen ist die Düse nach unten gerichtet. Reißt ein Faden, so teilt sich das nachfolgende Fadenende von selbst dem Faserbündel mit, so daß die Spinnstelle nicht stillgesetzt zu werden braucht.

In Fig. 326 ist ein Ausführungsbeispiel im Längsschnitt dargestellt. *a* ist die als Elektromotor gedachte Antriebsvorrichtung mit durchbohrter Achse *d*, die an ihrem oberen Ende in an sich bekannter Weise abdichtend mit der Zuleitung *e* für die Spinnmasse verbunden ist. Zur Verhütung schädlicher Erwärmung ist für den Motor ein Anschluß *b* für eine Frischluftzuführung vorgesehen Das untere Ende der durchbohrten Achse *d* trägt die Spinndüse *g* und den gleichfalls umlaufenden Zylinder *c*. Durch ein regelbares Zuflußrohr *h* wird dem sich drehenden Zylinder *c* die Fällflüssigkeit zugeführt, die in dünner Schicht an seiner Innenwand abläuft und dabei die aus der Düse *g* austretenden Fäden mit nach unten spült. Das in Gestalt einer Flasche ausgebildete, feststehende Gefäß *f* dient zum Auffangen und Sammeln der Fällflüssigkeit. Das Faserbündel *j* wird durch die bei *l* ausströmende Flüssigkeit verstreckt und hierdurch auf eine auf der Zeichnung nicht sichtbare Aufnahmevorrichtung aufgewickelt. *m* ist der Auffangbehälter für die Fällflüssigkeit. Ordnet man ein nicht mitumlaufendes Auffanggefäß für die Fällflüssigkeit an, so ist erfindungsgemäß dessen untere Ausflußöffnung so eng zu halten, daß sich in ihm die Flüssigkeit zu einem gleichbleibenden Stande bei gleichmäßigem Abfluß staut. Durch die gleichmäßige Stauhöhe und durch die hierdurch bedingte gleichmäßige Ablaufgeschwindigkeit der Flüssigkeit erhält der Faden eine gleichmäßige Streckung.

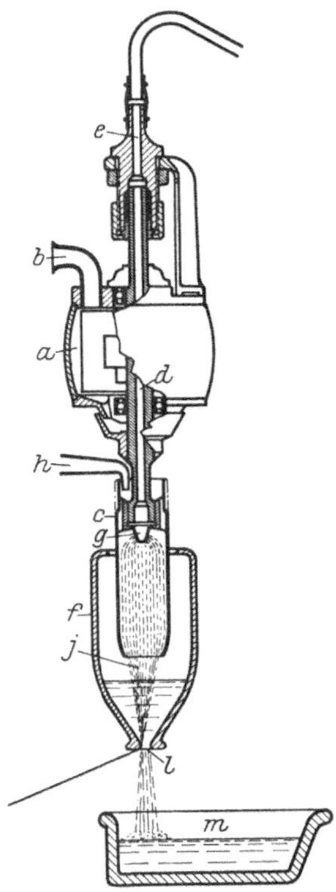

Fig. 326.

Patentansprüche: 1. Senkrecht stehende Spinnvorrichtung für Kunstseide und andere Kunstfäden mit sich drehender Düse und diese umgebendem, gleich rasch umlaufendem Hohlkörper für die Zuleitung der Fällflüssigkeit, dadurch gekennzeichnet, daß aus der in bekannter Weise axial liegenden, aber nach unten gerichteten Düse *g* die Fäden innerhalb des Hohlkörpers *c* von dem von oben zugeleiteten Fällbade umspült, nach unten fallen.

2. Spinnvorrichtung nach Anspruch 1, dadurch gekennzeichnet, daß bei bekannter Anordnung eines nicht mit umlaufenden Auffanggefäßes *f* für die Fällflüssigkeit, dessen untere Ausflußöffnung *l* so eng ist, daß sich in ihm die Flüssigkeit zu einem gleichbleibenden Stande bei gleichmäßigem Abflusse staut.

630. Dieselbe. Trag- und Gestellteil von Kunstseidespinnmaschinen.

D.R.G.M. 1036893 Kl. 29a vom 1. III. 1928.

Zur Vermeidung der bei Verwendung von Metallen als Baustoff für Spinnmaschinen auftretenden Einwirkung von Säuredämpfen werden die Trag- und Gestellteile aus Kunstharzen, z. B. Bakelit, hergestellt. Um den Tragplatten ein hohes Widerstandsmoment zu verleihen, werden sie aus zwei durch Zwischenstücke in einigem Abstand voneinander gehaltenen Teilplatten angefertigt. Die Platten haben

Ausschnitte, um das Gewicht herabzumindern. Zur weiteren Festigung der Teile werden den Kunstmassen noch Füllstoffe zugesetzt. (3 Zeichnungen.)

Nach The Nuera Art-Silk Company Ltd.

631. The Nuera Art-Silk Company Ltd., Sutton Oak, England. Spinnvorrichtung für Kunstseidenfäden unter Verwendung einer Drehdüse.

D.R.P. 473935 Kl. 29a vom 6. II. 1927; schweiz. P. 130384; brit. P. 305280 (O. Sindl.); österr. P. 112845; belg. P. 348602.

Bei dieser Vorrichtung ist die Verwendung von Stopfbüchsen zwischen der Spinnpumpe und der Düse vermieden. Fig. 327 zeigt ein Ausführungsbeispiel der Vorrichtung. In dem fest angebrachten Gefäß *1* befindet sich die Spinnflüssigkeit und gelangt durch einen Kanal *2* der Welle *3* in die Spinnpumpe. Die Welle *3* ist mit dem Gefäß *1* durch eine Stopfbuchse *4* verbunden und erhält ihren Antrieb durch ein Schraubenräderpaar *5*. Denkt man sich den Pumpenkörper *6* festgehalten, so werden durch Drehung der Welle *3* die Kolben *7* auf- und abwärts bewegt. Dabei wird die Spinnflüssigkeit beim Hochgehen des Kolbens durch den Steuerschlitz *8* aus dem Kanal *2* angesaugt und beim Niedergehen durch den Steuerschlitz *9* in den Kanal *10* und in das fest damit verbundene Düsenrohr *11* bis zur Spinndüse *12* gedrückt. Die Spinndüse selbst taucht in bekannter Weise in eine Flüssigkeit ein, in der die Spinnflüssigkeit zum festen Faden erstarrt. Um eine Zwirnung der aus der Spinndüse *12* austretenden feinen Fadenbüschel zu erreichen, ist es notwendig, die Welle *3* mit hoher Drehzahl anzutreiben. Stünde dabei der Pumpenkörper *6* fest, so würde entweder eine sehr große Förderung eintreten oder es würde ein sehr kleiner Kolbenhub erforderlich sein. Beides ist in der Praxis unmöglich. Es wurde daher die Anordnung so getroffen, daß durch das Schraubenräderpaar *13* der Pumpenkörper *6* ebenfalls nach der gleichen Richtung wie die Welle *3*, jedoch mit etwas verminderter Geschwindigkeit, in Umdrehung versetzt wird, so daß eine verhältnismäßig langsame Relativbewegung zwischen der Welle *3* und dem Gehäuse *6* entsteht. Es wird somit erreicht, daß die Spinndüse *12* mit der zur Förderung der Spinnflüssigkeit dienenden Pumpe fest verbunden ist und die Stopfbuchse *4* nur dem normalen, verhältnismäßig niedrigen Anfangsdruck der Spinnflüssigkeit ausgesetzt ist.

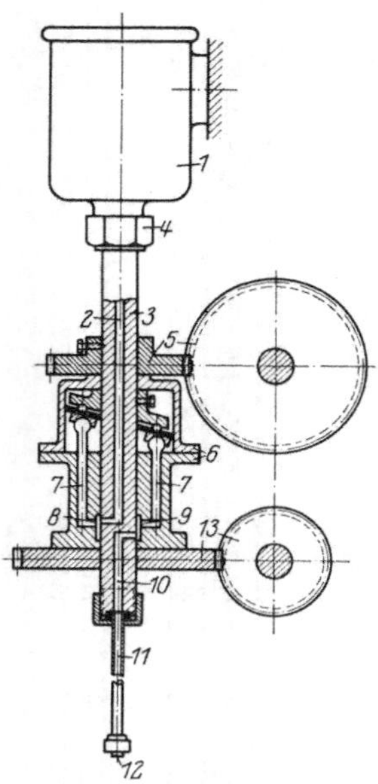

Fig. 327.

Patentanspruch: Spinnvorrichtung für Kunstseidenfäden unter Verwendung einer Drehdüse, dadurch gekennzeichnet, daß die Spinndüse *12* mit der zur Förderung der Fadenflüssigkeit dienenden Pumpe *6* fest verbunden ist.

632. Dieselbe. Verbesserungen im Spinnen von Kunstseide und analogen Stoffen.

Belg. P. 351952 vom 9. VI. 1928 (Prior. Engl. vom 14. VI. 1927 [J. Huebner und K. F. Diehl]); brit. P. 303421; franz. P. 655519.

Man bildet den Faden unter solchen Bedingungen, daß die Reibung zwischen den Fäden oder Fasern und dem Spinnbade eine Verlängerung oder ein Ausziehen der Fäden bewirkt. Man erreicht das durch Erhöhen der Durchgangsgeschwindigkeit der Fasern oder Fäden durch das Fällbad oder durch Abänderung der Zusammensetzung, des spez. Gewichts, der Viskosität oder der Temperatur des Bades oder dadurch, daß man eine Bewegung oder einen Umlauf des Bades durch eine Pumpe oder eine andere Einrichtung herbeiführt. Um die Bildung schädlicher Nebenströmungen im Bade um die Fäden zu verhindern, ist es wünschenswert, daß die Fasern durch verhältnismäßig enge Öffnungen austreten. Werden mehrere Spinndüsen verwendet, die in ein gemeinsames Fällbad eintauchen, so wird dieses durch Wände in eine entsprechende Zahl Abteilungen unterteilt. Hat man z. B. ein Fällbad aus Schwefelsäure von über 50% und spinnt man mit einer Geschwindigkeit von 125 m in der Minute durch ein Bad von 10 cm Querschnitt, so ist die Reibung zwischen den Fasern und dem Bade hinreichend, Fäden von 0,5 Den. (engl.) zu geben.

Nach Schötz.

633. A. Schötz, Wurgwitz bei Dresden. Vorrichtung zum Spinnen von Kunstseide.

D.R.P. 480348 Kl. 29a vom 14. IV. 1927.

Der Versuch, auf der Spinnmaschine einen gezwirnten Faden mittels umlaufender Spinndüsen zu erreichen, scheiterte oft an einem Zusammenkleben der Fäden. Nach der Erfindung wird dieser Nachteil dadurch beseitigt, daß man die Spinndüsen so anordnet, daß deren Boden vertikale und die Spinnöffnungen in ihm horizontale Lage haben. In dieser Richtung werden die aus den Spinnöffnungen austretenden Fäden mit der Fällflüssigkeit zusammen in Pfeilrichtung durch eine Rinne *a* (Fig. 328) geführt. Am Rinnenende a^1 treten die Fäden in den Trichter *b* und in das nach unten gerichtete Rohr *c* ein. Das Rohr *c* ist am Träger *d* in Lagern *f* mit Stellringen *g* drehbar gelagert. Der Rohrflügel *c* wird mittels des auf ihm befestigten Wirtels *h* in Umdrehung versetzt. Am unteren Rohrende c^1 fließen die Fäden mit der Fällflüssigkeit heraus und werden auf die auf- und abwärts beweg-

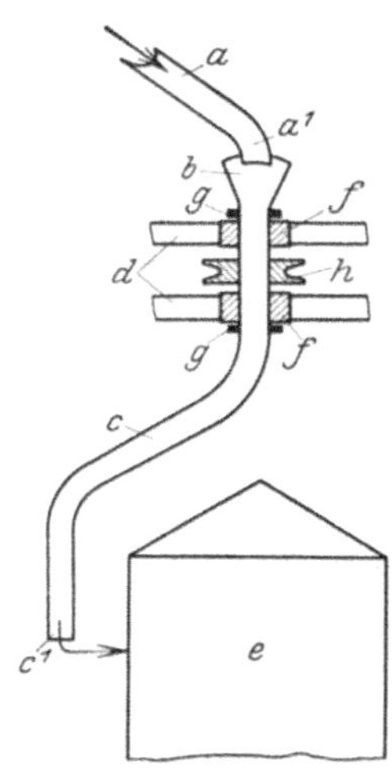

Fig. 328.

liche Spule *e* aufgewickelt, während die Fällflüssigkeit nach unten abfließt. Durch diese Anordnung werden die aus dem Rohr austretenden Fäden gezwirnt und auf die Spule aufgewickelt. Die aufgewickelten Fäden können auf den Spulen in bekannter Weise nachbehandelt werden. Die neben den Fäden aus dem Rohrende unten abfließende Fällflüssigkeit wird unterhalb der Spulen in Behältern aufgefangen und mittels Pumpe wieder nach oben zu den Spinndüsen geleitet und so fort im Kreislauf. Ein Abreißen der Fäden erfolgt nicht. Ein weiterer Vorteil besteht darin, daß der sich bildende Schwefelwasserstoff oben entsteht und da unmittelbar Absaugevorrichtungen angebracht werden können.

Patentanspruch: Vorrichtung zum Spinnen von Kunstseide, dadurch gekennzeichnet, daß die gesponnenen Fäden zusammen mit der Fällflüssigkeit in einer Rinne *a* entlang fließen und am Rinnenende a^1 in einen Trichter *b* mit anschließendem, nach unten gerichtetem gebogenen Rohrflügel *c* eintreten, der an einem Träger *d* drehbar gelagert ist, zum Zweck, die das Flügelende c^1 verlassenden Fäden gezwirnt auf eine Spule *e* aufzuwickeln.

Nach Société Scientifil.

634. Société Scientifil. Verbesserungen an Spinnmaschinen.

Belg. P. 351816 vom 5. VI. 1928; franz. P. 638212 (Erfinder G. Tocco und Ch. Sandoz).

Bei dieser Maschine, die in Fig. 329 in Seitenansicht, in Fig. 330 im Schnitt nach *2—2* der Fig. 329 dargestellt ist, werden die aus den Spinndüsen *1* austretenden Fäden *4* über kleine Rollen *5* aus Glas

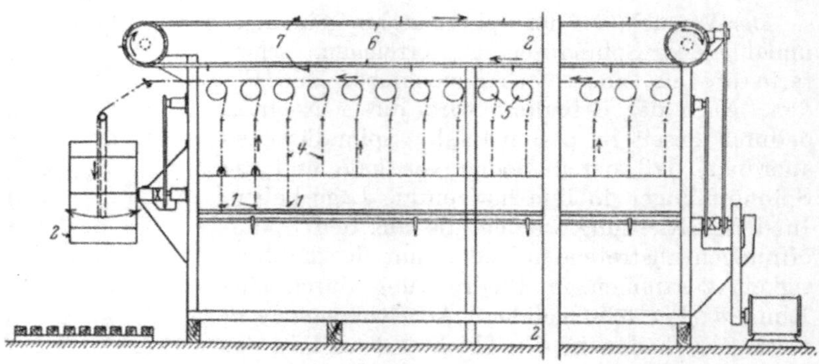

Fig. 329.

oder anderem geeigneten Stoff geleitet, die Fäden einer Spinndüsenreihe gehen über diese Rollen, welche alle dieselbe Umdrehungsgeschwindigkeit haben, werden also keiner schädlichen Reibung ausgesetzt und laufen gemeinsam auf den Haspel *2* auf. Ein Haspel *3* wird eingeschaltet, wenn der Haspel *2* voll besponnen ist und ausgewechselt wird. Zum Anspinnen dient die mit Haken *7* besetzte endlose Kette *6*, deren Geschwindigkeit der Spinngeschwindigkeit entspricht. Beim Anspinnen werden die Fadenenden an den Haken *7* befestigt und in Nuten der Rollen *5* eingelegt. Sind sie richtig auf den Haspel *2* gelangt, so wird die Kette *6* ausgeschaltet. Der Kraftverbrauch für die Maschine und das Absaugen der Dämpfe ist gering, bei normalem Gange kann ein Arbeiter eine Maschine mit großer Produktion bedienen.

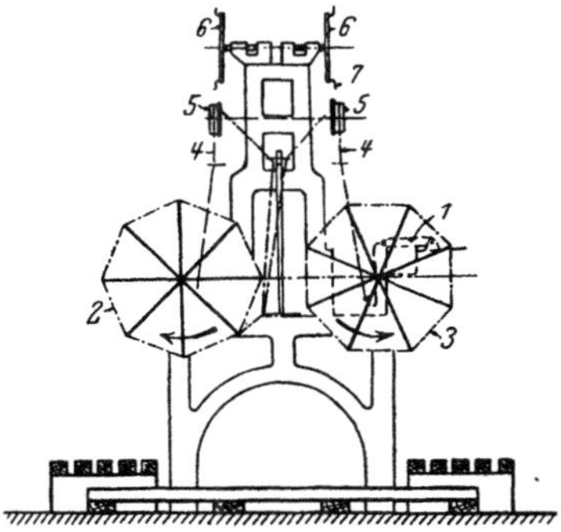

Fig. 330.

Säure- und alkalibeständige Gummiüberzüge für Behälter, Autoklaven, Dampfschlangen, Ventile, Pumpen, Ventilatoren, Walzen, Zentrifugen, Filterpressen, Nutschen, Spulen, Haspeln und vieles andere mehr in der Kunstseidenindustrie empfiehlt A. Bresser (Kunstseide, Februar 1928, S. 58).

Fadenführer und Fadenstrecker.

Nach Bader.

635. R. Bader, Mähr.-Chrostau. Vorrichtung zur Überführung von Kunstseidefasern aus dem Fällbade in den Spinntopf.

Tschechosl. P. 11157, angemeldet 24. V. 1921, geschützt vom 15. IV. 1923.

Bei der Verwendung der üblichen Führungstrichter mit geradem Auslaufrohr können die Fasern in dem senkrecht stehenden Trichterrohr Schleuderbewegungen ausführen, die ihre Festigkeit beeinträchtigen. Um einen ruhigeren Fadenlauf zu erzielen, wird gemäß der Erfindung das Auslaufrohr des Trichters gebogen oder mit einer Ausbuchtung versehen, die Krümmungsstellen bilden Berührungspunkte des ablaufenden Fadens mit der Innenwand des Ablaufrohrs. (2 Zeichnungen.)

Nach Sandoz.

636. Ch. Sandoz, Mailand. Fadenführer für Kunstseidenspinnmaschinen.

D.R.P. 452666 Kl. 29a vom 30. X. 1924 (Prior. Ital. 18. I. 1924).

Um die Gefahr des Abreißens der Kunstseidefäden bei der Fadenführung zu verringern, wird der Faden *2* (Fig. 331) in einem Fadenführerrohr *1* dadurch in gespannter, die Wände und Kanten des rohrartigen Kanals nicht berührender Lage gehalten, daß ungefähr in der Mitte des Führungskanals unter einem spitzen Winkel ein Rohransatz *3* angebracht ist, durch den Luft in der Pfeilrichtung *a* eingeblasen wird. Dieser Luftstrom tritt an einem Ende des Kanals *1* aus, saugt hierbei am anderen Ende des Kanals Luft ein, so daß eine zentrale Luftströmung entsteht, die den Faden *2*

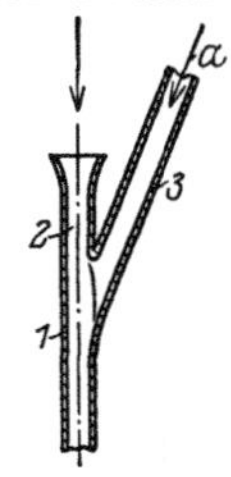

Fig. 331.

in gestreckter Lage frei von den Wandungen des Kanals durch diesen hindurchführt.

Patentanspruch: Fadenführer für Kunstseidenspinnmaschinen, dadurch gekennzeichnet, daß in einem rohrförmigen Führungskanal *1* unter spitzem Winkel ein Rohransatz *3* zum Zuführen von Druckluft derart einmündet, daß an einem Ende des Kanals auf den Faden eine Zugwirkung ausgeübt und durch Einsaugen von Luft am Eintrittsende die zentrale Lage des Fadens gesichert wird.

Nach Schröder.

637. R. Schröder, Berlin. Antriebsvorrichtung für die Fadenführer an Kunstseiden-Spinnmaschinen.

D.R.P. 422401 Kl. 29a vom 28. VI. 1924.

Die Erfindung bezieht sich auf eine Antriebsvorrichtung für die Fadenführer an Kunstseiden-Spinnmaschinen mit Haspeln zum Aufwickeln der Kunstseidenfäden, bei welcher die Hin- und Herbewegung

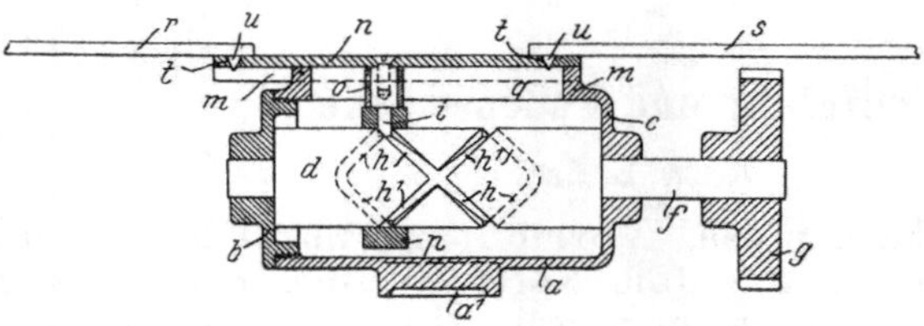

Fig. 332.

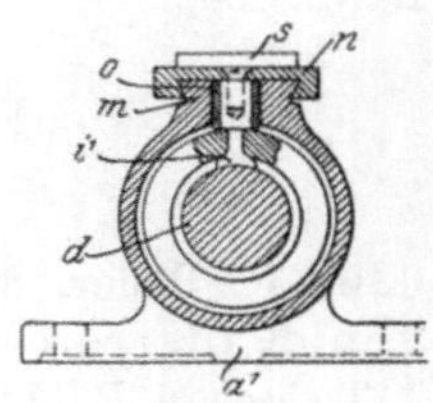

Fig. 333.

der Fadenführer durch eine sich drehende, an ihrem Mantel zwei entgegengesetzt verlaufende und an den Enden ineinander übergehende, schraubenförmige Spurnuten enthaltende Walze oder Trommel und einen in die Spurnuten eingreifenden Steuerstift bewirkt wird. Das Wesen der Erfindung besteht in erster Linie darin, daß der Steuerstift an einem parallel zur Walzen- oder Trommelachse geführten Schieber oder Stangenpaar befestigt ist, mit dem die die Fadenführer tragenden Stangen durch ineinandergreifende Stifte und Löcher lösbar gekuppelt sind. Infolge dieser Einrichtung können die Fadenführerstangen unter Entkupplung vom hin und her gehenden Schieber oder Stangenpaar nach oben abgehoben werden, wenn die gefüllten Haspeln aus der Maschine herausgenommen werden sollen. Die Vorrichtung ist in Fig. 332 und 333 im senkrechten Längsschnitt und im Querschnitt dargestellt.

a ist ein mit einem Fuß a^1 versehenes zylindrisches Gehäuse, dessen eine Stirnwand *b* z. B. mittels einer Verschraubung abnehmbar gehalten ist, während die andere Stirnwand *c* mit dem Gehäuse ein Stück bildet. Im Gehäuse *a* befindet sich eine Walze *d*, die mittels ihrer Welle *f* in den Stirnwänden *b*, *c* gelagert ist und durch ein auf dem einen Wellenende befestigtes Stirnrad *g* sowie weitere nicht gezeichnete Vorgelegeräder angetrieben wird. Die Walze *d* enthält an ihrem Mantel zwei entgegengesetzt verlaufende und sich kreuzende, schraubenförmige Spurnuten h, h^1, deren Enden ineinander übergehen. In diese Spurnuten greift ein radialer Stift i ein, dessen inneres Ende zu einem länglichen Führungsherz i^1 (Fig. 333) geformt ist, um ein Verlaufen des Stifts an der Kreuzungsstelle der Spurnuten zu verhindern. Der Stift i sitzt in einer Querbohrung eines auf der Walze d verschiebbar angeordneten Führungsringes p, und er führt sich zugleich mittels einer auf ihm drehbaren Rolle o in einem an der Oberseite des Gehäuses a in dessen Wandung vorgesehenen Längsschlitz q. Sein äußeres Ende ist an einem Schieber n befestigt, der mittels einer schwalbenschwanzartigen Führung m an der Oberseite des Gehäuses a längsverschiebbar geführt ist und gleichzeitig den Schlitz q nach oben abschließt. Dieser Schieber n dient dazu, den Steuerstift i mit den beiden, die Fadenführer tragenden Stangen r, s lösbar zu kuppeln, die parallel zur Achsenrichtung der Haspel hin und her beweglich geführt sind. Zu dem Zwecke enthält der Schieber n an seinen beiden Enden ein senkrechtes Loch t, während an den inneren Enden der beiden Stangen r, s ein nach unten gerichteter, vorteilhaft kegeliger Stift u vorgesehen ist, so daß die Stangen r, s durch Ein- und Aushängen der Stifte u mit dem Schieber m verbunden und wieder davon gelöst werden können.

Beim Umlauf der Walze d werden der in den Spurnuten h, h^1 laufende Steuerstift i und mit ihm der Schieber n sowie die beiden Fadenführerstangen r, s in der Längsrichtung der Haspel gleichförmig hin und her bewegt, wodurch die Kunstseidenfäden in einer durchaus regelmäßigen Kreuzwicklung auf die Haspel aufgewickelt werden. Sind die Haspel gefüllt, so können die Fadenführerstangen r, s ohne Stillsetzen der Antriebsvorrichtung nach oben abgenommen werden, um die unterhalb der Fadenführer gelagerten Haspel aus der Maschine herausnehmen und durch leere ersetzen zu können, worauf die Stangen durch erneutes Einhängen der Stifte u in die Löcher t wieder mit dem Schieber n gekuppelt werden. Wie aus der Zeichnung ersichtlich, erstreckt sich jede der beiden Steuernuten h, h^1 über den vollen Umfang der Walze, wodurch diese einen verhältnismäßig kleinen Durchmesser erhält, während gleichwohl die Spurnuten eine verhältnismäßig niedrige Steigung besitzen, wie es für eine leichte Bewegung des Steuerstifts erforderlich ist.

Eine andere Ausführungsform besteht darin, daß der an der Oberseite des Gehäuses a geführte Schieber durch zwei auf entgegengesetzten Seiten der Walze d angeordnete, in Löchern der abnehmbaren Gehäusestirnwand b geführte Stangen ersetzt ist.

Patentansprüche: 1. Antriebsvorrichtung für die Fadenführer an Kunstseiden-Spinnmaschinen mit Haspeln zum Aufwickeln der Fäden, bei welcher die Hin- und Herbewegung der Fadenführer durch eine sich drehende, an ihrem Mantel zwei entgegengesetzt verlaufende und an den Enden ineinander übergehende, schraubenförmige Spurnuten enthaltende Walze oder Trommel und einen in die Spurnuten eingreifenden Steuerstift bewirkt wird, dadurch gekennzeichnet, daß der Steuerstift i an einem parallel zur Walzen- oder Trommelachse geführten Schieber *n* oder einem Stangenpaar befestigt ist, mit dem die die Fadenführer tragenden Stangen *r, s* durch ineinandergreifende Stifte und Löcher *t, u* lösbar gekuppelt sind.

2. Antriebsvorrichtung nach Anspruch 1, dadurch gekennzeichnet, daß Walze *d* und Steuerstift *i* in einem allseitig geschlossenen Gehäuse *a* untergebracht sind und der Steuerstift *i* in einem auf der Walze *d* verschiebbaren Ring *p* sitzt, wobei er sich mit seinem äußeren Ende in einem Längsschlitz *q* oder einer Längsnut des Gehäuses *a* führt.

3. Antriebsvorrichtung nach Anspruch 1 und 2, dadurch gekennzeichnet, daß der den Steuerstift *i* tragende Schieber *n* an der Oberseite des Gehäuses *a* derart geführt ist, daß er zugleich den Führungsschlitz *q* für den Steuerstift *i* verschließt.

4. Antriebsvorrichtung nach Anspruch 1 und 2, dadurch gekennzeichnet, daß an dem den Steuerstift *i* enthaltenden Ring *p* zwei parallel zur Walzenachse liegende Stangen befestigt sind, die durch Löcher einer Gehäusestirnwand nach außen geführt und hier durch ein Querhaupt verbunden sind, das einen Haken zum Einhängen der Fadenführerstangen trägt.

Nach Carl Hamel Aktiengesellschaft.

638. Carl Hamel Aktiengesellschaft, Schönau. Fadenführer-Antriebsvorrichtung für Kunstseidenspinnmaschinen.

D.R.P. 421341 Kl. 29a vom 11. XII. 1924; brit. P. 244428; franz. P. 605013; schweiz. P. 117323.

Der Fadenführerantrieb für Kunstseidenspinnmaschinen zur Herstellung von Garnkörpern mit konischen Rändern erfolgte bisher durch Kurvenscheiben und Herzexzenter in Verbindung mit Hebeln. Das bedingte, daß die Hebel im Innern der Maschine angeordnet und schwer zugänglich waren, so daß Schmieren nicht sorgfältig erfolgen konnte. Dadurch trat großer Verschleiß ein und es entstanden unregelmäßig gewundene Garnkörper. Nach der Erfindung wird die Hebelbewegung durch eine Exzenteranordnung ersetzt, die unmittelbar auf die Hubstangen wirkt und mittels welcher auch eine Verstellbarkeit des Hubes erzielt wird, und zwar läuft der Herzexzenter relativ zu einer sich um die gemeinsame Antriebsachse drehenden exzentrischen Lagerbüchse um. (2 Zeichnungen.)

Patentansprüche: 1. Fadenführer-Antriebsvorrichtung für Kunstseidenspinnmaschinen zur Herstellung zylindrischer Garnkörper mit konisch verlaufenden Rändern, dadurch gekennzeichnet, daß ein vorzugsweise verstellbarer Herzexzenter auf einer exzentrischen Büchse der Antriebsachse sitzt und auf dieser umläuft, wobei der Herzexzenter sowohl als auch die exzentrische Büchse ihren Antrieb von der gemeinsamen Antriebsachse aus erhalten.

2. Vorrichtung nach Anspruch 1, dadurch gekennzeichnet, daß die Nabe des Herzexzenters von der Antriebswelle aus durch eine Schlitz- und Stiftkupplung gedreht wird, während die Exzenterbüchse ihren Antrieb von der Antriebsachse über ein Rädervorgelege erfährt.

Nach Société Lyonnaise de Soie Artificielle.

639. Société Lyonnaise de Soie Artificielle. Pendelnder Verteiler für Natur- oder Kunstfäden usw. während des Aufwickelns auf Spulen oder andere Aufnahmeorgane.

Franz. P. 611400 vom 30. V. 1925; schweiz. P. 115514.

Die gebräuchlichen hin und her gehenden Fadenführer erteilen dem Kunstseidefaden besonders beim Umkehren der Bewegung Erschütterungen, die den Faden schädlich beeinflussen können. Das soll durch Verwendung eines Pendels als Fadenführer vermieden werden, dessen Schwingung in senkrechter Ebene eine gleichmäßige Verteilung des Fadens auf dem Aufnahmeorgan zur Folge hat. Ein Herzexzenter *7* (Fig. 334), der von der Welle *8* angetrieben wird, bewegt die beiden Hebel *5*, die mit Rollen *6* auf dem Herzexzenter aufliegen. Federn *9* sorgen für dauernde Berührung der Rollen *6* mit dem Herzexzenter. Die Hebel *5* sind durch Muffen *3* an den über die ganze Maschinenlänge reichenden Achsen *4* befestigt und an den Ansätzen *3'* der Muffen sitzen die Stäbe *2* mit den Ösen *1*. Die Spulen sind mit *10* bezeichnet.

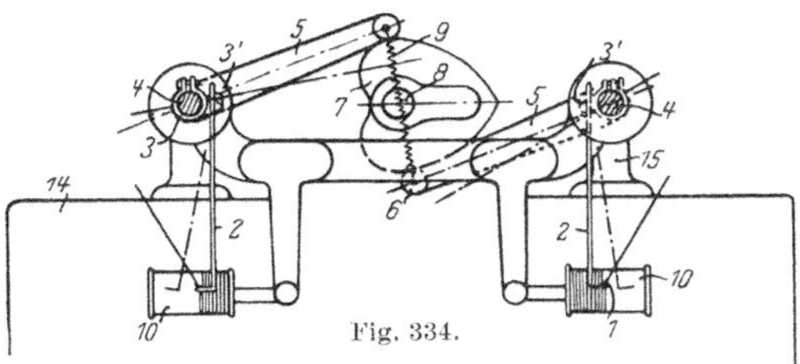

Fig. 334.

Nach Rushton.

640. J. L. Rushton, Bolton, Engl. Fadenführer für Spinntöpfe von Kunstseidenspinnmaschinen.

D.R.P. 444137 Kl. 29a vom 3. X. 1925; brit. P. 263239 vom 26. IX. 1925; Ver. St. Amer. P. 1672691; franz. P. 621847.

Nach vorliegender Erfindung ist der Träger für den Fadenführer, durch den er aus der Arbeitsstellung in die Stellung außerhalb des Spinntopfes und wieder zurück im wesentlichen in der Längsrichtung des Zuführungskanals bewegt wird, gelenkig derart angeordnet, daß der Fadenführer nach seinem Austritt aus dem Spinntopf seitlich quer zum Spinntopf weiterbewegt wird. Für die Bewegung des Fadenführers verwendet man parallel schwingende Lenker, die eine einfache und sichere Ausführung zur Erzeugung der gewünschten Bewegung ergeben. Fig. 335 ist eine Seitenansicht und zeigt in ausgezogenen Linien die Arbeitsstellung und in strichpunktierten Linien die Ruhestellung. Auf

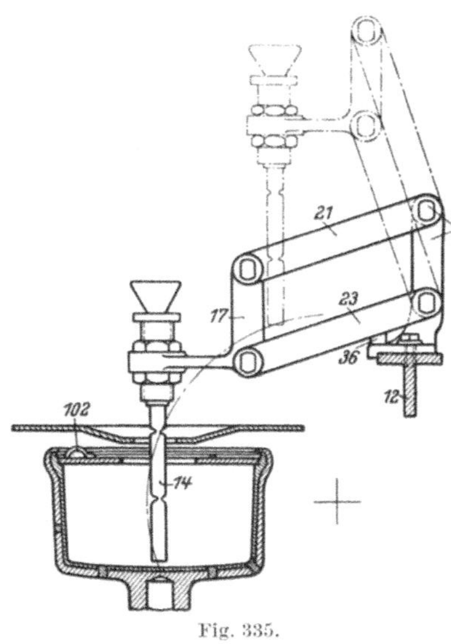

Fig. 335.

der Querschiene *12* sitzt ein Lager *20*, welches mit dem Lenker *17* durch Lenker *21*, *23* verbunden ist, so daß ein Gelenkparallelogramm mit dem festen Lenker *20* gebildet wird, dessen beweglicher Lenker *17* ständig senkrecht bleibt und den Trichter *14* trägt. Der in der Zeichnung angegebene Kreisbogen zeigt den Weg des Trichters bei Herausnahme aus der Arbeitsstellung. Die Gelenkzapfen des Gelenkparallelogramms haben an einem Ende erweiterte Köpfe und am andern Ende Schraubengewinde zur Aufnahme von Befestigungsmuttern. Unter jeder Mutter liegt eine Federscheibe und eine ebene Scheibe, um die genügende Reibung zu erzielen, damit die Teile in der jeweils eingestellten Stellung bleiben. Ein Anschlag *36* bestimmt den äußersten Punkt für die Arbeitsstellung des Trichters. Der Spinntopf wird mit Ebonit ausgelegt und der Deckel durch eine Feder *102* festgehalten. Im übrigen ist die ganze Vorrichtung aus säurefestem Stahl hergestellt.

Patentansprüche: 1. Fadenführer für Spinntöpfe von Kunstseidenspinnmaschinen, dadurch gekennzeichnet, daß der Fadenführer *14* durch gelenkige Lagerung *17*, *21*, *23* des Fadenführerträgers im wesentlichen gradlinig aus dem Spinntopf herausbewegt und quer zur Herausbewegung weiterbewegt wird.

2. Fadenführer nach Anspruch 1, dadurch gekennzeichnet, daß der Träger aus einem vierseitigen Gelenkrahmen *17*, *21—23* besteht, dessen eine Seite *20* feststeht und dessen gegenüberliegende Seite *17* den Fadenführer *14* trägt.

3. Fadenführer nach Anspruch 1 und 2, dadurch gekennzeichnet, daß der vierseitige Gelenkrahmen ein Gelenkparallelogramm *17*, *21—23* ist, dessen beide beweglichen Zapfen an den Enden der den Fadenführer *14* tragenden Seite *17* liegen, die ihrerseits parallel oder im wesentlichen parallel zur Längsachse des Fadenführers *14* liegt.

4. Fadenführer nach Anspruch 1 bis 3, gekennzeichnet durch die Anordnung des Gelenkparallelogramms derart, daß seine Schwingarme *21—23* in der Arbeitsstellung des Fadenführers *14* geneigt stehen und bei der Bewegung des Fadenführers aus dieser Stellung durch ihre Mittelstellung hindurchschwingen.

5. Fadenführer nach Anspruch 1 und 2, dadurch gekennzeichnet, daß die Gelenke des Rahmens mit Reibungsvorrichtungen derart versehen sind, daß der Rahmen in der jeweils eingestellten Stellung gehalten wird.

Nach Rushton und Lever.

641. J. L. Rushton und J. Lever, Bolton. Verbesserungen an Kunstseidespinnmaschinen.

Brit. P. 266835 vom 8. XII. 1925.

Für alle Fadenführer oder Galetten, die von einem gemeinsamen Antrieb aus bewegt werden, sind einfache und leicht zu bedienende Schmiervorrichtungen vorgesehen. Längs der ganzen Maschine läuft in dauernd schmierenden Lagern eine Welle, von der aus die Galetten angetrieben werden. Jeder Galettenantrieb hat eine dauernd wirkende Schmierung. Alle Schmierlager sind nach außen gegen schädliche Dämpfe geschützt. (4 Zeichnungen.)

Nach Klavik.

642. R. Klavik, Dobřichovic, Tschechosl. Fadenführer für die Herstellung von Kunstseide.

D.R.P. 439269 Kl. 29a vom 26. II. 1926; brit. P. 257830.

Der Fadenführer besteht aus einer an ihrem oberen Ende trichterartig erweiterten Röhre, die mit in Abständen voneinander angeordneten Einschnürungen versehen ist. Das Wesentliche der Erfindung besteht darin, daß man den Fadenführer aus einem äußeren, aus Metall hergestellten Mantel und aus in diesem steckenden, federnd gelagerten, aus Glas bestehenden Führungsteilen herstellt. Die Ausbildung des Trichters *1* (Fig. 336) und des auf einen Nippelansatz *2* aufgeschraubten Metallrohres *3* ist bei verschiedenen Ausführungsformen die gleiche. Die Austrittsöffnung des Trichters, die zugleich die Eintrittsöffnung in die Röhre ist, wird durch einen Glasring *4* bestimmt, der durch einen in den Nippelansatz eingepaßten Gummiring *5* festgehalten wird. Dieser Glasring *4* bildet gleichsam den obersten Führungsteil für den Faden. Das Ende der Metallröhre, das vorteilhaft konisch ausläuft, ist bei *6* nach innen gezogen, und der so gebildete Rand dient als Abstützung für einen über das Rohrende vorstehenden konisch auslaufenden Nippel *7*, der unter Zwischenlage von Gummiringen *8*, *9* gegen den Rand *6* des Rohres bzw. gegen die inneren Führungsteile abgefedert ist. Zwischen den Gummiringen *5* und *9* verwendet man kurze, mit eingeschnürten Enden *10* versehene Glasrohre *11*, die gegeneinander durch Gummiringe *12* abgefedert sind. Zwei weitere Ausführungsbeispiele für die inneren Führungsteile werden beschrieben.

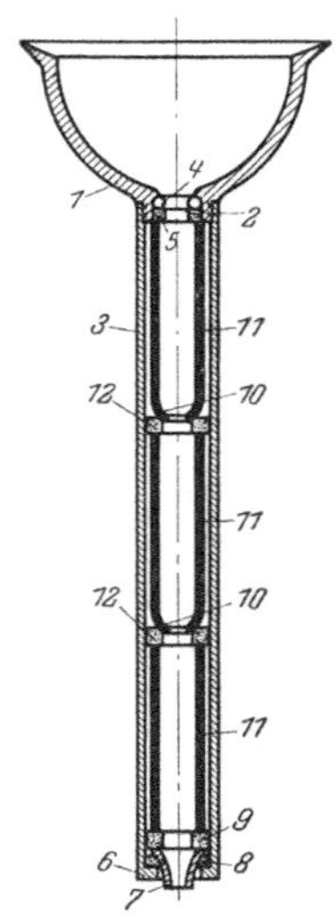

Fig. 336.

Patentansprüche: 1. Fadenführer für die Herstellung künstlicher Seide, dadurch gekennzeichnet, daß in einer aus Metall hergestellten Röhre *3* die eigentlichen Fadenführungsteile ringförmigen Querschnitts gegeneinander federnd abgestützt gehalten sind.

2. Fadenführer nach Anspruch 1, dadurch gekennzeichnet, daß die Fadenführungsteile im Innern der Röhre *3* aus Glas hergestellt sind.

3. Fadenführer nach Ansprüchen 1 und 2, dadurch gekennzeichnet, daß die Röhre *3* an ihrem unteren Ende zu einem nach innen vorstehenden Rande *6* eingezogen ist, auf welchem unter Zwischenlage eines Gummiringes *8* ein als Führungsteil wirkender, über das untere Ende der Röhre *3* vorstehender und gegen die inneren Führungsteile federnd abgestützter Nippel *7* aufruht.

4. Fadenführer nach Ansprüchen 1—3, dadurch gekennzeichnet, daß am Eintrittsende der Röhre *3* der Führungsteil durch einen Glas-

ring *4* gebildet ist, der gegen den inneren Rand eines Schraubenansatznippels *2* des Rohrtrichters *1* durch einen Gummiring *5* festgehalten ist.

5. Fadenführer nach Ansprüchen 1—4, dadurch gekennzeichnet, daß die Führungsteile durch die eingeschnürten Enden *10* von zwischen Eintrittsende der Röhre *3* und Austrittsnippel *7* durch Gummiringe *12* abgefederten, kürzeren Glasrohrstücken *11* gebildet sind.

6. Fadenführer nach Ansprüchen 1—5, dadurch gekennzeichnet, daß die Führungsteile durch die bekannten Einschnürungen der Glasröhre gebildet sind, die mit ihren Enden gegen das Eintrittsende der Röhre und deren Austrittsnippel *7* abgefedert ist.

7. Fadenführer nach Ansprüchen 1—6, dadurch gekennzeichnet, daß die Führungsstelle durch Glasringe gebildet sind, die durch aus nachgiebigem Stoff hergestellte Abstandsrohrstücke gegeneinander sowie gegen das Eintrittsende der Röhre und deren Austrittsnippel *7* abgefedert gehalten sind.

Nach Siegheim.

643. F. Siegheim, Berlin. Fadenführer für Spinntopfspinnmaschinen.

D.R.P. 443415 Kl. 29a vom 3. VII. 1926.

Zur Vermeidung der beim Austritt des Fadens aus dem Führungsrohr eintretenden Fadenknickung ist am Ende der rohrartigen Verlängerung *b* (Fig. 337) des Spinntrichters *a* eine Rolle *c* lose eingesetzt, welche von dem nach innen eingezogenen Rand *e* gehalten wird. Die Rolle *c* ist so ausgebildet, daß sie nach einer oder beiden Seiten hin trichterartige Erweiterungen besitzt. Der obere erweiterte Rand der Rolle *c* hat erstens den Zweck, die Rolle am Herausfallen aus dem Rohr *b* zu verhindern, zweitens den auszuführenden Faden leicht durch die Bohrung der Rolle *c* zu bringen. Die unterste Einschnürung *f* des Führungsrohres *b* liegt dicht über der Rolle *c*, so daß bei der Einführung des Fadens dieser keinerlei Gelegenheit hat, sich zwischen Rolle und Rohr zu verlagern. Die Rolle *c* nimmt durch den Zug und die kreisförmige Ausschleuderung des Fadens *d* eine fortwährend wechselnde Schrägstellung (Fig. 338) ein und wird gleichzeitig in Drehung versetzt, wodurch eine weitgehende Schonung des Fadens herbeigeführt wird.

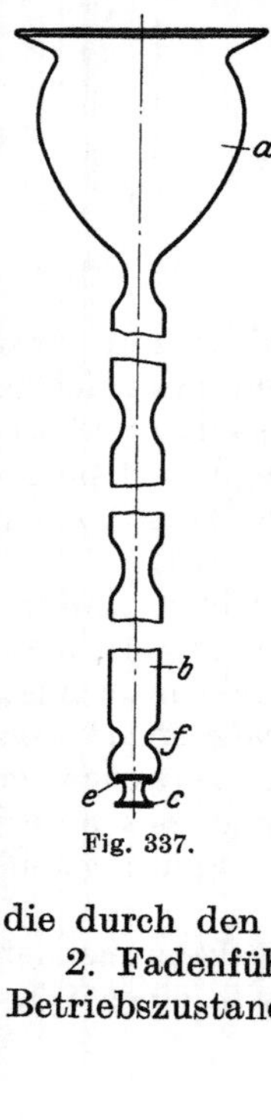

Fig. 337.

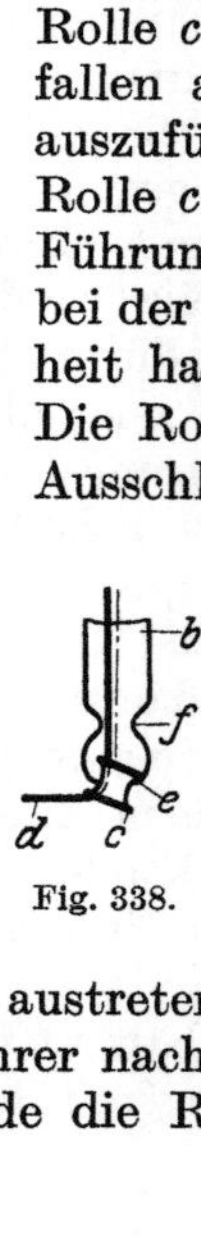

Fig. 338.

Patentansprüche: 1. Fadenführer für Spinntopfspinnmaschinen, dadurch gekennzeichnet, daß am Ende des Führungsrohres *b* eine Rolle *c* lose eingesetzt ist, die durch den austretenden Faden in Drehung versetzt wird.

2. Fadenführer nach Anspruch 1, dadurch gekennzeichnet, daß im Betriebszustande die Rolle *c* entsprechend dem auftretenden Faden-

zug dauernd eine Schräglage einnimmt, die der jeweiligen Richtung des abgleitenden Fadens entspricht.

3. Fadenführer nach Anspruch 1 und 2, dadurch gekennzeichnet, daß der Abstand zwischen dem erweiterten Rand der Rolle *c* und der benachbarten oberen Rohreinschnürung *f* nur so groß ist, daß der Faden sich beim Einführen nicht zwischen Rolle und Rohr verlagern kann.

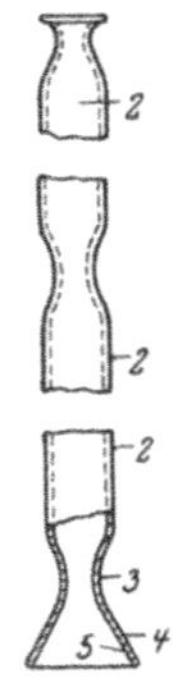

Fig. 339.

Nach Wagner.

644. E. Wagner, Kirkcudbright. Trichter oder Fadenführer für die Herstellung von Kunstseidefäden od. dgl.

Brit. P. 292216 vom 11. III. 1927.

Das untere Ende eines röhrenförmigen Fadenführers *2* ist bei *4* (Fig. 339) aufgeweitet und bildet eine Fläche *5*, über die der Faden läuft. Die Berührung an dieser Fläche verhindert eine Fadendrehung relativ zu dieser Fläche. Bei *3* verengert sich die Röhre, die Öffnung der unteren Erweiterung ist ungefähr doppelt so groß wie der Röhrendurchmesser. *4* ist in einem Winkel von 30° zu der Röhrenachse geneigt.

Nach I. G. Farbenindustrie Aktiengesellschaft.

645. I. G. Farbenindustrie Aktiengesellschaft, Frankfurt a. M. Apparat zur Herstellung von Fäden.

Brit. P. 287553 vom 3. III. 1928; belg. P. 347797 vom 6. I. 1928; franz. P. 647197; schweiz. P. 131998 (Prior. Deutschl. vom 24. III. 1927); ital. P. 267722; österr. P. 116882.

Dehnbarkeit, Festigkeit, Färbbarkeit usw. von Kunstseide werden beeinflußt, wenn man die Spannung des Fadens während des Koagulationsstadiums herabsetzt und den Faden in einem Fadenführer spannt, der den Faden beim Durchgang ein oder mehrere Male die Richtung wechseln läßt Der Führer kann gemäß Fig. 340 das übliche Führungsauge *a* haben und eine Anzahl Stäbe *b* von mehreckigem, rundem oder anderem Querschnitt, die in einer oder mehreren Ebenen

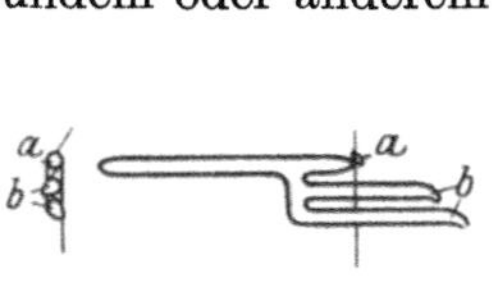

Fig. 340.

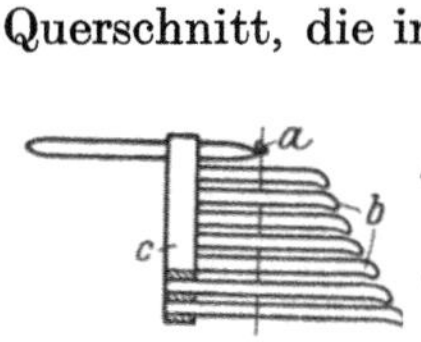

Fig. 341.

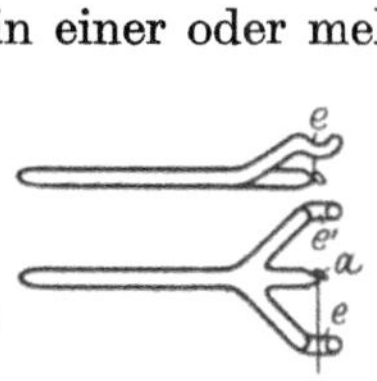

Fig. 342.

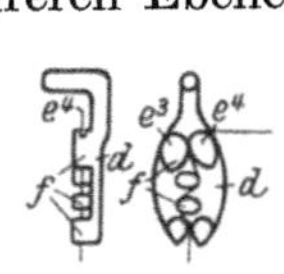

Fig. 343.

liegen. Gemäß Fig. 341 kann der Führer 7 Stäbe haben, die in dem Halter *c* herausnehmbar befestigt sind, durch Herausnahme einzelner Stäbe kann die Spannung verändert werden. Oder das Fadenführerauge kann gemäß Fig. 342 zwischen den Armen *e*, *e'* sitzen, über einen von ihnen wird der Faden geführt. Eine weitere Konstruktion nach Fig. 343 enthält einen Sattel *d* mit Vorsprüngen *f*; man führt den

Faden um die Mittelzinken und über den Sattel durch den Einschnitt e_3, e_4 auf die Spule. Bei dieser Konstruktion können die Vorsprünge abnehmbar sein, um die Spannung zu ändern. Nach Fig. 344 und 345 wird der Faden über eine Gabel k geführt, die Stärke der Spannung wird in diesem Falle durch die Stellung der Gabel beeinflußt. Die Führungsstäbe können seitlich gebogen sein, um das Abtropfen der von den Fäden mitgeführten Säure zu erleichtern.

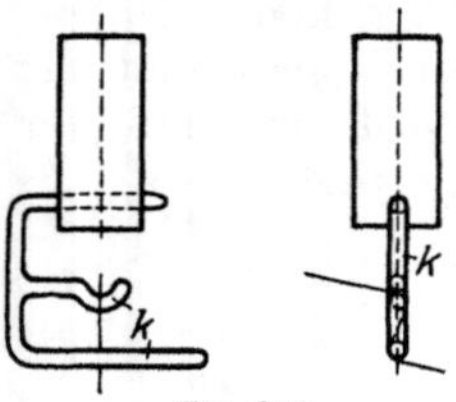

Fig. 344.

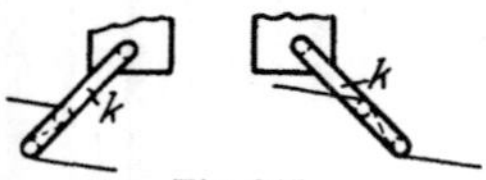

Fig. 345.

Nach dem

brit. P. 296083 vom 31. VIII. 1928 (Prior. Deutschl. vom 25. VIII. 1927), Zusatz zum brit. P. 287553; franz. P. 35400, Zusatz zum franz. P. 647197; belg. P. 352016

wird ein Doppelfadenführer mit gegeneinander verstellbaren Schenkeln benutzt, wie er im D.R.G.M. 1003970 (siehe nachstehend) beschrieben ist.

646. Dieselbe. Doppelfadenführer zur Herstellung von Kunstseide.

D.R.G.M. 1003970 Kl. 29a vom 25. VIII. 1927.

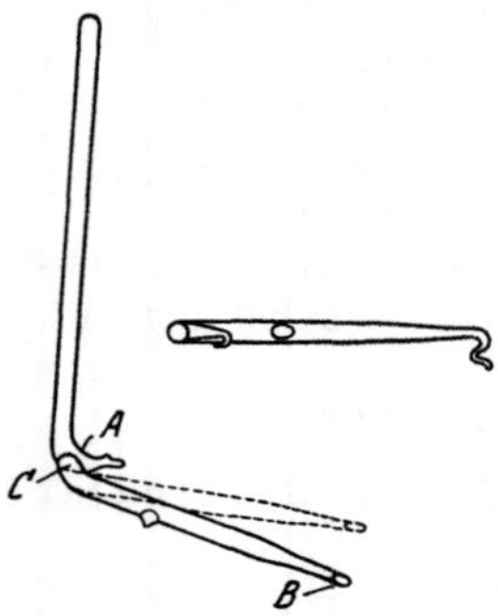

Fig. 346.

Um der frisch erzeugten Faser vor dem Aufnahmeorgan eine gleichmäßige Spannung und eine mehr oder weniger starke Knickung zu erteilen, ist ein Doppelfadenführer vorgesehen. Er besteht aus zwei Teilen A (Fig. 346) und BC, welche je in einer Fadenführeröse endigen und im Punkte C verstellbar miteinander verbunden sind.

647. Dieselbe. Fadenstrecker für das Spinnen von Kunstseide.

D.R.G.M. 1042494 Kl. 29a vom 1. VIII. 1928.

Bei den üblichen Fadenstreckern hat sich gezeigt, daß das Einspannen der Fäden in die Streckvorrichtung erleichtert und beschleunigt wird, wenn man beispielsweise bei dem aus drei in Dreikantform angeordneten Stäben bestehenden Strecker den mittleren Stab C_3 (Fig. 347) gegen die beiden andern verkürzt. Zum Anspinnen wird der Faden seitlich am Strekker vorbei direkt über den Fadenführer der Aufnahmespule zugeführt. Um nun die Streckung des Fadens herbeizuführen, wird der auf den Stäben C_1 und C_2 des Fadenstreckers gleitende Faden über den verkürzten Stab C_3 geschoben, ohne daß er dabei imstande wäre, von den beiden andern Stäben, die länger sind als er, abzuspringen. Die Anordnung kann sich bei einem mehrgliedrigen Strecker wiederholen.

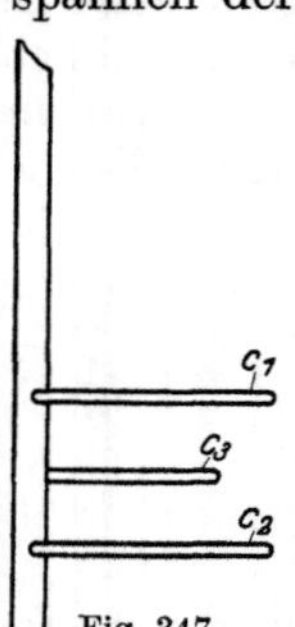

Fig. 347.

648. Dieselbe. Fadenstrecker für das Spinnen von Kunstseide.

D.R.G.M. 1042887 Kl. 29a vom 3. VIII. 1928.

Bei der Anwendung von Fadenstreckern hat sich gezeigt, daß schon kleine Unterschiede — z. B. 10 mm — in dem Abstand der Stäbe voneinander von großem Einfluß sind. Gegenstand des Schutzes ist ein Fadenstrecker, bei dem die Stäbe in einem Metallfuß befestigt und in einem Schlitz waagerecht bzw. senkrecht verstellbar und durch eine Flügelmutter feststellbar sind. Zweckmäßig sind die Schlitze mit einer Maßeinteilung versehen. Man ist so in der Lage, die höchste nach den jeweiligen Verhältnissen mögliche Spannung zahlenmäßig festzulegen. In Fig. 348 bedeutet *a* die Grundplatte, *b* die Schlitze, *c 1—3* Metallfuß der Stäbe, *d 1—3* Stäbe, *e 1—3* Feststellschrauben, *f* Maßstäbe.

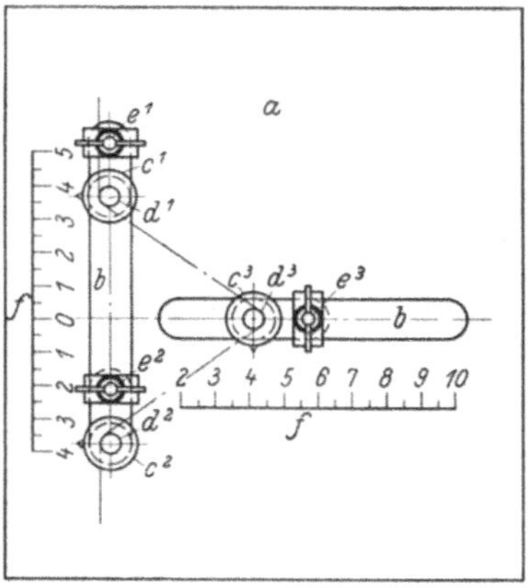

Fig. 348.

Nach Klinger.

649. F. und J. Klinger, Wehlen a. d. E. Spinnmaschine für Kunstseidefäden.

D.R.G.M. 1023878 Kl. 29a vom 29. VIII. 1927.

Es handelt sich um einen Fadenführer für Spinnzentrifugen, der weggeklappt werden kann, wenn die Zentrifuge zum Herausnehmen des Spinnkuchens freigelegt werden soll. Der Führer ist in Fig. 349 in Oberansicht, in Fig. 350 in Seitenansicht und in Fig. 351 von der Seite in weggeklapptem Zustand dargestellt. Der Träger ist zweiteilig.

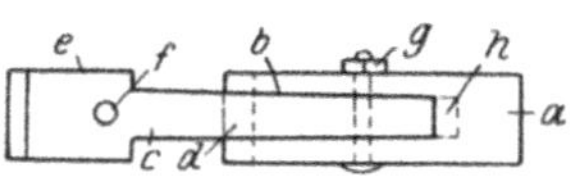

Fig. 349.

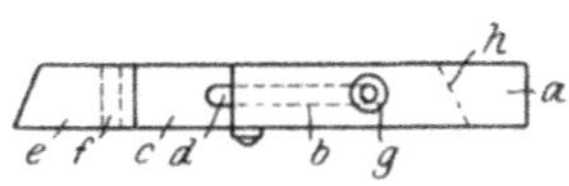

Fig. 350.

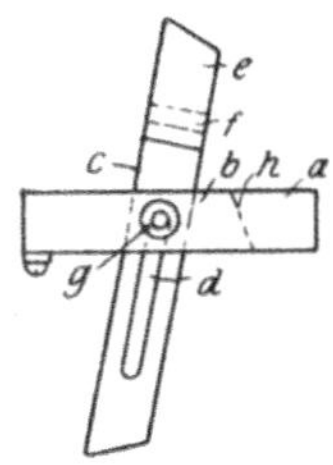

Fig. 351.

Im Teil *a* ist eine Gabel *b* ausgebildet. In der Gabel sitzt eine Schiene *c*, welche mit Längsschlitz *d* versehen ist und einen Kopf *e* hat. In den Kopf ist der Fadenführer *f* eingesetzt. Die Schiene *c* ist in die Gabel *b* eingeschoben und durch einen Mutterbolzen *g*, welcher durch den Schlitz *d* hindurchgeht, mit ihr gekuppelt. Die Schiene sitzt drehbar auf dem Bolzen, aber in der gestreckten Stellung nach Fig. 349, der Gebrauchsstellung, ist sie durch eine Gehrung *h* abgesteift. In der anderen Richtung kann sie gedreht werden, und dadurch wird die Fadenführung weggeklappt. Der Schlitz *d* gestattet ein Niederschieben bis zum Aufsetzen des Kopfes *d* auf die Gabel *b*, wodurch gegen ein ungewolltes Zurückkippen gesichert ist.

650. Dieselben. Fadenführung, insbesondere für Kunstseidefäden.

D.R.G.M. 1057913 Kl. 29a vom 7. VIII. 1928.

Der aus dem Spinntrichter austretende, zur Absäurerolle geleitete Faden erhält statt durch die bisher verwendeten Stäbe über dem Wassergefäß eine besondere Führung durch die Fadenführungsrolle *f* (Fig. 352), die aus einer Kugel mit Rille *g* besteht. Diese Führungsrolle wird zwischen zwei einstellbaren Wangen *i* mittels Körnerspitzen *h* gehalten, die an dem Wassergefäß verstellbar angebracht sind. Durch die Kugelform der Führungsrolle wird ein Verspritzen der Flüssigkeit vermieden.

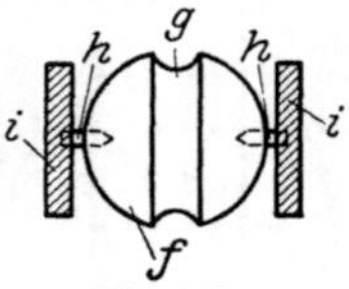

Fig. 352.

Nach Leinbrock-Werke Akt.-Ges. und Kretzschmar.

651. Leinbrock-Werke Akt.-Ges. u. C. Kretzschmar, Gottleuba i. Sa. Doppelseitige Rillenherzscheibe für die Fadenführerbewegung an Kunstseidespinnmaschinen.

D.R.G.M. 1019274 Kl. 29a vom 12. I. 1928.

Die Vorrichtung bezweckt, 2 Fadenführerhebeln *a* (Fig. 353) zu gleicher Zeit eine konstante und zwangsläufige Bewegung innerhalb der Rippen *b* zu geben. Bei Herzscheiben ohne Führungsrillen laufen

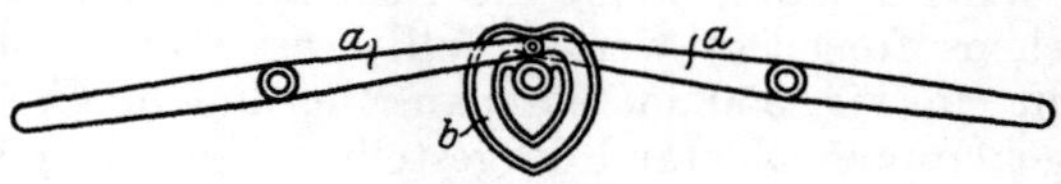

Fig. 353.

bei erhöhter Drehzahl der Herzscheibe die zu bewegenden Fadenführerhebel den Herzausschnitt nicht richtig aus, überspringen ihn vielmehr, was ein ungenaues Arbeiten des Fadenführers zur Folge hat.

Nach J. P. Bemberg A.-G.

652. J. P. Bemberg Akt.-Ges., Barmen-Rittershausen. Fadenführer für Textilmaschinen.

D.R.G.M. 1060034 Kl. 76d vom 9. VII. 1928.

Der Fadenführer besteht aus einer hohlen Stange *1* (Fig. 354) mit umlaufenden Nuten *2*, die der vorhandenen Anzahl von Spulen oder

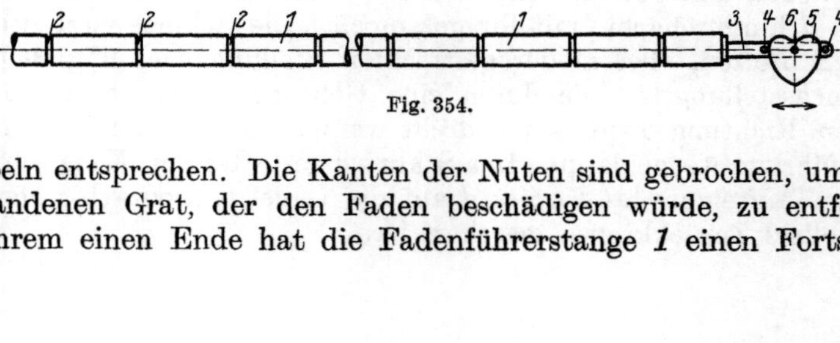

Fig. 354.

Haspeln entsprechen. Die Kanten der Nuten sind gebrochen, um etwa vorhandenen Grat, der den Faden beschädigen würde, zu entfernen. An ihrem einen Ende hat die Fadenführerstange *1* einen Fortsatz *3* mit Rollen *4*, die beiderseits an einer zum Antrieb dienenden Herzkurve *5* auf einer Welle *6* anliegen. Die Fadenführerstange erstreckt sich parallel zu den Spulen oder Haspeln und wird in Richtung ihrer eigenen Achse regelmäßig hin und her bewegt. Der Fadenführer hat den Vorteil, daß der auf der durchgehenden Stange an beliebiger Stelle aufliegende Faden zu Beginn des Wickelvorganges selbsttätig erfaßt wird, da der Faden, wenn eine Kerbe oder Nut der Stange unter ihm hindurchgeht, in diese hineinfällt.

Nach Kabelfabrik Akt.-Ges.

653. Kabelfabrik Akt.-Ges., Preßburg, Tschechosl. Trichterhalter.

D.R.G.M. 1055538 Kl. 29a vom 3. XI. 1928.

Zweck der Vorrichtung ist die leichte und rasche Ein- und Verstellbarkeit der Trichterröhre und die Vermeidung aller Lager und Gelenke, die die einmal richtige Trichterröhreneinstellung stören könnten. Dies wird dadurch erreicht, daß an dem Trichterhalterträger der Spinnmaschine ein Lagerbock *A* (Fig. 354a) befestigt ist, an dem ein Klemmstück *B* verschiebbar, horizontal schwenk- und durch eine Knebelschraube *C* feststellbar ist. Dadurch ist die starre Einstellung der Trichterröhrenachse in die Topfachse ermöglicht. In den Klemmbacken des Klemmstückes *B* ist die Trichterröhre *D* durch eine Knebelschraube *E* festgehalten und in ihrer Höhe durch eine als Anschlag dienende Schraubenhülse *F* einstellbar. Die Trichterröhre trägt einen Längskeil *G*, der in den Schlitz zwischen den Klemmbacken des Klemmstücks hineinpaßt. Durch Lockern von *E* und Verdrehen von *F* ist eine genaue Höheneinstellung möglich, ohne daß hierbei der Trichter verdreht wird.

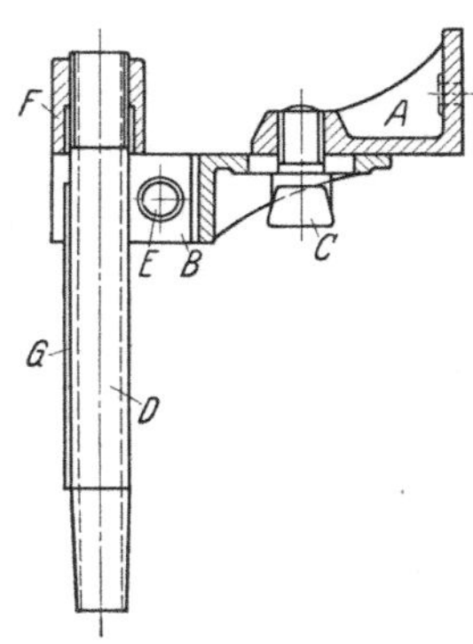

Fig. 354a.

Zentrifugenspinnmaschinen. Allgemeines.

Nach Brabant.

654. G. Brabant. Neue allgemeine Anordnung eines Spinnstuhls für Kunstfasern.

Franz. P. 531534 vom 1. III. 1921; (Prior. Belg. vom 10. III. 1920.)

Die Zuführungspumpen für die Spinnlösung werden durch Friktionsscheiben angetrieben. Jeder Spinnkopf mündet in einen besonderen Trog mit Fällbad oder verschiedenen Fällbädern; die aus den Fällbädern austretenden Fadenbündel gelangen über vertikale Räder mit hakenförmigen Ansätzen zu den durch Druckwasser angetriebenen Spinnzentrifugen, die voneinander unabhängig sind. (5 Zeichnungen.)

Nach Kohorn & Co. und Lehner.

655. O. Kohorn & Co. und A. Lehner, Chemnitz. Spinnmaschine für Kunstseide.

D.R.P. 440004 Kl. 29a vom 18. VII. 1924, Zusatz zum D.R.P. 436667; brit. P. 237214, Zusatz zum brit. P. 235527[1].

Die im Hauptpatent 436667[2] beschriebene Vorrichtung wird erfindungsgemäß auch auf die Spinntopfspinnmaschinen angewandt. In Fig. 355 ist ein Ausführungsbeispiel einer derartigen Vorrichtung im Querschnitt veranschaulicht. Der Faden läuft von der Führungsrolle *1* durch einen Glasführungstrichter *14* zum Spinntopf *15*. Der Antrieb der Führungsrollen erfolgt durch Querwellen *21*, welche mit ihrem, aus der Welle *24* und den Kegelrädern *23* bestehenden Getriebe in einem Ölkasten *22* untergebracht sind. Unterhalb dieses Ölkastens ist ein weiteres geschlossenes Gehäuse *2* eingebaut, in welchem sich die Welle *4* mit Herzexzenter *3* und dem Schneckenrad *25*, sowie Welle *5* mit Schneckenrad *26* und ein auf der Welle *8* sitzender Hebelarm *7* befinden. Außerhalb des Gehäuses liegend, trägt die Welle *8* eine Reihe von paarweise diagonal gegenüberliegenden Armen *9*, an denen mittels Ketten 10 U-förmige Schienen *11* aufgehängt sind. Durch Drehung der Herzexzenter *3* erfährt die Welle *8* eine auf die Schienen *11* sich übertragende Hin- und Herschwingung. Zur genauen Führung der Schienen dienen Schlittenführungen *12*, auf denen die Schienen *11* tragende Rollen *27* gleiten. Die Spinntöpfe *15* sind bei *17* in einem Gehäuse *16* drehbar gelagert. Der Antrieb für die in einem Gehäuse *16* untergebrachten Spinntöpfe erfolgt durch eine Scheibe *18*, die durch Reibung von einer Scheibe *19* getrieben wird. Diese sitzt auf einer durch die Maschine durchlaufenden Welle *20*, die den Antrieb in bekannter Weise von einer Stirnseite der Maschine her erhält. Sämtliche Lager, welche die beiden durchgehenden Wellen *20* tragen und

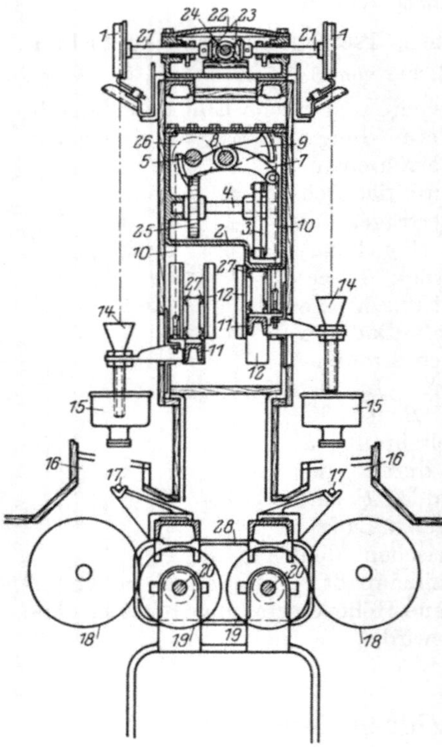

Fig. 355.

[1] Siehe 5. Aufl., S. 809. [2] Siehe S. 343.

zum Antrieb der einzelnen Spinntöpfe *15* dienen, sind ebenfalls in geschlossenen Ölgehäusen *28*, zweckmäßig mit Ringschmierlagern, untergebracht.

Patentansprüche: 1. Spinnmaschine für Kunstseide nach D.R.P. 436667, die nach dem Spinntopfverfahren arbeitet, dadurch gekennzeichnet, daß die zum Antrieb der auf beiden Maschinenseiten umlaufenden Führungsrollen *1* und auf und ab gehenden Trichter *14* dienenden Triebwerksteile und Lager innerhalb zweier übereinanderliegender, den Maschinenrahmen versteifendes Ölgehäuse *22, 2* untergebracht sind, und durch das in jedem Ölgehäuse befindliche Ölbad geschmiert werden.

2. Spinnmaschine nach Anspruch 1, dadurch gekennzeichnet, daß das obere Ölgehäuse *22*, welches entweder einteilig ausgebildet ist oder aus mehreren in der Längsrichtung der Maschine hintereinanderliegenden und miteinander kommunizierenden Einzelkammern besteht, die Triebwerksteile für die auf beiden Maschinenseiten befindlichen Führungsrollen enthält und den oberen Abschluß des Maschinenrahmens unter Versteifung desselben bildet.

3. Spinnmaschine nach Anspruch 1, dadurch gekennzeichnet, daß das untere Ölgehäuse, das einteilig ist oder aus mehreren in der Längsachse der Maschine hintereinanderliegenden und miteinander kommunizierenden Einzelkammern besteht, zur Aufnahme eines oder mehrerer Herzexzenter *3* dient, welche die Auf- und Niederbewegung der auf beiden Maschinenseiten gelagerten Trichter einleitet.

Nach C. G. Haubold Akt.-Ges.

656. C. G. Haubold Akt.-Ges., Chemnitz. Kunstseiden-Topfspinnmaschine.

D.R.P. 421340 Kl. 29a vom 31. VIII. 1924.

Im Gegensatz zu den bisherigen Einrichtungen tritt das aus der Düse *s* (Fig. 356) kommende und hinter dem Fällbade *t* zur angetriebenen Leitscheibe *b* aufsteigende Fadenbündel *a* auf dem Wege zum Zwirntrichter *d* durch ein Schutzrohr *c*, das aus zwei aufklappbar miteinander verbundenen Teilen besteht. Die Teilung liegt in der Längsrichtung des Rohres. Dadurch kann es einfach um das niedergehende Fadenbündel herum durch Zusammenklappen geschlossen werden. Durch den auf- und abwärts gehenden Zwirntrichter *d* gelangt der Faden dann in den Spinntopf *e*.

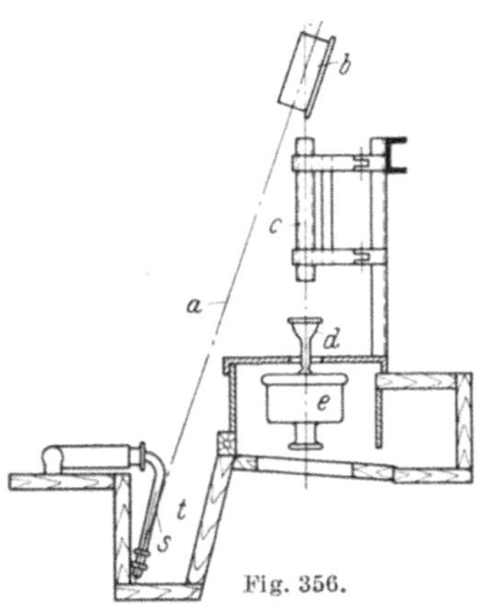

Fig. 356.

Patentanspruch: Kunstseiden-Topfspinnmaschine mit Schutzrohr für die dem Zwirntrichter zulaufenden Fäden, dadurch gekennzeichnet, daß das Schutzrohr der Länge nach aufklappbar ist.

657. Dieselbe. Topfspinnmaschine für Kunstseide.

D.R.P. 433488 Kl. 29a vom 7. II. 1925.

Im Gegensatz zu bisherigen elastischen Lagerungen von Elektromotoren für Spinntopfspinnmaschinen unter Anwendung elastischer Stoffe, welche sich allmählich abnutzen, besteht das Neue der Erfindung darin, daß die Einzelantriebsmotoren für die Spinntöpfe pendelnd aufgehängt sind. Die Pendel können durch eine gemeinschaftliche Verriegelungsvorrichtung geführt werden. Die Aufhängevorrichtung besteht aus drei oder mehr an ihren Enden kugelig ausgebildeten Bolzen, die oben in seitlich geschlitzten, halbkugelförmig ausgearbeiteten Pfannen ruhen, unten dagegen beweglich am Motorgehäuse angelenkt sind. Die Pfannen sind mit dem Gehäuse der Aufhängevorrichtung fest verbunden. Der Motorunterteil ist so ausgebildet, daß man nach Verdrehung oder Verschiebung der Verriegelungsvorrichtung und nach Anheben des Motors und Ausschwenken der Aufhängebolzen aus den Pfannen den Motor mit den Aufhängependeln durch den Spinntopfkanal in einfacher Weise nach oben herausnehmen und von oben auch wieder einsetzen kann, ohne tragende Konstruktionsteile entfernen zu müssen. (7 Zeichnungen.)

Patentansprüche: 1. Pendelnd aufgehängte, durch Einzelmotor betriebene Topfspinnmaschine für Kunstseide, dadurch gekennzeichnet, daß eine Mehrzahl in an sich bekannter Weise den Spinntopf mit Motor tragender und unten am Motor angreifender Pendel derart durch eine gemeinschaftliche Verriegelungsvorrichtung gesichert ist, daß diese nur verdreht oder verschoben, nicht aber entfernt zu werden braucht, wenn der Spinntopf zusammen mit dem Motor durch den Spinntopfkanal herausgehoben werden soll.

2. Topfspinnmaschine nach Anspruch 1, dadurch gekennzeichnet, daß in Schlitzpfannen am Motor stehend gehaltene Bolzen über seitliche Schlitze in einwärts vorspringende Lappen eines Gehäuses eingeführt und mit ihren Kugelköpfen in Pfannen eingehängt sind, wobei die Schlitze alle in einer Richtung liegen, so daß eine Drehbewegung des Gesamtmotors sämtliche Bolzen durch die Schlitze hindurch aus den Pfannenmäulern entfernt.

658. Dieselbe. Schutzeinrichtungen für die Spinnvorrichtungen bei der Kunstseideherstellung.

Brit. P. 266672 vom 24. XI. 1926 (Prior. Deutschl. vom 26. II. 1926).

Jede Spinnzentrifuge ist von einem besonderen Gehäuse umgeben, das leicht entfernt werden kann und dessen Boden das Herausziehen der Antriebsvorrichtung nach oben gestattet. Das Gehäuse ist mit einem Ablauf für etwa angesammelte Säure versehen, und ein Ablaufblech für weggespritzte Säure ist auch oben an den Trennwänden für die einzelnen Spinnzentrifugen angebracht. (3 Zeichnungen.)

Nach Siemens-Schuckertwerke Akt.-Ges.

659. Siemens-Schuckertwerke Akt.-Ges., Berlin-Siemensstadt. Spinntopfspinnmaschine.

D.R.P. 457284 Kl. 29a vom 14. XI. 1924.

Gemäß der Erfindung wird der gesponnene Faden aus Kunstseide in den Spinntopf von unten her eingeführt. Der Faden tritt aus der Spinndüse *1* (Fig. 357) in ein Fällbad im Gefäß *2* und läuft aus dem Fällbade in den Fadenführer *3*, um in dem Spinntopf *4* aufgewickelt zu werden. Dieser wird vom Elektromotor *5* angetrieben, welcher in der Geradführung *6* verschiebbar ist, während der Fadenführer *3* stillsteht. Die Bewegung des Spinntopfes, der durch eine Hebelanordnung *7* gesteuert wird, geht infolge der Kreiselwirkung der umlaufenden Teile wesentlich ruhiger und störungsfreier vor sich als die Bewegung eines auf und ab geführten Fadenführers. Zum Einziehen des Fadens in den Spinntopf beim Anspinnen oder auch zur Aufrechterhaltung eines geordneten Zuges während des Spinnens kann man z. B. konzentrisch um den im Fadenführer geführten Faden einen Luftstrom erzeugen oder Luft in den Fadenführer hineinblasen, die den Faden in den Spinntopf fördert, oder man kann auch durch Injektorwirkung eines Luftstrahls beim Anspinnen zunächst etwas Fällflüssigkeit durch den Fadenführer aus dem Fällbad hochsaugen, die den Faden mit in den Spinntopf führt. Ein anderes Verfahren des Anspinnens besteht beispielsweise darin, daß man den Faden im Spinntopf an einer Öse od. dgl. befestigt und lediglich durch die Schleuderkraft in den Topf hineinzieht. Das Spinngut kann aus dem Spinntopf nach unten herausgenommen werden, da es infolge seines Eigengewichtes leicht unverletzt aus dem Spinntopf herausgleitet. Zum Herausnehmen des Spinngutes wird der Fadenführer mit ausgeschwenkt und der Deckel *8* von dem Spinntopf abgenommen. Die Erfindung ist auch in der Weise durchführbar, daß die Auf- und Abbewegung vom Fadenführer ausgeführt wird, während der Spinntopf seine Lage im Raum beibehält.

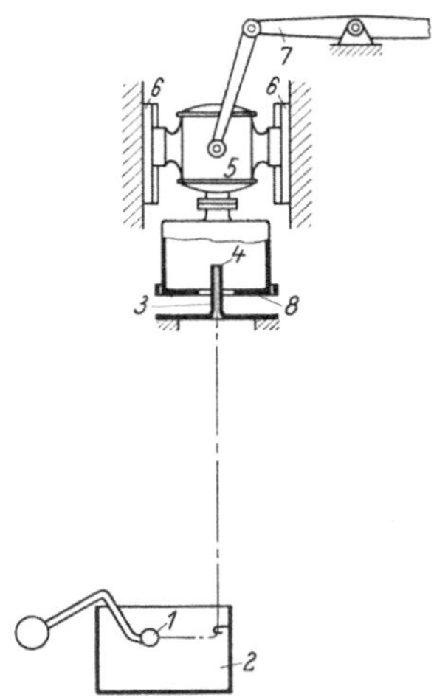

Fig. 357.

Patentansprüche: 1. Spinntopfspinnmaschine, dadurch gekennzeichnet, daß der Spinntopf über den Düsen angeordnet ist und der Faden von unten her in den Spinntopf eingeführt wird.

2. Maschine nach Anspruch 1, dadurch gekennzeichnet, daß der Spinntopf mit dem über ihm angeordneten Antriebsmotor in an sich bekannter Weise axial verschiebbar ist.

660. Dieselbe. Puffer aus Leder, insbesondere zum Halten des Motorflansches von Kunstseide-Spinnzentrifugen.

D.R.G.M. 1004025 Kl. 29a vom 10. VIII. 1927.

Gummipuffer sind nicht haltbar, während bei Leder die schädlichen Einflüsse der Säure und des stets austretenden Fetts sich nicht so bemerkbar machen. Die Nachgiebigkeit des Gummipuffers gegenüber dem Motorflansch bleibt gewahrt. (2 Zeichnungen.)

Nach Klavik.

661. M. Klavik, Dobřichovice, Tschechosl. Vorrichtung zur Herstellung von Kunstfäden.

Brit. P. 247172 vom 26. I. 1926 (Prior. Tschechosl. 9. II. 1925); franz. P. 612787; Ver. St. Amer. P. 1588292 (H. Bader).

Das Wesentliche der Erfindung besteht darin, daß die Fadenabzugsrolle *1* (Fig. 358) so bemessen ist, daß deren eine lotrechte oder nahezu lotrechte Tangente gegen die Austrittsöffnung der Spinndüse *2* gerichtet ist und die andere lotrechte Tangente in die Mitte des Spinntopfes *3* führt. Dadurch wird einerseits erreicht, daß der Faden *4* ohne Knick der Abzugsrolle zugeführt und gleichzeitig bis dorthin ständig mit Fällflüssigkeit bespült wird, da auch die abfließende Flüssigkeit dem Faden folgen muß, wohingegen bei schon schräg aus dem Bade gezogenem Faden ein großer Teil des Bades, der Schwerkraft folgend, vom Faden abtropft und für die Koagulierung nicht mehr in Betracht kommt, andererseits wird auch bewirkt, daß der von der Abzugsrolle ablaufende Faden senkrecht in die Mitte der Einführvorrichtung in den Spinntopf (Trichter) fällt. Die Fadenabzugsrolle *1* ist dabei gegen die Bänder ihrer Umfläche zu abgeschrägt, so daß ein seitliches Abstreifen des etwa auf die Rolle aufgewickelten Fadens leicht bewerkstelligt werden kann.

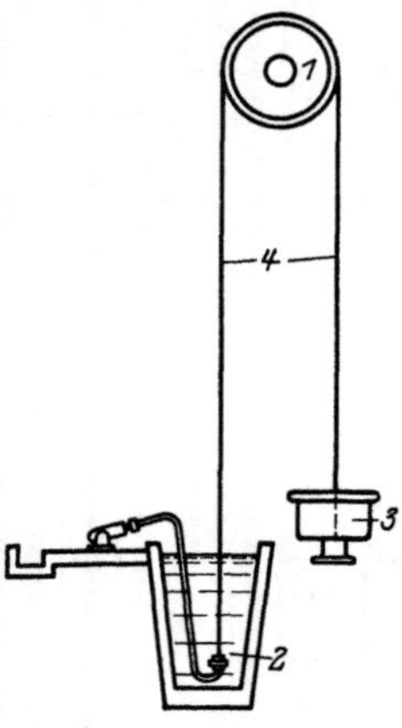

Fig. 358.

Nach Harris.

662. Th. Harris, Woonsocket, Rhode Island. Kunstseidespinnmaschine.

Ver. St. Amer. P. 1569487 vom 12. I. 1926, angemeldet 27. VIII. 1925.

Die nur von unten angetriebenen und in ihrem oberen Teil nicht gestützten Spinnzentrifugen laufen leicht ungleichmäßig. Um das zu vermeiden, ist nach der Erfindung in der Mitte der den Spinntopf oben abschließenden Platte ein trichterartiger Durchlaß vorgesehen. Dieser Durchlaß, der mit dem Spinntopfoberteil fest verbunden ist, läuft in einem Kugellager, das in einem Arm angebracht ist. Dieser Arm sitzt an einer seitlichen waagrechten Welle. Der Durchlaß dient dem oberen Teil des Spinntopfs als Stütze, er macht die Drehung mit, in ihn ragt der Fadenführer hinein. Durchlaß und Fadenführer werden bei Auswechseln des Spinntopfs hochgeklappt. Durch diese Anordnung soll eine größere Umlaufgeschwindigkeit des Spinntopfs erreicht werden, und man soll mit größeren Spinntöpfen arbeiten können. (6 Zeichnungen.)

Nach Rushton.

663. J. L. Rushton, Bolton, England. Verfahren und Vorrichtung zum Fördern eines Kunstfadens während seiner Herstellung.

D.R.P. 445791 Kl. 29a vom 6. I. 1926 (Prior. Engl. vom 29. X. 1925); franz. P. 622380; brit. P. 264929; Ver. St. Amer. P. 1671785.

Um die während des Auswechselns der Aufnahmevorrichtungen, d. h. während der Zeit der Arbeitsunterbrechung notwendige Spannung der Fäden beizubehalten, wird der Faden von einem Flüssigkeitsstrom mitgenommen. Ein besonderes Merkmal der Erfindung besteht darin, daß dieser Flüssigkeitsstrom derart beeinfluß wird, daß er nur in den

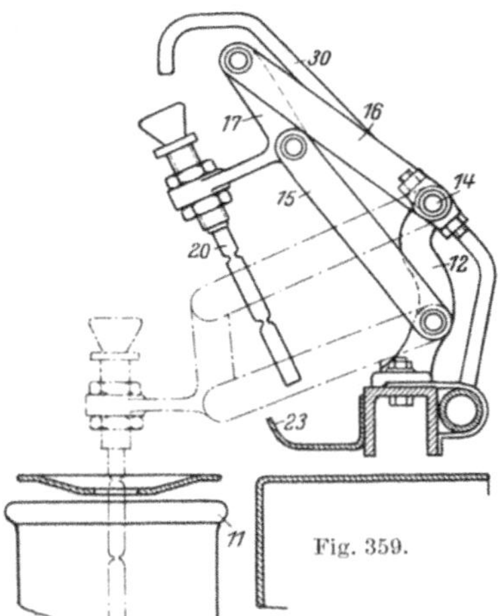

Fig. 359.

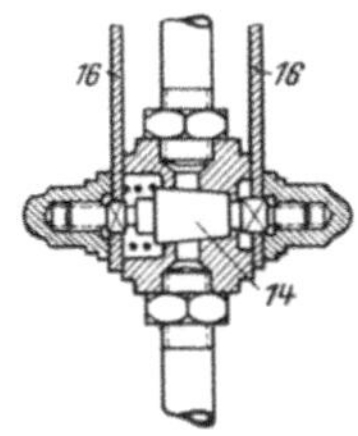

Fig. 360.

Ruhepausen der Aufnahmevorrichtung in Wirkung tritt. Zu diesem Zweck ist eine Absperrvorrichtung in den Flüssigkeitsstrom eingeschaltet, die bei Auswechslung der vollen Fadenaufnahmevorrichtung gegen eine leere zwangsläufig betätigt wird. Der in Fig. 359 dargestellte Trichter *20*, welcher zum Einführen der Fäden in den Spinntopf *11* dient, wird von einem aus den Teilen *12*, *15*, *16* und *17* bestehenden Gelenkparallelogramm (siehe D.R.P. 444137, S. 361) getragen. In Verbindung hiermit steht ein Wasserzuführungsrohr *30*. Der im Zuführungsrohr angebrachte Hahn *14* wird durch den Gelenkarm *16* (Fig. 360) betätigt und bildet gleichzeitig den Drehpunkt des Gelenkparallelogramms. Befindet sich der Trichter in Arbeitsstellung, wie dies durch die gestrichelten Linien angedeutet ist, so bleibt der Hahn *14* geschlossen. Gelangt der Trichter in Ruhestellung, so wird sein oberes Ende unter die Mündung des Rohres *30* gebracht, während das untere Ende nach dem Fuß des Tragarmes gerichtet ist. An diesem Fuß ist ein großer Sammelbehälter, z. B. in Form eines langen Troges *23* angeordnet.

Dieser Trog kann auch die Form einer drehbaren Walze haben, um welche der Faden gewunden werden kann. Gleichzeitig öffnet sich der Hahn *14*, wodurch ein Flüssigkeitsstrom durch das Rohr *30* in den Trichter gelangt und den Faden in Spannung hält.

Patentansprüche: 1. Verfahren zum Fördern eines Kunstfadens während seiner Herstellung, dadurch gekennzeichnet, daß ein Flüssigkeitsstrom zur Ergänzung der Förderwirkung der Fadenaufnahmevorrichtung zur Wirkung gelangt, wenn diese nicht arbeitet.

2. Verfahren nach Anspruch 1, dadurch gekennzeichnet, daß der Flüssigkeitsstrom in Verbindung mit unterbrochen arbeitenden Fadenaufnehmvorrichtungen verwendet und durch ein selbsttätiges Regelglied gesteuert wird, so daß der Flüssigkeitsstrom lediglich in den Pausen zwischen den Arbeiten der Fadenaufnehmvorrichtungen wirkt.

3. Verfahren nach Anspruch 1 und 2, dadurch gekennzeichnet, daß der Flüssigkeitsstrom zwangläufig in Wirkung gesetzt wird, sobald die volle Fadenaufnehmvorrichtung zwecks Auswechslung gegen eine leere stillgesetzt wird.

4. Vorrichtung zur Ausführung des Verfahrens nach Anspruch 1—3, bei der der Faden in einem Spinntopf durch einen Fadenführer *20* geleitet wird, der in die Arbeitsstellung und aus ihr zurückgeschwungen wird, dadurch gekennzeichnet, daß ein Zuführungsrohr *30* für die Flüssigkeit so angeordnet ist, daß die Flüssigkeit in die Einmündung des Fadenführers eintritt, wenn dieser vollkommen aus der Arbeitsstellung herausbewegt ist.

5. Vorrichtung nach Anspruch 4, dadurch gekennzeichnet, daß ein Sammelbehälter (Tog *23*) unterhalb des aus der Arbeitsstellung herausbewegten Fadenführers angeordnet ist, der den aus letzterem austretenden Inhalt sammelt.

6. Vorrichtung nach Anspruch 4 oder 5, dadurch gekennzeichnet, daß in dem Zuführungsrohr *30* ein Hahn *14* vorgesehen ist, welcher zwangsläufig mit dem Träger *15, 16, 17* für den Fadenführer verbunden und von ihm betätigt wird.

7. Vorrichtung nach Anspruch 4—6, dadurch gekennzeichnet, daß der Träger für den Fadenführer (z. B. ein Gelenkrahmen) derart angeordnet ist, daß beim Wegziehen des Fadenführers aus seiner Arbeitsstellung dieser aus seiner Arbeitsstellung zuerst im wesentlichen in seiner Längsrichtung bewegt und dann seitwärts zu seiner Arbeitsstellung schräg gestellt wird.

8. Vorrichtung nach Anspruch 7, dadurch gekennzeichnet, daß der Gelenkrahmen für den Fadenführer vier Seiten hat, von denen die gegenüberliegenden Seiten *15, 16* des einen Lenkerpaares ungleiche Längen haben und die eine Seite *17* des anderen Lenkerpaares den Fadenführer trägt, während die zweite an einem ortsfesten Träger sitzt.

664. Derselbe. Verbesserungen an Kunstseidespinnmaschinen.
Brit. P. 276748 vom 3. VI. 1926.

Um zu verhindern, daß beim Zentrifugenspinnen schädliche Dämpfe an die Maschinenteile und in den Arbeitsraum gelangen, geht durch die ganze Länge der Maschine ein Gang *22* (Fig. 361), der über den Spinnzentrifugen *12* ausmündet. Die Zentrifugen sind durch Deckel *27* abgeschlossen, die nur einen schmalen Schlitz zur Durchführung des Spinntrichters *16* haben. Die beiden Zentrifugenreihen sind durch eine Wand *29* getrennt. Der Gang *22*, der aus Aluminium oder einem anderen korrosionsbeständigen Metall gebildet wird, mündet oben in eine ebenfalls über die ganze Länge der Maschine gehende Haube *30*, die zum Absaugen der Dämpfe mit dem Absaugrohr *37* verbunden ist. Durch Öffnungen *38*, die durch Schieber *39* verschlossen werden können, können auch die an den Führungsrollen *19* etwa entwikkelten Dämpfe in die Haube *30* mit eingesaugt werden. Etwa aus den Spinnzentrifugen *12* abgeschleuderte Säure wird durch die schrägen Böden *24* nach der Rinne *28* in der Mitte der Maschine abgeleitet. (2 Zeichnungen.)

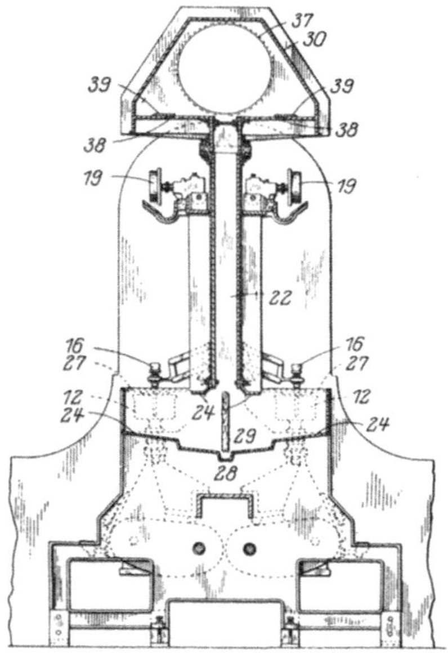

Fig. 361.

Nach Rushton und Hartley.

665. J. L. Rushton und W. Hartley, Bolton, Lancaster. Verbesserungen an Zentrifugenspinnvorrichtungen.

Brit. P. 301539 vom 1. IX. 1927.

Der Spinntopf *24* (Fig. 362) wird von einer Welle *23* getragen, deren unterer sich verjüngender Teil *22* in eine starr gelagerte Hohlspindel *17* hineinragt. Das untere Ende *20* der Hohlspindel ist kugelig ausgebildet und ruht auf dem durch den Mantel getragenen Widerlager *21*. Die Hohlspindel *17* ist in Muffen *15* und *16* gelagert, wird durch Henkel auf dem Mantel *10* gehalten und durch einen Haltestift *25* gesichert. Durch die oben beschriebene Ausbildung des unteren Teils *22*, welcher genügend Spiel in der Hohlwelle hat, sowie durch ein federndes Halslager *26* für den oberen Teil *23* erhält die Spinntopfspindel eine nachgiebige Lagerung. Der Antrieb der Hohlwelle *17* erfolgt durch ein auf der Achse *11* sitzendes Getriebe.

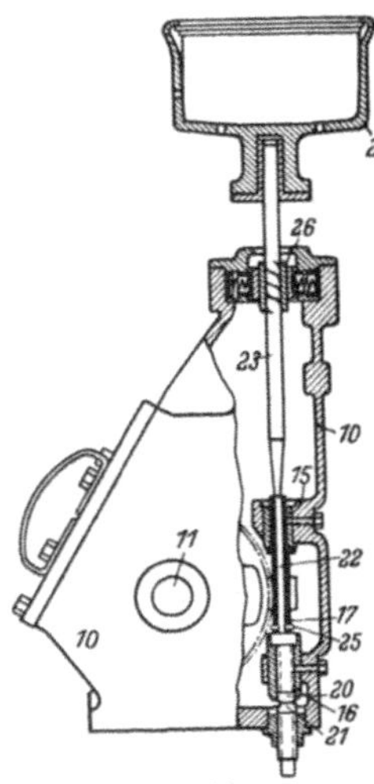

Fig. 362.

Nach Dreaper.

666. W. P. Dreaper, London. Verbesserungen bei der Herstellung von Kunstseide und analogen Produkten.

Belg. P. 341285; brit. P. 273354 vom 11. I. 1926; franz. P. 632609.

Es handelt sich um ein Verfahren zum ununterbrochenen Spinnen. Man bringt an eine Stelle des Spinnstuhls eine Sammelvorrichtung, z. B. eine Spule. Ist die Spinnzentrifuge voll, so schneidet man den Faden ab und bringt ihn auf diese Sammelvorrichtung, auf der er sich aufwickelt, solange die Spinnzentrifuge ausgewechselt wird. Der auf der Sammelspule aufgewickelte Faden wird jeder geeigneten Nachbehandlung unterworfen[1].

Nach Düsseldorf-Ratinger Maschinen- u. Apparatebau A.-G. und Wurtz.

667. Düsseldorf-Ratinger Maschinen- und Apparatebau A.-G. und E. Wurtz, Ratingen. Spinntopfspinnmaschine.

D.R.P. 453090 Kl. 29a vom 13. VI. 1926.

Um ein wirksames Absaugen der bei Spinntopfspinnvorrichtungen auftretenden Säuredämpfe zu erreichen und Säurespritzer zu vermeiden, ist nach der Erfindung oberhalb der Spinntöpfe in der Mitte der Maschine ein Entlüftungskanal vorgesehen, der, unterbrochen von einzelnen Absaugestutzen, das Innere der Maschine und den unteren Hauptkanal, in dem die Spinntöpfe liegen, entlüftet. Die Wände des durchgehenden Schachtkanals werden in Verbindung mit einer Außenwand zu einem Ringkanal gestaltet, der den Schacht umschließt, in dem die einzelnen Lager der Abzugsrollen eingebaut sind und welcher zu gleicher Zeit als Ölrinne ausgebildet ist, von der die gesamten Lager eines Maschinenfeldes geschmiert werden. (3 Zeichnungen.)

Patentansprüche: 1. Spinntopfspinnmaschine, dadurch gekennzeichnet, daß oberhalb der Maschine ein Entlüftungsschacht angeordnet ist, der mit mehreren paarweise zu einem Rohre (Hosenrohr) vereinigten Abzugsrohren den unteren Hauptschacht der Maschine entlüftet.

2. Spinntopfspinnmaschine nach Anspruch 1, dadurch gekennzeichnet, daß der oberhalb liegende Entlüftungsschacht in Verbindung mit einer um ihn herumgehenden zweiten Wand einen Ringkanal bildet, in dem die Lager der Abzugsrollen eingebaut sind, derart, daß für jedes Maschinenfeld der zugehörige Ringkanal als Ölrinne dient, von der die gesamten Lager eines Maschinenfeldes geschmiert

[1] Eine Vorrichtung, einen vollbesponnenen Zentrifugentopf schnell durch einen leeren zu ersetzen, beschreibt das Ver. St. Amer. P. 1367893 von E. Rittenhouse, vom 8. II. 1921. Dort sind auf einem Drehtisch zwei hintereinanderliegende Spinntöpfe angebracht, nach Lösen einer Verriegelung wird der leere an die Stelle des vollen gedreht. Während des Auswechselns wird der Fadenführertrichter gehoben.

werden, während die Triebwerksteile innerhalb des Entlüftungsschachtes liegen.

Nach I. G. Farbenindustrie Aktiengesellschaft.

668. I. G. Farbenindustrie Aktiengesellschaft, Frankfurt a. M. Verfahren zur Herstellung von Zentrifugenseide.

Franz. P. 650862 vom 14. III. 1928 (Prior. Deutschl. 24. III. 1927); belg. P. 349767; brit. P. 287862.

Beim Spinnen feinfädiger Spinntopfseide, insbesondere nach dem Naßspinnverfahren, ist ein störungsfreies Spinnen bei dem üblichen hohen Abzug nicht durchführbar. Man ist gezwungen, bei feinfädiger Seide mit einem Fasertiter unter 3 Den. die Abzugsgeschwindigkeit zu verringern, beispielsweise auf 25—35 m in der Minute. Diese Verringerung des Abzugs bei Beibehaltung der üblichen Bedingungen, wie Spinntopfdurchmesser von 160 mm und der Spinntopfdrehzahl von mindestens 5000 Umdrehungen in der Minute, verursacht eine starke Erhöhung des Dralls, die bei der textilen Verarbeitung nur für den Kettenfaden erwünscht ist. Will man aber beim Spinntopfspinnen die Drehzahl des Topfes entsprechend dem obengenannten Abzug so verringern, daß der Faden eine Schußdrehung von beispielsweise 120 erhält, so muß eine Drehzahl von etwa 3000 angewandt werden. Bei dieser Drehzahl ist aber ein ordnungsgemäßes Spinnen bei feinen Fadennummern nicht mehr möglich, weil die Schleuderkraft des Spinntopfes nicht mehr ausreicht, um den Faden richtig in den Topf anzulegen. Um nun die nötige Schleuderkraft auch bei der erniedrigten Drehzahl des Spinntopfes wieder zu erreichen, wird erfindungsgemäß der Spinntopfdurchmesser erhöht. Der Durchmesser muß jeweils so groß gewählt werden, daß beim Spinnen der gewünschten niedrigen Gesamtfadennummer mit der gewünschten Schußdrehung und der als notwendig erkannten geringen Abzugsgeschwindigkeit die Schleuderkraft ausreicht, einen gut geformten Spinnkuchen zu erhalten. Man kann, um in der Herstellung verschiedener Gesamtfadennummern freie Hand zu haben, die Spinnmaschine so einrichten, daß man den Antrieb der Spinntöpfe und den der Abzugswalzen in bekannter Weise verstellbar macht und einen Satz von Spinntöpfen verschiedenen Durchmessers bereitstellt, so daß man jeweils Spinntopfdurchmesser, Spinntopfdrehzahl, zu spinnende Gesamtfadennummer (Titer) und Abzug mit dem gewünschten Drall in Einklang bringen kann. Da aber bei der oben erläuterten Arbeitsweise mit langsamem Abzug die Dehnbarkeit der erzeugten Seide so hoch wird, daß sie bei der textilen Verarbeitung zu Unzuträglichkeiten führt, so ist zur Verringerung der Dehnung am besten vor der Abzugsrolle ein Fadenführer anzuordnen, der den Faden knickt. Diese Beanspruchung muß gleichmäßig erfolgen. Da es schwierig ist, vollständig gleichmäßige Fadenführungen aus Glas und anderen in Frage kommenden Stoffen herzustellen, empfiehlt es sich, solche Fadenführer gefedert anzubringen.

Nach J. P. Bemberg Akt.-Ges.

669. J. P. Bemberg Akt.-Ges., Barmen-Rittershausen. Zentrifugenspinnmaschine zur Herstellung von Kunstseide.

Brit. P. 297424 vom 12. IX. 1928; franz. P. 660006; schweiz. P. 134334; D.R.G.M. 1052433 Kl. 29a vom 21. IX. 1927.

Die Vorrichtung gestattet gegenüber den bekannten Maschinen eine Erhöhung der Leistung auf das Mehrfache. Dies wird dadurch erreicht, daß man die Anzahl der Spinnstellen in einer Reihe vermehrt und der einen Reihe von Spinnstellen zwei oder mehrere Reihen von Spinnzentrifugen zuordnet. Die Fäden kommen abwechselnd in Zentrifugen der vorderen und der hinteren Reihe zur Aufsammlung. Die Leit- oder Förderrollen können an einer und derselben Längswelle angebracht sein und abwechselnd zum Zuführen der Fäden nach der vorderen und hinteren Reihe der Zentrifugen dienen. Die Zentrifugenreihen können genau hintereinander angeordnet werden; als zweckmäßig hat sich eine Anordnung erwiesen, bei der sie reihenweise versetzt hintereinander angeordnet sind. Durch die letztere Anordnung wird die Bedienung der hinteren Zentrifugenreihe erleichtert. Bei der Viskosespinnmaschine nach Fig. 363 gelangen z. B. die Fäden aus den Düsen *1*, welche von dem Rohr *2* aus gespeist werden, in das Spinnbad *3*, werden von den auf einer einzigen Welle sitzenden Rollen *6* weitergeleitet und abwechselnd durch die Trichterrohre *7* und *7'* den Zentrifugen 8 und 8' zugeführt, welche von Schutzkästen *9* und *9'* umgeben sind. Fig. 364 zeigt eine Vorrichtung für das Streckspinnverfahren. Hier gelangen die Fäden aus den Absäuervorrichtungen *5* über die Rollen *10* nach den Rollen *6* und *6'*, die darüber angeordnet sind. Die Rollen *6* sind an Querwellen angebracht und gestatten ein Ablenken der Fäden quer zur Fadenlaufebene, um ein senkrechtes Zuführen der Fäden zu den Zentrifugen der ersten Reihe zu ermöglichen. Weitere Ausführungsbeispiele sind beschrieben. (5 Zeichnungen.)

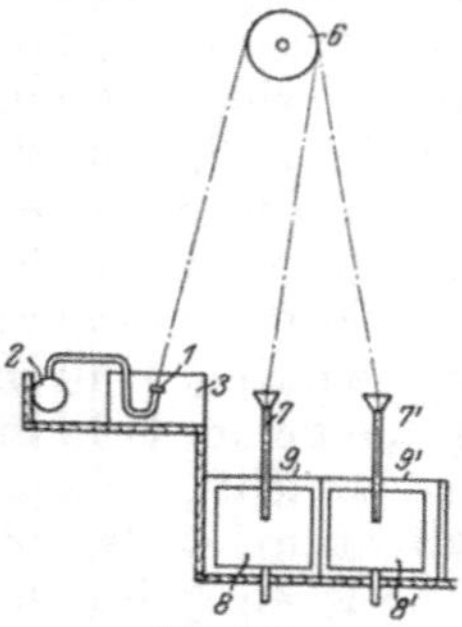

Fig. 363.

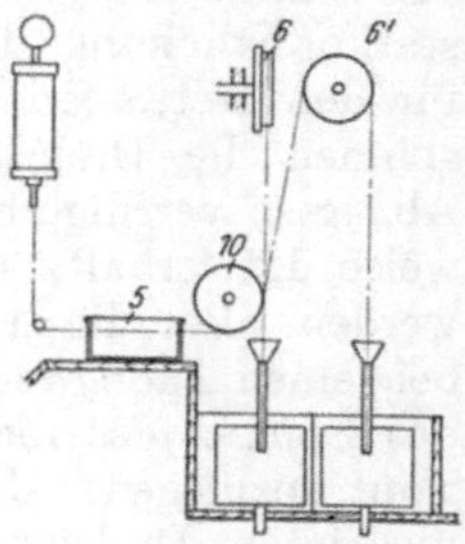

Fig. 364.

Nach Nuera Art Silk Cy. Ltd.

670. The Nuera Art Silk Cy Ltd. Verfahren zum Spinnen sehr feiner Fäden auf Zentrifugenspinnmaschinen.

Franz. P. 653856 vom 4. V. 1928; belg. P. 351066; brit. P. 289861 (O. Sindl); schweiz. P. 132866.

Auf den gewöhnlichen Zentrifugenspinnmaschinen ist es schwer, feinere Fäden zu spinnen. Das spezifische Gewicht des Fadens ist zu gering, der Faden fällt nicht in den Trichter, er haftet an der Galette und wird von ihr aufgewickelt. Nach der Erfindung benetzt man den Faden, der von der Spinndüse kommt, beim Auftreffen auf die Galette mit Wasser, um ihn von der Galette loszulösen. Auf der Galette bildet sich eine gleichmäßig verteilte Flüssigkeitsschicht, die eine direkte Berührung des Fadens mit der Galette verhindert. Es wird jeder erhebliche Zug auf den feinen Faden vermieden. Weiter wird der Faden so gut gewaschen, daß das spätere Waschen beträchtlich eingeschränkt werden kann. (2 Zeichnungen.)

Nach Du Pont Rayon Company.

671. Du Pont Rayon Company. Verfahren zur Herstellung von Kunstseide.

Franz. P. 659923 vom 3. IX. 1928; belg. P. 354578 (Prior. Ver. St. Amer. vom 3. X. 1927 [A. E. Guettier und H. S. Toole]).

Durch die Vorrichtung wird den in den Spinntopf gesponnenen Fäden unter Vermeidung des Umspulens eine zusätzliche Zwirnung erteilt. Zu diesem Zweck wird der aus dem Spinntopf kommende Spinnkuchen auf eine Spule gesteckt, welche einen Käfig mit veränderlichem Durchmesser bildet, und welche auf eine Zwirnspindel aufgesteckt werden kann. Dreht man den Kopf *10* (Fig. 365 und 366) in Pfeilrichtung, so nähern sich die Längsrippen *13* der Achse, so daß die Spule den kleinsten Durchmesser hat. Dreht man in umgekehrter Richtung, so entfernen sich die Längsrippen von der Achse, und man erhält eine Spule mit größtem Durchmesser. Die auf der Spindel *1* angebrachte Platte *2* ist mittels Zungen *3* um die Zentralöffnung herum auf Flächen *4* befestigt. Den oberen Teil der Spindel *5* bildet ein Rohr *6*, welches durch die Schraube *7* gehalten wird. Die Vorrichtung *8* vermeidet eine Verstellung der Schraube *7*. Das Rohr *6* hat an seinen Enden zwei Scheiben *9* und *10*, welche mit vertikalen Öffnungen *11* und *12* zur Aufnahme der Enden *14* und *15* der Längsrippen *13* versehen sind. Diese bilden bei *16* eine Umbiegung, welche in einer Spalte *17* der Platte *2* ruht. Diese Spalten bilden die Führung für die Längsrippen, die sich von dem Rohr *6* bei Drehung entfernen oder sich ihm nähern. Die Anwendung des Verfahrens geschieht in der Weise, daß man den Spinnkuchen auf den Käfig bei kleinstem Durchmesser aufsteckt. Man dreht nun im entgegengesetzten Sinne, bis sich der größte Durchmesser der Spule einstellt und der Spinnkuchen festsitzt. Dann stellt man mit der Schraube *7* fest. Von dieser so beschickten Spule wird der Faden nach Aufstecken auf eine Zwirnspindel abgespult.

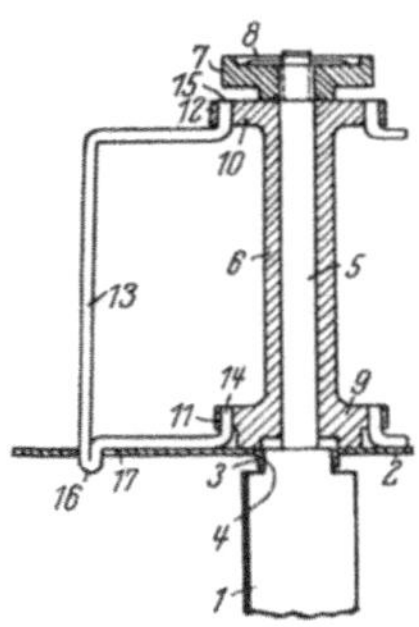

Fig. 365.

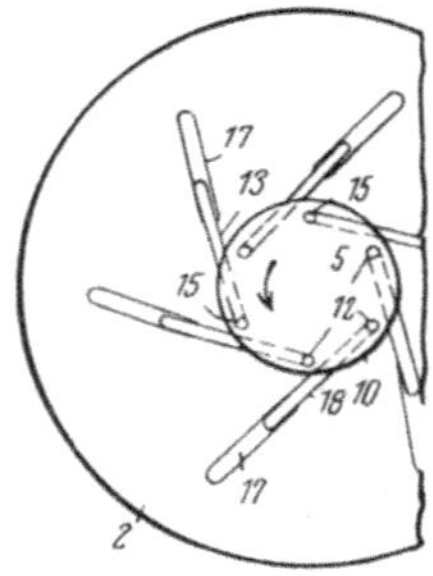

Fig. 366.

Nach Gallusser.

672. H. Gallusser. Anordnung der elektrischen Spindeln zum Spinnen von Kunstseide.

Franz. P. 654637 vom 24. V. 1928.

Der Motor und die Zuleitungen für den Strom für elektrisch angetriebene Spinntöpfe sind von einem Gehäuse umgeben, in welches durch Ventilatoren dauernd frische Luft eingeblasen wird. Die Spinntöpfe sind von einem zweiten Gehäuse umgeben, aus welchem ebenfalls durch Ventilatoren dauernd die Luft abgesaugt wird. Die Stromzuführungsleitungen und die Spinnapparatur ist dadurch vor der Einwirkung der beim Spinnen auftretenden schädlichen Dämpfe geschützt. (Zeichnung.)

Spinntopfbau und -einrichtung.

Nach Metallhütte Baer & Co.

673. Metallhütte Baer & Co., Rastatt i. Baden. Spinntopf für Kunstseidenspinnmaschinen.

D.R.P. 422122 Kl. 29a vom 24. VII. 1924.

Im Gegensatz zu den mit Rillen versehenen Spinntöpfen, in welche die für die Deckelbefestigung dienende Spannfeder eingreift, sind die Spinntöpfe nach der Erfindung innen und außen glatt. Nur dort, wo der Deckel aufliegt, ist der Spinntopf *1* (Fig. 367) mit einem Absatz *2* oder einer Stufe zur Auflage des Deckels versehen. Ist der aus Aluminium bestehende Topf *3* (Fig. 368) mit Hartgummi *4* od. dgl. ausgekleidet, so wird diese Stufe oder Auflagefläche von dem oberen Rand *5*

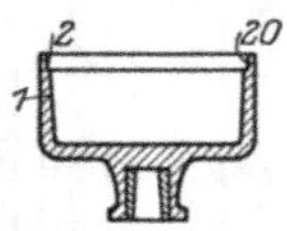

Fig. 367.

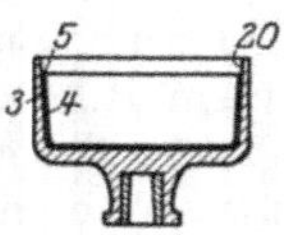

Fig. 368.

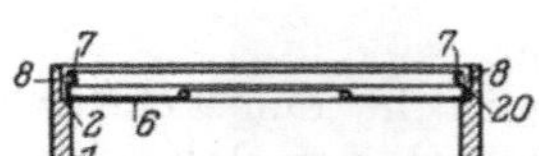

Fig. 369.

Fig. 370.

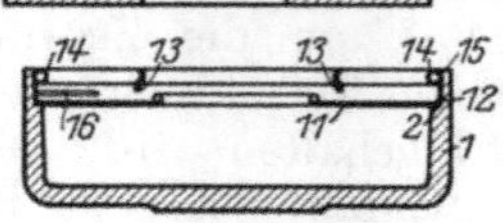

Fig. 371.

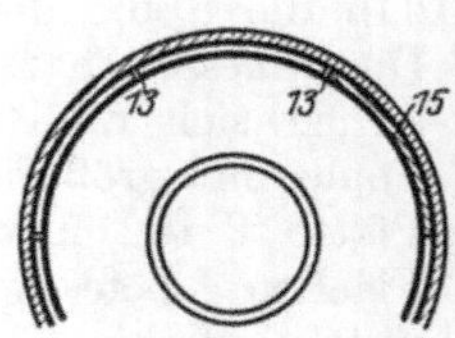

Fig. 372.

der Auskleidung gebildet. Der Deckel kann auch aus einem topfartig geformten Metallkörper bestehen, dessen aufstehender Rand mehrfach geschlitzt ist. Die geschlitzten Ränderteile pressen sich unter der Wirkung der Schleuderkraft gegen das glatte Topfinnere *20* an. Die neuen Deckel haben noch den besonderen Vorteil, daß sie vollständig ausbalanciert sind, da sie aus symmetrischen Rotationskörpern bestehen. Der in Fig. 369 dargestellte Deckel besteht aus einer Scheibe *6* mit aufwärts gerichtetem halbkreisförmig gebogenen Ring. In die Rille *7* ist ein Weichgummiring *8* eingelegt. Der in den mit Absatz *2* versehenen Topf eingesetzte Deckel legt sich mit dem Weichgummiring *8* nur leicht gegen die Innenwandung *20* des Topfes an. Erst wenn der Topf in Tätigkeit ist, dehnt sich der Weichgummiring *8* unter der Einwirkung der Schleuderkraft aus und sitzt vollkommen fest. Der Deckel nach Fig. 370 besteht aus einer Hartgummischeibe *9* mit eingelegtem Weichgummiring *10.* Der Weichgummiring ist hier nicht rund, sondern eckig. Der Hartgummideckel ist an seinem Umfange entsprechend der Form des Weichgummiringes ausgespart. Der größte Durchmesser des Weichgummiringes ist etwas größer als der größte Durchmesser des Deckels. Auch ist der Weichgummiring am Umfange etwas konisch gestaltet. Die Abmessungen sind so, daß sich der Deckel mit dem Abdichtungsring leicht in den Topf einlegen läßt. Unter der Einwirkung der Schleuderkraft dehnt sich der Weichgummiring aus und preßt sich gegen das glatte Topfinnere *20,* dabei eine zuverlässige Abdichtung und Abstützung bewirkend. Nach Fig. 371 hat der Deckel *11* die Form eines Topfes, dessen aufrecht stehender Rand *12* mehrfach, beispielsweise sechsmal geschlitzt ist. Die Schlitze *13* (Fig. 372) ermöglichen eine Federung des Topfrandes nach auswärts. Der Topf- oder Deckelrand ist oben bei *14* umgebördelt und in die Umbördelung kann ein Ring aus Blei od. dgl. eingelegt werden, wie dies bei *15* in der rechtsseitigen Hälfte der Fig. 371 veranschaulicht ist. Dieser Ring ist in denselben Abständen unterteilt wie der Topfrand. Er erhöht die Wirkung der Schleuderkraft, so daß sich der Topfrand unter der Einwirkung der Schleuderkraft fester gegen die Innenfläche *20* des Topfes *1* anpreßt. Ist der Deckel (Fig. 371) trotz der Schlitze *13* noch zu steif und zu wenig federnd, so können außer den senkrechten Schlitzen *13* noch waagerechte Schlitze *16* vorgesehen sein, welche den oberen Topfrand ziemlich weitgehend von der Deckelscheibe *11* trennen, so daß gewissermaßen Segmente entstehen, welche durch die Schleuderkraft nach außen geschleudert und gegen das Topfinnere angepreßt werden.

Patentansprüche: 1. Spinntopf für Kunstseidenspinnmaschinen, dadurch gekennzeichnet, daß der Topf im Innern ohne Nuten für die Deckelbefestigung ausgeführt ist und lediglich einen ringförmigen Absatz *2, 5* bzw. eine Stufe oder sonstige Einrichtung zum Aufsetzen des Deckels hat, während das Abdichten und Festspannen des Deckels durch die Schleuderkraft bewirkt wird, die einen federnden Teil *8, 10, 13* am Deckelumfange nach außen und gegen das Topfinnere drückt.

2. Spinntopf nach Anspruch 1, dadurch gekennzeichnet, daß der Topf völlig glatt ist und der Absatz zum Aufsetzen des Deckels gebildet wird von der Oberkante der Topfauskleidung *4.*

3. Spinntopf nach Anspruch 1 und 2, gekennzeichnet durch einen in eine Rille *7* am Umfange des Deckels eingelegten Weichgummiring *8.*

4. Spinntopf nach Anspruch 1 und 2, dadurch gekennzeichnet, daß der Deckel *11* Topfform hat, wobei der nach oben gerichtete Rand geschlitzt ist und sich unter der Wirkung der Schleuderkraft an die Topfinnenwand anpreßt.

5. Spinntopf nach Anspruch *1, 2* und *4,* dadurch gekennzeichnet, daß der Deckelrand umgebördelt ist und in die Bördelung *14* ein dem

Topfrand entsprechend geteilter Beschwerungsring *15* eingelegt ist, welcher die Wirkung der Schleuderkraft verstärkt.

674. Dieselbe. Verbesserungen an Spinntöpfen für das Spinnen von Kunstseide.

Brit. P. 243952 vom 13. III. 1925.

Bei den hier geschützten Deckelbefestigungen werden Rillen im Innern des Spinntopfs, die zu Säureansammlungen führen können, vermieden. Der Deckel wird z. B. durch einen über den Spinntopfrand greifenden Rand gehalten, der in eine außen angebrachte Rinne oder unter eine nach außen gehende Umbördelung greift. Der Rand des Spinntopfs ist oben geschlitzt, so daß durch die Schleuderkraft ein Nachgeben der oberen Teile möglich wird. In derselben Weise wirkt ein über den Deckel greifender Steg. Oder der über den Spinntopfrand greifende Deckel wird umgebördelt und durch einen Bajonettverschluß im Spinntopfrand gehalten. Oder der zum Teil in den oberen Spinntopfrand passende Deckel ist mit einem Gummiring versehen, der durch die Schleuderbewegung sich fest an den Spinntopfrand anlegt und zum Teil in Löcher dieses Randes eingreifen kann. Oder der Deckel wird durch Stifte gehalten, die in Löcher im oberen Spinntopfrand senkrecht oder von der Seite her eingesetzt werden. (14 Zeichnungen.)

Nach Brandwood, Stocker und den Twyver Works Ltd.

675. J. Brandwood, Birkdale, Southport, A. Stocker und The Twyver Works Ltd., Gloucester. Verbesserungen an Spinntöpfen für das Spinnen von Kunstseide.

Brit. P. 252033 vom 15. XI. 1924.

Der Spinntopf besteht aus zwei Teilen, einem oberen, der den Fadenkuchen aufnimmt, und einem unteren, der auf die Antriebswelle aufgesetzt wird. Die feste Verbindung zwischen oberem und unterem Teil wird dadurch erzielt, daß der untere Rand des oberen Teils eine ringsum laufende Vertiefung hat, in die nach Aufsetzen des oberen Teils auf den unteren ein federnder Ring eingelegt wird. Er greift mit Vorsprüngen unter den Rand des unteren Teils. Der obere Teil ist gegen Säurewirkungen durch Auskleiden mit Vulkanit oder Ebonit geschützt, und zwar so, daß keine Säure in den unteren Teil gelangen kann. (3 Zeichnungen.)

Nach Sindl.

676. O. Sindl, Mähr.-Chrostau. Auswechselbarer Einsatz für Schleudertrommeln.

D.R.P. 442188 Kl. 29a vom 8. II. 1925.

Der auswechselbare Einsatz für Schleudertrommeln, insbesondere für Spinntöpfe, besteht aus Weichgummi oder gummiertem Gewebe und schützt das Schleudergut vor einer unmittelbaren Berührung mit den Trommelwandungen. Der Einsatz gestattet eine bequeme Herausnahme und Weiterbeförderung des Gutes aus der Trommel. Zur Sicherung einer bestimmten Lage innerhalb der Schleudertrommel, z. B. zwecks Übereinstimmung der Entwässerungs- oder Entlüftungsöffnungen in Einsatz und Trommelwandung, werden an der Trommel-Einsatzwandung Paßmarken vorgesehen. In Fig. 373 ist *a* der Spinntopf mit dem elastischen Einsatz *b*, der mittels über Wandungsvorsprünge *d* der Trommel *a* gesteckter Paßwulste *c* zwangsläufig in eine solche Lage gebracht wird, daß die Löcher *h* des Einsatzes *b* mit den Wandungsbohrungen *g* übereinstimmen. Die Trommel wird mittels des Rohrfortsatzes *f* auf der Schleuderachse befestigt.

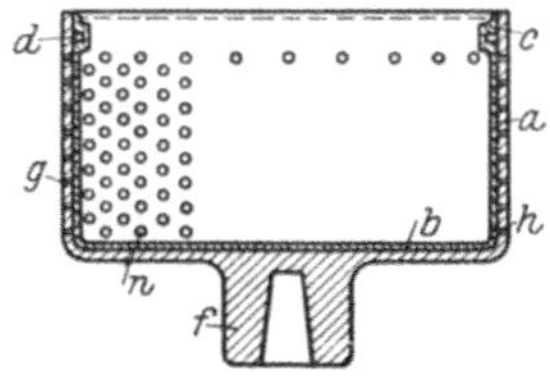

Fig. 373.

Patentansprüche: 1. Auswechselbarer Einsatz für Schleudertrommeln, insbesondere für Kunstseide-Spinntöpfe zum Schutz des Schleudergutes gegen unmittelbare Berührung mit den Trommelwandungen, dadurch gekennzeichnet, daß der Einsatz aus Weichgummi mit feinen Lochungen zur Entlüftung bzw. Ableitung von Flüssigkeiten oder aus gummiertem Gewebe besteht.

2. Einsatz nach Anspruch 1, dadurch gekennzeichnet, daß an sich bekannte Paßmarken bzw. Paßwulste an dem Einsatz vorgesehen sind, die mit entsprechenden Marken des Spinntopfes übereinstimmen, zur Befestigung der Einsätze in bestimmter, die Wanddurchbrechungen von Trommel und Einsatz in Übereinstimmung bringender Lage.

677. Derselbe. Schleudereinsatz für Zentrifugentrommeln, insbesondere für Kunstseide.

Tschechosl. P. 27271 vom 15. VII. 1928, angemeldet 14. III. 1925.

Die Erfindung betrifft einen auswechselbaren Schleudereinsatz *b* (Fig. 374) der Zentrifugentrommel *a*, welcher oben mit einem Auflagerrand b_1 und unten mit einem Bodenring b_2 versehen ist. Der Einsatz ist mittels Paßringen *c*, welche z. B. aus Weichgummi bestehen, dicht und zentrisch mit Abstand von den Wandungen der Außentrommel *a* eingesetzt. Eine weitere Ausführungsform, bei der der Einsatz *b* mit aus dem Material heraustretenden Längsrippen passend eingesetzt werden kann, wird beschrieben.

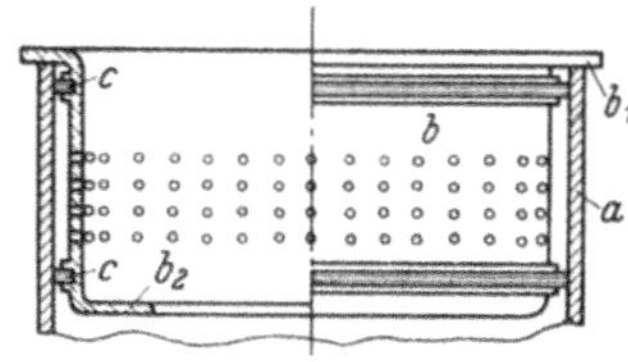

Fig. 374.

Nach Soieries de Strasbourg und Bronnert.

678. Soieries de Strasbourg, Soc. Anon. und E. Bronnert, Straßburg. Verbesserter Spinntopf für die Kunstseideindustrie.

Brit. P. 262874 vom 21. IX. 1925.

Eine Glocke *1* mit Fadeneinführungsöffnung *5* (Fig. 375) wird auf den in Umdrehung zu versetzenden Tisch *2* aufgesetzt. Der Rand des Tisches *2* ist nach unten konisch verlängert, über ihn greift eine entsprechend gestaltete Verlängerung der Glocke *1*. Gummikissen *4* sichern beim Schleudern einen festen Zusammenhalt zwischen Tisch und Glocke. Nach Fig. 376 fallen die konischen Berührungsflächen

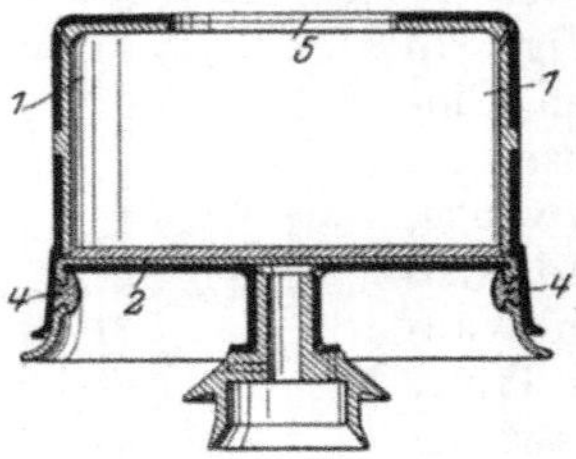

Fig. 375.

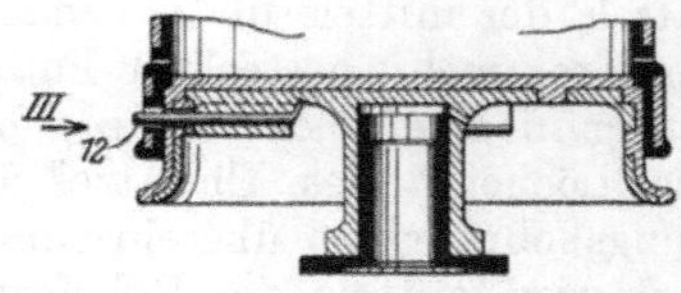

Fig. 376.

zwischen Glocke und Tisch fort. Die am unteren Rande scharfkantig abgesetzte Glocke wird in entsprechend gestaltete Nuten des Tisches eingesetzt und der Zusammenhalt zwischen Tisch und Glocke wird durch einen verschiebbaren Stift *12* bewirkt, der als Bajonettverschluß ausgebildet ist.

Nach J. P. Bemberg Akt.-Ges.

679. J. P. Bemberg Akt.-Ges., Barmen-Rittershausen. Verschluß für Spinntöpfe aus schwer bearbeitbarem Metall, insbesondere säurefestem Stahlblech.

D.R.P. 441404 Kl. 29a vom 4. X. 1925.

Aus säurefestem Stahlblech lassen sich Spinntöpfe durch Drücken herstellen, allerdings ohne den Absatz, der als Deckelsitz dienen könnte. Denn säurefestes Stahlblech gestattet nicht das Drücken von scharfen Kanten, da es zu spröde ist und reißt oder bricht. Ein guter Verschluß läßt sich dadurch erzielen, daß der entsprechend geformte obere Rand des Topfes *a* (Fig. 377) mit einem Kranz aus Hartgummi *b*, Zelluloid, Kunstharz oder ähnlichen säurefesten Stoffen umkleidet wird. Dieser Kranz bildet eine glatte Auflage für einen flachen Deckel *c* aus säurefestem Stahlblech. Zur Befestigung des flachen Deckels ist eine Rille zum Einlegen der Feder *d* vorgesehen. Wichtig ist, daß die Umkleidung des Topfrandes nicht in das Innere vorspringt, damit sich nach dem Spinnen der gebildete Spinnkuchen glatt entfernen läßt. Wenn der obere Rand des Deckels nach dem Einlegen in den Spinntopf nicht ganz so weit heraufreicht, daß er die eingelegte Feder berührt, kann der dadurch entstehende Spielraum des Deckels durch Ausbiegen der Feder nach unten vermieden werden. Die Feder kann, von oben gesehen, z. B. viereckig oder dreieckig gebogen sein. Weitere Ausführungsbeispiele sind beschrieben.

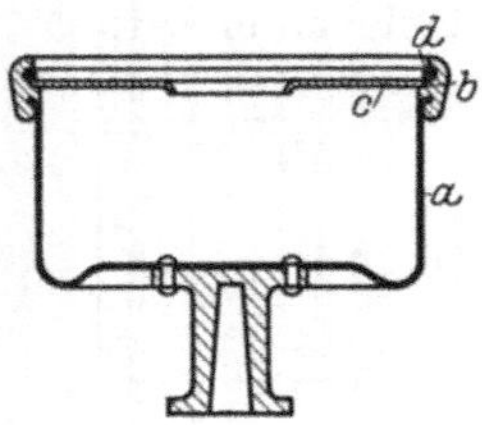

Fig. 377.

Patentansprüche: 1. Verschluß für Spinntöpfe aus schwer bearbeitbarem Metall, insbesondere aus säurefestem Stahlblech, dadurch gekennzeichnet, daß ein flacher Deckel *c* desselben Stoffes auf den Absatz einer oberen Umkleidung *b* des Topfes aus leicht bearbeitbarem, säurefestem Stoff, z. B. Hartgummi, Zelluloid, Kunstharz oder Kunstharz enthaltenden Gemischen aufgelegt und die Feder in eine Innenrille dieser Umkleidung eingelegt ist.

2. Vorrichtung nach Anspruch 1, dadurch gekennzeichnet, daß ein am Rand hochgebogener Deckel in den in Form einer nach innen offenen Rille umgebördelten oberen Rand des Spinntopfes eingelegt und durch die Feder festgehalten ist.

3. Vorrichtung nach Anspruch 1, dadurch gekennzeichnet, daß die nach innen offene Rille, die die Feder *d* aufnimmt, so keilförmig gestaltet ist, daß die sich ausdehnende Feder, an der Innenwand der Rille entlang gleitend, einen Druck nach unten ausübt.

4. Vorrichtung nach Anspruch 1, dadurch gekennzeichnet, daß der Deckel durch eine Feder festgehalten ist, die so nach zwei Richtungen gebogen ist, daß ihre Spannkraft sich auch in einen Druck nach unten auswirkt.

5. Vorrichtung nach Anspruch 1, dadurch gekennzeichnet, daß der Deckelrand und der Deckelsitz so keilförmig gestaltet sind, daß der Deckel sich in den Spinntopf einklemmen läßt.

680. Dieselbe. Spinntopf zur Herstellung von Kunstseide mit auswechselbarem Einsatz.

D.R.P. 456010 Kl. 29a vom 26. I. 1926.

Statt wie bisher aus Hartgummi, Zelluloid oder Kunstharzen bestehen die Einsätze nach der vorliegenden Erfindung aus säurefestem Stahl. Da ein solcher Einsatz durch Drücken nicht genau in den Topf passend herstellbar ist, wird er mit über den zylindrischen Umfang seiner Grundform hervorragenden konischen oder nachgiebigen Auflagern versehen, die sich gegen die Innenwand des entsprechend geformten Spinntopfes anlegen. Zunächst ist eine solche Formung des Einsatzes geeignet, daß die Befestigung mit Hilfe einer Spreizfeder *12* (Fig. 378) geschehen kann. Der Mantel des Einsatzes *1* ist an seinem oberen Rande nach unten zu verjüngt, der obere Rand des Spinntopfes *2* entsprechend gestaltet und mit einer inneren Rille *3* versehen, in welche eine Spreizfeder *12* eingreift. *11* bezeichnet die Decke und *9* das Fadenloch. Eine weitere Verbesserung in der Befestigung des Einsatzes kann man dadurch erreichen, daß letzterer entweder am Mantel selbst oder an seinem unteren Rand geführt oder geklemmt wird, z. B. durch Anbringen von Gummipolstern zwischen Topf und Einsatzmantel. Eine andere Anordnung besteht darin, daß der Boden des Spinntopfes unten stark einwärts gewölbt ist, so daß der untere Rand des Einsatzes auf dem einwärts gewölbten Boden aufsitzt. Eine ähnliche Verbesserung der Befestigung wird erzielt, wenn der Einsatz am unteren Rand ringsum durch Anordnung von Schlitzen mit Zungen versehen wird, die sich in-

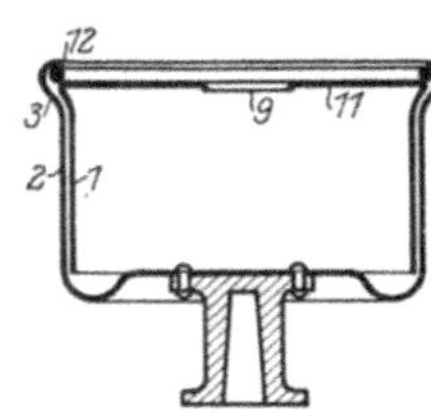

Fig. 378.

folge der Schleuderwirkung fest an der Innenseite des Topfes anpressen. Weitere Ausführungsbeispiele sind beschrieben.

Patentansprüche: 1. Spinntopf zur Herstellung von Kunstseide, mit auswechselbarem Einsatz, dadurch gekennzeichnet, daß der aus schwer bearbeitbarem säurefestem Stahl durch Pressen oder Drücken hergestellte Einsatz *1* mit über seinem zylindrischen Umfang hervorragenden Auflagerflächen versehen ist, die sich gegen die Innenwand des entsprechend geformten Spinntopfes *2* anlegen.

2. Spinnschleuder nach Anspruch 1, gekennzeichnet durch einen sich am oberen Rand nach unten verjüngenden Einsatzmantel *1* und einen als angepaßte Hohlform ausgebildeten oberen Topfrand mit Innenrille *3*, in welche eine an sich bekannte Spreizfeder *12* eingreift und den Einsatz im Spinntopf festhält oder auch gleichzeitig in ihn hineindrückt.

3. Spinntopf nach Anspruch 2, dadurch gekennzeichnet, daß der Einsatzmantel auf dem einwärts gewölbten Topfboden aufsitzt.

4. Spinntopf nach Anspruch 1—3, dadurch gekennzeichnet, daß die über seinen zylindrischen Umfang hervorragenden Auflager in an sich bekannter Weise in nachgiebige Zungen zerlegt sind.

5. Spinntopf nach Anspruch 1—4, dadurch gekennzeichnet, daß die Zungen am unteren Rande nicht über den Zylindermantel hervorstehen.

6. Spinntopf nach Anspruch 4, dadurch gekennzeichnet, daß der Boden des Spinntopfes so weit in den Spinntopf hinein gewölbt ist, daß die Fäden des Spinnkuchens sich nicht auf die Zungen auflegen können.

7. Spinntopf nach Anspruch 4, dadurch gekennzeichnet, daß der geschlitzte untere Rand des Einsatzmantels umgebördelt ist.

8. Spinntopf nach Anspruch 2—6, dadurch gekennzeichnet, daß der Spinntopfmantel mit einer Ausbauchung oder Verengung versehen ist, in die der geschlitzte untere ausgebauchte oder umgebördelte Rand des Einsatzmantels hineinfedern kann.

9. Spinntopf nach Anspruch 8, dadurch gekennzeichnet, daß Ausbauchungen oder Verengungen im Spinntopf am oberen oder unteren Rand vorgesehen sind, hinter welche die Zungen am oberen oder unteren Einsatzrand oder beiden federnd einspringen.

681. Dieselbe. Spinntopfeinsatz.

D.R.G.M. 1030715 Kl. 29a vom 14. X. 1926.

Der Spinntopfeinsatz besteht aus säurefestem, schwer zu verarbeitendem Stahl. Der Einsatz hat, um die Bearbeitung zu vereinfachen, eine glatt-zylindrische Form mit geschlitztem unteren Rand. Ein solcher Einsatz läßt sich aus säurefestem Stahl ohne Schwierigkeiten, z. B. durch Ziehen herstellen. Im Gebrauch ist er leicht einzusetzen und wieder herauszunehmen, da es genügt, den unten offenen Einsatz in den Mantel der Spinnschleuder von oben einzuschieben. Wird nun die Schleuder in Umdrehung versetzt, so spreizen sich die durch die Einschnitte am unteren Rande des Einsatzes gebildeten

Lappen und klemmen den Einsatz im Mantel fest. An Stelle des den Einsatz in ganzer Höhe umgebenden Mantels (Fig. 379) kann auch ein Teller mit erhöhtem Rand verwendet werden. Da sich die am unteren Rand des Einsatzes angeordneten Lappen alle gleichmäßig unter der Wirkung der Fliehkraft nach außen spreizen, so läuft die Schleuder vollkommen rund. Es ist also möglich, eine besonders gut ausgewuchtete und ruhige Schleuder herzustellen.

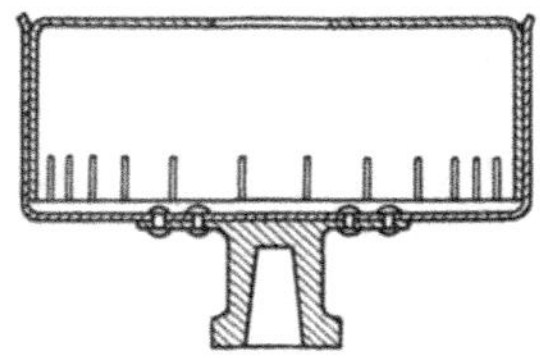

Fig. 379.

682. Dieselbe. Spinntopf mit Gehäuse.

D.R.G.M. 1027155 Kl. 29a vom 19. XII. 1927.

Um zu verhindern, daß an der Durchtrittsstelle der Spinntopfwelle *4* (Fig. 380) durch den Boden *5* des Gehäuses zum Antriebsmotor *6* ein Austritt der abgeschleuderten Flüssigkeit stattfindet, befindet sich unten am Spinntopf *1* ein zylindrischer Ansatz *7*, während oben auf dem Gehäuseboden ein zylindrischer Ansatz *8* sitzt. Diese Ansätze greifen übereinander. Der Spinntopf *1* ist in üblicher Weise mittels eines Deckels *2* und einer Deckelhaltefeder *3* geschlossen.

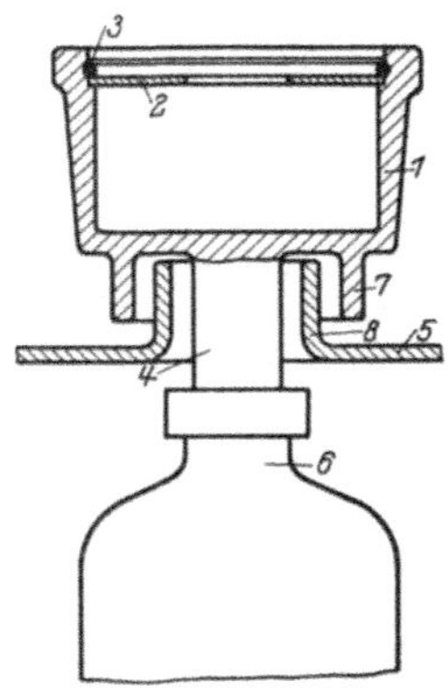

Fig. 380.

683. Dieselben. Vorrichtung zum Befestigen des Spinntopfes.

D.R.P. 480703 Kl. 29a vom 20. XII. 1927; brit. P. 302646; belg. P. 356422 (Cuprum S. A.).

Das Neue besteht darin, daß zum Befestigen und Zentrieren des Topfes *1* (Fig. 381) auf dem Antriebsteller *2* ein Gummiring *8* von rundem Querschnitt dient, der beim Überstülpen des Spinntopfes am Antriebsteller und Spinntopf entlang rollt. Hierdurch wird das Aufsetzen des Spinntopfes erleichtert. Ferner ist es möglich, den Gummiring über eine unebene oder konische Laufbahn am Spinntopf oder Antriebsteller laufen zu lassen und dadurch ein allmähliches Zusammendrücken des Ringes zu erzielen, ohne daß das Aufsetzen des Topfes erschwert wird. Auch werden am Spinntopf oder Antriebsteller Rasten *6*, *7* für die Endlagen des Gummiringes angebracht. Diese sind jedoch so gestaltet, daß das Aufsetzen des Spinntopfes bis zum Aufstoßen auf den Antriebsteller nicht erschwert wird.

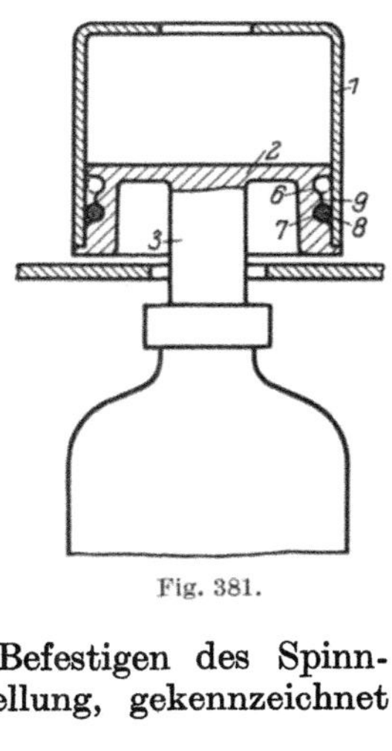

Fig. 381.

Patentansprüche: 1. Vorrichtung zum Befestigen des Spinntopfes, insbesondere für die Kunstseidenherstellung, gekennzeichnet durch einen elastischen Ring *8*, der beim Aufsetzen des Spinntopfes auf den den Spinntopf *1* zentrierenden Antriebsteller *2* an der Spinntopfwand und einer konzentrisch zur Spinntopfwand verlaufenden Rollbahn des Antriebstellers entlang läuft.

2. Vorrichtung nach Anspruch 1, dadurch gekennzeichnet, daß der elastische Rollring *8* in Rasten *6*, *7* für die Anfangs- und Endlage eingelegt ist, die entweder am Antriebsteller *2* sitzen oder am Spinntopf *1*.

3. Vorrichtung nach den Ansprüchen 1 und 2, dadurch gekennzeichnet, daß die Rast *7* für die Endlage des Rollringes *8* flacher ist als die Rast *6* für die Anfangslage.

Nach Siegheim.

684. F. Siegheim. Spinntöpfe für Kunstseidespinnmaschinen.

Franz. P. 610146 vom 27. I. 1926 (Prior. Deutschl. vom 11., 16. und 25. XI. 1925).

In den oben offenen, säurefest ausgekleideten Spinntopf, der keinen besonderen Deckel hat, wird eine der Topfform angepaßte, unten offene Glocke aus Zelluloid, Bakelit, Kautschuk oder anderem elastischen Stoff eingesetzt, die eine Öffnung zur Fadeneinführung hat. Sie wird in einer Vertiefung des Topfbodens festgehalten. Die Dicke der Glockenwandung nimmt von oben nach unten ab. Beim Umlaufen des Topfes legen sich die Glockenwandungen eng an die Topfwände an. Um zu verhindern, daß die Glocke sich unabhängig vom Topf bewegt, sind Festhaltvorrichtungen vorgesehen, die Topf und Glocke verbinden. (4 Zeichnungen.)

Nach Fr. Küttner Akt.-Ges.

685. Fr. Küttner Akt.-Ges., Pirna a. d. E. Spinntopfanordnung für die Kunstseidenspinnerei.

D.R.P. 458047 Kl. 29a vom 5. V. 1926; Ver. St. Amer. P. 1677940 (A. Wagner).

Um beim Spinnen mit Spinntopfspinnmaschinen ein Versprühen von säure- oder metallsalzhaltiger Flüssigkeit zu vermeiden, erhält der Spinntopf *1* (Fig. 382) einen siebtrommelartigen Einsatz *2*, der gegen die Spinntopfwandung in irgendeiner Weise durch Rippen od. dgl. abgestützt ist. *S* sind die sich an die Siebtrommelwandung anlegenden Kunstseidenfäden. Der Faden *s* wird in bekannter Weise durch den auf und ab gehenden Führungstrichter *6* zugeleitet. Die durch die Öffnungen der Siebtrommel austretende Flüssigkeit wird von der Trommel durch die Ausläufe *3* entlassen und gegen das weiche Futter *5* des ruhenden Gehäuses *4* geworfen, aus welchem sie durch Auslauf *8* in die Auffangrinne *9* gelangt. Eine über die Umlaufpumpe *11* gehende Rohrleitung *10* verbindet die Auffangrinne *9* mit dem Brausekopf *7*, welcher unabhängig vom Führungstrichter *6* in den Spinntopf hineinragt. Das Futter *5* kann aus Weichgummi, Filz, Holzstoff in der be-

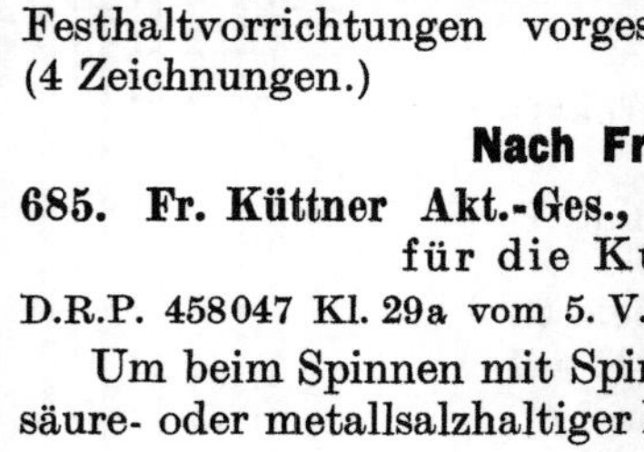

Fig. 382.

kannten Form, weicher Pappe oder auch aus irgendeinem andern weichen Stoff bestehen. Der siebtrommelartige Einsatz *2* bringt noch den Vorteil mit sich, daß die Gesamtauflagefläche für die Fäden auf ein Mindestmaß, der Gesamtdurchtrittsquerschnitt für die Flüssigkeit auf ein Höchstmaß gebracht werden kann. Eine weitere Ausführungsform ist beschrieben.

Patentanspruch: Spinntopfanordnung für die Kunstseidespinnerei, dadurch gekennzeichnet, daß der Spinntopf mit einem siebtrommelartigen Einsatz *2* und nur wenigen Austrittsöffnungen *3* für die ausgeschleuderte Flüssigkeit und das ihn umgebende Gehäuse *4* mit einem weichen Futter *5*, z. B. aus Weichgummi, Filz, Holzstoff, versehen ist, so daß das Versprühen von säure- oder metallsalzhaltigen Flüssigkeitsteilchen verringert wird.

686. Dieselbe. Spinntopf für Kunstseide.

D.R.G.M. 1061106 Kl. 29a vom 5. I. 1929.

Beim Spinnen von Kunstseide unter Verwendung von Spinntöpfen tropft von dem durch den auf und nieder gehenden Führungstrichter geführten Faden Badflüssigkeit ab, die vom Boden des Spinntopfes aufgefangen und gegen die Spinntopfwandung geschleudert wird. Um ein Emporsteigen der Fällflüssigkeit und damit eine Schädigung des Spinnkuchens zu vermeiden, wird zwischen dem Höhenbereich der Spinntopfwandung *d* (Fig. 383) und dem Boden des Spinntopfes ein Innenflansch *c* angeordnet. So wird unterhalb des Innenflansches ein Ringraum zur Aufnahme der Flüssigkeit gebildet, die durch Löcher *g* austreten kann, ohne mit dem Spinnkuchen in Berührung zu treten. In bekannter Weise sind natürlich auch oberhalb des Innenflansches *c* Austrittslöcher für die mit dem Faden zur Spinntopfwandung gelangende Flüssigkeit vorgesehen. Der Innenflansch kann abweichend von der Zeichnung so weit nach innen reichen, daß er eher als ein in der Mitte durchbrochener Zwischenboden angesprochen werden kann.

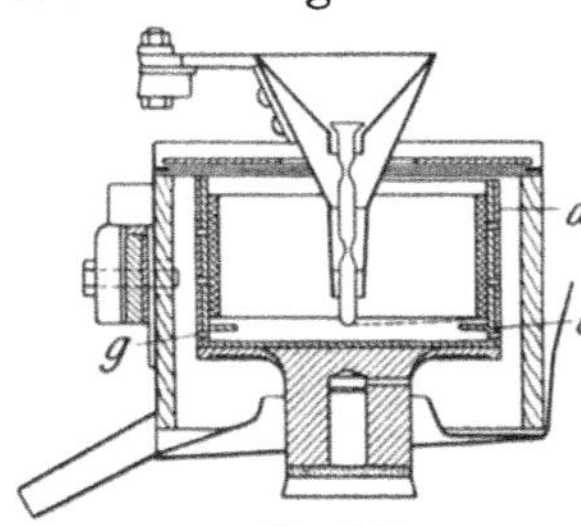

Fig. 383.

Nach Scarpa und Anciens Établissements J. Juthy.

687. F. Scarpa und Anciens Établissements J. Juthy, Lyon. Verbesserungen bei der Herstellung von Zentrifugentöpfen zum Spinnen von Kunstseide.

Franz. P. 630267 vom 26. V. 1926; brit. P. 271892; belg. P. 342091.

Der Hauptteil *a* (Fig. 384) des Spinntopfes ist aus Aluminium gezogen oder gepreßt und hat an seinem oberen Rande einen Aufsatz *b* zur Aufnahme des Deckels. Dieser Teil kann auch mit dem Topf verbunden sein. Bei *c* ist eine

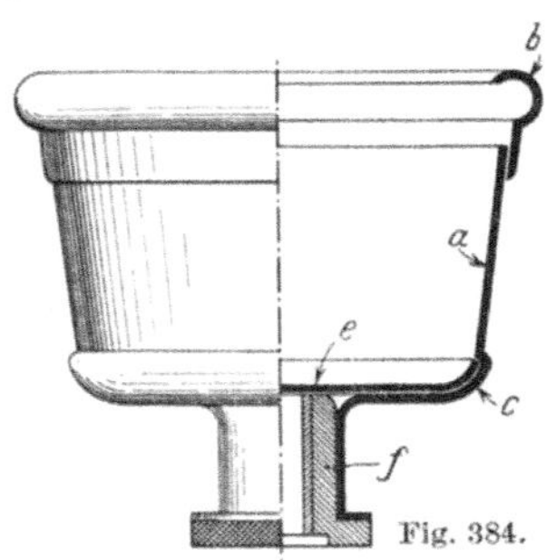

Fig. 384.

Kröpfung vorgesehen, in die der Bodenteil *e* eingesetzt wird, *f* ist ein Stück der Antriebsvorrichtung. Der Boden *e* kann auch aus geschmiedetem Metall bestehen und bakelisiert sein.

Nach Siemens-Schuckertwerke Akt.-Ges.

688. Siemens-Schuckertwerke Akt.-Ges., Berlin-Siemensstadt. Deckelverschluß für Spinntöpfe.

D.R.P. 454640 Kl. 29a vom 30. V. 1926.

Das in (Fig. 385) dargestellte Ausführungsbeispiel der Erfindung besteht in einem schwach konisch gestalteten Deckel *1* des Spinntopfs *2*, welcher durch eine darübergelegte ringförmige elastische Platte *3* festgehalten wird. Unter der Einwirkung der Fliehkräfte weitet sich die Platte *3* und drückt sich in eine Ringnut *4* des Spinntopfes ein. Die Platte kann vermöge einer etwas engeren Mittelöffnung als der Deckel leicht mit dem Finger herausgenommen werden und bietet der Luft keinen wesentlichen Reibungswiderstand.

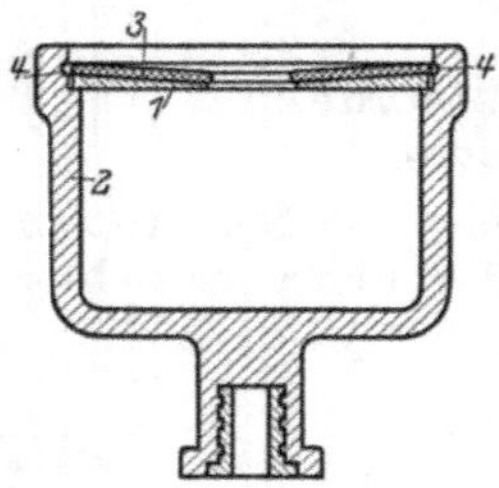

Fig. 385.

Patentanspruch: Deckelverschluß für Spinntöpfe, gekennzeichnet durch eine ringförmige elastische Platte, die auf den schwach konisch vertieften Deckel aufgelegt wird und sich mit ihrem Rand beim Umlauf in eine Ringnut des Spinntopfes eindrückt.

689. Dieselbe. Deckelverschluß für Spinntöpfe.

D.R.P. 461506 Kl. 29a vom 17. VI. 1927, Zusatz zum D.R.P. 454640.

Das Neue gegenüber dem Hauptpatent (s. vorstehend) besteht darin, daß die elastische Platte konisch gestaltet ist, und zwar mit einem kleineren Öffnungswinkel als dem des Deckels.

1 (Fig. 386) ist der konisch vertiefte Deckel, der den Spinntopf *2* abschließt. Zur Sicherung des Deckels *1* gegen Abfliegen dient die ringförmige elastische Platte *3*, die als umgestülpter Konus auf den Deckel aufgelegt wird. Da der Öffnungswinkel der konischen Platte im entspannten Zustand kleiner ist als der des Deckels, weitet sich die Platte beim Auflegen und Durchdrücken über den Totpunkt und legt sich dadurch schon zum Teil in die Ringnut *4* des Spinntopfes, wie in der Zeichnung gestrichelt angedeutet. Infolge der Durchdrückung über die Totlage hinaus liegt die Verschlußplatte bereits bei stillstehendem Topf mit Sicherheit auf dem Deckel auf und verriegelt ihn. Beim Umlauf weitet sie sich und drückt sich mit ihrem Rand vollkommen in die Ringnut *4* ein.

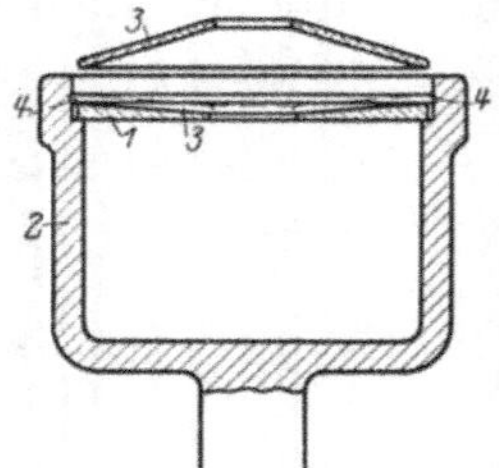

Fig. 386.

Patentanspruch: Deckelverschluß für Spinntöpfe nach dem D.R.P. 454640, dadurch gekennzeichnet, daß die auf dem konisch vertieften Deckel aufzulegende, ringförmige, elastische Platte ebenfalls konisch ist, jedoch einen kleineren Öffnungswinkel als der Deckel hat.

690. Dieselbe. Kunstseidenspinnvorrichtung mit Spinntopf-Einsätzen.

D.R.P. 466386 Kl. 29a vom 8. V. 1927.

Eine wesentliche Verbesserung zur Herausnahme von fertigen Spinnkuchen aus Spinntöpfen wird dadurch erreicht, daß in den Spinntopf *1* (Fig. 387) eine auswechselbare Bodenplatte *3* eingelegt ist, auf welcher der in den Spinntopf hineingesponnene Kuchen *4* ruht. Man braucht dann nur den Boden mit einer Hebvorrichtung *5*, die man in Löcher *6* der Bodenplatte *3* einführt, herauszuheben. *2* ist eine konische Aussparung, mit welcher der Spinntopf auf dem oberen Ende der Antriebswelle sitzt.

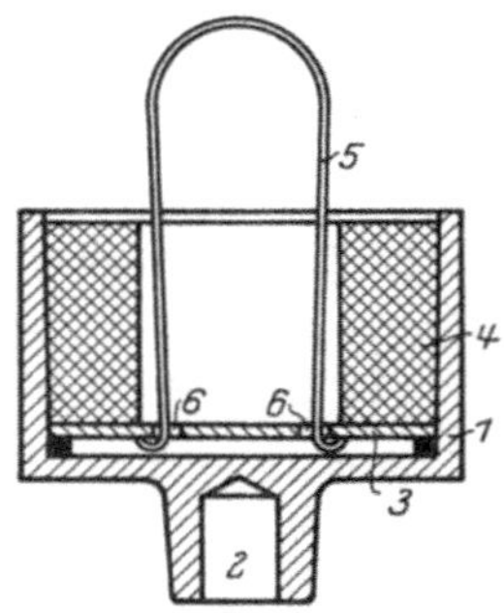

Fig. 387.

Patentanspruch: Kunstseidenspinnvorrichtung mit Spinntopf-Einsätzen, gekennzeichnet durch eine in den Topf eingelegte auswechselbare Bodenplatte.

Nach Carl Hamel Akt.-Ges.

691. Carl Hamel Akt.-Ges., Schönau b. Chemnitz. Spinntopf für Spinntopfspinnmaschinen.

D.R.P. 457324 Kl. 29a vom 8. X. 1926.

Im Gegensatz zu den bisher aus nachgiebigem Stoff verwendeten Spinntöpfen besteht die Neuerung in einem Spinntopf aus elastischem Stoff, z. B. säurebeständigem Gummi, so daß der Spinntopf sich unter Wirkung der Schleuderkraft von selbst zentriert. Zur Vergrößerung der Stabilität können die Außenwandflächen eines Spinntopfes mit ring- oder spiralförmigen Verstärkungsrippen versehen sein. Auch können in die Wandungen in an sich bekannter Weise Einlagen eingebettet sein, um eine Zunahme des Durchmessers infolge der auftretenden Schleuderkräfte zu verhindern. (2 Zeichnungen.)

Patentansprüche: 1. Spinntopf für Spinntopfspinnmaschinen, dadurch gekennzeichnet, daß er aus elastischem Stoff, z. B. säurebeständigem Gummi, besteht, so daß er sich bei Umdrehung selbsttätig zentriert.

2. Spinntopf nach Anspruch 1, dadurch gekennzeichnet, daß die seitlichen Außenwandflächen mit ring- oder spiralförmigen Rippen versehen sind, die der Topfwand eine größere Stabilität verleihen.

Nach British Thomson-Houston Co. Ltd., Young, Warren und Chapman.

692. British Thomson-Houston Co. Ltd., London, A. P. Young, Kenilworth, H. W. H. Warren, Earlsdon und R. J. Chapman, Rugby. Spinntöpfe für die Herstellung von Kunstseide.

Brit. P. 293060 vom 22. I. 1927.

Zur Herstellung der Spinntöpfe dient ein Gewebe, welches mit einem isolierenden Stoff, z. B. synthetischem Harz aus Kresol und Formaldehyd imprägniert ist. Aus dem imprägnierten Stoff werden Stücke zur Bildung von Boden und Seiten des Topfes ausgeschnitten, in einem zylindrischen Gefäß in geeigneter Anzahl aufgestapelt und in einer geeigneten Form mit Hitze und Druck behandelt. (4 Zeichnungen.)

Nach Hensing.

693. J. C. Hensing, Arnhem (N. V. Nederlandsche Kunstzijdefabriek, Arnhem). Spinntopf.

Brit. P. 293871 vom 13. VII. 1928 (Prior. Niederl. vom 15. VII. 1927).

Auf einem Fuß *5* (Fig. 388) sitzt der Spinntopf *1* mit nach innen gebogenem Unterteil *3,* der mit dem erhöhten Fußteil *6* in einer Ebene liegt und an die Ränder *8, 9* anstößt. Die Berührungsflächen sind autogen verschweißt. Einkerbungen *10* verstärken die Verbindung. Oder die obere Fläche des Fußes trägt eine Platte aus säurebeständigem Stoff, die in derselben Ebene liegt wie das Innere des Topfes *1.* Oder der Unterteil *3* steht in Eingriff mit einem erweiterten Flansch des Fußes. Der Topf besteht aus gezogenem Aluminium, ein Ebonitüberzug kann wegfallen; der Fuß besteht aus einer säurebeständigen Silizium-Aluminium-Legierung. Für Transportzwecke werden die von dem Fuß abgehobenen Töpfe ineinander gesetzt.

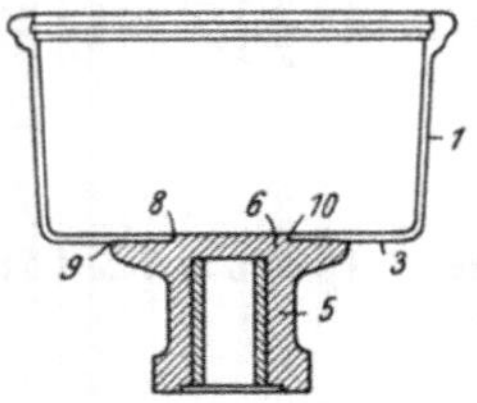

Fig. 388.

Nach Mende & Co.

694. H. Mende & Co., Dresden. Anordnung und Befestigung eines Einlageringes bei umlaufenden Gefäßen, insbesondere bei Spinntöpfen.

D.R.G.M. 1008041 Kl. 29a vom 21. IX. 1927.

Schutzanspruch: Anordnung und Befestigung eines Einlageringes bei umlaufenden Gefäßen, insbesondere bei Spinntöpfen, dadurch gekennzeichnet, daß der Ring am äußeren Umfang auf beiden Seiten in einer im Topfmantel befindlichen Nut gehalten ist. (1 Zeichnung.)

Nach N. V. Nederlandsche Kunstzijdefabriek.

695. N. V. Nederlandsche Kunstzijdefabriek, Arnhem. Spinntopf.

Belg. P. 350921 vom 28. IV. 1928 (Prior. Niederl. vom 22. IX. 1927); brit. P. 297450; franz. P. 653128; schweiz. P. 132574.

Der Boden oder Fuß des Topfes hat in der Mitte eine Vertiefung *4* (Fig. 389), ringförmig oder nicht, die unten breiter ist und mit Abflußöffnungen *5* für Flüssigkeit versehen ist. Dadurch wird die beim Einspinnen in den Trichter mitgeführte Flüssigkeit abgeleitet, ohne daß sie mit dem Gespinst in Berührung kommt. Der Spinntopf kann einen gezogenen Aluminiummantel haben, dessen nach innen gebogener Rand den Boden des Spinntopfes bildet und mit einem nach unten umgebogenen Teil in der Vertiefung *4* des Fußes befestigt werden kann.

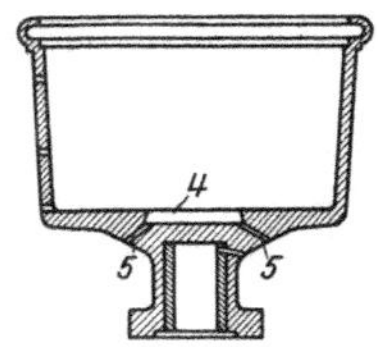

Fig. 389.

696. Dieselbe. Spinntopf.

Brit. P. 297468 vom 20. IX. 1928 (Prior. Niederl. vom 22. IX. 1927); belg. P. 353850.

Der Topf hat im Deckel und im Boden Krümmungen *6* und *9* (Fig. 390), um Berührungen mit dem Faden zu vermeiden, wenn der rohrförmige Fadenführer am Ende seiner Bewegung angelangt ist. Dadurch werden Unregelmäßigkeiten im Faden vermieden, und das Abspulen des Fadenkuchens wird erleichtert.

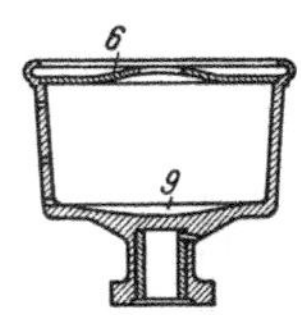

Fig. 390.

Nach Eggert.

697. H. Eggert, Berlin-Karlshorst. Spinntopf.

Belg. P. 348289 vom 24. I. 1928 (Prior. Deutschl. vom 3. X. 1927); brit. P. 296253; franz. P. 647233; schweiz. P. 130383.

Der Spinntopf hat einen unteren Teil *1* (Fig. 391 und 392), mit dem der glockenförmige Teil *5* lösbar durch die Feder *10* verbunden ist, die in eine Rinne *9* des abgesetzten Teils *6* eingreift. Die Feder *10* liegt ihrer ganzen Länge nach der unteren Fläche von *3* an. Die Platte *3* hat bei *4* eine Vertiefung. Der Oberteil, der nach Umkehrung als Boden dient, hat eine mittlere Öffnung, die Wandstärke nimmt nach dieser Öffnung zu ab. Teil *1* besteht aus säurebeständigem Material, die Glocke *5* aus gezogenem oder gepreßtem Aluminium.

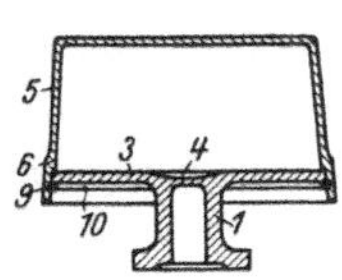

Fig. 391.

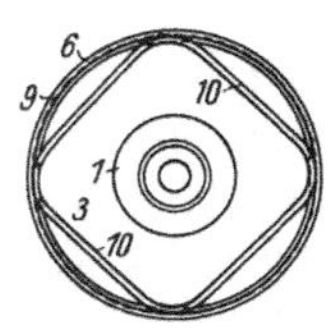

Fig. 392.

Nach Kabelfabrik Akt.-Ges.

698. Kabelfabrik Akt.-Ges., vorm. Otto Bondy, Bratislava, Tschechoslowakische Republik. Spinntopf aus Kunstharzmasse mit eingelagertem Faserstoff.

D.R.G.M. 1041714 Kl. 76b vom 24. VII. 1928.

Schutzanspruch: Spinntopf aus Kunstharzmasse mit eingelagertem Faserstoff, dadurch gekennzeichnet, daß auch der Reibteller des Spinntopffußes aus Kunstharz mit eingelagertem Faserstoff besteht.

Spinntöpfe aus Kunstharz betrifft auch das D.R.G.M. 1055107 der Maschinenfabriken Tillm. Gerber & Söhne und Gebr. Wansleben.

Nach Berg-Heckmann-Selve Akt.-Ges.

699. Berg-Heckmann-Selve Akt.-Ges., Zweigniederlassung Carl Berg, Altena. Verschluß für zweiteilige Spinntöpfe.

D.R.G.M. 1043253 Kl. 76b vom 2. VIII. 1928.

Der Verschluß der aus Glocke und Teller bestehenden Spinntöpfe erfolgt dadurch, daß Glocke und Teller des Spinntopfes durch zwei oder mehrere Bajonettverschlüsse miteinander verbunden werden. In dem zweckmäßig verstärkten Rand *1* (Fig. 393) der Glocke *2* sind mehrere, z. B. winkelförmige Schlitze *3* vorgesehen. Der Teller *5* trägt eine der Anzahl der Schlitze entsprechende Anzahl von Stiften *6* Bei Benutzung des Spinntopfes wird die Glocke *2* so auf den Teller *5* aufgesetzt, daß die senkrechten Teile der Schlitze über die Stifte *6* greifen, worauf bei der Drehung des Spinntopfes die waagerechten Teile der Schlitze selbsttätig über die Stifte *6* geschoben werden und so eine sichere, jedoch leicht lösbare Verbindung der Glocke mit dem Teller erzielt wird.

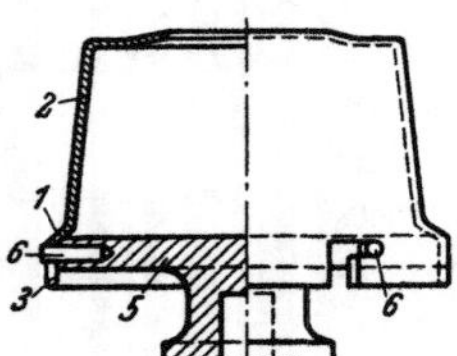

Fig. 393.

700. Dieselbe. Glocke für Spinntöpfe.

D.R.G.M. 1043254 Kl. 76b vom 3. VIII. 1928.

Um eine möglichst tiefe Lage des Schwerpunktes und genügenden Widerstand beim Ausschlagen des Spinnkuchens zu erzielen und ein für die hohe Umdrehungsgeschwindigkeit erforderliches Festsitzen zu gewährleisten, wird der freie Rand der aus Aluminium oder anderem geeignetem Stoff hergestellten Glocke nach innen oder außen umgelegt, so daß er doppelte Wandstärke erhält. Gegebenenfalls kann zwischen der Wandung und der Glocke und dem umgelegten Rand eine Zwischenlage aus Paragummi od. dgl. angebracht werden, um mit Sicherheit Hohlräume zu vermeiden, welche Korrosionsherde bilden. (2 Zeichnungen.)

Nach Berg Komm.-Ges.

701. Wilhelm Berg Komm.-Ges., Lüdenscheid. Spinntopf.

D.R.G.M. 1061063 Kl. 29a vom 12. X. 1928.

Bei den aus Kunstmasse hergestellten Spinntöpfen besteht bei hohen Umlaufzahlen die Gefahr des Bruches. Dieser Übelstand wird dadurch vermieden, daß wesentliche Teile der Wandung und des Bodens, sowie der Fuß durch eine Metallarmierung verstärkt sind. Diese Armierung besteht zweckmäßig aus Wellblechkörpern, die z. B. aus Aluminiumblech hergestellt sind. Die Armierungskörper können getrennt voneinander in die Kunstmasse eingebettet oder auch miteinander verbunden sein.

Nach Allgemeine Elektrizitäts-Gesellschaft.

702. Allgemeine Elektrizitäts-Gesellschaft, Berlin. Gummiumhüllte Metallfeder für den Deckelverschluß von Spinntöpfen der Kunstseidenindustrie.

D.R.G.M. 1068001 Kl. 29a vom 6. III. 1929.

Die Neuerung betrifft eine Spannfeder aus gut federndem, billigem Metall, die mit säure- und laugebeständigem Gummi umpreßt oder in derartige Gummilösungen getaucht und dann vulkanisiert wird. Die Spannfeder wird, nachdem man den Deckel in den Spinntopf eingelegt hat, in die Nut des Topfes durch ihre eigene Spannkraft eingetrieben und verschließt dadurch den Deckel. (3 Zeichnungen.)

Spinntopfbefestigung und -lagerung.

Nach Berlin-Karlsruher Industrie-Werke Aktiengesellschaft.

703. Berlin-Karlsruher Industrie-Werke Aktiengesellschaft, Berlin-Wittenau. Spinnzentrifuge für Kunstseide.

Franz. P. 614204 vom 8. IV. 1926; brit. P. 267727; Ver. St. Amer. P. 1598157 (F. Seibel) (Prior. Deutschl. vom 15. I. 1924); schweiz. P. 118424; österr. P. 113534.

Die Zentrifugenwelle ist aus zwei Teilen zusammengesetzt, der eine wird unmittelbar durch den elektrischen Motor angetrieben, der andere trägt den Spinntopf. Beide sind verbunden durch ein elastisches Zwischenglied, z. B. ein biegsames Rohr oder eine biegsame Welle, welches der Spinntopfwelle eine gewisse Elastizität gegen Schwingungen verleiht. Diese Wirkung wird noch verstärkt durch eine elastische Lagerung der Spinntopfwelle, durch die das Kugellager geschont und die Lebensdauer der Zentrifuge verlängert wird. Endlich ist die ganze Zentrifuge schwingbar aufgehängt, die Wirkung davon tritt bei den höchsten Tourenzahlen in Erscheinung. Der Spinntopf wird durch einen Kautschukring mitgenommen, der oben auf der Antriebswelle aufliegt. Fig. 394 zeigt die Zentrifuge im Längsschnitt, Fig. 395 von unten. *1* ist die vom Motor direkt angetriebene Welle, *2* die Spinntopfwelle mit dem Spinntopf *18*. *1* und *2* sind durch das elastische Zwischenglied *3* verbunden, das z. B. aus mehreren Federn bestehen kann, die im entgegengesetzten Sinne zusammengerollt sind, es kann also eine Bewegung im Sinne des Uhrzeigers und im entgegengesetzten Sinne übertragen. Welle *2* liegt im Kugellager *4*, der äußere Ring *5* dieses Lagers hat Ansätze *6*, die in Kautschukringen *7* ruhen. Die Welle *2* ist dadurch sowohl axial wie radial elastisch abgestützt. Das Zentrifugengehäuse *8* hängt mit den Achsen *9* ungefähr in der Höhe der Kugellager in offenen Nuten *10* der Gabel *11*, die sich durch die Welle *12* in dem Lager *13* drehen kann. Die Spinntopfwelle *2* geht durch den Deckel *14* und trägt die Mitnehmerplatte *15* mit dem erweiterten Teile *16*, auf dem der Ring *17* aus Kautschuk oder anderem Stoff aufliegt. Der Spinntopf *18* sitzt durch sein Eigengewicht nach Ingangsetzen der Zentrifuge fest, durch die Achse *20* ist er genau zentriert. Durch den Stift *19* kann die Welle *12* festgestellt oder geschwenkt werden.

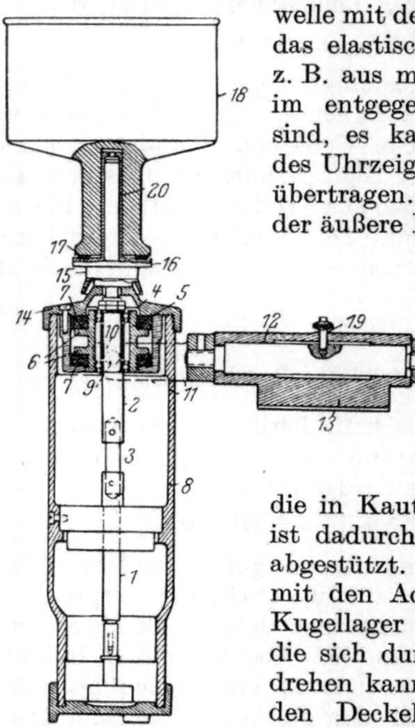

Fig. 394.

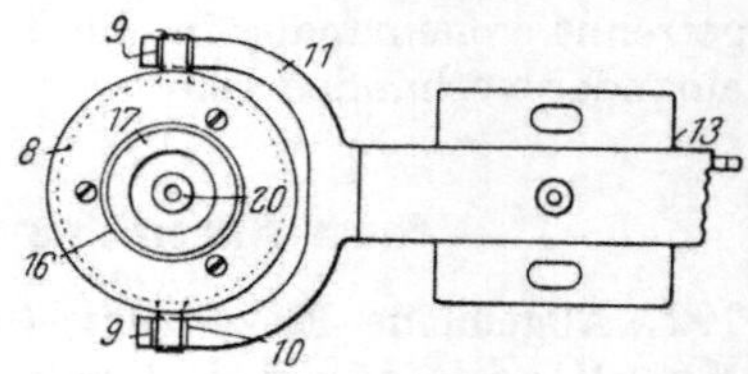

Fig. 395.

704. Dieselbe. Lagerung des Oberteils von Spinnschleudern. D.R.P. 430035 Kl. 29a vom 13. VII. 1924.

Die vorliegende Erfindung betrifft eine besondere Ausbildung der äußeren und inneren Lagerung des oberen Teils einer Spinnschleuder und besteht im wesentlichen in der Anordnung eines mit einem Mittelflansch versehenen Außenlaufringes eines Halskugellagers und in einem in der Höhe dieses Lagers angeordneten, allseitig beweglichen Hängelager, wobei eine an sich bekannte zweiteilige Schleuderspindel benutzt ist. Die Ausladung dieses Hängelagers ist dabei so bemessen, daß mehrere solcher Spinnschleudern in einem Abstand voneinander aufgebaut werden können, der lediglich einen schmalen Spalt zwischen den Spinntöpfen zuläßt.

Fig. 396 zeigt einen teilweise senkrechten Schnitt durch den Oberteil einer Spinnschleuder, Fig. 397 einen teilweise geschnittenen Grundriß zu Fig. 396. Der Außenlaufring *a* des Halskugellagers ist mit einem

Flansch *b* versehen, dessen äußere Mantelfläche durch in die Wandung des Kugellagergehäuses *c* eingelassene geeignete Körper, z. B. Federn *d*, Gummiringe od. dgl. elastisch zentrisch gehalten wird, während die Unterseite des Flansches *b* ebenfalls auf elastischen Körpern *f* (Federn oder Gummipuffern) elastisch aufliegt und die kugelig gekrümmte Oberseite des Flansches *b* zu einem Längskugellager *g* ausgebildet ist, welches jedoch, da der Laufring *a* nicht an der Drehung teilnimmt, nur dazu dient, seitliche Verschiebungen des Flansches *b* reibungslos zu ermöglichen. In die Spindel *h* ist ein Universalgelenk *u* eingeschaltet, dessen Mittelpunkt gleichzeitig der Schwenkmittelpunkt des Flansches *b* ist. Durch diese Anordnung und Ausbildung des inneren Halskugellagers wird eine empfindliche Einstellung der rasch laufenden Spindel bzw. des Spinntopfes *q* ermöglicht. Die Einstellung des inneren Halslagers wird noch dadurch verfeinert, daß das Gehäuse *i* mittels ungefähr in der Höhe des Flansches *b* angebrachter äußerer Zapfen *k* in einer Gabel *l* ruht, welche mit ihrem Zapfen *m* in einem Stehlager *n* drehbar befestigt ist, das infolge der an dem Lagerfuß *o* vorgesehenen Löcher *p* rasch und bequem auf den die Spinnschleudern tragenden Balken der Spinnerei befestigt oder von ihnen entfernt werden kann.

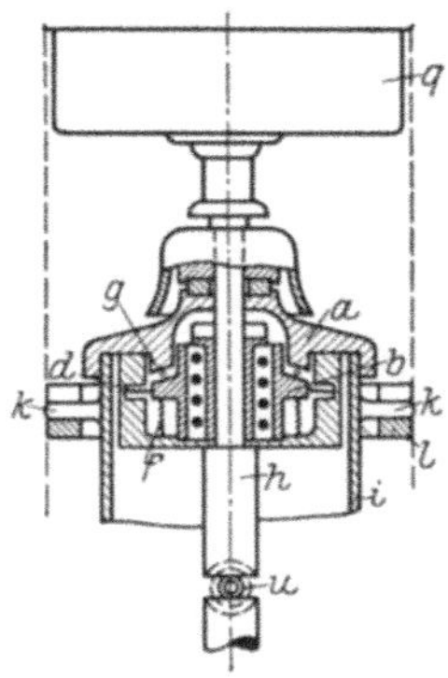

Fig. 396.

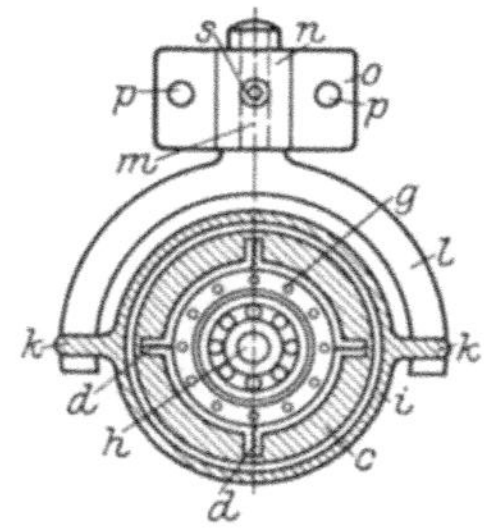

Fig. 397.

Patentansprüche: 1. Lagerung des Oberteils von Spinnschleudern, dadurch gekennzeichnet, daß das innere Halskugellager am Außenring *a* einen Flansch *b* besitzt, der an seinem Umfang durch elastische Körper *d* zentrisch, an seiner Unterseite ebenfalls durch elastische Körper *f* beweglich abgestützt ist und dessen Oberseite als Scheibe eines die Schwenkung der Schleuderspindel ermöglichenden Pendel-Längskugellagers *g* dient, während das in gleicher oder ungefähr gleicher Höhe angeordnete und eine allseitige Bewegung der ganzen Schleuder zulassende äußere Lager durch eine um einen waagerechten Mittelzapfen *m* drehbare Gabel *l* gebildet ist, in deren mit oben offenen Lagerstellen versehenen Enden die Spinnschleuder mit ihren seitlichen Zapfen *k* herausnehmbar eingelagert ist.

2. Lagerung nach Anspruch 1, dadurch gekennzeichnet, daß die Spindel *h* durch ein Universalgelenk *u* unterbrochen ist, dessen Mittelpunkt gleichzeitig den Schwenkmittelpunkt für das am Flansch *b* des Halslagers vorgesehene Pendel-Längskugellager *g* bildet.

3. Lagerung nach Anspruch 1, dadurch gekennzeichnet, daß die Ausladung der am Schleudergehäuse *i* vorgesehenen Zapfenlagerung *k*, *l* nicht größer als der Durchmesser des Spinntopfes *q* ist.

4. Lagerung nach Anspruch 1, dadurch gekennzeichnet, daß der Griff des zum Verschließen des Gabelzapfenschmierlochs dienenden Stöpsels so lang ist, daß er bei Umkehrung des Stöpsels in eine dem Schmierloch gegenüberliegende Bohrung des Gabelzapfens eindringt.

Nach Seibel.

705. F. Seibel, Charlottenburg. (Berlin-Karlsruher-Industrie-Werke A.-G., Berlin-Borsigwalde.) Topfspindel für Kunstseidespinnmaschinen.

Ver. St. Amer. P. 1554299 vom 22. IX. 1925, angem. 24. XI. 1924.

Die Dämpfung der schädlichen Schwingungen sowohl der Spindel als auch des Spinntopfes erfolgt gemäß der Erfindung dadurch, daß eine federnde Abstützung des unteren Spurlagers mit einer allseitig federnden Halslagerung derartig zusammenwirkt, daß der tiefliegende Schwerpunkt des sich drehenden Systems das Zustandekommen eines wesentlichen Teiles der Schwingungen verhindert, die bei Überschreitung der kritischen Drehzahl auftreten. Um eine entsprechende Einstellung der Spindelachse ohne Beeinträchtigung des guten Laufes des Rotors des Elektromotors zu ermöglichen, besitzt der Rotor ein schwachgewölbtes (tonnenförmiges) Profil.

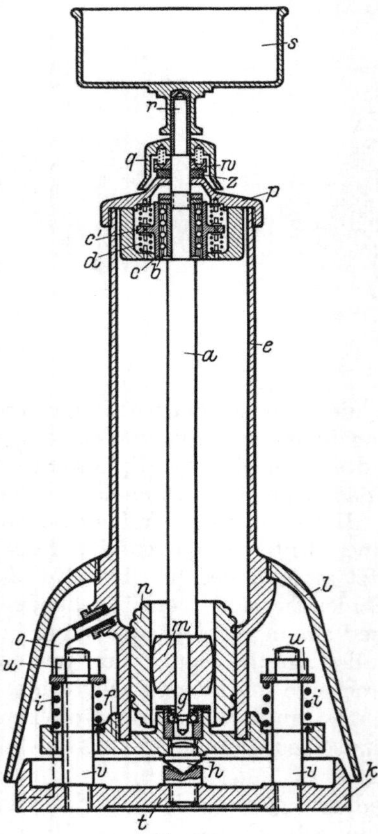

Fig. 398.

Die Spindel *a* (Fig. 398) ist von einem Gehäuse *e* umgeben, welches oben durch einen Deckel *p* abgeschlossen und unten in eine Fußplatte *f* eingeschraubt ist, die mit einer zentralen Spitze *h* auf der mit einem Rand *k* versehenen Grundplatte *t* schwingbar ruht. Das untere Ende der Spindel *a* lagert in einem auf der Innenseite der Fußplatte angeordneten Kugellager *g*, oberhalb dessen der Rotor *m* des Antriebsmotors auf der Spindel befestigt ist, während der zugehörige Stator *n* in dem unteren Teil des Gehäuses festsitzt. Die durch die Zentrifugalwirkung bedingte Einstellung des ganzen auf der Spitze *h* schwingenden Systems erfolgt durch Federn *i*, deren Spannung durch Muttern *u* der in die Grundplatte *t* eingeschraubten Bolzen *v* geregelt wird. Auch das Halslager *b* ist allseitig federnd abgestützt, und zwar infolge der

Anordnung von Federn *d* oder sonstigen elastischen Mitteln, welche von allen Seiten auf einen Flansch *c′* einwirken, der an dem Außenring *c* des Kugellagers sitzt. Der ganze untere Teil der über der Grundplatte schwingenden und sich nicht drehenden Teile ist durch eine an dem Gehäuse *e* befestigte Glocke *l* gegen das Eindringen von Flüssigkeit geschützt. Desgleichen ist oben die aus einer ölgetränkten Filzscheibe *z* und einer darauf liegenden Deckplatte *w* gebildete Abdichtung des aus dem Deckel *p* heraustretenden Endes der Spindel *a* durch eine Haube *q* geschützt. Auf das freie Spindelende *r* ist der Spinntopf *s* aufgesetzt. Die Zuführung der Stromleitung zu dem Elektromotor erfolgt durch ein abgedichtetes Rohr *o*. Die Öffnung des Deckels *p* läßt der hindurchtretenden Spindel Spielraum zur seitlichen Bewegung und ist mit der obenerwähnten Abdichtungsscheibe *z* aus Filz od. dgl. bedeckt, die unter Federdruck steht. Hierdurch wird das Halslager *b* vor dem Eindringen von Säuredämpfen geschützt. Der Rotor *m* besitzt eine schwach tonnenförmige Gestalt, welche ihm gestattet, die Schwingungen der Spindel *a* mitzumachen, ohne den Luftspalt zwischen Rotor und Stator in unzulässiger Weise zu verändern. Die Säule *e* kann in bekannter Weise bis etwa zur Mitte des Halslagers *b* mit Öl gefüllt werden, so daß auch alle im Innern der Säule befindlichen gegeneinander bewegten Teile unter Dauerschmierung stehen. Das Öl bildet gleichzeitig einen guten elektrischen Isolator und verhindert den chemischen Angriff der etwa vorhandenen Säuredämpfe auf die metallischen Teile.

Nach Glanzfäden Akt.-Ges.

706. Glanzfäden-Aktiengesellschaft, Petersdorf i. Riesengeb. Spinntopflagerung.

D.R.P. 456616 Kl. 29a vom 4. VI. 1924; österr. P. 109827; brit. P. 235166.

Die Vorrichtung bezweckt einen ruhigen Lauf des auf einer geteilten Spindel gelagerten Spinntopfes. Zu diesem Zwecke ist auf dem Wellenstumpf *b* (Fig. 399) der unteren, starr gelagerten Welle *a* eine Kreisfläche ausgespart und auf dem unteren Ende der oberen Welle der zentrische Sitz *c* für die Kugel *d* angelegt. Beide Wellenstümpfe sind durch die Schraubenfeder *e* miteinander verbunden. Die obere Welle ist in einem federnden Halslager *f* gelagert und trägt oben den Spinntopf *g*. Beim Umlauf des Topfes zieht sich die Schraubenfeder *e* zusammen, so daß die obere Welle mit dem Spinntopf von der unteren, starr gelagerten Triebwelle mitgenommen wird, wobei die obere Welle entsprechend dem exzen-

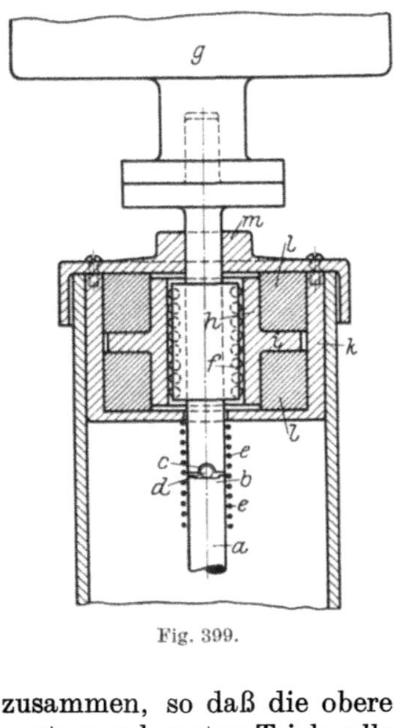

Fig. 399.

trischen Umlauf des Spinntopfes in genau vertikaler Richtung mittels der sie zentrisch tragenden Kugel auf der Kreisfläche des unteren Wellenstumpfs hin und her wandern kann. Hierbei folgt die Schraubenfeder wie auch das federnde Halslager dauernd den auftretenden, genau horizontalen Verschiebungen der oberen Welle. Das Kugellager *f* läuft um in der Kugellagerbüchse *h*, welche mit dem Bund *i* versehen ist. Über und unter dem Bund *i* und die Kugellagerhülse stramm umfassend lagern die beiden starken Kautschukringe *l*, *l*, die ihrerseits durch die Lagerbüchse *k* und den Verschlußdeckel *m* in ihrer Lage gehalten werden. Die Kugellagerbüchse ist demnach mit ihren ganzen Flächen in einen elastischen Umtrieb eingebettet, so daß die mit hoher Geschwindigkeit umlaufenden Gewichtsmassen ihre wirkenden Fliehkräfte ausgleichen können.

Patentansprüche: 1. Spinntopflagerung für die Herstellung von Kunstfäden, dadurch gekennzeichnet, daß die geteilte Spindel aus einem unteren, starr gelagerten, und einem oberen, elastisch gelagerten Wellenstumpf besteht, wobei der obere elastisch gelagerte, den Spinntopf tragende Wellenstumpf mit dem unteren durch seitliche Parallelverschiebung gestattende Verbindungsstücke *d*, *e* gekuppelt ist.

2. Spinntopflagerung nach Anspruch 1, dadurch gekennzeichnet, daß die Verbindung beider Wellenstümpfe dadurch erfolgt, daß in den oberen Wellenstumpf eine Stahlkugel *d* eingelassen ist, welche bei einer gegenseitigen Verschiebung der Wellenstümpfe auf dem oberen Ende des unteren Wellenstumpfes rollt, die Spindelstümpfe mit der dazwischen befindlichen Stahlkugel durch eine sie umspannende Schraubenfeder *e* zusammengehalten sind und das elastische Halslager *f*, *h*, *i* in an sich bekannter Weise entweder in Stahlfedern oder in einem elastischen Stoff, z. B. Kautschuk, eingebettet ist.

707. **Dieselbe.** Spinntopflagerung.

D.R.P. 457689 Kl. 29a vom 29. VI. 1924, Zusatz zum D.R.P. 456616; österr. P. 109827; brit. P. 236173.

Das Neue gegenüber dem Hauptpatent (siehe vorstehend) besteht darin, daß das zur elastischen Kupplung der geteilten Wellen dienende Glied nicht aus einer Feder, sondern aus Kautschuk besteht, so daß stark exzentrische Spinntöpfe mit beliebig hoher Umdrehungszahl (beispielsweise 10000 Umdrehungen) gewählt werden können. Die untere, starr gelagerte Welle *a* (Fig. 400) trägt auf ihrem oberen Ende einen teller- oder tassenartigen Ansatz. Die obere elastisch gelagerte Welle *b* ist an ihrem unteren Ende in gleicher Weise ausgestaltet. Zwischen den beiden Ansätzen und in diese hineingreifend ist ein zylindrisches Stück Kautschuk *c* eingepaßt, welches durch die Stifte *d* an den Rändern der Aufsatzstücke festgehalten wird.

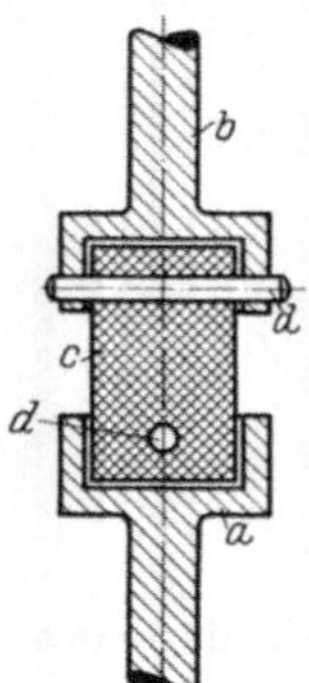

Fig. 400.

Patentanspruch: Spinntopflagerng nach Patent 456616, dadurch gekennzeichnet, daß die Verbindung der Spindelteile und die seitliche Parallelverschiebbarkeit der oberen zur unteren Spindelachse durch ein Zwischenstück aus einem elastischen Stoff, z. B. Kautschuk, erzielt ist.

Nach Siemens-Schuckertwerke Akt.-Ges.

708. Siemens-Schuckertwerke Akt.-Ges., Berlin-Siemensstadt. Traganordnung, insbesondere für Spinnzentrifugen.

D.R.G.M. 997993 Kl. 29a vom 17. XII. 1924.

Das verbreiterte Lagerschild des Antriebsmotors für Spinnzentrifugen ruht auf einem nachgiebigen, aber nicht elastischen ringförmigen Schlauch, der zum Teil mit einer Flüssigkeit gefüllt ist. Zur Dämpfung der Pendelbewegungen können z. B. noch Querwände mit schmalen Durchlaßöffnungen in den Schlauch eingesetzt sein. (1 Zeichnung.)

709. Dieselbe. Lagerung für von der Bodenseite aus angetriebene Spinntöpfe.

D.R.P. 464385 Kl. 29a vom 18. XII. 1924.

Beim Umlauf der von der Bodenseite angetriebenen Spinntöpfe, die eine feste Verbindung des Spinntopfes mit dem Antriebsmotor haben, entstehen leicht Schwingungen, die ein Schleudern zur Folge haben und schädigend auf die Lager einwirken. Dieser Nachteil wird dadurch vermieden, daß man den Spinntopf mit dem Antrieb kuppelt und so anordnet, daß sich seine Achse frei einstellen kann. Als Kupplungsmittel läßt sich z. B. ein flüssiges oder gasförmiges Mittel verwenden, oder es kann eine magnetische Kupplung zwischen der treibenden und der angetriebenen Welle Verwendung finden. Der Spinntopf *1* (Fig. 401) wird mit seiner Welle *11* vom Motor *2* mit seiner Welle *12* über eine nachgiebige Kupplung *3* angetrieben. Der Spinntopf *1* ist dabei unabhängig vom Antrieb mit einer Kalotte *4* auf einem entsprechenden Kugellager *5* gelagert. Der Schwerpunkt *6* des Spinntopfes mit seinem Lager liegt dabei z. B. in der Nähe des Punktes *7*, um den der Spinntopf infolge seiner Lagerung schwingen kann, so daß der Spinntopf wie ein Kreisel wirkt. Die nachgiebige Kupplung *3*, die z. B. aus einer biegsamen Welle besteht, kann in den verschiedensten Formen ausgeführt werden. Weitere Ausführungsbeispiele sind beschrieben.

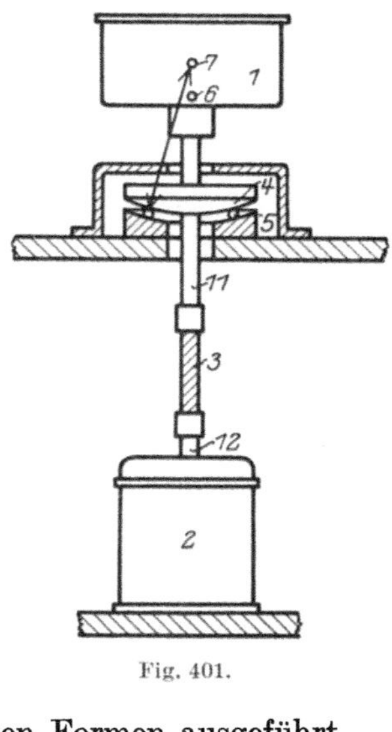

Fig. 401.

Patentansprüche: 1. Lagerung für von der Bodenseite aus angetriebene Spinntöpfe, dadurch gekennzeichnet, daß der Spinntopf für sich so gelagert ist, daß er sich in an sich bekannter Weise frei in seine Schwerpunktsachse einstellen kann, wobei der Antriebsmotor unabhängig vom Spinntopf gelagert und mit dessen Welle nachgiebig gekuppelt ist, und wobei ferner die treibende Welle vom Gewicht des Spinntopfes entlastet ist.

2. Spinntopflagerung nach Anspruch 1, dadurch gekennzeichnet, daß der Spinntopf so gelagert ist, daß sein Schwerpunkt mit dem Punkt, um den die sich einstellende Achse des Spinntopfes schwingt, zusammenfällt oder in seiner Nähe liegt.

3. Spinntopflagerung nach den Ansprüchen 1 und 2, dadurch gekennzeichnet, daß die nachgiebige Kupplung eine relative Verdrehung zwischen der antreibenden und der angetriebenen Welle oder auch eine radiale Verschiebung der beiden Wellen gegeneinander oder auch eine Neigung der einen Welle gegen die andere gestattet.

4. Spinntopfantrieb nach den Ansprüchen 1—3, gekennzeichnet durch ein flüssiges oder gasförmiges Kupplungsmittel.

5. Spinntopfantrieb nach den Ansprüchen 1—3, gekennzeichnet durch eine lose magnetische Kupplung zwischen der treibenden und der angetriebenen Welle.

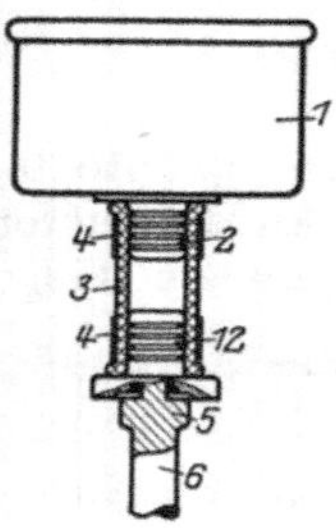

Fig. 402.

710. Dieselbe. Kunstseidespinnzentrifuge mit einer Lagerung zwischen Antriebswelle und Spinntopf.

D.R.G.M. 978551 Kl. 29a vom 23. IV. 1926.

Fig. 402 zeigt einen Spinntopf *1*, der von der Welle *6* angetrieben wird. Das Aufsatzstück ist in zwei Teile *2* und *12* unterteilt, die durch ein elastisches Zwischenglied, z. B. einen Gummischlauch *3*, miteinander verbunden sind. Der Schlauch ist mit Drahtumwicklungen *4* auf den beiden Teilen *2* und *12* festgelegt. Das Aufsatzstück *12* sitzt in bekannter Weise zentrisch auf dem Dorn *5* der Welle *6* und wird zum Entfernen des Topfes mit von der Welle abgezogen.

Nach Senftleben.

711. A. Senftleben. Berlin-Schlachtensee. Vorrichtung zur nachgiebigen Befestigung des Spinntopfes auf der Spindel.

D.R.P. 438201 Kl. 29a vom 3. II. 1925.

Die Erfindung kennzeichnet sich im wesentlichen dadurch, daß der mit elastischer Unter- und Zwischenlage versehene, mit einem Zapfen in einer Bohrung des Spindelkopfes geführte Spinntopf hakenförmige Ansätze hat, die durch Ausschnitte des scheibenförmig gestalteten Spindelkopfes hindurchgreifen und beim Verdrehen des Spinntopfes gegenüber der Spindelkopfscheibe den Topf gegen diese anpressen. Der Spinntopf *d*, *l* (Fig. 403) hat einen Zapfen *e*, auf den zur Erzielung senkrechter wie seitlicher Abfederung eine zu einem Stücke vereinigte entsprechend geformte Unterlage *i* und Zwischenlage *c* gesteckt wird.

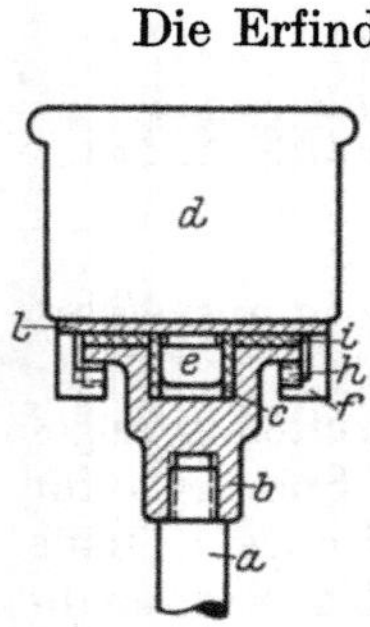

Fig. 403.

Als Stoff für *i* und *c* wird vorzugsweise eine elastische und säurebeständige Masse gewählt. Der Zapfen *e* des Spinntopftellers sowie die Zwischenlage *c* werden in der zentralen oberen Bohrung des auf der Spindel *a* sitzenden Spinnkopfes *b* aufgenommen. Der Spinnteller *l* des Spinntopfes *d* hat hakenförmige Ansätze *f* mit keilförmig ansteigenden Flächen. Der Spindelkopf *b* ist an seinem oberen Ende scheibenförmig ausgebildet und mit Ausschnitten *k* (Fig. 403a) versehen, deren lichte Weite etwas größer gehalten wird als die Breite der Ansätze *f*, damit die Ansätze beim Aufsetzen oder Abnehmen des Spinntopfes durch die Ausschnitte *k* hindurchtreten können. Die übrigbleibenden herausragenden Teile *h* des Spindelkopftellers sind an ihrer Unterfläche keilförmig ausgebildet und legen sich gegen die Keilflächen der Ansätze *f*. Durch Aufschieben der Keilflächen aufeinander wird der Topf infolge seines Beharrungsvermögens beim Wachsen der Umlaufgeschwindigkeit gegen die elastische Unterlage *i* gedrückt, und zwar um so mehr, je mehr sich die keilförmigen Flächen aufeinander aufschieben. Beim Bremsen der Spindel löst sich der Topf von selbst, indem die Keilflächen voneinander abgleiten; der Topf kann dann abgenommen werden, sobald sich die Ansätze *f* den Ausschnitten *k* im Spindelkopf *b* völlig gegenüber befinden.

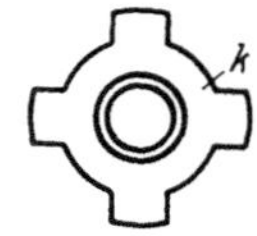

Fig. 403 a.

Patentanspruch: Vorrichtung zur nachgiebigen Befestigung des Spinntopfes auf der Spindel, dadurch gekennzeichnet, daß der mit elastischer Unterlage *i* und Zwischenlage *c* versehene, mit einem Zapfen *e* in einer Bohrung des Spindelkopfes *b* geführte Spinntopfteller *l* hakenförmige Ansätze *f* hat, die durch Ausschnitte *k* des scheibenförmig gestalteten Spindelkopfes *b* greifen und sich beim Drehen des Spinntopfes *d* mit keilförmigen Flächen unter keilförmig ausgebildete Flächen *h* des Spindelkopfes legen und je nach der Umlaufsgeschwindigkeit des Spinntopfes ein mehr oder weniger starkes Anpressen zwischen Spinntopf *d* und Spindelkopf *b* herbeiführen.

Nach Siegheim.

712. F. Siegheim, Berlin. Lagerung für die Spindel von Spinntöpfen mit Einzel-Elektromotorantrieb und getrennter Antriebs- und Arbeitsspindel.

D.R.P. 441280 Kl. 29a vom 13. IX. 1925 (Prior. Engl. vom 27. III. 1925); brit. P. 258286; franz. P. 613789.

Die Lagerung der Arbeitsspindel nimmt nicht nur radiale, sondern auch axiale Drucke auf, und zwischen der Lagerung der Arbeits- und Antriebsspindel ist ein federndes Mittel als Entlastung angeordnet. Eine besondere Ausführungsform der Erfindung besteht darin, daß zwischen den beiden Spindeln federnde Mittel mit einer Vorspannung eingesetzt sind, die zu der axialen Belastung der Spindeln in ein gewolltes Verhältnis gebracht ist. Als weiteres Entlastungsmittel kann noch eine allseitig nachgiebige Kupplung zwischen den Spindeln eingeschaltet werden, oder man lagert die Antriebsspindel einseitig, und zwar nur unterhalb ihres Schwerpunktes. In Fig. 404 ist die Erfindung in beispielsweiser Ausführungsform veranschaulicht. Auf dem Gehäuse *a* befindet sich der Gehäusedeckel *b*. Die Lagerung für die Antriebsspindel *c* ist innerhalb des Befestigungsbolzens vom Gehäuse untergebracht, und auf diese Antriebsspindel *c* ist der Rotor *f* fest aufgesetzt, der in dem Stator *e* läuft. Die Spindel *c* sitzt in einer Ölbuchse *g*, durch deren konische Ausbildung ein selbsttätiger Ölumlauf stattfindet. Die Lagerung der Abtriebsspindel *c* erfolgt durch das Kugellager *h* sowie durch einen verjüngten zylindrischen Führungszapfen *q*, welcher auf einer Kugel *p* in der Bohrung einer einstellbaren Lagerschraube *o* läuft. Als besonders vorteilhaft ist die Unterbringung der Lagerung der Antriebsspindel *c* innerhalb des als Befestigungsbolzen dienenden unteren Teiles des Gehäuses *a* anzusehen. Hierdurch erhält man eine außerordentlich geringe Bauhöhe der ganzen Vorrichtung und hat gleichzeitig eine denkbar einfache Befestigungsmöglichkeit dieser an der Maschine. Die Arbeitsspindel *d* ist in der Bohrung des Deckels unter Verwendung der Kugellager *i* und *k* gelagert. Die beiden Spindeln *c* und *d* sind durch eine in seitlicher und axialer Richtung nachgiebige Kupplung verbunden, die aus zwei Teilen besteht, nämlich aus der Leder- oder Gummischeibe *l* und dem Mitnehmerstift *m*. Ferner ist zwischen den beiden Spindeln noch eine als Entlastungsmittel dienende Feder *n* angeordnet. Auf dem Ende der Arbeitsspindel *d* ist eine Kappe *r* angeordnet, die einmal zur Mitnahme des aufzusetzenden Spinntopfes und gleichzeitig als Schutzhaube gegen das Eindringen von Säuredämpfen dient. Unter dem Flansch des Gehäuses *a* sind Gummipuffer *s* vorgesehen, die in Gemeinschaft mit der auf der Unterlegscheibe *t* angeordneten Gummiplatte *u* eine elastische Befestigung des ganzen Antriebes auf der Spinnmaschine ermöglichen. Durch die axiale relative Verschiebbarkeit der Spindeln zueinander werden axiale Lageverschiebungen der einen Spindel von der zwischen den Spindeln befindlichen Feder aufgenommen, bevor sie sich auf die andere Spindel übertragen können. Ferner findet bei Belastung der Arbeitsspindel *d* mit dem Topf oder dem Spinngut kein Druck auf die zur Lagerung der Arbeitsspindel *d* dienenden Kugellager *i* und *k* statt, dieser Druck wird vielmehr von der Feder *n* elastisch aufgefangen. Aus diesem Grunde können die Kugellager auch eine verhältnismäßig geringe Abmessung haben, die eine Erwärmung selbst bei einer Drehzahl von 8000 in der Minute nicht eintreten lassen, wie dies bei derartigen Maschinen sonst der Fall ist.

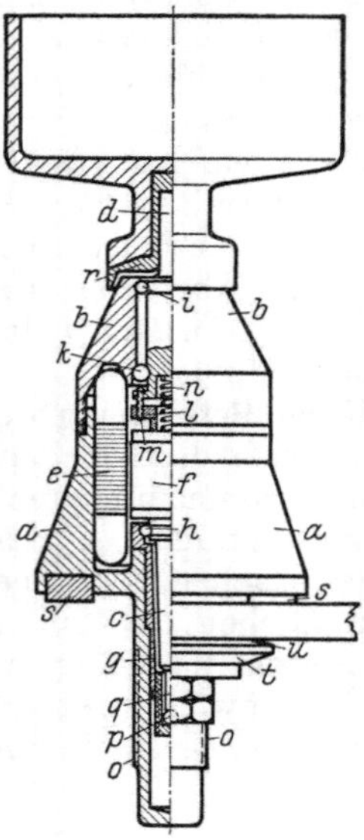

Fig. 404.

Patentansprüche: 1. Lagerung für die Spindel von Spinntöpfen mit Einzel-Elektromotorenantrieb und getrennter Antriebs- und Arbeitsspindel, dadurch gekennzeichnet, daß die Lagerung für die Arbeitsspindel *d* eine Verschiebung dieser Spindel gegenüber dem Gehäuse *b* innerhalb der Lagerreihen *i*, *k* zuläßt, und das Lager nicht nur radiale, sondern auch axiale Drucke aufnimmt, wobei die Größe der axialen Drucke durch ein zwischen der so gelagerten Arbeitsspindel und der Antriebsspindel *c* angeordnetes federndes Mittel *n* einstellbar ist.

2. Topfspindel nach Anspruch 1, dadurch gekennzeichnet, daß die zwischen den beiden Spindeln angeordneten federnden Mittel mit einer Vorspannung eingesetzt sind, die zu der axialen Belastung der Spindel in ein gewolltes Verhältnis gebracht ist.

3. Topfspindel nach Anspruch 1 und 2, dadurch gekennzeichnet, daß neben der als Entlastungsmittel dienenden Feder *n* noch eine allseitig nachgiebige Kupplung *l*, *m* zwischen den beiden Spindeln eingeschaltet ist.

4. Topfspindel nach Anspruch 1, dadurch gekennzeichnet, daß die Antriebsspindel *c* einseitig, und zwar nur unterhalb ihres Schwerpunktes gelagert ist.

In dem franz. P. und dem

Brit. P. 258603 vom 16. IX. 1926 (Prior. vom 16. IX. 1925).

ist die Arbeits- und Antriebsspindel durch eine Scheibe aus Leder oder Kautschuk verbunden, oder die beiden Spindeln bilden ein Ganzes, das auf einer Feder ruht. (4 Zeichnungen.)

Nach Huttinger.

713. Ch. A. Huttinger, Lakewood, Ohio (Acme Rayon Corporation, Cleveland, Ohio). Spinntopf für Kunstseide.

Ver. St. Amer. P. 1598281 vom 31. VIII. 1926, angemeldet 1. VIII. 1925.

Der Spinntopf besteht aus Bakelit. Durch schwalbenschwanzförmige Ansätze am Boden greift er in entsprechende Ausnehmungen einer metallenen Unterlagsplatte ein, wodurch eine feste Verbindung zwischen Topf und Unterlage geschaffen ist. Um das Abfliegen des Topfs von der ihn in Bewegung setzenden Welle zu verhindern, trägt die Unterlagsplatte in der Nähe des Randes einen nach unten vorspringenden ringförmigen Ansatz mit innen umlaufender Nut. In diese Nut greift ein in einem Ansatz der den Spinntopf bewegenden Welle angeordneter Gummiring ein, der durch die Fliehkraft ausgedehnt Antrieb und Topf gegeneinander festhält. Eine ähnliche Gummidichtung ist zum Festhalten des Spinntopfdeckels vorgesehen. Der Spinntopfdeckel wird ferner durch einen Spreizring festgehalten, dessen umgebogene Enden an Knöpfen auf dem Deckel befestigt werden können. (6 Zeichnungen.)

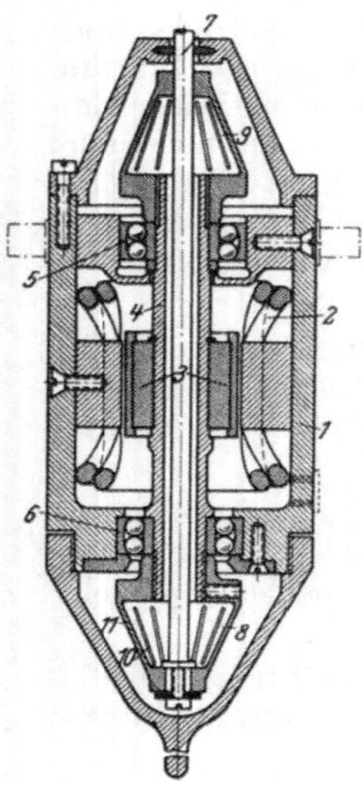

Fig. 405.

Nach Soieries de Strasbourg und Bronnert.

714. Soieries de Strasbourg, S. A. und E. Bronnert, Straßburg. Verbesserungen an durch einen Motor angetriebenen schnellaufenden Spindeln.

Brit. P. 261849 vom 28. VIII. 1925.

Die Einrichtung dient vorzugsweise für Spinnzentrifugen. In dem Gehäuse *1* (Fig. 405) befindet sich der Stator *2* und der Rotor *3*. Der Rotor trägt das hohle Rohr *4* mit dem Kugellager *5*, *6*. Durch das Rohr *4* geht die Spindel *7*, die an ihrem oberen Ende den Spinntopf trägt. Das untere Ende der Spindel *7* ist mit dem elastischen Zwischenstück *8* verbunden, welches durch Schlitze *10* in einzelne, die Elastizität erhöhende Streifen *11* zerlegt ist. Ein ähnlich eingerichtetes Zwischenstück *9* befindet sich am oberen Ende des Rohrs *4*. Die Spindel kann so bei hoher Tourenzahl sich frei in die Drehachse des Systems einstellen und schädliche Schwingungen werden vermieden.

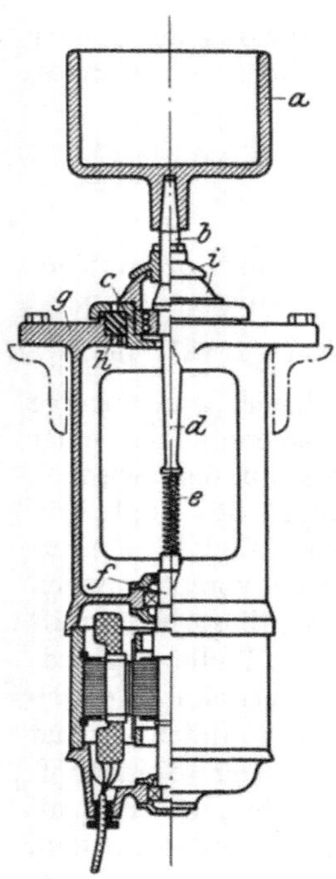

Fig. 406.

Nach S. A. Constructions Electriques Patay.

715. S. A. Constructions Electriques Patay, Lyon. Verbesserungen an elektrisch angetriebenen Zentrifugen.

Brit. P. 270723 vom 4. V. 1927 (Prior. Frankr. 7. V. 1926); franz. P. 629562.

Die den Spinntopf *a* (Fig. 406) tragende Spindel *b* bewegt sich in dem Kugellager *c*. Zwischen ihm und dem Gehäuse *g* ist ein Gummiring *h* vorgesehen. Der untere Teil *d* der Spindel ist durch eine Feder *e* mit der Welle *f* des Motors verbunden. Die Feder *e*, die auch durch ein anderes elastisches Stück ersetzt werden kann, zieht dauernd die Spindel nach unten. Ein Deckel *i* schließt die Einrichtung gegen das Eindringen von Säuredämpfen ab. Die Anordnung der Feder und des elastischen Spindellagers soll schädliche Schwingungen und Spannungen des Spinntopfantriebs verhindern. Bei einer kompakteren Bauart der Vorrichtung sind die Feder *e* und Teil *d* der Spindel in einer Bohrung innerhalb des Antriebsmotors angebracht. Eine Klauenkupplung, deren unterer Teil an der Motorwelle und deren oberer Teil an der Spindel *b* angebracht ist, dient zur Schonung der Feder beim Anlassen und Stillsetzen.

Nach N. V. De Vereenigde Ijzerfabrieken „De Vijf“.

716. N. V. De Vereenigde Ijzerfabrieken „De Vijf“, Doetinchem, Holl.

Spinntopfantrieb.

D.R.P. 458908 Kl. 29a vom 5. IV. 1927 (Prior. Niederl. vom 12. V. 1926); belg. P. 341295; brit. P. 271060; österr. P. 112833; schweiz. P. 125436.

Nach der Erfindung wird nur die Welle, die den Spinntopf trägt, und nicht die ganze Antriebsvorrichtung auf und nieder bewegt. Man kann die Welle, welche den Spinntopf trägt, in einer hohlen Welle oder Büchse, welche mit der erstgenannten Welle mittels Nut und Feder verbunden ist, vertikal verschiebbar anordnen. Die gegenseitige Verschiebung von Spindel und Büchse kann durch Verwendung auf der Spindel vorgesehener gegenläufiger Gewinde in Zusammenarbeit mit axial unverschiebbaren Zapfen oder mittels Exzenter oder endlich durch mit Hubkurven versehene Steuertrommeln erzeugt werden.

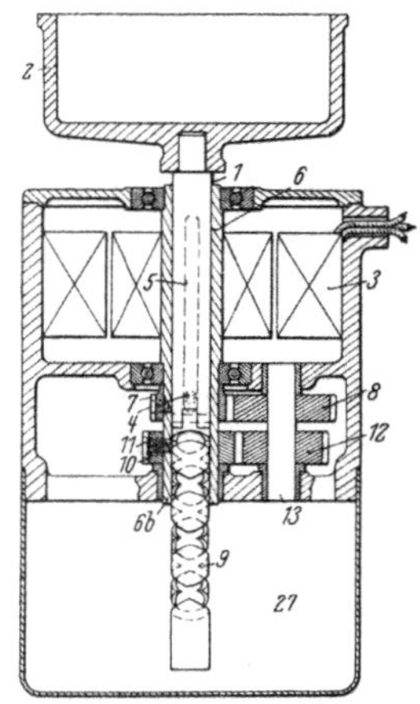

Fig. 407.

Fig. 407 zeigt einen senkrechten Schnitt durch einen Spinntopfantrieb, weitere Ausführungsformen sind in der Patentschrift dargestellt. Auf dem oberen Ende der Welle *1* ist ein Spinntopf *2* gelagert. Eine Büchse *6* umgibt die Welle *1* und ist mittels langer Nut *5* und Feder *4* axial verschiebbar mit ihr verbunden. Auf der Büchse ist der Rotor des Antriebsmotors *3* befestigt. Am Unterende trägt die Büchse *6* ein Zahnrad *7*, das mit einem Zahnrad *8* auf einer parallel zur Spindel *1* gelagerten Welle *13* kämmt. Der untere Teil *9* der Welle *1* ist mit je einer links- und rechtsgängigen Gewindenut versehen, deren obere und untere Enden ineinander übergehen. In diese Nut greift ein Zapfen *10* ein, der mit dem Zahnrad *11* verbunden ist. Zahnrad *11* sitzt fest auf einer drehbar gelagerten Büchse *6b*, die gegen axiale Verschiebung gesichert ist. Das Zahnrad *11* kämmt mit einem zweiten Zahnrad *12* auf der Welle *13*. Die Zahnräder *8* und *12* sind fest auf der Welle *13* und haben ebenso wie die Zahnräder *7* und *11* verschiedene Anzahl Zähne.

Diese Vorrichtung arbeitet wie folgt: Die Büchse *6* nimmt mittels Keil *4* die Welle *1* mit gleicher Drehzahl mit. Infolge der verschiedenen Übersetzungsverhältnisse zwischen den Zahnrädern *7*, *8* einerseits und *11*, *12* andererseits findet eine relative Verdrehung der Welle *1* gegen das Zahnrad *11* statt. Demzufolge zwingt der im Rade *11* feste Zapfen die Welle *1* entsprechend der Steigung der Schraubennut auf und nieder zu gehen. Durch die richtige Wahl der Zähnezahl der Zahnräder *7*, *8*, *11* und *12* wird man also das Verhältnis zwischen der Anzahl Drehungen der Welle *1* und der Anzahl Auf- und Niederbewegungen einstellen können.

Eine weitere Einstellung dieser Bewegungsgröße ist der untere Teil *9* der Spindel *1*, auswechselbar mit der Welle *1* befestigt, so daß ein Wellenteil mit einer anderen Steigung der Schraubennut eingesetzt werden kann. Hierdurch ergibt sich gleichzeitig der Vorteil, daß der Teil *9*, der sich abnutzt, leicht ausgewechselt werden kann.

Bei einer anderen Ausführungsform ist die Büchse *6* am Unterende mit einer Schnecke versehen. In diese greift ein Schneckenrad ein, das wieder mit einer Kurbelscheibe verbunden ist. Die Bewegung dieser Kurbelscheibe wird mittels einer Zugstange auf einen Hebel übertragen, der eine schwingende Bewegung ausüben kann. Mittels einer zweiten Zugstange wird die Welle *1* auf und nieder bewegt.

Bei einer weiteren Ausführungsform wird die Drehbewegung der Büchse *6* unter Verwendung einer ein- oder mehrfachen Schnecken- und Schneckenradübertragung auf einen Steuerzylinder übertragen, welcher an seinem Umfang mit einer Nut versehen ist, in welche eine Rolle eingreift. Die Rolle ist an einer gleitend geführten Stange befestigt. Zufolge der Form der Nut enthält die Stange eine Auf- und Niederbewegung, welche mittels Hebels auf eine zweite Stange übertragen wird. Diese ist an ihrem Oberteil mit einem Kugelkopf versehen, der in eine entsprechende Höhlung der Welle *1* paßt.

Patentansprüche: 1. Spinntopfantrieb, dadurch gekennzeichnet, daß die den Spinntopf *2* tragende Welle *1* eine Auf- und Niederbewegung ausführt, während der Antrieb des Spinntopfes unverschiebbar gelagert ist.

2. Spinntopfantrieb nach Anspruch 1, dadurch gekennzeichnet, daß die den Spinntopf *2* tragende Welle *1* in einer hohen Welle oder Büchse *6* senkrecht verschiebbar angeordnet ist und mit dieser durch Nut *5* und Feder *4* in Längsrichtung verschiebbar verbunden ist.

3. Spinntopfantrieb nach Anspruch 1 und 2, dadurch gekennzeichnet, daß das untere Ende *9* der Spinntopfwelle *1* mit an den Enden ineinander übergehendem links- und rechtsgängigen Schraubengewinde versehen ist, in welches ein Zapfen *10* eingreift, der mit einem auf der Welle *9* drehbar gelagerten Zahnrad *11* fest verbunden ist, das seinerseits mit einem auf der den oberen Teil der Spinntopfspindel umgebenden Büchse *6* festen Zahnrad *7* durch ein Zahnradvorgelege mit verschiedener Zähnezahl *8*, *12* gekuppelt ist, das auf einer zur Spinntopfwelle parallelen Welle *13* gelagert ist.

4. Spinntopfantrieb nach Anspruch 3, dadurch gekennzeichnet, daß der untere Teil *9* der Welle *1* auswechselbar ist.

5. Spinntopfantrieb nach Ansprüchen 1 und 2, dadurch gekennzeichnet, daß die Welle *1* drehbar mit einer Zugstange verbunden ist, welche an einem Hebel angelenkt ist, der wiederum mit einer Vorrichtung in Verbindung steht, die dem Hebel eine schwingende Bewegung erteilt.

6. Spinntopfantrieb nach Ansprüchen 1, 2 und 5, dadurch gekennzeichnet, daß das freie Ende des Hebels mit einer Zugstange verbunden ist, die ihrerseits an eine exzentrische Scheibe angelenkt ist, die mittels ein- oder mehrfacher Schneckenradübersetzung von der die Spinntopfspindel *1* umgebenden, an ihrem unteren Ende als Schnecke ausgebildeten Büchse in Drehung versetzt wird.

7. Spinntopfantrieb nach Ansprüchen 1, 2 und 5, dadurch gekennzeichnet, daß die Auf- und Niederbewegung der den Spinntopf tragenden Welle *1* mittels einer mit einer Führungskurve versehenen Steuertrommel erfolgt, die mit einem Zapfen usw. an einer mit dem Bewegungshebel für die Spinntopfwelle *1* verbundenen Schubstange zusammenarbeitet.

Nach Brandwood und Holt.

717. J. Brandwood und Th. W. Holt. Verbesserungen an Spinntöpfen für das Spinnen von Kunstseide.

Brit. P. 287183 vom 13. IX. 1926.

Der Spinntopf besteht aus dem Boden *A* (Fig. 408) und der Glocke *B*, die durch Bolzen miteinander verbunden sind. An dem Boden sitzt die zylindrische Führung *3*, in welche der Kopf *4* der Antriebswelle *7* hineinragt. Der Kopf *4* hat einen Schlitz *5*, in den der Stift *6* eingreift, der so den Topf mit der Antriebswelle kuppelt. An dem Ständer *10* mit der Muffe *11* und der Schraube *12* sitzt der Arm *13*, der in den Ring *15* ausläuft und von der Blattfeder *14* nach unten gedrückt wird. In dem Ringe *15* hängt das Stück *16* mit dem nach unten gehenden Ansatz *17*. Um die zentrale Öffnung *E* des Deckels *D* ist das Rohr *19* befestigt, um welches die Ringe *20* und *21* angebracht sind, die das Kugellager *22* bilden. Zwischen *21* und *17* ist ein Zwischenraum vorgesehen. Durch das Rohr *19* und seine Fortsetzung *18* wird der Faden in den Spinntopf eingeführt. Ist der Spinntopf in Ruhe, so berührt sich der Ring *21* teilweise mit dem Flansch *17*. Beginnt die Spindel *7* sich zu drehen, so ist die Spinngeschwindigkeit bald erreicht, die Reibung zwischen *21* und *17* ist dann unwesentlich, da das Kugellager *22* in Wirkung tritt. Ist die Höchstgeschwindigkeit erreicht, so stellt sich der Spinntopf senkrecht ein und ein Höherrücken des Spinntopfes wird durch den Ring *15* am Arm *13* verhindert. Soll der Spinnkuchen aus dem Spinntopf entfernt werden, so drückt man den Topf gegen die Feder *14*, der Stift *6* verläßt den Schlitz *5* und *A* kann mit dem Kuchen abgehoben werden.

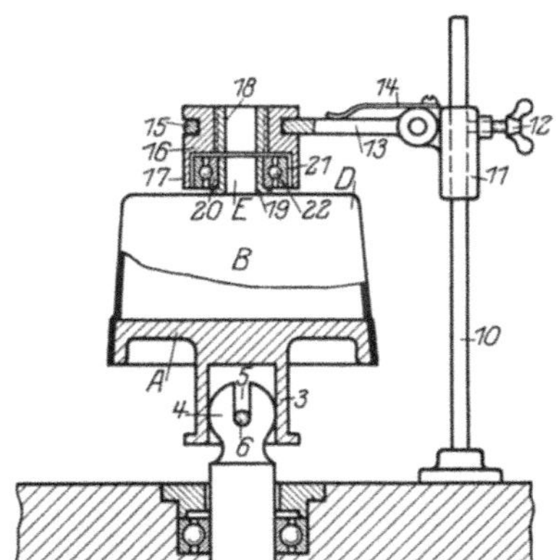

Fig. 408.

Nach Harbens Ltd., Sharples und The General Electric Company.

718. Harbens (Viscose Silk Manufacturers) **Ltd., W. E. Sharples, Golborne und The General Electric Company, London.** Verbesserungen an Spindeln für Kunstseidespinnmaschinen.

Brit. P. 261499 vom 16. IX. 1926.

Spindeln für Spinnzentrifugen wurden bisher in zwei Teilen hergestellt, der obere Teil, der den Spinntopf trägt, lag in elastisch gestützten Trägern und war biegsam mit dem unteren Teil verbunden, der fest gelagert und in geeigneter Weise angetrieben war. Bei vorliegender Anordnung ist ein Führungsrohr an mehreren Punkten seines Umfangs mit der Tragschiene der Spinnschleudern verbunden und hat oben und unten Kugellager für die Laufspindel, mit der ein unabhängig angetriebener Motor biegsam verbunden ist. Fig. 409 stellt einen senkrechten Schnitt durch die Vorrichtung dar. An der über die ganze Länge der Maschine laufenden Tragschiene *g* sind die Platten *f* befestigt. Durch sie hindurch gehen die Führungsrohre *b*, welche mit Kragen *h* und durch sie hindurchgehenden Bolzen *c*, *d* an den Platten *f* befestigt sind. Elastische Zwischenstücke *i*, *j* sorgen für eine nachgiebige Lagerung. Die Antriebsspindel *a* für den Spinntopf läuft in Kugellagern *k*, *m*. Der Motor *n* ist mit *a* durch den biegsamen Schaft *o* verbunden.

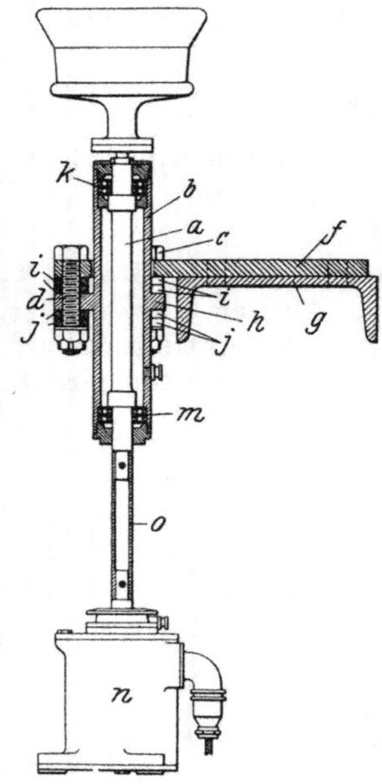

Fig. 409.

Nach Kabelfabrik A.-G.

719. Kabelfabrik A.-G., Bratislava, Tschechoslowakei. Zentrifugenspinnapparat.

Belg. P. 345574 vom 31. X. 1927 (Prior. Deutschl. 1. XI. 1926); franz. P. 643992; vom 29. X. 1927; D.R.G.M. 1011879 Kl. 29a vom 28. X. 1927.

Fig. 410.

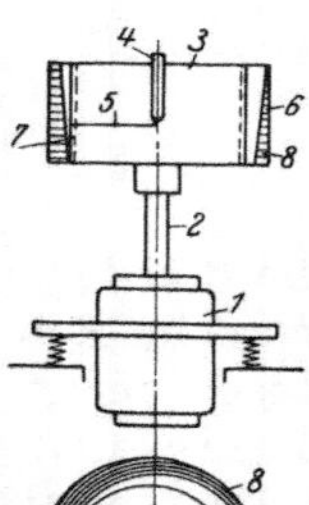

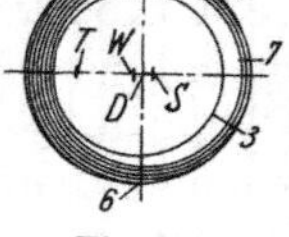

Fig. 411.

Die Erfindung bezweckt, die Relativbewegungen des Spinntopfs gegenüber der raumfesten Spinndüse unter Berücksichtigung der ständig wechselnden Exzentrizität der rotierenden Massen zu beseitigen. Dies geschieht durch eine automatische Massenausgleichvorrichtung, die mit der Welle des Spinntopfes verbunden ist. Vorzugsweise kommt ein Flüssigkeitsausgleicher am Spinntopf zur Anwendung, welcher derart angeordnet wird, daß seine zur geometrischen Wellenachse senkrechte Symmetrieebene ungefähr durch den Schwerpunkt des Spinntopfes hindurchgeht. Die Fig. 410 und 411 geben ein Ausführungsbeispiel der Erfindung. Die elastisch gelagerte Welle *2* des Elektromotors *1* trägt den Spinntopf *3*. *4* ist die auf und ab gehende Spinndüse und *5* der Faden. Durch die Wände *6* und *7* erhält der Spinntopf einen teilweise mit Flüssigkeit *8* gefüllten Ringkanal. Bei schneller Umdrehung nimmt die Flüssigkeit die Form eines Hohlzylinders an, dessen Schwerpunkt *T* auf der Seite der geometrischen Achse *W* liegt. Die mit der Welle verbundene Masse hat ihren Schwerpunkt in *S*, während die ideale Rotationsachse durch *D* geht. Durch diese Anordnung wird somit der Schwerpunkt *S* möglichst an den Punkt *W* herangerückt, d. h. die Exzentrizität vermindert. (9 Zeichnungen.)

Nach Railing und Eley.

720. A. H. Railing und H. J. Eley, Birmingham. Verbesserungen an Zentrifugalapparaten zum Spinnen von Kunstseide.

Brit. P. 286927 vom 15. XII. 1926; Ver. St. Amer. P. 1651683.

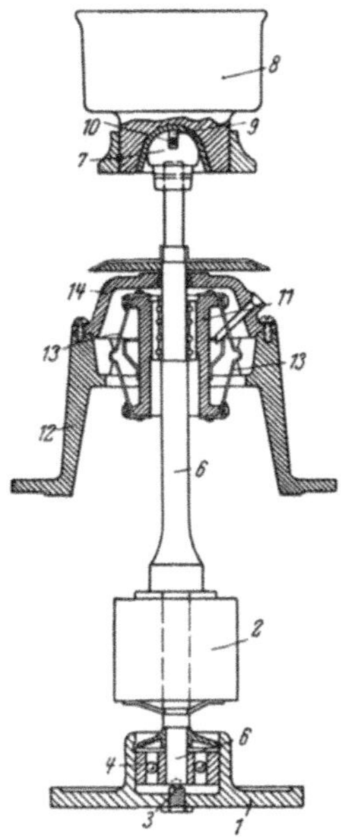

Fig. 412.

Bei dieser Maschine, deren Spinntopf mit der gewünschten Schnelligkeit ohne wesentliche oder schädliche Schwingungen angetrieben werden kann und bei der der Spinntopf sich selbst einstellt, sitzt auf der Grundplatte *1* (Fig. 412), von den Lagern *3* und *4* getragen, der Motor *2* mit der Spindel. Die Spindel *6* hat oben einen halbkugeligen Kopf *7*, auf dem der Spinntopf *8* aufsitzt. Der Kopf *7* hat einen Schlitz *9*, in welchen ein Stift *10* eingreift, der den Spinntopf festhält. Die Spindel *6* geht durch die Führung *11*, die durch Blattfedern *13* an der zylindrischen Führung *12* befestigt ist. Nach Wegnahme des Deckels *14* können Spindel, Motor und Lager leicht herausgehoben werden. Der Spinntopf hat einen niedrigen Schwerpunkt, er kann leicht abgenommen und ausgewechselt werden. Die Verbindung zwischen Spindel und Topf ist derart, daß der Topf sich in jeder Richtung einstellen kann, aber mit der Spindel rotiert und sich von selbst senkrecht einstellt, wenn die Spindel auf Touren kommt. Vibrationen in der Spindel werden dadurch weitgehend verhindert.

Nach Bergmann Elektrizitätswerke Akt.-Ges.

721. Bergmann Elektrizitätswerke Akt.-Ges., Berlin. Spindelanordnung für Kunstseidespinnmaschinen.

Brit. P. 285011 vom 6. II. 1928 (Prior. Deutschl. vom 8. II. 1927); franz. P. 648457.

Die Spinnzentrifuge für Kunstseidespinnmaschinen wird von einem oder mehreren elastischen Stücken, die doppelseitig abgestützt sind, getragen, wodurch das System eine erhebliche seitliche Biegsamkeit erhält, sich aber doch immer von selbst senkrecht einstellen kann.

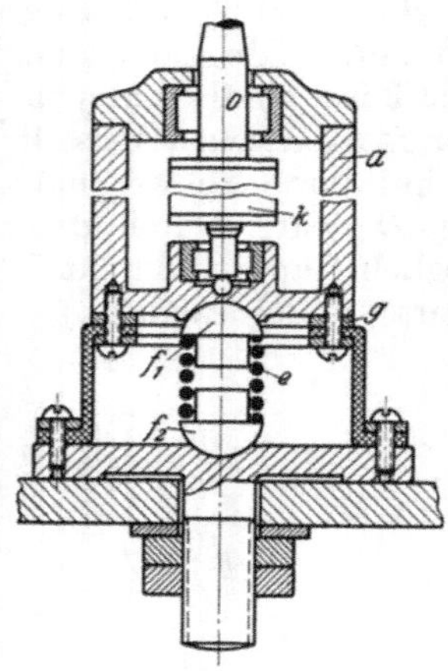

Fig. 413.

Das Gehäuse *a* (Fig. 413) für die Spindel *o*, welche den Rotor *k* trägt, wird getragen von einem elastischen Gehäuse aus Kautschuk od. dgl. und einer Feder *e*, die halbkugelige Endstücke f_1 und f_2 hat. Ein Asbestring *g* dient zur Isolierung. Gemäß Fig. 414 dient als Träger ein Kautschukring *q* und ein Kautschukblock *p* mit abgerundeter Kappe.

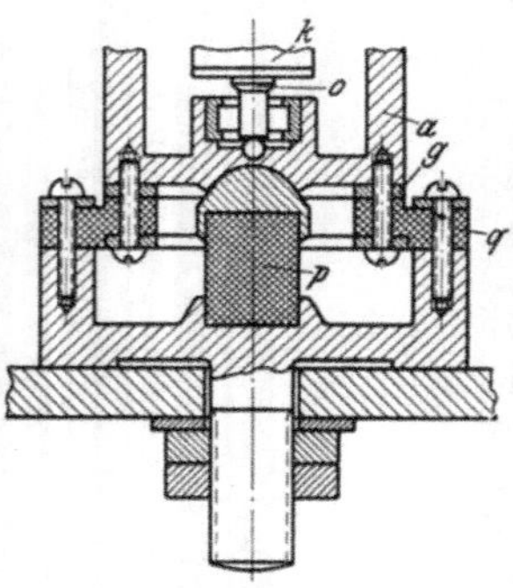

Fig. 414.

Nach Lewald.

722. K. Lewald, Dresden-A. Spinntopf.

D.R.G.M. 1011707 Kl. 29a vom 25. X. 1927.

Der aus Blech hergestellte und mit seinem Boden auf der Antriebswelle befestigte Spinntopf ist mittels eines kegelstumpfartigen Zwischenbodens gegen die Antriebswelle abgestützt, indem der Oberteil des Zwischenbodens mit dem Spinntopf und dessen Unterteil mit der Antriebswelle starr verbunden ist, so daß jede Vibration oder Verbiegung auf der Antriebswelle vermieden wird. (1 Zeichnung.)

Nach Blaschke.

723. E. Blaschke, Breslau-Carlowitz. Schwingungsausgleich bei Lagerung von Spinntopfantriebsmotoren.

Brit. P. 299863 vom 29. VI. 1928 (Prior. Deutschl. vom 4. XI. 1927).

Zur Vermeidung der bei Lagerung von Elektromotoren für Spinntopfantrieb auftretenden Schwingungen ist der Mantel *m* (Fig. 415) des den Spinntopf *a* antreibenden Motors mit einer Ringnut *b* versehen, deren Weite mit Hilfe verstellbarer Nasen *c* verändert werden kann. Die Platte *d*, welche den Motor trägt, besitzt ringförmige Aus-

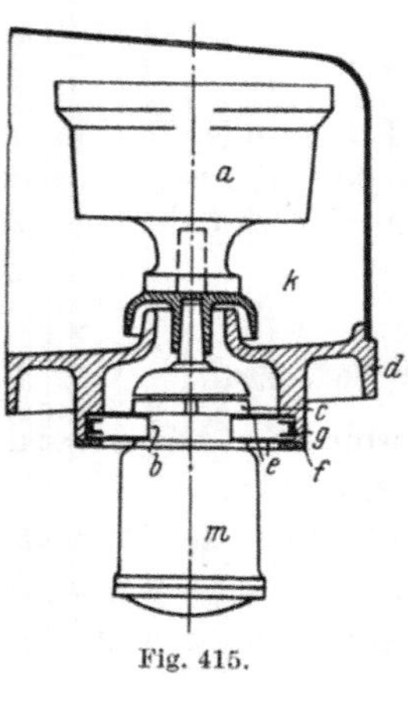

Fig. 415.

Fig. 416.

sparungen, in welchen zwei Ringblattfedern *e* mittels der Ringe *f* und *g* in der Weise zusammengehalten werden, daß die Zungen der Federn in Aussparungen der Ringnut *b* eingreifen. Die Spannung der Federn kann durch die Nase *c* verändert werden, so daß Schwingungen des Motors in jedem gewünschten Maße gedämpft werden können. Die Platte *d* dient gleichzeitig als Boden für die Kammer *k* und ist derartig ausgebildet, daß ihre Ränder *l* (Fig. 416) mit den Rändern *n* benachbarter Bodenplatten ineinandergreifen können. Die Tragplatte kann aus Kautschuk oder Kunstharz hergestellt werden.

Spinntopfantrieb.

Nach Siemens-Schuckertwerke Akt.-Ges.

724. Siemens-Schuckertwerke Akt.-Ges., Berlin-Siemensstadt. Vorrichtung zum Auswechseln von Elektromotoren, insbesondere zum Antrieb von Spinnschleudern.

D.R.P. 443446 Kl. 29a vom 11. V. 1924.

Die Vorrichtung betrifft einen Tisch, der die für den Antrieb der Spinnzentrifugen notwendigen Elektromotoren trägt und in eine der Motorenanzahl entsprechende Anzahl Tragplatten unterteilt ist. Auf diesen Tragplatten wird das Motorgehäuse mittels einer schildartigen Platte unter Vermittlung einer elastischen Zwischenlage gelagert. Die Tragplatte ist so angeordnet, daß sie mit dem Motor zusammen seitlich vom Traggestell abgezogen werden kann. Um den Motor von der Tragplatte entfernen zu können, ist die Platte mit einer entsprechend großen Bohrung versehen, durch welche das Motorgehäuse hindurchgeschoben werden kann. Wesentlich für die ganze Anordnung ist, daß der Motor zu seiner Befestigung auf dem Tragrahmen keinerlei Schrauben oder anderer Verbindungen bedarf. Er ist mittels des Schildes lose auf dem Tragrahmen aufgesetzt und kann also ohne weiteres von dem Rahmen abgehoben werden. Die Lagerung ist dabei vollkommen sicher, weil das Gewicht des Motors und des auf seiner Achse sitzenden Spinntopfes genügt, um den nötigen Druck auf die Unterlage auszuüben. Damit beim Anlaufen des Motors keine Verdrehung des Motorgehäuses gegen die Unterlage eintreten kann, ist es zweckmäßig, die elastische Zwischenlage mit Vorsprüngen oder Anschlägen zu versehen, die sowohl in die Tragplatte als auch in die schildartige Platte am Motorgehäuse eingreifen. Man kann die Einrichtung auch so treffen, daß die Tragplatte in den Raum zwischen zwei Seitenwänden nach unten herabgelassen werden kann. (2 Zeichnungen.)

Patentansprüche: 1. Vorrichtung zum Auswechseln von Elektromotoren, insbesondere zum Antrieb von Spinnschleudern, dadurch gekennzeichnet, daß die Motorgehäuse mittels einer schildartigen Platte auf je einem besonderen Tragrahmen des Einzelantriebes frei aufliegen, und daß jeder Tragrahmen mit dem Motor von seinem Traggestell abgezogen werden kann.

2. Vorrichtung nach Anspruch 1, dadurch gekennzeichnet, daß die schildartige Platte oberhalb des Motors am Motorgehäuse angebracht ist und das Gehäuse durch eine entsprechende Bohrung im Tragrahmen eingehängt ist.

725. Dieselbe. Spinntopf mit Einzelantriebsmotor.

D.R.P. 444209 Kl. 29a vom 12. XI. 1924.

Die Erfindung besteht darin, den Antriebsmotor für Spinntöpfe so zu lagern, daß er den etwa auftretenden Schwingungen des Spinntopfes folgen kann. Im Gegensatz zu den bisher bekannten Vorrichtungen ist der Spinntopf *1* (Fig. 417) auf den Rotor *2* unmittelbar aufgesetzt und der Stator *3* im Innern des Rotors *2* angeordnet. Der Stator ruht auf einem kugelförmigen Auflager *4*, das ihm gestattet, an allen Schwingungsbewegungen der rotierenden Massen teilzunehmen. Eine Reihe radial gestellter Federn *5*, die über den Umfang gleichmäßig verteilt sind, sichern den Stator *3* gegen Drehung und sind bestrebt, ihn in einer bestimmten Mittellage zu halten, ohne ihn bei auftretenden Schwingungen am Mitschwingen zu hindern. Bestimmt man den Mittelpunkt der kugeligen Stützfläche *4* so, daß er ungefähr mit dem Schwerpunkt der umlaufenden Teile zusammenfällt, so ist dadurch ein besonders ruhiger Gang gewährleistet. In einem weiteren Ausführungsbeispiel erhält die Lagerfläche *4* die Form einer Kugelschale, wodurch die Schwingungsweite am Spinntopf möglichst gering wird.

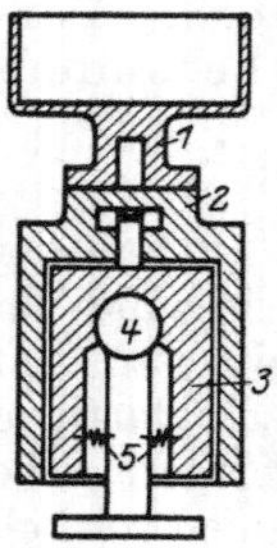

Fig. 417.

Patentansprüche: 1. Spinntopf mit Einzelantriebsmotor, dadurch gekennzeichnet, daß der nachgiebig gelagerte Stator *3* innerhalb des Rotors *2* angeordnet ist.

2. Spinntopf nach Anspruch 1, dadurch gekennzeichnet, daß das Auflager *4* für den Stator *3* innerhalb des Stators angeordnet ist.

3. Spinntopf nach Anspruch 1, dadurch gekennzeichnet, daß der Drehpunkt, um den der Stator *3* schwingt, ungefähr mit dem Schwerpunkt der umlaufenden Teile zusammenfällt.

Nach Berlin-Karlsruher Industriewerke A.-G.

726. Berlin-Karlsruher Industriewerke A.-G., Berlin-Borsigwalde. Spinntopfantrieb für Kunstseide mit zweiteiliger Spindel.

D.R.P. 460764 Kl. 29a vom 16. IX. 1924.

Die Erfindung betrifft einen Spinntopfantrieb mit zweiteiliger Spindel. Sie besteht darin, daß die beiden Spindelstümpfe zwangläufig durch eine biegsame Welle von kleinem Biegungswiderstand und großem Torsionswiderstand miteinander verbunden sind. Diese Verbindung der beiden Spindelstümpfe gestattet auf Grund der mehrfach gegeneinander gewundenen Schraubenfedern eine Drehung und Mitnahme des oberen Spindelstumpfes durch den unteren sowohl im Uhrzeigersinne als auch entgegengesetzt dazu, und ermöglicht es, daß der obere

Spindelstumpf mit dem daran sitzenden Spinntopf einer elektrischen Bremsung des unteren durch den Rotor des Antriebsmotors sofort folgen kann.

Fig. 418 zeigt eine teilweise geschnittene Ansicht des oberen Teiles einer Spinntopflagerung. Der untere durch einen nicht dargestellten Elektromotor unmittelbar angetriebene Spindelstumpf *a* ist mit dem oberen Teil *b* durch einen Teil *c* verbunden, der aus einem Stück einer biegsamen Welle mit geringem Biegungs-, aber hohem Torsionswiderstand besteht. Zwecks Erzielung der zwangläufigen Verbindung zwischen der biegsamen Welle *c* einerseits und den Spindelteilen *a* und *b* andererseits ist je ein Ende der biegsamen Welle mit dem zugehörigen Spindelende durch z. B. eine Schraube oder durch Verlötung verbunden. Der obere Stumpf *b* ist in einem im Deckel *d* des Zentrifugengehäuses *e* untergebrachten Halskugellager *f* gelagert, dessen Flansch *g* durch elastische Körper *h, h'* gehalten wird. Die äußeren Widerlagflächen für die elastischen Körper *h, h'* sind mit Löchern *u* oder Vertiefungen *v* versehen, in die sich die Masse der elastischen Körper *h, h'* einpreßt, so daß dadurch diese elastischen Körper *h, h'* ihrerseits und durch sie wiederum der Flansch *g* gegen Drehung gesichert werden. Auf der aus dem Deckel *d* heraustretenden Spitze *i* der Welle *b* ist eine die Austrittsstelle haubenförmig überdeckende Hülse *k* befestigt, innerhalb der eine unter dem Druck einer Feder *l* stehende Abdichtung *m* eingesetzt ist. In die flanschenartige Verbreiterung *n* der Hülse *k* ist ein flacher Ring *o* aus Gummi od. dgl. eingefügt, auf dem die Bodenfläche des Schleudergefäßes aufruht. Die Bohrung *r* des Schleudergefäßes *s* ruht ihrerseits mit Gleitsitz auf dem zylindrischen Teil *i* der Hülse *k*. Das Gefäß *s* wird also reibungslos an dieser Stelle genau zentrisch geführt; dagegen erfolgt seine Mitnahme bei der Drehung lediglich durch die Gewichtsreibung zwischen dem Ring *o* und dem Flansch *g*.

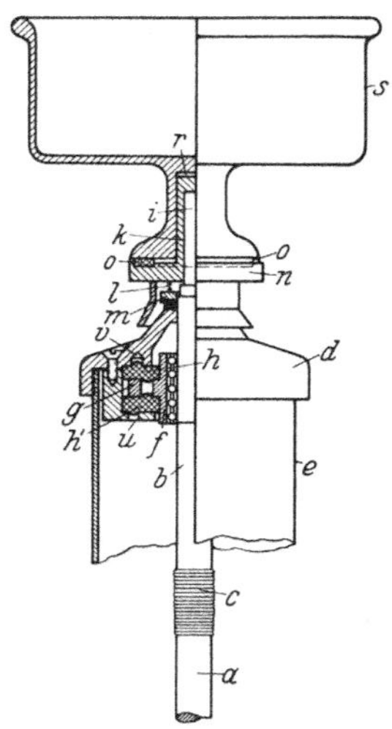

Fig. 418.

Patentanspruch: Spinntopfantrieb für Kunstseide mit zweiteiliger Spindel, dadurch gekennzeichnet, daß die die beiden Spindelstümpfe verbindende biegsame Welle durch mehrere entgegengesetzt gewundene, konzentrisch ineinander angeordnete Schraubenfedern gebildet ist.

Nach Glanzfäden-Akt.-Ges.

727. Glanzfäden-Akt.-Ges., Petersdorf. Verbesserungen im Montieren elektrisch angetriebener Spinnzentrifugen.

Brit. P. 249142 vom 11. III. 1926 (Prior. Deutschl. vom 12. III. 1925).

Ein zylindrisches Stück trägt die Führung für die ungeteilte Spindel und unten das Gehäuse für den Stator des Antriebsmotors. Durch umgelegte Gummiringe ist das zylindrische Stück elastisch gelagert. (1 Zeichnung.)

Nach Rushton.

728. J. L. Rushton, Bolton, England. Antrieb für die einzeln abschaltbaren Spinntopfantriebe von Kunstseidenspinnmaschinen.

D.R.P. 460443 Kl. 29a vom 3. X. 1925 (Prior. Engl. 24. IX. 1925); brit. P. 263230.

Nach der Erfindung wird zwischen den eigentlichen Spinntopfantrieb und die Hauptantriebswelle ein von dem Spinntopfantrieb leicht lösbares Übertragungsgetriebe eingeschaltet, das mittels einer Ausrückkupplung mit der Antriebswelle verbunden ist. Letztere ermöglicht das Anlassen und Anhalten des Spinntopfantriebes, so lange er sich noch in normaler Betriebsstellung an der Maschine befindet, ohne daß eine Verstellung oder ein Lösen von der Hauptantriebswelle zu erfolgen braucht, während die lösbare Verbindung mit dem Übertragungsgetriebe die Entfernung und die Wiedereinstellung gestattet. Infolge dieser Bauart kann der Antrieb eines der Spinntopfantriebe unterbrochen werden, ohne daß dadurch der Antrieb der anderen beeinflußt wird. Es kann nicht nur jeder einzelne Spinntopfantrieb nach Belieben angehalten werden, sondern er kann auch sehr leicht, ohne das Arbeiten der anderen zu unterbrechen, herausgenommen werden. (4 Zeichnungen.)

Patentansprüche: 1. Antrieb für die einzeln abschaltbaren Spinntopfantriebe von Kunstseidenspinnmaschinen, dadurch gekennzeichnet, daß jeder einzelne Spinntopfantrieb im engeren Sinne durch ein von diesem Spinntopfantrieb lösbares und von der Hauptantriebswelle mittels Kupplung abschaltbares Übertragungsgetriebe derart verbunden ist, daß durch Lösen der Kupplung das Anhalten des Spinntopfantriebes im engeren Sinne erfolgt, während er noch in normaler Stellung an der Maschine ist und durch Lösen der lösbaren Verbindung die leichte Entfernung des Spinntopfantriebes nach dem Anhalten möglich ist.

2. Antrieb nach Anspruch 1, dadurch gekennzeichnet, daß das Übertragungsgetriebe (z. B. Kettengetriebe) in einem Gehäuse angeordnet ist, das als Einheit für sich mit dem Maschinengestell verbunden ist und daß der oder die Spinntopfantriebe im engeren Sinne jeder für sich in einem anderen Gehäuse sitzen, das ebenfalls unabhängig von dem erstgenannten mit dem Maschinengestell verbunden ist.

3. Antrieb nach Anspruch 1, dadurch gekennzeichnet, daß die leicht lösbare Verbindung aus einer Zahnkupplung in Verbindung mit einem in der Achse der beiden Teile dieser Kupplung liegenden Bolzen besteht, der an einem Ende mit einer Schulter gegen einen der Teile anliegt und am anderen Ende mit dem zweiten Teile der Kupplung verstellbar verbunden ist, wobei Abstandhalter den dichten Schluß zwischen den beiden Teilen regeln können.

729. Derselbe. Verbesserungen an Kunstseidespinnmaschinen.

Brit. P. 266821 vom 5. XII. 1925.

Die Erfindung bezweckt, das Antriebsgehäuse für den Motor einer Spinnzentrifuge erschütterungslos aufzuhängen und gleichzeitig leicht zugänglich zu machen. An der über die ganze Maschine sich erstreckenden Schiene *10* (Fig. 419) ist der feste Träger *11* befestigt mit den beiden nach unten gehenden Backen *12, 13* und der Verlängerung *14* (Fig. 420). Zwischen die Backen *12, 13* greift das Gehäuse *15* für den Antrieb der Antriebswelle *16* für den Spinntopf. Diese Welle wird von der Welle *17* aus angetrieben, *18* ist das Gehäuse für den Antrieb. Das Gehäuse *15* hat an seinem oberen Ende seitliche Ansätze *19* und *20*, die senkrecht durchbohrt sind und auf Lagern *21* und *22* auf den oberen Enden von *12* und *13* aufsitzen. Die Durchbohrungen sind vorzugsweise zylindrisch und nehmen Stifte *23* und *24* auf, die durch die Schrauben *25* und *26* fest gestellt werden können. Je nach den Umständen gehen die Stifte *23* und *24* mehr oder weniger tief in ihre Sitze. Die Verlängerung *14*

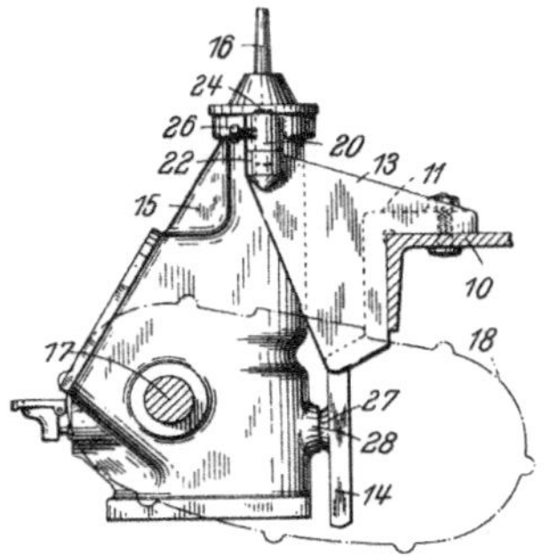

Fig. 419.

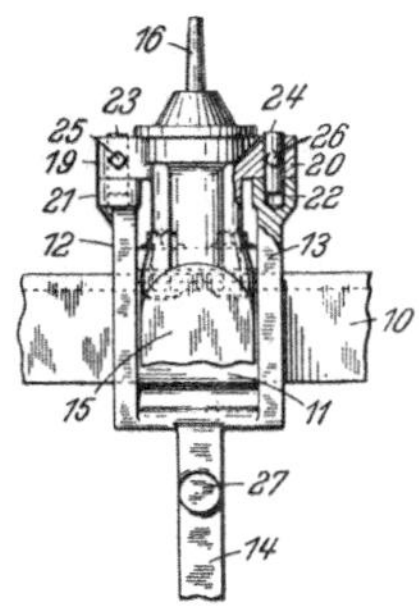

Fig. 420.

trägt den Ansatz *27*, der auf dem Ansatz *28* auf dem Gehäuse *15* aufruht, um dieses in Ruhelage zu halten, die Berührungsflächen von *27* und *28* können zweckentsprechend bearbeitet sein. Die Schrauben *25* und *26* können sowohl an dem Gehäuse als auch an dem Träger angebracht sein, durch Lösen eines Satzes der Schrauben kann das Gehäuse abgehoben werden. In vielen Fällen genügt es, die Schrauben nur in einem Teil anzubringen, die Stifte in ihre Führungen eingreifen zu lassen, wo sie durch das Gewicht des Gehäuses festgehalten werden. Dadurch ist direkte senkrechte Bewegung möglich, nicht aber seitliche.

730. Derselbe. Vereinigte Klauen- und Reibungskupplung, insbesondere zum Antrieb von Spinntöpfen.

D.R.P. 456011 Kl. 29a vom 8. X. 1926 (Prior. Engl. vom 22. XII. 1925); brit. P. 267623.

Bei derartigen Kupplungen erfolgte bisher zuerst der Reibungseingriff zwischen den treibenden und getriebenen Maschinenteilen, und erst dann wird die Klauenkupplung durch die Fliehkraftkörper eingerückt, um die Reibungskupplung auszuschalten. Im Gegensatz hierzu bleibt bei der Erfindung die Reibungskupplung zwischen den treibenden und angetriebenen Teilen erhalten, und die Drehung der Antriebswelle wird durch die von Hand eingeschaltete Klauenkupplung auf den treibenden, die Fliehkraftkörper tragenden Teil einer Fliehkrafttreibungskupplung derart übertragen, daß auch in der Kuppelstellung der Klauenkupplung diese von der Wirkung der Fliehkraftkörper entlastet ist. (4 Zeichnungen.)

Patentansprüche: 1. Vereinigte Klauen- und Reibungskupplung, insbesondere zum Antrieb von Spinntöpfen, dadurch gekennzeichnet, daß die Drehung der Antriebswelle durch eine von Hand einzuschaltende Klauenkupplung auf den treibenden, die Fliehkraftkörper tragenden Teil einer Fliehkraftreibungskupplung derart übertragen wird, daß auch in der Kuppelstellung der Klauenkupplung diese von der Wirkung der Fliehkraftkörper entlastet ist.

2. Kupplung nach Anspruch 1, dadurch gekennzeichnet, daß die Fliehkraftkörper von einem lose auf der Hauptwelle sitzenden speichenradartigen Körper getragen werden, gegen dessen Speichen sich Ansätze der auf der Hauptwelle verschiebbaren, mit dieser umlaufenden Klauenkupplungsmuffe legen.

3. Kupplung nach Anspruch 1 und 2, dadurch gekennzeichnet, daß die verschiebbare Kupplungsmuffe durch Feststellvorrichtungen sowohl in der Arbeitslage als auch in der entkuppelten Stellung gesichert wird.

4. Kupplung nach Anspruch 2, dadurch gekennzeichnet, daß die Fliehkraftkörper die Form von Segmenten haben, die in radialer Richtung durch die Speichen des Tragkörpers geführt werden und mit Ansätzen versehen sind, die in dem Raum zwischen diesen Speichen und einem benachbart liegenden Teil, z. B. der angetriebenen Kupplungshälfte der Fliehkraftkupplung, gehalten werden, um eine Verschiebung der Segmente in der Achsrichtung zu verhüten.

Nach Compagnie Générale d'Électricité.

731. Compagnie Générale d'Électricité, Paris. Antriebsvorrichtung durch irgendeinen Motor, besonders für Spinnvorrichtungen für Kunstseide.

D.R.P. 474044 Kl. 29a vom 2. II. 1926; belg. P. 339165; brit. P. 265129; franz. P. 628080.

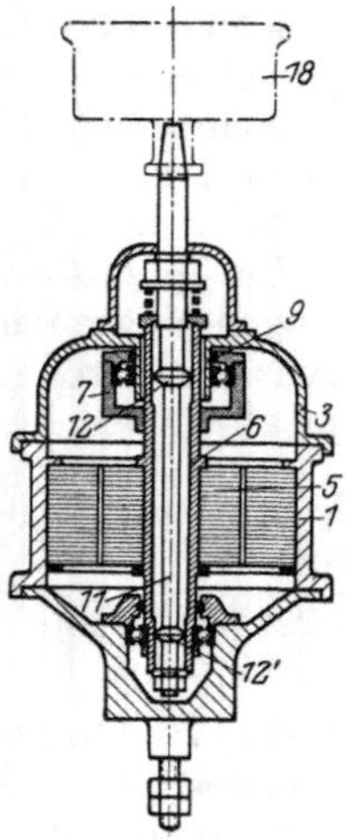

Fig. 421.

Das Gehäuse *1* (Fig. 421) des Stators eines asynchronischen Motors hat einen Aufsatz *3*. Die Wicklungen *5* des Rotors sind auf dem Rohr *6* angebracht. Auf diesem befindet sich auch die Kapsel *7*, welche die äußere Auflage für ein Kugellager bildet, dessen inneres Lager auf dem Stulp *9* gleiten kann. In dem Rohr *6* befindet sich die biegsame Welle *11*, die sich mit *6* in den sphärischen Stücken *12* und *12'* berührt. Der obere Teil von *11* trägt den anzutreibenden Spinntopf *18*.

Patentanspruch: Elektromotorischer Spindelantrieb für Spinntöpfe für die Kunstseidenherstellung unter Verwendung einer die Tragwelle des Spinntopfes umschließenden Hohlwelle, dadurch gekennzeichnet, daß die Tragwelle *11* zwei gleichzeitig als Stütz- und Zentrierungsvorrichtungen dienende Ringe *12*, *12'* aufweist, deren Durchmesser gleich dem Innendurchmesser der Hohlwelle *6* ist und die in den Ebenen der Stützkugellager angeordnet sind, und daß der zwischen diesen Ringen *12*, *12'* liegende Teil der Welle *11* biegsam ausgebildet ist.

Nach Kugler.

732. H. Kugler, Albisrieden, Schweiz. Getriebe, insbesondere für den Antrieb von Spindeln, Spinntöpfen usw. der Textilindustrie.

Schweiz. P. 118208 vom 24. II. 1926.

Das Wesentliche des neuen Antriebs besteht darin, daß an Stelle der bisher üblichen Kraft- bzw. Bewegungsübertragungsmittel, wie z. B. Treibriemen, Ketten, Zahnräder, ein magnetisches Kraftfeld benutzt wird. Mittelbar auf der Spindel befindet sich ein durch die Schleifkontakte mittels Gleichstroms erregter Elektromagnet *e*—*f* (Fig. 422 und 423) (*e* = Eisenkörper, *f* = Feldwicklung). Der mit der Spindel starr verbundene und während des Betriebs ständig erregte Magnet hat das Bestreben, jeden fremden Eisen- oder Stahlkörper mitzunehmen. Auf diese Weise wird bei Vorführung eines durch einen außenstehenden Elektromotor angetriebenen endlosen Stahlbandes *h* in geringer Entfernung von der Feldwicklung *f* die Spindel stoß- und reibungsfrei mitgenommen.

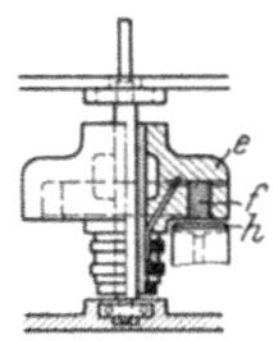

Fig. 422.

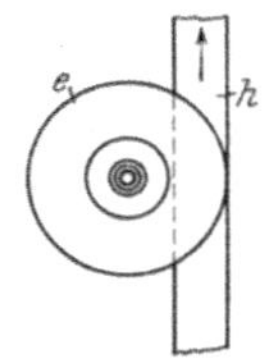

Fig. 423.

Nach N. V. De Vereenigde Ijzerfabrieken „De Vijf".

733. N. V. De Vereenigde Ijzerfabrieken „De Vijf", Doetinchem, Holland. Elektrisch oder mechanisch angetriebener Rotor, dessen Achse beweglich gekuppelt ist mit der Treibachse.

Belg. P. 339835 vom 17. II. 1927 (Prior. Niederl. vom 2. III. 1926); brit. P. 267076; österr. P. 112483.

Bei einem Spinntopf für die Kunstseideindustrie z. B. ist die Treibachse *4* (Fig. 424) mit dem Rotor durch die seitlich angebrachten Federn *5* verbunden.

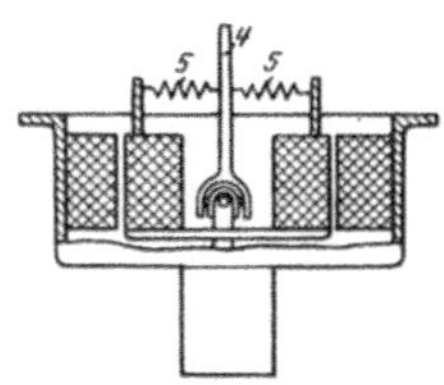

Fig. 424.

Nach Dale und Metropolitan-Vickers Electrical Co. Ltd.

734. S. Dale, Manchester, und Metropolitan-Electrical Company Ltd., Westminster. Verbesserungen an elektrischen Motoren.

Brit. P. 272987 vom 18. III. 1926.

Die Antriebsvorrichtung für Spinntöpfe besteht aus einem Gehäuse *1* (Fig. 425) aus Aluminium oder anderem geeigneten Stoff, dem Rotor *2*,

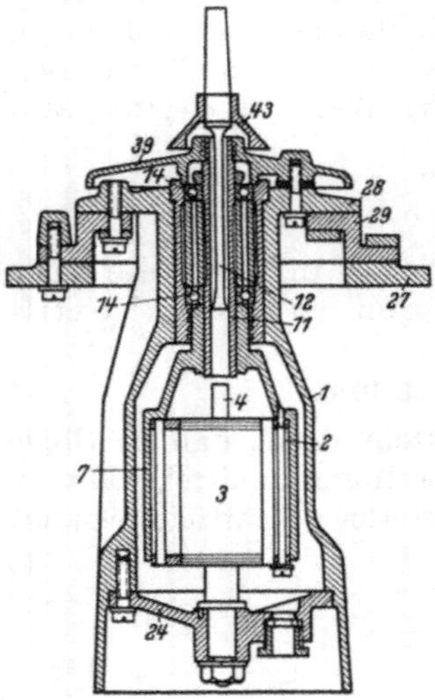

Fig. 425.

der von der Glocke *7* getragen wird, und dem Stator *3*, der mit der Spindel *4* verbunden ist. Die Spindel sitzt in der Kappe *24*. Die Rotorglocke *7* trägt die hohle Welle *11*, die sich in den Lagern *14* dreht. Flansch *28* des Gehäuses *1* ist an der Schiene *27* der Spinnmaschine befestigt; der zwischengelegte elastische Ring *29* verhindert die Übertragung von Erschütterungen vom Motor zur Maschine und umgekehrt. Die biegsame Stange *12* trägt den Spinntopf und den Kegelstumpf *43*, der zusammen mit dem Schirm *39* den Zutritt verspritzter Säure zum Motor verhindert. Die Lager können auch am anderen Ende des Rotors angebracht sein, die hohle Stange geht dann durch das Gehäuse durch. Der Spinntopf rotiert um seine dynamische Achse, die mit der Stange *12* rotierende hohle Welle *11* verhindert unerwünschte Biegung.

Nach Ramesohl & Schmidt Akt.-Ges.

735. Ramesohl & Schmidt Akt.-Ges., Oelde i. Westf. Sammelölung, insbesondere für Kunstseidenspinnantriebe.

D.R.P. 468098 Kl. 29a vom 22. V. 1926.

Das Neue besteht darin, daß eine völlige Unabhängigkeit der einzelnen Getriebe untereinander bezüglich der Ölung und des Betriebes besteht. Zu diesem Zweck sind die Spinntöpfe unter den Antriebsgehäusen durch einen Rohrstrang untereinander und mit einem Füllbehälter verbunden. Das Öl in den einzelnen Ölbehältern steht in gleicher Höhe mit dem Öl im Einfüllbehälter. Eine weitere, ebenfalls mit allen Ölbehältern verbundene, aber höher einmündende Leitung dient zur Luftab- und -zuführung beim Ölein- und -abfüllen. Auch führt sie das überschüssige Öl ab. Durch einen Hahn kann beim Ölwechsel das ganze System schnell entleert werden. Etwa während des Betriebes eingedrungenes Wasser, Säure und ferner auch die Verschleißstoffe sammeln sich in der tief liegenden Rohrleitung und fließen in einen Rohrsack, von wo aus sie durch einen Hahn abgelassen werden. (1 Zeichnung.)

Patentansprüche: 1. Sammelölung, insbesondere für Kunstseidenspinnantriebe, dadurch gekennzeichnet, daß die Töpfe unter den Antriebsgehäusen durch einen Rohrstrang untereinander und mit einem Füllbehälter verbunden sind, so daß der im Füllbehälter sichtbare Ölstand mit dem in den Töpfen vorhandenen kommuniziert und so der Ausbau jedes beliebigen Antriebes ohne Stillsetzen der anderen erfolgen kann.

2. Sammelölung, nach Anspruch 1, dadurch gekennzeichnet, daß der als Überlaufleitung benutzte Rohrstrang gleichzeitig zur Entlüftung der Öltöpfe dient.

Nach Österreichische Siemens-Schuckert-Werke.

736. Österreichische Siemens-Schuckert-Werke, Wien. Elektromotorischer Antrieb für Umlaufkörper, insbesondere Kunstseidespinnzentrifugen.

Österr. P. 107181 vom 15. IV. 1927, angemeldet am 12. VI. 1926.

Der Antriebsmotor ist an einer in seinen Anker hineinreichenden Lagerung pendelnd aufgehängt oder gestützt. Der elektrische Antriebsmotor, mit dessen Wellenzapfen *a* (Fig. 426) der anzutreibende Umlaufkörper verbunden ist, besitzt einen feststehenden Anker *c* und einen diesen umgebenden und mit der Welle *a* verbundenen Läufer *b*, der mittels Kugellager *f* an der Ankerwelle *d* gelagert ist. Diese ist hohl und ruht mit ihrem oberen Ende *h* auf der Spitze eines in sie hineinragenden Stützzapfens *e*. Das untere Wellenende *i* ist ebenso wie das obere seitlich verschiebbar, jedoch in geringerem Maße als dieses, so daß der ganze Motor um einen unterhalb des unteren Wellenendes liegenden Punkt pendelt. Eine elastische Einlage *g* stützt das obere Wellenende gegen den Stützzapfen *e* seitlich nachgiebig ab. Am unteren Wellenende befinden sich Anschläge *k*, die den inneren Teil *c*, *d* des Motors umdrehbar festhalten. Die Lagerflächen der beiden Wellenenden *k* und *i* sind als konzentrische Kugelschalen ausgebildet. Es könnte das untere Wellenende auch in einem Kugelgelenk endigen, so daß der Drehpunkt der Pendelbewegung mit dem Wellenende zusammenfällt.

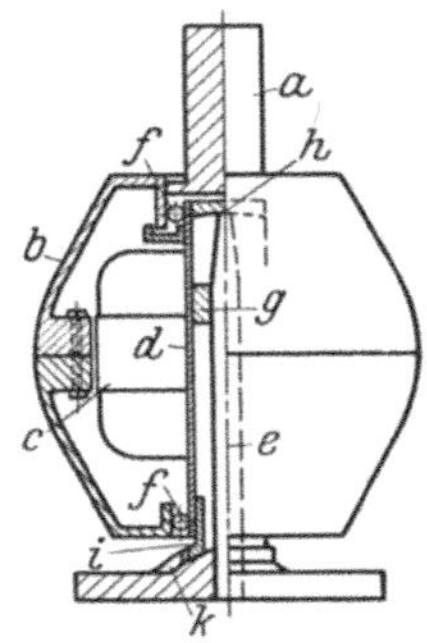

Fig. 426.

Bei einer anderen Ausführungsform pendelt der Motor um eine Aufhängung am oberen Wellenende, während das untere Wellenende mittels Federn seitlich nachgiebig abgestützt ist.

Nach Baldwin.

737. R. A. Baldwin, Ashton Lane, Chester. Verbesserung in der Lagerung und Befestigung von Motoren und von diesen mit hoher Geschwindigkeit angetriebenen Wellen.

Brit. P. 283235 vom 9. VII. 1926.

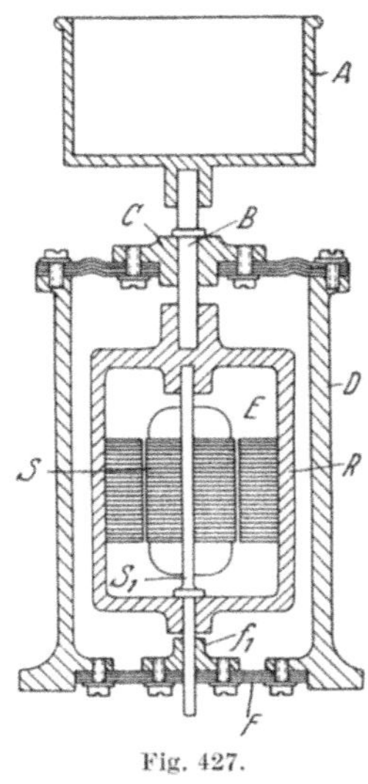

Fig. 427.

Der mit hoher Geschwindigkeit umlaufende Spinntopf *A* (Fig. 427) wird von dem Motor *E* angetrieben. Das äußere Element des Motors *E* ist der Rotor *R*, der mit der den Spinntopf *A* tragenden Spindel *B* verbunden ist. Die Spindel läuft in einem Lager *C*, welches gegen den Mantel *D* durch nachgiebige Glieder abgestützt ist. In gleicher Weise ist die Welle S_1 des Stators *S* in einem Flansch *F* gelagert, der gegen den Mantel *D* durch nachgiebige Teile f_1 gehalten wird. Durch diese

Anordnung werden der Stator und Rotor zueinander bei auftretenden Schwingungen zentriert.

Nach Kindermann.

738. H. Kindermann, Breslau. Spindelantrieb für Kunstseidespinnmaschinen.

Brit. P. 285587 vom 23. XI. 1926.

Der Tragring *b* (Fig. 428) für den Antriebsmotor von Spinnzentrifugen od. dgl. für Kunstseidespinnmaschinen hat offene Löcher *d*, so daß er von der Unterlage *a* leicht entfernt werden kann, wenn die ihn festhaltenden Bolzen od. dgl. gelockert werden. Oder der Tragring oder das Motorgehäuse hat einen Flansch und Ansätze *e*, welche in die Unterlage in der Art eines Bajonettverschlusses eingreifen. Korrosionen oder Inkrustationen hindern das Auswechseln nicht.

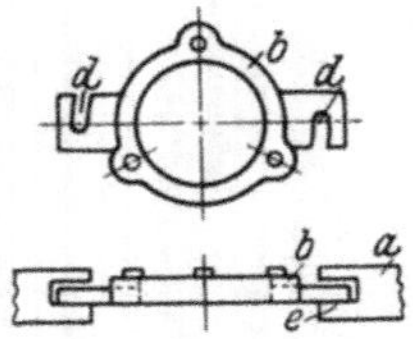

Fig. 428.

Nach British Thomson-Houston Co.

739. British Thomson-Houston Co. Ltd., London. Schwingungsausgleich für rotierende Wellen.

Brit. P. 283863 vom 17. I. 1928 (Prior. Ital. vom 17. I. 1927 [Compagnia Generale di Electricità, Mailand]).

Zum Ausgleich der bei der Umdrehung von Spinntopfspindeln auftretenden Schwingungen sind in einer Trommel *E* (Fig. 429) zwei oder mehr Ringe H_1, H_2, H_3 (Fig. 430) angebracht, welche lose um die den Spinntopf *F* tragende Antriebswelle *C* gelegt sind und sich unabhängig voneinander zwischen Platten mit Spielraum entweder radial zur Welle *C* oder um diese bewegen können. Der Spinntopf *F* und die

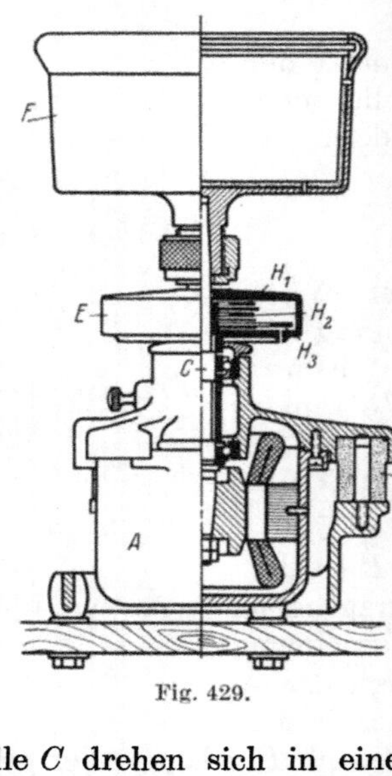

Fig. 429.

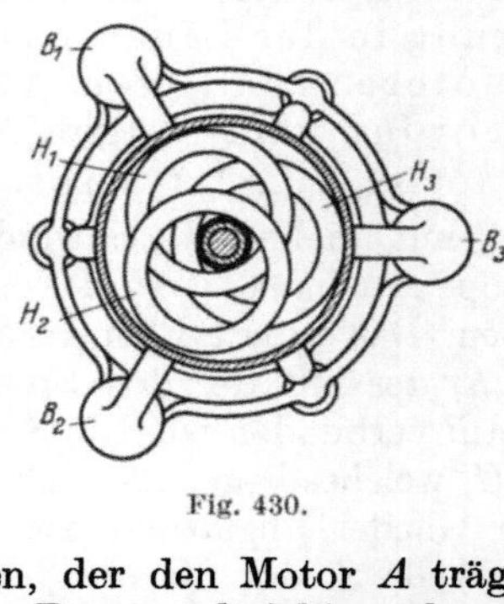

Fig. 430.

Welle *C* drehen sich in einem Rahmen, der den Motor *A* trägt und durch die Füße B_1, B_2, B_3 auf dem Bett nachgiebig gelagert ist.

Durch die Schleuderkraft werden die Ringe durch Reibung von der Welle *C* mitgenommen, wobei sie die zum Ausgleich der Schwingungen nötige Stellung einnehmen.

Nach Schorch-Werke Akt.-Ges.

740. Schorch-Werke Akt.-Ges., Rheydt, Rhld. Schaltvorrichtung für eine Vielzahl von Einzelantrieben, insbesondere für Spinnzentrifugenantriebe, bestehend aus einem Gefäß mit Anschlußschienen.

D.R.P. 473423 Kl. 21c vom 17. III. 1927.

Die Erfindung bezweckt die Verteilung und den Schutz der Kontakt- bzw. Klemmstellen gegen die Viskose bei einer Vielzahl von elektrischen Einzelantrieben für Spinnzentrifugen, indem sie die Schalter mit den Anschlußschienen zu einer einheitlichen Vorrichtung vereinigt, wobei sämtliche kontaktgebende Teile in einem gemeinsamen abgedichteten Gefäß und zweckmäßig unter Öl liegen. Diese Anordnung hat den weiteren Vorteil, daß die Auswechslung eines Schalters ohne Lösen irgendeiner festen Verbindungsstelle mit einem Handgriff vorgenommen werden kann. Die Verbindung zwischen Schalter und Motor geschieht in bekannter Weise ebenfalls mittels Stecker, der sich aber gegenüber bekannten Ausführungen dadurch auszeichnet, daß die Kontaktgebung ebenfalls in dem abgedichteten Gefäß bzw. unter Öl erfolgt. Ein weiteres Ausführungsbeispiel zeigt die Verbindung von mehreren Schalterkästen untereinander.

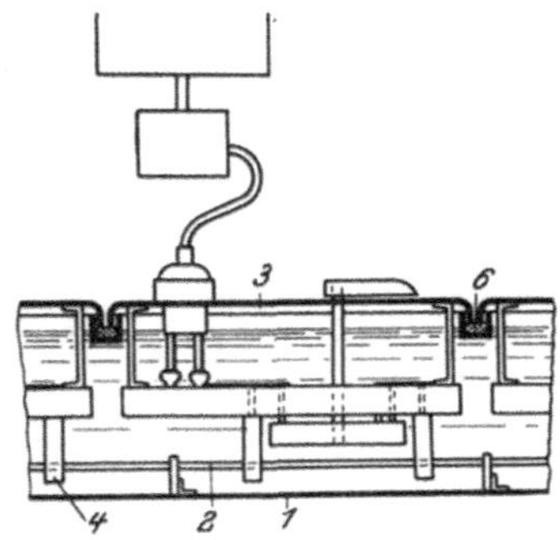

Fig. 431.

In einem zweckmäßig mit Öl gefüllten Gefäß *1* (Fig. 431) sind Anschlußschienen *2* vorgesehen, auf welche der oder die je an einem Abschlußdeckel *3* befestigten eigentlichen Schalter mit Klammerkontakten *4* aufgesteckt werden. Der Abschlußdeckel *3* wird unter Einschaltung von Dichtungen *6* durch Überwurfklammern od. dgl. fest auf die Ränder bzw. Querleisten der oberen Gefäßöffnung gepreßt. Weitere Ausführungsformen sind beschrieben.

Patentansprüche: 1. Schaltvorrichtung für eine Vielzahl von Einzelantrieben, insbesondere für Spinnzentrifugenantriebe, bestehend aus einem Gefäß mit Anschlußschienen, dadurch gekennzeichnet, daß der oder die in das Gefäß leicht auswechselbar eingesetzten und einerseits mit den Anschlußschienen, andererseits mit der Motorzuleitung in Verbindung gebrachten Schalter mit dem das Gefäß abschließenden Deckel fest verbunden sind, so daß alle Anschluß- und Schaltkontakte in dem nach außen dicht abschließenden Gefäß liegen.

2. Schaltvorrichtung nach Anspruch 1, dadurch gekennzeichnet, daß die Verbindung zwischen Schalter und Anschlußschienen durch Klemmkontakte vorgenommen wird zu dem Zweck, eine einfache

Montage und leichte und schnelle Auswechselbarkeit der Schalter zu ermöglichen.

3. Schaltvorrichtung nach Anspruch 1 und 2, dadurch gekennzeichnet, daß bei mehreren aneinandergereihten Vorrichtungen das Verbindungsstück der Anschlußschienen der einzelnen Vorrichtungen gleichzeitig als Ausgleichsstück für die Wärmeausdehnung und Erschütterungen bzw. Schwingungen dient.

4. Schaltvorrichtung nach Anspruch 1—3, dadurch gekennzeichnet, daß die Schaltkontakte, soweit erforderlich, aus einem elektrischen Widerstandsmaterial, z. B. Silit, bestehen zu dem Zweck, für einen Bremskreis den notwendigen Vorschaltwiderstand zu bilden.

Nach Kohorn, Perl und Deschmann.

741. O. Kohorn & Co., A. Perl und H. Deschmann, Wien. Lagerung für Motoren von Zentrifugen, insbesondere Spinnzentrifugen.

Österr. P. 111414 Kl. 29a vom 9. V. 1927.

Bei dieser nachgiebigen Lagerung eines Zentrifugenantriebsmotors ist der Motor mittels eines Universalgelenkes an Pendeln aufgehängt, die mindestens in zwei sich kreuzenden Ebenen schwingbar sind. Dadurch wird er allseitig drehbar und verschiebbar. Der Motor *1* (Fig. 432 u. 433) ist auf einander gegenüberstehenden Zapfen *2* eines ringförmigen Zwischenstückes *3* aufgesetzt, das an fixen Zapfen *4* aufgehängt ist. Die Aufhängung besteht aus den beiden Ringen *5*, die auf dem Zapfen *4* aufruhen und einander gegenüberliegende Zapfen *6* des Zwischenstückes *3* aufnehmen. Infolge der Verwendung von Ringen kreisförmigen Querschnittes kann das Zwischenstück sowohl in einer zur Ringebene parallelen als auch in einer zu dieser senkrechten Ebene schwingen und demnach die Achse des Motors nach jeder beliebigen Richtung parallel verschoben werden. Außerdem kann sich die Motorachse auch noch um die Zapfen *2* und *6* nach allen Richtungen drehen. Um die Reibung zu verringern, erhält die Lagerfläche der Zapfen des Universalgelenks größeren Krümmungshalbmesser als der zugehörige Zapfen *2*, so daß sich die Lagerfläche am Zapfen abwälzt. Die gleiche Wirkung ergibt sich zwischen den Zapfen *4* und *6* und den Ringen *5*.

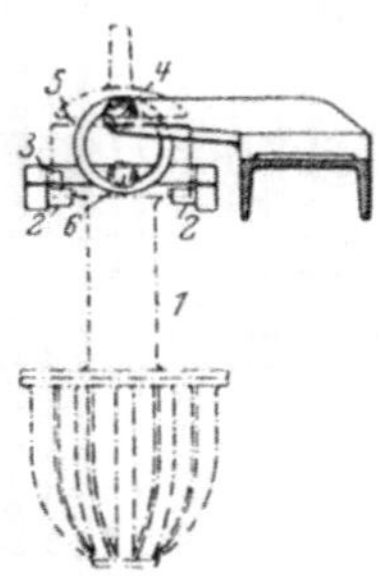

Fig. 432.

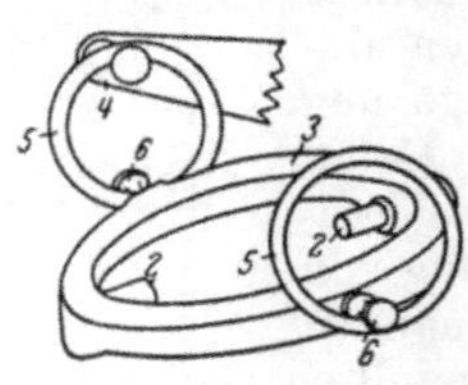

Fig. 433.

Nach Küttner.

742. Fr. Küttner, Pirna. Schleuder mit unmittelbarem Elektroantrieb.

D.R.G.M. 1000359 Kl. 29a vom 7. VII. 1927.

Die Neuerung besteht in einer elastischen Verbindung zwischen Schleuderkörper und dem Außengestell.

Der Körper *1* (Fig. 434), welcher in seinem unteren Teil den Feldmagneten des Elektromotors, darüber die ein- oder mehrfache Lagerung der Spindel zum Aufsetzen der Schleudertrommel enthält, hat drei Arme oder Ansätze *6*, welche nach unten und oben hin zu Kugelpfannen ausgebildet sind. Eine entsprechende Ausbildung zeigen die Aufleger *7* und die klauenartigen Gegenhalter *8*, welche höhenverschiebbar, auch abnehmbar und durch die Schrauben *9* ein- und feststellbar sind. Zwischen Ansatz und Aufleger einerseits und zwischen Ansatz und Gegenlager andererseits liegen die Gummikugeln *10*, welche die elastische Verbindung zwischen Schleuderkörper und Außengestell vermitteln. Statt der Kugeln können auch flache Gummikörper oder Federn verwendet werden.

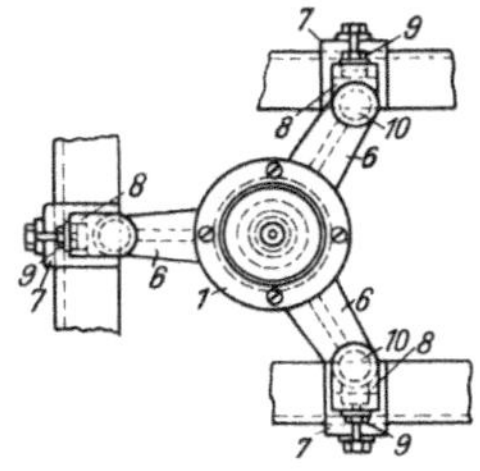

Fig. 434.

Nach Harben's Ltd. und W. E. Sharples.

743. Harben's (Viscose Silk Manufacturers) Ltd. und W. E. Sharples, Colborne bei Warrington, Engl. Trag- und Antriebsvorrichtung für die Spindeln von Spinnmaschinen für Kunstseide u. dgl.

Brit. P. 293596 vom 3. V. 1927; D.R.G.M. 1035226 Kl. 29a vom 19. V. 1928.

Die Vorrichtung bezweckt, die bei den Spindeln durch innere oder äußere Einflüsse auftretenden Schwingungen auf ein Mindestmaß zu verringern. Dies wird dadurch erreicht, daß die Spindel *a* (Fig. 435), an der der Anker *b* angebracht ist, mittels zweier Kugellager gehalten wird, von denen das eine *f* ein Halslager und das andere *g* ein selbstausrichtendes Lager ist. Ein Abstandsstück *h* hält die Lager auseinander und eine Mutter *i* hält sie an Ort und Stelle. Der Stator *c* ist zur Erzeugung einer großen Wärmeausstrahlfläche mit Rippen versehen. Die Spindel geht durch Dichtungsringe *d* hindurch, die das Eindringen von Öl in das Innere des Motors verhüten. Das Schmieröl od. dgl. wird von *k* aus durch den Raum *j* zugeführt, der das Abstandsstück umgibt. Zum Halten des Motors, der Spindel, deren Lager usw. dient ein mit Innengewinde versehener, abwärts gerichteter rohrförmiger Ansatz *m*, der von einer Platte *m'* ausgeht und in den das mit entsprechendem Außengewinde versehene Kopfstück *n* des Motorstators greift. Die Platte *m'* wird von der Spindelschiene *o* aus mittels Bolzen *p* gehalten unter Zwischenlegung von Scheiben *s* aus Gummi, Kork od. dgl.

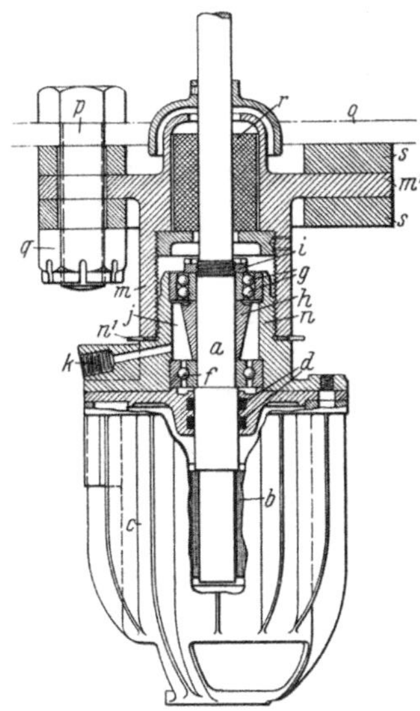

Fig. 435.

Zwischen die Teile *m* und *n* ist eine Sperrscheibe *n'* gelegt. In das hülsenartige Mittelstück der Scheibe *m'* ist ein Dichtungskörper *r* eingesetzt, der aus einem mit einem Schmiermittel getränkten Zylinder aus einem aufgewickelten Streifen von zweckentsprechedem Material besteht.

Einen zusammenfassenden Aufastz über Spinnzentrifugen veröffentlichte R. Gey in Melliands Textilberichten 1926, S. 334—338.

Über Spinnzentrifugen-Korrosionen vgl. Joh. Eggert, Chem.-Ztz. 1927, S. 961.

Nachbehandeln von Spinntopfkunstseide.

Nach Jessen.

744. Ch. C. Jessen, Wilmington, Del. (Atlas Powder Company). Verfahren zur Herstellung von Kunstseide.

Ver. St. Amer. P. 1597684 vom 31. VIII. 1926, angemeldet 10. XI. 1924.

Bei der Erfindung wird ein gezwirnter Faden auf einen geeigneten Träger aufgewickelt, auf dem er unter leichter Spannung steht und auf ihm allen Nachbehandlungen unterworfen. Eine Berührung mit den Händen und ein Verwirren fällt weg. Beschrieben wird das Abziehen der Fäden aus dem Spinntopf und das Aufwickeln auf eine Spule, die z. B. für Kupferseide in einem Säurebad zur Entkupferung umläuft. Auf dieser Spule wird entsäuert, gewaschen und getrocknet. (1 Zeichnung.)

Nach Vereinigte Glanzstoff-Fabriken A.-G.

745. Vereinigte Glanzstoff-Fabriken A.-G., Elberfeld. Verfahren zum Nachbehandeln von Spinntopfkunstseide.

D.R.P. 454428 Kl. 29a vom 14. II. 1926; franz. P. 629067; brit. P. 265996.

Das Auswaschen von Spinnkuchen ohne Beeinträchtigung der Abhaspelbarkeit erfolgt in der Weise, daß man die Spinnkuchen auf umlaufenden Spindeln in rasche Umdrehung versetzt und gleichzeitig von innen mit Wasser in feiner Verteilung besprengt. Durch die gleichmäßige feine Verteilung des Wassers verliert der Spinnkuchen den Zusammenhalt nicht. Die in Fig. 436 dargestellten Waschspindeln *1* werden beispielsweise durch Einzelelektromotoren *2* angetrieben. *3* sind die zur Aufnahme der Spinnkuchen *4* bestimmten Kuchengefäße. Zur Besprengung des Kuchens dienen beispielsweise Staubdüsen *6* mit Zuleitungen *5* für die Waschflüssigkeit. *7* ist eine Schutz- und Sammelvorrichtung, *9a* ein Ableitungsrohr für Gase oder Dämpfe.

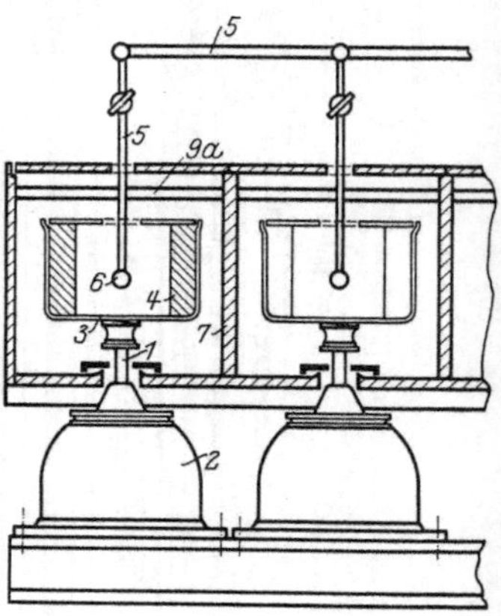

Fig. 436.

Patentansprüche: 1. Verfahren zum Nachbehandeln von Spinntopfkunstseide, dadurch gekennzeichnet, daß die Spinnkuchen bei schnellem Laufen des Spinntopfes oder der Waschtrommel von innen mit fein verteiltem Wasser besprengt, rein gewaschen und dann abgeschleudert werden, hierauf die Kunstseide abgehaspelt und unter Spannung getrocknet wird.

2. Verfahren nach Anspruch 1, dadurch gekennzeichnet, daß zum Besprengen der Spinnkuchen eine Düse, die das Wasser in Staubform verteilt, verwendet wird.

3. Verfahren nach Anspruch 1 und 2. dadurch gekennzeichnet, daß die Spinntöpfe oder Spinntopfeinsätze mit den Spinnkuchen auf besondere, vorzugsweise von der eigentlichen Spinnmaschine abgetrennt aufgestellte Waschspindeln aufgesetzt werden.

4. Vorrichtung zur Ausübung des Verfahrens nach Anspruch 1—3, dadurch gekennzeichnet, daß sie ausgerüstet ist mit zur Aufnahme und zum Ausschleudern der Kuchengefäße *3* mit den Kuchen *4* dienenden Waschspindeln *1*, den Zuleitungen *5* für die Wasch- bzw. Behandlungsflüssigkeit, den Düsen *6* zur Besprengung des Kuchens und den Schutz- und Sammelvorrichtungen (*7*, *9a*) zum Auffangen und Fortleiten der abgeschleuderten Flüssigkeiten und etwa ausgeschiedenen Gase und Dämpfe.

Nach Deutsche Zellstoff-Textilwerke.

746. Deutsche Zellstoff-Textilwerke G. m. b. H., Elberfeld. Verfahren zur Herstellung von Kunstseide aus Viskose.

Schweiz. P. 129531 vom 28. III. 1927 (Prior. Deutschl. vom 30. III., 14. V. und 5. VII. 1926); franz. P. 636264, 636265 und 642798; belg. P. 344200, 344201 und 344202; brit. P. 268783.

Das Verfahren besteht darin, daß man unter Vermeidung einer Nachbehandlung in Strangform die Kunstseide auf der Spule oder in Form eines Spinnkuchens den Nachbehandlungsbädern unterwirft. Zu diesem Zwecke findet die Behandlung auf gelochten Trägern statt, wobei die Behandlungsflüssigkeit durch Druckgefälle durch den Kunstseidekörper hindurchgetrieben wird. Das Material des Trägers und die Beschaffenheit der Bäder, insbesondere das Entschweflungsbad, sind so zu wählen, daß die Träger nicht angegriffen werden. Bei Verwendung von Natriumsulfid zum Entschwefeln gebraucht man V2a-Stahl für die Träger oder keramischen Stoff. Benutzt man Träger aus Aluminium, so müssen als Entschweflungsbäder verdünnte, heiße, alkalische Lösungen schwachsaurer Salze, insbesondere Natriumsulfit, verwendet werden, wobei der Schwefel unter Bildung von Thiosulfat gelöst wird.

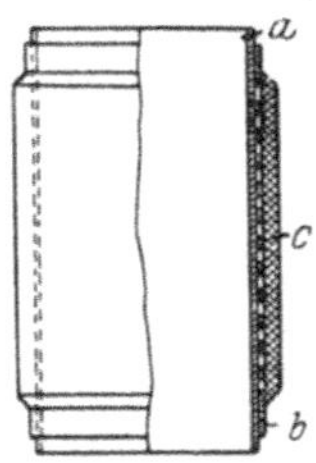

Fig. 437.

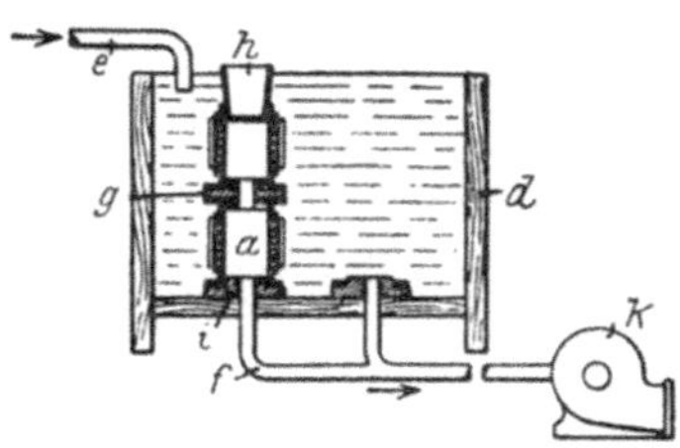

Fig. 438.

In Fig. 437 und 438 ist die Durchführung des Verfahrens auf gelochten Spinnspulen dargestellt. Die Seide wird auf einer gelochten

Spule *a* gesponnen, die mit einem für Flüssigkeit durchlässigen Belag *b* versehen sein kann. Unmittelbar nach dem Spinnen werden mehrere Spulen übereinander und nebeneinander in einen Bottich *d* gesetzt. Am Boden dieses Bottichs befinden sich Scheiben *i*, auf die die Spulen *a* gesetzt werden. Die übereinanderliegenden Spulen werden durch Ringe *g* gegeneinander abgedichtet. Auf die oberste Spule wird ein Verschluß *h* gesetzt. Die Scheiben *i* sitzen auf Rohren *f*, die zu einer Saugpumpe *k* führen. Die Bäder werden nacheinander durch ein Rohr *e* in den Bottich *d* gebracht. Wird die Pumpe in Betrieb genommen, so wird die Flüssigkeit aus dem Bottich *d* durch den Kunstseidekörper *c* und die Löcher des Trägers *a* hindurch abgesaugt. Es findet so eine schnelle und gleichmäßige Behandlung der Seide statt. Dem Bottich *d* werden nun nacheinander die sämtlichen für die Nachbehandlung erforderlichen Bäder zugeführt. Schließlich wird die Seide auf der Spule getrocknet.

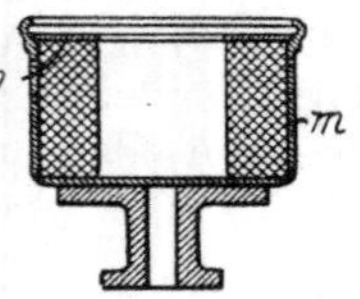

Fig. 439.

Bei der Herstellung der Kunstseide nach dem Zentrifugenverfahren bedient man sich der in Fig. 439 dargestellten Spinntöpfe *m* mit gelochter Wandung und Deckel *p*, in die die dem Bade entsteigenden Fäden eingesponnen werden. Die Nachbehandlung der Seide erfolgt dadurch, daß man die Nachbehandlungsbäder nacheinander durch den in dem Spinntopf befindlichen Kuchen hindurchleitet. Will man den Spinntopf selbst bei der Nachbehandlung nicht benutzen, so kann man die Seide in einem gelochten Einsatz des Spinntopfes spinnen und den Kuchen in diesem Einsatz nachbehandeln, während der Spinntopf selbst wieder für das Spinnen zur Verfügung steht. Schließlich kann man den Kuchen aus dem Spinntopf herausnehmen und in der in Fig. 440 dargestellten Weise zwischen zwei Platten *p* auf einen gelochten Kegel *o* setzen und nun die Seide dadurch behandeln, daß die Flüssigkeit in derselben Weise hindurchgesaugt wird, wie für die Nachbehandlung der auf der Spule befindlichen Seide beschrieben ist. Außer der Vermeidung des Umhaspelns erspart man eine Trocknung, da sämtliche Operationen ohne Zwischentrocknung vorgenommen werden können. Eine Trocknung braucht erst nach vollendeter Nachbehandlung zu erfolgen, worauf der Faden, sofern es sich um die Nachbehandlung des auf der Spule gewonnenen Fadens handelt, verzwirnt wird. Man erhält also unmittelbar von der Spinnspule nach dem Verzwirnen den verkaufsfertigen Faden. Dieser kann nun in Strangform übergeführt werden. Die so hergestellten Stränge stellen ein besseres Produkt dar und lassen sich insbesondere besser abhaspeln als die nach dem alten Verfahren hergestellten Stränge, die durch die Nachbehandlung und das damit verbundene unvermeidliche Hantieren immer mehr oder weniger leiden. Bei dem neuen Verfahren ist die Gefahr der Beschädigung der Seide durch mechanische Berührung auf ein Mindest-

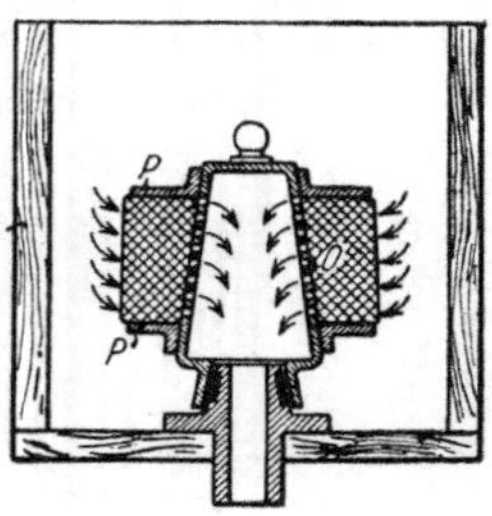

Fig. 440.

maß herabgesetzt, da die ganze Nachbehandlung in der gleichen Apparatur vorgenommen werden kann, ein Umsetzen also nicht erforderlich ist. Man kann aber auch den fertigen Faden, anstatt ihn in Strangform zu bringen, gleich von der Zwirnspule auf Kreuz-, Scheiben- oder Flaschenspulen wickeln und spart damit gegenüber dem alten Verfahren das Überführen des Fadens in Strangform.

Das Verfahren kann auch in der Weise durchgeführt werden, daß nur ein Teil der Nachbehandlung auf der Spinnspule durchgeführt wird, daß danach die Seide unter Zwirnen auf eine gelochte Zwirnspule gebracht wird, und daß die Nachbehandlung auf dieser gelochten Zwirnspule zu Ende geführt wird. In entsprechender Weise kann man auch die nach dem Zentrifugenverfahren im Spinntopf gesponnene Seide auf eine gelochte Spule bringen und auf dieser die Nachbehandlung nach den vorstehenden Vorschriften beendigen oder gänzlich durchführen.

Nach Borzykowski.

747. B. Borzykowski. Verfahren zur direkten Herstellung verbesserter Kunstfasern.

Franz. P. 634044 vom 9. V. 1927; schweiz. P. 124982 (Prior. Deutschl. vom 10. V. 1926).

Die aus dem Spinntopf kommenden Fäden aus z. B. Viskose, die gezwirnt und mit Säuren oder anderen Stoffen beladen sind, werden nicht wie bisher auf Haspel gebracht und dort gewaschen, sondern auf gelochte Spulen in Kreuzwicklung aufgewickelt und auf ihnen gewaschen, entschwefelt, gebleicht unter Anwendung von Druck oder Unterdruck und auf den Spulen getrocknet. Beim Spulenspinnverfahren wird entsprechend vorgegangen. Da die üblichen Zwischenoperationen wegfallen, wird nicht nur der Herstellungspreis herabgesetzt, auch das Produkt wird sehr geschont.

748. Derselbe. Verfahren zur weiteren Verarbeitung und Lieferung in Form von Spinnkuchen nach dem Spinntopfspinnverfahren hergestellter Kunstseide.

Franz. P. 634045 vom 9. VII. 1927 (Prior. Deutschl. vom 14. V. 1926).

Zur Weiterverarbeitung von Spinnkuchen führt man in diese eine durchlochte Hülse ein und kann dann mit Hilfe bekannter Verfahren das Auswaschen, Bleichen oder Entschwefeln der Kunstseide vornehmen, ohne daß man gezwungen ist, den Kuchen erst abzuhaspeln und die Seide in Strangform zu bringen. Auch das Trocknen der Seide nach dem Auswaschen wird auf diesen Hülsen od. dgl. ermöglicht. Dadurch wird der bisher verhältnismäßig umständliche Arbeitsgang der Weiterverarbeitung nach dem Spinntopfverfahren hergestellter Kunstseide in einfache Form gebracht, die Herstellungskosten werden herabgedrückt, eine Schonung der Faser wird gewährleistet und zeitraubende Arbeit erspart.

Nach Fr. Küttner Akt.-Ges.

749. Fr. Küttner Akt.-Ges., Pirna a. d. E. Verfahren zur Behandlung der nach dem Spinntopfspinnverfahren hergestellten Kuchen aus Kunstseide.

D.R.P. 474789 Kl. 29a vom 15. III. 1927; brit. P. 287097; belg. P. 349649; Ver. St. Amer. P. 1708583.

Das Wesen der Erfindung besteht darin, daß die dem Spinntopf entnommenen Kuchen nicht in Stangform, sondern im Kuchen gespült und weiterbehandelt werden. Zu diesem Zweck werden sie flach gedrückt und in diesem Zustand übereinander und nebeneinander geschichtet, so daß sie bei richtigem Packen eine dichte Schicht ohne Kanäle bilden. Auf einfache Art kann man beispielsweise die zusammengelegten Kuchen in einen Behälter mit durchlochten Wandungen einpacken und dann Wasser unter Druck oder Saugen durchleiten. Ein gründliches Spülen erfolgt so in kurzer Zeit. Besonders geeignet sind Apparate in der Konstruktion der bekannten mechanischen Färbeapparate nach dem Packsystem.

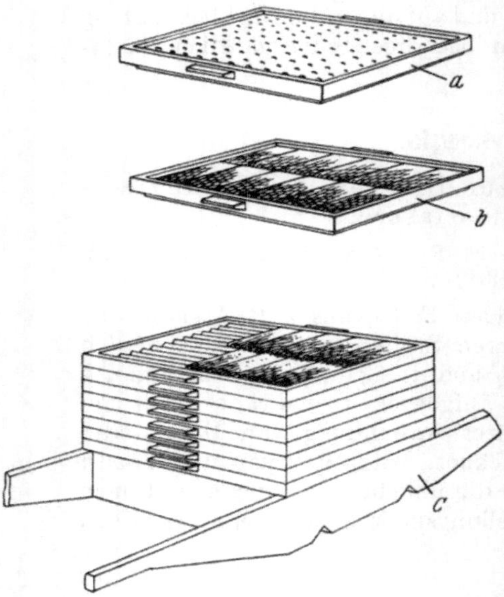

Fig. 441.

Das Verfahren ist einfach und von großer Wirksamkeit. Man kann im gleichen Apparat spülen, säuern, bei Viskoseseide entschwefeln, bleichen und sogar färben und avivieren. Die behandelten Kuchen können mit Leichtigkeit in die ursprüngliche Lage zurückversetzt und geweift werden.

Auf der Zeichnung (Fig. 441) ist *a* oberster Kasten, bepackt und mit Zelluloidsieb bedeckt, *b* Einzelkasten, enthaltend 12 Kuchen, *c* Block aus einer Anzahl Einzelkasten zusammengesetzt. Der oberste Kasten zeigt den geriffelten Boden. Der Block ruht auf einem Untergestell zum Verschieben.

Patentanspruch: Verfahren zur Behandlung der nach dem Spinntopfspinnverfahren hergestellten Kuchen aus Kunstseide, dadurch gekennzeichnet, daß die Kuchen flach gedrückt und hierauf gespült und gegebenenfalls weiterbehandelt werden.

750. Dieselbe. Vorrichtung zum Waschen, Bleichen und Färben von Kunstseide in Strängen oder Kuchen.

Belg. P. 350515 vom 13. IV. 1928; brit. P. 288990; franz. P. 652707 (Prior. Deutschl. vom 16. IV. 1927).

Die Vorrichtung besteht aus Rahmen oder Horden, die aufeinandergesetzt und von der Behandlungsflüssigkeit senkrecht durchströmt werden. Die Stränge oder Kuchen werden in einfacher Schicht gegeneinander flach gelegt. Die Rahmen oder Horden werden in Tröge eingesetzt, auf die man nacheinander die verschiedenen Behandlungsflüssigkeiten einwirken läßt. (2 Zeichnungen.)

751. Dieselbe. Verfahren zur Behandlung der nach dem Spinntopfspinnverfahren hergestellten Kuchen aus Kunstseide.

Belg. P. 354891 vom 11. X. 1928, Zusatz zum belg. P. 349649; brit. P. 300131 vom 5. XI. 1928 (Prior. Deutschl. vom 5. XI. 1927).

Der nach dem Hauptpatent (s. S. 432) weiterbehandelte Spinnkuchen wird in flach gedrücktem Zustand getrocknet. Erst nach vollendetem Trocknen erfährt der Kuchen eine innere Unterstützung durch den Haspel, welcher ihn beim Abwickeln des Fadens trägt. Zur Vermeidung einer etwaigen Verwirrung der Fadenlagen kann man den Kuchen vor dem Zusammenklappen der Sicherheit halber mit einem Faden umbinden, wie man es mit Garnsträngen tut. Da der Faden ohne Spannung getrocknet wird, weist er keine Teilstrecken auf, ist völlig glatt und ungewellt. Das Trocknen der Kuchen geschieht zweckmäßig auf Horden.

Nach Courtaulds Ltd. und Miterfindern.

752. Courtaulds Ltd., London. Verbessertes Verfahren und Vorrichtungen zur Herstellung künstlicher Fäden und ihrer Äquivalente.

Belg. P. 348923 vom 16. II. 1928 (Prior. Engl. vom 21. IV. 1927); brit. P. 294279.

Der im Spinntopf *A* (Fig. 442) angesammelte Fadenkuchen *C* wird mit einer Flüssigkeit behandelt, während der Spinntopf sich in rascher Bewegung befindet. Zwischen dem unteren Rande des Fadenkuchens und dem Boden des Spinntopfs ist eine gelochte Einlage E^1 vorgesehen, die gestattet, daß die Behandlungsflüssigkeit zwischen dem Boden des Spinntopfs und der inneren Oberfläche des Fadenkuchens durchtritt.

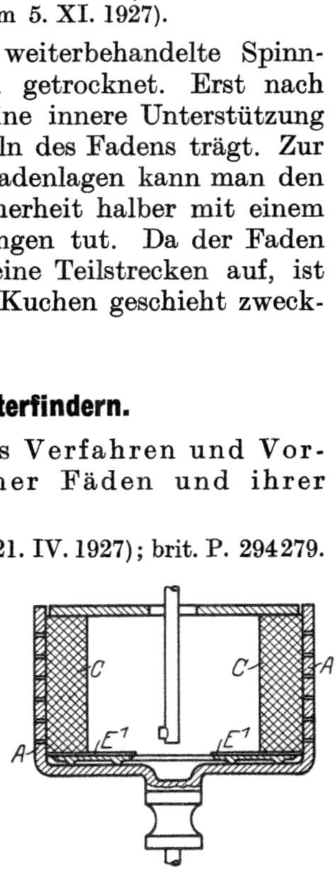

Fig. 442.

753. Courtaulds Ltd., Ch. F. Topham, E. Hazeley und E. A. Morton, Coventry. Verbesserungen bei der Herstellung künstlicher Fäden, Fasern usw.

Brit. P. 290833 vom 23. V. 1927; belg. P. 349890; franz. P. 651055; schweiz. P. 132865; Ver. St. Amer. P. 1736681 (Ch. Fr. Topham, E. Hazeley und E. A. Morton).

Wird ein in der Spinnzentrifuge erzeugter Spinnkuchen gewaschen und getrocknet, so trocknen die außenliegenden Fadenlagen unter größerer Spannung als die inneren, die sich leicht zusammenziehen können. Wird so getrocknete Seide verwebt, und wird später das Gewebe benetzt, so ziehen sich nun die vorher außenliegenden Fasern stärker zusammen als die vorher innen gelegenen, und der Stoff wird nach dem Trocknen uneben. Es wurde gefunden, daß dieser Übelstand vermieden und die Seide in Kuchenform getrocknet werden kann, ohne daß man sie vorher zu Strängen abwindet, wenn man den Kuchen so in seiner Gestalt ändert, daß er nicht mehr einen Ring bildet, sich vielmehr alle Teile innen und außen frei zusammenziehen können, ohne schädlicher Streckung ausgesetzt zu sein. Die Formänderung des Kuchens kann durch Druck mit dem Finger bewirkt werden, gleichmäßige Ergebnisse erhält man mit einer mechanischen Einrichtung gemäß nachstehendem Beispiel: Gemäß Fig. 443—444 sind auf einer Platte *C* vier Halter *B* befestigt, um die der Spinnkuchen *A* gelegt wird. Vier Stäbe *D*, die an einem gemeinsamen Träger *F* durch Federn *E* befestigt sind, werden mit ihren unteren Enden über den Kuchen *A* geschoben und durch Herunterdrücken eines Ringes *G* zusammengedrückt. Dadurch nimmt der Fadenkuchen die in Fig. 444 u. 445 gezeigte Stellung ein. Statt der festen Halter können auch bewegliche vorgesehen sein.

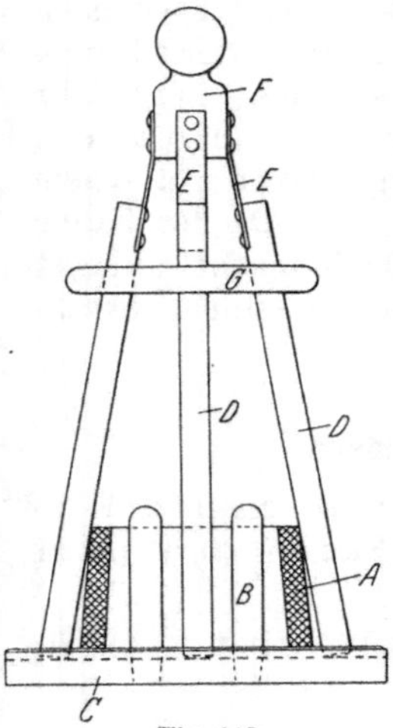

Fig. 443.

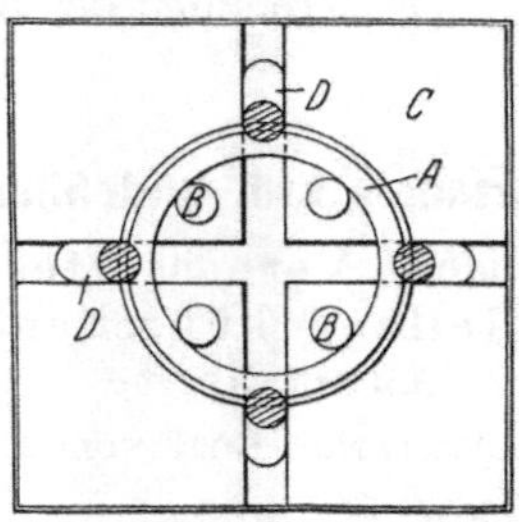

Fig. 444.

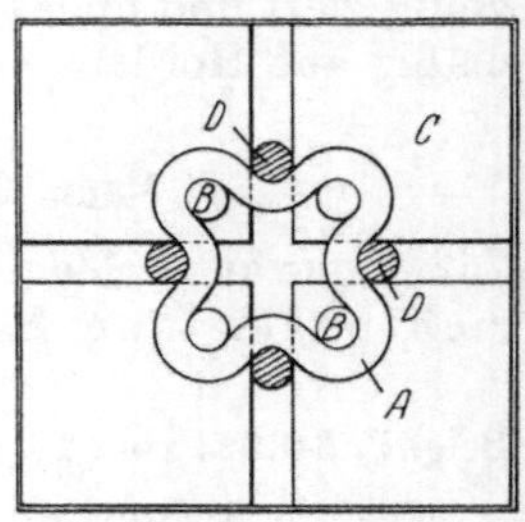

Fig. 445.

754. Courtaulds Ltd., E. Hazeley und E. A. Morton, Coventry. Apparat zur Herstellung von Fäden.

Brit. P. 305279 vom 7. XI. 1927; Ver. St. Amer. P. 1739458 (E. Hazeley und E. A. Morton).

Zentrifugenspinntöpfe, in welchen Kuchen von Kunstfäden u. dgl. mit Flüssigkeiten behandelt werden, die durch eine Zuführungsvorrichtung in der Mitte oder nahe der Mitte des Spinntopfs eingeleitet werden, werden mit einem oder mehreren Stücken versehen, die zwischen Spinnkuchen und Zuführungsvorrichtung angebracht sind, mehr oder weniger senkrecht stehen und mit dem Spinntopf rotieren. Diese Stücke dienen dazu, zu verhindern, daß der Faden sich um die Flüssigkeitszuführungsvorrichtung aufwickelt, wenn der Spinntopf sich dreht. Diese Stücke können Stäbe aus Ebonit sein oder Zylinder aus Drahtgaze, sie können am Deckel oder am Boden des Spinntopfs befestigt werden. Im allgemeinen sind zwei Stäbe ausreichend, die man vorzugsweise diametral zueinander anbringt; man kann auch mehrere Stäbe nehmen und ihre freien Enden durch Drähte miteinander verbinden, um zu verhindern, daß sie sich beim Drehen des Spinntopfes nach außen verbiegen. In den Fig. 446—448 ist *A* der Spinntopf, *B* die feststehende Zuführungsvorrichtung, *C* der Spinnkuchen und *D* der Spinntopfdeckel. In Fig. 446

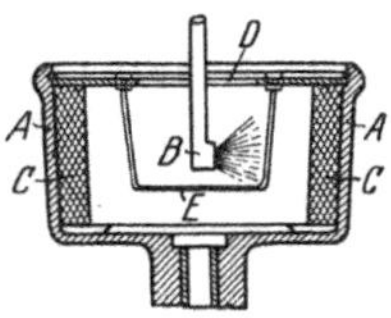

Fig. 446.

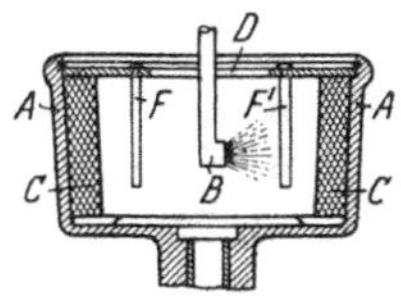

Fig. 447.

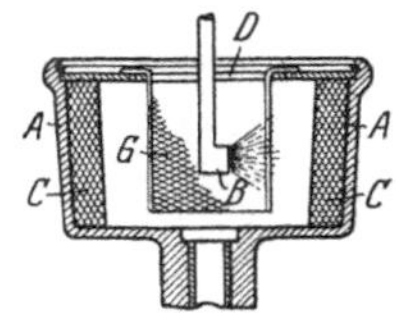

Fig. 448.

sind die Enden des Drahtes *E* an sich gegenüberliegenden Seiten der Öffnung *D* angebracht und der Draht ist gebogen; in Fig. 447 sind zwei Stäbe *F*, *F'* gezeichnet; in Fig. 448 ist ein Zylinder *G* aus Drahtgaze gezeigt, der am Deckel befestigt ist.

Nach Du Pont Rayon Company.

755. Du Pont Rayon Co., Buffalo (E. K. Gladding, New-York). Verbessertes Verfahren zur Behandlung von Kunstfasern mit Flüssigkeiten.

Brit. P. 293767 vom 11. VII. 1928 (Prior. Ver. St. Amer. vom 11. VII. 1927); Ver. St. Amer. P. 1688702; franz. P. 657139; schweiz. P. 134906.

Nach dem Zentrifugenverfahren hergestellte Spinnkuchen werden in ein durchlässiges Gewebe so eingeschlagen, daß alle Flächen des Kuchens bedeckt sind, dann auf Stäbe aufgereiht und durch auffließendes Wasser gewaschen. Die Gewebeumhüllung verhindert ein Verwirren der Fadenlagen und schützt den Inhalt vor Verunreinigung durch Fremdstoffe aus der Luft oder den Behandlungsflüssigkeiten. (3 Zeichnungen.)

Nach I. G. Farbenindustrie Aktiengesellschaft.

756. I. G. Farbenindustrie Aktiengesellschaft, Frankfurt a. M. Verfahren zum Reinigen, Behandeln und Fertigmachen von Kunstfasern, besonders Kunstseide, die in Zentrifugen gesponnen sind.

Belg. P. 352018 vom 11. VI. 1928; brit. P. 297118 vom 11. IX. 1928 (Prior. Deutschl. vom 15. IX. 1927).

Die Spinnkuchen werden gewaschen, gebleicht, entschwefelt usw. und nötigenfalls getrocknet und fertiggemacht, während sie sich noch in den Zentrifugen befinden. Die Spinnzentrifugen bleiben in Ruhe, die inneren Fadenlagen werden gestützt von gelochten oder durchlässigen Spulen, die in die Kuchen eingesetzt werden, und die Behandlungsflüssigkeiten werden durchgesaugt oder -getrieben. Der Durchmesser der Spulen kann verändert werden, ferner sind elastische Polster vorgesehen, um ein Verschieben der Fadenlage während der durch die Behandlung eintretenden Schrumpfung zu verhindern. Getrocknet wird durch Durchleiten heißer oder kalter Luft durch die Kuchen; es kann erfolgen in den Spinntöpfen und kann vervollständigt werden nach Entfernung der Spulen mit den Fäden aus den Spinntöpfen oder nachdem der Faden auf eine andere Spule oder einen Haspel oder in Strangform übergeführt ist. Die Kuchen können noch auf den Spulen gedämpft werden. Eine gelochte Spule *H* (Fig. 450) wird in den Kuchen *A* eingesetzt, der in dem Spinntopf *B* zwischen Dichtungsringen *F*, *J* getragen wird. Reihen solcher Spinntöpfe werden auf den falschen Boden *L* des Behälters *K* (Fig. 449) gesetzt, durch einen Deckel *N*

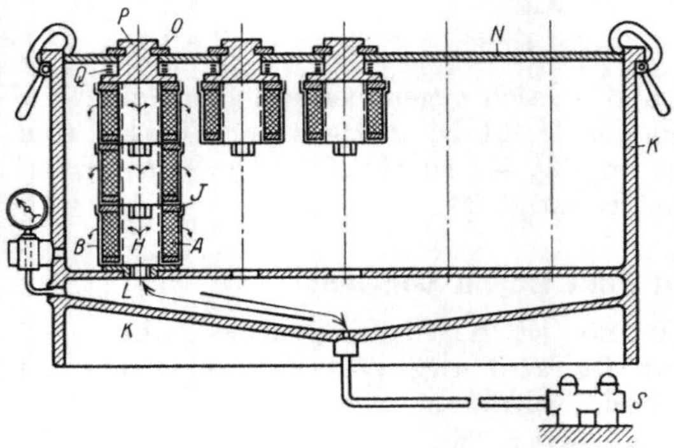

Fig. 449.

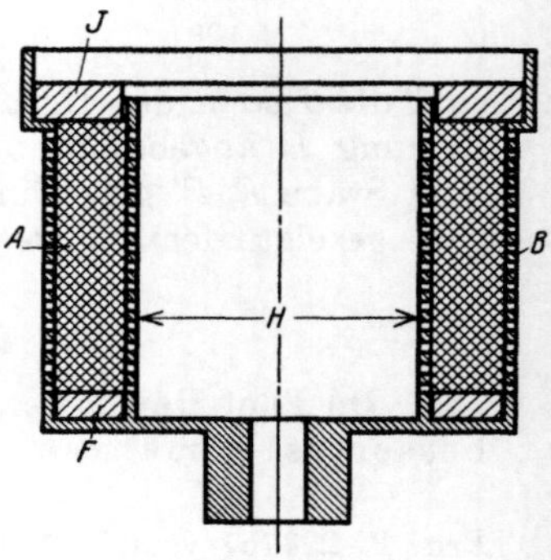

Fig. 450.

mit Druckstücken *P* werden sie in ihrer Stellung gehalten. Die Stücke *P* werden durch Gummiringe *O* gehalten und durch Federn *Q* gegen die Spulenreihen gedrückt. Eine mit dem Raume unter dem falschen Boden verbundene Pumpe *S* sorgt für die Bewegung von Flüssigkeit, Luft oder Dämpfen durch die Kuchen; diese Bewegung kann umgekehrt werden.

757. Dieselbe. Vorrichtung zum Abhaspeln von in Spinntöpfe gesponnener Kunstfaser.

D.R.P. 473749 Kl. 29a vom 16. IX. 1927; brit. P. 297112; belg. P. 352017.

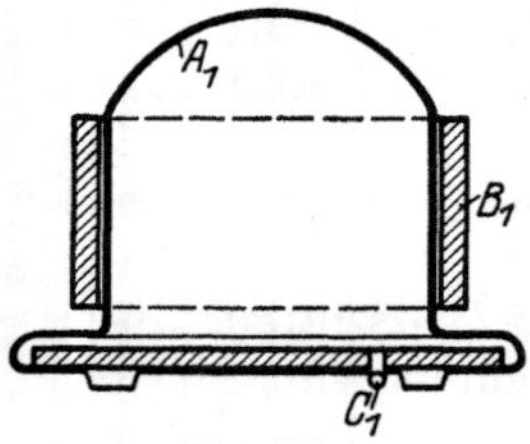

Fig. 451.

Es wurde gefunden, daß das Abspulen der Faser besonders leicht unter Schonung des Fadens erfolgt, wenn man den Spinnkuchen B_1 (Fig. 451) über Gebilde aus Gummi A_1 oder einen sonstigen elastischen Werkstoff stülpt, die sodann durch einen in der Bodenplatte befindlichen Ansatz C_1 für die Luftzufuhr aufgeblasen werden. Der sich beim Aufblasen bildende Ballon legt sich von innen an den Spinnkuchen an und gibt auf schonendste Weise den Halt, den der Spinnkuchen braucht, um glatt abgespult werden zu können. Weitere Ausführungsformen werden beschrieben.

Patentanspruch: Vorrichtung zum Abhaspeln von in Spinntöpfe gesponnener Kunstfaser, dadurch gekennzeichnet, daß ein Gebilde aus Gummi oder sonst einer elastischen Masse in den Spinnkuchen eingeführt und sodann aufgeblasen wird, so daß es sich gleichmäßig von innen unter sanftem Druck an den Spinnkuchen anlegt und diesen während des Abhaspelns trägt.

758. Dieselbe. Verfahren zum Spinnen und Zwirnen von Kunstfäden nach dem Topfspinnverfahren.

Belg. P. 351027 vom 2. V. 1928 (Prior. Deutschl. vom 26. IX. 1927); brit. P. 297744.

Die Fäden, die in dem Spinntopf eine Anfangszwirnung erfahren haben, bekommen in einem zweiten Arbeitsgange beim Verlassen des Spinntopfs die Endzwirnung. Man setzt ohne zu haspeln oder umzuspulen den Spinntopf auf eine zweite rotierende Spindel um und wickelt aus dem Topf heraus auf eine Spule oder eine Haspel auf, wobei dem Fadenbündel die verlangte weitere Drehung gegeben wird. Insbesondere ist diese Arbeitsweise von Wichtigkeit bei allen Trockenspinnverfahren, wo die mit großer Abzugsgeschwindigkeit aus dem Spinnschacht austretenden Fäden im ersten Arbeitsgang nicht mehr als eine Vorzwirnung erhalten sollen oder können.

759. Dieselbe. Verfahren zum Spinnen und Zwirnen von Kunstfäden nach dem Topfspinnverfahren.

Belg. P. 352761 vom 11. VII. 1928 (Prior. Deutschl. vom 25. X. 1927), Zusatz zum belg. P. 351027; brit. P. 299399, Zusatz zum brit. P. 297744; franz. P. 655468.

Zur Ausübung des Verfahrens des Hauptpatents (s. vorstehend) bedient man sich vorteilhaft der Vorrichtung nach Fig. 452. *b* ist der Spinntopf, an dessen Wandungen im ersten Teil des Vorgangs die Fäden *a* sich ansammeln und aus dem heraus nunmehr im zweiten Arbeitsgang fertiggezwirnt werden soll. Zu diesem Zwecke versieht man den Topf am oberen Ende mit einem glatten polierten Zwirnring *c*, der entweder auf den Topf aufgesteckt oder z. B. in Gestalt eines eingepreßten Wulstes fest mit ihm verbunden sein kann. Von diesem Zwirnring, der den sich bildenden Fadenballon nach unten begrenzt, läuft der Faden durch eine feste Zwirnöse *d* und eine hin- und hergehende Changieröse *e* zu der Aufwickelvorrichtung *f*, einer Zwirnspule, einem Haspel oder einer sonst geeigneten Vorrichtung.

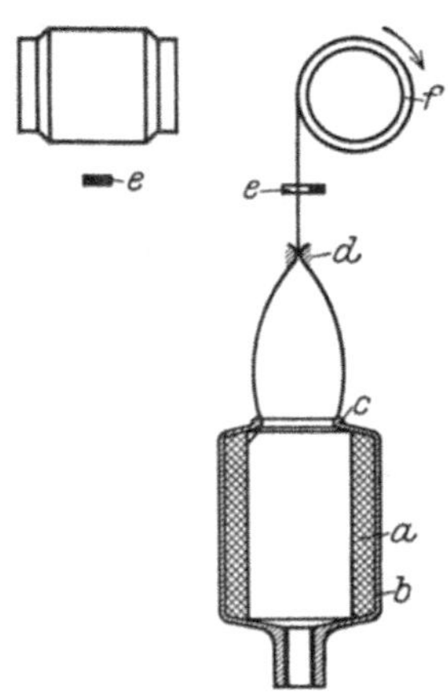

Fig. 452.

760. Dieselbe. Verfahren und Vorrichtung zum Umspulen von Kunstfäden.

D.R.P. 473430 Kl. 29a vom 27. X. 1927; belg. P. 350770; brit. P. 299428; franz. P. 653324; schweiz. P. 132272.

Die bei der Aufarbeitung von Spinnkuchen auftretenden Schwierigkeiten, die dadurch entstehen, daß die einzelnen Lagen der aus dem

Spinntopf *a* (Fig. 453) von außen nach innen abgehaspelten Fäden ineinander geraten, werden dadurch vermieden, daß man die Fäden auf eine feststehende Wickelspule *c* umspult. Die Wickelspule ist auf einen Dorn *e* aufgesteckt, dessen Stiel von einer Vorrichtung *f* gehalten wird. Die Wicklung *d* entspricht hierbei der ursprünglich in *b* vorhandenen und wird dadurch erreicht, daß man der Spule eine Zusatzbewegung in Richtung ihrer Achse erteilt. Da bei diesem Verfahren der Faden frei durch die Luft umgespult wird, können Umspulgeschwindigkeiten von 1000—2000 m in der Minute erreicht werden. Nach Beendigung des Umspulens wird der Spulenkörper aus dem Topf herausgezogen und dem nächsten Arbeitsgang zugeführt. Es werden insbesondere Spulenkörper angewendet, die für die Wasch- und Nachbehandlungsflüssigkeit durchlässig sind, z. B. gelochte oder aus porösem Stoff hergestellte Körper.

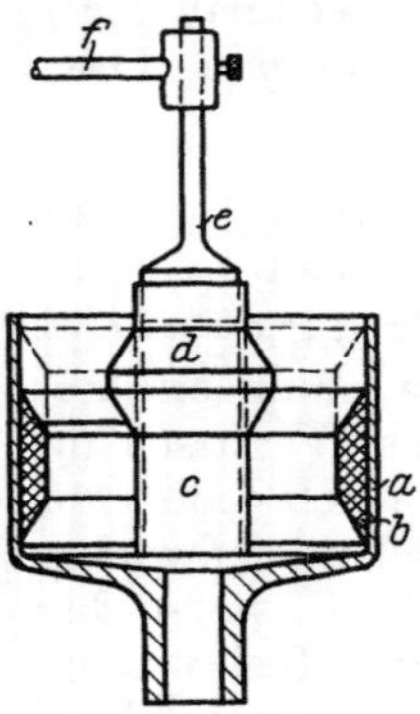

Fig. 453.

Patentansprüche: 1. Verfahren zum Umspulen von Kunstfäden, dadurch gekennzeichnet, daß in den Innenraum eines umlaufenden Spinntopfes ein ruhender, gegebenenfalls für Flüssigkeiten durchlässiger Wickelkörper eingeführt wird, auf welchen sich bei Drehung des Spinntopfes die Fäden aufwinden oder bei entgegengesetzter Drehung abwinden.

2. Verfahren nach Anspruch 1, dadurch gekennzeichnet, daß dem Wickelkörper während des Umspulens der Fäden eine hin- und hergehende oder eine stetige Fortbewegung in Richtung der Achse erteilt wird.

3. Vorrichtung zum Umspulen nach Anspruch 1, gekennzeichnet durch einen zylindrischen, gegebenenfalls für Flüssigkeiten durchlässigen Spulenkörper *c* für das auf- oder abzuwickelnde Garn, eine Aufsteckvorrichtung *e* für den Spulenkörper und eine Haltevorrichtung *f* für den Aufsteckdorn.

Nach Manville-Jenckes & Co.

761. Manville-Jenckes & Co., Pawtucket, U.S.A. Vorrichtung zum Nachbehandeln von Kunstseide.

Franz. P. 666193 vom 22. XI. 1928; belg. P. 356006; brit. P. 301026 (Prior. Ver. St. Amer. vom 23. XI. 1927); Ver. St. Amer. P. 1702837 (J. B. Merriman, Manville Jenckes & Co.).

Nach der Erfindung werden die aus dem Spinntopf kommenden Spinnkuchen aus Viskoseseide als kompakte Masse gewaschen, entschwefelt, geölt, geseift, geschlichtet und getrocknet. Zu diesem Zweck ist der für die Nachbehandlung dienende, mit einem Deckel *12* versehene Behälter *10* (Fig. 454) durch einen falschen Boden *11* in zwei Kammern geteilt. Von dem falschen Boden *11* erstrecken sich nach oben zu hohle gelochte Achsen *15*, auf welche die noch mit Fällflüssigkeit behafteten und auf gelochte Röhren aufgewickelten Spinnkuchen *9* aufgesteckt und in ihrer Lage durch konische Kautschukhülsen *16* festgehalten werden. Die hohlen Achsen *15* sind an ihren oberen Enden verschlossen, während ihre unteren Enden mit der unter dem falschen Boden *11* liegenden Kammer in Verbindung stehen, so daß die in die obere Kammer eintretende Behandlungsflüssigkeit durch die Fadenwicklung und die Hohlachse *15* zur unteren Kammer gedrückt wird. Durch einen Vierwegehahn ist es möglich, die Flüssigkeiten auch im umgekehrten Sinne durch die Spinnkuchen durchzudrücken. Zum Trocknen steckt man die so nachbehandelten Spinnkuchen in einer Trockenkammer auf durchlochte Rohre und preßt heiße Luft durch die Fadenwicklungen.

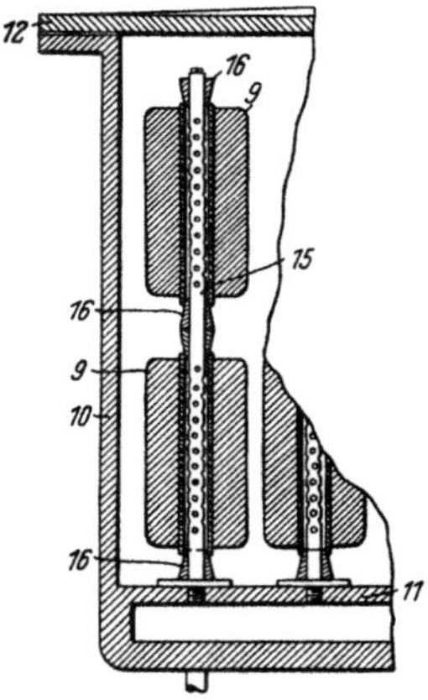

Fig. 454.

Fadenbildung durch Ausschleudern der Spinnlösung aus Düsen.

Nach Pollak.

762. Hugo Pollak, Wien. Vorrichtung zum Spinnen von Kunstseide nach dem Schleuderverfahren.

Österr. P. 105233 Kl. 29a vom 15. VIII. 1926, angemeldet am 5. VI. 1925.

Die bei dem Schleuderverfahren[1] in einem Spinntopf aufeinandergelagerten Faserteilchen bilden keine in Parallelfasern geordnete Spinnmasse, so daß es nicht möglich ist, das Spinngut als verwendbare Einzelfaser abzuziehen. Dieser Nachteil wird durch die nachstehend beschriebene Anordnung vermieden. Auf der Hohlwelle *4* (Fig. 455) der Zentrifuge sitzt die Trommel *1*. Die Spinnflüssigkeit wird durch ein in das Spurlager der Zentrifuge eingeschraubtes Rohr *5*, die Hohlwelle *4* und über den Verteilungskörper *3* in die Trommel gedrückt, wo sie aus den Düsen *2* austritt und durch die Fliehkraft als Faden an die innere Wand der doppelwandigen Glocke *6* geschleudert wird.

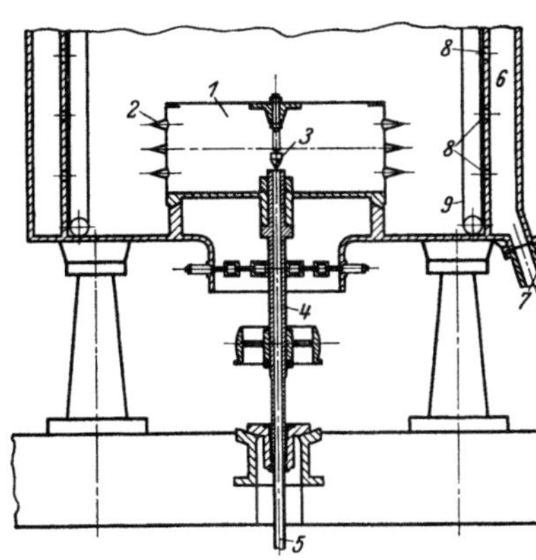

Fig. 455.

Durch die Rohrleitung *7*, den Hohlraum der Glocke und die Schlitze *8* wird angesäuerter Naßdampf zugeführt, der die Fäden umhüllt, so daß sie in erstarrtem Zustande die dicht aneinanderliegenden Transportbänder *9* erreichen, von welchen sie zur weiteren Bearbeitung nach aufwärts geführt werden.

[1] Siehe 5. Aufl., S. 845—47.

Die Herstellung ganz oder teilweise hohler Kunstfäden.

Nach Société Alsa.

763. Société dite: Alsa, Soc. A., Basel. Verfahren zur Herstellung von künstlichem, glänzendem, hohlem Textilgut.

D.R.P. 471458 Kl. 29b vom 19. II. 1924 (Prior. Frankr. vom 13. IV. 1923).

Das Patent entspricht den in der 5. Aufl., S. 857, Nr. 1037 mitgeteilten.

Patentanspruch: Verfahren zur Herstellung künstlichen, hohlen Textilguts durch Verspinnen einer Viskoselösung, die Luft oder ein anderes Gas beigemischt oder in Lösung oder einen Körper enthält, der nach dem Spinnen im Innern des Textilguts einen gasgefüllten Hohlraum erzeugt, dadurch gekennzeichnet, daß man zwecks Erzeugung glänzenden hohlen Textilguts mit praktisch ununterbrochenem Hohlraum Viskose von geringem Reifegrad, und zwar Viskose mit einem Salzpunkt von über 7, entsprechend einem Reifegrad von über 19 nach dem Ammoniumchloridverfahren von Hottenroth verspinnt.

764. Dieselbe. Verfahren zur Herstellung glänzender hohler Fäden.

D.R.P. 485324 Kl. 29b vom 24. III. 1926 (Prior. Engl. vom 22. IV. 1925 und 16. II. 1926); brit. P. 255527 (M. P. Lanfry und J. E. Brandenberger, La Cellophane); franz. P. 614029; tschechosl. P. 28538; schweiz. P. 119679.

Nach der Erfindung werden Viskoselösungen mit einem in weiten Grenzen beliebigen Reifegrad versponnen. Zu diesem Zwecke wird eine Viskoselösung angewandt, die vor dem Zusatz des zur Bildung der Hohlräume erforderlichen Karbonats weniger als 1 T. Alkali — gerechnet als NaOH — auf 1,2 T. Zellulose enthält, bei einem Zellulosegehalt von 7,3%, demnach weniger als 6% Alkali. Um eine Viskose mit einer derartig geringen Gesamtalkalität herzustellen, kann die Alkalizellulose von Anfang an mit einer geringeren Natronmenge hergestellt werden als normale Alkalizellulose, auch kann Xanthat entweder in gewöhnlichem Wasser gelöst werden oder in Wasser, welches weniger Natron enthält, als gewöhnlich verwendet wird. Auch kann ein Überschuß an Alkali der Viskose durch Diffusion entzogen werden. Vor dem Ausspritzen wird der Viskose Natriumkarbonat in der für die Herstellung hohler Fasern erforderlichen Menge zugesetzt. Auch kann ein Teil oder das ganze erforderliche Natriumkarbonat in der Viskose selbst erzeugt werden, indem man ihr Kohlensäure oder Bikarbonat zufügt, doch muß in letzterem Falle die Kohlensäure oder Bikarbonatmenge genügend groß sein, um wenigstens einen Anteil von 0,5% des in der normalen Viskoselösung enthaltenen Ätznatrons umzusetzen. Die so erhaltene Spinnflüssigkeit wird in ein Fällbad gesponnen, das in üblicher Weise Natriumsulfat und Schwefelsäure enthält, und zwar in Konzentrationen, die der Alkalität und dem Reifezustand der verwendeten Viskoselösung angepaßt sind. Diese Anpassung ist erforderlich, um glänzende Fasern mit langgestreckten Hohlräumen zu erhalten, und kann für jede Viskose durch einfache

Versuche jeweils ermittelt werden. Sinkt die Dichte des Fällbades unter eine bestimmte untere Grenze, so verschwindet der Glanz der Faser, die dann auf der Oberfläche ausgesprochene Vertiefungen aufweist. Ist die Dichte des Fällbades zu hoch, so wird die hohle Faser blasig und bekommt deutlich erkennbare Abschnitte. Für verschiedene Reife- und Fällbedingungen ist in der Patentschrift ein Diagramm angegeben.

Beispiel 1: Es wird eine Viskoselösung folgender Zusammensetzung vorbereitet: Zellulose 7,3%, Gesamtalkalität 4% als NaOH, welche erhalten wird durch Mischen von normalem Xanthat mit Wasser. Natriumkarbonat wird zugesetzt, um die Alkalität auf 7% zu erhöhen. Man läßt diese Viskoselösung bei 13° C 73 Stunden lang reifen. Diese Viskose wird in ein Koagulationsbad gespritzt, welches 145 g Säure und 228 g Natriumsulfat je Liter enthält. Es soll eine Kunstseidenfaser mit einem Einzelfadentiter von 6 Den. hergestellt werden. Düsenöffnung 0,12 mm, Spritzgeschwindigkeit 45 m je Minute, Laufgeschwindigkeit des Fadens im Bade 35 cm. Temperatur des Bades 45° C. Die so hergestellte Faser ist hohl und glänzend.

Beispiel 2: Man benutzt dieselbe Viskoselösung mit einem Zusatz von Karbonat und mit einer Reife von 110 Stunden bei 13° C, gerechnet vom Mischungsbeginn an. Diese Viskoselösung wird in ein Koagulationsbad gespritzt, welches 125 g Säure und 40 g Natriumsulfat je Liter enthält. Es soll eine Kunstseidenfaser mit einem Einzelfadentiter von 6 Den. hergestellt werden mit einer Düsenöffnung von 0,12 mm. Die Spritzgeschwindigkeit beträgt 45 m je Minute. Laufgeschwindigkeit des Fadens im Bade 35 cm, Temperatur des Bades 45° C. Die so erzeugte Faser ist hohl und glänzend.

Beispiel 3: Es wird eine Viskoselösung folgender Zusammensetzung vorbereitet: Zellulose 7,3%, Gesamtalkalität 5 als NaOH, welche durch Mischen von normalem Xanthat mit Wasser erhalten wird. Hierzu wird Natriumkarbonat zugesetzt, um die Alkalität auf 8 zu erhöhen. Man läßt diese Viskoselösung bei 13° C vom Anfang der Mischungsperiode an 54 Stunden lang reifen. Diese Viskose wird alsdann in ein Gerinnungsbad gespritzt, welches 125 g Natriumsulfat je Liter enthält. Es soll eine Kunstseidefaser mit einem Einzelfadentiter von 6 Den. hergestellt werden. Düsenöffnung 0,12 mm. Spritzgeschwindigkeit: 45 m je Minute. Geschwindigkeit im Bad: 35 cm. Badtemperatur: 45° C. Die so hergestellte Faser ist hohl und glänzend.

Patentansprüche: 1. Verfahren zur Herstellung glänzender hohler Fäden durch Verspinnen von alkalikarbonathaltiger Viskose in schwefelsaure natriumsulfathaltige Fällbäder, gekennzeichnet durch die Verwendung von Viskose wechselnden Reifegrades, die vor dem Zusatz des Karbonates weniger als ein Teil Alkali — gerechnet als NaOH — auf 1,2 Teile Zellulose, z. B. bei einem Zellulosegehalt von 7,3% weniger als 6% Alkali enthält.

2. Verfahren nach Anspruch 1, dadurch gekennzeichnet, daß ein Teil oder das ganze zur Erzeugung von hohlen Fasern erforderliche

Alkalikarbonat in der Viskoselösung selbst durch Behandeln mit Kohlensäure oder Natriumbikarbonat erzeugt wird.

765. Dieselbe. Verfahren zur Herstellung von Fäden aus Zellulosexanthaten.

Brit. P. 289796 vom 30. IV. 1928 (Prior. Deutschl. vom 30. IV. 1927); belg. P. 350809.

Zur Herstellung hohler Fäden von niedrigem spez. Gewicht und ohne Scheidewände, besonders solche von niedrigem Titer, unter Verwendung der Verfahren der brit. P. 143253 (5. Aufl., S. 852), 189973 (5. Aufl., S. 853) und 214197 (5. Aufl., S. 857) benutzt man ein Fällbad mit 6 oder mehr, vorzugsweise 10—35% Zinksulfat. Das Bad kann aus Schwefelsäure und Zinksulfat allein bestehen, es kann aber auch Natriumsulfat oder ein anderes Salz oder Glykose zugesetzt werden.

766. Dieselbe. Verfahren zur Herstellung von Fäden aus Zellulosexanthogenaten.

Brit. P. 299710 vom 27. X. 1928 (Prior. Deutschl. vom 29. X. 1927).

Hohle Kunstseidefäden werden während der Koagulierung oder nachher weiter zum Aufschwellen gebracht durch Eintauchen in eine Flüssigkeit, welche ein Gas gelöst oder einen gasentwickelnden Stoff enthält. Das behandelte Material wird dann erhitzt oder unter Druckverminderung gebracht oder chemisch so behandelt, daß sich Gas entwickelt. Besonders geeignet ist das Verfahren zur Aufblähung zusammengefallener Hohlfäden. Es wird z. B. ein hohler Viskoseseidenfaden in kaltes Wasser getaucht, das mit Luft gesättigt ist, dann wird auf höhere Temperatur gebracht, um den Faden aufzublähen. Oder man taucht den Hohlfaden in Natriumkarbonatlösung und behandelt dann mit verdünnter Essigsäure, die vorteilhaft mit Luft oder Kohlensäure gesättigt ist. Die aufgeblähte Seide wird in geschlossenen Kammern bei 80—100° C getrocknet.

Nach Courtaulds Ltd. und Miterfindern.

767. Courtaulds Ltd., London, S. S. Napper und H. D. Gardner. Verfahren zur Herstellung von Fäden aus Zellulosexanthaten.

Brit. P. 253953 vom 17. IX. 1924.

Hohle Fäden werden dadurch hergestellt, daß man in ein saures, Zinksalz enthaltendes Bad Viskose einspritzt, die in Suspension oder Emulsion eine Flüssigkeit enthält, welche in dem Bade Gas entwickelt, oder die einen Stoff wie Natriumkarbonat enthält, welcher in dem Fällbad innerhalb der Fäden Gas entwickelt. Man setzt z. B. zu 1000 T. frisch bereiteter Viskose, die 8—10% Zellulose enthält, 50 T. Natriumkarbonat, die in 250 T. Wasser gelöst sind. Man filtriert und spinnt in ein Bad, welches auf 100 T. 8 T. Schwefelsäure, 5 T. Zinksulfat, 14 T. Natriumsulfat und 9 T. Glykose enthält. Die Spinnstrecke beträgt 45 cm, der Denier jedes einzelnen Fadens ist etwa 5 und die Abzugsgeschwindigkeit 45 m in der Minute, die Badtemperatur beträgt 45° C. Für höhere Denier wird mehr Säure genommen. Die Fäden erweisen sich unter dem Mikroskop in dem größeren Teil ihrer Länge hohl. Oder man mercerisiert 1000 T. Zellulose oder Hydrozellulose durch 3stündiges Tauchen in überschüssige 18proz. Natronlauge und preßt auf 3000 T. ab. Die Alkalizellulose wird gemahlen, 3 Tage bei gewöhnlicher Temperatur stehen gelassen und dann in geschlossenem Gefäß mit 700 T. Schwefelkohlenstoff behandelt. Das erhaltene Xanthat löst man in verdünnter Natronlauge zu einer 7% Zellulose enthaltenden Lösung, die man nach dem Filtrieren in ein warmes Bad spritzt, das in 100 T. 9 T. Schwefelsäure, 4 T. Zinksulfat, 14 T. Natriumsulfat und 9 T. Glykose enthält. Das Natriumsulfat kann teilweise durch die äquivalente Menge Ammonium-, Magnesium-, Eisen-, Aluminium- oder Chromsulfat oder Mischungen davon ersetzt werden. Die Spinnstrecke ist 45 cm, der Denier des Einzelfadens 7, die Abzugsgeschwindigkeit 45 m in der Minute und die Badtemperatur 45°. Für höhere Denier wird mehr Säure verwendet.

768. Courtaulds Ltd., H. J. Hegan und Fr. Bayley, Coventry. Verbesserungen bei der Herstellung von Fäden usw. aus Viskose.

Brit. P. 253954 vom 17. IX. 1924.

Hohle Fäden lassen sich vorteilhaft aus Viskose herstellen, bei deren Herstellung nicht mehr als etwa 5 und nicht weniger als etwa 3% Ätznatron in die Verbindung, abgepreßte Alkalizellulose oder fertige Viskose, eingetreten sind. Die Viskose wird aus Holzstoff oder Baumwolle oder einer Mischung beider hergestellt, auf 100 T. Zellulose werden 30—40 T. Schwefelkohlenstoff verwendet, die fertige Viskose enthält 7—8% Zellulose. Sie enthält in Lösung oder Suspension eine Flüssigkeit, die in dem sauren Spinnbade Gas entwickelt. Auch ein im Spinnbad Gas entwickelnder Stoff kann der Viskose zugesetzt werden. Man tränkt 100 T. lufttrockne Zellulose mit 18proz. Natronlauge 2 Stunden bei 20°, preßt auf 300 T. ab und läßt etwa 3 Tage reifen. Dann behandelt man 3 Stunden mit 37 T. Schwefelkohlenstoff bei 25°, löst in 800 T. 1,5proz. Natronlauge und gibt unter Rühren eine Lösung von 35 T. wasserfreiem Natriumkarbonat in 270 T. Wasser zu. Die filtrierte und durch Evakuieren von Luft befreite Viskose spinnt man in ein Bad aus 8 T. Schwefelsäure, 10 T. Glykose, 12 T. Natriumsulfat, 1 T. Zinksulfat und 69 T. Wasser.

769. Dieselben. Verbesserungen in der Herstellung von Fäden, Fasern u. dgl. aus Viskose.

Brit. P. 259386 vom 17. X. 1925.

Während man bisher gewöhnlich zur Herstellung von Fäden usw. aus Viskose eine Viskose mit 7 und mehr Prozent Zellulose verwendet hat, wurde gefunden, daß zur Herstellung hohler Fäden u. dgl. aus natriumkarbonathaltiger Viskose bessere Ergebnisse erzielt werden, wenn man Viskose verwendet, die nicht mehr als 6% Zellulose enthält. Das Natriumkarbonat kann der Viskose während ihrer Herstellung oder danach zugesetzt werden. Man tränkt z. B. 100 T. lufttrockner Zellulose mit Natronlauge von 1,2 spez. Gewicht und preßt auf 300 T. ab. Dann behandelt man mit 30—40 T. Schwefelkohlenstoff 3 Stunden bei 25° C. Man löst das Zellulosexanthat in verdünnter Natronlauge und gibt eine verdünnte Lösung von 43 T. Natriumkarbonat zu, vorzugsweise während der letzten Stufen der Auflösung des Xanthats. Man stellt die Viskoselösung auf 6% Zellulose und 5% Ätznatron ein, filtriert und entlüftet unter Vakuum. Man spinnt durch geeignete Spinnöffnungen in ein Bad, wie es in Beispiel 2 der brit. Patentschrift 406 v. J. 1911 (5. Aufl., S. 451) beschrieben ist. Glanz und Gasgehalt der Fäden werden durch die Zusammensetzung des Spinnbads und das Alter der Viskose beeinflußt. Je höher der Gehalt des Spinnbads an Zinksulfat und je kürzer die Reifezeit der Viskose ist, desto mehr werden die Fäden aufgetrieben.

770. Courtaulds Ltd., London, H. J. Hegan und E. Hazeley, Coventry. Verbesserungen in der Herstellung von Fasern, Fäden u. dgl. aus Viskose.

Brit. P. 273506 vom 19. VII. 1926; franz. P. 635294.

Hohle Fäden ohne einzelne räumlich begrenzte Gasblasen werden erhalten, wenn man eine geringe Menge (1—3%) eines löslichen Karbonats enthaltende Viskose in ein Fällbad eintreten läßt, welches 9—11% Schwefelsäure, 10—14% Natriumsulfat, 8—14% Magnesiumsulfat und bis 8% Zinksulfat enthält und in dem der Gesamtgehalt an Metallsulfaten 25—28% beträgt. Man setzt z. B. zu 100 T. Viskose mit 6,7% Zellulose und 6,5% Alkali (als NaOH gerechnet), 2 T. wasserfreies Natriumkarbonat und rührt, bis Lösung eingetreten ist. Man filtriert und läßt reifen, bis einige Tropfen der Lösung in 5proz. Kochsalzlösung eben gefällt werden. Dann spinnt man in ein Bad, welches 10% Schwefelsäure, 13% Natriumsulfat, 9% Magnesiumsulfat und 4% Zinksulfat enthält, sammelt in einem Tophamspinntopf, wäscht, entschwefelt und bleicht.

Nach British Enka Artificial Silk Co.

771. British Enka Artificial Silk Co. Ltd., London (N. V. Nederlandsche Kunstzijdefabriek, Arnhem, Holland). Herstellung von Fäden aus Zelluloselösungen.

Brit. P. 244446 vom 24. XI. 1925 (Prior. Deutschl. vom 15. XII. 1924); franz. P. 605900.

Mehr oder weniger hohle Kunstfäden von bandförmiger Gestalt werden aus Viskose- oder Kupferoxydammoniaklösungen, die gaserzeugende Stoffe enthalten, dadurch hergestellt, daß bei der ersten Koagulation keine Gasentwicklung eintritt, während die Fäden noch elastisch und fest genug sind, um aufgespult werden zu können, und daß die Gasentwicklung in dem folgenden Fixierbad erfolgt. Die gasentwickelnden Stoffe können auch nach dem Spinnen dem Faden einverleibt werden, indem man den weichen elastischen Faden mit einer Lösung von z. B. Natriumkarbonat oder -bikarbonat behandelt. Die erste unvollständige Koagulierung wird durch ein schwach wirkendes Bad, kurze Spinnstrecke oder niedrige Temperatur oder dadurch erzielt, daß man die von dem Faden mitgeführte Fällflüssigkeit durch Leiten über einen geeigneten Führer oder durch Neutralisieren der Säure durch ein besonderes Bad unwirksam macht. Die so koagulierten Fäden werden dann in einer geeigneten starken Säure fixiert, die Viskose usw. zersetzt sich und die Gasentwicklung tritt ein. Zu dem ersten Fällbad setzt man zweckmäßig eine geringe Menge Zinksalz. Die in einer normalen Viskose Gas entwickelnden Stoffe sind Karbonate, Thiokarbonate, Schwefelkohlenstoff usw., ihre Menge wird den Arbeitsbedingungen angepaßt. Es wird z. B. eine 5% Natriumkarbonat enthaltende Viskoselösung in ein gewöhnliches saures Bad gesponnen, dann mit einem Ammoniumchloridbad behandelt, welches durch Natriumkarbonat alkalisch gehalten ist und sofort oder nach dem Aufwickeln wird mit einem Säurebad niedriger Konzentration behandelt. Lösungen von Zellulose in Kupferoxydammoniak werden in üblicher Weise versponnen, unmittelbar nach dem Spinnen werden die Fäden in ein Natriumbikarbonatbad gebracht und dann mit verdünnten Säuren behandelt.

772. Dieselbe. Verfahren zur Herstellung von Fäden aus Zellulosexanthat.

Brit. P. 253477 vom 5. III. 1926 (Prior. Deutschl. vom 11. VI. 1925); franz. P. 613708; canad. P. 267718 (J. R. N. van Kregten).

Hohle Fäden werden hergestellt aus einer dünnflüssigen Viskose ohne Innehaltung der üblichen Vorsichtsmaßregeln zur Verhütung des Verbleibens von Gasresten während des Fällens. Man unterläßt also das Entgasen der Viskoselösung und verwendet ein rasch koagulierendes Fällbad. Vorteilhaft setzt man eine geringe Menge Zinksalz zu dem Fällbad. Die dünnflüssige Viskose kann entweder weniger als 8% Zellulose enthalten, oder man stellt sie aus stark gebleichter Zellulose her oder aus Natronzellulose, die in Gegenwart eines oxydierenden Mittels mercerisiert ist oder die man lange gereift hat. Zu der Viskoselösung kann man pulverisierte feste Stoffe setzen, wie Bimssteinpulver, welches die Entwicklung von Gasblasen befördert.

Nach Snelling.

773. W. O. Snelling. Herstellung hohler Kunstseidefasern.

Ver. St. Amer. P. 1631071 vom 31. V. 1927, angemeldet 11. V. 1925.

Geschmolzener Zucker wird durch eine Spinndüse ausgepreßt, der gebildete Faden wird mit Nitrozelluloselösung oder Viskose überzogen, nach der Koagulierung wird der lösliche Kern durch Wasser entfernt. Der hohle Faden wird gegebenenfalls denitriert.

Nach Erste Böhmische Kunstseide-Fabrik Akt.-Ges.

774. Erste Böhmische Kunstseide-Fabrik Akt.-Ges., Theresienthal. Verfahren zur Herstellung hohler Kunstfäden aus Zelluloselösungen.

Brit. P. 258582 vom 14. IX. 1926 (Prior. Tschechosl. vom 17. IX. 1925); tschechosl. P. 21488; Franz. P. 621181; schweiz. P. 125437; Ver. St. Amer. P. 1707164 (H. Karplus).

In der Spinnflüssigkeit werden während der Herstellung feste oder flüssige Teilchen in Emulsion oder Dispersion verteilt und nach der Fertigstellung des Fadens durch Lösungsmittel wieder entfernt. Das Verfahren ist auf die üblichen Spinnlösungen anwendbar, geeignete flüssige oder feste Stoffe sind Öle, Schmier- oder Paraffinöle, Fette, Wachse, festes Paraffin, Metallseifen, Fett- und Naphthensäuren, Harze. Soll der dispergierte Stoff in den Fäden während der Herstellung gebildet werden, so gibt man zu der zu verspinnenden Lösung einen Stoff, welcher den gewünschten Körper durch die chemische Einwirkung des Fällbades bildet, man setzt z. B. zu Viskoselösungen Alkalisalze von Fett- oder Harzsäuren, welche unter der Einwirkung der Fällbadsäure die freien Säuren abscheiden, die dann durch organische Lösungsmittel oder Alkali entfernt werden. Man emulgiert z. B. Knochen- oder Paraffinöl fein in Viskoselösung und entfernt die Ölteilchen aus dem Faden durch Benzol, Schwefelkohlenstoff oder Amylalkohol. Oder man löst Natriumoleat in Viskoselösung und entfernt die in dem Faden ausgeschiedenen Ölsäureteilchen durch Benzin oder Natronlauge.

775. Dieselbe. Verfahren zur Erzeugung hohler Fäden aus Zellulose- oder Zelluloseesterlösungen.

Brit. P. 282687 vom 20. XII. 1927 (Prior. Tschochosl. vom 21. XII. 1926); tschechosl. P. 23870; belg. P. 342820; franz. P. 33612, Zusatz zum franz. P. 621181.

Hohle Kunstfäden werden dadurch hergestellt, daß man in der Spinnflüssigkeit feste oder flüssige Stoffe, z. B. Petroleumfraktion, verteilt, die dann aus den Fäden durch Luftverdünnung oder Temperatursteigerung entfernt werden.

Nach Rousset.

776. J. Rousset, Nogent s. Marne. Verbesserungen in der Herstellung hohler künstlicher Textilfasern.

Brit. P. 267187 vom 11. XI. 1925; franz. P. 623970 (Soc. pour la fabrication de la soie Rhodiaseta); Ver. St. Amer. 1652206 (J. E. G. Lahousse); österr. P. 109392; schweiz. P. 123891; tschechosl. P. 24868.

Das Verfahren besteht darin, daß eine normale Lösung eines Zelluloseesters oder eines anderen Zelluloseabkömmlings, d. h. eine Lösung, wie sie für die Herstellung voller Fäden verwendet wird und die keine gasentwickelnden Stoffe enthält, in heißer Luft oder einem anderen heißen Gas versponnen wird. Die Spinntemperatur ist beträchtlich höher als der Siedepunkt des verwendeten Lösungsmittels, die Fäden werden sofort nach dem Austreten aus den Spinndüsen einer wirksamen oberflächlichen Verdampfung dadurch ausgesetzt, daß eine starke Strömung der heißen Spinnluft in der Spinnzelle innegehalten wird. Es war nicht zu erwarten, daß auf diese Weise sich hohle Fäden technisch herstellen lassen würden, vielmehr konnte damit gerechnet werden, daß sich ein kontinuierlicher Faden nicht herstellen ließe oder daß er nicht auf seiner ganzen Länge hohl sein würde. Beides trifft nicht zu, der erzeugte Faden hat den Glanz der in üblicher Weise hergestellten Kunstseide. Für das Gelingen des Verfahrens ist es wesentlich, daß die hohe Temperatur an der Stelle, wo die Fäden aus der Düse austreten, die Temperatur und damit die Viskosität der Spinnlösung nicht beeinflußt. Die Verdampfungsbedingungen ändern sich mit dem verwendeten Lösungsmittel, die Temperatur beim Austreten der Fäden muß immer wesentlich höher sein als der Siedepunkt des Lösungsmittels. Für Lösungen von Zelluloseacetat in Aceton wird die Temperatur an der Austrittstelle der Fäden auf 100—120° C gehalten. Bei Temperaturen von 90—100° haben die Fäden eine gewisse Anzahl Blasen, ein vollkommen hohler Faden wird aber nicht erzielt. Auch bei 155° C wird mit solchen Lösungen ein befriedigendes Ergebnis erzielt, es ist aber nicht nötig, die Temperatur viel über 120° C zu steigern. Mit Lösungen von Nitrozellulose in Äther-Alkohol werden bei 90—100° C zufriedenstellende Ergebnisse erhalten. Die Verdampfungsbedingungen ändern sich auch mit den anderen Spinnbedingungen, der Abzugsgeschwindigkeit, der Konzentration der Lösung, der Größe der Spinnöffnungen, wesentlich ist aber die Temperatur und die Strömungsgeschwindigkeit der Spinnluft. Verspinnt man z. B. eine Lösung von 25% Acetylzellulose in einem Gemisch aus 80 T. Aceton und 20 T. Alkohol aus einer Düse mit 13 Löchern von je 0,10 mm bei einer Abzugsgeschwindigkeit von 75 m in der Minute, der Temperatur von 110° C beim Fadenaustritt und einem Spinnluftumlauf von 10000 L. in der Stunde, wobei die Spinnzelle ein Zylinder von 8 cm Durchmesser ist, so erhält man röhrenförmige Fäden von 10 Den. für den Einzelfaden mit dem Glanz der massiven Fäden und einer Dichte von 0,9. Setzt man unter sonst gleichen Bedingungen den Umlauf der heißen Spinnluft auf 3200 L. in der Stunde herab, so erhält man keine hohlen, sondern massive Fäden. Beim Verspinnen einer Lösung von 500 g Nitrozellulose in 1000 ccm Alkohol und 1700 ccm Äther bei 92—99° C, einem Spinnluftumlauf zwischen 10000 und 3200 L. in der Stunde aus einer Einzeldüse von 0,12 mm, einem Druck von 5 Atm. und einer Spinngeschwindigkeit von 41 m in der Minute, erhält man glänzende, im wesentlichen hohle Fäden von der Dichte 0,66.

Nach Deutsche Zellstoff-Textilwerke G. m. b. H.

777. Deutsche Zellstoff-Textilwerke G. m. b. G., Elberfeld. Verfahren und Einrichtung zur Erzeugung sogenannter Luft- oder Leichtseide aus Viskose.

D.R.P. 467241 Kl. 29b vom 22. XII. 1925; franz. P. 614291; brit. P. 260872; schweiz. P. 121071; Ver. St. Amer. P. 1611354 (K. Leuchs).

Zur Herstellung von Hohlfäden wird in der Viskose vor dem Verspinnen durch Elektrolyse Knallgas bzw. Wasserstoff erzeugt. Die entwickelte Gasmenge kann durch die Stromstärke genau geregelt und dem Viskosedurchfluß angepaßt werden. Durch spitzenförmige Ausbildung der Elektroden können die Gasblasen möglichst klein und von gleicher Größe gehalten werden. Da sie gleich nach ihrer Bildung von der strömenden Viskose mitgenommen werden, haben sie nicht Zeit, zu größeren Blasen zusammenzufallen und dadurch Ungleichmäßigkeiten im Faden hervorzurufen. Wenn man dafür sorgt, daß innerhalb der Düse ein gewisser Druck herrscht, sprengen die Gasblasen nach dem Verlassen der Düse die Wand des Fadens, und dieser nimmt dadurch bandförmige Gestalt an. An der Anode wird nur wenig Sauerstoff entwickelt, da dieser zum größten Teil durch Oxydation der vorhandenen Schwefelverbindungen verbraucht wird.

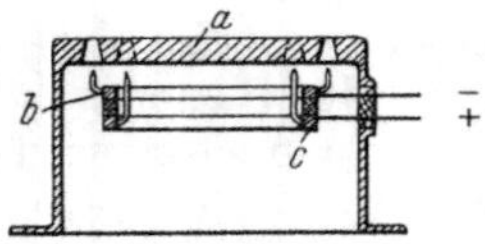

Fig. 456.

Fig. 456 zeigt eine schematische Ausführungsform des Verfahrens. Die Düse ist mit *a* bezeichnet, *b* ist ein Ring, der die negativen Elektrodenspitzen trägt, *c* ein weiterer Ring mit den positiven Elektrodenspitzen.

Patentansprüche: 1. Verfahren zur Erzeugung von sogenannter Luft- oder Leichtseide aus Viskose, dadurch gekennzeichnet, daß man in der Viskose unmittelbar vor dem Verspinnen durch Elektrolyse Knallgas bzw. Wasserstoff erzeugt.

2. Einrichtung zur Durchführung des Verfahrens nach Anspruch 1, dadurch gekennzeichnet, daß in dem Strom der Viskose spitzenförmige Elektroden angeordnet sind.

778. Dieselben. Vorrichtung zur Erzeugung von sogenannter Luft- oder Leichtseide.

D.R.P. 479794 Kl. 29a vom 7. 9. 1926, Zusatz zum D.R.P. 467241.

An Stelle der im Hauptpatent (s. vorstehend) benutzten spitzenförmigen Elektroden kommen hier siebförmige Elektroden zur Anwendung. Die siebförmigen Elektroden *d* und *e* (Fig. 457) werden an einer Stelle der Viskosezuleitung zur Düse isoliert so eingeschaltet, daß die ganze Viskose durch sie hindurchströmen muß. Die beiden Siebe werden an die Pole der Elektrizitätsquelle angeschlossen. In dem dargestellten Ausführungsbeispiel liegt der negative Pol, an dem der Wasserstoff sich bildet, an der Seite der Düse. Man kann aber die beiden Pole auch vertauschen. Durch die einzelnen Drähte des Siebes werden zahlreiche Stellen gebildet, an denen Wasserstoff oder Sauerstoff entwickelt wird. Man erzielt daher eine sehr vollkommene Verteilung der von dem Viskosestrom mitgerissenen Gase.

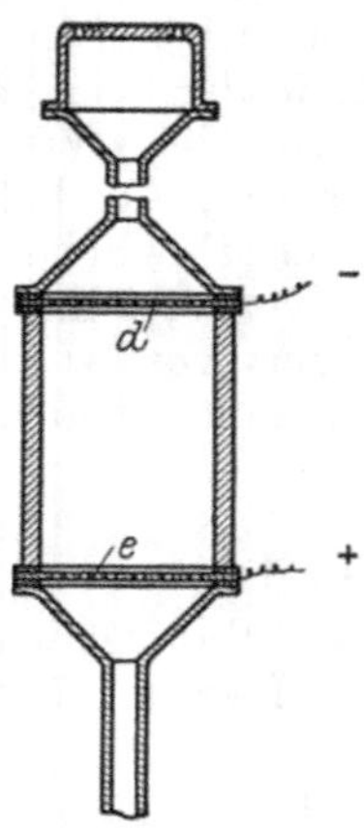

Fig. 457.

Patentanspruch: Vorrichtung zur Erzeugung von sog. Luft- oder Leichtseide zur Durchführung des Verfahrens nach Patent 467241, dadurch gekennzeichnet, daß in der Viskosezuleitung zur Düse siebförmige Elektroden *d, e* angeordnet sind.

779. Dieselben. Verfahren zur Herstellung hohler künstlicher Fäden und sonstiger Gebilde.

D.R.P. 450924 Kl. 29a vom 18. XII. 1926.

Das Verfahren ermöglicht, der Spinnflüssigkeit zur Erzeugung von Hohlfäden eine gewünschte Menge Luft unmittelbar vor dem Verspinnen einzuverleiben. Die Ausführung geschieht in der Weise, daß zwei hintereinander geschaltete Spinnpumpen verwendet werden, von denen die direkt an der Zuleitung der Spinnflüssigkeit liegende das kleinere, die dahintergeschaltete, vor der Spinndüse befindliche, das größere Fördervermögen besitzt. Zwischen beide Pumpen ist eine Vorrichtung eingebaut, die der Außenluft oder einem in einem Behälter befindlichen besonderen Gas den Zutritt zur Spinnflüssigkeit in dem Maße gestattet, wie die zweite Pumpe mehr fördert als die erste. Die Viskose tritt aus der Viskosehauptleitung *a* (Fig. 458) in die Pumpe kleinerer Fördermenge *b* ein, wird von dieser in bestimmter Menge durch die Leitung *c* in die Luftzuführungsvorrichtung *d* und von dieser über Leitung *e* durch die Pumpe größerer Fördermenge *f* der Düse *g* zugeführt, wo die Fadenbildung erfolgt. In Fig. 458a ist eine Ausführungsform für die Luftzuführungsvorrichtung *d* dargestellt. Die Viskose tritt durch das Rohr *h* in ein zylindrisches Glasgefäß *i*. Die Luft oder das zuzumischende Gas wird durch das Rohr *k* zentral eingeführt; zwecks Erzielung einer feineren Zerteilung erfolgt der Zutritt durch eine Düse *l*, die auswechselbar auf dem Ende des Luftrohres *k* angebracht ist. Das Viskose-Luftgemisch wird durch den Trichter *m* in die Viskoseleitung *e* eingesaugt. Bei der Ausübung des Verfahrens kann jede Spinnflüssigkeit und das gleiche Zuleitungssystem bis zu den Spinnvorrichtungen benutzt werden wie bei den übrigen Textilerzeugnissen. Es erweist sich als vorteilhaft, der Düse zur feineren Verteilung der Luft eine Anzahl von Sieben vorzuschalten. Die Form der Luftblasen und die Menge Gas, welche der Faden zurückhält, ist abhängig von der Zusammensetzung des Fällbades und, falls Viskose versponnen wird, von deren Reifegrad.

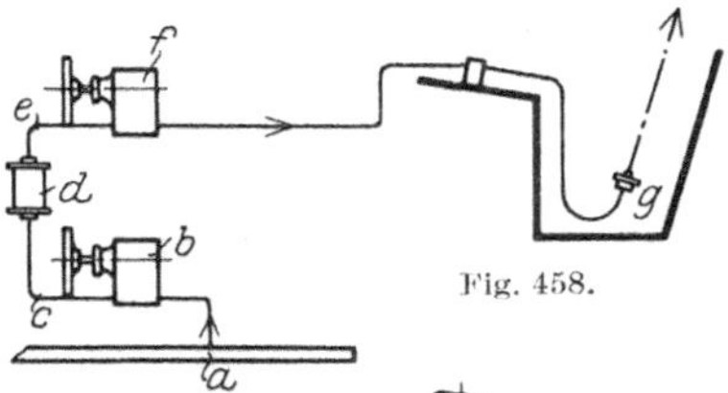

Fig. 458.

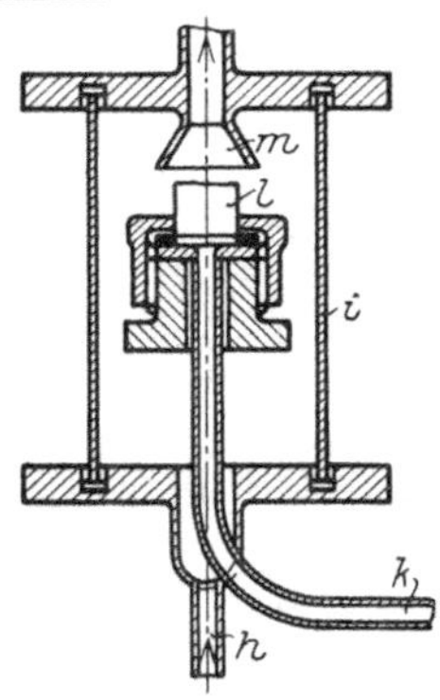

Fig. 458a.

Patentanspruch: Verfahren zur Herstellung hohler, künstlicher Fäden und sonstiger Gebilde, dadurch gekennzeichnet, daß eine Spinnflüssigkeitspumpe kleinerer Fördermenge einer zweiten Pumpe größerer Fördermenge die Spinnflüssigkeit zuführt und daß zwischen beiden Pumpen Luft oder ein anderes Gas in die Spinnflüssigkeit gesaugt wird.

Nach Neidich.

780. S. A. Neidich, Edgewater Park, N. J. Verfahren zum Formen kolloider Produkte.

Ver. St. Amer. P. 1643080 vom 20. IX. 1927, angemeldet 3. III. 1926.

Die Erfindung bezweckt die Herstellung eines Textilfadens mit durchgehendem Kern und den Kern lose umgebender Hülle, die geschrumpft ist und dadurch zahlreiche, das Licht zurückwerfende Flächen bildet. Ein derartiges Produkt wird dadurch erzeugt, daß man eine Viskoselösung mit 12% Zellulose in einem Bade fällt, welches 16,5% Schwefelsäure und $^1/_2$% PO_4-Ionen enthält, wobei man eine Schlepplänge von 3,5 Fuß und eine Abzugsgeschwindigkeit von 120 Fuß in der Minute anwendet. Jeder Teil des Fadens ist also 1,75 Sekunden im Bade. Benutzt man eine Viskose mit 14% Zellulose, einer Alkalität von 3,7% und mit 0,42% Trinatriumphosphat vom Zellulosegewicht, so erhält man Fäden von 300 Denier in einem Bade aus 14,7% Schwefelsäure und 0,5% Trinatriumphosphat bei einer Schlepplänge von nur 0,5 Zoll und einer Temperatur von 70° C. Das Verfahren ist auch mit anderen Zellulosederivaten durchführbar.

Nach Lilienfeld.

781. L. Lilienfeld, Wien. Verfahren zur Behandlung von Textilstoffen.

Belg. P. 351699 vom 31. V. 1928 (Prior. Österr. vom 9. VI. 1927).

Man emulgiert Luft, Wasserstoff oder Stickstoff in Viskose oder Kupferoxydammoniakzelluloselösung. Man kann auch ein Alkalikarbonat, -sulfid oder -sulfit der Zelluloselösung einverleiben, welches später Gas entwickeln kann, besonders bei der Regenerierung oder Fällung der Zellulose.

Untersuchungen über Form-, Größen- und Festigkeitsverhältnisse der Luftseide veröffentlichte A. Herzog (Kunstseide 1926, S. 397—401).

Herstellung von Mattseide, sofern nicht bei Viskose- oder Esterseide behandelt[1].

Nach N. V. Nederlandsche Kunstzijdefabriek.

782. N. V. Nederlandsche Kunstzijdefabriek, Arnhem, Holland. Verfahren zum Färben von Faserstoffen in mehreren Farben oder in verschiedenem Glanz oder in beiden.

D.R.P. 475879 Kl. 8m vom 30. XII. 1924; Ver. St. Amer. P. 1653962 (H. J. J. Janssen); brit. P. 245407; franz. P. 597231.

Das Verfahren ermöglicht, Zellulosefäden in einem und demselben Farbbade verschieden anzufärben und verschiedenen Glanz zu erteilen, indem man auf oder in einem Teil der Fäden Schwefel in feinverteilter Form sich absetzen oder bilden läßt. Der andere Teil des Fadens bleibt unverändert. Die Anwesenheit des Schwefels wird dazu benutzt, um

[1] S. a. D.R.P. 421605 S. 82 u. brit. P. 265685 S. 85.

Fäden aus Wolle, Seide, Baumwolle, Kunstseide u. dgl. in verschiedenem Glanz oder in verschiedenen Farben anzufärben. Geeignet sind organische Farbstoffe, welche in sulfithaltiger Lösung schwefelhaltige Fäden anders anfärben als schwefelfreie. Bei einer andern Ausführungsform wird der Schwefel auf oder in den geschwefelten Fäden mittels geeigneter Metallsalzlösungen in gefärbte oder ungefärbte Metallverbindungen (Sulfide) umgewandelt, welche sich fest auf oder in den Fäden absetzen. Als Beispiel dieses Verfahrens kann die gelinde Erwärmung eines Gewebes, dessen Schuß z. B. aus schwefelhaltiger, ungebleichter Viskoseseide und dessen Kette aus schwefelfreier gebleichter Kunstseide besteht, in einer sulfithaltigen Kupfersulfatlösung dienen. Die geschwefelte Seide wird dabei schön schwarz angefärbt, während die schwefelfreie Kunstseide farblos bleibt. Der Schwefelniederschlag kann auf verschiedene Weise erzeugt werden. Man kann z. B. die Fäden mit Polysulfidlösungen der Alkalimetalle oder Ammoniak tränken und nachher in einem Säurebad behandeln, oder die Fäden mit einer Lösung von Schwefel in einem organischen Lösungsmittel tränken und das Lösungsmittel nachher verdampfen; es bleibt ein fein verteilter Schwefelniederschlag in oder auf den Fäden zurück. Auch die schwefelhaltige, ungebleichte Viskoseseide kann verwandt werden.

Patentansprüche: 1. Verfahren zum Färben von Faserstoffen in mehreren Farben oder in verschiedenem Glanz oder in beiden, dadurch gekennzeichnet, daß man auf Fäden, Garne, Gewebe usw. auf oder in einen Teil der Fäden Schwefel in fein verteilter Form niederschlägt, d. h. nach dieser Behandlung die Fäden, Garne usw. an verschiedenen Stellen derselben Fäden bzw. daß die ganzen Fäden usw. einen anderen Schwefelgehalt besitzen als die übrigen Teile der Fäden bzw. die übrigen Fäden und dann in einem Bade mit organischen, mit Schwefel einen anderen Glanz oder anderen Farbton oder beides erzeugenden Farbstoffen oder mit Metallsalzen behandelt und im letzteren Falle gegebenenfalls noch mit einem organischen Farbstoff nachfärbt.

2. Ausführungsform des Verfahrens nach Anspruch 1, dadurch gekennzeichnet, daß man der mit Metallsalzen behandelten Faser nach dem Färben mit organischen Farbstoffen die Metallsalze wieder ganz oder teilweise entzieht.

783. Dieselbe. Verfahren zum Färben von Faserstoffen in mehreren Farben.

Brit. P. 249538 vom 17. III. 1926, Zusatz zum brit. P. 245407 (Prior. Deutschl. vom 17. III. 1925); franz. P. 597231.

Eine Verbesserung des im Hauptpatent (siehe vorstehend) beschriebenen Verfahrens wird dadurch erreicht, daß den Fäden verschiedene Mengen Schwefel einverleibt werden. Eine Ausführungsform der Erfindung besteht darin, daß man die Unterschiede im Schwefelgehalt eines schwefelhaltigen Fadens dadurch hervorruft, daß man durch mild wirkende Entschweflungsmittel nur den an der Außenseite des Fadens anhaftenden Schwefel entfernt. Färbt man dann nach dem im Hauptpatent beschriebenen Verfahren, so erhält man einen glänzenden, gefärbten Faden. Umgekehrt ist es auch möglich, die Außenseite des schwefelhaltigen Fadens zu färben und nachher den Schwefel aus dem Kern zu entfernen oder darin zu lassen. Auf diese Weise erhält man einen matten Faden. Die stellenweise Entfernung des Schwefels in einem Gewebe kann z. B. dadurch bewirkt werden, daß man mittels einer schwefellösenden oder schwefelbindenden Flüssigkeit oder Paste Muster aufdruckt und nach dem Auswaschen des Gewebes in einem Farbbade nachbehandelt. Auch kann man durch Aufdrucken eines wasserabstoßenden Stoffes wie Wachs u. dgl. stellenweise den Schwefel gegen auflösende Wirkungen schützen und den Grund des Gewebes nachher von Schwefel befreien. Bei Viskoseseide hat das vorliegende Verfahren den natürlichen Erfolg, daß die schönsten Glanzeffekte entstehen, weil die schwefelhaltigen Stellen des Gewebes ihr mattes Aussehen behalten.

Nach Heberlein & Co.

784. Heberlein & Co. A.-G., Wattwil, Schweiz. Verfahren zur Erzeugung neuartiger Beschaffenheiten von aus regenerierter Zellulose bestehenden Kunstfasern.

Österr. P. 110859; brit. P. 264529 vom 15. I. 1927; brit. P. 268831 vom 4. IV. 1927, Zusatz zum Patent 264529; belg. P. 339169; franz. P. 627333 (Prior. Deutschl. vom 15. I. 1926 und 3. IV. 1926).

Die aus regenerierter Zellulose bestehende Kunstseide (Viskose-, Nitro-, Kupferseide) wird mit Quellungsmitteln behandelt. Hierdurch verliert die Kunstseide einen Teil ihres übermäßigen Glanzes, und es entsteht schließlich eine dem Transparent- oder Glasbattist der Baumwolle ähnliche Wirkung. Man kann durch Verändern der Konzentration, Temperatur und Einwirkungsdauer jede gewünschte Zwischenstufe erreichen. Wird die Quellung nicht über das zulässige Maß fortgesetzt, so findet immer eine Zunahme der Festigkeit statt. Als quellend wirkende Mittel kommen in Betracht: die Alkalihydroxyde in zum Mercerisieren üblichen Konzentrationen, also einer Dichte über 10° Bé, Schwefelsäure von einer Dichte über 42° Bé, Phosphorsäure von einer Dichte über 50° Bé, Salzsäure von einer Dichte von über 20° Bé, Salpetersäure von einer Dichte über 35° Bé sowie Gemische aus den genannten Säuren; konzentrierte Salzlösungen, z. B. Chlorzinklösung von einer Dichte über 50° Bé, Kalziumrhodanidlösung von einer Dichte über 25° Bé, Kupferoxydammoniak mit über 0,3% Kupfergehalt. Es können auch die zwecks Milderung der Reaktion vorgeschlagenen Zusatzstoffe zu diesen Mitteln verwendet werden, z. B. ein- und mehrwertige Alkohole, heterocyklische Basen, Formaldehyd und Ammonsalze. Während die genannten Mittel alle in ähnlicher Weise, wie oben beschrieben, die Kunstseide verändern, zeigen die zu Nitrierzwecken üblichen Gemische aus Schwefelsäure und Salpetersäure ein abweichendes Verhalten. Läßt man Gemische von einem Wassergehalt unter 20% auf Kunstseide einwirken, so entstehen bei überwiegendem Gehalt an Salpetersäure völlig glanzlose und undurchsichtige Gebilde, während sich bei überwiegendem Schwefelsäuregehalt weiche, diskret glänzende Effekte von kreppartigem Charakter bilden. Zweckmäßig werden solche nitrierten Produkte nachträglich noch mit den üblichen Denitrierungsmitteln behandelt, um sie von der leichten Entzündlichkeit zu befreien.

Die Behandlung der Kunstseide wird meistens bei normaler Temperatur durchgeführt. Es können aber auch tiefe Temperaturen bzw. Temperaturen unter 0° C mit Vorteil zur Anwendung gelangen, während bei Verwendung von Salzlösungen oft Erwärmung der Mittel, teilweise bis über den Siedepunkt des Wassers, erforderlich ist. Die Einwirkungszeit kann je nach dem gewünschten Effekt wenige Sekunden bis mehrere Minuten, in einzelnen Fällen bis 1 Stunde, betragen. Das Fasermaterial wird lose oder unter Spannung im Quellungsmittel gehalten.

Nach Consolidated Textile Corporation.

785. Consolidated Textile Corporation, New-York. Nachbehandeltes Gewebe und Verfahren zur Herstellung.

Ver. St. Amer. P. 1633160 vom 21. VI. 1927, angemeldet 26. VIII. 1926.

Ein vollständiges oder teilweises Entglänzen von Fasergut aus regenerierter Zellulose wird dadurch erreicht, daß man auf die Faser ein starkes Alkali kurze Zeit einwirken läßt, z. B. Natriumhydroxyd. Der Überschuß an Alkali wird durch Waschen mit Wasser oder verdünnten Säuren entfernt. Das Verfahren kann auch zur Erzeugung von Mustereffekten auf dem Gewebe dienen, wobei man die Stellen, welche ihren Glanz behalten sollen, durch eine gegen das Alkali widerstandsfähige Reserve, z. B. ein Gemisch aus Britishgum und Magnesiumsulfat schützt.

Nach Heymann.

786. E. Heymann, Frankfurt a. M. Verfahren zur Herstellung von Fäden aus Zellulose- und Zelluloseesterlösungen.

Brit. 297364 vom 15. III. 1927; belg. P. 341289; franz. P. 637309 (Prior. Deutschl. vom 8. XII. 1926); schweiz. P. 133157.

Für die Herstellung von Kunstseide mit mattem Glanz wird in der Spinnlösung ein Gemisch unlöslicher, nichtflüchtiger und flüchtiger Stoffe emulsionsartig oder kolloid verteilt. Die unlöslichen Stoffe können Öle, Fette, Wachse, Fettsäuren, Anilin, Tetrahydronaphthalin, Nitrobenzol, Thoriumoxyd, Magnesiumseifen, Kalziumnaphthenat usw. sein, die löslichen Benzol-Äther, Petroläther, Tetrachlorkohlenstoff, Chloroform, Petroleum usw. Als Spinnlösungen dienen Viskose, Kupferoxydammoniakzelluloselösungen, Lösungen von Nitrozellulose oder Zelluloseacetat. Der Verteilungsgrad der zugesetzten Stoffe muß um so feiner sein, je feiner der Durchmesser des Fadens ist. Durch weitere Zuführung von Gas zu der Spinnlösung, das gelöst oder als gasentwickelnder Stoff emulgiert sein kann, können in dem Faden Gasblasen gebildet und so Hohlseide erzeugt werden. Die zugesetzten Stoffe können in den fertigen Fasern verbleiben oder daraus ganz oder teilweise entfernt werden, z. B. durch Lösungsmittel oder durch Erhitzen, nötigenfalls im Vakuum. Das Gemisch flüchtiger und nichtflüchtiger Stoffe kann der fertigen Spinnlösung oder bei ihrer Herstellung zugesetzt werden, z. B. setzt man Knochenöl und Benzol zu dem bei der Viskosebereitung benutzten Schwefelkohlenstoff.

Nach Gardner.

787. Henry A. Gardner. Entglänzen von Kunstseide.

Brit. P. 290263; franz. P. 647013; Ver. St. Amer. P. 1692372 vom 20. XI. 1928, angemeldet 13. V. 1927.

Fäden aus Nitrozellulose, Kupferammoniakzellulose, Zelluloseacetat, Viskose oder Zelluloseäthern werden mit einer wässerigen Titansalzlösung imprägniert. Durch Zersetzung des Salzes schlägt sich auf den Kunstfasern unlösliches weißes Titanoxyd nieder, das ihnen ein mattes Aussehen verleiht. Man löst z. B. 4 g Titansulfat oder eine äquivalente Menge Titanoxalat in 1 Liter Wasser und imprägniert in dieser Lösung 100 g Kunstseide. Darauf erhitzt man die Lösung auf ungefähr 65—100° C, noch besser im Autoklaven, wobei sich das Titansalz zersetzt. Die noch löslichen Bestandteile werden durch Waschen entfernt.

Nach Clavel.

788. R. Clavel, Basel. Verfahren zur Herstellung beschwerter, entglänzter Seide.

Brit. P. 303128 vom 1. III. 1928; franz. P. 648509 (Prior. Deutschl. vom 30. XII. 1927).

Um Naturseide oder Kunstseide zu beschweren und ihr ein mattes Aussehen zu verleihen, erzeugt man auf und in den Fasern einen Niederschlag aus einem Metallsalz. Im Gegensatz zu den bisher bekannten Verfahren bilden diese Salze keine mechanische Ablagerung in oder auf den Fasern, sondern verbinden sich erfindungsgemäß chemisch mit ihr, so daß die entstehende milchigtrübe Verbindung weder durch Behandlung mit kochendem Wasser, Säuren oder Alkalien, noch beim Waschen oder Färben entfernt wird. Die Ausführung des Verfahrens geschieht in der Weise, daß man die Faser in Strangform oder in einer anderen Form in ein Zinnchloridbad taucht; auf dieses Bad folgt eine Behandlung mit einer Lösung eines alkalisch reagierenden Alkaliphosphats, z. B. Natriumbiphosphat. Es kann aber auch in umgekehrter Reihenfolge verfahren werden. Vor ihrem Eintritt in das Metallsalzbad kann man die Faser mit einer Lösung eines Erdalkalisalzes behandeln oder ein solches Bad der Metallsalzlösung zusetzen. Zweckmäßig läßt man auf die Seide vor der Beschwerung eine Säure, z. B. Ameisensäure, Monochloressigsäure oder deren Salze einwirken, oder man fügt dem Metallsalzbad Schutzkolloide zu, wobei man jedoch eine zu starke Säurewirkung vermeiden muß. Beispielsweise taucht man eine Seide in eine Zinnchloridlösung von 15° Bé, dem ein wenig

Monochloressigsäure zugefügt ist und darauf ohne auszuwaschen in eine schwachsaure 3proz. Lösung von Magnesium- oder Kalziumphosphat. Von anderen Metallsalzen werden in den Beispielen noch Magnesiumchlorid und Bleiacetat erwähnt.

Nach Müller.

789. O. F. Müller, Montclair (Nyanza Color and Chemical Co. Inc.). Verfahren zum Entglänzen von Kunstseide.

Ver. St. Amer. P. 1705490 vom 19. III. 1929, angemeldet 14. VII. 1928.

Kunstseide und ähnliche Produkte können durch folgendes Verfahren in jedem gewünschten Grade entglänzt werden: 10 Gwt. käuflicher grüner Olivenseife und 10 Gwt. Leim werden in 100 T. Wasser gelöst. Die Lösung wird erhitzt unter Zufügung von 4 T. Paraffin, wobei das Paraffin durch die anwesende Olivenseife und den Leim fein emulgiert wird. Man läßt nun ein Bad, bestehend aus 1 T. dieser Paraffinemulsion und 40 T. Wasser bei einer Temperatur von 32—35° C auf die Kunstseide etwa 10 Minuten lang einwirken. Das so vorbehandelte Material wird darauf gewaschen und die noch nasse Faser in ein Bad gebracht, welches 2,3—4,6 kg Infusorienerde in 100 T. Wasser suspendiert enthält und in welchem sie bei einer Temperatur von 32—35° C 30 Minuten lang je nach dem Mattierungsgrad hin und her bewegt wird. An Stelle von Paraffinemulsion kann auch eine Lösung von Aluminiumstearat in Tetrachlorkohlenstoff zur Vorbehandlung verwandt werden.

Über das Entglänzen von Kunstseide mittels in der Faser gefällten Bariumsulfats, Aluminium- oder Zinkphosphats, mittels Rapsölemulsion, mit Aluminium- oder Zinkseifen, durch Abscheiden von Aluminiumhydroxyd aus dem Formiat oder Acetat durch Trocknen, mittels Wachsemulsion, auch in Verbindung mit dem Niederschlagen von Aluminiumhydroxyd, sowie über Mattieren von Mischgeweben aus Kunstseide und Baumwolle s. Revue Universelle des Soies et Soies artificielles 1930, S. 239.

Aufwickel- und Abspulverfahren und -Vorrichtungen, Fitzen.

Nach Donagemma, Tolini, Valentine und Micozzi.

790. G. Donagemma, P. Tolini, Varedo, M. Valentine, Mailand, und E. Micozzi, Rom. Spinnmaschine für Kunstseide.

Ver. St. Amer. P. 1659483 vom 14. II. 1928, angemeldet 11. VI. 1924 (Prior. Ital. vom 11. VI. 1923).

Bei der Spinnvorrichtung sind die Wickelspulen paarweise um eine gemeinsame Tragachse schwenkbar. Die jeweils unten befindliche arbeitende Spule eines jeden Spulenpaares taucht teilweise in einen Säurebadbehälter ein. Dieser Behälter ist derartig beschaffen und so gelagert, daß eine freie Schwenkung der Spulen ermöglicht wird. Die Hauptantriebswelle hat ein Zahnrad, das mit einem auf der Spulenachse sitzenden Schraubenrad gekuppelt ist, während die oben befindliche Spule sich in keiner Berührung mit dem Antrieb befindet und gegebenenfalls gesperrt werden kann. Durch die Sperrvorrichtung wird das obere Spulenpaar in seiner Lage festgehalten und dadurch ein Weiterlaufen der nach oben geschwenkten Spulen verhindert. Der nach einer Schwenkbewegung auf der unteren Spule klebende Faden wird von dieser mitgenommen und reißt alsdann durch. (3 Zeichnungen.)

Nach Furness.

791. W. H. Furness (Cellosilk Cy.). Apparat zur Herstellung von Kunstseidefäden.

Ver. St. Amer. P. 1647791 vom 1. XI. 1927, angemeldet 2. XI. 1923.

Die Erfindung betrifft eine Glocken-Zwirnvorrichtung zum Aufwinden und Zwirnen künstlicher Seide auf Spulen. Der Antrieb der Spindeln erfolgt folgendermaßen: Die Hohlspindel *1* (Fig. 459), die an ihrem oberen Ende die Glocke trägt, und die innere Spindel *23* werden von der Riemenscheibe *2* mit gleicher Geschwindigkeit angetrieben. Eine die Spule tragende Hülse ist durch einen Stift mit der inneren Spindel *23* verbunden. Ferner ist eine Antriebsscheibe *5* vorgesehen, die einen größeren Durchmesser besitzt als die mit gleicher Geschwindigkeit angetriebene Riemenscheibe *2*. Die Riemenscheibe *2* ist mit einem Körper fest verbunden, in dem eine federnde Platte *29* ruht. Die Platte *29* gleitet in einem in der Welle *23* vorgesehenen Rechts- und Linksgewinde langsam auf und ab. Die Auf- und Abbewegung der Welle *23* gegenüber der in der Höhe feststehenden, aber rotierenden Scheibe *29* kommt dadurch zustande, daß infolge der verschiedenen Durchmesser der Antriebsscheiben *2* und *5* die Drehzahlen der Spindel *23* und der Scheibe *29* verschieden sind. Je größer der Unterschied zwischen den Drehzahlen dieser beiden Teile ist, desto schneller wird sich die Spindel *23* und damit die Spule auf und ab bewegen. Durch die beschriebene Vorrichtung wird also der Spule sowohl eine rotierende als auch eine Auf- und Abbewegung erteilt, und der an dem unteren Rand der sich drehenden, aber sich nicht auf und ab bewegenden Glocke entlang gleitende Faden wird in bekannter Weise auf die Spule aufgewickelt.

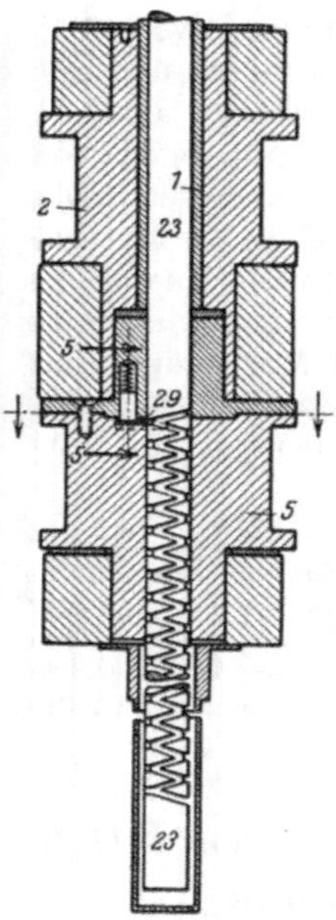

Fig. 459.

Nach Dreyfus.

792. H. Dreyfus. Verbesserungen an Spindeln für Spinnapparate für Textilstoffe und Mitteln, sie zu bewegen.

Franz. P. 600185 vom 24. VI. 1925 (Prior. Engl. vom 30. VI. 1924); brit. P. 260314 (F. Newton und British Celanese Ltd.); Ver. St. Amer. P. 1661262 (F. Newton, Celanese Corporation of America).

Eine hohle Spindel *1* (Fig. 460) ist an einem Punkte unterhalb des Halsstücks *2* befestigt, auf dem die Spule od. dgl. ruht. Den Oberteil der Spindel umgibt Teil *3*, der innen einen verhältnismäßig großen Hohlraum aufweist und unten durch die dicke Wand *3a* beschwert ist. Den unteren ringförmigen Teil der Spindel umgibt eine hohle Metallsäule *4*, die oben das konvexe Lager *5* bildet, auf dem der konkave Ring *6* aus Phosphorbronze od. dgl. aufruht, der oben im Teil *3* befestigt ist. Die ganze Spule und ihre Wandung ruht also auf dem kegelförmigen Lager *5* und dreht sich auf ihm. Säule *4* ist verbunden mit einem zylindrischen Gehäuse *7*, *7a*, das oben durch den Deckel *7b* abgeschlossen ist. Oben um die Wand *3*, ungefähr in Höhe des Lagers *5*, ist der Rotor *8*, *9* eines Elektromotors angeordnet, ihm gegenüber sitzt an der Wand *7a* der Stator *10*. In der hohlen Säule *4* ist die Röhre *11* angebracht, die bei *13* und *14* mit *4* fest verbunden ist, sie umgibt die Stange *12*, die zur Bildung von Canetten sich nach oben und unten bewegen kann. Der ringförmige Ölkanal *15* gibt durch *15a* unter Druck durch *16* zugeführtes Öl an das Lager *5* ab, Ölzuführung erfolgt weiter durch die Bohrung *15b*, Ölableitung erfolgt durch *18*, *18a* und *17*.

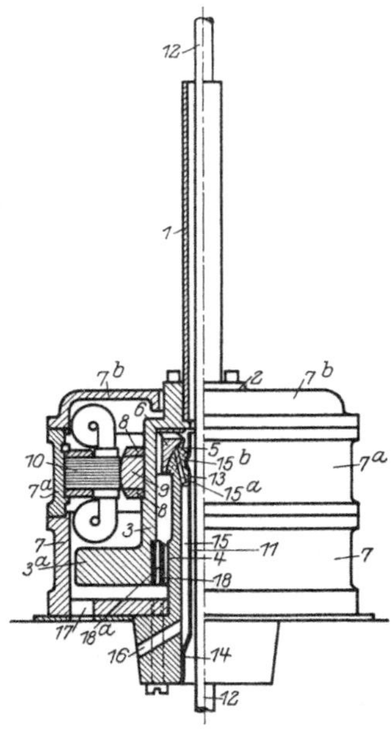

Fig. 460.

Bei einer anderen Ausführungsform der Erfindung ist die dicke Wand *3a* nicht seitlich, sondern nach oben gebogen, und der Stator ist von der Wand weg mehr nach der Mitte verschoben. Bei einer weiteren Abänderung ist diese Biegung der Wand *3* nach unten gelegt, und statt des Kalottenlagers *5* ist ein Kugellager angebracht.

793. Derselbe. Verbesserungen an Kompensiereinrichtungen.

Franz. P. 637859 vom 18. VII. 1927 (Prior. Engl. vom 31. VII. 1926).

Ein Spannungsregler für z. B. Umspulen von Fäden oder Abspulen besteht aus einem Bügel mit zwei einander gegenüberliegenden Ösen, durch die der Faden läuft. Zwischen den Ösen läuft der Faden durch die Öse eines schwingbaren Hebels, der mit einem verschiebbaren Gewicht versehen ist. Jede Erhöhung oder Verminderung der Spannung des in den Regler einlaufenden Fadens senkt oder hebt den schwingbaren Hebel und kompensiert damit entsprechend die Spannung auf der Ablaufseite. Die Spannung auf der Ablaufseite kann auf jeden gewünschten Wert durch Verschieben des Gewichts an dem schwingbaren Hebel eingestellt werden. (2 Zeichnungen.)

Nach British Celanese Ltd.

794. British Celanese Ltd., London. Verbesserung an Maschinen zur Behandlung von Textilgut und ihre Anwendungsmöglichkeiten.

Brit. P. 285927 (British Celanese Ltd. und E. C. Cope) vom 25. VIII. 1926; franz. P. 638792; belg. P. 344204 vom 4. VIII. 1927; schweiz. P. 128429 (H. Dreyfus).

Mit vielphasigen Motoren, deren Rotoren direkt mit den Spindeln oder einem dazugehörigen Teil gekuppelt sind, lassen sich die für das Zwirnen einer Kunstfaser nötigen hohen Umdrehungsgeschwindigkeiten erreichen, wenn die Motore oder der Generator mit hoher Frequenz oder beide nicht gleichmäßig gewickelt sind, d. h. jede Phase des Motors oder Generators eine andere Ampèrewindungszahl besitzt. Der Unterschied zwischen Ampèrewindungszahlen der beiden am weitesten voneinander getrennt liegenden Phasen soll 15% nicht übersteigen. Man erhält beispielsweise die verschiedenen Ampèrewindungen, indem man die Phasen mit einer verschiedenen Anzahl Windungen versieht. Durch die Erfindung können höchste Geschwindigkeiten erzielt werden. (5 Zeichnungen.)

Nach dem

Belg. P. 352642 vom 5. VII. 1928, Zusatz zum belg. P. 344204.

von H. Dreyfus sollen im Gegensatz zu der im Hauptpatent beschriebenen Vorrichtung die Spinnspindeln nicht gleichzeitig als Welle des Rotors des Elektromotors dienen, sondern ein Antriebsmotor soll mehrere Spinnspindeln antreiben. Dieser Antrieb soll entweder durch Riemen-, Seil- oder durch einen Kegel- bzw. Schneckentrieb erfolgen. (10 Zeichnungen.)

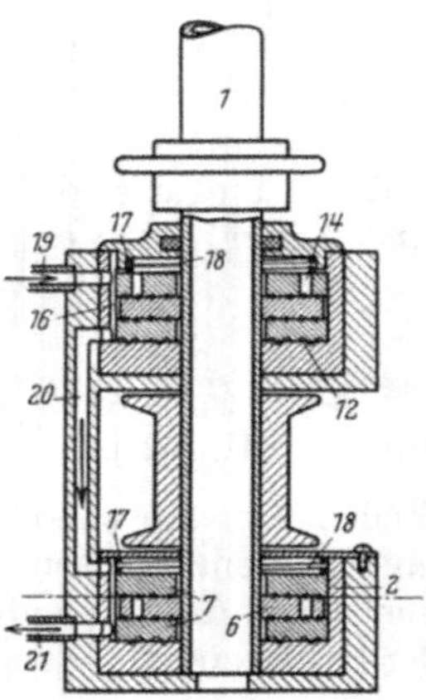

Fig. 461.

795. British Celanese Ltd., London, E. C. Cope und E. Kinsella, Spondon. Verbesserungen an Lagern.

Brit. P. 297875 vom 30. VI. 1927; belg. P. 351776.

Eine Lagerung zum Abschwächen der Schwingungen von Spindeln *1* (Fig. 461) besteht aus einem oder mehreren Stücken *6*, die an seitlichen Bewegungen der Spindel teilnehmen und auf oder zwischen einem oder mehreren Stücken *7* gleiten, die die Spindel nicht berühren. Eine oder mehrere der sich berührenden Flächen von *6* und *7* sind mit Höhlungen zum Aufnehmen von z. B. Öl versehen, um die dämpfende Wirkung von *6*, *7* zu verstärken. Diese Höhlungen können kreisförmig oder schneckenförmig oder radiale Gruben *12* oder Löcher *14* sein. Der abschwächende Effekt wird dadurch erhöht, daß man *6* und *7* durch eine Feder *17* zusammendrückt. Nach der Zeichnung werden zwei Lager, von denen jedes aus einem Teil *6* zwischen zwei Teilen *7* besteht, in einem Gehäuse *2* angeordnet, mit *2* sind die

Reservoire *18* verbunden sowie die senkrechten, schneckenförmigen oder geneigten Rinnen *16*. Leitung *20* verbindet die beiden Reservoire *18*; *19* und *21* sind Flüssigkeitszu- und -ableitungen. Eines der Lager kann mit Kugellagern versehen sein. (3 Zeichnungen.)

Nach Küttner u. Suckrow.

796. Fr. Küttner und O. Suckrow, Pirna a. d. Elbe. Umschaltvorrichtung für Kunstseidenspinnmaschinen mit zwei abwechselnd arbeitenden Spulengruppen.

D.R.P. 441015 Kl. 29a vom 3. III. 1925.

Die richtige Folge der im Viertakt arbeitenden Spulenumschaltung wird zwangsweise dadurch erreicht, daß eine bloße Weiterdrehung eines Handrades um einen vorbestimmten Betrag die Ein- und Ausrückung der beiden Kupplungen für die beiden Spindelgruppen im richtigen Takte bewirkt. (7 Zeichnungen.)

Patentanspruch: Umschaltvorrichtung für Kunstseidenspinnmaschinen mit zwei abwechselnd arbeitenden Spulengruppen, dadurch gekennzeichnet, daß die richtige Folge der im Viertakt zu bewirkenden Schaltungen zwangsweise durch ein die Kupplungen der beiden Spulengruppenantriebswellen steuerndes Getriebe gesichert ist, das bei schrittweiser Weiterdrehung eines Handsteuerrades vermöge einer Kurvenscheibe das Ein- und Ausrücken der beiden Kupplungen bewirkt.

Nach Schulz.

797. Wanda Schulz, Berlin-Lichterfelde. Verfahren zum Aufspulen von Kunstseidenfäden.

D.R.P. 444437 Kl. 29a vom 18. III. 1925.

Zum Aufspulen von Kunstseidenfäden wird der Faden und der den Faden mit sich führende Flüssigkeitsstrahl waagerecht gegen eine umlaufende Spule gerichtet, so daß die Flüssigkeit von der Spule abläuft und der Faden getrennt von der Flüssigkeit auf die Spule gewickelt wird. Die Umdrehungsrichtung der Spule ist entgegengesetzt zur Flüssigkeitslaufrichtung. (2 Zeichnungen.)

Patentansprüche: 1. Verfahren zum Aufspulen von Kunstseidefäden, bei dem der Faden von einer Flüssigkeit mitgenommen wird, dadurch gekennzeichnet, daß der Faden und der den Faden mit sich führende Flüssigkeitsstrahl waagerecht gegen die Spule gerichtet wird, so daß die Flüssigkeit von der Spule abläuft und der Faden getrennt von der Flüssigkeit auf die Spule auftrifft und aufgewickelt wird.

2. Verfahren nach Anspruch 1, dadurch gekennzeichnet, daß sich die Spule entgegengesetzt der Strömungsrichtung der Fällflüssigkeit an der Stelle des Auftreffens dreht.

798. Dieselbe. Ein verbessertes Verfahren zum Winden oder Spulen von Kunstseide.

Brit. P. 249490 vom 23. II. 1926 (Prior. Deutschl. vom 17. III. 1925).

Beim Aufwinden wird die Kunstseide durch ein senkrechtes Führungsrohr durch einen Flüssigkeitsstrom, besonders von Fällflüssigkeit, so geführt, daß die Flüssigkeit etwas in entgegengesetzter Richtung als die Aufwickeltrommel sich dreht, abgelenkt wird. Die Fäden gelangen auf einem Punkte auf die Trommel, der etwas vor dem Führungsrohr und vor der auftreffenden Flüssigkeit liegt. Der Flüssigkeitsstrahl beeinträchtigt die Regelmäßigkeit des Aufwickelns nicht. Die Aufwickeltrommel oder das Führungsrohr können hin und her gehen. (2 Zeichnungen.)

Nach Tubize Artificial Silk Company of Amerika.

799. Tubize Artificial Silk Company of America, Philadelphia (G. Juer). Verbesserungen an Spulenwindemaschinen.

Brit. P. 251603 vom 6. IV. 1926 (Prior. Ver. St. Amer. vom 28. IV. 1925); Ver. St. Amer. P. 1573837.

Das Bewickeln der Spule erfolgt so, daß sie an beiden Spulenenden konisch wird. Den Fadenführern wird mittels eines Herzexzenters eine Bewegung längs der Spulen erteilt, die mit fortschreitender Bewicklung kürzer wird. Es muß auf das Original verwiesen werden. (14 Zeichnungen.)

Nach Schoenfeld.

800. M. Schoenfeld, Zürich. Vorrichtung zum Weiterlaufenlassen von Kunstseidespinnmaschinen beim Auswechseln von Spulen.

D.R.P. 441281 Kl. 29a vom 25. X. 1925.

Um beim Auswechseln einer vollgelaufenen Spule den weiter aus der Düse austretenden Faden entnehmen zu können, sind in der Nähe der Aufwickelspulen Hilfsspulen angeordnet. In dem Ausführungsbeispiel (Fig. 462 und 463) ist *1* eine Achse, die mechanisch gedreht werden kann. Sie besitzt an zwei Stellen Haspelsterne *2*, deren durch Stangen *3* verbundene Arme starr sind. Die Haspel besitzen ferner Arme *2a*, die durch Hin- und Herschieben eines Hebels *4* gespreizt werden können, so daß die Stangen *3* im Innern der rohrförmigen Spulen *5* fest angreifen und diese Spulen mitdrehen können. Parallel

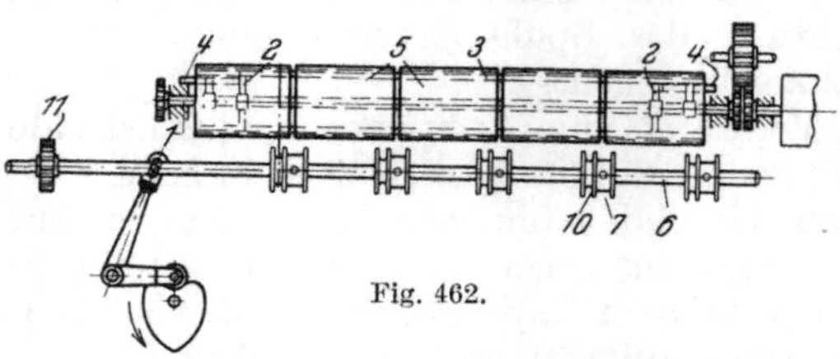

Fig. 462.

und nahe bei der Achse *1*, also in der Nähe der Spulen *5*, ist eine Welle *6* sowohl drehbar wie auch axial verschiebbar angeordnet, jedoch ist der Antrieb so, daß der Drehantrieb ein- und ausgeschaltet werden kann, während die Hin- und Herschiebung bestehen bleibt. Zu jeder Spule *5* ist ein Drehkörper angeordnet. Dieser besteht beim vorliegenden Ausführungsbeispiel aus einer Rolle *7* zur Übernahme je eines von einer Düse *8* kommenden Kunstfadens *9* und einer benachbarten Rillenrolle *10*, die als Fadenleiter dient. Angenommen, irgendeine der Spulen *5* wird mit Faden *9* bewickelt, und dieser Faden läuft über eine Rolle *10*, wobei die Welle *6* sich nicht dreht, sondern sich hin und her bewegt, so wird der Faden bei seiner Aufwicklung längs der Spule *5* hin und her bewegt. Ist nun eine Spule *5* voll, so wird zwischen der Welle *6* und der Spule *5* der Kunstfaden, etwa bei x in Fig. 463, durchbrochen und das der Düse *8* zuliegende Ende des Fadens *9* auf den Drehkörper 7 gelegt; gleichzeitig wird die durch das Zahnrad *11* erzielbare Drehbewegung eingeleitet, so daß sich jetzt die Welle *6* mit ihren Drehkörpern *7* dreht und das durch die Düse *8* erzeugte Fadenstück aufwickelt. Nun kann die Spule ausgewechselt werden. Nach Einsetzen leerer Spulen *5* wird der von der Düse kommende Faden von dem auf dem Drehkörper *7* aufgewickelten Faden abgeschnitten und auf die leere Spule *5* aufgelegt, so daß er sich nunmehr wieder auf diese Spule aufwickelt. Der Drehkörper *7*, dessen Umfangsgeschwindigkeit im wesentlichen dieselbe ist wie diejenige einer Spule *5*, um ein störungsfreies Spinnen zu erzielen, hat bei dem Ausführungsbeispiel nach Fig. 463 einen radialen Ausschnitt *14*, der es ermöglicht, die auf den Drehkörper *7* aufgewundene Lage Kunstfaden mit einem Messer leicht aufzuschneiden und diese Masse dann zu entfernen.

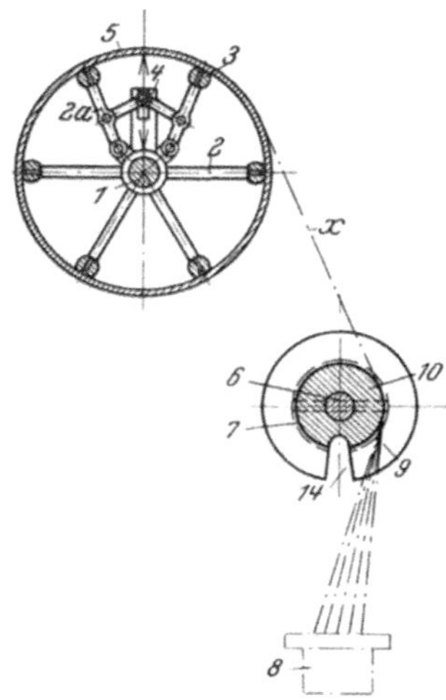

Fig. 463.

Patentanspruch: Vorrichtung zum Weiterlaufenlassen von Kunstseidenspinnmaschinen beim Auswechseln von Spulen unter Verwendung von Hilfskörpern, dadurch gekennzeichnet, daß axial hin und her verschiebbare Fadenleiter mit je einem Hilfsdrehkörper verbunden sind und unter Beibehaltung ihrer Verschiebung in Drehungen mit im wesentlichen gleicher Umfangsgeschwindigkeit wie die volle Spule versetzt werden.

Nach Spinnstoffabrik Zehlendorf G. m. b. H.

801. Spinnstoffabrik Zehlendorf G. m. b. H., Berlin-Zehlendorf. Verfahren zum Herstellen von Kunstseidefäden feinerer Nummer aus Spinnfäden gröberer Nummer.

D.R.P. 452182 Kl. 29a vom 31. III. 1926.

Zur Erzeugung feiner Kunstseidenfäden aus gröberen Titern werden die in üblicher Weise hergestellten, von der Spinnspule *f* (Fig. 464) kommenden Fadenbündel *a* in drei feinere Fäden *b*, *c*, *d* zerlegt. Die Zerlegung erfolgt mit Hilfe einer Teilvorrichtung, die beispielsweise als auf und ab laufender Kamm ausgebildet werden kann. Die Fäden

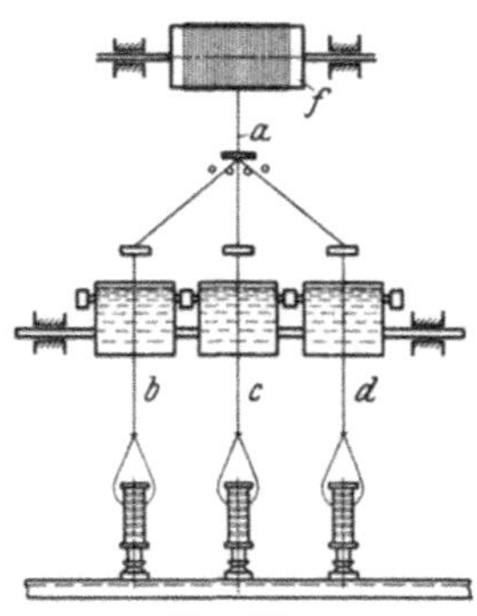

Fig. 464.

b, *c* und *d* werden für sich gezwirnt. Es ist zweckmäßig, die Teilung des starken Bündels erst vorzunehmen, nachdem die Kunstseide auf der Spule nachbehandelt worden ist.

Patentansprüche: 1. Verfahren zum Herstellen von Kunstseidenfäden feinerer Nummer (Titer) aus Spinnfäden gröberer Nummer, dadurch gekennzeichnet, daß zur Erzielung einer bestimmten Kunstseidennummer ein in der Spinnerei nach dem üblichen Verfahren gesponnenes Fadenbündel gröberer Nummer vor dem Zwirnen in mehrere Teile, also Fäden feinerer Nummer, zerlegt wird.

2. Verfahren nach Anspruch 1, dadurch gekennzeichnet, daß die Teilung des Fadenbündels erfolgt, nachdem dasselbe auf der Spinnspule nachbehandelt ist.

3. Vorrichtung zur Ausübung des Verfahrens nach Anspruch 1, dadurch gekennzeichnet, daß auf und ab gehende Stifte die Teilung des Gesamtfadens erleichtern und verklebte Einzelfäden zu lösen.

802. Dieselbe. Verfahren und Vorrichtung zum Herstellen von Kunstseidenfäden feiner Nummer (Titer) aus Spinnfäden gröberer Nummer.

D.R.P. 476465 Kl. 29a vom 17. V. 1927, Zusatz zum D.R.P. 452182.

Eine weitere Ausbildung des im Hauptpatent (siehe vorstehend) beschriebenen Verfahrens besteht darin, daß die Teilung des Fadenbündels ohne Anwendung einer Teilvorrichtung lediglich durch Richtungsänderung der Fadenteile gegeneinander erfolgt. Ein weiterer Vorteil liegt darin, den Aufwickelteilen, die die Teilbündel aufnehmen, nicht zwangsläufig die gleiche Umfangsgeschwindigkeit zu erteilen, sondern sie so anzutreiben, daß die durch die Teilung des von der Spule kommenden Gesamtfadens jeweils freiwerdenden Mengen der Teilbündel aufgewickelt werden. Es wird auf diese Weise verhindert, daß ein Teilbündel locker und dadurch die Teilung gestört wird.

Patentansprüche: 1. Verfahren zum Herstellen von Kunstseidenfäden feiner Nummer (Titer) aus Spinnfäden gröberer Nummer nach Patent 452182, dadurch gekennzeichnet, daß die Teilung des Fadenbündels ohne Anwendung einer Teilvorrichtung lediglich durch Richtungsänderung der Fadenteile gegeneinander erfolgt.

2. Vorrichtung zur Ausführung des Verfahrens nach Anspruch 1, dadurch gekennzeichnet, daß jede der einen Teilfaden abziehenden Vorrichtungen einen besonderen Reibungsantrieb hat. (1 Zeichnung.)

Nach Cuprum Akt.-Ges.

803. Cuprum Akt.-Ges., Glarus. Stillsetzvorrichtung für Spinn- oder Zwirnspindeln.

Schweiz. P. 125178 vom 28. II. 1927 (Prior. Deutschl. vom 10. IV. 1926).

Bei der Erfindung dient der Ölspritzflansch am Wirtel als Bremsring und der vorhandene Ölfangraum wird zum Aufsetzen der Bremskappe benutzt. Das in der Spindellagerhülse *1* (Fig. 465) befindliche Öl wird durch die Drehung der Spindel *2* zum Halslager *3* hochgezogen und gelangt, falls sich zuviel Öl in der Spindellagerhülse befindet, zum Teil in den glockenförmigen Hohlraum des Antriebswirtels *4*, an dessen Innenwand es herunterläuft und zu dem Spritzrand *5* gelangt, von dem es in den Ölfangraum *6* der Lagerhülse *1* geschleudert wird. Durch Bohrungen *7* kann es in den unteren Ölraum des Spindelunterteils *1* zurücklaufen. Der Ölfangraum des Spindelunterteils ist mittels einer Kappe *8* abgedeckt, die auch zum Niederhalten der Spindel dient. Die Kappe *8* ist auf den den Ölfangraum einschließenden Kopf der Lagerhülse aufgeschraubt. Der die Spindel treibende Riemen ist mit *13*, die Spindelbank mit *14* bezeichnet. Erfindungsgemäß ist die Kappe als Bremse ausgebildet, die in axialer Richtung auf den Antriebswirtel bzw. seinen Spritzrand *5* wirkt. Der Bremsdruck kann in verschiedener Weise bewirkt werden, am besten durch Verschrauben der Kappe auf dem Spindelunterteil. Zweckmäßig liegt eine Lederscheibe *10* zwischen Spritzrand und Bremskappe. Das Verdrehen der Kappe geschieht mittels des Griffes *11*.

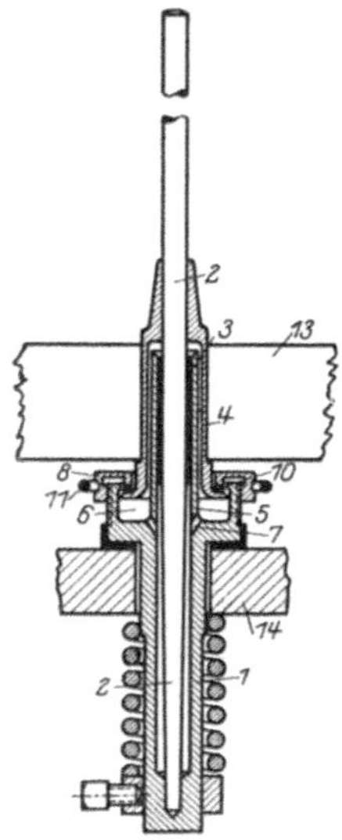

Fig. 465.

Nach J. P. Bemberg A.-G.

804. J. P. Bemberg A.-G., Barmen-Rittershausen. Ausrückvorrichtung für Spulmaschinen, Verbesserungen an Garnwindemaschinen.

Brit. P. 275211 vom 15. VII. 1927; belg. P. 343502; schweiz. P. 128430 (Cuprum A.-G.); franz. P. 637818 (Prior. Deutschl. vom 31. VII. 1926).

Die Erfindung bezweckt eine Ausrückvorrichtung für Spulmaschinen mit Reibscheibenantrieb. Das Neue besteht darin, daß sich bei Erreichung einer bestimmten, unterhalb der Bruchgrenze liegenden Fadenspannung der Spindelwirtel mit der Spulenscheibe *3* (Fig. 466) selbsttätig unter der Einwirkung des Fadenzuges von der treibenden Reibscheibe *6* abhebt. Dies wird dadurch erreicht, daß die Scheibenspule *3* an einem schwingenden, ausbalancierten Winkelhebel *4* drehbar gelagert ist, dessen Drehpunkt *7* in der Arbeitsstellung (wie in Fig. 466 links dargestellt) senkrecht unter der Spulenachse oder über dieser liegt, um einen Einfluß des zunehmenden Spulengewichts auf die

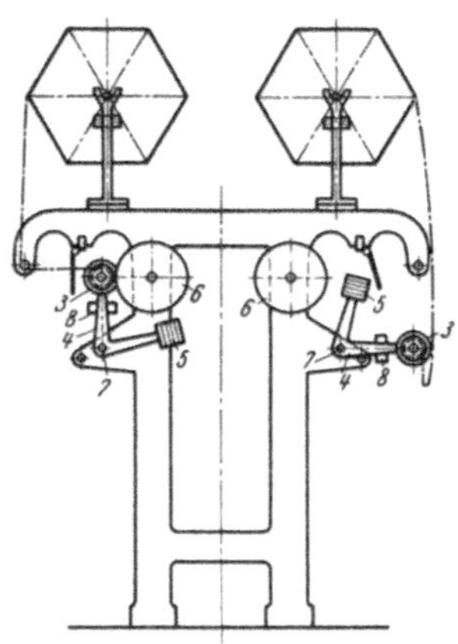

Fig. 466.

Fadenspannung zu vermeiden. Die Fadenspannung und die zur Mitnahme der Spule *3* durch die Treibscheibe *6* notwendige Anpressung ist nur von den aufsteckbaren Gewichten *5* abhängig und durch diese regelbar. Ist die Steigerung der Spannung sehr groß; so schlägt der Hebelarm *4* so weit aus, daß ein Gegengewicht *8* die Wirkung des Gewichtes *5* übersteigt und die Spule in die in Fig. 466 rechts gezeichnete ausgerückte Lage fällt.

Nach Sindl.

805. O. Sindl, Breslau. Einrichtung zum Spannen von Gespinstfäden, besonders Kunstseidensträngen.

Belg. P. 348603 vom 4. II. 1928 (Prior. Deutschl. vom 5. II. 1927); Ver. St. Amer. P. 1711465; franz. P. 648127; finn. P. 12428 (The Nuera Artificial Silk Comp. Ltd.).

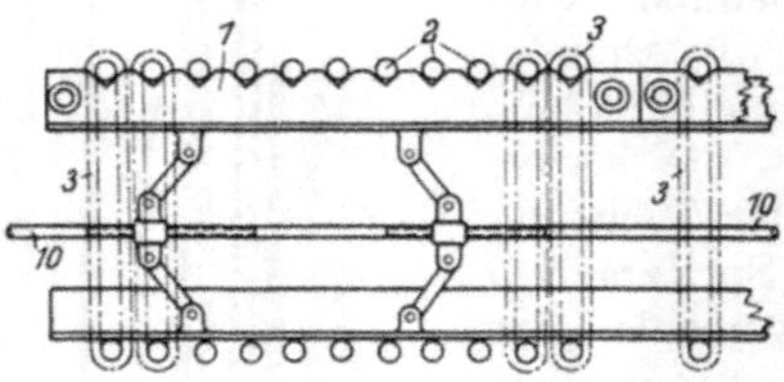

Fig. 467.

Die Stäbe *2* (Fig. 467), auf denen die Stränge *3* aufgehängt werden, liegen auf Rahmen *1* aus gehärtetem Kunstharz. Die Rahmenteile können von der Gewindestange *10* aus in leicht ersichtlicher Weise in ihrer Lage zueinander verändert werden.

Nach Hamel.

806. Carl Hamel A.-G., Schönau b. Chemnitz. Kunstseidenspinnmaschine.

D.R.P. 486024 Kl. 29a vom 8. II. 1927; brit. P. 284986; franz. P. 648460; österr. P. 114696; belg. P. 348670; schweiz. P. 128427.

Bei der zweiseitigen Maschine mit um 180° umschaltbaren Spulen wird durch Anschlagen eines vom Riemenführer hin und her bewegten Mitnehmers in seinen jeweiligen Endstellungen an an einer Schiene befestigten Knaggen und Verschieben der Schiene mit den Knaggen ein an der Schiene befestigter Arm mit Anschlägen mit verschoben, von denen jeder Anschlag beim Verschieben eine halbe Umdrehung einer Steuerwelle gestattet, die der Maschinenantrieb ständig mitzunehmen sucht. Hierdurch wird selbsttätig die Kupplung für den Antrieb der Spulenreihe mit den vollen Spulen ausgerückt und die Kupplung für die Spulenreihe mit den leeren Spulen eingerückt, die Drehrichtung der Spindeln zum Verschieben der Riemen auf den Spulenantriebskegelrollen umgekehrt und die Spulenspindeln werden um 180° verschwenkt. Die Steuerwelle trägt Nockenscheiben, die über Steuerhebel auf die Antriebskupplungen für den Spulenantrieb einwirken. (3 Zeichnungen.)

Nach Vereinigte Glanzstoff-Fabriken A.-G.

807. Vereinigte Glanzstoff-Fabriken A.-G., Elberfeld. Fadenspannvorrichtung.

D.R.G.M. 1009334 Kl. 25c vom 1. X. 1927.

Um dem Faden *1* zwischen Düse und Aufwickelvorrichtung eine konstante Spannung zu verleihen, wird er durch die Führungsöse *16*

(Fig. 468) über eine auf einem Rad *3* sitzende Laufrolle *6* und von da unter der ebenfalls auf dem Rad sitzenden Laufscheibe *7* auf die Rolle *17* geführt. Das Rad *3* ist durch einen unterhalb der Laufrolle *7* hervorragenden Arm mit Laufgewicht *10* einseitig belastet. Die Bewegungen des Rades *3* werden durch eine Flüssigkeitsdämpfung verlangsamt, die aus einem im Flüssigkeitsbehälter *11* beweglichen und durch Pleuelstange *14* mit dem Rad verbundenen Kolben *20* besteht. Der Faden ist bestrebt, die Rolle *6* herunterzuziehen und die Rolle *7* zu heben. Diesem Bestreben wirkt das Laufgewicht *10* entgegen, so daß der Faden eine zusätzliche Spannung erhält; diese variiert mit der an sich vorhandenen Fadenspannung in der Weise, daß die Gesamtspannung des von der Fadenbremse auflaufenden Fadens stets etwa annähernd konstant ist.

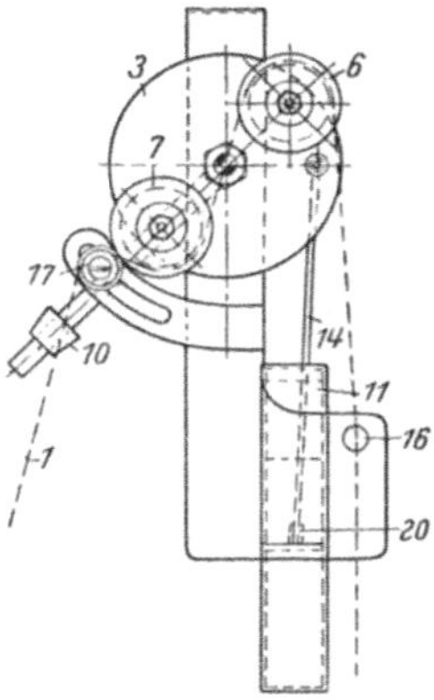

Fig. 468.

Nach Spinnfaser-Akt.-Ges.

808. Spinnfaser-Akt.-Ges., Elsterberg i. V. Fördervorrichtung für Spinnspulen der Kunstseidenindustrie.

D.R.G.M. 1034663 Kl. 29a vom 14. I. 1928.

Um eine Berührung der aufgespulten Seide bei der Spulenförderung zu vermeiden, sind auf einem Rahmen nebeneinander mehrere der Spulenhohlform angepaßte Stützen zum Aufsetzen der Spulen befestigt. Das Aufsetzen und Abnehmen der Spulen wird durch einen in der Längsrichtung der Träger verschiebbaren Abstreifer erleichtert. (6 Zeichnungen.)

Nach Soie de Châtillon.

809. Soie de Châtillon, Mailand. Verbesserungen bei der Herstellung von Kunstseide.

Belg. P. 349426 vom 2. III. 1928; franz. P. 652035; schweiz. P. 132271; brit. P. 313425.

Der nur koagulierte oder vollständig gefällte Faden wird so aufgewickelt, daß die Ebene, in der die wickelnde Spirallinie liegt, nicht immer rechtwinklig zur Bobinenachse steht, sondern mit ihr einen spitzen oder stumpfen Winkel bildet. Es bleiben so Zwischenräume zwischen den spiraligen Bündeln jeder Lage oder zwischen den verschiedenen Lagen der spiraligen Bündel. Dadurch erhält man im Gegensatz zu den bisher aufgespulten kompakten Fadenmassen ein Netzwerk mit großen Maschen, welche den flüssigen und gasförmigen Behandlungsstoffen besseren Zutritt gestatten.

Nach Hölkenseide G. m. b. H.

810. Hölkenseide G. m. b. H., Barmen-R. Verfahren zum Abfitzen von Kunstseide in Strähnform.

D.R.P. 429026 Kl. 76d vom 2. II. 1924.

Die Erfindung bezieht sich auf die Eintragung eines einzelnen Fitzfadens von Hand, wobei die beiden Hälften des Fadens ein unterschiedliches Aussehen besitzen. Der auf einem Haspel gewonnene, von der Spinnmaschine kommende und mittels eines Fitzkammes viermal unterteilte Fadenstrang *a* (Fig. 469) wird in seinen einzelnen Abteilungen durch den Fitzfaden *b* abgebunden, wobei die die eine Farbe aufweisende Farbenhälfte b^1 stets auf der Oberseite und die andere Fitzfadenhälfte b^2 auf der Unterseite des Stranges bleibt. Durch die Kenntlichmachung wird der Strang immer in gleicher Weise aufgelegt und jede schädliche Verdrehung vermieden.

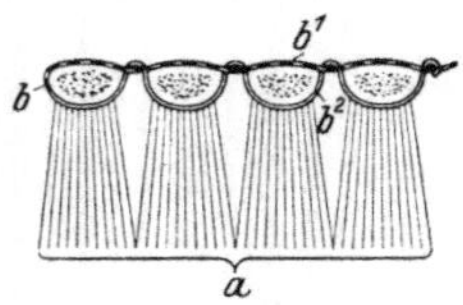

Fig. 469.

Patentansprüche: 1. Verfahren zum Abfitzen von Kunstseide in Strähnform, gekennzeichnet durch die Verwendung eines Fitzfadens, dessen beide Hälften ein verschiedenartiges Aussehen (z. B. unterschiedliche Farbe) aufweisen und dabei derart eingeführt werden, daß die die eine Farbe aufweisende Hälfte des Fadens durchgehend auf der oberen Strähnseite und die die andere Farbe aufweisende Fitzfadenhälfte auf der unteren Strähnseite liegt.

2. Verfahren nach Anspruch 1, dadurch gekennzeichnet, daß mit dem in seinen beiden Hälften verschiedenartig aussehenden Fitzfaden mehrere bereits gefitzte Kunstseidensträhnen zusätzlich derart zusammen unterfitzt werden, daß auf der oberen und unteren Seite der Strähngruppe die verschiedenartigen Fitzfadenhälften liegen.

Nach Hartogs.

811. J. C. Hartogs. Verfahren und Vorrichtung zum Abbinden von Strängen.

Franz. P. 650368 vom 2. III. 1928.

In den Strang wird ein Kamm mit abwechselnd tiefen und flachen Einschnitten eingeführt. Dadurch wird der Strang in höher und tiefer liegende Strähne unterteilt, in deren Zwischenräume der Abbindefaden leicht eingeführt werden kann. Werden mehrere Kämme verwendet, so werden sie so angeordnet, daß einem tiefen Einschnitt ein flacher gegenüberliegt, wodurch eine Kreuzung der einen Strähne erzielt wird, die das Einführen mehrerer Abbindefäden erleichtert. (Zeichnung.)

Zwirnen.

Nach Levy.

812. L. A. Levy, Cricklewood. Verbesserungen im Spinnen und Zwirnen künstlicher Fasern.

Brit. P. 252471 vom 3. III. 1925.

Die Kappe *g* einer Kappenzwirnvorrichtung (Fig. 470) ist mit Längsschlitzen versehen und an ihrem unteren Ende *h* kegelstumpfförmig gestaltet. Diesem unteren Ende nahe gegenüber ist ein anderer Kegelstumpf *i* angeordnet, in den Zwischenraum zwischen den beiden Kegelstümpfen wird das Fadenbündel eingeführt. Durch die Schlitze in der Kappe wird eine das Anspinnen erleichternde Saugwirkung ausgeübt, und der Faden kann besser belüftet werden als bei geschlossener Glocke. Die Schlitze *j* im Kegelstumpf *i* dienen zum Durchtreten des Antriebs für die Spindel.

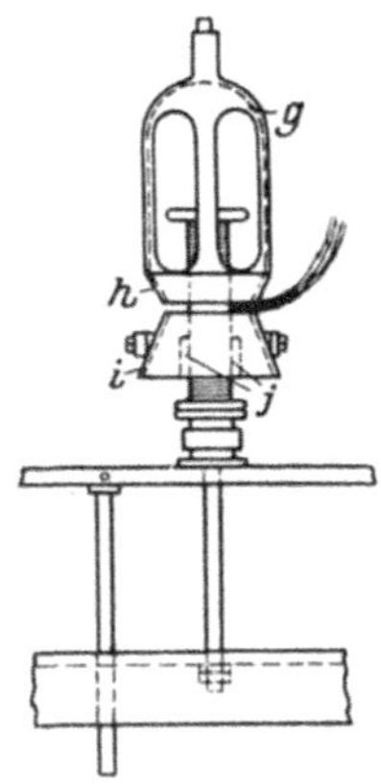

Fig. 470.

Nach Höfer.

813. H. Höfer, Görlitz. Vorrichtung zum Spinnen, Zwirnen mit doppelter Drahtgebung und Aufspulen in einem Arbeitsgang von Kunstseide und ähnlichen Erzeugnissen.

D.R.P. 441014 Kl. 29a vom 4. XI. 1925.

Um durch geeignete Fadenführung für jede Spinnflügeldrehung zwei Drehungen in den Kunstseidefaden zu bringen, arbeitet man in der Weise, daß die Düse und die Spule räumlich stillstehen, während der Faden in rasche Drehung versetzt wird. Die räumlich stillstehende Spule wird mit einer der gewünschten Abzugsgeschwindigkeit entsprechenden Drehzahl zwangsläufig angetrieben, wobei der Faden in Form einer doppelkegelförmigen Mantelfläche, in deren Innenraum die Spule liegt, mittels eines Spinnflügels um diese herumgeführt wird. Durch diese Anordnung können die feinsten Titer gesponnen, gezwirnt und aufgewickelt werden, ohne eine Beschädigung der Elementarfädchen herbeizuführen. Ein weiterer Vorteil liegt darin, daß der aus der Düse austretende Faden eine geringe Vorzwirnung und an der Spule den Rest der Zwirnung erhält. Ebenso wird auch der Faden bei der raschen Drehung um die Spule geschont, da die beiden Glasstäbe auf dem Flügel so sitzen, daß der Faden stets dahinter im Windschatten gleitet und somit keinem Luftwiderstand ausgesetzt ist. (2 Zeichnungen.)

Patentansprüche: 1. Vorrichtung zum Spinnen, Zwirnen mit doppelter Drahtgebung und Aufspulen in einem Arbeitsgang von Kunstseide und ähnlichen Erzeugnissen, dadurch gekennzeichnet, daß bei senkrechtem Fadenlauf die den Faden aufnehmende, annähernd waagerecht gelagerte Wickelspule räumlich stillsteht und lediglich mit einer der Aufwickelgeschwindigkeit entsprechenden Drehzahl zwangsläufig angetrieben ist, während der Faden mit einer doppelkegelförmigen Mantelfläche, in deren Innenraum die Wickelspule liegt, mittels eines Zwirnflügels um diese herumgeführt ist.

2. Vorrichtung nach Anspruch 1, dadurch gekennzeichnet, daß von den auf dem Zwirnflügel befestigten Leitstäbchen die beiden unteren feste Stäbchen sind, während das obere als ein in Spitzen gelagertes Röllchen ausgebildet ist.

3. Vorrichtung nach Anspruch 1 und 2, dadurch gekennzeichnet, daß der auf den Leitstäbchen gleitende Faden nur ganz leichten Knikkungen ausgesetzt ist und auf der Rückseite des Zwirnflügels im Windschatten läuft.

Nach Boyd.

814. T. A. Boyd, H. A. Boyd und J. und T. Boyd Ltd., Glasgow. Aufwinde- und Zwirnvorrichtung für Kunstseide.

Brit. P. 254586 vom 9. XI. 1925.

Der von den Spinndüsen kommende Kunstseidefaden wird auf Spulen gewickelt, und dabei wird die Fadenführergeschwindigkeit bei einem Hin- und Hergang dem veränderlichen Spulendurchmesser entsprechend ständig geändert, um den Faden mit gleichbleibender Spannung aufzuwickeln. Beim Aufwickeln können die Fäden durch einen Flügel gezwirnt werden, der mit anderer Geschwindigkeit umläuft als die Spule. (2 Zeichnungen.)

Nach Bassett und Banigan.

815. P. Bassett, Cynthiana, Kent., und Th. F. Banigan, Clifton Heights, Penns. Verfahren zum Spinnen von Fäden.

Ver. St. Amer. P. 1642290 vom 13. IX. 1927; angemeldet 12. XII. 1925.

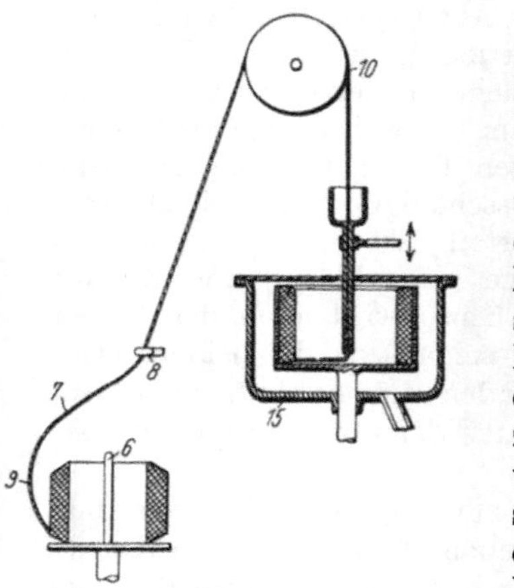

Fig. 471.

Das Zwirnen unter Abziehen von einer Spule führt oft zu Fadenbruch infolge der hohen Tourenzahl der Spinnspule, und die Ballonbildung veranlaßt Nebel durch die abgeschleuderte Flüssigkeit. Diese Nachteile werden vermieden, und die Vorteile des Zwirnens in der Zentrifuge bleiben erhalten, wenn man die mit den Fäden besponnene Spinnspule in verhältnismäßig langsame Umdrehung versetzt, den Faden, der dann nur geringe Ballonbildung zeigt, abzieht und ihn dann in der Zentrifuge fertigzwirnt. Die Spinnspule dreht sich z. B. um die Achse *6* (Fig. 471), der mit geringer Zwirnung ablaufende Faden *7* bildet nur einen schwachen Ballon *9*, er geht durch den Führer *8* über die Führungswalze *10* in die Spinnzentrifuge *15*, in der er nötigenfalls noch gewaschen wird und in der er die Fertigzwirnung erhält.

816. Dieselben. Verfahren zum Spinnen von Kunstseide.

Ver. St. Amer. P. 1642291 vom 13. IX. 1927, angemeldet 12. XII. 1925.

Beim Zwirnen von der Spinnspule treten infolge der hohen Geschwindigkeit der Zwirnspule leicht Fadenbrüche ein. Das kann gemäß der Erfindung dadurch vermieden werden, daß man den Faden von der Spinnspule in umgekehrter Richtung zu der, in der der Faden aufgewickelt ist, abzieht und dann in einer Zentrifuge zwirnt. Von der Spinnspule *3* (Fig. 472) läuft der Faden umgekehrt zur Richtung, in der er aufgewickelt ist, ab und gelangt durch einen rauf und runter gehenden Fadenführer *8* in den Zentrifugenkorb *12*, der von der Welle *13* aus angetrieben wird. Dem Umstande, daß mit dem Abwickeln des Fadens von der Spule *3* deren Durchmesser abnimmt, gleichzeitig mit wachsender Dicke des Spinnkuchens in *12* der Durchmesser des Kuchens abnimmt, die Fadenlänge zwischen *3* und *12* sich also ändert, muß durch geeignete Abmessungen der Spule und des Zentrifugenkorbs Rechnung getragen werden.

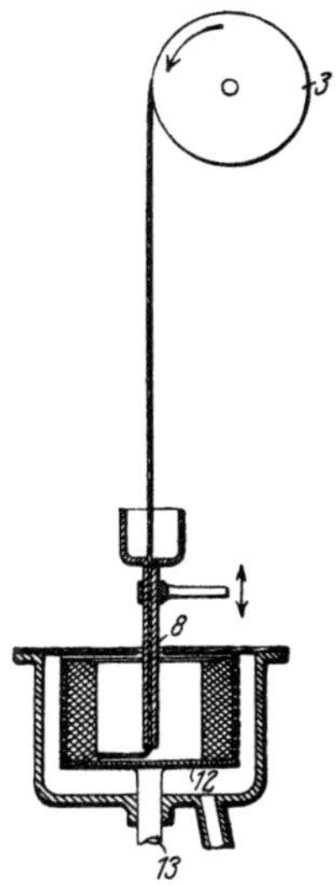

Fig. 472.

Nach J. P. Bemberg A.-G.

817. J. P. Bemberg A.-G., Barmen-Rittershausen. Zwei- oder mehrstöckige Zwirnmaschine.

D.R.P. 453554 Kl. 76c vom 29. VI. 1926; brit. P. 273341; belg. P. 342810 (Cuprum, S. A.).

Im Gegensatz zu den bekannten mehrstöckigen Zwirnmaschinen mit stufenförmig versetzten Reihen besteht das Wesentliche der Erfindung darin, daß die Zwirnspindeln die Ablaufspulen bilden, und daß die zugehörigen Auflaufspulen jeder Spindelreihe vor den Zwirnspindeln der nächsthöheren Reihe gelagert sind. Der Faden läuft von jeder Zwirnspindel zur Auflaufspule auf kürzestem Wege durch einen einzigen Fadenführer. Fig. 473 zeigt eine schematische Darstellung einer dreistöckigen, doppelseitigen Zwirnmaschine im Querschnitt. Die drei Reihen der Zwirnvorrichtungen sind mit *A*, *B* und *C* bezeichnet. Auf der rechten Seite sind Ablauf- und Zwirnspulen aufgesteckt, auf der linken Seite sind sie fortgelassen. Die drei Reihen *A*, *B*, *C* der Zwirnspindeln *2*

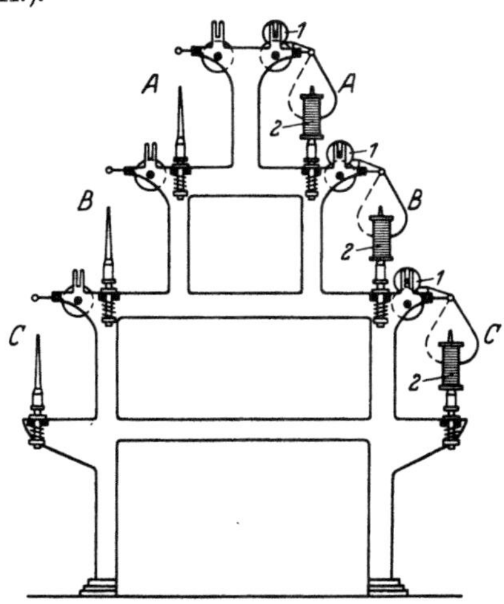

Fig. 473.

sind in an sich bekannter Weise stufenförmig versetzt. Dabei sind die Spindeln ihrer Höhe und Tiefe nach so weit gegeneinander verlegt, daß es möglich ist, vor jeder Zwirnspindel einer höheren Reihe die Auflaufspulen *1* der nächst tieferen Reihe anzuordnen. Es läuft also der Faden von jeder Zwirnspindel unmittelbar zur zugehörigen Auflaufspule. Die Maschine gewährt den Vorteil der stufenförmigen Anordnung als solcher und fügt den weiteren Vorteil eines besonders kurzen und übersichtlichen Fadenlaufes hinzu, der die Übersicht der Maschine erhöht, ihre Bedienung erleichtert und ein Zusammenkommen gerissener Fäden vermeidet.

Patentanspruch: Zwei- oder mehrstöckige Zwirnmaschine mit stufenförmig versetzten Spindelreihen, dadurch gekennzeichnet, daß die Auflaufspulen *1* jeder Spinnreihe vor der Zwirnspindel *2* der nächst höheren Reihe gelagert sind.

Nach I. G. Farbenindustrie Aktiengesellschaft.

818. I. G. Farbenindustrie Aktiengesellschaft, Frankfurt a. M. Zwirnspulenträger.

D.R.G.M. 966902 vom 8. X. 1926.

In dem Umfang des Trägers sind federgespannte, nach außen wirkende Druckkörper und versenkte Rollen angeordnet, die um senkrecht zum Radius des Trägers angebrachte Stifte drehbar sind und so weit herausragen, daß sie im Zusammenwirken mit den federgespannten Druckkörpern die aufgeschobene Zwirnspule auf dem Träger zentrieren und festhalten.

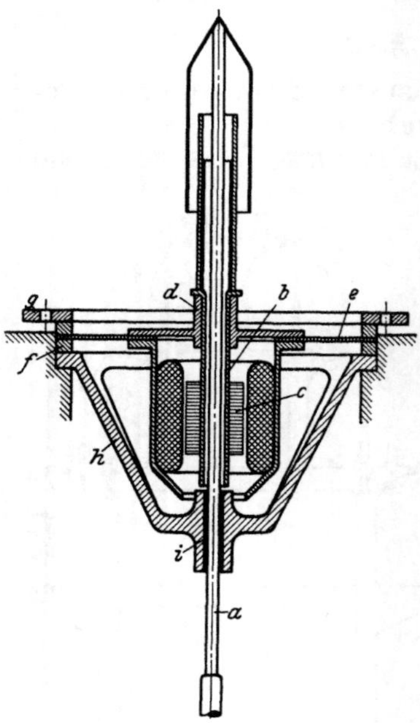

Fig. 474.

819. Dieselbe. Elektrischer Antrieb für Glockenzwirnvorrichtungen.

D.R.P. 463301 Kl. 76c vom 13. XI. 1926; brit. P. 280512; franz. P. 640456; belg. P. 346848; schweiz. P. 129251; niederl. P. 20694.

Bei diesem Antrieb ist die innere, nur in der Längsrichtung bewegliche Kappenspindel *a* (Fig. 474) der elektrisch angetriebenen Glockenzwirnvorrichtung innerhalb der sich drehenden Hohlspindel *b* frei gelagert. Um trotz der auftretenden Schwingungen beide Spindeln gegeneinander zu zentrieren, bildet die Buchse *i* einen Teil des Zentrierkörpers *h* und wird zugleich mit dem Zentrierring *f* des Motors *c* in eine Nut des Spindelbetts eingelassen und beispielsweise durch den Druckring *g* mittels Schrauben festgezogen. Die Hohlspindel läuft in dem Lagerschild *d* des Motorgehäuses, dem die Metallmembran *e* die

Möglichkeit einer gewissen federnden Einstellung und Lagerung von Motor und Hohlspindel gibt.

Patentanspruch: Elektrischer Antrieb für Glockenzwirnvorrichtungen mit frei stehender, unterhalb der Spulenhohlwelle gelagerter Glockenspindel, dadurch gekennzeichnet, daß das Glockenspindellager *i* einen Teil des Zentrierkörpers *h* bildet, der zusammen mit der Zentriervorrichtung *f* des Motors in einer gemeinsamen Nut des Maschinenbettes befestigt ist.

Nach British Celanese Ltd. und Miterfindern.

820. British Celanese Ltd., London, W. A. Dickie und R. Martin, Spondon. Verbesserungen bei der Herstellung von Garnen oder Fäden und Apparatur hierzu.

Brit. P. 289321 vom 22. X. 1926.

Die Erfindung betrifft das Zwirnen von Garnen oder Fäden, besonders solcher aus Zelluloseacetat, zur Erzielung von Kreppfäden. Von dem in dem umlaufenden Behälter *1* (Fig. 475) befindlichen Fadenkuchen wird von innen her der Faden abgezogen, um die Spindel *3* herumgelegt und an dem Teller *6* vorbei über den Fadenführer *7* der Wickelspule zugeführt. Die Ballonbildung zwischen *6* und *7* ist wichtig. Die Spindel *3* kann denselben Antrieb haben wie der Behälter *1*. Sie kann auch besonders angetrieben werden und mit geringerer Geschwindigkeit als *1*. Der Faden kann auch von der Außenseite des Fadenkuchens oder einer Spule her abgezogen werden.

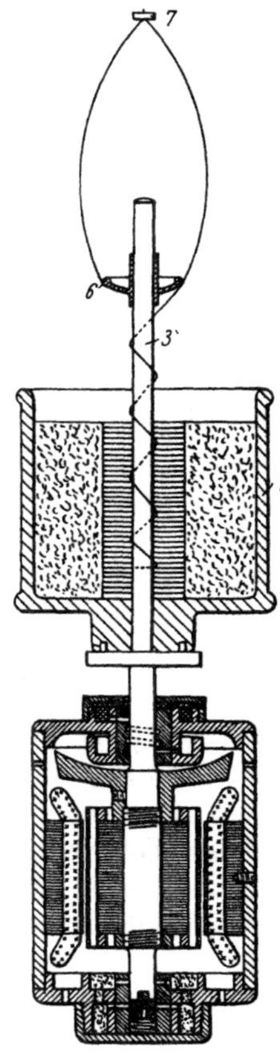

Fig. 475.

821. British Celanese Ltd., London, und S. A. Welch, Spondon. Verbesserungen bei der Herstellung von Kunstseide oder ähnlicher Fasern und Apparat dazu.

Brit. P. 293371 vom 4. IV. 1927; belg. P. 350136.

Die Erfindung bezweckt, die kontinuierliche Fadenbildung, besonders beim Trockenspinnen mit hohen Geschwindigkeiten, mit dem Zwirnen und Aufwickeln auf Ring- oder Flyervorrichtungen zu vereinigen, ohne daß die bei einem Stillstand der Zwirnvorrichtung weiterlaufenden Fäden sich irgendwo in der Maschine ansammeln können. Wie die Fig. 476—478 zeigen, wird der ungezwirnte Faden dauernd durch die Walzen *A* zugeführt, geht durch den Fadenführer *B* und durch den Läufer *E* des Ringspinners *D* zunächst nach der Rolle *C*, die auch bei Stillstand der Zwirn- und Aufwickelvorrichtung den ungezwirnten Faden aufnimmt. Soll gezwirnt werden, so wird mittels des Hakens *J* oder zweier Finger der Faden durch ein auf der Spule *F* sitzendes Gummiband *G* gezogen, durch Loslassen des Gummibands fest an die Zwirnspule angelegt, zwischen *J* und *C* abgerissen, und dann wird die Zwirnspule eingerückt. Der Zwirnspindel kann auch eine geringere

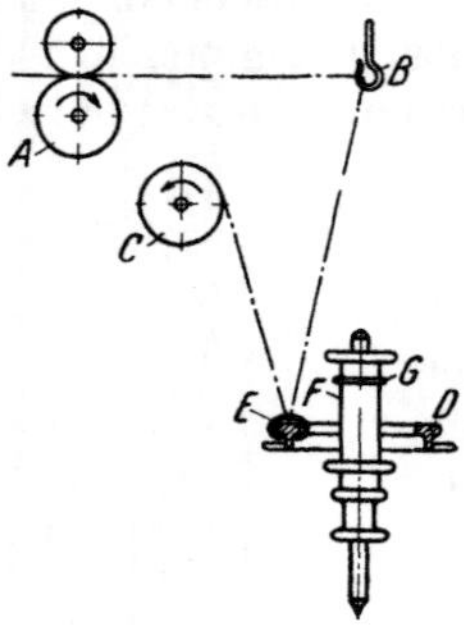

Fig. 476.

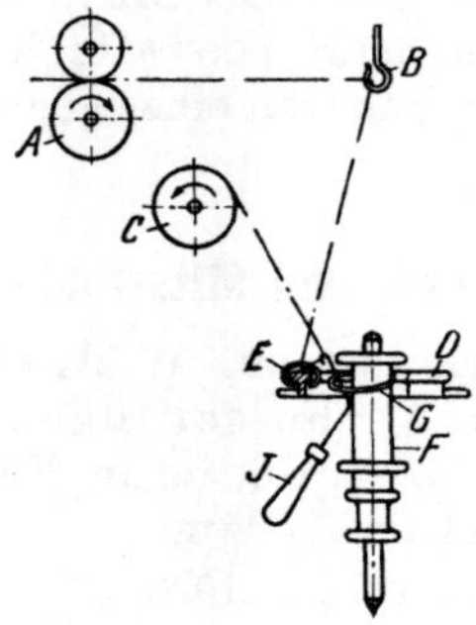

Fig. 477.

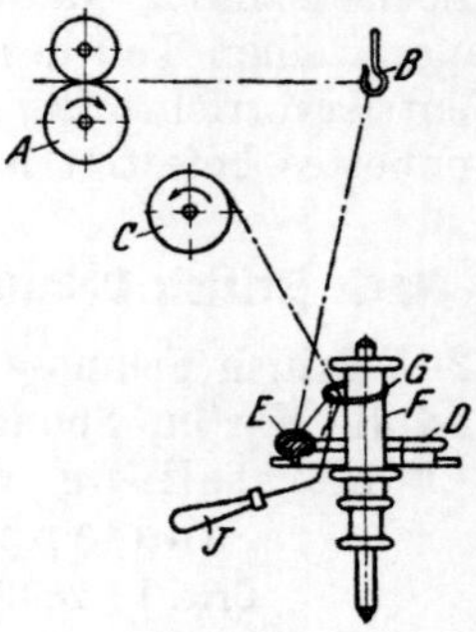

Fig. 478.

Geschwindigkeit während des Aufwickelns des ungezwirnten Fadens und dann eine höhere während des Zwirnens erteilt werden, unter Umständen kann auch die Walze *C* wegfallen und Walze *A* zum Aufwickeln des ungezwirnten Fadens benutzt werden.

Nach Nake.

822. R. Nake, Dresden-Reick. Zwirnteller mit Klemmnabe für Kunstseidefabriken.

D.R.G.M. 1062156 Kl. 29a vom 15. I. 1927.

Um den Zwirnteller, der dem auf einer Spindel sitzenden Spulenkörper einen genau zentrischen Umlauf sichert, an beliebiger Stelle festzuhalten, ist er mit einer Klemmnabe versehen. Beim Niederschrauben einer Mutter setzt sich diese mit ihrer Kante auf den konischen Teil der Nabe und preßt, da sie dreimal in der Längsrichtung geschlitzt ist, gegen die Spindel, wodurch der Teller in seiner Stellung festgehalten wird. (2 Zeichnungen.)

Nach Wegmann & Cie. A.-G.

823. Wegmann & Cie. A.-G., Baden, Schweiz. Fadenführer für Seide- und Kunstseiden-Zwirnmaschinen.

D.R.P. 467457 Kl. 76c vom 4. II. 1927.

Verstellbare Fadenführer sind bekannt, doch müssen sie zum Abziehen der vollgezwirnten Spulen scharnierartig aus der waagerechten in die senkrechte Stellung nach oben aufgeklappt werden. Beim Abziehen der Spule treten dadurch leicht Störungen auf, welche die Verwendung dieser Einrichtung für Seide- und Kunstseide-Zwirnmaschinen ausschließen. Es gibt zwar auch Einrichtungen der genannten Art, bei denen eine seitliche Verschiebung des Fadenführers möglich ist, doch ist diese Verschiebung nur umständlich auszuführen, und gegebenenfalls muß der Fadenführer in der seitlichen Stellung festgehalten werden. Die Erfindung vermeidet diese Mängel und macht den seitlich verschiebbaren Fadenführer für Seide- und Kunstseide-Zwirnmaschinen verwendbar. Auf der Zeichnung ist ein Ausführungsbeispiel der Erfindung dargestellt. Es zeigen Fig. 479 die Vorrichtung im

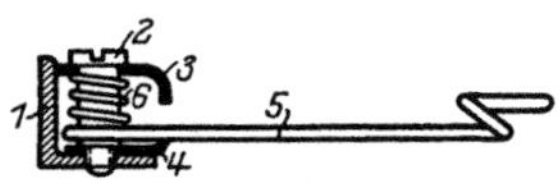

Fig. 479.

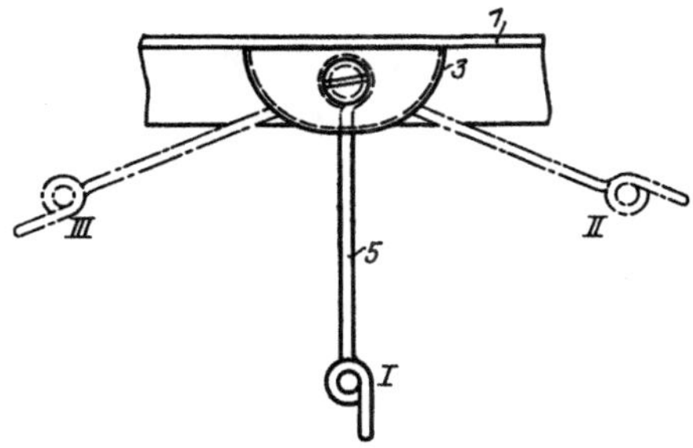

Fig. 480.

Querschnitt, Fig. 480 eine Draufsicht, in der die verschiedenen Stellungen des Fadenführers eingezeichnet sind. Auf einem Winkeleisen *1* wird von einer Stehbolzenschraube *2* die muschelförmige Kapsel *3* und *4* für den Fadenführer *5* zusammengehalten. Eine Spiralfeder *6*, die zwischen der oberen Kapselhälfte *3* und dem Fadenführer *5* auf der Stehbolzenschraube *2* angeordnet ist, hält die Fadenführeröse *5* unter federndem Druck und ermöglicht so die verschiedenen Stellungen I, II und III des Fadenführers *5*. Infolge dieser Verstellbarkeit kann das Abziehen der Spule, die senkrecht unter der Öse des Fadenführers *5* auf der Spindel steckt, ohne Behinderung erfolgen. Um den Fadenführer *5* in seinen verschiedenen Stellungen festzuhalten, sind in der unteren Kapselhälfte *4* drei Rasten angebracht, von denen die mittlere für die Arbeitsstellung I bestimmt ist.

Patentanspruch: Fadenführer für Seide- und Kunstseiden-Zwirnmaschinen, dadurch gekennzeichnet, daß er in einer zweiteiligen muschelförmigen Kapsel *3*, *4* seitlich verschiebbar und unter der Einwirkung einer Feder *6* in Rasten der unteren Kapselhälfte feststellbar angeordnet ist.

Nach Soie de Châtillon.

824. Soie de Châtillon, Mailand. Doublier- und Zwirnmaschinen mit Zwirnvorrichtung bei der Zuführung.

Brit. P. 299031 vom 7. V. 1928 (Prior. Frankr. vom 20. X. 1927); schweiz. P. 132868; belg. P. 350065.

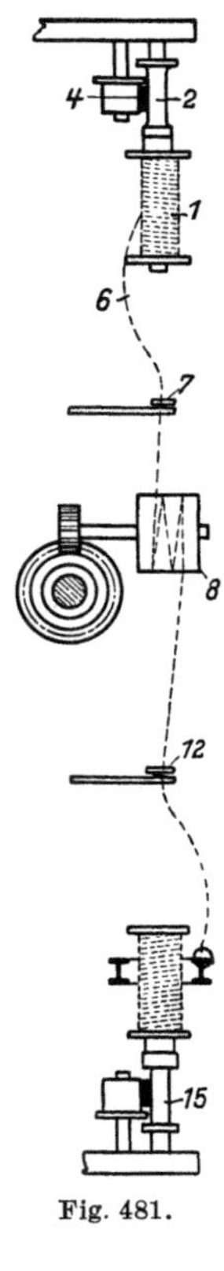

Fig. 481.

Sowohl die Ablauf- wie die Aufnahmespule werden gedreht, um dem Faden Drall zu geben. Der Faden *6* (Fig. 481) läuft von der Spule *1* ab, die auf der Spindel *2* sitzt. *2* wird durch den Riemen *4* in Umdrehung versetzt. Durch den Führer *7* geht der Faden zu der umlaufenden Walze *8*, geht um sie herum und durch den Führer *12* zu der Ringspindel *15*. Auch eine Mehrzahl von mehreren Spulen kann zusammen durch den Führer *7* geführt werden.

Nach Barmer Maschinenfabrik Akt.-Ges.

825. Barmer Maschinenfabtik Akt.-Ges., Barmen-Rittershausen. Glasring zum Zwirnen von Kunstseide, insbesondere für Ringzwirnmaschinen.

D.R.G.M. 1018857 Kl. 76c vom 3. I. 1928.

Zum Zwirnen von Kunstseide, insbesondere für Ringzwirnmaschinen, dient der aus Glas bestehende Zwirnring *a* (Fig. 482), der aus einem Stück besteht, eine glatte zylindrische Form hat und nur an seinen Rändern abgerundet ist. Dieser Glasring, um den der Läufer *b* bei der Drehung der auf der Zeichnung nicht dargestellten Spindel mit hoher Geschwindigkeit herumgeführt wird, ist in einen mit Befestigungsflansch *c* versehenen Klemmring *d* eingesetzt, der auf seinem Umfange Einschnitte *e* besitzt, welche den Klemmring in Zungen *f* unterteilen, die den Glasring *a* federnd umfassen. Der den Zwirnring tragende Klemmring *d* wird mittels durch seinen Flansch *c* greifender Schräubchen auf der Ringschiene *g* befestigt, und sein oberer Rand ist vorteilhaft noch mit einem ölharten Kitt ausgegossen.

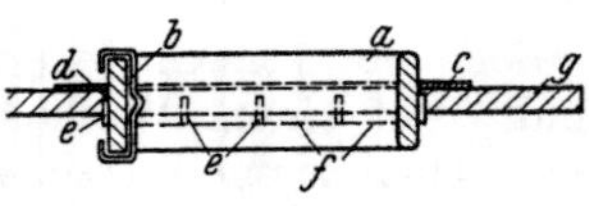

Fig. 482.

826. Dieselbe. Zwirnspindel für Doppelzwirnung, insbesondere zum Zwirnen von Kunstseide.

D.R.P. 473645 Kl. 76c vom 17. I. 1928.

Die für die Fadenführung beim Doppelzwirnen von Kunstseide verwendete Vorrichtung besteht im Gegensatz zu den bisher angewandten Glasaugen und Glashülsen aus zwei kreuzweise übereinanderliegenden Glasröllchen. Dadurch wird die Reibung des Fadens erheblich vermindert und seine Berührung mit scharfkantigen Teilen beseitigt. In Fig. 483 ist *h* die auf die lose drehbare Buchse *g* aufgesteckte Vorgarnspule, auf deren vorderem Ende der den stabilen Gleichgewichtszustand bewirkende Körper *k* sitzt, der die Form einer mit Aussparungen versehenen Scheibe bildet und den nach der Spule zuführenden Arm *m* trägt. Dieser trägt einen in Richtung der Spulenachse laufenden Stift *v*, auf dem das aus Glas bestehende, zylindrische Führungsröllchen *n* drehbar angebracht ist. Quer zu dem Röllchen *n* ist ein zweites Glasröllchen *n'* eingebaut, das auf einem ebenfalls am Arm *m* angebrachten Stift *w* sitzt, derart, daß beide Röllchen *n* und *n'* kreuzweise übereinanderliegen. An der Kreuzungsstelle wird nun der der Spule entnommene Faden *x* um beide Röllchen *n* und *n'* geführt und gelangt von hier aus

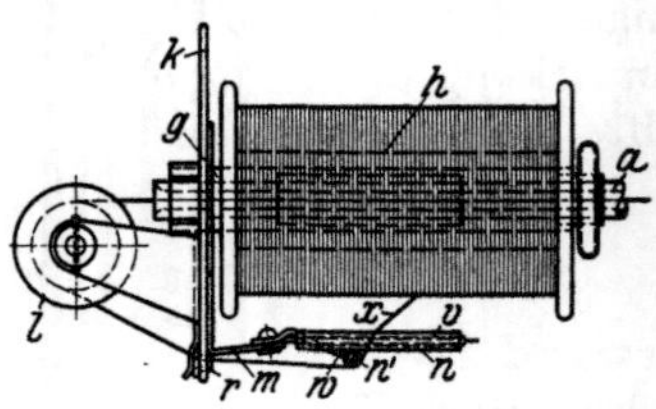

Fig. 483.

durch das auswechselbare Glasauge *r* über die Rolle *l* durch die hohle Spindel *a* und wird durch diese weitergeleitet.

Patentanspruch: Zwirnspindel für Doppelzwirnung, insbesodere zum Zwirnen von Kunstseide, mit zwei aus Glas bestehenden Führungsbüchsen oder -röllchen, dadurch gekennzeichnet, daß die beiden zur Führung des Fadens dienenden drehbaren Glasbüchsen oder -röllchen *n*, *n'* kreuzweise übereinanderliegend angeordnet sind.

Nach Landeskröner.

827. C. Landeskröner, Dresden. Verfahren zum Zwirnen von Kunstseide.

Brit. P. 305980 vom 7. I. 1929 (Prior. Deutschl. vom 13. II. 1928).

Zum Zwirnen, Waschen, Entschwefeln, Entkupfern, Färben oder zu anderer Nachbehandlung auf Spulen gewickelter Kunstseide wird die Seide ohne vorheriges Waschen von der Spinnspule *1* (Fig. 484) in eine Zentrifuge *4* übergeführt und eine Anzahl Spinnkuchen *5* wird nach Flachdrücken und Unterbinden mit Fäden *9* (Fig. 485) auf einen Stab *7* von dreieckigem oder anderem Querschnitt aufgereiht und durch einen Stab *8* beschwert. Dann wird der Satz Spinnkuchen mit der Waschusw. Flüssigkeit bespritzt und dabei durch Drehen des Stabes *7* in Bewegung gehalten. Auf dem Stabe *7* wird auch getrocknet. Nach dem Trocknen werden die Kuchen auf kleine Haspel übergeführt und von ihnen mit oder ohne Zwirnung auf die Spulen für den weiteren Gebrauch abgespult. Um das Abspulen von der Zwirnspule zu erleichtern, bespritzt man die Spule zweckmäßig während dieser Operation oder man arbeitet in feuchter Luft, um eine Kristallisation zu verhindern. Die feuchte Spule wird waagerecht gelagert und der Faden wird direkt zu dem Zentrifugentrichter *3* unter Vermeidung von Führungsstäbchen, -rollen oder -ösen geleitet. Um eine Verschiebung der Kuchen auf dem Stabe *7* zu vermeiden, sind Halter *10*, *11* vorgesehen. (2 Zeichnungen.)

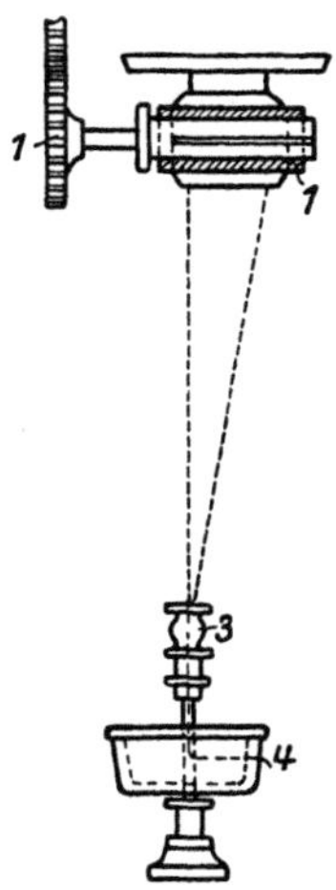

Fig. 484.

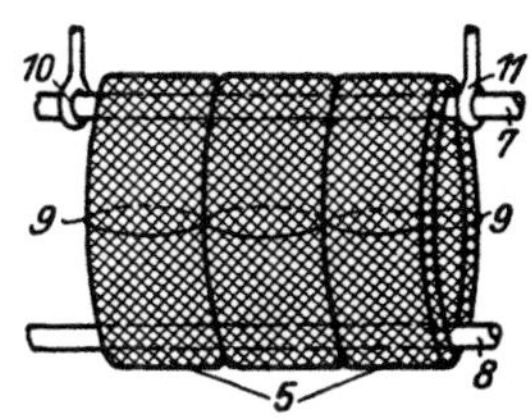

Fig. 485.

Nach Mertsching.

828. R. Mertsching, Pirna-Copitz. Aufspulvorrichtung für Kunstseidefäden.

D.R.G.M. 1046321 Kl. 29a vom 29. VIII. 1928.

Die Vorrichtung bezweckt, das zum Zwirnen nötige Umspulen entbehrlich zu machen. Der Spule *a* (Fig. 486) werden die Fäden vom

Spinnapparat zugeführt. Spule *a* ist mittels der Zapfen *c* in das Gehäuse *b* eingesetzt, das an der Antriebswelle *d* sitzt. Spule *a* kann sich somit um ihre Achse drehen und Gehäuse und Spule zusammen können sich um die Wellenachse drehen. Auf dem unteren der beiden Zapfen *c* sitzt fest das Kammrad *e*. Welle *d* trägt lose ein Kegelrad *f*, das dauernd mit dem Kammrad *e* in Eingriff steht. Kegelrad *f* hat noch einen zweiten Zahnkranz *g*, in den eine außerhalb ortsfest gelagerte Schnecke *h* eingreift. Mit dem Laufen der Welle *d* drehen sich Gehäuse und Spule gemeinsam. Durch die Schnecke *h* dreht sich gleichzeitig das Kegelrad *f* und erteilt der Spule *a* durch das Kammrad *e* Eigendrehung. Damit werden die Fäden aufgespult und durch die Gehäusedrehung werden sie gleichzeitig gezwirnt. Für das Aufspulen werden z. B. 130 Touren und für das Zwirnen 2600 Touren vorgesehen.

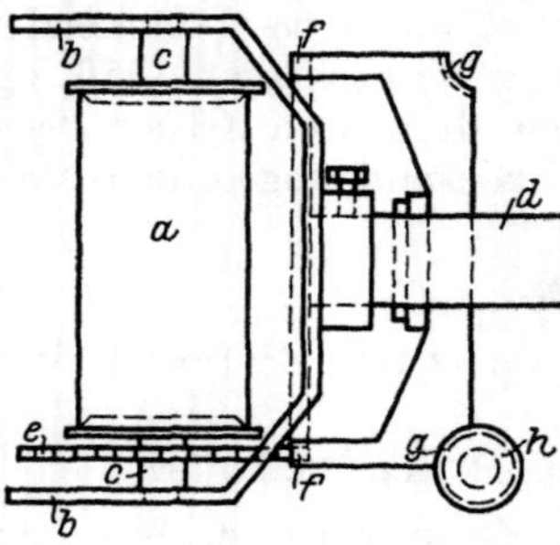

Fig. 486.

Nach Steckborn Kunstseide A.-G.

829. Steckborn Kunstseide A.-G., Steckborn, Schweiz. Zwirnteller zum Halten und Zentrieren von Spulen auf Spindeln.

D.R.G.M. 1058952 Kl. 76c vom 10. XII. 1928 (Prior. Schweiz. vom 27. XI. 1928).

Der Zwirnteller weist an seinem in die Spule einzusteckenden Teil wenigstens einen nachgiebigen Teil als Anliegefläche für die Spule auf, so daß der Zwirnteller auch bei verschiedenen Innendurchmessern der einzelnen Spulen auf gleiche Tiefe in sie eingebracht werden kann. *1* ist der Zwirnteller (Fig. 487), der eine zentrale Nabe *2* aufweist, die mittels einer Bohrung *3* auf eine Zwirnspindel aufschiebbar ist. Der Zwirnteller *1* hat einen in die Spule einzusteckenden Mantel *4*, dessen Außenfläche von dem eine gewölbte Leitfläche *10* aufweisenden Endflansch *5* hinweg zylindrisch ist und dessen Durchmesser etwas kleiner ist als der kleinste vorkommende Innendurchmesser einer strichpunktiert eingezeichneten Spule *6*. Der Mantel *4* hat zwei längs seines Umfanges verlaufende Flachnuten *7*, in welchen zwei ringförmige Gummieinlagen *8* von rechteckigem Querschnitt auswechselbar angeordnet sind. Wird nun eine mit Kunstseide versehene Spule *6* auf die Zwirnspindel gebracht und von dem Zwirnteller *1* mittels der gegen die Innenwandung der Spule drückenden Gummieinlage *8* in der gezeichneten Tiefenlage auf der Spindel gehalten und zentriert, so kann jetzt der von der Spule ablaufende Faden die Kante *9* der Spule nicht berühren, weil diese immer durch den Flansch *5* genügend überdeckt

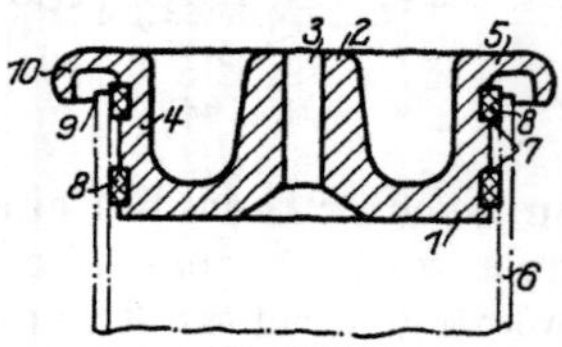

Fig. 487.

ist, da der Zwirnteller hierzu stets tief genug in die Spule eingesetzt werden kann. Dadurch wird ein Zerschneiden des Fadens an der Spulenkante verhindert.

Spulen und Walzen.

Nach N. V. Nederlandsche Kunstzijdefabriek.

830. N. V. Nederlandsche Kunstzijdefabriek, Arnhem. Spule.

D.R.P. 399799 Kl. 76d vom 27. VI. 1923.

Die bis heute verwendeten Arten der Perforierung bei Spulen, die zum Aufwickeln von natürlichen oder künstlichen Textilfäden dienen, damit eine weitere Nachbehandlung des aufgewickelten Gutes mittels Flüssigkeiten oder Gase, z. B. beim Bleichen, Färben, Waschen oder Trocknen intensiver geschehen kann, sind immer derart, daß zwischen den Schlitzen oder Löchern Spulenteile von ungleichmäßiger Breite stehenbleiben, was eine ungleichmäßige Behandlung des aufgewickelten Gutes zur Folge hat. Nach der Erfindung wird diese Schwierigkeit dadurch behoben, daß die Perforierung aus drei- oder mehreckigen Löchern derart besteht, daß die Kanten der Stege zweier benachbarter Löcher parallel verlaufen und die Entfernungen zwischen zwei benachbarten Löchern überall gleich sind, wobei zugleich ein günstiges Verhältnis zwischen gelochter und ungelochter Spulenoberfläche besteht. Denn es ist selbstverständlich, je größer die gelochte Oberfläche im Verhältnis zur ungelochten ist, um so stärker wird ihre Durchlässigkeit sein. Dies wird z. B. dadurch erreicht, daß man eine aus vieleckigen Löchern bestehende Perforierung wählt, deren Löcher derart angeordnet sind, daß die Seiten der Vielecke parallel sind und die Metallstege überall die gleiche Breite erhalten. Auch rhombische und sechseckige Löcher sind dargestellt. (4 Zeichnungen.)

Patentanspruch: Spule mit einem aus gelochtem Blech bestehendem Spulenrohr, dadurch gekennzeichnet, daß dasselbe mit Reihen drei- oder mehreckiger Löcher derart versehen ist, daß die zwischen benachbarten Löchern gebildeten Stege parallel verlaufende Kanten und alle Stege gleiche Breite besitzen.

Nach Renaudin.

831. A. Renaudin. Verbesserungen an Maschinen zum Spulen von Kunstseide.

Franz. P. 582867 vom 6. VI. 1924.

Um eine ausgiebige Behandlung der auf der Spule befindlichen Fadenlage mit Flüssigkeit zu ermöglichen, ist die Spulenoberfläche in lauter dachförmig hervortretende Erhöhungen mit rechteckiger Grundfläche unterteilt. Die Fäden liegen nur auf den Graten benachbarter Erhöhungen auf, an den schrägen Dachflächen läuft die Flüssigkeit ab. Zur Befestigung der Spulen auf dem konischen Halter dienen auf Rollen sitzende Gummipuffer. (3 Zeichnungen.)

Nach Nake.

832. R. Nake, Dresden. Spinnspule für Kunstseide.

Schweiz. P. 116328 vom 31. VII. 1925 (Prior. Deutschl. vom 2. VIII. 1924).

Die Spule ist an beiden Enden mit je einer Umbördelung nach innen ausgestattet. Die Umbördelungen, die die innere Weite der Spule nicht verengern und das Aufstecken und Abnehmen nicht hindern, ermöglichen ein leichtes Abstreifen des Fadens von der Spule und schließen ein Hängenbleiben an ihr aus. (2 Zeichnungen.)

Nach Mez.

833. Firma Mez, Vater & Söhne, Freiburg i. Br. Spule, insbesondere für Kunstseide.

D.R.P. 436081 Kl. 29a vom 28. VIII. 1924.

Im Gegensatz zu den bisher verwendeten Spulen besteht die Aufwickelvorrichtung aus glatten, runden Metalldrähten, die gegebenenfalls mit einem Drahtnetz überzogen sind, so daß die zur Anwendung kommenden Behandlungsbäder auf alle Teile des Gespinstes gleichmäßig einwirken.

Patentansprüche: 1. Spule, insbesondere für Kunstseide, dadurch gekennzeichnet, daß die zum Aufwickeln der Gespinste dienenden Stellen der Spule aus Drähten bestehen.

2. Spule nach Anspruch 1, dadurch gekennzeichnet, daß der aus Drähten bestehende Teil der Spule mit Drahtnetz überzogen ist. (1 Zeichnung.)

Nach Metallhütte Baer & Co.

834. Metallhütte Baer & Co., Rastatt i. Ba. Spinnspule für die Kunstseideindustrie aus Kunstharz od. dgl.

D.R.G.M. 914786 Kl. 29a vom 7. V. 1925.

Dem Kunstharz können Papier- oder Textilstoffe zugemischt sein.

835. Dieselbe. Spule für die Kunstseidenindustrie.

D.R.G.M. 980583 Kl. 29b vom 29. I. 1927.

Die Spule besteht aus Hartpapier und hat auf dem Mantel Bohrungen, die auch in der Hohlkehle zum Wulstrand und schließlich in diesem selbst vorgesehen sein können. (1 Zeichnung.)

Nach Borvisk Kunstseidewerk A.-G.

836. Borvisk Kunstseidewerk A.-G., Steckborn. Spinnspule für die Kunstseidefabrikation.

Schweiz. P. 118422 vom 9. IX. 1925.

Die Spule ist nicht nur in ihrem mittleren Teile gelocht, sondern auch an den Randteilen mit Flüssigkeitsdurchlässen versehen. Diese Flüssigkeitsdurchlässe können durch Rillen gebildet sein, die von Löchern des Spulenmittelteils nach den Spulenrändern zu verlaufen, sie können aber auch aus sehr feinen Löchern bestehen, die gerade so viel Wasser durchtreten lassen, als zur Reinigung der Randteile der Spule nötig ist. (2 Zeichnungen.)

Nach Schoenfeld.

837. M. Schoenfeld, Zürich. Wickelspule mit veränderlichem Umfang, insbesondere für Kunstseidenfäden.

D.R.P. 461455 Kl. 29a vom 19. IX. 1925; brit. P. 296634; Ver. St. Amer. P. 1682309.

Zur Veränderung des Spulenumfangs von Wickelspulen hat die Spule einen zylindrischen Mantel *1* (Fig. 488 u. 489) mit Längsschlitzen *1'* für den Durchtritt des Steges von T-förmigen Schienen *2*. Im ganzen sind sechs auf den Umfang des Mantels *1* verteilte Längsschienen *2* vorgesehen, denen die Schlitze *1'* als Führung dienen. Die Querstege der Schienen *2* sind auf deren inneren Teil aufgesetzt. An den äußeren Enden der Schienen ist je ein kleines Horn *3* zur Begrenzung der Einwärtsbewegung der Schienen vorgesehen. Zum Aufwickeln des Fadens

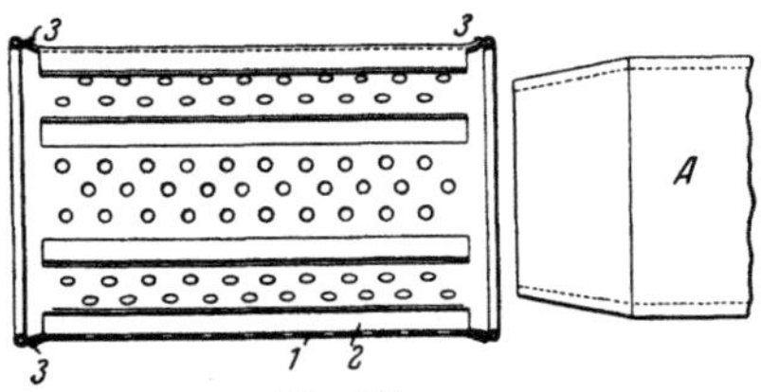

Fig. 488.

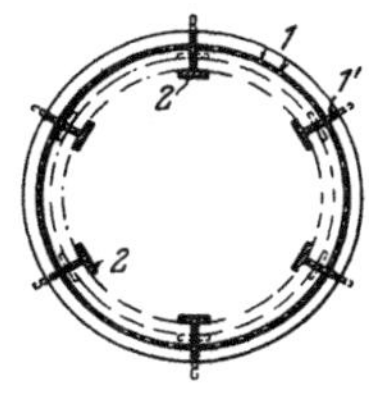

Fig. 489.

wird die Spule in der erforderlichen Weise auf den antreibbaren Stützdorn *A* aufgesteckt, der die Längsschienen *2* in den Schlitzen der Trommel *1* nach auswärts drückt, also über den gewöhnlichen Spulenumfang hinaus, so daß eine entsprechende Vergrößerung der Auflagefläche entsteht. Wird die bewickelte Spule vom Dorn *A* abgenommen, so bewegen sich die Längsschienen unter dem Einfluß der Bewicklungsspannung in der Trommel einwärts, wodurch eine Lockerung der Bewicklung entsteht. Weitere Ausführungsformen sind beschrieben.

Patentansprüche: 1. Wickelspule mit veränderlichem Umfang, insbesondere für Kunstseidenfäden, dadurch gekennzeichnet, daß in schmalen Öffnungen *1'* des einen Körpers für sich bildenden Spulenmantels *1* einige in die letztere hineinragende Längsstäbe *2* angeordnet sind, welche z. B. durch Aufsetzen der Spule auf den ihr zugeordneten Dorn gemeinsam haspelartig aus dem Spulenmantel *1* heraus bewegt werden.

2. Wickelspule nach Anspruch 1, dadurch gekennzeichnet, daß die radial beweglichen Längsstäbe durch Hebel gebildet sind.

3. Wickelspule nach Anspruch 1, dadurch gekennzeichnet, daß die radial beweglichen Längsstäbe durch Bügel gebildet sind.

4. Wickelspule nach Anspruch 1, dadurch gekennzeichnet, daß die radial beweglichen Längsstäbe um eine parallel zur Spulenachse liegende exzentrisch gelagerte Achse drehbar sind.

Nach Dalemont.

838. J. Dalemont. Metallspule zum Spinnen von Kunstseide und Verfahren zu ihrer Herstellung.

Franz. P. 605077 vom 28. X. 1925.

Die z. B. aus Eisenblech bestehende Spule wird mit Papiergewebe (Textilose) überzogen und danach mit Bakelitlack. Der Lack haftet dann besonders gut. (3 Zeichnungen.)

Nach Brandwood.

839. J. Brandwood, Waban, Mass. Spule zur Behandlung von Kunstseide mit Flüssigkeiten unter Druck.

Schweiz. P. 124744 vom 25. XI. 1926; brit. P. 261778 (Prior. Ver. St. Amer. 20. XI. 1925); Ver. St. Amer. P. 1669451; franz. P. 625227.

Die Spule besitzt Endflanschen und zwischen ihnen eine Garntragfläche bildende, auf einer Kreislinie angeordnete Stangen. Das Verhältnis des Durchmessers des Kreises, auf welchem die Stangen angeordnet sind, zum äußeren Durchmesser der Flanschen ist ungefähr 6:8. Dadurch wird eine kleine Dicke des aufgewundenen Garns erzielt, während der Wirkung der Flüssigkeiten eine große Garnoberfläche dargeboten wird. (2 Zeichnungen.)

Nach Borzykowski.

840. B. Borzykowski. Aufwickelvorrichtung für Kunstfasern.

Franz. P. 613008 vom 17. II. 1926 (Prior. Schweiz vom 1. XII. 1925); schweiz. P. 121780.

Bei den üblichen mit Löchern oder Schlitzen versehenen Spulen oder anderen Aufnahmeorganen für Kunstfäden kann es vorkommen, daß die beim Trocknen sich zusammenziehenden Fäden an den scharfen Kanten der Löcher oder Schlitze sich beschädigen. Um diese Schädigungen unmöglich zu machen, werden nach der Erfindung die Löcher oder Schlitze der Spulen usw. nach innen zu so abgerundet, daß keine scharfen Kanten übrigbleiben. (3 Zeichnungen.)

Nach Markovsky u. Co.

841. Markovsky u. Co., Gablonz a. N., Tschechoslowakei. Spule für Textilzwecke.

Schweiz. P. 118212 vom 23. I. 1926.

Bei dieser Spule soll das Auswaschen und weitere Behandeln der aufgewickelten Kunstseide usw. dadurch beschleunigt werden, daß die Fäden nicht direkt, sondern hohl auf dem Spulenmantel aufliegen. Zu diesem Zwecke ist der in bekannter Weise durchbrochene Spulenmantel mit in der Längsachse der Spulen verlaufenden vorspringenden Rippen versehen, deren Rücken schmal ist, so daß die Berührung zwischen aufgewickelten Fasern und Spule nur auf dem schmalen Rücken dieser Rippen erfolgt. Die Öffnungen der Spulenwand können derart vergrößert sein, daß der Spulenmantel zwischen den Rippen fehlt und die Spule sozusagen nur aus einem Gerippe besteht. In das Spuleninnere sind Versteifungsringe eingeschoben, über welchen die Rippen verlaufen. Dadurch hat die Behandlungsflüssigkeit breitesten Zutritt zu den Fasern. Als Vorteil der Spule wird noch hervorgehoben, daß das Wegschneiden von Ausschuß von den Spulen leicht und ohne jede Beschädigung der Spule geschehen kann. (5 Zeichnungen.)

Nach Berlin-Karlsruher Industrie-Werke Akt.-Ges.

842. Berlin-Karlsruher Industrie-Werke Akt.-Ges., Karlsruhe. Spinnspindel.

D.R.G.M. 1003345 Kl. 29a vom 29. I. 1926.

Um ein möglichst gutes Auswaschen und eine geringe Auflage des aufgewickelten Fadens zu erreichen, sind in die Spule von außen nach innen Längsschlitze derart durchgedrückt, daß sie sich nach innen konisch verjüngen, so daß das stehengebliebene Material dachförmige Rippen bildet. (3 Zeichnungen.)

Nach S. A. Établissements J. Chuit.

843. S. A. Établissements J. Chuit. Metallbobine für Kunstseide und ihr Herstellungsverfahren.

Franz. P. 629455 vom 5. V. 1926.

Die Bobine besteht aus drei Teilen, dem zylindrischen, gegebenenfalls gelochten Mittelteil *a* (Fig. 490) und den beiden Seitenteilen *c*. Die Teile sind durch Umbördeln fest miteinander verbunden.

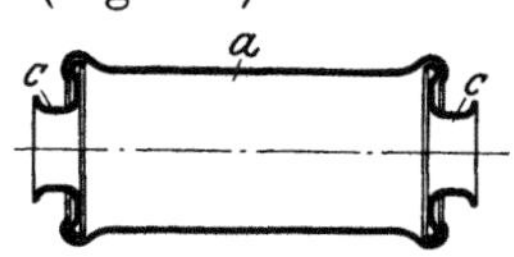

Fig. 490.

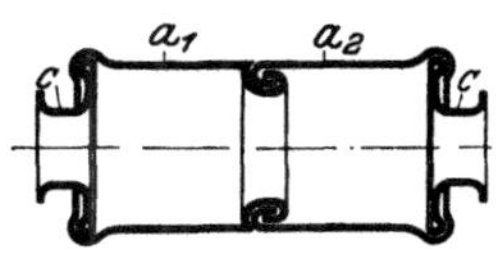

Fig. 491.

Nach dem Zusatzpatent 32841 vom 20. VII. 1926 wird die Herstellung der Spule vereinfacht, wenn der Mittelteil aus zwei Stücken a^1 und a^2 hergestellt wird (Fig. 491).

Nach Société pour la Fabrication de la Soie „Rhodiaseta".

844. Société pour la Fabrication de la Soie „Rhodiaseta", Paris. Spule zum Anspinnen fortlaufend zugeführten Textilgutes für Ringspinn- und Ringzwirnmaschinen.

D.R.P. 477364 Kl. 76c vom 26. VII. 1927 (Prior. Engl. vom 29. VII. 1926); belg. P. 343525; schweiz. P. 128957; franz. P. 637121; brit. P. 277151.

Durch die Erfindung wird es ermöglicht, auf Ringzwirnmaschinen das Ansetzen auf der Spule und folglich auch das Auswechseln der Spulen auf einfache Art und Weise mit einem beliebigen, ununterbrochen zugeführten Textilfaden vorzunehmen. Es werden die Schwierigkeiten behoben, die entstehen, wenn die Zuführung der Fasern nicht gleichzeitig mit der Zwirn- und Aufwindevorrichtung abgestellt wird.

Hierbei kann sich nämlich die beträchtliche Fadenlänge, die während der Durchführung des Ansetzens (Anspinnens) weiter geliefert wird, entweder in den verschiedenen Teilen der Vorrichtung verwickeln oder auf das Lieferwerk aufwinden. Außerdem kann das Anspinnen des Fadens auf der Spule nicht auf gewöhnliche Art durch ein- oder zweimaliges Umschlingen des Fadens um die Spule stattfinden; dies ist auch dann nicht möglich, wenn der von dem Lieferwerk zugeführte Faden unter Spannung gehalten wird. Tatsächlich hat dieser Vorgang zur Folge, die Spannung zu unterbrechen, so daß sich der vorstehend erwähnte Übelstand wiederholt, oder der Faden gleitet auf der Spule und, da er nicht genügend anhaftet, wickelt er sich auf dieser nicht in dem gleichen Zeitpunkte auf, in dem die Spule ihre normale Geschwindigkeit erreicht, so daß Fadenbruch eintritt.

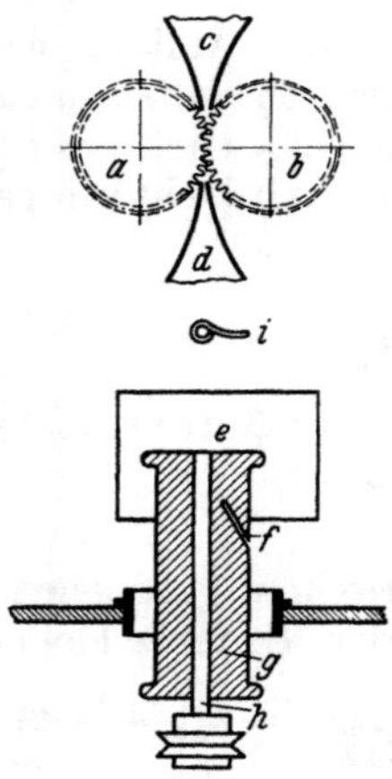

Fig. 492.

Diese Schwierigkeiten werden dadurch beseitigt, daß man die Mantelfläche der Aufwickelspule mit zum Erfassen des Fadens geeigneten Fangvorrichtungen, z. B. einer oder mehreren breiten Spalten, versieht, in denen der Faden während der Auf- und Abbewegung der Ringbank so lange frei gleitet, bis er durch den Drehungsbeginn der Spule festgeklemmt und auf diese aufgewickelt wird. Anstatt eine oder mehrere Spalten in der Spule anzubringen, kann deren Hülse mit jeder passenden Vorrichtung (dünnen Plättchen, gebogener Nadel usw.) so versehen werden, daß zwischen dieser Vorrichtung und der Spulenhülse ein sehr beschränkter Raum vorhanden bleibt, in dem der Faden während der Auf- und Abbewegung der Ringbank gleiten kann.

In Fig. 492 ist die neue Vorrichtung in einer beispielsweisen Ausführung dargestellt. Das Lieferwerk wird in bekannter Weise durch die beiden Walzen *a* und *b* gebildet, in die der Faden durch einen kleinen Trichter *c* zugeführt und senkrecht durch einen anderen kleinen Trichter *d* weitergeführt wird, damit er nicht Gefahr läuft, sich auf eine der beiden Lieferwalzen aufzuwickeln. Die Aufnehmewalze *e* wird unmittelbar unter dem Fadendurchgang zwischen den Lieferwalzen in einer solchen Lage angeordnet, daß bei einem zufälligen Fadenbruch oder beim Spulenwechsel das freie Ende des Fadens selbsttätig von ihr erfaßt wird. Die Anordnung der Aufnahmewalze *e* auf ihrer Welle ist so, daß diese Walze für gewöhnlich von ihrer Welle mitgenommen wird, daß aber eine geringe Kraft genügt, um ein Gleiten der Walze auf ihrer Welle zu veranlassen.

Auf dem zylindrischen Teile der Spule *g* bringt man einen Spalt *f* derart an, daß keine scharfen Kanten entstehen, die den aufgewickelten Faden aufreiben könnten, und daß der Faden nicht durch das bloße Einführen in den Spalt *f* an der Spule befestigt wird, wie es z. B. bei den Röllchen für Nähzwirne der Fall ist, sondern daß das Ansetzen erst beim Drehungsbeginn der die Spule *g* tragenden Spindel *h* erfolgt. Dabei wird wie folgt verfahren: Wenn der Faden an der Spule *g* angesponnen werden soll, so muß diese zunächst stillstehen. Da die Spule *g* sich nicht dreht, steht auch der Läufer *k* (Fig. 493) still und nimmt nur an der Auf- und Abbewegung der Ringbank *l* teil. Man nimmt nun den Faden, der sich inzwischen auf die Aufnahmewalze *e* aufgewickelt hat, zwischen dem Trichter *d* und der Aufnahmewalze *e* und führt ihn durch einen Fadenführer *i* in den Läufer *k*. Der Läufer *k* ist hierbei so gestellt, daß der von ihm nach der Aufnahmewalze *e* gehende Faden entlang der mit dem Spalt *f* versehenen Spulenhülse *g* gleitet. Während der Auf- und Abbewegung der Ringbank *l* gleitet dann der Faden in dem Spalt *f*. Wird nun die Spule *g* in Umdrehung versetzt, so wickelt sich der festgeklemmte Faden auf ihr auf.

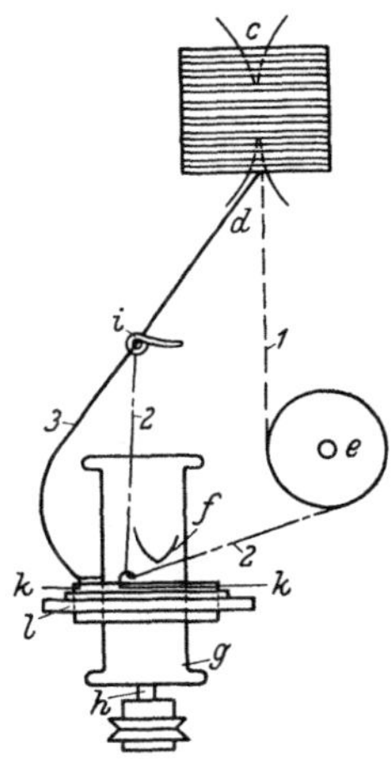

Fig. 493.

In Fig. 493 ist der Faden in drei verschiedenen Stellungen dargestellt: Linie *1* zeigt die Stellung des Fadens beim Aufwickeln auf die Aufnahmewalze; Linie *2* zeigt den Faden, der durch den Fadenführer *i* und den Läufer *k* hindurchgeht, im Augenblicke des Eintritts in den Spalt *f*; in diesem Augenblick befindet sich weder der Läufer *k* noch die Spule *g* in Umdrehung; Linie *3* zeigt den Faden in der Arbeitsstellung, d. h. bei der Bildung des Ballons während des Zwirnens und Aufwickelns auf die Spule *g*.

Die vollständige Durchführung des Spulenauswechselns kann auf diese Art in sehr kurzer Zeit ausgeführt werden, so daß die Fadenlänge, die sich als Abfallgarn auf der Aufnahmewalze *e* aufgewunden hat, unbedeutend ist im Vergleich zu der auf einer Spule normaler Größe aufgewundenen Fadenmenge.

Patentanspruch: Spule zum Anspinnen fortlaufend zugeführten Textilgutes für Ringspinn- und Zwirnmaschinen, dadurch gekennzeichnet, daß die Mantelfläche der Spule *g* mit zum Erfassen des zugeführten Fadens geeigneten Fangvorrichtungen, z. B. einer oder mehreren breiten Spalten, versehen ist, in denen der Faden während der Auf- und Abbewegung der Ringbank so lange frei gleitet, bis er durch den Drehungsbeginn der Spule *g* festgeklemmt und auf diese aufgewickelt wird.

Nach Murrell.

845. W. Murrell, Rochester. Spulen für Kunstseide.

Brit. P. 266993 vom 14. VIII. 1926.

Die flaschenförmig gestaltete Spule sitzt auf einer runden Platte, die auf ihrer Unterseite drei Knöpfe hat, durch die die Bodenplatte von ihrer Unterlage abgehoben ist. Der Faden wird durch das Innere der senkrecht stehenden Spule nach unten abgezogen. (2 Zeichnungen.)

Nach I. G. Farbenindustrie Aktiengesellschaft.

846. I. G. Farbenindustrie Aktiengesellschaft, Frankfurt a. M. Aufnahmeorgan zum Spinnen von Kunstseide.

Schweiz. P. 126778 vom 28. VI. 1927; franz. P. 636893 (Prior. Deutschl. vom 5. X. 1926); belg. P. 343517.

Es besteht aus einer gegen Säure, insbesondere gegen Salpetersäure beständigen Legierung aus z. B. 70% Eisen, 19% Chrom, 6,6% Nickel und 3,6% Molybdän, die etwa 0,8% Verunreinigungen von Phosphorsäure und Kieselsäure enthält. Spulen aus einer solchen Legierung widerstehen auch z. B. Alkalien und Chlorlaugen, so daß eine durchgehende Nachbehandlung auf der Spule möglich wird.

847. Dieselbe. Apparat zur Herstellung von Fäden.

Belg. P. 350234; brit. P. 294657 vom 27. VII. 1928; franz. P. 652068 (Prior. Deutschl. vom 29. VII. 1927).

Bei der Herstellung von Kunstseide nach dem Spulenverfahren werden durchlässige Spulen verwendet, und der Körper jeder Spule wird mit einem Kissen aus Gummi oder ähnlichem Stoff versehen, der dauernd als Unterlage für die Fäden dient. Der Gummi kann als Mantel aufgebracht werden oder durch Tauchen oder Niederschlagen auf elektrischem Wege; er kann auch schwammig-elastisch sein. Die Elastizität der Kautschuklage kann durch eine dauernde Lage von Fäden erhöht werden. Das elastische Kissen verhindert eine Beschädigung der inneren Faserlagen durch Schrumpfen beim Waschen oder sonstiger Behandlung mit Flüssigkeit.

Nach Rasch.

848. O. Rasch, Annaberg i. Erzgeb. Scheibenspule mit kreuzweis angeordneter Kunstseide.

D.R.G.M. 975290 Kl. 29a vom 10. XII. 1926.

Bei den bekannten mit Kunstseide belegten Scheibenspulen ergibt sich leicht der Übelstand, daß infolge des verhältnismäßig kleinen Durchmessers der Spulen und der dicken parallelen Lagen der Kunstseide der Kupferseidenfaden, der ein feines, watteähnliches Gespinst ist, beim Abspulen an den Fadenlagen der Spule hängenbleibt, was die Fabrikation erschwert. Zur Beseitigung dieses Übelstandes hat die neue Spule zwischen den Scheiben einen annähernd doppelt so großen Durchmesser wie die alte Spule, und der aufgespulte Fadenbelag ist kreuzförmig und viel dünner als früher. Dadurch können die Fäden an den darunter liegenden nicht haften, und das Abspulen erfolgt mit Leichtigkeit. (3 Zeichnungen.)

Nach Weickert.

849. J. D. Weickert, Leipzig. Spule für Kunstseidenfäden.

D.R.G.M. 991992 Kl. 29a vom 31. XII. 1926.

Im Gegensatz zu den bisher verwendeten Metallspulen besteht die Spule aus Filz oder einem andern gleichwertigen Textilstoff, der zur

Vermeidung einer Deformierung der Spule mit einem geeigneten Stoff getränkt ist. (2 Zeichnungen.)

Nach Manhattan Rubber Manufacturing Co.

850. Manhattan Rubber Manufacturing Co., Passaic, New-Jersey. Bobine für Kunstseide.

Brit. P. 278632 vom 11. VI. 1927 (Prior. vom 19. I. 1927); franz. P. 636553.

Eine zylindrische, oben und unten mit Verstärkungsringen versehene Bobine, besonders für Kunstseide, besteht aus dünnem, elastischem Material, wie Eisenblech oder Aluminium, ist durchlöchert und innen und außen mit säure- und alkalibeständigem Kautschuk überzogen. Der Kautschuk ist vulkanisiert, um ihn zähe, aber doch elastisch genug zu machen. Der Kautschuküberzug wird an den Löchern entfernt. (Zeichnungen.)

Nach Harzer Achsenwerke G. m. b. H.

851. Harzer Achsenwerke G. m. b. H., Bornum a. H. Spule für die Herstellung von Kunstfasern, insbesondere Kunstseide.

D.R.G.M. 989289 Kl. 29b vom 5. IV. 1927.

Der aus widerstandsfähigem Stoff bestehende Spulenmantel *a* (Fig. 494) weist parallel zur Spulenachse Lochreihen *b* auf, zwischen denen auf der äußeren Oberfläche vertiefte Rinnen *c* liegen. Die Löcher *b* erstrecken sich bloß unter der Faserschicht *d*, während die Rinnen beiderseitig über diese hinausgehen. Die durch die Faserschicht eintretende Waschflüssigkeit tritt nicht nur durch die Löcher *b*, sondern gelangt auch durch die offenen Rinnen *c* und durchdringt die zwischen den Lochreihen *b* vorhandenen Stellen, so daß ein gründliches Auswaschen stattfindet. Die Längsrinnen *c* werden zweckmäßig durch Querrinnen verbunden, welche die einzelnen Löcher *b* von einander trennen.

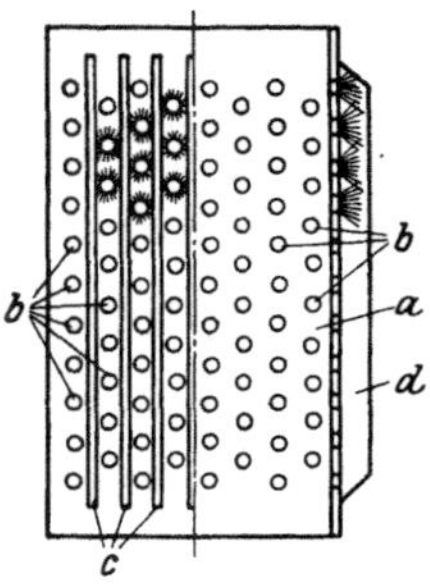

Fig. 494.

Nach Courtaulds Ltd.

852. Courtaulds Ltd., London. Verbesserungen an Bobinen.

Belg. P. 349676; brit. P. 293733 vom 11. IV. 1927.

Die Spulen haben in der Längsrichtung Stäbe *L* (Fig. 495), die sich in radialer Richtung etwas bewegen können. Wird die Spule in Umdrehung versetzt, so vergrößert sich ihr Umfang. Die Spannung der Fäden während des Windens und Zwirnens wird so herabgesetzt, wenn die Bobine ruht; die Bobine ist daher geeignet zum Aufwinden künstlicher Seide niedriger Denier, welche unter Spannung leidet. Die Stäbe *4*, *6* oder *8* sind radial in Schlitzen *O* beweglich und werden oben und

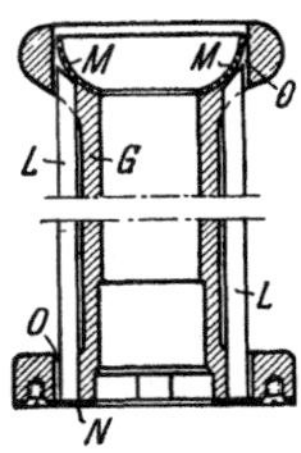

Fig. 495.

unten durch Platten *M*, *N* gehalten. Der Spulenkörper *G* hat zur Aufnahme der Stäbe *L* Vertiefungen, oder statt der Stäbe können Segmente vorgesehen sein, die mit Stiften od. dgl. in Schlitze des Spulenkörpers eingreifen. Der Teil *G* kann gelocht sein, um eine Behandlung mit Dampf oder einer anderen Flüssigkeit zu ermöglichen.

Nach Deutsche Zellstoff-Textilwerke G. m. b. H.

853. Deutsche Zellstoff-Textilwerke G. m. b. H., Elberfeld. Zusammenschraubbarer Kunstseiden-Kreuzspuleneinsatz für Feuchthaltegläser an Wirkmaschinen.

D.R.G.M. 999254 Kl. 25a vom 9. VII. 1927.

Die Neuerung ermöglicht die Verwendung von Feuchthaltegläsern für zylindrische oder konische Kreuzspulen für Kunstseide. Diese Kreuzspulen sind kürzer und nur auf Pappspulen hergestellt. Das Einbringen der Spulen in die Feuchtigkeitsgläser ist einfach, weil die Kreuzspule und Flaschenspule durch Anfassen an den Kopf mit dem Einsatz in das Glas hineingebracht werden können. (2 Zeichnungen.)

854. Dieselbe. Zusammenschraubbarer Kunstseidekreuzspuleneinsatz für Feuchthaltegläser an Wirkmaschinen mit heizbarer Dämpfvorrichtung.

D.R.G.M. 1000572 Kl. 25a vom 9. VII. 1927.

Das Neue besteht darin, die für Flaschenspulen an Wirkmaschinen verwendbaren Feuchthaltegläser für die Benutzung von Kunstseidekreuzspulen einzurichten unter zusätzlicher Dämpfung des Fadens beim Fadenabzug. Die auf eine Dünne Papphülse *a* (Fig. 496) aufgewickelte Kreuzspule *b* wird auf einem am Rande mit Löchern *c* versehenen Untersatz *d* aus Metall unter Zwischenschaltung einer Unterlage *e* aus Schaffell, Plüsch oder Filz gestellt und mittels des am Untersatz *d* befestigten Gewindeschaftes *f* und des Knopfes *g* mit Gewindebüchse *h* mit dem Untersatz *d* fest verschraubt. Die Unterlage *e* soll das Unterziehen des Fadens bei etwaigem Abfall von Fadenlagen verhüten. Dieser auswechselbare Spulensatz wird in ein Feuchthalteglas gebracht, das aus einem mit Wasser gefüllten Untersatz *i* mit gelochter Abdeckplatte *k*, auf die der die Kreuzspule tragende Untersatz *d* gestellt wird, einem Glaszylinder *l* und einem Verschlußdeckel *m* mit Fadenloch *n* besteht. Zur Erzielung der zusätzlichen Dämpfung des Fadens beim Abzug wird durch den Untersatz *i* des Feuchthalteglases umlaufendes heißes Wasser zur Erzielung einer Schwadenbildung geführt oder dieser Untersatz auf eine erwärmte Heizplatte *o* gestellt, um eine beschleunigte Verdunstung des Wassers im Untersatz *i* herbeizuführen.

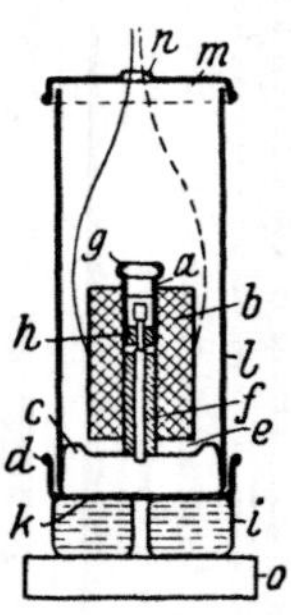

Fig. 496.

Nach Adolff.

855. E. Adolff, Reutlingen. Überzug für Kunstseidespulen.

Belg. P. 344195 vom 2. VIII. 1927; schweiz. P. 127760; franz. P. 638390.

Die Spule besteht aus einem zylindrischen und einem konischen Teil. Der konische Teil ist mit Papier mit filzartiger Oberfläche überzogen. Dadurch wird das Herunterrutschen der Bewicklung von dem zylindrischen Teil verhindert. (Zeichnung.)

Nach dem

franz. P. 649204 vom 17. II. 1928; schweiz. P. 130391

desselben wird der konische Fuß des Spule dadurch rauh gemacht, daß man ihn mit Leim überzieht und darauf Schmirgel oder einen ebenso wirkenden Stoff aufstreut.

Nach Tolzmann.

856. G. Tolzmann, Dresden-Loschwitz. Spule.

D.R.G.M. 1004544 Kl. 29a vom 12. VIII. 1927.

Die Spule für Kunstseidefäden ist aus künstlichem Spritz- oder Gießmaterial hergestellt und besitzt an ihrem ganzen Umfang Schlitze. Zur Verstärkung sind an der Ober- und Unterkante mit einer Metalleinlage versehene Wülste angebracht. (2 Zeichnungen.)

857. Derselbe. Transportspule für Seiden- und Kunstseidenfäden und feine Garne aller Art.

D.R.G.M. 1017515 Kl. 76d vom 20. XII. 1927.

Die Neuerung betrifft einen hohlgepreßten Rotationskörper *a* (Fig. 497) für die Textilindustrie mit einer Stirnseite *b*, in welcher Vertiefungen *c* angebracht sind. In diese Vertiefungen läßt sich eine Kartonscheibe *d* hineindrücken, so daß sie vollkommen festsitzt. Damit die Spulen auf dünnen Achsen laufen können, sind Verjüngungspfropfen *e* (Fig. 498) vorgesehen, die der Hohlspule den richtigen Durchmesser geben. (12 Zeichnungen.)

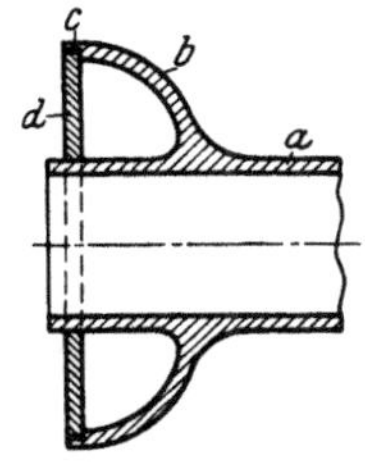

Fig. 497.

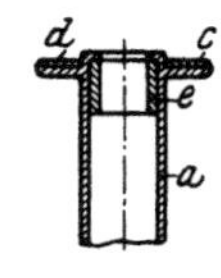

Fig. 498.

Nach Colsmann & Co.

858. Colsmann & Co., Werdohl i. W. Metallspule, insbesondere aus Aluminium, für Textilfäden, beispielsweise Kunstseidefäden.

D.R.G.M. 1005574 Kl. 76d vom 2. IX. 1927.

Der Metallspulenkörper ist mit einem Überzug aus Cellonlack versehen, der eine große Widerstandsfähigkeit gegen Säuren und Laugen besitzt. (3 Zeichnungen.)

Nach Gesellschaft für Spinnerei- und Weberei-Einrichtungen.

859. Gesellschaft für Spinnerei- und Weberei-Einrichtungen m. b. H., Berlin-Charlottenburg. Mit Metall umhüllte Papier- oder Pappe-Canette für Kunstseidefäden.

D.R.G.M. 1022940 Kl. 29a vom 6. II. 1928.

Um die für empfindliche Kunstseidefäden dienende Papier- oder Pappcanette widerstandsfähig zu machen, wird sie ganz oder teilweise mit einem Metallüberzug versehen, der aus warm oder kalt aufgepreßtem oder flüssig aufgetragenem Metall besteht, wobei das Hülsenschaftende in eine rundlich geformte, geglättete Fadenablaufkuppe ausläuft. (1 Zeichnung.)

860. Dieselbe. Hülse od. dgl. zum Bespulen, Bewickeln oder Bespinnen.

D.R.G.M. 1039283 Kl. 76d vom 12. VI. 1928.

Die Aufwickelvorrichtungen, wie Hülsen oder Spulen, sind aus einem Leichtmetall, z. B. Magnesium oder Magnesiumlegierungen, hergestellt, dessen spezifisches Gewicht 2,5—2,7 beträgt. (6 Zeichnungen.)

Nach Metallbank und Metallurgische Gesellschaft Akt.-Ges.

861. Metallbank und Metallurgische Gesellschaft Akt.-Ges., Frankfurt a. M. Spinnspule aus Leichtmetall.

D.R.G.M. 1037741 Kl. 29a vom 6. II. 1928.

Gemäß der Erfindung wird der aus Blech bestehende Spulenzylinder mit einem Cadmiumüberzug versehen. Cadmium hat bei Leichtmetall, besonders Aluminium, den Vorteil, daß, selbst wenn der Überzug an einzelnen Stellen verletzt wird, durch elektrolytische Wirkung die verletzte Stelle vor Korrosion bewahrt bleibt.

Nach Berg Komm.-Ges.

862. Wilhelm Berg, Komm.-Ges., Lüdenscheid i. Westf. Spule, insbesondere für die Kunstseideherstellung.

D.R.G.M. 1026921 Kl. 29a vom 10. III. 1928.

Der bei umbördelten Spulen bestehende Nachteil, daß bei Behandlung der Kunstseide mit verschiedenen Bädern in der Bordierung Rückstände verbleiben, wird dadurch vermieden, daß die Spulenwandung am oberen und unteren Ende in zylindrischer Rundform nach außen oder innen verdickt wird. (2 Zeichnungen.)

Nach Schapp und Thyssen.

863. Th. Schapp und W. Thyssen, Essen. Spule bzw. Walze für die Kunstseidenindustrie aus Preßmaterial.

D.R.G.M. 1031158 Kl. 29a vom 19. III. 1928.

Im Gegensatz zu den bisher verwandten Glaswalzen bestehen die Walzen aus einem Preßmaterial, welches die nötige Bruchfestigkeit und Säurebeständigkeit besitzt und eine Hitzebeständigkeit von mindestens 150° hat. (2 Zeichnungen.)

Nach Preßwerk A.-G.

864. Preßwerk A.-G., Essen. Spule oder Walze für die Kunstseiden- und Textilindustrie.

D.R.G.M. 1035343 Kl. 29a vom 28. III. 1928.

Die Spulen oder Walzen haben an den Enden keinen Flansch, der Drehpunkt der Spule oder Walze ist in die Mitte des Innern gelegt. In Fig. 499 ist *a* der äußere Mantel der Walze, *b* ist der Antriebspunkt im Innern der Walze, der gleichzeitig mit dem Schwerpunkt der Walze zusammenfällt. Der Antrieb erfolgt durch Aufsetzen auf einen Konus, welcher 8000 Touren macht. *e* ist eine runde Auflauffläche, die beim Aufsetzen der Walzen auf den konischen Antrieb diesen infolge seiner oberen Abrundung zwingt, in den konischen Sitz der Walze hineinzugleiten. *c* und *d* stellen die beiden vollständig offenen Enden der Walzen bzw. Spulen dar. *f* zeigt den ebenfalls konischen Antriebsnocken mit abgerundeter Kuppel.

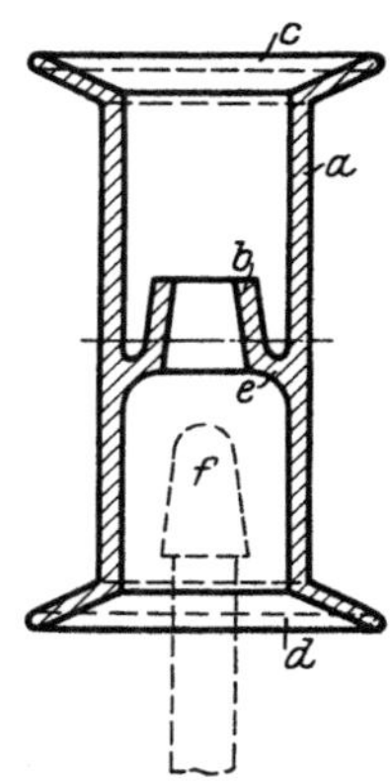

Fig. 499.

Eine ähnliche Einrichtung, bei der eine im Spuleninnern angebrachte zylindrische Verstärkung zum Zentrieren der Spule dient, betrifft das

D.R.G.M. 1050672 Kl. 29a

der Dr. Deisting u. Co. G. m. b. H., Kierspe i. W., vom 15. IX. 1928. (2 Zeichnungen.)

Nach Rheinisch-Westfälische Sprengstoff-Akt.-Ges.

865. Rheinisch-Westfälische Sprengstoff-Akt.-Ges., Köln. Einheitsspulen für Textilmaschinen.

D.R.G.M. 1036768 Kl. 76c vom 7. VI. 1928.

Die Spule besteht aus gegossenen oder gepreßten Phenolformaldehydkondensationsprodukten mit oder ohne Füllstoffe. (1 Zeichnung.)

Nach Kabelfabrik Akt.-Ges.

866. Kabelfabrik Akt.-Ges., Bratislawa, Tschechoslowakei. Spule für die Kunstseidenherstellung.

D.R.G.M. 1046360 Kl. 29a vom 7. IX. 1928.

Die Spule besteht aus unregelmäßig durcheinander liegenden, mit Kunstharz u. dgl. getränkten Gewebestücken, die in die passende Form gepreßt werden. Sie kann mit verstärkten Enden, Wülsten u. dgl. versehen sein. (2 Zeichnungen.)

Nach Allgemeine Elektrizitäts-Gesellschaft.

867. Allgemeine Elektrizitäts-Gesellschaft, Berlin. Spule für die Kunstseidenindustrie aus Kunstharz und Faserstoffgewebe.

D.R.G.M. 1065754 Kl. 29a vom 12. II. 1929.

Um die Festigkeit der aus Kunstharz bestehenden Spulen zu erhöhen, werden die Spulen beispielsweise aus Kondensationsprodukten von Phenol-Formaldehyd und Faserstoffgeweben, wie Leinen, Baumwolle, Jute, hergestellt. (1 Zeichnung.)

Ein Verfahren und einen Apparat zum Gießen durchlochter Spulen für die Behandlung von Kunstseide betrifft das

franz. P. 640843 vom 22. II. 1927

von E. Eynard.

Spulenbefestigung und -antrieb.

Nach Sandoz.

868. Ch. Sandoz, Neuer Spindeltyp für Kunstseide.

Franz. P. 584851 vom 22. VIII. 1924; brit. P. 241341.

Um der die Spule tragenden Spindel eine gewisse seitliche Bewegung zu ermöglichen, ist die Spindel in zwei Kugellagern geführt, von denen das obere, etwa ein Drittel der Spindellänge vom oberen Ende liegende seitlich verschiebbar ist. Auf die Spindel wird eine kegelstumpfförmige Kappe aufgesetzt, auf die dann die Bobine aufgeschoben wird. Das untere Kugellager liegt mit seinem Antrieb in einem dauernd schmierenden Behälter. (1 Zeichnung.)

Nach Borzykowski.

869. B. Borzykowski, Herzberg a. H. Spulenhalter mit nachstellbaren Befestigungsteilen für Kunstseidenspinnspulen.

D.R.P. 432284 Kl. 29a vom 31. X. 1924.

Der Spulenhalter, der aus Aluminium oder einem sonst geeigneten Stoff hergestellt sein kann und in Fig. 500 im Schnitt durch den wesentlichen Teil dargestellt ist, hat radiale Bohrungen *a*, die auf solche mit verjüngtem Durchmesser *b* stoßen. Alle Bohrungen sind zweckmäßig in einer Ebene angeordnet, wodurch die Bohrungen *b* sich in dem Schnittpunkt *B* treffen. In die Bohrungen *a* legt man vorteilhaft je eine Platte, die sich in den Bohrungen bewegen läßt. Dann steckt man in die Bohrungen einen gutsitzenden Stopfen aus einem schmiegsamen Stoff, z. B. Gummi, so daß der Stopfen einerseits die bewegliche Platte berührt, andererseits gerade so weit über den äußeren Rand des Halters hinausragt, um die Spule bequem und doch

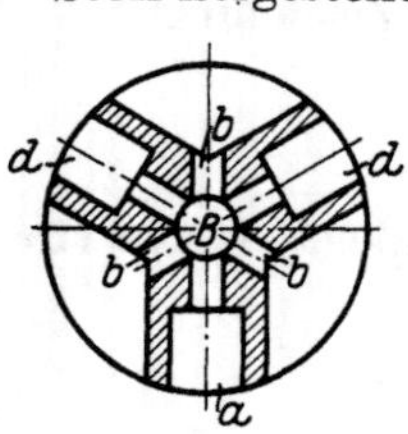

Fig. 500.

sicher auf dem Halter zu befestigen. Wird nun im Laufe der Zeit die Oberfläche des über den Spulenrand hinausragenden Stopfens abgenutzt, wodurch der Sitz der Spule nicht mehr stramm genug ist, so wird durch einen Druck auf die Platte mittels eines Stabes, der als Schraube ausgebildet sein kann, durch die Bohrung *b* hindurch der Stopfen bis in die gewünschte Lage verschoben. Auf diese Weise kann man den Stopfen praktisch bis zu seinem vollständigen Verbrauch ausnutzen. Ein Abnehmen des Spulenhalters von der Maschine für das Nachstellen ist nicht erforderlich; die Arbeit selbst kann von jedem Arbeiter geleistet werden, geschulte Kräfte sind dazu nicht nötig.

Patentansprüche: 1. Spulenhalter mit nachstellbaren Befestigungsteilen für Kunstseidenspinnspulen, dadurch gekennzeichnet, daß der Spulenhalter mehrere rechtwinklig zu seiner Längsachse verlaufende, durchgehende Bohrungen *a* besitzt, in denen nachstellbare Befestigungspfropfen geführt sind.

2. Spulenhalter nach Anspruch 1, dadurch gekennzeichnet, daß die Bohrungen *a* in einer Ebene liegen und sich in der Mitte des Spulenhalters schneiden.

Nach Vereinigte Glanzstoff-Fabriken A.-G.

870. Vereinigte Glanzstoff-Fabriken A.-G., Elberfeld. Vorrichtung zum Festhalten von Spulen auf umlaufenden Spindeln.

D.R.P. 436169 Kl. 76c vom 21. III. 1925.

Die Vorrichtung besteht aus einem ringförmigen Gummikörper *H* (Fig. 501), der an der Innenseite Laschen *L* besitzt. Mittels dieser Laschen und zweier Stellringe R_1 und R_2 ist der Hohlkörper mit der Spindel *Sch* fest verbunden. Die Spule *S* kann im Ruhezustand ohne weiteres über den Gummikörper *H* gezogen werden. Sobald die Spule umläuft, dehnt sich der Gummikörper *H* unter der Wirkung der Fliehkraft aus und preßt sich gegen die Innenwand der Spule *S*. Um den Preßdruck noch zu vergrößern, kann der Hohlkörper mit einer Flüssigkeit, z. B. Wasser, ganz oder teilweise gefüllt werden. Man hat es somit in der Hand, durch entsprechende Bemessung der Füllung den Preßdruck zu regeln.

Patentansprüche: 1. Vorrichtung zum Festhalten von Spulen auf umlaufenden Spindeln, dadurch gekennzeichnet, daß ein mit der Spindel verbundener elastischer hohler Körper, z. B. aus Gummi, angeordnet ist, der durch die beim Umlaufen der Spindel entstehende Schleuderkraft an die Innenwand der Spule gepreßt wird.

2. Vorrichtung nach Anspruch 1, dadurch gekennzeichnet, daß der elastische Hohlkörper ganz oder teilweise mit einer Flüssigkeit, z. B. Wasser, gefüllt ist.

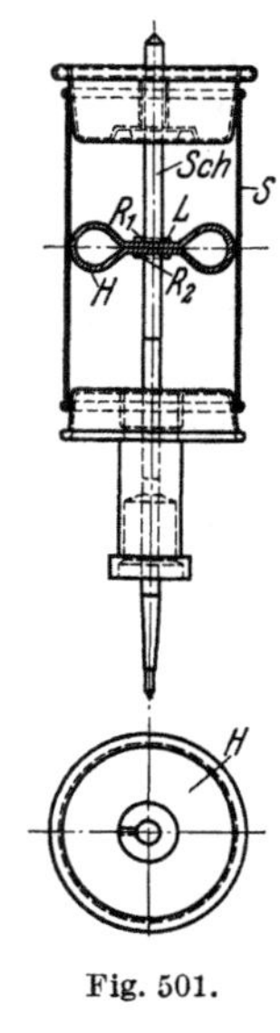

Fig. 501.

Nach Kohorn & Co. und Lehner.

871. O. Kohorn & Co. und A. Lehner, Chemnitz. Spulenhalter für waagerecht liegende, umlaufende Spulen von Kunstseidenspinnmaschinen.

D.R.P. 448436 Kl. 29a vom 2. VII. 1925.

Die Spule ist zwischen den äußeren und inneren Tellerköpfen einer waagerecht umlaufenden Spule nur durch eine zentrale Klemmvorrichtung eingespannt, die an dem Ende des Spulendorns angreift und schraubenförmig angezogen wird. Zu diesem Zweck besteht der Spulenhalter aus einem Spulenkopf *1* (Fig. 502), der mittels Schaft *2* und Schraube *3* auf der Spulenwelle aufgeschraubt wird. Er trägt eine kegelförmige Führung *4*, die keine Klemmwirkung auf die aufzusteckende Spule *16* ausübt. Der Spulenkopf trägt ferner einen Dorn *5*, dessen vorderes Ende *6* aus einer auswechselbaren säurebeständigen Kappe aus Bronze oder Hartgummi besteht, die mit Gewinderiefen nach einer oder zwei Richtungen versehen ist. Ferner gehört zum Spulenhalter ein Teller *7*, dessen kegelförmiger Teil *8* gleichfalls keine Klemmwirkung auf die Spule ausübt und in einer Hülse *9* endigt, in der sich ein Gummiring *10* befindet, der durch eine nach Art der Stopfbüchsenbrillen ausgebildete Schraubenklemme *11* eingespannt wird. Die Hülse *9* mit dem Gummiring *10* und der Schraubenklemme *11* liegt in dem trichterförmigen Hohlraum des Tellers *7*. Der Gummiring *10* greift in die Gewinderiefen der Kappe *6*. Das Aufstecken der Spule *16* erfolgt so, daß man sie zuerst auf den Spulenkopf *1*, *4* aufsetzt und hierauf den Deckel *7*, *8* aufschiebt und durch eine leichte Drehung nach links oder rechts festklemmt, wobei der Gummiring *10* sich in die Gewindegänge einlegt und eine hinreichende Preßwirkung ausübt. Ein weiteres Ausführungsbeispiel wird beschrieben.

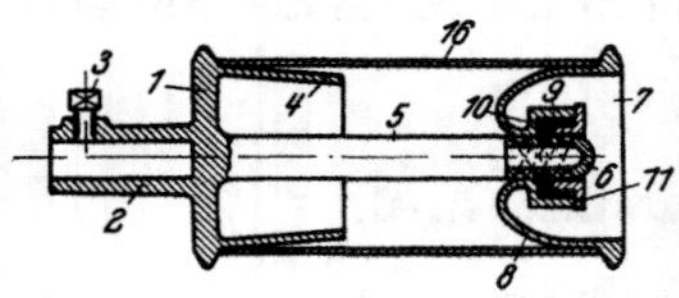

Fig. 502.

Patentansprüche: 1. Spulenhalter für waagerecht liegende, umlaufende Spulen von Kunstseidenspinnmaschinen, dadurch gekennzeichnet, daß die Spule *16* zwischen den äußeren und inneren Tellerköpfen des Spulenhalters, gegen die sich die Spule ohne jede weitere Verbindung legt, ausschließlich durch das schraubenförmige Anziehen einer zentralen Klemmvorrichtung, welche an dem Ende des Spulendornes angreift, in axialer Richtung eingespannt ist.

2. Spulenhalter nach Anspruch 1, dadurch gekennzeichnet, daß der Spulendorn kürzer ist als die Spule, so daß die durch schraubenförmiges Anziehen anzubringende Klemmvorrichtung vollständig innerhalb des äußeren Tellerkopfes liegt.

3. Spulenhalter nach Anspruch 1 und 2, dadurch gekennzeichnet, daß der kegelförmig ausgebildete äußere Tellerkopf einen Gummiring *10* trägt, welcher in Gewinderiefen am freien Ende des Spulenhalterdornes *5* eingreift.

4. Spulenhalter nach Anspruch 1—3, dadurch gekennzeichnet, daß die Gewinderiefen in einer auswechselbaren, säurebeständigen Kappe *6* angeordnet sind, die auf dem freien Ende des Spulenhalterdornes *5* sitzt.

5. Spulenhalter nach Anspruch 1—4, dadurch gekennzeichnet, daß die Gewinderiefen sowohl rechtsgängig wie linksgängig angeordnet sind, um das Aufstecken des Tellerkopfes sowohl bei der Rechtsdrehung wie bei Linksdrehung zu ermöglichen.

6. Spulenhalter nach Anspruch 1 und 2, dadurch gekennzeichnet, daß der äußere Tellerkopf *7* mittels eines zylindrischen oder kegelförmigen Ansatzes über das geschlitzte Dornende greift.

7. Spulenhalter nach Anspruch 1 und 6, dadurch gekennzeichnet, daß in dem geschlitzten Dornende bzw. in einer auf dem Dornende sitzenden geschlitzten Kappe ein elastisches Einsatzstück untergebracht ist.

Nach Brysilka Ltd.

872. Brysilka Ltd., Apperley Bridge bei Bradford, England. Spulenträger für zylindrische Spulenhülsen zum Spinnen von Kupferoxydammoniakseide.

D.R.P. 463959 Kl. 29a vom 26. VI. 1926 (Prior. Engl. vom 2. VII. 1925); brit. P. 258376; Ver. St. Amer. P. 1631835; franz. P. 618016.

Um einen möglichst zentrischen Lauf der Spulenhülse zu gewährleisten und sie nahezu auf ihrer ganzen Länge zu tragen, besteht der Spulenträger aus zwei dreiarmigen Endstücken *1* (Fig. 503) und aus drei diese Endstücke miteinander verbindenden Längsstegen *2*. Diese sind mit Aussparungen *3* versehen, in welche federnde, mit Kautschuk überzogene Haltemittel *5* in solcher Länge eingepaßt sind, daß sie für gewöhnlich, d. h. solange die Spulenhülse nicht über den Spulenträger geschoben ist, in gekrümmter Form über den Umfang des Spulenhalters bzw. über die Längsstege *2* radial hinausstehen. Die dreiarmigen Endstücke *1* sind mit Naben *6* und in ihnen mit kurzen Lagerzapfen *7* versehen. Beim Auswechseln wird die Spule gleich mit dem Spulenhalter entfernt, was ohne weiteres geschehen kann, da der Spulenhalter mit den seitlichen Lagerzapfen einfach auf Schienen ruht und die Spule sich von selbst gegen die treibende Gegenwalze legt.

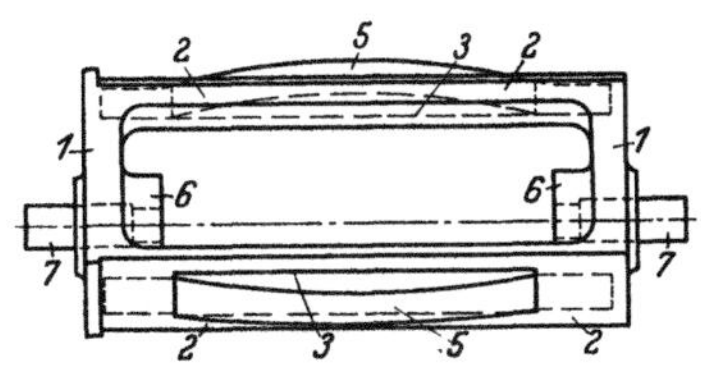

Fig. 503.

Patentanspruch: Spulenträger für zylindrische Spulenhülsen zum Spinnen von Kupferoxydammoniakseide, dadurch gekennzeichnet, daß er aus zwei dreiarmigen Endstücken *1*, in welchen die Lagerzapfen *7* für die Spulenträger befestigt sind, und drei die Endstücke verbindenden Längsstegen *2* gebildet ist, die in Schlitzen oder Aussparungen *3* federnde Haltemittel *5* tragen, die bestrebt sind, radial nach außen aus den Stegen herauszutreten, so daß sie sich gegen die Innenflächen der über den Spulenträger geschobenen Spulen an mehreren Stellen federnd anlegen.

Nach Viskose A.-G., Becker und Bernstein.

873. Viskose A.-G., C. Becker und A. Bernstein, Arnstadt. Federnder Spulenhalter für Kunstseidespinnmaschinen.

D.R.P. 431175 Kl. 29a vom 9. VII. 1925.

Um ein gleich weites Aufstecken der Spulen auf den Spulenhalter zu ermöglichen, ist dieser federnd ausgebildet. Der zum Aufstecken auf einen Dorn bestimmte Hohlhals *h* (Fig. 504) des Spulenhalters trägt den Anschlagteller *t*. Oberhalb dieses befindet sich ein Armkreuzkörper *a*, der in zwei Ebenen Speichen *s'*, s_2 trägt. Diese sind im wesentlichen tangential angeordnet, aber in den beiden Ebenen versetzt zueinander. Jede Speiche trägt auswechselbar, durch Drehbolzen *b* gehalten, elastische Körper *f*, die beim dargestellten Ausführungsbeispiel als Ringe ausgebildet sind und etwas über die Enden der Speichen *s'* bzw. s_2 hervorstehen, so daß die Spulenhülse von diesen Federkörpern *f* in zwei Ebenen sicher gehalten wird.

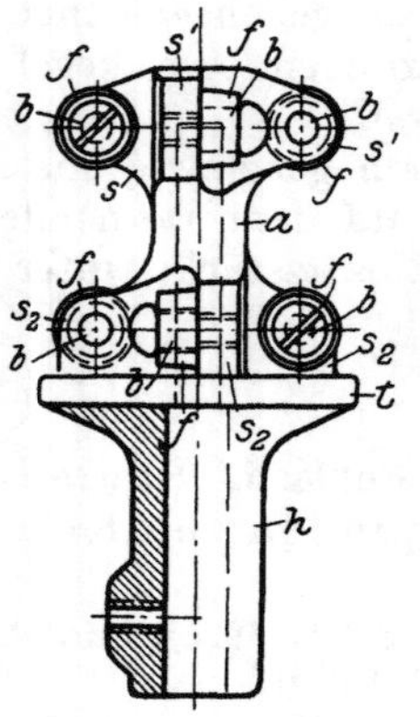

Fig. 504.

Patentansprüche: 1. Federnder Spulenhalter für Kunstseidespinnmaschinen mit in verschiedenen Ebenen gelegenen Stützpunkten für die Spulen, dadurch gekennzeichnet, daß zwei in verschiedenen Ebenen gelegene, an einer gemeinsamen Nabe *a* angeordnete Armsterne *s'*, s_2 an seitlichen Querstiften versetzt zueinander gelagerte, nachgiebige, drehbare Federkörper *f* tragen.

2. Spulenhalter nach Anspruch 1, dadurch gekennzeichnet, daß in den beiden Armsternebenen sowohl der Tangentialanschluß an die Nabe *a* als auch die seitliche Anordnung der Federkörper *f* versetzt sind.

Nach Küttner, Suckrow und Lambeck.

874. Firma Fr. Küttner, O. Suckrow und J. Lambeck, Pirna a. d. E. Spulendorn mit axialen Rippen, zwischen welche der hohlzylindrische Spulenkörper mit inneren Vorsprüngen eingreift.

D.R.P. 441926 Kl. 29a vom 30. VII. 1925.

Die Erfindung betrifft einen zylindrischen Spulenträger, in dessen Umlauffläche mehrere axiale Furchen *a* (Fig. 505 u. 506) eingefräst sind, in die der Spulenkörper *b* mit seinen inneren Vorsprüngen *c* eingeschoben werden kann. Von dem Grund dieser Furchen gehen die allmählich in die Zylinderfläche auslaufenden Kerben *d* aus, deren Sohle eine spiralförmige Steigfläche bildet. Dadurch, daß bei entsprechender Relativverdrehung zwischen Spulenträger und Spulenkörper die Vorsprünge *c* auf diesen Steigflächen emporgleiten, wird die Festbremsung und im Bremszustande gleichzeitig die Verriegelung gegen axiales Abgleiten des Spulenkörpers herbeigeführt.

Patentansprüche: 1. Spulendorn mit axialen Rippen, zwischen welche der hohlzylindrische Spulenkörper mit inneren Vorsprüngen eingreift, dadurch gekennzeichnet, daß die Flanken der Rippen daumenartig wirkende Steigflächen bilden, vermöge welcher sich der aufgesteckte Spulenkörper bei der Relativverdrehung mit seinen inneren Vorsprüngen festbremst.

2. Spulendorn nach Anspruch 1, dadurch gekennzeichnet, daß die Steigflächen nicht unmittelbar von den Rippenflanken, sondern von

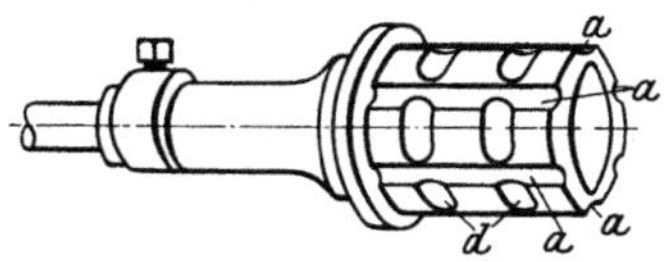

Fig. 505.

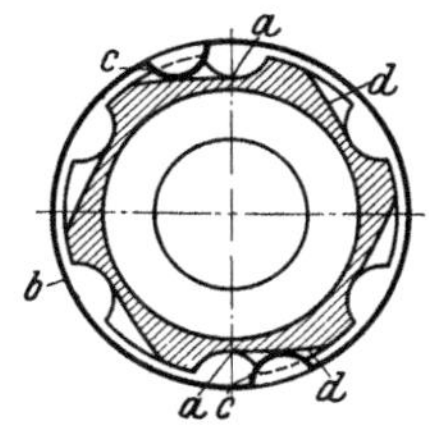

Fig. 506.

Nuten *d* gebildet werden, welche vom Grunde der Furchen zwischen den Rippen ausgehend, die Rippen in der Umfangsrichtung durchbrechen und in die Rippenscheitel auslaufen, wobei diesen Nuten einzelne Vorsprünge *c* an entsprechender Stelle der Spulenkörper zugeordnet sind, so daß sich mit der Festbremsung durch die Steigflächenwirkung eine bajonettverschlußartige Sicherung des Spulenkörpers gegen axiales Abziehen verbindet.

Nach Küttner und Suckrow.

875. Fr. Küttner und O. Suckrow, Pirna a. d. E. Spulenträger und zugehöriger Spulenkörper für die Kunstseidenspinnerei.

D.R.P. 454590 Kl. 29a vom 27. VIII. 1925.

Zur Befestigung hohlzylindrischer Spulenkörper ist der Spulenträger *8* (Fig. 507) als grobe, steilgängige Schraube und der Spulen-

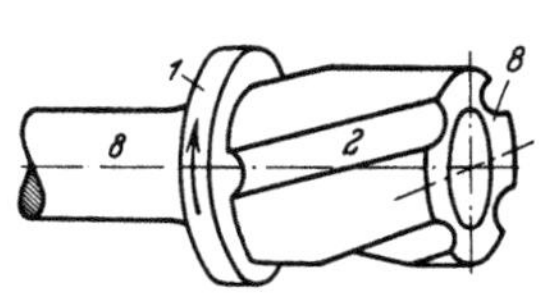

Fig. 507.

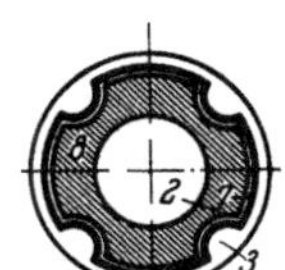

Fig. 508.

körper *7* (Fig. 508) durch innere Vorsprünge *3* als dazu passende Mutter ausgebildet. Durch die Schraubenwirkung wird der Spulenkörper *7* gegen den Bund *1* gezogen; da der Spulenträger im Sinne des Pfeiles umläuft, so wirkt der Fadenzug auf Heranschrauben des Spulenkörpers an den Bund hin. Eine weitere Ausführungsform wird beschrieben.

Patentansprüche: 1. Spulenträger und zugehöriger Spulenkörper für die Kunstseidenspinnerei, dadurch gekennzeichnet, daß der mit einem Bund *1* als Anschlag für den Spulenkörper *7* versehene Spulenträger *8* als zylindrischer Dorn mit mehreren steilgängigen Schraubennuten *2* gestaltet ist und der ihn mit reichlichem Spielraum umfassende zylindrische Spulenkörper *7* mit in die Schraubennuten eingreifenden warzenförmigen inneren Vorsprüngen versehen ist.

2. Spulenträger und Spulenkörper nach Anspruch 1, dadurch gekennzeichnet, daß der Spulenkörper *8* von der halben Länge des Spulenkörpers *7* ist und dieser in seinen Längshälften mit Sätzen verschieden gestellter Warzen versehen ist, um sowohl auf rechtsläufige wie auf linksläufige Spulenträger aufgesteckt werden zu können.

3. Spulenträger und Spulenkörper nach Anspruch 2, dadurch gekennzeichnet, daß die Flanken der Schraubennuten als in der Umfangsrichtung ansteigende Steigflächen gestaltet sind, so daß der Spulenkörper *7* beim schraubenden Aufstecken durch das Emporgleiten seiner inneren Vorsprünge auf den Steigflächen zugleich festgeklemmt wird.

Nach Herminghaus & Co. und Rathert.

876. Herminghaus & Co., G. m. b. H. und H. Rathert, Vohwinkel. Spulenhalter zum Befestigen einer oder mehrerer, insbesondere kleiner Spulen für Kunstseide auf dem Halterkern.

D.R.P. 448640 Kl. 29a vom 5. VIII. 1925.

Die Befestigung der Spulen erfolgt durch Klemmwirkung in axialer oder Längsrichtung der Spule. Beim Spulenwechsel brauchen keine Klemmteile abgenommen zu werden, weil der an der Spule angreifende Klemmteil beweglich angeordnet ist. Dadurch wird ein zentrischer Lauf und ein leichtes Abnehmen der Spule vom Halter gewährleistet. Eine Ausführungsform der Erfindung ist in Fig. 509 im Längsschnitt dargestellt. An den Schaft *c* des Spulenhalters setzt sich der zylindrische oder eckige Bolzen *n* an, dessen Durchmesser so bemessen ist, daß die Spule *d* leicht aufgesteckt oder abgenommen werden kann. Die Befestigung der Spule *d* wird durch die Feder *e* bewirkt, die in dem ausgehöhlten Bolzen *n* befestigt ist und mit Hilfe des Stabes *f* die Spule, die mit ihrem Außenrande gegenüber dem Bolzen *n* etwas hervorsteht, in *y* in Richtung des Pfeiles gegen die Wülste *x* drückt. Die Klemmwirkung an den Wülsten *x* kann durch Einlagen aus Gummi oder ähnlichen Stoffen bei *x* verstärkt werden. Ist die Spule besponnen, so wird der Stab *f* axial gelegt, so daß die Spulen gelockert und leicht abgenommen werden können. Weitere Ausführungsformen sind beschrieben.

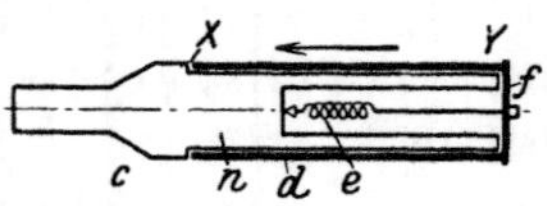

Fig. 509.

Patentansprüche: 1. Spulenhalter zum Befestigen einer oder mehrerer, insbesondere kleiner Spulen für Kunstseide auf dem Halterkern, dadurch gekennzeichnet, daß die Befestigung der Spulen *d* durch eine dauernd am Spulenhalter verbleibende Klemmvorrichtung in axialer oder Längsrichtung der Spulen erfolgt, wobei der an der Spule angreifende Klemmteil beweglich angeordnet ist, um der Spule beim Auswechseln Platz zu schaffen.

2. Vorrichtung nach Anspruch 1, dadurch gekennzeichnet, daß die Spulen *d* durch eine Zug- und Druck- oder sonstige Klemmvorrichtung in *y* gegen die Wülste *x*, die mit Einlagen aus Gummi oder ähnlichem Stoff ausgestattet sein können, in axialer Richtung festgeklemmt werden, wobei der Bolzen *n* des Spulenhalters *c* zylindrische oder vieleckige Form hat und der Durchmesser so bemessen ist, daß die Spule oder die Spulen zwecks leichten Auf- und Abschiebens locker aufsitzen.

Nach Herminghaus & Co. G. m. b. H.

877. Herminghaus & Co. G. m. b. H., Vohwinkel. Spulenhalter zum Befestigen von einer, zwei oder mehreren Spulen auf dem Halterkern von Kunstseidenspinnmaschinen.

D.R.P. 463085 Kl. 29a vom 2. XII. 1926.

Zur sicheren Befestigung und zentrischen Führung von einer oder mehreren Spulen auf einem Halterkern schiebt man die Spulen *a* (Fig. 510) auf den hohlen Bolzen *b* und drückt den Kopf *d* mit dem Ansatz *f* in den Hohlraum des Bolzens hinein, so daß die Spulen gegen den Schaft *c* gepreßt und festgeklemmt werden. Zur Erhöhung der Reibung zwischen Spulen und Schaft dienen Gummiwülste oder Ringe *g*. Die Befestigung des Kopfes in dem Hohlraum des Bolzens sowie der Druck gegen die Spulen in Richtung der Längsachse wird durch den Gummiring *e* hervorgerufen, der in den Hohlraum hineingedrückt wird, über die Erhöhung *h* rutscht, sich auf die schiefe Ebene *i* der Erhöhung *h* legt und hierdurch den Kopf in den Halter hineindrückt.

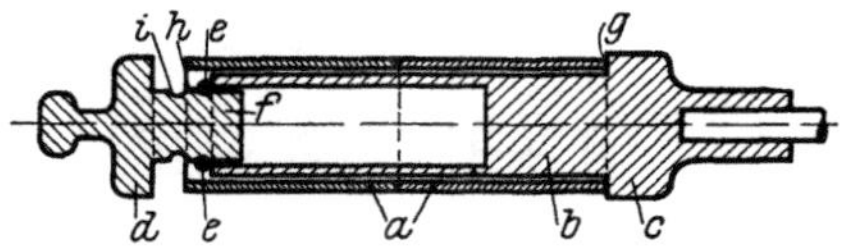

Fig. 510.

Patentanspruch: Spulenhalter zum Befestigen von ein, zwei oder mehr Spulen auf dem Halterkern von Kunstseidenspinnmaschinen, dadurch gekennzeichnet, daß ein von dem Halter abnehmbarer Kopf *d* mit einem zylindrischen Fortsatz *f* in die Halterkernbohrung bis zur Anlage an die Spinnspitzen einschiebbar ist, wodurch ein zwischen dem Fortsatz *f* und der Innenwand der Halterkernbohrung vorgesehener Gummiring *e* zusammengedrückt wird und den Kopf in seiner Stellung zu den Spulen sichert.

Nach Schoenfeld.

878. M. Schoenfeld, Zürich. Spulmaschine, insbesondere für Kunstseide.

D.R.P. 441016 Kl. 29a vom 4. X. 1925.

Spulmaschinen, die in einem dampfhaltigen Raum aufgestellt werden, z. B. für das Aufwickeln der aus dem Fällbad kommenden Kunstseidenfäden, sind dem Angriff durch die Dämpfe ausgesetzt, was sich insbesondere an den Antriebsteilen für die Spulen unliebsam bemerkbar macht. Zweck der Erfindung ist eine Verminderung der Anzahl der

Antriebsteile der Spulmaschinen. Hierzu ist eine Anzahl Spulen mittels eines gemeinsamen, den Antriebsteil bildenden Trägers angeordnet, in das Antriebsgestell einsetzbar und aushebbar.

Fig. 511 zeigt eine Aufsicht auf ein Ausführungsbeispiel der Erfindung, Fig. 512 veranschaulicht die Lagerausbildung des Spulenträgers.

Es sind *1*, *2* ... *6* Teile des Maschinengestelles. *7* ist eine an den äußeren Gestellteilen *1* und *6* abgestützte Rundstange, auf der zwei Hebelpaare *8*, *9* bzw. *8'*, *9'* drehbar gelagert sind. Diese Hebel, die am freien Ende als Griffe ausgebildet sind, tragen je ein Zahnrad *10*. An den Gestellteilen *1* und *2* sind zwei Spindeln *11* und *14*, an den Gestellteilen *3* und *4* zwei Spindeln *12* und *15*, und an den Gestellteilen *5* und *6* zwei Spindeln *13* und *16* gelagert. Zur Aufnahme dieser Spindeln dienen an den Gestellteilen vorgesehene Lager *17*. Diese besitzen, wie aus Fig. 512 ersichtlich, einen aufklappbaren Deckelteil *18*, der mittels

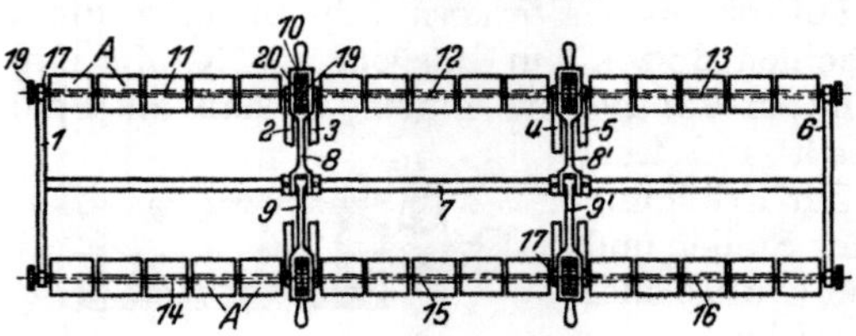

Fig. 511.

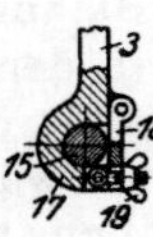

Fig. 512.

einer vorschwenkbar gelagerten Schraube *19* in Schließlage festgelegt werden kann. Die Spindeln *11*, *12* und *13* liegen gleichachsig, ebenso die Spindeln *14*, *15* und *16*. Jede Spindel nimmt fünf Spulen *A* auf und besitzt am linken Ende ein Zahnrad *19* und am rechten Ende ein gleiches Zahnrad *20* für ihren Antrieb.

Die gleichachsig liegenden drei Spindeln *11*, *12*, *13* einerseits und *14*, *15*, *16* anderseits werden durch nicht gezeichnete Zahnräder des Maschinengetriebes angetrieben. Diese Zahnräder des Maschinengetriebes kämmen mit den Zahnrädern *19* der Spindeln *11* und *14* sowie mit den Zahnrädern *20* der Spindeln *13* und *16*. Die als Übertragungsräder dienenden Zahnräder *10* der in der erforderlichen Weise eingestellten Hebel *8*, *8'* und *9*, *9'* vermitteln durch Eingriff in die auf den entsprechenden Enden der Spindeln *11*, *12*, *13* bzw. *14*, *15*, *16* sitzenden Räder dieser Spindeln die Übertragung der Antriebsbewegung von den zwei äußeren Spindeln *11*, *13* bzw. *14*, *16* auf die mittlere Spindel *12* bzw. *15*. Die auf die einzelne Spindel aufgebrachten Spulen *A* können nach erfolgter Bewicklung zusammen aus den Lagern herausgenommen werden, indem man die Spindel nach Öffnen ihrer Lager *17* aus ihnen aushebt. Der Betrieb der Spulmaschine wird hierdurch nicht unterbrochen, denn, angenommen, es sei die Spindel *11* ausgehoben worden, dann erhält die Spindel *12* ihren Antrieb noch von der Spindel *13*, die durch ihr Rad *20* nach wie vor mit dem Maschinengetriebe verbunden ist; ist die Spule *16* ausgehoben worden, dann wird die Spindel *15* noch von der Spindel *14* angetrieben, welche durch ihr Rad *19* nach wie vor mit dem Maschinengetriebe Verbindung hat usw. Das Auswechseln der auf den Spindeln vorhandenen Spulengruppen kann somit während des Betriebes der Maschine erfolgen.

Patentansprüche: 1. Spulmaschine, insbesondere für Kunstseide, dadurch gekennzeichnet, daß mehrere Spulen *A* mittels eines gemeinsamen, zu ihrem Antrieb dienenden Trägers *11* bzw. *12* ... *16* zusammen in die Spulmaschine *1* einsetzbar und ebenso aus ihr aushebbar sind.

2. Spulmaschine nach Anspruch 1, dadurch gekennzeichnet, daß der Spulenträger *11* usw. zwecks Antriebs mit einem gleichachsig in das Maschinengestell *1* eingesetzten zweiten Spulenträger *12* usw. kuppelbar ist.

3. Spulmaschine nach Ansprüchen 1 und 2, dadurch gekennzeichnet, daß der einzelne Spulenträger *11* bzw. *12* ... *16* beiderends mit dem Antrieb kuppelbar ist, zum Zwecke, eine Unterbrechung des Betriebes der Maschine nach Entkuppeln und Herausnahme eines Spulenträgers *11* bzw. *12* ... *16* zu vermeiden.

4. Spulmaschine nach Ansprüchen 1 bis 3, dadurch gekennzeichnet, daß die einzelnen Spulenträger *11* ... *16* beiderends Zahnräder *19*, *20* tragen, um in an sich bekannter Weise durch ein Übertragungsrad *10* mit dem bzw. den benachbarten Spulenträgern *12* bzw. *13* usw. gekuppelt werden zu können.

Nach Carl Hamel A.-G.

879. Carl Hamel A.-G., Schönau bei Chemnitz. Spulenhalter für Kunstseidenspinnmaschinen.

D.R.P. 446817 Kl. 29a vom 18. XII. 1925.

Der Spulenhalter *a* (Fig. 513) besteht aus einem prismatischen, starren Körper, dessen Querschnitt a^1 (Fig. 514) die Form eines Dreiecks hat. Die zylindrische Spule *b* wird auf diesen Dorn aufgeschoben und legt sich mit ihrer inneren Rundfläche gegen die drei Kanten a^2 des Körpers *a* an. Dabei wird eine Streckung der Kreisbogenstücke hervorgerufen, so daß die Spule durch die Verspannung festgehalten wird. Die zentrische Lage der Spule aber wird durch die symmetrische, unverrückbare Stellung der Kanten a^2 gegen die Drehachse unbedingt sichergestellt. Da der Halbmesser des Umkreises der Prismen ein wenig größer ist als der Halbmesser der zylindrischen Spule *b*, wird, um das Aufschieben der Spule auf den Dorn zu erleichtern, das obere Ende des Prismas nach einer kegligen Abdrehung *d* verjüngt, so daß der untere Rand der Spulenhülse sich leicht aufschieben läßt; erst bei weiterem Aufschieben tritt das das Halten bewirkende Verspannen ein. Ein weiteres Ausführungsbeispiel, bei dem der Spulenhalter aus

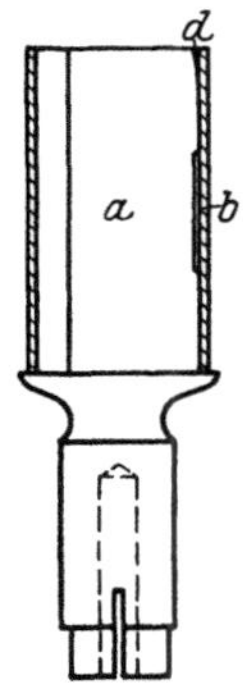

Fig. 513.

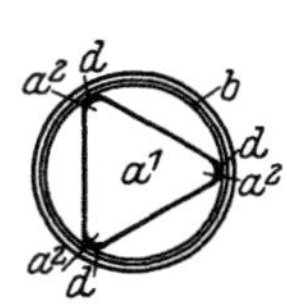

Fig. 514.

zwei dreikantigen, um 60° zueinander versetzt angeordneten Prismen besteht, wird beschrieben.

Patentansprüche: 1. Spulenhalter für Kunstseidenspinnmaschinen, gekennzeichnet durch einen unnachgiebigen Dorn regelmäßig prismatischer Form, durch dessen Kanten die aufgeschobene zylindrische Spule verspannt gleichachsig zur Drehachse gehalten wird.

2. Spulenhalter nach Anspruch 1, gekennzeichnet durch ein Prisma, dessen Grundfläche a^1 ein gleichseitiges Dreieck ist.

3. Spulenhalter nach Ansprüchen 1 und 2, dadurch gekennzeichnet, daß der Spanndorn aus zwei oder mehreren aneinander gesetzten und zueinander versetzten regelmäßigen Prismen gebildet ist.

880. Dieselbe. Spulenträger für Hohlspulen.

D.R.G.M. 1012683 Kl. 29a vom 27. X. 1927.

Der Spulenträger ist dadurch gekennzeichnet, daß er an seiner zylindrischen Mantelfläche mit einem Plüsch- oder Filzbelag versehen ist.

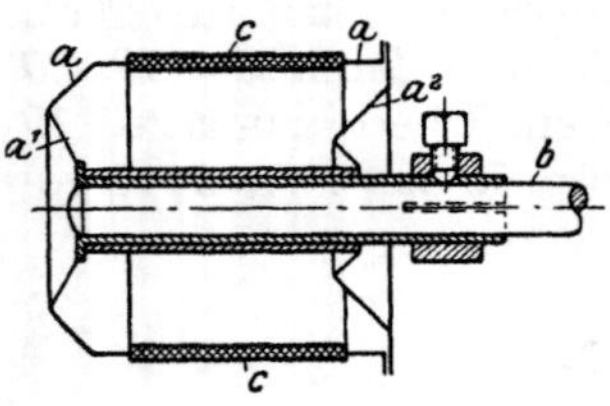

Fig. 513 a.

881. Dieselbe. Spulenhalter für Kunstseidespinnmaschinen.

D.R.G.M. 1024996 Kl. 29a vom 9. II. 1928.

Der Spulenhalter *a* (Fig. 513a) ist aus dünnem Blech gedrückt. Im Innern befindet sich das Versteifungsrohr *b*, das den oberen Boden a^1 mit dem unteren Boden a^2 verbindet. Der Mantel des Spulenträgers erhält an seinem Umfange einen elastischen Belag *c*, um der aufgeschobenen Spinnspule eine feste, leicht lösbare Befestigung zu geben.

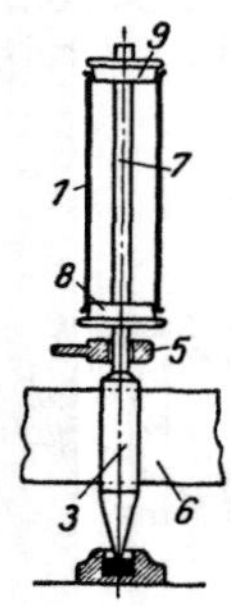

Fig. 514 a.

Nach Delpech.

882. J. Delpech, Amiens, Frankreich. Spindelapparate.

Brit. P. 284257 vom 14. I. 1928 (Prior. Frankr. vom 26. I. 1927); franz. P. 639718.

Bei schnell laufenden Spulen zum Aufwickeln künstlicher Seide wird eine Metallröhre *1* (Fig. 514a) verwendet, die durch Pfropfen *8*, *9* auf dem Teil *7* der Spindel *3* gehalten wird. Der Pfropfen *9* kann entfernt werden, der Pfropfen *8* sitzt fest an der Spindel, welche bei *5* geführt ist und durch den Riemen *6* angetrieben wird.

Haspel und Haspelantrieb.

Nach Lehner und Kohorn.

883. A. Lehner und O. Kohorn & Co., Chemnitz. Haspelmaschine.

D.R.P. 420110 Kl. 76d vom 4. VI. 1924.

Zum selbständigen Abstellen von Haspeln bei Fadenbruch und bei bestimmter erreichter Länge des aufgehaspelten Fadens, ferner, um das leichte Wiedereinschalten eines Haspels zu ermöglichen, dient eine Vorrichtung, die im Gegensatz zu den bisherigen komplizierten Maschinen darin besteht, daß das Ein- und Abschalten des Antriebes durch ein gasförmiges oder flüssiges Druckmittel erfolgt, so daß der die Maschine bedienende Arbeiter lediglich den Ein- und Auslaß mittels eines einzigen Griffes zu steuern hat. Als Druckmittel kommt in erster Linie die für die Seidenfabrikation an sich vorhandene Druckluft in Frage. Der Druckluftantrieb gestattet ferner eine Regelung der Einrückbewegung. Die neue Antriebsart gestattet einen gedrängten Zusammenbau, so daß sich die Gesamtlänge der Maschine wesentlich verkürzt. Von einer Antriebsstelle aus können gleichzeitig vier Haspel betätigt werden, von denen je zwei auf der einen Maschinenseite und je zwei auf der anderen Maschinenseite liegen. Die Erfindung ermöglicht weiterhin, den gesamten Antrieb einschließlich der Vorrichtung für den Hin- und Hergang der Haspellatte in einem vor Staub und Säuredämpfen geschützten Gehäuse zu lagern, ein Vorteil, der insbesondere für Haspel nach dem Zentrifugenverfahren hergestellter Kunstseide von Bedeutung ist und bei den bisherigen Haspelmaschinen nicht erreicht werden konnte. Bezüglich Einzelheiten der Vorrichtung muß auf das Original verwiesen werden.

8 Patentansprüche. 3 Zeichnungen.

Nach Stuhlmann und Weitermann.

884. H.-C. Stuhlmann und O. Weitermann, Premnitz, Westhavelland. Haspel.

D.R.P. 429648 Kl. 76d vom 23. IX. 1924; niederl. P. 17653; Ver. St. Amer. P. 1701131; schweiz. P. 116572; franz. P.601426; brit. P. 240135; österr. P. 104605; belg. P. 327499.

Das Wesen der Erfindung beruht darauf, daß die zum Aufhaspeln bestimmte Strähne nicht unmittelbar auf den mit dem Haspel verbundenen Sprossen aufgespult wird, sondern auf ein auf die feste Haspelkonstruktion aufgeschobenes und von diesem abziehbares Zwischenglied, das z. B. aus einzelnen, durch Gurte verbundenen Blättern *5* besteht. Zur Lockerung der auf dem Haspel lastenden Spannung vor dem Abziehen werden eine oder mehrere Haspelsprossen *1* (Fig. 515) so angeordnet, daß sie durch eine kleine Verschiebung in ihrer Längsrichtung, etwa durch einen leichten Schlag, in vorgesehene Rasten *2* einspringen, wobei sie sich radial der Achse um die Tiefe der Rasten nähern.

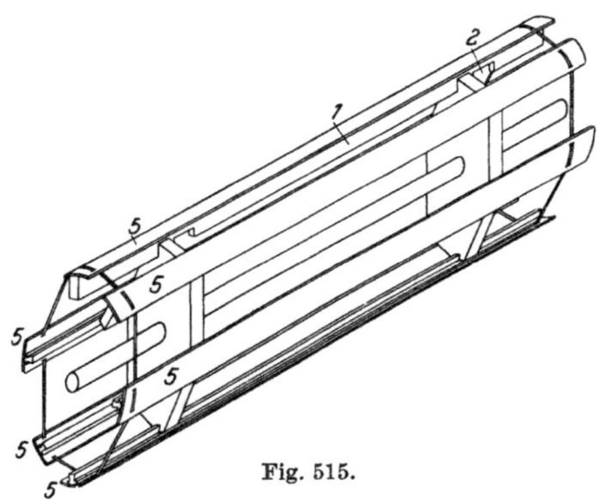

Fig. 515.

Patentanspruch: Haspel für Garnsträhne, einschließlich der ungedrehten, beim Spinnen von Kunstseide entstehenden Fadensträhne, dadurch gekennzeichnet, daß über die ganze Länge der Holme besondere und untereinander zusammenhängende, abziehbare Tragglieder *5* vorgesehen sind.

Nach Hoelken.

885. M. Hoelken, Barmen. Haspelantrieb.

D.R.P. 417914 vom 30. XI. 1924.

Die aus Zahnrädern bestehenden Übertragungsmittel werden nicht wie bisher durch das Haspelgewicht, sondern unabhängig davon durch besondere Gewichts- oder Federbelastung in Eingriff gehalten, und zwar sind zu diesem Zweck die Antriebswelle und die Haspelwelle, welche je ein Zahnrad tragen, durch ein in diese beiden Räder eingreifendes Zwischenrad miteinander gekuppelt, welches zwecks Ein- und Ausrückens der Kupplung quer zur Achsrichtung beweglich gehalten ist und bei Überschreiten eines bestimmten Drehmoments infolge des auftretenden Zahndrucks selbsttätig außer Eingriff kommt. Zweckmäßig kann dabei die Haspelwelle gleichachsig zur Antriebswelle angeordnet und durch teilweises Ineinanderstecken an letzterer selbst gelagert sein, während die auf beiden Wellenenden angebrachten Zahnräder durch ein in sie eingreifendes Zwischenrad von doppelter Breite lösbar miteinander gekuppelt sind. Dadurch wird die Triebkraft von dem jeweiligen Gewicht des Haspels unabhängig, es wird ein Lauflager für den Haspel gespart und man erhält eine besonders gedrungene einfache Ausführungsform.

Patentansprüche: 1. Haspelantrieb mit selbsttätiger Unterbrechung bei Überschreitung eines bestimmten Drehmoments, dadurch gekennzeichnet, daß die je ein Zahnrad tragenden zusammenwirkenden Enden der Haspel- und Antriebswelle durch ein in die beiden Zahnräder schwingbar gegen diese angeordnetes Zwischenrad gekuppelt sind, welches durch Gewichts- oder Federwirkung nachgiebig mit den Zahnrädern in Eingriff gehalten ist.

2. Haspelantrieb nach Anspruch 1, dadurch gekennzeichnet, daß die beiden je ein Zahnrad tragenden Wellenenden gleichachsig zueinander angeordnet sind und das die beiden Zahnräder kuppelnde Zwischenrad als Zahnrad doppelter Breite ausgebildet ist.

3. Haspelantrieb nach Anspruch 1 und 2, dadurch gekennzeichnet, daß zur Sicherung der gleichachsigen Verbindung der beiden zusammenwirkenden Wellenenden das eine Wellenende mit einem zapfenförmigen runden Ansatz versehen ist, der in eine Bohrung des anderen Wellenendes eingreift.

4. Haspelantrieb nach Anspruch 1 und 2, dadurch gekennzeichnet, daß das bewegliche Zwischenrad an einem schwenkbaren Handhebel angebracht ist, der in der Ausschaltstellung durch eine Einfallklinke gesperrt gehalten wird. (5 Zeichnungen.)

Nach Brysilka Ltd. und Schubert.

886. Brysilka Ltd. und F. W. Schubert, Apperley Bridge bei Bradford. Verbesserungen an zusammenklappbaren Haspeln zum Aufwinden von Fäden, Garnen usw.

Brit. P. 258377 vom 2. VII. 1925.

Auf einer Welle *1* (Fig. 516) sitzt das Kreissegment *29*, an welchem, um die Zapfen *30* schwingbar, die beiden Segmente *31* befestigt sind. *29* und *31* tragen die Leisten *8* aus Ebonit od. dgl., auf denen die Fäden usw. aufliegen. Das Segment *29* trägt ferner den Arm *32*, auf dessen Ende ein Kreuzstück aufsitzt. Durch Stifte *34* hält dies Kreuzstück die Segmente *31*, die Stifte *34* können durch Niederdrücken eines Riegels und einer Feder die Segmente *31* freigeben, die dann um die Zapfen *30* nach innen zu bewegt werden können.

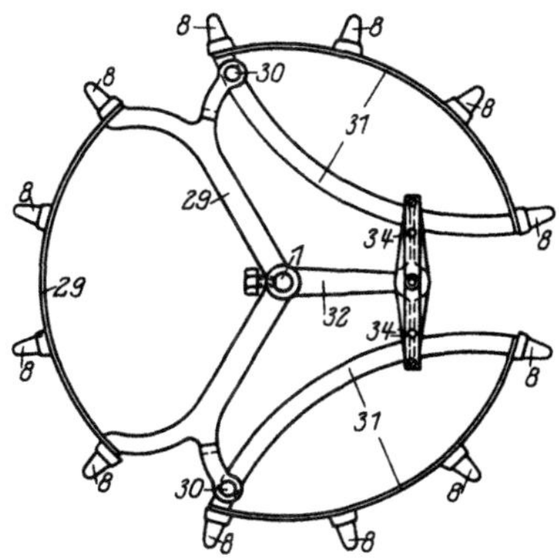

Fig. 516.

Nach Stubbs Ltd. und Stubbs.

887. J. Stubbs Ltd. und J. H. Stubbs, Manchester. Garnhaspel.

Brit. P. 263240 vom 1. X. 1925; D.R.G.M. 1023006 Kl. 76d.

Die Erfindung bezieht sich auf einen Garnhaspel, welcher zur sicheren Abnahme des Stranges mit Armen versehen ist, die alle gleichzeitig in radialer Richtung verschiebbar sind. Zu diesem Zweck treten die Haspelarme *10* (Fig. 517) in Schlitze *9* ein. Diese Schlitze befinden sich in aufgebogenen Rändern der Umfangkanten der Flansche *8*, welche auf die Enden einer Nabe *7* aufgeschraubt sind. Die Arme *10* können durch Drehung zweier Scheiben *5* um einen gewissen Winkel zu dem Nabenflansch *8* von der Vierkantwelle *3* entfernt oder ihr genähert werden. Die inneren Enden der Arme *10* sind mit den Schrauben *5* durch Lenker *17* verbunden, so daß bei vollem Ausziehen der Arme *10*

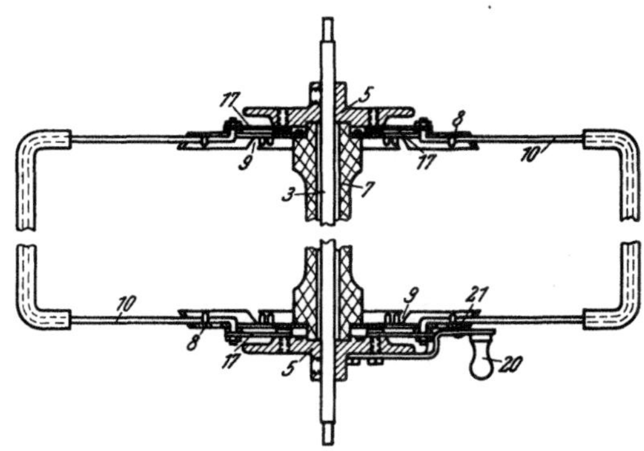

Fig. 517.

diese mit den Lenkern auf demselben Radius eines Nabenflansches *8* liegen. Um die Haspelarme nach innen zu ziehen, werden die Scheiben *5* durch den auf ihnen befestigten Handgriff *20* wieder um einen bestimmten Winkel gedreht. Um den Haspel in einer gewünschten Stellung zu halten, sind Löcher auf dem Flansch *8* vorgesehen, in welche ein Stift *21* auf dem Handgriff *20* eintritt.

888. Dieselben. Einrichtung zum Aufwickeln von Garnen, wie Kunstseide u. dgl.

Brit. P. 263913 vom 1. X. 1925; D.R.G.M. 1021857 Kl. 76d vom 30. IX. 1926; österr. P. 108787.

Die Erfindung betrifft eine Stillsetzvorrichtung für einenKunstseidehaspel und besteht im wesentlichen aus einem Taster *7* (Fig. 518), der aus Draht besteht und an seinem unteren umgebogenen Ende eine mit

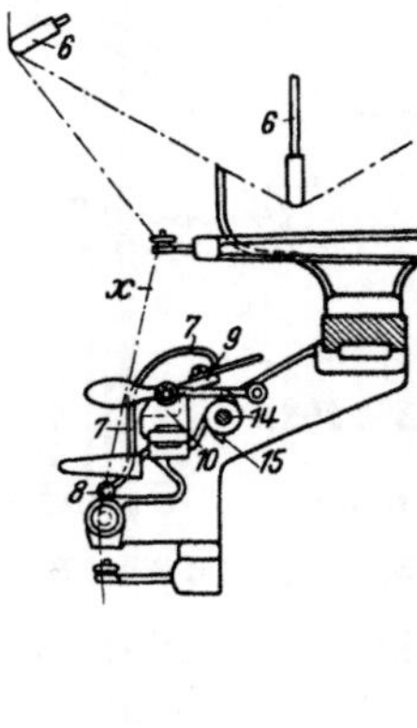

Fig. 518.

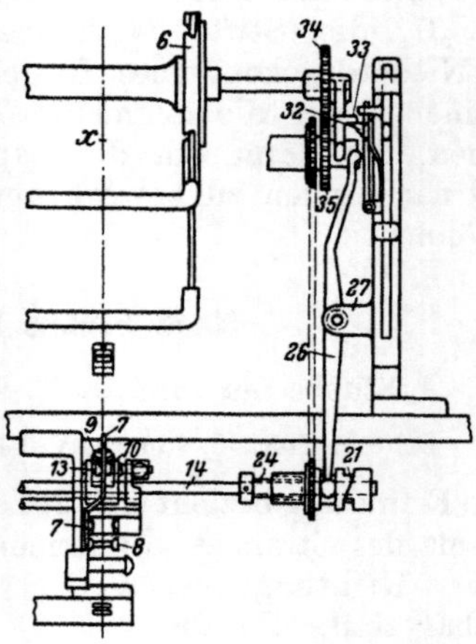

Fig. 519.

Flanschen versehene Spule *8* trägt. Am oberen Teil des Tasters ist ein Gegengewicht *9* befestigt, das in einem Halter *10* um einen Zapfen *13* (Fig. 519) schwenkbar ist. Wenn das vom Haspel *6* kommende Garn *x* bricht, schwingt der obere Teil des Tasters *7* nach unten, und die Platte *9* kommt in den Weg eines Hubdaumens *15* auf der Welle *14*. Durch Stillstand der Welle *14* wird die Schrägfläche *21* gegen die Feder *24* bewegt, wodurch ein Hebel *26* um seinen Drehpunkt *27* gedreht und eine Klinke *32* außer Eingriff mit einem gekröpften Gliede *33* gebracht wird. Wenn die Klinke *32* herausgezogen ist, so ergibt sich infolge des Fallens der Stütze *35* ein Abrollen des Rades *34* auf dem Rade *35*, und das Rad *34* kommt außer Eingriff mit dem Antriebsrade. Infolgedessen werden der Haspel und die Zählvorrichtung gleichzeitig stillgesetzt, und zwar durch die Bewegung des Tasters *7*.

Nach J. P. Bemberg Aktiengesellschaft.

889. J. P. Bemberg Aktiengesellschaft, Barmen-Rittershausen. Verbesserungen an Haspeln, besonders für das Aufwickeln frisch gesponnener Kunstseide.

Brit. P. 257554 vom 11. VI. 1926 (Prior. Deutschl. vom 3. X. 1925); österr. P. 106885; schweiz. P. 122033 (Cuprum Aktienges., Glarus); Ver. St. Amer. P. 1692415 (K. Meyer-Gaus, American Bemberg Corpor.).

Um beim Abnehmen der Seide jede seitliche Verschiebung der den Haspel bildenden Latten zu vermeiden, durch die die Seide beschädigt werden kann, sind zwei der sich gegenüberliegenden sechs Latten senkrecht zur Haspelachse nach innen verschiebbar und sind durch Zwischenstücke gelenkig mit der Haspelachse verbunden. Ein Keil auf der Achse drückt die gelenkigen Zwischenstücke und damit die verschiebbaren Latten nach außen und hält damit die Seide gespannt. Verschieben dieses Keils ermöglicht, daß die zwei beweglichen Latten nach innen zurückgehen, wodurch der aufgewickelte Strang gelockert wird. Der Haspel kann auch ohne den die Zwischenstücke feststellenden Keil ausgeführt werden. Die einfache Konstruktion des Haspels ermöglicht zu seiner Herstellung säurefesten Stahl zu verwenden. (8 Zeichnungen.)

Nach Kohorn & Co. und Perl.

890. O. Kohorn & Co. und Dr. A. Perl, Wien. Garnwinde.

D.R.G.M. 1027766 Kl. 76d vom 16. I. 1928 (Prior. Österr. vom 29. III. 1927).

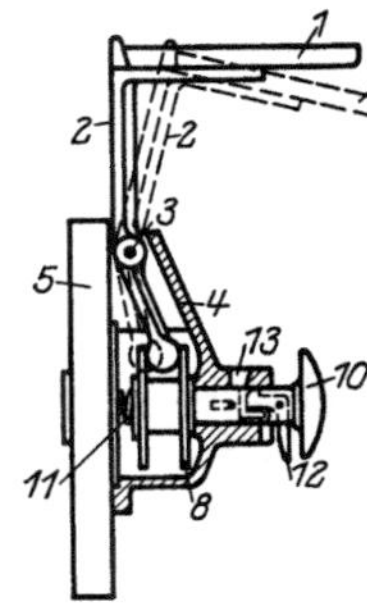

Fig. 520.

Die Erfindung betrifft einen Haspel mit veränderlichem Umfang. Das Neue besteht darin, daß die Garnträger *1* (Fig. 520) einen Schenkel winkelförmiger Hebel bilden, deren anderer Schenkel *2* radial angeordnet ist. Die Drehzapfen *3* der Hebel liegen im Mittelteil des Schenkels *2* und sind in einem Armkreuz *4* gelagert, das mit der Antriebsscheibe *5* verbunden ist. Mittels eines Knopfes *10* kann die Scheibe *8* entgegen der Wirkung einer Feder *11* einwärts verschoben und durch eine federnde Klinke *12*, die in eine Ausnehmung *13* der Zapfenführung eingreift, festgehalten werden. Der wesentliche Vorteil liegt in der geringen Anzahl der Gelenke.

Nach Nuera Art. Silk Cy. Ltd.

891. The Nuera Art. Silk Cy. Ldt., Sutton Oak, England. Haspel mit veränderlichem Umfang.

Belg. P. 350713 vom 21. IV. 1928 (Prior. Deutschl. vom 23. IV. 1927 [O. Sindl]).

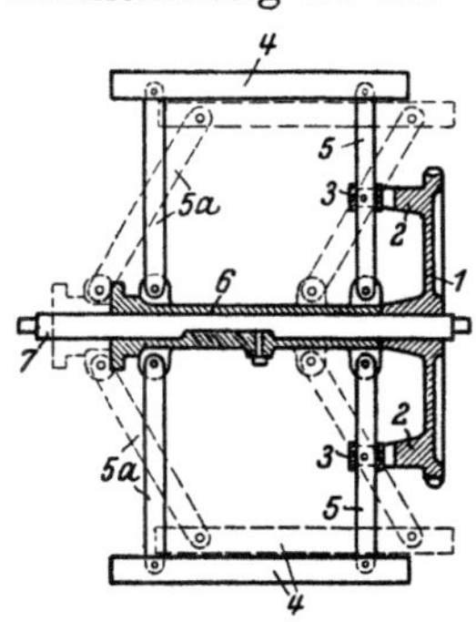

Fig. 521.

Ein Hohlzylinder *6* (Fig. 521) ist in der Längsrichtung auf einer Drehachse *7* verschiebbar. Dabei nimmt er die Arme *5* und *5a* mit. Die Enden dieser Arme sind an dem Hohlzylinder *6* und den zur Aufnahme der Fadenlagen dienenden Leisten *4* angelenkt. Die Arme *5* und *5a* sind andererseits bei *3* gelenkig verbunden mit den Ansätzen *2* des Rades *1*, welches mit *6* fest verbunden ist.

Nach Labitotière.

892. H. E. Labitotière. Abspulhaspel für Kunstseide.

Franz. P. 648816 vom 25. VI. 1927.

Der Haspel besteht aus zwei Sternen, die mit Armen versehen und in ihrer Mitte durch ein teleskopartiges Rohr zusammengehalten werden. Durch eine in dem von den Rohren gebildeten freien Raum liegende Feder werden die Sterne in eine äußerste Stellung gedrückt. Während der eine Stern in seiner Lage zur Achse nicht verschoben werden kann, kann der andere Stern in Richtung auf den festen Stern gegen den Federdruck einwärts bewegt werden. Durch diese Bewegung nimmt die Ebene, in welcher die Haspelarme des beweglichen Sterns liegen, eine geneigte Lage an, so daß der Haspelumfang durch Einwärtsdrücken auf einer Seite vermindert werden kann. Die Haspelarme können der Bewegung dadurch folgen, daß sie gegliedert sind. (2 Zeichnungen.)

Nach Clouth, Rheinische Gummiwaren Akt.-Ges.

893. Franz Clouth, Rheinische Gummiwaren Akt.-Ges., Köln-Nippes. Fadenhaspel.

D.R.G.M. 999316 Kl. 76d vom 18. VIII. 1927.

Der Haspel besteht im Gegensatz zu den bekannten aus Holz oder nichtrostendem Stahl hergestellten aus Hartgummi, während die Teile, bei denen dies nicht möglich ist, wie beispielsweise die Achse, mit einem Überzug aus Hartgummi versehen sind. (2 Zeichnungen.)

Nach Steckborn Kunstseide A.-G.

894. Steckborn Kunstseide A.-G., Steckborn, Thurgau, Schweiz. Haspel zum Aufwinden von Fäden.

D.R.G.M. 1060092 Kl. 76d vom 24. XII. 1928.

Um ein Abstreifen des Fadenmaterials vom Haspel ohne Schädigung der Faser zu ermöglichen, sind die Haspelschwingen mit einem aus Eisen-Nickellegierung oder einer anderen nichtrostenden Metallegierung bestehenden Belag versehen, der um das Ende der Schwingen, nach welchem die Stränge abgestreift werden, herumgeführt ist und dieses Ende vollständig überdeckt. (3 Zeichnungen.)

Nach Wegmann & Cie. A.-G.

895. Wegmann & Cie. A.-G., Baden, Schweiz. Haspel für Seide, insbesondere Kunstseide.

D.R.G.M. 1063478 Kl. 76d vom 16. I. 1929.

Um die Holzschwingen des Kunstseidehaspels vor Säureeinwirkungen zu schützen, werden die Schwingen mit einer nichtrostenden Aluminium-Leichtmetallegierung überzogen. (2 Zeichnungen.)

Waschen und Trocknen[1].

Nach Soie artificielle et textile Belge und Poizat.

896. Soie artificielle et textile Belge und J.-B. Poizat. Verfahren zum schnellen Waschen auf Spulen gesponnener Kunstseide.

Franz. P. 527270 vom 16. XI. 1920.

Die Spulen werden zunächst durch Abschleudern von der Hauptmenge der Fällbadchemikalien befreit und dann in einem Troge mit Druckwasser von innen nach außen durchgespült. Die Spulen sitzen reihenweise auf Dichtungen und sind oben durch Deckel verschlossen, die durch einen den einzelnen Reihen gemeinsamen Druckhebel festgehalten werden. Nach dem Auswaschen wird wieder abgeschleudert. Das Waschen soll auf diese Weise in 50 Minuten beendet sein, während früher 72 Stunden gebraucht wurden. (2 Zeichnungen.)

Nach Pinel.

897. A. Pinel. Verbesserte Einrichtung zum Waschen, Bleichen oder Färben und Trocknen auf Spulen befindlicher Kunstseide.

Franz. P. 547834 vom 25. II. 1922.

Das Waschen erfolgt in einer Kufe, die auf Rädern steht und zum Trocknen in einen besonderen Raum eingefahren werden kann. In der Kufe sind über einem falschen Boden Platten angeordnet, auf welche die zu waschenden Spulen aufgesetzt werden. Es werden z. B. immer vier Spulen übereinandergesetzt und vier solcher Spulenreihen durch einen Schraubdeckel gegen die Unterlage angepreßt. Die Spulen sind untereinander durch Gummiringe abgedichtet, die Bodenplatte ist mit Öffnungen versehen, die zu einer Saugleitung führen. Durch die aufeinandergesetzten und abgedichteten Spulen wird Wasser von außen nach innen durchgesaugt, bis das Waschen beendet ist. Dann wird die Kufe mit den ausgewaschenen Spulen in den Trockenraum eingefahren und hier wird warme Luft durch die Spulen durchgesaugt, bis sie vollkommen und gleichmäßig trocken sind. Das Trocknen soll so besonders rasch und gleichmäßig erfolgen. (4 Zeichnungen.)

Nach I. G. Farbenindustrie Aktiengesellschaft.

898. I. G. Farbenindustrie Akt.-Ges., Frankfurt a. M. Verfahren zum Naßbehandeln auf Spulen befindlicher Kunstfäden.

D.R.P. 456190 Kl. 29a vom 1. XII. 1923; brit. P. 225559; Ver. St. Amer. P. 1560575 (W. Hohmann); tschechosl. P. 21665; schweiz. P. 114891; belg. P. 321754; niederl. P. 17147.

Das Patent entspricht den in der 5. Aufl., S. 950, Nr. 1109, angegebenen.

Patentanspruch: Verfahren zum Naßbehandeln auf Spulen gewickelter Kunstfäden unter Benutzung der Schleuderkraft, dadurch gekennzeichnet, daß die Behandlungsflüssigkeit in den freien Innen-

[1] S. S. 429.

raum einer frei umlaufenden Spule (Spinnspule) eingeleitet wird und die Wicklung unter alleiniger Wirkung der Schleuderkraft durchdringt.

899. Dieselbe. Vorrichtung zum Naßbehandeln auf Spulen gewickelter Kunstfäden unter Benutzung der Schleuderkraft.

D.R.P. 479621 Kl. 29a vom 4. V. 1924, Zusatz zum Patent 456190; brit. P. 233298, tschechosl. P. 21666; schweiz. P. 119618.

Von bekannten Vorrichtungen unterscheiden sich die im nachfolgenden beschriebenen Vorrichtungen zur Durchführung des Verfahrens gemäß dem Hauptpatent (s. vorstehend) dadurch, daß sie die auf den üblichen Spinnspulen befindlichen Fäden mit Behandlungsflüssigkeit von innen nach außen zu durchdringen gestatten unter alleiniger Benutzung der Schleuderkraft, wobei zur Verhinderung der Verwirrung der Fäden absichtlich vermieden wird, daß die Spulen in der Behandlungsflüssigkeit untertauchen. In Fig. 522 ist eine zylindrische Spule mit durchlochtem Mantel *2* (die Lochung ist nur auf der oberen Hälfte angedeutet) mittels Glocke *3* und Teller *4* auf die Spindel *1* aufgesteckt. Das freie Ende der Spindel *1* ist ausgebohrt und mit einer Anzahl von Querbohrungen *6* versehen. Über der Spindel mündet das Zuleitungsrohr *5*, aus dem Flüssigkeit in die hohle Spindel und durch die Bohrungen *6* gegen die innere Spulenwandung strömt.

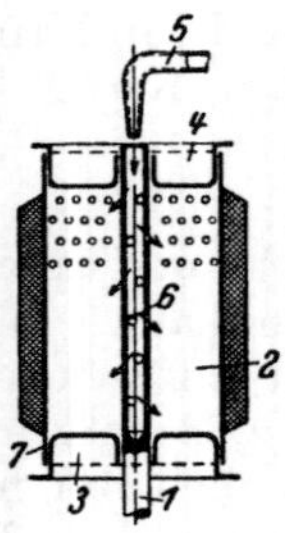

Fig. 522.

Weitere Ausführungsbeispiele werden beschrieben. Beispielsweise kann die Flüssigkeit aus einem seitlich angeordneten Rohr im spitzen Winkel auf den Teller *4* treffen und durch Öffnungen in den Spulenhohlraum gelangen. Oder man verwendet eine besondere becherförmige Spule, deren Mantel nach innen eingezogen ist, so daß die zentral eintretende Flüssigkeit infolge der Fliehkraft an der Spulenwandung hochsteigt und durch den gelochten Spulenmantel zur Wicklung gelangt. Die Zuführung der Flüssigkeit kann auch durch eine Brause erfolgen, ferner kann mit der Flüssigkeitsbehandlung ein Abzwirnen des Fadens von der Spule erfolgen. Zur Durchführung des Schleuderverfahrens werden mehrere zur Aufnahme derartiger Spulen bestimmte Spindeln mit gemeinsamem Antrieb in einem geschlossenen, mit einem abnehmbaren Deckel versehenen Gehäuse untergebracht, an dessen Boden sich die ausgeschleuderte Flüssigkeit sammelt, die zu erneuter Verwendung zurückgepumpt wird. Die beim Schleudern der Spulen entweichenden Dämpfe werden aus dem Gehäuse abgesogen und durch Absorption oder Kondensation wiedergewonnen. (15 Zeichnungen.)

Patentansprüche: 1. Vorrichtung zum Naßbehandeln auf Spulen gewickelter Kunstfäden unter Benutzung der Schleuderkraft zur Durchführung des Verfahrens gemäß Patent 456190, dadurch gekennzeichnet, daß das freie Ende einer Spindel *1*, auf welcher eine Spule, durch Glocke *3* und Teller *4* zentriert, aufgesteckt wird, bis zum Boden der Spindelglocke *3* aufgebohrt ist, daß über der Spindel in der Verlängerung ihrer

Achse ein Zuleitungsrohr *5* für die Flüssigkeit mündet und daß im hohlen Teile der Spindel eine Anzahl von Querbohrungen *6* in verschiedener Höhe entsprechend der Wicklungslänge vorhanden ist.

2. Vorrichtung nach Anspruch 1, dadurch gekennzeichnet, daß im Boden eines Tellers Öffnungen vorhanden sind und daß über diesen Öffnungen ein Zuleitungsrohr für die Flüssigkeit einmündet.

3. Vorrichtung nach Anspruch 1, dadurch gekennzeichnet, daß eine becherförmige Spule mit geschlossenem Boden mittels einer konischen Nabe auf dem Stumpf einer Spindel zentriert ist, daß der Rand des Spulenbechers nach innen eingezogen und daß die Mündung eines Rohres in den offenen Spulenbecher eingeführt ist.

4. Vorrichtung nach den Ansprüchen 1 und 2, dadurch gekennzeichnet, daß im Boden einer Zentrierglocke Öffnungen vorhanden sind.

5. Spule mit durchbrochener Mantelfläche nach den Ansprüchen 1—4, dadurch gekennzeichnet, daß die Anzahl der Durchbrechungen von der Spulenmitte nach den Spulenrändern zu abnimmt.

6. Anordnung der Lochung bei einer Spule mit durchbrochener Mantelfläche nach Anspruch 5, dadurch gekennzeichnet, daß bei einer Bewicklung von gleicher Dicke mit kegelig abfallenden Rändern unter den Rändern im Spulenmantel Öffnungen von geringerer Weite als im mittleren Teil des Spulenmantels angeordnet sind.

7. Vorrichtung nach den Ansprüchen 1—6, dadurch gekennzeichnet, daß zum Zwirnen der Fäden eine Zwirnöse dicht unterhalb der Mündung einer Flüssigkeitsleitung angeordnet ist.

8. Vorrichtung nach Anspruch 7, dadurch gekennzeichnet, daß die Flüssigkeit in einen an einem Halter befestigten Zwirnbecher mit nach unten sich verjüngendem Querschnitt eintritt, durch welchen der gezwirnte Faden entgegengesetzt der Strömungsrichtung der Flüssigkeit nach oben abgezogen wird.

9. Maschine mit den Vorrichtungen nach den Ansprüchen 1—8, dadurch gekennzeichnet, daß ein Kranz von Spindeln, durch einen gemeinsamen Antrieb in Umlauf gesetzt, von einem kastenförmigen, durch Deckel verschließbaren Gehäuse umschlossen ist, in welchem über den Spindeln die Zuflußleitung für die Flüssigkeit im Boden ein Flüssigkeitsablauf und seitlich ein Anschluß für die Absaugevorrichtung angeordnet sind.

10. Maschine nach Anspruch 9, dadurch gekennzeichnet, daß der Boden des Spindelkastens auf ein darunterliegendes zweites Gehäuse aufgesetzt ist, welches die Räder für den Spindelantrieb einschließt.

11. Maschine nach den Ansprüchen 9 und 10 mit einem mehrfachen, je von einem Zahnrad angetriebenen Kranz von Spindeln, die von einem gemeinsamen Gehäuse umschlossen sind, dadurch gekennzeichnet, daß die Zahnräder für den Antrieb der beiden Spindelkränze selbst von einem gemeinsamen Ritzel angetrieben werden, dessen Achse in der Verbindungslinie der Mittelpunkte der beiden Zahnräder liegt.

12. Maschine nach den Ansprüchen 7—11 mit mehreren in einer Reihe angeordneten Spindeln, die von einem gemeinsamen Spritzwasserkasten umschlossen sind, dadurch gekennzeichnet, daß eine Rohr-

leitung mit Abzweigungen, welche über den Zwirnösen der einzelnen Spindeln münden, an den Spindeln entlang geführt ist.

13. Maschine nach den Ansprüchen 1—11, dadurch gekennzeichnet, daß die Hauptrohrleitung um ihre Achse drehbar an Streben gelagert ist und daß durch Drehen der Leitung sowohl die Zweigleitungen zu den einzelnen Spindeln ausgeschwenkt als auch die Flüssigkeit selbst durch den Hahn abgesperrt wird.

900. Dieselbe. Vorrichtung zum Waschen und Nachbehandeln auf durchlässige Spulen gewickelter Kunstfaser.

D.R.P. 487264 Kl. 29a vom 25. VII. 1927; franz. P. 654668; brit. P. 294548; belg. P. 351080; schweiz. P. 134051.

Zur Naßbehandlung auf durchlässige Spulen aufgewickelter Kunstseide ist eine eiserne Grundplatte *A* (Fig. 523) mit Ausschnitten *B*,

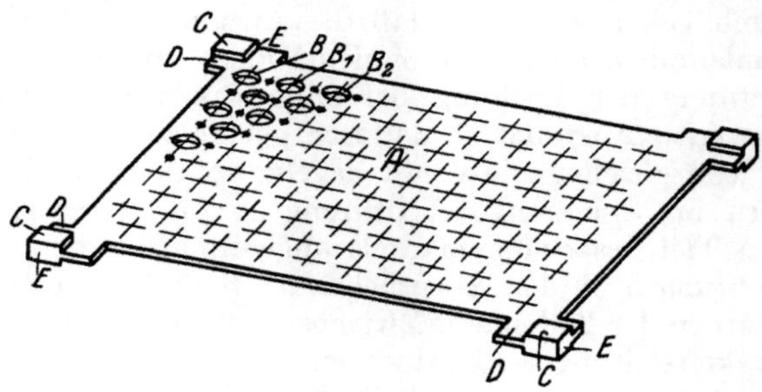

Fig. 523.

B^1, B^2 versehen, in welche die zur Abdichtung der Spulen bestimmten Zwischenstücke oder Deckelstücke mit Spielraum, besonders in vertikaler Richtung, eingesetzt werden. Die Platte ist an den Ecken zum Einsetzen und Herausnehmen als Führung *C* ausgebildet, zum Anfassen der Greifer einer Laufkatze in *D* eingewinkelt und zum Abstellen auf den Boden mit Schuhen *E* versehen. Die Ausführung eines Deckels zeigt Fig. 524, in der ein Porzellankörper *F* mit Gummiring *G* die Spule abdichtet und mit Gummiring *H* und Spielraum *K* in der Platte gehalten wird, während der Druck der Platte auf dem vorspringenden Bord *J* des Körpers *F* ruht. Eine ähnliche Ausführung eines Zwischenstückes mit F^1, G^1, H^1, J^1 und K^1 zeigt der untere Teil von Fig. 524.

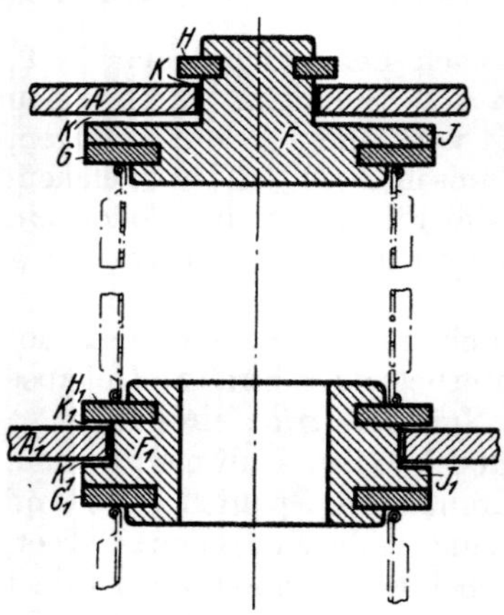

Fig. 524.

Die von der Spinnmaschine kommenden Spulen werden in einem Transportrahmen auf zentrierende Halter in den eingesetzten Dichtungsstücken entsprechenden Abständen lose aufgesetzt. Die gefüllten

Rahmen gelangen in einen Kippwagen; jede Spulenschicht wird stets mit einer Platte A bedeckt und ein gefüllter Tragrahmen aufgesetzt, bis der Spulenwagen gefüllt ist, so daß nach Drehung des Kippwagens um 180° die Spulenschichten auf den Platten A ruhen. Nach Entfernung der Gatterrahmen gelangen die Spulen in die Waschkästen. Die so gebildeten Spulensäulen werden durch die Grundplatte, die Zwischenplatten und die Deckelplatte versteift und gleichzeitig durch deren Gewicht so abgedichtet, daß sich ein Anpassen meistens erübrigt. Das Herausnehmen der behandelten Spulen ist die Umkehr des beschriebenen Verfahrens.

Patentansprüche: 1. Vorrichtung zum Waschen und Nachbehandeln auf durchlässige Spulen gewickelter Kunstseidenfäden nach dem Saug- oder Druckverfahren, dadurch gekennzeichnet, daß die Abdichtungszwischen- oder -deckelstücke F, F_1, die mit je zwei Gummiringen G, H, G_1, H_1 versehen sind, mit Spielraum K, K_1 in der Vertikalrichtung in einer allen Spulen gleicher Ebene gemeinsamen Platte A eingesetzt sind und daß die Platten A mit Spulen besetzt in den Waschbehälter eingeführt und daraus umgesetzt und herausgenommen werden und auf diese Weise als Träger oder Beförderungsmittel der Spulen dienen.

2. Vorrichtung nach Anspruch 1, dadurch gekennzeichnet, daß die zu unterst in den Waschbehälter eingesetzte Platte ebenfalls mit Ausschnitten zum Einsetzen der Zwischen- oder Deckelstücke F, F_1 versehen ist, und daß der Behälter anstatt des doppelten (inneren) Bodens nur eine umlaufende Innenleiste mit aufgelegter Dichtung hat.

3. Vorrichtung nach Anspruch 1, dadurch gekennzeichnet, daß einzelne oder reihenweise zusammengefaßte Spulensäulen durch Druckhebelverschluß zusammengehalten werden.

901. Dieselbe. Einrichtung zum Waschen und weiteren Behandeln auf Spulen, Zylinder usw. gesponnener Kunstfäden.

Belg. P. 350072 vom 27. III. 1928; brit. P. 294547 (Prior. Deutschl. vom 25. VII. 1927); franz. P. 651770.

Die Spulen, Zylinder oder anderen Faserträger werden mittels einer elektromagnetischen Einrichtung von einem nach dem anderen Bade befördert, auch in größeren Aggregaten.

Nach Viscose Company Inc.

902. The Viscose Company Inc., Marcus Hook, Penns., Ver. St. A. Verfahren und Vorrichtung zur Naßbehandlung, insbesondere zum Waschen von in Kuchen oder Bobinen gewickelten Kunstseidenfäden.

D.R.P. 461456 Kl. 29a vom 5. XII. 1924; Ver. St. Amer. P. 1630197 vom 28. XII. 1923 und 1648619 vom 8. XI. 1927, angemeldet 6. V. 1925 (D. A. McKenzie); tschech. P. 25911; brit. P. 226808, mit Zusatz-Patent 250303; franz. P. 590392; belg. P. 321782; schweiz. P. 115281; österr. P. 116858.

Bei dem Erfindungsgegenstand wird unter Benutzung der Schleuderkraft die Flüssigkeit in zerstäubter Form durch den Fadenwickel hindurchgeschleudert. Der zum Aufstecken des Spinnkuchens dienende Träger oder Käfig hat eine Form, die unter dem Einfluß der Drehung einen größeren Umfang annimmt, so daß der Spinnkuchen schließlich unter Spannung aufliegt. In der Zeichnung ist die Erfindung in zwei Ausführungsformen dargestellt. Der Träger (Fig. 525 u. 526) besteht

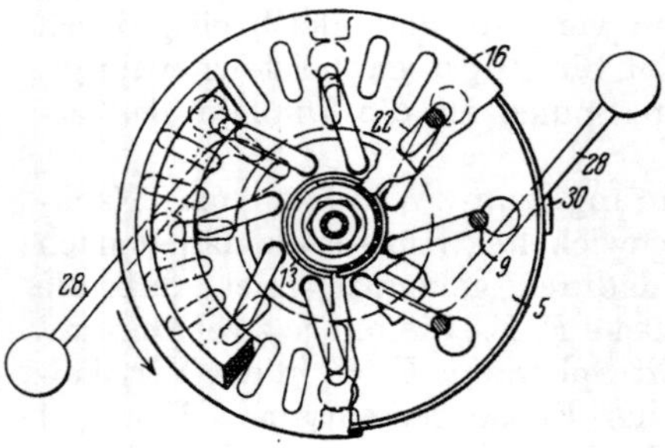

Fig. 525.

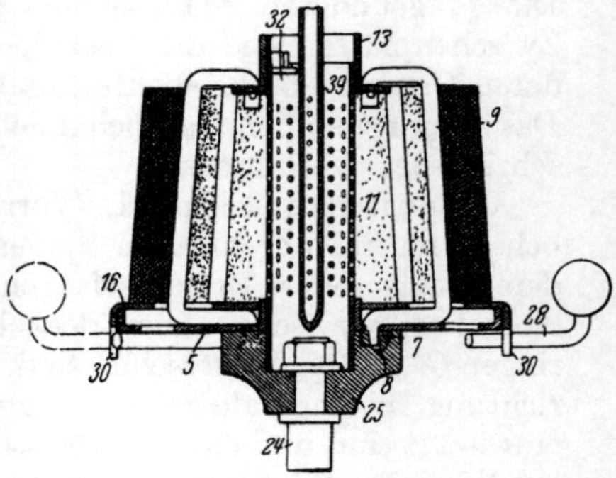

Fig. 526.

aus einer Anzahl von zentrierenden Wickelstangen *9*, die in dem Flansch *13* und der Fußplatte *5* montiert sind; Flansch und Fußplatte sind verbunden mit dem durchlochten Zylinder *11*, der mit einer von der Spindel *24* getragenen Nabe *25* rotiert. Die unteren Enden *8* der Arme *9* treten in Aussparungen *7* der Nabe *25* ein, wodurch eine Übertragung der Rotation auf den Träger stattfindet. Der obere Flansch *13* wird durch eine einwärts gebogene, in eine Aussparung des Zylinders *11* eintretende Nut *32* gehalten. Die Stellscheibe *16* ist mit Führungsschlitzen *22* für die Wickelstangen *9* versehen und gestattet eine relative Drehbewegung zwischen Scheibe und Grundplatte. Dreht man die Scheibe in einer Richtung, so schwenken die Wickelstangen *9* in die Entspannlage, während man nach Auflegen des Fadenwickels durch Drehen in entgegengesetzter Richtung die Spannlage erhält. Um ein Zurückgehen des gespannten Fadenwickels in die Entspannungslage zu verhindern, sind Wickelarme *28* mit Ausgleichsgewichten vorgesehen, die an der Nabe *25* gelenkig befestigt sind. Anschläge *30* an der Stellscheibe *16* begrenzen die Schwingung der Arme *28*. Die Behandlungsflüssigkeit tritt durch ein durchlochtes feststehendes Spritzrohr *39* ein und wird gegen den durchlochten Zylinder *11* geführt, aus dem sie als zerstäubte Flüssigkeit in die Fadenwicklung übergeht. Eine andere Ausführungsform umgeht das Innenspritzrohr und benutzt zur Verteilung der von der Düse *65* (Fig. 527) kommenden Flüssigkeit Verteilungskörper *62*, die von dem Antriebskopf *59* oder von dem durchlochten Zylinder *56* getragen werden. Ferner sind die Arme *67* in Flan-

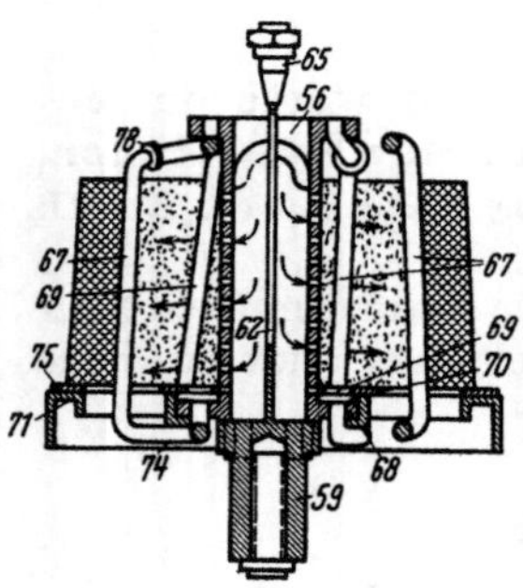

Fig. 527.

schen *68* drehbar gelagert, während das untere Ende des Zylinders *56* zur Bildung von Klauen ausgezackt ist. Ein Flansch *68* am unteren Ende des Hohlträgers erhält entsprechende Löcher für die unteren gekröpften Enden der Wickelstangen. Stifte *69* an den Stangen oberhalb der Unterlagsscheiben *70* bilden die Auflage der Stangen auf dem Flansch *68*. Die Stellscheibe *71*, durch deren radiale Schlitze die Wickelstangen treten, hat einen inneren Randflansch, der zwischen den waagerechten Teilen *74* der Wickelstangen und dem Flansch *68* des Hohlträgers *56* liegt. Eine Scheibe *75* aus Kunstharz od. dgl. ist auf der oberen Fläche der Stellscheibe *71* befestigt. Weitere Ausführungsformen werden beschrieben.

Patentansprüche: 1. Verfahren zur Naßbehandlung, insbesondere zum Waschen in Kuchen oder Bobinen gewickelter Kunstseidenfäden durch Hindurchdrücken der Behandlungsflüssigkeit durch die Kunstseidenwickel von innen nach außen durch Schleuderkraft, dadurch gekennzeichnet, daß zum Schutz der feinen, brüchigen Kunstfäden vor Beschädigung durch Flüssigkeitsreibung die Flüssigkeit in zerstäubter Form durch die Fadenwickel hindurchgeschleudert wird.

2. Vorrichtung zur Ausführung des Verfahrens nach Anspruch 1, dadurch gekennzeichnet, daß zwischen der Außenumfläche eines der Fliehkraft unterworfenen durchlochten Hohlträgers des Fadenwickels und der freien Innenumfläche der Fadenkuchen oder Bobinen ein Schleuderraum gebildet ist, in welchem die z. B. durch ein Innenspritzrohr zugeführte, aus dem Hohlträger zerstäubt austretende Flüssigkeit als Nebel durch Schleuderkraft an und durch die Fadenwickel gelangt.

3. Vorrichtung nach Anspruch 2, dadurch gekennzeichnet, daß der zur Bildung des Schleuderraumes notwendige Abstand zwischen Außenumfläche des umlaufenden Hohlträgers und der freien Innenumfläche des Fadenwickels von an den Enden doppelt gekröpften Wickelstangen *9* zur Abstützung des freien Fadenwickels bestimmt wird, die mit ihren gekröpften Enden von oberen und unteren Flanschen des Hohlträgers getragen werden.

4. Selbstspannender und dem Schrumpfen des Fadenwickels selbsttätig nachgebender Abstützungsträger für eine Vorrichtung nach Anspruch 3, dadurch gekennzeichnet, daß die Wickelstangen *9* mit ihren gekröpften Enden in den Flanschen des umlaufenden Hohlträgers schwenkbar gelagert sind und oberhalb ihrer unteren äußeren Kröpfungen in Führungsschlitzen *22* einer Stellscheibe *16* geführt werden, durch deren Drehung die Wickelstangen in die Spann- und Entspannlage geschwungen werden.

5. Vorrichtung nach Anspruch 4, dadurch gekennzeichnet, daß die unteren gekröpften Enden *8* der Wickelstangen *9* als Mitnehmer in eine Nabe *25* der Antriebsspindel *24* für den Hohlträger eintreten.

6. Vorrichtung nach Anspruch 3, dadurch gekennzeichnet, daß zum Massenausgleich des mit dem Fadenwickel belasteten Hohlträgers und zur Regelung der Spann- und Entspannbewegungen der Wickelstangen *9* in den Führungsschlitzen *22* der Stellscheibe *16*

letztere mit der Schleuderkraft ausgesetzten Ausgleichgewichten *28* versehen ist.

7. Vorrichtung nach Anspruch 4, dadurch gekennzeichnet, daß zwecks Verringerung ihrer Anzahl die Wickelstangen Siebsegmente zur Abstützung der freien Fadenwickel tragen.

8. Vorrichtung nach Anspruch 4, dadurch gekennzeichnet, daß der gelochte Hohlträger (Siebzylinder *56*) zum gleichmäßigen Verteilen der ihm anstatt durch ein Druckspritzrohr durch eine Düse *65* von oben zugeführten Flüssigkeit auf seinem Innenmantel mit einem vom Antriebskopf *59* getragenen, am oberen Ende abgeschrägten Verteilungsflügel *62* versehen ist.

Nach Küttner, Hillringhaus und Fuchs.

903. Firma Fr. Küttner, H. Hillringhaus und M. Fuchs, Pirna a. d. E. Aufsteckvorrichtung für Garnspulen zur Naßbehandlung, insbesondere zum Waschen von aufgewickelter Kunstseide mit kreisender Flotte.

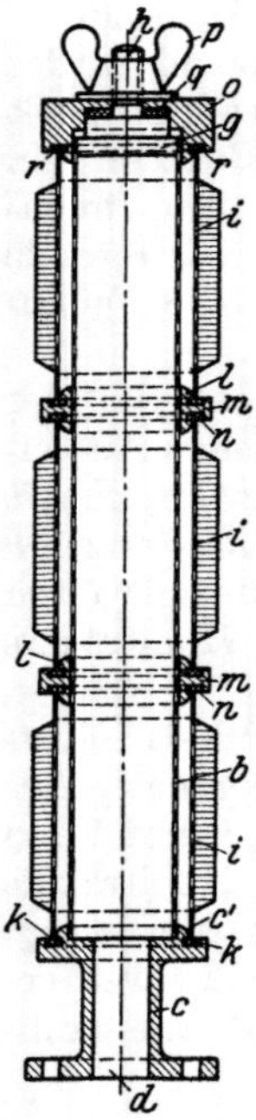

Fig. 528.

D.R.P. 457472 Kl. 29a vom 6. IX. 1924.

Die Erfindung besteht darin, daß bei Anordnung eines zylindrischen Aufsteckrohres *b* (Fig. 528), das in dem vom oberen Rand des Stutzens *c* gebildeten Sockel *c'* zugfest befestigt ist, und von den Spulen *i* mit Spielraum umfaßt wird, eine selbsttätige Zentrierung der Spulen erfolgt. Dies wird dadurch erreicht, daß der Sockel *c'* die das Aufsteckrohr umfassenden Zwischenringe *m* und die Abdeckplatte *o* keglige Absetzungen *l* erhalten, welche in die Enden der Spulkerne eindringen. Die Abdichtung geschieht durch weiche Gummieinlagen *k* am Sockel, *n* an den Zwischenringen und *r* an der Deckplatte. Diese wird gegen die eingesetzte Scheibe *g* mittels Schraubenfortsatz *h* und Flügelmutter *p* angezogen, wobei die Gummischeibe *q* zur Abdichtung dient. Zum Absaugen der Waschflüssigkeit ist der Stutzen *c* mittels Flansch *d* auf ein waagerechtes, an eine Saugleitung angeschlossenes Rohr aufgedichtet.

Patentanspruch: Aufsteckvorrichtung für Garnspulen zur Naßbehandlung, insbesondere zum Waschen von aufgewickelter Kunstseide mit kreisender Waschflotte, wobei mehrere übereinander auf ein durchlöchertes Rohr aufgesteckte Spulenkerne oder Hülsen durch unteren Sockel, Zwischenringe und Deckplatte gegeneinander abgedichtet sind, dadurch gekennzeichnet, daß die das äußerlich glatte Aufsteckrohr (Spindel *b*) mit Zwischenraum umfassenden Spulenhülsen *i* durch kegelförmige Absetzungen am Stutzen (Sockel *c'*), an den das Aufsteckrohr mit schlichter Passung umfassenden Zwischenringen *m* und an der Deckplatte *o* zentriert sind.

Nach Fassini.

904. A. Fassini, Rom. Trocknen künstlicher Fäden in großen Längen.

Franz. P. 604958; brit. P. 241922 vom 22. X. 1925 (Prior. Ital. vom 23. X. 1924); tschechosl. P. 24700.

Die gefällten und auf Spulen aufgewickelten Fäden werden von den in ein Wasch- oder Entschweflungsbad eintauchenden Spulen abgewickelt und durch einen kräftigen, raschen Luftstrom von etwa 70° C getrocknet. Die Spulen, auf die die Fäden gewickelt werden, befinden sich oberhalb des Behandlungsbades; sie werden durch Friktionsrollen angetrieben und während des Bewickelns wird der aus einer flachen Öffnung austretende Luftstrom aufgeblasen. Die Hitze der mit Feuchtigkeit beladenen Luft wird wiedergewonnen; unmittelbar nach dem Trocknen werden die Fäden gezwirnt. Waschen, Trocknen, Spulen und Zwirnen wird also in derselben Vorrichtung ausgeführt. (Zeichnung.)

Nach N. V. Nederlandsche Kunstzijdefabriek.

905. N. V. Nederlandsche Kunstzijdefabriek, Arnhem. Waschen von Textilmaterial.

Brit. P. 242612 vom 19. X. 1925 (Prior. Deutschl. vom 8. XI. 1924); schweiz. P. 117541.

Das Fadengut ist auf gelochte Spulen gewickelt, welche aufrecht stehend in einem Behälter angeordnet und mit ihrem unteren Ende an eine gemeinsame, waagerecht liegende Abflußleitung angeschlossen sind. Die durch diese Abflußleitung abfließende Waschflüssigkeit geht in ein senkrecht nach unten gehendes Abflußrohr und bewirkt ein Durchsaugen der Waschflüssigkeit durch die bewickelten Spulen. Besondere Pumpen, um die Waschflüssigkeit abzuleiten, sind überflüssig. (Zeichnungen.)

Nach Schulz.

906. Willy Schulz, Berlin-Mariendorf. Vorrichtung zum Behandeln von Fäden, insbesondere Kunstseidenfäden im fortlaufenden Arbeitsgang.

D.R.P. 420350 Kl. 29a vom 23. XII. 1924.

Die Neuerung besteht in einem geschlossenen, in verschiedenen Windungen verlaufenden Kanalsystem, in dem die gefüllten Haspel einer umlaufenden endlosen Transportkette übergeben werden. Diese greift in die an den Haspelseiten angebrachten Zahnkränze ein und wälzt die Haspel vorwärts. Der Kanal ist mit Buckeln versehen, gegen die die Fadenlagen beim Fortwälzen der Haspel gedrückt werden, wodurch die Fäden jedesmal gespannt werden. Die verschiedenen Bearbeitungsabteilungen, wie z. B. Wäsche, Bleiche, Färberei, Trocknung, sind im Kanal unterteilt. Die Bearbeitungsstoffe, Flüssigkeiten und Trockenluft werden im Gegenstrom zugeführt. Nach der Fertigbearbeitung der Fäden werden sie auf den Haspeln in gleicher Weise wie bisher weitergewälzt zu den Fertigzwirnmaschinen usw. Hier gleiten die Haspel mit Spinnfäden durch Aufziehen von Schiebern im Kanalboden in darunter angebrachte Sammelbehälter. Durch Wendung des Kanals wird er leer, abermals an den Spinnmaschinen zur Aufnahme der leeren Haspel vorbeigeführt und erreicht, nachdem er wieder in gleicher Weise wie vorher die leeren Haspel abgesetzt hat, durch eine letzte Wendung seine frühere Bahn, so daß der Kreislauf jetzt geschlossen ist. (4 Zeichnungen.)

Patentansprüche: 1. Vorrichtung zum Behandeln in einem Führungskanal geführter, auf Haspel oder Spulen gewickelter Fäden, insbesondere Kunstseidenfäden, in fortlaufendem Arbeitsgange, dadurch gekennzeichnet, daß die Fäden spannungslos auf den Haspeln liegen und die Haspel durch ein allseitig geschlossenes endloses Kanalsystem geführt werden, durch welches abteilungsweise die Behandlungsflüssigkeiten und Gase strömen, wobei die Fäden selbsttätig abwechselnd gespannt und gelockert werden.

2. Vorrichtung nach Anspruch 1, dadurch gekennzeichnet, daß der Haspel aus Spreizen und aus zwei Reifen besteht und an letzteren Zähne für den Eingriff der Transportkette angeordnet sind.

3. Vorrichtung nach Anspruch 1, dadurch gekennzeichnet, daß die Haspel beim Bewickeln über einen zylindrischen Kern gesteckt sind, damit die über die Spreize der Haspel und die zwischen diesen hervortretenden Wölbungen des Kerns straff aufgewickelten Fäden nach dem Abziehen der Haspel vom Kern entspannt sind.

4. Vorrichtung nach Anspruch 1, dadurch gekennzeichnet, daß die Transportkette durch Eingriff in die Haspelzähne die mit ihrer Fadenlage an den Vorsprüngen anliegenden Haspel dreht und so fortwälzt.

5. Vorrichtung nach Anspruch 1, dadurch gekennzeichnet, daß im Kanal Vorsprünge angeordnet sind, die beim Durchrollen der Haspel durch den Kanal zwischen die Spreizen greifen und die Fäden spannen.

907. Derselbe. Vorrichtung zur Behandlung von aufgewickelten Kunstseidenfäden.

D.R.P. 469845 Kl. 29a vom 14. IV. 1926.

Die zu behandelnden bewickelten Spulen werden nach Art der Rohrpostvorrichtung mittels Saug- und Druckvorrichtung den Behandlungsstoffen nach dem Gegenstromprinzip zugeführt. Die Rohrpostbüchsen f (Fig. 529 bis 531) mit den eingesteckten, bewickelten Spulen l werden am rechten Ende in das Rohr a eingeführt. Die Behandlungsstoffe fließen vom entgegengesetzten linken Ende zu. Durch eine Luftpumpe wird in dem Rohr e und anschließend in den Rohren d abwechselnd Saug- oder Druckwirkung ausgeübt. Das Steigen

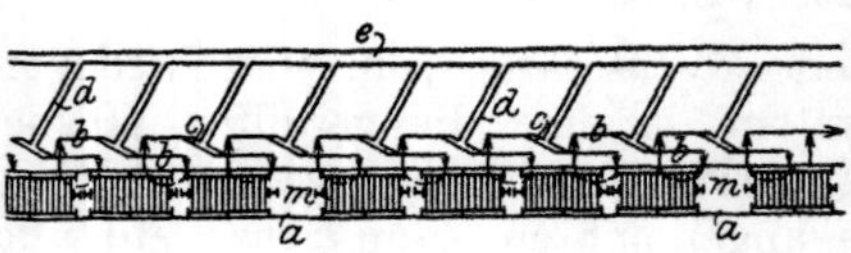

Fig. 529.

und Fallen der Behandlungsflüssigkeit in den Standrohren *d* wird durch zwischengeschaltete Vor- und Rückschlagventile *c* geregelt. Die Flüssigkeit wird durch die Spulen gesaugt und gepreßt, und zwar abwechselnd von innen nach außen und umgekehrt. Zur Vorwärtsbewegung der Rohrpostbüchsen haben diese an beiden Deckeln Puffer *i* und am Umfang je drei Kolbenringe *k*. Das Maß zwischen den einzelnen Umleitungen *b* muß größer sein als das zwischen den Kolbenringen *k* der Rohrpostbüchsen *f*. Diese Einteilung ergibt z. B. nach jeder vierten Rohrpostbüchse einen Abschnitt, in welchem in dem Raum zwischen je zwei dichten Rohrpostbüchsen-Zwischenböden *g* zwei Zuflüsse und nur ein Abfluß münden. Die Folge davon ist, daß der Zwischenraum *m* zwischen diesen Rohrpostbüchsen durch doppelten Zufluß sich so weit vergrößert, bis der links neben dem Zwischenraum *m* liegende Rohrpostbüchsenboden *g* den folgenden zweiten Abfluß freigibt. Während des Vorrückens der Reihe rückt nacheinander jede der folgenden Rohrpostbüchsen in den Bereich von zwei Zuflüssen und einem Abfluß, so daß die einzelnen Glieder der Rohrpostbüchsenschlange sich dauernd strecken und zusammenziehen.

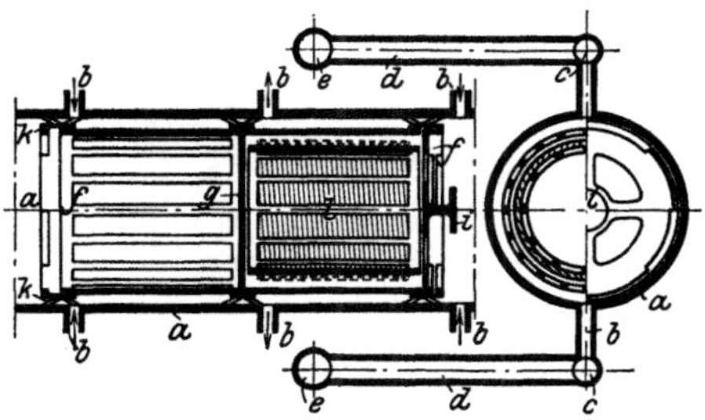

Fig. 530. Fig. 531.

Patentansprüche: 1. Vorrichtung zur Behandlung von aufgewickelten Kunstseidenfäden, dadurch gekennzeichnet, daß durch im Gegenstrom zugeführte Behandlungsstoffe die zu behandelnden bewickelten Spulen nach Art der Rohrpostvorrichtungen mittels Saug- und Druckvorrichtung in der den Behandlungsstoffen entgegengesetzten Richtung vorwärtsgeschoben und dabei bearbeitet werden.

2. Vorrichtung nach Anspruch 1, dadurch gekennzeichnet, daß das Gleitrohr *a* mit seitlichen Umleitungen *b* und zwischengeschalteten Doppelventilen *c*, den Standrohren *d* und den Saug- und Druckrohren *e* versehen ist.

3. Vorrichtung nach Anspruch 1, dadurch gekennzeichnet, daß die durchlochten Rohrpostbüchsen *f* mit dichten Mittelböden *g* und je zwei seitlichen durchlöcherten Schlußdeckeln, mit Distanzpuffern *i*, und die Rohrpostbüchse *f* mit je drei zweilappigen Kolbenringen *k* versehen sind.

4. Vorrichtung nach Anspruch 1, dadurch gekennzeichnet, daß das Maß zwischen den Umleitungen *b* größer ist als das Maß zwischen den Kolbenringen *k* der Rohrpostbüchsen *f*.

5. Vorrichtung nach Anspruch 1, dadurch gekennzeichnet, daß die zu behandelnden aufgewickelten Kunstseidenfäden durch Zusammenwirken der Vorrichtungen nach Ansprüchen 2 und 3 mittels abwechselnd von innen oder von außen wirkenden Druck der Behandlungsstoffe bearbeitet werden.

Nach Swiss Borvisk Co. of Delaware.

908. Swiss Borvisk Co. of Delaware, Wilmington. Verfahren zum Auswaschen auf perforierte Hohlkörper aufgewickelter Kunstseide und ähnlicher Kunstfäden anläßlich ihrer Herstellung. Schweiz. P. 119877 vom 29. I. 1925, Zusatz zum schweiz. P. 115282; brit. P. 244324, Zusatz zum brit. P. 239482 (B. Borzykowski).

Das Verfahren des Hauptpatents (s. 5. Aufl., S. 954, Nr. 1113) wird dahin abgeändert, daß der bewickelte Hohlkörper auch unter zeitweiligem Ausschluß der Waschflüssigkeit evakuiert wird. Dadurch wird der dem Fasergut aus der Fällflüssigkeit anhaftende tropfbare Flüssigkeitsrückstand ausgetrieben; er wird zweckmäßig gesammelt und dem Fällbad wieder zugeführt. Der Waschvorgang wird dadurch verkürzt. Vorteilhaft ist auch ein während des Waschens wiederholtes Unterbrechen des Zutritts von Waschflüssigkeit zum Fasergurt bei fortgesetztem Evakuieren des Hohlkörpers, wobei durch rasches und gründliches Beseitigen der von der Waschflüssigkeit losgelösten Fällbadablagerungen einer weiteren Einwirkung dieser auf das Fasergut vorgebeugt wird. Nach hinreichendem Spülen des Faserguts wird zweckmäßig der Hohlkörper unter Ausschluß der Waschflüssigkeit nochmals evakuiert, womit ein Abtropfenlassen fortfällt.

Nach Herminghaus & Co. G. m. b. H.

909. Herminghaus & Co. G. m. b. H., Vohwinkel. Druckwaschverfahren für auf poröse oder mit porösem Überzug versehene durchlöcherte Spulen aufgesponnene Kunstseide. D.R.P. 471611 Kl. 29a vom 14. II. 1925.

Zur Vermeidung einer über den notwendigen Bedarf hinausgehenden Menge Waschflüssigkeit und zur Erzielung einer möglichst gleichmäßigen Verteilung der Waschflüssigkeit über das Gespinst verwendet man eine mit einer porösen Schicht überzogene durchlochte Spule *1* (Fig. 532). Auf das poröse Material, welches auch über den undurchlochten Spulenteil hinausgeht, wird das Kunstseidengespinst aufgebracht. Auf die obere Öffnung wird ein wasserdichter Druckkopf *2* aufgesetzt, der durch die Leitung *4* mit einer mit Waschflüssigkeit gefüllten Flasche *3* verbunden ist. Die Menge der Flüssigkeit und der Druck sind einstellbar, nachdem die untere Spulenöffnung durch einen Deckel abgeschlossen worden ist. Durch das Verfahren benötigt man nur den zehnten Teil der nach dem D.R.P. 391290 (s. 5. Aufl., S. 947) erforderlichen Waschzeit und nur 10—12% der sonst üblichen Wassermenge.

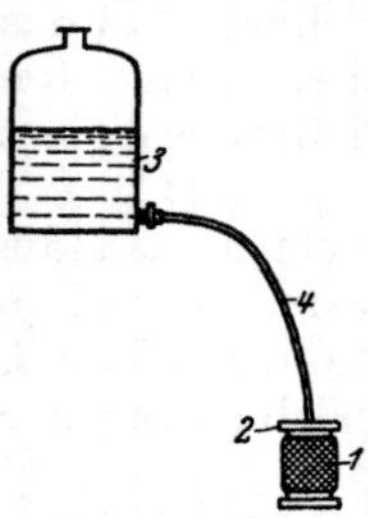

Fig. 532.

Patentanspruch: Druckwaschverfahren für auf poröse oder mit porösem Überzug versehene durchlöcherte Spulen aufgesponnene Kunstseide und andere aus Zelluloselösungen hergestellte Erzeugnisse, dadurch gekennzeichnet, daß die Menge und der Druck der zugeführten Behandlungsflüssigkeit für jede einzelne Spule eine bestimmte Größe erhält.

910. Dieselbe. Verfahren zum Waschen von auf durchlochte oder nicht durchlochte Spulen aufgespulter Kunstseide und anderen Erzeugnissen aus Zelluloselösungen.

D.R.P. 464016 Kl. 29a vom 15. II. 1925.

Die beim Aufspinnen unmittelbar auf eine Spule aufgesponnenen Fadenschichten unterliegen einer starken Spannung, die beim Waschen des Gespinstes infolge seiner herabgesetzten Festigkeit von großem Nachteil für die Fäden ist. Um einen Spannungsausgleich zu schaffen, werden die Spulen erfindungsgemäß vor dem Spinnen mit einer ganz oder teilweise wasserlöslichen Schicht, beispielsweise einer Mischung aus Wasserglas und getrockneter Kieselsäure, überzogen, die beim Waschen zum Teil weggeschwemmt wird. Die unterste Fadenschicht kann dadurch nachgeben und die Waschflüssigkeit entlang dem Spulenkörper wandern.

Patentansprüche: 1. Verfahren zum Waschen auf durchlochte oder nicht durchlochte Spulen aufgespulter Kunstseide und anderer Erzeugnisse aus Zelluloselösungen, darin bestehend, daß die Spulen mit einer ganz oder teilweise wasserlöslichen Schicht überzogen werden, so daß durch das Fortlösen des wasserlöslichen Teiles dieser Schicht beim Waschen alle Faserlagen etwa dem gleichen Druck beim Auswaschen und der Weiterverarbeitung unterliegen.

2. Verfahren nach Anspruch 1, dadurch gekennzeichnet, daß auf die Spulen ein Überzug eines wasserlöslichen oder wasserunlöslichen Stoffes mittels eines Kleb- oder Verdickungsmittels aufgebracht wird.

3. Verfahren nach Anspruch 1 und 2, gekennzeichnet durch die Verwendung eines Überzuges von wasserlöslichem Klebstoff allein.

911. Dieselbe. Verfahren zum Waschen von auf durchlochte oder nicht durchlochte Spulen aufgespulter Kunstseide und anderen Erzeugnissen aus Zelluloselösungen.

D.R.P. 474442 Kl. 29a vom 23. IX. 1927, Zusatz zum D.R.P. 464016.

Die Erfindung betrifft eine weitere Ausbildung des im Hauptpatent (s. vorstehend) beschriebenen Verfahrens und besteht darin, daß poröse oder mit einer porösen Schicht belegte durchlochte oder undurchlochte Spulen mit der im Hauptpatent beschriebenen wasserlöslichen Schicht umgeben werden. Durch Vereinigung dieser Maßnahmen wird eine Vergleichmäßigung des Fasergutes und eine erhöhte Waschwirkung erzielt.

Patentanspruch: Verfahren zum Waschen von auf durchlochte oder nicht durchlochte Spulen aufgespulter Kunstseide und anderen Erzeugnissen aus Zelluloselösungen nach Patent 464016, dadurch gekennzeichnet, daß poröse oder ganz oder teilweise mit einem porösen Belag versehene Spulen zur Aufnahme des Kunststoffes dienen, die mit einer ganz oder teilweise wasserlöslichen Schicht umgeben sind.

912. Dieselbe. Verfahren zum Waschen aufgespulter Kunstprodukte aus Zelluloselösungen.

D.R.P. 475035 Kl. 29a vom 15. II. 1925.

Um auch die Ränder aufgewickelter Spulen, welche auf der nicht durchlochten Spulenfläche liegen, säurefrei zu waschen, läßt man die Waschflüssigkeit zunächst von oben in die Spule eintreten; sodann wird die Spule um 180° gedreht. Die jetzt von unten eintretende Flüssigkeit wäscht dann auch den unteren Säurerand aus.

Patentanspruch: Druckwaschverfahren für auf durchlochte Spinnspulen aufgesponnene Erzeugnisse aus Zelluloselösungen bei gleichzeitiger Bemessung der Menge und des Druckes der jeder einzelnen Spule zugeführten Waschflüssigkeit, dadurch gekennzeichnet, daß die senkrecht angeordnete Spule während des Waschverfahrens um 180° gedreht wird.

913. Dieselbe. Verfahren und Vorrichtung zum Waschen von auf Spulen oder Walzen beliebiger Abmessungen aufgespulten Erzeugnissen aus Zelluloselösungen.

D.R.P. 466383 Kl. 29a vom 6. III. 1926; franz. P. 635680.

Im Gegensatz zu bekannten Verfahren, die Berieselung aufgesponnener Gespinste mittels Tropfrinnen vorzunehmen, besteht die Erfindung darin, daß man poröse Verteilungskörper anwendet. Über den besponnenen Walzen oder Spulen *a* (Fig. 533) sind die mit porösem Belag *c* versehenen Zuleitungsrohre *b* für die Waschflüssigkeit angeordnet, die zwecks feinster Tropfenbildung ausgezackt oder mit Ansätzen versehen sind, die auf dem Gespinst aufliegen. Durch Berührung der Spulen miteinander, die auch dargestellt ist, geht die Waschflüssigkeit durch die einzelnen Spulen ohne Tropfenbildung hindurch. Das Verfahren benötigt nur 20% der nach dem Berieselungsverfahren mit Tropfrinnen erforderlichen Menge Waschwasser und vermeidet das Abwaschen von Fäden an den Rändern.

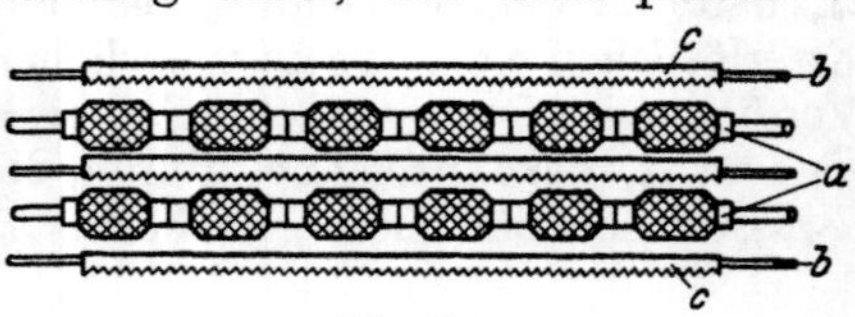

Fig. 533.

Patentansprüche: 1. Verfahren zum Waschen von auf Spulen oder Walzen beliebiger Abmessungen aufgespulten Erzeugnissen aus Zelluloselösungen, dadurch gekennzeichnet, daß die Waschflüssigkeit in feiner, kapillarähnlicher Verteilung verwendet wird, indem sie mittels poröser Verteilungskörper in feinster Tropfenbildung an die darunterliegenden Spulen weitergegeben wird.

2. Verfahren nach Anspruch 1, dadurch gekennzeichnet, daß die Waschflüssigkeit durch Vermittlung der sich unmittelbar berührenden Fadenschichten oder durch Vermittlung stoffüberzogener Verteilungs-

körper zur darunterliegenden Spule ohne Tropfenbildung weitergeleitet wird.

3. Vorrichtung zur Ausführung des Verfahrens nach Anspruch 1, gekennzeichnet durch Verteilungsrohre *b* aus Glas oder ähnlichem Stoff, welche durch einen an seinem unteren Ende geraden oder gezackten Stofflappen *c* nach oben und unten Anschluß an die darüber- und die darunterliegende Spule oder Walze *a* besitzen.

4. Vorrichtung zur Ausführung des Verfahrens nach Anspruch 3, gekennzeichnet durch einen porösen Verteilungskörper, welcher unten gerade oder gezackt gestaltet ist, auf welchen die Tropfen der darüberliegenden Spulen auffallen.

914. Dieselbe. (H. Rathert.) Behandlung künstlicher Fasern mit Flüssigkeiten.

Brit. P. 297000 vom 10. IX. 1928 (Prior. Deutschl. vom 10. IX. 1927); belg. P. 354117.

Das Entschwefeln oder Entkupfern, Bleichen, Säuern, Ölen, Färben usw. aus Zelluloselösungen hergestellter Kunstfasern wird ausgeführt durch Besprühen der in gezwirntem Zustande auf Spulen gewickelten Fäden mit Flüssigkeiten. Die Spulen können in Reihen übereinander angeordnet sein, wie in der deutschen Patentschrift 385077 (5. Aufl., S. 945) angegeben, um gleiche Temperatur in der Flüssigkeit zu gewährleisten. Die Spulen können gerauht oder gelocht oder geschlitzt sein, sie können aus porösem Stoff bestehen oder mit einem solchen Stoff überzogen sein. Nach der Behandlung kann überschüssige Flüssigkeit durch Schleudern, Saugen oder einen heißen Luftstrom entfernt werden.

915. Dieselbe. (H. Elling.) Verfahren zur Behandlung künstlicher Produkte aus Zelluloselösungen.

Brit. P. 297063 vom 13. IX. 1928 (Prior. Deutschl. vom 15. XI. 1927); belg. P. 354201.

Aus Zelluloselösungen erzeugte Kunstfäden werden bei Viskoseseide entschwefelt oder bei Kupferseide von ihrem Kupfergehalt befreit, gebleicht, gesäuert, gewaschen und gefärbt, während sie in gezwirntem Zustande auf porösen oder durchbrochenen Spulen aufgewunden sind. Die Behandlungsflüssigkeiten werden durch gelinden Druck, der durch eine Flüssigkeitssäule hervorgebracht wird, durch die Fäden geführt.

916. Dieselbe. Spule zum Waschen von Kunstseidefäden.

Belg. P. 352387 vom 25. VI. 1928.

Die Waschflüssigkeit durchdringt die poröse Spule von innen nach außen und geht dann durch die aufgewickelte Kunstseide. Die Porosität der Spule ermöglicht die Diffusion der Waschflüssigkeit nach allen Richtungen. Um jeden Verlust an Waschflüssigkeit zu verhindern, sind die Spulenenden innen mit einer Glasur versehen. (Zeichnung.)

Nach Linkmeyer.

917. C. R. Linkmeyer, Kirschau, Sachsen. Verfahren und Vorrichtung zur Naßbehandlung von ruhend aufgehängtem Strähngarn.

D.R.P. 469004 Kl. 29a vom 1. III. 1925.

Das Verfahren, das sparsamen Verbrauch der Behandlungsflüssigkeiten und schonende Behandlung des empfindlichen Materials bezweckt, besteht darin, daß nach jeder starken Berieselungsdurchtränkung der Strähne die Berieselung so lange an der betreffenden Stelle aussetzt, bis die Behandlungsflüssigkeit dort durch ihre eigene Schwerwirkung genügend abgelaufen ist. Durch das vollständige Ablaufen wird die Garnsträhne zur Aufnahme der Behandlungsflüssigkeit in ihrer ganzen Stärke besonders aufnahmefähig; es tritt eine Art Schwammwirkung ein. Ein weiterer Vorteil besteht darin, daß die Garnsträhne nicht dauernd mit der ganzen Schwere der Behandlungsflüssigkeit belastet wird, so daß ein Reißen der Kunstseide vermieden wird. Zur Ausführung dieses Verfahrens dient eine Vorrichtung, bestehend aus einem über dem Behandlungsgut *D* langsam hin und her bewegten Berieselungskasten *A* (Fig. 534), dessen Boden mit zwei in solchem Abstande voneinander angebrachten gelochten Blechstreifen S_1 S_2 versehen ist, daß der zweite Blechstreifen erst dann wieder einen bestimmten Teil der Garnsträhne berieselt, wenn diese beim Darübergehen des vollen Kastenbodens vollständig abgetropft ist. Durch die Berieselungen erfolgt ein vollständiges Auswaschen, so daß auch lange Zeit beanspruchende chemische Prozesse durchgeführt werden können. (6 Zeichnungen.)

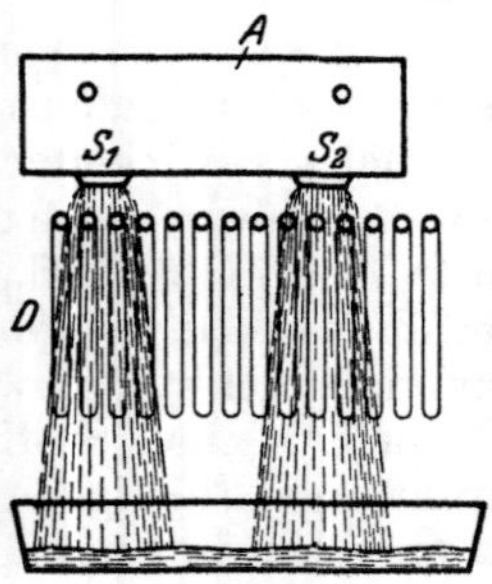

Fig. 534.

Patentansprüche: 1. Verfahren zur Naßbehandlung von ruhend aufgehängtem Strähngarn, insbesondere zum Nachbehandeln und Waschen von Kunstseide durch Berieseln, dadurch gekennzeichnet, daß die Berieselung der freihängenden Strähne absatzweise in solchen Zeitabständen erfolgt, daß nach jeder starken Berieselungsdurchtränkung der Strähne die Berieselung so lange an der betreffenden Stelle aussetzt, bis die Behandlungsflüssigkeit dort durch ihre eigene Schwere genügend abgelaufen ist.

2. Vorrichtung zur Ausführung des Verfahrens nach Anspruch 1, dadurch gekennzeichnet, daß über dem Behandlungsgut *D* Berieselungskästen *A*, deren Boden mit in Abstand voneinander angebrachten, zum Durchtritt der Behandlungsflüssigkeit durchlochten Streifen S_1, S_2 versehen ist, sich derart waagerecht bewegen, daß zwischen je zwei Berieselungen ein bestimmter Teil der Garnstränge beim Darübergehen des vollen Berieselungskastenbodens vollständig abtropfen kann.

3. Vorrichtung nach Anspruch 2, dadurch gekennzeichnet, daß die Förderung des Gutes unter den Berieselungskästen entlang durch auf

Gleisen laufende Wagen erfolgt, deren Rückführung zum Ausgangsort nach Entfernung des gewaschenen Gutes auf besonderen Gleisen oberhalb der Berieselungskästen geschieht.

Nach Brysilka Ltd.

918. Brysilka Ltd., Apperley Bridge bei Bradford, England. Als Fadenführer dienende Absäurerinne zum Absäuern, Waschen und Nachbehandeln von Kunstseidenfäden.

D.R.P. 450867 Kl. 29a vom 25. VI. 1926 (Prior. Engl. vom 2. VII. 1925); brit. P. 258375; belg. P. 334752; Ver. St. Amer. P. 1651229 (F. W. Schubert); franz. P. 618015.

Die vereinigte Führungs- und Querverschiebungsvorrichtung hat einen dreieckigen Teil *1* (Fig. 535 u. 536), der auf seinem Bodenteil mit Querrippen oder Wellungen *3* versehen ist, über welche der vom Trog *5*

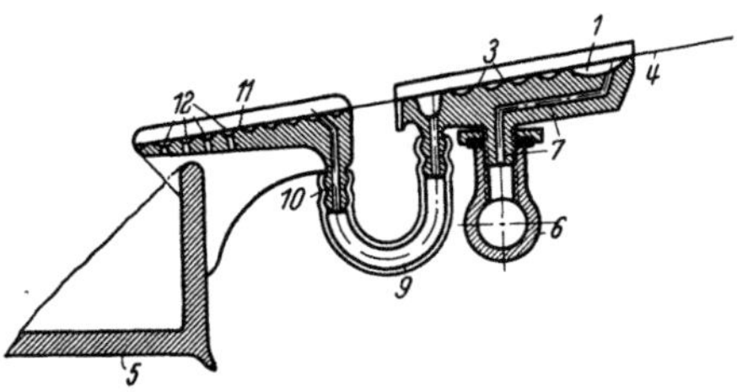

Fig. 535.

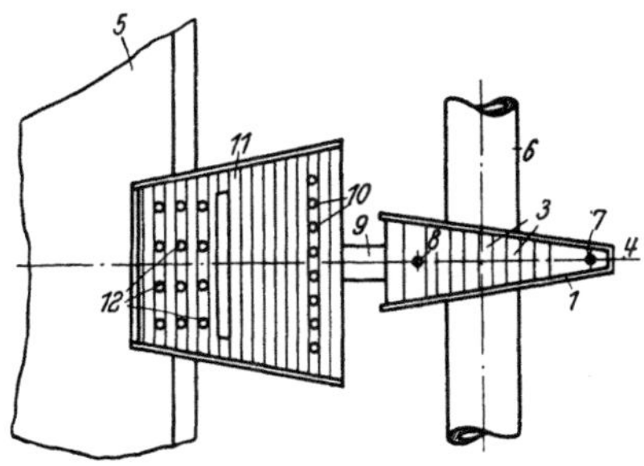

Fig. 536.

kommende Faden *4* geht. Vorrichtung *1* ist auf einem Rohr *6* angebracht, durch welches die Behandlungsflüssigkeit durch eine Einlaßöffnung *7* nach dem schmalen vorderen Ende des Teiles *1* zugeführt werden kann, so daß diese Flüssigkeit mit dem über die Rippen oder Wellungen *3* nach dem hinteren Ende des Teiles *1* laufenden Faden entgegen dessen Bewegungsrichtung in Berührung kommt. Auf diese Weise wird der Faden wiederholt mit reiner Flüssigkeit in Berührung gebracht. Das Rohr *6* wird durch eine beliebige Einrichtung hin und her bewegt, so daß den Teilen *1* die seitliche Bewegung in Übereinstimmung mit dem Aufwickeln der Fäden *4* erteilt wird. Von dem Teil *1* gelangt die Behandlungsflüssigkeit mittels eines Abflußrohres *8*, eines Schlauches *9* und eines Einlasses *10* nach dem zweiten gerippten Teil *11*, der auf seinem hinteren Ende mit Ablauföffnungen *12* versehen ist und auf die Vorderwand des Troges *5* aufgesteckt wird.

Patentanspruch: 1. Als Fadenführer dienende Absäurerinnen zum Absäuern, Waschen und Nachbehandeln von Kunstseidenfäden, dadurch gekennzeichnet, daß mehrere Absäure- und Waschrinnen körperlich voneinander getrennt und in Richtung des Fadenlaufes hintereinander angeordnet sind.

2. Absäurerinnen nach Anspruch 1, dadurch gekennzeichnet, daß die zugleich als Fadenführer dienende Rinne in bekannter Weise hin und her verschiebbar angeordnet ist, während die übrigen Rinnen örtlich fest angeordnet und in einer der Verschiebung der als Fadenführer dienenden Rinne entsprechenden Breite ausgeführt sind.

3. Absäurerinnen nach Anspruch 1 und 2, dadurch gekennzeichnet, daß die Rinnen durch biegsame Schläuche miteinander verbunden sind.

Nach Brysilka Ltd. und Schubert.

919. Brysilka Ltd. und F. W. Schubert, Apperley Bridge bei Bradford. Verfahren und Mittel zum Waschen und Konditionieren auf Spulen od. dgl. aufgewundener Kunstseide.

Brit. P. 274928 vom 29. III. 1926; franz. P. 630552; belg. P. 340531.

Die zu waschenden Spulen sind in Traggestellen aufgehängt, auf denen sie unter Tropftrögen im Gegenstrom zu der Waschflüssigkeit vorwärts bewegt werden. Aus den Tropftrögen läuft langsam Wasser an in Löchern steckenden Glasstäben ab, bereits gebrauchtes Waschwasser läuft auf die in die Vorrichtung eintretenden Spulen und reines Wasser auf die Spulen, die die Waschvorrichtung verlassen. Sind in einem Traggestell zwei untereinander versetzt liegende Reihen Spulen berieselt, so wird das Waschwasser in zwischen den Spulenreihen liegenden Trögen aufgefangen und wieder verwendet oder weggelassen. Die Traggestelle können durch Klauenkupplungen miteinander verbunden und dann durch die ganze Vorrichtung gezogen werden. An das Waschen wird das Konditionieren angeschlossen, eine dabei innegehaltene relative Feuchtigkeit von 83% wird als günstig für die mechanischen Eigenschaften der Kunstseide bezeichnet. (5 Zeichnungen.)

Nach Gladding und Sharpe.

920. E. K. Gladding, Buffalo, N.-Y., und Th. E. Sharpe, Old Hickory, Tenn. (Du Pont Rayon Comp. Inc. Buffalo). Behandlung von Kunstseide.

Ver. St. Amer. P. 1655097 vom 3. I. 1928, angemeldet 27. III. 1926.

Verfärbungen an Kunstseide beruhen auf der Anwesenheit von Metallen, besonders von Kupfer, die durch das Waschwasser auf die Kunstseide gelangen. Zur Beseitigung dieser geringen Metallmengen wird die Kunstseide mit einem löslichen Cyanid, z. B. Kalium- oder Natriumcyanid, behandelt. Um zu verhindern, daß geringe Mengen in der Kunstseide vorhandener Säure zur Bildung von Cyanwasserstoff Veranlassung geben, wird die Behandlung in Gegenwart von Alkali durchgeführt. Mit einem Bade mit 0,05—0,2% Cyanid und 0,05—0,1% Ammoniumhydroxyd bei 40° C genügt eine Behandlung der Spinnkuchen während 1 Minute. Man kann auch gleichzeitig mit einem entschwefelnden Mittel und mit einem Cyanid behandeln.

Nach Kohorn & Co. und Perl.

921. O. Kohorn & Co. und A. Perl, Wien. Vorrichtung zum Naßbehandeln von Strähnen aus Textilstoffen, insbesondere aus Kunstseide.

D.R.P. 481247 Kl. 29a vom 21. VII. 1926; österr. P. 110396; franz. P. 637779.

Die im Bereich je eines umlaufenden Rollenpaares *3, 3', 4, 4'* ... (Fig. 537) befindlichen Stangen *1*, an denen in bekannter Weise die Strähne aufgehängt sind, werden durch Doppelhebel *2* mit am oberen Ende angebrachten Hubgabeln *14* und am unteren Ende befindlichen Führungen *28* derart auf das nächste Paar weitergeschaltet, daß dieser Transport absatzweise erfolgt und die Zeit des Transports wesentlich kürzer ist als die Zeit, während welcher sich die Stange *1* auf den Rollen befindet. Die zwischen den im gleichen Sinne umlaufenden Rollen *3, 3'* befindlichen Tragstangen *1* werden mitgenommen, während die Tragstangen auf den entgegengesetzt umlaufenden Rollen *4, 4'* auf Haltern zur Auflage gebracht werden, die die Stangen außer Berührung mit den umlaufenden Rollen halten. Die Doppelhebel *11* sitzen drehbar auf der gemeinsamen Antriebsschiene *10*, die absatzweise kreisbogenförmige Bewegungen macht. Schiene *10* wird von Exzentergetrieben *12* bewegt, die absatzweise je eine volle Umdrehung machen. Es wird auf die Patentschrift verwiesen.

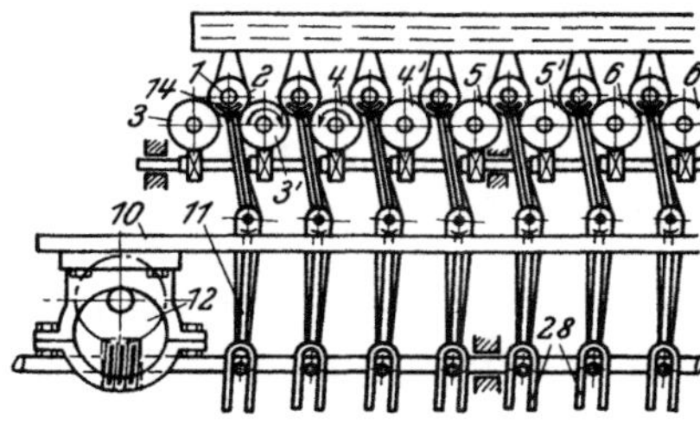

Fig. 537.

Nach Spinnstoffwerk Glauchau Akt.-Ges. und Voss.

922. Spinnstoffwerk Glauchau Akt.-Ges. und Heinrich Voss, Glauchau i. Sa. Verfahren zum Waschen von auf gelochte Hülsen aufgewickelten Kunstseidenfäden.

D.R.P. 466385 Kl. 29a vom 13. XI. 1926; brit. P. 280519; belg. P. 345583; franz. P. 642645; schweiz. P. 129532.

Die nach dem bisherigen Verfahren zum Waschen auf gelochte Hülsen aufgewickelter frisch gesponnener Kunstseidenfäden erforderliche Waschdauer von 2—3 Stunden kann erheblich, beispielsweise auf 20 bis 25 Minuten, herabgesetzt werden, wenn man außer der Waschflüssigkeit Luft oder andere Gase bzw. Dämpfe hindurchsaugt.

Man setzt die Hülsen nicht in der bisherigen Weise in mit der Waschflüssigkeit gefüllte Kästen, sondern man wendet Vorrichtungen an, die dauernd oder vorübergehend den Durchtritt von Luft, Gasen oder Dämpfen zur Unterstützung der Waschflüssigkeit ermöglichen.

Dies kann z. B. so erfolgen, daß man die bewickelten Hülsen in dünner Lage mit der Waschflüssigkeit berieselt oder bestäubt. Dabei wird infolge der dünnen Lage oder der Verteilung der Waschflüssigkeit in feine Tropfen der Außenluft oder bei Anwendung geschlossener, mit Gasen oder Dämpfen gefüllter Räume den Gasen oder Dämpfen Gelegenheit gegeben, gleichzeitig mit der Waschflüssigkeit durch die Fadenschicht zu dringen. Oder man kann die Hülsen zeitweilig und in mehr oder weniger oft wiederholten Perioden mit der Waschflüssigkeit benetzen, etwa durch Eintauchen, Berieseln oder Bestäuben, und zwischendurch Luft, Gase oder Dämpfe hindurchsaugen. An Stelle des Durchsaugens kann auch ein Durchdrücken zur Anwendung gelangen, und zwar entweder von innen nach außen oder von außen nach innen. Jedoch ist das Verfahren des Durchsaugens aus bekannten Gründen besonders einfach. Der Vorteil des Verfahrens liegt offenbar darin, daß durch die in Verbindung mit der Waschflüssigkeit hindurchtretenden Gase oder Dämpfe eine erheblich schnellere Durchdringung der Fadenlage ermöglicht und insbesondere die Entfernung gasförmiger Schwefelkohlenstoffderivate od. dgl. günstig beeinflußt wird. In den Fällen, wo die gesponnenen Fäden Säuren enthalten, ist es vorteilhaft, neutralisierende Gase, z. B. Ammoniak, zu verwenden. Durch das Verfahren läßt sich die Menge der erforderlichen Waschflüssigkeit einschränken. Man kann das Verfahren derart ausführen, daß man Dämpfe von Waschflüssigkeit, wie beispielsweise von Alkohol oder Aceton, allein oder in Mischung mit Luft oder anderen Gasen, durch die aufgewickelten Kunstseidenfäden hindurchtreten läßt, wobei infolge der Berührung der Dämpfe mit den Fasern der Dampf zur Flüssigkeit kondensiert wird. In dieser Weise braucht man nicht eine besondere Waschflüssigkeit zu verwenden.

Patentansprüche: 1. Verfahren zum Waschen von auf gelochte Hülsen aufgew ckelten Kunstseidenfäden aller Art, dadurch gekennzeichnet, daß man außer der Waschflüssigkeit bzw. in Verbindung mit derselben Luft, Gase oder Dämpfe zwangläufig durch die Fadenlagen hindurchsaugt oder drückt.

2. Verfahren nach Anspruch 1, dadurch gekennzeichnet, daß die bewickelten Hülsen in dünner Lage mit der Waschflüssigkeit berieselt oder bestäubt werden, wobei gleichzeitig Luft, Gase oder Dämpfe zwangläufig durch die Fadenlagen gesaugt oder gedrückt werden.

3. Verfahren nach Anspruch 1, dadurch gekennzeichnet, daß die bewickelten Hülsen abwechselnd mit der Waschflüssigkeit durch Tauchen, Berieseln oder Bestäuben benetzt und in den Zwischenzeiten dem zwangläufigen Durchtritt von Luft, Gasen oder Dämpfen ausgesetzt werden.

4. Verfahren nach Anspruch 1—3, dadurch gekennzeichnet, daß ausschließlich oder zusätzlich Dämpfe zur Anwendung gelangen, die sich während des zwangläufigen Hindurchtretens ganz oder teilweise zu Flüssigkeit kondensieren, so daß die Verwendung einer besonderen Waschflüssigkeit überflüssig wird.

923. Spinnstoffwerk Glauchau Akt.-Ges., Glauchau i. Sa. Vorrichtung zum Waschen auf Hülsen gewickelter Fäden.

D.R.P. 478580 Kl. 29a vom 22. I. 1927; brit. P. 283950; belg. P. 347712.

Die Erfindung besteht darin, daß eine größere Zahl zu waschender, mit Garn bewickelter Hülsen in einem Gestell aufgenommen wird, das derart drehbar angeordnet ist, daß die Hülsen vorübergehend mit der Waschflüssigkeit in Berührung kommen, wobei durch eine an das Gestell angeschlossene Vakuumleitung die Waschflüssigkeit sowie die umgebende Luft (Gas, Dämpfe) durch die Fadenlagen hindurchgesaugt wird. Dabei wird die Saugleitung zentral an ein Mittelstück des Gestelles unter Verwendung einer Stopfbüchse angeschlossen, so daß sie selbst feststeht, während das Gestell sich dreht. Die Hülsen, die ihrerseits durchlässig ausgebildet sind, können einzeln von dem Gestell aufgenommen werden. Vorteilhaft werden sie aber zu einzelnen Gruppen vereinigt, indem man sie auf Stäbe oder Rohre unter Zwischenschaltung, von Dichtungsringen aufreiht. Alsdann werden diese Gruppen, ebenfalls unter Verwendung von Abdichtungen, in dem Gestell untergebracht. Dies geschieht z. B. radial, also sternförmig, oder parallel zur Achse, also zylindrisch, oder kegelförmig. Besonders günstig ist es, die Hülsengruppen hyperboloidförmig anzuordnen, so daß ein walzenähnliches Gebilde entsteht, in dem die einzelnen Hülsen beim Umlauf der Vorrichtung ihre Schräglage zur Horizontalen stetig ändern. Dies ergibt den Vorteil, daß die durch die Fadenlagen gesaugte Flüssigkeit bei richtig gewählter Drehrichtung und Umdrehungsgeschwindigkeit seitlich abfließen kann. Eine baulich einfache Anordnung ergibt sich, wenn man auf der einen Seite einer Welle eine Kammer anordnet, welche in ihrer Mitte den Anschluß an eine Vakuumleitung, außen aber schrägliegende Anschlüsse für hyperboloidförmig gelagerte Hülsengruppen enthält. Die aus den Hülsen in die Kammer eintretende Waschflüssigkeit wird durch Heberwirkung oder durch in der Kammer angeordnete Schöpfwände nach außen abgezogen. Gegenüber der Kammer wird gewöhnlich eine einfache Stütze für die Hülsengruppen in Gestalt einer mit Ausschnitten oder Durchbrechungen versehenen Scheibe angeordnet. Statt dessen kann auch eine zweite gleichartige Kammer vorgesehen werden. Unterhalb des Gestelles ist die Waschflüssigkeit in einem Trog angeordnet, in welchen die Hülsen bei jeder Umdrehung einmal eintreten. Die Befeuchtung der Hülsen kann jedoch auch in anderer Weise periodisch erfolgen, beispielsweise durch Berieseln oder Bestäuben.

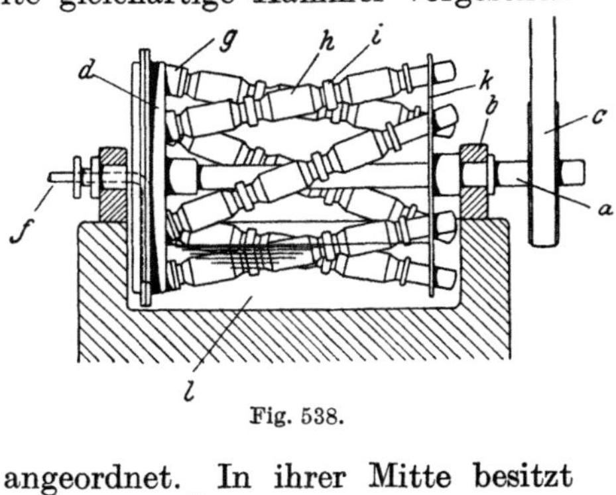

Fig. 538.

Auf der Welle *a* (Fig. 538), die in den Lagern *b* ruht, und durch den Riementrieb *c* gedreht wird, ist die Kammer *d* angeordnet. In ihrer Mitte besitzt sie eine durch Stopfbüchse abgedichtete Öffnung für die Saugleitung *f*. Sie ist im Innern der Kammer *d* nach unten gekrümmt, so daß sie die in die Kammer einströmende Waschflüssigkeit heraussaugt. Außen herum sind an der Kammer schräge Anschlüsse *g* vorgesehen, gegen welche die zu Gruppen zusammengefaßten Hülsen *h*, die gegeneinander und gegen ihre Enden durch Dichtungen *i* nach außen hin abgedichtet sind, anliegen. An ihrem anderen Ende sind die Hülsengruppen in der mit Aussparungen versehenen Wand *k* gelagert. Das ganze Gestell läuft über dem mit der Waschflüssigkeit gefüllten Trog *l* um. Durch die schräge Lage der Hülsen beim Austritt aus dem Trog ist der Waschflüssigkeit Gelegenheit gegeben, nach der Kammer *d* hin abzufließen.

Patentansprüche: 1. Vorrichtung zum Waschen auf Hülsen gewickelter Fäden, insbesondere Kunstseide, gekennzeichnet durch ein drehbares, an eine Saugleitung *f* angeschlossenes Gestell, welches die in ihm untergebrachten bewickelten Hülsen *h* zeitweilig in den Bereich einer Waschflüssigkeit bringt.

2. Vorrichtung nach Anspruch 1, gekennzeichnet durch eine Kammer *d*, die in der Mitte Anschluß an eine Saugleitung *f* und außen am Umfang Anschlüsse für die zu Gruppen zusammengefaßten Hülsen *h* enthält.

3. Vorrichtung nach Anspruch 1 oder 2, dadurch gekennzeichnet, daß um eine Welle *a* die zu Gruppen zusammengefaßten Hülsen *h* hyperboloidförmig, kegelförmig, zylindrisch oder sternförmig so angeordnet sind, daß die in die Hülsen *h* eintretende Waschflüssigkeit seitlich abfließen kann.

4. Vorrichtung nach Anspruch 1 oder 3, dadurch gekennzeichnet, daß das Gestell über einem Trog *l* umläuft, der die Waschflüssigkeit enthält.

Nach Sindl.

924. O. Sindl. Verfahren und Einrichtung zum nachträglichen Behandeln von Gespinstfäden, besonders Kunstseide in Strängen.

Belg. P. 348557 vom 3. II. 1928 (Prior. Deutschl. vom 5. II. 1927); finn. P. 12438 (The Nuera Artificial Silk Co. Ltd.); franz. P. 648098; österr. P. 115815; schweiz. P. 132586.

Bei der Nachbehandlung von Kunstseide in Strangform bringt man bisher die auf Stäben hängenden Stränge einzeln zu den Entschweflungs-, Bleich- und Nachbehandlungsbädern. Das führt leicht zu Beschädigungen der Faser. Nach der Erfindung werden die Stäbe mit den Strängen auf oder in Rahmen angeordnet, die dann im ganzen den einzelnen Bädern zugeleitet werden, ohne daß während der verschiedenen Handhabungen oder während des Transports der zu behandelnden Stränge ein Umchargieren nötig ist. Die Rahmen bestehen aus Kunstharz oder einer Mischung von Kunstharz mit Faserstoffen oder aus Metall, das mit Kunstharz überzogen ist. (2 Zeichnungen.)

Nach Nuera Art. Silk Company.

925. The Nuera Art. Silk Company Ltd., Sutton Oak, Lancashire. Vorrichtung zum Naßbehandeln von Strähngarn, das für das Umziehen auf abwechselnd hin und her gedrehten Garnträgern hängt.

D.R.P. 471017 Kl. 8a vom 8. II. 1927; belg. P. 348659 (O. Sindl).

Erfindungsgemäß wird das Bilden von Wassersäcken verhindert, und es werden einfache, billige, glatte, runde, leicht auswechselbare

Tragstäbe von überall gleichem Durchmesser in einer ebenfalls einfachen und billigen Vorrichtung verwendet. Daher werden die Tragstäbe im Sinne der Erfindung nicht einer im üblichen Sinne vollendeten Drehbewegung unterworfen, sondern es wird die absatzweise erfolgende rückläufige Bewegung mit der Drehbewegung vereinigt, so daß die Stäbe zwar einen geschlossenen Kreis im Sinne des ,,Umziehens" durchlaufen, jedoch nicht in stetiger, sondern in vor- und rückwärts pendelnder Bewegung. Auf diese Weise ist eine fortlaufende Drehbewegung mit einer fortlaufenden Pendelbewegung vereinigt, wodurch das Umziehen bewerkstelligt wird und gleichzeitig die Bildung von Wassersäcken ausgeschlossen ist.

Fig. 539.

Von einer gemeinsamen Triebwelle *1* (Fig. 539) werden z. B. mittels Schnecken *2* die Räder *3* angetrieben, die mittels Kurbeln *4* und geeignet geführtem Gelenkhebelgestänge *5* je eine Schaltschiene *6* in hin und her gehende Bewegung versetzen. Die zwischen diesen Schaltschienen *6* geeignet drehbar, z. B. in Lagerwangen *7* (Fig. 540), gelagerten Tragstäbe *8* der unten geeignet, z. B. durch eine Stange *10*, beschwerten Garnsträhne *9* od. dgl. werden von den hin und her gehenden Schaltschienen *6* in absatzweise Drehbewegung versetzt, indem die geeignet unterbrochenen Druckleisten *11* unter der Wirkung von Druckrollen *12* gegen die Stäbe *8* mit ihren zweckmäßig elastischen Reibflächen *13* gepreßt werden.

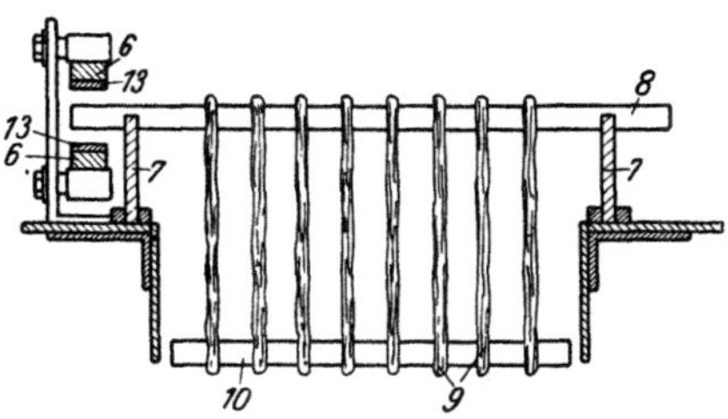

Fig. 540.

Patentansprüche: 1. Vorrichtung zum Naßbehandeln von Strähngarn, das für das Umziehen auf abwechselnd hin und her gedrehten Garnträgern hängt, dadurch gekennzeichnet, daß die Garnträger als glatte gleichmäßig zylindrische Tragstäbe *8* ausgebildet sind und ihre hin und her gehende Drehbewegung durch zwei an ihnen anliegende, von unten und oben durch von Druckrollen *12* mit Druckschienen *11* angepreßte, hin und her bewegte, mit elastischem Belag *13* versehene Reibschienen erhalten.

2. Vorrichtung nach Anspruch 1, dadurch gekennzeichnet, daß die Drehbewegung der Tragstäbe *8* in der einen Drehrichtung mit größerem Winkelausschlag als in der anderen Drehrichtung erfolgt.

926. Dieselbe. Verfahren und Vorrichtung zur Herstellung von Kunstfäden nach dem Spulenspinnverfahren.

D.R.P. 475247 Kl. 29a vom 16. XI. 1927; brit. P. 297618.

Durch das vorliegende Verfahren soll der künstliche Faden bereits auf der Spinnmaschine vollständig ausgewaschen werden. Dadurch wird einmal erreicht, daß man mit Fällbädern beliebig hoher Säuredichte spinnen kann, und daß man sich ferner hinsichtlich der Weiterverarbeitung des künstlichen Fadens nach dem eigentlichen Spinnen, also hinsichtlich des Trocknens, Zwirnens, Haspelns usw., keinerlei Beschränkungen aufzuerlegen braucht, da der nunmehr saubere Faden, wie er sich auf der von der Spinnmaschine kommenden Spule befindet, sogleich den Nachbehandlungen (Bleichen, Entschwefeln, Zwirnen) unterworfen werden kann.

Das Verfahren kennzeichnet sich im wesentlichen dadurch, daß der aus der Fällflüssigkeit austretende Kunstfaden auf eine Spule aufgewickelt wird, die umläuft und gleichzeitig eine Auf- und Abbewegung macht, so daß sich die Spule abwechselnd innerhalb und außerhalb des Waschbades befindet.

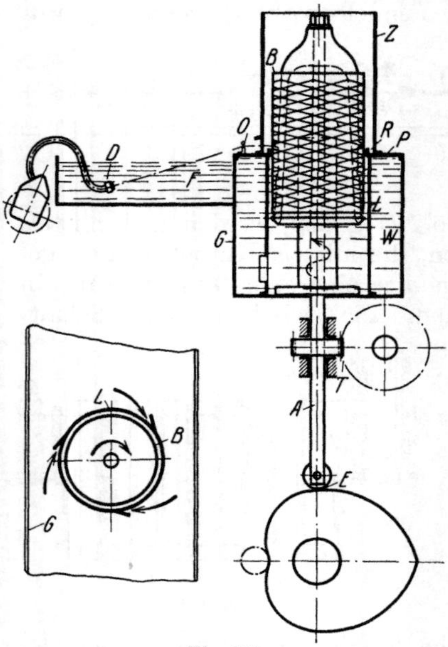

Fig. 541.

In Fig. 541 ist die Vorrichtung zur Ausführung des Verfahrens in einem Beispiel dargestellt. Der aus einer Düse *D* austretende Strahl der Spinnlösung geht in bekannter Weise durch ein Fällbad *F* und eine Fadenführungsöse *O* und von dort auf die Spule *B*, die um eine senkrechte Welle *A* umläuft und gleichzeitig eine Auf- und Abbewegung macht, so daß der in der Öse *O* festgehaltene Faden sich auf die Spule in der Form aufwickelt, wie dies bei den bekannten Spulenspinnmaschinen üblich ist. Zur Erzeugung der Drehbewegung dient z. B. ein Getriebe *T* und zur Auf- und Abbewegung der Welle *A* ein Exzenterrollentrieb *E*. Bei der Auf- und Abbewegung wird die Spule *B* bei jedem Hub einmal vollständig aus dem Waschbade *W* herausgehoben und das andere Mal wieder untergetaucht. Beim Austreten der umlaufenden Spule aus dem Waschbade *W* wird durch die Schleuderkraft die den Fadenlagen anhaftende Badflüssigkeit und damit die dem Faden anhaftende Säure kräftig abgeschleudert.

Wird nun dafür gesorgt, daß die abgeschleuderte Badflüssigkeit nicht wieder in das Waschbad *W* zurückfallen kann, so erreicht man, daß die dem Faden anhaftenden, im Waschbad *W* stark verdünnten Reste von Säure oder sonstiger Fällflüssigkeit bei der oftmaligen Wiederholung dieses Vorganges endlich vollständig vom künstlichen Fadengebilde entfernt werden. Unterstützt wird die starke Verdünnung durch die beim Eintauchen der Spulen und ihrem gleichzeitigen Umlaufen in der Badflüssigkeit *W* hervorgerufene Durchwirbelung. Eine allzu heftige Bewegung der Badflüssigkeit *W* wird dadurch vermieden, daß in das Gefäß *G* Leitflächen *L* eingebaut werden, die einer gewissen Schicht des Bades ein Mitumlaufen ermöglichen und dadurch allzu hohe relative Geschwindigkeit zwischen Fadenlage und Badflüssigkeit *W* vermeiden. Die Leitflächen können in der Weise angeordnet sein, daß im Umfang des Zylinders *L* an verschiedenen Stellen kleine Flächen bis auf einen kleinen, den Zusammenhang wahrenden Teil, herausgeschnitten und in waagerechter Ebene tangential gebogen werden, wie dies aus der Querschnittsdarstellung zu ersehen ist. Beim Drehen der Aufwickelspule *B* in der Pfeilrichtung wird sodann die Flüssigkeit am Umfang der Spule mitgerissen, und in weiterer Folge tritt dann auch ein Einströmen von Flüssigkeit aus dem äußeren Ringumfang *W* durch die an den Leitflächen vorhandenen Schlitze ein. Die Waschflüssigkeit selbst, welche sich immer mehr mit Fällflüssigkeit anreichern würde, muß fortlaufend erneuert werden. Um ein Zurückfallen des beim Austreten der Spulen aus dem Bade *W* abgeschleuderten Gemisches von Badflüssigkeit und Rückständen der Fällflüssigkeit zu verhindern, wird das Bad *W* mit einer Ringplatte *P* abgedeckt. Außerdem kann, um Belästigung des Bedienungspersonals zu vermeiden, um die Spule *B* noch ein abnehmbarer Schutzzylinder *Z* gestülpt werden. Die vom Schutzzylinder *Z* auf die Platte *P* herunterrinnende Flüssigkeit wird z. B. in einer Rinne *R* abgeleitet.

Patentansprüche: 1. Verfahren zur Herstellung von Kunstfäden nach dem Spulenspinnverfahren, dadurch gekennzeichnet, daß der aus der Fällflüssigkeit austretende Kunstfaden auf eine Spule aufgewickelt wird, die abwechselnd innerhalb und außerhalb eines Waschbades umläuft, so daß die vom Faden mitgeführte Fällflüssigkeit im Waschbade verdünnt und außerhalb des Waschbades abgeschleudert wird.

2. Vorrichtung zur Ausführung des Verfahrens nach Anspruch 1, gekennzeichnet durch im Waschbade *W* angeordnete Leitflächen *L*, die ein Mitumlaufen eines Teiles der Waschflüssigkeit mit der Spule ermöglichen.

3. Vorrichtung zur Ausführung des Verfahrens nach Anspruch 1 oder 2, dadurch gekennzeichnet, daß das Waschbad *W* mit einer Ringplatte *P* abgedeckt ist.

4. Vorrichtung zur Ausführung des Verfahrens nach Anspruch 1 bzw. den Unteransprüchen, dadurch gekennzeichnet, daß die Drehspule *B* außerhalb des Waschbades von einem Schutzmantel *Z* umgeben ist.

5. Vorrichtung zur Ausführung des Verfahrens nach Anspruch 1, dadurch gekennzeichnet, daß die Auf- und Abbewegung der Spulenachse zum Ein- und Austauchen der umlaufenden Spule mittels eines Exzenterrollentriebes *E* herbeigeführt wird.

Nach Donagemma.

927. G. Donagemma, Mailand. Apparat zum Waschen, Entschwefeln und Bleichen von Kunstseide, die auf Aluminiumspulen aufgewickelt ist.

Belg. P. 348747 vom 10. II. 1928 (Prior. Ital. vom 15. II. und 19. VIII. 1927); franz. P. 648622.

Die gelochten Spulen sind mit Deckeln versehen und werden in einem Behälter übereinander gesetzt. Zwischen den einzelnen Spulen befinden sich Gummiringe als Dichtungen. Unter jeder Spulensäule sind im Boden des Gefäßes Öffnungen, an die die Saugleitung für das durch die Spulen durchzusaugende Wasser angeschlossen ist. (6 Zeichnungen.)

Nach Schoenfeld.

928. M. Schoenfeld, Zürich. Vorrichtung zum Naßbehandeln von Textilfäden, insbesondere von Kunstseidenfäden.

D.R.P. 466896 Kl. 29a vom 4. III. 1927; brit. P. 298721; franz. P. 630078.

Bei den bisher verwendeten Spulen mit veränderlichem Umfang, die durch eine Ein- und Auswärtsbewegung von Tragstäben bewirkt wurde, hat das auf den Tragstäben aufliegende Textilgut keinen genügenden Schutz gegen Gleiten der Bewicklung beim Drehen des Tragkörpers, wodurch leicht Beschädigungen stattfinden. Dieser Nachteil wird dadurch vermieden, daß die lockere Bewicklung infolge Auswärtsbewegung einer als Tragkörper dienenden Spule nur zum Teil vom Spulenmantel abgehoben wird, wobei zwischen Spulenmantel und Bewicklung ein Leerraum zum Eindringen der Behandlungsflüssigkeit gebildet wird. Zu diesem Zweck hat die gelochte Spulentrommel *1* (Fig. 542) sechs auf dem Umfang verteilte Längsschlitze für den Durchtritt je eines Längsstabes *2*, der zur Sicherung an der Innenseite der Trommel eine Sohle und an der Außenseite einen Vorsprung hat und in den Längsschlitzen radial verschiebbar ist. Man wickelt die Fäden zunächst bei auswärts eingestellten Längsstäben auf die Trommel.

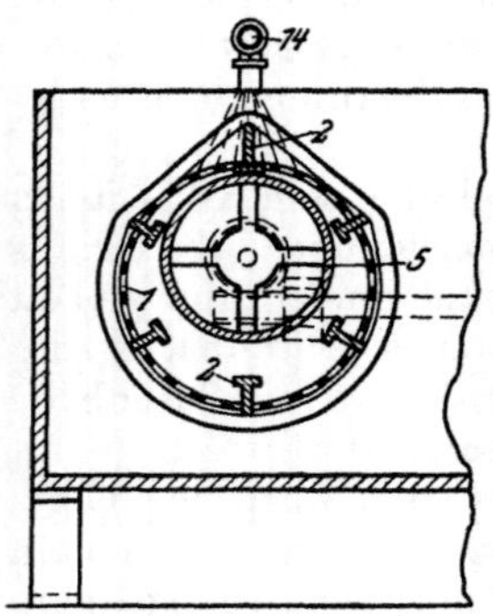

Fig. 542.

Nach Freigabe der Längsstäbe *2* wird die Bewicklung gelockert, so daß sie auf der Spulentrommel *1* aufliegt. Die Trommel *1* wird nun auf einen Zylinder *5* aufgeschoben und infolge Adhäsion von dem angetriebenen Zylinder mitgedreht. Die Längsteile *2* kommen nacheinander mit der Spulentrommel in Berührung und werden von ihr vorübergehend radial auswärts bewegt. Hierbei entsteht zwischen der streckenweise von der Spulentrommel abgehobenen Bewicklung und der Trommel ein Hohlraum, der am größten ist, wenn der einzelne Längsstab *2* sich senkrecht unter der Flüssigkeitszuleitung *14* befindet. Die aus Löchern der Leitung *14* ausströmende Flüssigkeit kann dabei die Bewicklung vollständig durchdringen oder umspülen. Die Bildung des oben beschriebenen Hohlraumes zwischen Spulenmantel und Bewicklung kann auch durch Auswärtsbewegung der Längsteile in der Tieflage erfolgen, wenn man die Bewicklung mit ihrem unteren Teil in eine Flüssigkeit eintauchen läßt.

Patentansprüche: 1. Vorrichtung zum Naßbehandeln von Textilfäden, insbesondere von Kunstseidenfäden, dadurch gekennzeichnet, daß die lockere Bewicklung der Textilfäden infolge Auswärtsbewegung auf einer als Tragkörper dienenden Spule nur teilweise vom Spulenmantel abgehoben wird, wobei an der Abhebestelle zwischen Spulenmantel und Bewicklung ein Hohlraum gebildet wird zwecks Ermöglichung des Durchdringens der Behandlungsflüssigkeit durch die Bewicklung.

2. Vorrichtung nach Anspruch 1, dadurch gekennzeichnet, daß an der Spule *1* in an sich bekannter Weise Längsstäbe *2* vorgesehen sind, welche die Bewicklung beim Drehen der Spule durch radiales Auswärtsbewegen streckenweise vom Spulenmantel abheben.

3. Vorrichtung nach Ansprüchen 1 und 2, dadurch gekennzeichnet, daß das Auswärtsbewegen der einzelnen Längsstäbe *2* aus dem Spulenmantel heraus durch Auflaufen dieser Stäbe auf einen Auflagekörper *5* bewirkt wird, der ortsfest und zur Spule *1* zentrisch, oder drehbar und zur Spule *1* exzentrisch sein kann.

Nach Althoff.

929. W. Althoff, Bockenem am Harz. Waschapparat für auf Spulen aufgewickeltes Fasergut.

Brit. P. 286512 vom 16. V. 1927; belg. P. 349265 (Prior. Deutschl. vom 16. IV. 1927).

Die auf Spulen *m* (Fig. 543) aufgewickelten Fäden werden in einem Behälter *d* gewaschen. Die Spulen stehen auf Löchern *i* des falschen Bodens *c* und sind oben durch Platten *p* verschlossen. Mehrere übereinandergesetzte Spulen sind durch Packringe *o* getrennt. Die Löcher *i* in dem falschen Boden sind von Gummiringen *k* umgeben. Behälter *d* und falscher Boden *c* sind mit Gummi ausgekleidet, der falsche Boden ruht auf Tragbrücken auf, unten an dem Behälter ist ein Flüssigkeitsablauf vorgesehen. Der falsche Boden kann mit dem Behälter verbunden sein.

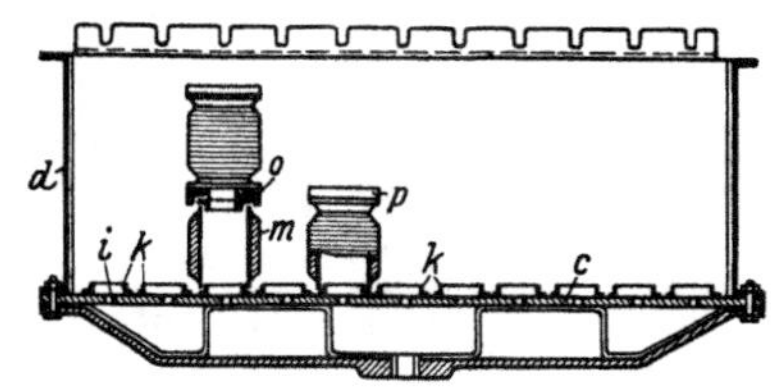

Fig. 543.

Nach Borvisk Syndicate Ltd.

930. Borvisk Syndicate Ltd. Verfahren zur Herstellung gebleichter und fleckenfreier Kunstseideprodukte.

Franz. P. 654255 vom 10. X. 1927.

Flecken in Kunstseiden, Banden und milchige Stellen, die sich besonders nach dem Trocknen zeigen, lassen sich dadurch vermeiden, daß man den Entschweflungsbädern für Viskoseseide, den Denitrierbädern für Nitroseide oder den Entkupferungsbädern für Kupferseide Stoffe zusetzt, welche Schmutz wegzulösen vermögen. Solche Stoffe sind sulfonierte pflanzliche Öle, ferner Netz- und Reinigungsmittel, wie Monopolöl, Avirol, Flerhenol, Cycloran, Tetracarnit, Tetrol,

Verapol u. a. m. Bei Viskose ist es in gewissen Fällen notwendig, dem Entschweflungsbade mit Öl oder Seife ein zweites normales Entschweflungsbad ohne Öl oder Seife folgen zu lassen. Man behandelt z. B. Viskoseseide in einem 0,5—1 proz. Schwefelnatriumbade, welchem 0,5% Cycloran zugesetzt sind. Die Badtemperatur ist etwa 50°. Danach behandelt man in einem 1—2 proz. Schwefelnatriumbade ebenfalls bei 50°.

Nach Maschinenfabrik Schweiter Akt.-Ges.

931. Maschinenfabrik Schweiter Akt.-Ges., Horgen. Behandlung von Kunstseidefäden mit Flüssigkeiten.

Brit. P. 304310 vom 17. XII. 1928 (Prior. vom 19. I. 1928); belg. P. 362087.

In Kreuzwicklung mit Kunstseide bewickelte Spulen werden mit Wasch-, Bleich- und Färbeflüssigkeiten behandelt unter automatischer Umkehrung des Flüssigkeitsstromes. Mehrere Spulen *f* (Fig. 544) sind auf einer gelochten Röhre *g* angeordnet; sie werden durch den Deckel *c* zusammengepreßt und sind durch Ringe *i* getrennt. Die Flächen dieser Ringe sind konvex oder konkav, um die inneren oder äußeren Fadenlagen oder auch beide stärker zusammenzudrücken. Die Ringe *i* haben ferner Drahtkäfige *k*, um zu verhindern, daß die zusammengepreßten

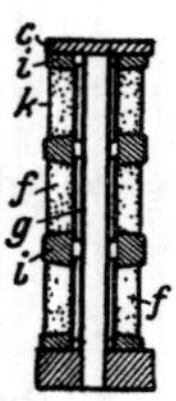

Fig. 544.

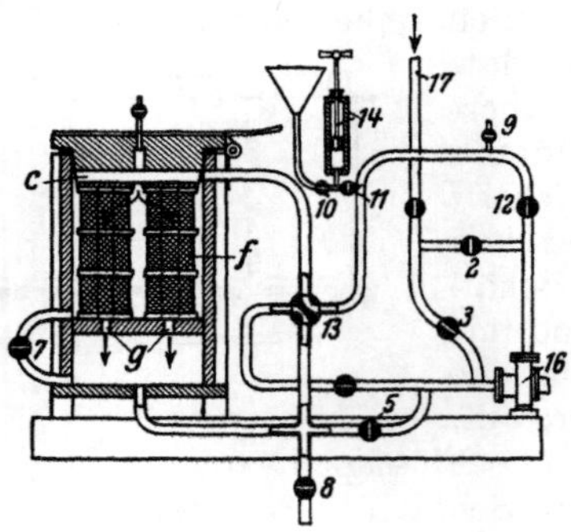

Fig. 545.

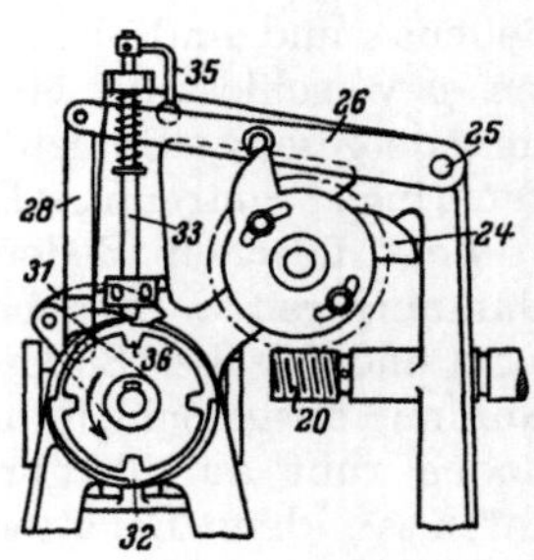

Fig. 546.

Spulen sich nach außen ausbiegen. Flüssigkeit wird durch Schwerkraft mittels des Rohrs *17* (Fig. 545) zugeführt, bis die Luft durch *8* und *9* ausgetrieben ist, dann schließt man *8* und *9* und setzt die Umlaufpumpe *16* in Gang. Mit dem Pumpenantrieb gekuppelt ist ein Mechanismus, der den Zweiweghahn *13* nach und nach Vierteldrehungen machen läßt. Dieser Mechanismus besteht aus einem Schneckenrad *20* (Fig. 546), das langsam umläuft und einstellbare Nocken *24* in Umdrehung versetzt, die den um *25* schwingenden Hebel *26* heben und senken. *25* ist über *28* mit der Sperrklinke *31* verbunden, die in das Sperrad *32* eingreift. Das Sperrad wird bei jeder Vierteldrehung durch einen unter Federwirkung stehenden Stab *33* gesperrt, der in die Vertiefungen *36* eingreift und bei Beginn jeder Vierteldrehung durch den Arm *35* des Hebels *26* angehoben wird. Durch die Pumpe *14* werden Chemikalien zugeführt, nachdem Ventil *10* geschlossen und *11* geöffnet ist. Auch Ventil *7* wird geschlossen, damit nicht unvollständig gemischte Lösungen in Umlauf kommen.

Nach Hölkenseide G. m. b. H.

932. Hölkenseide G. m. b. H., Barmen. Verfahren zur Entfernung der bei der Kunstseidenherstellung nach dem Streckspinnverfahren durch das Reißen von Kapillarfäden entstehenden Verdickungen oder Knötchen.

D.R.P. 458270 Kl. 29a vom 27. X. 1926, Zusatz zum D.R.P. 397857; brit. P. 279791.

Eine weit bessere Wirkung der nach dem D.R.P. 397857 (s. 5. Aufl., S. 957) angewandten Rollen sowie ein größeres Lockern der Kunstseide kann dadurch erreicht werden, daß die frisch gesponnene und feuchte Kunstseide zunächst getrocknet und für die Behandlung wieder angefeuchtet wird. Die durch die Trocknung besser durchkoagulierte Seide ist nämlich bei einer abermaligen Feuchtung widerstandsfähiger und kann ausgiebiger geschlagen werden, ohne daß unversehrte Fäden gefährdet werden. Durch diese ausgiebigere Behandlung werden die abgerissenen verdickten Fadenenden rascher entfernt und man erzielt auch in bezug auf Glätte und Weichheit bzw. Lockerheit eine vollkommenere Ware.

Patentansprüche: 1. Verfahren zur Entfernung der bei der Kunstseidenherstellung nach dem Streckspinnverfahren durch das Reißen von Kapillarfäden entstehenden Verdickungen oder Knötchen nach Patent 397857, dadurch gekennzeichnet, daß die frisch gesponnene und noch feuchte Kunstseide zunächst getrocknet und dann wieder angefeuchtet und der Streck-Schwing-Behandlung unterworfen wird.

2. Verfahren nach Anspruch 1, dadurch gekennzeichnet, daß die allmähliche Wiederanfeuchtung der Kunstseide während der Streck-Schwing-Behandlung selbst vorgenommen wird.

Nach Teed.

933. E. S. Teed, Akron, Ohio (The Textile Rubber Company, Akron). Vorrichtung zum Trocknen von Kunstseide, Garn od. dgl.

Ver. St. Amer. P. 1643594 vom 27. IX. 1927, angemeldet 20. III. 1926.

Die Stöcke, auf denen die Kunstseidenstränge beim Trocknen hängen, bestehen aus nahtlosen Stahlrohren mit Hartgummiüberzug, die der Länge nach Furchen haben, in denen sich Flüssigkeit aus den Strängen ansammeln kann. Damit diese Flüssigkeit nicht in die Tragvorrichtung der Trockenstäbe abfließen kann, sind die Stäbe rechts und links an ihrem Umfang mit Verdickungen versehen. (4 Zeichnungen.)

Festigkeits- und Quellbarkeitsbeeinflussung, Wasserfestmachen.

Nach Eschalier.

934. X. Eschalier. Verfahren zur Verstärkung von Zellulose- und Albuminoidkörpern.

Franz. P. 9905 vom 7. X. 1908, Zusatz zum franz. P. 374724.

Die nach dem Verfahren des Hauptpatents (s. 5. Aufl., S. 959) behandelten Zellulosen, besonders die Kunstseiden, färben sich nicht so kräftig an wie die unbehandelten. Eine Erhöhung der Farbstoffaufnahme läßt sich dadurch erzielen, daß man die verstärkten Fasern mit Ätzalkalilösungen behandelt, denen ein Oxydationsmittel, besonders ein Hypochlorit, zugesetzt sein kann. Die Stärke der Alkalilösung kann zwischen 1 und 30—35% liegen; je stärker die Lösung ist, desto kürzer läßt man sie einwirken, bei starken Lösungen genügen einige Minuten, bei schwachen kann man die Einwirkungsdauer auf mehrere Stunden bemessen. Bei starken Lösungen nimmt die verstärkende Wirkung der Vorbehandlung etwas ab, was bei den schwachen Lösungen nicht der Fall ist. Die Konzentration der etwa zugesetzten Oxydationsmittel wählt man entsprechend den beim Bleichen üblichen Bädern.

Nach Hebler.

935. F. Hebler, Frankfurt a. M. Verfahren zur Herabsetzung der Quellbarkeit von künstlichen Gebilden aus Zellulose und deren Derivaten.

Österr. P. 105353 vom 15. III. 1924, angemeldet 27. III. 1922.

Kunstseide, Stapelfaser oder andere Kunstfasern werden mit Wasser in Gegenwart von Formaldehyd auf Temperaturen oberhalb 115° C erhitzt. Den Gebilden können vor dem Erhitzen Ammonsalze, Basen oder basische Salze, Salze organischer Säuren oder Gemische dieser Stoffe einverleibt werden. Man tränkt z. B. Kunstseide mit 30proz. wässerigen Formaldehydlösungen, in welchen 0,5% Bariumhydroxyd oder 0,2% Ätzkali oder Soda oder 1% Natriumacetat oder -formiat gelöst sind, 20 Stunden lang und erhitzt hierauf 6 Stunden lang auf 150°, wäscht mit Wasser und trocknet an der Luft. Die behandelten Fasern zeigen in wassergesättigtem Zustande viel größere Zugfestigkeit als vor der Behandlung[1].

Nach Le Play.

936. P. Le Play. Verfahren zur Erhöhung der Widerstandsfähigkeit von Zelluloseprodukten, wie Kunstfäden u. a. m.

Franz. P. 595208 vom 16. III. 1925.

Die Festigkeit der Fäden auch in nassem Zustande wird dadurch erhöht, daß den für die Herstellung der Fäden benutzten kolloidalen

[1] Vgl. hierzu D.R.P. 382086, 5. Aufl., S. 962.

Lösungen von Zellulose oder Nitrozellulose natürliche oder künstliche Harze, Harnstoffkondensationsprodukte und besonders Kautschuklösungen oder Kautschuklatex zugesetzt werden. Bei der Verwendung von Latex und Kupferoxydammoniak- oder Viskoselösungen ist ein besonderes Lösungsmittel für den Kautschuk nicht nötig.

Nach Gahlert.

937. F. J. Gahlert, Bärenstein, Bez. Chemnitz. Verfahren zum Nachbehandeln von Kunstseidenfäden.

D.R.P. 472113 Kl. 29a vom 10. VI. 1925; brit. 283752; Ver. St. Amer. P. 1666090; belg. P. 341286; franz. P. 628065; schweiz. P. 125177.

Zur Erhöhung der Festigkeit wird das fertig gesponnene, aus parallelen Einzelfäden bestehende oder schwach gezwirnte Fadenbündel nach Behandlung mit einem Weichmachungs- oder Lösungsmittel durch ein Walzenstreckwerk hindurchgeführt. Fig. 547 zeigt eine Naßzwirnvorrichtung gemäß vorliegender Erfindung. Am Spulenbrett *1* sind die Aufsteckstifte *2* befestigt, auf denen die Seidenspulen *3* aufgesteckt sind. Von den Spulen geht der Seidenfaden *4* über einen gläsernen Fadenführer *5* zur Einzugswalze *6*, und wird zwischen dieser und dem Preßzylinder *7* hindurchgeführt. Der Kunstseidenfaden geht von da aus um den Glasstab *9*, der in das im Wassertrog *8* befindliche Wasser mit regelbarer Tauchtiefe eintaucht, so daß er dort angefeuchtet und geschmeidig gemacht wird. Sodann geht der Faden über den gläsernen Fadenführer *10* zur Ablieferwalze *11*, wo er um diese herumgelegt und durch den Preßzylinder *12* angepreßt wird. Der Faden *4* geht sodann weiter durch den Fadenführer *13* zur Ringspinnöse *14*, von wo er auf die Spule *15*, die auf der Spindel *16* sitzt, nach dem Ringspinnverfahren gezwirnt und aufgespult wird. Die Ablieferwalze *11* bewegt sich mit größerer Geschwindigkeit als die Einzugswalze *6*, wodurch der Faden zwischen diesen beiden Walzen gestreckt wird. Die Entfernung zwischen Eintauchstelle und Ablieferwalze ist regelbar. Der nach diesem Naßzwirnverfahren hergestellte, scharfgezwirnte Kunstseidenfaden gibt keine Schlingen, dreht sich nicht zusammen und zeichnet sich durch besondere Haltbarkeit und insbesondere durch effektvolle Wirkung im fertigen Gewebe aus.

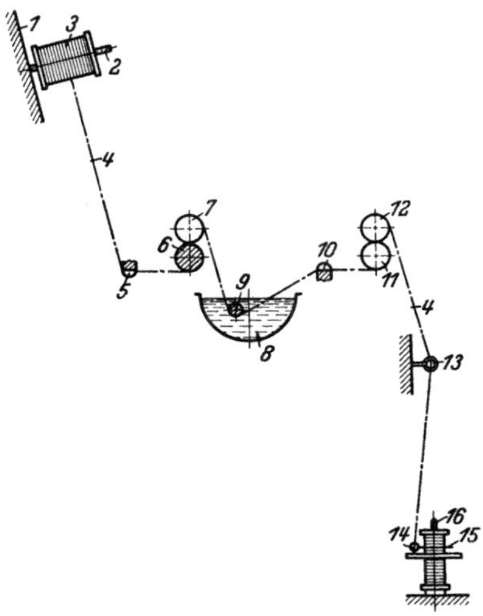

Fig. 547.

Patentansprüche: 1. Verfahren zum Nachbehandeln von Kunstseidenfäden, dadurch gekennzeichnet, daß der bereits fertige Kunstseidenfaden durch ein Weichmachungs- oder Lösungsmittel behandelt und mittels eines Walzenstreckwerkes gestreckt, unter Streckung gezwirnt und aufgespult wird.

2. Verfahren nach Anspruch 1, dadurch gekennzeichnet, daß das nochmalige Zwirnen unter schärferer Drehung des Fadens erfolgt.

Nach Lilienfeld.

938. L. Lilienfeld, Wien. Verfahren zur Verbesserung künstlichen Fasermaterials.

Brit. P. 253853 vom 16. VII. 1925 (Prior. Österr. vom 17. VI. 1925); franz. P. 617352; österr. P. 112620; Ver. St. Amer. P. 1724670.

Kunstseide verschiedener Herstellung wird mit Ätzalkalilauge von unter 5%, z. B. 0,2—0,3%, behandelt und wenigstens im letzten Teil der Behandlung gestreckt. Zum Schluß wird gedämpft. Die Festigkeit der Fasern wird dadurch erhöht.

939. Derselbe. Verfahren zur Verbesserung künstlichen Fasermaterials.

Brit. P. 253854 vom 17. VII. 1925 (Prior. Österr. vom 17. VI. 1925).

Eine Erhöhung der Festigkeit von Kunstseide verschiedener Herstellung wird dadurch erzielt, daß sie mit der Lösung eines Zellulosethiourethans behandelt wird, in welchem mindestens ein Wasserstoffatom der Aminogruppe durch ein Alkoholradikal ersetzt ist (Brit. P. 231801 oder 248994).

940. Derselbe. Behandlung künstlichen Fasermaterials.

Belg. P. 355400 vom 31. X. 1928 (Prior. Engl. vom 21. XI. 1927).

Viskose-, Kupfer- oder Nitroseide wird mit einer alkalischen Lösung und mit Schwefelkohlenstoff behandelt. Die beiden Stoffe können zusammen oder getrennt zur Anwendung kommen. Eine erhebliche Xanthogenierung, d. h. ein zu starkes Auflösen oder Quellen der Faser muß vermieden werden, entsprechend ist die Zeit der Einwirkung und die Konzentration der Alkalilauge einzustellen. Spannung ist zu vermeiden. Die Fasern gewinnen an Dehnbarkeit und Elastizität, sie knittern auch nicht mehr so leicht.

Nach I. G. Farbenindustrie Aktiengesellschaft.

941. I. G. Farbenindustrie Aktiengesellschaft, Frankfurt a. M. Behandlung regenerierter Zellulose.

Brit. P. 278684 vom 13. IX. 1927; belg. P. 343514; franz. P. 636803 (Prior. Deutschl. vom 5. X. 1926).

Die Quellbarkeit regenerierter Zellulose wird dadurch herabgesetzt, daß man das frisch gefällte oder bereits getrocknete Produkt mit der wässerigen Lösung eines Harzes, das durch Kondensation gewonnen ist oder mit den das Harzkondensationsprodukt liefernden Stoffen behandelt und dann das lösliche Harz unlöslich macht, indem man es erhitzt oder mit einem anderen Stoff, wie Formaldehyd, behandelt.

Geeignete Harze sind Schwefelphenol- oder Schwefelphenolformaldehydharze, die in Wasser oder Alkali löslich sind oder Kondensationsprodukte aus Harnstoff und Formaldehyd. Zur Erleichterung der Kondensation können Katalysatoren, zur Erhöhung der Elastizität und Weichheit können Weichmachungsmittel zugegeben werden. Man behandelt z. B. mit einer Lösung des Schwefelphenolharzes der brit. Patentschrift 173313, taucht in Formaldehydlösung und trocknet bei etwa 145° C. Oder man tränkt mit einer Lösung von Formaldehyd, Hexamethylentetramin, Harnstoff und Milchsäure und trocknet bei 50—150° C. Oder man taucht hydratisierte Zellulose in eine Lösung von Schwefel-o-kresolharz, die als Katalysator eine geringe Menge Ammoniak enthält, behandelt mit Formaldehyd und trocknet schließlich bei 130—150° C. Trocknen bei höherer Temperatur liefert härtere und brüchigere Produkte, bei niedrigerer Temperatur sind die Produkte plastischer und weicher. Die Farbe kann durch die Farbe des verwendeten Kondensationsproduktes beeinflußt werden.

942. Dieselbe. Herstellung von Kunstseide usw.

Brit. P. 293350 vom 19. V. 1928 (Prior. Deutschl. vom 4. VII. 1927); belg. P. 350232.

Die Stärke und Elastizität von Kunstseide, Films usw. aus Viskose oder Lösungen von Zelluloseäthern oder -estern wird erhöht durch Einverleiben einer Kittsubstanz als solcher oder ihrer Komponenten oder Zwischenprodukte in die Lösung der Äther oder Ester und nachheriges Verfestigen durch Polymerisation, Kondensation, Oxydation usw. Verarbeitet man das fertige Produkt, so behandelt man vorher mit einem geeigneten Quellmittel. Die Kittsubstanz kann harzartigen Charakter haben, z. B. kann man das Oxydationsprodukt von Leinöl verwenden oder ein synthetisches Harz, oder man erzeugt die Kittsubstanz mittels Stoffen, die chemisch mit den Hydroxylgruppen oder mit den Äther- oder Esterresten der Zellulose in Reaktion treten. Man gibt z. B. zu einer Lösung von Zelluloseäthylester Leinöl oder Harnstoff und Hexamethylentetramin und erhitzt den aus der Mischung gegossenen Film. Oder das Aldehydharz, welches durch Zusatz von Acetaldehyd zu Natronlauge erhalten wird, wird nach dem Waschen mit Wasser und verdünnter Essigsäure zu einer Lösung von Zelluloseäthylester gesetzt.

943. Dieselbe. Herstellung von Kunstseide u. dgl.

Brit. P. 294485 vom 23. VII. 1928 (Prior. Deutschl. vom 23. VII. 1927), Zusatz zum brit. P. 293350; belg. P. 350232.

Das Verfahren des Hauptpatentes (s. vorstehend) wird dahin abgeändert, daß die Komponenten des harzartigen Kittstoffs dem Zelluloseester oder -äther zugesetzt werden, ehe dieser in Lösung gebracht wird. Man läßt z. B. fein gepulverte Äthylzellulose in einer Lösung des Kondensationsprodukts aus Kresol und Formaldehyd stehen oder in einer Lösung von Harnstoff und Hexamethylentetramin. Das behandelte Produkt preßt man ab und trocknet bei erhöhter Temperatur. Dann verwendet man es zur Herstellung von Fäden usw.

944. Dieselbe. Verbesserte Behandlung hydratisierter Zellulose.

Brit. P. 294551 vom 25. VII. 1928 (Prior. Deutschl. vom 25. VII. 1927); Zusatz zum brit. P. 278684; franz. P. 35396, Zusatz zum franz. P. 636803; belg. P. 352154; Ver. St. Amer. P. 1737760 (Heuck und Esselmann).

Das Verfahren des Hauptpatents (siehe S. 538) wird dahin abgeändert, daß in schwach saurer Lösung in Gegenwart von Puffermischungen, wie einem Gemisch von primärem und sekundärem Natriumphosphat oder Essigsäure oder Natriumacetat u. dgl., gearbeitet wird. Die Wirkung wird dadurch in kürzerer Zeit und bei niedrigerer Temperatur erreicht. Man taucht z. B. 100 T. Viskoseseide 1 Stunde in eine lauwarme Lösung von 40 T. Dimethylolharnstoff und 0,2 T. einer Mischung von primärem und sekundärem Natriumphosphat in 1000 T. Wasser und trocknet dann 24 Stunden bei 110—120° C. Die gewaschene und geseifte Seide hat eine um 100% gesteigerte Naßfestigkeit.

Nach Tootal Broadhurst Lee Company, Foulds, Marsh, Wood, Boffey und Tankard.

945. Tootal Broadhurst Lee Company Ltd., R. P. Foulds, J. Th. Marsh, F. Ch. Wood, H. Boffey and J. Tankard, Manchester. Verbesserungen in der Behandlung von Textilmaterialien.

Brit. P. 291473 vom 1. XII. 1926.

Um Garne oder Gewebe aus Kunstseide, auch Acetatseide, unempfindlich gegen Druck und Knittern zu machen, behandelt man sie mit den zur Bildung synthetischer Harze geeigneten Stoffen und bewirkt durch höhere Temperatur die Harzbildung. Man behandelt z. B. mit einer Mischung aus Formaldehyd, Harnstoff, Borsäure und Wasser, trocknet bei 130° C und entfernt die überschüssigen Reagenzien durch Seifen. Zum Imprägnieren des Faserguts kann auch das Harzzwischenprodukt dienen.

Ähnliches behandelt das

Brit. P. 291474 vom 1. XII. 1926; Ver. St. Amer. P. 1734516

derselben Erfinder.

Nach Bemberg.

946. J. P. Bemberg Akt.-Ges., Barmen-Rittershausen. Wasserdichtmachen von Kunstseide.

Brit. P. 286257 vom 1. III. 1928 (Prior. Deutschl. vom 1. III. 1927).

Die Kunstseide wird mit Tonerdeseifen behandelt, die in einem organischen Lösungsmittel gelöst sind; die Seife enthält höchstens 2 Äquivalentgewichte Fettsäure auf 3 Äquivalentgewichte Aluminium. Es werden z. B. 2 kg Aluminiumseife aus Talg, die 9,6% Al_2O_3 enthält, in 100 kg Trichloräthylen gelöst. Mit der Lösung werden 4 kg Kunstseide in der Wärme $^1/_4$ Stunde behandelt und dann wird das Lösungsmittel verdunstet. Oder es werden 250 g Aluminium-Kakaobutterseife mit 11,6% Al_2O_3 in 20 kg Trichloräthylen gelöst und das Gewebe wie oben behandelt. Eine andere Lösung besteht aus 750 g Aluminiumseife aus Talg mit 8,8% Al_2O_3 und 3 kg Paraffin in 100 l Benzol. In organischen Lösungsmitteln lösliche feste oder flüssige Kohlenwasserstoffe, Fette, Fettsäuren, Paraffine oder Wachse können der Aluminiumseifenlösung zugesetzt werden.

Nach Wolff & Co. und Weingand.

947. Wolff & Co., Walsrode und R. Weingand, Bomlitz. Verfahren zur Herstellung von Fasern und Films aus Zellulose und Zelluloseesterlösungen.

Brit. P. 298605 vom 25. IX. 1928 (Prior. Deutschl. vom 12. X. 1927).

Die Wasseraufnahmefähigkeit von Fasern, Films usw., die aus Cuprammoniumzelluloselösungen, Viskose oder aus Zelluloseäthern hergestellt sind, wird dadurch herabgesetzt, daß man die Gebilde mit einer organischen Flüssigkeit, wie Eisessig oder konzentrierter Ameisensäure, quillt und dann einen Überzug von Kollodium oder Zelluloseacetat aufbringt. Die Vorbehandlung mit der organischen Flüssigkeit sichert die Gleichmäßigkeit des Überzugs.

Griffverbesserung, Oberflächen- und Glanzveränderung, Welligmachen.

Nach Hartogs.

948. J. C. Hartogs, Arnheim, Holland. Verfahren zur Verbesserung des Griffes von ungefärbter Kunstseide und anderen künstlichen, aus Zellstofflösungen erhaltenen Textilprodukten.

D.R.P. 456886 Kl. 29b vom 8. IX. 1922 (Prior. Niederl. vom 18. X. 1921).

Bei der Herstellung von Kunstseide und anderen künstlichen Textilprodukten aus Zellstofflösungen u. dgl. kommt es sehr darauf an, wie sich das Produkt anfühlt, d. h. welchen Griff es hat. Für gewöhnlich wünscht man einen sanften, weichen Griff, den man z. B. mittels einer Nachbehandlung mit einer Seifenlösung erzeugen kann. Es wurde nun gefunden, daß fertige Kunstseide ebenfalls einen besseren Griff bekommt, wenn sie in nassem Zustande erhitzt wird. Zu diesem Zwecke kann man das gesponnene fertige Produkt nochmals mit Wasser oder einer wässerigen Lösung benässen und es in nassem Zustande einer ein- oder mehrmaligen Erwärmung zwischen 50 und 100° C unterwerfen, worauf es getrocknet wird.

Es ist aus der Patentschrift 134312[1] bekannt, die Festigkeit künstlicher Zellulosefäden besonders im angefeuchteten Zustande dadurch zu erhöhen, daß man die vollkommen trockenen Fäden durch dehydratisierend wirkende Mittel von ihrem chemisch gebundenen Wasser befreit. Im Gegensatz zu vorliegender Erfindung findet hier eine chemische Änderung statt und außerdem wird die Kunstseide bei Temperaturen, die über 100° liegen, in trocknem Zustande behandelt.

[1] Siehe 5. Aufl., S. 352.

Patentanspruch: Verfahren zur Verbesserung des Griffes von ungefärbter Kunstseide und anderen künstlichen, aus Zellstofflösungen erhaltenen Textilprodukten, dadurch gekennzeichnet, daß das gesponnene fertige Produkt nochmals mit Wasser oder einer wässerigen Lösung benäßt in nassem Zustande einer ein- oder mehrmaligen Erhitzung zwischen 50—100° C unterworfen und darauf getrocknet wird.

Nach du Pont de Nemours & Co.

949. E. I. du Pont de Nemours & Co., Wilmington. Weichmachen von Seide und Kunstseide.

Ver. St. Amer. P. 1691994 vom 20. XI. 1928, angemeldet 17. XI. 1925 (R. E. Rose).

Man verwendet Guanidinsalze von Rizinusölsulfosäure, die man durch Einwirkung von Di-o-tolylguanidin auf das Ammoniumsalz der Rizinusölsulfosäure erhalten kann.

Nach Boehringer Sohn.

950. C. H. Boehringer Sohn, Nieder-Ingelheim a. Rh. Verfahren zum Griffigmachen von Baumwolle, Kunstseide u. dgl.

D.R.P. 472604 Kl. 8k vom 28. XII. 1927.

Zur Erzeugung eines dauerhaften, krachenden Seidengriffs auf Baumwolle oder Kunstseide verwendet man Milchsäure, die einen Zusatz von mindestens 5% Weinsäure erhalten hat. Beispielsweise bestellt man das Seifenbad mit 1,5% Marseiller Seife, bezogen auf das Gewicht der Seide und behandelt mit 20% einer Säurelösung nach, welche 40% Milchsäure und 10% Weinsäure enthält.

Patentanspruch: Verfahren zum Griffigmachen von Baumwolle, Kunstseide u. dgl. durch Behandeln mit Seifenbädern und organischen Säuren, gekennzeichnet durch Verwendung eines Gemisches von Milchsäure und Weinsäure, welches mindestens 5% und zweckmäßig nicht mehr als 50% Weinsäure enthält.

Nach Arnold Print Works.

951. Arnold Print Works, North Adams, Mass. Veredeln der Zellulosefaser.

Brit. P. 276877 vom 21. I. 1927; Ver. St. Amer. P. 1661879 vom 6. III. 1928, angemeldet 22. IX. 1924 (Denis de Göncz).

Man behandelt Kunstseide und natürliche pflanzliche Fasern mit Ätzalkalien und dann mit Kupferoxydammoniaklösung. Die Faser erhält ein leinenähnliches Aussehen und erhöhte Glätte, Härte, Steifheit und Glanz unter gleichzeitiger Entfernung der feinen Härchen. Leichte Gewebe werden durch diese Behandlung durchscheinend, bei der Behandlung mit der Kupferoxydammoniaklösung kann man das Gewebe strecken, es wird dann mit verdünnter

Schwefelsäure behandelt und gewaschen. Auch örtliche Muster lassen sich erzeugen.

Nach Heberlein & Co. A.-G.

952. Heberlein & Co. A.-G., St. Gallen. Verfahren, künstlichen Fasern aus regenerierter Zellulose neue Eigenschaften zu geben.

Franz. P. 627333 vom 10. I. 1927 (Prior. Deutschl. vom 15. I. und 3. IV. 1926); brit. P. 264529, mit Zusatz-P. 268831; österr. P. 110859; belg. P. 339169.

Aussehen, Festigkeit und andere Eigenschaften der Kunstseide aus regenerierter Zellulose werden verändert durch Behandeln mit Quellungsmitteln, wie Alkalilauge, wie sie zum Mercerisieren gebraucht wird, Schwefelsäure von über 42° Bé, Phosphorsäure von über 50° Bé, Salzsäure von über 20° Bé, Salpetersäure von über 35° Bé oder Mischungen von Salpeter- und Schwefelsäure, mit konzentrierten Salzlösungen, besonders Zinkchloridlösungen von mehr als 50° Bé oder Rhodankalziumlösungen von mehr als 25° Bé oder mit Kupferoxydammoniaklösungen, die mehr als 0,3% Kupfer enthalten. Stoffe, welche die quellende Wirkung mäßigen, können mit verwendet werden, z. B. ein- oder mehrwertige Alkohole, heterocyklische Basen, Formaldehyd oder Ammoniumsalze. Die Behandlung findet besonders bei gewöhnlicher Temperatur statt, es kann aber auch bei Temperaturen unter 0° oder bei Verwendung von Salzlösungen bei Temperaturen bis 100° gearbeitet werden. Loses, versponnenes, verwebtes oder verarbeitetes Material kann behandelt werden, auch im Gemisch mit anderen Fasern, auch Stapelfaser kann verarbeitet werden. Das Material kann lose oder unter Spannung bearbeitet werden. Durch diese Behandlung wird die Ware weniger glänzend, durchscheinender, weniger steif und fester.

Nach Despommier u. Paquier.

953. Despommiers und Paquier, Morbihan, Frankreich. Herstellung perlmutterglänzender Fäden.

Franz. P. 632107 vom 13. VII. 1926.

Den zur Herstellung von Kunstseide dienenden Lösungen von Nitrozellulose, Viskose, Acetylzellulose usw. setzt man vor dem Verspinnen Fischschuppentinktur zu.

Nach Bennett.

954. J. Bennett, North Adams, Mass. (Consolidated Textile Corporation, New-York). Appretiertes Gewebe und Verfahren zu seiner Herstellung.

Ver. St. Amer. P. 1633160 vom 21. VI. 1927, angemeldet 26. VIII. 1926.

Ein Gewebe aus regenerierter Zellulose wird dadurch verziert, daß man Muster mit Ätzalkalilauge solcher Stärke aufdruckt, daß ein Entglänzen eintritt.

Nach Bleachers Association Ltd., Kershaw, Barrett, Whitelegg und Sutton.

955. Bleachers Association Ltd., Manchester, W. Kershaw, Cheadle Hulme, F. L. Barrett, Devonport, C. J. Whitelegg, Lymm und G. D. Sutton, Birkdale. Mercerisieren.

Brit. P. 295062 vom 9. V. 1927.

Mischgewebe aus Baumwolle und regenerierter Zellulose wie Viskose- oder Kupferseide werden unter Spannung in üblicher Weise mercerisiert, die Mercerisierflüssigkeit wird bei einer bestimmten Temperatur oberhalb 50° C ausgewaschen. Dadurch wird der Glanz der Viskose nur wenig beeinflußt und die Baumwollfasern werden geglättet.

Nach L. Müller.

956. L. Müller, Berlin-Dahlem (Vereinigte Glanzstoff-Fabriken A.-G., Elberfeld). Verfahren zum Wellen von glatten Kunstseidefasern.

D.R.P. 439681 Kl. 76b vom 19. II. 1925.

Zur Erzeugung eines gut und dauerhaft gewellten, festen, glänzenden Fadens werden die fertigen, glatten Kunstseidefasern erst leicht gequollen, dann gepreßt und gewellt und schließlich in der Wärme getrocknet. Durch die zwischen der Quellung und Trocknung vorzunehmende Pressung zwingen sich die in losen Haufen beisammenliegenden Fasern eine Wellenform auf. Man geht entweder von dem Faserstrang oder von der gestapelten Faser aus. Dieses Material wird auf irgendeine Weise gelockert, z. B. durch Vorkrempeln, so daß die Einzelfasern nicht miteinander verklebt sind und hierauf zur Quellung gebracht. Die Quellung läßt man solange vor sich gehen, als zur Erzielung der Wirkung notwendig ist, z. B. bei Behandlung mit heißem Wasser (60°) oder 2proz. Natronlauge 5—10 Minuten. Hat man mit andern Mitteln als heißem Wasser behandelt, so wird das Fasergut hierauf sorgfältig ausgewaschen. Das gequollene Fasergut wird darauf abgeschleudert und gelangt in eine Presse. Durch einfaches Abpressen des Wassers kann man beide Stufen des Verfahrens vereinigen. Das abgepreßte Fasergut kann man noch zwischen geriffelten, geheizten Kalanderwalzen in eine wellige Form bringen. Durch Einbringen in einen heißen Trockenofen erreicht man ein Zusammenziehen der Fasern, wodurch sie noch mehr wellig werden und die Wellung auch dauernd beibehalten.

Patentanspruch: Verfahren zum Wellen von glatten Kunstseidefasern, dadurch gekennzeichnet, daß die Fasern zunächst leicht gequollen, dann gegenseitig gepreßt bzw. mittels geriffelter, gegebenenfalls auch noch geheizter Kalanderwalzen gepreßt und dann getrocknet werden.

Nach Valencin, Charpy und Besacier.

957. Valencin, Charpy und Besacier. Verfahren zur Behandlung von Kunstseidefäden, um sie für eine Zwirnung unter starker Drehung und für Kreppfäden geeignet zu machen.

Franz. P. 648973 vom 29. VI. 1927.

Kreppfäden für Crêpe de Chine-Gewebe müssen unter starker Spannung gezwirnt werden. Im allgemeinen eignen sich Kunstseidefäden ihrer Struktur nach schlecht zu einer derartigen Behandlung. Sie widerstehen aber den stärksten Drehungen und behalten diese ebensogut wie Naturseidefäden, wenn man sie in Strängen in ein Bad aus Carragheenmoos, Sulforicinat, grüner Färbeseife und Tournantöl, die mit Wasser emulgiert sind, behandelt. Dadurch haften die Fäden aneinander, es bildet sich auf ihrer Oberfläche eine dünne, fest haftende Schicht, die eine starke Drehung der Fäden gestattet.

Nach Severin.

958. F. Severin. Vorbehandlung von Kunstseide vor dem Kreppen.

Franz. P. 654260 vom 11. X. 1927.

Die Behandlung führt zu einer Verkürzung des Fadens wie bei Naturseide von etwa 25—30%. Man taucht die in üblicher Weise behandelte Kunstseide in ein Bad, welches auf 100 l Wasser 1,2 kg Glyzerin, 1,1 l Wasserstoffsuperoxyd, 0,2 kg hellen Tragant enthält und auf 30° C gehalten wird. Nach dem Bade geht man in ein Bad aus 500 g Ameisensäure und 100 l Wasser und trocknet dann

Beeinflussung der Färbbarkeit.

Nach N. V. Nederlandsche Kunstzijdefabriek.

959. N. V. Nederlandsche Kunstzijdefabriek, Arnhem, Holland. Verfahren zur Änderung des Absorptionsvermögens der fertigen Viskosekunstseide für Farbstoffe.

D.R.P. 437059 Kl. 8m vom 16. XII. 1924; franz. P. 607476; brit. B. 244496 (British Enka Artificial Silk Co. Ltd.).

Eine Änderung der Farbstoffaufnahme der fertigen Viskoseseide wird dadurch erreicht, daß der Gehalt an Stoffen, die nicht reine Zellulose sind, wie Oxy-, Hemi- oder Hydrozellulose, geändert wird. Beispielsweise kann man die Aufnahmefähigkeit für Farbstoffe dadurch erhöhen, daß man die Fäden an der Luft oder in einem Oxydationsmittel erhitzt. Will man die Farbstoffaufnahme des Fadens verringern, so behandelt man die fertigen Fäden mit einem Mittel, welches Oxy-, Hemi- oder Hydrozellulose gänzlich oder teilweise entfernt, beispielsweise durch Erhitzen der Fäden mit Glyzerin und darauffolgendem Auswaschen.

Patentanspruch: Verfahren zur Änderung des Absorptionsvermögens der fertigen Viskosekunstseide für Farbstoffe, dadurch gekennzeichnet, daß man den Gehalt an Oxy-, Hemi- oder Hydrozellulose usw. durch Oxydation oder Hydratisieren erhöht oder durch Extraktion vermindert.

Nach Heberlein & Co. Akt.-Ges.

960. Heberlein & Co., Akt.-Ges., Wattwil. Behandeln und Färben von Textilfasern.

Brit. P. 255453 vom 13. VII. 1926 (Prior. Deutschl. vom 14. VII. 1925); österr. P. 108412.

Pflanzliche Faser, auch künstliche aus Zelluloseestern wird mit einer Phosphorhalogenverbindung in Gegenwart von Alkali behandelt, z. B. einer Lösung von Phosphortrichlorid oder -oxychlorid in Xylol oder Benzol. Auch organische Halogenphosphorverbindungen können verwendet werden. Die Anfärbbarkeit mit substantiven Farbstoffen geht verloren, dagegen ziehen basische Farbstoffe auf die behandelten Fasern ohne Beize.

961. Dieselbe. Verfahren zur Behandlung von Garnen und Geweben mit Flüssigkeiten.

Brit. P. 261793 vom 22. XI. 1926 (Prior. Deutschl. vom 21. XI. 1925); Zusatz zum brit. P. 255453.

Das Verfahren des Hauptpatents (siehe vorstehend), nach welchem die Fasern, auch Kunstseide, mit einer Halogenphosphorverbindung in Gegenwart von Alkali behandelt werden, wird dahin abgeändert, daß die Alkalibehandlung der mit der Phosphorhalogenverbindung vorangeht oder ihr folgt. Zwischen den Behandlungen kann das Gut mit einem indifferenten Lösungsmittel gewaschen und gegebenenfalls auch getrocknet werden.

Nach Chemische Fabrik vorm. Sandoz.

962. Chemische Fabrik vorm. Sandoz, Basel. Verbessertes Verfahren zur Behandlung natürlicher und künstlicher Zellulosefasern mit Alkali.

Brit. P. 279784 vom 10. VI. 1927 (Prior. Deutschl. vom 29. X. 1926).

Die Einwirkung von Alkalilaugen auf Zellulosefasern verläuft rascher und wird gleichmäßiger, wenn geringe Mengen einer Mischung von Phenolen und hydrierten aromatischen Verbindungen, wie hydrierten Naphthalinen, Naphtholen oder Phenolen dem Alkali zugesetzt werden. Man nimmt z. B. ein Viskoseseidegewebe, das mit Seiden aus verschiedenen Posten hergestellt ist, durch eine Natronlauge von 20° Bé, der 1,5% auf das Gewicht der Lauge berechnet, einer Mischung aus 90% Kresol und 10% Methylcyklohexanol zugesetzt ist. Danach quetscht man ab. Das behandelte Gewebe färbt sich gleichmäßiger als ohne den genannten Zusatz.

963. Dieselbe. Verfahren zur Behandlung von Baumwolle und Kunstseidefasern.

Brit. P. 284358 vom 28. I. 1928 (Prior. Deutschl. vom 28. I. 1927).

Um Kunstseide (Nitro-, Kupfer- oder Viskoseseide) mit sauren Farbstoffen färbbar zu machen, behandelt man sie bei erhöhter Temperatur mit dem Haloid einer aromatischen oder aliphatischen Sulfosäure und einer tertiären aliphatischen, aromatischen oder heterocyklischen organischen Base, z. B. mit p-Toluolsulfochlorid und Pyridin.

Nach Herminghaus & Co. und Wenz.

964. Herminghaus & Co. G. m. b. H. und K. Wenz, Vohwinkel. Verändern der färberischen Eigenschaften der natürlichen und künstlichen Zellulosefaser.

Brit. P. 281696 vom 1. XII. 1927; belg. P. 346901; franz. P. 645031.

Man behandelt die Zellulosefaser mit einer wässerigen oder alkoholischen Lösung von Alkali und dann mit einer Lösung von Phosphoroxychlorid in einem indifferenten Lösungsmittel oder in Dampfform. Baumwolle, die mit einer 3proz. Lösung von Ätznatron in Alkohol und darauf mit einer Lösung von Phosphoroxychlorid in Tetrachlorkohlenstoff behandelt ist, besitzt eine verminderte Verwandtschaft zu substantiven und eine erhöhte zu basischen Farbstoffen. Bei der Behandlung von Kunstseide genügt eine 1,5proz. Ätznatronlösung.

Nach Karrer.

965. P. Karrer, Zürich. Verbesserungen in der Behandlung von Baumwolle und Viskoseseidenfasern vor dem Färben.

Brit. P. 263169 vom 15. XII. 1926, Zusatz zum brit. P. 249842 vom 11. III. 1926.

Nach dem Hauptpatent wird Baumwolle, die durch Arylsulfosäuregruppen verestert ist, mit Lösungen von Ammoniak, primären, sekundären oder tertiären aliphatischen oder aromatischen Aminen oder mit Hydrazin oder seinen Derivaten erhitzt. Nach dem vorliegenden Verfahren wird mit Ammoniak- oder Amindämpfen behandelt, oder die Lösungen von Ammoniak oder Aminen werden bei gewöhnlicher Temperatur längere Zeit zur Einwirkung gebracht. Auch heterocyklische Aminbasen, wie Pyridin und Homologe, oder Piperidin können verwendet werden. Die behandelten Fasern lassen sich mit sauren Farbstoffen echt anfärben.

Nach Wolff & Co. und Weingand.

966. Wolff & Co., Walsrode, und R. Weingand, Bomlitz. Verfahren zur Herstellung von Fasern und Films aus Zelluloselösungen.

Brit. P. 298609 vom 6. X. 1928.

Fasern usw. aus Cuprammoniumzelluloselösungen, Viskose oder anderen Lösungen von Zellulose werden von Hemizellulose, Holzgummi usw. dadurch befreit, daß man die Gebilde mit Alkalilauge behandelt. Um die nachträgliche Bildung von Hemizellulose zu vermeiden, werden die Gebilde vor dem Waschen mit Salzlösungen oder Alkoholen behandelt. Gewaschen wird mit Wasser, unterstützt wird das Waschen durch Elektroendosmose mit oder ohne Benutzung von Diaphragmen. Nach dem Waschen werden die Gebilde mit verdünnter Säure neutralisiert. Die behandelten Fäden lassen sich besser färben.

Merkfärbung.

Nach Société pour la Fabrication de la Soie Rhodiaseta.

967. Société pour la Fabrication de la Soie Rhodiaseta, Paris. Unterscheiden von Kunstseide und anderen Zelluloseprodukte verschiedener physikalischer und chemischer Eigenschaften.

Brit. P. 251580; franz. P. 597394 vom 28. IV. 1925; Ver. St. Amer. P. 1693759; D.R.P. 480899 Kl. 29b vom 29. VIII. 1925.

Das Aufbringen unechter und nur zeitweise haftender Farben auf trocken gesponnene Fäden aus Zelluloseestern, -äthern usw. zum Unterscheiden von Fäden verschiedener Natur geschieht auf den Elementarfaden vor dem Verzwirnen oder auf den gezwirnten Faden vor dem Aufwickeln. Organische oder anorganische Farbstoffe können verwendet werden in Lösung, Suspension, Emulsion, als Pasten, Gallerten oder fest, durch Überleiten über Zuführungsrollen, Imprägnieren, Aufsprühen, Auftragen, innerhalb oder außerhalb der Spinnzellen. Man kann einen gegebenen Faden nur teilweise anfärben oder verschiedene Teile in verschiedenen Farben oder nur einzelne Fäden des Elementarfadens. Von Farbstoffen werden genannt Karminblau, Brillantkarmin, Aminonaphtholrot, Brillantwalkgrün NB, Walkorange N, Ultramarin, Ocker.

Die Ansprüche des D.R.P. lauten:

Patentansprüche: 1. Verfahren zur vorübergehenden Färbung aus Zelluloseabkömmlingen (insbesondere Estern und Äthern) durch Trockenspinnen erhaltener Fäden, dadurch gekennzeichnet, daß das Färben im Laufe der Erzeugung der Fäden selbst, vor oder nach ihrer Vereinigung, innerhalb oder außerhalb der Spinnzelle, vor oder während des Aufwickelns der Fäden auf Rollen, erfolgt.

2. Verfahren nach Anspruch 1, darin bestehend, daß man bei der Färbung absichtlich Unregelmäßigkeiten einführt, indem man entweder bestimmte Längen der Fäden ungefärbt läßt oder nur bestimmte Einzelfäden färbt und die übrigen Einzelfäden ungefärbt läßt oder aber mit anderen Farben versieht.

Nach Courtaulds Ltd.

968. Courtaulds Ltd., London. Verfahren zur Herstellung von Viskoseseide in Partien von gleicher Affinität für Farbstoffe.

D.R.P. 457961 Kl. 29a vom 20. V. 1926 (Prior. Engl. vom 27. VII. 1925); brit. P. 254531; franz. P. 616220; Ver. St. Amer. P. 1670919.

Um eine Kunstseide von gleichmäßiger Farbaffinität zu erhalten, werden Kunstseidenstränge für eine gleiche Zeitdauer unter Verwendung eines Farbstoffs gefärbt, der leicht ungleichförmige Töne hervorbringt und sich leicht, beispielsweise durch Bleichen mit unterchloriger Säure, entfernen läßt. Danach werden die Stränge in praktisch gleichangefärbte Partien sortiert, die nach Entfernung des Farbstoffes ungefärbte Kunstseide gleicher Farbaffinität darstellen.

Patentanspruch: Verfahren zur Herstellung von Viskoseseide in Partien von gleicher Affinität für Farbstoffe zwecks Ermöglichung gleichmäßiger Färbung der daraus hergestellten Gewebe, dadurch gekennzeichnet, daß eine Menge von Viskoseseide in Teilen oder Strängen unter gleichen Bedingungen unter Benutzung eines leicht entfernbaren Farbstoffes gefärbt wird und diese Stränge nachher in Partien sortiert werden, deren jede aus den in gleichem oder praktisch dem gleichen Farbton angefärbten Strängen besteht, worauf der Farbstoff entfernt wird und so getrennte Partien von ungefärbter Kunstseide erhalten werden, deren jede durchweg praktisch die gleiche Affinität für Farbstoffe hat.

Nach N. V. Nederlandsche Kunstzijdefabriek.

969. N. V. Nederlandsche Kunstzijdefabriek. Verfahren zum Unterscheiden von Kunstseidefäden verschiedener Deniers.

Franz. P. 605901 vom 9. XI. 1925 (Prior. Deutschl. vom 12. X. 1925); brit. P. 259528; Ver. St. Amer. P. 1582863 (D. G. Zwartz); schweiz. P. 116567.

Die Fäden werden ganz oder teilweise während des Spinnens oder danach mit einem Farbstoff gefärbt, der beim Bleichen oder anderen Nachbehandlungen zerstört wird. Der Farbstoff kann auch, sofern er durch Alkalien oder Säuren zerstört oder durch reines Wasser entfernt wird, dem zuletzt angewendeten Waschwasser zugesetzt werden. Beim Zentrifugenspinnen kann der Farbstoff zerstäubt in die Zentrifuge eingeführt werden.

Erschweren.

Nach Clavel.

970. R. Clavel, Basel. Verfahren zum Beschweren von Kunstseiden mit Metallverbindungen.

D.R.P. 468018 Kl. 8m vom 18. IX. 1926; brit. P. 277602, mit Zusatz-P. 280094; österr. P. 109164; belg. P. 339818; franz. P. 629042.

Die Erfindung bezweckt die Beschwerung von Kunstseiden mit Metallbeschwerungsmitteln unter Vermeidung des bisher üblichen Waschens, Neutralisierens und Absäuerns zwischen den einzelnen Behandlungsbädern. Um das Auftreten von schädlichen Ausfällungen zu verhindern, welche die Seide trüben und fleckig machen, werden Metallsalzbäder verwandt, die eine gewisse Säurekonzentration besitzen, die entweder durch Dissoziation der Beschwerungsmittel oder durch Zusatz von Säuren oder sauren Salzen hervorgerufen wird. Damit die Seide durch die erhöhte Säurekonzentration nicht übermäßig angegriffen wird, empfiehlt sich die Verwendung von Schutzkolloiden. Das Verfahren ist auf alle aus Zelluloseprodukten hergestellten Kunstseiden anwendbar. Zur Verbesserung der Fixierung der Beschwerungsmittel kann man die Kunstseide vor dem Trocknen durch ein alkalisch reagierendes Nachbehandlungsbad hindurchführen. Als Beispiel für ein Beschwerungsbad verwendet man ein Bad, welches in 10 l Badflüssigkeit 200 g Chlorzink, 100 g Aluminiumsulfat und 400 g wasserfreies Chlorzinn enthält. Man passiert das Textilgut durch das Bad, quetscht aus und führt es durch eine 3proz. Natriumphosphatlösung, trocknet und färbt.

Patentansprüche: 1. Verfahren zum Beschweren von Kunstseiden mit Metallverbindungen, dadurch gekennzeichnet, daß das Metallverbindungen, insbesondere des Zinns, enthaltende Beschwerungsbad zwecks Erhöhung der Säurekonzentration Zusätze von Säuren oder sauren Salzen erhält und die damit behandelte Kunstseide unter Verzicht auf das bisher übliche Auswaschen weiterbehandelt wird, z. B. derart, daß sie gegebenenfalls nach vorherigem Abquetschen in das nächstfolgende Bad gebracht wird und gegebenenfalls nach der Beschwerung, zweckmäßig nach vorherigem Abquetschen, einer Nachbehandlung mit alkalisch wirkenden Flüssigkeiten, gegebenenfalls unter Zusatz von gerbstoffhaltigen Farbstoffen, unterzogen wird.

2. Verfahren nach Anspruch 1, dadurch gekennzeichnet, daß dem Metallverbindungen enthaltenden Beschwerungsbad mit erhöhter Säurekonzentration Schutzkolloide, z. B. Leim, Gelatine, Eiweiß od. dgl., zugesetzt, oder die in das Beschwerungsbad einzuführende Kunstseide vorher mit diesen Schutzkolloiden, z. B. durch Imprägnieren, Aufstreichen od. dgl., versetzt wird.

3. Verfahren nach Ansprüchen 1 und 2, dadurch gekennzeichnet, daß die üblichen bisher in getrennten Beschwerungsbädern verwendeten Beschwerungsmittel, insbesondere Zinnsalze, in gemeinsamen Bädern unter Zusatz von Ausfällungen und die Bildung ungeeigneter Metallverbindungen verhindernden Mitteln, z. B. Säuren, sauren Salzen, Schutzkolloiden u. dgl., gegebenenfalls mehreren dieser Mittel zur Anwendung kommen.

971. Derselbe. Verfahren zum Beschweren von Kunstseide.

D.R.P. 471370 Kl. 8m vom 2. XI. 1927, Zusatz zum D.R.P. 468018 (Prior. Ital. vom 30. XII. 1926).

Die nach dem Hauptpatent (siehe vorstehend) zur Erhöhung der Säurekonzentration dienenden Säuren oder sauren Salze werden der Kunstseide ganz oder zum Teil vor Einbringen in das Metallsalzbad zusammen mit den Schutzkolloiden einverleibt. Diese Vorbehandlung mit Säuren bewirkt eine intensivere Aufnahme der Beschwerungsmittel, ferner wird die Behandlungszeit in den Beschwerungsbädern bedeutend verkürzt.

Patentansprüche: 1. Verfahren zum Beschweren von Kunstseide nach Patent 468018, dadurch gekennzeichnet, daß die zur Erhöhung der Säurekonzentration des Metallsalzbades erforderlichen Säuren oder sauren Salze der Seide vor ihrem Eintritt in das Metallsalzbad ganz oder teilweise, z. B. durch Auftragen, Imprägnieren od. dgl., einverleibt werden.

2. Verfahren nach Anspruch 1, dadurch gekennzeichnet, daß Phosphorsäure zur Vorbehandlung der Seide verwendet wird.

3. Verfahren nach Anspruch 1 oder 2, dadurch gekennzeichnet, daß die Säuren oder sauren Salze zusammen mit Schutzkolloiden der Seide vor ihrem Eintritt in das Metallsalzbad einverleibt werden.

972. Derselbe. Beschweren von natürlicher Seide und Kunstseide.

Brit. P. 296018 vom 31. V. 1928 (Prior. Schweiz vom 23. VIII. 1927).

Die Seide wird in ununterbrochenem Arbeitsgange ohne dazwischenliegendes Waschen, Säuern oder Neutralisieren erschwert. Man behandelt die zu erschwerende Faser in einem hohlen, perforierten Behälter in einer Kammer mit einer mit Ameisensäure angesäuerten Lösung von Phosphatlösung und Wasserglaslösung, der Überschuß wird durch Abschleudern entfernt.

Schlichten, Appretieren, Kreppfädenherstellung.

Nach Courtaulds Ltd.

973. Courtaulds Ltd., London. Vorrichtung zum Schlichten von Gespinsten, insbesondere von Kunstseidefäden.

D.R.P. 460356 Kl. 8a vom 2. IV. 1926 (Prior. Engl. vom 23. VI. 1925); brit. P. 254866; Ver. St. Amer. P. 1702140 (Ch. F. Topham).

Die bekannten Vorrichtungen zum Schlichten von Gespinsten, insbesondere zum Schlichten von Kunstseidefäden, bei denen in einem Schlichtetrog eine Auftragwalze gelagert ist, auf der eine Andrückwalze aufliegt, haben beim Schlichten der empfindlichen Kunstseidefäden vielfach zu einem Bruch oder Beschädigung der Fäden geführt, weil, selbst bei Anwendung einer Andrückwalze mit Gummiüberzug, der Druck zu stark war. Gemäß der Erfindung besteht die Andrückwalze aus einem Hohlkörper aus elastischem Stoff. Hierdurch wird eine besonders hohe Nachgiebigkeit erzielt, auch gegenüber solchen Walzen, deren Mantel in anderer Weise elastisch ausgebildet ist. Durch diese Ausbildung der Andrückwalze wird die Schlichte infolge einer zwischen beiden Walzen an der Berührungsstelle sich bildenden kleinen Ansammlung (Zwickel) von Schlichte gut in die Kunstseidefäden eingedrückt, ohne daß diese beschädigt werden, da auch etwa vorhandene Knoten infolge der hohen Elastizität der Andrückwalze leicht zwischen ihr und der Auftragwalze hindurchgehen können. Zur Regelung des Druckes kann die Walze mehr oder weniger mit einer Flüssigkeit gefüllt werden. Zweckmäßig ist es, beide Walzen derart zwangläufig anzutreiben, daß sie mit gleicher Umfangsgeschwindigkeit umlaufen, wenn auch ein zwangläufiger Antrieb der Andrückwalze nicht unbedingt nötig ist. Wenn die Antriebswelle der Andrückwalze nicht durch die ganze Walze hindurchgeht, sondern ihr mittlerer Teil fortgelassen ist, so muß die Walze an beiden Endscheiben derart zwangläufig angetrieben werden, daß diese mit gleicher Geschwindigkeit umlaufen.

Patentansprüche: 1. Vorrichtung zum Schlichten von Gespinsten, insbesondere von Kunstseidefäden, bestehend aus einer im Schlichtetrog gelagerten Auftragwalze und einer auf dieser aufliegenden Andrückwalze, dadurch gekennzeichnet, daß die Andrückwalze aus einem Hohlkörper aus elastischem Stoff (Gummi) besteht, der zur Regelung des Druckes vorzugsweise zum Teil mit Flüssigkeit gefüllt ist.

2. Vorrichtung nach Anspruch 1, dadurch gekennzeichnet, daß Auftragwalze und Andrückwalze zwangläufig mit gleicher Umfangsgeschwindigkeit angetrieben werden.

3. Vorrichtung nach Anspruch 1 oder 2, dadurch gekennzeichnet, daß die Antriebswelle der Andrückwalze durch deren Mittelteil nicht hindurchgeht und beide Walzenendscheiben zwangläufig mit gleicher Geschwindigkeit angetrieben werden. (2 Zeichnungen.)

Nach Neutrasol Products Corporation.

974. Neutrasol Products Corporation, New-York. Behandeln von Kunstseide.

Brit. P. 255909 vom 27. VII. 1926 (Prior. Ver. St. Amer. vom 27. VII. 1925).

Um das Zwirnen, Verweben oder Wirken der Kunstseide zu erleichtern und die Verwendung feinerer Garne zu ermöglichen, wird eine leicht entfernbare Schlichte verwendet, die aus 3,5 T. Japanwachs, 3,5 T. Stearinsäure, 1 T. Ölsäure und 1 T. Rotöl besteht. Zu der geschmolzenen Mischung setzt man eine Lösung von 1 T. Ätznatron in 20 T. Wasser, man verwendet die geschmolzene Mischung.

Nach I. G. Farbenindustrie Aktiengesellschaft.

975. I. G. Farbenindustrie Aktiengesellschaft, Frankfurt a. M. Verfahren zum Leimen von Kunstseide.

Franz. P. 635301 vom 20. V. 1927 (Prior. Deutschl. vom 29. V. 1926).

Als Schlichtemittel werden die Zellulosefettsäuresalze verwendet, die gemäß D.R.P. 332203 durch Einwirkung von Salzen halogenierter Fettsäuren auf Zellulose oder ihre Salze erhalten werden können. Diese Stoffe lassen sich auch in Mischung mit Emulsionen leicht verseifbarer Öle oder Seifen ohne Schwierigkeit durch Waschen mit Wasser wieder von der Faser entfernen.

Nach Bertrand et Cie.

976. H. Bertrand et Cie. Verfahren zum Schlichten von Textilfäden aller Art.

Franz. P. 634560 vom 20. IX. 1926.

Die Verwendung von entflammbaren Lösungsmitteln wird umgangen. Es wird ein Gemisch aus 10 kg Wasser, 2 kg Gelatine, 0,6 kg Wachs und 2 kg Leinöl in 100 l lauwarmen Wassers bei 55° C verwendet, in welches 200 kg Kunstseide eingetaucht werden. Dann wird abgeschleudert und 24 Stunden in einer warmen Kammer verhängt. Die Schlichte kann nach dem Weben durch ein lauwarmes Seifenbad 1:100 entfernt werden.

Nach Burgess Ledward Company Ltd. und Crompton.

977. Burgess Ledward Company Ltd. und W. B. Crompton, Manchester. Verbesserungen an Maschinen zum Leimen oder ähnlichen Behandeln von Kunstseide oder jeder anderen analogen Textilfaser.

Brit. P. 287964 vom 30. XII. 1926; belg. P. 349801 vom 19. III. 1928; franz. P. 646096 vom 23. XII. 1927; österr. P. 113888.

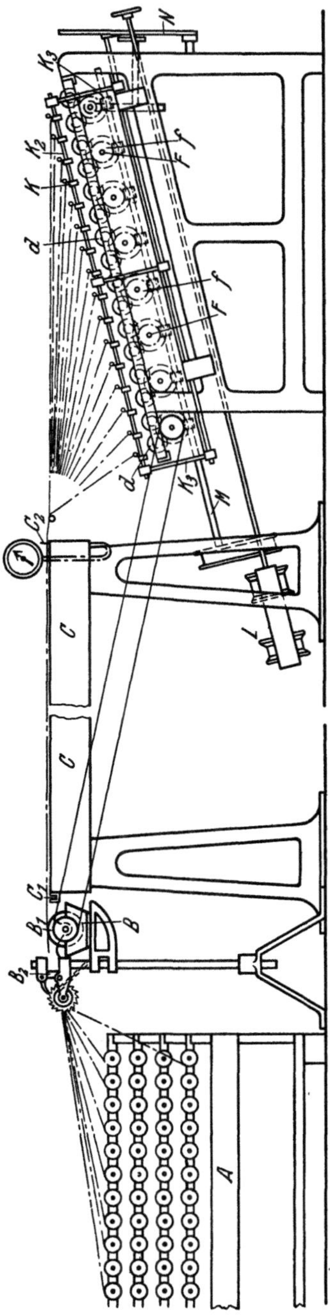

Fig. 548 a.

Die Fäden werden von den im Gestell *A* (Fig. 548a) befindlichen Spulen abgezogen, über die Schlichte- und Trockenvorrichtung *B*, *C* geleitet und auf der anderen Seite der Maschine wieder aufgespult. Die Aufwickelspulen *d* werden an einem oder beiden Enden von Reibscheiben *f* angetrieben, die immer zwei nebeneinanderliegende Spulen bewegen, und jede Spule hat zwei Reibräder, das eine g_1 (Fig. 548c) ist mit der Spindel *G* verbunden, das andere g_2 wird von einem Ringe g_3 gehalten, der auf die Spindel aufgeschraubt ist und dazu dient, die Spule festzuhalten. Das von *A* kommende Garn geht durch den Kamm B_2 über die in dem Schlichtetrog *B* umlaufende Walze B_1, dann durch den Kamm C_1, der eine hin und her gehende Bewegung erhält, wodurch das Garn gerollt wird. Der Faden geht weiter über die erhitzte Trockenplatte *C* und durch einen feststehenden oder hin und her gehenden Kamm C_2 zu den Aufwickelspulen. Die Spindeln *G* der Aufwickelspulen ruhen in Trägern h, vorzugsweise aus gepreßtem faserigem Stoff, die Träger h sind mit Schlitzen h_1, h_2 versehen (Fig. 548 b), die die Spindel in der Arbeits- und der Ruhestellung aufnehmen. Die Reibscheiben f

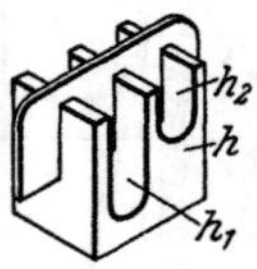

Fig. 548 b.

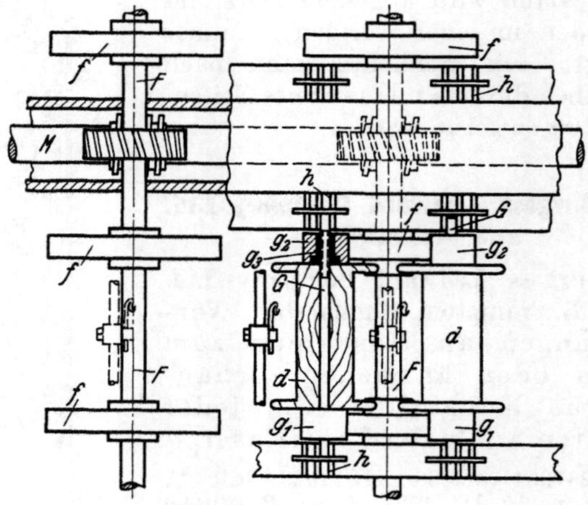

Fig. 548 c.

sind an Wellen F befestigt, welche von Schneckenantrieben von der Welle M und L aus angetrieben werden. Die Garnführer K sitzen an Stäben, die mit den Stäben K^2 und den Hebeln K^3 verbunden sind, die schwingende Bewegung erfolgt durch N.

Nach Joliot.

978. P. Joliot. Verfahren zum Behandeln von Fasern, Fäden oder Geweben aus Kunstseide, um sie leichter verwebbar und erschwerbar zu machen und ihr Aussehen zu ändern.

Franz. P. 639196 vom 14. I. 1927.

Zum Schlichten verwendet man eine Lösung von 0,020 T. Natriumborat, 0,080 T. Albumin, 0,040 T. Gelatine, 0,010 T. Glyzerin, 0,040 T. Aluminiumacetat, 0,060 T. Essigsäure, 0,750 T. Wasser. Eine Spur Salpetersäure wird als Katalysator (?) zugesetzt. Nach der Behandlung wird durch Formaldehyd die Gelatine und das Albumin unlöslich gemacht. Die behandelte Seide verwebt sich leicht, Erschwerungen, wie sie für Naturseide benutzt werden, werden aufgenommen, sie widerstehen dem Färben und Appretieren.

Nach dem

Zusatz-P. 33654 vom 21. II. 1927

hat das Verfahren des Hauptpatents noch die Wirkung, die Zwirnung zu fixieren, bei Fäden aus Zelluloseestern, die in Zellulose übergeführt sind, das Volumen zu vergrößern und die verloren gegangene Festigkeit wieder herzustellen.

Nach dem

Zusatz-P. 33735 vom 15. IV. 1927

können nach dem Verfahren des Hauptpatents behandelte Kunstseide- oder Kunstschappefäden auf Baumwoll- und Wollzwirnmaschinen stark gezwirnt werden.

Nach Borvisk Syndicate Ltd.

979. Borvisk Syndicate Ltd., London. Apparat zur Herstellung von Fäden, Behandeln von Fäden mit Flüssigkeiten.

Brit. P. 287073; belg. P. 349588 vom 12. III. 1928 (Prior. Deutschl. vom 12. III. 1927 [Deutschl., B. Borzykowski]).

Zur Erhöhung der Schmiegsamkeit und Festigkeit von Kunstseide wird diese noch auf der Spinnspule nach dem Waschen mit Öl, Ölemulsion oder Seifenlösung behandelt, wodurch sie für das folgende Zwirnen, Abspulen usw. widerstandsfähiger wird. Das Brechen von Einzelfäden wird vermieden. Die Seide wird auf gelochte Spulen gesponnen, für die Behandlung ist eine Lösung eines Textilöls geeignet.

Nach Guinet.

980. M. Guinet. Schlichten von Kunstfäden.

Franz. P. 630929 vom 16. III. 1927.

Um der Kunstseidefaser einen gummiartigen Überzug aus sulfonierten Stoffen, wie Natriumsulforicinat und einem Kolloidstoff, zu geben, verwendet man als Kolloidstoff das Produkt, welches man durch Behandeln tierischer Haut mit einer siedenden alkalischen Lösung oder aus Gelatine durch ähnliche Behandlung erhält.

Nach Boyeux.

981. J. Boyeux. Verfahren zur Behandlung von Natur- und Kunstseidefäden für die Zwecke der Weberei.

Franz. P. 646184 vom 5. V. 1927.

Die Fäden werden vor oder nach dem Färben mit einer Lösung von Kautschuk, Körnermastix und Wallrat in Benzin behandelt. Weichheit und Glanz leiden nicht, der Faden erhält eine glatte Oberfläche und rauht sich bei der Verarbeitung nicht auf.

Nach Gebr. Sucker.

982. Gebr. Sucker. Schlichtmaschine für Kunstseideketten.

Franz. P. 634068 vom 9. VII. 1927.

Um Veränderungen in der Spannung der geschlichteten Kette auszugleichen, ist hinter der Trockenvorrichtung ein Kompensator eingeschaltet. Er besteht aus zwei Walzen, über bzw. unter denen die Kette läuft und die sich durch Federn selbsttätig tiefer oder höher einstellen. (2 Zeichnungen.)

Nach Sondermann & Co.

983. Sondermann & Co., Gummersbach. Verfahren und Apparat zur Herstellung von Fäden aus Zellulosexanthat.

Brit. P. 297778 vom 27. IX. 1928 (Prior. Deutschl. vom 27. IX. 1927); brit. P. 314787 vom 28. IX. 1928 (Prior. Deutschl. vom 2. VII. 1928); brit. P. 318211 vom 28. IX. 1928 (Prior. Deutschl. vom 31. VIII. 1828); franz. P. 661011; belg. P. 354511; schweiz. P. 137184.

Die Fäden werden ungezwirnt aufgespult und danach geleimt oder appretiert, um sie gegen die nachfolgenden Behandlungen widerstandsfähig zu machen. Das Appretieren kann erfolgen vor dem Fertigmachen, z. B. vor dem Bleichen, Bleichen und Entschwefeln kann in dem verwobenen oder gewirkten Stoff vorgenommen werden, vorzugsweise zusammen mit dem Entschlichten. Die von den Spulen *a* (Fig. 549) abgezogenen Fäden *f* gehen über die das Appreturmittel aufbringende Rolle *s*, dann durch die Trockenvorrichtung *c* und werden schließlich auf den Spulen *d* aufgewickelt. Rollen *w* dienen zum Spannen, die Gatter *k* halten die Fäden getrennt. Von der oberen Spulenreihe wird der Faden durch Führer abgezogen, welche dem Zentrum der Spulen gegenüberliegen, von der unteren Reihe durch Führer über den Bobinen.

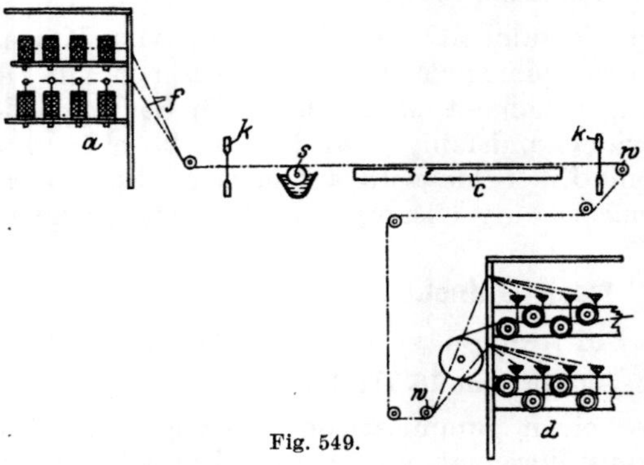

Fig. 549.

Nach Artifil Veredlungsgesellschaft m. b. H.

984. Artifil Veredlungsgesellschaft m. b. H., Berlin. Verfahren und Einrichtung zum Behandeln von Kunstseidefäden.

Belg. P. 352502 vom 29. VI. 19:8; franz. P. 656600 (Prior. Deutschl. vom 25. I. 1928).

Der Faden läuft von einem Haspel ab, wird mit einer schleimigen Masse überzogen und durch einen Behälter geführt, der die überschüssige Appreturmasse abstreicht. Die Appreturmasse besteht aus weicher Seife, Glyzerin und Kartoffelstärke, die Stärke kann durch Albumin, Gummi arabicum u. dgl. ersetzt werden. Die Vorrichtung entspricht der des nachstehenden D.R.G.M. 1037157.

Nach Ploetner und Schrümpff.

985. O. Ploetner, Berlin-Lichtenrade und W. Schrümpff, Berlin-Schöneberg. Einrichtung, Garne aus Kunstseide webfertig zu machen.

D.R.G.M. 1037157 Kl. 76d vom 25. I. 1928; schweiz. P. 136340; brit. P. 311137.

Um Kunstseide nach dem Pasteverfahren webfertig zu machen, ist ein durch eine Zwischenwand in zwei Kammern geteilter Kasten vorgesehen. Der Faden tritt durch eine Öffnung im Kastendeckel ein und wird durch einen Steg in die in der ersten Kammer befindliche Paste hineingedrückt. Der mit einem Pasteüberzug versehene Faden tritt durch einen Schlitz der Zwischenwand in die zweite Kammer ein, wo er beim Durchgang zwischen zwei Gummischwammstücken, deren Berührungsflächen unter einem gewissen Druck stehen, geglättet und von überschüssiger Paste befreit wird. (3 Zeichnungen.)

Vgl. noch D.R.G.M. 1039679 Kl. 8a vom 30. V. 1928 von O. Ploetner.

Nach Yonenosuke Yasujima.

986. Yonenosuke Yasujima, Tokio. Schlichten von Garnen und Geweben aus Kunstseide.

Japan. P. 79098 vom 22. VI. 1928, Zusatz zum japan. P. 75797.

Gearbeitet wird mit einer aus Pseudacacien mittels Natronlauge und Schwefelkohlenstoff erhaltenen Xanthogenatlösung, der eine wässerige Lösung von Ishogras und Sublimat zugesetzt ist, darauf mit Chlorammoniumlösung und schließlich mit einer Lösung von 500 g Konyakustärke in 25 l Wasser. Nach Durchgehen durch eine 6—7proz. Natriumkarbonatlösung zeigen die gewaschenen und getrockneten Gewebe gute Festigkeit, Elastizität und schönen Glanz und fasern nicht.

Nach Galvin.

987. A.-F. Galvin. Appretur oder Schlichte für Seide, Schappe, Kunstseide usw.

Franz. P. 612573 vom 4. VI. 1925; schweiz. P. 124986.

Zu der Appretur wird Firnis verwendet, der mit nur geringen Mengen Siccativ oder ganz ohne Siccativ hergestellt ist. Dadurch sollen Schädigungen der Faser, besonders das Dunklerwerden verhindert werden. Der Siccativgehalt soll unter 2% des verwendeten Öls liegen. Man kocht z. B. 25 g Siccativ aus Kobaltacetat in 125 g Leinöl. Die 150 g dicker Lösung setzt man zu 100 kg gekochten Öls. Auch Kobaltoleat oder -resinat ist verwendbar, ferner Druck- oder Lithographieöl.

Nach The British Cyanides Company, Rossiter und Davis.

988. The British Cyanides Company, E. Ch. Rossiter und W. Ch. Davis, London. Verbesserungen beim Behandeln von Baumwolle, Seide oder Kunstseide und Stoffen daraus.

Brit. P. 258357 vom 19. VI. 1925; tschechosl. P. 23063.

Die Kunstseide usw. wird zur Erzielung einer dauernden waschechten Steife in Gegenwart eines Füllstoffs, wie Stärke, Harz, Gummi, Chinaclay, mit der wässerigen Lösung eines synthetischen Harzes, z. B. aus Formaldehyd und Thioharnstoff, behandelt, welches dann durch eine Säure oder ein saures Salz und Erhitzen unlöslich gemacht wird.

Nach Walker and Sons Ltd. und Walker.

989. S. Walker and Sons Ltd., Radcliffe und G. E. Walker. Verbesserungen an Apparaten zum Behandeln von Kunstseide und anderen Fäden.

Brit. P. 257706 vom 7. VII. 1925.

Zum Trocknen der mit Appretur versehenen Kunstseide werden zwei geheizte Trockenkörper mit schwach konvexer Oberfläche benutzt, von denen der erste in einem Winkel von etwa 30° zur Horizontalen geneigt ist. Über ihn wird die mit Appretur versehene Seide nach oben geführt, geht über eine einstellbare Rolle und gelangt über den zweiten Heizkörper, der in einem Winkel von ebenfalls 30° geneigt ist, nach unten und zum Aufwickeln. Der Abstand der Fäden von den Heizflächen wird durch einstellbare Führungen geregelt. (2 Zeichnungen.)

Nach Pinel.

990. E. Pinel, Deville-lez-Rouen. Verbessertes Appreturverfahren.

Belg. P. 344213 vom 29. VIII. 1927 (Prior. Frankr. vom 18. XI. 1926); franz. P. 637654.

Man behandelt die Fäden zunächst mit Johannisbrotgummi und dann mit einer Abkochung von Stärkemehl oder einem anderen geeigneten Stoff.

Nach Vergé.

991. A. Vergé. Verfahren zur Behandlung von Kunstseidefasern oder -geweben, um ihr Längerwerden zu verhindern.

Franz. P. 648403 vom 23. VI. 1927.

Die nicht genügende Elastizität der Kunstseide läßt einen gedehnten Faden nicht wieder seine ursprüngliche Länge annehmen, was zu Glanzstreifen im Fertigprodukt führt. Um diese Erscheinung zu verhindern, wird der Faden mit einer starren oder elastischen Hülle umgeben. Hierfür dient Kasein, das mit Alkalisilikat versetzt sein kann, oder mit Pflanzengummi, löslicher Stärke, Glutin, Johannisbrotmehl. Diese Stoffe können auch für sich verwendet werden. Auch Kautschuklösungen, Cellophan und Phenolformaldehydkondensationsprodukte können benutzt werden. Geeignete Mischungen sind z. B.: 30 g Kasein, 30 g Ammoniak, 25 g Sebacinsäure, 10 g Formol, 905 g Wasser, oder 200 g Leinöl, 5 g Sebacinsäure, 20 g Anilin oder eines anderen aromatischen Amins, die auch durch eine alkoholische Metalloxydlösung ersetzt werden kann, 775 g Benzol oder Tetrachloräthan.

Nach Société Inoxi.

992. Société Inoxi. Kreppfaden aus Kunstseide.

Franz. P. 639197 vom 14. I. 1927; belg. P. 345573; tschechosl. P. 27069.

Zur Herstellung eines Kreppfadens aus Naturseide muß man eine Drehung von 2—3000 Touren auf 1 m geben. Arbeitet man ebenso mit Kunstseide, so ergibt sich durch die erhebliche Verlängerung des

Fadens eine Abnahme seiner Festigkeit und Verschlechterung seines Aussehens, der größte Teil der auf die Drehung verwendeten Kraft geht durch die Längung des Fadens verloren. Nach der Erfindung wird ein Längerwerden des Fadens dadurch vermieden, daß der Faden mit den zum Schlichten von Wolle oder Baumwolle benutzten Mitteln behandelt wird. Die Konzentration des Leims und die Temperatur der Behandlung richtet sich nach der Dicke und Natur des Fadens. Eine feinfädige Viskoseseide beliebigen Titers wird z. B. in eine Lösung von 1,5 kg guten Tier- oder Pflanzenleims in 100 l Wasser eingetaucht und nach Abschleudern und Trocknen mit 2500 Touren in der Minute gezwirnt.

Nach dem

Zusatz-P. 34071 vom 14. V. 1927 zum franz. P. 639197.

ist das Verfahren des Hauptpatents besonders wirksam, vorzugsweise bei Acetatseide, wenn man die Fäden vor der oben angegebenen Behandlung möglichst vollständig dehydratisiert.

Nach Coudène.

993. G. Coudène. Verfahren zur Herstellung von Crêpe de Chine und Analogem aus Kunstseide.

Franz. P. 642757 vom 29. III. 1927.

Man dreht einen Kunstseidefaden von 100 Denier 1000 Touren nach rechts und einen ebensolchen Faden 1000 Touren nach links. Man vereinigt dann die beiden Fäden und dreht sie 3000 Touren nach rechts.

Nach Coudène und Robert.

994. G. Coudène und P. Robert. Verfahren zur Herstellung von Crêpe de Chine und Ähnlichem aus Kunstseide.

Franz. P. 637066 vom 11. V. 1927.

Bisher hat man ein Längerwerden der Kunstseide bei der Verwendung als Crêpe de Chine durch Leimen verhindert. Abweichend hiervon verlängert man nach der Erfindung den in Wasser getauchten Faden, indem man ihn unter stärkster Spannung und bei höchster Feuchtigkeit aufspult. Die Behandlung wird so oft wiederholt, bis man die stärkste Längung erreicht hat. Dann wird gezwirnt. Dem Wasser können Stoffe zugesetzt werden, die das Strecken erleichtern.

Nach Schwabe.

995. H. J. Schwabe, Chemnitz i. Sa. Verfahren zur Vorbehandlung der auf Wirk-, Strick-, Spul- u. dgl. Textilmaschinen zur Verarbeitung kommenden kunstseidenen, seidenen oder ähnlichen spröden Gespinste.

D.R.P. 427976 Kl. 25a vom 22. VII. 1924.

Die Praxis hat gelehrt, daß verschiedene Gespinste, vor allem aber Kunstseide, an Güte hervorragend zunehmen, wenn sie mit kalter feuchter Luft (ähnlich der Kellertemperatur) behandelt werden. Kunstseide darf keinesfalls mit warmer feuchter Luft (Wasserdampf od. dgl.) behandelt, geschweige denn völlig durchfeuchtet werden, da sie sonst vernichtet würde, sondern sie verlangt eine äußerst präzis abgestimmte Behandlung nur ihres äußeren Fadenumfanges, damit sie die entsprechende Geschmeidigkeit erhält, während der Kern des Fadens ziemlich trocken bleiben muß, um die Reißfestigkeit des Fadens nicht herabzusetzen. Nachdem also der kunstseidene Faden durch die bestimmte Feuchtigkeit die entsprechende Geschmeidigkeit erhalten hat, läßt er sich auch in ganz hervorragendem Maß zu einwandfreien Maschen verarbeiten, und alle fehlerhaften Stellen in der Ware werden vermieden. Das trifft nicht nur für den glatten Faden zu, sondern auch für alle im Fadenverlauf vorkommenden Knoten, die durch die vorstehend beschriebene Behandlungsweise ebenfalls geschmeidig gemacht worden sind, so daß sie sich einwandfrei verarbeiten lassen und das bisher so lästige Reißen des Fadens vollständig vermieden wird.

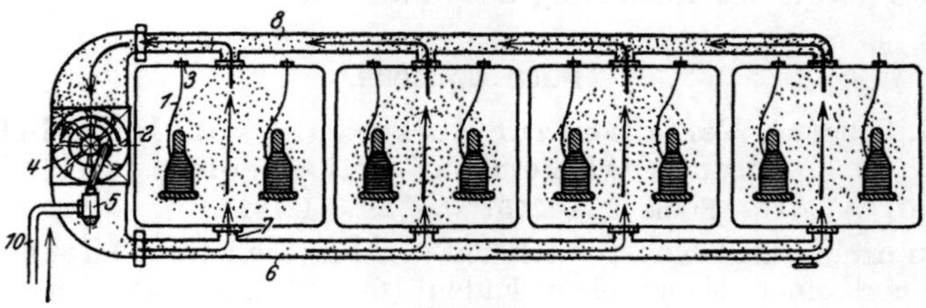

Fig. 550.

Das Verfahren nach der Erfindung unterscheidet sich im wesentlichen von den bisher bekanntgewordenen Verfahren zur Durchfeuchtung von Baumwolle, Wolle usw., die getrennt von den betreffenden Arbeitsmaschinen erfolgen und außerdem umständlich und zeitraubend sind dadurch, daß es sich dabei um eine Vorbehandlung von Kunstseide mittels genau regelbarer Zuführung gekühlter feuchter Luft unmittelbar auf der Wirk-, Strick-, Spul- u. dgl. Textilmaschine handelt, was auf folgende Weise erreicht werden soll: Das auf Spulen, Copsen u. dgl. befindliche Gespinst *1* (Fig. 550) ist in einem entsprechenden Behälter *2* aus Glas od. dgl. eingeschlossen. Die zu verarbeitenden Fäden gelangen durch Ösen *3* od. dgl. ins Freie zur Arbeitsstelle. Durch einen an beliebiger Stelle angeordneten Exhaustor *4*, Hochdruckventilator, Gebläse od. dgl. wird das einem Zylinder *5* durch Wasserleitungsrohr *10*, Wasserbassin od. dgl. zugeführte und durch Eis, Chemikalien od. dgl. gekühlte Wasser mittels eines Zerstäubers in einen äußerst feinen Nebel verwandelt. Durch den Druck des Exhaustors od. dgl. wird diese gekühlte Luft in die Rohrleitungen *6* gepreßt und gelangt durch die Flanschen *7* in die Behälter *2*, wodurch sich die gekühlte Luft dem Gespinst mitteilen kann. Die Behälter oder auch nur ein über die ganze Maschinenbreite sich erstreckender Behälter bietet gleichzeitig Raum für die erforderlichen Reservespulen, denen sich die gekühlte Luft mitteilen kann, während die anderen Spulen abgearbeitet werden. Durch Saugwirkung des Exhaustors *4* wird die gekühlte Luft aus den Behältern *2* durch die Rohrleitungen *8* herausgesaugt und gelangt wieder nach dem Exhaustor od. dgl., wo sie wieder nach unten gedrückt und zur erneuten Verarbeitung kommt. Es findet also ein vollständiger Kreislauf der kalten Luft statt.

Patentanspruch: Verfahren zur Vorbehandlung der auf Wirk-, Strick-, Spul- u. dgl. Textilmaschinen zur Verarbeitung kommenden kunstseidenen, seidenen oder ähnlichen spröden Gespinste, dadurch gekennzeichnet, daß die Vorbehandlung unmittelbar auf den genannten Maschinen durch regelbare Zuführung feuchter gekühlter Luft in die Spulenbehälter erfolgt.

Weitere Nachbehandlung von Kunstfäden.

Verschiedene Nachbehandlung.

Nach Sauvageot.

996. J. Sauvageot. Verfahren zum Anschären von Kunstseide im Großbetrieb.

Franz. P. 607869 vom 11. XII. 1925.

Um beim Kettenanschären eine ungleichmäßige Spannung der Kunstseidefäden zu verhindern, werden kegelstumpfförmige Spulen benutzt, die senkrecht stehend an Kniegelenken gehalten werden. Der Faden läuft durch einen dicht über der Spule angeordneten Spanner, eine Abzugswalze dahinter fehlt und der Wickelbaum läuft mit konstanter Geschwindigkeit, je nach dem Durchmesser der Bewicklung. (2 Zeichnungen.)

In dem

Zusatzpatent 31368 vom 30. XII. 1925

ist unter den Spulen ein schalenförmiger Halter angebracht, der das Herabfallen der Fäden verhindert und durch eine Feder bei abnehmender Spulenbewicklung nach oben geschoben wird. Um Spulenwechsel zu erleichtern, ist der Fadenspanner schwenkbar. (2 Zeichnungen.)

In dem

Zusatzpatent 31608 vom 13. I. 1926

ist eine Einrichtung beschrieben, bei zunehmender Bewicklung des Wickelbaums die Geschwindigkeit herabzusetzen. (3 Zeichnungen.)

Nach Maschinenfabrik Gerber-Wansleben.

997. Maschinenfabrik Gerber-Wansleben, Krefeld. Streckmaschine für Strähngarn, insbesondere solches aus Kunstseide.

D.R.P. 447824 Kl. 8b vom 31. X. 1926; franz. P. 631469; schweiz. P. 126567.

Von den beiden übereinanderliegenden Garnwalzen, von denen die untere gehoben und gesenkt wird, dreht sich die obere Garnwalze absatzweise nur während des Stillstandes der unteren Walze bei angespanntem Strähn. Die Hubhöhe der unteren Walze ist durch einen ihre Drehachse bildenden Exzenterbolzen einstellbar. (3 Zeichnungen.)

Patentansprüche: 1. Streckmaschine für Strähngarne, insbesondere solche aus Kunstseide, mit zwei waagerecht übereinandergelagerten Garnwalzen, von denen die untere gehoben und gesenkt wird, dadurch gekennzeichnet, daß die obere Garnwalze sich absatzweise nur während des Stillstands der unteren Walze bei angespanntem Strähn dreht.

2. Streckmaschine nach Anspruch 1, dadurch gekennzeichnet, daß die untere Garnwalze durch einen Kegel in gehobener Lage feststellbar ist.

3. Streckmaschine nach Anspruch 1, dadurch gekennzeichnet, daß die Hubhöhe der unteren Walze durch einen ihre Drehachse bildenden Exzenterbolzen einstellbar ist.

4. Streckmaschine nach Anspruch 1, gekennzeichnet durch Schiebekeile zum Kuppeln bzw. Entkuppeln des die obere Walze absatzweise drehenden Reibsegments.

998. Dieselbe. Streckmaschine für Strähngarne, insbesondere solche aus Kunstseide.

D.R.P. 458324 Kl. 8b vom 24. V. 1927.

Die Maschine nach dem Hauptpatent (siehe vorstehend) wird dadurch verbessert, daß die oberen Garntragwalzen einen abwechselnden Links- und Rechtsantrieb erhalten. Dadurch wird ein Durcheinanderlaufen der Fitz- und Bindefäden vermieden, da die beim Umlaufen in der einen Drehrichtung ineinanderlaufenden Fitzfäden bei der nachfolgenden umgekehrten Bewegung wieder gelockert werden. (Zeichnung.)

Patentansprüche: 1. Streckmaschine für Strähngarne, insbesondere solche aus Kunstseide, nach Patent 447824, dadurch gekennzeichnet, daß die Garntragwalzen einen abwechselnden Links- und Rechtsantrieb haben.

2. Streckmaschine nach Anspruch 1, dadurch gekennzeichnet, daß die Umschaltung der den Antrieb der Garntragwalzen tragenden Welle nach der gleichen Umdrehungszahl in der Links- und Rechtsdrehung erfolgt.

3. Streckmaschine nach Anspruch 1, dadurch gekennzeichnet, daß die den Antrieb der Garntragwalzen tragende Welle in der einen Drehrichtung eine größere Umdrehungszahl als in der anderen Drehrichtung hat.

Nach E. Gessner Akt.-Ges.

999. E. Gessner, Akt.-Ges., Aue i. Erzgebirge. Spann- und Trockenmaschine für Waren aus Kunstseide.

D.R.P. 471663 Kl. 8b vom 4. XII. 1926; franz. P. 643194.

Patentansprüche: 1. Spann- und Trockenmaschine für Waren aus Kunstseide, dadurch gekennzeichnet, daß das Aufnadelfeld einer an sich bekannten Trockenmaschine mit parallelen Ketten derart frei liegt, daß die Nadelketten über die Länge des ganzen Aufnadelfeldes für die Bedienung frei zugänglich sind und derart absatzweise bewegt werden, daß während ihres Stillstandes ein Warenteil aufnadelbar ist, und dieser dann mit den in Bewegung gesetzten Ketten in den Trockenraum abwandert.

2. Spann- und Trockeneinrichtung nach Anspruch 1, dadurch gekennzeichnet, daß im Einlauffelde zwischen den Spannketten ein Tisch für die Ware in Form einer endlosen Kette angeordnet ist, welcher übereinstimmende Bewegungen mit den Nadelketten ausführt.

Nach Vergé.

1000. A. Vergé. Verfahren und Vorrichtung, Kunstseidegewebe schmiegsam und formbeständig zu machen.

Franz. P. 651166 vom 24. VIII. 1927.

Nicht knitternde und nicht brüchig werdende Kunstseide soll dadurch erhalten werden, daß man das Gewebe mit Dampf unter Druck behandelt und es in gewissen Fällen dann plötzlich abkühlt. Man wickelt z. B. sorgfältig auf einen hohlen Träger auf und leitet in das Innere des Trägers Dampf mit einem Druck bis 10 kg. Unter Umständen wird dann kalte Flüssigkeit, Wasser oder Luft durchgeleitet. Das Verfahren kann auch im Autoklaven durchgeführt werden. (Zeichnung.)

e) Die Herstellung künstlichen Roßhaars, künstlichen Haars u. dgl.

Zu 5. Aufl., S. 1009, Nr. 1197 ist nachzutragen: Etwas sehr Ähnliches betrifft das franz. P. 599980 vom 22. VI. 1925 desselben Erfinders.

Nach Boyeux.

1001. J. Boyeux. Verfahren zur Herstellung künstlichen gefärbten oder ungefärbten Haars.

Franz. P. 647178 vom 3. VI. 1927.

Ein nach bekannten Verfahren geleimter Kunstseidefaden wird mit einer Lackschicht durch Tauchen in eine alkoholische 15—10proz. Gummi- oder Harzlacklösung, die gewünschtenfalls gefärbt sein kann, überzogen.

f) Die Herstellung rohseideartiger Kunstseide.

Nach Dreaper.

1002. W. P. Dreaper, London. Verfahren zur Herstellung von Fäden aus Zellulosexanthaten.

Brit. P. 245815 vom 17. IX. 1924; Ver. St. Amer. P. 1604889.

Zur Herstellung rohnaturseideartiger Viskoseseide werden die Fäden im Gelzustande entschwefelt durch Mitverwendung von Alkali- oder Metallsalzbädern, die nicht weniger als 40% vom Sättigungswert des

Salzes enthalten, z. B. 80% vom Sättigungswert einer Kochsalzlösung. Ähnliche Zusätze werden zu den Bleich- und Färbebädern oder anderen Bädern gemacht, mit denen die entschwefelten Fäden behandelt werden, und auch zu den Waschbädern. Entschwefeln und Färben kann in demselben Bade vorgenommen werden, sofern der Salzzusatz das Färben nicht stört. Zu dem zum Schluß angewendeten Waschbad kann ein Klebmittel, z. B. lösliche Stärke, zugesetzt werden, die Fäden werden schließlich in Strängen unter Spannung getrocknet, sie kleben zeitweise zusammen.

Nach Toda.

1003. S. Toda, Fukui, Japan. Herstellung von Kunstseidegarn.

Brit. P. 243009 vom 13. XI. 1925 (Prior. Jap. vom 14. XI. 1924); franz. P. 606505.

Eine Anzahl aus Viskoselösung frisch gefällter, noch gelartiger Fäden wird ohne Zwirnen zu einem Bündel vereinigt und mit einer Lösung von Gelatine, Dextrin usw. mit oder ohne Harz, Wachs usw. behandelt, um ein ungezwirnter Naturseide ähnliches Garn zu bilden. Das Garn eignet sich zum Wirken und Weben als Kette oder Schuß, der Klebstoff wird aus dem Gewebe durch die Entschweflungs- und Bleichbäder entfernt.

g) Die Herstellung künstlichen Hanfbastes, künstlichen Strohs u. dgl.

Nach Herminghaus & Co., Hesse u. Rathert.

1004. Herminghaus & Co. G. m. b. H., L. Hesse und H. Rathert, Vohwinkel. Verfahren zur Herstellung von bandartigen Zellulosegebilden mit rundlich gerolltem Querschnitt.

D.R.P. 441363 Kl. 29a vom 25. X. 1921.

Die Erfindung beruht auf der Erkenntnis, daß die aus schlitzförmigen Düsen unter gleichen Bedingungen gewonnenen Erzeugnisse je nach der Art der Aufwicklung und Weiterverarbeitung grundverschiedene Eigenschaften aufweisen. Arbeitet man in der Weise, daß man auf einen Haspel aufwickelt und in Strähnform weiterbehandelt, so erhält man ein Erzeugnis mit einem rundlich gerollten Querschnitt, welches sich vorzüglich als Ersatz für Tagal, Sisal oder Hanf eignet. Das auf den Haspel aufgewickelte Material kann in kürzester Zeit von Säure befreit, entschwefelt, gebleicht und getrocknet werden. Zur Kenntlichmachung des Unterschiedes zeigt Fig. 550a in 100facher Vergrößerung den charakteristischen Querschnitt eines auf eine Spule aufgewickelten und entsprechend weiterbehandelten Bändchens, und Fig. 550b den Querschnitt des nach der Erfindung hergestellten Erzeugnisses. Beide Produkte haben gleichen Titer und sind unter gleichen Bedingungen gesponnen. Das Bändchen nach Fig. 550a stellt bis auf feine Riefen ein glattes, langgestrecktes, schmales Rechteck dar und besitzt speckigen Glanz, während das Bändchen nach Fig. 550b ein geschlossenes S darstellt und matteren Glanz aufweist.

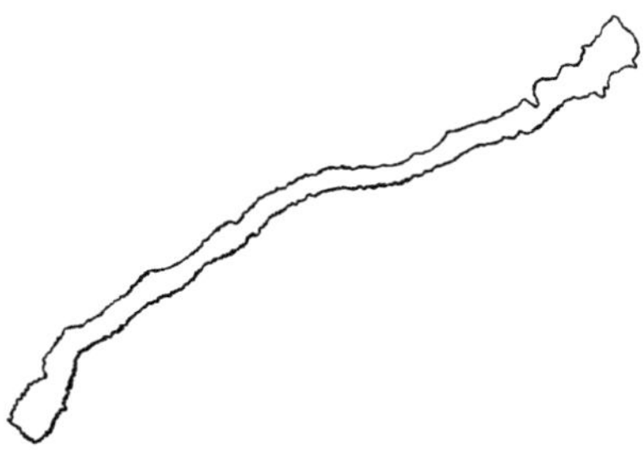

Fig. 550 a.

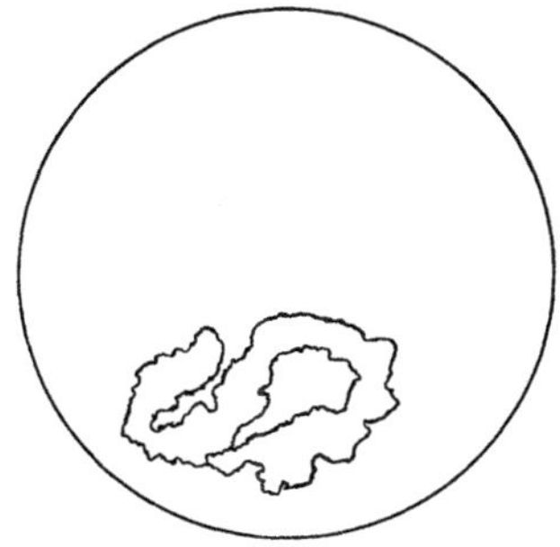

Fig. 550 b.

Patentanspruch: Verfahren zur Herstellung von bandartigen Zellulosegebilden mit rundlich gerolltem Querschnitt, als Ersatzstoff für Tagal, Sisal, Hanf u. dgl., dadurch gekennzeichnet, daß die aus Schlitzdüsen in üblicher Weise gewonnenen Bändchen auf einen Haspel aufgewickelt und in Strähnform nachbehandelt werden.

Nach Schmuck.

1005. H. Schmuck, Weißenburg, Bayern. Kunstfaden, bestehend aus einem um eine Faserstoffseele gewickelten Streifen aus dünner, glasklarer Zellulosehaut.

D.R.P. 479795 Kl. 29a vom 17. III. 1927.

Das unter dem Namen „Japangold“ bekannte Gespinst besteht aus einer Garnseele, um die ein Papierstreifen gewickelt ist, dessen Außenseite mit einer Goldschicht versehen ist. Aus einem solchen Gespinstfaden hergestellte Gebilde, z. B. Geflechte, Quasten u. dgl., verlieren sehr bald ihr schönes und glänzendes Aussehen, da die Goldschicht sich abscheuert und durch Feuchtigkeit zerstört wird. Außerdem hat der Papierstreifen naturgemäß nur eine geringe Zugfestigkeit und reißt beim Umwickeln leicht ab. Um diese Mängel zu beheben, wird an Stelle des Papierstreifens ein besonderer Zellulosestreifen verwendet und dieser in bezug auf die Garnseele und die Außenluft besonders angeordnet. Der Zellulosestreifen besteht aus einer sehr dünnen und glasklaren Zellulosehaut, die gleichzeitig den Träger für eine sehr dünne Metallschicht bildet. Die Herstellung des Kunstfadens geschieht in folgender Weise: Zunächst werden breite Bänder von glasklarer, dünner Zellulosehaut mit einem Klebstoff überzogen und mit einer Blattgoldschicht oder einer Schicht aus irgendeiner Metallegierung verbunden. Das so erzeugte breite Goldband wird durch Schneidvorrichtungen in ganz schmale Streifen zerschnitten, die zu Spulen oder Knäueln aufgewickelt werden. Die so hergestellten Zellulosemetallstreifen werden dann derart auf die Faserstoffseele aufgewickelt, daß die Metallschicht nach innen zu liegen kommt. Natürlich kann der Zellulosemetallstreifen auch selbst als Faden zur Herstellung von Geflechten, Geweben und Gewirken dienen, und schließlich ist er auch für Näherei- oder Stickereizwecke geeignet. Ein z. B. mit diesen Metallzellulosestreifen oder einem daraus hergestellten Kunstfaden erzeugtes Gewebe oder ein mit diesen Streifen oder Fäden besetztes Nähstück läßt sich auch in kochendem Wasser waschen und ist in allen klimatischen Verhältnissen unveränderlich. Diese Vorteile weisen die mit vergoldetem Papier überzogenen Gespinste, das sogenannte Japangold, nicht auf, da sich die Metallschichten dieser Gespinste abwaschen lassen. Der Zellulosestreifen kann auch auf beiden Seiten, gegebenenfalls mit verschiedenfarbigen Metallschichten versehen sein.

Patentanspruch: Kunstfaden, bestehend aus einem um eine Faserstoffseele gewickelten Streifen aus dünner, glasklarer Zellulosehaut, dadurch gekennzeichnet, daß der Streifen mit einer Metallschicht versehen ist, die im Faden nach innen zu liegt.

h) Die Herstellung von Gewebemusterungen.

Nach Heberlein & Co. A.-G.

1006. Heberlein & Co. A.-G., Wattwil, Schweiz. Verfahren zur Herstellung von gemusterten Webereieffekten auf einem Gewebe.

D.R.P. 454361 Kl. 8n vom 6. XII. 1925.

Die Erfindung betrifft ein Verfahren zur Erzielung eines gemusterten Webereieffekts ohne Karbonisation und besteht darin, daß man ein Gewebe herstellt, bei welchem den den Grund bildenden, nicht vorbehandelten Pflanzenfasern in der Kette oder im Schuß nitrierte pflanzliche Fäden zugesellt werden, wobei die nitrierten Fäden einfach oder paarig mit den gewöhnlichen Fäden abwechseln, oder mit ihnen mit mehr oder weniger Drehung verzwirnt sein können; auf dieses Gewebe läßt man Alkalien oder alkalisch reagierende Mittel stellenweise einwirken, wobei man durch Erhitzen oder Dämpfen den Vorgang beschleunigen kann. Dadurch wird an denjenigen Stellen, wo das Alkali mit dem Gewebe in Berührung kommt, das nitrierte Garn zerstört, so daß es leicht durch Waschen entfernt werden kann. Die Einwirkung der Alkalien kann in der Weise erfolgen, daß man verdickte Alkalilösungen unmittelbar aufdruckt oder aber alkalibeständige Reserven vordruckt und dann durch Alkalilösungen passiert. Nach einem andern Verfahren, das auf der Unlöslichkeit denitrierter Zellulose in Alkalien beruht, druckt man eines der üblichen Denitriermittel auf das Gewebe oder reserviert stellenweise und passiert durch die Lösung eines Denitriermittels, dann werden bei einer nachfolgenden alkalischen Behandlung die denitrierten Partien nicht gelöst, während dort, wo keine Denitrierung stattfand, der nitrierte Faden sich zersetzt. Das Verfahren kann auf Gewebe aller Art aus beliebigen pflanzlichen Fasern und Kunstseiden, sowie auf Mischgewebe aus pflanzlichen, tierischen und künstlichen Fasern angewendet werden. Die nitrierten Fäden können aus Pflanzenfasern wie auch aus zellulosehaltiger Kunstseide bestehen.

Patentansprüche: 1. Verfahren zur Herstellung von gemusterten Webereieffekten auf einem Gewebe, dadurch gekennzeichnet, daß dem Gewebe nitrierte pflanzliche Fäden zugesellt werden und dann das Gewebe stellenweise mit Alkalien behandelt wird.

2. Ausführungsform des Verfahrens nach Anspruch 1, dadurch gekennzeichnet, daß man Alkalien oder alkalisch reagierende Mittel auf das Gewebe druckt, wobei gegebenenfalls erhitzt oder gedämpft wird.

3. Ausführungsform des Verfahrens nach Anspruch 1, dadurch gekennzeichnet, daß man auf das Gewebe eine alkalibeständige Reserve vordruckt und es nachher durch eine alkalische Lösung passiert und gegebenenfalls noch erhitzt oder dämpft.

4. Ausführungsform des Verfahrens nach Anspruch 1, dadurch gekennzeichnet, daß man auf das Gewebe ein Denitriermittel aufdruckt und darauffolgend die nicht veränderten nitrierten Fäden mittels Alkalien herauslöst.

5. Ausführungsform des Verfahrens nach Anspruch 1, dadurch gekennzeichnet, daß man auf das Gewebe eine Reserve aufdruckt, durch Passieren durch eine Lösung eines Denitriermittels denitriert und nach Entfernen der Reserve die darunter liegenden nitrierten Fäden mittels Alkalien herauslöst.

6. Verfahren nach Anspruch 1—5, dadurch gekennzeichnet, daß man nach erfolgter Alkalibehandlung das ganze Gewebe denitriert und dadurch für Alkalien unempfindlich macht.

i) Die Herstellung künstlicher Baumwolle und wollartiger Kunstfasern.

1007. Das in der 5. Aufl., S. 1024, Nr. 1218 erwähnte belgische Patent vom 18. VIII. 1911 trägt die Nummer 238194. Es betrifft eine Turbine zur Herstellung künstlicher Baumwolle. Die zu verarbeitende Zelluloselösung befindet sich in dem in rasche Umdrehung zu versetzenden Gefäß *6* (Fig. 551), dessen Wandungen mit Löchern *7* versehen sind. Diese Löcher haben verschiedene Neigung zur Horizontalen, so daß die austretenden Strahlen das in dem Becken *4* enthaltene Fällbad alle an verschiedenen Stellen treffen, wodurch das Fällbad gut ausgenutzt wird. Das Gefäß *6* wird durch einen Riemen angetrieben, der über die Räder *14*, *15*, *16* und *17* läuft.

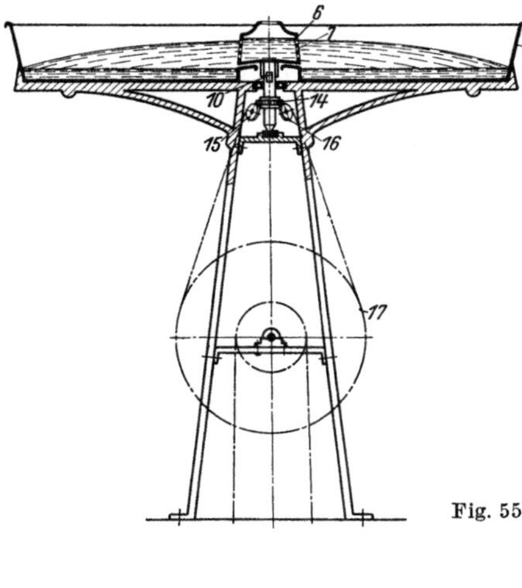

Fig. 551.

Nach I. G. Farbenindustrie Aktiengesellschaft.

1008. I. G. Farbenindustrie Aktiengesellschaft, Frankfurt a. M. (Köln-Rottweil Akt.-Ges., Berlin). Verfahren zur Herstellung eines wolleartigen Gespinstes aus Viskoselösungen.

D.R.P. 438236 Kl. 29b vom 11. VI. 1921.

Das Patent entspricht den in der 5. Aufl., S. 1034, Nr. 1228 angegebenen.

Patentansprüche: 1. Verfahren zur Herstellung eines wolleartigen Gespinstes aus Viskoselösungen, dadurch gekennzeichnet, daß die Viskose nur mit demjenigen Reifegrad verwendet wird, der infolge der unentbehrlichen Maßnahmen der Lösung, Filtration, Entlüftung usw. unvermeidlich ist.

2. Ausführungsform nach Anspruch 1, dadurch gekennzeichnet, daß zur Herabsetzung der Reifung auf das denkbar geringste Maß die unentbehrlichen Vorgänge der Lösung, Filtration, Entlüftung usw. bei möglichst niederen Temperaturen (z. B. 0—10° C) durchgeführt werden.

Nach Pellerin.

1009. A. Pellerin. Verfahren zur Herstellung eines wollartigen Zelluloseproduktes.

Franz. P. 620985 vom 30. XII. 1925; brit. P. 263727; schweiz. P. 121072; Ver. St. Amer. P. 1664319.

Das nach der Erfindung hergestellte Produkt kann für sich wie Wolle oder in Mischungen verwendet werden. Während bei der Herstellung eines glänzenden Kunstseidefadens der Faden vom Austritt aus dem Fällbad bis zur Erreichung einer genügenden Konsistenz einer konstanten Streckung unterworfen wird, wird hier das Strecken beim Austreten aus dem Fällbad unterbrochen, die Fäden erfahren eine Herabsetzung der Geschwindigkeit oder einen Richtungswechsel, der sie sich in sich selbst zusammenziehen läßt, wodurch sie krepartig oder wellig werden wie Naturwolle. Die Fäden werden, was durch eine Zeichnung veranschaulicht wird, gleich nach dem Austreten aus dem Fällbad über eine Walze geführt, auf dem unteren Teil der Walze durch einen Schaber abgenommen und dann in entgegengesetzter Richtung einer zweiten Walze zugeführt, die mit geringerer Geschwindigkeit umläuft als die erste Walze. Nach Passieren des halben Umfangs der zweiten Walze gelangen sie in freiem Fall durch ein senkrechtes Rohr auf ein rechtwinklig dazu laufendes Förderband und nach Auspressen der noch anhängenden Flüssigkeit in ein Sammelgefäß. (2 Zeichnungen.)

Nach Scott.

1010. E. K. Scott, London. Herstellung künstlicher Wolle, künstlichen Filzes und gefilzter Stoffe.

Brit. P. 291120 vom 24. XI. 1926; belg. P. 351675; franz. P. 654817.

Zur Herstellung eines wollartigen Stoffes werden die für die Herstellung von Kunstfäden üblichen Lösungen in der üblichen Weise durch Spinnöffnungen gepreßt und die austretenden, noch mehr oder weniger plastischen Fäden mechanisch ihrer Länge nach mit Wellen oder Kräuselungen versehen und dadurch auf ihrer Oberfläche Einschnitte, Erhebungen oder Knoten hervorgerufen. Man läßt z. B. entsprechend Fig. 552 den aus dem Fällbad tretenden Faden *A* durch ein Paar geriffelte Walzen *C* gehen und danach durch ein zweites Walzenpaar *D*, das in einem Winkel zu dem ersten Walzenpaar angeordnet ist und den Faden in einer anderen Richtung wellig macht als das erste Walzenpaar. Oder der Faden tritt nach Fig. 554 aus der Spinndüse *j* nach unten aus, die Spinndüse *j* rotiert entweder in einem engen Kreise, oder sie bewegt sich durch den Stift *k* und den Stab *K*

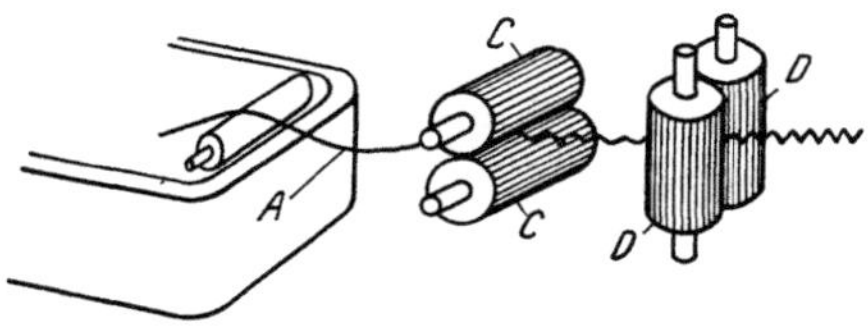

Fig. 552.

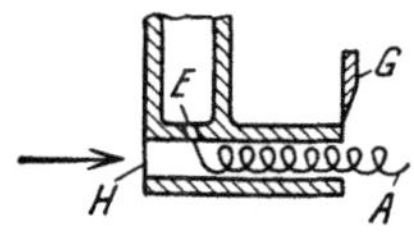

Fig. 553.

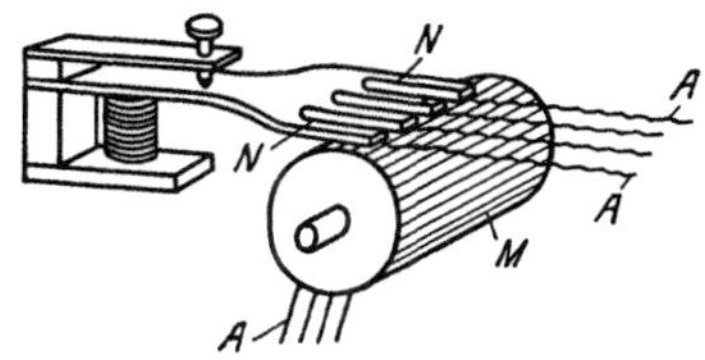

Fig. 555.

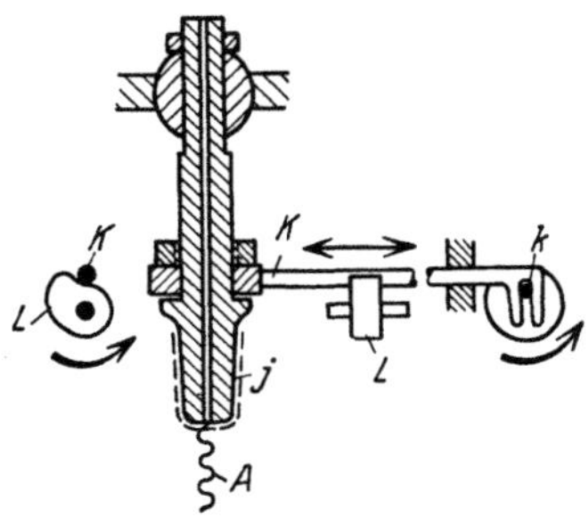

Fig. 554.

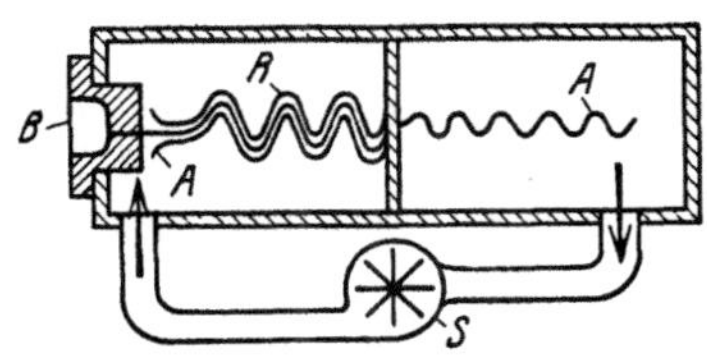

Fig. 556.

rasch vorwärts und rückwärts und gleichzeitig durch das auf *K* sitzende Nockenrad *L* auf und ab, wodurch Wellungen und Knoten auf dem Faden entstehen. Oder die Fäden *A* werden gemäß Fig. 555 über gerillte Walzen *M* geführt und dabei durch das Rietblatt *N* einem Druck von oben her ausgesetzt. Gemäß Fig. 556 wird vor der Spinnöffnung *B* ein Spiralrohr *R* angebracht, durch welches der Faden geht, und durch dies Rohr läßt man gleichzeitig mittels der Pumpe *S* eine Härteflüssigkeit gehen, die auch gepulvertes Zellulosematerial enthält, welches durch Festkleben an dem Faden ihn rauh macht. Spiralform läßt sich ferner dadurch erzielen, daß man den Faden aus einer ovalen Spinndüse austreten läßt und in der Längsrichtung dreht. Oder man läßt aus einer geneigten Öffnung *E* (Fig. 553) austreten, die tangential zu einer Leitung *H* liegt, durch welche Härteflüssigkeit strömt. Durch ein Messer *G* werden die Fasern zerschnitten.

Nach Sever und Speakman.

1011. W. Sever und J. B. Speakman, Leeds, England. Verbesserung in der Herstellung künstlicher Textilfasern.

Brit. P. 300221 vom 9. VII. 1927; belg. P. 351888 (Brysilka Ltd.).

Gekräuselte künstliche Textilfasern, welche ein den Naturfasern, beispielsweise Wolle oder Baumwolle, ähnliches Aussehen haben, werden dadurch erhalten, daß man dem fällenden, flüssigen oder gasförmigen Medium in der Nähe der Spinndüse eine hin und her gehende, schwingende, kreisförmige, elliptische oder andere regelmäßige oder unregelmäßige Bewegung erteilt. Dies kann beispielsweise dadurch erreicht

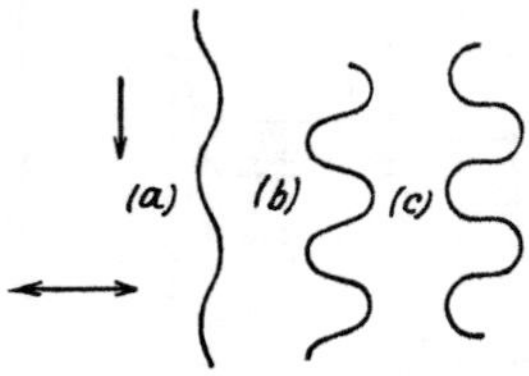

Fig. 557.

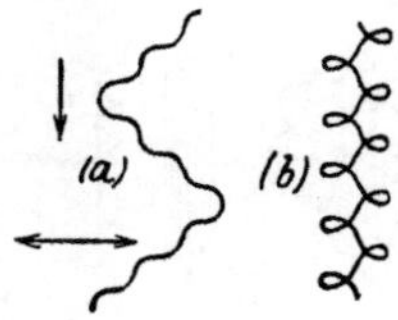

Fig. 558.

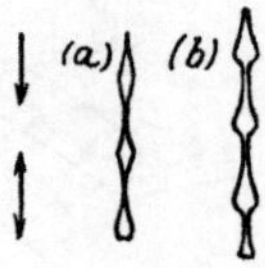

Fig. 559.

werden, daß man in der Nähe der Spinndüse eine Platte hin und her gehen läßt, oder indem man eine oder mehrere Strömungen in der Fällflüssigkeit erzeugt, die in der Nähe der Spinndüse aufeinandertreffen. Auf diese Weise entstehen die auf Grund der in den Fig. 557 bis 559 angegebenen Stellungen der Platten entsprechenden Formen der Kräuselung.

1012. Dieselben. Verbesserung in der Herstellung künstlicher Textilfasern.

Brit. P. 299291 vom 3. IV. 1928, abgeteilt aus brit. P. 300221; belg. P. 351888 (Brysilka Ltd.).

Die Erfindung bezieht sich auf die Herstellung gekräuselter Kunstfasern, die der Naturseide ähnliche Eigenschaften besitzen. Die Kräuselung wird dadurch hervorgerufen, daß man in der Spinnlösung selbst oder dem fällenden flüssigen oder gasförmigen Medium oder in beiden

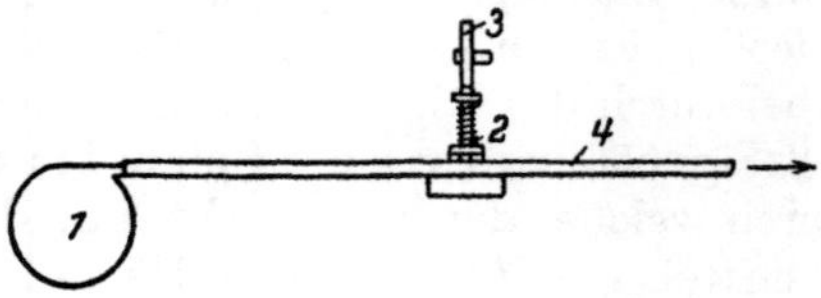

Fig. 560.

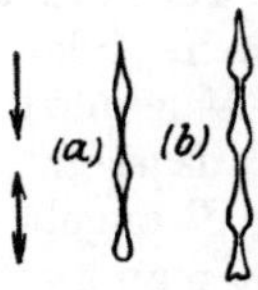

Fig. 561.

Fig. 562.

regelmäßige oder unregelmäßige Stromstöße erzeugt mit Hilfe eines Kolbens oder einer Diaphragmapumpe, welche mit der Spinndüse oder dem Spinnrohr verbunden ist. Beispielsweise wird ein durch eine Scheibe *3* (Fig. 560) betriebener, in einer Feder gelagerter Kolben *2* an einem dehnbaren Rohr *4* angebracht, durch welches von der Pumpe *1* Spinnlösung fließt. Befindet sich der Ausfluß aus der Spinndüse in einer Richtung mit dem Strom des fällenden Mediums, so erhält man die in der Fig. 561a, b dargestellten Gebilde; sobald jedoch beide Komponenten nicht in einer Geraden liegen, sondern beispielsweise einen Winkel zueinander bilden, ergeben sich die in Fig. 562 erhaltenen Formen.

k) Die Stapelfaser, ihre Herstellung und Bearbeitung.

Nach Brabant.

1013. G. Brabant. Spinnstuhl für Massenerzeugung künstlicher Textilfasern und -fäden, von Kunsthaar oder -stroh und von Bündeln von Kunstseide.

Franz. P. 531644 vom 4. III. 1921 (Prior. Belg. vom 13. III. 1920).

Die Spinndüsen sind in größerer Anzahl längs oder zu beiden Seiten eines gemeinsamen Kanals angeordnet, der von dem Fällmittel durchströmt wird. Jede Spinndüse kann für sich in den Kanal eingesenkt und aus ihm herausgehoben werden. Das in dem Kanal erzeugte Fadenbündel wird auf einem endlosen Tuch oder einem Haspel aufgenommen und nach Unterbinden auf die gewünschten Längen zerschnitten. (6 Zeichnungen.)

Nach Oberrheinische Handelsgesellschaft m. b. H.

1014. Oberrheinische Handelsgesellschaft m. b. H., Karlsruhe i. Baden. Verfahren zur Verbesserung der Spinnfähigkeit von Natur- und Kunstfasern.

D.R.P. 456668 Kl. 76b vom 13. V. 1924; norweg. P. 45382; brit. P. 239605; schwed. P. 67314; schweiz. P. 115512.

Zur Verbesserung der Spinnfähigkeit von Natur- und Kunstfasern wird das Fasergut mit Rauhmitteln, z. B. scharfkantigen Pulverkörnern, behandelt. Kunstfasern, insbesondere Stapelfasern, haben hierdurch nicht mehr den Charakter der Kunstseide, sondern nähern sich der Beschaffenheit von Wolle und zeigen größere Reißfestigkeit und Weichheit. Die Behandlung mit Rauhmitteln kann unter Verwendung von Rühr-, Misch-, Mahl- oder Schleudervorrichtungen, Schleudermühlen, Reißapparaten, Wölfen, Reißwölfen, Öffnern, Preß- oder Stampfwerken, Ventilatoren oder anderen Einrichtungen, die geeignet sind, die Rauhmittel mit den Fasern in die nötige Berührung zu bringen, naß oder trocken erfolgen. Nach der Behandlung können die Rauhkörner, soweit sie nicht an den Fasern haften bleiben, von den Fasern getrennt und von neuem verwendet werden.

Patentanspruch: Verfahren zur Verbesserung der Spinnfähigkeit von Naturfasern, wie Kapok, Nessel, Roßhaar, Baumwolle und Kunstfasern, wie Kunstseide, Stapelfaser u. dgl., dadurch gekennzeichnet, daß das Fasergut mit scharfkantigen Pulverkörnern in trockenem oder nassem Zustande behandelt wird.

1015. Dieselbe. Verfahren zur Behandlung von Fasern oder Fasererzeugnissen.

Franz. P. 622307 vom 30. IX. 1926 (Prior. Deutschl. vom 30. IX. 1925).

Kunstseide u. a. wird dadurch leichter verarbeitbar und wollartiger gemacht, daß auf ihrer Oberfläche rauh machende Stoffe niedergeschlagen werden. Die Kunstseide wird z. B. mit Stärkelösung behandelt und dann getrocknet, oder es werden Kolloide auf der Faser unlöslich gemacht, oder es werden unlösliche Seifen auf der Faser niedergeschlagen.

1016. Dieselbe und L. Ubbelohde, Karlsruhe. Behandeln von Fasern vor dem Spinnen.

Brit. P. 264428 vom 14. X. 1925.

Kunstseide oder Stapelfaser, die zur Erhöhung ihrer Spinnbarkeit gerauht werden müssen, werden vorerst gequollen durch Behandeln mit Alkalien, Säuren, Salzen od. dgl. Es werden die aufrauhenden Stoffe in Wasser oder anderen Flüssigkeiten suspendiert und mit den Fasern gemischt und durchgearbeitet, oder die Fasern werden ohne Zusatz aufrauhend wirkender Stoffe durchgerührt.

1017. Dieselbe. Mechanisches Rauhen von Gespinstfasern.

Brit. P. 260935 vom 19. I. 1926; Prior. Deutschl. vom 6. XI. 1925; schweiz. P. 124324.

Die Spinnbarkeit glatter Fasern wie Kunstseide wird erhöht, und ohne übermäßiges Zwirnen wird ein festeres, feineres, weicheres und haarigeres Garn erzeugt, wenn die Fasern vor dem Karden und Spinnen mit körnigen, kristallinischen oder amorphen, aufrauhenden Stoffen wie Oxyden oder Salzen von Metallen oder alkalischen Erden, gepulverten amorphen oder erdigen Stoffen, Talkum, Zement, Kalziumsulfat oder Ätzkalk behandelt werden. Oder es wird durch Benutzung von Lösungen kristallisierbarer Stoffe ein Überzug feiner Kristalle auf den Fasern gebildet. Die zu verwendenden Stoffe werden mit Wasser gemischt oder als Suspension aufgebracht, oder sie werden auf den Fasern ausgefällt oder durch Klebmittel wie Seife, Olein, Dextrin od. dgl. auf der Faser festgehalten. Bei gekräuselter Faser wird durch dies Verfahren das Kräuseln verstärkt.

Ähnliche Verfahren betrifft das franz. P. 592056 vom 23. I. 1925 mit den Zusätzen 30242 und 31099 derselben Gesellschaft, das franz. P. 606797 vom 23. XI. 1925 mit Zusatz 31814 vom 15. IV. 1926, die österr. P. 107731, 110701 und 110740 sowie die brit. P. 254357 und 264233 der Oberrheinischen Handelsgesellschaft m. b. H. und von L. Ubbelohde, Karlsruhe.

1018. Dieselbe. Verfahren zur Behandlung von Garnen mit festen Stoffen sowie zum mechanischen Rauhen.

Brit. P. 266367 vom 17. II. 1927 (Prior. vom 17. II. 1926); franz. P. 629180.

Garne und Gewebe aus Kunstseide, Stapelfasern und ähnlichen Stoffen verlieren ihren Glanz und werden aufgerauht durch Behandeln mit scharfkantigen Stoffen wie Kieselgur oder mit Stoffen mit weniger scharfen Kanten wie Silikagel oder mit amorphen Stoffen organischer oder anorganischer Natur, wie Kalk, Kaolin, Ton, Kreide u. dgl. Die Pulver können chemisch oder physikalisch auf der Faser niedergeschlagen werden, und die Behandlung kann wie das Beizen, Färben oder Wasserdichtmachen in den Färbereien durchgeführt werden. Organische Kolloide wie Stärke oder Gelatinelösung können mitverwendet werden, ein Härten oder eine Überführung der Sole in Gele kann folgen. Z. B. wird Aluminiumsulfat oder Alaun mit tierischem oder anderem Leim gefällt, oder Aluminiumacetat wird mit Seifenlösung gefällt. Oder es wird die Faser mit Ätzalkali behandelt, danach mit einem Erdalkalisalz und zum Schluß mit Schwefelsäure, wodurch das unlösliche Salz gefällt wird. Die Fasern können mit Stoffen behandelt werden, welche die Adhäsion der Pulver erhöhen, z. B. Seifen, Ölen, besonders sulfonierten wie Türkischrotölen oder Olein. Die Pulver können durch Einstäuben, Blasen, Stampfen, Rühren, Mahlen, Schlagen oder Pressen aufgebracht werden. Behandeln des Gutes mit Dampf, Säuren, Alkalien, Gasen usw. während oder nach der Pulverbehandlung erleichtert das Haften.

Nach I. G. Farbenindustrie Aktiengesellschaft.

1019. I. G. Farbenindustrie Aktiengesellschaft, Frankfurt a. M. Verfahren zur Auflockerung parallel liegender Faserbündel auf nassem Wege.

D.R.P. 427978 Kl. 29a vom 19. XII. 1924; Ver. St. Amer. P. 1627037; niederl. P. 17995; brit. P. 244715; schweiz. P. 117742 (A. Kämpf und K. Grünewälder).

Zur Naßauflockerung parallel liegender Faserbündel läßt man auf das aus einer Schneidvorrichtung *a* (Fig. 563) mittels eines Förderbandes *b* nach der oberen Mündung eines Turmes *d* gelangende Fasergut bei *c* heißes Seifenwasser einwirken, welches es aufschlämmt und in freiem Fall gegen Prallflächen *e* auffallen läßt. Dadurch werden die Faserbündel gelockert. Diese Wirkung läßt sich durch beliebige Wiederholung des Vorganges steigern. Bei *f* tritt die Fasermasse in eine Schleuder *g*.

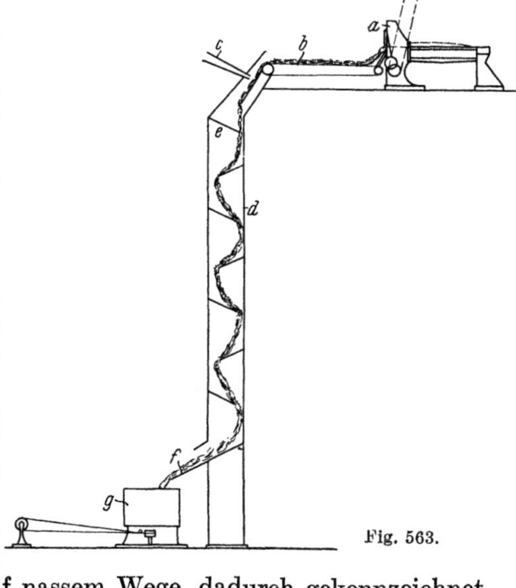

Fig. 563.

Patentanspruch: Verfahren zur Auflockerung parallel liegender Faserbündel auf nassem Wege, dadurch gekennzeichnet, daß man eine Aufschlämmung der Faserbündel in einer geeigneten

Flüssigkeit (z. B. Seifenwasser) im freien Fall gegen Prallflächen fallen läßt, gegebenenfalls unter Wiederholung dieses Vorganges.

1020. Dieselbe, übertragen von **M. F. Thoma.** Verfahren zum Spinnbarmachen geschnittener Kunstfasern.

Brit. P. 282776 vom 23. XII. 1927 (Prior. Ver. St. Amer. vom 27. XII. 1926); franz. P. 657352; ital. P. 265663.

Man behandelt die Stapelfaser mit einem Bade, das Weichmachungsmittel wie Glyzerin, Kräuselungsmittel wie Natriumkarbonat und die Hygroskopizität erhöhende Mittel wie Chlorkalzium oder Chlormagnesium enthält. Man verwendet z. B. eine Mischung aus 100 Raumt. Wasser, 3 Raumt. Glyzerin, 1 Raumt. Soda, $^1/_2$ Raumt. weicher Seife, $^1/_2$—1 Raumt. Pinol und 1 Raumt. Ölseifenflocken. Man taucht die Stapelfaser beträchtliche Zeit bei mäßig warmer Temperatur ein. Als Weichmachungsmittel können auch Monopolöl, Monopolbrillantöl, Türkischrotöl, sulfonierter Talg, sulfoniertes Olivenöl, Tetrapol, Verapol oder Trichloräthan benutzt werden. Glanz wird erzeugt durch Enodrin, Perpentol, Isomerpin, Glykose und Glyzerin, zur Erhaltung des Feuchtigkeitsgrades in der Faser dient Magnesium- oder Zinkchlorid, Glykose, Acetin, Glyzerin. Zur Verbesserung des Griffs dient Ameisen- oder Essigsäure.

1021. Dieselbe. Verfahren zur Herstellung von Mischgarn aus Naturseide und Kunstfaser.

Brit. P. 286275 vom 2. III. 1928 (Prior. Ver. St. Amer. vom 2. III. 1927 [M. F. Thoma, Fitchburg, Mass.]); schweiz. P. 132867; österr. P. 114697; franz. P. 650253; belg. P. 349332.

Zweck der Erfindung ist die Herstellung eines Mischgarns aus Naturseide und Kunstfaser, mit welchem die Wirkung einer Mischfärbung erzielt werden kann. Dies wird dadurch erreicht, daß das Garn nicht durch Vereinigung gezwirnter Seide- und Kunstfasern gebildet wird, sondern die Vermischung beider Faserarten wird vor der Garnbildung vorgenommen. Man bringt in eine Karde eine Mischung von beispielsweise 40% echter Seide in Schappeform und 60% geschnittener Kunstfaser und verarbeitet zu einem Vlies. Diese Mischung gelangt in eine Zerreißmaschine, die aus zwei mit verschiedener Umdrehungsgeschwindigkeit umlaufenden Walzenpaaren besteht, deren Abstand der Kunstfaserlänge entspricht oder größer ist. Hierdurch werden die gemischten Fasern einer Streckung unterworfen, die aber nur ein Zerreißen der echten Seidenfasern zur Folge hat, da die Kunstfasern nicht lang genug sind, um an den beiden Enden in der Berührungslinie der beiden Walzenpaare gleichzeitig gefaßt zu werden. Da die zerrissenen echten Fasern mit Kunstfaser umgeben und vermischt sind, können sie sich nicht aufringeln und zusammenziehen. Die so hergestellten Fasergebilde werden in den üblichen Maschinen weiterverarbeitet.

1022. Dieselbe. Verfahren und Einrichtung zur Herstellung eines dicken fortlaufenden Bandes aus Kunstfasern auf fast rein mechanischem Wege.

Belg. P. 348499 vom 1. II. 1928; brit. P. 286603 vom 29. II. 1928; franz. P. 657358 vom 21. I. 1928 (Prior. Deutschl. vom 4. III. 1927).

Ein Band von etwa 50000 Den., welches durch die üblichen textilen Operationen weiterverarbeitet wird, wird ununterbrochen zwischen den Spinndüsen und der Ablieferung des gereinigten und getrockneten Produktes erzeugt. Die Faserbündel *B* (Fig. 565), die aus einer großen Anzahl Spinndüsen *A* durch die geneigten Spinntröge *C* geführt werden, werden zu einem Bande *X* vereinigt und vorüber-

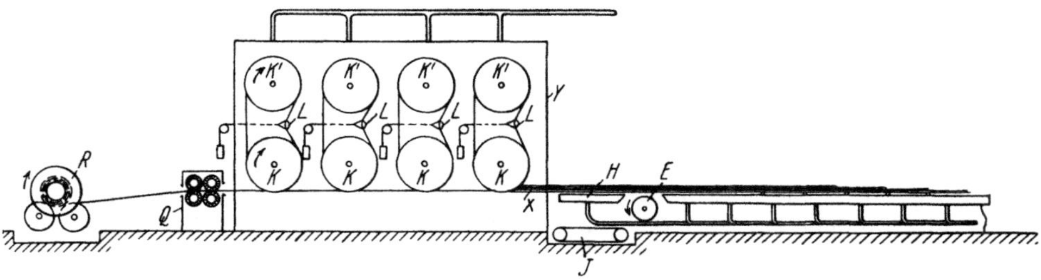

Fig. 564.

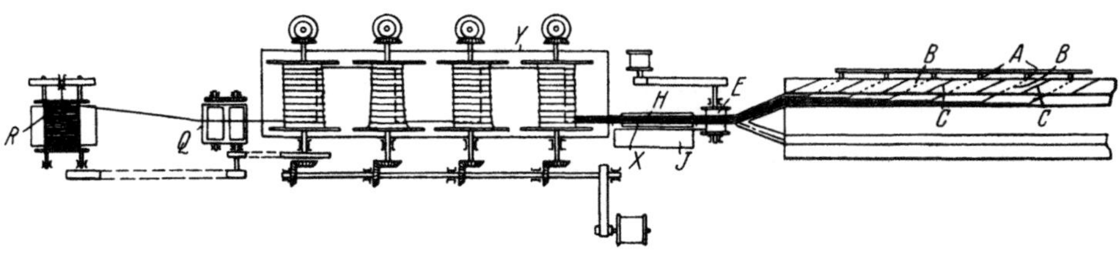

Fig. 565.

gehend auf einer Spule *E* gesammelt. Das Faserbündel ist während seines ganzen Weges durch die Tröge *C* leicht zugänglich. Bei normalem Arbeitsgange wird das Band *X*, das durch Vereinigung mehrerer Bündel entstanden ist, über einen Saug- und Tropftrog *H* geleitet, neben dem Trog *H* läuft ein Förderband *J* mit derselben Geschwindigkeit wie das Band *X*, auf ihm steht der Arbeiter, der beschädigte Fäden zu entfernen und nötigenfalls ein neues Faserbündel mit dem Hauptbündel zu vereinigen hat. Das Band geht dann zu einer Wasch- und Trockenmaschine, dann zu der Auflockervorrichtung *Q* (Fig. 564) und wird schließlich auf eine Trommel, Spule oder Walze *R* aufgewickelt. Die Wasch- usw. Maschine enthält eine Anzahl Rollenpaare *K*, *K'*, um jedes Paar geht das Band mehrmals in Schraubenwindungen und wird während seines senkrechten Laufes mit den Wasch-, Entschwefelungs- usw. Flüssigkeiten behandelt. Die Trommeln *K*, *K'* haben großen Durchmesser und sind vorteilhaft von innen beheizt. Um die beim Waschen usw. naturgemäß eintretende Längenveränderung auszugleichen, werden die Durchmesser der Trommeln verändert und die senkrechten Teile des Bandes durch Spannvorrichtungen unter Streckung gehalten. Vorteilhaft benutzt man Schienen *L* (Fig. 566), an denen Rippen *N* sitzen. Sie öffnen das Band und lassen die Wasch- usw. Flüssigkeit leichter eintreten. Dazu werden in den Rippen Löcher angebracht und die Schienen *L* zur Flüssigkeitsleistung ausgebildet.

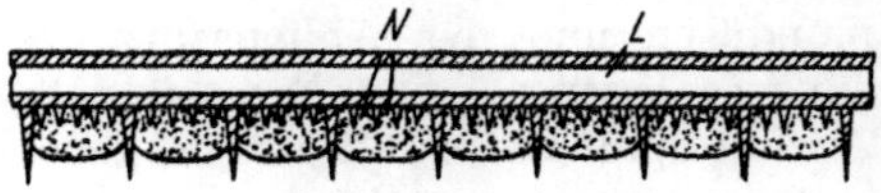

Fig. 566.

Die oberen Trommeln *K'* sind einstellbar, die Bandspannung kann dadurch geregelt werden. Die verschiedenen Teile des Apparates haben einen einzigen Antrieb. Beim Beginn des Spinnens wird ein elastisches Band von der Aufwickelvorrichtung *R* zu der Walze *E* gezogen, man läßt dann den Apparat langsam laufen, das Ende des elastischen Bandes wird mit dem Faserbündel verbunden, das von der auf der Walze *E* angesammelten Fasermasse losgemacht wird, die Geschwindigkeit der Vorrichtung wird dann auf die normale gebracht.

1023. Dieselbe. Verfahren und Einrichtung zur fast ganz mechanischen Herstellung eines starken fortlaufenden Bandes künstlicher Fasern.

Belg. P. 357415 vom 15. I. 1929, Zusatz zum belg. P. 348499; brit. P. 304667, Zusatz zum brit. P. 286603 (Prior. Deutschl. vom 23. I. 1928).

Das im Hauptpatent (siehe vorstehend) beschriebene Verfahren erfährt dadurch eine Verbesserung, daß eine beim Weitertransport des Bandes über Rollen oder Trommeln und bei der Naßbehandlung eintretende Eigenlängung des Faserbandes durch mechanische Zugkraft der gequollenen Faser vermieden wird. Das geschieht dadurch, daß man die bei den Behandlungsvorgängen eintretende Schrumpfung nur teilweise zuläßt, indem man die Fasern über die Trommeln mit einer der Neigung zur Schrumpfung entsprechenden Spannung hinwegführt. In gleicher Weise kann bei der Trocknung verfahren werden. Die auf die Faser ausgeübte Spannung hat einen günstigen Einfluß auf die physikalischen Eigenschaften des Produktes. (2 Zeichnungen.)

1024. Dieselbe. Vorbereitung von Fasern für das Spinnen, Weichmachen von Fasern.

Brit. P. 286302 vom 24. II. 1928 (Prior. Deutschl. vom 4. III. 1927); Ver. St. Amer. P. 1728682; franz. P. 646826.

Eine Maschine zum Weichmachen und Kneten eines kontinuierlichen Faserbandes enthält zwei Scheiben *A* und *B* (Fig. 567), die zylindrische glatte Bolzen *E* tragen, die beim Drehen der Scheiben durcheinander greifen. Die Scheiben laufen mit höherer peripherer

Geschwindigkeit um, als das Fasermaterial läuft. Die Bolzen *E* können frei um ihre Achse sich drehen oder fest oder von einem lose aufsitzenden Zylinder umgeben sein. Die Scheibe *B* wird in einem Rahmen *D* getragen, der um die Achse des Antriebsrades *C* beweglich ist. Rahmen *D* ist einstellbar und steht unter der Wirkung der Federn *F*.

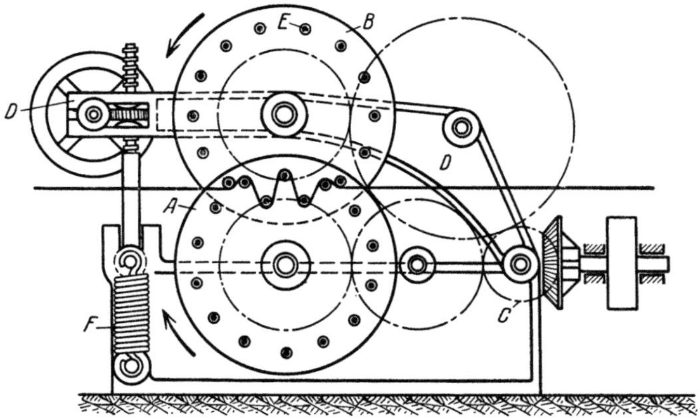

Fig. 567.

1025. Dieselbe. Herstellung von Stapelfaser.

Brit. P. 298492 vom 8. X. 1928 (Prior. Deutschl. vom 7. X. 1927); belg. P. 353635; franz. P. 668138; schweiz. P. 134333.

Bei der Herstellung von Stapelfaser aus z. B. Viskose, wobei die Faser vor dem Schneiden mit Flüssigkeiten behandelt, entwässert und geschleudert wird, und man ein hochglänzendes, wollartiges, gewelltes

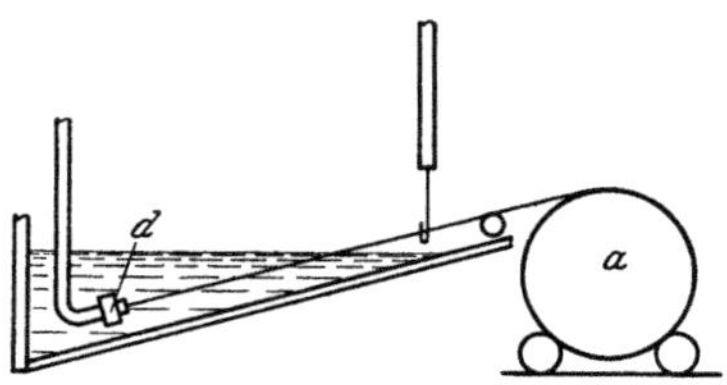

Fig. 568.

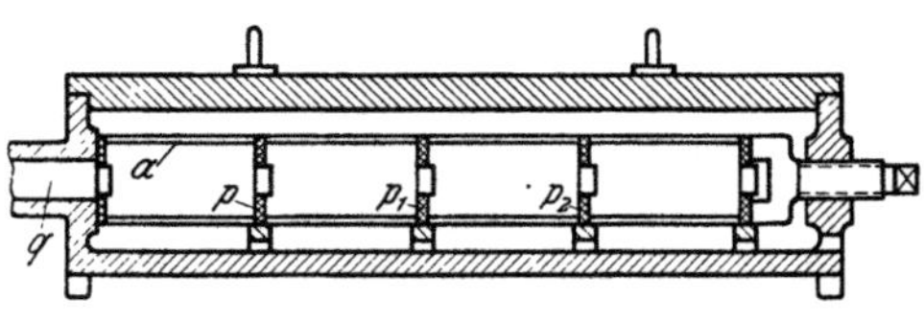

Fig. 570.

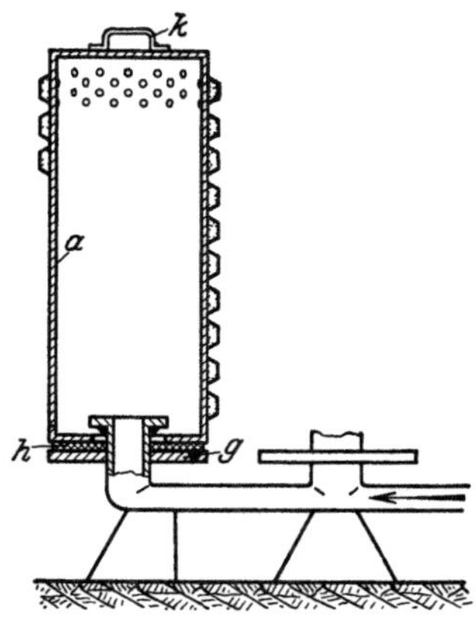

Fig. 569.

oder gekräuseltes Produkt erhält, wird die parallele Lage der ursprünglichen Wicklung und eine praktisch gleichförmige Länge und Beschaffenheit der Faser in der Weise erzielt, daß die aus der Spinndüse *d* (Fig. 568) austretenden Fäden auf hohle gelochte Trommeln *a* aus chemisch unangreifbarem Stoff aufgewickelt werden. Die Trommeln können gefurcht sein. Sind die Trommeln voll bewickelt, so werden sie an einer Seite mit einem Deckel *k* (Fig. 569) und an der andern Seite mit elastischen Dichtungsscheiben *h* verschlossen, die auf Platten *g* sitzen. Durch Druck oder Saugen werden nun die Reinigungsflüssigkeiten oder Dämpfe durchgeleitet, in derselben Weise wird getrocknet. In Fig. 570 ist eine Reihe bewickelter Spulen *a*, durch p, p^1 und p^2 gegeneinander abgedichtet und zwischen *p* und *q* eingepreßt, dargestellt. Bei *q* wird gesaugt oder Druck gegeben. Zum

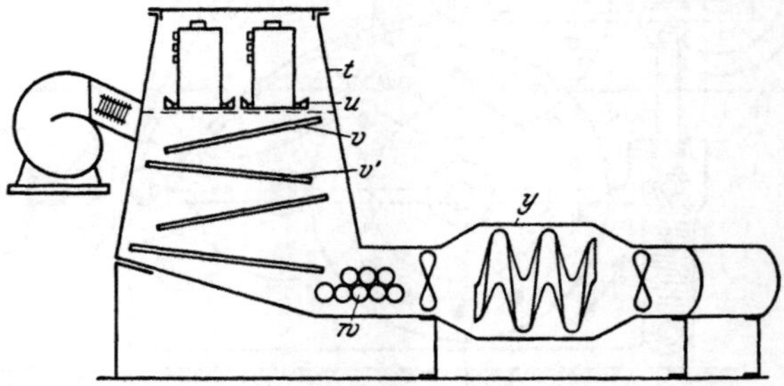

Fig. 571.

Zerschneiden werden die Trommeln in den Schacht *t* eingebracht (Fig. 571) und von unten nach oben durch Messerkränze *u* zerschnitten. Der Abstand zwischen den Messern wird nach der Länge des Stapels eingestellt. Die geschnittenen Fasern fallen auf Rütteltische v, v^1, die abwechselnd horizontale und vertikale Bewegungen ausführen, wodurch die Fasern aufgelockert und verfilzt werden. Sie gehen dann durch eine Anzahl gerillter Walzen *w* und dann durch einen Spiralgang *y*, wo sie gekräuselt und durch heiße Luft fertiggemacht werden. Das Material kann zu Garn verarbeitet oder auf geeignet vorbereitetes Papier zur Herstellung von Seidentapeten aufgeblasen werden.

1026. Dieselbe. Verfahren zur Herstellung künstlicher Faserprodukte von hohem Gesamttiter.

Brit. P. 300584 vom 13. XI. 1928 (Prior. Deutschl. vom 15. XI. 1927); belg. P. 353407; franz. P. 658875; schweiz. P. 134054; österr. P. 117726.

Die Spinndüsen zur Herstellung künstlicher Fäden von hohem Gesamttiter werden in dem Spinnbad auf einem Kreisbogen oder einer Kalotte angeordnet, im Mittelpunkt davon befindet sich der Fadenführer, der von allen Spinndüsen gleich weit entfernt ist. Die Fäden werden auf Haspeln gesammelt, durchlässige Spulen werden verwendet, wenn neutralisierende oder andere Behandlungsflüssigkeiten durch Druck oder Saugwirkung durch die Fäden auf der Sammelvorrichtung hindurchgeführt werden sollen. Von den Sammelvorrichtungen kann der Faden auf Spulen zu Strängen, Kopsen oder Scheibenspulen usw. abgewunden werden, er kann auch auf Schnittfaser verarbeitet werden. (4 Zeichnungen.)

Nach Linkmeyer.

1027. C. R. Linkmeyer, Bad Salzuflen. Verfahren zur Herstellung künstlicher Fäden.

D.R.P. 443413 Kl. 29a vom 7. II. 1925.

Im Gegensatz zu den bisherigen Verfahren, die Kunstseidefasern zu zerschneiden und die erhaltene Stapelfaser zu verspinnen, geht das vorliegende Verfahren davon aus, dem endlos gesponnenen Faden derartige Eigenschaften zu geben, daß durch nachträgliches Spannen kürzere Fadenstücke entstehen, die sich beim Verarbeiten mit ihren Spitzen nach außen richten und so dem Faden ein rauhes Aussehen geben. Dies wird dadurch erreicht, daß die endlosen Fäden Stellen geringerer Haltbarkeit erhalten, welche im Fadenbündel nicht an demselben Punkte, sondern hintereinander liegen und beim Spannen zerreißen. Fig. 572 zeigt eine Vorrichtung zur Ausführung des Verfahrens. Sie besteht aus einem Körper *A*, in dessen Inneres durch Rohr *G* Viskose eindringt. Nach oben wird dieser Metallkörper durch die Düse *P* geschlossen. Die Düse wird durch die Überfallmutter *F* auf dem Körper *A* befestigt. Die Spinnlöcher *E* der Düse sind in Kreisform angeordnet. *O* ist das Gefäß für die Fällflüssigkeit. In dem unterhalb der Düse *P* gebildeten Hohlraum dreht sich mittels der Spindel *B* ein Riegel *C* derart, daß er immer leicht an einer Stelle gegen die untere Seite der Düse *P* durch die Feder *D* gedrückt wird. Durch die gleichmäßige Drehung des Riegels *C* unter dem Lochkreis der Düsenlöcher werden diese zeitweise verdeckt. Auf diese Weise entstehen die dünnen Stellen in den Fasern in einer schraubenlinienförmigen Reihenfolge. Die Spindel *B* wird gegen den Körper *A* dadurch abgedichtet, daß die Feder *M* die Spindel *B* an die Dichtungsfläche *H* andrückt. Das Kugellager *K* gewährleistet den leichten Gang der Spindel, so daß diese mit der Schnurscheibe *J* in Umdrehung versetzt werden kann.

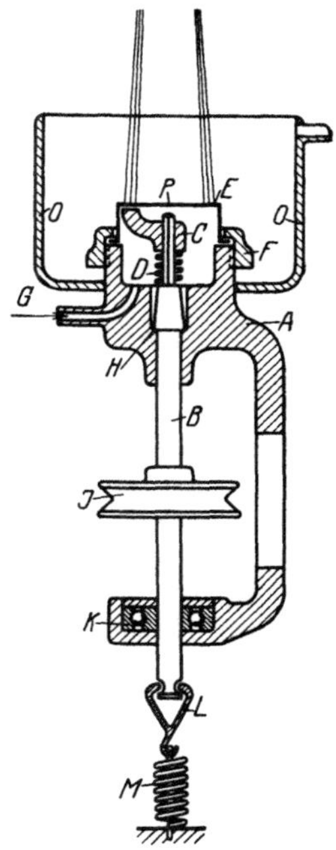

Fig. 572.

Patentansprüche: 1. Verfahren zur Herstellung künstlicher Fäden, dadurch gekennzeichnet, daß die Einzelfäden des endlos gesponnenen Fadenbündels beim Spinnen mit Stellen von geringerer Haltbarkeit versehen werden und durch Spannen des Fadenbündels die Einzelfäden an den schwachen Stellen in kurze Fasern zerlegt werden.

2. Verfahren nach Anspruch 1, dadurch gekennzeichnet, daß die Stellen mit geringerer Haltbarkeit durch Verringerung des Durchmessers der Einzelfäden erhalten werden.

3. Vorrichtung zur Ausführung des Verfahrens nach Anspruch 1 und 2, dadurch gekennzeichnet, daß im Innern der Spinndüse an der inneren Seite der Löcher ein umlaufender Riegel angeordnet ist, der zwecks verringerter Zufuhr der Spinnmasse aufeinanderfolgend alle Löcher, aber jeweilig nur eine geringe Anzahl davon abdeckt.

4. Vorrichtung nach Anspruch 3, dadurch gekennzeichnet, daß der Riegel feststeht und die Düse umlaufend angeordnet ist.

Eine ähnlich wirkende Einrichtung, die allerdings nicht zu Faserbändern mit schwachen Stellen, sondern mit voneinander getrennten Einzelfasern führt, beschreibt F Bricka in franz. P. 619841 vom 5. VIII. 1926.

Nach Grand.

1028. J. A. Grand, Villeurbanne. Verbessertes Verfahren zur Herstellung von Kunstseidegarnen u. dgl.

Brit. P. 253547 vom 11. VI. 1926 (Prior. Frankr. vom 13. VI. 1925); schweiz. P. 120485; Ver. St. Amer. P. 1660123.

Aus Kunstseideabfällen, auch auf bestimmte Längen geschnittenen Kunstfasern hergestellte Garne verlieren im feuchten Zustande beträchtlich an Festigkeit. Mischen solcher Abfälle mit Baumwolle gibt keine guten Garne, der Glanz der Kunstseide leidet, die Garne färben sich schlecht und ungleichmäßig, und sie sind flusig. Bessere Ergebnisse erzielt man, wenn man lange Fasern, wie Hanf, Jute, Flachs, Nessel od. dgl., zusetzt, die vor dem Mischen mit dem Kunstseideabfall merceresiert sind. Solche Mischungen haben guten Glanz, sind kaum flusig, färben sich leicht und gleichmäßig und lassen sich auch im Haushalt gut waschen.

Nach Boger.

1029. R. C. Boger. Verfahren zum Geschmeidigmachen, Spinnen und Zwirnen von Kunstseide.

Franz. P. 607456 vom 4. XII. 1925; brit. P. 266438; Ver. St. Amer. P. 1586647; canad. P. 265260.

Die Erfindung betrifft die Verarbeitung von Kunstseideabfällen und Kunstseide. Bekanntlich lassen sich diese Abfälle nicht wie Naturseidenabfälle zu feinen Fäden verspinnen, da die Fasern zu glatt sind. Die Kunstseide oder die Abfälle werden gemäß der Erfindung auf eine bestimmte Länge zerschnitten und mit Baumwolle, Baumwollabfällen oder Kämmlingen von geringerer Länge als die Kunstseide vermischt. Das Gemisch geht durch einen Schlagöffner, einen zweiten Schlagöffner und über eine Krempel, das gebildete Band geht durch eine Doublierstrecke, eine zweite Doublierstrecke und dann durch eine Kämmaschine. Während dieser ganzen Zeit sind die kurzen Baumwollfasern, die als zeitweilige Bindemittel gedient haben, mit den Kunstseidefasern mitgeführt worden, sie haben die Kunstseidefasern weniger spröde und hart gemacht. In der Kämmaschine werden die Baumwollfasern ausgekämmt, das verbleibende Band kommt auf den Selfaktor und wird hier versponnen. (2 Zeichnungen.)

Nach Platt Brothers and Co., Wilkinson und Reed.

1030. Platt Brothers and Co. Ltd., H. Wilkinson und J. Reed. Verbesserungen an Maschinen zum Karden von Kunstseide und ähnlichen Stoffen.

Franz. P. 624226 vom 8. XI. 1926 (Prior. Engl. vom 5. I. und 10. IV. 1926); brit. P. 266501; schweiz. P. 124325.

Zur Vermeidung von Abfällen des behandelten wertvollen Materials ist an einer Maschine mit beweglichen Deckeln *c* (Fig. 573) zwischen ihnen und der Vorreißwalze *b* eine Walze *a* angeordnet, die mit einem

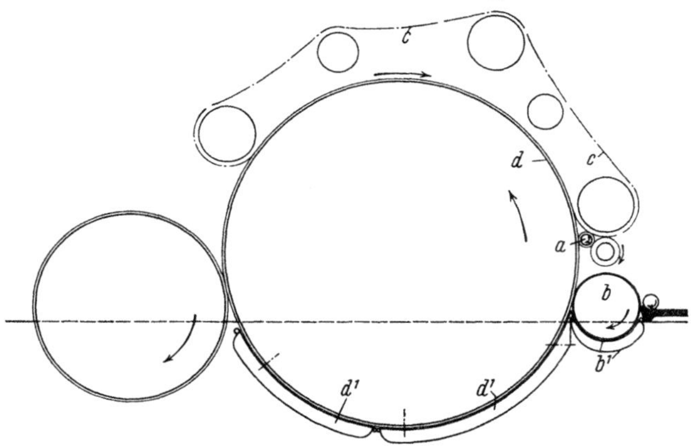

Fig. 573.

geeigneten Gewebe überzogen ist, die Deckel putzt und das Material auf den Hauptzylinder *d* ablegt. Das abgeputzte Material wird auf das neue, von *d* mitgenommene Material aufgebracht. Neben der Walze *a* kann noch eine rotierende Bürste angebracht sein. Unter dem Hauptzylinder *d* und der Vorreißwalze *b* sind statt Roste gebogene Bleche d^1 b^1 vorgesehen.

Nach Haubold A.-G.

1031. C. G. Haubold A.-G., Chemnitz. Spinnmaschine für künstliche Wolle, Stapelfaser oder Kunstschappe.

D.R.P. 450565 Kl. 29a vom 30. VII. 1926.

Als Aufnahmevorrichtung dienen Doppelhaspel, die aus zwei senkrecht oder nahezu senkrecht übereinanderliegenden Rollen bestehen. Das von der Spinndüse kommende Faserbündel *a* (Fig. 574) läuft über den sich hin und her bewegenden Fadenführer *b* nach dem oberen Haspel *c* und von diesem über die untere Rolle *d* wieder nach der oberen.

Auf diese Weise wird ein umlaufender Strähn gebildet. Eine der beiden Rollen ist mit einer Vorrichtung zur Verkleinerung ihres Umfanges eingerichtet, um den fertigen Strähn leicht abnehmen zu können. Die untere, rund oder kantig ausgebildete Rolle *d* taucht in ein Fäll- oder Nachbehandlungsbad in dem Troge *e*.

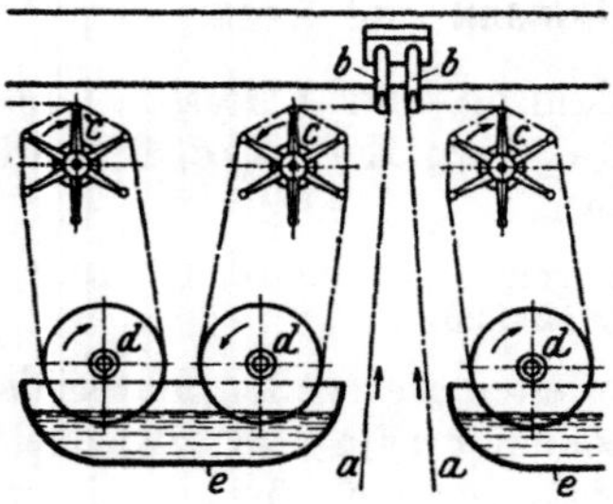

Fig. 574.

Patentanspruch: Spinnmaschine für künstliche Wolle, Stapelfaser oder Kunstschappe, dadurch gekennzeichnet, daß die Aufnahmevorrichtung für die gesponnenen Faden- oder Faserbündel als Doppelhaspel *c*, *d* ausgebildet ist, dessen unterer Haspel *d* in ein zweites Fäll- oder Nachbehandlungsbad *e* eintaucht.

Nach Niethammer.

1032. C. Niethammer, Mannheim-Sandhofen. Verbesserungen in der Herstellung gekämmter Materialien, von Vorgespinsten, feinen Garnen u. dgl. aus Kunstfasern wie Stapelfasern u. dgl.

Brit. P. 275540 vom 15. X. 1926 (Prior. Deutschl. vom 9. VIII. 1926).

Die aus einer Mehrzahl von Spinndüsen kommenden fixierten Fasern werden zu einem oder mehreren kontinuierlichen Bändern zusammengefaßt und in dieser Form unter Vermeidung des Verwirrens weiterbehandelt, geordnet, geschnitten, verzogen und versponnen. Karden, Kämmen und unter gewissen Umständen Doublieren fällt weg.

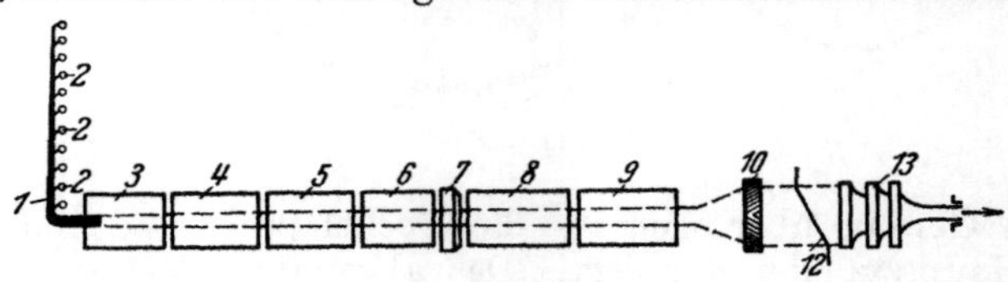

Fig. 575.

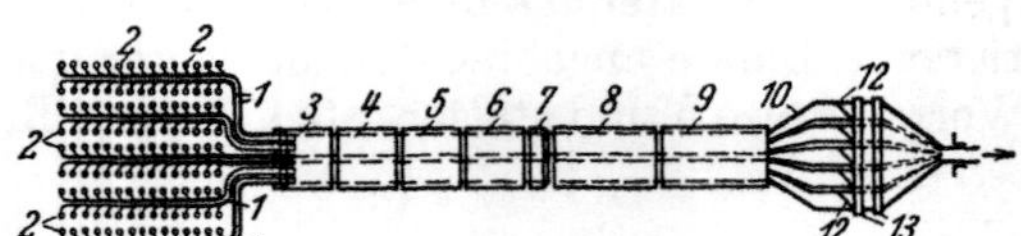

Fig. 576.

Die aus einer großen Anzahl Spinndüsen *2* (Fig. 575) und 576 kommenden Fäden werden zu einem Bande *1* zusammengefaßt, das mit der Schnelligkeit der Faserbildung durch ein Waschbad *3*, ein Entschweflungsbad *4*, ein Bleichbad *5*, noch ein Waschbad *6*, über eine Kräuselungsvorrichtung *7*, eine Trockenvorrichtung *8* und eine Entstaubungseinrichtung *9* geht. Das Band wird dann durch gerillte Walzen, Nadelstäbe oder ähnlich wirkende Vorrichtungen *10* gleichmäßig verbreitert und durch die Schneidvorrichtung *12* in einem Winkel zur Laufrichtung zerschnitten. Die Neigung der Messer entspricht vorzugsweise der Länge des Schnitts, der neue Schnitt beginnt an einer Seite des Bandes an dem Punkte, wo der vorhergehende an der anderen Seite aufgehört hat. Dann geht das Material in die Verzugsvorrichtung *13*.

Nach Boyle.

1033. J. J. Boyle, New-York. Verfahren zur Behandlung gesponnener Garne bei ihrer Herstellung.

Ver. St. Amer. P. 1692717 vom 20. XI. 1928, angem. 27. VIII. 1926.

Aus verhältnismäßig kurzen Stücken künstlicher Fasern auf Baumwollmaschinen gesponnene Garne zeigen nicht den Glanz, den die Kunstfaser vor dem Verspinnen hatte. Ein höherer Glanz wird dadurch erzielt, daß dem Garn in Gegenwart von Feuchtigkeit ein entgegengesetzter Drall unter gelinder Spannung gegeben wird. Die Fasern bekommen dadurch wieder eine mehr parallele Lage. Der entgegengesetzte Drall kann $^1/_3$ des ursprünglichen betragen.

Nach La Soie D'Aubenton.

1034. La Soie D'Aubenton. Verfahren und Apparatur zur kontinuierlichen Herstellung künstlicher Textilfasern.

Franz. P. 625049 vom 24. XI. 1926.

Die Erfindung umgeht das Aufbringen des Fadens auf Spulen oder Haspel und die damit verbundene Handarbeit. Aus Spinndüsen mit 50 bis 200 Löchern austretende Fäden werden im Spinnbad koaguliert und über getrennte Förderwalzen *R* (Fig. 577) den Gabeln *C* zugeführt, die sie zu einem Bande mit vielen parallelen Fasern vereinigen.

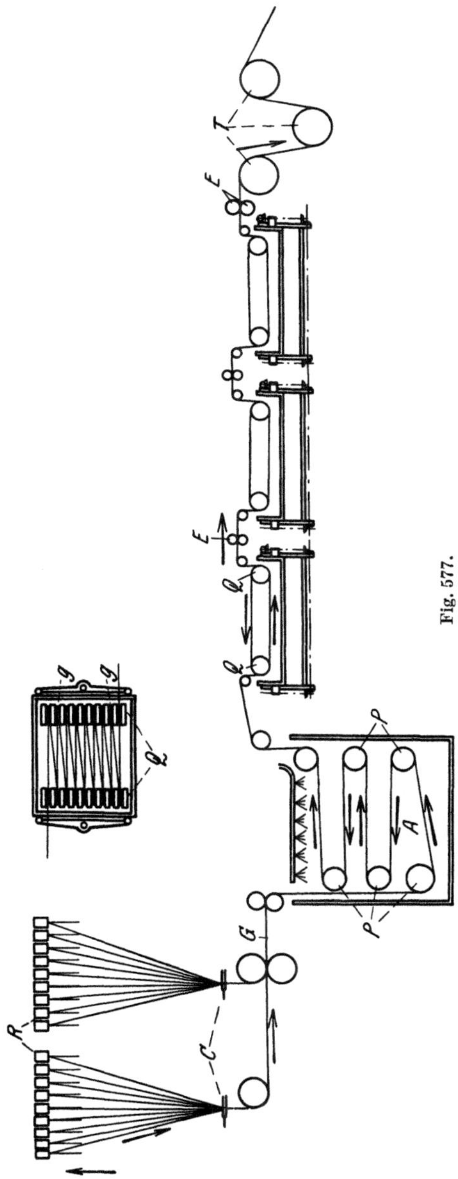

Fig. 577.

Das Band *G* kann 50000—100000 Den. oder mehr haben, es wird über Porzellanwalzen *P* durch die Nachbehandlungsbäder geleitet, bei Viskose z. B. wird es zur Fixierung in *A* mit verdünnter Säure besprüht. Da beim Spinnen die Fixierung nur eingeleitet ist, kann man bis zur vollständigen Fixierung eine mechanische progressive Streckung durch mit verschiedener Geschwindigkeit angetriebene Walzen vornehmen. Nach endgültiger Fixierung wird gewaschen, entschwefelt, gebleicht, geseift und getrocknet unter Überleiten des Bandes über gerillte Porzellanwalzen *Q*, deren einzelne Rillen von dem Bande durchlaufen werden. Zwischen den einzelnen Bädern wird durch Quetschwalzen *E* abgepreßt. Die einzelnen Bäder können gehoben und gesenkt werden. Dann wird kontinuierlich durch Leiten über erhitzte Trommeln *T* getrocknet und nötigenfalls geschnitten, in Vließform gebracht und gekämmt, je nachdem Ersatz für Seide, Schappe, Wolle, Baumwolle usw. hergestellt werden soll.

Nach Beria.

1035. A. Beria, Turin. Verfahren und Vorrichtung zum Abschneiden eines aus einer Spinnmaschine in ununterbrochenem Strang austretenden Faserbündels, insbesondere von Kunstseidenfäden.

D.R.P. 468315 Kl. 29a vom 5. VII. 1927 (Prior. Ital. vom 20. IV. 1927); belg. P. 350635 (Società Italiana Lavorazioni Meccaniche); schweiz. P. 132573; Ver. St. Amer. P. 1723998.

Um ununterbrochen gelieferte Fadenbündel aus Kunstseide in beliebige, selbst kleinere Stapellängen zu zerschneiden, wird das austretende Fadenbündel durch die darauf wirkende Fliehkraft nach außen geschleudert und so zur Schneidvorrichtung vorgeschoben. Die Vorrichtung (Fig. 578) enthält einen Aufgabetrichter *a*, der ein Teilstück einer Scheibe *b* bildet, die mittels einer beliebigen Einrichtung, z. B. mittels eines um eine Scheibe *c* laufenden Riemens, rasch um ihre Achse läuft. Das aus der Spinnmaschine mit bestimmter gleichförmiger Geschwindigkeit herauskommende Fadenbündel wird zum Trichter *a* geführt, den es, durch die knieförmige Mündung vorrückend, durchsetzt. Sobald das Bündel bei *d* ankommt, wird es der infolge der raschen Drehung der Scheibe sich entwickelnden Fliehkraft ausgesetzt und kräftig längs des radialen Kanales *d*—*e* vorgeschoben. Beim Austritt aus dem Kanal an dessen Ende *e* schiebt sich das Fadenbündel während einer Umdrehung der Scheibe um ein betimmtes Stück vor und wird, indem es nach der

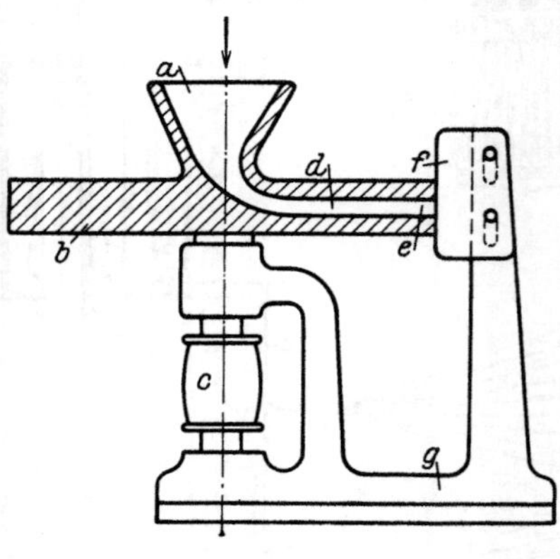

Fig. 578.

vollzogenen Umdrehung der Scheibe an einer Schneide *f* vorbeikommt, am Rande der Austrittsöffnung abgeschnitten. Der abgeschnittene Stapel fällt durch sein Eigengewicht nach *g* herunter.

Patentansprüche: 1. Verfahren zum Abschneiden eines aus einer Spinnmaschine in ununterbrochenem Strang austretenden Fadenbündels, insbesondere von Kunstseidenfäden, dadurch gekennzeichnet, daß das Fadenbündel einer Fliehkraftwirkung ausgesetzt und rechtwinklig zur Fliehkraftrichtung abgeschnitten wird.

2. Vorrichtung zur Ausübung des Verfahrens nach Anspruch 1, gekennzeichnet durch eine umlaufende Scheibe *b* mit einem axialen Einführungstrichter *a*, dessen Mündung in einen bis zum Umfang der Scheibe reichenden radialen Kanal *d* übergeführt ist, den das Fadenbündel durchläuft, worauf ein quer zum Ausgang der radialen Führung angeordnetes Messer *f* das ausgetretene Fadenbündel abschneidet.

II. Die Verwendung der Kunstseide.

Die starke Zunahme der Verwendung der Kunstseide, die in den letzten Jahren durch die Einführung der feinfädigen Seiden, durch die Verbesserung der Festigkeitseigenschaften, durch die Hohl- und Mattseiden und auch bei den verschiedenen Stapelfasern zu verzeichnen war, findet in der Patentliteratur keinen Ausdruck. Immerhin sind die nachstehenden Schutzrechte zu erwähnen.

J. Delpech in Rennes (Frankr.) erhielt das D.R.P. 423 615 Kl. 29a vom 25. IX. 1923, Prior.Frankr. vom 3. I. 1923 auf ein textiles Flächengebilde aus Nitrozelluloseseide, bei dem jeder Faden nitrierter Seide von den Nachbarfäden gleicher Art durch einen oder mehrere Fäden nicht explosiver Natur getrennt liegt. Die Fäden können durch Vereinigung oder Zwirnung eines oder mehrerer Fäden nitrierter Seide mit einem oder mehreren Fäden nicht explosiver Natur (Wolle, Baumwolle, Leinen, Naturseide, Acetatseide u. a. m.) gebildet sein. Nach dem Brit.P. 258 571 vom 4. IX. 1926, Prior.Ital. vom 17. IX. 1925 desselben Erfinders lassen sich feine Organzin- oder Kreppgewebe infolge der hohen Elastizität und Festigkeit undenitrierter Seide aus dieser herstellen, die nicht denitrierte Seide wird in geeigneter Weise gezwirnt und doubliert und erst nach dem Verweben denitriert.

Katgutersatz, der für Tennisrackets, Netze, Musikinstrumente, Fischleinen u. dgl. benutzt werden kann, wird nach der Dunlop Rubber Co. Ltd., London, und R. Truesdale, Birmingham, dadurch hergestellt, daß eine Anzahl Fäden aus z. B. Kunstseide mit einer viskosen Lösung von Zelluloseacetat oder -xanthogenat überzogen wird, worauf getrocknet oder koaguliert wird (Brit.P. 264640 vom 11. XII. 1925).

Ein wohl besondere Lichtwirkungen gebendes kolloides Produkt erzeugte S. A. Neidich, Edgewater Park, N. J. dadurch, daß er einen glatten zylindrischen festen Kern herstellt, der von einer äußeren undurchbrochenen röhrenförmigen Schicht umgeben ist, die ein geschrumpftes Aussehen hat und zahlreiche lichtbrechende Facetten besitzt. Er spinnt z. B. Viskose in ein Fällbad mit 16,5% Schwefelsäure bei einer Abzugsgeschwindigkeit von 16 m in der Minute. Die äußere Fadenschicht koaguliert unmittelbar, und es bildet sich eine feste Haut. In dem Maße, wie die Koagulation innerhalb der Haut fortschreitet, entsteht eine derartige Spannung, daß sich der einen glatten Zylinder bildende Kern durch Zusammenschrumpfen von der umgebenden Schicht loslöst. Durch die weitere Trocknung des Ganzen wird die Schrumpfung der äußeren Fläche erhöht und dadurch die Bildung unregelmäßiger Facetten erreicht. Schwefelabscheidung wird durch Zusatz von Trinatriumphosphat zum Fällbad vermieden. Auch Lösungen von Nitrozellulose, Kupferoxydammoniak- oder Acetylzellulose sowie von Zellulose in Chlorzink können verarbeitet werden (Ver.St.A.P. 1 670 162 vom 15. V. 1928, angem. 3. III. 1926).

Das Weben von Kunstseidevelvet beschreiben J. H. Cooke und A. Rigg im Brit.P. 287 950 vom 3. XII. 1926.

Den elektrischen Strom leitende Kunstseidefäden stellte A. Borensztedt durch Zusatz von Silbernitrat und Salpetersäure zu Nitro- oder Acetylzelluloselösungen, Verspinnen, Behandeln mit Schwefelwasserstoff und elektrolytisches Niederschlagen eines anderen Metalls her (Belg.P. 346 282 vom 22. XI. 1927, Franz.P. 644 430).

Dochte für Kerzen, Nachtlichte, Wachskerzen, Wachsstöcke und ähnliches, die ganz oder teilweise aus Kunstseide bestehen, wurden O. Madrigali durch das Brit.P. 305 996 vom 12. II. 1929, Prior. vom 13. II. 1928 geschützt.

Leuchtende Kunstseide wird nach E.-M. Sandoz durch Einverleiben phosphoreszierender Salze in Spinnlösungen erhalten. Je nach dem verwendeten Salz und dem zur Bestrahlung benutzten Licht lassen sich die verschiedensten Leuchtwirkungen erzielen (Franz.P. 656 997 vom 4. VII. 1928).

Ein Gewebe für Damenhüte od. dgl. stellt C. Lipper (Philadelphia) aus Viscabändchen oder ähnlichem künstlichen Zelluloseprodukt dadurch her, daß in das Gewebe versteifende Fäden aus natürlichem oder künstlichem Haar oder künstlichem Roßhaar so eingewebt werden, daß sie von der Schauseite her nur wenig sichtbar sind (Ver.St.A.P. 1 698 639 vom 8. I. 1929, angem. 6. X. 1928).

Nach dem D.R.G.M. 1 071 614 Kl. 76c vom 23. XI. 1926, Prior.Engl. vom 28. XI. 1925 der Dunlop Rubber Comp. Ltd., London, sollen Fasern von hoher Festigkeit, wie Ramie- oder Rheafasern, mit hoch glänzenden und biegsamen Kunstseidefasern verbunden werden. Die Fasern werden gemischt und dann versponnen oder fertige Fäden aus Ramie oder Rhea und Kunstseide werden im gewünschten Mischungsverhältnis zusammengezwirnt. Ein zur Herstellung von Kleiderstoff geeignetes Garn kann aus etwa 25% Ramie- oder Rheafasern und etwa 75% Kunstseide bestehen. Ein Garn, das zu Cordgewebe für Luftreifen hervorragend geeignet ist, besteht aus etwa 75% Ramie- oder Rheafasern und etwa 25% Kunstseide.

Einen Mischfaden aus Kunstseide und afrikanischer Wildseide (Anapheseide) stellte G. Dietrich (Franz.P. 645848 vom 17. XII. 1927, Prior.Deutschl. vom 29. XII. 1926, Brit.P. 309 340, Schweiz.P. 129 847) her. Durch den Zusatz der Wildseide, deren Feinheit und Widerstandsfähigkeit hervorgehoben wird, wird der Glanz der Kunstseide gemildert und ihre Naßfestigkeit erhöht.

Nach dem D.R.G.M. 1 022 392 Kl. 76c vom 7. X. 1927 und dem Brit.P. 306 007 von O. Rasch, Annaberg, wird ein Garn aus Kunstseide mit Baumwolle oder Wolle in der Weise gewonnen, daß ein feinfädiger Viskosefaden, nachdem er etwas Draht von beliebiger Umdrehungszahl erhalten hat, mit einem Wollfaden zusammengezwirnt wird. Dabei dreht sich der Kunstseidefaden wieder etwas auf, so daß sich ein weicher, sammetähnlicher Effekt ergibt. Vor dem Verarbeiten wird das Material noch in einer Lösung von Öl, Seife und Benzinoform behandelt.

Spitzenhäkelseide, für die man bisher mercerisierte Baumwolle verwendet hat, stellt die Firma W. Pampus, Elberfeld, aus Bembergseide her (D.R.G.M. 1 006 359 Kl. 25c vom 13. VIII. 1927). Der Glanz der Häkelgarne geht auch beim Waschen nicht verloren.

Ein Garn, bei welchem ein feiner Faden aus Wolle oder ähnlichem wärmendem Gespinst als Fadenseele vollständig von einer Kunstseidenhülle umgeben ist, wurde G. A. Kalbfleisch, Barmen, durch D.R.G.M. 1 042 219 Kl. 76c vom 22. XII. 1927 geschützt. Eine besonders günstige Wärmewirkung des Garns wird hervorgehoben.

Kunstseidentrikot von Kettenwirkmaschinen mit zweimaschiniger und zweireihig hinterlegter Maschenbildung betrifft das D.R.G.M. 1 024 676 Kl. 25a der Firma E. Kunze, Limbach i. S. Die einzelnen Maschen sind unlösbar zu einem maschenfesten Trikot verbunden, der Stoff läßt seine zarte Linienbildung auf der Außenseite erkennen und ist für Ober- und Unterkleidung zu verwenden.

Baumwollgewebe, die starken Witterungseinflüssen ausgesetzt sind, verändern sich durch Eingehen oder Zusammenziehen. Für Gartenschirme vermeidet L. Stromeyer u. Co., Konstanz, diesen Übelstand dadurch, daß der Schirmüberzug aus einem Kunstseidengewebe besteht, das einseitig eine transparente oder bedruckte Gummierung besitzt. Der Überzug ist ferner sehr leicht (D.R.G.M. 1 060 852 Kl. 33a vom 24. XII. 1928).

Namenverzeichnis.

Sachverzeichnis.

Patentliste.

Die Liste umfaßt auch die in der 5. Auflage aufgeführten Patente. Die im vorliegenden Band behandelten Patente sind durch eine vor der Seitenzahl stehende I gekennzeichnet. Seitenzahlen ohne I sind die der 5. Aufl. — D.R.P. 434224 635 (791) I. 207 heißt z. B., daß das D.R.P. dem in der 5. Auflage, S. 635, Nr. 791 behandelten entspricht und im vorliegenden Band S. 207 erwähnt ist.

Deutsche Patente.

Nr.	Seite	Nr.	Seite	Nr.	Seite	Nr.	Seite
30 291	2	111 409	346, 347	155 745	587	179 947	591
38 368	2, 3, 20	111 790	347	157 157	193, 598,	181 784	996
40 373	16	113 208	275		844	183 001	1005
46 125	2, 3, 10	113 786	364	159 524	597, 603	183 153	278
52 977	17	115 989	260	160 244	539	183 317	649
55 293	58	118 836	361, 363	162 866	269, 271	183 557	280
55 949	21	118 837	363	163 293	761	183 623	378
56 331	2, 4	119 098	255	163 467	537	184 150	356, 360
56 655	2, 14, 15	119 099	255	163 661	372	184 510	1010
58 508	21,23,191	119 230	185	164 321	536	185 139	200
63 214	12	121 429	349, 350	165 331	132	185 294	261
64 031	2, 14	121 430	190, 350	168 171	569	186 203	769
70 999	367, 369,	125 309	994	168 173	59	186 277	85
	440, 485,	125 310	186, 311	168 830	763	186 387	318, 319,
	1001	125 392	118	169 567	186		320, 325
72 572	679, 684	125 947	809	169 906	198	186 766	320, 997
81 599	2, 13	127 046	809	169 931	42	187 090	925
82 555	21, 27	129 420	995	170 051	646, 647,	187 263	256
82 857	681	133 144	371, I. 87		648	187 313	281
88 225	17, 638	133 427	758	170 935	51	187 369	374, 377
88 556	117	134 312	352,I.541	171 639	81, 143	187 696	331
92 590	369	135 316	46	171 752	49	187 947	448, 450,
93 009	45	137 255	975	172 264	773		454, 458,
93 795	641	137 461	1060	172 265	774		480
96 060	726	138 507	709	173 012	86	188 113	998
96 208	749, 752,	139 442	119	173 628	195, 344,	188 542	590
	753	139 899	120		998	188 910	924
98 642	183, 186,	140 347	277	174 508	271	189 139	550
	287, 999	143 763	754	175 296	199	189 140	1001
101 844	752	148 038	756	175 379	590	189 359	283
102 573	753, 754	148 587	644	175 636	569	189 703	596
106 043	318	148 889	759, 760	177 957	59	190 217	319
108 511	440, 485	151 918	596	178 308	671	192 406	540
109 996	268	152 743	445, 446,	178 410	922	192 690	308
111 248	769		486	178 942	760	194 825	143
111 313	254, 362	153 817	446, 486	178 985	647	196 699	146
111 333	768	154 507	191, 598	179 772	196	196 730	602, 604

Nr.	Seite	Nr.	Seite	Nr.	Seite	Nr.	Seite
406 311	309	420 967	950	436 680	I. 253	445 564	I. 11
406 333	426	421 300	I. 261	436 719	I. 252	445 688	I. 70
406 497	438	421 338	I. 29	436 792	I. 104	445 728	I. 63
406 506	988	421 339	I. 18	436 804	I. 245	445 791	I. 375
406 620	177	421 340	I. 371	436 851	I. 130	446 486	I. 215,
407 351	830	421 341	I. 360	437 059	I. 545		216
408 447	252	421 342	905	438 201	I. 404	446 817	I. 499
408 594	428	421 375	I. 299	438 236	I. 568	447 208	I. 333
408 821	696	421 426	I. 21	438 460	I. 91	447 824	I. 561
408 822	414	421 506	I. 82, 141,	438 461	I. 148	448 291	I. 9, 10
408 889	217		450	438 641	I. 27, 28	448 299	I. 37
409 767	258	421 743	I. 22	438 770	I. 17	448 436	I. 492
409 962	838	421 800	I. 110	438 918	I. 151,	448 437	I. 346
410 582	706	422 122	I. 382		152	448 640	I. 496
410 723	629,I.169	422 401	I. 358	439 269	I. 363	448 984	I. 150
411 167	516	423 139	I. 205	439 359	I. 114	449 170	I. 345
411 265	978	423 284	I. 205	439 681	I. 544	449 432	I. 151,
411 304	I. 244	423 396	I. 204	439 755	I. 279		152
411 313	403	423 615	I. 586	439 844	I. 81	450 195	I. 98
411 333	246	423 645	I. 20	440 004	I. 370	450 242	I. 113
411 600	586	426 693	I. 129	440 017	I. 68	450 436	I. 306
411 900	I. 234	427 609	I. 25	440 227	I. 90, 92	450 565	I. 581
412 113	582	427 976	I. 559	440 279	I. 133	450 867	I. 523
412 164	985	427 978	I. 573	440 425	I. 309	450 924	I. 449
413 158	824	428 189	I. 83	440 664	I. 20	451 005	I. 34
413 511	430	428 745	I. 166	441 014	I. 467	451 110	I. 216
413 690	360	428 883	I. 207	441 015	I. 459	451 212	I. 283
413 790	220	429 026	I. 466	441 016	I. 497	451 532	I. 60
413 791	219, I. 29	429 648	I. 501	441 214	I. 298	451 905	I. 13
414 523	973	430 009	I. 207	441 280	I. 405	452 106	I. 249
414 675	707	430 035	I. 398	441 281	I. 460	452 182	461, 462
414 868	944	430 358	I. 91	441 363	I. 564	452 666	I. 357
415 433	I. 260	430 610	I. 278	441 404	I. 386	452 697	I. 104
415 479	778	430 741	I. 331	441 424	I. 75	453 090	I. 378
415 588	I. 243	430 771	I. 96	441 926	I. 494	453 354	I. 80
415 798	223	430 836	I. 334	442 835	I. 203	453 554	I. 469
416 008	949	431 175	I. 494	442 188	I. 384	453 772	I. 53
416 015	517	431 846	I. 102	442 359	I. 8	452 210	I. 135
416 210	482	431 924	I. 111	442 369	I. 99	454 361	I. 566
416 557	514	432 180	I. 235	442 515	I. 321	454 428	I. 428
416 670	518	432 284	I. 490	442 520	I. 236	454 489	I. 292 bis
417 092	477, 478	432 285	I. 18	443 089	I. 59		297
417 267	171	432 357	I. 6	443 095	I. 251	454 590	I. 495
417 336	990	432 413	I. 77	443 413	I. 579	454 640	I. 392
417 914	I. 502	433 062	I. 111	443 414	I. 167	454 680	I. 94
417 941	903	433 310	I. 326	443 415	I. 364	454 937	I. 295
417 988	601	433 488	I. 372	443 446	I. 415	455 281	I. 335
418 056	416	433 571	I. 258,	444 113	I. 93, 94,	455 513	I. 265
418 522	I. 23, 25,		260		95	455 589	I. 152
	26	434 224	635 (791)	444 137	I. 361,	455 612	I. 296
418 523	907		I. 207		375	456 010	I. 387
419 035	I. 267	436 061	I. 52	444 209	I. 416	456 011	I. 419
419 665	439	436 081	I. 478	444 437	I. 459	456 190	I. 507,
420 110	I. 500	436 151	I. 102	444 458	I. 260		508
420 350	I. 515	436 169	I. 491	444 530	I. 28	456 542	I. 269
420 422	I. 52	436 339	I. 304	444 913	I. 10, 11	456 616	I. 401,
420 516	I. 26	436 667	I. 343,	445 445	I. 105		402
420 695	951		370	445 503	I. 237	456 668	I. 570

Deutsche Gebrauchsmuster.

Britische Patente.

Nr.	Seite	Nr.	Seite	Nr.	Seite	Nr.	Seite
233 535	840	244 496	I. 545	252 176	I. 164	260 650	I. 155
233 536	841	244 715	I. 573	252 328	I. 164	260 672	I. 335
233 669	I. 59	244 947	I. 228	252 471	I. 467	260 681	I. 123
234 039	415	244 979	I. 229	252 654	I. 332	260 872	I. 447
234 188	506	245 407	I. 450,	253 209	I. 153	260 935	I. 572
234 433	507		451	253 477	I. 445	261 333	I. 141
234 454	I. 245	245 469	I. 164	253 547	I. 580	261 365	I. 37
234 618	964	245 815	I. 563	253 853	I. 538	261 494	I. 251
235 166	I. 401	246 102	I. 253	253 854	I. 538	261 499	I. 412
235 452	724	246 335	I. 25	253 953	I. 442	261 778	I. 480
235 527	809,	246 355	I. 76	253 954	I. 443	261 793	I. 546
	I. 370	246 423	I. 83	254 253	I. 280,	261 849	I. 408
235 850	602	246 430	I. 165		281	262 034	I. 223
235 852	602	246 476	I. 248	254 354	I. 220	262 369	I. 35
235 853	224	246 879	I. 214,	254 357	I. 572	262 404	I. 13
236 173	I. 402		216	254 531	I. 548	262 874	I. 385
236 211	246	247 172	I. 374	254 586	I. 468	263 169	I. 547
236 281	697	247 223	I. 165	254 866	I. 551	263 230	I. 418
236 336	993	247 307	I. 65	255 261	I. 335	263 239	I. 361
236 393	634	247 974	I. 210	255 453	I. 546	263 240	I. 503
237 214	I. 370	248 038	I. 272	255 527	I. 440	263 248	I. 224
238 842	633,	248 039	I. 273	255 623	I. 239	263 462	I. 40
	I. 172	248 040	I. 269	255 909	I. 552	263 727	I. 568
238 984	I. 12	248 041	I. 272	256 917	I. 281	263 771	I. 157
239 254	527	248 042	I. 274	257 554	I. 505	263 809	I. 60
239 255	91	248 043	I. 272	257 706	I. 558	263 810	I. 252
239 482	954,	248 044	I. 254	257 830	I. 363	263 913	I. 504
	I. 518	248 045	I. 325	257 925	I. 124	264 161	I. 120,
239 605	I. 570	248 046	I. 272	258 286	I. 405		121
239 622	636	248 246	I. 152	258 357	I. 557	264 233	I. 572
239 726	I. 154	248 468	I. 323	258 365	I. 335	264 261	I. 155,
239 981	I. 139	248 696	I. 167	258 371	I. 53		156, 157
240 135	I. 501	248 715	I. 326	258 372	I. 57	264 382	I. 229
240 487	I. 113	248 750	I. 112	258 373	I. 281	264 428	I. 572
240 717	I. 115	248 832	I. 221	258 374	I. 34	264 529	I. 543
241 149	I. 152	248 994	I. 204	258 375	I. 523	264 529	I. 452
241 173	I. 252		538	258 376	I. 493	264 640	I. 586
241 190	I. 344,	249 091	I. 77	258 377	I. 503	264 708	I. 167
	345	249 141	I. 178	258 571	I. 586	264 929	I. 375
241 341	I. 490	249 142	I. 417	258 582	I. 446	265 126	I. 78
241 679	I. 153	249 490	I. 459	258 603	I. 407	265 129	I. 420
241 922	I. 515	249 538	I. 451	258 836	I. 62	265 577	I. 13, 185
241 948	I. 321	249 842	I. 547	258 874	I. 225	265 685	I. 85, 450
242 240	973,	249 845	I. 57	258 897	I. 73	265 996	I. 428
	I. 114	250 198	I. 345	259 190	I. 169	266 145	I. 11
242 242	I. 114	250 202	I. 333	259 265	I. 213	266 300	I. 158
242 612	I. 515	250 219	I. 84	259 266	I. 213	266 367	I. 572
242 993	I. 136	250 303	I. 511	259 386	I. 443	266 438	I. 580
243 009	I. 564	250 580	I. 311	259 455	I. 334	266 501	I. 581
243 335	I. 307	250 617	I. 72	259 528	I. 549	266 672	I. 372
243 350	I. 162	250 683	I. 177	259 899	I. 228	266 777	I. 214
243 952	I. 384	251 227	I. 5	259 918	I. 61	266 821	I. 418
244 148	I. 150	251 319	I, 174	260 212	I. 51	266 835	I. 362
244 324	954(1113)	251 492	I. 7	260 290	I. 225	266 993	I. 483
	I. 518	251 580	I. 548	260 312	I. 214	267 076	I. 421
244 428	I. 360	251 603	I. 460	260 314	I. 456	267 112	I. 208
244 446	I. 444	251 680	I. 178	260 564	I. 29, 30	267 187	I. 446
244 492	I. 26, 204	252 033	I. 384	260 642	I. 211	267 265	I. 274

Nr.	Seite
267 536	I. 78
267 623	I. 419
267 727	I. 397
267 791	I. 283
268 363	I. 212
268 385	I. 78
268 393	I. 30
268 455	I. 179
268 505	I. 156
268 552	I. 154
268 652	I. 336
268 734	I. 143
268 783	I. 138, 429
268 831	I. 452, 543
269 377	I. 172
269 529	I. 158
269 530	I. 158
269 531	I. 158
269 942	I. 106
270 375	I. 16
270 723	I. 408
271 060	I. 409
271 474	I. 106
275 517	I. 55
271 892	I. 391
272 211	I. 78
272 475	I. 73
272 939	I. 143
272 987	I. 421
273 011	I. 217
273 280	I. 86
273 341	I. 469
273 354	I. 378
273 386	I. 141, 143
273 406	I. 221
273 506	I. 444
273 536	I. 285
273 647	I. 144
273 743	I. 166
273 830	I. 217
274 054	I. 145
274 074	I. 231
274 266	I. 147
274 521	I. 119, 120, 121 122
274 584	I. 224
274 690	I. 120, 121, 122
274 928	I. 524
275 042	I. 181
275 211	I. 463
275 286	I. 160
257 357	I. 217
275 540	I. 582

Nr.	Seite
275 637	I. 30
275 653	I. 163
276 679	I. 106
276 748	I. 376
276 877	I. 542
277 089	I. 217
277 151	I. 481
277 163	I. 251
277 414	I. 221
277 602	I. 549
277 716	I. 105
277 722	I. 250
278 097	I. 336
278 116	I. 214
278 131	I. 61
278 632	I. 485
278 684	I. 538, 540
278 716	I. 106
278 767	I. 248
278 814	I. 180
279 139	I. 165
279 437	I. 139
279 502	I. 227
279 784	I. 546
279 791	I. 535
279 888	I. 106
280 094	I. 549
280 195	I. 221
280 512	I. 470
280 519	I. 525
280 608	I. 118
280 628	I. 40
280 989	I. 222
280 990	I. 222
281 058	I. 185
281 084	I. 226, 227
281 117	I. 86
281 351	I. 120
281 352	I. 121
281 696	I. 547
282 326	I. 185
282 670	I. 41
282 687	I. 446
282 721	I. 112, 113
282 722	I. 215
282 776	I. 574
282 787	I. 208
282 790	I. 209
282 792	I. 15
282 973	I. 99, 142
283 139	I. 188, 194
283 140	I. 189
283 235	I. 423
283 481	I. 351

Nr.	Seite
283 752	I. 537
283 863	I. 424
283 923	I. 31
283 950	I. 526
284 257	I. 500
284 358	I. 547
284 618	I. 32
284 798	I. 226
284 986	I. 464
285 011	I. 413
285 066	I. 145, 146
285 355	I. 164
285 587	I. 424
285 863	I. 145
285 890	I. 113
285 941	I. 227
285 927	I. 458
285 958	I. 125
286 086	I. 132
286 257	I. 540
286 275	I. 574
286 292	I. 107
286 302	I. 576
286 331	I. 156
286 332	I. 156
286 342	I. 332
286 512	I. 533
286 603	I. 575, 576
286 608	I. 197
286 619	I. 74
286 620	I. 74
286 927	I. 413
287 073	I. 555
287 097	I. 432
287 183	I. 411
287 461	I. 251
287 492	I. 87
287 540	I. 155
287 553	I. 99, 365, 366
287 602	I. 351
287 807	I. 139
287 862	I. 379
287 950	I. 587
287 964	I. 553
288 153	I. 348
288 222	I. 146
288 618	I. 172
288 655	I. 86
288 716	I. 315, 316
288 990	I. 432
288 997	I. 244
289 233	I. 212
289 321	I. 471
289 497	I. 329

Nr.	Seite
289 796	I. 442
289 853	I. 159
289 861	I. 380
289 942	I. 40
289 976	I. 126
290 231	I. 107
290 263	I. 454
290 560	I. 48
290 693	I. 142
290 833	I. 433
291 067	I. 218
291 120	I. 568
291 277	I. 15
291 380	I. 60
291 386	I. 163
291 445	I. 222
291 473	I. 540
291 474	I. 540
292 134	I. 317
292 216	I. 365
292 398	I. 157
292 561	I. 191, 192, 194
292 608	I. 191, 192
292 627	I. 144
293 060	I. 394
293 103	I. 316
293 325	I. 323
293 350	I. 539
293 371	I. 471
293 424	I. 192, 194
293 596	I. 427
293 733	I. 485
293 767	I. 435
293 816	I. 255
293 833	I. 140
293 857	I. 223
293 858	I. 223
293 871	I. 394
293 977	I. 36
294 082	I. 292
294 083	I. 292
294 279	I. 433
294 485	I. 539
294 547	I. 511
294 548	I. 510
294 551	I. 540
294 623	I. 219
294 657	I. 484
294 805	I. 143
295 054	I. 230
295 062	I. 544
295 488	I. 147
295 942	I. 164
296 018	I. 551
296 083	I. 366

Französische Patente.

Nr.	Seite
502 957	168
506 787	565
509 451	457
509 723	852
509 814	971
510 576	457
510 813	458
512 248	459
512 318	458
513 566	459
513 566	461
Zus. 25 304	
514 461	954
514 774	469
515 332	464
515 491	470
515 683	575
515 858	465
516 916	287
517 953	970
517 957	800
518 391	510
518 409	1028
518 410	1031
518 410	1034
Zus. 26 297	
518 451	500
519 545	403
519 795	507
519 840	677
520 714	403
520 715	785
521 000	619
521 370	611
521 685	468
521 929	419
521 997	468
522 182	422
522 182	423
Zus. 23 053	
522 802	522
523 590	625 (775)
527 270	I. 507
529 175	626
529 346	1046, 1047
529 553	565
530 191	578
530 440	624
530 505	111
530 717	177
531 356	I. 321
531 358	I. 330
531 523	1035
531 533	I. 341
531 534	I. 256,
	369
531 644	I. 570
531 651	398, 420

Nr.	Seite
531 816	614 (745)
536 238	421
536 284	1036
536 649	420
537 158	513
537 158	513
Zus. 24 944	
537 159	706
537 161	887
537 162	802
537 650	611
541 554	575
541 653	33
541 821	505
542 032	472
542 098	471
542 243	853
542 303	854
542 736	696
543 256	835
543 257	406
543 473	499
543 555	473
543 887	523
545 370	667
545 680	1055
546 259	834
547 582	1054
547 834	I. 507
548 061	36, 857
548 290	433
548 493	882
548 830	719
549 239	519
549 279	518
549 333	515
549 408	517
549 603	523
549 670	408
549 713	523
550 109	826
550 142	525
550 142	525
Zus. 25 779	
550 146	994
551 741	501
551 742	584
551 802	897
552 476	I. 75, 78
552 834	407
552 983	941
553 546	625
553 547	55
554 013	506
554 077	723
554 180	496
554 195	105
554 217	506, I. 99

Nr.	Seite
554 327	171
554 327	171
Zus. 27 694	
557 087	526
557 178	410
558 436	409
559 515	439
559 993	589
560 057	624 (770)
561 073	525
561 588	615
561 614	1059
561 614	1060
Zus. 28 718	
561 614	I. 4
Zus. 30 982	
563 682	106
564 931	526
565 045	897
565 164	497
566 301	982
566 385	616
566 684	526
567 346	612
567 348	612
567 349	613
568 820	613 (741)
569 488	991
570 585	172
570 860	438
570 875	888
571 271	504
572 359	1059
572 772	902
573 533	535
574 074	707
574 626	625
574 947	613
575 493	808
575 633	440
575 753	982,
	I. 230
576 234	217 (234)
	219 (235)
576 312	I. 21
576 614	131
576 614	132
Zus. 28 943	
576 615	157
577 063	526
577 099	949
577 369	857
577 874	614
577 914	530
577 928	808
578 141	38 (36),
	I. 7
578 159	506

Nr.	Seite
578 219	498
578 350	116
578 671	309
579 048	413
579 176	534
579 211	37
579 319	531
580 252	535
580 383	566
580 635	132
580 986	888
580 987	708
581 460	964
581 523	516
581 774	627
582 546	495
582 547	498
582 548	415
582 549	497
582 618	532
582 867	I. 331, 477
583 014	533
583 255	532
583 439	600
583 655	I. 150
583 966	415
584 808	614
584 851	I. 490
584 869	530
584 882	531
584 904	965
585 539	840
585 587	223
586 616	I. 65
586 689	985
587 184	629
587 184	I. 169
Zus. 31 497	
587 222	634
587 552	533
588 387	527 (619)
588 434	91 (95)
588 901	839
589 026	252
589 205	535,
	I. 110
589 205	535
Zus. 29 673	
589 608	944
589 852	950
589 855	I. 63
590 097	635
590 392	I. 511
591 456	310 (330)
	I. 52
592 056	I. 572
592 056	I. 572
Zus. 30 242	

Nr.	Seite	Nr.	Seite	Nr.	Seite	Nr.	Seite
636 396	I. 239	639 289	I. 201	646 719	I. 219	651 770	I. 511
636 553	I. 485	639 718	I. 500	646 826	I. 576	652 035	I. 465
636 608	I. 231	640 446	I. 218	646 850	I. 113	652 068	I. 484
636 645	I. 14	640 456	I. 470	647 013	I. 454	652 707	I. 432
636 725	I. 106	640 644	I. 145,	647 178	I. 563	653 128	I. 395
636 803	I. 538,		146	647 197	I. 365	653 227	I. 292
	540	640 644	I. 146	647 197	I. 366	653 297	I. 164
636 803	I. 540	Zus. 34 041		Zus. 35 400		653 324	I. 437
Zus. 35 396		640 644	I. 145	647 233	I. 395	653 583	I. 206
636 848	I. 139	Zus. 34 038		647 352	I. 351	653 856	I. 380
636 893	I. 484	640 843	I. 490	647 601	I. 32	654 255	I. 533
636 976	I. 106	641 685	I. 50	647 865	I. 225	654 260	I. 545
636 976	I. 107	641 866	I. 74	648 053	I. 319	654 637	I. 382
Zus. 34 737		641 866	I. 74	648 061	I. 48	654 668	I. 510
637 066	I. 559	Zus. 35 478		648 098	I. 528	654 817	I. 568
637 121	I. 481	641 868	I. 74	648 127	I. 464	655 468	I. 437
637 130	I. 181	641 868	I. 74	648 379	I. 192	655 519	I. 355
637 309	I. 453	Zus. 35 094		648 397	I. 191,	655 729	I. 140
637 468	I. 214	641 886	I. 78		192	656 240	I. 132
637 654	I. 558	641 901	I. 79	648 397	I. 191	656 600	I. 556
637 764	I. 222	642 331	I. 227	Zus. 34 101		656 997	I. 587
637 765	I. 222	642 628	I. 227	648 397	I. 192	657 139	I. 435
637 779	I. 525	642 645	I. 525	Zus. 34 570		657 352	I. 574
637 818	I. 463	642 757	I. 559	648 403	I. 558	657 358	I. 575
637 859	I. 457	642 798	I. 429	648 457	I. 413	657 522	I. 202
638 181	I. 106	642 909	I. 157	648 460	I. 464	658 700	I. 202
638 212	I. 356	643 058	I. 221	648 509	I. 454	658 826	I. 195
638 248	I. 226	643 194	I. 562	648 622	I. 531	658 875	I. 578
638 390	I. 487	643 454	I. 73	648 816	I. 506	659 342	I. 128
638 448	I. 219	643 902	I. 74	648 973	I. 545	659 923	I. 381
638 451	I. 30	643 992	I. 412	649 054	I. 292	659 953	I. 49
638 792	I. 458	644 430	I. 587	649 087	I. 48	660 006	I. 380
638 795	I. 218	644 453	I. 332	649 126	I. 192	660 007	I. 32
638 896	I. 208	644 485	I. 142	649 204	I. 487	660 352	I. 230
638 899	I. 209	644 514	I. 89	649 334	I. 197	660 945	I. 340
638 901	I. 15	644 665	I. 287	649 979	I. 242	660 997	I. 107
638 993	I. 188	644 673	I. 112	649 980	I. 242	661 011	I. 556
638 994	I. 189	645 031	I. 547	650 253	I. 574	661 542	I. 202
639 196	I. 554	645 676	I. 55	650 368	I. 466	662 269	I. 241
639 196	I. 554	645 790	I. 289	650 513	I. 348	662 440	I. 58
Zus. 33 654		645 848	I. 587	650 862	I. 379	663 858	I. 255
639 196	I. 555	645 918	I. 323	650 882	I. 140	664 113	I. 339
Zus. 33 735		645 972	I. 41	651 006	I. 107	664 114	I. 340
639 197	I. 558	646 096	I. 553	651 055	I. 433	666 193	I. 438
639 197	I. 559	646 102	I. 31	651 060	I. 87	668 138	I. 577
Zus. 34 071		646 184	I. 555	651 166	I. 563	670 261	I. 87
639 235	I. 182	646 442	I. 77	651 172	I. 318	684 689	I. 290

Amerikanische Patente.

365 832	117	516 800	117	593 106	117	646 381	268
367 534	117	531 158	2	594 888	641	646 799	361
430 508	117	559 392	21	611 814	638	650 715	350
439 882	117	562 626	21, 28	617 009	183	657 818	254
455 245	2	562 732	21	622 087	440	658 632	260
460 629	2	563 214	17	625 033	364	661 214	346
508 124	116	571 530	679	625 345	640	663 739	46
516 079	117	573 132	45	646 351	255	665 975	29

Nr.	Seite	Nr.	Seite	Nr.	Seite	Nr.	Seite
1407 696	514	1494 841	246	1573 859	941(1103)	1631 052	I. 8
1412 763	428	1497 321	635	1575 052	I. 115	1631 062	I. 228
1413 332	807	1499 025	970	1575 210	I. 102	1631 071	I. 445
1414 070	469	1500 930	808	1576 529	I. 116,	1631 835	I. 493
1414 076	214	1500 931	844		117	1632 304	I. 266
1415 040	696	1500 932	844	1576 530	I. 117	1633 160	I. 453
1417 455	819	1500 933	844	1576 531	I. 117	1633 152	I. 144
1417 456	819	1500 934	845	1578 588	407 (437)	1634 867	I. 261
1418 135	406	1502 101	413	1580.843	I. 117	1634 980	635 (791)
1418 136	835	1506 052	613	1580 844	I. 117	1641 588	I. 17
1418 363	174	1509 338	473	1582 863	I. 549	1642 290	I. 468
1419 714	459	1510 810	409	1582 993	91 (95)	1642 291	I. 469
1421 707	287	1513 152	171	1583 475	633 (788)	1642 587	619 (758,
1423 041	981	1513 153	172	1583 534	527 (619)		Brit.P.
1425 368	820	1515 556	956	1583 717	600 (715)		231 800)
1425 654	513	1516 194	626	1584 005	I. 1		I. 150
1426 953	466	1517 627	598	1586 552	I. 167	1642 588	619 (758)
1427 238	884	1522 480	179	1586 647	I. 580	1643 080	I. 450
1427 330	853	1523 476	310	1588 045	I. 118,	1643 355	I. 247
1428 246	1031	1528 219	534		131	1643 594	I. 535
1429 127	819	1534 382	498	1588 292	I. 374	1646 538	I. 109
1435 650	408	1538 689	516	1588 758	602 (719)	1646 625	I. 117
1437 340	1054	1541 104	616	1590 592	I. 59	1646 788	I. 21
1437 341	1055	1544 631	857	1590 594	I. 16	1647 791	I. 456
1437 491	954	1544 809	54 (61)	1591 922	964(1124)	1647 822	I. 336
1437 899	823	1544 810	625	1592 006	I. 167	1648 619	I. 511
1441 203	37	1544 811	57	1594 185	I. 118	1651 155	I. 7
1441 204	37	1544 812	55	1596 086	223 (237)	1651 229	I. 523
1441 205	37	1545 144	506	1596 906	I. 112	1651 404	I. 137
1446 301	515	1547 621	950	1597 684	I. 428	1651 683	I. 413
1449 380	519	1548 345	I. 5	1598 157	I. 397	1652 206	I. 446
1450 131	785	1549 364	252	1598 281	I. 407	1653 124	I. 62
1455 630	517	1550 360	532	1599 230	635 (792)	1653 962	I. 450
1455 679	518	1550 361	533	1599 233	635 (793)	1654 552	I. 137
1455 707	172	1551 112	590	1599 489	I. 247	1654 553	I. 137
1456 540	412	1551 791	636	1601 289	535 (637)	1654 603	I. 247
1457 977	237	1553 252	949	1602 125	614 (745)	1654 818	507 (586)
1458 389	462	1554 299	I. 400	1602 740	I. 307		I. 99
1463 793	473	1554 801	1035	1603 080	I. 234	1655 097	I. 524
1464 048	857		I. 212	1604 216	I. 331	1655 626	I. 97
1464 805	467	1556 174	412 (449)	1604 802	I. 313	1655 677	I. 221
1464 949	667	1558 265	525 (613)	1604 889	I. 563	1655 709	I. 87
1465 994	614	1558 375	602 (718)	1607 400	237 (251)	1656 119	I. 155
1467 493	615	1560 575	I. 507	1611 001	993(1173)	1656 120	I. 84
1469 824	433	1560 965	I. 210	1611 169	I. 159	1657 697	I. 53
1470 711	410	1561 445	217	1611 354	I. 447	1658 607	388 (419)
1471 513	472	1562 076	I. 1	1614 036	506 (586)	1658 725	I. 210
1471 699	626	1562 093	I. 4	1616 787	I. 173	1659 033	I. 61
1474 560	981	1562 885	I. 83	1619 768	I. 57	1659 483	I. 455
1478 926	625	1566 166	737	1619 769	I. 34	1660 123	I. 580
1482 386	957	1566 384	612 (736)	1620 636	I. 160	1661 262	I. 456
1484 004	38	1569 487	I. 374	1622 368	I. 165	1661 493	I. 97
1487 807	854	1570 553	697 (869)	1625 562	I. 97	1661 574	I. 97
1488 281	526	1571 474	629 (787)	1626 115	I. 295	1661 879	I. 542
1489 199	878	1572 955	627 (786)	1626 454	527 (620)	1662 478	I. 53
1490 499	438	1573 062	495 (572)	1627 037	I. 573	1663 155	I. 7
1492 594	744	1573 703	I. 76	1630 197	I. 511	1664 319	I. 568
1493 545	250, I.17	1573 837	I. 460	1630 285	I. 211	1665 453	I. 40

Schweizerische Patente.

Nr.	Seite	Nr.	Seite	Nr.	Seite	Nr.	Seite
70 719	1021	94 835	852	110 259	532 (629)	117 137	I. 68
70 744	392, 400	94 836	470		I. 105	117 322	I. 253
71 019	492	95 355	459	110 723	600	117 323	I. 360
71 312	395, 447	95 825	420	110 918	1060	117 351	I. 252
71 446	1024	98 297	518		(Franz.P.	117 541	I. 515
71 447	490	92 298	517		28 718,	117 742	I. 573
71 681	394	98 759	499		Zus. z. 561 614	117 743	I. 77
72 044	1014	98 760	473			117 969	I. 59
73 559	1013	98 761	515	111 325	91 (95,	117 970	I. 165
74 231	968	99 009	519		Brit.P.	118 208	I. 421
74 318	129	99 494	406		239 255)	118 212	I. 480
74 930	98	100 140	853	111 326	530 (624)	118 235	620 (759,
75 436	214	100 141	854	111 441	I. 307		Brit.P.
76 329	690	100 142	501	111 535	415 (457)		231 801)
77 322	692	100 143	1034	111 758	943	118 422	I. 478
78 099	164	100 144	584	112 373	506 (587)	118 423	I. 13
79 659	287	100 442	878	112 581	220, 223	118 424	I. 397
79 809	692	100 443	1055	112 784	223	118 464	I. 245
81 112	737	100 444	956	112 943	840	118 527	I. 304
84 238	1028	100 678	826	112 944	I. 205	118 678	I. 326
84 599	500	100 679	523	113 144	623	119 044	I. 274
85 532	1031	101 360	462	113 525	635 (791)	119 192	I. 123
85 709	403	101 361	523	113 526	635 (792)	119 297	I. 272,
85 710	676	101 362	523	113 711	533 (632)		274
86 010	488	101 586	407	113 712	310 (330)	119 460	I. 8
86 171	677	102 241	1054		I. 52	119 544	I. 273
86 848	422	102 243	598	113 713	633 (788)	119 618	I. 508
87 368	488	102 508	I. 341		I. 172	119 678	I. 210
87 369	457	102 509	506	114 256	907(1082)	119 679	I. 440
87 535	458, 466,	102 510	506	114 472	602 (718)	119 680	I. 72
	468	102 712	241	114 677	I. 210	119 877	I. 518
87 536	458, 459	102 713	723,	114 891	950(1109)	120 329	I. 311
87 736	459		I. 17		I. 507	120 485	I. 580
88 323	423	102 714	250	115 037	224 (239)	120 602	I. 269
88 987	168	103 412	525	Zus. z. 109 106		120 769	I. 272
89 210	565	103 488	1009			121 030	I. 151
90 363	403	103 631	625	115 085	246 (260)	121 031	I. 151
90 460	695	103 860	433	115 086	527 (620)	121 070	I. 123
90 461	507	104 069	615	115 281	I. 511	121 071	I. 447
90 660	510	106 179	527	115 282	954	121 072	I. 568
91 827	459	106 749	616		(1113),	121 531	I. 212
91 828	578	106 750	950		I. 518	121 619	I. 310
92 664	1046	106 970	217	115 376	I. 277	121 620	I. 311
93 302	419	107 581	I. 21	115 510	I. 23	121 780	I. 480
94 412	457, 459	107 583	949	115 511	I. 115	121 820	I. 152
94 413	954	108 043	629,	115 512	I. 570	121 885	I. 70
94 414	458, 462,		I. 169	115 514	I. 361	122 033	I. 505
	470	108 045	857	115 676	600 (716)	122 326	I. 167
94 415	463	108 046	1018	115 906	412 (449)	122 788	I. 119,
94 416	464	108 256	627	116 121	I. 167		120, 122
94 417	575	108 464	634	116 328	I. 478	122 965	I. 343
94 418	465	109 106	217 (234)	116 424	I. 279	123 712	I. 321
94 419	466		219 (235)	116 567	I. 549	123 890	I. 62
94 420	467	109 752	I. 261	116 568	I. 61	123 891	I. 446
94 421	468	109 866	532	116 572	I. 501	123 894	I. 140
94 422	522	110 077	533	116 781	39 (38)	123 917	I. 78
94 423	425	110 257	535 (636)	116 942	I. 307	124 072	I. 169
94 666	785	110 258	531	117 136	567 (671)	124 115	I. 124

Österreichische Patente.

Belgische Patente.

Nr.	Seite	Nr.	Seite	Nr.	Seite	Nr.	Seite
352 751	241 (254)	353 850	I. 395	354 578	I. 381	355 856	I. 128
352 761	I. 437	353 940	I. 202	354 864	I. 33	356 006	I. 438
352 875	I. 166	353 996	I. 195	354 874	I. 176	356 422	I. 389
352 880	I. 202	354 026	I. 49	354 884	I. 231	356 577	I. 289
352 963	I. 161	354 117	I. 521	354 891	I. 433	357 415	I. 576
353 143	I. 125	354 136	I. 32	354 985	I. 202	358 025	I. 199
353 407	I. 578	354 193	I. 201	355 075	I. 58	358 228	I. 147
353 463	I. 224	354 201	I. 521	355 107	I. 89	358 536	I. 87
353 576	I. 318	354 271	I. 51	355 345	I. 127	362 087	I. 543
353 635	I. 577	354 498	I. 107	355 400	I. 538		
353 760	I. 128	354 511	I. 556				

Tschechoslowakische Patente.

Nr.	Seite	Nr.	Seite	Nr.	Seite	Nr.	Seite
3 038	1031 bis	14 783	433 (475)	21 665	950	24 700	I. 515
	1034	16 622	535 (636)		(1109)	24 868	I. 446
	(1224,	17 645	532 (629)		I. 507	24 948	I. 167
	1225,		I. 105	21 666	I. 508	25 281	I. 62
	1226,	17 653	I. 123	22 113	I. 66	25 288	I. 13
	1227)	17 654	I. 123	22 670	I. 351	25 911	I. 511
8 820	499 (580)	18 879	633 (788)	22 811	840	25 989	I. 250
10 107	877		I. 172		(1019)	26 130	I. 106
	(1053)	21 403	619 (758,	22 818	I. 73	26 209	I. 239
11 157	I. 357		Brit.P.	23 063	I. 557	26 734	I. 105
12 856	420 (462)		231 800)	23 870	I. 446	27 069	I. 558
14 005	I. 99		I. 150)	24 230	I. 141	27 271	I. 385
14 245	826	21 488	I. 446	24 447	I. 143	28 205	I. 172
	(1007)	21 489	I. 137	24 450	I. 86	28 538	I. 440

Niederländische Patente.

Nr.	Seite	Nr.	Seite	Nr.	Seite	Nr.	Seite
371	479	7 531	740	14 840	I. 111	17 280	415 (457)
843	477	8 065	510	15 448	171 (180)	17 653	I. 501
1 739	443, 444	8 351	695	15 854	853	17 995	I. 573
2 089	107	8 511	463		(1034)	18 210	I. 185
2 207	492	8 739	1033	16 073	I. 155	20 051	I. 144
3 352	490	8 930	465	17 008	533 (632)	20 522	I. 218
4 847	695	8 953	470	17 147	950	20 694	I. 470
6 010	565	12 769	I. 99		(1109),	20 831	I. 182
6 978	422	14 478	468 (527)		I. 507	21 130	I. 239
7 313	507						

Schwedische Patente.

Nr.	Seite	Nr.	Seite	Nr.	Seite	Nr.	Seite
10 759	I. 89	50 864	565	56 863	423	64 901	835
34 299	1022	53 679	507	59 199	695 (863)		(1015)
38 431	I. 89	53 680	575	59 332	523 (608)	65 540	I. 99
44 992	287	54 031	499	59 675	1031	65 730	I. 144
48 270	408	54 974	852		(1224)	67 314	I. 570
49 623	523	55 202	422	64 653	697 (869)	67 458	I. 141

Norwegische Patente.

Nr.	Seite	Nr.	Seite	Nr.	Seite	Nr.	Seite
25 598	418	33 734	507	35 210	422	45 160	I. 119
29 748	690	33 736	577	35 298	970	45 382	I. 570
29 763	692	33 874	510	35 320	1036	45 930	I. 144
30 398	1028	33 997	852	36 748	419	46 189	I. 121
30 632	577	34 294	578	44 842	853	46 519	I. 77
32 408	1031	34 532	1046		(1034)	46 535	I. 120
33 733	565	35 076	575	44 955	I. 246		

Dänische Patente.

Nr.	Seite	Nr.	Seite	Nr.	Seite	Nr.	Seite
31 232	462	31 853	468	33 862	171 (178)		

Kanadische Patente.

Nr.	Seite	Nr.	Seite	Nr.	Seite	Nr.	Seite
227 876	466	253 896	310 (330)	260 319	I. 216	267 718	I. 445
231 008	878		I. 52	261 371	I. 161	271 232	I. 226
234 353	667	257 368	I. 245	262 711	I. 83	271 440	I. 86
236 819	473	258 531	I. 244	262 818	495 (572)	278 953	I. 246
249 776	619 (757)	259 662	I. 4	265 260	I. 580	280 860	I. 105
252 228	612 (738)	260 089	954(1113)				

Finnische Patente.

Nr.	Seite	Nr.	Seite	Nr.	Seite	Nr.	Seite
12 428	I. 464	12 438	I. 528				

Italienische Patente.

Nr.	Seite	Nr.	Seite	Nr.	Seite	Nr.	Seite
110 259	532 (629)	228 109	506 (587)	246 929	I. 105	261 235	I. 106
212 059	I. 99	232 443	I. 105	260 864	I. 139	265 663	I. 574
217 939	I. 17	240 615	246 (260)	260 884	I. 106	267 722	I. 365
217 941	I. 18						

Polnische Patente.

Nr.	Seite	Nr.	Seite	Nr.	Seite	Nr.	Seite
2 852	506 (587)	3 547	I. 99	8 795	I. 79		

Japanische Patente.

Nr.	Seite	Nr.	Seite	Nr.	Seite	Nr.	Seite
75 797	I. 557	79 081	I. 239	79 098	I. 557		

Berichtigungen.

Seite 18, Zeile 18 von oben: Über den Spinnvorrichtungen *a* befindet sich der gemeinsame Behälter für die Fällflüssigkeit.
Seite 51, Fußnote: Brit. P. 297 047.
Seite 143, Zeile 12 von oben: (s. S. 141).
Seite 223, Zeile 2 der Fußnote: (Prior. vom 11. V. 1926) von W. Sponholz, Berlin.
Seite 250, bei Nr. 496: Allègre.
Seite 283, Zeile 19 von oben: gereinigt.
Seite 381, Zeile 13 von oben: Gueuttier.
Seite 405, Zeile 11 von unten: Prior. Engl. vom 27. III. 1925 fällt weg.
Seite 421, Zeile 5 von unten: Metropolitan-Vickers Electrical...
Seite 432, Zeile 8 von oben: Strangform.
Seite 450, Fußnote: D. R. P. 421 506.
Seite 455, Zeile 13 von unten: Valentini.
Seite 545, Zeile 2 von unten: darauffolgendes.
Seite 548, Zeile 9 von oben: Zelluloseprodukten.
Seite 563, hinter Zeile 7 von oben ist einzuschalten: (Zeichnungen).

GPSR Compliance

The European Union's (EU) General Product Safety Regulation (GPSR) is a set of rules that requires consumer products to be safe and our obligations to ensure this.

If you have any concerns about our products, you can contact us on ProductSafety@springernature.com

In case Publisher is established outside the EU, the EU authorized representative is:

Springer Nature Customer Service Center GmbH
Europaplatz 3
69115 Heidelberg, Germany

Batch number: 10682269

Printed by Printforce, the Netherlands